广东省市场监督管理局（知识产权局）
“广东省促进战略性新兴产业发展专利信息资源开发利用计划”项目成果

高性能油墨产业专利信息分析及预警研究报告

国家知识产权局专利局专利审查协作广东中心　组织编写

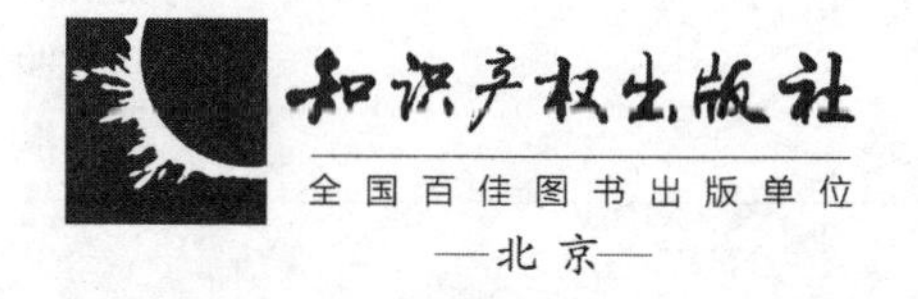

图书在版编目（CIP）数据

高性能油墨产业专利信息分析及预警研究报告/国家知识产权局专利局专利审查协作广东中心组织编写. —北京：知识产权出版社，2019. 8

（战略性新兴产业专利导航工程）

ISBN 978-7-5130-6448-4

Ⅰ. ①高…　Ⅱ. ①国…　Ⅲ. ①油墨—专利技术—情报分析—研究报告—中国　Ⅳ. ①TQ638 ②G306③G254. 97

中国版本图书馆 CIP 数据核字（2019）第 201191 号

责任编辑：石陇辉　　**责任校对**：潘凤越

封面设计：刘　伟　　**责任印制**：刘译文

高性能油墨产业专利信息分析及预警研究报告

国家知识产权局专利局专利审查协作广东中心　组织编写

出版发行：知识产权出版社有限责任公司　　**网　址**：http：//www. ipph. cn

社　址：北京市海淀区气象路 50 号院　　**邮　编**：100081

责编电话：010-82000860 转 8175　　**责编邮箱**：shilonghui@ cnipr. com

发行电话：010-82000860 转 8101/8102　　**发行传真**：010-82000893/82005070/82000270

印　刷：北京嘉恒彩色印刷有限责任公司　　**经　销**：各大网上书店、新华书店及相关专业书店

开　本：787mm×1092mm　1/16　　**印　张**：31. 5

版　次：2019 年 8 月第 1 版　　**印　次**：2019 年 8 月第 1 次印刷

字　数：725 千字　　**定　价**：139. 00 元

ISBN 978-7-5130-6448-4

本书编委会

“高性能油墨产业专利信息分析及预警”
课题研究团队

一、项目组

承 担 单 位：国家知识产权局专利局专利审查协作广东中心

项目负责人：王启北

项目组组长：孙 燕

项目组成员：肖西祥 索大鹏 陈 秋 王敏莲 贺丽娜 王莹莹 邢亚晶 严玉芝 吴 冲 李 椰 尹梦岩 刘春磊

二、研究分工

数据检索：刘宏伟 肖西祥 王敏莲 严玉芝 邢亚晶 贺丽娜 王莹莹 吴 冲 李 椰

数据清理：贺丽娜 王莹莹 王敏莲 严玉芝 邢亚晶 吴 冲 李 椰

数据标引：王敏莲 王莹莹 贺丽娜 严玉芝 邢亚晶 吴 冲 李 椰

图表制作：王敏莲 王莹莹 贺丽娜 严玉芝 邢亚晶 吴 冲 李 椰

报告执笔：孙 燕 肖西祥 索大鹏 陈 秋 王敏莲 贺丽娜 王莹莹 邢亚晶 严玉芝 吴 冲 李 椰

报告统稿：孙燕 肖西祥 王敏莲 贺丽娜

报告编辑：尹梦岩 刘春磊

报告审校：曾志华 王启北 邱绛雯 曲新兴 孙 燕 索大鹏 孙孟相 杨隆鑫

三、报告撰稿

孙　燕：主要执笔第 1 章、第 5 章、第 12 章、第 14 章第 14.1 节、第 17 章

肖西祥：主要执笔第 2 章第 2.2.4 节、第 10 章

索大鹏：主要执笔第 3 章

陈　秋：主要执笔第 14 章第 14.2、14.3、14.5 节，参与执笔第 6 章第 6.1~6.3 节

王敏莲：主要执笔第 2 章第 2.1.5 节、第 15 章，参与执笔第 6 章第 6.1~6.3 节

贺丽娜：主要执笔第 9 章、第 14 章第 14.4 节、第 18 章

王莹莹：主要执笔第 2 章第 2.1.4、2.2.1 节、第 8 章、第 6 章第 6.4.2 节

邢亚晶：主要执笔第 2 章第 2.1.1、2.1.2 节、第 11 章、第 13 章

严玉芝：主要执笔 2 章第 2.2.2 节、第 6 章第 6.4.1 节、第 16 章

吴　冲：主要执笔第 2 章第 2.1.3 节、第 4 章，参与执笔第 6 章第 6.1~6.3 节

李　椰：主要执笔第 2 章第 2.2.3 节、第 7 章

四、指导专家

张小凤：国家知识产权局审查业务部

刘　建：国家知识产权局机械发明审查部

潘志娟：国家知识产权局材料发明审查部

蒋一明：北京国知专利预警咨询有限公司

陈广学：华南理工大学

王小妹：中山大学化学学院油墨涂料研究中心

李亚玲：北京化工大学印刷学院

韦胜雨：珠海塞纳打印科技股份有限公司

冯文照：洋紫荆油墨有限公司

曾明德：珠海艾派克科技股份有限公司墨水工厂

钦　雷：珠海艾派克科技股份有限公司耗材事业部墨盒产品中心

何永刚：珠海天威飞马打印耗材有限公司

前　　言

印刷产业有着悠久的历史，从中国古代四大发明之一的活字印刷到传统的版式印刷，再到目前快速发展的无版印刷（如喷墨打印技术），均反映了该产业的重要社会地位。油墨作为用于印刷的重要材料，随着印刷技术的发展和产品多样化的需求，对其性能的要求也越来越高。例如，目前印刷技术在导电、防伪、织物和陶瓷等领域的应用，对油墨提出新的性能要求。

近年来，我国油墨相关产业的企业数量、从业人数、工业销售总产值和产量总体上呈现逐年递增的态势，但是整体利润率却在逐年降低，油墨的出口单价远低于进口单价。我国的油墨产业以中低端产品为主，高端产品依靠进口，缺少油墨相关核心技术，亟须对油墨产业进行转型升级。

广东省是国内拥有油墨企业最多的地区，产量也处于全国领先地位。随着经济全球化进程的加快，知识产权逐渐成为企业争夺市场的重要工具，知识产权的发展对于推动产业技术创新和转型升级起到越来越重要的作用。为促进高性能油墨产业转型升级，广东省市场监督管理局（知识产权局）根据广东省产业发展的统一部署，组织实施“广东省促进战略性新兴产业发展专利信息资源开发利用计划”，委托国家知识产权局专利局专利审查协作广东中心对高性能油墨产业进行专利信息分析及预警研究。

三年来，项目组调研多家省内外相关重点企业和行业协会，充分了解油墨产业发展现状、产业专利状况，以事实为研究出发点，发现问题，结合专利分类特点，实现多层次的信息融合，形成详细研究方案，并组织多名油墨行业专家进行论证，几经易稿，最终形成本书。

本书包括油墨产业、防伪油墨产业和导电油墨产业的专利信息分析及预警三个部分。各部分包括宏观专利态势分析、技术分析、竞争对手分析和专利导航及预警分析。宏观专利态势分析是从全球、中国、广东省三个层面对专利申请趋势、地域、申请人、专利流向和法律状态等进行分析。技术分析包括技术分支和技术路线分析。针对竞争对手，选择市场份额较大、专利申请量较大、核心专利较多的申请人，对其市场情况、专利申请情况、技术发展状况、重点专利等进行分析。专利导航及预警分析则是发现近年来各细分领域国内外的研发热点，梳理出国内外重点专利技术和重点研发团队，以期为国内油墨相关产业的创新和专利布局提供参考。

本项目得到了社会各界的广泛关注，本书的部分研究成果也已通过各种形式进行示范推广。例如，在项目报告会和油墨行业研讨会上进行宣讲，得到了企业人员和行业专家的认可。

希望本书可为政府引导高性能油墨产业发展方向、调整产业结构、延伸产业链以及制定相关产业政策提供数据和理论依据，为推动产业的转型升级提供方向和建议，而且为产业相关创新主体规避国内外知识产权风险、明晰创新方向等提供有力支撑。

由于专利数据采集范围等限制，加之研究人员水平有限，报告中的数据、结论和建议仅供社会各界借鉴研究。

目　录

第一篇　油墨产业专利信息分析及预警

第二篇 防伪油墨产业专利信息分析及预警

第三篇 导电油墨产业专利信息分析及预警

第一篇　油墨产业专利信息分析及预警

第1章　概　论

1.1　课题背景以及研究目的

油墨作为重要的印刷耗材之一，它涉及色彩学、光学、流变学、有机化学、高分子化学、物理化学、胶体化学、润湿和分散理论等多学科基础知识，以及数千种化工原料的合理组合，属于一门交叉应用学科。根据油墨组成成分，结合相关学科的理论知识，可调整出具有适当颜色特性、流变特性、干燥性、黏着性、界面特性、皮膜特性以及其他特殊性能要求的油墨产品以适应不同的应用需要。油墨按结构组成主要分为油性油墨、水性油墨、金属油墨、微胶囊型油墨；按用途主要分为新闻出版用油墨、商业印刷油墨、包装印刷油墨、防伪印刷油墨等；按版式主要分为平版油墨、凹版油墨、凸版油墨、网孔版油墨、无版油墨。在不同的应用领域要求使用与之相适应类型的油墨。而油墨在相关实际应用中主要起到标识信息、传递信息、装饰、防伪等方面的作用，可应用于传统的出版印刷行业、新兴的数字印刷行业、包装行业、防伪领域、特殊产品的信息标识等多种领域。综上所述，油墨的多元化特点，使其要求从业人员具有较高的专业技术能力，并且经研究所获得的产品功能性强、附加值高、应用广泛，已经成为我国乃至世界重点关注的研究对象之一。

油墨作为国内外日化领域的传统行业，是现代精细化工行业的一个重要分支，具有专业程度高、功能性强、技术密集、高附加值、应用广泛等特点，涉及国民经济的各个领域，是高科技发展的前沿行业，也是国际化市场激烈竞争的焦点之一，甚至是衡量一个国家化工产业技术水平的重要标志。目前，随着全球印刷技术及装备水平的不断更新和快速发展，特别是对包装印刷、出版印刷和商业印刷的需求不断增长，有力地推动了油墨制造业在技术装备水平、产品结构和产品产量等多方面的巨大进步。油墨作为传递信息和装饰世界的精细化工品，随着国家经济的繁荣、文化教育事业的发展而不断发展壮大，其技术进步程度和产量在某种程度上是该地区文化发达程度的标志之一。基于油墨在国民经济中的重要作用，油墨行业的发展一直是我国重点支持发展的行业，“十一五”期间，油墨产值达到15%的年均增长率。随着市场需求的不断增加，国内外在油墨行业中的相关政策不断完善，我国油墨产业的结构升级也在不断进行着，目前正在经历由传统油墨逐渐向高性能油墨方向发展的过程，并主要集中体现在无污染、节能、环保、防伪等特殊性能油墨的发展上。

从目前油墨应用领域看，胶印油墨仍然占市场主导地位，市场份额在60%左右，凹印油墨平稳发展，凸印油墨市场份额有所下降，而柔版印刷油墨和网印油墨则呈上升趋势。另外，数码印刷、喷墨印刷随着市场需求和科学技术的不断推进逐渐被普及，成为油墨领域的新兴分支。“十二五”规划中则将UV固化油墨、水性油墨等绿色环保油墨作为产业化关键技术的重点发展项目。近年来，随着我国经济体制的不断完善，科学技术的不断进步，我国在油墨领域的研究也逐渐取得了一定的效果，如国内油墨生产企业的数量和产量日益增加，质量稳定性稳步提升，基本可满足市场需求。但是，国内企业生产的油墨与国外高端产品在质量和性能上还存在不小差距，尤其在高性能油墨的方向上，落后于欧美等地区。譬如，作为油墨发展方向之一的包装印刷和数字印刷，在欧洲、美洲等主要地区逐渐走向普及，但在国内研究与生产此类产品的企业还较少。与此同时，一些国外领先企业，如太阳化学、东洋油墨公司等开始逐渐进入中国，抢占中国高性能油墨市场，给中国的油墨制造企业带来了一定的威胁。虽然在产能和传统油墨的质量控制上，国内企业已经取得了一定的成绩，但面对行业内技术和应用方向上的快速更迭、产业升级迅速迭代，尤其是随着其他学科的不断发展以及人们生活习惯的改变导致的传统市场萎缩、新兴市场前景广阔所导致的机遇与挑战并存的局面，国内企业面临着巨大挑战。有效利用专利技术信息对油墨技术的发展进行系统的研究、对油墨行业升级所必需的技术进行全面探索，能为我国油墨企业在未来的竞争中获得有利位置提供重要的指导意义。

从油墨行业发展的地域上看，中国油墨工业主要布局在三个主要的工业带上：以广东为中心的珠三角地区、长三角地区、以京津冀为主的环渤海湾地区。广东省作为中国经济发展的前沿地带，油墨市场需求量巨大，国内知名油墨制造企业众多，并且对于传统油墨环保性能等方面的改进、代表未来发展方向的喷墨油墨、具有高附加值的防伪油墨和导电油墨，以及喷墨相关的耗材技术，也是广东省政府重点关注研究的项目。对高性能油墨的行业发展趋势以及专利布局情况进行分析，对广东省经济发展具有重要的指导意义。

本书将通过专利申请、分布情况与行业发展相结合，系统地分析高性能油墨的发展状况，并根据专利申请现状，结合目前市场态势，研究油墨行业的发展方向和趋势。同时，通过解读世界先进技术找出油墨领域的技术热点和创新技术，分析影响行业发展的重点专利技术及其知识产权的涵盖范围，借此对国内油墨制造企业，特别是广东省油墨生产企业进一步了解油墨行业的重点发展方向，规避侵权风险起到保驾护航的作用，也为国内企业开拓在油墨技术领域的技术研发，防止国外企业过度抢占我国油墨市场份额，以及政府制定相关政策提供重要的参考。本书对国内油墨行业的发展具有一定的指导意义。

1.2 油墨技术发展概况

1.2.1 版式油墨

中华民族的先贤发明的印刷术是中国四大发明之一，伴随着中华文明之光历经了两千多年的历史。在漫长的历史长河中，我国印刷技术虽然也有革新和进步，但前进的步伐是十分缓慢的。19 世纪以后，随着西方印刷术逐渐东移，铅活字印刷术、石版印刷术、照相制版印刷术相继传入我国，从此我国以手工技艺为特征的印刷术进入了以动力机械来完成图文印刷的近代印刷历史阶段。自 20 世纪 70 年代以来，人类社会开始进入电子时代，电子技术与印刷科学相结合，产生了电子分色机、电子雕版机、平印自动识别输墨系统、电子计算机排版系统、彩色桌面系统及数字印刷系统等现代印刷科学技术手段，极大地推动了我国印刷业及相关产业的飞速发展。1982年成立的原国家经委印刷技术装备协调小组提出的“激光照排、电子分色、高速胶印、装订联动”十六字发展方针，概括了我国印刷技术的发展方向。经过三十余年的努力，我国的印刷技术、印刷装备、造纸技术、印刷油墨以及其他印刷耗材，都取得了令世界瞩目的发展成就，并跻身于世界印刷大国之行列。

对于生活在现代文明社会的人们，印刷品成为人类衣、食、住、行以外的必需品。印刷品包括的范围相当广泛：纸张制品有书刊、报纸、画册、广告、商标、纸盒、纸箱、商业表格、有价证券等；塑料制品有薄膜类包装物、手提袋和箱包、硬塑料容器等；金属制品有印铁罐、包装桶及盒、软管容器等；纤维制品有服装面料、床上用品、家居装饰用品等；此外还有玻璃制品、陶瓷制品、木制品、玩具、建筑装饰品等。有人戏称，除了水和空气以外，任何物体都可以印刷。这绝非空话大话，据报道，国外发明了一种可食用油墨，在可食用纤维和淀粉制造的“纸张”上印刷这种油墨而成的报纸，读者看完之后就可将报纸当作美餐吃掉。即便在当代或今后的岁月里，技术进步更加发达，信息传递更加先进，印刷和印刷品都是不可替代的。

然而，要对印刷进行准确的广义上的定义，目前还相当困难，大致用以下几种叙述可以说明印刷的概念。

1）按照原稿制版，再在版上涂上油墨，通过施加压力把版上的图文部分大量转移到纸张或其他承印物材料上的技术，就是印刷。

2）使用由原图和原稿或它们的组合所制成的模型版，以油墨为媒体，复制出许多同样图文的技术的总称，即为印刷。

3）使印版图文上的油墨转移到要进行图文复制的承印物材料上的技术的总称，就叫做印刷。

4）如果要广义地解释印刷，那么无压、无版的图文复制（例如：数字喷射印刷、静电复印等）或仅有一份的图文复制（例如：利用丝网印刷的路标），都具备印刷的概念。

中华人民共和国行业标准《印刷油墨分类、命名和型号》（QB/T 3597—1999）中规定了印刷油墨产品的分类方法，提出我国印刷油墨分类命名原则是以印版为基础的。按印版的类型分，有凸版印刷油墨（如铅印墨、印书报），平版印刷油墨（如胶印墨、印画册、彩报、商标），凹版印刷油墨（如雕刻凹印墨、图纹被刻蚀凹下、油墨浸在版的凹纹）和网孔版印刷墨（如丝网印刷、蜡纸誊印）等。如果加上无版印刷，那么目前的印刷类型共有五大类。

印刷油墨是把着色剂（颜料、染料等）微细地分散在连接料中制成的，是由着色剂、连接料、填充料、溶剂、助剂等组成的胶态分散体。印刷油墨中的着色剂起着显色的作用，靠与承印物的颜色不同形成对比而在承印物上显现与原稿相同的图文。连接料是油墨的成膜物质，是着色剂的分散介质，也是着色剂与承印物材料之间的黏结剂，油墨的墨性、干燥性、附着力、印刷适性及诸多理化特性，都与连接料的性能密切相关，所以有人把连接料比喻为油墨的“心脏”。填充料、溶剂、助剂等在油墨中主要用于调节墨性、干燥性及某些特殊功能而选用。印刷油墨可视为构成印刷体系的一个重要元素，这使得油墨与印刷的其他构成要素如原稿、印版、印刷设备、承印材料等，具有十分密切的关系。这些要素相互间有机地配合与适应，通过操作人员的技巧与驾驭，就能获得预期效果和性能的印刷品。

随着全球经济的发展，市场对油墨的需求总体呈上升趋势。虽然前几年受到经济危机的波及，全球油墨需求量有些许下滑，但是近几年随着经济的复苏，消费者信心不断恢复，全世界范围内的油墨制造商都将迎来新的发展契机，显然中国市场将在这一次复苏中发挥重要作用，国际和国内油墨企业正在积极布局以免错过这一难得的发展机遇。表 1-1 为《油墨世界》杂志公布的 2017 年全球油墨销售额前 20 名供应商及其销售额。大多数供应商在 2017 年的销售额比上年出现不同程度的下滑，或者基本持平，只有少数供应商在 2017 年的销售额实现增长。可见，油墨行业正在面临诸多挑战。为了更好地迎合市场变化和满足市场需求，油墨供应商正在不断开拓新的产品线、研发创新产品、布局全球市场，以提高自身在未来的竞争力。

表 1-1　2017 年全球油墨销售额前 20 名供应商及其销售额

排名	公司名称	销售额/亿美元
1	DIC 株式会社（Sun Chemical）	44.2
2	富林特集团（Flint Group）	23.0
3	东洋油墨 SC 控股株式会社（Toyoink）	13.0
4	坂田油墨株式会社（Sakata INX）	12.9
5	盛威科（Siegwerk Group）	11.0
6	胡贝尔集团（Huber Group）	9.35
7	东华色素（T&Ktoka）	4.3
8	富士胶片北美公司（Fujifilm North America）	4*
9	东京印刷油墨（Tokyo Printing Ink）	3.9
10	锡克拜公司（SICPA）	3.75*
11	阿尔塔纳（ALTANA AG）	3*
12	大日精化（Dainichiseika Color）	2.51
13	叶氏化工（Yip′s Chemical Holdings）	2.05
14	Epple Druckfarben	1.85
15	Wikoff 色彩公司（Wikoff Color）	1.85*
16	皇家荷兰万松印刷油墨公司（Royal Dutch Van Son）	1.30*
17	Sanchez SA de CV	1.01
18	玛莱宝（Marabu GmbH&Co. KG）	1.00*
19	Uflex	1.00
20	新乡市雯德翔川油墨有限公司（AT Mang Wende Xiangchuan）	1.00*

注：带 * 的数值为《油墨世界》杂志估计值。

近年来，亚太地区逐渐成长为全球最大的印刷市场，而中国是该地区最大的经济体，日本也是一个巨大的市场。尽管受美国及欧洲经济危机的影响，中国印刷工业的发展速度一度有所减慢，但目前已经表现出明显的复苏，尤其是印刷油墨市场，每年都在以两位数的速度增长。就具体的印刷工艺而言，胶印（平版胶印）和凹印被认为是中国目前使用油墨量最大的两种印刷工艺。中国目前仍大量使用单张纸印刷机，单张纸印刷用胶印油墨的需求量是最大的。其中，热固型油墨的发展速度高于冷固型油墨。其次是凹印油墨，主要用于塑料及金属箔包装印刷。这两种油墨都有向环保化发展的趋势。由于中国越来越重视环境保护问题，环境保护成为重要的驱动因素，对环保油墨的需求将不断增长，所以油墨生产商今后将重点关注环保油墨和高技术油墨，如环保的水性凹印油墨、食品包装领域的凹印油墨、基于植物油的环保油墨（如大豆油墨）、能量固化型油墨、某些环保的溶剂型油墨、喷墨印刷用油墨等。

我国人口众多，人口数量约占全球人口总数的20%，近几年我国经济飞速发展，人均GDP不断上涨，这提升了我国众多消费者对商品的购买能力，致使商品包装需求量大幅增加。为此，无论国外油墨制造商，还是国内油墨制造商，纷纷看准中国市场，寻找并拓展各种包装印刷应用领域，推动了我国包装印刷油墨市场规模的不断扩大。例如，日本DIC（大日本油墨化学株式会社），一方面加强对中国投资公司的经营管理，提高对包装印刷油墨的质量管理水平，另一方面在我国寻找扩建工厂的机会，不断加强中国包装印刷油墨业务，其已在江苏南通完成环保型包装印刷油墨母工厂的建设，目前该工厂已投入运营。DIC的目标是2020年大幅提升在中国包装印刷油墨市场的份额。日本东洋油墨也将我国作为其包装印刷油墨现有业务领域的增长市场，并以前所未有的速度向前发展。2013年秋，成都东洋油墨有限公司建设了新的包装凹印油墨生产基地。

我国油墨行业队伍不断壮大，已形成产业化模式，并出现了三个主要的油墨产业带：一是以广东为中心的珠三角油墨产业带；二是以上海和浙江为中心的长三角油墨产业带；三是以北京、天津和辽宁为中心的环渤海油墨产业带。这三个油墨产业带涵盖了我国整个包装印刷领域，构成了我国油墨市场强有力的主体，并以强有力的姿态展示在国内外大型包装印刷展览会上，无论是油墨产品类型，还是油墨产量或质量，都呈现出高标准、高水平和环保化的特性。

根据前瞻产业研究院整理，2016年广东省油墨行业规模以上企业为129家，资产总计为118.11亿元，销售收入为134.37亿元，利润总额为91906万元；2017年，广东省油墨行业规模以上企业有126家，较上年减少3家，实现销售收入137.41亿元，利润总额为10.67亿元，产品销售利润为19.13亿元。

近几年广东省油墨行业资产、收入和利润在全国所占比重占据重要地位。通过图1-1可以看出，2017年广东省油墨行业资产、收入在全国所占比均在33%以上，利润占比也在26%以上。

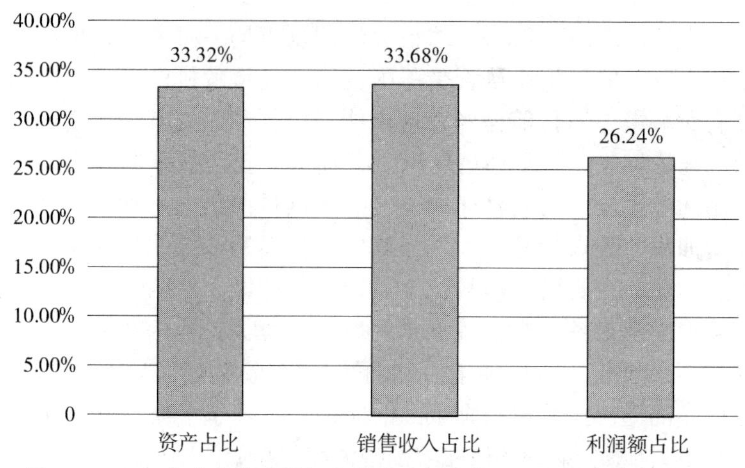

图1-1　2017 年广东省油墨行业资产、销售收入、利润在全国的占比

根据油墨行业统计信息，2012 年我国印刷油墨出口数量首次超过进口数量；2013 年、2014 年均延续了这个走势。2008~2014 年油墨出口金额仍小于进口金额。具体见图 1-2。

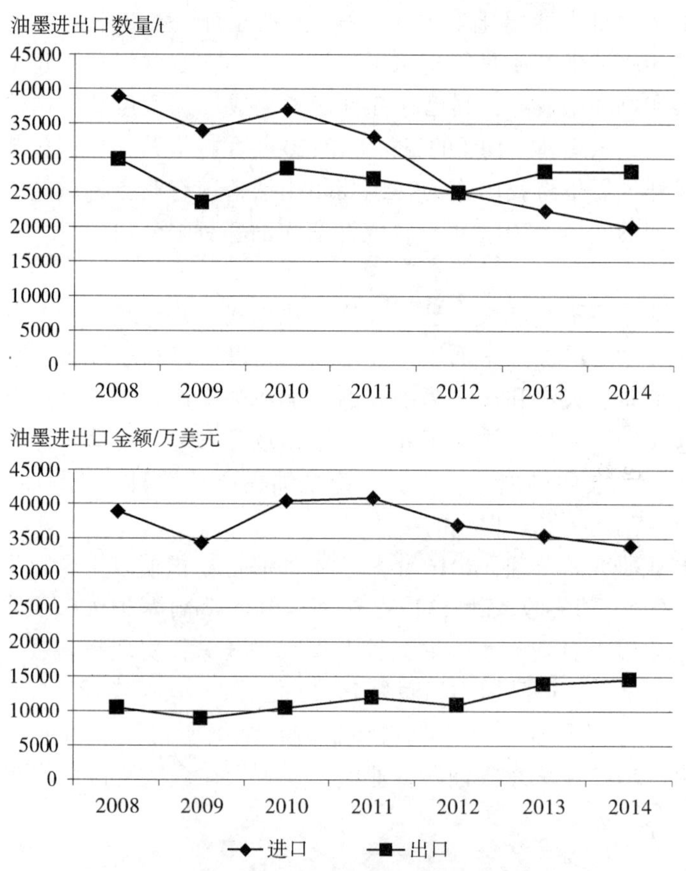

图1-2　2008~2014 年印刷油墨进出口数量、金额

根据前瞻产业研究院整理，2015年我国油墨行业的进出口总额为6082万美元，进口额为4801万美元，出口额为1281万美元。2016年进出口总额为27069万美元，较上年有所增长，增长率为345.07%；其中进口额为2.599亿美元，较上年同期增长441.32%；出口额为1080万美元，同比减少15.69%；实现贸易逆差2.49亿美元，同比增长607.64%。总体来看，2016年进口额有巨大提升。

我国油墨行业出口产品主要为其他印刷油墨和黑色印刷油墨两种。2016年，我国其他印刷油墨出口单价为4.49美元/kg；黑色印刷油墨出口单价为3.72美元/kg。总体来看，我国油墨出口产品数量和金额较上年有所下降。

我国油墨行业进口产品主要为其他印刷油墨和黑色印刷油墨两种。2016年，我国其他印刷油墨累计进口量为16198.56t，进口金额为23506万美元，占油墨进口总量的98.05%，进口单价为14.51美元/kg；黑色印刷油墨进口量为261.59t，进口金额为467万美元，占油墨进口总量的1.95%，进口单价为17.85美元/kg。总体来看，2016年我国油墨行业进口产品数量和金额都有所上升。

根据中国日用化工协会统计，2017年油墨出口量为27047.92吨，出口金额为11334.9万美元，进口量为17436.04t，进口金额为31369.5万美元。

可以看出，近年来我国油墨的出口金额小于进口金额，出口单价远小于进口单价，即在油墨领域，我国仍是在低端市场上占据优势，高端市场仍被国外公司控制。

科技水平、资金流动、劳动力等因素决定了国内油墨产业差异明显，现阶段的油墨企业主要集中在东部和南部沿海地区。西北地区在“西部大开发”战略中开始展现出其惊人的潜力。国内油墨行业在未来将有良好的上升趋势及平衡过程。以下是2015年各地区油墨产业情况。

华东地区油墨需求量近几年有较大增长，其中胶印油墨和柔性版油墨增幅趋于平稳，塑料油墨保持较高的增长幅度，市场竞争更趋激烈，产品价格有波动，企业要以高质量、低价位、优服务赢得市场。华南地区（以广东省为主）油墨需求量比往年有所增加，但由于供大于求矛盾突出，价格仍呈继续下降趋势，竞争将更加激烈，环保油墨的开发成为发展趋势。西南地区的新兴中小油墨厂家不断涌现，质量标准参差不齐，以低价位挤占市场的问题突出。受价格因素的制约，生产企业难以开发新产品，对印刷业整体档次的提高带来影响。华北地区油墨市场呈现三大特点：水基柔性凸版、UV系列油墨发展较快；胶印油墨以本地区主导产品为主；溶剂型油墨将逐步退出市场。西部地区由于地区经济发展相对比较落后，对油墨的档次要求不是很高，市场潜力较大。

根据油墨行业统计信息专业组对2015年行业完成情况统计结果，结合全国油墨生产分布的情况及油墨行业几年来发展客观现状及增长规律，综合各方面信息可知，2015年全国油墨大类产品产量为69.7万吨，较2014年上升了2.5%；工业总产值（现价）166亿元，较2014年上升了1.8%；产品销售收入176亿元，较2014年上升了1.7%；国内市场油墨消耗量68.7万吨，较2014年上升2.23%。

从产量上分析，2015年全国油墨大类产品总产量较2014年增长2.5%，为自统计工作开展20多年以来增长幅度最低。通过油墨协会统计，去除2014年、2015年统计口径不同的企业和2015年新增加的企业，进入统计范畴中有17家企业总产量同比下降。产量排名前10位的油墨企业，其中有4家企业产量出现了下滑，有6家油墨企业有所上升。企业年产量下滑最高达7713t，同比下降了26.7%；上升最高达3419t，同比增长21.6%。油墨大宗产品总体呈现下滑态势，如平版油墨和凹版油墨均有不同程度下降，但柔版油墨产品的市场份额上升明显。其中，由于环保政策的推进，带动了水性柔版市场的需求。另外，具有环保概念的UV油墨总量也有所增长，虽然统计范围内的企业UV油墨产量较2014年波动不大，但是部分企业新增了UV品种，市场上还新增了很多生产UV油墨的小企业。从环保角度来看，水性油墨和UV油墨等具有环保概念的产品市场前景还是很乐观的。

从主要指标分解分析，2015年油墨总产值同比增长了1.8%，而人均产值受到员工人数增长的影响，同比下降了10.26%。从产品结构分析，传统胶印油墨仍然是主要产品。2015年平版胶印油墨占油墨总产量的41.14%，同比下降0.5%；其次是凹版油墨，占油墨总产量的38.87%，同比下降4.38%。在中国日用化工协会统计范畴中，柔版油墨的表现最为突出，增长幅度最大，其次是UV油墨。

据中国日用化工协会统计，2016年油墨年产量为71.5万吨，工业总产值为168亿元，产品销售收入为177.8亿元，利润总额为9.6亿元。2017年油墨年产量为74.2万吨，工业总产值为171亿元，产品销售收入为178.8亿元，利润总额为8亿元。可见，油墨年产量在不断增长，但是利润总额却在下降。

2015年，原材料价格相对低位运行的同时，油墨行业的经济效益虽不乐观，但指标完成基本尚可。但随着近年来油墨原料价格上行，油墨行业面临巨大的困难，急需转型升级。市场数据反映出油墨主体结构仍然以胶印市场为主，然而产品利润率的转移已经成为不可逆转的事实，油墨大类产品的利润率微乎其微。随着传统工业科技向数码科技的转变，油墨行业也将面临着油墨主体结构的转型和升级。随着喷印设备的高速增长，数字印刷被认为是在未来五年里油墨市场份额增长最快的部分。除了数字印刷以外，包装印刷行业也将继续促进油墨需求量的增长。水基油墨和UV油墨的需求量的增长将在不同印刷应用领域得到体现，这也是全行业潜在利润增长点的所在。

随着人民生活水平的提高以及生态环境的改善，制造业转向服务业的理念将更加引向深入，传统型油墨的时代正在发生变化，个性化的定制油墨将会越来越受到印刷市场的青睐。随着物质的丰富多元，未来的印刷市场也必将会与国际接轨，呈现出传统印刷与个性印刷并存发展的格局，从而成为油墨行业的新常态。

1.2.2 喷墨油墨

喷墨印刷是一种非接触式印刷方式，不使用铅字、印版或胶片，它与一般印刷方式最显著的不同之处是墨滴直接喷射到承印物上，这使得它能够在柔软的材料、易碎的片基和三维固体材料上印刷。喷墨印刷具有成本低、可靠性高、印刷速度快、方便等优点。喷墨金属技术逐渐成为数字印刷主流技术之一，其应用领域日益广泛，从桌面照片打印机到数字打样系统再到数字印刷机，在每个领域都呈现出增长的势头：在小幅面打印领域，喷墨打印机逐步成为家用、办公用和商用的通用产品，国内市场销售量为数百万台；在中、宽幅面打印领域，喷墨系统将成为数字打样和数字印刷的主流产品。喷墨印刷正在向着几乎所有的印刷领域进军，随着新型耗材的研发以及技术的改进，其印刷质量也越来越好。

自20世纪70年代以来，世界上有几十家著名的公司在该技术领域里投入很大的力量。其中，日本自1980年起每年申请近千项喷墨印刷的专利。近年来，日本、美国和欧洲多国都生产出多喷头、高分辨率的彩色喷墨印刷机。在我国，1983年上海仪表研究所与联邦德国的DIYMPIA公司联合开发了喷墨中文打印机，可打印22×22点阵；1984年中国科学院计算所与哈尔滨龙江仪表厂合作研制了彩色绘图机，它有三个喷头。由此可见，虽然我国晚于世界喷墨技术先进国家开展喷墨技术的研究，但是迄今为止，我国已经具备一定喷墨印刷的技术基础，并将相关技术投入到实际生产应用中。

1.2.2.1 喷墨打印原理

喷墨打印的原理很简单，主要是印刷喷头将墨滴喷射到承印物上。实际上，该技术的实施过程极其复杂，需要用到不同的科学技术。其可靠运行取决于精细的设计、实施和操作整套系统，系统中所有的元素是不可或缺的。图1-3为喷墨印刷的简单结构。

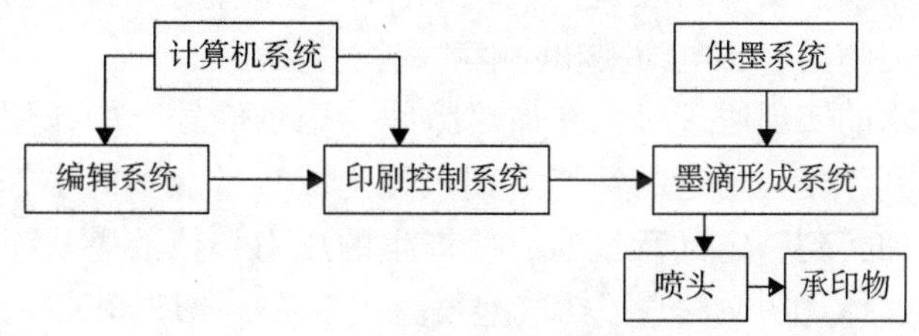

图1-3 喷墨印刷的简单结构

喷墨印刷装置是机械工程、电子、流体、超声波等多学科跨行业技术密集型的产品。按用途可分为打印、刷标、作画。打印是计算机的外围设备，记录结果的输出。刷标是为产品印上标记符号，如产品的生产日期、批号、保质期、型号、规格、剂量和商标等，它在近代商品流通领域或生产过程中起着重要作用。作画是将图片复制或放大用作广告等其他用途。按喷射技术可分为连续喷墨和按需喷墨两大类。

1. 连续喷墨印刷

连续喷墨印刷技术作为一种高速数码设备普遍采用的技术，应用相当广泛。其原理是液体油墨在压力作用下通过一个小圆形喷嘴，依靠高频而产生连续性的喷流，如图1-4所示。油墨分离成墨滴是通过振动喷嘴来加以控制的。因此，墨滴的大小和间距是相对稳定的。墨滴经过充电后，有两种不同的方法射到承印物上，即偏转和不偏转。连续不偏转式墨滴印刷方法主要用于电子计算机在纸上进行多色成像。连续偏转式喷墨印刷方式广泛用于编码、标记和在各种各样不渗透和不吸收的承印物上印刷。

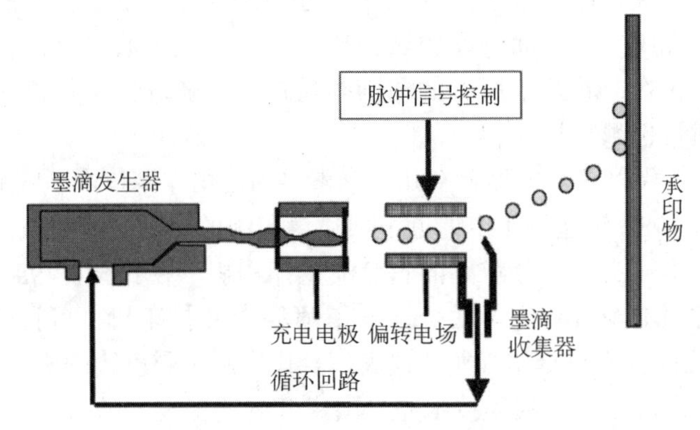

图1-4　连续喷墨印刷技术基本原理

2. **按需喷墨印刷**

按需喷墨印刷技术仅在需要喷墨的图文部分喷出墨滴，而在空白部分则没有墨滴喷出。这种喷射方式无须对墨滴进行带电处理，也就无须充电电极和偏转电场，喷头结构简单，容易实现喷头的多嘴化，输出质量更为精细；通过脉冲控制，数字化容易；分别选用黄品青油墨和喷头即可实现彩色记录，彩色化容易；但一般墨滴喷射速度较低。常见的有热气泡喷墨、压电喷墨和静电喷墨三种类型。

热气泡喷墨技术的实现原理是：在加热脉冲（记录信号）的作用下，喷头上的加热元件温度急剧上升，使其附近的油墨溶剂汽化生成数量众多的小气泡，在加热时间内气泡体积不断增加，到一定的程度时，所产生的压力将使油墨从喷嘴喷射出去，最终到达承印物表面，体现图文信息。热气泡喷墨技术基本原理如图 1-5 所示。

压电喷墨技术的实现原理是：将许多小的压电陶瓷放置到打印头喷嘴附近，压电晶体在电场作用下会发生变形，到一定的程度时，借助于变形所产生的能量将墨水从墨腔挤出，从喷嘴中喷出，图文数据信号控制压电晶体的变形量，进而控制喷墨量的多少。其基本原理如图 1-6 所示。

静电喷墨技术的实现原理是：在喷墨系统和承印物之间的电场，通过图像信号改变喷嘴表面张力的平衡，在静电场吸引力作用下，使墨滴从喷嘴喷射出去，到达承印物表面形成印迹。静电喷墨的基本原理如图 1-7 所示。由静电喷墨技术产生的墨滴尺寸远远小于喷嘴的尺寸，因此具有高分辨率的特点，而且容易实现喷头的多嘴化；但需要较高的工作电压。

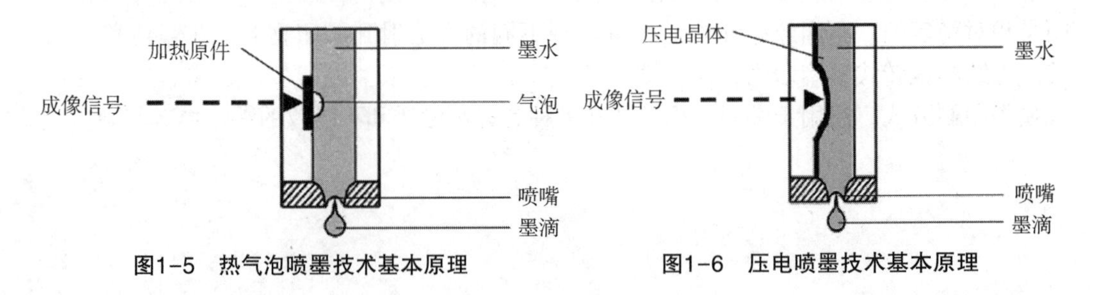

图1-5　热气泡喷墨技术基本原理

图1-6　压电喷墨技术基本原理

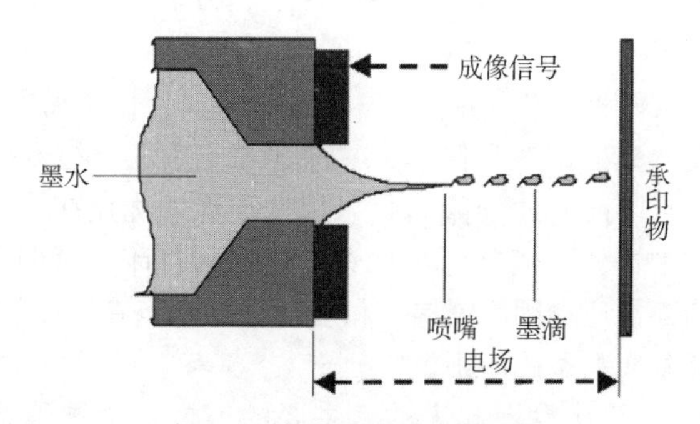

图1-7 静电喷墨技术基本原理

按需喷墨技术相对于连续喷墨技术而言，虽然速度较慢，但拥有质量更佳、应用领域更广的优势。同时，随着技术的完善与成熟，喷印速度稳步提升，业内对按需喷墨打印技术的认可度不断提升。

1.2.2.2 喷墨印刷油墨的研究现状

墨水是喷墨印刷系统的主要耗材。墨水的类型决定了一个喷墨印刷系统所能使用的承印材料、印刷适性以及印刷速度。喷墨印刷用油墨，是黏度适中的专用墨水，应具有以下性能：

1）无毒、不堵塞喷嘴、喷射性良好、对喷头的金属构件不腐蚀等；

2）对于热气泡喷墨系统，要求热稳定性良好，因为工作温度达到300~400℃，如果墨水不耐高温就会分解或变色；

3）必须有足够的表面张力，以防止喷出时墨水溅射出去；

4）具备快干性，以防止墨水在承印物上扩散。

当前可用于喷墨印刷的油墨主要有两种，一种为非全固含量油墨，另一种为全固含量油墨。

非全固含量油墨又分为水性墨和溶剂墨。其中，水性墨被普遍应用于台式打印机中，优点在于其价格较低且环境友好，但由于各种原因在工业应用中发展较慢。水性油墨多应用于多孔、特殊处理过或者需要通过层压增加耐用性的基底上，并且这种油墨不易黏附在无孔基底上。此外，根据市场需要喷射生物的或可接触食品的液体体系，使得水性油墨部分配方发生改变，但许多压电式工业打印头或水性油墨的成分并不相容。此外，水性墨使用颜料或者染料作为成色剂，其他主要原料就是水，依靠其渗透和吸收能力完成整个干燥过程，尽管这个过程中也伴随着水分的挥发，但总体来说干燥速度是比较缓慢的。这种墨水自身的性质降低了色密度，同时因为油墨会渗入基材的深层，会降低油墨在纸张上的分辨率。相对于水性油墨来说，溶剂型油墨干燥速度快，干燥后对承印物的附着度高，一般对环境的温度、湿度不敏感。但是溶剂型油墨中的有机溶剂会对环境造成污染。环保溶剂型油墨应运而生，用无毒无污染的溶剂来代替普通溶剂。

当在喷墨打印纸或涂布基上打印或印刷时，使用水性和溶型油墨，图像的质量和持久性都可以接受，但是当在吸收性较差的承印物（如金属、玻璃和塑料等）上打印或印刷时，就有可能得不到持久、清晰的图像效果。为了解决这个问题就引进了全固含量油墨。

全固含量油墨主要有两种：相变油墨和UV固化油墨。相变油墨又名热熔胶，主要以固态形式存在。相变油墨的组成很简单，主要连接剂就是低熔点高分子。当引入相容系统中时需要在喷墨打印前先使油墨熔化。相变油墨的优点在于没有需要挥发和渗透的组分，干燥速度非常快，环境友好并且具有良好的打印不透明度，打印质量也较容易控制，因为这类油墨快速凝固不铺展。相变油墨的缺点在于耐用性和耐磨性较差。相变油墨目前用于无孔基底上条码印刷。

UV固化油墨是21世纪初发展起来的。主要的连接剂由预聚物、单体和引发剂组成。UV固化油墨印刷适应性强，能够满足于多种承印物的需要，用这些油墨印刷出来的图像具有更强的持久性和不褪色的能力，而且打印头的可靠性和稳定性也得到了前所未有的提高。除此之外，UV固化油墨的干燥性能优良，具有良好的环保性能。UV固化油墨结合数字喷墨技术，能够带来较高的经济效益。无论从技术角度还是经济角度考虑，UV固化油墨都有较广阔的应用前景，成为未来喷墨印刷油墨发展的方向。

此外，根据呈色剂的不同，喷墨印刷油墨又可分为染料型油墨和颜料型油墨。对于染料型油墨，主要以水性油墨为主，由于染料溶解在载体中，每个染料分子被载体分子所包围，在显微镜下观察不到颗粒，是一种完全溶解的均匀溶液。染料型油墨色彩鲜艳、层次分明、价格较颜料型油墨低，是打印图片、制作名片等的首选产品。目前，大多数喷墨成像都是采用染料型水性油墨。染料型喷墨油墨不易堵塞喷头、喷绘后易于被承印物吸收，而且由于染料表达的色域一般比颜料大，体现的色彩范围也大，使得印品更加鲜艳、光泽。但是防水性能较差、不耐摩擦、光密度低、化学稳定性相对较差、耐光性也较差，并且容易洇染。颜料型油墨是将固体颜料研磨成细小的颗粒，分散于特殊的溶剂中，是一种悬浮溶液或半溶液。这种油墨解决了染料型油墨的缺点，具有耐水、耐光、不褪色、干燥快等优点。由于颜料型油墨对介质渗透力弱，不像染料型油墨那样扩散，所以不容易洇染。虽然目前染料型油墨的使用成本低，是大多数非印刷专业用户的最佳选择，但是从印品质量和成色效果来考虑，颜料型喷墨油墨的发展是必然趋势。

根据油墨的上述研究现状，结合目前油墨市场的整体状况可知，到目前为止，喷墨油墨中溶剂型油墨的销售占主导地位，但UV固化油墨的市场份额也在逐年增加，并且呈上升趋势。从环保的角度来看，UV固化油墨的快速发展是一种必然的趋势。随着喷墨印刷的发展，不断改进的印刷设备使得喷墨印刷油墨的市场也在快速改变。油墨制造商和科研单位正在更加努力地致力于开发更先进、更安全的产品。同时又在不断改进产品品质，提高油墨性能以满足人们的各种需求。

1.2.2.3 喷墨印刷油墨技术发展的制约因素

在喷墨油墨发展的几十年间，喷墨印刷的发展受到一定因素的制约。相对于长期占据统治地位的网版印刷、胶印、凹印和柔性板印刷方式，喷墨印刷技术显得还不够成熟，还有许多技术瓶颈需要突破。只有这些障碍被一一克服，喷墨印刷的发展潜力才会被挖掘。喷墨油墨发展的时间非常短暂，而且相对于传统印刷油墨，喷墨印刷的印刷方式对于油墨又有很多的限制。这两方面的原因导致现在喷墨油墨的研究与应用不是很理想。而油墨性能上的局限性在很大程度上限制了喷墨印刷的普及与进一步发展。不同的承印材料对油墨有不同的要求，印刷所需要的理想油墨要求其包含的材料安全无毒、加工和使用过程中无气味、印刷时铺展少。对于包装类产品还需要油墨具有较好的耐磨性和能热封、撕裂时不产生墨屑，印刷的图像颜色鲜艳、清晰度高等要求。而要提高油墨的适应性能，只有从油墨本身出发来解决。事实上，在过去的几十年里，人们一直试图开发出具有上述特性的柔性版印刷油墨。但要在受诸多限制的喷墨墨水里实现这些优良的性能可谓是难上加难。目前也没有一种墨水能够满足上面诸多要求。

油墨的性能也能影响印刷速度。油墨的涂覆速度和干燥速度直接影响到印刷速度，干燥慢的油墨很难实现高速印刷。传统印刷的印刷速度快，得益于成熟的油墨技术。而喷墨印刷的印刷速度慢，一方面，因为喷墨印刷油墨中的颜料含量比常规油墨要低得多，为了达到跟传统印刷相同的颜色鲜艳程度，印刷时需要往承印材料上铺展更多体积的油墨，导致印刷速度提高不上去。比如，一般的墨水的颜料含量小于10%，而胶印油墨的颜料含量要大于25%。如果要实现同样的实地印刷，使用10% 含量的墨水需要的墨层厚度大概为6mm，而使用胶印油墨时，仅需要2mm 的墨层即可。另一方面，由于喷墨印刷所用的墨水含有大量稀释剂，稀释剂的干燥需要时间，所以也影响了喷墨印刷速度的提高。如果喷墨印刷的墨水中颜料的含量可以提高到传统印刷的比例，上述两方面的情况都可以得到缓解，印刷速度将得到进一步提高，其相对于传统印刷的竞争实力将更强。但是增加颜料的含量会给喷墨印刷带来新的问题，比如喷射性能改变和堵塞喷嘴等。单纯增加颜料含量势必会影响墨水的流动性和墨滴的分裂性能，最终将会影响喷墨的性能。所以要提高颜料的含量还有很多困难需要我们去克服。在现阶段，墨水中的颜料含量还不能提高到传统油墨的浓度。此外，颜料的含量决定了墨水的固含量，由于墨水的固含量低，导致墨水的光泽度和不透明度比传统油墨要低，这也是喷墨墨水需要克服的另一个问题。对于喷墨墨水来讲，客观需求要求提高固含量，但现有的技术现状不允许提高。对于喷墨印刷行业来讲，如果要进一步拓宽其应用领域，面临的最大挑战是合理解决好这方面的矛盾，开发出合适的墨水。

在喷墨用油墨的研发过程中理论分析显得尤为重要。在实际生产过程中会出现墨水配方中一些看似无关紧要的改变，导致了喷嘴的严重堵塞。所以，对墨水的流变性能和分裂性能的理论研究必不可少。而我们对流变学的理解也只是在最近的几十年里才开始。对于墨水的理论研究起步自然较晚，这样给墨水的开发带来难度。然而，理论研究并不简单。首先，与一般流体不同，喷嘴内的流体分析与研究不能采用传统的方法，因为喷嘴内的流体剪切速率在 $10^{6}\ s^{-1}$，大大超出了常规的毛细管流变仪测量范围；其次，墨滴产生时间与长链聚合物的松弛时间有关，所以，弹性效应将会影响墨滴的产生；最后，由于表面活性剂的加入，使得墨滴的流变性变得更加难以预计。没有合适理论作基础的墨水开发，无疑带有一定的盲目性。我国至今无法开发合适的墨水，这与理论研究的滞后有重要的关系。

在图像印刷领域，喷墨印刷之所以没有想象中那么快速占领市场并取代传统印刷，主要是因为喷墨印刷需要一个系统来支撑。这个系统既需要印前、印刷和印后处理这三个基本过程，也需要原辅材料、设备、承印物的优化组合。传统印刷的这个系统已经非常完善，而喷墨印刷这个系统还没有完全建立起来，更何况还有数字印刷和静电成像印刷。所以，对于喷墨印刷来讲，虽然具有强大的发展潜力，但上述问题毫无疑问成为其发展的绊脚石。如果这些被一一攻克，瓶颈的问题自然得到了解决，届时即可取代大部分的传统印刷方式，成为印刷领域的主力军。

1.2.2.4 产业现状

近年来，喷墨印刷逐渐引领着油墨市场的发展方向，并且其在油墨市场的份额也呈现逐年递增的趋势。各大油墨供应商为顺应市场发展方向，近年来也动作频频，不断调整自身的业务结构，以积极开拓喷墨印刷市场。目前，许多全球重要油墨供应商已经具备生产喷墨印刷油墨的能力，随着喷墨技术的不断发展，全球各大供应商也在逐年推进自己的喷墨技术。例如，2015 年全球著名的两大油墨供应商盛威科和富林特集团，仍向喷墨市场进行纵向推进。盛威科宣布在法国成立喷墨印刷油墨发展中心，现已提供 OEM 生产。富林特集团收购全球第二大数字印刷机制造商赛康，并成立了数字印刷解决方案部门。

世界范围的行业展会也是各大油墨供应商展示自己最新成果的主要平台。从 2008 年的德鲁巴展会开始，业内就一直关注喷墨印刷，在 2012 年的德鲁巴展会上，和喷墨有关的公司有 98 家，包括惠普、柯尼卡美能达、柯达、方正、高宝等知名企业，在 2016 年的德鲁巴展会上，喷墨类展商如雨后春笋般增长。喷墨印刷具有无须套色、无须制版、无压力、非接触、尺寸可调、数据可变、印刷精度较高、节能减半等优势，在多种行业、材料、实体上得到广泛应用。

喷墨油墨技术的快速成长，使其产品应用范围和技术指标能够满足大部分现有市场和新兴市场的需要。尤其是宽幅和超宽幅喷墨印刷持续增长，窄幅印刷、标签印刷和全球个性化印刷均在不同程度的增加。并且商业印刷和出版物印刷开始更多地使用水性喷墨。在未来喷墨油墨的发展过程中，喷墨印刷油墨必须适应更多承印物种类和更快的打印速度。

在近年来，全球喷墨油墨重点关注的油墨类型为辐射固化型油墨，致力于解决提高喷墨印刷的生产效率的同时降低成本。如 Collins 喷墨公司通过 2016 年德鲁巴展会展示了其开发的 EB 油墨，可与 PPSI 数字印刷机配合使用，在高品质生产的同时，生产效率和成本接近胶印。对于辐射固化型油墨，富士胶片在 2016 年德鲁巴展会上展示其最新研究成果，即其所研发的新型数字印刷机可以使用公司 EUCON 专利成像技术在软包装底面印刷。该技术在新型数字印刷机上由三个核心元素组成：一种新开发的高性能 UV 油墨，一种用来防止油墨流动的独特底涂技术，以及一种能够显著降低 UV 油墨特异气味的氮气清除技术。此外，富士胶片还在 2016 年德鲁巴展会上展示了其新一代模块化 SAMBA 打印头，VersaDrop 喷射技术和 RAPIC 抗凝固技术，这些技术与富士胶片的软件、系统集成和油墨研发技术组合，形成了其与海德堡合作的新型 B1 工业喷墨印刷机的核心引擎。

全球各大喷墨油墨制造商已经预测到了未来喷墨技术市场存在的巨大商机。在此前宽幅和超宽幅市场已经发展起来的基础上，近期窄幅平张式喷墨印刷在各种应用方面快速发展，预计未来几年喷墨印刷油墨市场将呈现两位数的增长速度。其中油墨技术的机会较印刷技术的发展更大，尤其是辐射固化性喷墨油墨和水性油墨技术，在今后喷墨技术的发展过程，将占据着越来越重要的位置。

1.3 课题研究所用数据库及数据范围

油墨作为重要的印刷耗材，面临多元化的发展趋势，通过技术研发获得的产品功能性强、附加值高、应用广泛，是我国乃至世界上重点关注的产业研究对象之一。广东省相关产业发展也面临机遇和挑战。为适应广东省战略性新兴产业发展的需求，建立高性能油墨产业专利信息数据库，将专利信息、情报与产业情况相结合，发挥专利信息对产业发展的推动作用，对高性能油墨以及相关产业的经济发展具有重大意义。

本课题通过对高性能油墨领域专利信息资源进行检索分析，得到相关产业专利现状、发展趋势、分布特点等信息，锁定行业领先国家和企业，寻找技术创新热点和重点专利技术；并通过专利信息对比国内外以及广东省内行业发展各自的特点和优劣，发现与国际领先水平的差距，分析专利侵权风险，为企业技术研发方向以及政府制定产业发展政策提供导航建议。

本课题中专利文献数据的检索利用国家知识产权局专利检索与服务系统（以下简称“S系统”），数据范围包括：CNABS（中国专利文摘数据库）、CPRSABS（中国专利检索系统文摘数据库）、DWPI（德温特世界专利索引数据库）、SIPOABS（世界专利文摘数据库）、VEN（由DWPI和SIPOABS组成的虚拟数据库）、CNTXT（中国专利全文文本代码化数据库）、WOTXT（世界专利全文文本代码化数据库）、USTXT（美国专利全文文本代码化数据库）、EPTXT（欧洲专利全文文本代码化数据库）、JPTXT（日本专利全文文本代码化数据库）、TWTXT（中国台湾专利全文文本代码化数据库）。检索的范围涵盖各数据库截至2018年12月31日公开的专利数据。

中文专利法律状态数据来自Patentics数据库以及中国专利电子审批系统（以下简称“E系统”），引用频次数据来自Patentics数据库。

专利检索中，以IPC分类号与关键词相结合的方式进行检索，其中中文检索以CNABS数据库为主，在CPRSABS以及CNTXT数据库中进行补充，并通过DWPI等外文数据库补充含有中文同族的数据，最终将全部结果进行转库合并至CNABS数据库中作为最终中文检索结果；外文检索以DWPI数据库为主，并根据不同数据库的特点在SIPOABS、VEN等数据库中补充CPC分类号检索等手段，最终将全部结果转库合并至DWPI数据库中作为最终外文检索结果。

基于专利检索结果，利用专利分析工具，对全球专利技术的发展态势、原创国家和地区分布、专利布局国家和地域分布、重点申请人等信息，以及国内专利申请的国内外对照、区域分布、申请人类型分布、重点申请人、法律状态信息等进行深入的研究分析。

本课题中的专利检索对于至少2016年以后的专利申请数据采集不完整，这是由于部分数据在检索截止日时尚未公开。例如，发明专利申请在未申请提前公布的情况下通常自申请日（有优先权的自优先权日）起18个月才进行公开，PCT专利申请则可在自申请日（有优先权的自优先权日）起30个月内进入国家阶段。

第 2 章　油墨专利信息分析

2.1　传统版式油墨

传统版式油墨主要包括网孔版油墨、凸版油墨、凹版油墨及平版油墨。截至 2018 年 12 月 31 日，传统版式油墨领域的全球专利申请量为13390项，中国专利申请量为 4823 件，主要涉及版式油墨及其制备方法、版式油墨的应用。本章主要分析版式油墨的全球和中国专利概况。

2.1.1　版式油墨总体情况分析

2.1.1.1　全球专利分析

1. 申请量趋势分析

从图2-1中可以看出，版式油墨的发展大致经历了以下三个阶段。

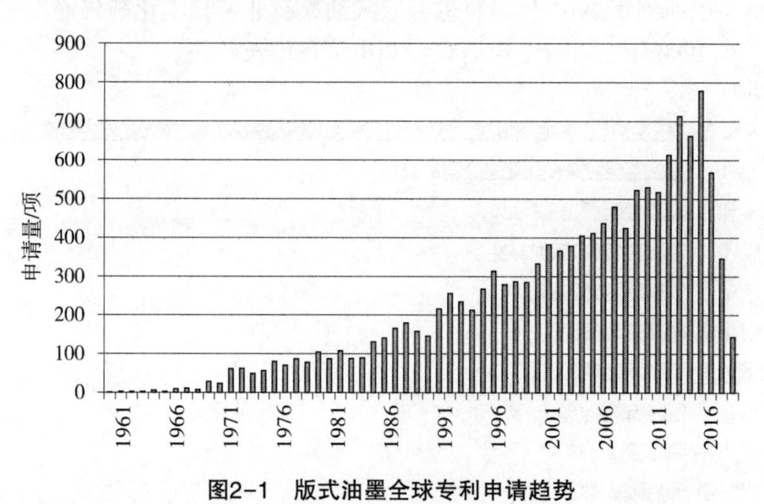

图2-1　版式油墨全球专利申请趋势

（1）萌芽期（1961～1990 年）

版式油墨领域专利始于 1961 年，欧文斯-伊利诺伊公司提出了一种环氧树脂型油墨组合物（公开号 US3816364A）。在这之后的 30 多年间，每年的专利申请量均在 150 项以内，该时期内版式油墨领域发展缓慢。

（2）平稳增长期（1991~1995 年）

1991 年版式油墨专利申请量为 216 项，相比于前一年增长 71 项。随后的 5 年间，每年的专利申请量保持了比较平稳的发展趋势。

（3）快速增长期（1996~2008 年）

1996~2008 年版式油墨全球专利技术呈现快速增长的势头，在增长率得到保持的同时，绝对申请数量上反映了这一阶段相关技术的快速发展。2004 年，版式油墨全球年专利申请量首次突破了 405 项，在此期间版式油墨技术发展不断趋于完善，逐渐向技术成熟期迈进。

（4）技术成熟期（2008 年至今）

2008 年至今，版式油墨的全球专利申请量处于平稳增长状态，这一时期版式油墨技术已进入技术成熟期，几乎每年专利申请量均保持在 500 项以上。但是由于专利申请量数据基于最早优先权日进行统计，在检索截止日时有大部分专利尚未首次公开，从而造成 2016~2018 年的专利申请量有较大幅度下降（下同）。

2. 申请人分析

对版式油墨领域的主要申请人进行统计分析，如图2-2所示。数据表明，全球范围内，专利申请量排名前 10 位的申请人分别为东洋油墨（JP）、DIC（JP）、大日本印刷（JP）、凸版印刷（JP）、巴斯福（DE）、太阳化学（US）、阪田油墨（JP）、荒川化学（JP）、日本化药（JP）、理想科学（JP）。其中，排名首位的东洋油墨的专利申请量达到 1122 项，排名第二的 DIC 的专利申请量为 441 项，大日本印刷、凸版印刷、巴斯福、太阳化学及阪田油墨的专利申请量非常接近。从各申请人专利申请量时间分布趋势中可以看出，巴斯福于 1967 年最早进入版式油墨行业，日本化药最晚，于 1976 年才进入该行业。在 1990 年之后，各申请人专利申请量增长较快。

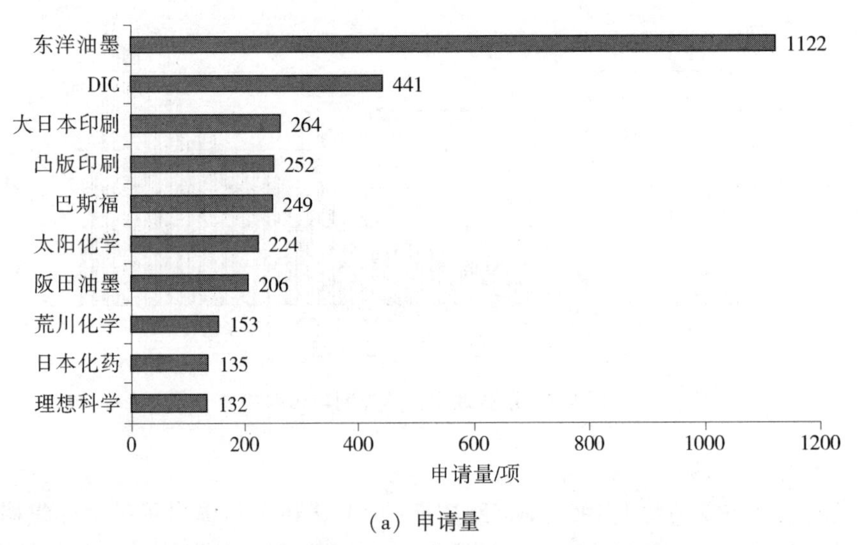

（a）申请量

图2-2 版式油墨全球专利申请排名前 10 位的申请人和版式油墨全球申请人排名

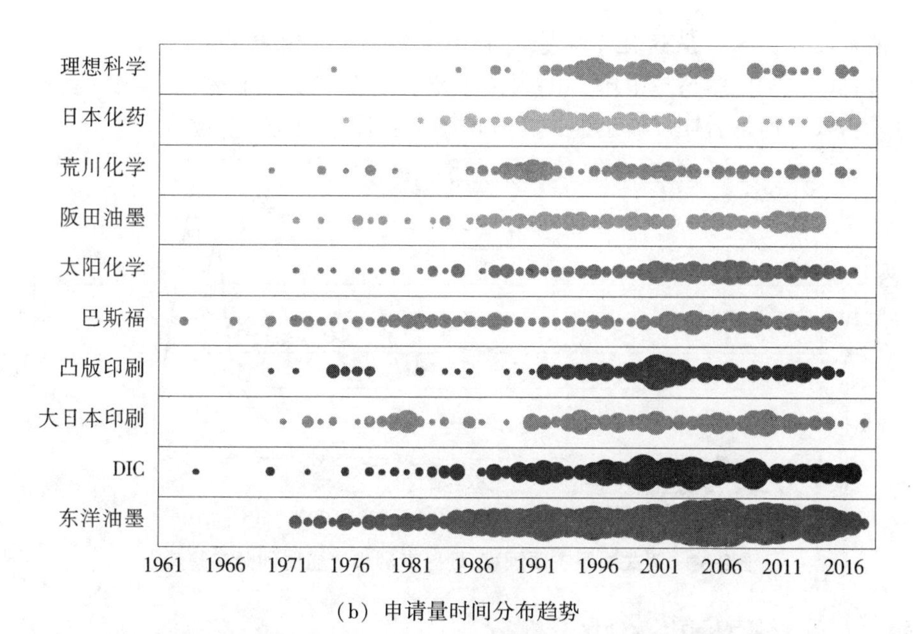

（b）申请量时间分布趋势

图2-2　版式油墨全球专利申请排名前10位的申请人和版式油墨全球申请人排名（续）

3. 申请国家/地区分析

（1）专利申请来源地分析

从图2-3中可以看出，日本专利申请量最大，占全球50%；其次是中国和美国，分别占21%和13%；接着是欧洲，占11%。这4个国家/地区占全球专利申请量的95%。从图中数据也可以看出，虽然中国、美国、欧洲也占据一定的专利申请量，但是日本在该领域占据领先地位。全球排名前10申请人中，有8位申请人均来自日本，分别为东洋油墨、DIC、大日本印刷、凸版印刷、阪田油墨、日本化药、荒川化学、理想科学。

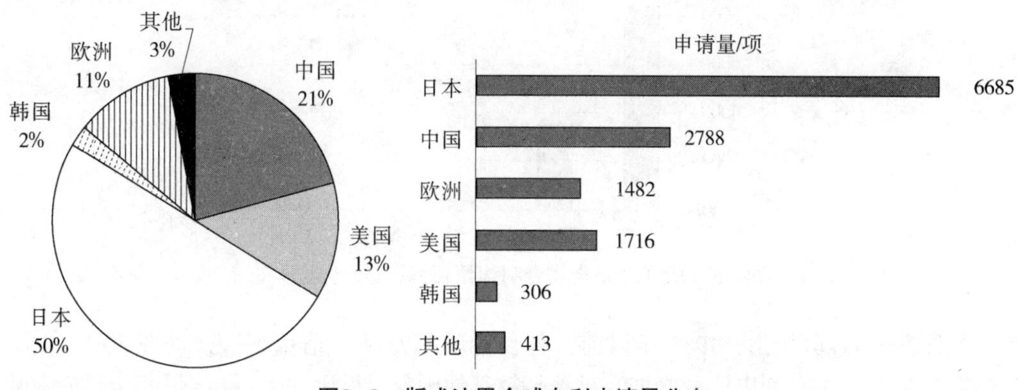

图2-3　版式油墨全球专利申请量分布

从图2-4可以看出，日本在1985年之后就进入快速发展期，而美国、欧洲均是在20世纪90年代后进入快速发展期。三国/地区均是到2003年左右进入平稳发展期，日本发展最快，美国和欧洲地区发展形势相当。中国直至2003年，才正式进入快速发展期，2009年专利申请量超越美国、欧洲及韩国，2013年专利申请量超过日本，成为年专利申请量最大国家。从这几个国家专利申请量趋势分布也可以看出，日本、美国、欧洲地区总体技术仍然超越中国，中国技术研发起步晚，当日本、美国、欧洲进入稳定期时才切入，但是后期发展迅速，专利申请量已经赶超美国、欧洲。

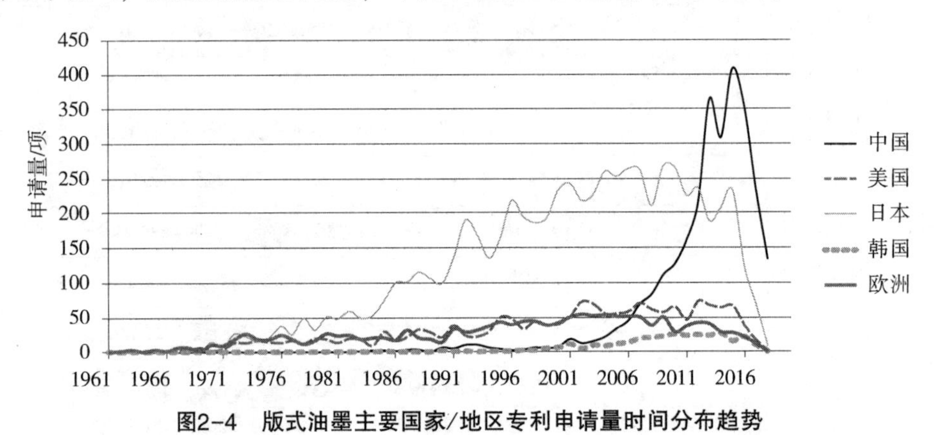

图2-4　版式油墨主要国家/地区专利申请量时间分布趋势

（2）专利申请目标国家/地区分析

在某个国家或地区的专利申请公开量可以直接反映该国家/地区在全球市场中的地位。对版式油墨全球专利申请的目标国进行分析（如图2-5所示），中国、美国、日本、韩国和欧洲是该领域的主要市场，它们为目标国的专利申请量（即在各自区域公开的专利申请量）分别为4437件、3550件、8435件、1456件、3172件。其中，中国、美国、韩国和欧洲的原始专利申请量虽然相对较小，但是目标国公开量却显著上升。特别是韩国，原始国专利申请量只有306项，公开文件有1434件，即韩国也是油墨领域重要市场。

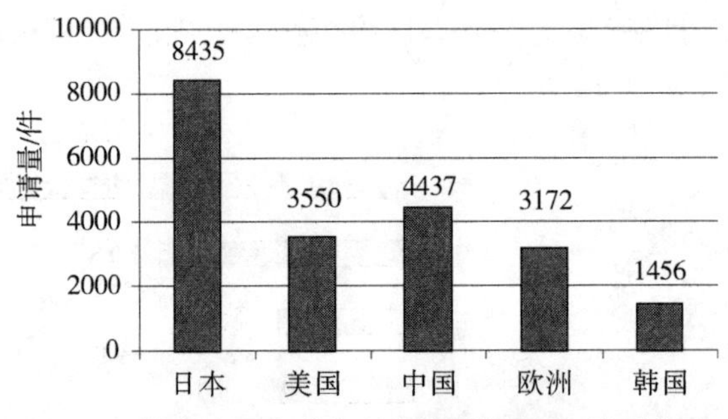

图2-5　版式油墨全球专利申请目标国家/地区分布

从图2-6可以分析出，1985年以前，各目标国年专利申请量不大，均在80件以内。1985年之后，日本专利申请量剧增，显著超越其他国家/地区。2001年之后，全球专利申请量趋于平稳，保持在每年300件左右。美国、欧洲地区均是自1985年后进入快速增长期，在2002年左右进入平稳发展期。韩国是在1990年之后才进入快速增长期，在2002年之后进入平稳发展期。与其他国家不同，中国在1985~2000年处于技术起步时期，2000~2013年处于快速增长阶段，2007年已经超越美国、欧洲及韩国的专利申请量，2012年已经超越其他四国/地区的专利申请量，即中国已成为全球最大的版式油墨市场。

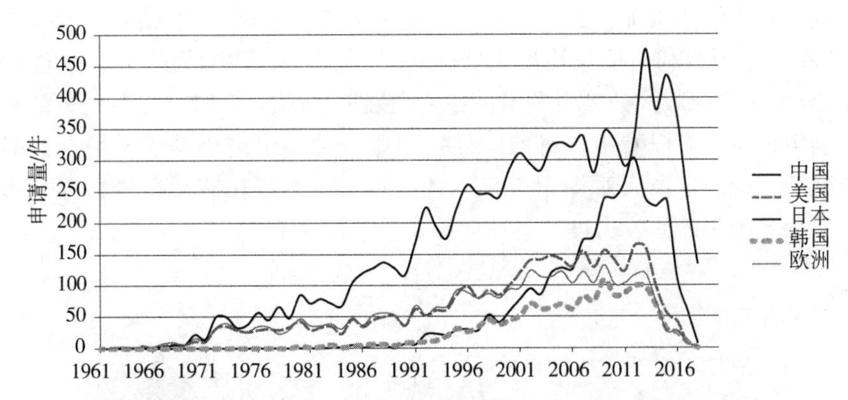

图2-6　版式油墨主要申请目标国家/地区专利申请量时间分布趋势

4. **专利技术流向分析**

从图2-7可以看出，日本是全球最大的技术输出国，其主要申请在本国，除本国之外的最大目标为美国，其次是欧洲，专利申请量分别为 803 件、628 件，在中国和韩国的专利申请量分别为 534 件和 404 件。即从 4 个输出目标国文献量可以看出，日本对待美国、中国、欧洲、韩国市场的重视程度接近，专利布局量也接近。美国除本国之外的最大目标国是欧洲，其次是日本，专利申请量分别为 943 件、751 件。中国虽然是专利申请量排名第二位的申请大国，但是其对外输出非常小。韩国虽然本国专利申请量较低，但是对外输出量相对较高，对于中国、美国及日本的输出程度相当，对欧洲地区的输出程度较弱。由此可见，我国虽然是申请大国，但非技术强国，尚未达到在国际申请专利占领市场的实力。

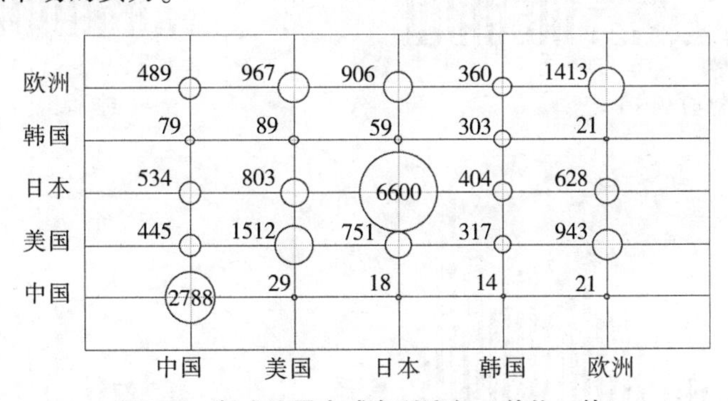

图2-7　版式油墨全球专利流向（单位：件）

2.1.1.2　中国专利分析

本节主要分析中国专利申请趋势、省份分布、申请人分析、国外企业在华申请情况、国内主要企业申请情况以及专利的法律状态分布。

1. **申请量趋势分析**

版式油墨领域中国专利申请为 4823 件，其中 2847 件为中国申请人的申请，占专利申请量的 59%；其次是日本、美国和德国，分别占专利申请量的 14%、10%、7%。从图2-8可以看出，1985 年国外申请人开始在中国进行版式油墨的专利申请，1993 年国外在华专利申请量快速增加，2005 年进入平稳发展期。中国专利申请始于 1985 年，之后直至 2000 年中国专利申请量均处于低迷状态，以年专利申请量不足 10 件的态势发展，直至 2001 年中国版式油墨专利申请进入发展期，2011 年的年均专利申请量已超国外来华专利申请量。可以看出，目前国外关于版式油墨申请仍处于平稳期，即已经进入技术成熟期，国内申请人对知识产权重视度加大，逐步在该领域进行专利布局，且中国加大了版式油墨的研发力度，迅速向技术成熟国家靠拢。

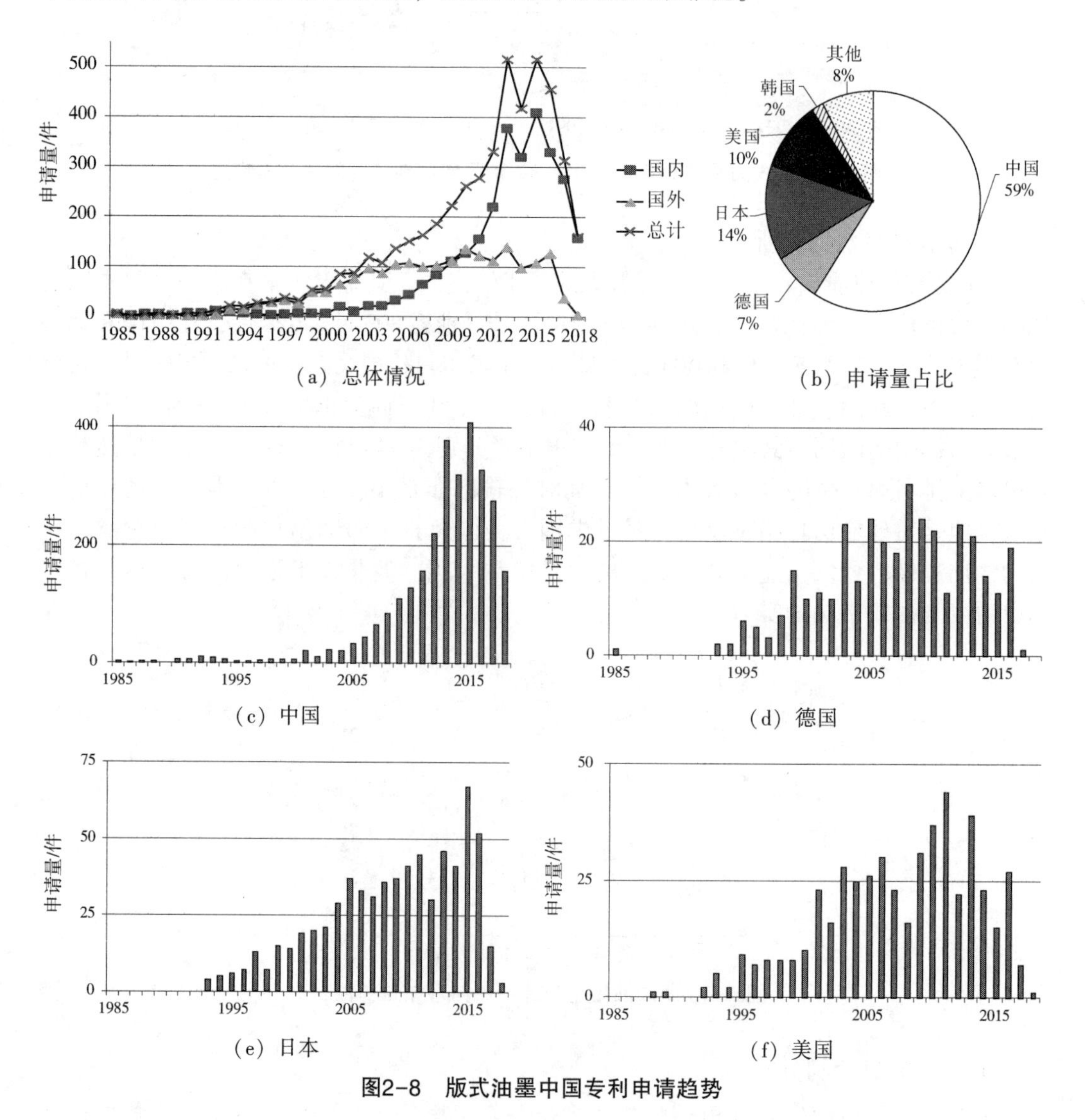

图2-8 版式油墨中国专利申请趋势

2. 申请人分析

图2-9是中国专利申请量排名前 11 位的申请人及其专利申请量随时间的变化趋势。专利申请量排名前 11 位的申请人中，日本申请人有东洋油墨、住友和 DIC，美国企业有太阳化学、西柏控股，欧洲企业有默克专利、巴斯福和西巴，中国有中国印钞造币总公司、中钞实业有限公司和中国科学院。从申请时间分布上来看，这些公司及机构

均是从1990年之后开始在中国进行专利布局，大部分公司均是从1995年进入发展期，至2005年进入平稳期。默克专利2005年之后专利申请量呈现下降趋势，西巴2006年之后无专利申请。从申请人总体占比来看，前11位申请人的专利申请量总和只占申请总量的14%，说明该领域专利申请人数分布较宽，技术较为分散。

从表2-1和图2-10中可以看出，默克专利、太阳化学和住友专利申请量较高，但是专利有效率较低；西巴、巴斯福、DIC和东洋油墨的有效率较高。3位国内申请人中，中国印钞造币总公司和中钞实业有限公司的专利有效率均超过了50%。中钞实业有限公司2009年之后才开始专利布局，中国印钞造币公司相对较早，从2002年开始。总体来看，国内申请人开始申请专利时间较国外申请人晚。

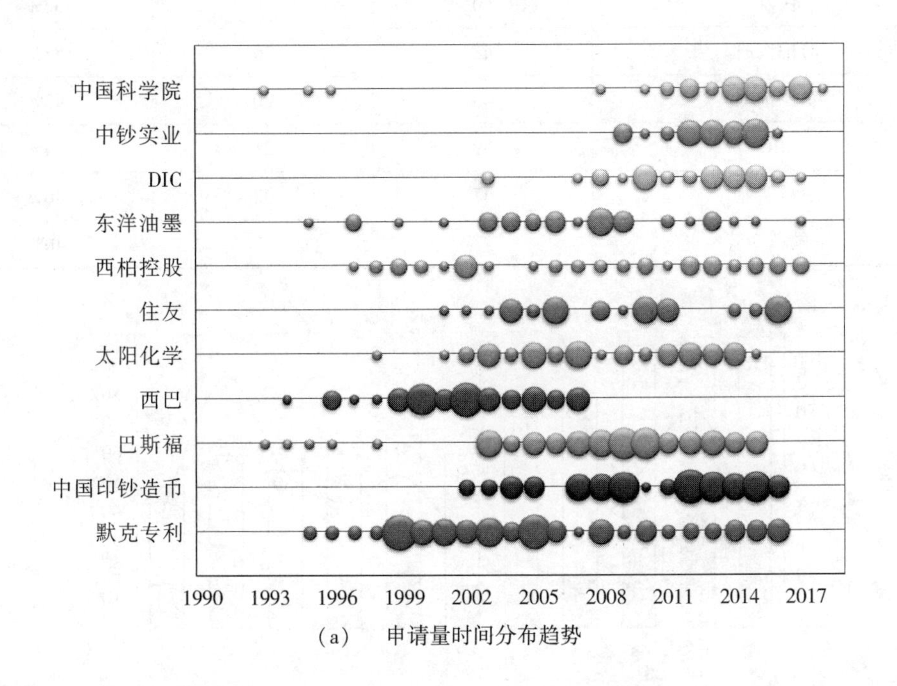

（a）　申请量时间分布趋势

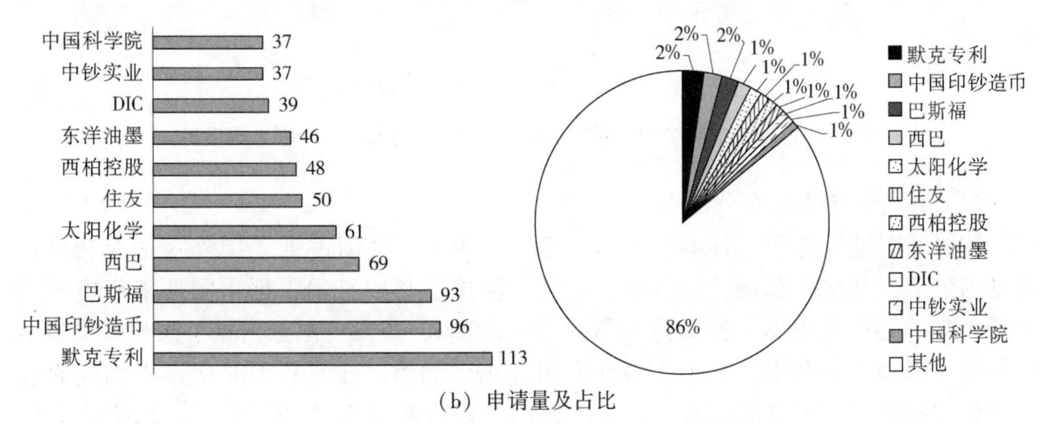

（b）申请量及占比

图2-9　版式油墨中国专利申请排名前11位的申请人

表2-1 版式油墨中国专利申请排名前 11 位的申请人专利申请情况

公司名称	专利申请量/件	有效量/件	有效率
默克专利	113	32	28%
中国印钞造币	96	71	74%
巴斯福	93	49	53%
西巴	69	20	29%
太阳化学	61	19	31%
住友	50	16	32%
西柏控股	48	25	52%
东洋油墨	46	20	43%
DIC	39	21	54%
中钞实业	37	32	86%
中国科学院	37	17	46%

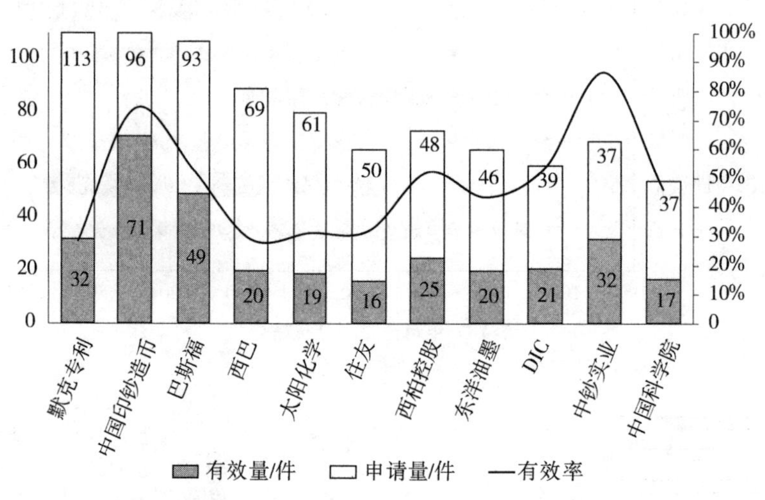

图2-10 版式油墨中国专利申请排名前 11 位的申请人专利申请情况

（1）国外申请人分布分析

按照国别进行排序，日本、美国、德国、瑞士、韩国占据了国外在华专利申请量排名前五，其次是英国、比利时、荷兰、法国。其中日本占据了国外来华申请总量的 34%、美国占 25%、德国占 18%、瑞士占 8%，这四个国家占据了国外来华申请总量的 80% 以上。其中，日本代表性公司有东洋油墨、住友和 DIC 等，美国代表性公司有太阳化学、西柏控股等，德国代表性公司有默克专利和巴斯福，瑞士代表性公司有西巴。

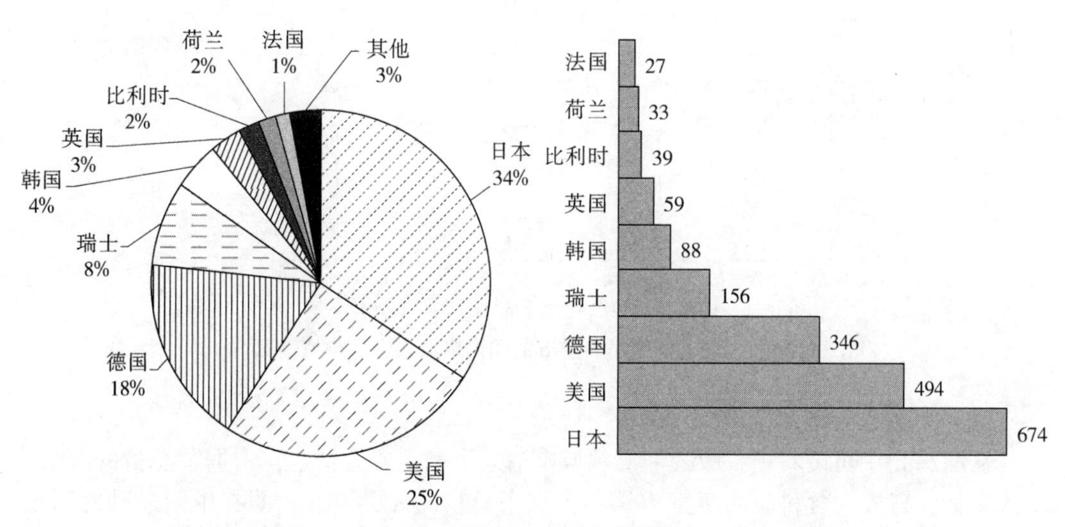

图2-11　版式油墨国外申请人专利申请情况（单位：件）

（2）国内申请人分布分析

对国内申请人按照专利申请量进行排名，排名前五位的分别为中国印钞造币、中钞实业、中国科学院、北京印刷学院、比亚迪、深圳美丽华，包括一家科研机构和一所高校，表 2-2 是它们的专利申请情况。从图2-12可以看出，除去北京印刷学院和中国科学院外，其他申请人的专利申请有效率均超过 50%。从排名前五的国内申请人可知，国内申请人总体申请数量虽然较大，但是除中国印钞造币总公司外，单个申请人申请数量并不高，并列排名第五的比亚迪和深圳美丽华的专利申请各只有 28 件。即总体来说，该领域国内申请人数量多，但专利申请量较大的申请人很少，技术并不集中，较为分散。

表2-2　版式油墨国内主要申请人专利申请情况分析

公司名称	专利申请量/件	有效量/件	有效率
中国印钞造币总公司	96	71	74%
中钞实业有限公司	37	32	86%
中国科学院	37	17	46%
北京印刷学院	32	15	47%
比亚迪股份有限公司	28	23	82%
深圳市美丽华油墨涂料有限公司	28	19	68%

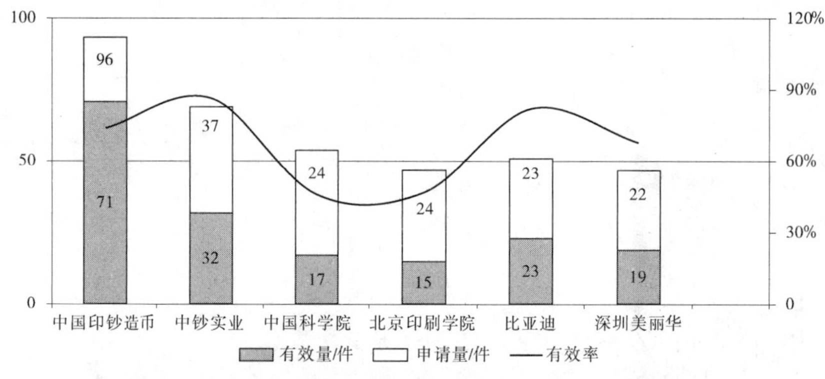

图2-12　版式油墨排名前五的国内申请人专利申请情况

（3）申请人类型及合作模式分析

从图2-13中可以看出，版式油墨领域申请人类型主要为企业，占据了总量的 80%。个人申请、高校（含科研院所）申请各占据了总量的 8%、6%，即在中国鼓励发明创新的国策之后，无论是企业、高校（含科研院所）、个人均在尝试科研创新，但是在版式油墨领域，主要技术仍然集中在企业手中。另外从图2-14中可以看出，虽然合作申请仅占专利申请总量的 6%，但是合作形式多样，有企业-企业的合作、企业-个人的合作、企业-高校（含科研院所）的合作。其中企业-企业的合作模式占据了全部合作模式的 64%，即在版式油墨领域，主要合作仍然集中在企业与企业之间。另外，企业-高校的合作占据了合作模式的 18%，说明企业与高校之间的互动也非常多。因此在该领域，企业与高校合作是企业获得技术提升的一种模式。从图2-15可以看出，申请人类型中，合作申请有效率是最高的，达到 37%；其次是企业，有效率为 33%；个人专利申请有效率最低，只有 18%。这也可以看出，虽然目前国内个人专利申请量虽然相对较高，但是申请质量低。从图2-16也可以看出，在华申请中，国内外申请人都主要是以企业申请为主，企业专利申请量均占据了总专利申请量 60% 以上。但是国外申请人在华申请中，企业申请占绝大份额，达到 93%；而国内申请人中除去企业申请，个人申请也占据了国内申请人专利申请量的 12%，即个人申请也是国内申请模式中的一种重要形式。同时高校、合作模式也分别占据了国内申请人专利申请量的 10% 和 7%，而国外申请人中，高校以及合作模式申请量均较低，总体不足 7%。

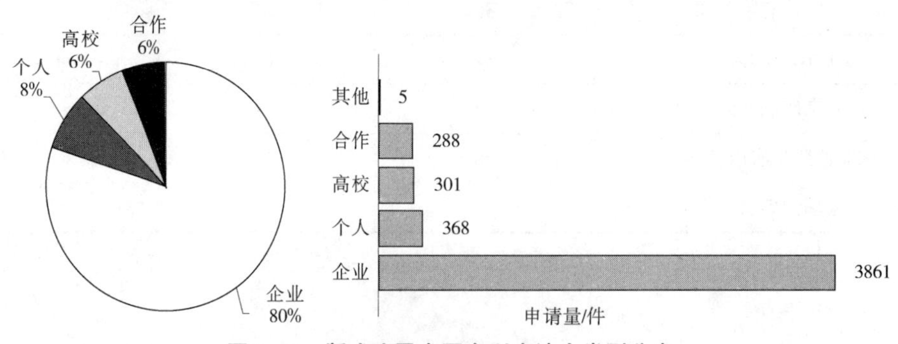

图2-13　版式油墨中国专利申请人类型分布

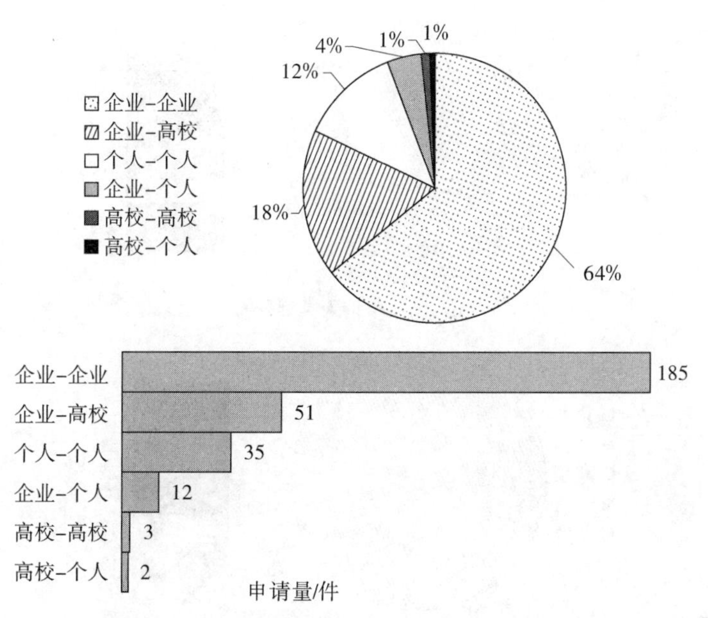

图2-14　版式油墨中国专利申请人合作模式分布

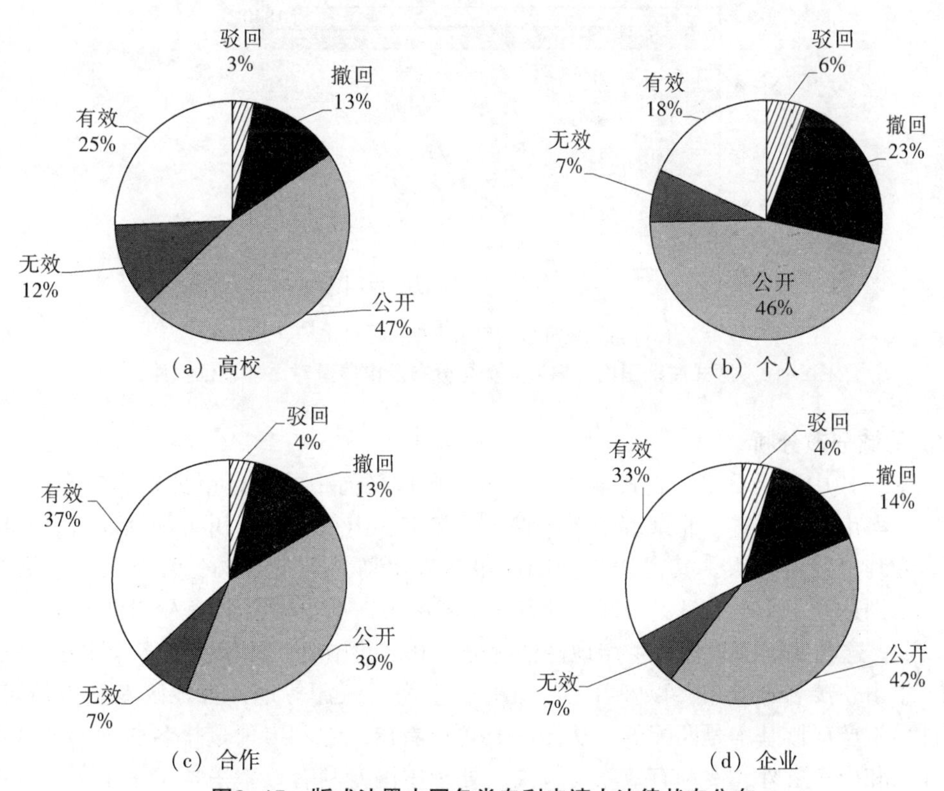

图2-15　版式油墨中国各类专利申请人法律状态分布

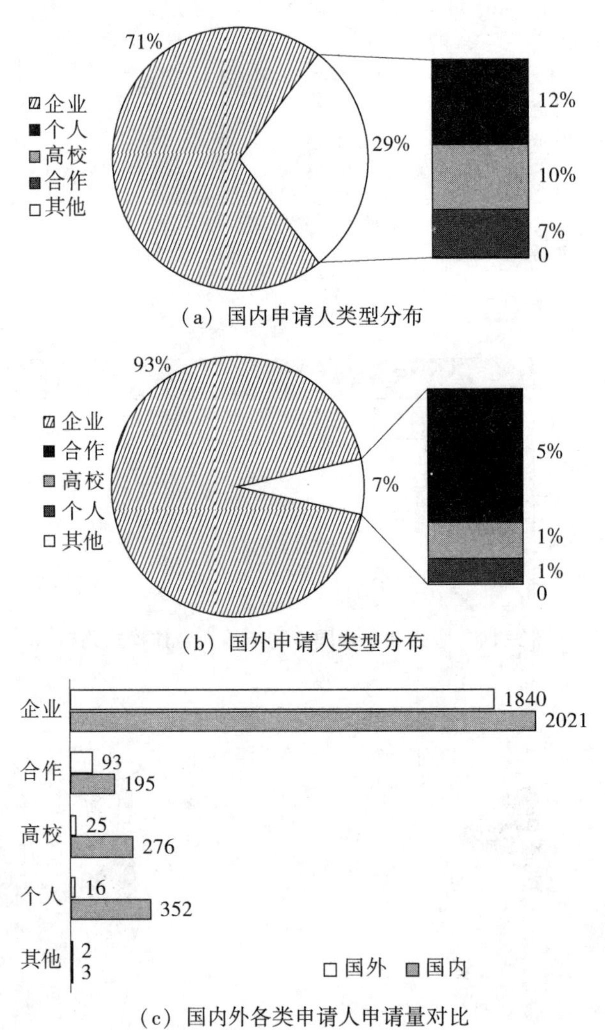

（a）国内申请人类型分布

（b）国外申请人类型分布

（c）国内外各类申请人申请量对比

图2-16　版式油墨国内外申请人类型分布及申请量对比（单位：件）

3. 地域分布分析

从图2-17中可以看出，版式油墨专利申请量排名前十的省区市分别为广东省、江苏省、上海市、安徽省、北京市、浙江省、天津市、山东省、四川省和湖北省。其中，广东省专利申请量最大，其占比达到国内申请人申请总数的26%，江苏省、上海市、安徽省分别达到了16%、8%、7%。排名前十省区市占据了国内申请人专利申请总量的80%以上，这与我国版式油墨生产地区情况分不开。我国版式油墨生产多集中在广东省广州、中山、茂名等城市，以及江苏、北京、上海、天津等地，各地区专利申请量与实际油墨生产区域基本是匹配的。从图2-18可以看出，专利申请量排名前十的省区市，除天津市和山东省外，专利有效率均较高，处于中国专利有效率平均水平上下。其中，浙江省专利有效率最高，达到45%，其次为北京市，专利有效率为44%，广东省和四川省排名第三，均为41%。但是中国总体专利申请时间分布可知，中国专利是从1985年左右才开始出现，之后专利申请量申请快速增长，实际总专利均集中在2010~2015

年，这部分专利通过需要经过1~3年审查期进入授权。即虽然排名前十的区域总体有效率较高，但均属于授权不久的专利，后续专利是否继续维持、已获权专利是否能产生经济效益，仍需要考察。

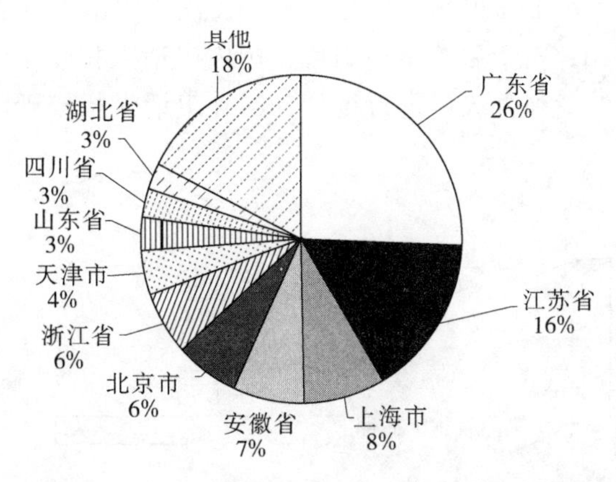

图2-17 版式油墨中国专利申请人区域分布情况

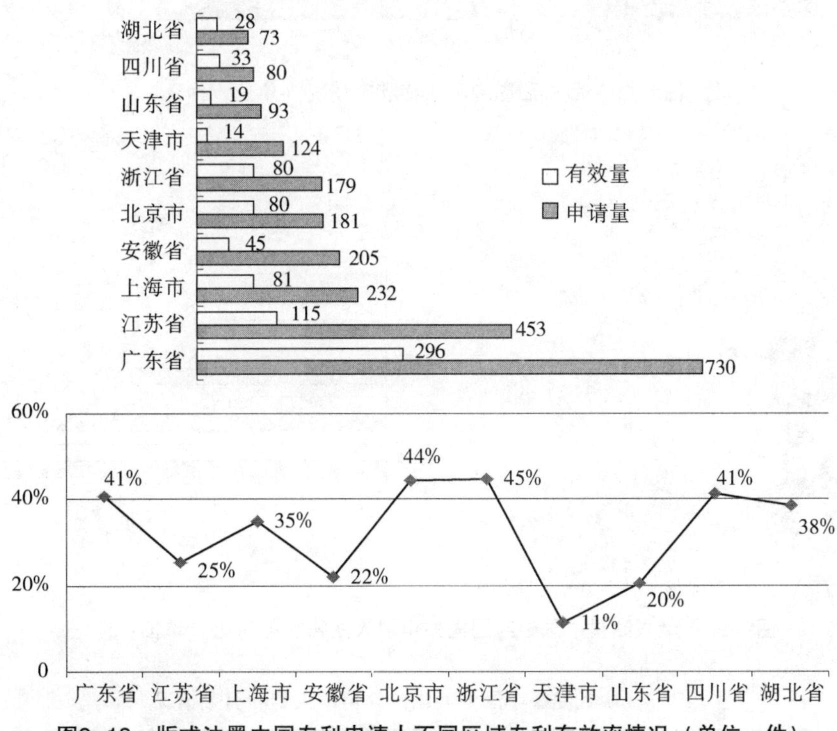

图2-18 版式油墨中国专利申请人不同区域专利有效率情况（单位：件）

4. **法律状态分析**

如图2-19所示，版式油墨国内专利申请中，有效专利为1749件，公开专利为1141件，撤回专利为963件，无效专利为543件，驳回专利为427件，有效专利占专利申请总量的36%，驳回专利仅占专利申请总量的9%。即可以看出在该领域，文献有效率相对较高，驳回率低，这种情况一部分源于该领域国外企业已然进入发展成熟期，专利质量高。另外，国内申请人专利申请时间较晚，大部分专利处于刚刚获权状态，还未进入企业自动放弃期。另外，从图2-20也可看出，国外申请人专利有效专利占比为40%，相对于国内申请人34%更高，但是公开率，国内申请人为29%，而国外申请人仅为16%，也可以看出，对于后续申请力度，国内申请人相较于国外申请人更高。另外，对国内外申请人的专利有效量进行统计，国外申请人相较于国内申请人的有效率更高（见表2-3）。

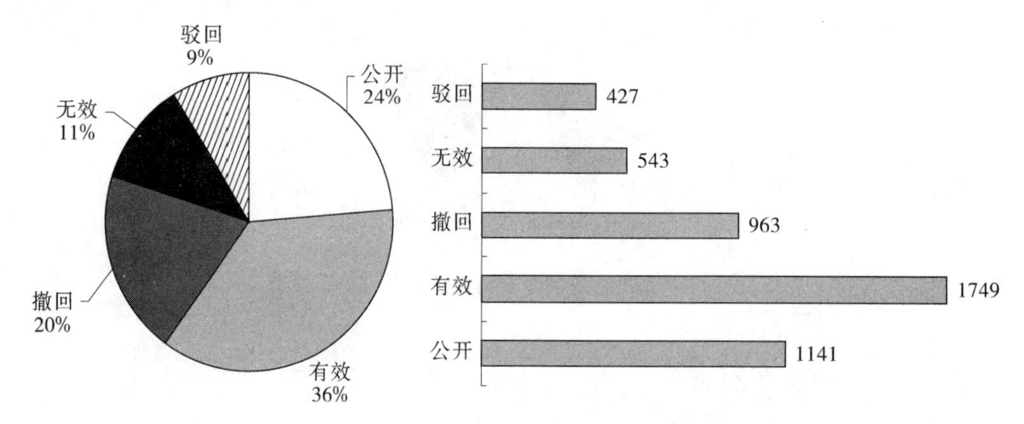

图2-19 版式油墨专利法律状态情况（单位：件）

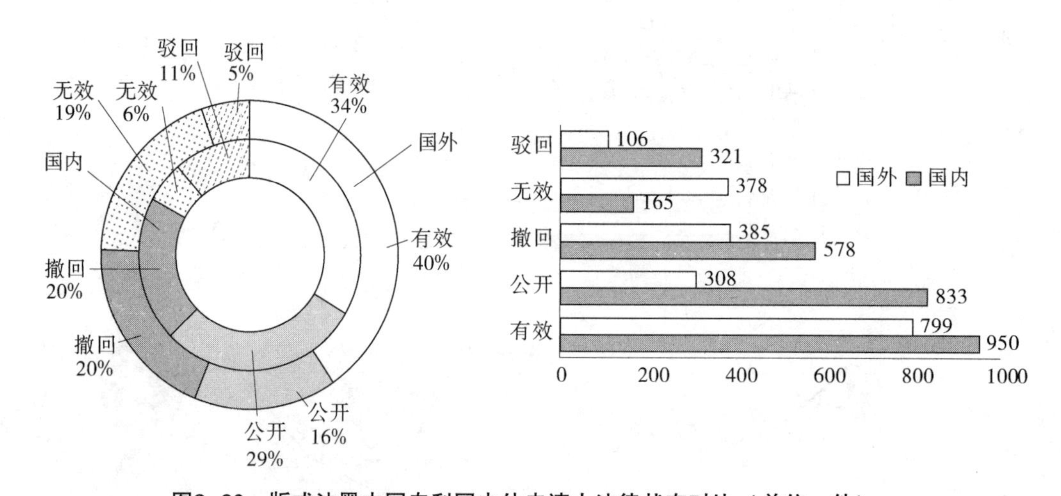

图2-20 版式油墨中国专利国内外申请人法律状态对比（单位：件）

表2-3 版式油墨中国专利国内外申请人专利有效情况

国别	专利申请量/件	有效量/件	有效率
国内	2847	950	34%
国外	1976	799	40%

2.1.1.3　广东省专利分析

截至 2018 年 12 月 31 日，版式油墨领域的广东省专利申请量为 730 件，涉及凸版、凹版、网孔版、平版油墨。本小节主要分析广东省版式油墨专利申请趋势、技术构成、地级市分别、申请人分别、以及专利的法律状态等。

1. 申请量趋势分析

版式油墨领域，中国国内申请人的专利申请量为 2847 件，广东省的专利申请量为 730 件，占国内申请人专利申请总量的 26%，从图2-21中可以看出，广东省从 1991 年才开始出现版式油墨专利申请，直至 2005 年专利申请量都不足 5 件，2006 年之后专利申请量增长较快，平均年增长量约为 10 件，2015 年增长明显，由 2014 年的 69 件增长至 103 件。从国内申请人专利申请量与广东省申请进行对比也可知，广东省专利申请量的增长时间滞后于国内申请人申请高峰趋势，但进入 2000 年之后，总体均呈现专利申请量明显上涨的趋势，直至 2013~2015 年，出现专利申请量高峰。这些现象与国内专利制度兴起有关。中国建立专利制度的年份较晚，目前仍处于国内申请热潮，加之近年来国家鼓励发明创造，不同地区政府对于企业以及个人申请专利均有相关扶持和补贴政策。另外，油墨领域入门门槛较低，国外技术目前已经进入成熟期，有许多可借鉴技术，且广东省也是油墨生产基地，市场需求大省。综上几点，均导致油墨领域总专利申请量在国内以及广东省地区增速较快。

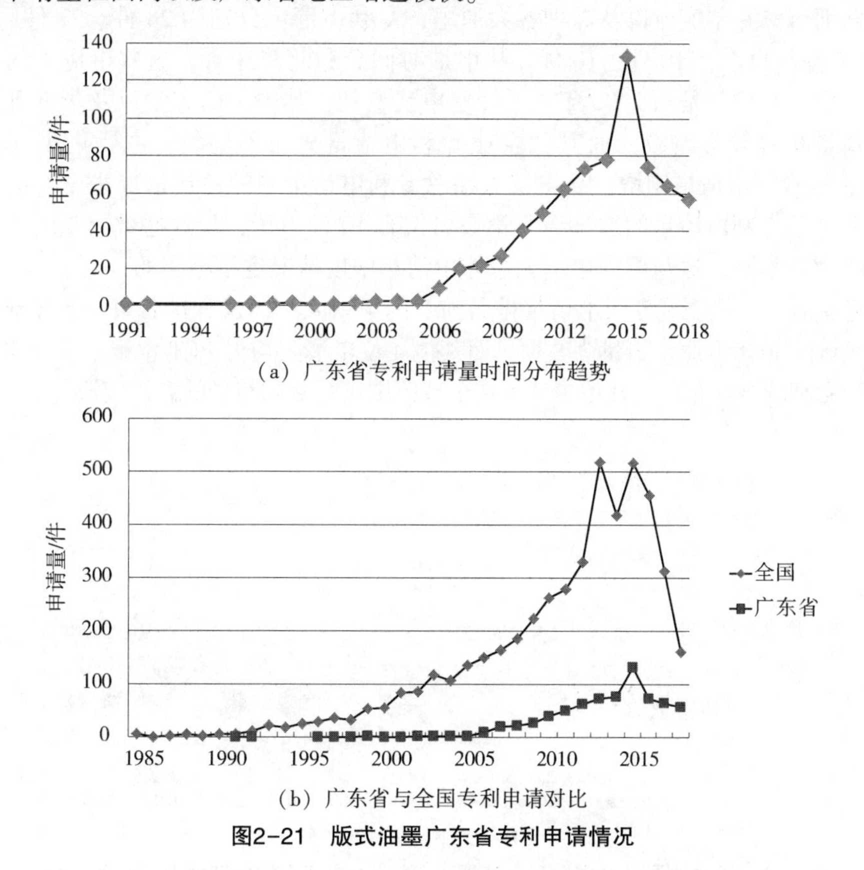

（a）广东省专利申请量时间分布趋势

（b）广东省与全国专利申请对比

图2-21　版式油墨广东省专利申请情况

2. 技术构成分析

从图2-22可以看出，广东省网孔版油墨专利申请量最大，为 432 件；其次是平版油墨，为 220 件。从四种版式油墨的专利申请量分布来看，平版、凹版、凸版油墨的专利申请量相当，均为 200 件左右，网孔版油墨的专利申请量相对另外三种的专利申请量较大。

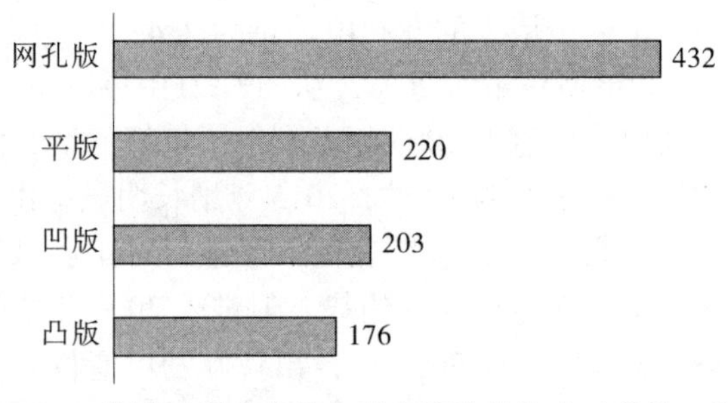

图2-22　版式油墨广东省专利申请技术构成（单位：件）

3. 申请人分析

从图 2-23 可知，广东省版式油墨专利申请量 10 件以上的申请人总共有 8 位，分别为比亚迪、深圳美丽华、茂名阪田油墨、惠州市至上新材料、中山大学、华南理工大学、深圳市深赛尔实业以及深圳容大油墨，专利申请量分别为 28 件、27 件、19 件、16 件、16 件、11 件、10 件、10 件。从申请时间分布趋势来看，这些申请人的申请时间比较集中，几乎都是从 2000 年之后开始申请专利，其中中山大学以及华南理工大学专利申请量相对较为持续，而其他企业专利申请量分布不均匀，主要集中在 2011～2018 年，年专利申请量剧增。从申请人在总专利申请量中的占比情况来看，前 8 名申请人仅只占总专利申请量的 18%，且第 8 名仅有 10 件申请，从这些数据来看，专利申请人集中度并不高。这与国内申请人总体申请集中度情况也是相当的。

广东省版式油墨领域专利申请量排名前 5 的申请人中，仅有排名第一的比亚迪在版式油墨领域的 PCT 专利申请量为 8 项，而其他 4 位申请人均无 PCT 申请。反映出比亚迪比较重视专利的全球布局，其他申请人在全球范围进行专利布局的意识较缺乏。

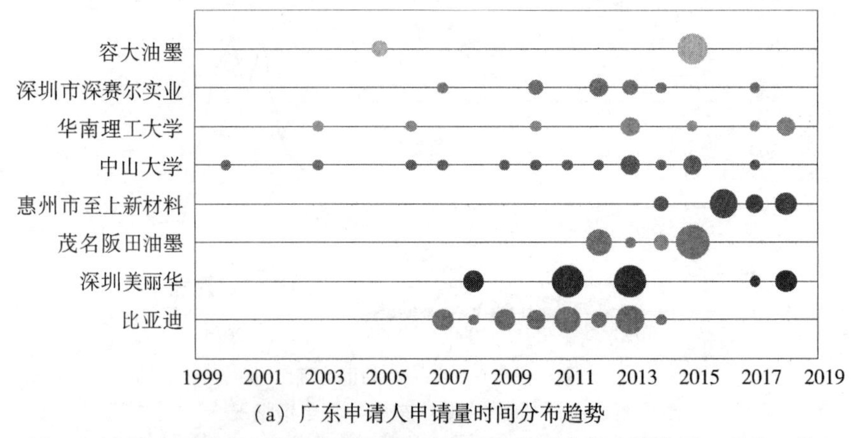

（a）广东申请人申请量时间分布趋势

图2-23　版式油墨广东省专利申请量 10 件以上申请人的申请情况（单位：件）

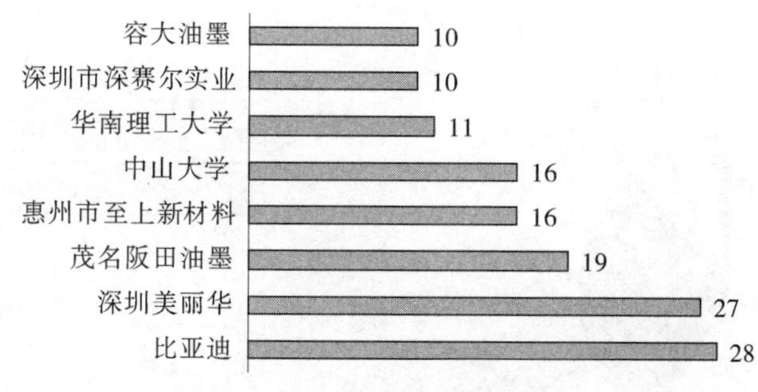

（b）广东省申请人申请量分布

图2-23　版式油墨广东省专利申请量10件以上申请人的申请情况（单位：件）（续）

另外，广东省版式油墨领域专利申请量排名前五的申请人的PCT专利申请量总体较少。广东省版式油墨领域企业应当提高在全球范围内进行知识产权保护的意识，提高研发实力，加强专利的海外布局，在企业走向国际市场的过程中有专利保驾护航。

从图2-24可以看出，广东省专利申请人以企业为主，专利申请量为571件，占广东省专利申请总量的78%，其次是个人申请、合作申请、高校申请（含科研机构）。其中个人专利申请量为76件，占据了广东省专利申请总量的10%，专利申请量也非常大。由于油墨领域低端油墨产品的技术含量较低，且国外技术成熟，目前市面上存在大量专利文献以及论文书籍，同时国家政策扶持，另外油墨原料易于获得，企业由于商业运营目的需求，也会将部分专利申请文件以个人的形式进行申请，导致个人专利申请量相对较高。另外，合作模式以企业-企业的合作为主，占据了合作模式的58%，其次是企业-高校（含科研院所）的合作模式，占据合作模式专利申请量的30%。从合作模式也可以看出，广东省地区企业之间以及企业与高校之间技术交流相对较为频繁，存在产学研合作的基础。广东省可进一步促进产学研有效结合，使得高校和科研机构的研发能够以产业最需要解决的问题为导向，从而使企业的生产有过硬的技术支撑，同时高校和科研结构的研发成果能够尽快投入生产，促进产业发展。

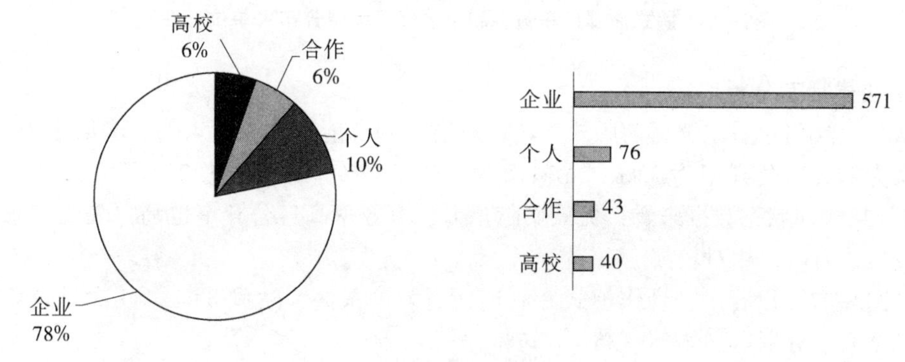

（a）申请人类型分布

图2-24　版式油墨广东省申请人类型分布情况（单位：件）

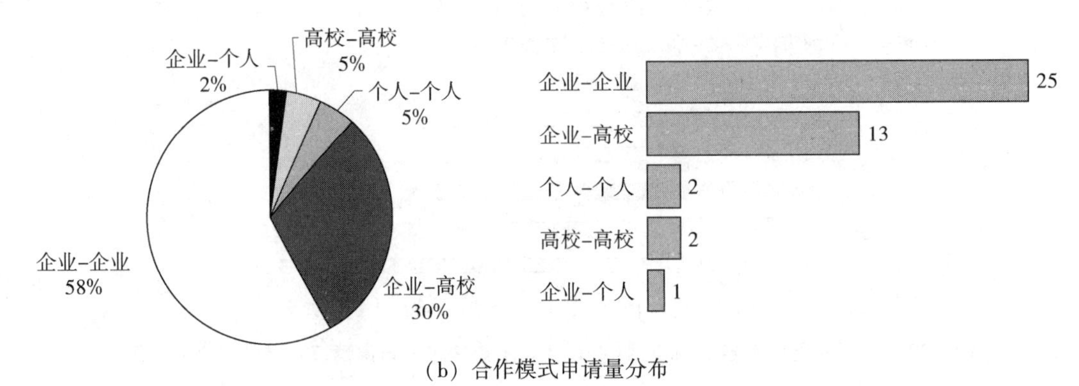

(b) 合作模式申请量分布

图2-24 版式油墨广东省申请人类型分布情况（单位：件）（续）

4. 地级市分析

从图2-25可以看出，广东省专利申请主要集中在深圳市、东莞市、广州市、佛山市、惠州市以及中山市，这六个城市的专利申请量占据了广东省总专利申请量的80%以上。其中深圳市排名第一，占总专利申请量的28%，远超其他城市。

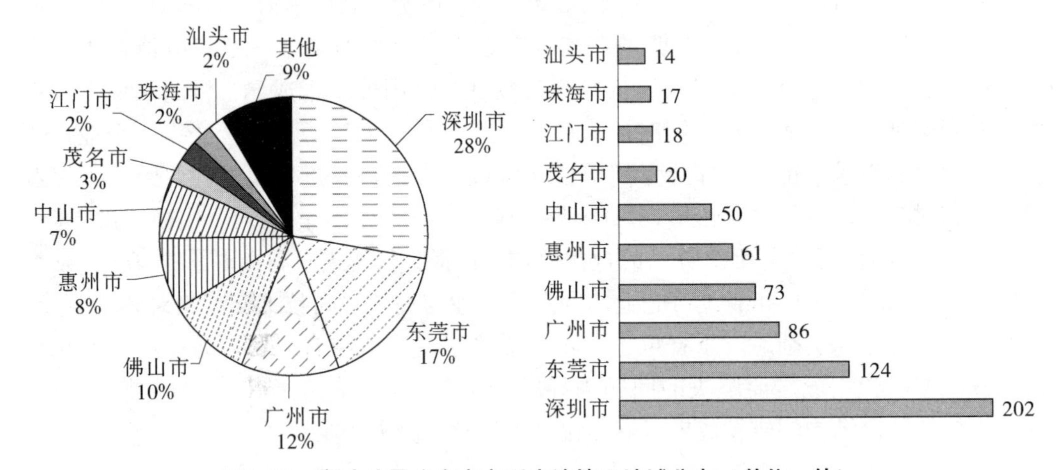

图2-25 版式油墨广东省专利申请情况地域分布（单位：件）

5. 法律状态分析

从图2-26可以看出，目前版式油墨广东省专利申请有效率为40%，驳回率为11%，撤回率为11%，公开率为33%，无效率为5%。其中有效专利为232件，公开专利为381件。从法律状态数据来看，无效文献量低，有效率高且公开率也高，表明广东省地区后续申请力度也相对较高。

从图2-27可以看出，合作模式专利申请有效率最高，达到54%，其次是企业、高校以及个人，分别达到43%、35%、17%。

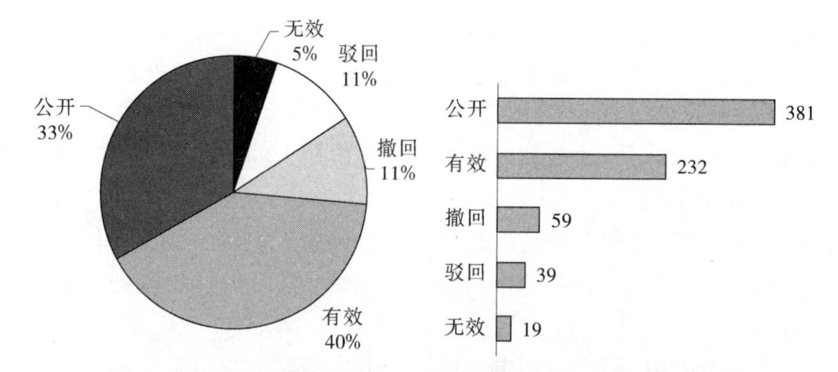

图2-26　版式油墨广东省专利申请法律状态分析（单位：件）

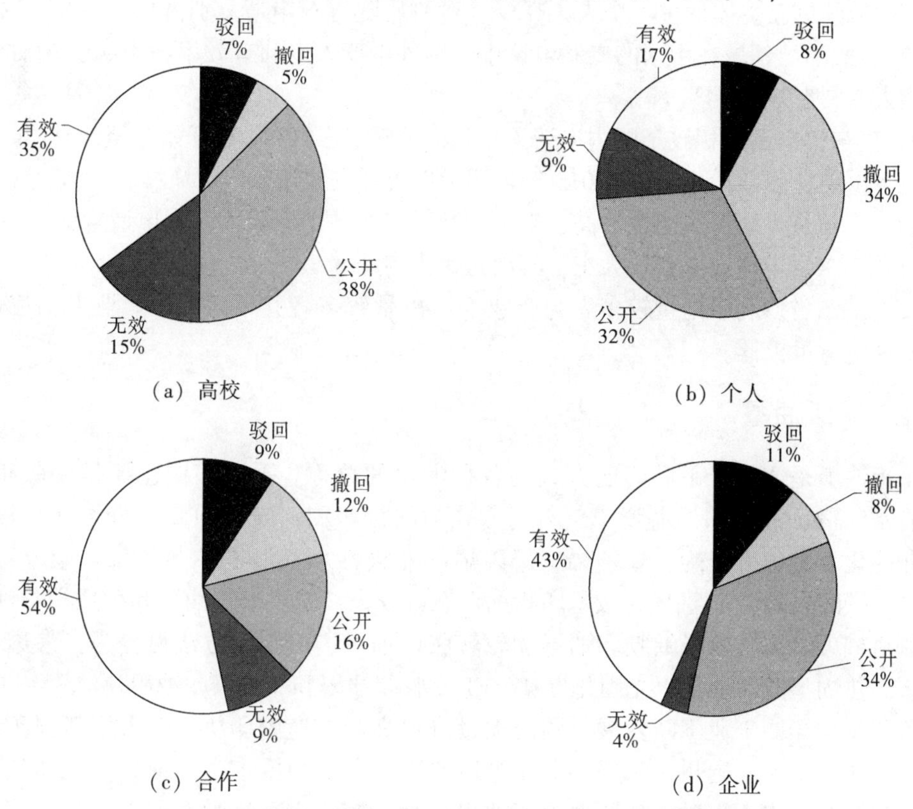

图2-27　版式油墨广东省不同类型专利申请法律状态对比

6. 小结

1）版式油墨领域的全球专利申请量为 13390 项。其中，日本专利申请量最大，占全球 50%，其次是中国和美国，分别占 21% 和 13%。

2）版式油墨领域全球专利申请量排名前 10 位的申请人均为国外企业。

3）对版式油墨全球专利申请的目标国/地区进行分析，日本、中国、美国、欧洲和韩国是该领域的主要专利布局目标国/地区，在各国/地区的专利申请量（即在各自区域公开的专利申请量）分别为 8435 件、4437 件、3550 件、3172 件和 1456 件。

4）从版式油墨全球技术输出国/地区分布来看，日本是全球最大的技术输出国。

我国申请人在本国的专利申请量为2788件，在美国、日本、韩国和欧洲的专利申请量分别为29件、18件、14件、21件，与其他国家/地区相比，对外输出专利申请相对较少。

5）版式油墨领域在中国的专利申请中，中国申请人的申请占59%，其次是日本和美国，分别占14%和10%。

6）对国内企业按照专利申请量进行排名，排名前五位的分别为中国印钞造币、中钞实业、中国科学院、北京印刷学院、比亚迪、深圳美丽华（比亚迪、深圳美丽华并列第五）。

7）版式油墨领域在中国的专利申请中，企业申请量占总申请量的80%，体现了企业在该领域的创新主体地位，个人、高校（含科研院所）申请分别占总量的8%、6%。

8）版式油墨领域在中国的专利申请中，国外申请人专利有效率为40%，相对于国内申请人专利有效率34%更高。

9）广东省申请人相较于国内申请人申请时间晚，从1991年开始，至2006年专利申请量才出现显著增长，2010~2015年申请量出现爆发式增长。

10）广东省申请人集中度不高，申请人数量多，单个申请人专利申请量低。

11）广东省申请人以企业为主，其次是个人申请。

12）广东省专利申请量较多者与产业上销售量较多者并不匹配，产业上销售量较多者专利申请量极低。

2.1.2 平版油墨

平板油墨是适用于平版印刷方式的各种油墨的总称。平版印刷主要是胶版印刷，分为有水（润版液）和无水胶印，印刷方式为间接印刷。胶印油墨的分类标准较多。按承印物化学名称可分为：聚乙烯、聚丙烯（非极性）油墨和聚氯乙烯、聚苯乙烯、ABS聚碳酸酯（极性）油墨；按承印物的形态可分为：软质塑料油墨和硬质塑料油墨；按印刷机械可分为：单张纸胶印油墨和轮转胶印油墨；按干燥方法可分为：渗透型胶印油墨、热固型胶印油墨、光固化（UV/EB）胶印油墨和印铁胶印油墨。

近年来，印刷工业不断发展，国内大量进口高产高速胶印机，并采用新型印刷承印物。天津、上海、杭州、深圳、太原等地的国内主要油墨生产厂商持续地加强研发投入，逐步开发出适销对路的新型胶印油墨产品，如适应每小时万印以上高档胶印亮光快干油墨、卡纸油墨、哑粉纸油墨（无光纸油墨）、新闻轮转油墨、冷固型胶印轮转油墨、紫外线光固化油墨、胶印合成纸油墨、印铁油墨等。

近几年，这些企业推出的热固型胶印轮转油墨等产品的产量逐年上升，质量达到或接近国际先进水平，得到了国内外印刷客户的认可；其产品除了在国内市场销售，替代过去需进口的高档油墨外，还部分打入国际市场。一些高附加值的特种胶印油墨也陆续研制成功，满足了特种印刷的要求。

尽管我国胶印油墨产量不断增加，产品质量水平不断提高，油墨花色品种日趋增多，但与工业发达国家同类油墨产品的差距还较大，质量方面也存在很多不足之处，仍然不能满足当今印刷包装和出版印刷的需求。

1）国产油墨质量水平和包装水平与美国、日本和西欧国家同类产品相比仍存在一定的差距，在印刷工艺要求、高速适应性、产品质量一致性、稳定性等方面仍有差距。

2）特种专用油墨开发处于缓慢状态，不能满足当今快速发展的包装装潢更新换代的印刷要求，有些产品仍处于短缺或空白；适应高速套印印刷的四色平版油墨在高浓度、高透明和鲜艳度及优良套印性方面仍需进一步提高；环保型胶印油墨品种仍需进一步开发。

这些差距主要是由于市场历史需求结构和企业的发展规模、战略方向和研发实力所致，目前差距正在缩小。

胶印印刷作为一种经济、高效、灵活地印刷出高品质印品的印刷方式，在很长一个阶段仍将会是一种主要的印刷方式。胶印油墨作为胶印印刷的原材料之一，今后发展的方向应为多色、高速、快干、无污染、低消耗。因此国内胶印油墨生产厂商亟待解决的问题是不断稳定和提高现有产品质量，改进产品包装，提高胶印油墨生产用原材料的质量水平，现有产品实现高品质、系列化，不断开发市场急需的环保新产品。

本小节主要针对平版油墨在国内外的发明专利申请情况及关键技术分布情况，总结该领域的专利申请现状，并对未来技术发展趋势进行分析，对平版油墨的研究发展具有重要的指导意义。

本小节的专利数据来源于CNABS和DWPI。截至2018年12月31日，平版油墨全球专利申请量为6601项，中国专利申请量为2189件。

2.1.2.1　全球专利分析

1. 申请量趋势分析

从图2-28可以看出，平版油墨的发展历程大致经历了以下阶段。

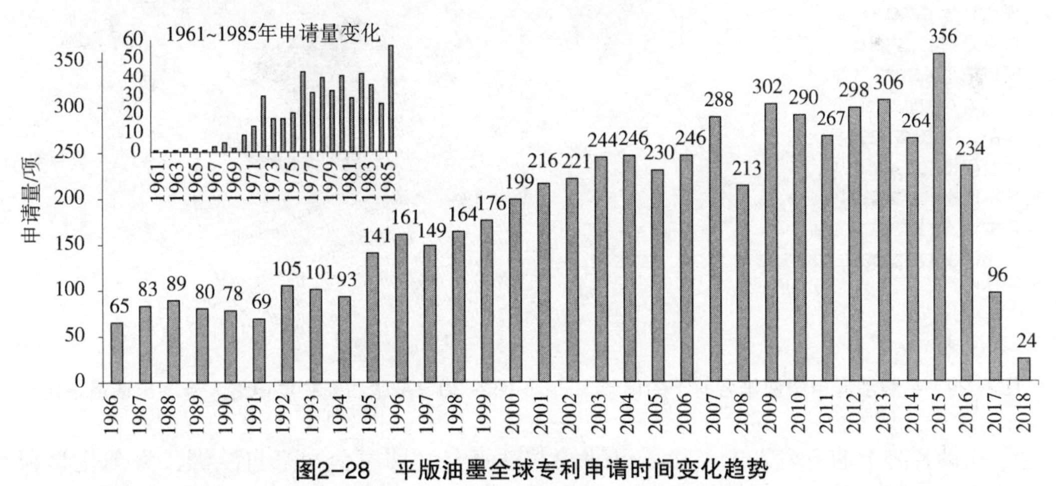

图2-28　平版油墨全球专利申请时间变化趋势

（1）萌芽期（1961~1975年）

1961年出现关于平版油墨的专利申请，至1975年专利申请量整体随年份有所增长，但每年专利申请量均在30项以下，相关技术并未充分发展。

（2）平稳增长期（1976~1991年）

1976~1984年专利申请量保持在40项/年，其中1981年和1984年出现小低谷，只与1972年的水平相当，分别为29项和26项，但到1985年专利申请量达到57项，并以10项/年的速度增加，至1988年出现这一时期的小高峰，专利申请量达到89项。

（3）快速增长期（1992~2008年）

1992年以来，平版油墨全球专利申请量进入快速增长阶段，在增长率得到保持的同时，绝对申请数量反映了这一阶段相关技术的快速发展。2007年，平版油墨全球年专利申请量达到了历史最高，为287项。

（4）技术成熟期（2009年至今）

2009年之后，平版油墨的全球专利申请量处于平稳保持状态，这一时期关键技术发展成熟，新技术发展相对比较缓慢，每年专利申请量保持在300项左右。2016年之后专利申请量有较大幅度下降，可能的原因包括该数据基于最早优先权日进行统计，部分专利申请在检索截止日时尚未进行首次公开。

2. 申请人分析

对平版油墨全球申请的申请人进行统计分析，得到结果如图2-29和图2-30所示。东洋油墨、大日本油墨、大日本印刷、凸版印刷、太阳化学和巴斯福在该领域的专利申请分别为740项、262项、168项、167项、151项和149项，占全球总专利申请量的比例为25%左右，上述申请人的专利申请量也以比较大的优势领先于其他主要申请人，形成该领域专利申请布局的第一集团。该领域排名前十的申请人申请总量占据了全球申请总量的31%，体现了其技术分布集中度高。

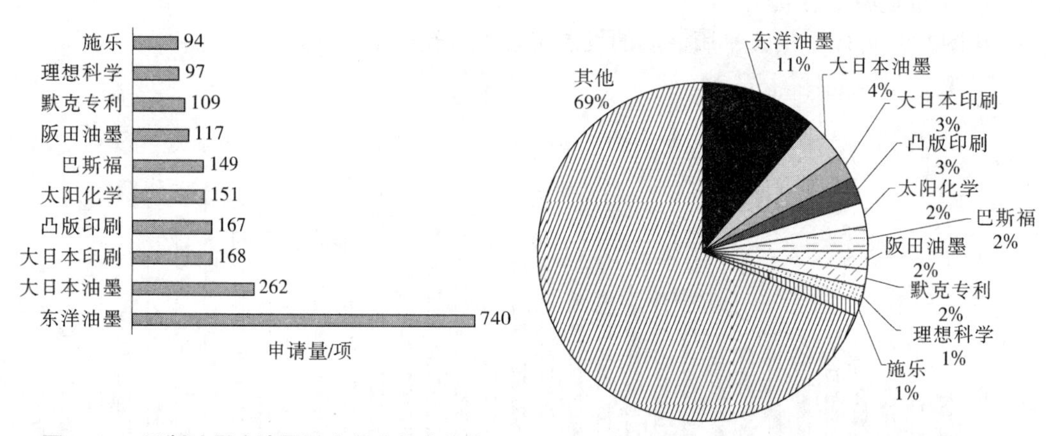

图2-29 平版油墨申请量排名前十的申请人　　**图2-30 平版油墨主要申请人专利申请量占比**

在排名前十的申请人中，除了巴斯福和默克专利两家公司来自欧洲，太阳化学和施乐来自美国以外，其余六家公司均来自日本，这与日本的专利申请量排名一致，体现了日本企业在该领域的绝对优势和主导地位。

对排名前四的重点申请人专利申请量随年度变化趋势进行统计分析，结果如图2-31所示。

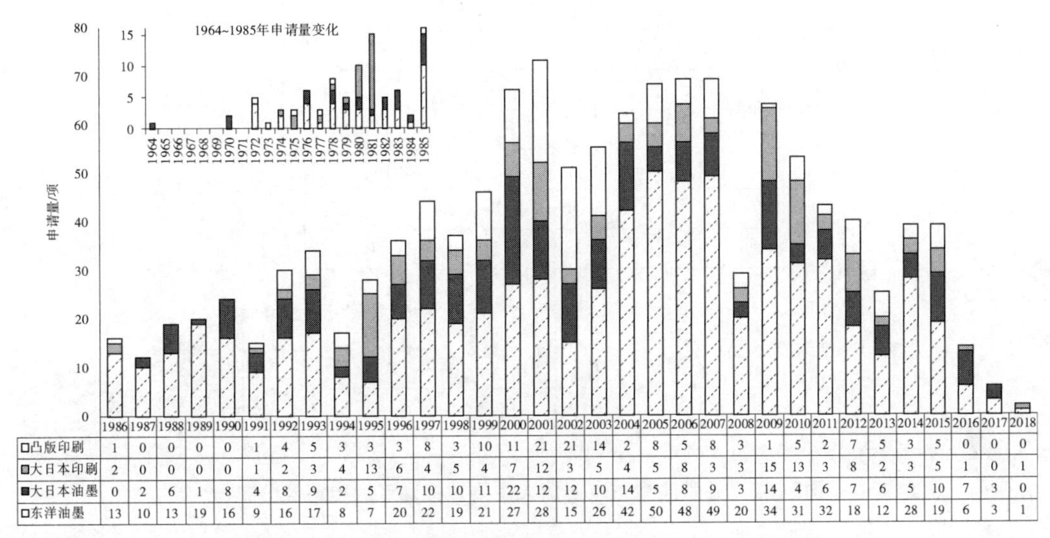

	1986	1987	1988	1989	1990	1991	1992	1993	1994	1995	1996	1997	1998	1999	2000	2001	2002
□凸版印刷	1	0	0	0	0	1	4	5	3	3	3	8	3	10	11	21	21
▨大日本印刷	2	0	0	0	0	1	2	3	4	13	6	4	5	4	7	12	3
■大日本油墨	0	2	6	1	8	4	8	9	2	5	7	10	10	11	22	12	12
□东洋油墨	13	10	13	19	16	9	16	17	8	7	20	22	19	21	27	28	15

	2003	2004	2005	2006	2007	2008	2009	2010	2011	2012	2013	2014	2015	2016	2017	2018
□凸版印刷	14	2	8	5	8	3	1	5	2	7	5	3	5	0	0	0
▨大日本印刷	5	4	5	8	3	3	15	13	3	8	2	3	5	1	0	1
■大日本油墨	10	14	5	8	9	3	14	4	6	7	6	5	10	7	3	0
□东洋油墨	26	42	50	48	49	20	34	31	32	18	12	28	19	6	3	1

图2-31　平版油墨重点申请人专利申请量随时间变化趋势

从图2-31可以看出，对于目前专利申请总量排名首位的东洋油墨，自 1973 年出现平版油墨专利申请以来，到 1984 年其专利申请量基本上为 3 项/年，1985 年才得到比较稳定的增长，1996~2003 年保持在 20 项/年，2004~2010 年申请量快速增长，2005 年专利申请量达到 50 项，随后 2012~2014 年有一定的下滑。相比于东洋油墨，大日本油墨起步早，1964 年就有平版油墨相关的专利申请，但直到 1997 年申请量才出现比较稳定的增长，但明显低于东洋油墨，1997~2004 年的专利申请量仅在 10 项/年；随后 2005~2016 年，除了 2009 年、2015 年专利申请量为 14 项、10 项，其余都在 10 项以下。大日本印刷起步较晚，到 1974 年才有平版油墨相关专利申请，发展也很缓慢，在经过 1882~1990 年技术空白期后出现稳定发展的局面，但除 1995 年、2001 年、2009 年和 2010 年专利申请量超过 10 项外，其余年份专利申请量基本上在 10 项以下。凸版油墨于 1974 年开始起步，1999~2003 年得到快速发展，但其专利申请量明显低于东洋油墨，大约为 15 项/年，随后的 2004~2014 年，专利申请量下滑到 10 项/年以下。由此可看出，东洋油墨在四家公司的比对中处于领先地位，并且明显超出其他三家公司。

另外，对于上述排名前十的主要申请人的目标国进行统计分析，观察其专利布局状况，如图2-32所示。可以看出，除太阳化学、巴斯福和默克专利外，排名前十的申请人在五个主要目标国家或地区的分布趋势与平版油墨总量的整体分布趋势情形相似，均以日本本土为最主要的目标国，美国、欧洲、中国、韩国的布局量依次排列。巴斯福、默克专利和太阳化学以欧洲和美国为主要目标国，日本其次，这与其来自欧洲和美国，符合本土优先布局的一般习惯有关。值得注意的是除上述三家公司外，其余公司向欧洲、美国、中国和韩国的布局都较少。上述不同目标国的统计数据反映了不同公司的发展策略，特别是对海外市场和专利布局的重视程度有所差别。

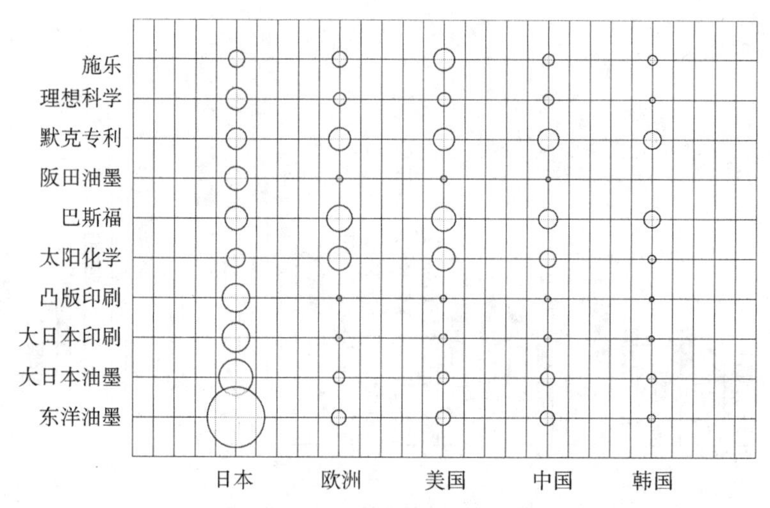

图2-32　平版油墨重点申请人主要目标国专利申请量分布

3. **申请国家/地区分析**

（1）专利申请来源国家/地区分析

专利申请来源国家/地区分布一定程度上体现了该领域的技术实力分布。以一项专利的最早优先权提出国作为该专利的申请来源国，对平版油墨全球专利申请量进行统计，如图2-33所示。

由图2-33可以看出，在平版油墨领域，来自日本的申请占据了全球55%的专利申请量，来自中国、美国和欧洲的专利申请量占比分别为15%、14%和12%，体现了其在该领域内的绝对优势地位。来自日本、美国、欧洲、中国、韩国这五个国家/地区的专利申请量占全球总量的98%，一方面体现了这五个国家/地区在技术方面的领先，另一方面这五个国家和地区与全球五大知识产权局分布相重合，体现了这些国家和地区对知识产权保护的重视程度。

对上述五个主要专利申请来源国以及其他国家1961~2018年的专利申请量随年度变化情况进行了统计，由图2-34可以看出，每年的专利申请量分布基本上与总专利申请量的分布保持一致。来自日本的申请占据了每年专利申请量的半数以上，美国次之，中国和欧洲紧随其后。从专利申请量随年度变化的趋势来看，日本的变化趋势与全球总的变化趋势基本一致，从另一个角度而言，由于来自日本的专利申请量的绝对优势，其变化趋势也在很大程度上决定全球专利申请量的变化趋势。值得一提的是，来自中国的专利申请量近年来增长势头良好，2008年起来自中国的专利申请量首次超过

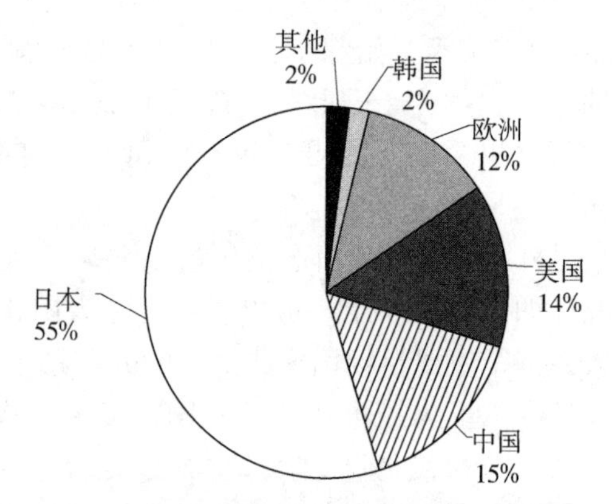

图2-33　平版油墨全球专利申请来源国家/地区分布

了欧洲、美国，紧随日本之后位居全球专利申请量第 2 位，并在近年来一直保持。需要注意的是，图 2-34 中所反映出的 2015 年来自中国的专利申请量超出其他国家和地区，这主要是由于其他国家的申请在检索截止日尚未公开，而中国申请由于较少要求优先权、申请提前公开、审查程序节约等因素，在检索截止日已有较多申请被公开。

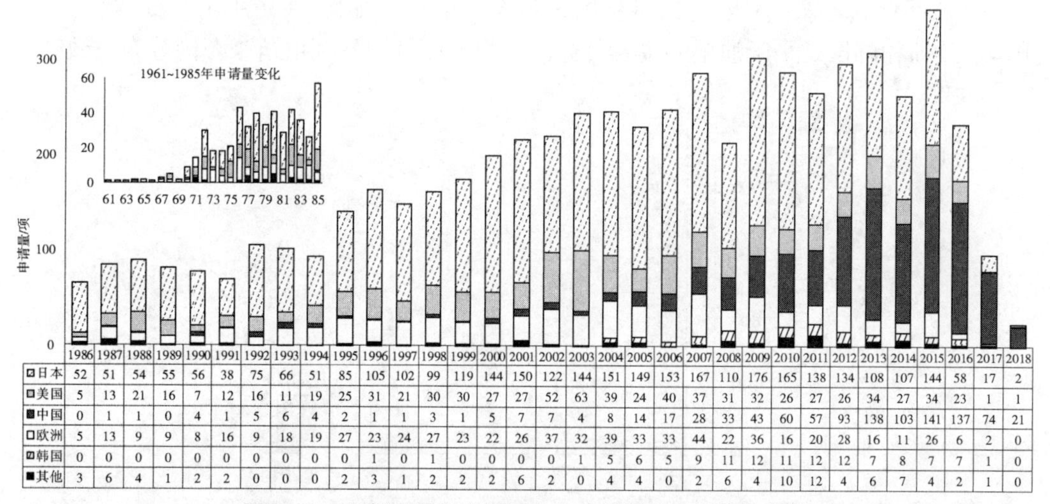

	1986	1987	1988	1989	1990	1991	1992	1993	1994	1995	1996	1997	1998	1999	2000	2001
日本	52	51	54	55	56	38	75	66	51	85	105	102	99	119	144	150
美国	5	13	21	16	7	12	16	11	19	25	31	21	30	30	27	27
中国	0	1	1	0	4	1	5	6	4	2	1	1	3	1	5	7
欧洲	5	13	9	9	8	16	9	18	19	27	23	24	27	23	22	26
韩国	0	0	0	0	0	0	0	0	0	0	1	0	1	0	0	0
其他	3	6	4	1	2	2	0	0	0	2	3	1	2	2	2	6

	2002	2003	2004	2005	2006	2007	2008	2009	2010	2011	2012	2013	2014	2015	2016	2017	2018
日本	122	144	151	149	153	167	110	176	165	138	134	108	107	144	58	17	2
美国	52	63	39	24	40	37	31	32	26	27	26	34	27	34	23	1	1
中国	7	4	8	14	17	28	33	43	60	57	93	138	103	141	137	74	21
欧洲	37	32	39	33	33	44	22	36	16	20	28	16	11	26	6	2	0
韩国	0	1	5	6	5	9	11	12	11	12	12	7	8	7	7	1	0
其他	2	0	4	4	0	2	6	4	10	12	4	6	7	4	2	1	0

图2-34　平版油墨各来源国专利申请量随时间变化趋势

图2-35更为直观地反映了日本、美国、欧洲、中国、韩国近 30 年专利申请量的变化趋势以及相互之间的对照。日本的专利申请量在 1996 年超过了 100 项，2009 年达到 176 项，并在 2000~2012 年保持在 150 项/年左右；与其相比，除了中国在 2013 年达到 136 项，美国、欧洲和韩国的专利申请量一直在 100 项以下。虽然中国到 2013 年专利申请量才超过 100 项，但在随后几年得以保持，体现了近年来中国申请人在该领域技术实力方面的进步以及越来越重视该领域的知识产权保护和专利申请布局。

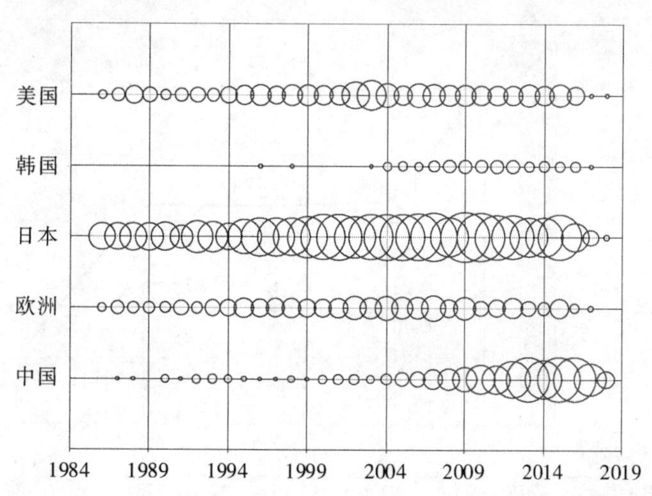

图2-35　日本、美国、欧洲、中国、韩国近 30 年平版油墨专利申请量分布

（2）专利申请目标国家/地区分析

以某一个国家或地区作为目标国的专利申请量可以反映该国家或地区在全球市场中的地位。若一项专利申请中有在某一国家或地区公开的同族，则认为该项专利申请以该国家或地区为目标国，一项专利申请可以有在多个国家或地区公开的同族，因此可以有多个目标国。

对平版油墨全球专利申请的目标国进行统计分析，如图2-36所示，日本、美国、中国、欧洲和韩国是平版油墨的主要目标国，与该领域的专利申请来源国分布一致。

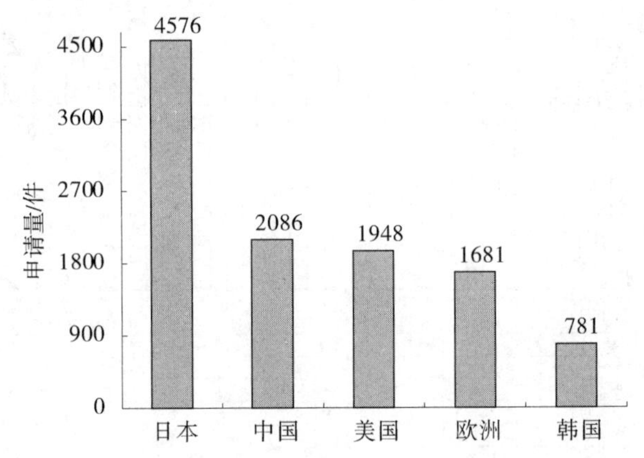

图2-36　平版油墨全球专利申请目标国家/地区分布

在全球6601项平版油墨的专利申请中，有4576件具有在日本公开的同族专利，一方面体现了日本市场的重要地位，另一方面也因为来自日本的专利申请量较多，有大量向本国提出的专利申请。其他国家和地区的数据分别为中国2086件、美国1948件、欧洲1681件、韩国781件。

基于该数据的另一项指标可进一步反映各个国家或地区的市场重要程度，如图2-37所示。

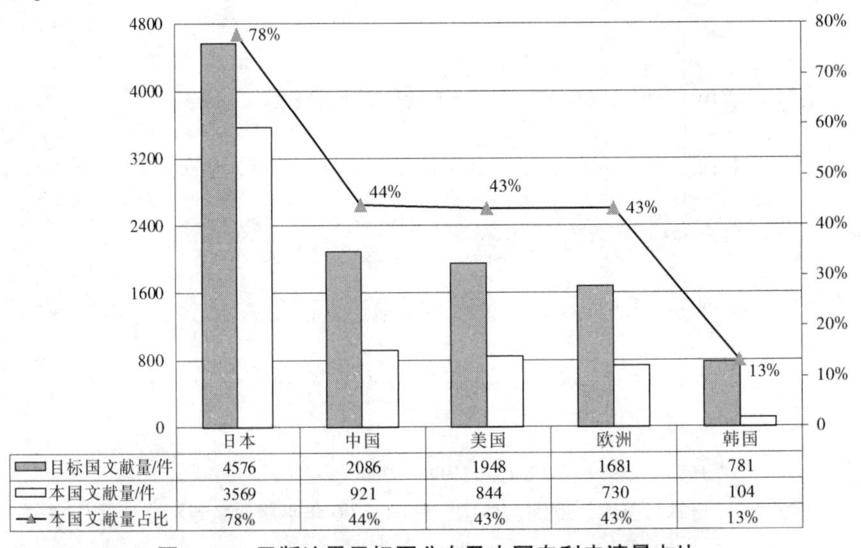

	日本	中国	美国	欧洲	韩国
目标国文献量/件	4576	2086	1948	1681	781
本国文献量/件	3569	921	844	730	104
本国文献量占比	78%	44%	43%	43%	13%

图2-37　平版油墨目标国分布及本国专利申请量占比

图2-37给出了在目标国专利申请量中以本国为来源国的专利申请量份额及其占比。如前所述，在日本公开的4576件专利申请中，来自本国的专利申请量为3569件，占据了78%的比例，体现了本国申请人对专利申请量的绝对贡献。相对于日本而言，其他各国公开的申请中，来自本国的专利申请量占比均不足一半，体现了外国申请人在该国家或地区的专利申请量占据优势，也从一个侧面反映了该国家或地区在全球市场中的重要地位，吸引了更多外国申请人在其国内的专利申请布局。

进一步地，对于各目标国专利申请量的来源国进行横向比对分析，结果如图2-38所示。

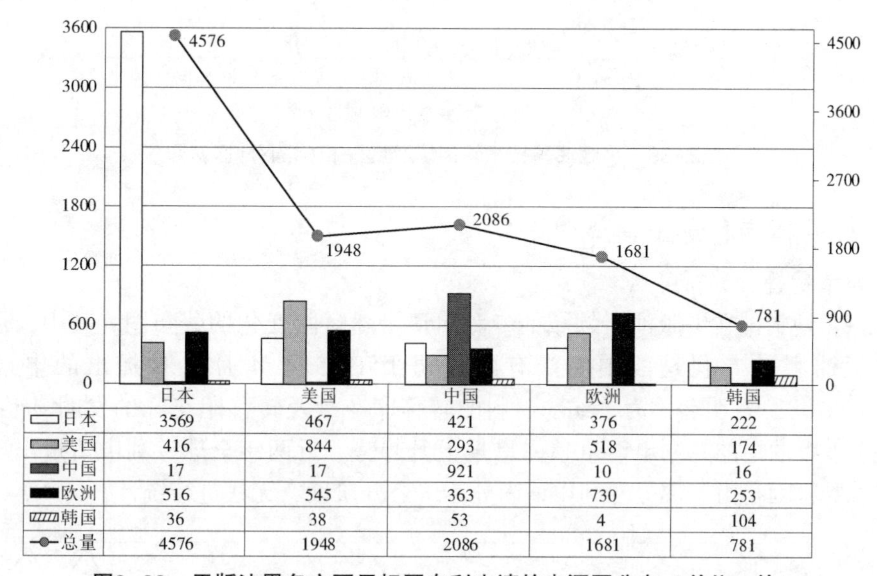

	日本	美国	中国	欧洲	韩国
日本	3569	467	421	376	222
美国	416	844	293	518	174
中国	17	17	921	10	16
欧洲	516	545	363	730	253
韩国	36	38	53	4	104
总量	4576	1948	2086	1681	781

图2-38　平版油墨各主要目标国专利申请的来源国分布（单位：件）

从图2-38可以看出，来自日本的专利申请，不仅在本国的专利申请量中占据了绝对的优势，在向其他四国的专利申请中也占据了最高的比例，这与来自日本的专利申请量占据绝对优势的态势相一致，体现了日本在该领域的领先地位，同时也充分体现了来自日本的申请人对国外市场的重视程度和专利布局。对于美国、欧洲，其在本国和地区的专利申请与对外的布局相对平衡；而对于韩国和中国，其对外布局明显比较薄弱。特别是中国，近年来随着国家政策的鼓励，越来越多申请人开始申请专利，但其中相当一部分水平较低，并且缺乏对外进行专利布局的意识，造成了国内专利申请量虽显著增加，但向其他国家的专利申请仍处于较低水平。

4. 专利技术流向分析

图2-39以另外一种形式反映了专利申请来源国以技术输出的形式向目标国进行专利布局的情况。从该图也可直观地得出，虽然中国作为技术输出国对外的专利申请量较少，但其他各主要技术输出国向中国的专利申请还是比较大量，体现了各国对中国市场的重视程度。

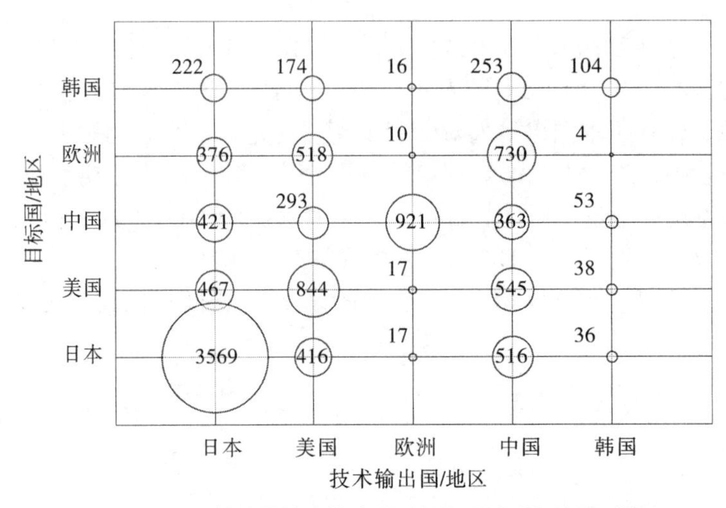

图2-39 平版油墨技术输出国/地区-目标国/地区对照

2.1.2.2 中国专利分析

1. 申请量趋势分析

图2-40是中国在平版油墨领域的专利申请量随时间变化的分布图。其中，最早的关于平版油墨的专利是西柏地产有限公司于1985年4月1日提出的申请号为“CN85102070”、发明名称为“纺织材料的转移印花纸及转移印花”的发明专利申请。中国关于平版油墨的专利申请量整体呈现上升趋势。近两年全球专利申请量出现小幅下降的主要原因是由于部分专利申请尚处于未公开阶段，无法进行统计。

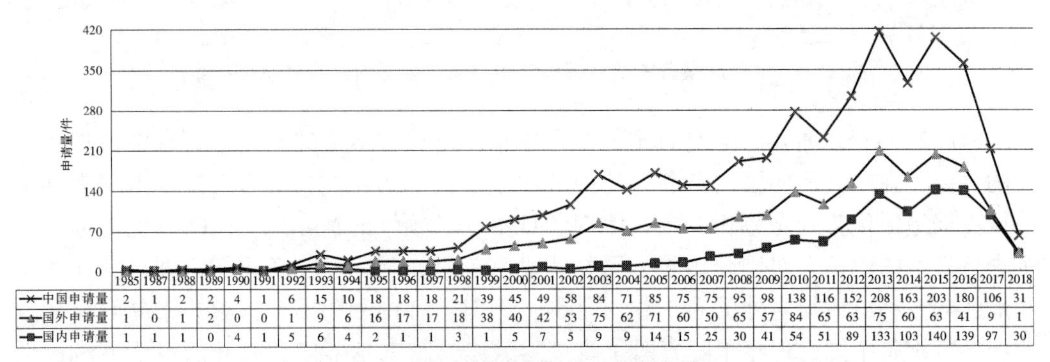

	1985	1987	1988	1989	1990	1991	1992	1993	1994	1995	1996	1997	1998	1999	2000	2001
中国申请量	2	1	2	2	4	1	6	15	10	18	18	18	21	39	45	49
国外申请量	1	0	1	2	0	0	1	9	6	16	17	17	18	38	40	42
国内申请量	1	1	1	0	4	1	5	6	4	2	1	1	3	1	5	7

	2002	2003	2004	2005	2006	2007	2008	2009	2010	2011	2012	2013	2014	2015	2016	2017	2018
中国申请量	58	84	71	85	75	75	95	98	138	116	152	208	163	203	180	106	31
国外申请量	53	75	62	71	60	50	65	57	84	65	63	75	60	63	41	9	1
国内申请量	5	9	9	14	15	25	30	41	54	51	89	133	103	140	139	97	30

图2-40 平版油墨中国专利申请量时间分布

如图2-40所示，中国关于平版油墨专利申请量的发展主要分为三个阶段。

（1）技术萌芽期（1985~1992年）

这一阶段国内平版油墨技术处于基础发展阶段。专利申请量较少，每年专利申请量均在10件以下。

（2）平稳发展期（1993~2009年）

专利申请量最多为2008年和2009年的95件。此期间，大部分国外申请人开始进入我国进行专利布局，如2003年总专利申请量为84件，国外申请已经占了75件，占比达到89%。此阶段的申请人的比例情况呈现外重内轻的局面，国外申请人在中国的大范围布局，也给中国的平版技术研究带来了一定的局限性。在该阶段的平版油墨技术的发展状况说明我国申请人已经开始逐渐重视平版油墨在油墨市场和平版技术领域的重要地位，在外来技术的基础上着手该方面的研究工作，且初见成效。

（3）快速增长期（2010年至今）

此阶段专利技术呈现快速增长的势头，其中专利申请量最多为2013年的199件。在此期间，国内申请人的专利申请量呈现逐步上升的趋势，2011年的专利申请量仅比国外申请人少14件，并于2013年达到115件，而国外申请人只有7件，但这也与国外申请人的部分专利申请尚处于未公开阶段有关。由此可看出，国内申请人越来越重视平版油墨的研发，使平版油墨技术得到快速发展，为我国自主研发更多的平版油墨产品奠定了坚实的基础。但是，从国内申请人专利申请的质量来看，与欧洲等地区的跨国公司存在一定的差距，仍然有较大的进步和追赶空间。

2. 申请人分析

（1）申请人整体分布

如图2-41所示，我国国内关于平版油墨的专利申请虽然高达2189件，但是其中53%为国外申请人的在华专利申请，而属于我国本土申请人的专利只占47%，这说明国外申请人掌握着在平版油墨的关键技术，在市场占据着主要地位，并且在中国进行了大范围的专利布局，对国内申请人在该领域的进一步研发工作形成了强大的牵制和制约力量。面对此种局面，本土申请人在开发自有技术时，应对国外已有技术以及专利布局给予充分的关注和研究，一方面要注意规避其专利雷区，另一方面可在充分利用国外申请人已有研发成果的基础上，发挥自己的创造性，针对核心技术和专利进一步创新，形成外围专利布局，对竞争对手形成一定的反制约，或通过交叉许可等方式为自身谋求利益。

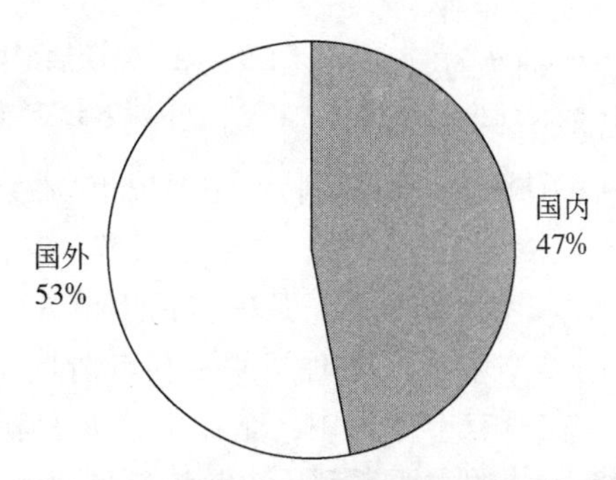

图2-41　平版油墨国内申请人总体分布图

从图2-42中可以看出，在国内申请的总体排名中国外申请人占据着主要优势地位，排名前十一的申请人，除中国印钞造币外均为国外申请人，主要来自德国（默克专利、巴斯福）、瑞士（西巴、西柏控股）、美国（太阳化学、施乐）、日本（住友电气、东洋油墨、DIC和理想科学），这些国家和地区的申请人占据平版油墨领域的专利申请主要份额，体现了欧洲和日本在平版油墨整体领域中的领先定位。同时，排名前十一的申请人类型均为企业，他们也是该领域中国内企业在市场上的主要竞争对手，他们的专利申请中所反映出来的技术热点以及专利布局所体现的市场格局，都值得国内企业给予充分的重视和有针对性的研究。

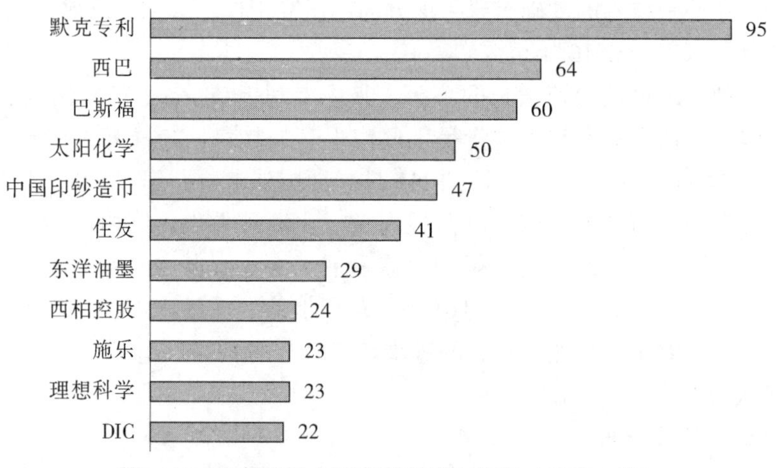

图2-42　平版油墨中国专利申请人分布（单位：件）

由图2-43可知，在国内的申请人中，中国印钞造币（北京）、茂名阪田油墨（广东）、中钞实业（北京）、比亚迪（广东）以及天津天女化工（天津）为我国平版油墨领域的主要申请人。其中，排名第一位的中国印钞造币，在其47件专利申请中有效申请为34件，说明该企业在平版油墨方面具有较强的研发实力。另外还可看出，排名前五的申请人都是企业，这体现了该领域的专利申请特点主要以市场为驱动力。

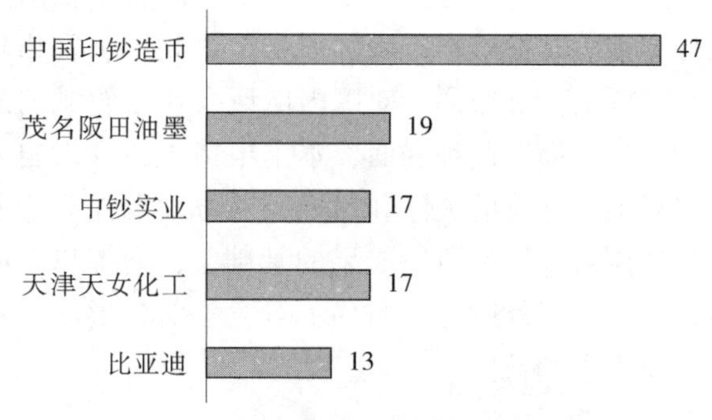

图2-43　平版油墨中国专利申请国内申请人分布（单位：件）

（2）专利申请人类型

图2-44为中国专利申请人类型分布图，其中包括申请人的主要类型，各类申请人专利申请量比重，以及不同类型申请人随时间的专利申请量变化情况。首先，由专利申请人类型分布饼图可知，在所有申请人中，企业申请人专利申请量以84%居于优势地位，是平版油墨领域创新主体的主要类型，也是该领域进一步发展的主力军。因此，我国应配合各种政策，积极促进相关企业在平版油墨领域的进一步发展。其次，合作类型申请人专利申请量约占5%，说明在该领域存在比较广泛的不同申请人的合作研究，可以结合各方申请人的优势研发出凝聚多方智慧的高质量申请。再次，在上述申请人以外，我国的专利申请者还存在一定量的高校和科研院所的专利申请，虽然这种类型申请人的专利申请量较少，但是其主要从事的多为基础性研究，对技术的研究发展有一定的指导作用。另外，对于个人申请，一方面存在一些民间科学家试图通过申

请专利并获得授权的形式获得对其研究成果的认可，另一方面，不排除部分私人企业、家族企业等通过个人名义申请专利以占据相关的专利申请权和专利权。

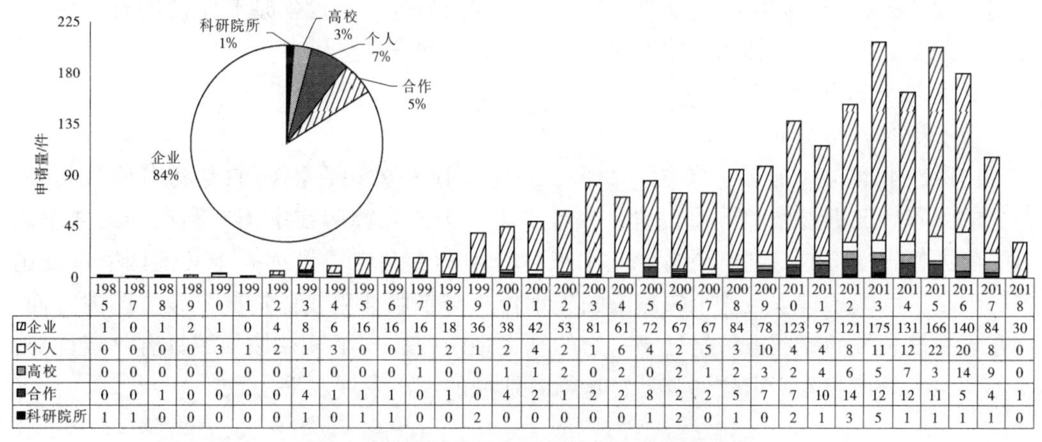

	1985	1987	1988	1989	1990	1991	1992	1993	1994	1995	1996	1997	1998	1999	2000	2001	2002	2003	2004	2005	2006	2007	2008	2009	2010	2011	2012	2013	2014	2015	2016	2017	2018
企业	1	0	1	2	1	0	4	8	6	16	16	16	18	36	38	42	53	81	61	72	67	67	84	78	123	97	121	175	131	166	140	84	30
个人	0	0	0	0	3	1	2	1	3	0	0	1	2	1	2	4	2	1	6	4	2	5	3	10	4	4	8	11	12	22	20	8	0
高校	0	0	0	0	0	0	0	1	0	0	0	1	0	0	1	1	2	0	2	0	2	1	2	3	2	4	6	5	7	3	14	9	0
合作	0	0	1	0	0	0	0	4	1	1	1	0	1	0	4	2	1	2	2	8	2	2	5	7	7	10	14	12	12	11	5	4	1
科研院所	1	1	0	0	0	0	0	1	0	1	1	0	0	2	0	0	0	0	0	1	2	0	1	0	2	1	3	5	1	1	1	1	0

图2-44　平版油墨中国专利申请人类型分布

从时间上来看，近三十年的时间里，各种类型申请人的专利申请量总体上均保持了增长势头，特别是近年来一直保持了较高的专利申请量。由此可见，我国平版油墨目前仍处于快速发展阶段，各种类型申请人在该领域的研究也在不断推进，将进一步推动我国平版油墨技术迈向新的台阶。

（3）合作类型申请人分布

由图2-45可知，各种合作模式中企业-企业的合作情况最多，比例达到64%；企业-高校的合作次之，占比为14%；个人-个人、企业-科研院所、企业-个人的合作为第三和第四，占比分别为12%、4%、4%；最后为高校-高校、科研院所-个人的合作，占比均为1%。由此可以看出，该领域中企业-企业的合作研究及专利申请情况最多，体现了企业之间取长补短共同推动技术进步的积极态势，这种强强合作的模式也将是各种合作模式中推动技术发展进步的最主要的推动力。

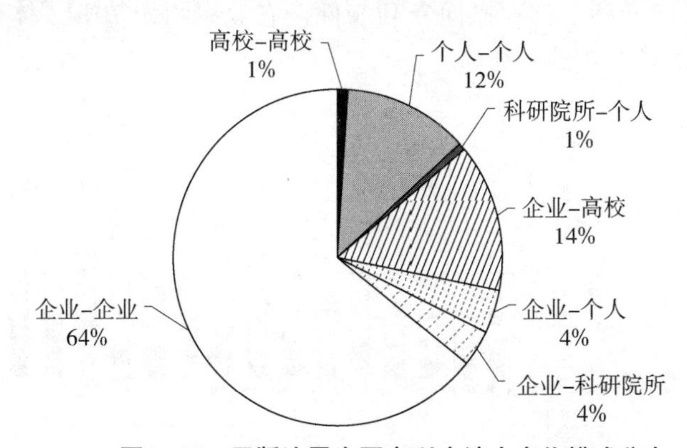

图2-45　平版油墨中国专利申请人合作模式分布

此外，由于高校和科研院所的研究多以理论和基础应用研究为主，而企业则更多致力于将技术转化为生产力和生产价值，因此，企业-高校、企业-科研院所的合作模式也不断发展，进一步说明我国平版油墨在产学研合作方面在不断发展。各大高校和科研院所提高强有力的理论研究成果，以此提供给合作的企业，为企业进一步生产实践提高理论指导，企业实践的结果反过来指导理论研究，从而实现产学研的有效结合，在一定程度上促进新产品和新技术在产业上的诞生和推广。

3. **地域分布分析**

（1）整体区域分布

由图2-46可知，日本、美国、德国、瑞士等国外公司在国内的专利申请量居多，在总的分布情况中占据了重要位置，并且日本、美国和德国在中国专利布局的数量超过了国内各省区市的专利申请量。其中来自日本的专利申请量远高于其他国家以及国内的数量，反映了日本在这个领域的领先地位，与平版油墨整体情况一致。国内方面，广东省在该领域的专利申请量处于一定的领先地位，体现了其在该领域具有一定优势，江苏省、上海市和北京市位列其后，这与各地域的经济发展水平一致。

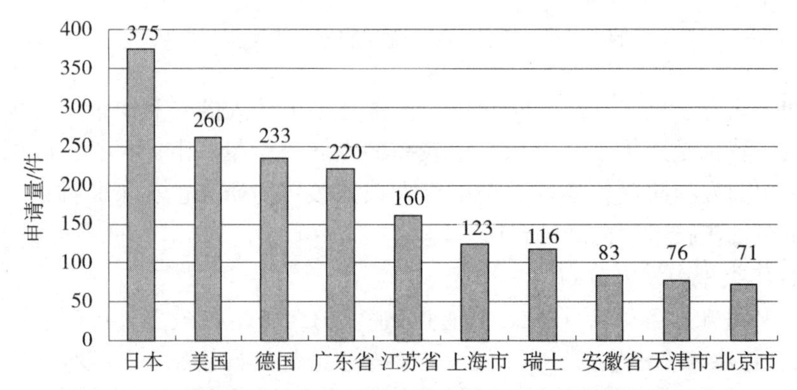

图2-46　包括国外申请人的平版油墨中国专利申请的整体地区分布

由图2-47可知，与平版油墨整体情况一致，日本在我国的主要专利申请集中在2004~2014年，年专利申请量均在20~30件。2011年专利申请量最多，为29件，其中有效专利为20件，驳回专利1件，撤回专利8件，有效率约为70%。体现了在这个领域中，来自日本的申请具有较高的质量。

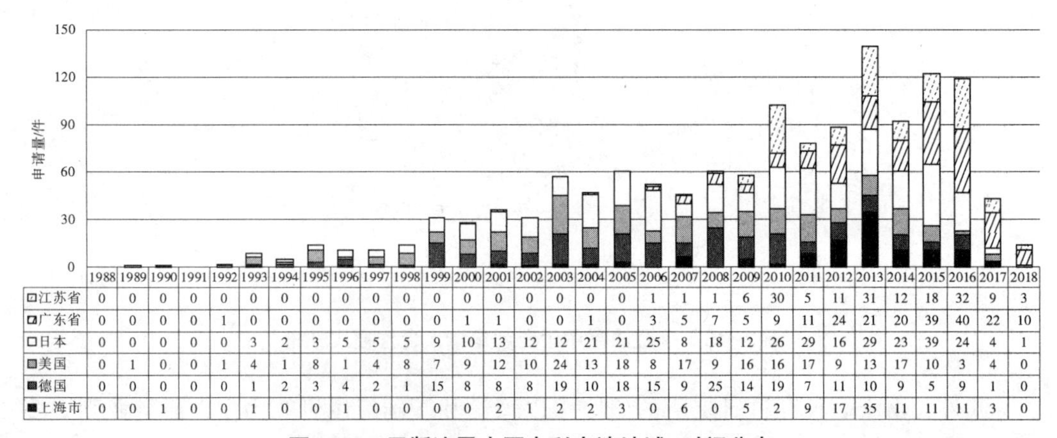

	1988	1989	1990	1991	1992	1993	1994	1995	1996	1997	1998	1999	2000	2001	2002	2003
江苏省	0	0	0	0	0	0	0	0	0	0	0	0	0	0	0	0
广东省	0	0	0	0	1	0	0	0	0	0	0	0	1	1	0	0
日本	0	0	0	0	0	3	2	3	5	5	5	9	10	13	12	12
美国	0	1	0	0	1	4	1	8	1	4	8	7	9	12	10	24
德国	0	0	0	0	0	1	2	3	4	2	1	15	8	8	8	19
上海市	0	0	1	0	0	1	0	0	1	0	0	0	0	2	1	2

	2004	2005	2006	2007	2008	2009	2010	2011	2012	2013	2014	2015	2016	2017	2018
江苏省	0	0	1	1	1	6	30	5	11	31	12	18	32	9	3
广东省	1	0	3	5	7	5	9	11	24	21	20	39	40	22	10
日本	21	21	25	8	18	12	26	29	16	29	23	39	24	4	1
美国	13	18	8	17	9	16	16	17	9	13	17	10	3	4	0
德国	10	18	15	9	25	14	19	7	11	10	9	5	9	1	0
上海市	2	3	0	6	0	5	2	9	17	35	11	11	11	3	0

图2-47　平版油墨中国专利申请地域-时间分布

美国的在华专利申请量主要也集中在2003~2012年，年专利申请量在10~20件，在2003年专利申请最多，达到24件，主要涉及的是太阳化学的专利申请。太阳化学在该年度的6件申请中有5件已经授权，授权率达到85.7%，且目前仍有3件处于有效状态，也体现了较高的专利质量。

总体而言，平版油墨领域的专利申请与版式油墨领域，乃至整个油墨领域的整体趋势基本一致，即日本申请人在该领域中占据绝对的领先地位。除此以外，以太阳化学为代表的美国申请人以及来自欧洲的德国、瑞士等也非常重视中国市场，在中国也有较强的专利布局。而作为国内各省区市中专利申请量最多的广东省，其与国外领先水平仍有较大差距，在技术研发以及专利布局方面均有待进一步努力。

（2）国外申请人在华申请的专利区域分布情况

从图2-48可知，在华申请的国外申请人主要分布在22个国家和地区。其中，在第二绘图区出现的“其他”包括意大利、芬兰、维尔京群岛、西班牙、以色列、加拿大、澳大利亚、巴西、俄罗斯、南非、葡萄牙和瑞典，各自申请占比均在0.6%以下。

由图可知，日本、美国和德国在中国专利申请量较多，为在华进行大范围专利布局的主要申请人集中的区域，也是我国申请人主要的竞争对手聚集区，但其相互之间差距也非常明显。我国申请人在该领域进行技术研发中应重点关注、规避这些地区的专利布局，同时有目的地研究来自这些地区重点申请人的先进技术和布局方式，提高自身竞争力。

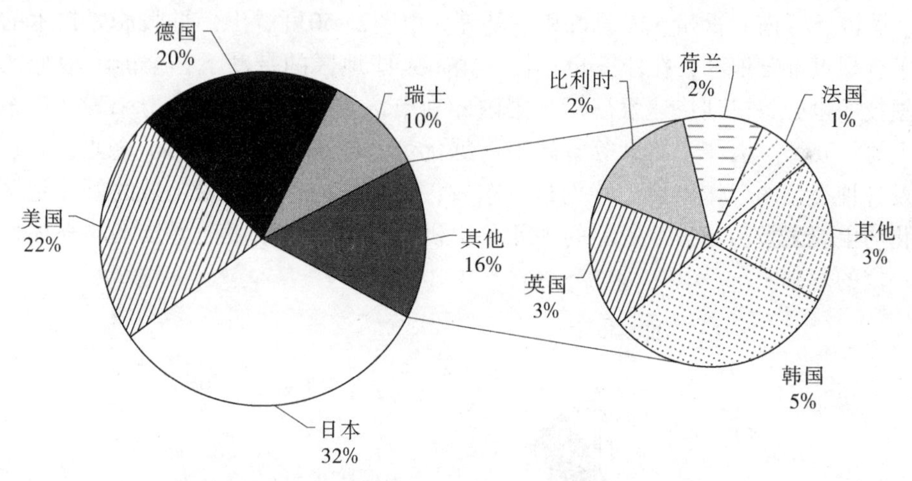

图2-48　平版油墨中国专利申请中的国外申请人地区分布

由图2-49可知，从20世纪80年代后期开始，国外申请人已经开始在中国进行平版油墨的专利布局，2000年则进入了快速发展时期。其中，日本和美国的专利申请量一直保持比较稳定的发展势头，而以德国、瑞士为代表的欧洲申请人近年来专利申请量方面出现了一定的波动。一方面体现了日本、美国在该领域中的技术领先地位以及对中国市场一贯的重视程度，另一方面也反映了世界油墨市场的整体格局和市场变化趋势。对于我国申请人而言，关注重点申请人和竞争对手的专利申请和布局特点，从中获取技术发展方向和市场动态等有效信息，对提升自我竞争力是非常有必要的。

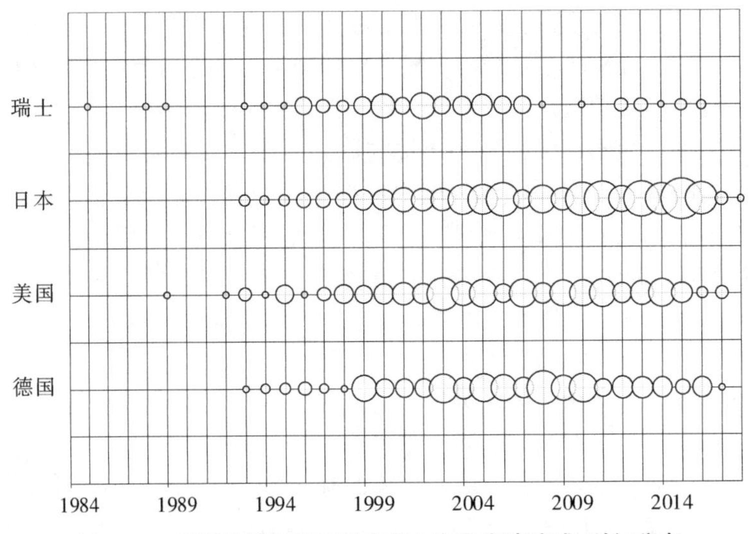

图2-49　平版油墨主要国外申请人在华申请地域-时间分布

（3）国内申请人地区分布情况

图2-50主要体现了国内申请人在本土专利申请中的地区分布情况，其中，第二绘图区中出现的“其他”包括辽宁、山西、湖南、台湾、河北、江西、重庆、甘肃、黑龙江、香港、云南、贵州、内蒙古和宁夏等。由图2-50可看出，平版油墨技术的研究覆盖了全国大部分地区，在珠三角、长三角、京津地区的带动下，全国其他地区的喷墨油墨技术也必将得到快速发展。从国内专利申请量的具体分布情况来看，广东、江苏、上海、安徽、天津、北京等省区市占据优势，申请人类型覆盖了企业、高校、个人以及各种类型的合作申请。特别是广东省，作为国内平版油墨领域的领军地区，其多元化的申请人类型为技术资源的多元化提供了保障，为平版油墨技术的立体发展奠定了一定的基础。

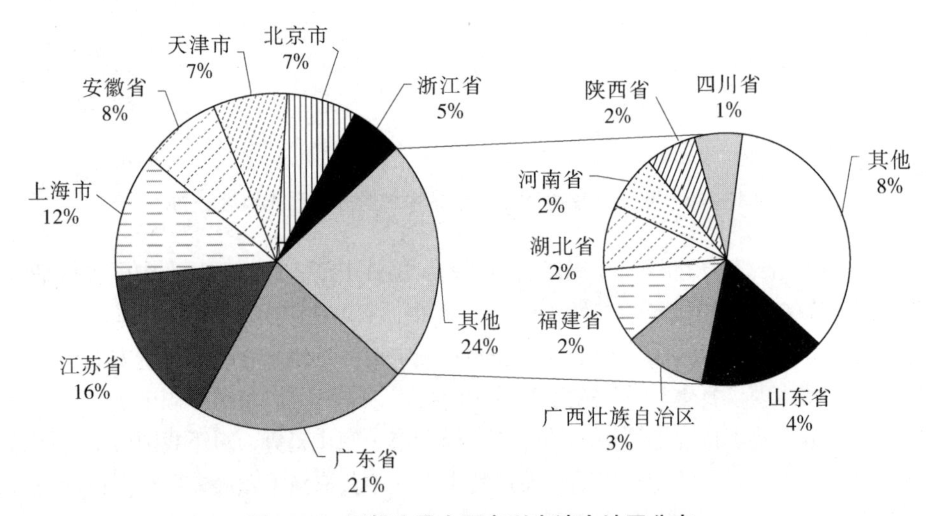

图2-50　平版油墨中国专利申请人地区分布

由图2-51可知，广东、江苏、上海和安徽均在2010~2016年出现大量关于平版油墨的专利申请，近5年专利申请整体上呈现快速增长的状态。这些重点地区在平版油墨领域的快速发展，体现了国内申请人在技术不断发展进步的同时，知识产权保护以及专利布局的意识不断加强。一方面投入力量研发自有技术，另一方面加强对研究成果进行保护。但从专利申请数量及质量上所反映出的我国相对于世界先进水平，特别是相对于日、美申请人仍有较大差距。改变本土技术和产品长期受制于国外申请人的局面，仍然是国内申请人将要长期面临的任务和挑战。

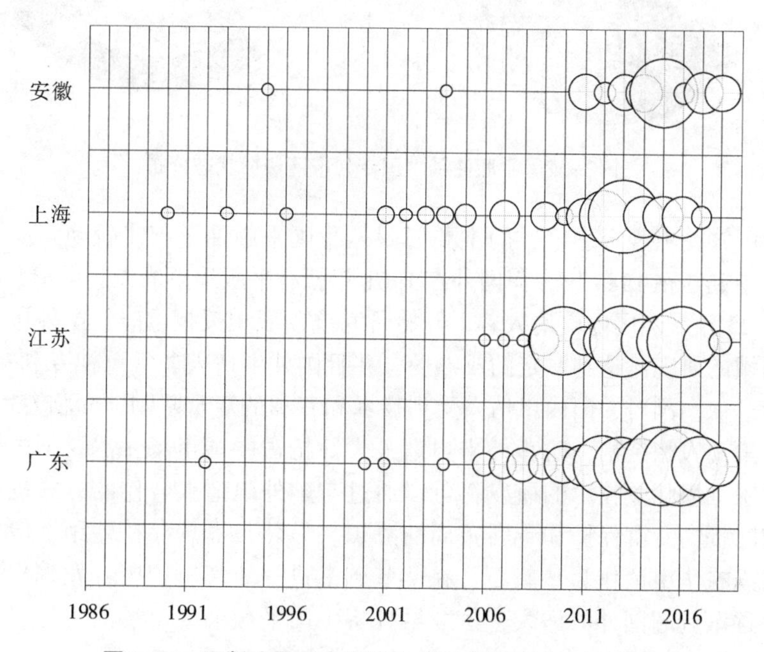

图2-51 平版油墨国内申请人专利申请地域-时间分布

4. 法律状态分布

由图2-52可知，平版油墨领域的授权率［有效（33%）+无效（10%）］为43%，驳回率为5%，撤回率为19%，公开的案件为33%。43%的授权率与油墨领域的平均授权率47%相比有所偏低，说明我国平版油墨领域的专利申请总体上符合平均水平。国外申请人的授权率［有效（39%）+无效（15%）］为54%，显著高于国内申请人的授权率［有效（29%）+无效（6%）］35%，进一步表明我国国内申请人在平版油墨的专利申请质量上落后于国外申请人。国外申请人在平版油墨方面的原创性（新创性）明显高于国内申请人，在平版油墨的研发实力和研发技术上占有很大的优势。

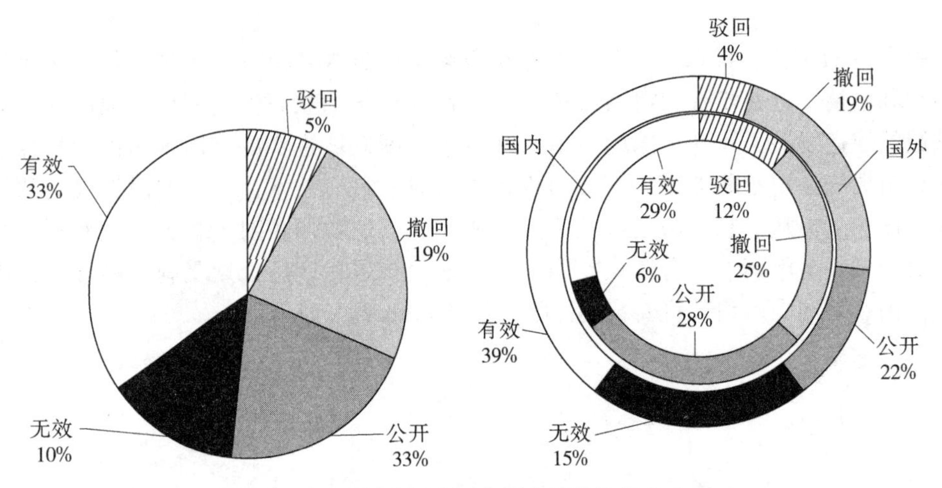

图2-52 平版油墨中国专利申请法律状态分布

经分析可知，出现上述情况的主要原因是我国平版油墨起步较晚，如我国最早出现平版油墨专利是在1985年，而国外在1961年就有平版油墨的专利申请，较国内申请人早了大约25年。当国内申请人着手开始研究该领域相关技术时，国外申请人在平版油墨技术领域的研究已达到一定的成熟度，并且国外申请人非常重视专利布局。因此，当国外申请进入中国时，国内申请人受到技术和专利的双重限制，面临着巨大的挑战。为了与国外申请人相抗衡，防止外来申请人大肆抢占中国市场，需要国内申请人集中力量投入平版油墨相关技术的研发，可以通过与国外申请人合作的方式提高自己的技术水平，同时提高专利保护和专利布局的意识。另外，虽然存在差距，但是我们也可将国外申请人在华申请作为垫脚石，在此基础上进一步拓宽视野，发掘出属于自己的专利技术，逐渐赶超国外申请人，争取早日将中国平版油墨市场的主导权掌握在自己手里。

由图2-53可知，在中国申请人中，企业申请人的授权案件最多，为897件［有效（638件）+无效（259件）］，驳回案件为153件；其次为合作的申请人，其授权案件为73件，驳回案件仅有11件。高校、科研院所和个人申请的授权案件都低于企业和合作申请人。企业主要是以生产产品，并将其投入市场而获得利益最大化为导向，其具备研发产品的基础设施的同时，更具有生产实践的资源，即可通过实践指导理论的方式调整技术，对于创造出更多优质技术提供了很好的理论-实践互通平台，从而可以研发出更多具有创造性的技术，这也是其授权率明显高于其他申请人类型的主要原因。合作类型的申请人有利于整合多方资源，实现技术上的优势，使得专利申请具有较高的创新性，授权率较高。虽然科研院所和高校具备很强的研发实力和潜力，表现在其专利申请的驳回率相对较低，但他们更注重理论研究，倾向于论文发表，导致其公开的专利申请仅有25件（其中，高校22件和科研院所3件），撤回的专利申请13件（其中，高校10件和科研院所3件）。对于个人申请，由于资源有限，技术创造性也具有一定的局限性，导致其申请的案件创造性水平不高，是其授权率偏低的主要原因。

由图2-54可知，企业-企业合作模式中专利处于有效和公开状态的专利申请量，都明显高于其他类型专利申请人合作模式，并且企业-企业合作模式的驳回专利申请量也保持在较低的水平。企业一直是平版油墨研发的核心力量，掌握了平版油墨绝大多数的核心专利技术，具有雄厚的研发实力、经济基础和共同的市场需求。这也是企业与企业强强合作模式专利质量（专利申请有效量）、研发活跃度（专利申请公开量）高于其他的合作模式，驳回专利申请量也保持在较低水平的主要原因。高校作为目前平版油墨研发的潜在力量，具有一定的研发能力和实力，这使得其与企业合作申请的专利有效量比除企业与企业合作模式外的其他合作模式要高。由于个人经济基础以及研发实力相对薄弱，个人-企业、个人-个人合作模式专利申请的法律状态主要处于无效和撤回状态。

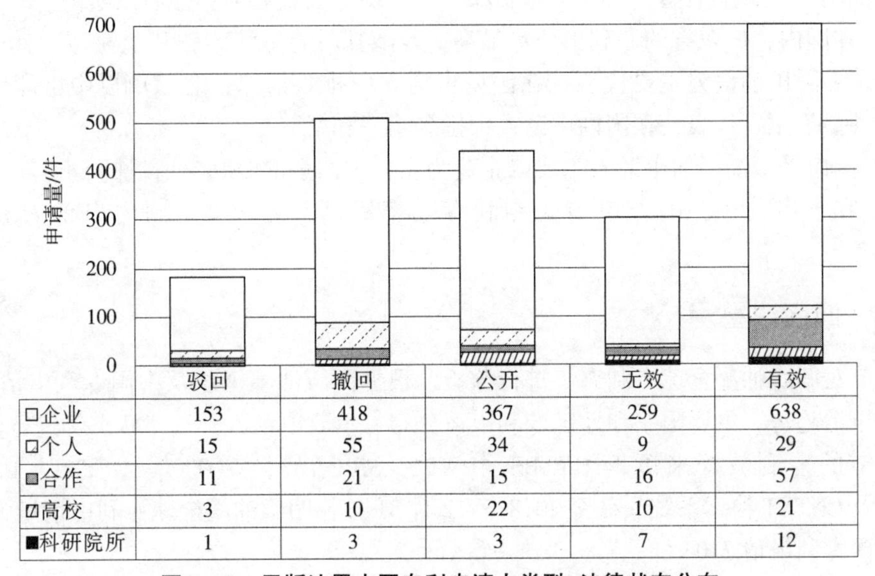

	驳回	撤回	公开	无效	有效
□企业	153	418	367	259	638
□个人	15	55	34	9	29
■合作	11	21	15	16	57
▨高校	3	10	22	10	21
■科研院所	1	3	3	7	12

图2-53　平版油墨中国专利申请人类型-法律状态分布

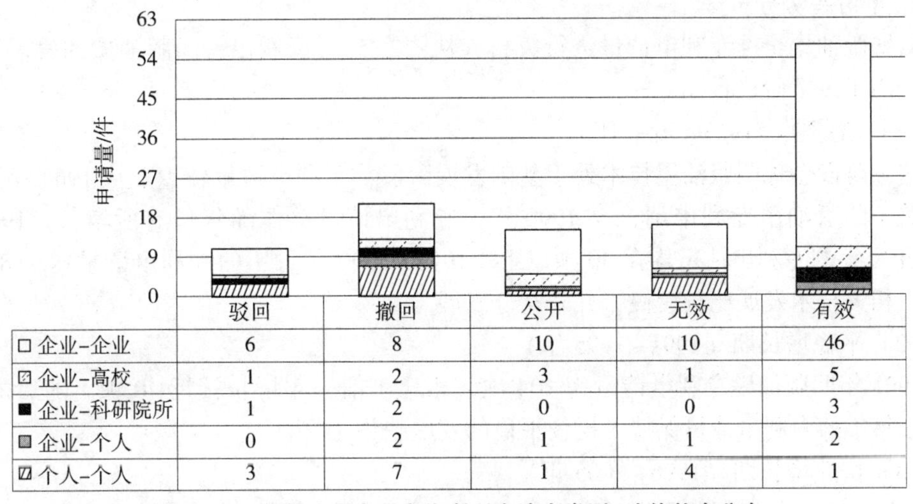

	驳回	撤回	公开	无效	有效
□ 企业-企业	6	8	10	10	46
▨ 企业-高校	1	2	3	1	5
■ 企业-科研院所	1	2	0	0	3
■ 企业-个人	0	2	1	1	2
▨ 个人-个人	3	7	1	4	1

图2-54　平版油墨中国合作专利申请人类型-法律状态分布

2.1.2.3 小结

1）1961年，全球开始出现平版油墨的专利申请，1976~1991年为平稳增长期，1992~2008年为快速增长期，2009年至今，每年专利申请量保持在300项左右。1985年，国内首次出现平版油墨的专利申请，1993~2009年为平稳发展期，2010年至今为快速增长期，每年专利申请量保持在140件左右。2012年，国内申请人的专利申请量超越国外申请人的专利申请量，目前仍处于这一状态。

2）日本、美国、欧洲、中国、韩国是平版油墨研发的主要国家和地区。其中，日本以55%的专利申请量在该领域处于绝对优势地位，掌握着绝大多数的核心技术，并以东洋油墨、大日本油墨、大日本印刷和凸版印刷等大企业为主要研发实力。

3）在国内，广东省的专利申请量最高，紧随其后的是江苏省和上海市。其中，广东省以茂名阪田油墨为主要代表，在国内申请人中排名第二；北京市以中国印钞造币和中钞油墨为主要代表，在国内申请人中排名第一和第三。

4）国内平版油墨的申请人主要以企业为主，占据全部专利申请量的84%。

5）在华申请中，国外申请人专利有效率更高，为39%，国内申请人有效率为29%。

2.1.3 凹版油墨

本节对凹版油墨全球专利态势进行分析，根据凹版油墨全球及中国专利申请数据，对专利申请趋势、主要国家和地区专利申请分布、重要申请人、法律状态等进行分析。

本节的专利数据来源于CNABS、DWPI、SIPOABS、WOTXT、EPTXT、USTXT、JPTXT及CNTXT检索系统。截至2018年12月31日，凹版油墨全球专利申请量为6114项，中国专利申请2104件。

2.1.3.1 全球专利分析

1. 申请趋势分析

对凹版油墨全球专利申请量进行分析，从图2-55可以看出，凹版油墨的发展历程大致经历了以下阶段：

（1）萌芽期（1963~1990年）

这一阶段全球凹版油墨技术处于基础发展阶段，专利申请量较少。从1963年开始出现关于凹版油墨专利申请，至1990年，专利申请量整体随年份有所增长。1963~1975年每年的专利申请量均在30项以下，1976~1990年每年的专利申请量均在80项以下，相关技术发展比较缓慢，并未充分发展。

（2）平稳增长期（1991~1995年）

1991年凹版油墨专利申请量为104项，相比于前一年增长接近40项。随后的15年间，每年的专利申请量保持了比较平稳的发展趋势。

（3）快速增长期（1996~2005年）

1996~2005年凹版油墨全球专利技术呈现快速增长的势头，在增长率得到保持的同时，绝对申请数量反映了这一阶段相关技术的快速发展。2001年，凹版油墨全球年专利申请量首次突破了231项，在此期间凹版油墨技术发展不断趋于完善，逐渐向技术成熟期迈进。

（4）技术成熟期（2006年至今）

2006年至今，凹版油墨的全球专利申请量处于平稳保持状态，这一时期凹版油墨技术已进入技术成熟应用期，几乎每年专利申请量均保持在200项或以上。但是由于该专利申请量数据的统计是基于最早优先权日进行统计，在检索截止日时有大部分专利尚未进行首次公开，从而造成2015~2017年的专利申请量有较大幅度下降。

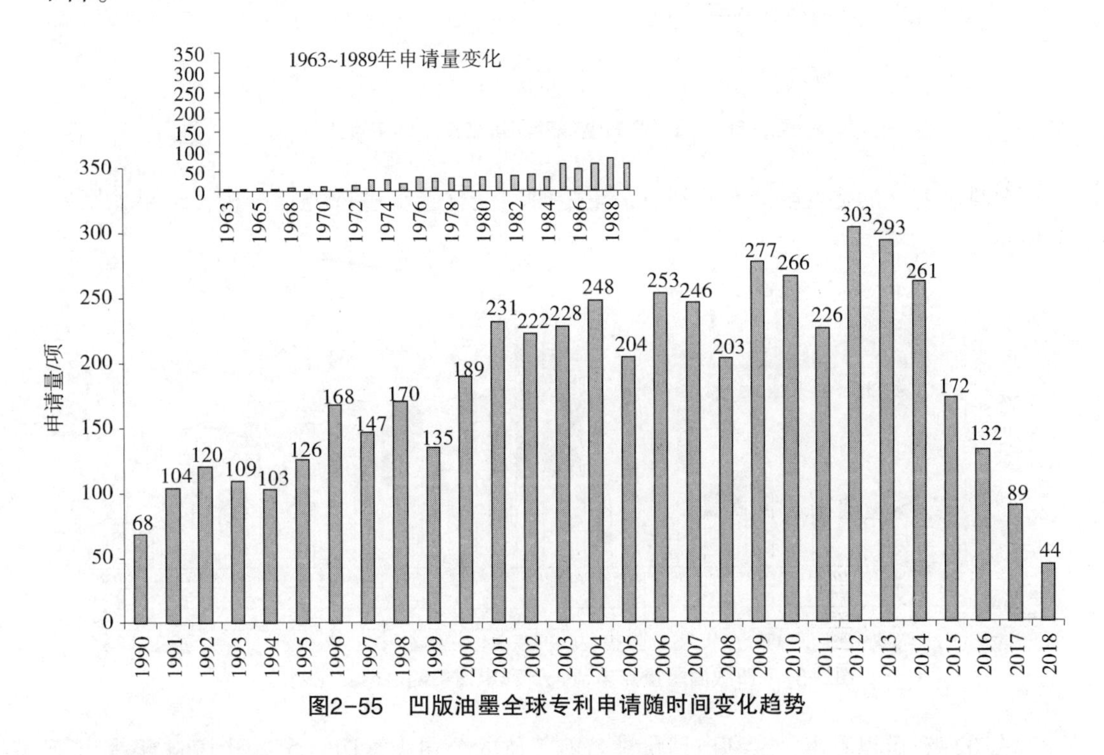

图2-55　凹版油墨全球专利申请随时间变化趋势

2. **申请人分析**

对凹版油墨全球申请的申请人进行统计分析，得到结果如图2-56所示。东洋油墨在该领域的专利申请达到了596项，DIC、凸版印刷及大日本印刷在该领域的专利申请均超过了180项。该领域排名前十的申请人申请总量约占了全球申请总量的31%，体现了该领域技术分布具有一定的集中度。在排名前十的申请人中，除了太阳化学来自美国、巴斯福及默克专利来自德国以外，其余七家公司均来自日本；排名前五的申请人除了德国的巴斯福之外，其余四个公司均来自日本；这与来自日本的专利申请量排名一致，体现了该领域技术分布的地域高度集中及日本企业在该领域的绝对优势和主导地位。

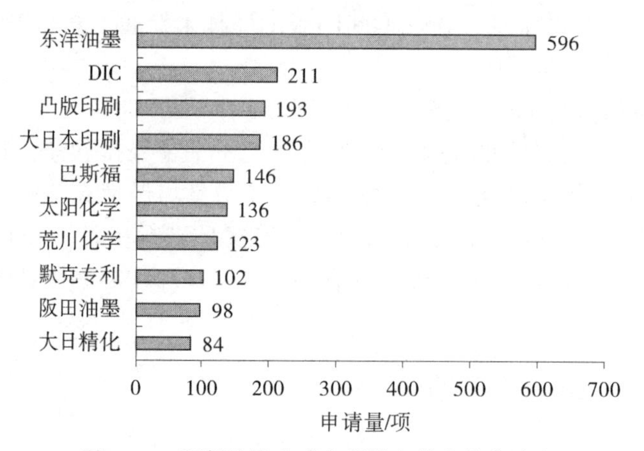

图2-56　凹版油墨全球专利排名前十的申请人

对排名前三的重点申请人专利申请量随时间变化趋势进行统计分析，结果如图2-57所示。

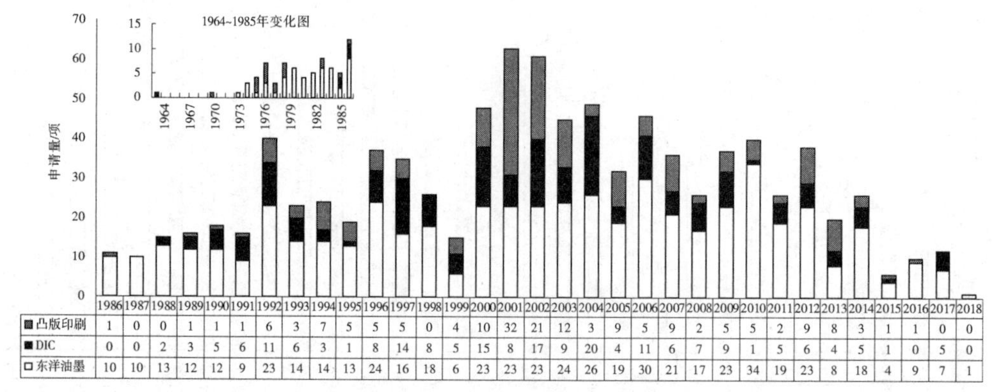

	1986	1987	1988	1989	1990	1991	1992	1993	1994	1995	1996	1997	1998	1999	2000	2001	2002
凸版印刷	1	0	0	1	1	1	6	3	7	5	5	5	0	4	10	32	21
DIC	0	0	2	3	5	6	11	6	3	1	8	14	8	5	15	8	17
东洋油墨	10	10	13	12	12	9	23	14	14	13	24	16	18	6	23	23	23

	2003	2004	2005	2006	2007	2008	2009	2010	2011	2012	2013	2014	2015	2016	2017	2018
凸版印刷	12	3	9	5	9	2	5	5	2	9	8	3	1	1	0	0
DIC	9	20	4	11	6	7	9	1	5	6	4	5	1	0	5	0
东洋油墨	24	26	19	30	21	17	23	34	19	23	8	18	4	9	7	1

图2-57　凹版油墨重点申请人专利申请量随时间变化趋势

从图2-57可以看出，专利申请量排名前三位的公司中，DIC 首先于 1964 年提出了凹版油墨。排名首位的东洋油墨自 1973 年首次提出凹版油墨专利申请以来，专利申请量保持比较稳定的增长，与专利申请总量的分布相似，其近年来在三家公司的比对中也处于领先的地位。DIC 和凸版印刷的发展趋势差别不大，在 1993 年之前，DIC 每年的专利申请量处于领先地位，体现了其在该领域的技术发展和专利布局起步较早，2001~2003 年在凹版油墨整体专利申请量显著增加的大环境下，凸版印刷年度专利申请量超过了 DIC。进入 21 世纪的初期，这三家公司的专利申请量出现了快速增长，东洋油墨在整个发展时期提出的专利申请量均处于首位，并且明显超出其他两家公司。随后的近十年间，三家公司年度专利申请量均保持比较稳定的状态。

以上三个重点申请人专利申请量的年度变化在一定程度上反映了凹版油墨领域的技术发展热点时期，其各自发展的热点时期也与各自的关键技术有一定关系，这一点将在后续章节对重点申请人的分析中具体开展研究。

另外，对于上述排名前十主要申请人的目标国进行统计分析，观察其专利布局状况，如图2-58所示。可以看出，排名前三的申请人在五个主要目标国家或地区的分布趋势与凹版油墨总量的整体分布趋势情形相似，均以本国为最主要的目标国。德国的巴斯福、默克专利及美国的太阳化学均是以欧洲作为第一目标地区，紧接着是在美国、日本、中国及韩国进行专利布局。对于排名第七的荒川化学、排名第九的阪田油墨及排名第十的大日精化，其将日本本土作为最主要目标国，向美国及欧洲的布局明显减少，将中国作为目标国的专利仅有10件，向韩国的专利申请量更少，尤其阪田油墨在韩国的专利申请量为0。上述不同的目标国统计数据反映了不同公司的发展策略，特别是对海外市场和专利布局的重视程度有所差别，这一点在后续的重点申请人分析中也将作为一项重要的考量因素。

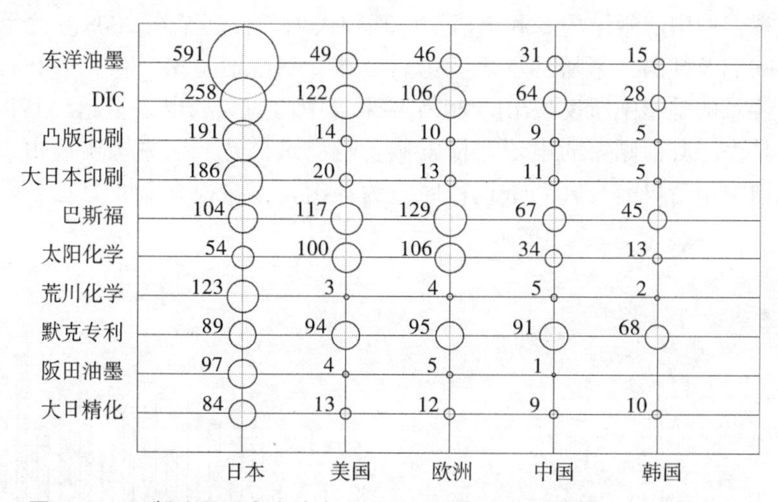

图2-58　凹版油墨重点申请人主要目标国专利申请量分布（单位：项）

3. 申请国家/地区分析

(1) 专利申请来源国/地区分析

专利申请来源国分布一定程度上体现了该领域的技术实力分布。以一项专利的最早优先权提出国作为该专利的申请来源国，对凹版油墨全球专利申请量进行统计，如图2-59所示。

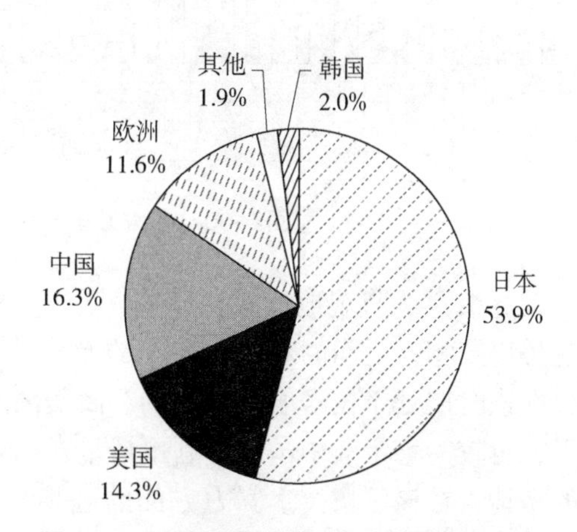

图2-59　凹版油墨全球专利申请来源国分布

由图2-59可以看出，在凹版油墨领域，来自日本的专利申请占据了全球53.9%的专利申请量，体现了日本在凹版油墨领域内的绝对优势地位。来自中国的专利申请量占比也达到了16.3%，其次是来自美国的专利申请量占比为14.3%，来自欧洲的专利申请量占比为11.6%。来自日本、美国、中国、欧洲、韩国这五个国家和地区的专利申请量占全球总量的98.1%，一方面体现了日本在技术方面的领先，美国、欧洲和中国在技术方面并驾齐驱，另一方面这五个国家与全球五大知识产权局的国家和地区分布相重合，体现了这些国家和地区对知识产权保护的重视程度。

对上述五个主要专利申请来源国/地区（日本、美国、欧洲、中国及韩国）近20年的专利申请量随年度变化情况进行统计，由图2-60可以看出，每年的专利申请量分布基本与专利申请总量的分布保持一致。来自日本的专利申请占据了每年专利申请量的半数以上。由于来自日本的专利申请量的绝对优势，其变化趋势也在很大程度上决定了全球专利申请量的变化趋势。在2005年之前，中国及韩国的凹版油墨技术处于萌芽期，因此在该时期内除日本凹版油墨技术之外，剩余部分专利技术主要来源于美国及欧洲。值得一提的是，2006年至今，随着中国凹版油墨技术的发展及对知识产权保护的逐渐重视，中国凹版油墨专利申请量出现较大增长，甚至在2008年之后已完全超越了美国、欧洲及韩国，紧随日本之后位居全球专利申请量第二位，并在近年来得以保持。需要注意的是图中所反映出的2015年来自中国的专利申请量超出其他国家和地区，这主要是由于其他国家的申请在检索截止日尚未公开，而中国申请由于较少要求优先权、或请求申请提前公开、审查程序节约等因素，在检索截止日已有较多申请被公开。

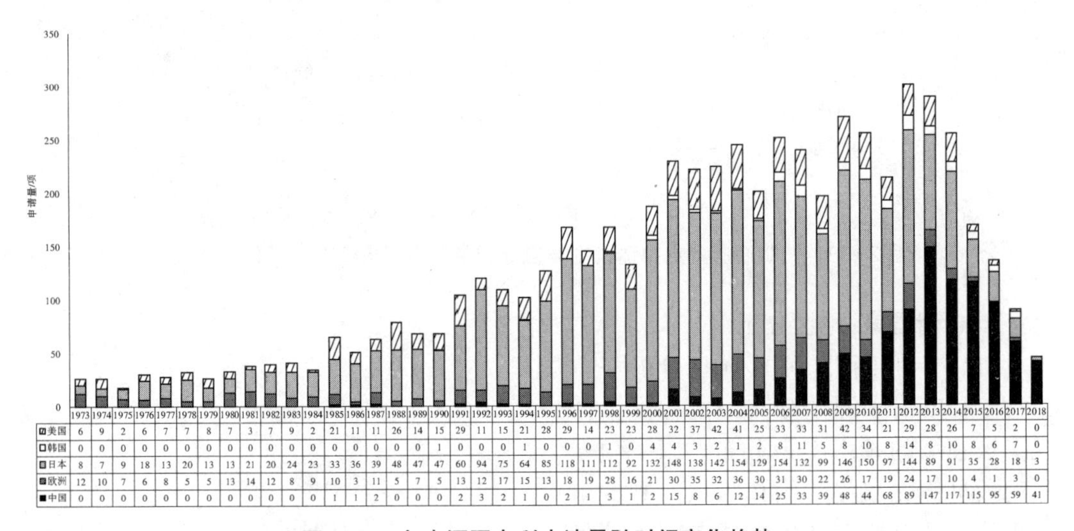

	1973	1974	1975	1976	1977	1978	1979	1980	1981	1982	1983	1984	1985	1986	1987	1988	1989	1990	1991	1992	1993	1994	1995
美国	6	9	2	6	7	7	8	7	3	7	9	2	21	11	11	26	14	15	29	11	15	21	28
韩国	0	0	0	0	0	0	0	0	0	0	0	0	0	0	0	0	0	1	0	0	0	1	0
日本	8	7	9	18	13	20	13	13	21	20	24	23	33	36	39	48	47	47	60	94	75	64	85
欧洲	12	10	7	6	8	5	5	13	14	12	8	9	10	3	11	5	7	5	13	12	17	15	13
中国	0	0	0	0	0	0	0	0	0	0	0	0	1	1	2	0	0	0	2	3	2	1	0

	1996	1997	1998	1999	2000	2001	2002	2003	2004	2005	2006	2007	2008	2009	2010	2011	2012	2013	2014	2015	2016	2017	2018
美国	29	14	23	23	28	32	37	42	41	25	33	33	31	42	34	21	29	28	26	7	5	2	0
韩国	0	0	1	0	4	4	3	2	1	2	8	11	5	8	10	8	14	8	10	8	6	7	0
日本	118	111	112	92	132	148	138	142	154	129	154	132	99	146	150	97	144	89	91	35	28	18	3
欧洲	18	19	28	16	21	30	35	32	36	30	31	30	22	26	17	19	24	17	10	4	1	3	0
中国	2	1	3	1	2	15	8	6	12	14	25	33	39	48	44	68	89	147	117	115	95	59	41

图2-60 各来源国专利申请量随时间变化趋势

图2-61更为直观地反映了日本、美国、中国、欧洲和韩国近20年专利申请量的变化趋势以及相互之间的对照。日本的专利申请量从2000~2014年都保持在约100项以上，在该时期处于技术成熟稳定期。而美国的专利申请量2000~2014年均保持在30项上下，也较为稳定。中国的专利申请量在2007年之后保持快速增长，体现了近年来中国的申请人在该领域技术实力方面的进步，以及越来越重视该领域的知识产权保护和专利布局。

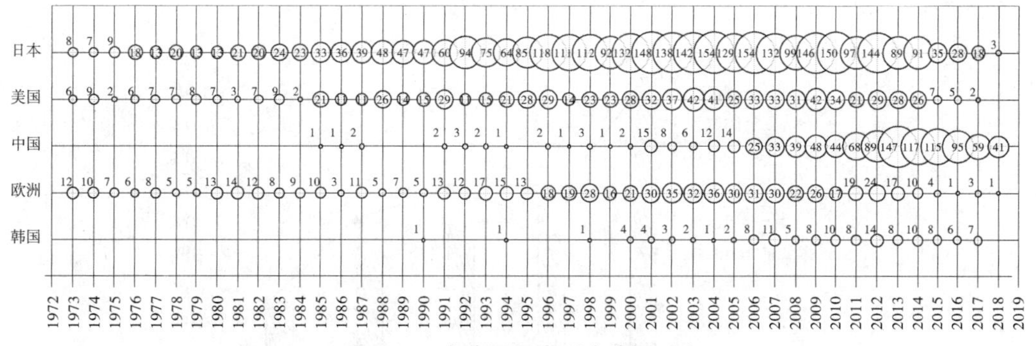

图2-61　各来源国专利申请量对比

(2) 专利申请目标国/地区分布

以某一个国家或地区作为目标国的专利申请量可以反映该国家或地区在全球市场中的地位。若一项专利申请中有在某一国家或地区公开的同族专利，则认为该项专利申请以该国家或地区为目标国。一项专利申请可以有在多个国家或地区公开的同族专利，因此可以有多个目标国。

对凹版油墨全球专利申请的目标国进行统计分析，如图2-62所示，日本、美国、中国、欧洲和韩国是凹版油墨的主要目标国，与该领域的申请来源国分布一致。

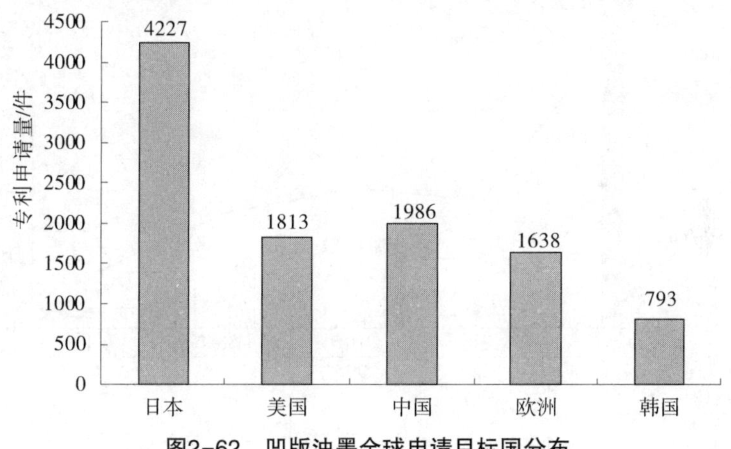

图2-62　凹版油墨全球申请目标国分布

在全球6114项凹版油墨的专利申请中，有4227件具有在日本公开的同族专利，一方面体现了日本市场的重要地位，另一方面也因为来自日本的专利申请量较多，有比较大量的向本国提出的专利申请。其他国家和地区的数据分别为美国4227件，中国1986件，欧洲1638件，韩国793件。

图2-63给出了在目标国文献量中以本国为来源国的专利申请量份额及其占比。如前所述，在日本公开的4227件专利申请中，来自本国的专利申请量为3259件，占据了77%的比例，体现了本国申请人对专利申请量的绝对贡献。相对于日本而言，其他各国公开的专利申请中，来自本国的专利申请量占比均不足一半，体现了外国申请人在该国家或地区的专利申请量占据优势，也从一个侧面反映了该国家或地区在全球市场中

的重要地位，吸引了更多外国申请人在其国内进行专利申请布局。

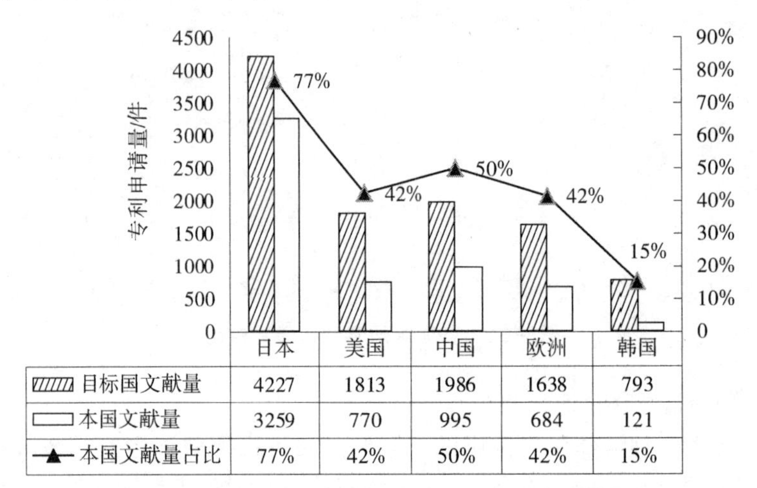

	日本	美国	中国	欧洲	韩国
目标国文献量	4227	1813	1986	1638	793
本国文献量	3259	770	995	684	121
本国文献量占比	77%	42%	50%	42%	15%

图2-63　凹版油墨目标国分布及本国专利申请量占比

进一步地，对于各目标国专利申请量的来源国进行横向比对分析，结果如图2-64所示。

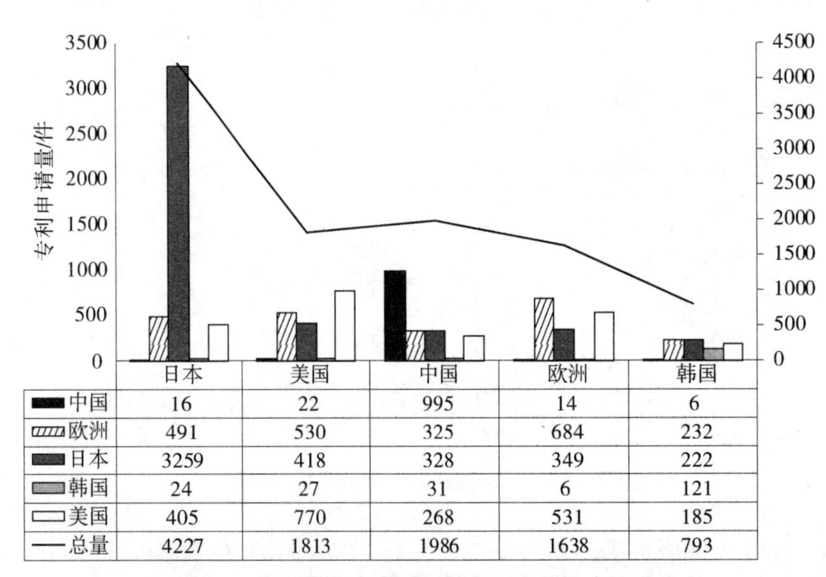

	日本	美国	中国	欧洲	韩国
中国	16	22	995	14	6
欧洲	491	530	325	684	232
日本	3259	418	328	349	222
韩国	24	27	31	6	121
美国	405	770	268	531	185
总量	4227	1813	1986	1638	793

图2-64　凹版油墨各主要目标国专利申请的来源国分布

从图2-64可以看出，来自日本、美国、中国、欧洲及韩国的专利申请在向本国的专利申请中都占据第一位。来自日本的专利申请，不仅在向本国的专利申请中占据了绝对的地位，在向其他四国的专利申请中，也均占据了较高的比例，体现了日本在该领域的领先地位，同时也充分体现了来自日本的申请人对国外市场的重视程度和专利布局。对于美国、欧洲，其在本国的专利申请与对外的布局相对平衡；而对于韩国和中国，其对外布局明显比较薄弱。尤其是中国，近年来随着对知识产权保护重视度的提高及国家创新政策的鼓励，越来越多申请人开始申请专利，但其中相当一部分水平较低，并且缺乏对外进行专利布局的意识，造成了国内专利申请量显著增加，但向其他国家的专利布局或技术的输出仍处于较低水平。

4. 专利技术流向分析

图2-65以另外一种形式反映了专利申请来源国以技术输出的形式，向目标国进行专利布局的情况。从该图也可直观地得出，虽然中国作为技术输出国对外的专利申请量较少，但其他各主要技术输出国（尤其是日本、美国及欧洲）向中国的专利申请还比较大，体现了各国对中国市场的重视程度。

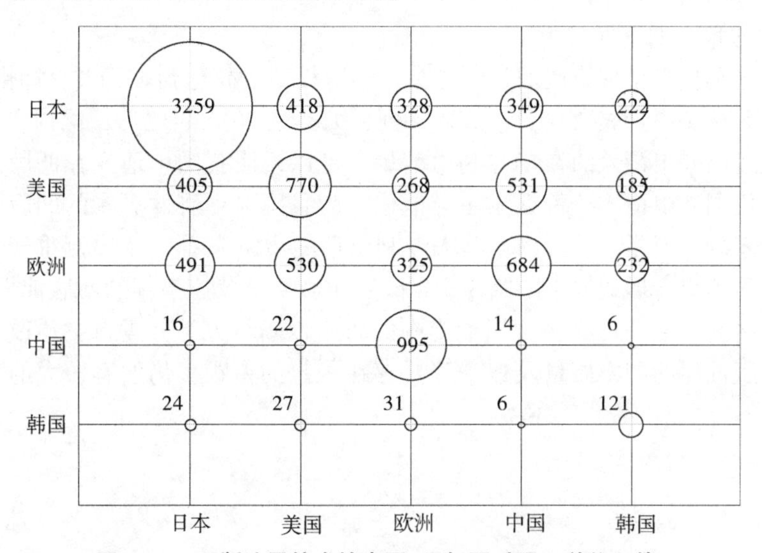

图2-65　凹版油墨技术输出国-目标国对照（单位：件）

2.1.3.2　中国专利分析

1. 申请量趋势分析

图2-66是中国在凹版油墨领域的专利申请量随时间变化的分布图。中国最早关于凹版油墨的专利是西柏地产有限公司于 1985 年 4 月 1 日申请的申请号为“CN85102070”、发明名称为“纺织材料的转移印花纸及转移花”的发明专利申请，该发明中介绍了使用凹版印刷机印刷浸渍剂涂层。国内申请人最早在中国提出的凹版油墨发明专利申请是由武汉大学于 1985 年 4 月 1 日申请的申请号为“CN85100263”、发明名称为“氯化无规聚丙烯白色凹版油墨及制备方法”的发明专利申请。

如图2-66所示，中国关于凹版油墨专利申请量的发展主要分为三个阶段：

（1）技术萌芽期（1985~1998 年）

这一阶段国内凹版油墨技术处于基础发展阶段。专利申请量较少，每年专利申请量均在 30 件以下。这一时期，凹版油墨发明专利申请总数量为 113 件，但国内申请人申请的数量仅为 18 件，占比为 15.9%，其余均为国外申请人在华申请的专利。因此，该时期的凹版油墨专利技术基本上以国外申请人为主。

（2）平稳发展期（1999~2011 年）

期间申请量出现一定的波动，最多为 2011 年的 138 件。此期间内，国内申请人开始注重凹版油墨方面的研发，从 1999 年申请人广东油墨厂申请的申请号为"CN99116261"、发明名称为"凹版铝箔油墨及其制备工艺"的发明专利申请开始，到 2011 年达到 64 件；此时国内申请人的专利申请量占国内外申请人总专利申请量的比率为 46.4%。因此，该时期国内申请人在凹版油墨领域研发力度逐渐加大，但是仍呈现外重内轻的局面，国外申请人在中国的大范围布局，给中国凹版油墨的研究带来了一定的局限性。在该阶段的凹版油墨技术的发展状况，足以说明我国申请人在外来技术的基础上已经开始逐渐重视凹版油墨在油墨市场和凹版印刷技术领域的重要地位，并着手开始该方面的研究工作，且初见成效。

（3）快速增长期（2012 年至今）

此阶段专利技术呈现快速增长的势头，年增长率最高达到 62.1%，即由 2012 年的 140 件，增长为 2013 年的 227 件。在此期间，尤其是 2013 年之后，国内申请的专利申请量也均超过国外申请人的在华专利申请量，足以说明我国申请人在凹版油墨领域的研究已经取代国外申请人，占据了主导地位，为我国自主研发更多的凹版油墨产品奠定了坚实的基础。但是，从国内申请人专利申请的质量来看（主要侧重于将油墨中已知组分进行简单组合形成适于凹版印刷、改善印刷质量及速率等的凹版油墨），与日本及欧美等地区的跨国公司（主要对油墨中的树脂、颜料等组分进行物质改性，以从根本上改善凹版油墨的印刷质量及速率等）存在一定的差距，仍然有较大的进步和追赶空间。

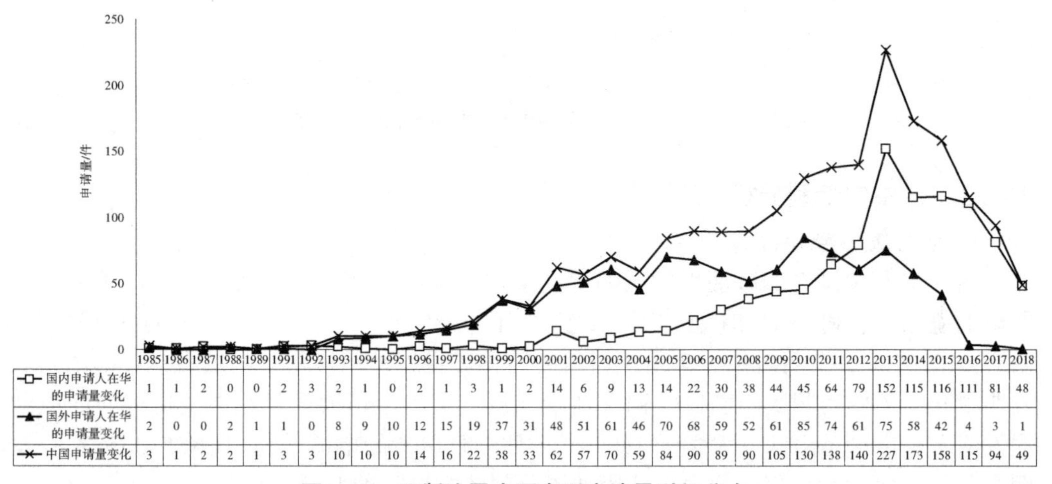

	1985	1986	1987	1988	1989	1991	1992	1993	1994	1995	1996	1997	1998	1999	2000	2001	2002	2003	2004	2005	2006	2007	2008	2009	2010	2011	2012	2013	2014	2015	2016	2017	2018
国内申请人在华的申请量变化	1	1	2	0	0	2	3	2	1	0	2	1	3	1	2	14	6	9	13	14	22	30	38	44	45	64	79	152	115	116	111	81	48
国外申请人在华的申请量变化	2	0	0	2	1	1	0	8	9	10	12	15	19	37	31	48	51	61	46	70	68	59	52	61	85	74	61	75	58	42	4	3	1
中国申请量变化	3	1	2	2	1	3	3	10	10	10	14	16	22	38	33	62	57	70	59	84	90	89	90	105	130	138	140	227	173	158	115	94	49

图2-66　凹版油墨中国专利申请量时间分布

2. 地域分布

（1）整体区域分布

图2-67和图2-68为国内外申请人在中国的专利申请的整体地区分布情况。由图可知，其中以德国（默克专利、巴斯福）、美国（罗门哈斯公司）和日本（东洋油墨、DIC 等）为主，都为 200 件以上，广东位居第四位（在国内申请人排行中位于首位），专利申请量为 203 件，江苏位居第五位，专利申请量为 131 件，瑞士次之，专利申请量为 108 件，上海的专利申请量也在 107 件，北京、浙江和四川专利申请量均在 50~100

件。由此可看出，日本、美国和德国在凹版油墨技术研发方面具有明显优势，因此，为了保证广东、上海等省市在该领域的良好发展（尤其是广东省），避免外来技术的冲击，大力发展属于我们自己的技术迫在眉睫。

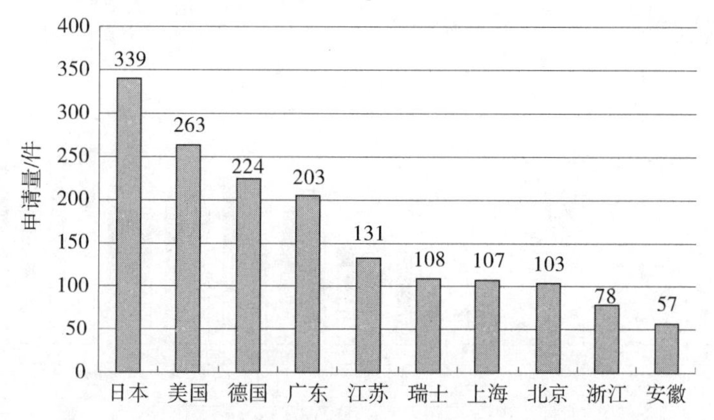

图2-67　凹版油墨包括国外申请人的中国专利申请地域分布

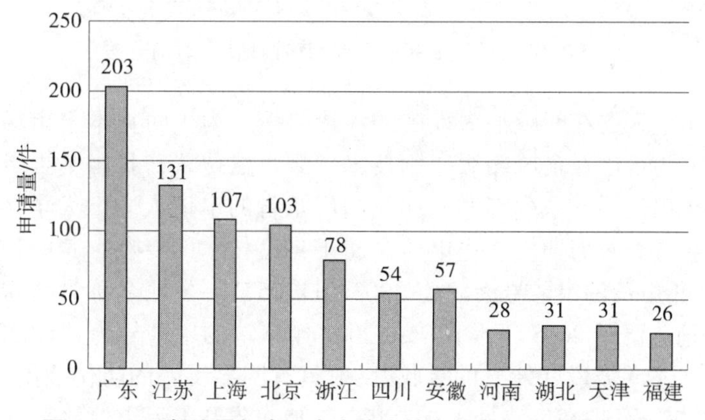

图2-68　凹版油墨仅含国内申请人的中国专利申请地域分布

由图2-69可知，日本在我国主要专利申请集中在2001~2015年（2016年及2017年日本专利数减少，造成骤减的原因可能是在该年申请的专利还未进行公开）。德国和瑞士是最早针对凹版油墨在中国进行专利布局的国家，美国从1989年开始针对凹版油墨在中国进行专利布局，日本从1993年才开始针对凹版油墨在中国进行专利布局。虽然，相对于德国、瑞士及美国，日本在该领域在中国进行专利布局比较晚，但是其在随后几年的布局势头很猛，2004年之后，日本在中国的专利申请量已经超过其他三国的专利申请量。反而，凹版油墨领域最早在中国进行专利布局的德国和瑞士近些年的专利申请量在急剧减少。就国内地区的申请人而言，广东省属于凹版油墨领域中发展的龙头地区，其次是上海市。广东省从2006年之后该领域的专利申请量逐渐增多，到2013年达到最高点，年专利申请量达到28件。江苏省在该领域的发展稍晚于广东省，但是从2006年至今的发展与广东省类似，也在2013年达到专利申请量峰值28件。根据上述分析结果可知，国外申请人在中国围绕凹版油墨的专利布局开展较早，其发展主要是在2001年以后，涉及诸多重点专利，且有多项专利技术目前仍处于保护阶段，给我们本土申请人的研发带来一定的阻碍，同时也带来了一定的契机。

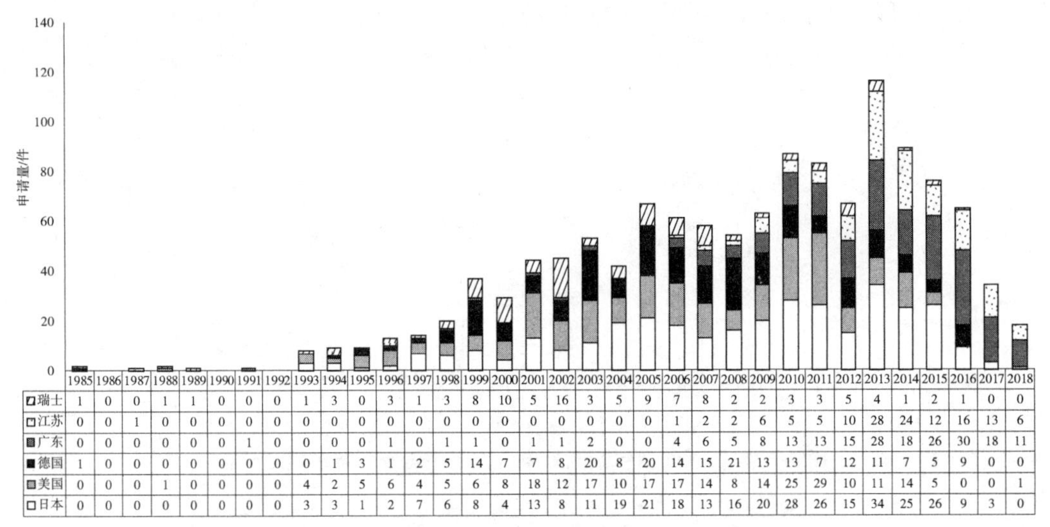

	1985	1986	1987	1988	1989	1990	1991	1992	1993	1994	1995	1996	1997	1998	1999	2000	2001
瑞士	1	0	0	1	1	0	0	0	1	3	0	3	1	3	8	10	5
江苏	0	0	1	0	0	0	0	0	0	0	0	0	0	0	0	0	0
广东	0	0	0	0	0	0	1	0	0	0	0	1	0	1	1	0	1
德国	1	0	0	0	0	0	0	0	0	1	3	1	2	5	14	7	7
美国	0	0	0	1	0	0	0	0	4	2	5	6	4	5	6	8	18
日本	0	0	0	0	0	0	0	0	3	3	1	2	7	6	8	4	13

	2002	2003	2004	2005	2006	2007	2008	2009	2010	2011	2012	2013	2014	2015	2016	2017	2018
瑞士	16	3	5	9	7	8	2	2	3	3	5	4	1	2	1	0	0
江苏	0	0	0	0	1	2	2	6	5	5	10	28	24	12	16	13	6
广东	1	2	0	0	4	6	5	8	13	13	15	28	18	26	30	18	11
德国	8	20	8	20	14	15	21	13	13	7	12	11	7	5	9	0	0
美国	12	17	10	17	17	14	8	14	25	29	10	11	14	5	0	0	1
日本	8	11	19	21	18	13	16	20	28	26	15	34	25	26	9	3	0

图2-69　凹版油墨中国专利申请地域-时间分布

对于国内申请人，在凹版油墨发展的大形势下，为了防止本土市场被国外申请人大范围占有，并为自己在全球凹版印刷技术领域占住位置，我国本土申请人在凹版油墨的研究方面也出现了一系列专利。如我国广东省的申请人中山大学，在国外申请人向中国进行大量专利布局期间，也申请了属于自己技术的专利，其中包括诸多重点专利。如在2003年申请的申请号为“CN200310112057”、发明名称为“水性塑料复合油墨”的专利申请，已于2005年授权；在2007年申请的申请号为“CN200710062742”、发明名称为对“不同波段红外光的吸收/反射具有明显反差的防伪油墨”的专利申请，已于2011年授权，且现在仍然处于有效状态。广东省和上海市等地区在2010年以后也步入快速发展期间，已有赶超国外申请人的势头。此外，虽然我国专利申请量在一定程度上有所改善，但是为了充分发挥专利保护的成果，我国专利申请人还要进一步改善专利申请的质量，充分发挥创造性申请更多高质量专利，提高授权率的同时在专利维持阶段获得更大的收益，也为我们自主研发提供更多的技术保障。

(2) 国外申请人地区分布情况

图2-70为在华申请的国外申请人地区分布图。可以看出，在华申请的国外申请人主要分布在22个国家中，其中日本在中国的专利申请量最多，达到了31.3%的占比，其次是美国，占比24.3%，接着便是德国和瑞士，占比分别为20.7%和10.0%。这几个国家是在华进行大范围专利布局的主要申请人集中的国家，也是我国本土申请人主要的竞争对手聚集国家。由此可知，我国申请人在对凹版油墨的研究开发过程中需要重点关注上述地区的申请人。可以从多角度出发，在其现有技术的基础上进行拓展性研发，此外生产过程中应规避上述地区申请人的专利布局，以免对自己的利益造成损失；也可以与技术强国合作，站在技术巨人的肩膀上发展属于本土的凹版油墨技术。

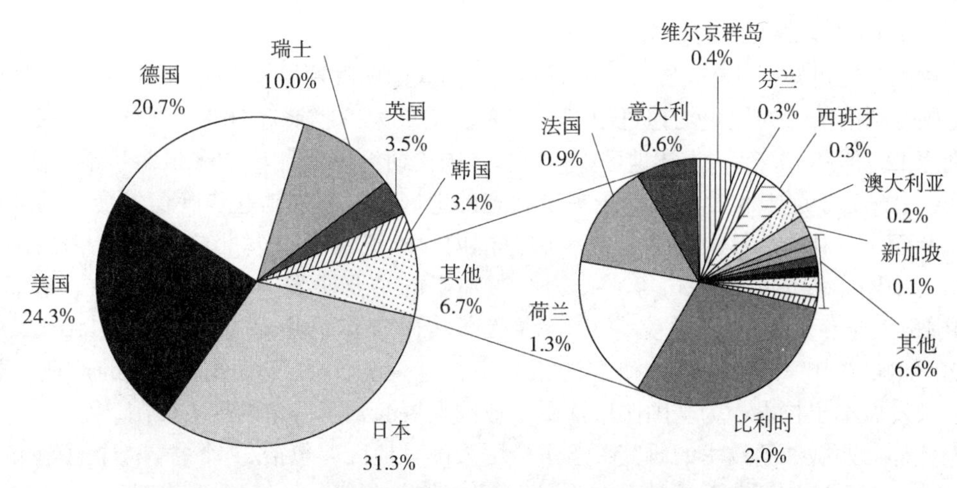

图2-70 凹版油墨在华申请的国外申请人地区分布

由图2-71可知，日本申请人从 1993 年开始逐渐加大凹版油墨在中国的专利布局，专利申请量逐年增加，2013 年申请量达到 34 件。美国申请人也从 1990 年开始重视我国市场，不断提高该领域在中国的专利申请量，2011 年专利申请量达到 29 件，属于继日本之后在中国专利申请量比较大的国家。与美国和日本相比，德国和瑞士则以不同方式在中国市场进行专利布局。虽然德国和瑞士相对于日本和美国较早开始在中国进行凹版油墨专利布局，但是德国申请人专利申请较多的时期集中在 2003~2010 年，其专利申请量最多的是 2008 年的 21 件，其中 15 件已获得授权处于有效阶段，授权率达到了 71.4%。并且，申请人巴斯福、默克专利和拜尔材料科学股份公司等都是研发实力雄厚的大企业，因此，德国企业在凹版油墨领域的技术实力还是非常强的。瑞士则呈现间歇式的分布，分别出现在 1999~2002 年和 2005~2007 年，以西柏控股有限公司和西巴等为主要申请人，这可能与企业的发展策略以及专利布局有关。综上所述，在过去的 20 多年时间里，国外各大公司在中国已经完成一部分区域的专利布局，虽然近几年专利申请量有所下降，但是并不代表他们已经对中国市场失去兴趣，相反他们很可能在已有技术的基础上研发更具潜力和发展前景的技术。为了在我们本土地区掌握有竞争力的凹版印刷油墨技术，国内申请人更应该重视凹版油墨技术的创新与保护，以便与国外技术相抗衡。

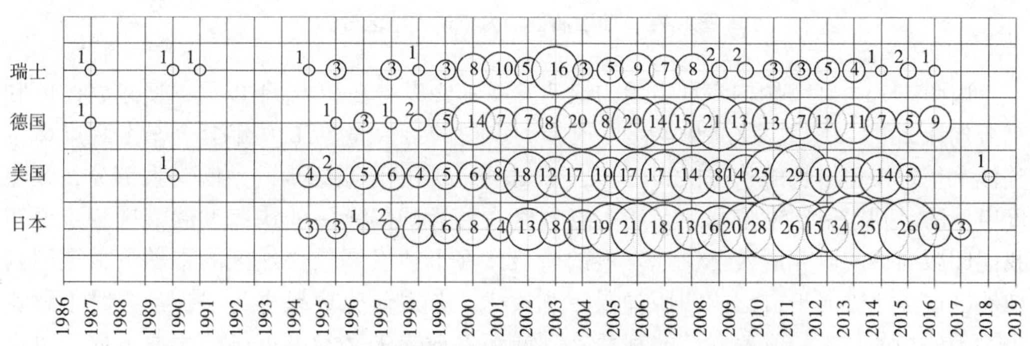

图2-71 凹版油墨国外申请人在华申请地区-时间分布

（3）国内申请人地区分布

由图2-72可知，广东、江苏、上海及北京为我国凹版油墨技术研究较为广泛的地区，占全国专利申请量的比重均超过10%。广东占比最大，达到近20%；江苏、上海次之，分别为12.8%和10.5%。上述地区中，广东是国内研究凹版印刷油墨最多且最具实力的地区；上海属于起步和发展都处于平稳状态的地区；江苏则是起步晚但发展快的地区，2006年至今专利申请量达92件。在全国范围内，除汇聚了一大批具有创新活力的企业公司（中国印钞造币总公司等）作为凹版油墨的主要研发力量，同时存在一些高校（如中山大学，北京印刷学院等）申请及产学研合作的申请（如CN201110262262，CN201410086997等），在理论研究的指导下，进一步优化凹版油墨整体的产业结构，增强及发展本土技术，为全国凹版油墨事业的发展起到了一定的带头作用。

此外，凹版油墨技术的研究覆盖了全国大部分地区，包括22个省、4个直辖市、3个自治区、台湾地区和香港特区。由此可见，我国大部分地区均已经开展了凹版油墨技术的研究工作，在主要一线发展省市区（广东、上海、江苏及北京）的带动下，在未来的发展道路上，全国其他省市区的凹版油墨技术也必将得到飞速发展，为我国本土凹版油墨技术在全球范围内占据重要地位打好基础，也是我国跻身世界凹版油墨技术强国的有力支撑。

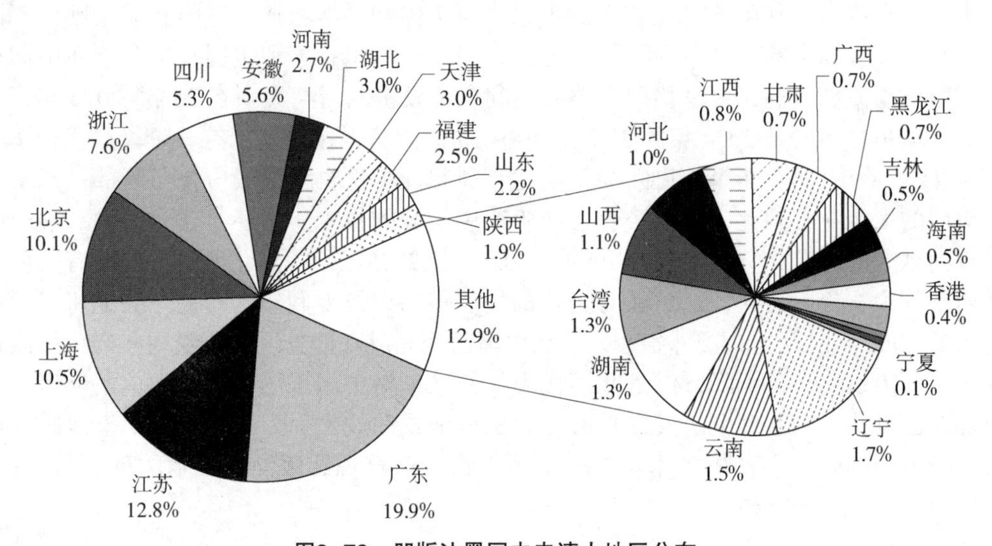

图2-72 凹版油墨国内申请人地区分布

由图2-73可知，国内专利申请的快速发展主要集中在2010年以后，广东、江苏和上海均在2013年、北京在2014年出现专利申请的最大量。2010年至今，专利申请量整体上呈现快速增长的状态，2015年及2016年专利申请量减少的原因为大部分在该年度申请的专利申请还未公开。上述重点地区在凹版油墨领域的快速发展，进一步说明我国凹版油墨的研究进入了快速发展的阶段，在上述发展较快地区的带动下，全国其他地区逐步完善属于自己的凹版油墨专利技术，并对研究成果进行保护，同时了解竞争对手的相关技术，避免自己的利益受到威胁将成为未来油墨市场的主要方向，也是全球发展的大方向。

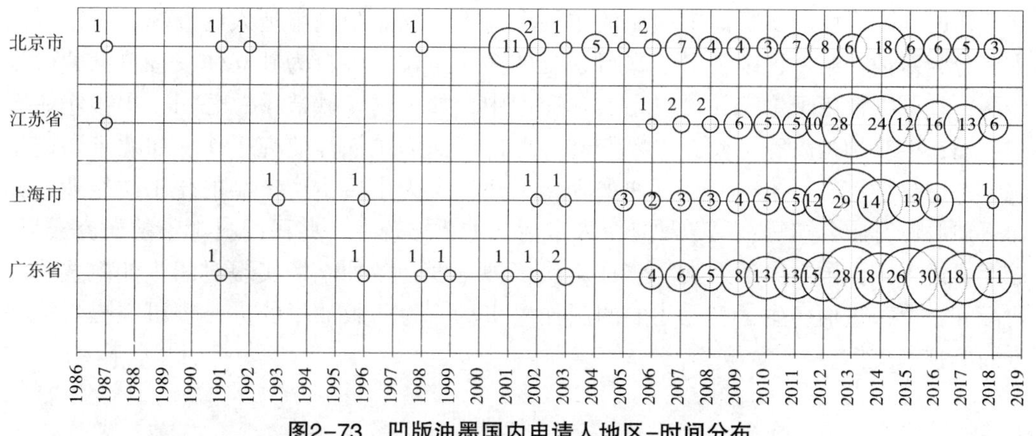

图2-73　凹版油墨国内申请人地区-时间分布

3. **申请人分析**

(1) 申请人整体分布

如图2-74所示，在中国关于凹版油墨的专利申请中有 51.4% 的专利申请人为国外申请人。说明国外申请人就凹版油墨领域在中国的专利布局已经形成一股强有力的力量，制约着本土专利技术进一步扩展，因此中国本土申请人急须发展自身凹版油墨技术，摆脱对国外输入技术的依赖。

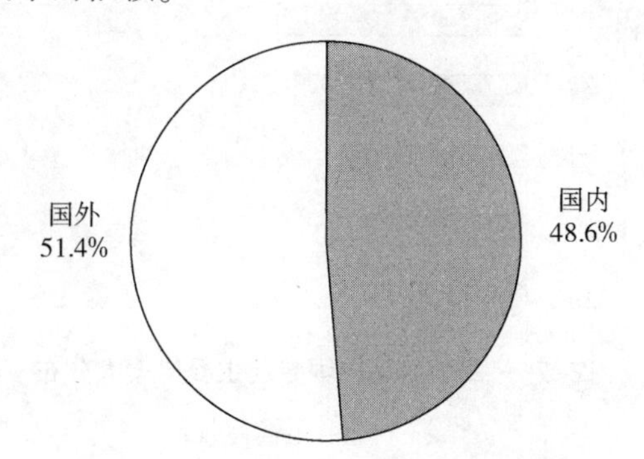

图2-74　凹版油墨中国专利申请人总体分布

从图2-75中可以看出，德国的默克专利申请量最大，属于中国本土企业的中国印钞造币总公司位居第二，德国的巴斯福次之。值得关注的是，在排名前十的申请人中，中国印钞造币总公司位居第二，这一方面证明了中国本土企业虽然起步晚，但是技术发展势头比较好，另一方面也警示我国需要在该领域加大研究力度及知识产权保护力度，防止国外技术的垄断限制中国技术发展及应用。另外，在排名前十的申请人中德国企业有 2 个（默克专利及巴斯福），瑞士企业有 2 个（西巴和西柏控股有限公司），日本企业有 4 个（DIC、东洋油墨、住友电气工业株式会社及太阳化学），有 2 个中国本土申请人（中国印钞造币及中钞实业）。可见国外申请人占据了相当的市场份额，我国在该方面研究仍需大力发展，才能保证我国在该领域的自主能力。

由图2-76可知，在国内的申请人中，中国印钞造币总公司、中钞实业有限公司和北京印刷学院为我国凹版油墨领域的主要申请人。纵观中国申请人的情况，可以看出主要分为四种：第一种是隶属于银行系统的企业单位，各自为独立体，有自己的研发团队，且可以付诸于生产并可投入实际应用中，如中国印钞造币总公司、中钞实业有限公司；第二种是高等院校，主要是进行理论层面的试探性研究工作，如北京印刷学院、中国科学院等；第三种是以油墨等化工耗材类为主要生产产品的化工类企业，如比亚迪股份有限公司等；第四种是个人申请，主要体现在一些民间科学家的研究成果。综上所述，我国国内申请人类型多样，从多种角度、多种立场实现对凹版油墨技术的研究和生产，进而产生了多元化的凹版油墨市场，为凹版油墨的进一步研究提供了多方面的技术支撑。

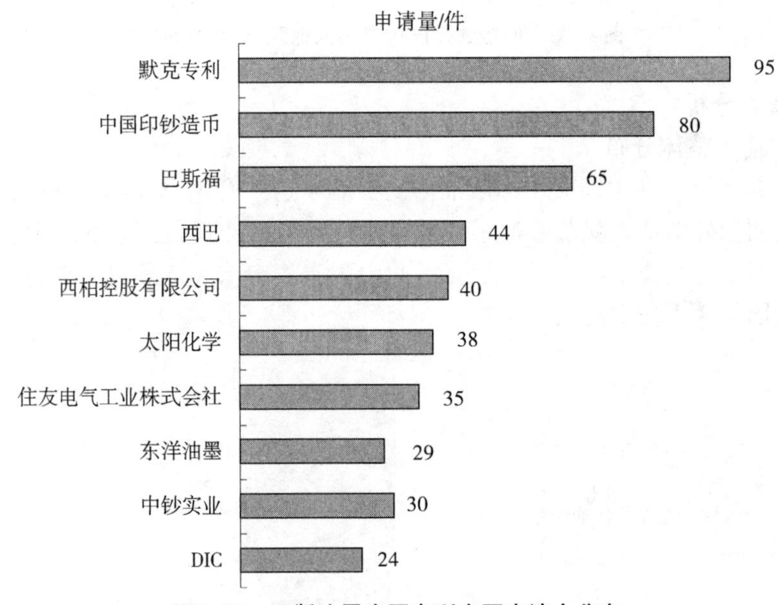

图2-75　凹版油墨中国专利主要申请人分布

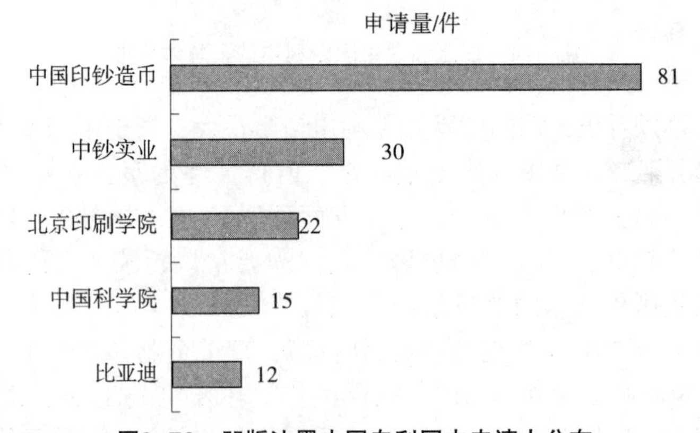

图2-76　凹版油墨中国专利国内申请人分布

（2）申请人类型

由图2-77可知，企业申请人专利申请量占81.9%，即我国凹版油墨研究的主体为企业，如中国印钞造币总公司、比亚迪股份有限公司等。因此，我国企业应配合各种政策，积极促进在凹版油墨领域的进一步发展。合作模式的申请人次之，申请量占7.3%，说明在凹版油墨领域存在一定程度的不同申请人的合作情况，可以结合各方申请人的优势研发出凝聚多方智慧的高质量专利申请。从图中可以看出我国关于凹版油墨的技术高校和科研院所的专利申请占据着一定的地位，这两个类型申请人的专利申请量占总量的5.5%。科研院所及高校主要从事凹版油墨技术的基础性研究，对企业乃至个人在凹版油墨领域的研发均提供了一定的指导作用。除上述申请人以外，我国凹版油墨的专利申请者还存在一定量的个人专利申请（占比为5.3%），进而说明各类民间科学家对于凹版油墨技术的发展也起到了一定的推动作用。

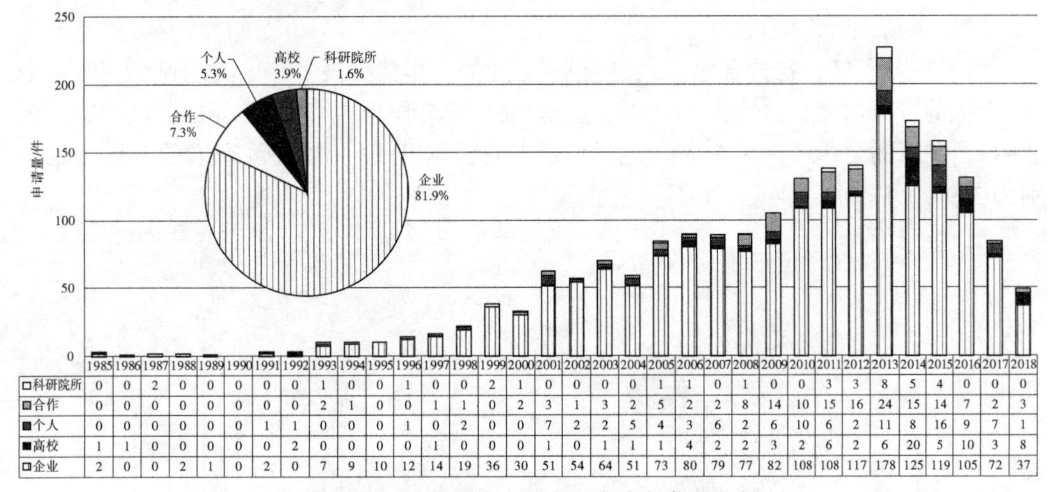

	1985	1986	1987	1988	1989	1990	1991	1992	1993	1994	1995	1996	1997	1998	1999	2000
□科研院所	0	0	2	0	0	0	0	0	1	0	0	1	0	0	2	1
▨合作	0	0	0	0	0	0	0	0	2	1	0	0	1	1	0	2
■个人	0	0	0	0	0	0	1	1	0	0	0	1	0	2	0	0
■高校	1	1	0	0	0	0	0	2	0	0	0	0	1	0	0	0
□企业	2	0	0	2	1	0	2	0	7	9	10	12	14	19	36	30

	2001	2002	2003	2004	2005	2006	2007	2008	2009	2010	2011	2012	2013	2014	2015	2016	2017	2018
□科研院所	0	0	0	0	1	1	0	1	0	0	3	3	8	5	4	0	0	0
▨合作	3	1	3	2	5	2	2	8	14	10	15	16	24	15	14	7	2	3
■个人	7	2	2	5	4	3	6	2	6	10	6	2	11	8	16	9	7	1
■高校	1	0	1	1	1	4	2	2	3	2	6	2	6	20	5	10	3	8
□企业	51	54	64	51	73	80	79	77	82	108	108	117	178	125	119	105	72	37

图2-77　凹版油墨中国专利申请人类型分布

此外，由图2-77可知，在1991～2013年的二十多年时间里，企业、高校、合作、科研院所和个人类型的申请人专利申请量总体上均呈现逐渐增长的势头，特别是2001～2014年，随着我国经济体制不断完善，市场经济不断发展的大形势下，凹版油墨技术得到了突飞猛进的发展。例如，2010～2014年的申请量与上一个五年（即2005～2009年）的申请量相比，增长率已经高达62.7%。由此可见，我国凹版油墨目前仍处于快速发展阶段，各种类型申请人在凹版油墨领域的研究也在不断推进，将进一步推动我国凹版油墨技术迈向新的台阶。

由图2-78可直观地看出，企业、高校、合作、科研院所和个人总体上均呈现逐渐增长的势头，其中，企业和合作模式申请人最为显著。企业申请人从2000年之后在该领域专利申请量就处于一个平稳快速发展的阶段，并于2013年达到年专利申请量的峰值178件。合作模式申请人在2007年之后也处于快速发展阶段。2010～2014年市场对凹版油墨需求的快速增长及凹版油墨技术的飞速发展和日益成熟，吸引了更多的企业、高校、合作、科研院所和个人加入该领域的研发队伍，进一步促进了我国凹版油墨技术的飞速发展。

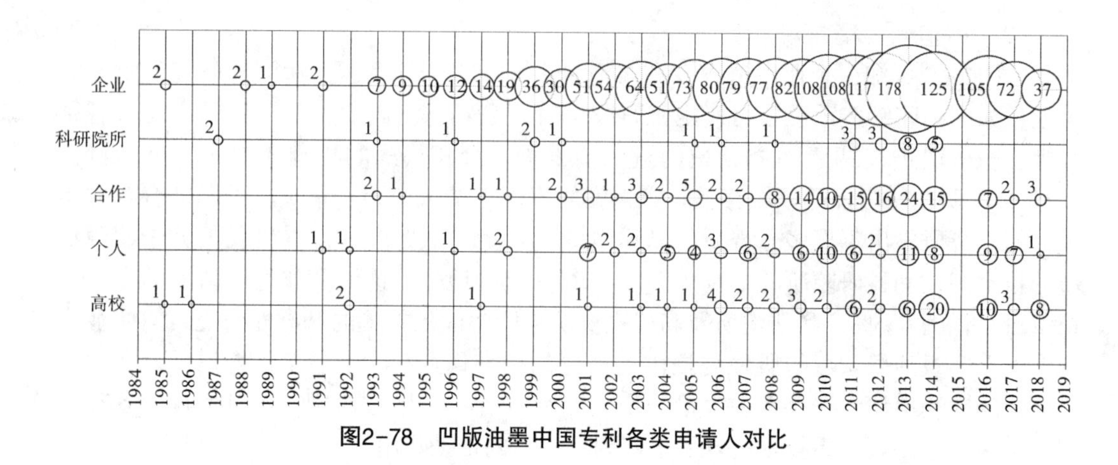

图2-78　凹版油墨中国专利各类申请人对比

（3）申请人合作模式

由图2-79可知，各种合作模式中企业-企业的合作情况最多，比例达到67. 1%；个人-个人的合作次之，占比为11. 6%；企业-高校的合作排在第三位，占比为9. 7%；企业-科研院所的合作占比为5. 2%；企业-个人的合作以及科研院所-个人的合作占比分别为3. 9%、1. 3%。

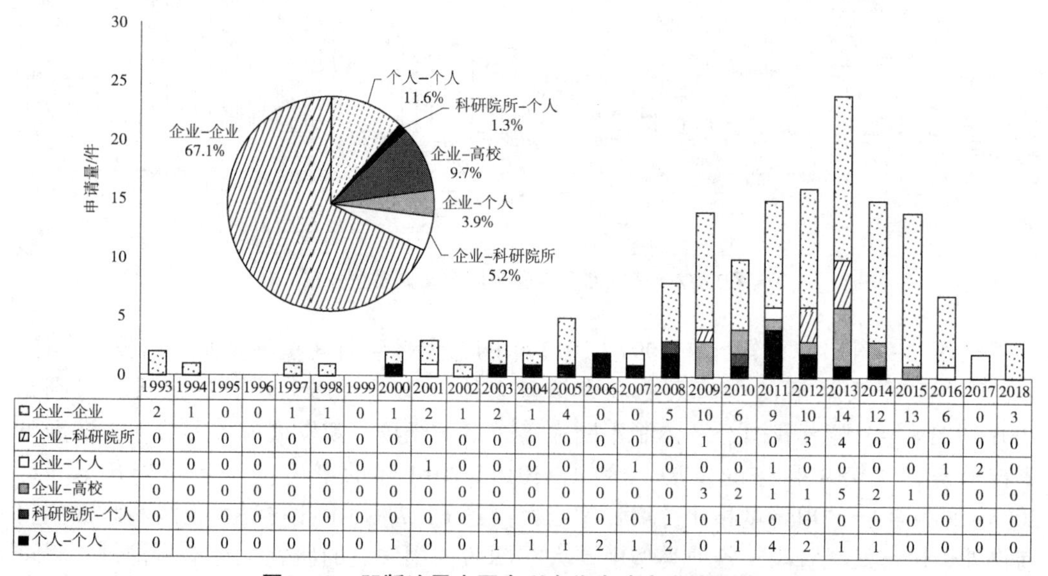

	1993	1994	1995	1996	1997	1998	1999	2000	2001	2002	2003	2004	2005	2006	2007	2008	2009	2010	2011	2012	2013	2014	2015	2016	2017	2018
企业-企业	2	1	0	0	1	1	0	1	2	1	2	1	4	0	0	5	10	6	9	10	14	12	13	6	0	3
企业-科研院所	0	0	0	0	0	0	0	0	0	0	0	0	0	0	0	0	1	0	0	3	4	0	0	0	0	0
企业-个人	0	0	0	0	0	0	0	0	1	0	0	0	0	0	1	0	0	0	1	0	0	0	0	1	2	0
企业-高校	0	0	0	0	0	0	0	0	0	0	0	0	0	0	0	0	3	2	1	1	5	2	1	0	0	0
科研院所-个人	0	0	0	0	0	0	0	0	0	0	0	0	0	0	0	1	0	1	0	0	0	0	0	0	0	0
个人-个人	0	0	0	0	0	0	0	1	0	0	1	1	1	2	1	2	0	1	4	2	1	1	0	0	0	0

图2-79　凹版油墨中国专利合作申请人申请量分布

由图2-79还可看出，2008 年至今，企业-企业的合作一直保持平稳增长状态。尤其 2012~2014 年凹版油墨技术快速发展，企业之间达到合作高峰，说明凹版油墨技术的发展需要更多的企业强强联合以提供技术支撑。除了企业之间相互合作，实现利益最大化以外，企业非常注重与高校及科研院所的合作，并一直保持良好且稳定的合作状态，成为凹版油墨技术飞速发展的重要助推力。由于高校及科研院所多以理论研究为主，该类型合作模式的不断推进，进一步说明我国凹版油墨在产学研合作方面不断发展，各大高校及科研院所将强有力的理论研究成果提供给合作的企业，为企业进一步生产实践提供理论指导，企业实践的结果进一步反过来指导理论研究，从而实现产学研完美结合，在一定程度上促进新产品和新技术在产业上的诞生和推广。

4. 法律状态分布

由图2-80可知，中国凹版油墨领域的授权率（有效+无效）为56%，驳回率为9%，撤回率为18%，公开的案件为17%。撤回率高可能是由于某些政策的导向，使部分申请人只注重专利申请的数量，而不重视专利申请的质量及其相关的审查所致。

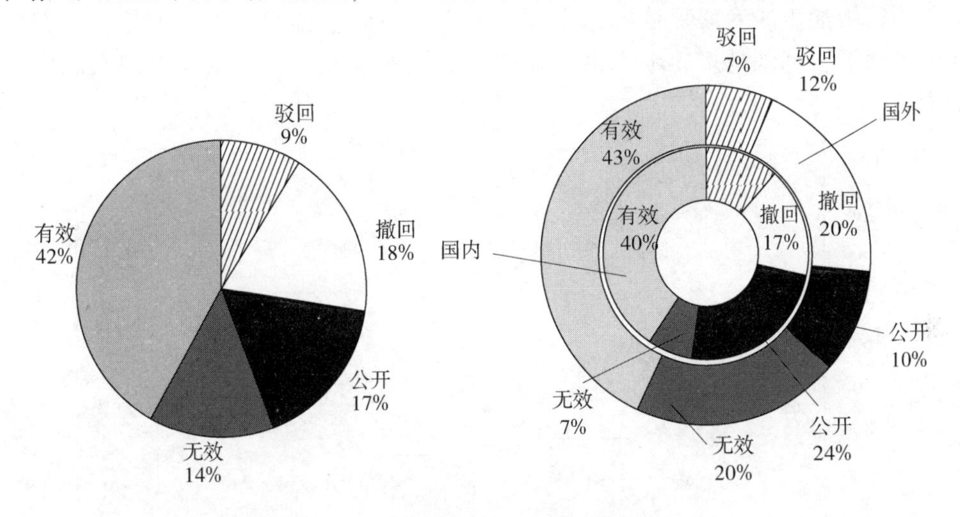

图2-80　凹版油墨中国专利申请法律状态分布

结合图2-80可知，国外申请人的授权率（有效+无效）为63%，高于国内申请人的47%。授权率主要与专利申请的技术高度有关，因此，由国外申请人的授权率明显高于国内申请人授权率可知，国外申请人在凹版油墨方面的原创性（创新性）明显高于国内申请人，在凹版油墨的研发实力和研发技术上占有很大的优势，这主要与国内凹版油墨的起步较晚有直接关系。国外早在1963年已有凹版油墨的专利申请，而我国直到1985年才由武汉大学提出发明专利申请，比国外整整晚了22年。另外，国外授权的申请人主要以大企业为主，国内申请人则分散在各中小型企业、高校和科研院所。大企业除明显存在研发技术和经济上的优势外，其专利保护意识强、专利布局体系也完善；而国内申请人在专利申请和保护方面整体上明显落后于国外申请人，特别是国内的高校和科研院所，虽然具备很强的研发实力和潜力，但他们更注重理论研究，倾向于论文发表，专利申请意识相对薄弱，这也是国外申请人授权率高于国内申请人的原因之一。因此，这需要国内申请人在集中力量投入凹版油墨技术研发、缩短与国外差距的同时，还要提高专利保护和专利布局的意识。

虽然在授权率方面，国内申请人明显低于国外申请人，但在公开申请占比方面，国内申请人公廾占比24%，明显高于国外申请人公开占比10%。虽然国内凹版油墨起步晚，研发基础薄弱，但发展快是其特点和优势，因此，国内申请人在凹版油墨技术研发上一直保持创新的劲头，仍可以看到国内凹版油墨发展的步伐赶上国外凹版油墨前进脚步的希望。

由图2-81可知，无论在授权（有效+无效）专利申请量还是公开专利申请量方面，企业都明显高于其他申请人类型。由此可看出，一方面，相比于其他类型专利申请人，企业在凹版油墨领域具有明显的研发优势，掌握了绝大多数的核心专利技术，另一方面，企业是凹版油墨专利申请和技术持续发展的核心力量。高校和科研院所也是凹版油墨技术研发不可忽视的重要力量，以中国科学院、北京印刷学院、中山大学及武汉大学等为代表。随着凹版油墨技术的蓬勃发展，企业、高校和科研院所都开始注重合作为凹版油墨的发展提供技术支撑，成为凹版油墨技术发展的助推力。在鼓励创新的推动下，越来越多的个人也参与凹版油墨的研发，为凹版油墨的发展注入新的活力。

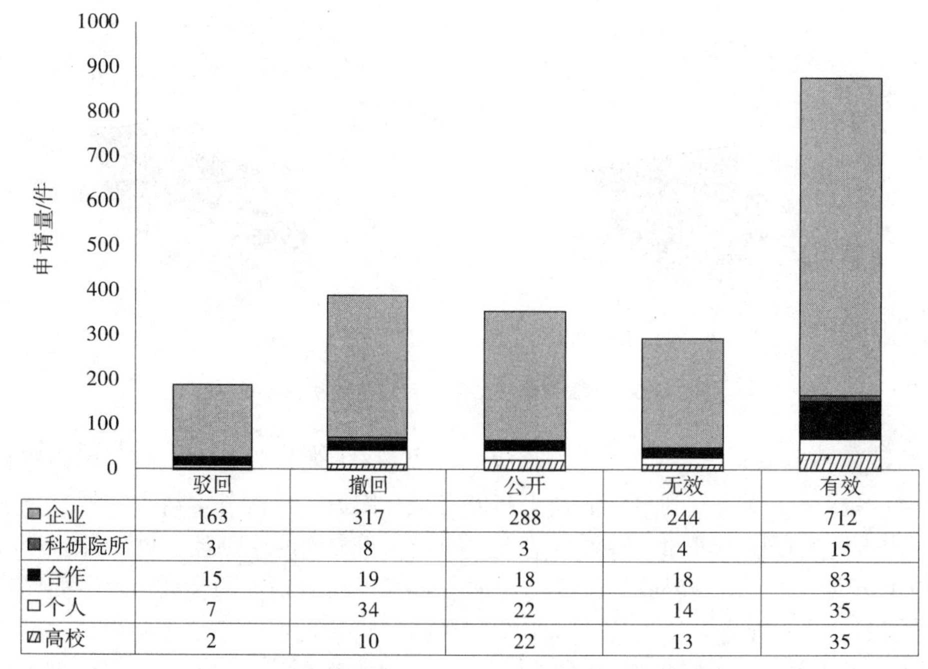

	驳回	撤回	公开	无效	有效
企业	163	317	288	244	712
科研院所	3	8	3	4	15
合作	15	19	18	18	83
个人	7	34	22	14	35
高校	2	10	22	13	35

图2-81　凹版油墨中国专利申请人类型-法律状态分布

由图2-82可知，企业-企业合作模式中专利处于有效和公开状态的专利申请量，都明显高于其他类型专利申请人合作模式，并且企业-企业合作模式的无效专利申请量占合作模式总专利申请量的比例仅为5.9%。其中，企业-企业合作以中钞实业有限公司-中国印钞造币总公司［有效25件（占比89.3%），公开1件（占比3.6%），驳回2件（占比7.1%）］为代表。企业一直是凹版油墨研发的核心力量，掌握了凹版油墨绝大多数的核心专利技术，具有雄厚的研发实力、经济基础和共同的市场需求，这也是企业-企业合作模式专利质量（专利申请有效量）和研发活跃度（专利申请公开量）高于其他的合作模式的主要原因。

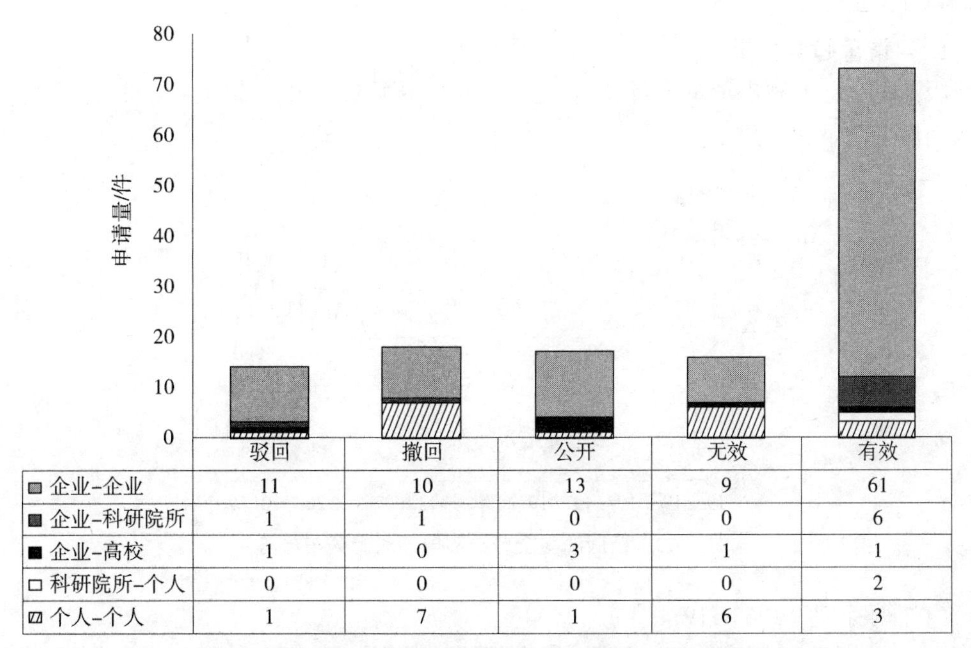

	驳回	撤回	公开	无效	有效
企业-企业	11	10	13	9	61
企业-科研院所	1	1	0	0	6
企业-高校	1	0	3	1	1
科研院所-个人	0	0	0	0	2
个人-个人	1	7	1	6	3

图2-82　凹版油墨中国专利申请人合作模式-法律状态分布

2.1.3.3　小结

1）20世纪90年代后，全球总体申请趋势为逐步上涨，2005年专利申请量下降，之后又逐步恢复，整体年专利申请量维持在250项上下，目前属于平稳期。中国自2000年之后进入快速发展期，2011年，在华申请中国内申请人专利申请量超越国外申请人专利申请量，目前国内专利申请量仍处于上涨趋势。

2）全球专利申请量中，53.9%专利申请量来源于日本，其次是中国、美国、欧洲。其中日本是最大的技术输出国。

3）全球前十排名申请人主要来自日本，主要为东洋油墨、DIC、凸版印刷、大日本印刷等。

4）国内申请中，广东、江苏、上海、北京、浙江占据专利申请量排名前五。

5）国内排名靠前申请人为中国印钞造币总公司、中钞实业有限公司、北京印刷学院、中国科学院。

6）申请模式主要是以企业为主，占据总专利申请量的81.9%。

7）在华申请中，国外申请人专利有效率为43%，国内申请人专利为40%。

2.1.4　凸版油墨

截至2018年12月31日，凸版油墨领域的全球专利申请量为4620项，中国专利申请量为1781件，涉及凸版油墨及其制备、凸版油墨的应用。

2.1.4.1 全球专利分析

1. **申请量趋势分析**

对凸版油墨全球专利申请量进行分析，从图2-83中可以看出，凸版油墨渗透膜的发展大致经历了以下四个阶段。

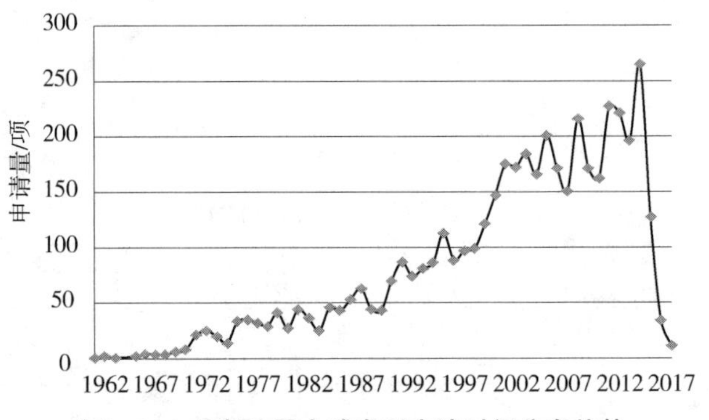

图2-83 凸版油墨全球专利申请时间分布趋势

（1）萌芽期（1962~1971年）

1962年美国通用公司申请了第一件本领域的专利，关于用作凸版油墨载体的聚酰胺（US3253940A，优先权US1962000222652）。之后将近十年之内，凸版油墨以每年不足10项的专利申请量缓慢增长。

（2）缓慢增长期（1972~1990年）

20世纪70年代以后，凸版油墨进入缓慢增长期，大批公司进入该领域并进行专利布局，如东洋油墨、太阳化学、巴斯福、西巴、凸版印刷等公司，促使该领域专利申请出现缓慢增长趋势。

（3）快速发展期（1991~2005年）

20世纪90年代之后，各大公司加大申请力度，纷纷增加了专利申请量，出现了大量专利申请量较大的公司，如东洋油墨、太阳化学、巴斯夫等。这期间，专利申请量呈现快速增长趋势。

（4）成熟期（2006~2014年）

在此期间，专利申请量不再持续增加，呈现波动式发展趋势。其中，2007~2008年明显回落，2009年又出现增长，2010~2011年出现回落，2012年再次增长。从总体趋势上来看，2005~2014年总体专利申请量仍保持在年均200项左右。

2. **申请人分析**

对凸版油墨领域的主要申请人进行统计分析，如图2-84所示。数据表明：全球范围内，专利申请量排名前十位的申请人分别为东洋油墨（JP）、DIC（JP）、巴斯福（EP）、太阳化学（JP）、凸版印刷（JP）、西巴（CH）、大日本印刷（JP）、阪田油墨（JP）、默克专利（EP）、荒川化学（JP）。其中东洋油墨以总专利申请量461项排名第一，占总专利申请量的10%，并且远超专利申请量为第二的DIC（总专利申请量179项）。另外从申请人申请时间分布趋势可以看出，DIC和巴斯幅均于20世纪60年代起即进入该领域的专利布局，但是DIC直至20世纪90年代后才开始大量专利文献申请。东洋油墨于20世纪70年代中期进入该领域，进行专利布局，之后持续不断进行专利申请，至20世纪90年代已然成为该领域领先者，并保持至今。从全球排名前十申请人可以看出，其中八位均为日本申请人，另外两位为德国申请人。根据专利申请量也可以得出，目前日本为该领域技术掌控者，并且专利布局严密。

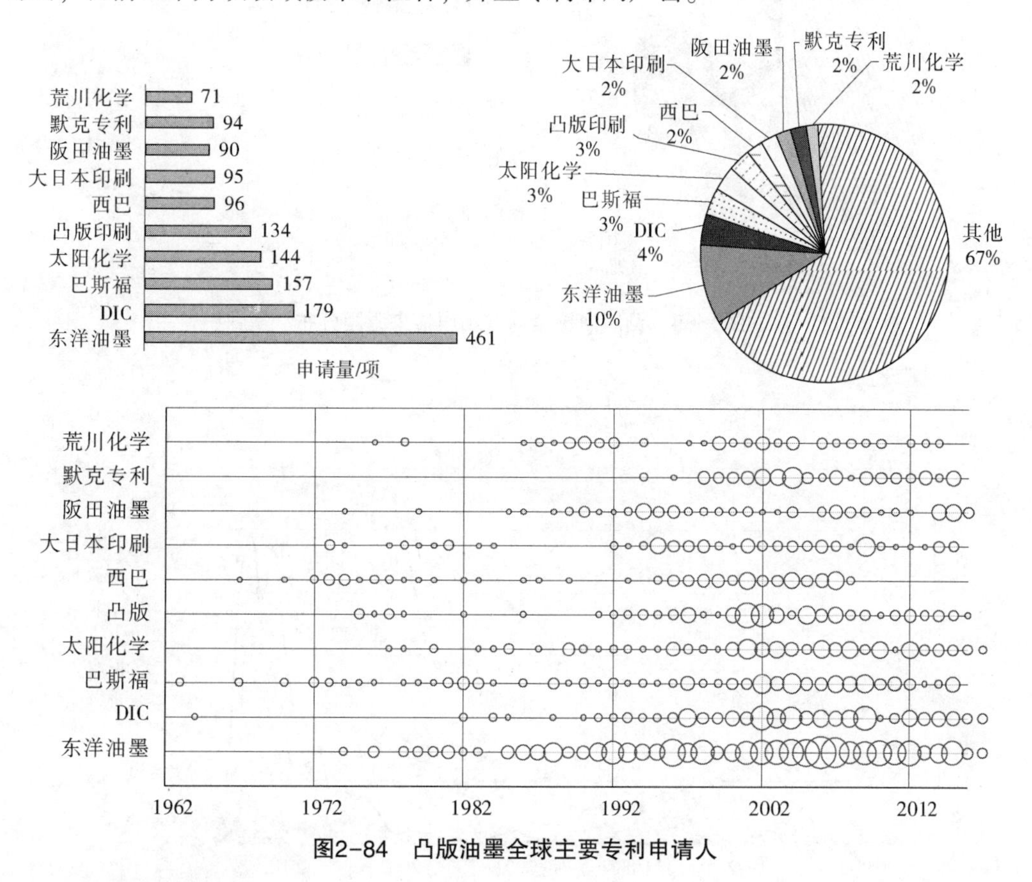

图2-84　凸版油墨全球主要专利申请人

3. 申请国家/地区分析

（1）专利申请来源国/地区分析

从图2-85可以看出，日本目前为最大申请国，占全球总专利申请量的48%，其次是美国、欧洲以及中国，分别占17%、16%、14%。这四个国家/地区的文献量占据总专利申请量的95%，即可见该领域地区集中度高。其中日本的主要申请人为东洋油墨、DIC、太阳化学、凸版印刷等。从图2-86可知，在20世纪90年代之前，日本专利申请量与欧洲、美国基本持平，1992年之后，日本专利申请量大幅增长，超越其他国家和地区，至此，在该领域日本专利申请量遥遥领先于其他国家。美国和欧洲地区总体发展趋势以及全球占比量接近，均是20世纪90年代至2003年快速增长，2004年至今处于大致稳定期。而日本从2009年之后，专利申请量较为波动，总体处于下滑趋势。中国自2002年之后进入专利申请量增长区间，2013年达到顶峰，后期有下滑趋势。

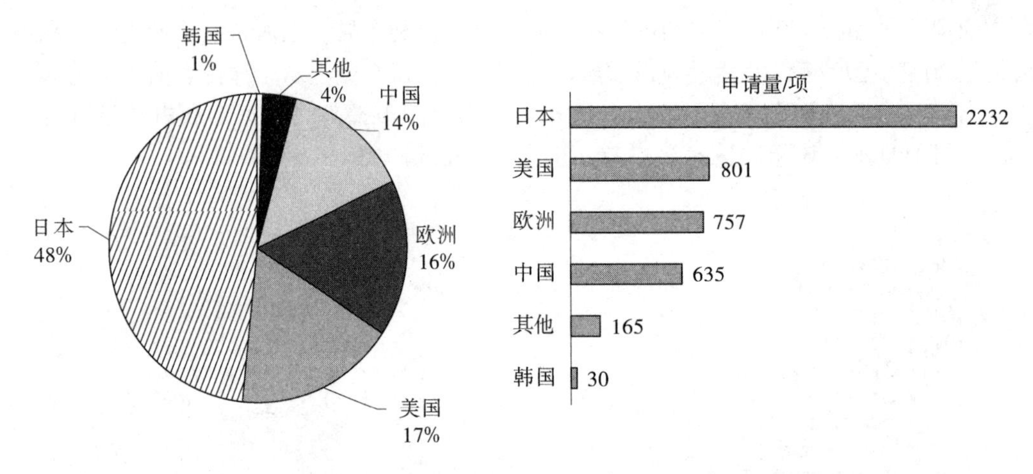

图2-85　凸版油墨全球专利申请来源国分布

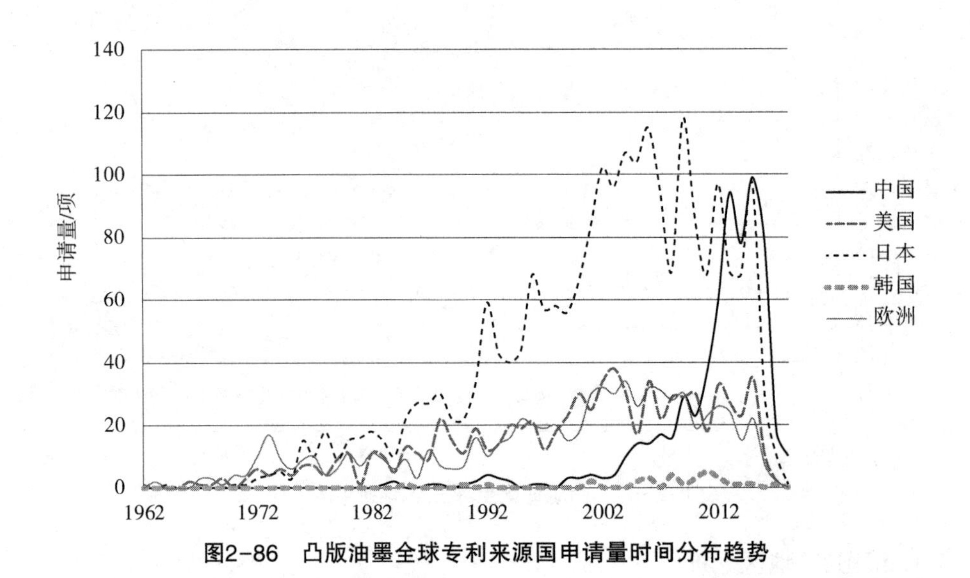

图2-86　凸版油墨全球专利来源国申请量时间分布趋势

（2）专利申请目标国/地区分析

在某个国家或地区的专利申请公开量可以直接反映该国家/地区在全球市场中的地位。如图2-87所示，日本、美国、欧洲、中国和韩国是该领域的主要市场，它们为目标国的专利申请量（即在各自区域公开的专利申请量）分别为3110件、1578件、1469件、1396件、564件。其中美国、中国、欧洲、韩国的原始专利申请量虽然相对较小，但是目标国公开量却显著上升。特别是韩国，原始国专利申请量只有30项，但是目标国专利申请量有564件，是原始专利申请量的18.8倍之多，即韩国也是油墨领域重要市场。

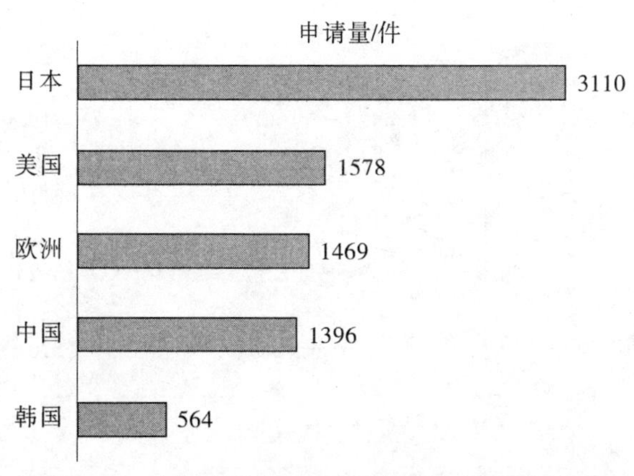

图2-87　凸版油墨全球专利申请目标国/地区分布

从图2-88可知，20世纪80年代后，日本进入快速发展期，成为该领域的最大市场。美国、欧洲紧随其后。中国自1985年开始专利制度，但直至2000年才进入快速发展期，2009年专利申请量超越美国、欧洲，2010~2011年专利申请量有所下降，2012年专利申请量回升，2013年专利申请量超越日本。

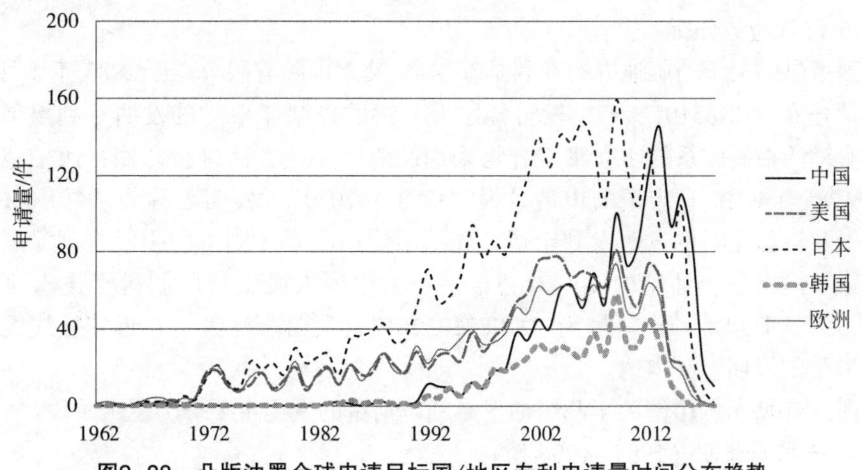

图2-88　凸版油墨全球申请目标国/地区专利申请量时间分布趋势

4. **专利技术流向分析**

从图2-89可以看到，日本是全球最大的技术输出国，其主要申请在本国，最大目标国为美国，其次是欧洲，专利申请量分别为259件、221件，在中国和韩国的专利申请量分别为204件和152件。美国的最大目标国是本国，其次是欧洲、日本，专利申请量分别为442件、345件。欧洲的最大输出国/地区依次是欧洲、美国、日本。中国虽然专利申请量占排名第四，但是对外输出量相对于本国专利申请量非常低，对日本、美国、韩国、欧洲分别输出文献量为7件、12件、7件、13件。韩国本国专利申请量仅为29件，但是对欧洲、美国、日本、中国分别输出文献量4件、17件、11件、10件，即总体输出率非常高。由此可见，我国虽然是申请大国，但是并非技术强国，尚未达到在国外申请专利占领市场的实力。

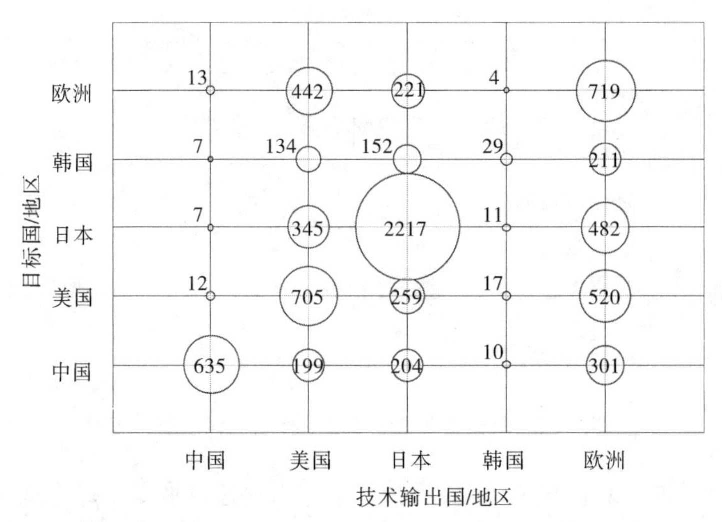

图2-89　凸版油墨全球专利申请目标国/地区和技术输出国/地区分布（单位：件）

2.1.4.2　中国专利分析

1. 申请量趋势分析

中国最早的关于凸版油墨的专利是基尔口/艾尔国际有限公司于1985年4月1日申请的申请号为"CN85101706"、发明名称为"钙的控制体系"的发明专利申请，介绍了将含有钙的控制体系的印染浆组合物采用凸版印染的方法进行印刷；西柏地产有限公司于1985年4月1日申请的申请号为"CN85102070"、发明名称为"纺织材料的转移印花纸及转移花"的发明专利申请，介绍了使用凸版印刷机印刷浸渍剂涂层。国内申请人最早提出凸版油墨的发明专利申请是由中国人民银行印制科学技术研究所于1987年5月5日申请的申请号为"CN87103261"、发明名称为"对近红外线无吸收的印刷油墨"的发明专利申请。

如图2-90所示，中国关于凸版油墨专利申请量的发展主要分为三个阶段：

（1）技术萌芽期（1985~1996年）

这一阶段国内凸版油墨技术处于基础发展阶段。专利申请量较少，每年专利申请量均在15件以下。这一时期，凸版油墨发明专利申请总数量为58件，但国内申请人申请的数量仅为17件，占比为29.3%，其余均为国外申请人在华申请的专利。因此，该时期的凸版油墨专利技术基本上以国外申请人为主。

（2）平稳发展期（1997~2010年）

期间出现一定的波动，专利申请量最多为2010年的107件。此期间内，国内申请人开始注重凸版油墨方面的研发，国内申请人的专利申请量也在逐渐增多，到2009年达到43件。在2010年国内申请人的专利申请量比率达到了32.7%，因此可知，该时期虽然国外申请人在该领域的研究力度比国内申请人高，但是国内申请人在凸版油墨领域研究力度也在逐渐加大。该时期仍然呈现外重内轻的局面，国外申请人在中国的大范围布局，给中国凸版油墨的研究带来了一定的局限性。在该阶段的凸版油墨技术的发展状况，说明我国申请人已经开始逐渐重视凸版油墨在油墨市场和凸版印刷技术领域的重要地位，并着手研究工作，且初见成效。

（3）快速增长期（2011年至今）

此阶段专利技术呈现快速增长的势头，其中专利申请量最多为2013年的209件。2013年相对于2012年增长率达到60.4%，即由2012年的129件增长为2013年的209件。在此期间，尤其是2013年之后，国内申请人的专利申请量也均超过国外申请人的在华专利申请量。足以说明我国申请人在凸版油墨领域的研究，占据了主导地位，为我国自主研发更多的凸版油墨产品奠定了坚实的基础。但是，从国内申请人专利申请的质量来看（主要侧重于将油墨中已知组分进行简单组合形成适于凸版印刷、改善印刷质量及速率等的凸版油墨），与日本及欧美等地区的跨国公司（主要对油墨中的树脂、颜料等组分进行物质改性，以从根本上改善凸版油墨的印刷质量及速率等）存在一定的差距，仍然有较大的进步和追赶空间。

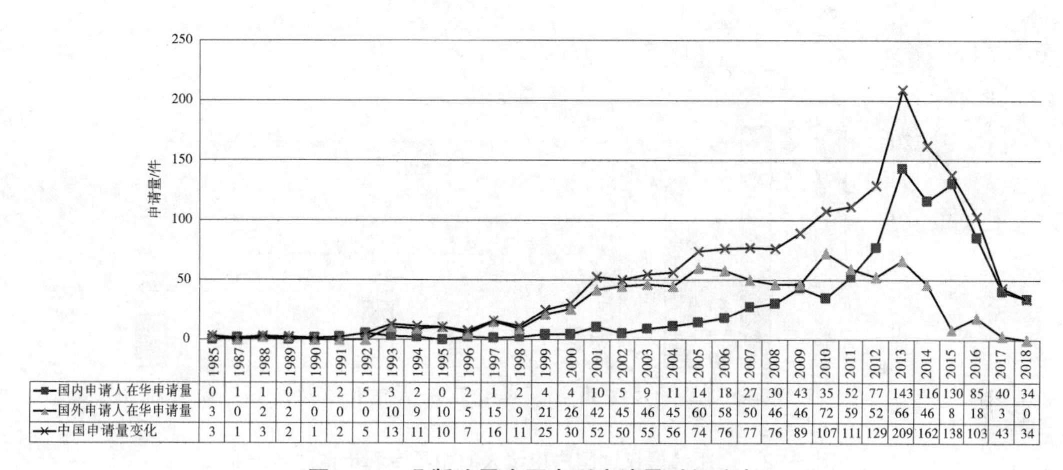

	1985	1987	1988	1989	1990	1991	1992	1993	1994	1995	1996	1997	1998	1999	2000	2001
国内申请人在华申请量	0	1	1	0	1	2	5	3	2	0	2	1	2	4	4	10
国外申请人在华申请量	3	0	2	2	0	0	0	10	9	10	5	15	9	21	26	42
中国申请量变化	3	1	3	2	1	2	5	13	11	10	7	16	11	25	30	52

	2002	2003	2004	2005	2006	2007	2008	2009	2010	2011	2012	2013	2014	2015	2016	2017	2018
国内申请人在华申请量	5	9	11	14	18	27	30	43	35	52	77	143	116	130	85	40	34
国外申请人在华申请量	45	46	45	60	58	50	46	46	72	59	52	66	46	8	18	3	0
中国申请量变化	50	55	56	74	76	77	76	89	107	111	129	209	162	138	103	43	34

图2-90　凸版油墨中国专利申请量时间分布

2. 地域分布

（1）整体区域分布

图2-91和图2-92为凸版油墨国内外申请人的专利申请的整体地区分布情况。由图可知，其中以德国（默克专利、巴斯福等）、美国及日本（如东洋油墨、凸版印刷等）为主，都为190件以上。广东省位居第四（在国内申请人排行中位于首位），专利申请量为176件，江苏省次之，专利申请量为128件，瑞士为115件，上海市、北京市和浙江省专利申请量均在55~113件。由此可看出，日本、美国和德国在凸版油墨技术研发方面具有明显优势，因此，为了保证广东、上海等省市在该领域的良好发展（尤其是广东），避免外来技术的冲击，大力发展属于我们自己的技术迫在眉睫。

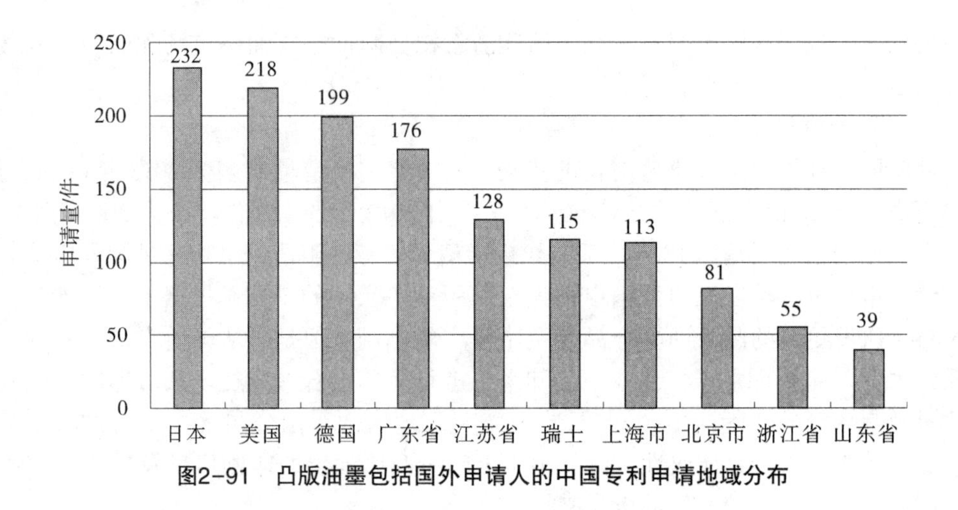

图2-91　凸版油墨包括国外申请人的中国专利申请地域分布

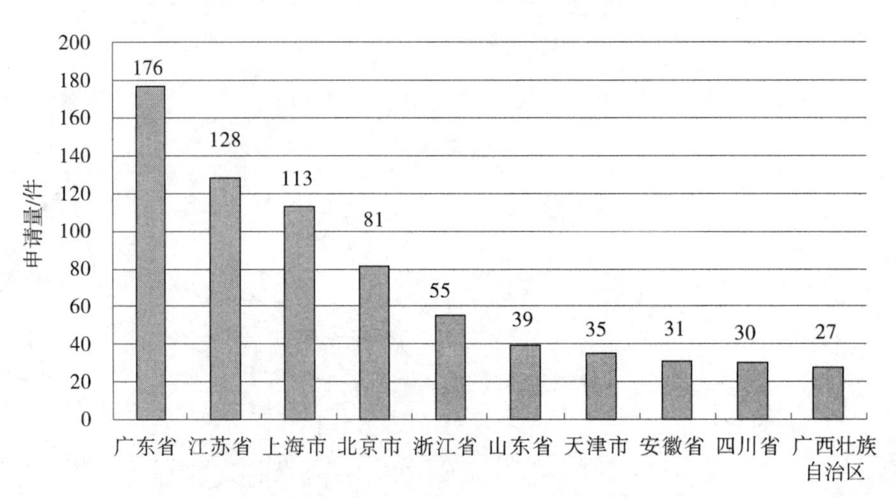

图2-92　凸版油墨仅含国内申请人的中国专利申请地域分布

由图2-93可知，日本在我国主要专利申请集中在2001~2014年（2014年日本专利数减少，尤其是2015年及2016年日本专利骤减的原因可能是在该年申请的专利还未进行公开，无法统计）。德国是最早针对凸版油墨在中国进行专利布局的国家，美国从1988年开始针对凸版油墨在中国进行专利布局，日本从1993年才开始针对凸版油墨在中国进行专利布局。虽然，相对于德国及美国，日本在该领域在中国进行专利布局比较晚，但是其在随后几年中的布局势头很猛，2006年之后，日本在中国的专利申请量已经基本超过其他三国的专利申请量。反而，凸版油墨领域最早在中国进行专利布局的德国近些年的专利申请量在急剧减少。就国内地区的申请人而言，广东省属于凸版油墨领域中发展的龙头地区，其次是江苏省。广东省从2006年之后该领域专利的专利申请量逐渐增多，到2015年达到最高点，专利申请量达到26件。江苏省在该领域的发展趋势与广东省类似，在2013年达到专利申请量峰值34件。根据上述分析结果可知，国外申请人在中国围绕凸版油墨的专利布局开展较早，其发展主要是在2001年以后，涉及诸多重点专利，且有多项专利技术目前仍处于保护阶段，给我们本土申请人的研发带来一定的阻碍，同时也带来了一定的契机。

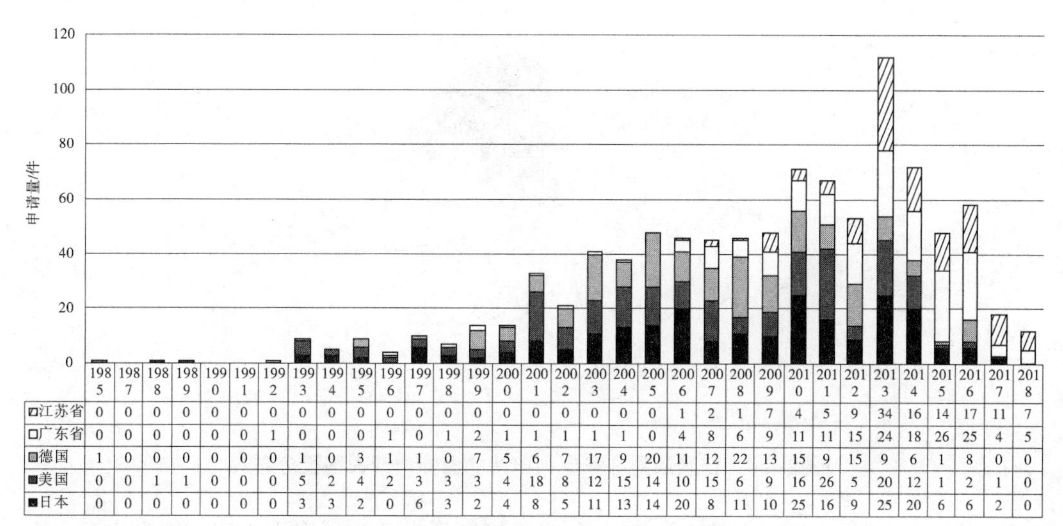

	1985	1987	1988	1989	1990	1991	1992	1993	1994	1995	1996	1997	1998	1999	2000	2001	2002
江苏省	0	0	0	0	0	0	0	0	0	0	0	0	0	0	0	0	0
广东省	0	0	0	0	0	0	1	0	0	0	1	0	1	2	1	1	1
德国	1	0	0	0	0	0	0	1	0	3	1	1	0	7	5	6	7
美国	0	0	1	1	0	0	0	5	2	4	2	3	3	3	4	18	8
日本	0	0	0	0	0	0	0	3	3	2	0	6	3	2	4	8	5

	2003	2004	2005	2006	2007	2008	2009	2010	2011	2012	2013	2014	2015	2016	2017	2018
江苏省	0	0	0	1	2	1	7	4	5	9	34	16	14	17	11	7
广东省	1	1	0	4	8	6	9	11	11	15	24	18	26	25	4	5
德国	17	9	20	11	12	22	13	15	9	15	9	6	1	8	0	0
美国	12	15	14	10	15	6	9	16	26	5	20	12	1	2	1	0
日本	11	13	14	20	8	11	10	25	16	9	25	20	6	6	2	0

图2-93　凸版油墨中国专利申请地域-时间分布

对于国内申请人，在凸版油墨发展的大形势下，为了防止本土市场被国外申请人大范围占有，并为自己在全球凸版印刷技术领域占住位置，我国本土申请人在凸版油墨的研究方面也出现了一系列专利。如中国印钞造币总公司，在国外申请人向中国进行大量专利布局期间，也申请了属于自己技术的专利，其中包括诸多重点专利。如在2012年申请的申请号为“CN201210081822.8”、发明名称为“水性印刷油墨黏结剂和油墨及它们的制备方法”的专利申请，已于2013年授权，且现在仍然处于有效状态；比亚迪股份有限公司在2007年申请的申请号为“CN200710129749.6”、发明名称为“一种油墨及使用该油墨的手机按键涂装方法”的专利申请，已于2010年授权，且现在仍然处于有效状态。我国广东省和上海市等省市在2010年以后也步入快速发展期间，已有赶超某些国外申请人（如美国、德国及瑞士）的势头。此外，虽然我国专利申请量在一定程度上有所改善，但是为了充分发挥专利保护的成果，我国专利申请人还要进一步改善专利申请的质量，充分发挥创造性申请更多高质量专利，提高授权率的同时在专利维持阶段获得更大的收益，也为我们自主研发提供更多的技术保障。

（2）国外申请人地区分布

图2-94为在华申请的国外申请人地区分布图。可以看出，在华申请的国外申请人主要分布在20个国家中，其中日本在中国的专利申请量最多，达到了26%的占比，其次是美国，占比25%，接着便是德国和瑞士，占比分别为23%和13%。这几个国家是在华进行大范围专利布局的主要申请人集中的国家，也是我国本土申请人主要的竞争对手聚集国家。由此可知，我国申请人在对凸版油墨的研究开发过程中需要重点关注上述地区的申请人。可以从多角度出发，在其现有技术的基础上进行拓展性研发，此外生产过程中应规避上述地区申请人的专利布局，以免对自己的利益造成损失；也可以与技术强国合作，站在技术巨人的肩膀上发展属于本土的凸版油墨技术。

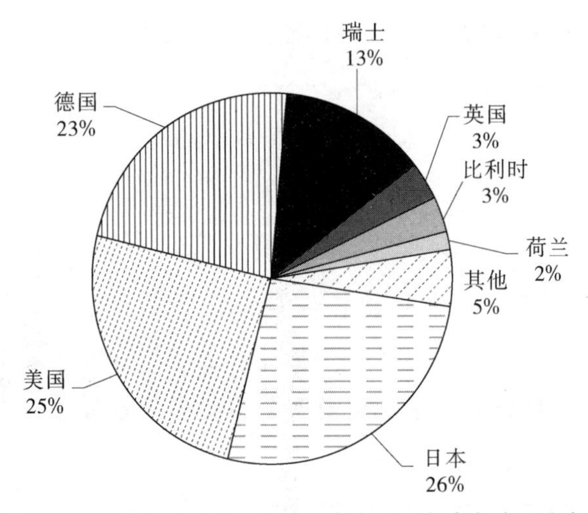

图2-94　凸版油墨在华专利申请的国外申请人地区分布

由图2-95可知，日本申请人从1993年开始逐渐加大凸版油墨在中国的专利布局，专利申请量逐年增加，2013年专利申请量达到25件。美国申请人也从1993年开始重视我国市场，不断提高该领域在中国的专利申请量，2011年专利申请量达到26件，属于继日本之后在中国专利申请量比较大的国家。与美国和日本相比，德国和瑞士则以不同方式在中国市场进行专利布局。虽然德国和瑞士相对于日本和美国较早开始在中国进行凸版油墨专利布局，但是德国申请人专利申请较多的时期集中在2003~2013年，其专利申请量最多的2008年的22件，但其中17件已获得授权，授权率达到了77.3%，13件处于有效阶段。并且，其申请人巴斯福、默克专利、拜尔材料科学股份公司和科莱恩有限公司都是研发实力雄厚的大企业，因此，德国企业在凸版油墨领域的技术实力还是非常强的。瑞士则呈现间歇式的分布，以西柏控股有限公司和西巴等为主要申请人，这可能与企业的发展策略以及专利布局有关。综上所述，在过去的20多年时间里，国外各大公司在中国已经完成一部分区域的专利布局，虽然近几年专利申请量有所下降，但是并不代表他们已经对中国市场失去兴趣，相反他们很可能在已有技术的基础上研发更具潜力和发展前景的技术。为了在我们本土地区掌握有竞争力的凸版印刷油墨技术，国内申请人更应该重视凸版油墨技术的创新与保护，以便与国外技术相抗衡。

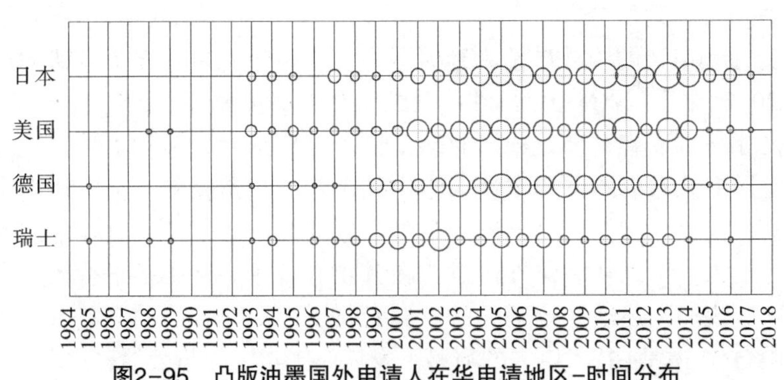

图2-95　凸版油墨国外申请人在华申请地区-时间分布

(3) 国内申请人地区分布

由图2-96可知，广东、江苏、上海及北京为我国凸版油墨技术研究较为广泛的地区，占全国专利申请量的比重均超过9%。广东占比达到19%，是国内研究凸版印刷油墨最多及最具实力的地区。上海属于起步和发展都处于平稳状态的地区；江苏则是起步晚，但发展快的地区。在全国范围内，除汇聚了一大批具有创新活力的企业公司（中国印钞造币总公司等）作为凸版油墨的主要研发力量，同时存在一些高校（如中山大学、北京印刷学院等）申请及产学研合作的申请（如CN201110349038.6，CN201410211618.2等），在理论研究的指导下，进一步优化凸版油墨整体的产业结构，增强及发展本土技术，为全国凸版油墨事业的发展起到了一定的带头作用。

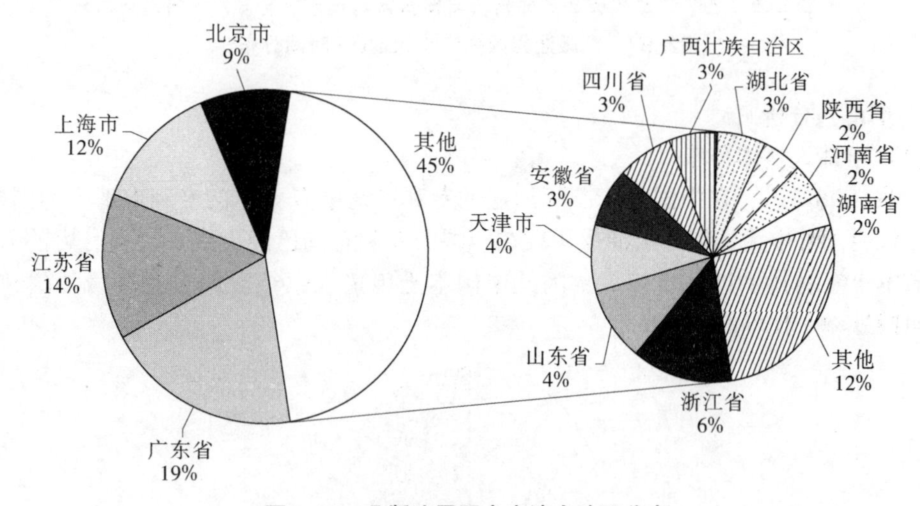

图2-96　凸版油墨国内申请人地区分布

此外，凸版油墨技术的研究覆盖了全国大部分地区，其中包括20个省、4个直辖市、3个自治区、台湾地区和香港特区。由此可见，我国大部分地区均已经开展了凸版油墨技术的研究工作，在主要一线发展省区市（广东、上海、江苏及北京）的带动下，在未来的发展道路上，全国其他省区市的凸版油墨技术也必将得到飞速发展，为我国本土凸版油墨技术在全球范围内占据重要地位打好基础，也是我国跻身世界凸版油墨技术强国的有力支撑。

由图2-97可知，国内专利申请的快速发展主要集中在2010年以后，广东、上海和江苏均在2013年、北京在2014年出现专利申请的最大量。2010年至今，专利申请量整体上呈现快速增长的状态，2015年及2016年专利申请量减少的原因为大部分在该年度申请的专利申请还未公开。上述重点地区在凸版油墨领域的快速发展，进一步说明我国凸版油墨的研究进入了快速发展的阶段，在上述发展较快地区的带动下，全国其他地区逐步完善属于自己的凸版油墨专利技术，并对研究成果进行保护，同时了解竞争对手的相关技术，避免自己的利益受到威胁将成为未来油墨市场的主要方向，也是全球发展的大方向。

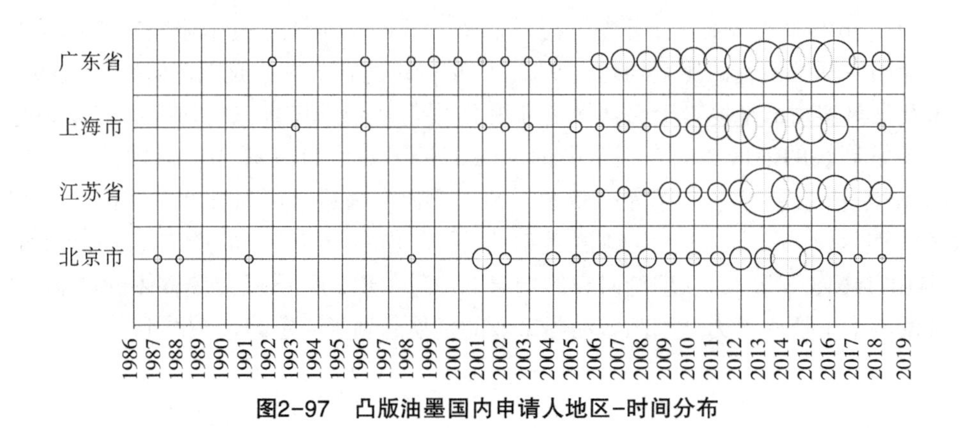

图2-97 凸版油墨国内申请人地区-时间分布

3. **申请人分析**

（1）申请人整体分布

如图2-98所示，在中国关于凸版油墨的专利申请中有49%的专利申请人为国外申请人。说明国外申请人就凸版油墨领域在中国的专利布局已经形成一股强有力的力量，制约着本土专利技术进一步扩展，因此中国本土申请人亟须发展自身凸版油墨技术，摆脱对国外输入技术的依赖。

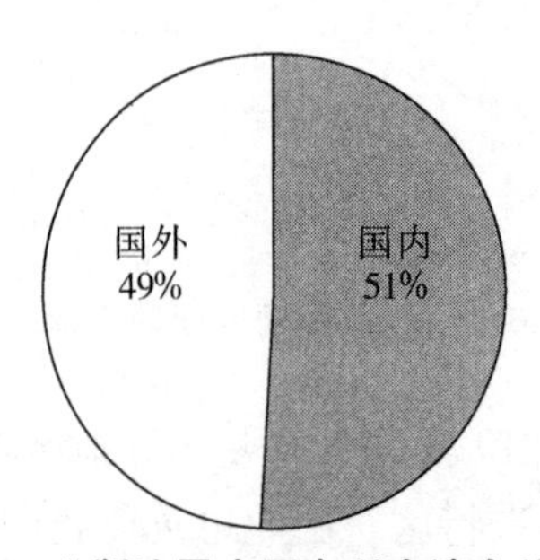

图2-98 凸版油墨中国专利申请人总体分布

从图2-99中可以看出，德国的默克专利专利申请量最大，中国本土企业的中国印钞造币总公司位居第二，德国的巴斯福位居第三。中国申请人的排行一方面证明了中国本土企业虽然起步晚但是技术发展势头比较好，另一方面也警示我国需要在该领域加大研究力度及知识产权保护力度，防止国外技术的垄断限制中国技术发展及应用。另外，在排名前十的申请人中德国企业有2个（默克专利及巴斯福），瑞士企业有2个（西巴和西柏控股），日本企业有3个（太阳化学、住友电气、DIC），有3个中国本土申请人（中国印钞造币、中钞实业和北京印刷学院）。可见国外申请人占据了相当的市场份额。我国在该方面研究仍需大力发展，才能保证我国在该领域的自主能力。

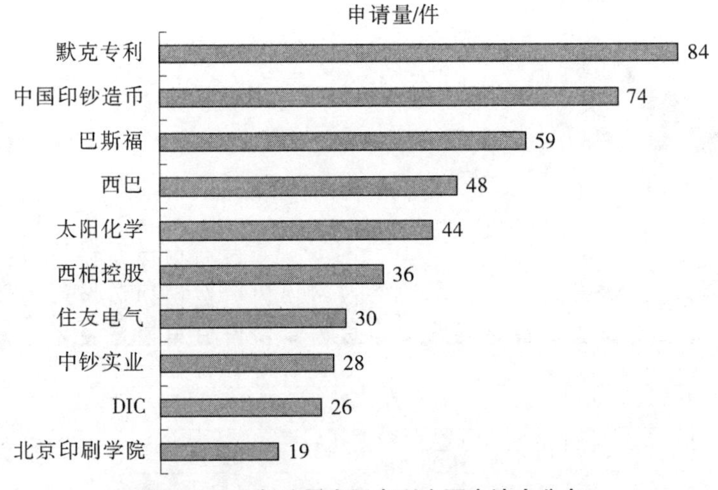

图2-99　凸版油墨中国专利主要申请人分布

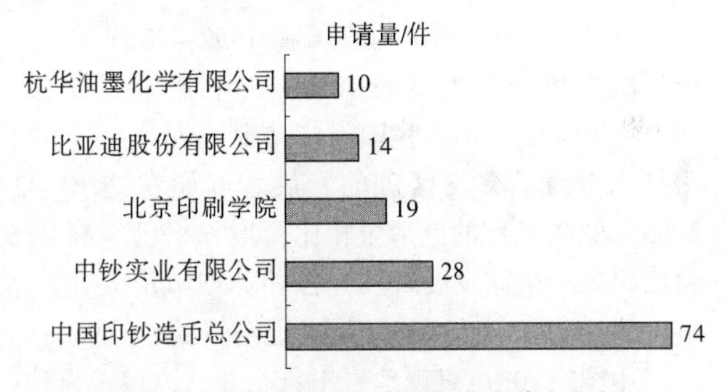

图2-100　凸版油墨中国专利国内申请人分布

由图2-100可知，在国内的申请人中，中国印钞造币总公司、中钞实业有限公司和北京印刷学院为我国凸版油墨领域的主要申请人。纵观中国申请人的情况，可以看出主要分为三种：第一种是隶属于银行系统的企业单位，各自为独立体，有自己的研发团队，且可以付诸于生产并可投入实际应用中，如中国印钞造币总公司、中钞实业有限公司；第二种是高等院校，主要是进行理论层面的试探性研究工作，如北京印刷学院、中国科学院等；第三种是以油墨等化工耗材类为主要生产产品的化工类企业，如比亚迪股份有限公司等。综上所述，我国国内申请人类型多样，从多种角度、多种立场实现对凸版油墨技术的研究和生产，进而产生了多元化的凸版油墨市场，为凸版油墨的进一步研究提供了多方面的技术支撑。

（2）申请人类型

由图2-101可知，企业申请人专利申请量占80%，即我国凸版油墨研究的主体为企业，如中国印钞造币总公司、比亚迪股份有限公司等。因此，我国企业应配合各种政策，积极促进其在凸版油墨领域的进一步发展。合作模式的申请人次之，申请量占7%，说明在凸版油墨领域存在一定程度的不同申请人的合作情况，可以结合各方申请人的优势研发出凝聚多方智慧的高质量专利申请。从图中可以看出我国关于凸版油墨的技术高校和科研院所申请占据着一定的地位，这两个类型申请人的专利申请量占总量的6%。科研院所及高校主要从事凸版油墨技术的基础性研究，对企业乃至个人在凸版油墨领域的研发均提供了一定的指导作用。除上述申请人以外，我国凸版油墨的专利申请者还存在一定量的个人专利申请（占比为7%），进而说明各类民间科学家对于凸版油墨技术的发展也起到了一定的推动作用。

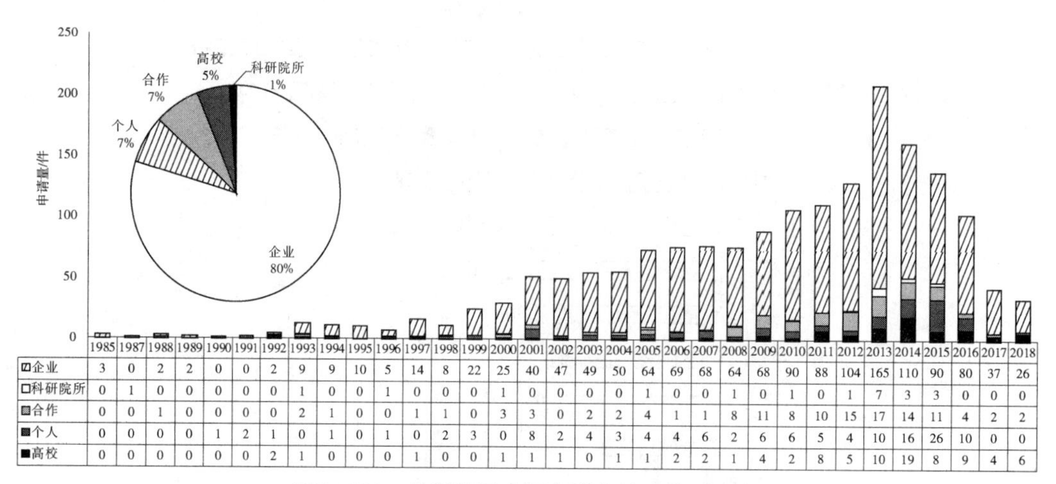

	1985	1987	1988	1989	1990	1991	1992	1993	1994	1995	1996	1997	1998	1999	2000	2001
企业	3	0	2	2	0	0	2	9	9	10	5	14	8	22	25	40
科研院所	0	1	0	0	0	0	0	1	0	0	1	0	0	0	1	0
合作	0	0	1	0	0	0	0	2	1	0	0	1	1	0	3	3
个人	0	0	0	0	1	2	1	0	1	0	1	0	2	3	0	8
高校	0	0	0	0	0	0	2	1	0	0	0	1	0	0	1	1

	2002	2003	2004	2005	2006	2007	2008	2009	2010	2011	2012	2013	2014	2015	2016	2017	2018
企业	47	49	50	64	69	68	64	68	90	88	104	165	110	90	80	37	26
科研院所	0	0	0	1	0	0	1	0	1	0	1	7	3	3	0	0	0
合作	0	2	2	4	1	1	8	11	8	10	15	17	14	11	4	2	2
个人	2	4	3	4	4	6	2	6	6	5	4	10	16	26	10	0	0
高校	1	0	1	1	2	2	1	4	2	8	5	10	19	8	9	4	6

图2-101　凸版油墨中国专利申请人类型分布

此外，由图2-101可知，在1992~2013年的二十多年时间里，企业、高校、合作、科研院所和个人类型的申请人专利申请量总体上均呈现逐渐增长的势头，特别是2001~2014年，随着我国经济体制不断完善，市场经济不断发展的大形势下，凸版油墨技术得到了突飞猛进的发展。例如在2010~2014年的申请量与上一个五年（即2005~2009年）的申请量相比，增长率已经高达64%之多。由此可见，我国凸版油墨目前仍处于快速发展阶段，各种类型申请人在凸版油墨领域的研究也在不断推进，将进一步推动我国凸版油墨技术迈向新的台阶。

由图2-102可直观地看出，企业、高校、合作、科研院所和个人总体上均呈现逐渐增长的势头，其中，企业和合作模式申请人的增长最为显著。企业申请人从2000年之后在该领域专利申请量就处于一个平稳快速发展的阶段，并于2013年达到年专利申请量的峰值165件。合作模式申请人在2007年之后也处于快速发展阶段。2010~2014年市场对凸版油墨需求的快速增长及凸版油墨技术的飞速发展和日益成熟，吸引了更多的企业、高校、合作、科研院所和个人加入该领域的研发队伍，进一步促进了我国凸版油墨技术的飞速发展。

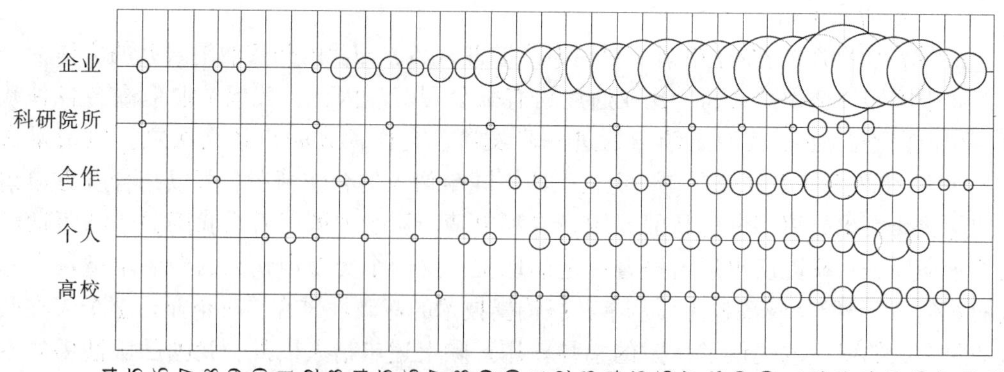

图2-102　凸版油墨中国专利各类申请人对比

（3）申请人合作模式

由图2-103可知，各种合作模式中企业-企业的合作情况最多，比例达到64%；个人-个人的合作次之，占比为15%；企业-高校的合作排在第三位，占比为9%；企业-科研院所的合作占比为8%；科研院所-个人的合作以及企业-个人的合作占比分别为2%、2%。

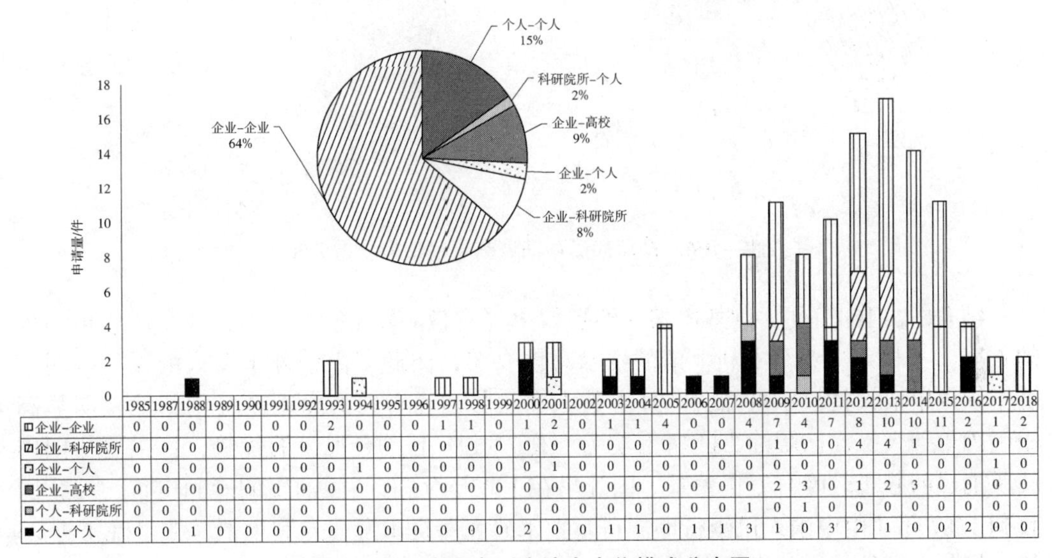

	1985	1987	1988	1989	1990	1991	1992	1993	1994	1995	1996	1997	1998	1999	2000
企业-企业	0	0	0	0	0	0	0	2	0	0	0	1	1	0	1
企业-科研院所	0	0	0	0	0	0	0	0	0	0	0	0	0	0	0
企业-个人	0	0	0	0	0	0	0	0	1	0	0	0	0	0	0
企业-高校	0	0	0	0	0	0	0	0	0	0	0	0	0	0	0
个人-科研院所	0	0	0	0	0	0	0	0	0	0	0	0	0	0	0
个人-个人	0	0	1	0	0	0	0	0	0	0	0	0	0	0	2

	2001	2002	2003	2004	2005	2006	2007	2008	2009	2010	2011	2012	2013	2014	2015	2016	2017	2018
企业-企业	2	0	1	1	4	0	0	4	7	4	7	8	10	10	11	2	1	2
企业-科研院所	0	0	0	0	0	0	0	0	1	0	0	4	4	1	0	0	0	0
企业-个人	1	0	0	0	0	0	0	0	0	0	0	0	0	0	0	0	1	0
企业-高校	0	0	0	0	0	0	0	0	2	3	0	1	2	3	0	0	0	0
个人-科研院所	0	0	0	0	0	0	0	1	0	1	0	0	0	0	0	0	0	0
个人-个人	0	0	1	1	0	1	1	3	1	0	3	2	1	0	0	2	0	0

图2-103　中国专利申请人合作模式分布图

由图2-103还可看出，2008年至今企业-企业的合作一直保持平稳增长状态。尤其2012~2014年凸版油墨技术快速发展，企业之间达到合作高峰，说明凸版油墨技术的发展需要更多的企业强强联合以提供技术支撑。除了企业之间相互合作，实现利益最大化以外，企业非常注重与高校及科研院所的合作，并一直保持良好且稳定的合作状态，成为凸版油墨技术飞速发展的重要助推力。由于高校及科研院所多以理论研究为主，该类型合作模式的不断推进，进一步说明我国凸版油墨在产学研合作方面不断发展，各大高校及科研院所将强有力的理论研究成果提供给合作的企业，为企业进一步生产实践提供理论指导。企业实践的结果进一步反过来指导理论研究，从而实现产学研完美结合，在一定程度上促进新产品和新技术在产业上的诞生和推广。

4. 法律状态分布

由图2-104可知，中国凸版油墨领域的授权率（有效+无效）为55%，驳回率为10%，撤回率为22%，公开的案件占比为13%。其中，授权率55%比整个油墨领域47%左右的授权率要高。

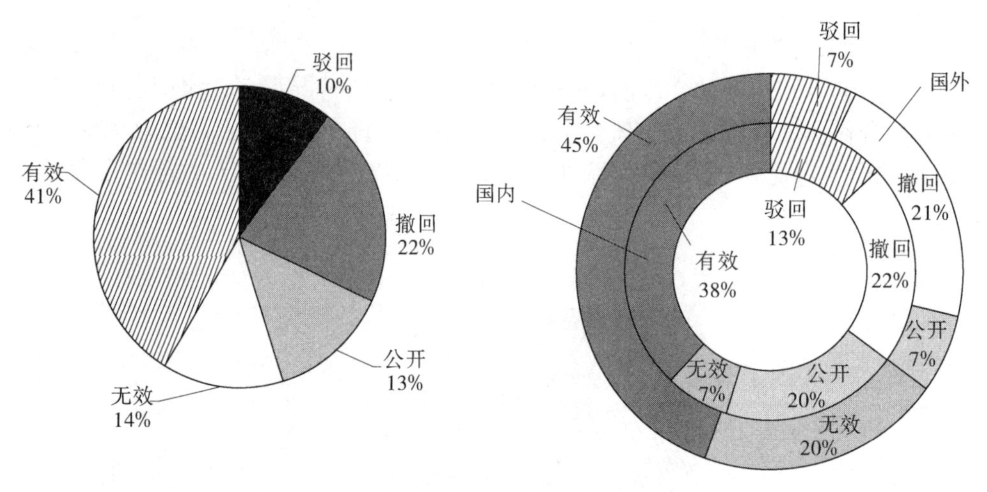

图2-104 凸版油墨中国专利申请法律状态分布

结合图2-104可知，国外申请人的授权率（有效+无效）为65%，高于国内申请人的45%。授权率主要与专利申请的技术高度有关，因此，由国外申请人的授权率明显高于国内申请人授权率可知，国外申请人在凸版油墨方面的原创性（创新性）明显高于国内申请人，在凸版油墨的研发实力和研发技术上占有很大的优势，这主要与国内凸版油墨的起步较晚有直接关系。国外早在1962年已有凸版油墨的专利申请，而我国直到1987年才由中国人民银行印制科学技术研究所提出发明专利申请，整整晚了近25年。另外，国外授权的申请人主要以大企业为主，国内申请人则分散在各中小型企业、高校和科研院所。大企业除明显存在研发技术和经济上的优势外，其专利保护意识强、专利布局体系也完善；而国内申请人在专利申请和保护方面整体上明显落后于国外申请人，特别是国内的高校和科研院所，虽然具备很强的研发实力和潜力，但他们更注重理论研究，倾向于论文发表，专利申请意识相对薄弱，这也是国外申请人授权率高于国内申请人的原因之一。因此，这需要国内申请人在集中力量投入凸版油墨技术研发、缩短与国外差距的同时，还要提高专利保护和专利布局的意识。

虽然在授权率方面，国内申请人明显低于国外申请人，但在公开申请占比方面，国内申请人公开占比20%，明显高于国外申请人公开占比7%。虽然国内凸版油墨起步晚，研发基础薄弱，但发展快是其特点和优势，因此，国内申请人在凸版油墨技术研发上一直保持创新的劲头，仍可以看到国内凸版油墨发展的步伐赶上国外凸版油墨前进脚步的希望。

由图2-105可知，无论在授权（有效+无效）专利申请量、公开专利申请量方面，企业都明显高于其他申请人类型。由此可看出，一方面，相比于其他类型专利申请人，企业在凸版油墨领域具有明显的研发优势，掌握了绝大多数的核心专利技术，另一方面，企业是凸版油墨专利申请和技术持续发展的核心力量。高校和科研院所也是凸版油墨技术研发不可忽视的重要力量，其中，以中国科学院及北京印刷学院等为代表。随着凸版油墨技术的蓬勃发展，企业、高校和科研院所都开始注重合作为凸版油墨的发展提供技术支撑，成为凸版油墨技术发展的助推力。在鼓励创新的推动下，越来越多的个人也参与凸版油墨的研发，为凸版油墨的发展注入新的活力。

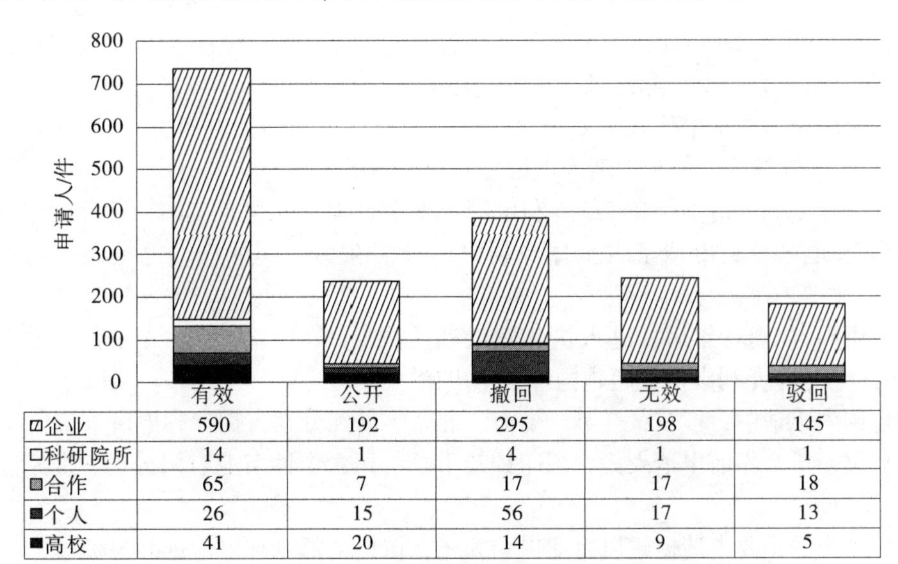

	有效	公开	撤回	无效	驳回
企业	590	192	295	198	145
科研院所	14	1	4	1	1
合作	65	7	17	17	18
个人	26	15	56	17	13
高校	41	20	14	9	5

图2-105　凸版油墨中国专利申请人类型-法律状态分布

由图2-106可知，企业-企业合作模式中专利处于有效和公开状态的专利申请量，都明显高于其他类型专利申请人合作模式。其中，企业-企业合作以中钞实业有限公司-中国印钞造币总公司（有效 22 件，公开 1 件，驳回 2 件）为代表。企业一直是凸版油墨研发的核心力量，掌握了凸版油墨绝大多数的核心专利技术，具有雄厚的研发实力、经济基础和共同的市场需求，这也是企业-企业合作模式专利质量（专利申请有效量）和研发活跃度（专利申请公开量）高于其他的合作模式的主要原因。

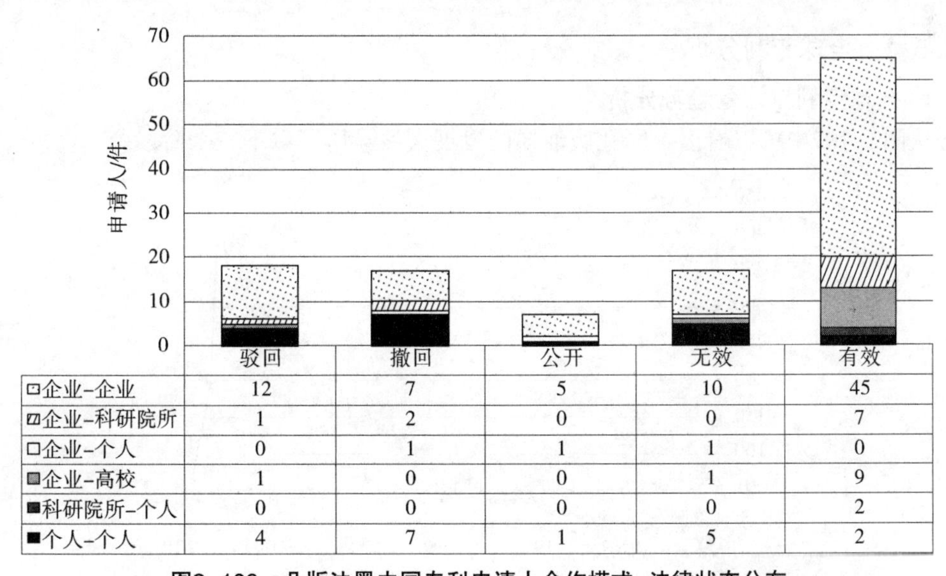

	驳回	撤回	公开	无效	有效
企业-企业	12	7	5	10	45
企业-科研院所	1	2	0	0	7
企业-个人	0	1	1	1	0
企业-高校	1	0	0	1	9
科研院所-个人	0	0	0	0	2
个人-个人	4	7	1	5	2

图2-106　凸版油墨中国专利申请人合作模式-法律状态分布

2.1.4.3 小结

1）自20世纪60年代起，全球总体专利申请量为上涨趋势；自2002年之后，处于稳定微弱上涨趋势；2002年之后，发展趋势放缓。

2）全球排名前十申请人主要来自日本，主要为东洋油墨、DIC、凸版印刷、大日本印刷、阪田油墨等，前十申请人占据总专利申请量33%。

3）全球专利申请中，48%的专利申请量来自日本，其次是美国、欧洲、中国，这四个国家和地区专利申请量占全球专利申请量的95%。其中日本也是最大的技术输出国。

4）中国自2000年后，进入快速发展期。截至2013年，年申请专利均为上涨趋势，2011年，年专利申请量超越国外来华申请。

5）国内申请中，广东、江苏、上海、北京、浙江分别占据专利申请量排名前五。

6）国内排名靠前申请人为中国印钞造币总公司、中钞实业有限公司、北京印刷学院、比亚迪。

7）国内的主要申请模式以企业申请为主，占据全部专利申请量的80%。

8）在华申请中，国外申请人专利有效率更高，为45%，国内申请人有效率为38%。

2.1.5 网孔版油墨

截至2018年12月31日，网孔版油墨领域的全球专利申请量为6287项，中国专利申请量为2472件，涉及网孔版油墨及其制备、网孔版油墨的应用。本节主要分析网孔版油墨的全球专利概况、中国专利概况、并对全申请人以及法律状态等进行了详细分析。

2.1.5.1 全球专利分析

1. 全球专利申请量趋势分析

从图2-107中可以看出，网孔版油墨的发展大致经历了以下三个阶段：

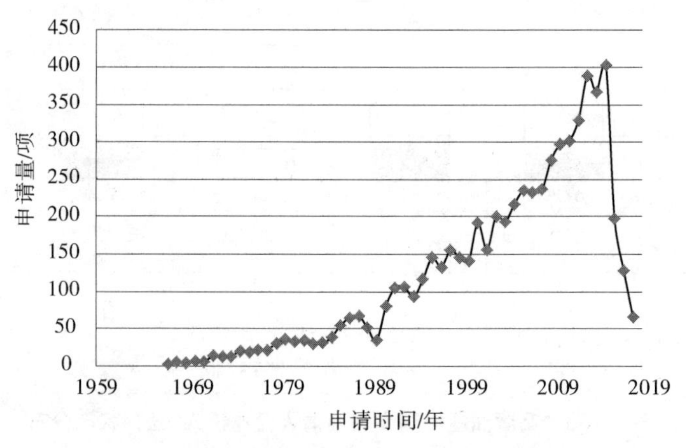

图2-107 网孔版油墨全球专利申请时间分布趋势

（1）萌芽期（1967～1990年）

网孔版油墨领域专利始于1967年，西巴就一种染料型油墨提出专利申请，这种油墨可以利用网版进行印刷（公开号US3854969A，优先权文件CH1967000010436、CH1967000015343）。在这之后的30多年间，每年的专利申请量均在50项以内，网孔版油墨领域发展缓慢。

（2）快速发展期（1991～2003年）

在此期间专利申请量为波动形态，但总体趋势是专利申请量仍在快速增长，由之前的年专利申请量30项左右发展至200项左右。随着印刷行业蓬勃发展，丝网印刷油墨越来越受到重视。网孔版油墨印刷使用的印刷设备制版和印刷简便、设备费用也比较便宜，且可以适用于多种承印基材，能够适于商业印刷、生活用品的印刷、工业印刷，因此该类油墨专利申请量大幅增长。

（3）发展期（2004～2017年）

经过第二阶段快速发展，2003～2004年网孔版印刷油墨有所下降，但基本维持平稳，之后在2004～2013年油墨保持整体较低增量，从年专利申请量200项增长至2013年的年专利申请量338项。虽然相较于第二阶段网孔版印刷油墨的专利申请量增长速度降低，但总体发展趋势仍然是在增长。

2. 申请人分析

对网孔版油墨领域的主要申请人进行统计分析，如图2-108所示。数据表明：全球范围内，专利申请量排名前十位的申请人分别为东洋油墨（JP）、大日本印刷（JP）、凸版印刷（JP）、理想科学（JP）、DIC（JP）、巴斯福（DE）、日本化药（JP）、东北理光（JP）、默克专利（DE）、日本百乐（JP）。从申请人排名分布可以看出，该领域专利申请主要集中在日本，前十排名中，有八位为日本申请人，剩余两位为德国申请人。从专利申请量时间分布趋势中可以看出，东洋油墨以及大日本印刷等均是20世纪70年代前后开始专利布局；东北理光是在1985年之后才开始专利布局，专利申请时间相对于其他申请人较晚，但发展趋势非常迅猛。1995年之后东洋油墨以及DIC专利申请量最大，这两家公司发展最为迅速。这20年间，东洋油墨专利申请量远超其他申请人，2006年专利申请量达到最大值，之后专利申请量逐步下降。日本化药专利申请量逐年降低，2002年之后几乎不再申请专利。东北理光、大日本印刷等公司进入1990年后保持稳步增长的模式，在2005年前后达到专利申请量的顶峰，之后缓慢降低专利申请量。从总体专利申请量来看，网孔版印刷油墨专利申请仍处于缓慢上升的趋势，但是排名前十申请人的申请状况是下降趋势。

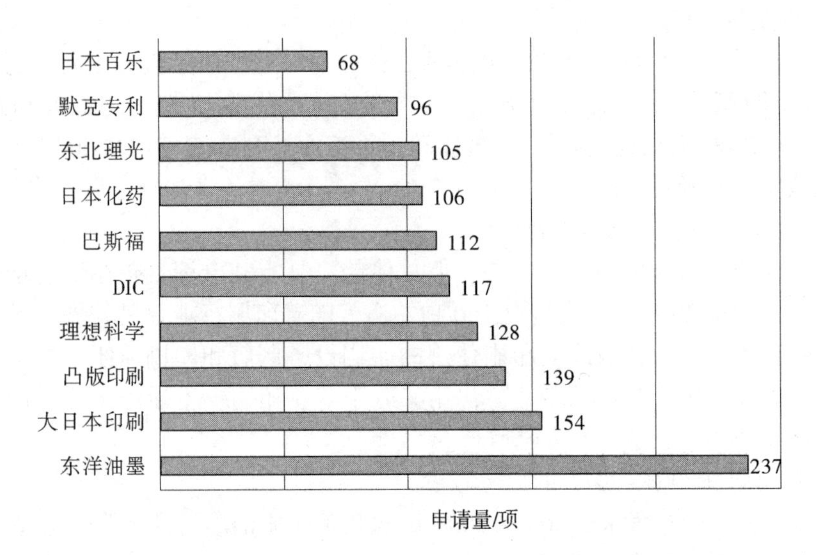

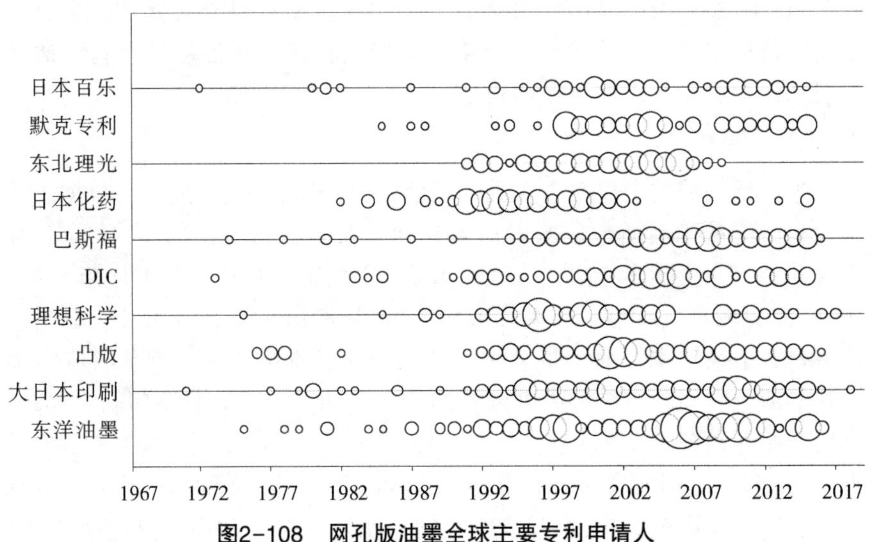

图2-108　网孔版油墨全球主要专利申请人

3. 申请国家/地区分析

(1) 专利申请来源国/地区分布

从图2-109中可以看出，日本专利申请量最大，占全球49%，其次是中国、美国、欧洲地区，分别占22%、13%、11%。这4个国家和地区占全球专利申请总量的95%，专利申请地区集中度非常高。从图中也可以看出，虽然中国、美国、欧洲也占据一定的专利申请量，但是日本占据全球专利申请量49%，即日本在该领域占据领先地位。全球排名前十申请人中，有八位申请人均来自日本，从专利技术及其布局上来说，日本占据有利地位。

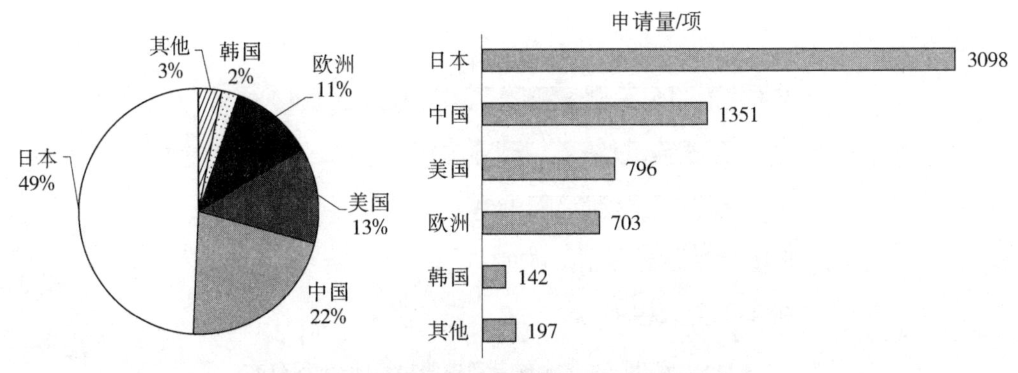

图2-109 网孔版油墨全球专利申请来源国分布

从图2-110可以看出，日本、美国、欧洲均是20世纪60年代末开始专利布局，在90年代后进入快速发展期，到2003年左右进入相对平稳发展期，2010年之后专利申请量呈现下降趋势。整体来说，日本发展最快，美国和欧洲地区发展情势相当。而中国直至2003年才正式进入快速发展期，2009年专利申请量已经超越美国、欧洲，2013年专利申请量超过日本，成为年专利申请量最大国家。从这几个国家和地区专利申请量趋势分布也可以看出，日本、美国、欧洲地区总体技术仍然超越中国，中国技术研发起步晚，当日本、美国、欧洲进入稳定期时才切入，但是后期发展迅速，专利申请量上已经赶超美国、欧洲、日本。

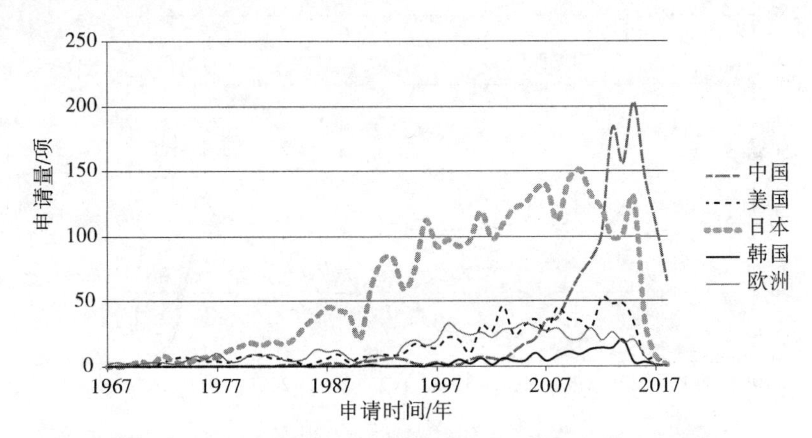

图2-110 网孔版油墨全球专利来源国申请量时间分布趋势

（2）专利申请目标国/地区分析

在某个国家或地区的专利申请公开量可以直接反映该国家/地区在全球市场中的地位。如图2-111所示，日本、中国、美国、欧洲和韩国是该领域的主要市场，它们为目标国的专利申请量（即在各自区域公开的专利申请量）分别为4006件、2376件、1864件、1570件、901件。其中美国、中国、欧洲、韩国的原始专利申请量虽然相对较小，但是目标国公开量却显著上升，特别是韩国，原始国专利申请量只有142项，公开量有901件，因此韩国也是油墨领域重要市场。

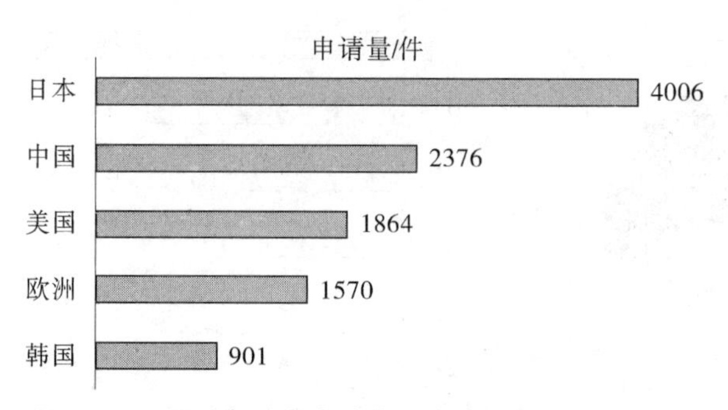

图2-111　网孔版油墨全球专利申请目标国/地区分布

从图2-112可以分析出，20世纪90年代以前，各目标国专利申请量均不大，申请均在50件以内；20世纪90年代后，日本专利申请量剧增，显著超越其他国家/地区；自2006之后，全球专利申请量趋于平稳，且日、美、欧、韩在2010年之后，专利申请量均呈现下降趋势。美国、欧洲、韩国地区均是自1990年后进入快速增长期，在2003年左右进入相对平稳发展期。与其他地区不同，中国自20世纪90年代起，直至2013年持续处于快速增长阶段，2009年已经超越美国、欧洲地区专利申请量。

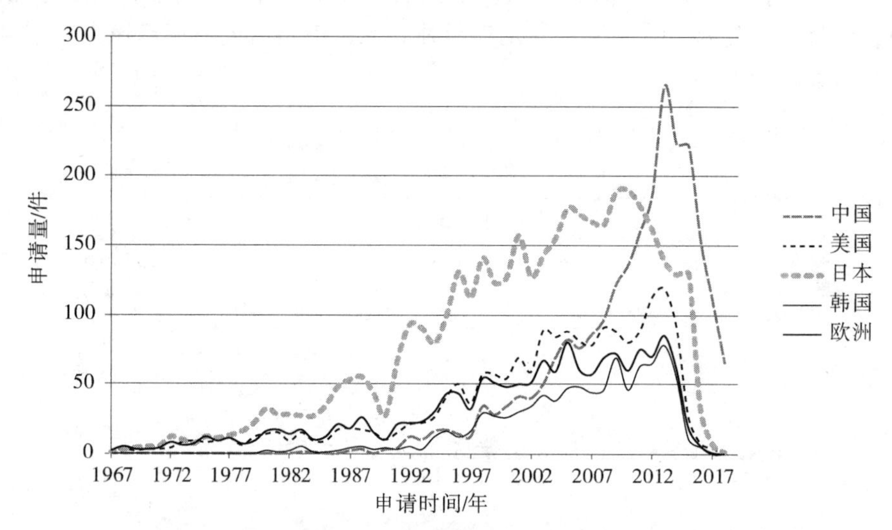

图2-112　网孔版油墨全球申请目标国/地区专利申请量时间分布趋势

4. 专利技术流向分析

从图2-113可以看出，日本是全球最大的技术输出国，其主要申请在本国，最大目标为美国、其次是欧洲以及中国，专利输出量分别为470件、360件、350件，同时对韩国的文献输出量也达到281件。即从四个输出目标国文献量可以看出，日本对待美国、中国、欧洲、韩国市场的重视程度接近，专利文献布局量也接近。美国的最大目标国是欧洲、其次是日本，专利申请量分别为424件、365件。中国虽然是专利申请量排名第二位的申请大国，但是其对外输出非常小。韩国虽然本国专利申请量非常低，但是对外输出量高，对于另外四个地区的输出程度相当。由此可见，我国虽然是申请大国，但非技术强国，尚未达到申请专利占领市场的实力。

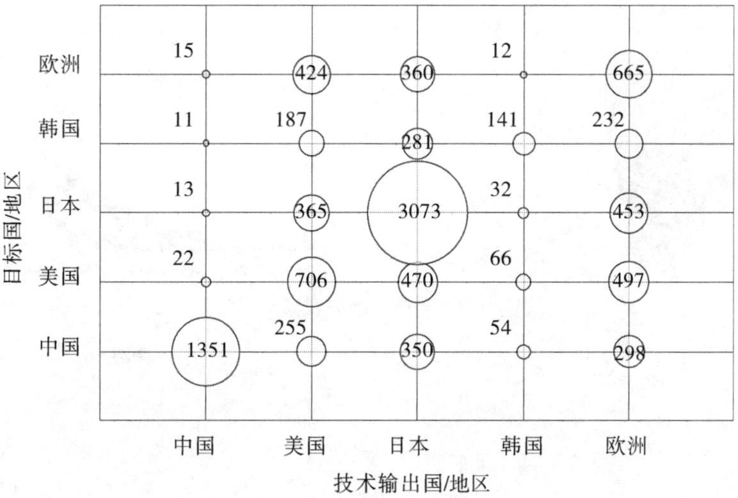

图2-113　网孔版油墨全球申请目标国/地区和技术输出国/地区分布（单位：件）

2.1.5.2　中国专利分析

本节主要分析中国专利申请趋势、省份分布、申请人分析、国外企业在华专利申请情况、国内主要企业专利申请情况以及专利的法律状态分布。

1. 申请量趋势分析

网孔版油墨领域中国专利申请为 2472 件，其中 1324 件为中国申请人的专利申请，占专利申请量的 54%，其次是日本、美国和德国，分别占专利申请量的 16%、10%、9%。从图2-114可以看出，1985 年国外申请人即开始在中国进行网孔版油墨的专利申请，之后直至 1993 年国外在华专利申请量快速增加，2005 年进入平稳发展期。国内申请人的专利申请始于 1987 年，之后直至 2003 年国内申请人的申请量均处于低迷状态，以年专利申请量不足十件的态势发展，直至 2005 年进入发展期，到 2011 年，年专利申请量已超国外来华专利申请量。从图2-114还可以看出，最先来华国外专利申请国家为德国，但专利申请量是在 1995 年左右进入快速发展期，至 2005 年进入平稳发展期。日本、美国均是在 1995 年左右进入快速发展期，至 2005 年进入平稳发展期，2010 年之后专利申请量呈现下降趋势。可以看出，目前国外关于网孔版油墨申请仍处于平稳期，即已经进入技术相对成熟期，国内申请人对知识产权重视度加大，逐步在该领域进行专利布局，且中国加大了网孔版油墨的研发力度，迅速向技术成熟国家靠拢。

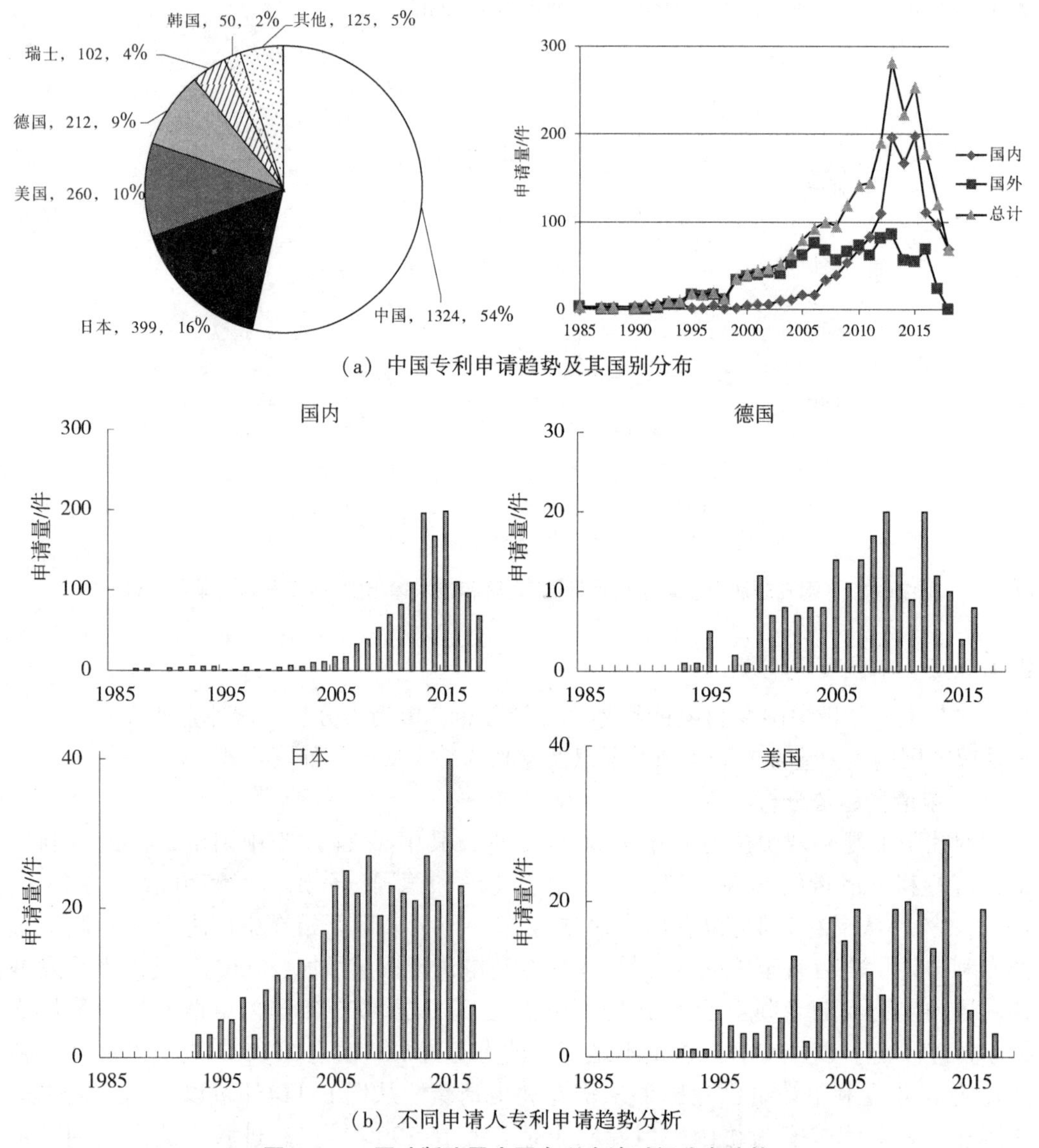

（a）中国专利申请趋势及其国别分布

（b）不同申请人专利申请趋势分析

图2-114　网孔版油墨中国专利申请时间分布趋势

2. 申请人分析

图2-115是中国专利申请量排名前十一位的申请人及其专利申请量随时间的变化趋势。其中，日本企业有理想科学、住友、太阳化学，美国企业有杜邦、西柏控股，欧洲企业有巴斯福、西巴、默克专利，中国企业有中国印钞造币总公司、比亚迪、深圳美丽华。从申请时间分布上来看，这些公司均是从1990年之后开始在中国进行专利布局，大部分公司均是在1995年进入发展期，2005年进入平稳期。默克专利2005年之后专利申请量呈现下降趋势，西巴及理想科学2006年之后无专利申请。从申请人总体占比来看，前十一的专利申请量只占专利申请总量的20%，该领域专利申请人数分布较宽，技术较为分散。且从表2-4和图2-116可以看出，默克专利、杜邦专利申请量较

高，但是专利申请有效率较低，国外企业中西巴、巴斯福、西柏控股的有效率较高。前十一申请人中，三位国内申请人的有效率均超过了68%。美丽华公司2008年之后才开始专利布局，中国印钞造币公司相对较早，但也是从2002年开始。这几家公司专利申请量时间均较晚，也可能因此导致文献有效率高。

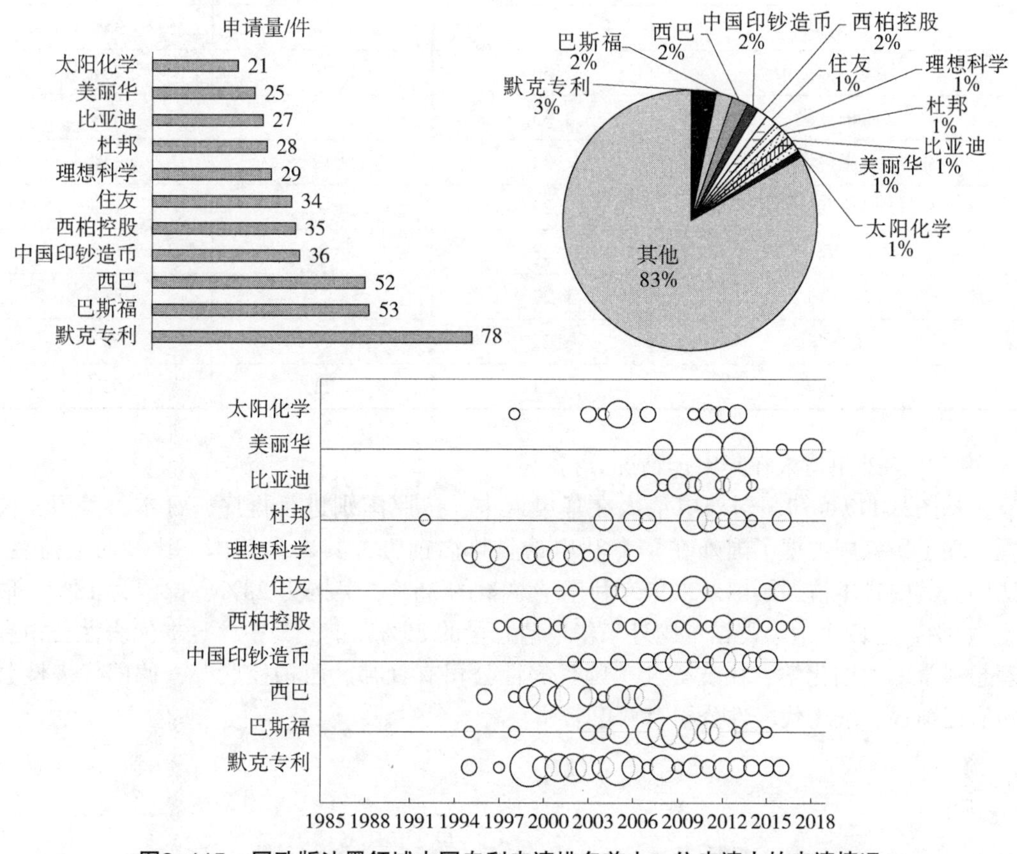

图2-115 网孔版油墨领域中国专利申请排名前十一位申请人的申请情况

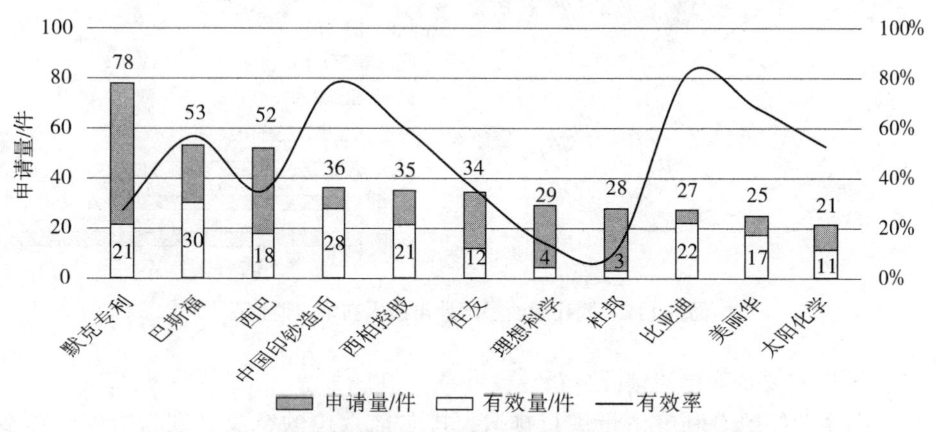

图2-116 网孔版油墨中国专利申请排名前十一申请人情况

表2-4　网孔版油墨中国专利申请排名前十一的专利申请量

公司名称	专利申请量/件	有效量/件	有效率
默克专利	78	21	27%
西巴	53	30	57%
巴斯福	52	18	35%
中国印钞造币	36	28	78%
西柏控股	35	21	60%
理想科学	34	12	35%
住友	29	4	14%
杜邦	28	3	11%
比亚迪	27	22	81%
美丽华	25	17	68%
太阳化学	21	11	52%

（1）国外申请人在华申请情况分析

从图2-117可知，国外申请人在华申请中，按照国别进行排序，日本、美国、德国、瑞士、韩国占据了国外在华专利申请量排名前五，其次是英国、比利时、荷兰、法国。其中日本占据了国外来华专利申请总量的35%、美国为23%、德国为18%、瑞士为9%，这四个国家占据了国外来华申请总量的85%以上。其中，日本代表性公司有理想科学、太阳化学、住友等，美国代表性公司有杜邦、西柏控股等，德国代表性公司有巴斯福，瑞士代表性公司有西巴。

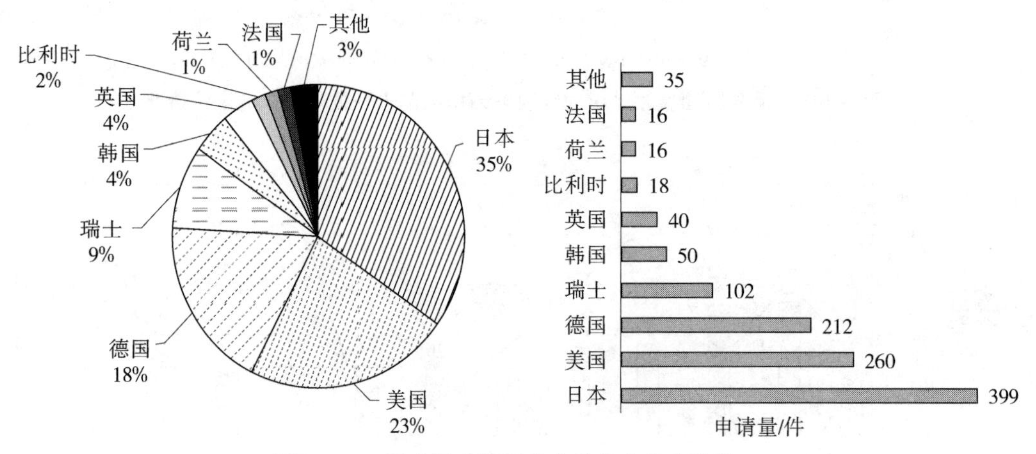

图2-117　网孔版油墨国外申请人在华申请情况

（2）国内主要企业申请情况分析

对国内企业按照专利申请量进行排名，排名前六位的企业分别为中国印钞造币、比亚迪、深圳美丽华、中国科学院、中钞实业、北京印刷学院。从表 2-5 和图2-118可以看出，除北京印刷学院外，其他申请人的专利有效率均超过67%。另外，排名前六申请人中，有一位为科院院所、一位为高校，分别为中国科学院、北京印刷学院。从排名前六国内申请人可知，国内申请人总体专利申请数量虽然非常大，但单个申请人的专利申请数量并不高，排名第六的北京印刷学院总专利申请量也只有11件。即目前总体来说，该领域国内申请人数量多，无专利申请量较大申请人，技术并不集中，较为分散。

表2-5　网孔版油墨中国专利申请前六的国内申请人专利申请情况

申请人	专利申请量/件	有效量/件	有效率
中国印钞造币总公司	36	28	78%
比亚迪	27	22	81%
美丽华	25	17	68%
中国科学院	18	12	67%
中钞实业有限公司	13	12	92%
北京印刷学院	11	2	18%

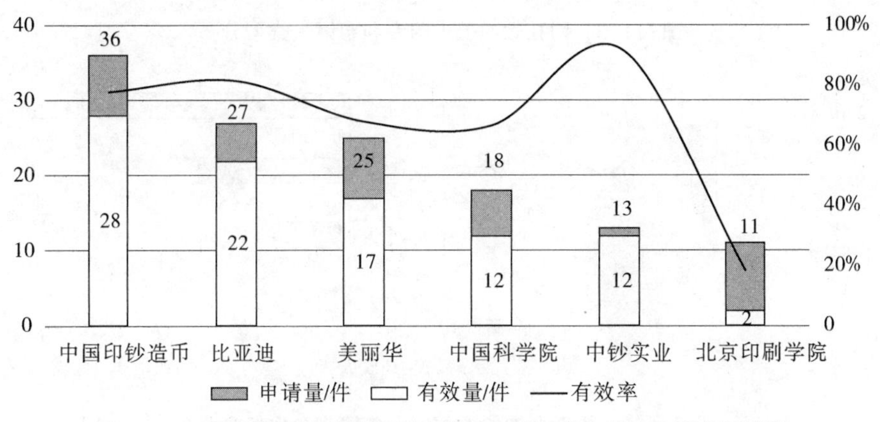

图2-118　网孔版油墨中国专利申请前六的国内申请人专利申请情况

（3）申请人类型分析

从图2-119中可以看出，网孔版油墨申请人类型主要为企业，其占据了专利申请总量的81.03%，另外个人申请、高校（含科研院所）申请还占据了专利申请总量的6.72%、6.27%，即无论是企业、高校（含科研院所）、个人均在尝试科研创新，但是在网孔版油墨领域主要技术仍然集中在企业手中。另外，从图2-120可以看出，虽然合作申请量仅占专利申请总量的5.78%，但是合作形式多样，有企业-企业的合作，企业-个人的合作，企业-高校（含科研院所）的合作。其中企业-企业的合作模式占据了全部合作模式的62%，即在网孔版油墨领域，主要合作仍然集中在企业之间。另外，企业-高校的合作占据了合作模式的21%，即企业-高校之间的互动交流也非常多。因此在该领域，企业与高校合作也是企业获得技术提升的一种模式。从图2-121可以看出，合作申请有效率是最高的，达到 50%；其次是企业申请，有效率为 41%；个人专利申请有效率最低，只有 20%。这也可以看出，虽然目前国内个人专利申请量相对较高，但是申请质量低。从图2-122也可以看出，在华专利申请中，国内外申请人都主要是以企业申请为主，企业专利申请量均占据了总专利申请量 70% 以上。但是国外申请在华申请中，企业申请达到 93.29%；而国内申请人中，除去企业申请，个人申请也占据了国内申请人专利申请量的 11.86%，即个人申请也是国内申请模式中的一种重要形式。同时高校、合作模式也分别占据了国内申请人专利申请量的 10.57% 和 6.95%，而国外申请人中，高校以及合作模式均较低，总体不足 6%。

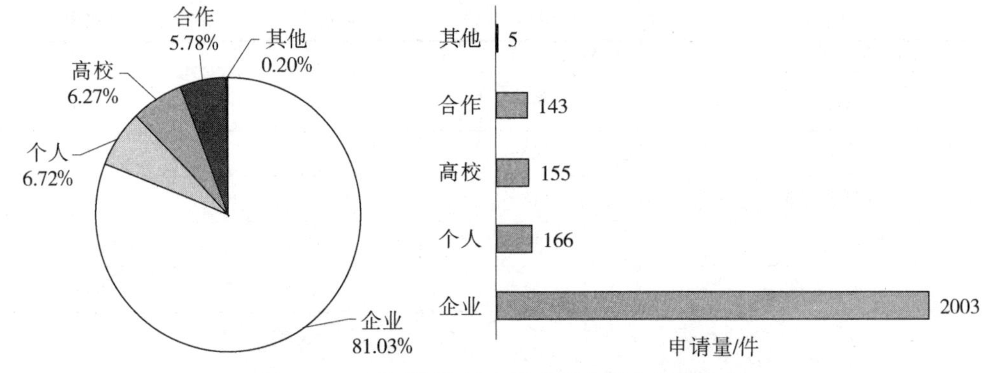

图2-119　网孔版油墨中国专利申请人类型分布

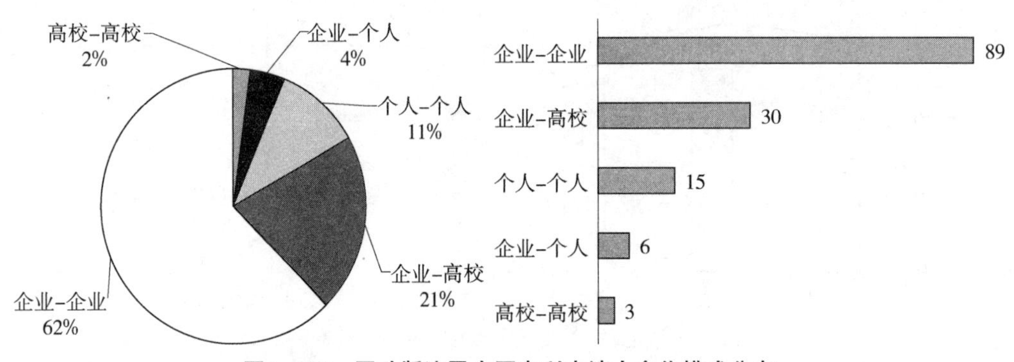

图2-120　网孔版油墨中国专利申请人合作模式分布

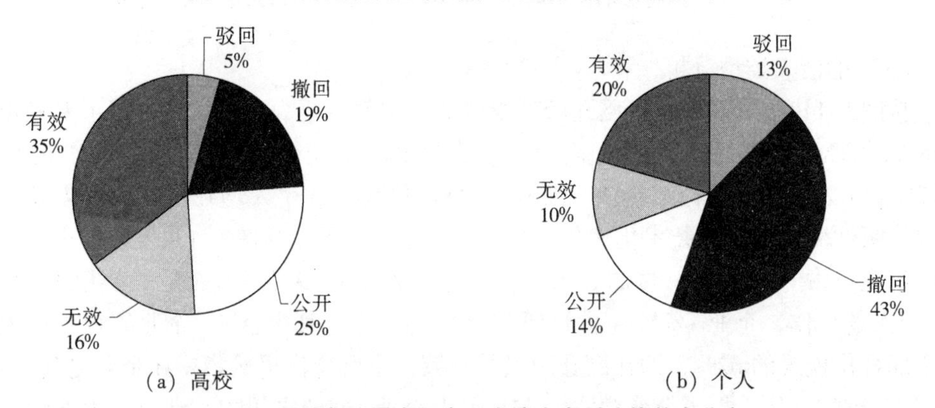

图2-121　网孔版油墨中国专利申请人类型法律状态分布

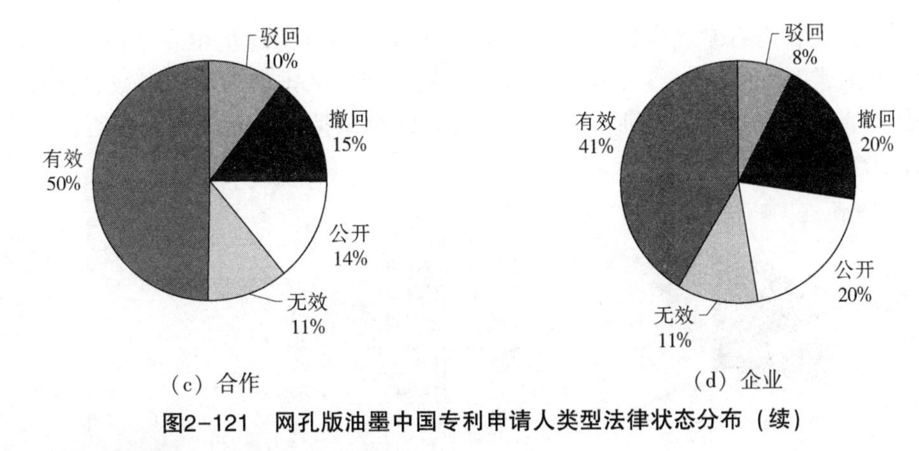

图2-121　网孔版油墨中国专利申请人类型法律状态分布（续）

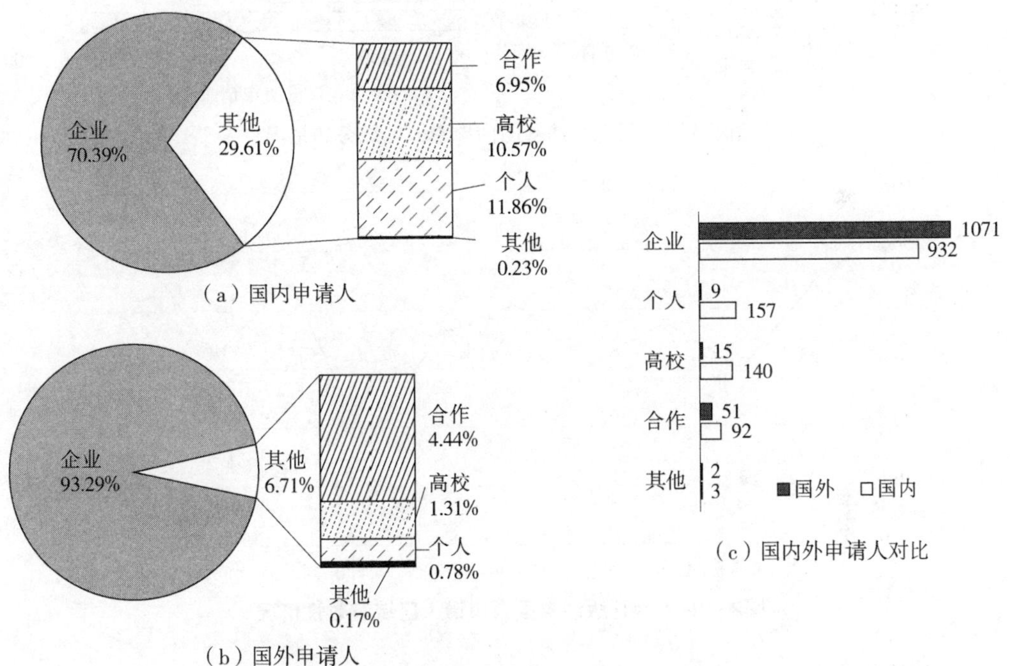

图2-122　网孔版油墨中国专利国内外申请人类型分布

3. 地域分布分析

从图2-123中可以看出，专利申请量排名前十的地区分别为广东省、江苏省、上海市、北京市、浙江省、安徽省、天津市、湖北省、山东省、湖南省。其中，广东省专利申请量最大，占比达到国内申请人申请量的 33%，江苏省、上海市、北京市分别达到了 16%、8%、6%。排名前十地区占据了国内申请人总申请量的 80% 以上，这与我国丝网印刷油墨地区情况分不开。我国丝网印刷油墨多集中在江苏省无锡，广东省广州、中山、东莞，浙江省江山、杭州，北京、上海、天津等。各地区专利申请量情况与实际油墨生产区域基本是匹配的。从图2-124中可以看出，专利申请量排名前十的地区专利申请有效率均较高，处于中国专利申请有效率平均水平上下。其中，湖南省专利有效率最高，达到 50%，广东省排名第三，达到 44%。但是，中国专利申请是从 2005 年左右才开始出现，之后专利申请量快速增长，实际专利申请均集中在2010~2013年，这部分专利通常需要经过1~3年审查期进入授权。即虽然排名前十的区域总体有效率很高，但均属于获权不久的专利，后续专利是否继续维持、已获权专利是否能产生经济效益，仍需要考察。

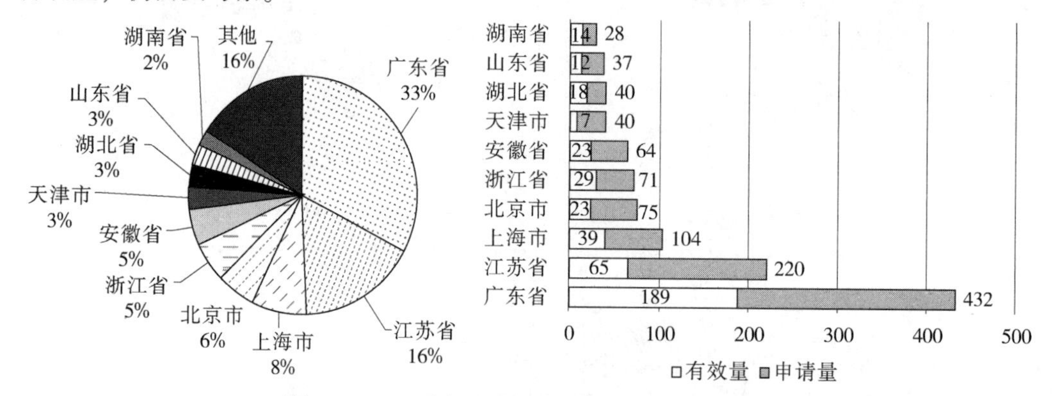

图2-123 网孔版油墨国内申请人区域分布情况

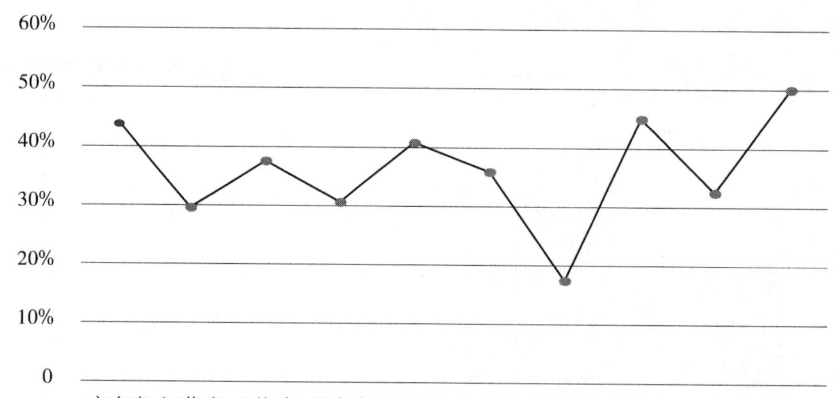

图2-124 网孔版油墨国内申请人区域有效性情况

4. 法律状态分析

对2472件中国专利进行分析，如图2-125所示，有效专利为990件，公开专利为483件，撤回专利为517件，无效专利为282件，驳回专利为200件。从专利申请整体分布率也可以看出，有效专利占全部专利申请量的40%，驳回专利仅占专利申请量的8%，即在该领域专利有效率相对较高、驳回率低，这种情况一部分源于该领域国外企业已进入发展成熟期，专利申请质量高，另外，国内申请人专利申请时间较晚，大部分专利处于刚刚获权状态，还未进入企业自动放弃期。另外，从图2-126也看出，国外申请人有效专利占比为44%，相对于国内申请人的37%更高，但是公开率国内申请人为25%，而国外申请人仅为13%，也可以看出，后续申请力度国内申请人相较于国外申请人更高。另外，从表2-6中数据可以看出，专利申请有效率国外申请人相较于国内申请人更高。

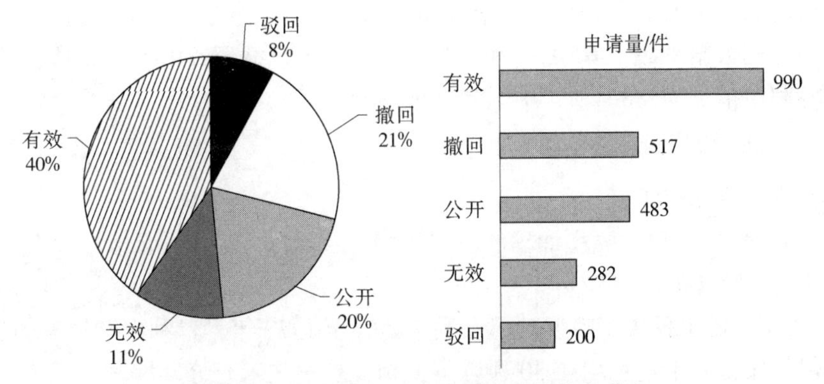

图2-125　网孔版油墨中国专利法律状态对比

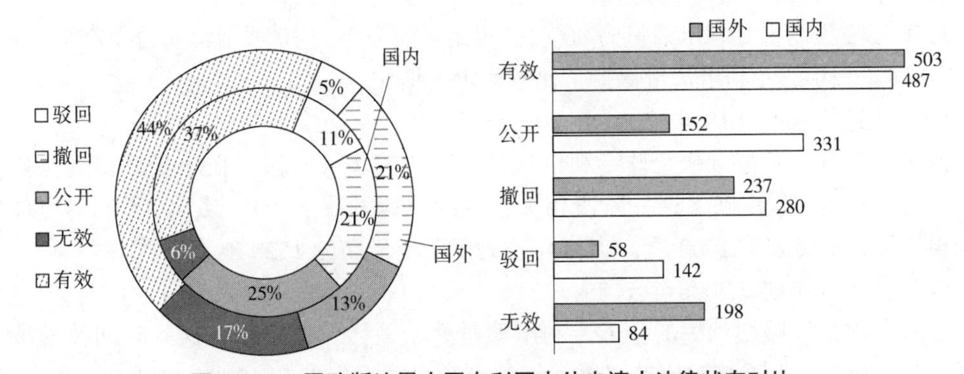

图2-126　网孔版油墨中国专利国内外申请人法律状态对比

表2-6　网孔版油墨中国专利国内外申请人专利有效情况

国别	专利申请量/件	有效量/件	有效率
国内	1324	487	37%
国外	1148	503	44%

2.1.5.3　小结

1）国外申请人专利有效率更高。

2）自2010年后，不论是全球申请还是中国申请，国外申请人总体专利申请量均在降低，而国内专利申请量呈现上升趋势。

3）主要以企业申请为主，中国申请人中个人专利申请量相对较大。

4）广东省地区该领域专利申请量最大，其次是江苏、上海、北京等地。

2.2　喷墨油墨

2.2.1　喷墨油墨总体情况分析

本节对喷墨油墨全球专利态势进行分析，根据喷墨油墨全球及中国专利申请数据，对专利申请趋势、主要国家和地区申请分布、重要申请人、法律状态等进行分析。

本节的专利数据来源于 CNABS 和 DWPI 检索系统。截至 2018 年 12 月 31 日，喷墨油墨全球专利申请量为28804项，中国专利申请 6858 件。

2.2.1.1 全球专利分析

1. 申请量趋势分析

从图2-127可以看出，喷墨油墨的发展历程大致经历了以下阶段：

（1）萌芽期（1964~1977 年）

从 1964 年开始出现关于喷墨油墨专利申请，至 1977 年，专利申请量整体随年份有所增长，但每年专利申请量均在 30 项以下，相关技术并未充分发展。

（2）平稳增长期（1978~1993 年）

1978 年喷墨油墨专利申请量为 80 项，相比于前一年的 30 项增幅超过 100%。随后的 15 年间，每年的专利申请量保持了比较稳定的增长。

（3）快速增长期（1994~2005 年）

1994 年以来，喷墨油墨全球专利申请量进入快速增长阶段，在增长率得到保持的同时，绝对申请数量反映了这一阶段相关技术的快速发展。2001 年，喷墨油墨全球年专利申请量首次突破了 1000 项，2005 年达到了历史最高的 1528 项。

（4）技术成熟期（2006 年至今）

2005 年之后，喷墨油墨的全球专利申请量处于平稳保持状态，这一时期关键技术发展成熟，新技术发展相对比较缓慢，每年专利申请量保持在 1200~1400 项。2014 年之后专利申请量有较大幅度下降，可能的原因包括该数据基于最早优先权日进行统计，部分专利申请在检索截止日时尚未进行首次公开。

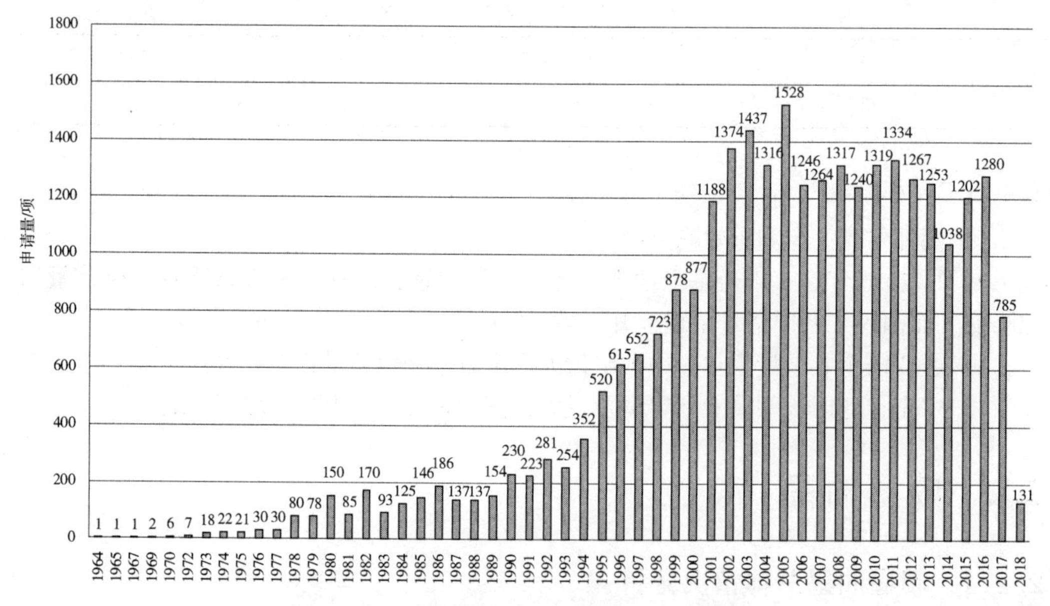

图2-127 喷墨油墨全球申请随时间变化趋势

2. 申请人分析

对喷墨油墨全球申请的申请人进行统计分析，得到结果如图2-128和图2-129所示。精工爱普生、富士胶片和佳能在该领域的专利申请分别达到了2843项、2747项、2686项，占全球总专利申请量的比例均在9%以上，这三个申请人的专利申请量也以比较大的优势领先于其他主要申请人，形成该领域专利申请布局的第一集团。该领域排名前十的申请人专利申请总量占据了全球申请总量的50%以上，体现了其技术分布高度集中。

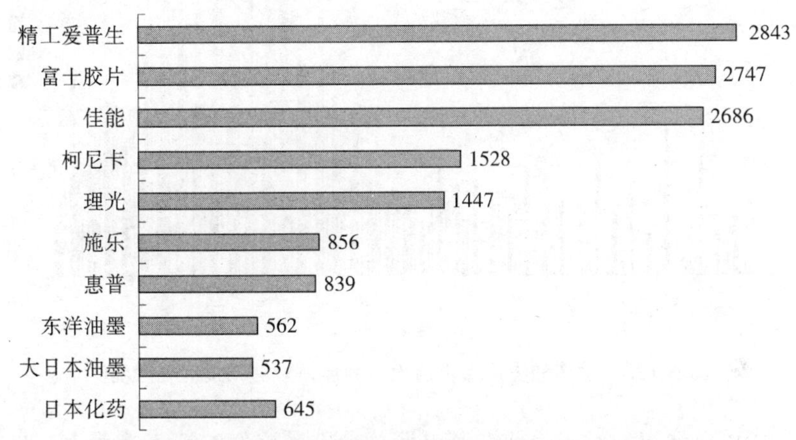

图2-128　喷墨油墨全球专利排名前十的申请人（单位：项）

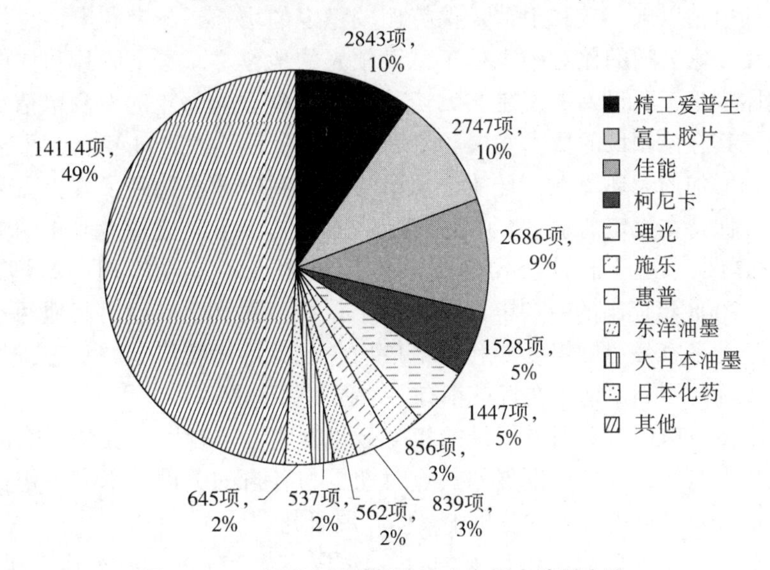

图2-129　喷墨油墨主要申请人专利申请量占比

在排名前十的申请人中，除了施乐和惠普两家公司来自美国以外，其余八家公司均来自日本，排名前五的申请人更是全部来自日本，这与来自日本的专利申请量排名一致，体现了日本企业在该领域的绝对优势和主导地位。

对排名前三的重点申请人专利申请量随时间变化趋势进行统计分析，结果如图2-130所示。

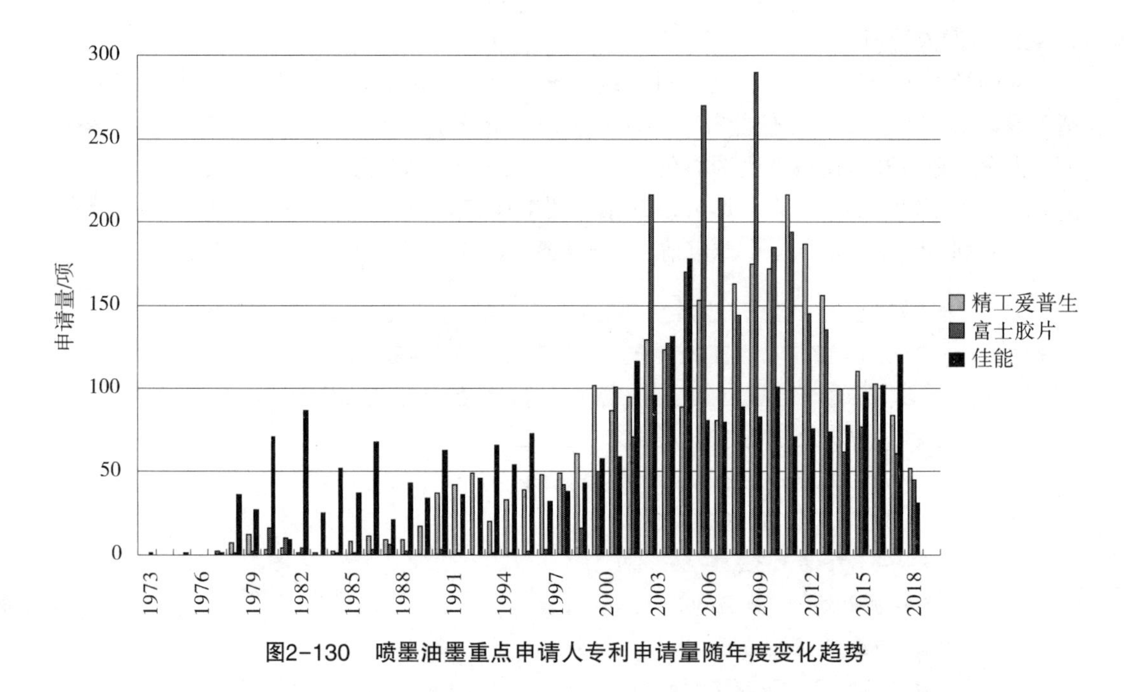

图2-130　喷墨油墨重点申请人专利申请量随年度变化趋势

从图2-130可以看出，对于目前专利申请总量排名首位的精工爱普生，自首次出现喷墨油墨专利申请以来，专利申请量保持比较稳定的增长，与专利申请总量的分布相似，近年来在三家公司的比对中也处于稍微领先的地位。而富士胶片和佳能公司的优势发展时期体现出了明显差别，在1995年之前，佳能公司每年的专利申请量处于领先地位，体现了其在该领域的技术发展和专利布局起步较早，2004年在喷墨油墨整体专利申请量显著增加的大环境下，佳能公司单年度专利申请量达到了其史上最高值，随后有所下降并保持在稳定的水平。而富士胶片公司在1996年之前专利申请量较少，进入21世纪的初期，富士胶片公司的专利申请量出现了一段时期的激增，在2002、2005、2006、2008年提出的专利申请量均处于首位，并且明显超出其他两家公司。随后的近十年间，三家公司单年度专利申请量均各自保持比较稳定的状态，其中精工爱普生和富士胶片的专利申请量在近三年有一定程度的下滑。

以上三个重点申请人专利申请量的年度变化确实一定程度上反映了喷墨油墨领域的技术发展热点时期，其各自发展的热点时期也与各自的关键技术有一定关系，这一点将在后续章节对重点申请人的分析中具体开展研究。

另外，对于上述排名前十申请人的目标国进行统计分析，观察其专利布局状况，如图2-131所示。可以看出，排名前三的申请人在五个主要目标国家或地区的分布趋势与喷墨油墨总量的整体分布趋势情形相似，均以日本本土为最主要的目标国，美国、欧洲、中国、韩国的布局量依次排列。来自美国的两个申请人施乐和惠普的布局情况是美国和日本的位置互换，这也符合本土优先布局的一般习惯。值得注意的是排名第四的柯尼卡公司，其向中国和韩国的布局明显较弱，特别是向韩国的专利申请量更是为零。而对于排名八到十位的三家公司，其向国外的布局与其他公司相比明显较少。上述不同的目标国统计数据反映了不同公司的发展策略，特别是对海外市场和专利布局的重视程度有所差别，这一点在后续的重点申请人分析中也将作为一项重要的考量因素。

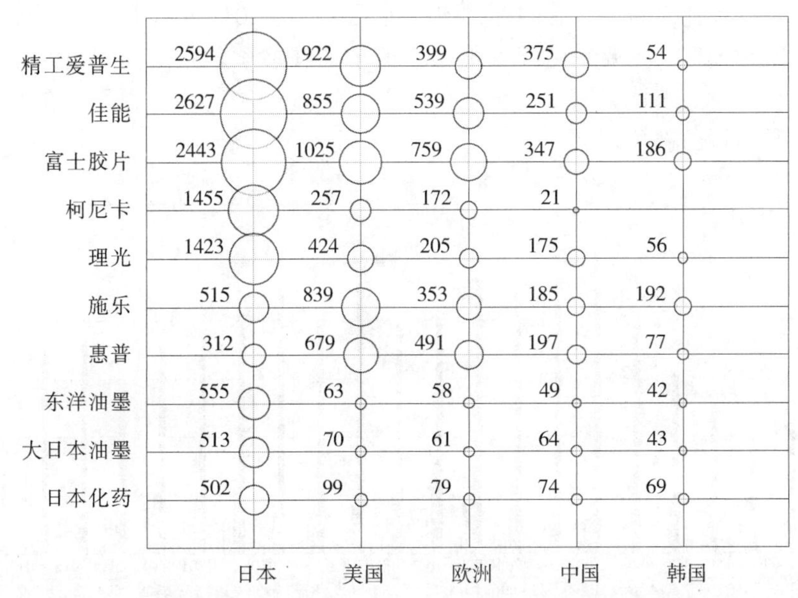

图2-131　喷墨油墨重点申请人主要目标国专利申请量分布（单位：项）

3. **申请国家/地区分析**

专利申请来源国分布一定程度上体现了该领域的技术实力分布。以一项专利的最早优先权提出国作为该专利的申请来源国，对喷墨油墨全球专利申请量进行统计，如图2-132所示。

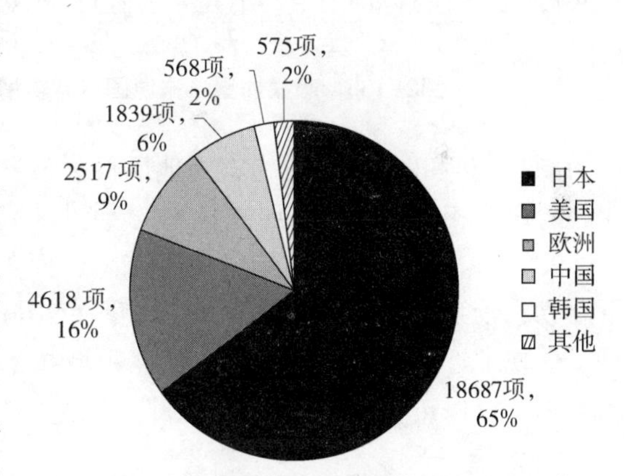

图2-132　喷墨油墨全球专利申请来源国分布

由图2-132可以看出，在喷墨油墨领域，来自日本的申请占据了全球 60% 以上的专利申请量，体现了其在该领域内的绝对优势地位。来自美国的专利申请量占比也达到了 16%。来自中国总专利申请量为 1839 项，占据全球专利申请量的 6%左右。来自日本、美国、欧洲、中国、韩国这五个国家和地区的专利申请量占全球总量的 98%，一方面体现了日、美等国在技术方面的领先，另一方面这五个国家与全球五大知识产权局的国家和地区分布相重合，体现了这些国家和地区对知识产权保护的重视程度。

对上述五个主要申请来源国近 20 年的专利申请量随时间变化情况进行统计，由图2-133可以看出，近 20 年间，每年的专利申请量分布也基本与总专利申请量的分布保持一致。来自日本的专利申请占据了每年专利申请量的半数以上，美国次之。由于来自日本的专利申请量的绝对优势，其变化趋势也在很大程度上决定着全球专利申请量的变化趋势。值得一提的是，来自中国的专利申请量近年来增长势头良好，2011 年来自中国的专利申请量首次超过了欧洲，紧随日本美国之后位居全球专利申请量第 3 位，并在近年来得以保持。需要注意的是，图中所反映出的 2017 年来自中国的专利申请量超出其他国家和地区，主要是由于其他国家的申请在检索截止日尚未公开，而中国的专利申请由于较少要求优先权、申请提前公开、审查程序节约等因素，在检索截止日已有较多专利申请已被公开。

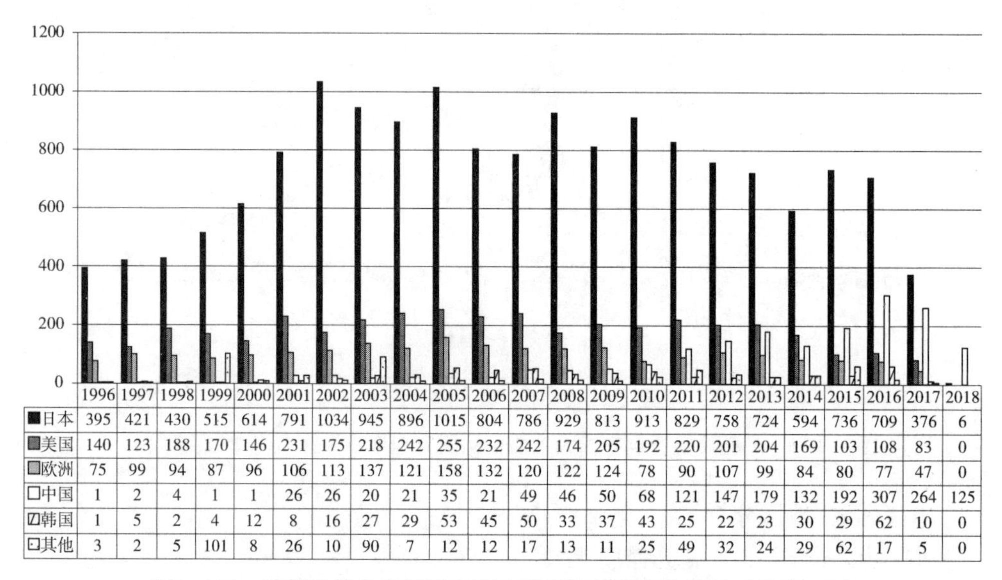

	1996	1997	1998	1999	2000	2001	2002	2003	2004	2005	2006	2007	2008	2009	2010	2011	2012	2013	2014	2015	2016	2017	2018
日本	395	421	430	515	614	791	1034	945	896	1015	804	786	929	813	913	829	758	724	594	736	709	376	6
美国	140	123	188	170	146	231	175	218	242	255	232	242	174	205	192	220	201	204	169	103	108	83	0
欧洲	75	99	94	87	96	106	113	137	121	158	132	120	122	124	78	90	107	99	84	80	77	47	0
中国	1	2	4	1	1	26	26	20	21	35	21	49	46	50	68	121	147	179	132	192	307	264	125
韩国	1	5	2	4	12	8	16	27	29	53	45	50	33	37	43	25	22	23	30	29	62	10	0
其他	3	2	5	101	8	26	10	90	7	12	12	17	13	11	25	49	32	24	29	62	17	5	0

图2-133　喷墨油墨各来源国专利申请量随年度变化趋势（单位：项）

图2-134和图2-135更为直观地反映了日、美、欧、中、韩近 20 年专利申请量的变化趋势以及相互之间的对照。日本的专利申请量在 2002 年和 2005 年分别超过了 1000 件，2005 年之后的专利申请量稳中有降，而美国的专利申请量近年来保持在 200 件上下浮动，较为稳定。中国的专利申请量在 2011 年超过了 100 件，并在随后几年得以保持，体现了近年来中国的申请人在该领域技术实力方面的进步以及越来越重视该领域的知识产权保护和专利申请布局。

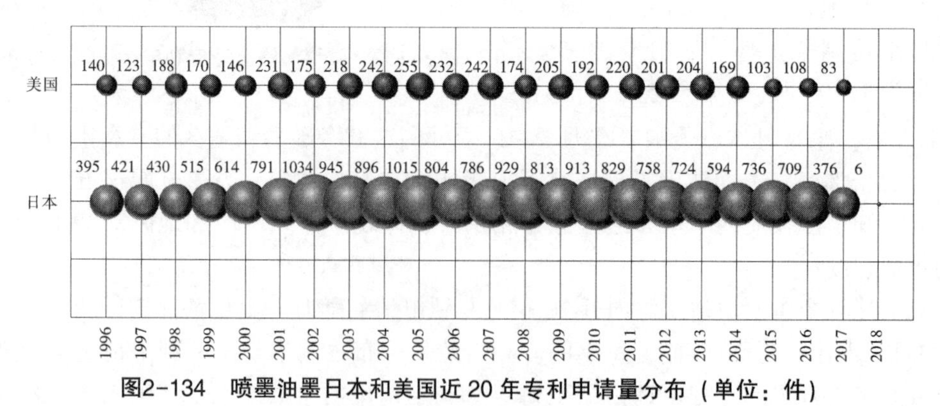

图2-134　喷墨油墨日本和美国近 20 年专利申请量分布（单位：件）

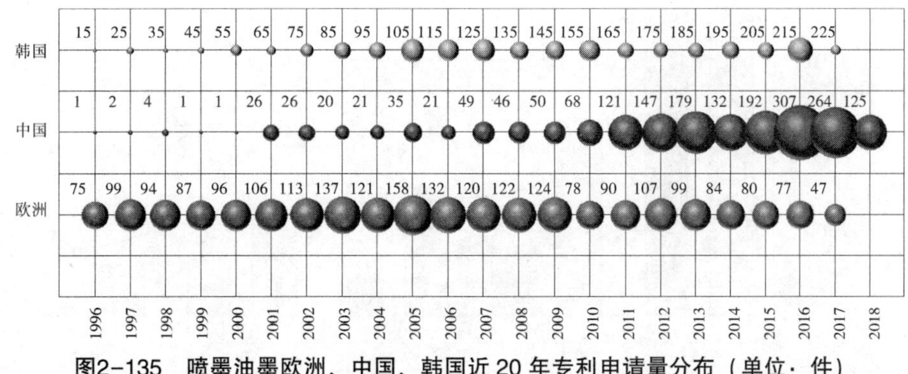

图2-135　喷墨油墨欧洲、中国、韩国近20年专利申请量分布（单位：件）

对喷墨油墨全球专利申请的目标国进行统计分析，如图2-136所示，日本、美国、欧洲、中国和韩国是喷墨油墨的主要目标国，与该领域的专利申请来源国分布一致。在全球28804件喷墨油墨的专利申请中，有21559件具有在日本公开的同族，一方面体现了日本市场的重要地位，另一方面也因为来自日本的专利申请量较多，有比较大量的向本国提出的专利申请。其他国家和地区的该数据分别为美国11388件，欧洲7588件，中国6062件，韩国2967件。

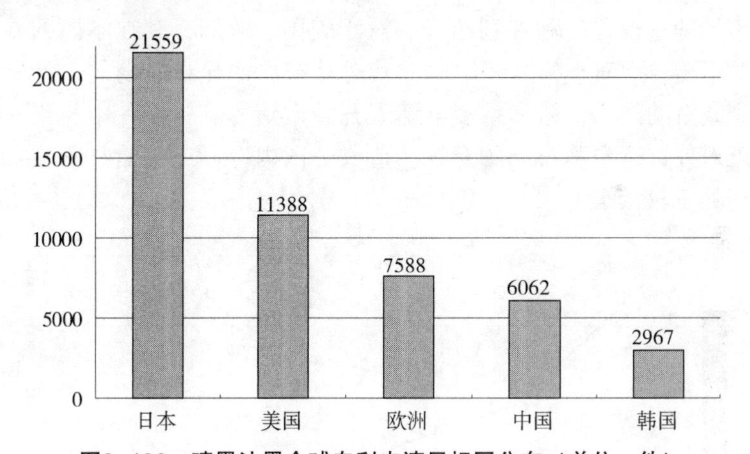

图2-136　喷墨油墨全球专利申请目标国分布（单位：件）

基于该数据的另一项指标可进一步反映各个国家或地区的市场重要程度，如图2-137所示。如前所述，在日本公开的21559件申请中，来自本国的专利申请量为18038件，占据了84%的比例，体现了本国申请人对专利申请量的绝对贡献。相对于日本而言，其他各国公开的申请中，来自本国的专利申请量占比均不足一半，体现了外国申请人在该国家或地区的专利申请量占据优势，也从一个侧面反映了该国家或地区在全球市场中的重要地位，吸引了更多外国申请人在其国内的专利申请布局。

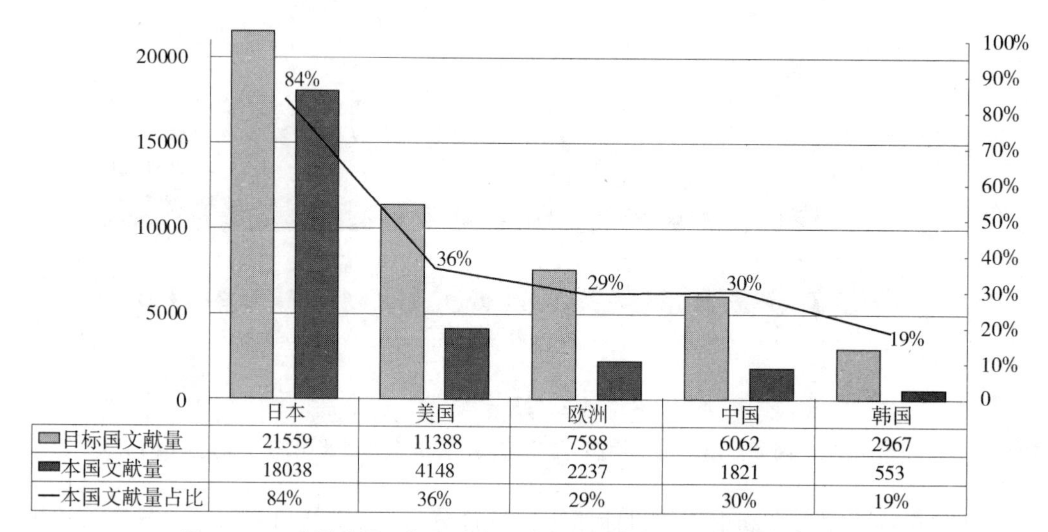

	日本	美国	欧洲	中国	韩国
目标国文献量	21559	11388	7588	6062	2967
本国文献量	18038	4148	2237	1821	553
本国文献量占比	84%	36%	29%	30%	19%

图2-137　喷墨油墨目标国分布及本国专利申请量占比（单位：件）

进一步地，对于各目标国专利申请量的来源国进行横向比对分析，结果如图2-138所示。可以看出，来自日本的申请，不仅在向本国的申请中占据了绝对的多种，在向其他四国的申请中，也均占据了最高的比例，这与来自日本的专利申请量占据绝对优势的态势相一致，体现了日本在该领域的领先地位。同时也充分体现了来自日本的申请人对国外市场的重视程度和专利布局。对于美国、欧洲，其在本国的专利申请与对外的布局相对平衡；而对于韩国和中国，其对外布局明显比较薄弱。特别是中国，近年来随着国家政策的鼓励，越来越多申请人开始申请专利，但其中相当一部分水平较低，并且缺乏对外进行专利布局的意识，造成了国内专利申请量显著增加，但向其他国家的申请仍处于较低水平。

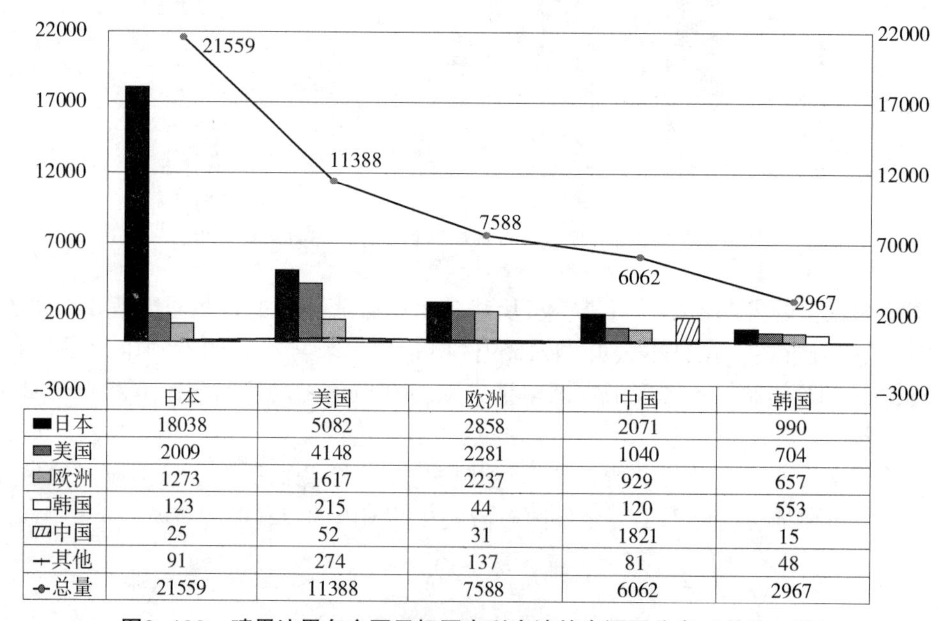

	日本	美国	欧洲	中国	韩国
日本	18038	5082	2858	2071	990
美国	2009	4148	2281	1040	704
欧洲	1273	1617	2237	929	657
韩国	123	215	44	120	553
中国	25	52	31	1821	15
其他	91	274	137	81	48
总量	21559	11388	7588	6062	2967

图2-138　喷墨油墨各主要目标国专利申请的来源国分布（单位：件）

4. **专利技术流向分析**

图2-139以另外一种形式反映了申请来源国以技术输出的形式向目标国进行专利布局的情况。从该图也可直观地得出，虽然中国作为技术输出国对外的专利申请量较少，但其他各主要技术输出国向中国的专利申请还是比较大量，体现了各国对中国市场的重视程度。

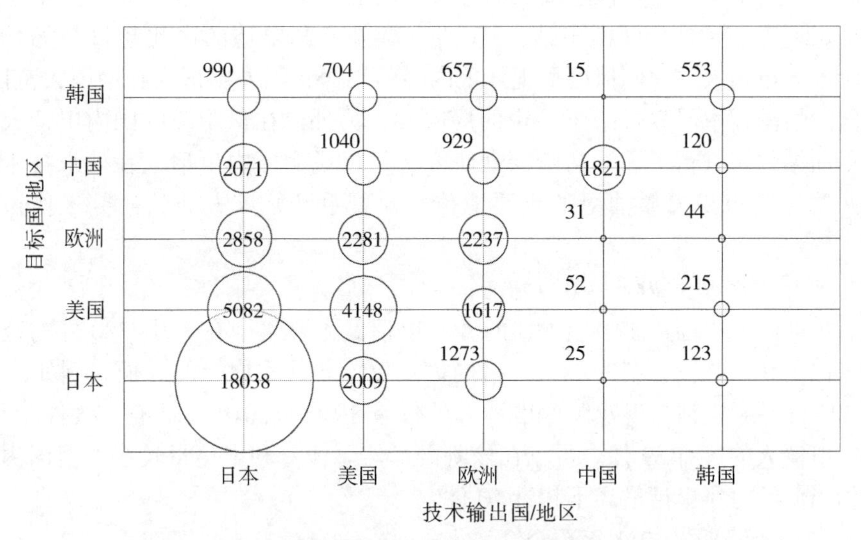

图2-139　喷墨油墨技术输出国-目标国对照（单位：件）

2.2.1.2　中国专利分析

1. **申请量趋势分析**

如图2-140所示，中国关于喷墨油墨专利申请量的发展主要分为四个阶段：

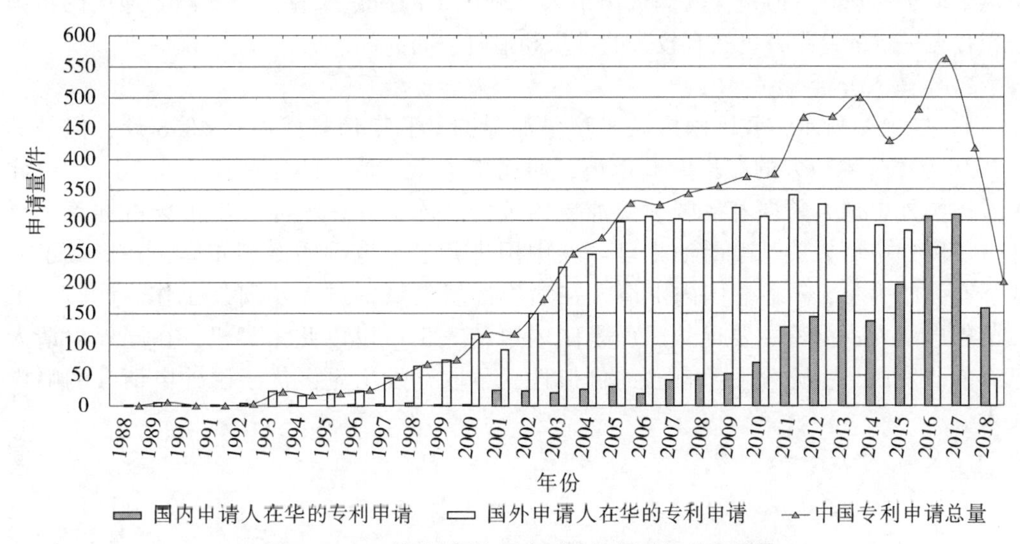

图2-140　喷墨油墨中国专利申请量时间分布趋势

（1）技术萌芽期（1988~1996年）

这一阶段国内喷墨油墨技术处于基础发展阶段。专利申请量较少，且大部分为国外专利申请，仅在1994年和1996年各有一件本土专利申请。可见，我国关于喷墨油墨的研究始于国外技术的引进。

（2）快速增长期（1997~2005年）

此阶段专利申请量呈现快速增长的势头，截至2005年专利申请量最多可达329件。其中国外申请占298件，国内申请占31件，国外专利申请的占比超过90%。由此可见，此阶段的申请人的比例情况呈现外重内轻的局面，国外申请人在中国大范围布局，也给中国的喷墨技术研究带来了一定的局限性。另外，在该阶段的国内申请人已经开始在喷墨油墨领域进行了一些初步探索研究，足以说明国内申请人在外来技术的基础上已经开始逐渐重视喷墨油墨的重要地位，并着手开始该方面的研究工作，且初见成效。

（3）平稳发展期（2006~2010年）

这五年期间，中国关于喷墨油墨的专利申请量主要集中在320~380件的范围内小幅波动。但是在该阶段专利的申请人格局仍然保持着外重内轻的局面。例如，在2006年共有326件专利申请，涉及国内申请人的仅有19件；2010年共有376件专利申请，涉及国内申请人的仅有69件。可见在该阶段虽然总体专利申请量较多，但国内申请人的比重相当低，每年申请最高不超过70件。

（4）国内崛起期（2011年至今）

在该阶段，国外申请人的专利申请呈现平稳发展的状态，而国内申请人关于喷墨油墨领域的研究呈现快速发展的势头，由2010年的69件增长为2011年的127件，年增长率超过80%。由此可知，我国国内申请人在外来喷墨油墨的技术威胁下开始重视喷墨油墨技术的研发，并且形成了一定的规模，为我国自主研发更多的喷墨油墨技术奠定了坚实的基础。但是，从国内申请人专利申请的质量来看，与欧洲等地区的跨国公司存在一定的差距，仍然有较大的进步和追赶空间。

2. 申请人分析

如图2-141所示，我国国内关于喷墨油墨的专利申请虽然高达6858件，但是其中72%为国外申请人的在华专利申请，而属于本土申请人的专利仅涉及28%。由此可看出国外申请人掌握着我国喷墨油墨的关键技术，并在喷墨油墨市场占据着主要地位。国外申请人关于喷墨油墨已经在中国进行了大范围的专利布局，并形成了一股强有力的力量，牵制着国内申请人在喷墨油墨领域的进一步研发工作。同时，虽然国外申请人占据着主要优势，但是国内申请人也可以以此为契机，在国外申请人已有的研发成果上充分发挥自己的创造性，争取开发出更多优于国外申请人的喷墨技术。

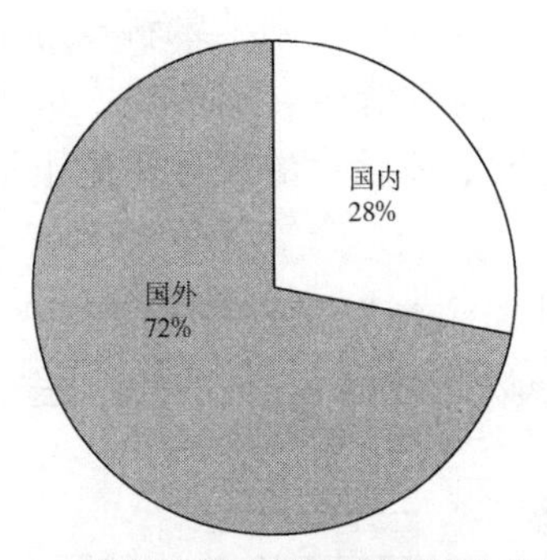

图2-141　喷墨油墨中国专利申请人总体分布

从图2-142可以看出，国外申请人占据着优势地位，前 20 名的申请人当中仅有一名为本土申请人，即中国科学院。日本（富士胶片、精工爱普生、佳能、理光）、美国（惠普、施乐）、比利时（爱克发印艺）、德国（科莱恩）、瑞士（西巴）、中国（中国科学院）等地区的申请人占据着中国喷墨油墨的主要市场。其中，在排名前 10 申请人中，有 4 个为日本公司，2 个美国公司，中国、比利时、德国和瑞士各 1 个公司。由此可见，国外申请人占据了相当部分的市场份额。我国在该方面研究仍需大力发展，才能保证我国在该领域的自主能力，才能防止我国喷墨油墨市场被国外各大跨国公司肆意瓜分。

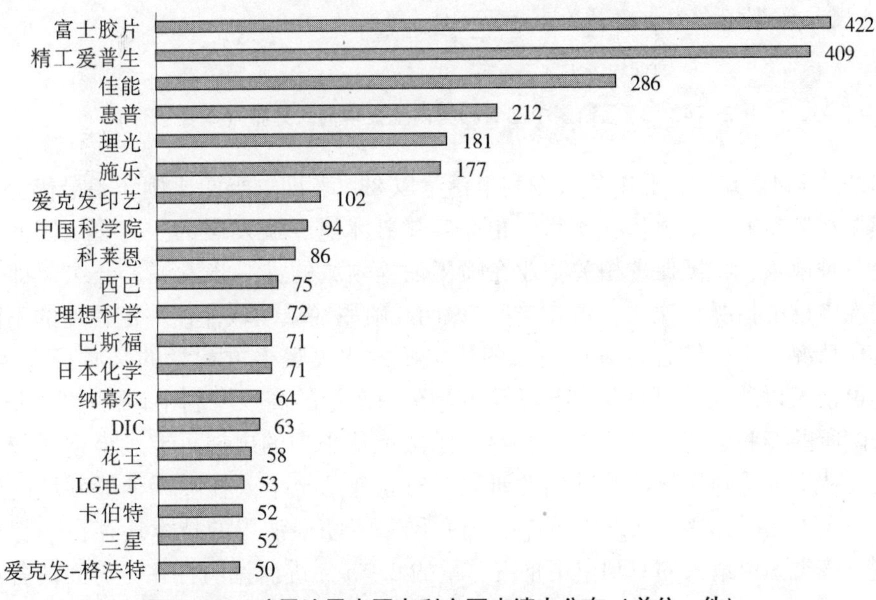

图2-142　喷墨油墨中国专利主要申请人分布（单位：件）

由图2-143可知，国内申请人主要分为四种：第一种是高等院校，主要是进行理论层面的试探性研究工作，如北京印刷学院、江南大学、中原工学院、天津大学、复旦大学和电子科技大学等；第二种是研究喷墨技术的科研院所，如中国科学院；第三种是个人申请，主要体现在一些民间科学家的研究成果；第四种是以油墨等化工耗材类为主要生产产品的化工类企业，如天津兆阳纳米科技有限公司、京东方科技集团股份有限公司等。综上所述，我国国内申请人类型多样，从多种角度，多种立场实现对喷墨技术的研究和生产，进而产生了多元化的喷墨油墨市场，为喷墨油墨的进一步研究提供了多方面的技术支撑。

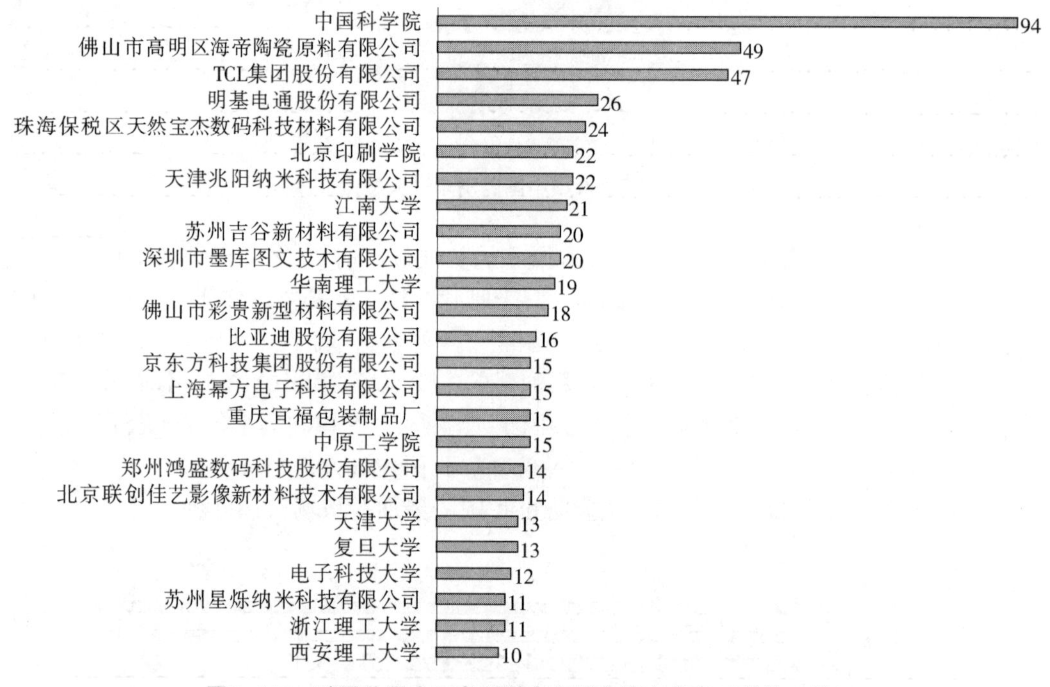

图2-143　喷墨油墨中国专利国内主要申请人分布（单位：件）

由图2-144可知，企业申请人专利申请量以 83.9% 即过半的比例居于最优势，既为我国喷墨油墨研究的主要依托类型，也是喷墨技术进一步发展的主力军。因此，我国应配合各种政策，积极促进相关企业在喷墨油墨领域的进一步发展。合作（即多个申请人共同申请的情况）次之，占 5.7%，说明在喷墨油墨领域存在一定程度的不同申请人的合作情况，可以结合各方申请人的优势研发出凝聚多方智慧的高质量专利申请。在上述申请人以外，我国的专利申请者还存在一定量的高校专利申请（占比为 5.4%）和科研院所的专利申请（占比为 2.1%）。虽然上述类型的申请人专利申请量较少，但是其主要从事的是喷墨技术的基础性研究，对企业乃至个人在喷墨油墨领域的研发均提供了一定的指导作用。从图中可以看出我国关于喷墨油墨的技术还存在一定量的个人申请，该类型申请人的专利申请量占总量的 2.9%，进而说明存在于坊间的各类民间科学家对于喷墨油墨技术的发展起到了一定的推动作用。

此外，由图2-144可知，1988~2016 年企业、合作、个人、高校和科研院所等类型的申请人专利申请量总体上均呈现逐渐增长的势头，特别是 2011~2016 年，随着我国经济体制的不断完善，在市场经济不断发展的大形势下，喷墨油墨技术得到了突飞猛进的发展。例如，2012~2016 年与上一个五年（即 2007~2011 年）的专利申请量相比，增长率已经高达 92.5%。由此可见，我国喷墨油墨目前仍处于快速发展阶段，其中各种类型申请人在喷墨油墨领域的研究也在不断推进，将进一步推动我国喷墨技术迈向新的台阶。

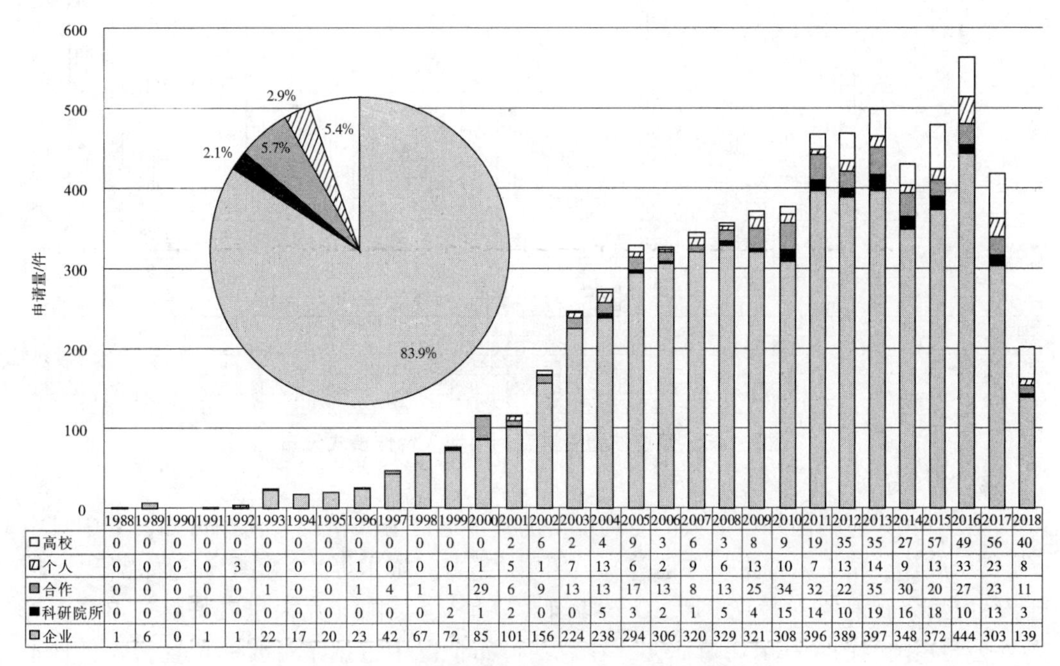

	1988	1989	1990	1991	1992	1993	1994	1995	1996	1997	1998	1999	2000	2001	2002	2003
□高校	0	0	0	0	0	0	0	0	0	0	0	0	0	2	6	2
▨个人	0	0	0	0	3	0	0	0	1	0	0	0	1	5	1	7
■合作	0	0	0	0	0	1	0	0	1	4	1	1	29	6	9	13
■科研院所	0	0	0	0	0	0	0	0	0	0	0	2	1	2	0	0
▩企业	1	6	0	1	1	22	17	20	23	42	67	72	85	101	156	224

	2004	2005	2006	2007	2008	2009	2010	2011	2012	2013	2014	2015	2016	2017	2018
□高校	4	9	3	6	3	8	9	19	35	35	27	57	49	56	40
▨个人	13	6	2	9	6	13	10	7	13	14	9	13	33	23	8
■合作	13	17	13	8	13	25	34	32	22	35	30	20	27	23	11
■科研院所	5	3	2	1	5	4	15	14	10	19	16	18	10	13	3
▩企业	238	294	306	320	329	321	308	396	389	397	348	372	444	303	139

图2-144　喷墨油墨中国专利申请人类型分布

由图2-145可知，各种合作模式中企业-企业的合作情况最多，占比达到 70.4%；企业-高校的合作次之，占比为 11.1%；企业-科研院所的合作居于第三位，占比为 5.9%；个人-个人的合作居于第四位，占比为 5.4%；企业-个人的合作居于第五位，占比为 3.6%；高校-科研院所的合作居于第六位，占比为 1.8%；高校-高校、科研院所-科研院所的的合作均居于第七位，占比为 0.8%；最后为科研院所-个人的合作，占比为 0.3%。我国在喷墨油墨领域的研究企业-企业的合作情况最多，并且合作情况逐年增多，足以说明国内已经出现企业之间强强联合的情况，并且整体上呈现逐渐上升的势头。这种企业之间的强强合作将成为喷墨油墨技术飞速发展的主要助推力。此外，企业-科研院所、企业-高校等类型的合作模式也逐年增多。由于高校和科研院所多以理论研究为主，该类型合作模式不断推进，进一步说明我国喷墨油墨在产学研合作方面的合作在不断发展。各大高校和科研院所将强有力的理论研究成果提供给合作的企业，为企业生产实践提高理论指导，企业实践的结果反过来指导理论研究，从而实现产学研的完美结合，在一定程度上促进新产品和新技术在产业上的诞生和推广。

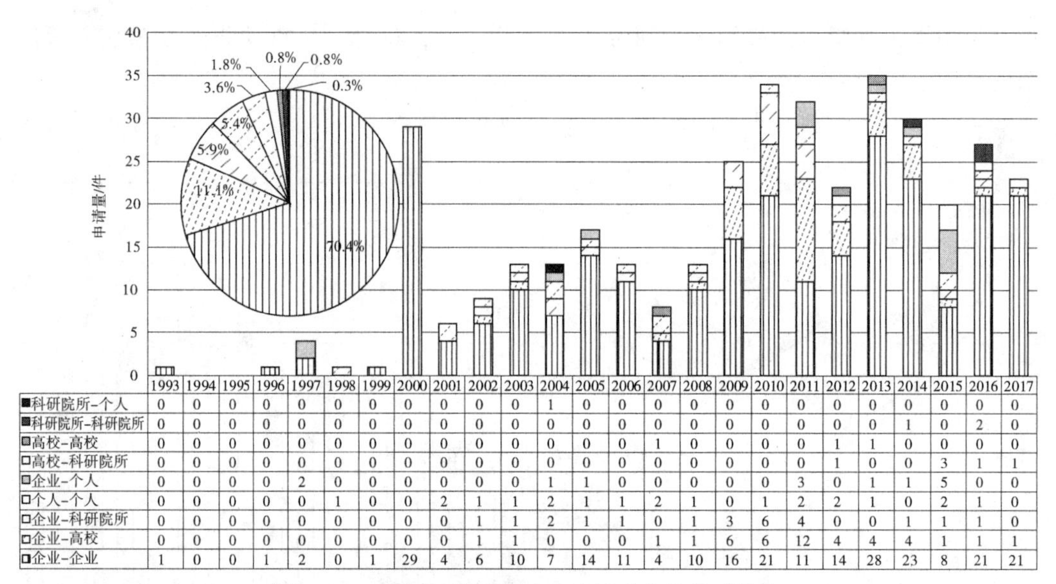

	1993	1994	1995	1996	1997	1998	1999	2000	2001	2002	2003	2004	2005	2006	2007	2008	2009	2010	2011	2012	2013	2014	2015	2016	2017
■科研院所-个人	0	0	0	0	0	0	0	0	0	0	0	1	0	0	0	0	0	0	0	0	0	0	0	0	0
■科研院所-科研院所	0	0	0	0	0	0	0	0	0	0	0	0	0	0	0	0	0	0	0	0	0	1	0	2	0
▩高校-高校	0	0	0	0	0	0	0	0	0	0	0	0	0	0	1	0	0	0	0	1	1	0	0	0	0
□高校-科研院所	0	0	0	0	0	0	0	0	0	0	0	0	0	0	0	0	0	0	0	1	0	0	3	1	1
▩企业-个人	0	0	0	0	2	0	0	0	0	0	0	1	1	0	0	0	0	0	3	0	1	1	5	0	0
□个人-个人	0	0	0	0	0	1	0	0	2	1	1	2	1	1	2	1	0	1	2	2	1	0	2	1	0
□企业-科研院所	0	0	0	0	0	0	0	0	0	1	1	2	1	1	0	1	3	6	4	0	0	1	1	1	0
□企业-高校	0	0	0	0	0	0	0	0	0	1	1	0	0	0	1	1	6	6	12	4	4	4	1	1	1
□企业-企业	1	0	0	1	2	0	1	29	4	6	10	7	14	11	4	10	16	21	11	14	28	23	8	21	21

图2-145　喷墨油墨中国专利申请人合作模式分布

3. 地域分布

图2-146为包括国外申请人的专利申请的整体地区分布情况。由图可知，其中日本（如富士胶片、精工爱普生、佳能等）、美国（惠普、施乐等）、德国（科莱恩等）、瑞士（西巴）、比利时（爱克发印艺）、韩国（三星）、英国（克莱里安特财务 BVI）等国外公司在国内的专利申请量居多，在总的分布情况中占据了首要的位置，并且日本和美国在中国地区专利布局的广泛程度超过了国内任意地区的专利申请量。由此可见，为了保证国内相关企业在该领域的良好发展，避免外来技术的冲击，大力发展属于我们自己的喷墨技术迫在眉睫。

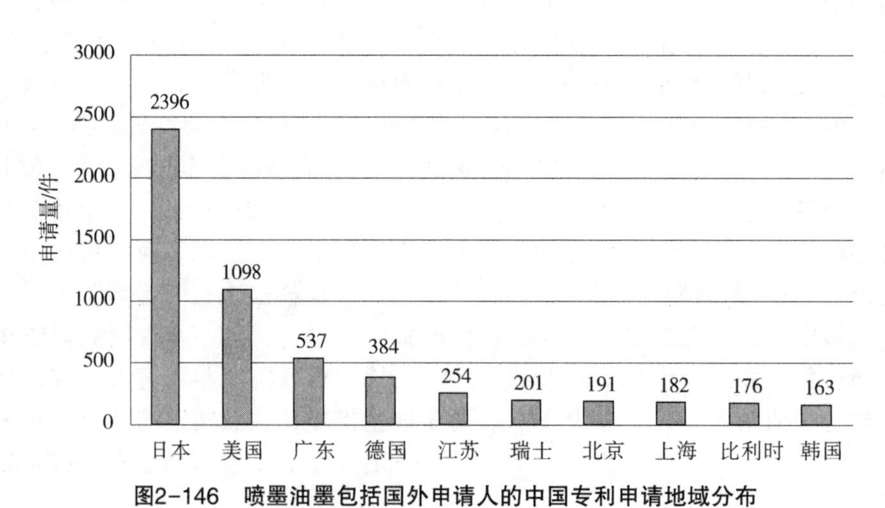

图2-146　喷墨油墨包括国外申请人的中国专利申请地域分布

由图2-147可知，日本在我国的主要专利申请集中在2003~2015年，年专利申请量均超过100件。其中在2011年时出现最多专利申请量，为202件，主要是富士胶片和精工爱普生的专利申请。富士胶片在2011年共有55件专利申请，其中42件已经授权，目前仍处于有效阶段，授权率达到76.4%。精工爱普生在2011年共有51件专利申请，其中39件已经授权，目前仍处于有效阶段，授权率高达76.5%。上述授权率均超过我国专利申请的整体水平的平均授权率。由此可知，日本在华申请不但有量，更有质的保证。美国在2004~2012年专利申请量较多，年专利申请量均超过50件，在2010年专利申请最多，达到84件，主要涉及是惠普和施乐的专利申请。其中，施乐共19件专利申请，13件授权，目前仍处于有效阶段，授权率达到68%；惠普共13件专利申请，11件授权，目前仍处于有效阶段，授权率达到84.6%。对于德国，2004~2012年专利申请量较多，年申请量均超过10件，在2009年专利申请量最多达到36件。主要涉及巴斯福，在2009件共有10件申请，有7件授权，目前仍处于有效阶段，授权率达到70%。根据上述分析结果可知，国外企业在中国围绕喷墨油墨的专利布局主要是在2003年以后，涉及诸多重点专利，且有多项专利技术目前仍处于保护阶段，给本土申请人的研发带来一定的阻碍，同时也带来了一定的契机。

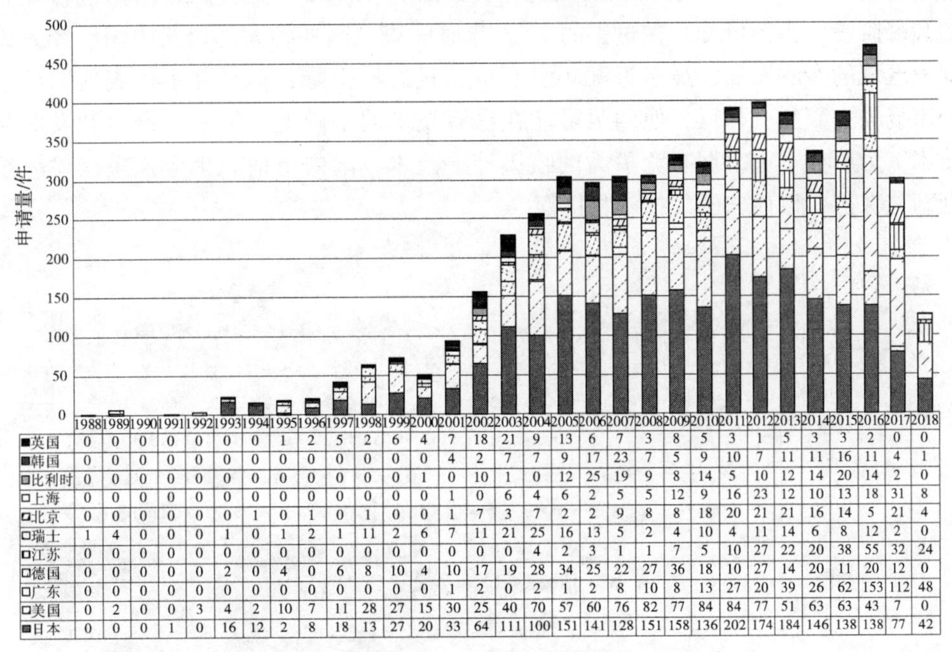

	1988	1989	1990	1991	1992	1993	1994	1995	1996	1997	1998	1999	2000	2001	2002
英国	0	0	0	0	0	0	0	1	2	5	2	6	4	7	18
韩国	0	0	0	0	0	0	0	0	0	0	0	0	0	4	2
比利时	0	0	0	0	0	0	0	0	0	0	0	0	1	0	10
上海	0	0	0	0	0	0	0	0	0	0	0	0	0	1	0
北京	0	0	0	0	0	0	1	0	1	0	1	0	0	1	7
瑞士	1	4	0	0	0	1	0	1	2	1	11	2	6	7	11
江苏	0	0	0	0	0	0	0	0	0	0	0	0	0	0	0
德国	0	0	0	0	0	2	0	4	0	6	8	10	4	10	17
广东	0	0	0	0	0	0	0	0	0	0	0	0	0	1	2
美国	0	2	0	0	3	4	2	10	7	11	28	27	15	30	25
日本	0	0	0	1	0	16	12	2	8	18	13	27	20	33	64

	2003	2004	2005	2006	2007	2008	2009	2010	2011	2012	2013	2014	2015	2016	2017	2018
英国	21	9	13	6	7	3	8	5	3	1	5	3	3	2	0	0
韩国	7	7	9	17	23	7	5	9	10	7	11	11	16	11	4	1
比利时	1	0	12	25	19	9	8	14	5	10	12	14	20	14	2	0
上海	6	4	6	2	5	5	12	9	16	23	12	10	13	18	31	8
北京	3	7	2	2	9	8	8	18	20	21	21	16	14	5	21	4
瑞士	21	25	16	13	5	2	4	10	4	11	14	6	8	12	2	0
江苏	0	4	2	3	1	1	7	5	10	27	22	20	38	55	32	24
德国	19	28	34	25	22	27	36	18	10	27	14	20	11	20	12	0
广东	0	2	1	2	8	10	8	13	27	20	39	26	62	153	112	48
美国	40	70	57	60	76	82	77	84	84	77	51	63	63	43	7	0
日本	111	100	151	141	128	151	158	136	202	174	184	146	138	138	77	42

图2-147　喷墨油墨中国专利申请地域-时间分布

从图2-148可知，在华申请的国外申请人主要分布在28个国家和地区中。其中，在第二绘图区出现的“其他”包括芬兰、爱尔兰、印度、瑞典、加拿大、奥地利、新加坡、丹麦、南非、百慕大、马耳他、马来西亚、俄罗斯和卢森堡。由图可知，日本、美国和德国在中国专利申请量较多，分别为2396件、1098件和384件，为在华进行大范围专利布局的主要申请人集中的区域也是我国本土申请人主要的竞争对手聚集区。由此可知，在我国申请人在对喷墨油墨的研究开发过程中需要重点关注上述地区的申请人。可以从多角度出发，在其现有的技术上进行拓展性研发，此外生产过程中规避上述地区申请人的专利布局，以免对自己的利益造成损失。

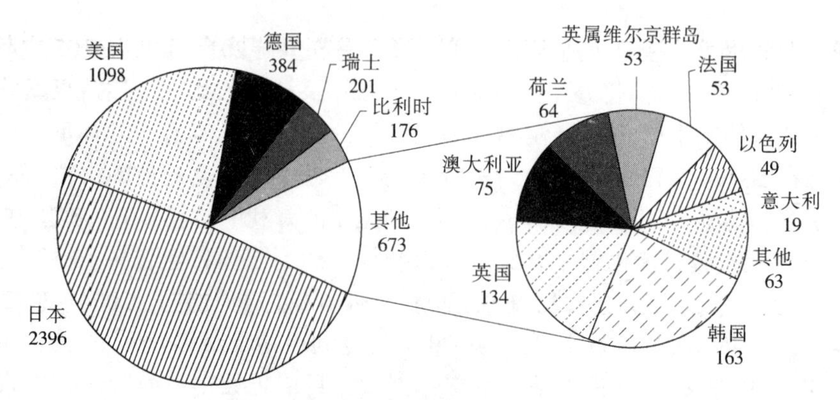

图2-148　喷墨油墨国外申请人在华申请地域分布（单位：件）

由图2-149可知，从1988年开始国外申请人（如瑞士）已经开始在中国进行喷墨油墨的专利布局，2000年以后发展较为迅速，2009~2012年为各国在国内进行专利布局的高峰阶段。由图可知，在过去的20多年时间里，国外各大公司在中国已经完成了一部分区域的专利布局，虽然近几年专利申请量有所下降，但是并不代表他们已经对中国市场失去兴趣，相反，他们很可能在已有技术的基础上研发更具潜力和发展前景的技术。为了在本土掌握有竞争力的喷墨油墨技术，国内申请人更应该重视喷墨技术的创新与保护，以便与国外技术相抗衡。

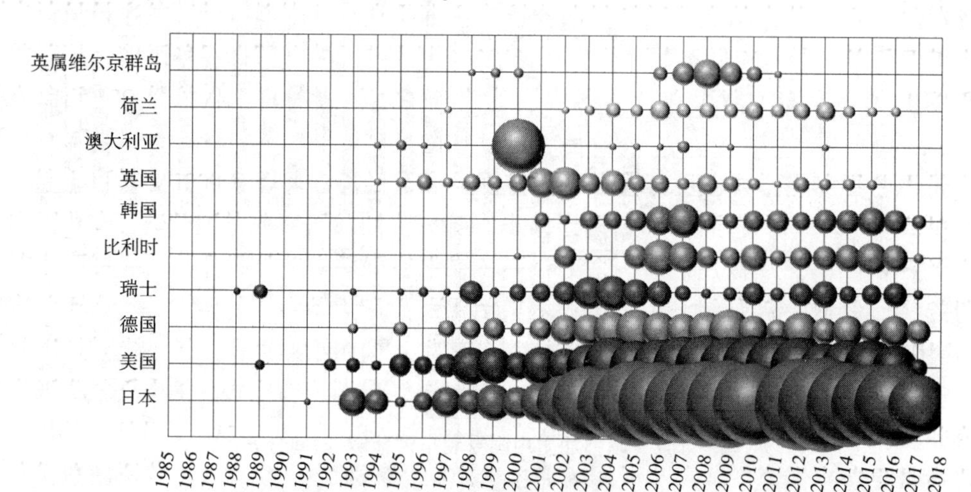

图2-149　喷墨油墨国外申请人在华申请地域-时间分布

图2-150为中国专利申请国内地区分布图，第二绘图区中出现的“其他”包括海南、江西、黑龙江、贵州、香港、吉林、云南、内蒙古、新疆、青海和宁夏。由图可知，喷墨油墨技术的研究覆盖了全国大部分地区，在主要一线发展地区（北京、上海和广东）的带动下，在未来的发展道路上，全国其他地区的喷墨油墨技术也必将得到飞速发展，为我国本土喷墨技术在全球范围内占据重要地位打好基础，也是我国跻身世界喷墨技术强国的有力支撑。另外，从图中可知，广东、北京、江苏和上海等地为我国喷墨油墨技术研究较为广泛的地区，占全国专利申请量的比重均超过10%。上述

地区中，排名第二的北京，涉及的主要申请人分别为中国科学院、北京印刷学院、北京联创佳艺影响新材料科技有限公司和京东方科技股份有限公司，专利申请量均超过10件。对于排名第三的江苏，涉及的主要申请人为江南大学、苏州市博来特油墨有限公司和张家港威迪森化学有限公司。广东为我国喷墨技术专利申请量最多的地区，共涉及230件喷墨油墨的专利申请。其中专利申请量最大的为珠海保税区天然宝洁数码科技有限公司，其次为比亚迪股份有限公司，再次为深圳市墨库图文技术有限公司，专利申请量均超过10件。此外广东还存在很多研究机构作为技术支持，如华南理工大学、中山大学、深圳光启高等理工研究院等。同时也存在一些产学研合作的申请，进一步优化整体产业结构，为全国喷墨油墨事业的发展起到了一定的带头作用。

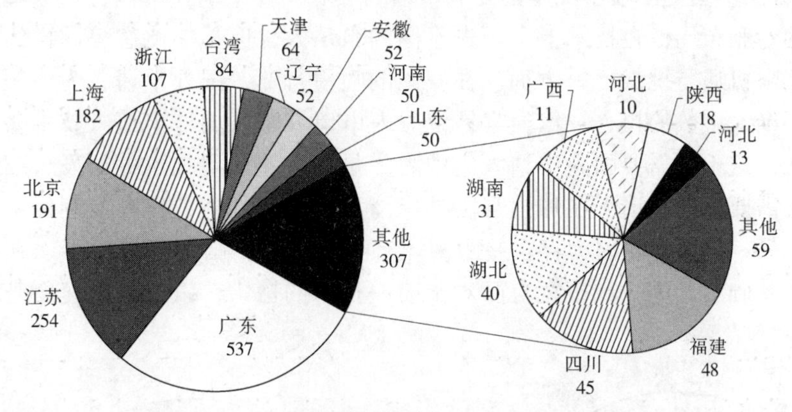

图2-150　喷墨油墨国内申请人专利申请地域分布

由图2-151可知，国内申请的快速发展主要集中在2010年以后，其中专利申请量较多的广东、北京和江苏等均在2011~2015年出现大量关于喷墨油墨的专利申请。上述重点地区在喷墨油墨领域的快速发展，进一步说明我国喷墨油墨的研究进入了快速发展的阶段。在上述发展较快地区的带动下，全国其他地区逐步完善属于自己的喷墨油墨专利技术，并对研究成果进行保护，同时了解竞争对手的相关技术，避免自己的利益受到威胁将成为未来油墨市场的主要方向，也是全球喷墨油墨发展的大方向。

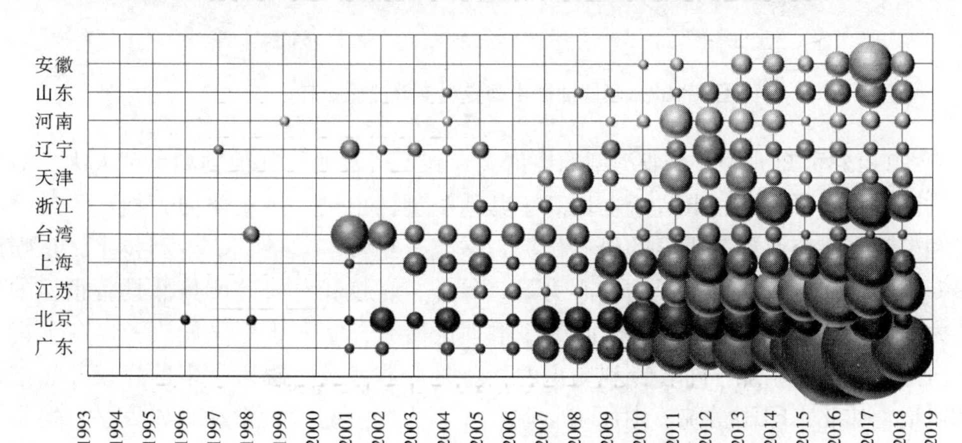

图2-151　喷墨油墨国内申请人专利申请地域-时间分布

4. **法律状态分布**

由图2-152可知，国内申请人喷墨油墨领域的授权率（有效+无效）为34%，驳回率为9%，撤回率为16%，公开的案件为41%，说明我国喷墨油墨领域的专利申请在创造性的贡献上还不够，需要进一步加强。而国外申请人的授权率（有效+无效）为62%，远高于国内申请人的34%，进一步表明国内申请人在喷墨油墨的专利申请质量上落后国外申请人，国外申请人在喷墨油墨方面的原创性（创新性）明显高于国内申请人，在喷墨油墨的研发实力和研发技术上占有很大的优势。出现上述情况的主要原因是我国喷墨油墨起步较晚，最早提出喷墨油墨的专利申请是在1994年，而国外申请人1988年就向中国提出喷墨油墨的专利申请。虽然国外申请在中国针对喷墨油墨进行了大范围的专利布局，在技术上也领先于国内申请人，但是如此态势同样给国内申请人带来了无限机遇与挑战。一方面，在我国的喷墨行业，国外申请人为该领域的领头羊，掌握了绝大多数的核心技术，容易使国内申请人陷入国外申请人技术垄断的被动局面。因此，这不仅需要国内申请人集中力量投入喷墨油墨技术的研发，缩短与国外的差距，还需要国内申请人在加强与国外申请人合作的同时，提高专利保护和专利布局的意识。另一方面，正因为存在差距，才有进步空间，国内申请人可以在国外申请现有的技术基础上，进一步拓宽自己对于喷墨技术的探索，以最快的速度赶超国外申请人。

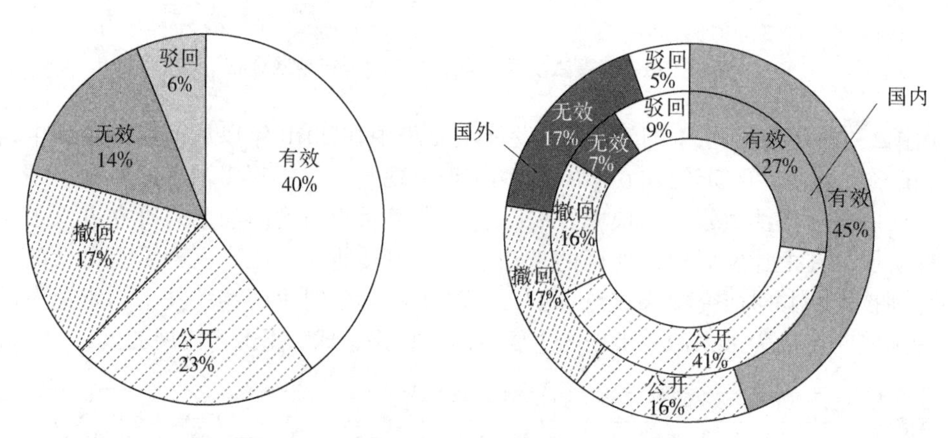

图2-152 喷墨油墨中国专利申请法律状态分布

由图2-153可知，由于企业类型的申请人专利申请基数较其他类型申请人大，故其在各种法律状态下的专利申请量也均高于其他类型的申请人。主要因为相比于其他类型专利申请人，企业具有明显的研发优势，掌握了绝大多数的核心专利技术，是喷墨油墨专利申请和技术持续发展的核心力量。另外，高校和科研院所虽然具备很强的研发实力和潜力，但相比于企业，他们更注重理论研究，倾向于论文发表，专利申请意识相对薄弱。但近年来，随着专利知识的逐步推广和普及，越来越多的高校开始进行专利申请，如北京印刷学院、中原工学院、江南大学、复旦大学和天津大学，均是专利申请授权率较高的国内主要申请人。此外，在鼓励创新的推动下，越来越多的个人也参与了喷墨油墨的研发工作，但由于我国专利制度起步晚，专利知识的普及还不够全面，个人申请撰写质量普遍偏低，以及个人经济基础以及研发能力的相对有限，使得个人在无效、撤回和驳回专利申请量（98件）明显高于其授权有效的案件数量（37件）。综上可知，在喷墨油墨领域我国存在各种类型申请人并存的申请局面，并且在各种类型申请人的专利申请中均相当一部分专利授权，且有相当一部分专利目前仍然处于授权有效阶段。在这种申请人多样化的申请格局中，我国喷墨油墨技术将在各类型申请人的共同努力下不断突破，不断发展，向着喷墨油墨技术强国的方向大踏步前进。

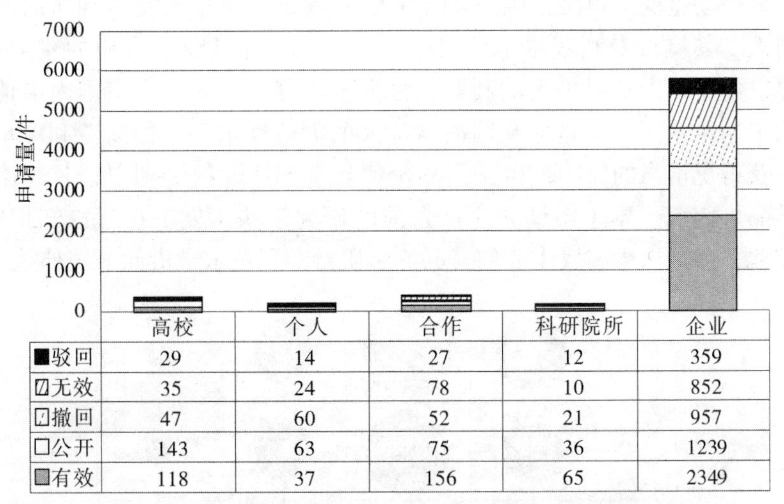

	高校	个人	合作	科研院所	企业
■驳回	29	14	27	12	359
▨无效	35	24	78	10	852
▨撤回	47	60	52	21	957
□公开	143	63	75	36	1239
■有效	118	37	156	65	2349

图2-153　喷墨油墨中国专利申请人类型-法律状态分布

图2-154为国内专利申请授权案件平均保护年限，其中授权案件包括无效案件，以及目前处于保护有效阶段的案件。为了便于统计分析，将目前有限案件的案件截止日期人工限定为检索终止日期，且定为2016年6月23日。经统计分析可知，目前所有国内申请案件中的授权案件的平均保护年限为7.96年，其中国内申请人的授权案件平均保护年限为4.81年，低于整体水平；国外申请人在华申请案件的平均保护年限为8.54年，高于整体平均水平。这在一定程度上反映出国外申请人在喷墨油墨技术先进性程度，以及对知识产权保护的重要程度等方面，均优于国内申请人。在此基础上，为在国内喷墨油墨市场上发展更多属于我国本土的相关技术，需要我国国内申请人充分发挥创造力，加大力度拓展喷墨油墨技术的研发和生产实践。同时，也要注意保护自己的研究成果，在市场的不断竞争中完善自己的产业结构。

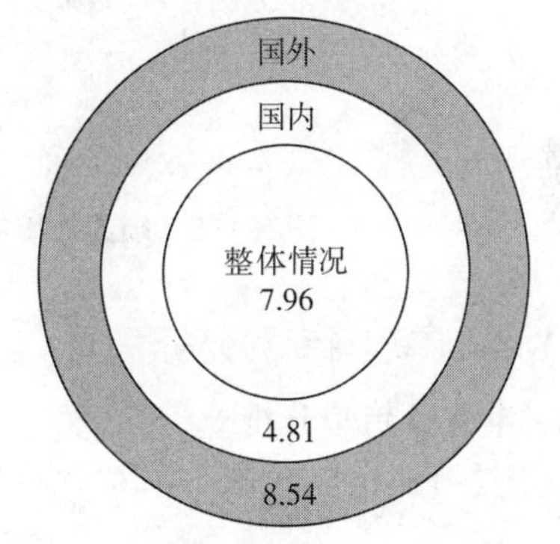

图2-154　喷墨油墨中国专利申请授权案件平均保护年限（单位：年）

由图2-155可知，国内申请人的授权专利保护年限均较短，而国外申请人的在华申请的保护年限均较长。其中我国关于喷墨油墨有33件专利申请保护年限满20年，且均为国外申请人的在华专利申请，而国内申请人中保护年限最长的则为14年。上述结果的主要原因有两个方面。第一，国外申请人在喷墨油墨领域的研究较早，且在早期一些基础性的专利较多，也可称之为重点专利，如佳能在1993年申请的申请号为“CN93108903”“CN93117093”，发明名称为“墨水、利用墨水的墨水喷射记录工艺及其设备”“油墨罐、油墨和利用油墨罐的喷墨记录系统”的专利申请，分别于2001年12月和2002年3月授权，并均于2013年7月24日因期满而终止，保护年限满20年，其重要性是显而易见的。第二，国外申请人的专利撰写质量以及专利布局的水平均高于国内申请人，其授权专利获得了较大的保护范围，并且专利布局的覆盖范围较广，长期保护可以使申请人获得更大的利益。根据上述分析可知，为使国内申请人摆脱国外申请人的牵制，主要办法是提高国内申请人的创造性水平，提高专利申请质量，使国内申请人获得更恰当的保护范围，而高价值且有创造性的专利申请是理论与实践不断完善的结晶。因此，本土申请人应从目前的研究现状出发，在理论知识的指导下，不断探索实践，创造出更多属于我们自己的高质量专利技术，借此与国外技术相抗衡。

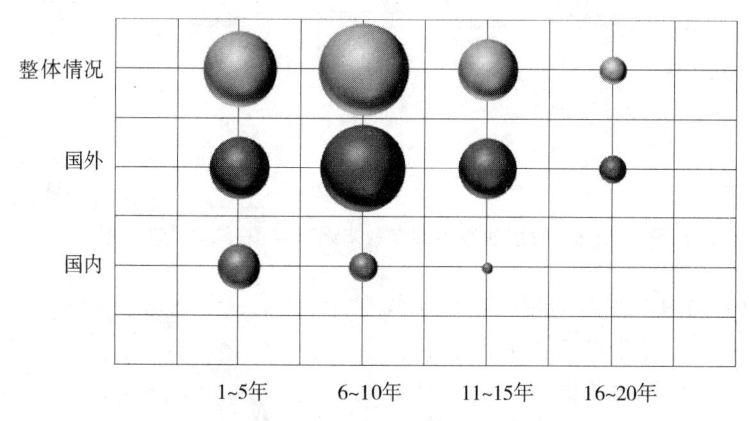

图2-155　喷墨油墨中国专利申请授权专利保护年限分布

2.2.1.3　广东省专利分析

1. 申请量趋势分析

由图2-156可以看出，广东省喷墨领域专利申请量大致经历了以下几个主要发展阶段：

（1）萌芽期（2001~2009年）

广东省关于喷墨的首件专利申请出现在2001年，是华南理工大学申请的申请号为“CN01107567”的专利，涉及一种字迹不溶于水、耐光照的喷墨打印机用黑墨水及其制备方法，该黑墨水固化成膜迅速，字迹不被水溶解，耐光照、耐热，符合喷墨打印机的各项参数要求。直到2009年，广东省喷墨领域的专利申请量增长缓慢，年专利申请量均在10件以下，表明广东省申请人对喷墨技术领域的研究尚处于探索阶段，技术活跃度并不高。

（2）调整发展期（2009年至今）

2009年以后，由于喷墨打印技术快速发展，广东申请人对喷墨的研发热度逐渐升高，与喷墨有关的专利申请出现波动增长。说明各个申请人已开始重视喷墨油墨的研发，虽然还并未突破国外传统强势企业形成的技术壁垒，但是广东省各企业也已开展了喷墨油墨的专利技术研发。为了防止国外申请人大范围在中国进行专利布局，广东省申请人仍然需要加大力度进行研究并申请专利，对自己的研究成果进行及时保护，从而有效保护自己的利益。

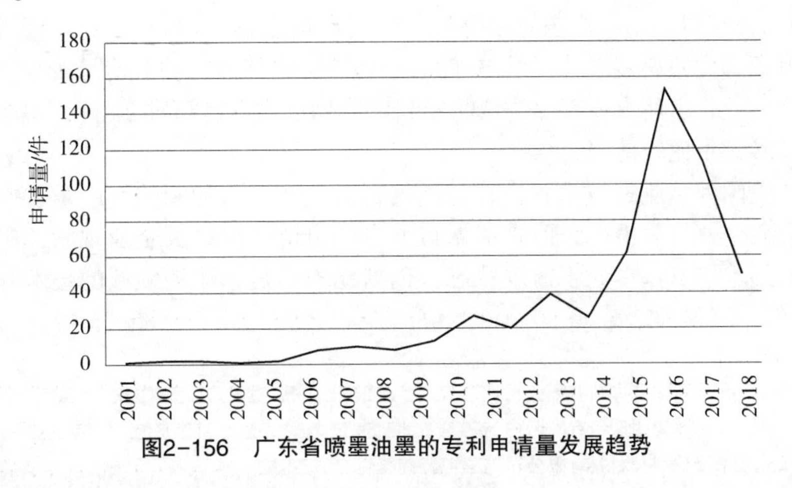

图2-156　广东省喷墨油墨的专利申请量发展趋势

2. 申请人分析

从图2-157可以看出，喷墨油墨的广东省专利申请中，企业是专利申请的主体，比重高达 72. 25%。这说明企业作为市场的主体，是技术改进的主要力量，积极通过专利布局的方式抢占市场份额。

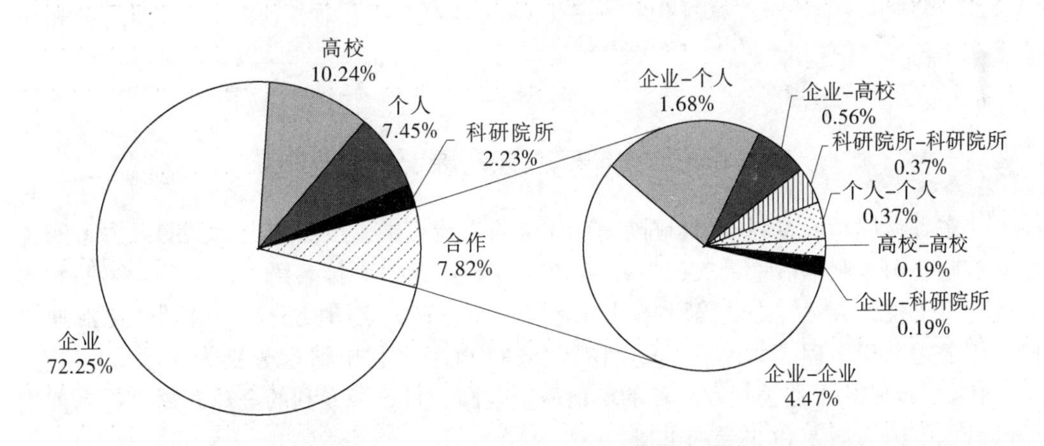

图2-157　喷墨油墨广东省专利申请人类型及专利申请合作模式分析

高校申请比重位居第二，占比为 10. 24%，表明广东省高校在该领域具有更为广泛的研究。合作申请也占有重要的地位，占比达 7. 8%。其中，企业-企业的合作占 4. 47%，这说明广东地区的专利申请主体更加注重独立申请形式，且以企业研发为主。

从图 2-157 中还可以看出，广东省的专利申请人类型中个人申请占比 7. 45%，这说明喷墨领域存在研究起点较低的技术切点。此外，广东省喷墨领域的专利申请主体涉及科研院所的比例均较低，为 2.23%，这主要与科研院所选择的研发技术成果的保护形式有关。科研院所更加侧重基础理论和前沿技术的研究，且研究成果也多采用论文的形式进行发表，采用专利权进行保护的意识相对较低；喷墨油墨各分支技术偏向于对现有技术各应用的改进，与科研院所的研究关注点不重合也可能导致科研院所并未投入较多的研发力量到该领域。

从图2-158可以看出，广东省喷墨油墨专利申请量排名前 10 位的申请人中，佛山市高明区海帝陶瓷原料有限公司以 49 件居于榜首，但整体专利申请量较少。且自华南理工大学之后，各申请人在喷墨领域的专利申请总量均没有超过 20 件，说明广东省在该领域的技术力量比较薄弱。

目前，受国外企业的技术封锁，与国内自身生产实力的制约，广东省申请人在喷墨领域的研究企业虽然很多，但是依据目前专利申请实况以及企业现状，广东省地区在该领域的技术研发基本处于薄弱状态，创新能力不足，喷墨领域的技术开发任重而道远。

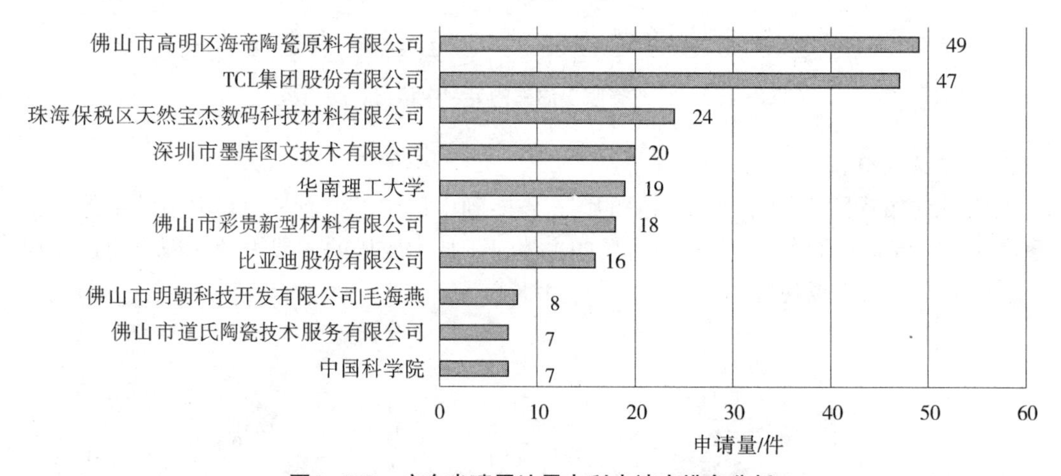

图2-158　广东省喷墨油墨专利申请人排名分析

广东省喷墨领域专利申请量排名前 10 位的申请人中，虽然佛山市高明区海帝陶瓷原料有限公司专利申请量最大，但并无 PCT 专利申请，而排名第二、第三、第四和第七的珠海保税区天然宝杰数码科技材料有限公司、TCL 集团股份有限公司、比亚迪股份有限公司和华南理工大学在喷墨油墨领域的 PCT 专利申请量分别为 4 项、1 项、7 项、1 项，反映出上述公司和高校的申请质量较高，且重视专利的全球布局。排名前十位的其他申请人均无 PCT 专利申请。

从以上分析可以看出，广东省喷墨油墨领域专利申请量排名前十的申请人的 PCT 专利申请量总体较少，广东省喷墨油墨领域企业应当提高在全球范围内进行知识产权保护的意识，提高研发实力，加强专利的海外布局，做到在企业走向国际市场的过程中有专利保驾护航。

3. 地域分布分析

从图2-159可看出，广东省专利申请量前五名城市依次为佛山、深圳、广州、珠海和惠州。其中，佛山占广东省专利申请总量的29.8%，其次深圳为16.76%，广州为15.27%，珠海为12.85%和惠州为9.87%。结合图2-160可以看出，深圳在2011年之前年专利申请量基本位于广东省前列，其最高年专利申请量为10件，但是在2012年之后，深圳在喷墨领域的专利申请量无明显增长；而佛山的专利申请量增长迅速，在2013年达到了15件，这表明在最近几年，佛山各企业对喷墨油墨的技术研发有所重视。但是，从整体来看，广东省在喷墨油墨领域整体技术力量还是比较薄弱，与国外喷墨油墨领域的巨头公司存在着一定的差距。

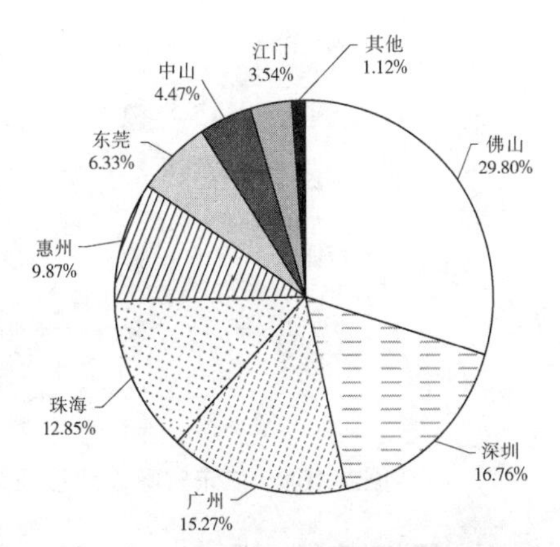

图2-159　广东省喷墨油墨专利申请量地域分布

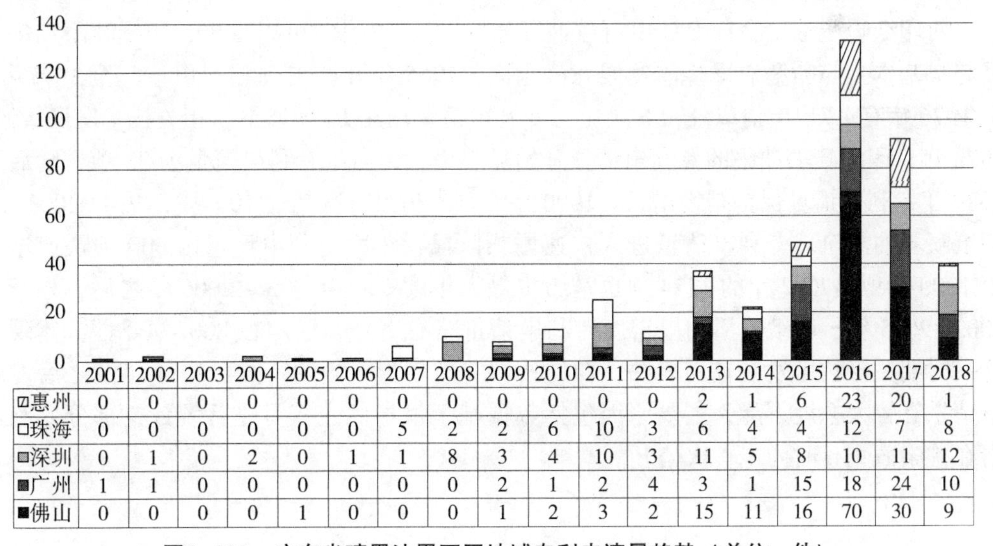

	2001	2002	2003	2004	2005	2006	2007	2008	2009	2010	2011	2012	2013	2014	2015	2016	2017	2018
惠州	0	0	0	0	0	0	0	0	0	0	0	0	2	1	6	23	20	1
珠海	0	0	0	0	0	0	5	2	2	6	10	3	6	4	4	12	7	8
深圳	0	1	0	2	0	1	1	8	3	4	10	3	11	5	8	10	11	12
广州	1	1	0	0	0	0	0	0	2	1	2	4	3	1	15	18	24	10
佛山	0	0	0	0	1	0	0	0	1	2	3	2	15	11	16	70	30	9

图2-160　广东省喷墨油墨不同地域专利申请量趋势（单位：件）

4. 法律状态分析

从图2-161可知，深圳、珠海和佛山有效专利数量均超过20件，这三个城市占据了广东省喷墨领域申请有效专利总量的一半以上，说明这三个区域专利稳定性较好。佛山公开待审专利达到了123件，而深圳公开待审专利43件，所占比例也较大，说明目前在佛山和深圳喷墨领域技术发展较快。在广州和惠州中，表现较好的是广州，有效发明专利为15件，公开待审达到61件，其驳回、撤回比例也较低，说明该区域专利质量相对较好，虽然专利申请量不大，但是拥有较大的发展潜力。惠州的有效专利数量为1件，驳回和撤回的分别为0，说明惠州在喷墨领域的研究起步较晚，但是其公开待审达到51件，具有一定的发展潜力。

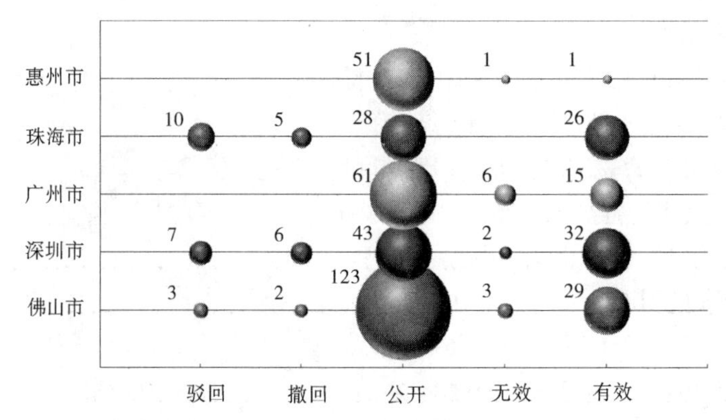

图2-161　广东省喷墨油墨领域各地域专利法律状态分布（单位：件）

2.2.2　印纸喷墨油墨

2.2.2.1　全球专利分析

1. 申请量趋势分析

对印纸喷墨油墨全球专利申请量进行分析，从图2-162可以看出，印纸喷墨油墨发展趋势基本上与喷墨油墨整体发展态势相同，1965 年开始出现相关申请，至 1977 年，除 1976 年有 12 项申请以外，其余年份专利申请量均在 10 项以下，相关技术发展缓慢。1978 年，印纸喷墨油墨的专利申请量开始显著增长，当年专利申请量为 33 项，随后至 1989 年专利申请量保持缓慢增长，1990 年专利申请量首次超过 100 项。1994~2002 年，印纸喷墨油墨全球专利申请量进入快速增长阶段，年度专利申请量由 300 项快速增长至 1200 余项，2002 年的 1224 项也是历史最大年度专利申请量。2006 年之后，相较于 2002~2005 年，印纸喷墨油墨年度专利申请量略有下降，稳定在 800~900 件，体现了这一时期关键技术发展较为成熟，新的技术突破较为缓慢的特点。2014 年及之后专利申请量有较大幅度下降，主要原因包括数据基于最早优先权日进行统计，部分专利申请在检索截止日时尚未首次公开。

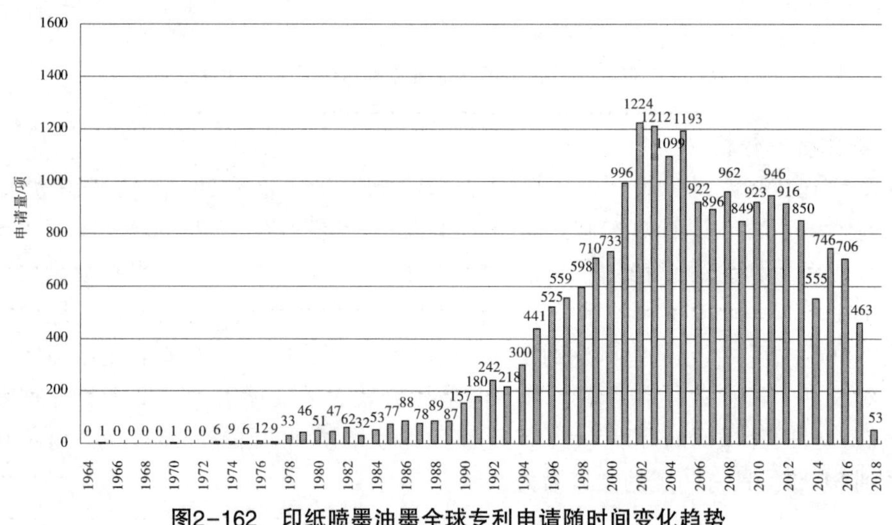

图2-162　印纸喷墨油墨全球专利申请随时间变化趋势

2. 申请人分析

对印纸喷墨油墨全球专利申请的申请人进行统计分析，得到结果如图2-163和图2-164所示。其中，富士胶片、精工爱普生、佳能三家公司在该领域的专利申请分别达到了 2445 项、2208 项、2177 项，占全球总专利申请量的比例分别达到了 12%、11%、10%，这三个申请人也以比较大的优势领先于其他主要申请人，形成该领域的第一集团。这样的专利申请人分布情况与喷墨油墨整体情况非常相似。印纸喷墨油墨领域中，富士胶片取代了精工爱普生成为专利申请量最多的公司，这一变化也从一定程度上体现了富士胶片在印纸喷墨油墨领域的研发投入更为集中，而精工爱普生可能在喷墨油墨整体的各个领域投入更为均衡。该领域中，排名前十的申请人申请总量占据了全球申请总量的 57%，进一步体现了在印纸喷墨油墨领域技术分布的高度集中。

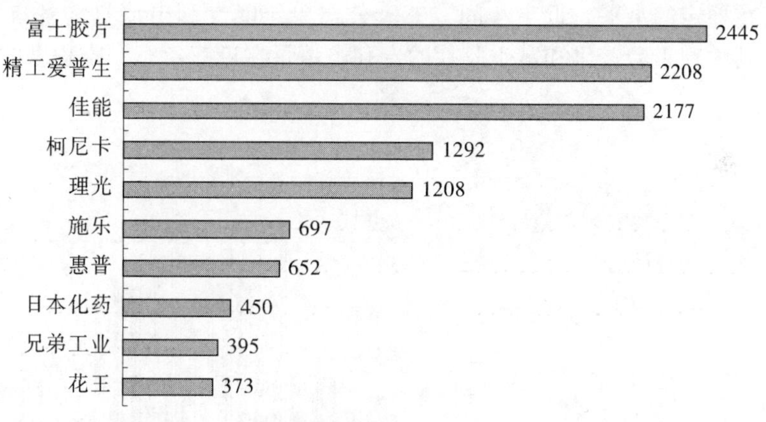

图2-163　印纸喷墨油墨全球专利排名前十的申请人

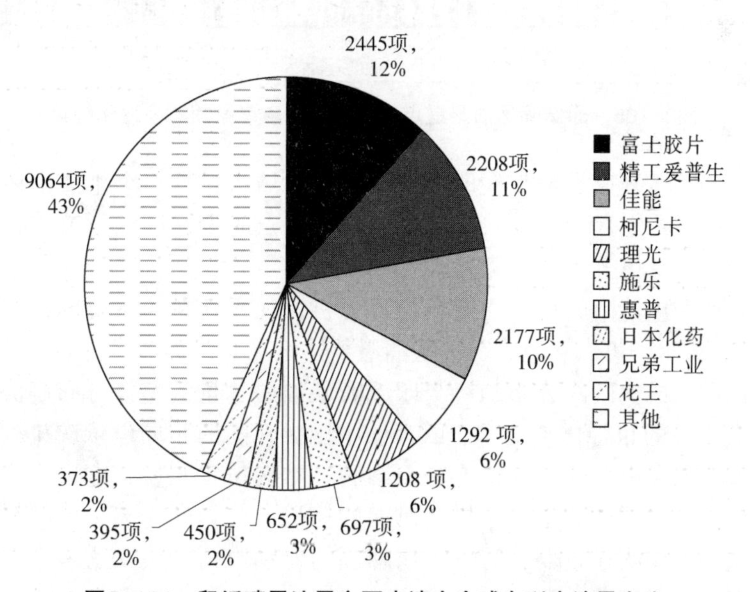

图2-164　印纸喷墨油墨主要申请人全球专利申请量占比

在排名前十的申请人中，有施乐和惠普两家来自美国的公司，其余八家公司全部来自日本，排名前五的申请人更是全部来自日本，这与来自日本的专利申请量排名一致，体现了日本企业在该领域的绝对优势和主导地位。

从图2-165可以看出，排名前三的申请人中，对于目前申请总量排名首位的富士胶片，在1996年之前专利申请量较少，进入21世纪的初期，富士胶片的专利申请量出现了一段时期的激增，在2002年、2005年、2006年、2008年提出的专利申请量均处于首位，并且明显超出其他两家公司。排名第二位的精工爱普生起步较早，自20世纪80年代以来专利申请量保持稳定的增长，近年来在三家公司的对比中也处于较为优势的地位。而佳能公司在早期的发展中处于相对领先的地位，体现了其在该领域的技术发展和专利布局都较早，2004年在喷墨油墨整体专利申请量增加以及印纸喷墨油墨专利申请量均显著增加的大环境下，佳能公司的单年度专利申请量达到最高值，随后略有下降并保持在稳定的水平。近十年间，三家公司单年度专利申请量均各自保持比较稳定的状态，其中精工爱普生和富士胶片的专利申请量在近三年有一定程度的下滑。

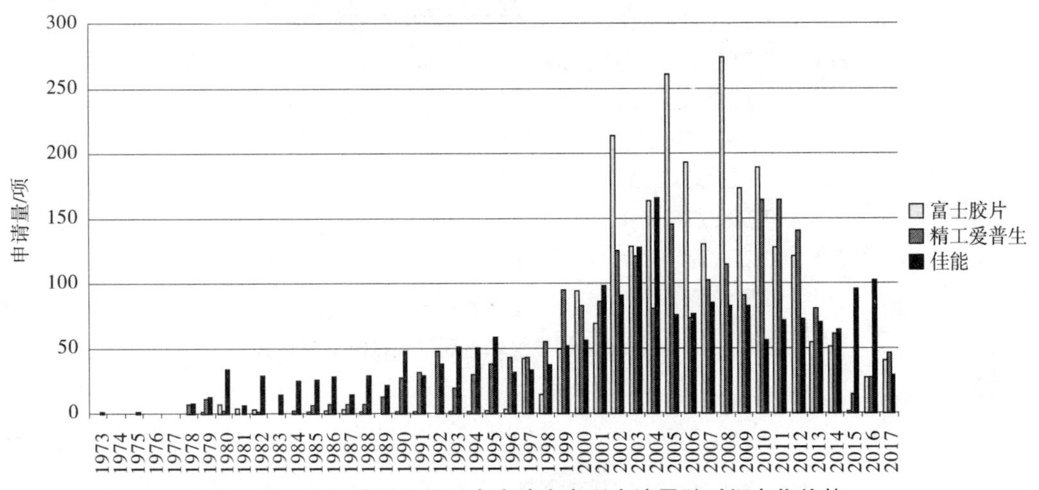

图2-165 印纸喷墨油墨重点申请人专利申请量随时间变化趋势

与喷墨油墨整体领域类似，在印纸喷墨油墨领域中，这三个重点申请人专利申请量的时间变化趋势一定程度上反映了技术发展的热点时期，后续章节中将结合重点申请人及其关键技术具体分析开展研究。

对于排名前十申请人的目标国进行统计分析，观察其在各主要国家的专利布局状况，如图2-166所示。可以看出，与喷墨油墨整体状况非常类似，排名前三的申请人在五个主要目标国家或地区的分布趋势与印纸喷墨油墨总量的整体分布趋势相似，均以日本本土为最主要的目标国，美国、欧洲、中国、韩国的布局量依次排列。来自美国的两个申请人施乐和惠普的布局情况是美国和日本的位置互换，这也符合本土优先布局的一般习惯。值得注意的是对于排名第四的柯尼卡公司和排名第八的兄弟工业，其向中国和韩国的布局明显较弱，特别是向韩国的专利申请量更是为零。上述不同的目标国统计数据反映了不同公司的发展策略，特别是对海外市场和专利布局的重视程度有所差别，这一点在后续的重点申请人分析中也将作为一项重要的考量因素。

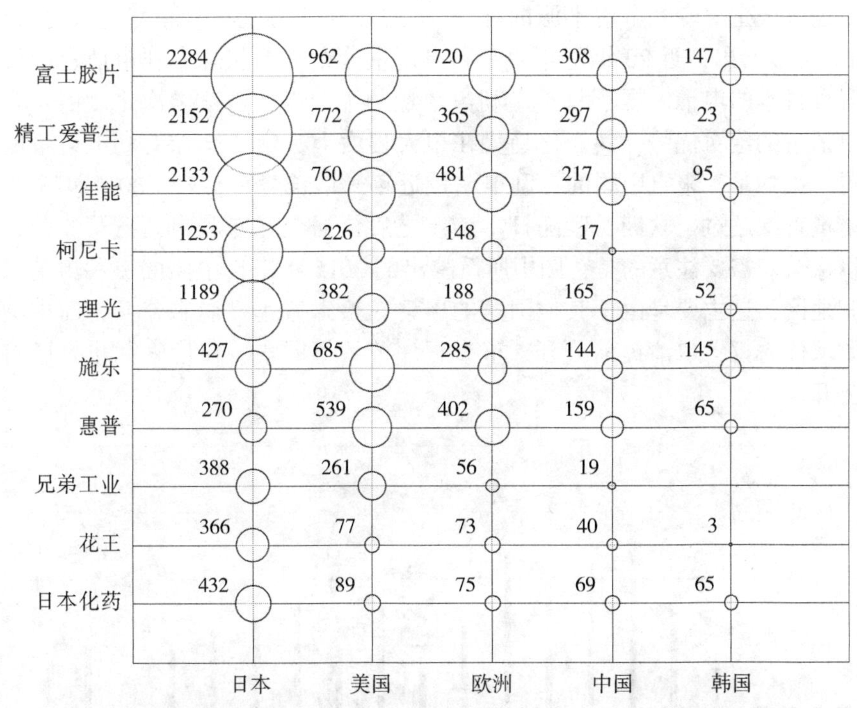

图2-166　印纸喷墨油墨重点申请人主要目标国专利申请量分布（单位：项）

3. 专利申请国家/地区分析

由图2-167可以看出，与喷墨油墨整体申请来源国的分布情况相似，在印纸喷墨油墨领域，日本也延续了其绝对的优势地位，71%的专利申请量占比也超过了喷墨油墨整体分布中65%的占比。来自美国的申请约占15%，超过了剩余其他国家的专利申请总量。来自日本和美国的专利申请量总和占比高达86%，体现了该领域中技术分布高度集中的特点。来自中国的总专利申请量为726项，占全球总专利申请量的4%，虽然在整体专利申请量中占比较小，但结合国内技术发展以及专利保护措施等起步均比较晚的基础上，这一专利申请量也体现了中国在该领域中良好的发展势头。从总量上来看，来自日本、美国、欧洲、中国、韩国五大局所属创新主体的专利申请量占据了全球99%的专利申请量，也同样体现了上述各国技术方面的领先地位及其对知识产权保护的重视程度。

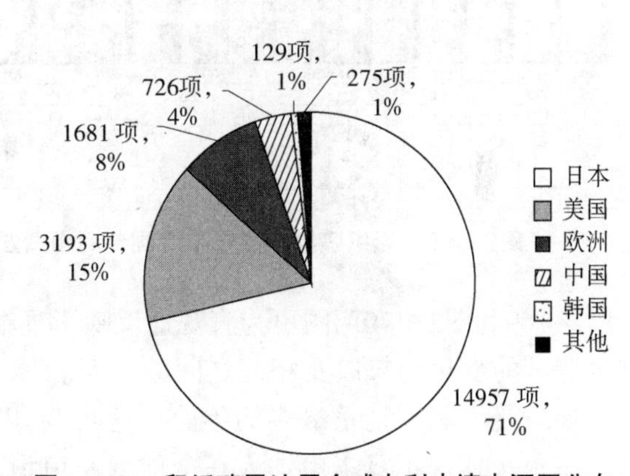

图2-167　印纸喷墨油墨全球专利申请来源国分布

对上述五个主要专利申请来源国近20年的专利申请量随时间变化情况进行统计，由图2-168可以看出，近20年每年的专利申请量分布基本与总专利申请量的分布保持一致。来自日本的申请占据了每年专利申请量的半数以上，美国次之。由于来自日本的专利申请量的绝对优势，其变化趋势在很大程度上决定了全球专利申请量的变化趋势。值得一提的是，来自中国的专利申请量近年来增长势头良好，2011年来自中国的专利申请量首次超过了欧洲，紧随日本美国之后位居全球专利申请量第3位，并在近年来得以保持。需要注意的是，图中所反映出的2015年来自中国的专利申请量超出其他国家和地区，这主要是由于其他国家的申请在检索截止日尚未公开，而中国申请由于较少要求优先权、申请提前公开、审查程序节约等因素，在检索截止日已有较多申请已被公开。

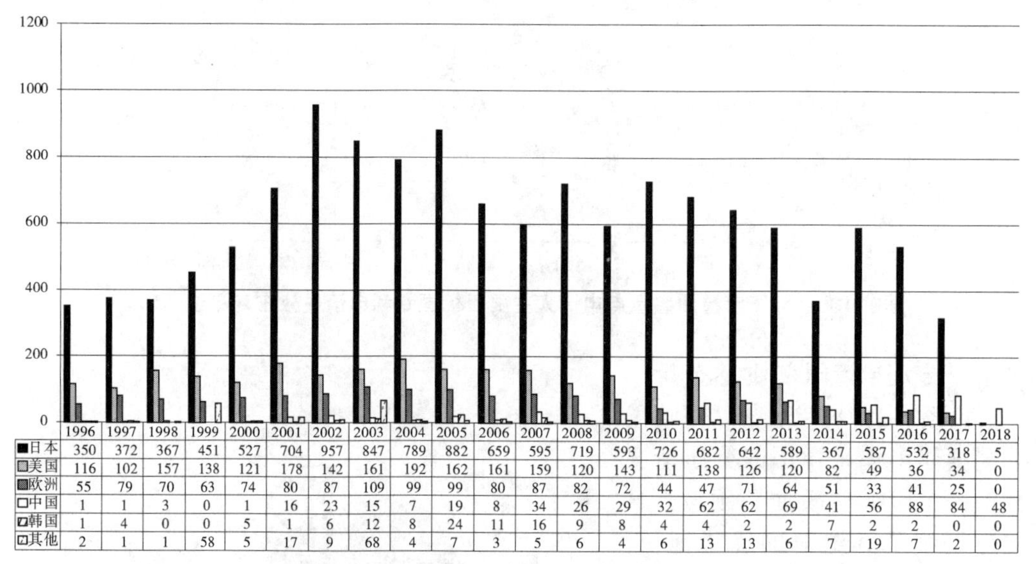

	1996	1997	1998	1999	2000	2001	2002	2003	2004	2005	2006	2007	2008	2009	2010	2011	2012	2013	2014	2015	2016	2017	2018
日本	350	372	367	451	527	704	957	847	789	882	659	595	719	593	726	682	642	589	367	587	532	318	5
美国	116	102	157	138	121	178	142	161	192	162	161	159	120	143	111	138	126	120	82	49	36	34	0
欧洲	55	79	70	63	74	80	87	109	99	99	80	87	82	72	44	47	71	64	51	33	41	25	0
中国	1	1	3	0	1	16	23	15	7	19	8	34	26	29	32	62	62	69	41	56	88	84	48
韩国	1	4	0	0	5	1	6	12	8	24	11	16	9	8	4	4	2	2	7	2	2	0	0
其他	2	1	1	58	5	17	9	68	4	7	3	5	6	4	6	13	13	6	7	19	7	2	0

图2-168　印纸喷墨油墨各来源国专利申请量随时间变化趋势（单位：项）

图2-169和图2-170两图更为直观地反映了日本、美国、欧洲、中国、韩国近20年专利申请量的变化趋势以及相互之间的对照。其中，日本的专利申请量在2002年达到957项，是专利申请量最多的年份，这也与印纸喷墨油墨领域中全球专利申请量的情况一致，体现了日本申请人在全球专利申请量中的贡献和地位。随后10余年期间，日本专利申请量一直保持在较高数量上，虽然随年度有所波动，但在各年度均保持了相对其他创新主体的优势。作为总专利申请量排名第二的国家，美国申请人在近20年的年度专利申请量基本保持在100项以上，较为稳定。来自中国的申请在2001年之后有较为快速的增长，2011年之后的增量更为明显，专利申请量的增长体现了来自中国的申请人近年来在技术上的进步以及对专利申请和布局等方面逐渐增加的保护意识。

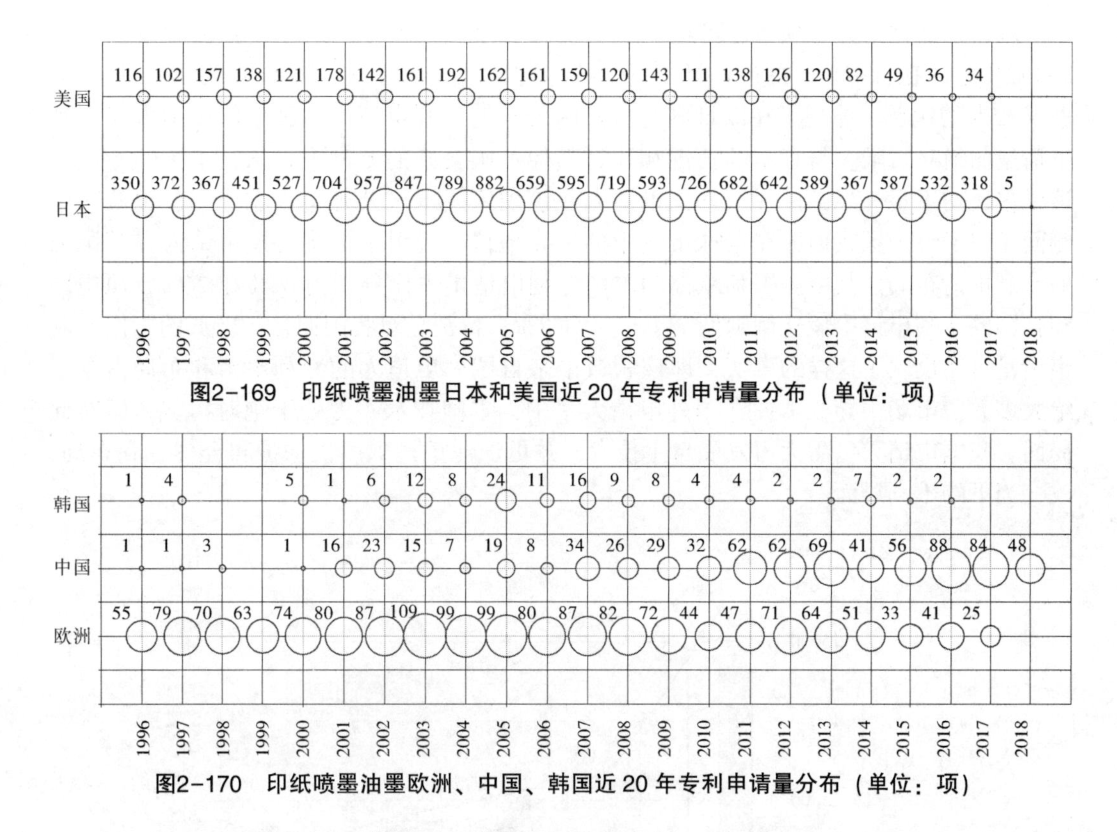

图2-169　印纸喷墨油墨日本和美国近20年专利申请量分布（单位：项）

图2-170　印纸喷墨油墨欧洲、中国、韩国近20年专利申请量分布（单位：项）

对印纸喷墨油墨全球专利申请的目标国进行统计分析，如图2-171所示。日本、美国、欧洲、中国和韩国是印纸喷墨油墨的主要目标国，与该领域的申请来源国分布一致，也与喷墨油墨整体目标国分布情况相一致。

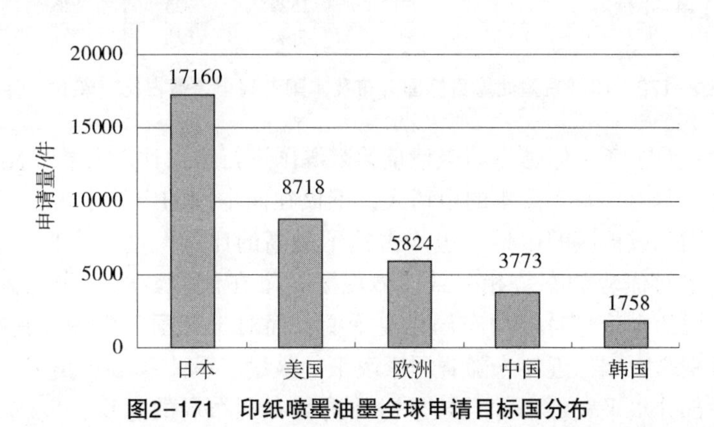

图2-171　印纸喷墨油墨全球申请目标国分布

在检索得到的全球20961项印纸喷墨油墨专利申请中，有17160件具有在日本公开的同族专利，体现了日本市场的重要地位，同时也是由于来自日本的专利申请量较多，有比较大量的向本国提出的专利申请。其他国家和地区的该数据分别为美国8718件、欧洲5824件、中国3773件、韩国1758件。由这一排名反映出各市场的重要程度与专利申请来源国也高度一致。

基于该数据的另一项指标可进一步反映出各个国家或地区的市场重要程度，如图2-172所示。在日本公开的17160件专利申请中，来自本国的专利申请量为14523件，占据了85%的比例，体现了在以日本为目标国公开的专利申请中，其本国申请人对专利申请量的绝对贡献。与日本的情况相比，其他各国公开的专利中，来自本国的专利申请量占比均不足一半，体现了外国申请人在该国家或地区公开量占据优势，也从一个侧面反映了该国家或地区在全球市场中的重要地位，吸引了更多外国申请人在其国内的专利申请布局。其中美国和欧洲的本国专利申请量占比分别为33%和26%，而中国和韩国的专利申请中该比例则低至了19%和7%。特别是对我国而言，极低的本国专利申请量占比反映了这样的事实，即该领域中来自国外申请人的专利申请和布局占据了绝大多数，市场主导权掌握在国外申请人手中，本国技术实力处于绝对劣势。面对此局面，我国申请人仍需大力发展自主技术，并更加注重知识产权保护和合理专利布局，改变当下的不利局面。

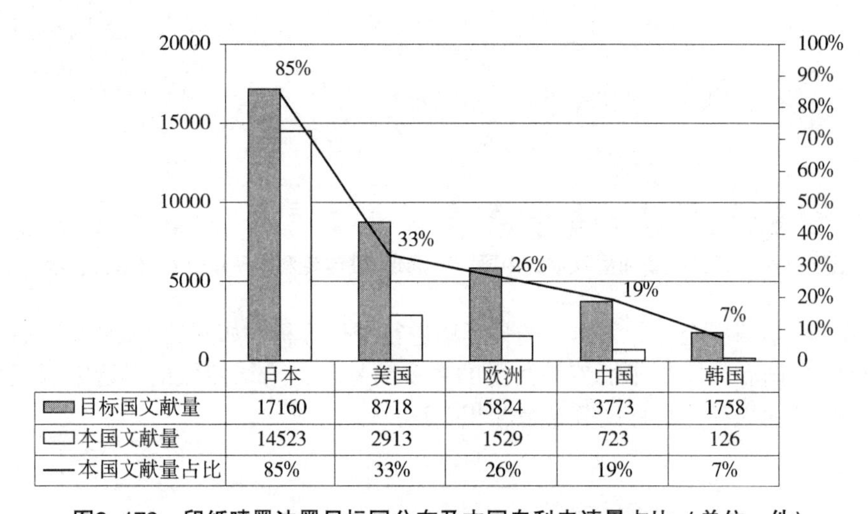

	日本	美国	欧洲	中国	韩国
目标国文献量	17160	8718	5824	3773	1758
本国文献量	14523	2913	1529	723	126
本国文献量占比	85%	33%	26%	19%	7%

图2-172　印纸喷墨油墨目标国分布及本国专利申请量占比（单位：件）

进一步地，对于各目标国专利申请量的来源国进行横向比对分析，结果如图2-173所示。从中可以看出，来自日本的申请人，不仅在向本国的申请中占据了绝对的多数，在向其他四个国家或地区的申请中也均占据了最高的比例。这与来自日本的专利申请量占据该领域绝对优势的态势相一致，体现了日本在该领域的领先地位。对于美国、欧洲，其在本国的申请与对外的布局相对平衡；而对于韩国和中国，其对外布局明显比较薄弱。特别是中国，近年来随着国家政策的鼓励，越来越多申请人开始申请专利，但其中相当一部分水平较低，并且缺乏对外进行专利布局的意识，造成了国内专利申请量虽显著增加，但向其他国家的申请仍处于较低水平。

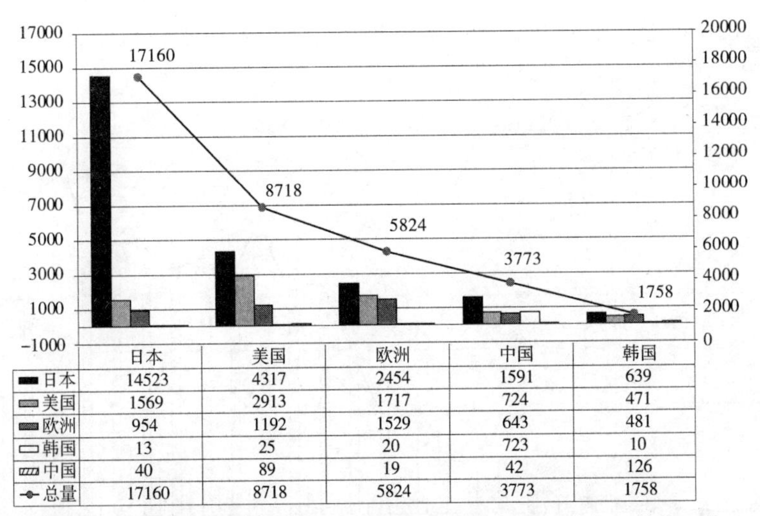

	日本	美国	欧洲	中国	韩国
日本	14523	4317	2454	1591	639
美国	1569	2913	1717	724	471
欧洲	954	1192	1529	643	481
韩国	13	25	20	723	10
中国	40	89	19	42	126
总量	17160	8718	5824	3773	1758

图2-173　印纸喷墨油墨各主要目标国申请的来源国分布（单位：件）

4. **专利技术流向分析**

图2-174以另外一种形式反映了申请来源国以技术输出的形式向目标国进行专利布局的情况。从该图可直观地得出，虽然中国作为技术输出国对外的专利申请量较少，但其他各主要技术输出国向中国进行了大量的专利申请和布局，体现了各国对中国市场的重视程度。

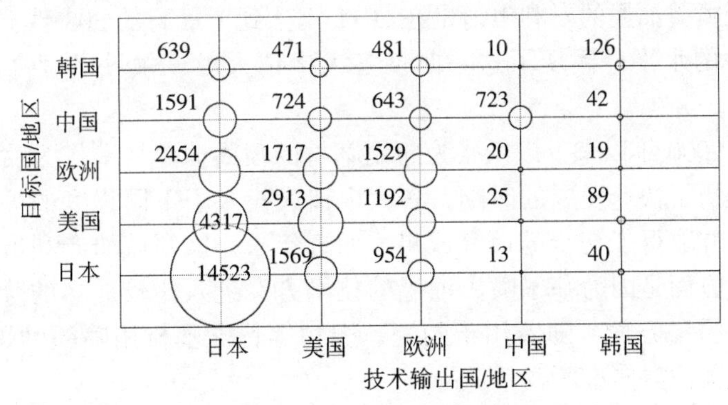

图2-174　印纸喷墨油墨技术输出国-目标国对照（单位：件）

2.2.2.2　中国专利分析

1. **申请量趋势分析**

图2-175为以纸张为喷印基材的喷墨油墨技术在中国的专利申请随时间变化的趋势分布。20 世纪 80 年代开始出现在纸张上进行印刷的喷墨油墨专利申请，90 年代中后期处于比较稳定的增长期，整体专利申请量呈现上升的趋势。进入 21 世纪以来，作为喷墨油墨最主要的应用方向，以纸张为印刷基材的喷墨油墨技术取得了快速发展，专利申请量出现了急剧增长的态势。其中 2000 年和 2001 年的专利申请量均接近 100 件，而 2002 年和 2003 年的专利申请量则分别激增至 145 件和 208 件。随后至 2016 年，每年专利申请量均保持在 200 件以上，表明该领域中的专利申请一直保持在比较活跃的

状态。其中 2016 年之后专利申请量有显著下降的原因是由于在检索截止日，部分专利申请尚未公开。

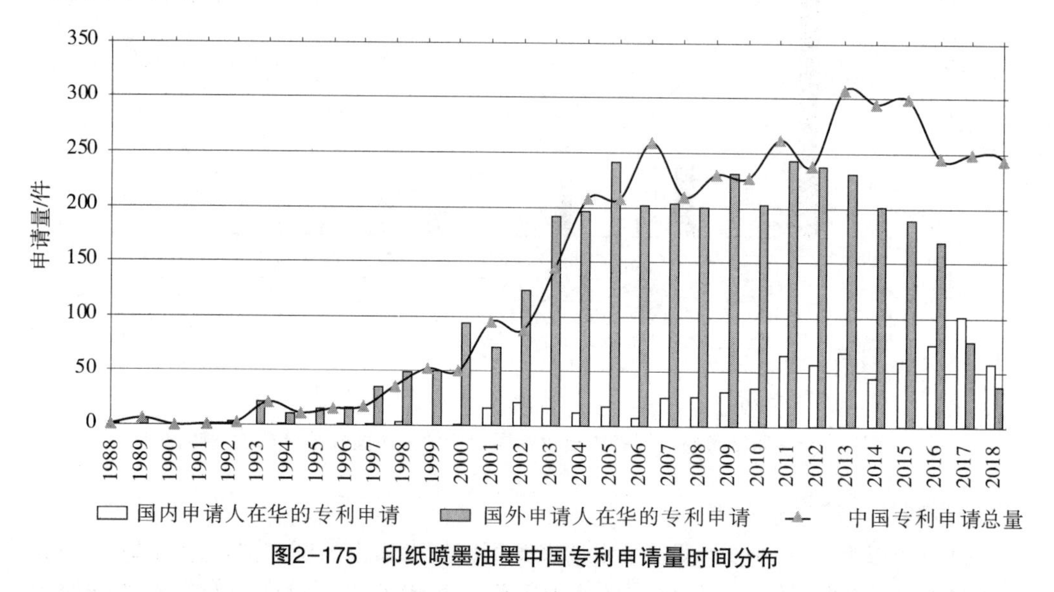

图2-175　印纸喷墨油墨中国专利申请量时间分布

排除 2015 年之后部分专利申请尚未公开的因素，2011～2013 年是印纸喷墨油墨专利申请量最多的三年，整体上与喷墨油墨专利申请量时间分布的态势一致。具体到每年的情况，印纸喷墨油墨的专利申请量在 2011 年达到了最高的 308 件，随后两年也保持在接近 300 件的水平，体现了这一时期各大申请人对该领域额度高度关注和重点研究。

综上可知，2000 年以来，以纸张为印刷基材的喷墨油墨技术作为喷墨油墨最主要的应用分支，经历了快速发展的时期，各大申请人投入了不同程度的关注度和精力在该技术领域上，并取得了初步的研究成果。而近年来，该领域的专利申请量开始出现一定的下滑，一方面是因为基于喷墨油墨的技术方案进入比较成熟的阶段，突破性的改进相对较少；另一方面，随着用于陶瓷、织物等特殊基材用喷墨油墨的应用需求，技术研发的重点关注方向有所调整。

另外，从图2-175中可以看出，在中国的专利申请整体情况中，国外申请人的在华申请仍然占据着主要地位，特别是在 2000 年之前，国外申请人的在华申请更是占据了绝对的主导地位，国内申请人仅在 20 世纪 90 年代中后期有零星申请，总量不足 10 件，一方面这与国内相关技术起步较晚有关，另一方面也体现了国内申请人专利保护意识尚未形成。进入 21 世纪之后，印纸喷墨油墨领域国内申请人的专利申请有了明显增长，2011 年后的专利申请量进一步增加，与国内申请人的专利保护意识不断提升有密切关联。即便如此，国内申请人的专利申请量仍与国外申请人的在华申请有显著差距，这也客观反映了在这个领域中国内技术仍较为落后的现实。需要说明的是，国内申请人在进行专利申请时往往会希望尽快得到授权，通常会在提交申请时就提出提前公开的申请，使得 2015 年的国内申请有较大比例公开，数量上接近了该年度已公开的国外来华申请。

2. **申请人分析**

(1) 申请人整体分布

如图2-176所示，国内关于印纸喷墨油墨的专利申请虽然高达 3900 余件，但其中 83% 为国外申请人在华的专利申请，而属于本土申请人的专利仅占 17%，这与喷墨油墨的整体情况类似，且较之更加依赖外来技术。国外申请人掌握着在印纸喷墨油墨的关键技术，在市场占据着主要地位，并且在中国进行了大范围的专利布局，对国内申请人在该领域的进一步研发工作形成了强大的牵制和制约力量。面对此种局面，本土申请人在开发自有技术时，应对国外已有技术以及专利布局给予充分的关注和研究，一方面注意规避其专利雷区，另一方面可在充分利用国外申请人已有研发成果的基础上，发挥自己的创造性，针对核心技术和专利进行进一步创新，形成外围专利布局，对竞争对手形成一定的反制约，或通过交叉许可等方式为自身谋求利益。

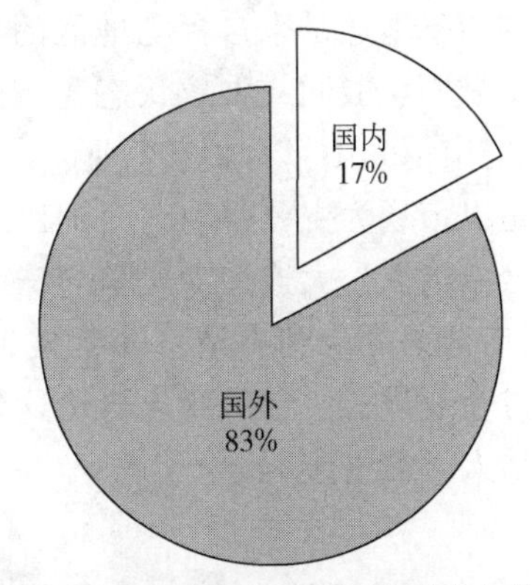

图2-176　印纸喷墨油墨国内申请人总体分布

从图2-177中可以看出，国外申请人占据着优势地位，其中前 10 名的申请人均为国外申请人，主要来自日本（富士胶片、精工爱普生、佳能、理光、日本化学）、美国（惠普、施乐）、德国（科莱恩、巴斯福）等地区，这些国家的申请人占据印纸喷墨油墨领域的专利申请主要份额。而前 10 位申请人中有 5 家日本企业，再次体现了日本在印纸喷墨油墨整体领域中的领先地位，美国、德国等国家的申请人情况也反映了各自在该领域的地位。另一角度，排名前 10 的申请人类型均为企业，他们也是该领域中国内企业在市场上的主要竞争对手，他们的专利申请中所反映出来的技术热点以及专利布局所体现的市场格局，都值得国内企业给予充分的重视和有针对性的研究。

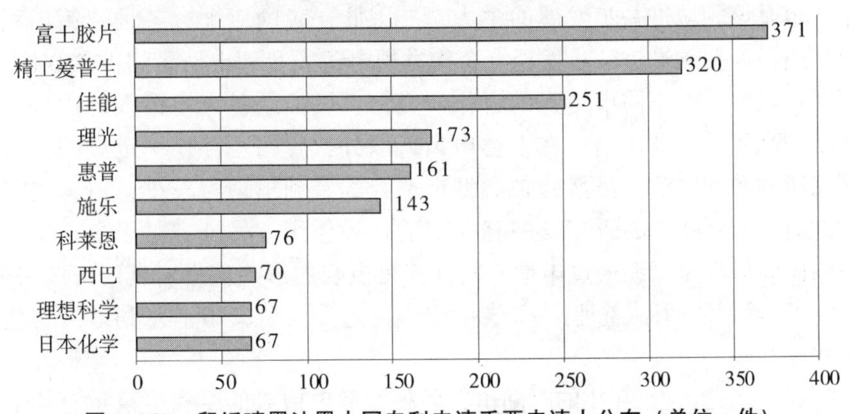

图2-177　印纸喷墨油墨中国专利申请重要申请人分布（单位：件）

图2-178为仅包括国内申请人的中国专利申请国内申请人分布情况。由图可知，在国内的申请人中，中国科学院、明基电通股份有限公司、北京印刷学院、珠海保税区

天然宝杰数码科技材料有限公司、天津兆阳纳米科技有限公司、深圳市墨库图文技术有限公司、比亚迪股份有限公司为我国印纸喷墨油墨领域的主要申请人。其中，排名第二位的明基电通是来自台湾地区的申请人，虽然专利申请量较多，但其全部专利目前均处于撤回、驳回或失效状态，该公司专利策略可能更多以防御性公开为主。在排名前10的申请人中，有8家企业、1家科研机构、1家高校，这体现了该领域的专利申请特点是以市场为主要驱动力，辅以一定的基础学术研究和应用研究。而作为高校与企业联合申请人，大连理工大学与珠海纳思达的联合专利申请量为7件，与第9名和第10名申请人的专利申请量非常接近，也说明了这一领域中由高校进行相关基础研究，通过企业进行一定的商业转化这种模式具有广泛的基础和良好的前景，值得国内其他申请人学习借鉴。

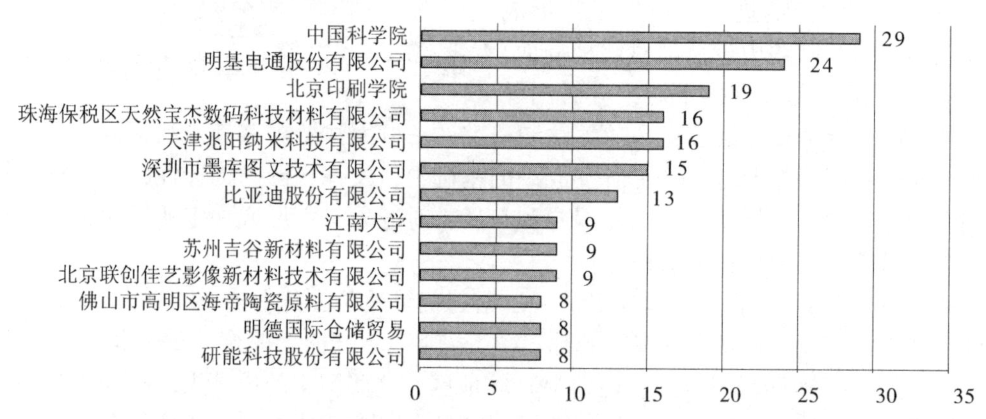

图2-178　印纸喷墨油墨中国专利申请国内申请人分布（单位：件）

（2）专利申请人类型

由图2-179中专利申请人类型分布饼图可知，在所有申请人中，企业申请人专利申请量以88.0%，即近九成的比例居于最优势地位，是印纸喷墨油墨领域中创新主体的主要类型，也是该领域进一步发展的主力军。因此，我国应配合各种政策，积极促进相关企业在喷墨油墨领域进一步发展。合作类型申请人专利申请量约占5.0%，说明在该领域存在比较广泛的不同申请人的合作研究，可以结合各方申请人的优势研发出凝聚多方智慧的高质量专利申请。在上述申请人以外，我国还存在一定量的高校专利申请和科研院所的专利申请，虽然这种类型申请人的专利申请量较少，但其主要从事的多为基础性研究，对技术的研究发展有一定的指导作用。另外，对于个人申请，一方面存在一些民间科学家试图通过申请专利并获得授权的形式获得对其研究成果的认可，另一方面，不排除部分私人企业、家族企业等通过个人名义申请专利以占据相关的专利申请权和专利权。

而从时间上来看，近30年的时间里，各种类型申请人的专利申请量总体上均保持了增长势头，特别是近年来一直保持了较高的专利申请量。由此可见，我国印纸喷墨油墨目前仍处于快速发展阶段，各种类型申请人在该领域的研究也在不断推进，将进一步推动我国印纸喷墨油墨技术迈向新的台阶。

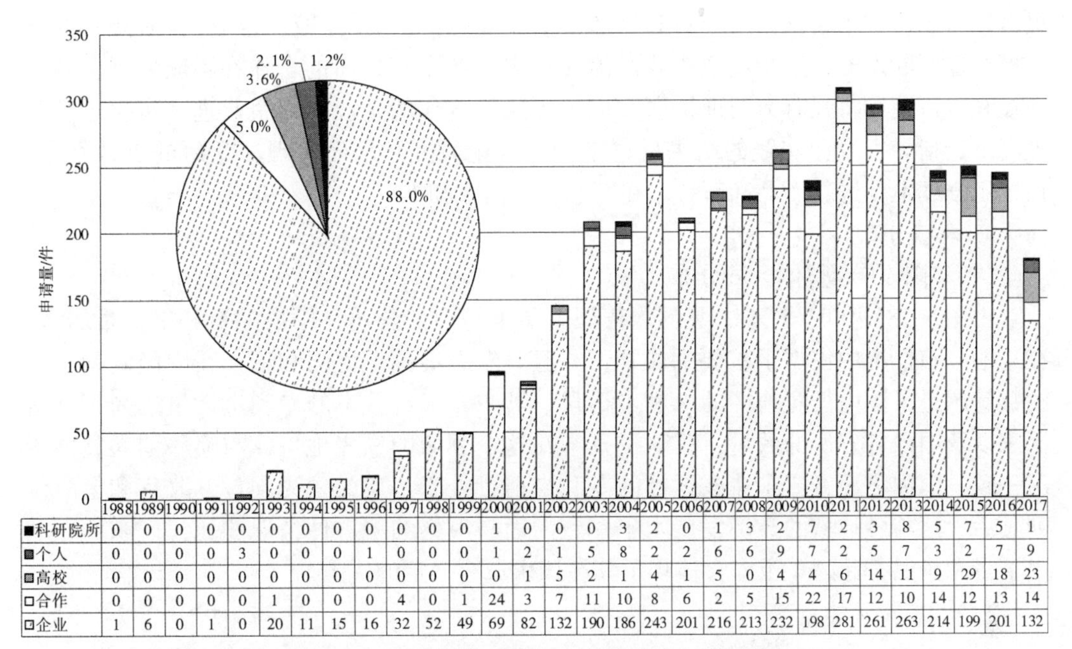

	1988	1989	1990	1991	1992	1993	1994	1995	1996	1997	1998	1999	2000	2001	2002	2003	2004	2005	2006	2007	2008	2009	2010	2011	2012	2013	2014	2015	2016	2017
■科研院所	0	0	0	0	0	0	0	0	0	0	0	0	1	0	0	0	3	2	0	1	3	2	7	2	3	8	5	7	5	1
■个人	0	0	0	0	3	0	0	0	1	0	0	0	1	2	1	5	8	2	2	6	6	9	7	2	5	7	3	2	7	9
■高校	0	0	0	0	0	0	0	0	0	0	0	0	0	1	5	2	1	4	1	5	0	4	4	6	14	11	9	29	18	23
□合作	0	0	0	0	0	1	0	0	0	4	0	1	24	3	7	11	10	8	6	2	5	15	22	17	12	10	14	12	13	14
□企业	1	6	0	1	0	20	11	15	16	32	52	49	69	82	132	190	186	243	201	216	213	232	198	281	261	263	214	199	201	132

图2-179　印纸喷墨油墨中国专利申请人类型分布

（3）专利申请人合作模式

由图2-180可知，各种合作模式中企业-企业的合作情况最多，比例达到 73.5%；企业-高校的合作次之，占比为 10.2%；个人-个人的合作居于第三位，占比为 5.6%；企业-科研院所的合作居于第四位，占比为 5.1%；企业-个人的合作居于第五位，占比为 2.8%；高校-科研院所的合作居于第六位，占比为 1.4%；最后为高校-高校的合作、科研院所-个人的合作，以及科研院所-科研院所的合作，占比均约为 0.5%。由此可以看出，该领域中企业-企业的合作研究及专利申请情况最多，体现了企业之间取长补短共同推动技术进步的积极态势，这种强强合作的模式也将是各种合作模式中推动技术发展进步的最主要的推动力。

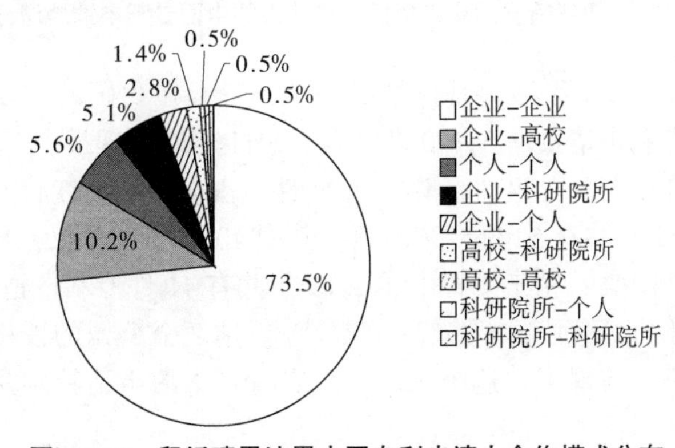

图2-180　印纸喷墨油墨中国专利申请人合作模式分布

此外，由于高校和科研院所的研究特点多以理论和基础应用研究为主，而企业则更多致力于将技术转化为生产力和生产价值，因此，企业-高校、企业-科研院所的合作模式也不断发展，进一步说明我国喷墨油墨在产学研方面的合作在不断发展。各大高校和科研院所将强有力的理论研究成果提供给合作的企业，为企业进一步生产实践提高理论指导，企业实践的结果反过来指导理论研究，从而实现产学研的有效结合，在一定程度上促进新产品和新技术在产业上的诞生和推广。

3. 地域分布

（1）中国专利整体区域分布

由图2-181可知，日本、美国、德国、瑞士等国外公司在国内的专利申请量居多，在总的分布情况中占据了首要的位置，并且日本、美国、德国和瑞士在中国专利布局的数量超过了国内任意地区的专利申请量。其中，来自日本的专利申请量远高于其他国家以及国内各省份的数量，反映了日本在这个领域的领先地位，与喷墨油墨整体情况一致。国内方面，广东在该领域的专利申请量处于一定的领先地位，北京和上海位列其后，这与各地域的经济发展水平一致。而与喷墨油墨整体情况相比，广东的专利申请量和排名都超越了上海，体现了其在该领域有一定的优势。

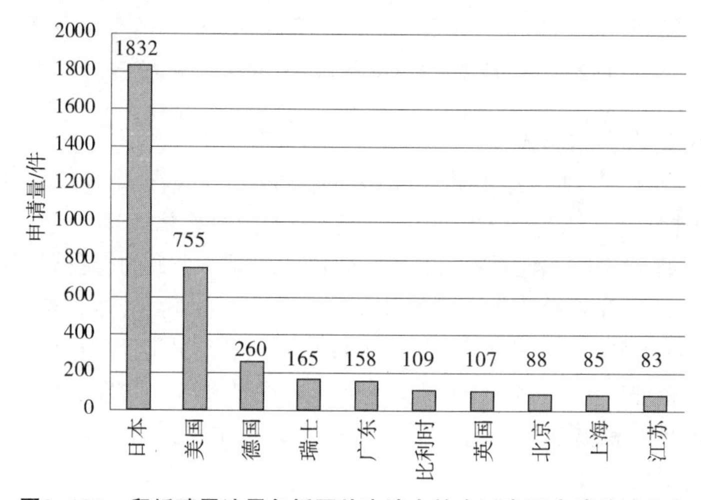

图2-181　印纸喷墨油墨包括国外申请人的中国专利申请地域分布

由图2-182可知，与喷墨油墨整体情况一致，日本在我国的主要专利申请集中在2003~2015年，年专利申请量均在100件左右。2011年时出现最多专利申请量，为154件，其中富士胶片和精工爱普生的申请共有93件，占据了该年度日本申请总量60%以上。富士胶片在2011年共有52件专利申请，其中40件已经授权，且目前仍处于有效阶段，授权率达到76.9%；精工爱普生在2011年共有41件专利申请，其中32件已经授权，且目前仍处于有效阶段，授权率为78.0%。这两个公司的授权率均超过我国专利申请的平均授权率，体现了在这个领域中，来自日本的申请特别是重点公司的申请也具有较高的质量。

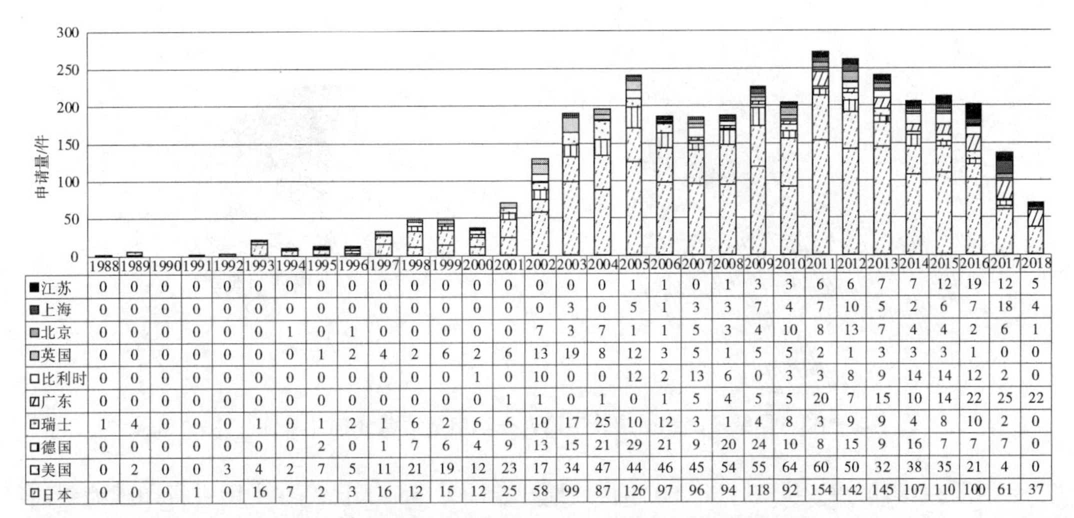

地区	1988	1989	1990	1991	1992	1993	1994	1995	1996	1997	1998	1999	2000	2001	2002
江苏	0	0	0	0	0	0	0	0	0	0	0	0	0	0	0
上海	0	0	0	0	0	0	0	0	0	0	0	0	0	0	0
北京	0	0	0	0	0	0	1	0	1	0	0	0	0	0	7
英国	0	0	0	0	0	0	0	1	2	4	2	6	2	6	13
比利时	0	0	0	0	0	0	0	0	0	0	0	0	1	0	10
广东	0	0	0	0	0	0	0	0	0	0	0	0	0	1	1
瑞士	1	4	0	0	0	1	0	1	2	1	6	2	6	6	10
德国	0	0	0	0	0	0	0	2	0	1	7	6	4	9	13
美国	0	2	0	0	3	4	2	7	5	11	21	19	12	23	17
日本	0	0	0	1	0	16	7	2	3	16	12	15	12	25	58

地区	2003	2004	2005	2006	2007	2008	2009	2010	2011	2012	2013	2014	2015	2016	2017	2018
江苏	0	0	1	1	0	1	3	3	6	6	7	7	12	19	12	5
上海	3	0	5	1	3	3	7	4	7	10	5	2	6	7	18	4
北京	3	7	1	1	5	3	4	10	8	13	7	4	4	2	6	1
英国	19	8	12	3	5	1	5	5	2	1	3	3	3	1	0	0
比利时	0	0	12	2	13	6	0	3	3	8	9	14	14	12	2	0
广东	0	1	0	1	5	4	5	5	20	7	15	10	14	22	25	22
瑞士	17	25	10	12	3	1	4	8	3	9	9	4	8	10	2	0
德国	15	21	29	21	9	20	24	10	8	15	9	16	7	7	7	0
美国	34	47	44	46	45	54	55	64	60	50	32	38	35	21	4	0
日本	99	87	126	97	96	94	118	92	154	142	145	107	110	100	61	37

图2-182　印纸喷墨油墨中国专利申请地域-时间分布

美国的在华专利申请主要集中在 2004～2012 年，年专利申请量均在超过或接近 50 件，在 2010 年专利申请最多，达到 64 件，主要涉及的是惠普和施乐的专利申请。在该年度的 64 件申请中，有 41 件已经授权，授权率达到 64.1%，略低于来自日本申请人的在华申请，且全部授权专利目前仍处于有效状态，也体现了较高的专利质量。

总体而言，印纸喷墨油墨领域的专利申请量分布与喷墨油墨领域，乃至广泛的油墨技术领域的整体趋势基本一致，即日本申请人在该领域中占据绝对的领先地位，其中精工爱普生、富士胶片作为两大巨头优势明显；除此以外，以施乐、惠普为代表的美国申请人以及来自欧洲的德国、瑞士等也非常重视中国市场，在中国也有较强的专利布局。而作为国内申请中专利申请量最多的广东，与国外领先水平仍有较大差距，在技术研发以及专利布局方面均有待进一步努力。

（2）国外申请人在华申请的地域分布情况

图2-183为在华申请的国外申请人地域分布，在华申请的国外申请人主要分布在 24 个国家和地区中，在第二绘图区出现的“其他”包括瑞典、爱尔兰、印度、意大利、加拿大、南非、奥地利、丹麦、俄罗斯、新加坡和马来西亚，各自专利申请量在 7 件以下。由图可知，日本、美国和德国在中国专利申请量较多，为在华进行大范围专利布局的主要申请人集中的区域，也是我国申请人主要的竞争对手，但其相互之间差距也非常明显。我国申请人在该领域进行技术研发中应重点关注、规避这些地区的专利布局，同时有目的地研究来自这些地区重点申请人的先进技术和布局方式，提高自身竞争力。

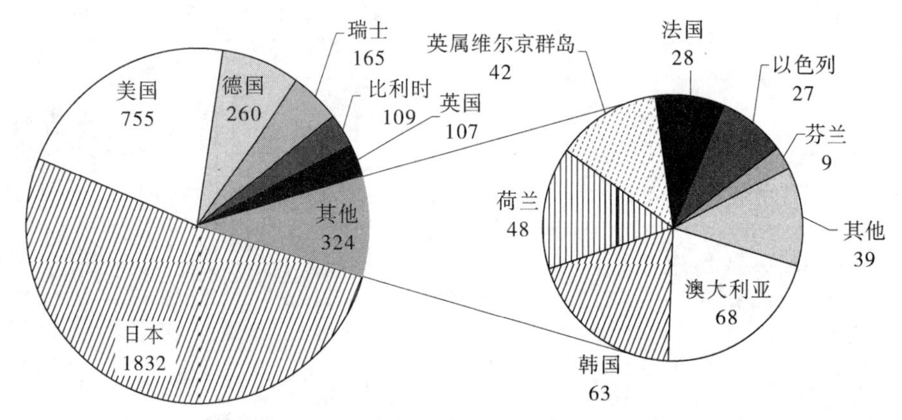

图2-183　印纸喷墨油墨国外申请人在华申请地域分布（单位：件）

由图2-184可知，从 20 世纪 80 年代后期开始国外申请人已经在中国进行印纸喷墨油墨的专利布局，2000 年则进入了快速发展时期。其中，日本和美国的专利申请量一直保持比较稳定的发展势头，而以德国、瑞士、英国为代表的欧洲申请人近年来专利申请量方面出现了一定的波动。一方面体现了日本、美国在该领域中的技术领先地位以及对中国市场一贯的重视程度，另一方面也反映了世界油墨市场的整体格局和市场变化趋势。而对于我国申请人而言，关注重点申请人和竞争对手的专利申请和布局特点，从中获取技术发展方向和市场动态等有效信息，对提升自我竞争力是非常有必要的。

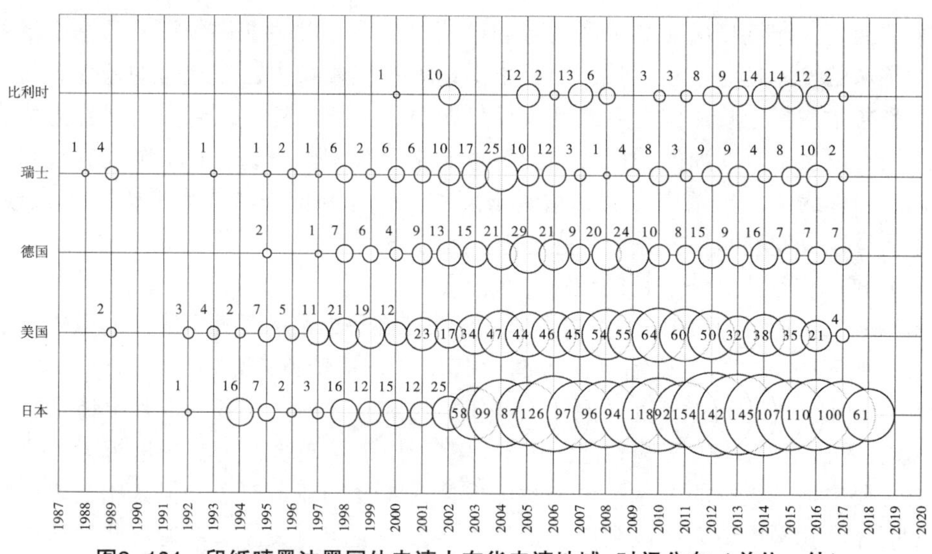

图2-184　印纸喷墨油墨国外申请人在华申请地域-时间分布（单位：件）

（3）国内申请人的地域分布情况

图2-185为中国专利申请国内申请人地区分布，第二绘图区中出现的“其他”包括河北、陕西、安徽、湖南、广西、海南、贵州、江西、香港、内蒙古、黑龙江、吉林、重庆和云南。由此可见，我国大部分地区均已经开展了印纸喷墨油墨技术的研究工作，在经济发达地区珠三角、长三角、京津地区的带动下，在未来的发展道路上，全国其他地

区的喷墨油墨技术也必将得到快速发展。从国内专利申请量的具体分布情况来看，广东、北京、上海等省市占据优势，申请人类型也覆盖了企业、高校、个人以及各种类型的联合申请。特别是广东，作为国内印纸喷墨油墨领域的领军地区，其多元化的申请人类型为技术资源的多元化提供了保障，为印纸喷墨油墨技术的立体发展奠定了一定的基础。

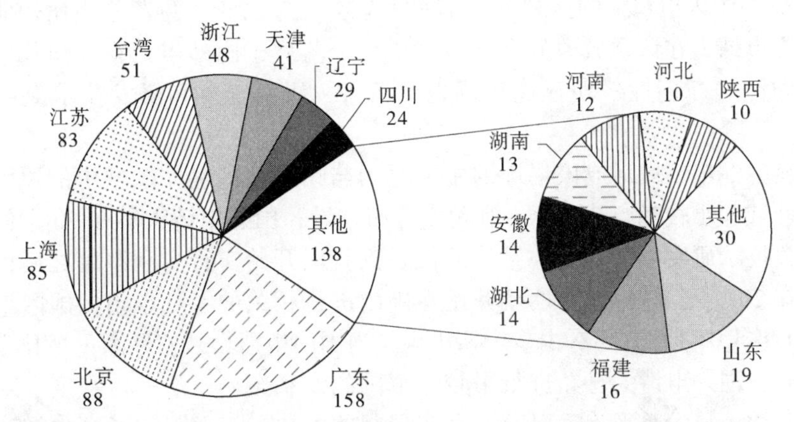

图2-185　印纸喷墨油墨国内申请人专利申请地域分布（单位：件）

由图2-186可知，与喷墨油墨整体状况类似，印纸喷墨油墨国内申请的快速发展主要集中在2010年以后，其中专利申请量较多的广东、北京、上海和江苏等均在2011~2015年出现大量专利申请，在近5年专利申请整体上呈现快速增长的状态，而台湾地区则在2001~2008年有较多申请。这些重点地区在印纸喷墨油墨领域的快速发展，体现了国内申请人在技术不断发展进步的同时，知识产权保护以及专利布局的意识不断加强，一方面投入力量研发自有技术，另一方面加强对研究成果进行保护。但从专利申请数量及质量上反映出我国相对于世界先进水平，特别是相对于日、美申请人仍有较大差距，为改变本土技术和产品长期受制于国外申请人的局面，仍然是国内申请人将要长期面临的任务和挑战。

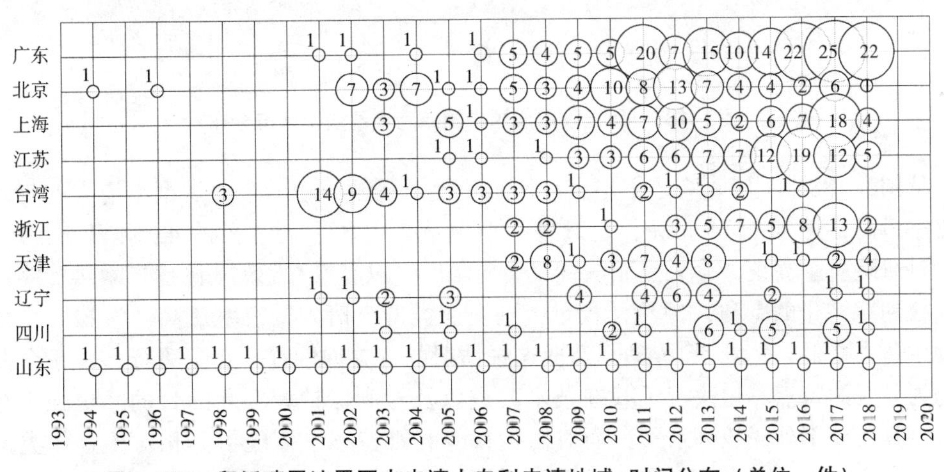

图2-186　印纸喷墨油墨国内申请人专利申请地域-时间分布（单位：件）

4. **法律状态分布**

由图2-187可知，印纸喷墨油墨领域中国专利授权率（有效+无效）为57%，驳回率为5%，撤回率为15%，公开的案件为23%。其中，其授权率57%与喷墨油墨领域整体的平均授权率54%基本持平。从图中还可以看出，国外申请人的授权率（有效+无效）为60%，国内申请人的授权率（有效+无效）为37%，两者差距比较明显，进一步表明国内申请人在该领域中的专利申请质量上落后于国外申请人，国外申请人在该领域的原创性（新创性）明显高于国内申请人，研发实力和研发技术上占有很大的优势。

印纸喷墨油墨领域形成该局面的主要原因与喷墨油墨整体领域中的原因相似，即我国在该领域起步较晚，从全球专利角度分布来看，国外申请人早在20世纪六七十年代就有相关技术研发以及专利申请，即便是到我国开始实行专利制度之后，国外申请人也是早在20世纪80年代后期就开始在国内进行相关的专利申请，国内申请人则在20世纪90年代中期才开始有少量申请出现。当国内申请人开始逐渐重视技术研发以及专利保护时，国外申请人已经进行了较大范围的专利布局，从一定程度上对国内申请人形成了制约。技术水平落后以及专利布局制约，从多方面限制了国内在该领域的发展。为了逐步摆脱这种局面，国内申请人应从多方面考虑解决途径，通过技术引进、外围专利布局等手段，学习先进技术的同时不断创新，发掘自主技术并进行合理专利布局，提高竞争力，与国外竞争对手相抗衡。

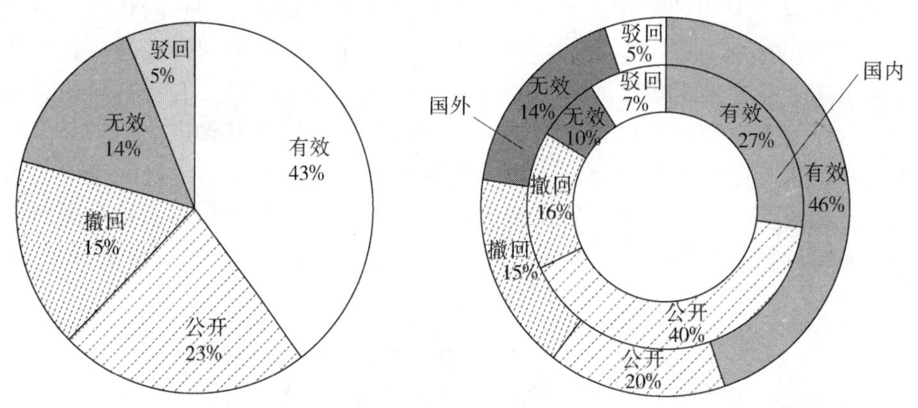

图2-187 印纸喷墨油墨中国专利申请法律状态分布

从图2-188中可以直观地得出，在印纸喷墨油墨领域中，企业类型申请人的有效专利比率最高，达到了44.67%，超过各类型申请人总体平均水平的43%，其次为合作型、科研院所、高校、个人。而从授权率的角度，以有效+无效（包括未缴年费终止和专利权到期终止的专利）为总授权量，则企业类型申请人授权率最高，为58%，合作类型申请人略低，达到56.74%。造成这种情况的主要原因在于：一方面，由于企业以市场为导向的特点，也决定了其在技术改进以及专利保护等方面的目的性更强，有助于保持其授权率处于较高水平，而对已授权专利维持率也体现了其相对于合作类型申请人略有优势；另一方面，合作类型的申请人有利于整合多方资源，实现技术上的优势，使得专利申请具有较高的新创性，授权率较高。

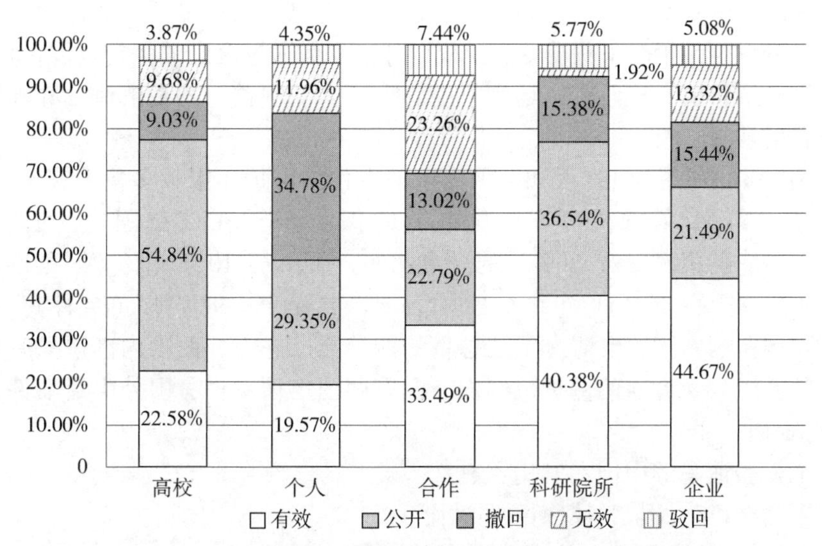

图2-188　印纸喷墨油墨中国专利申请人类型-法律状态分布

对于高校和科研院所，其整体授权率较低的原因一部分是早先一段时期申请人对专利法以及审查流程不熟悉，导致先发表学术文章后申请专利的情况出现，使部分申请因此被驳回，另一部分原因则可归结于有较大比例的已公开未审结案件。至于个人申请，由于个人资源有限，导致技术水平不高，专利申请质量较为低下，使得该类型申请人的专利申请驳回率较高。

图2-189为中国专利申请授权案件平均保护年限，其中授权案件包括无效案件，以及目前处于保护有效阶段的案件。为了便于统计分析，将目前有限案件的案件截止日期人工限定为检索终止日期，且定为2016年6月23日。经统计分析可知，目前所有国内申请案件中的授权案件的平均保护年限为8.32年，其中国内申请人的授权案件平均保护年限为5.37年，低于整体水平；国外申请人在华申请案件的平均保护年限为8.70年，高于整体平均水平。而印纸喷墨油墨在以上数据方面均略高于喷墨油墨整体数据，这与印纸喷墨油墨发展较早、有较大量的早期申请、维持年限较长有关。

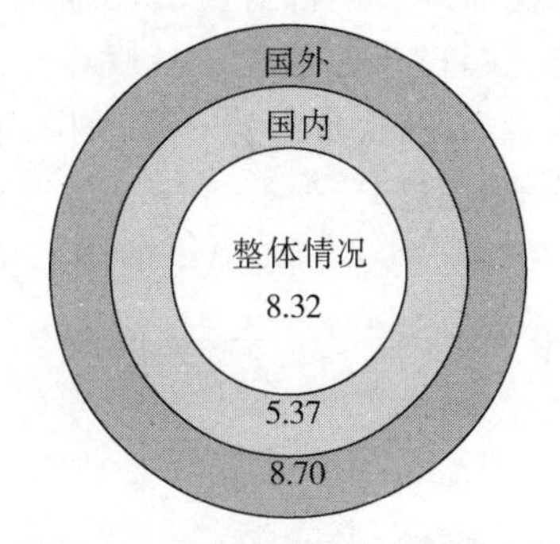

图2-189　印纸喷墨油墨中国专利申请授权案件平均保护年限（单位：年）

而对比该领域国内外申请的保护年限可以看出，国外申请人在华申请专利的平均保护年限明显长于国内申请的年限，对此，除了上述提到的早期申请比较多、维持年限较长的因素以外，更主要的是反映了国外申请人的专利申请质量相对较高，并且通过有针对性的布局可以获得更为宽泛的保护范围，使得专利权价值高，值得长时间维持有效。而由于国内专利申请政策导向等问题，部分专利申请仅仅是为了获得授权，缺乏市场因素来长时间维持有效的动力。可见，国内外申请人的专利权维持年限从一定程度上体现了两者专利价值的差距，这也为国内申请人提出了新的课题，除了通过技术改进和专利申请策略来获得专利授权以外，如何通过合理的保护范围设计和布局，提高授权专利的价值，从而在市场竞争中获得更多的利益，才是申请专利并维持其有效的最终目的所在。

结合图2-190和图2-191可知，国内申请案件中保护年限较多集中在1~5年范围内，其中有144件（59.50%）专利申请的保护年限在该范围内，远高于国外（23.13%）和整体情况（27.26%）的对应比例。而在6~10年保护年限范围内，国外申请的比重最多，占46.64%（共881件），国内申请仅占34.71%（84件）。在11~15年的保护年限范围内国外申请占了其总量的四分之一左右，而国内申请只有其总量的5.79%。对于在16~20年的保护范围内，没有国内申请案件，国外申请案件占其总体情况的4.76%。

在印纸喷墨油墨的中国专利中，有23件保护年限为20年，因专利权期限届满而终止，全部来自国外申请人的在华专利，体现了其在专利质量和价值方面的优势。国内申请人的专利尚未出现年满20年而终止的专利。国外申请人在华专利中，维持年限在6~10年的部分占据46.64%，接近半数，11~15年的部分也有四分之一，再加上届满而终止的部分，中长维持年限的专利占比超过了四分之三，相对于国内申请具有及其明显的优势。反观国内申请，其占比最大的部分为1~5年，接近60%。与先前的分析类似，国内专利申请受政策导向影响严重，少有因经济价值高而长期维持的专利权，这方面有待进一步加强。

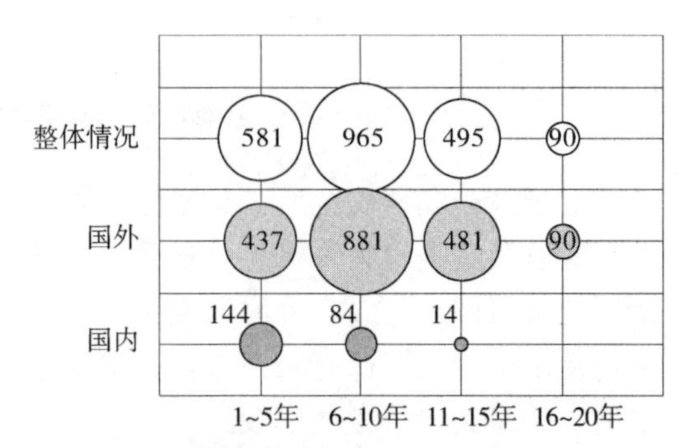

图2-190　印纸喷墨油墨中国专利申请授权案件时间分布（单位：件）

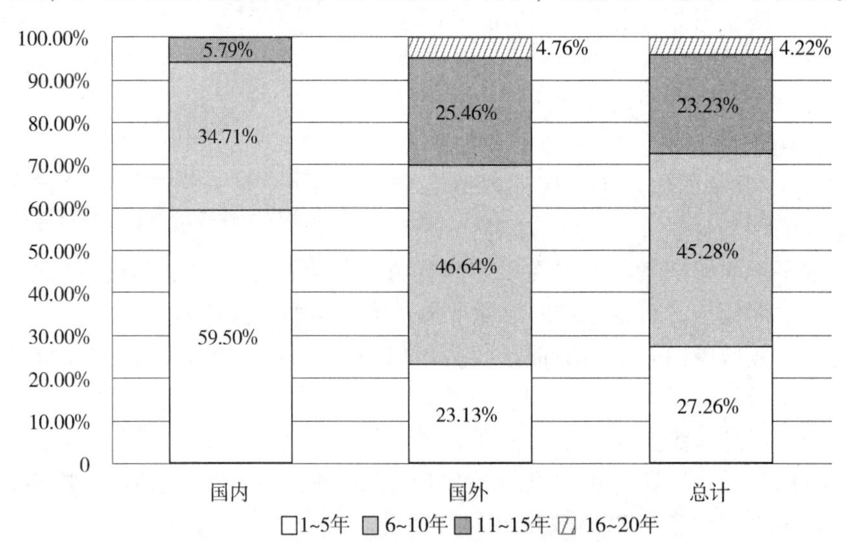

图2-191　印纸喷墨油墨中国专利申请授权案件时间分布

2.2.2.3　专利技术分析

1. 精工爱普生技术分析

(1) 整体技术分析

根据图2-192可知，精工爱普生最早在1979年提出有关水性的印纸喷墨油墨专利，1979~1986年，精工爱普生并未申请关于印纸喷墨油墨的专利，出现了断层式申请模式。1986~1988年这三年均有1件专利申请，分别是关于水性、热熔型和溶剂型的印纸喷墨油墨。1991年之后精工爱普生着重研发水性印纸喷墨油墨，其专利申请量整体上呈增长趋势，虽然增长幅度不大，但是相比于溶剂型、热熔型和UV的印纸喷墨油墨每年专利申请量来看，对水性研发力度以及投入较大。另外，关于UV的印纸喷墨油墨，精工爱普生从1998年才开始申请第一项专利，这说明在基材为印纸时，UV喷墨油墨的起步较晚，现在还处于研发阶段。从图2-193可知，精工爱普生研究水性印纸喷墨油墨的占比达到了72%，溶剂型占比为14%，UV占比为13%，热熔型仅仅为1%，这说明精工爱普生公司比较侧重研究水性印纸喷墨油墨，这与全球不断提倡环保有着密切关系。

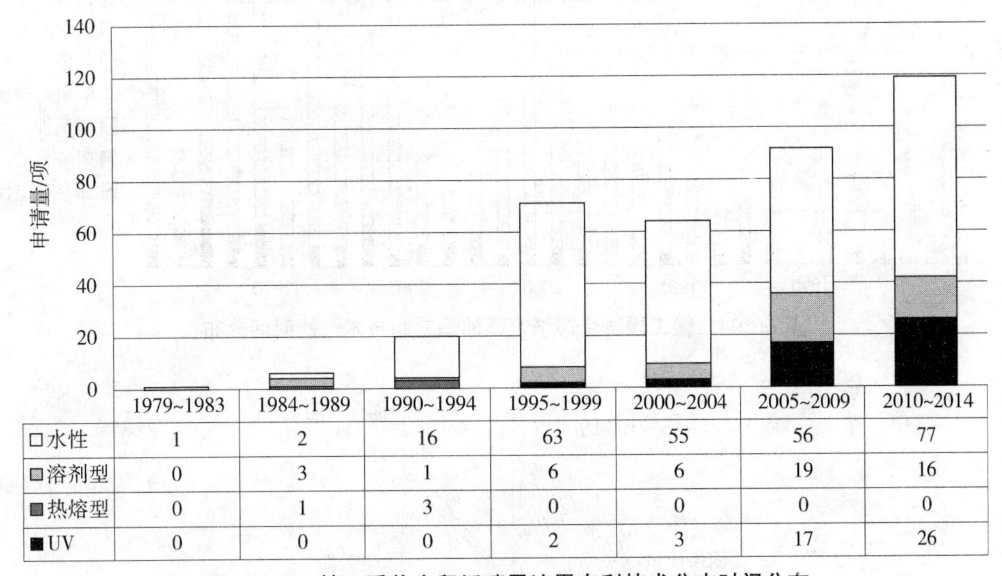

	1979~1983	1984~1989	1990~1994	1995~1999	2000~2004	2005~2009	2010~2014
□水性	1	2	16	63	55	56	77
■溶剂型	0	3	1	6	6	19	16
■热熔型	0	1	3	0	0	0	0
■UV	0	0	0	2	3	17	26

图2-192　精工爱普生印纸喷墨油墨专利技术分支时间分布

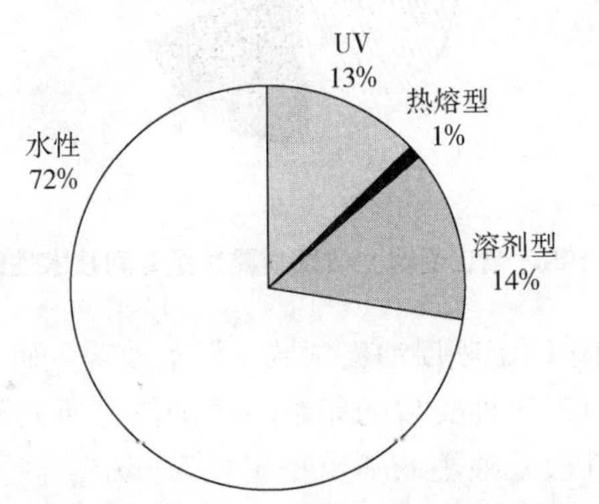

图2-193　精工爱普生印纸喷墨油墨专利技术分支占比

根据图2-194可知，精工爱普生于1979年最早提出的关于印纸喷墨油墨的专利，研究的性能为图像质量，且关于图像质量的专利申请基本上呈增长趋势。这是因为在20世纪80年代，喷墨印刷技术刚刚起步，逐渐拓展喷墨印刷的应用范围，对印纸表面的图像要求不高；而进入90年代之后，全球经济全面发展，喷墨印刷技术也逐渐成熟，其应用越来越广泛，人们对印纸图像质量要求越来越高，因此，1995年起人们的研究重点一直在印纸喷墨的图像质量上。随着全球对环境保护的重视，对印纸喷墨油墨的环保及其他性能的研究也逐渐引起人们重视。由图2-195可知，精工爱普生研究油墨图像质量的专利占比达到了43%，其次为喷出稳定性（20%）、耐久性（18%）、储存稳定性（11%），渗色（3%），附着力和其他（2%），印制品形态仅仅占1%，这说明印纸喷墨油墨的图像质量这一性能依然是现在全球研究热点。

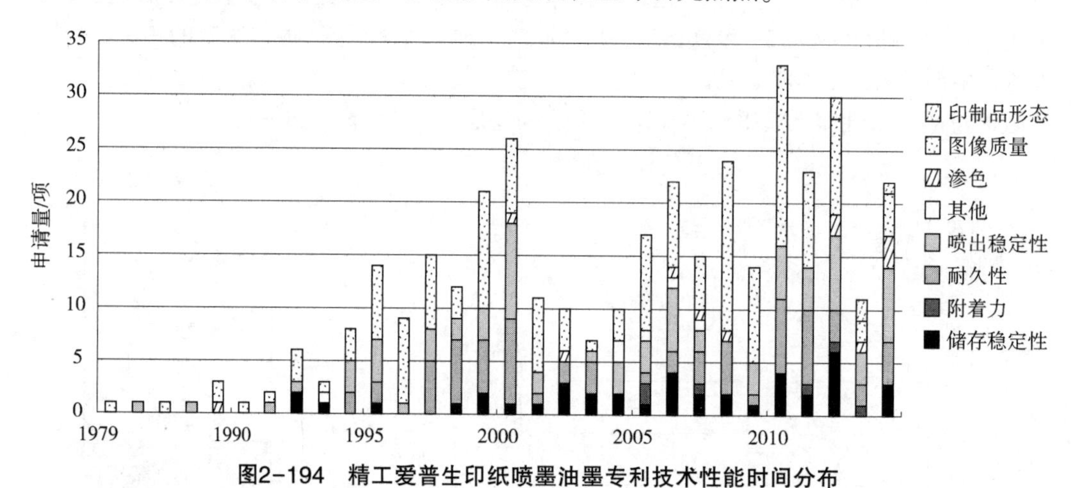

图2-194　精工爱普生印纸喷墨油墨专利技术性能时间分布

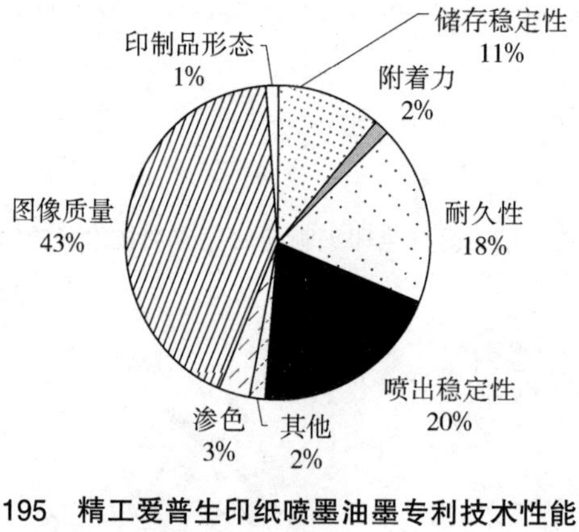

图2-195　精工爱普生印纸喷墨油墨专利技术性能占比

由图2-196可知，对于印纸喷墨油墨领域，精工爱普生研究最多的始终为水性印纸喷墨油墨。同时，无论对于何种类型的印纸喷墨油墨，研究目标和期望性能最多的则均是油墨的图像质量，其次是油墨的喷出稳定性。其中，涉及水性印纸喷墨油墨的图像质量方面的专利申请量共119项，涉及水性印纸喷墨油墨的喷出稳定性方面的专利申请量共 61 项，涉及水性印纸喷墨油墨的耐久性方面的专利申请量共 53 项。可见，关于水性印纸喷墨油墨的专利研究在喷墨领域具有重要地位，目前还是全球研究热点。

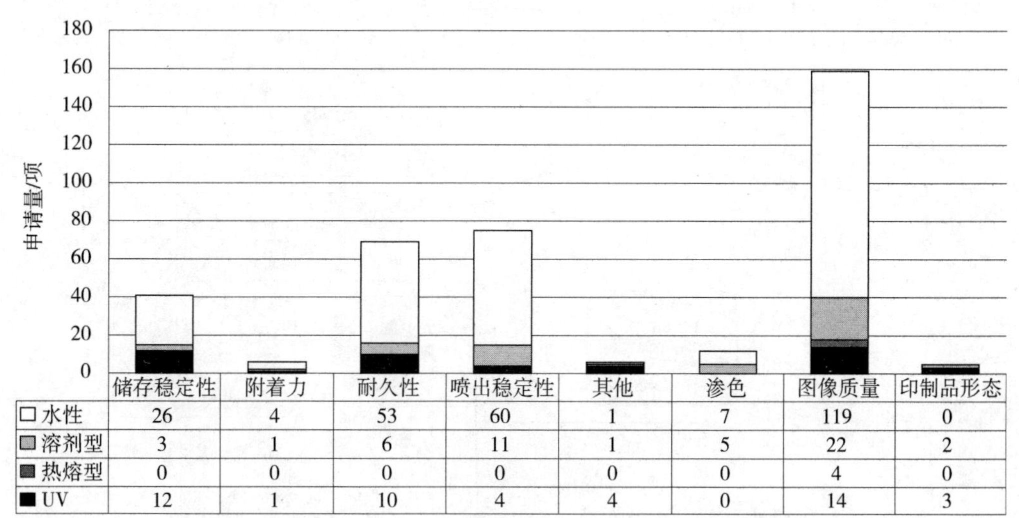

	储存稳定性	附着力	耐久性	喷出稳定性	其他	渗色	图像质量	印制品形态
□水性	26	4	53	60	1	7	119	0
■溶剂型	3	1	6	11	1	5	22	2
■热熔型	0	0	0	0	0	0	4	0
■UV	12	1	10	4	4	0	14	3

图2-196　精工爱普生印纸喷墨油墨专利技术分支-技术性能分布

（2）精工爱普生技术发展路线

精工爱普生作为全球喷墨油墨领域的重点申请人，其在喷墨油墨技术领域占据着举足轻重的位置，在印纸喷墨油墨研究中形成了独特的发展脉络。课题组研究人员以其在五大专利局中同时在三局以上申请的专利作为重点专利，进行系统分析研究。其技术分支主要涉及水性、溶剂型、UV 固化型，解决的主要技术性能问题是图像质量（如色浓度、图像密度、色饱和度、着色性能等）、渗色（主要是不同颜色图案之间的渗色问题）、喷出稳定性、储存稳定性、印制品形态（主要是纸张的皱缩和卷曲等问题）、耐久性（主要是制品的稳定性、耐摩擦性等）、附着力、其他（如快速固化、质感等）。针对上述技术分支和技术性能，课题组研究人员对精工爱普生的印纸喷墨油墨的发展情况作了系统分析。

1）水性。截至检索截止日，精工爱普生共有 281 项同时向三局以上提出的有关水性喷墨油墨重点专利，主要涉及的是改善产品的图像质量、渗色情况、喷出稳定性、储存稳定性和耐久性等方面。针对具体技术性能的专利申请分析如下。

①从 1979 年开始便出现了改善水性油墨图像质量的专利申请。由图2-197可知，1979~2015 年共出现三个研究比较集中的阶段，分别在 1995~1997 年、1999~2002 年、2005~2011 年。如最早优先权为 1996 年、申请号为 EP97102897A 的专利申请，主要通过使用包含色料、无机氧化物胶体和水性溶剂的水性喷墨油墨获得均匀着色的高质量印刷图案。最早优先权为 1999 年、申请号为 JP000544864 的专利申请，通过使用两种不同浓度的水性喷墨油墨配合以达到改善图像质量的目的，最早优先权为 2006 年、申请号为 JP2007065550A 的专利申请，主要涉及一种组合墨液，其至少具备品红色墨液组合物、黄色墨液组合物、和青色墨液组合物，可实现记录于记录介质时的色彩再现性和光泽性的提高。

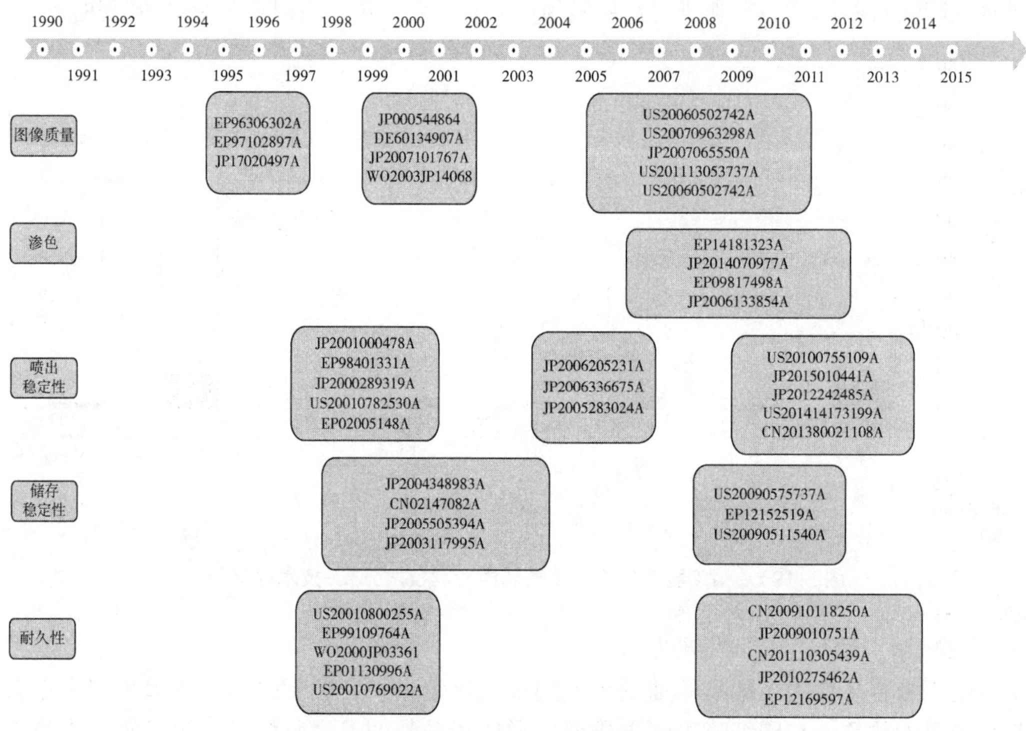

图2-197　精工爱普生水性油墨技术性能分布

②由图2-197可知，改善水性油墨渗色情况的专利申请主要集中在2006~2012年。如最早优先权为2008年、申请号为EP09817498A的专利申请，具体涉及一种喷墨记录用油墨组合物。所述油墨组合物在使用了美术纸等印刷纸的情况下，特别是以低分辨率印刷的情况下也能够实现无渗色、无珠点的高品质图像，并且即使放置在高温低湿环境下，堵塞回复性也优异。喷墨记录用油墨组合物至少含有着色材料、水、难溶于水的链烷二醇和聚亚烷基二醇。

③改善喷出稳定性的专利申请最早出现在1986年。由图2-197可知，研究集中分布在1997~2001年、2004~2006年和2009~2014年三个阶段。如最早优先权为2001年、申请号为JP2001000478A的专利申请，涉及了一种包括两种着色组分的水性喷墨油墨组合物，其中第一种着色组分包括无任何分散剂的情况下可分散在水中的颜料，第二种着色组分包括颜料和分散剂。所得油墨具有良好的喷出稳定性。最早优先权为2006年、申请号为JP2006205231A的专利申请，涉及一种黄色墨液组合物，作为色材，含有通式Ⅰ所示的化合物（黄色系色材）中的至少一种和通式Ⅱ所示的化合物（黄色系色材）中的至少一种。通式Ⅰ中，X_1、X_2、Y_1以及Y_2表示氢原子或氰基，Z_1以及Z_2表示具有芳香环的取代基，R_1以及R_2表示烷基，M表示金属原子。通式Ⅱ中，R表示甲氧基或甲基，A表示1,5-二磺基萘-3-基或1，5,7-三磺基萘-2-基。组合物还可含有非离子型表面活性剂和浸透促进剂。上述专利申请指出其获得的油墨具有稳定的喷出可靠性。最早优先权为2009年、申请号为US20100755109A的专利申请涉及一

种可用于水性喷墨油墨的耐水化铝颜料分散液的制备方法，包括下述工序。在第一有机溶剂中分散铝颜料，添加溶解了聚硅氨烷的第二有机溶剂，使存在于铝颜料表面的羟基与聚硅氨烷反应，在铝颜料的表面形成被覆膜的工序。在形成被覆膜的反应体系中，相对于1质量份铝颜料聚硅氨烷的质量为0.4以下，且聚硅氨烷的总添加量相对于1质量份铝颜料为0.2~0.6。该方法还包括加水使被覆膜致密化而形成致密膜的工序。第一有机溶剂含有二甘醇二乙基醚，第二有机溶剂含有二甲苯，第一有机溶剂和第二有机溶剂还可选择四氢呋喃和甲乙酮中的至少一种。所得油墨同样具有良好的喷出稳定性。

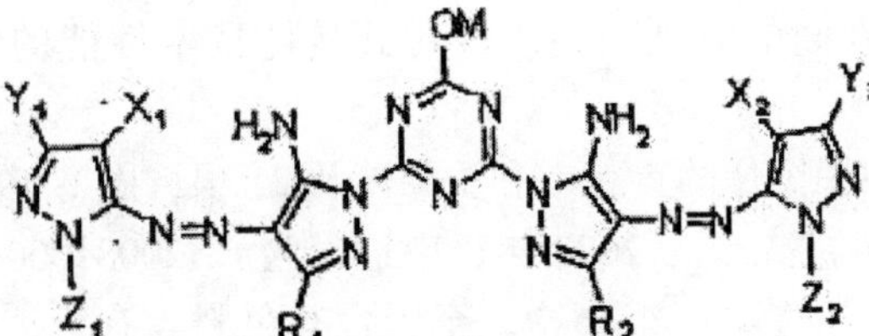

④改善储存稳定性的专利申请最早出现在1992年。由图2-197可知，较为集中研究的阶段为1998~2004年和2008~2012年。如最早优先权为1999年、申请号为JP2004348983A的专利申请，涉及了一种包括铜盐的水性喷墨油墨，其中铜离子浓度控制在10ppm以下，可防止沉淀发生，从而改善产品的储存稳定性。最早优先权为2008年、申请号为US20090575737A的发明专利申请，涉及一种水性喷墨油墨，至少含有水不溶性的着色剂、树脂粒子、硅系表面活性剂、炔二醇系表面活性剂、吡咯烷酮衍生物、1,2-烷二醇类、多元醇类和水，树脂粒子至少含有树脂固定剂粒子和蜡粒子。所得油墨可改善其储存稳定性。

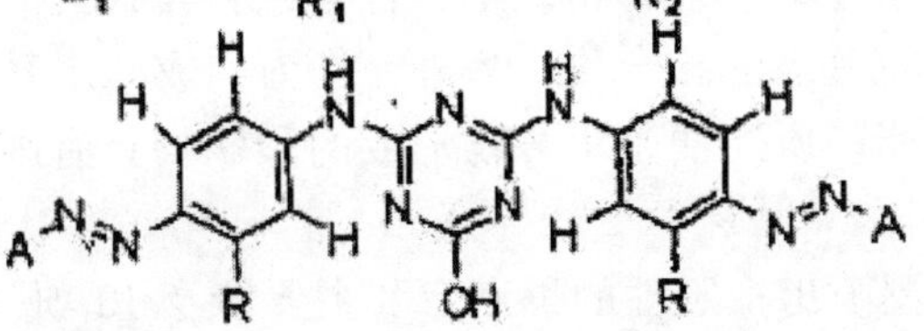

⑤改善耐久性的专利申请最早出现在1994年。由图2-197可知，较为集中研究的阶段为1997~2001年和2007~2014年。如最早优先权为2000年、申请号为US20010800255A的专利申请，公开了一种包括染料油墨和颜料油墨的油墨组，所述油墨组包括一系列具有相同色调，但是针对同一色调具有不同色浓度的油墨，其中至少一种具有较低色浓度的油墨是一种以颜料为着色组分的油墨。所得油墨具有良好的耐摩擦和耐晒性能。最早优先权为2010年、申请号为CN201110305439的专利申请，涉及一种水性白色系油墨组合物，该油墨组合物能够记录出可减少裂痕产生并且耐摩擦性优异的图像。该白色系油墨组合物含有白色系颜料、乙烯醋酸乙烯酯系树脂或者聚烯烃蜡、芴系树脂或者苯乙烯丙烯酸系树脂。

除上述技术性能外，精工爱普生在针对水性喷墨油墨的研究还涉及改善产品的印制品形态等方面的研究。如最早优先权为2009年、申请号为US20100730733的发明专利申请，涉及了一种降低由温度产生的黏度差的同时，具有优异的卷曲、起皱适性、优异的耐渗墨性、两面印刷适性、发色性的油墨组合物及使用该油墨组合物的记录方法、记录物。所述油墨组合物至少包含颜料、保湿剂和占油墨总量的10%～60%的水。保湿剂的含量比A：B：C为1.0：（0.1～1.0）：（1.0～3.5），其中，A选自甘油、1,2,6-己三醇、二乙二醇、三乙二醇、四乙二醇、二丙二醇中的至少1种的化合物，B为三羟甲基丙烷、三羟甲基乙烷的任一种或混合物；C属于甜菜碱类、糖类、脲类并且分子量在100～200的范围内的至少1种化合物。

2）溶剂型。截至检索截止日，精工爱普生共有41项同时向三局以上提出的有关溶剂型喷墨油墨的重点专利，主要涉及的是改善产品的图像质量、喷出稳定性、储存稳定性、耐久性、附着力等方面的专利申请。针对其具体技术性能的专利申请分析如下。

①针对改善溶剂型喷墨油墨图像的重点专利主要涉及21项，图2-198给出了21项重点专利的布局时间。如最早优先权为2007年、申请号为CN200810004072的发明专利申请，涉及一种喷墨记录用油性墨液组合物，至少含有色料、有机溶剂、非水系树脂乳剂。有机溶剂优选使用亚烷基二醇化合物，另外，作为构成非水系树脂乳剂的树脂，优选为聚丙烯酸多元醇树脂。所述油墨组合物形成的印刷物具有画质良好、精细度高等优点。

②针对改善溶剂型喷墨油墨喷出稳定性的重点专利主要涉及10项，图2-198给出了10项重点专利的布局时间。如最早优先权为2007年、申请号为CN200810177859的专利申请，具体涉及一种喷墨记录用油墨组合物及使用该油墨组合物的喷墨记录方法，该发明的喷墨记录用非水系油墨组合物至少含有金属颜料、有机溶剂和具有16.5%～48%的丁基化率的乙酸丁酸纤维素树脂。所述喷墨记录用油墨组合物虽为通过添加树脂进行黏度调整的非水系金属颜料油墨组合物，但其油墨的喷出稳定性及记录介质上的干燥性优异。

③针对改善溶剂型喷墨油墨喷出稳定性的重点专利主要涉及3项，图2-198给出了3项重点专利的布局时间。如最早优先权为2004年、申请号为TW92119579A的专利申请，具体涉及了一种喷墨记录用油性墨组合物，包含一种着色剂和至少质量分数为50%混合溶剂，该溶剂包含1重量份聚乙二醇二烷基醚和0.02～4重量份一种内酯溶剂。该组合物有在聚氯乙烯基材上印刷的适用性，而且是印字品质、印刷稳定性、印字干燥性、油墨保存稳定性全都优异的。

④针对改善溶剂型喷墨油墨储存稳定性的重点专利主要涉及5项，图2-198给出了5项重点专利的布局时间。如最早优先权为2014年、申请号为JP2014000057931的专利申请，具体涉及了一种非水系喷墨油墨，包括有机溶剂、色料和树脂，所述油墨具有良好的耐擦性能。

申请时间	图像质量	喷出稳定性	储存稳定性	耐久性	附着力	快速干燥
1988		SG000090783				
1989	JP000302855			JP5088489A		
1994				JP31697095A		
1995						
1996	JP25678297A					
1998						
1999	US20000541934A US20000560466A					
2000	US20010836435A					
2001						
2002			TW92119579A			
2005	CN200610169914A JP2005368863A WO2006JP322833					
2006	EP10014034A	CN200710163688A	US201213438009A			
2007	CN200810004072A	CN200810177859A				US20080204104A
2008	EP09008909A US20090629911A CN201210512930A US20090545944A					
2009	US20090545944A US20100774748A EP10150312A	JP2009199564A				
2010	US201113014057A	CN201110139812A TW2011000129837				
2011			CN201210559260A	JP2011073581A		
2012	JP2012083623A US201313749871A	JP2012020357A US201314066994A				
2013	JP2013181894A				JP2013036778	
2014		JP2014000187766 JP2014065432A		JP2014000057931 US201514967710A		

图2-198 精工爱普生溶剂型油墨技术性能分布

⑤精工爱普生对于溶剂型油墨的改进还包括改善油墨对基材的附着性和干燥速度等方面的性能。如最早优先权为2013年、申请号为JP2013036778的专利申请，涉及了一种包括树脂和溶剂的喷墨油墨组合物，可提高图像层的紧贴性能。最早优先权为

2007年、申请号为US20080204104的专利申请，涉及一种提高了液滴干燥效率的油墨组合物、使用该油墨组合物形成图案的方法以及液滴喷出装置。该发明中，将包含导电性微粒子15A、分散介质15B和通过接受光开始燃烧反应的燃烧物15C的油墨组合物制成液滴D并喷出至基板S上，在喷出面Sa上形成液状图案15P。然后，向液状图案15P上照射红外激光B，通过使燃烧物15C中含有的红外线吸收色素CM和氧气CG开始进行燃烧反应来干燥液状图案15P，从而形成导电性图案。所述油墨组合物，可使液滴干燥效率提高。

3）UV固化。截至检索截止日，精工爱普生共有47项同时向三局以上提出的关于UV固化型喷墨油墨的专利申请，主要涉及的是改善产品的图像质量、喷出稳定性、储存稳定性、印制品形态、耐久性、固化性能等方面。针对具体技术性能的专利申请分析如下。

①针对改善UV固化性喷墨油墨图像质量的重点专利主要涉及15项，图2-199给出了15项重点专利的布局时间。如最早优先权为2006年、申请号为EP07024545A的专利申请涉及一种固化性、固定性比较出色的双组分型组合光固化墨液组合物。所述墨液组合物是至少含有光自由基聚合引发剂和自由基聚合性化合物而不含有色料的墨液组合物A，与至少含有色料和自由基聚合性化合物而不含有光自由基聚合引发剂的墨液组合物B的双组分型组合光固化墨液组合物。其中，在任意一方或双方中含有分散在自由基聚合性化合物中的树脂乳剂。所得油墨形成的图像可清楚分辨打印部和非打印部的边界，即具有良好的图像质量。最早优先权为2010年、申请号为CN201110071746A的专利申请涉及的喷墨用光固化型墨组合物含有胆甾醇型液晶聚合物、聚合性化合物和光聚合引发剂。本发明涉及的喷墨记录方法包括以下工序：使用喷墨记录装置将上述喷墨用光固化型墨组合物排到记录介质上；对排出来的上述光固化型墨组合物照射来自光源的发光峰波长在350~430nm的范围的光。上述申请涉及的技术方案可形成具有光辉性的图像。

②针对改善UV固化性喷墨油墨喷出稳定性的重点专利主要涉及3项，图2-199给出了3项重点专利的布局时间。如最早优先权为2000年、申请号为TW90101924A的专利申请涉及一种水性UV固化喷墨油墨，包括在低聚物颗粒中胶乳化的低聚物颗粒和单体、光聚合引发剂和水性介质。所述油墨进一步包含质量分数为0.1%~10%的极性溶剂，所述溶剂选自N-吡咯烷酮、N-丙烯酸基吗啉、N-乙烯基-2-吡咯烷酮。所述油墨具有良好的喷出稳定性。

③针对改善UV固化性喷墨油墨储存稳定性的重点专利主要涉及13项，图2-199给出了13项重点专利的布局时间。如最早优先权为2005年、申请号为EP06025123A的专利申请涉及一种UV固化喷墨油墨，包括树枝状聚合物和可光聚合物化合物。所得油墨具有良好的图像固化性能和储存稳定性。

④针对改善UV固化性喷墨油墨印制品形态的重点专利主要涉及4项，图2-199给出了4项重点专利的布局时间。如最早优先权为2012年、申请号为EP15166018A的专利申请涉及一种能够防止固化皱褶产生的喷墨记录方法。上述喷墨记录方法包括：喷出工序，包括将含有自由基光聚合引发剂和自由基聚合性化合物且波长395nm的透射

率为1%以下的自由基聚合反应型的第1紫外线固化型油墨喷出到被记录介质上；固化工序，包括对着落于上述被记录介质的上述第1紫外线固化型油墨照射紫外线，使该油墨固化。在上述固化工序中，最初照射紫外线的光源是照射的紫外线的峰值强度为800mW/cm^{2}以上的紫外线发光二极管。所述油墨配合所述喷墨记录方法，可防止固化皱褶的产生。

⑤针对改善UV固化性喷墨油墨耐久性的重点专利主要涉及9项，图2-199中给出了9项重点专利的布局时间。如最早优先权为1999年、申请号为EP00302099A的专利申请涉及一种可光固化油墨组合物，包括色料、氨基甲酸酯低聚物、具有三个以上反应性基团的单体、光聚合引发剂和水性溶剂。所得油墨可提高涂层的强度和耐化学性能等。

⑥精工爱普生公司对于溶剂型油墨的改进还包括改善固化性能等方面的专利。如最早优先权为2004年、申请号为JP2005339143A的专利申请涉及一种喷墨油墨组合物，至少含有聚合性化合物、光聚合引发剂和荧光增白剂。其中，荧光增白剂含有苯并唑衍生物，光聚合引发剂的吸收波段和荧光增白剂的发光波段具有相互重叠的部分。所得油墨适于使用发光峰的波长方向宽度极窄的紫外线LED的紫外线照射/固化，没有因色材成分对紫外线散射/吸收的影响所导致的固化不良，可得到良好的印刷结果。

4）小结。精工爱普生作为全球最具影响力的喷墨油墨生产公司之一，其在喷墨研究的主要方向对全球发展有着一定的借鉴意义。根据上述专利分析可知，首先，精工爱普生的重点研究对象为水性喷墨油墨，其着重关注的则是改善图像质量，如色浓度和光泽度等。其次，精工爱普生还投入了一定精力在UV固化性喷墨油墨和溶剂型油墨的研究过程中，其中着重技术问题除改善图像质量外，还包括改善喷出稳定性、储存稳定性、印制品形态、耐久性和固化性能等方面。我国国内申请人可在对精工爱普生的重点专利进行研究的基础上，通过自己的努力，不断探索出可进一步改善油墨相关性能的具有一定创造性的技术方案，并注重专利保护，规避专利侵权的同时，需要注重对自己的研究成果进行保护。

2. 纸张喷墨油墨中国专利技术分析

课题组研究人员对中国申请人关于纸张喷墨油墨的专利申请的总体数据进行分析，并通过检索摘取366件尤为相关的中文文献进行系统化专利技术分析。在分析过程中根据具体的油墨类型对纸张喷墨技术进行技术分解，主要分为水性、溶剂型、辐射固化型和通用型，其中通用型油墨的专利申请主要涉及一些发明关键点在于油墨中相应组分和原料的选择、可应用任何油墨体系的专利申请。针对上述具体技术分支，课题组研究人员对中国本土申请人的中国申请中有关喷墨油墨的专利申请的发展状况进行系统化分析和研究。

申请时间	图像质量	喷出稳定性	储存稳定性	印制品形态	耐久性	固化性能
1998						
1999					EP00302099A	
2000		TW90101924A				
2004						JP2005339143A JP2004211333A
2005	US20090922684 JP2005364318A		EP06025123A JP2005234053A			JP2006058694A
2006	EP07024545A EP07016211A US20070901083A		JP2007167252A JP2007198887A WO2007JP53801		JP2007168536A EP12183914A	
2007			JP2008030637A JP2011189460A		JP2008292373A	
2009	CN201010265958A					
2010	CN201110071746A JP2011204287A US201113025663A	CN201110407244A	US201113070781A		CN201310100179A	
2011	US201213472876A JP2011063045A	JP2012024889A			CN200710196632A JP2010011843A EP12175193A	
2012	EP13178821A CN201310036733A TW2013000115168 US201313781209A		EP13153233A EP13195519A US201314085329A US201314094539A	EP15166018A EP13161409A US201213458184A	US201213471785A	
2013				JP2013230638A		
2014			JP2014000070059			

图2-199 精工爱普生 UV 固化型油墨技术性能分布

从图2-200可知，水性喷墨油墨为纸张喷墨油墨的重点研究对象，占总体的60%，其次为溶剂型喷墨油墨，占比为22%，最后为辐射固化型喷墨油墨和通用型喷墨油墨，各占9%。由此可知，我国纸张喷墨油墨的技术重点在于水性喷墨油墨的研究，主要是改善水性喷墨油墨的稳定性、耐久性（即耐水性、耐候性）、图像质量以及印制品形态（如防皱

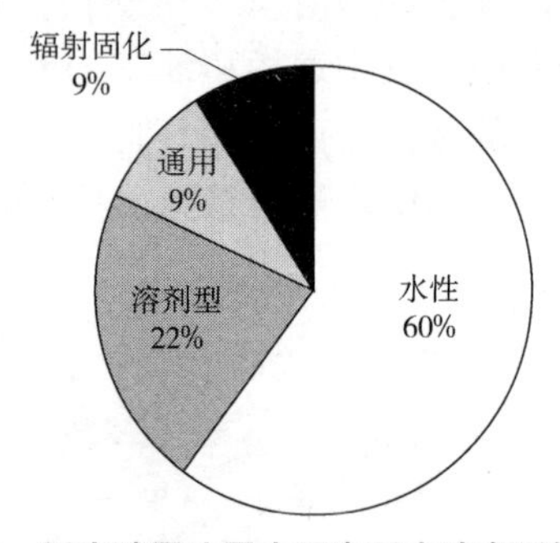

图2-200 纸张喷墨油墨中国专利申请专利技术分布

缩、卷曲等情况出现）。根据目前的专利技术构成情况，国内申请人可以根据已有的喷墨技术，结合自己的研究方向和市场渗透方向，合理调整自己的产业结构。此外，我国申请人在纸张喷墨油墨的各个技术分支进行突破性研究，并获得一定研究成果的同时，需注意及时申请专利，对自己的研究成果进行及时保护，从而有效保护自己的利益。

（1）技术分支时间分布

由图2-201可看出，纸张喷墨油墨的发展大体可分为萌芽期（2000年以前）、发展期（2001~2009年）和高潮期（2010年至今）三个阶段。萌芽期每年专利申请量较少，基本在3件以下；发展期基本保持在30件以下；到了高潮期，迅速达到2011年的48件和2012年的43件。

经过大约20年的积累，各技术分支的专利申请总量达366件；其中，水性油墨为220件，溶剂型油墨80件，辐射固化和通用型油墨各33件。从中不难看出，随着全球对环保性能的要求，相比于其他技术分支，我国本土的水性油墨在30年的时间里得到快速发展，成为喷墨油墨最重要的技术分支。这与各技术分支相关技术的发展密不可分。

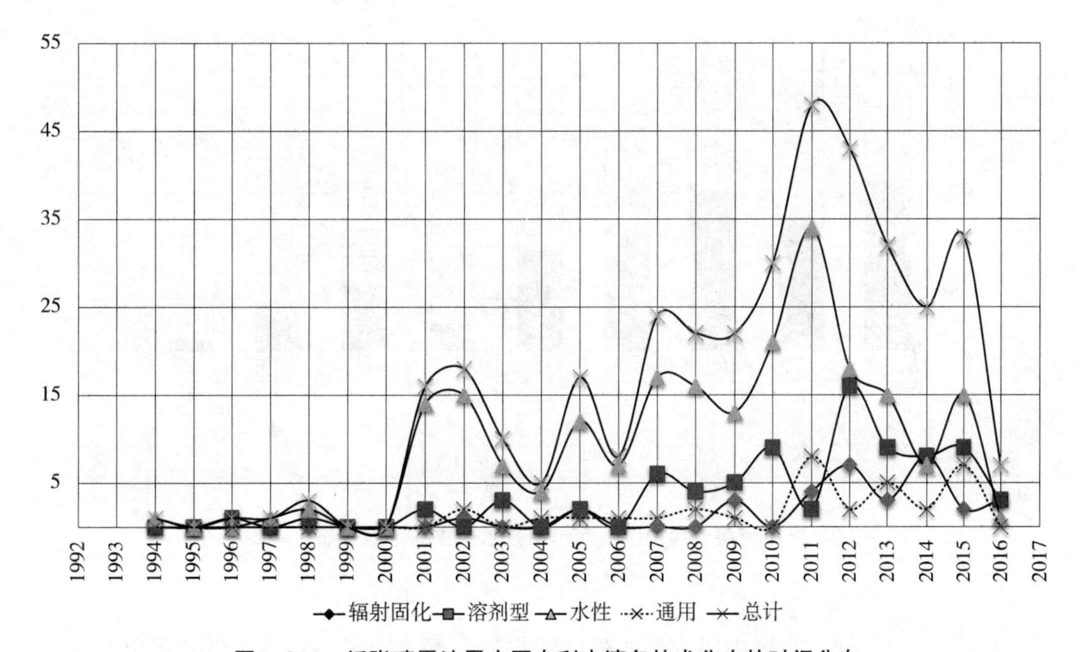

图2-201　纸张喷墨油墨中国专利申请各技术分支的时间分布

从图2-201还可看出，各技术分支又有其独特的成长特点。水性油墨是我国申请人研究最早、最为活跃、关注度最高的技术分支，自1992年开始出现专利申请（即北京亚超新技术公司于1994年申请的专利申请号为CN94103462、发明名称为“水溶性喷墨打印黑墨水”的专利申请）。自2001年开始步入发展期，专利申请量相比其他技术分支占据着主要优势，并于2007年出现了专利申请的小高峰，年专利申请量达17件。进入发展高潮期后，在2011年达到专利申请量最高峰，年申请量达到34件。溶剂型、辐射固化和通用型喷墨油墨的发展较水性油墨起步较晚，于1996~2002年才先后出现相关专利申请，并且在专利申请量上也远落后于水性油墨的研究。由此可见，水性油墨仍然为纸张喷墨油墨的主流技术，我国申请人应对其投入更多精力进行研究，并努力创造出更多创造性的专利申请，成为我国喷墨油墨发展的主要助推力。

（2）技术分支地域分布

由图2-202可知，在纸张喷墨油墨的研究中广东在全国范围内占据着首要地位。其中，广东、北京、台湾、上海、天津、江苏、辽宁等地涉及所有技术分支的专利技术。对于水性油墨的研究，广东最多（35件），其次为台湾（33件）。溶剂型油墨的研究北京最多（18件），其次为广东。广东对辐射固化性油墨的研究也占全国的首位，其次为北京（7件）。通用型油墨的研究以上海地区为首（7件），其次为北京（6件）。由图可知，全国油墨重点研究地区，如广东、上海、台湾、北京，在纸张喷墨油墨的研究上也较为突出，其中大部分地区重点也均在于对水性油墨的研究。以广东尤为突出，在水性油墨和辐射固化型油墨的研究过程中均占全国首位，可见其已成为我国纸张喷墨油墨研究的重点地区，是我国纸张喷墨油墨的研究和发展的主力军。

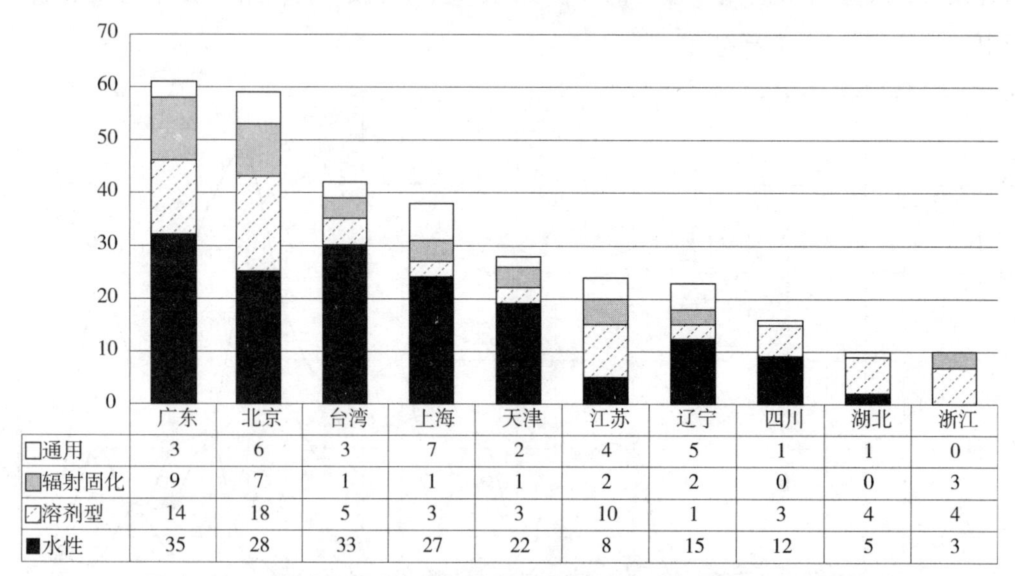

	广东	北京	台湾	上海	天津	江苏	辽宁	四川	湖北	浙江
□通用	3	6	3	7	2	4	5	1	1	0
■辐射固化	9	7	1	1	1	2	2	0	0	3
▨溶剂型	14	18	5	3	3	10	1	3	4	4
■水性	35	28	33	27	22	8	15	12	5	3

图2-202　纸张喷墨油墨中国专利申请技术分支的地域分布（单位：件）

（3）技术分支申请人分布

由图2-203可知，在国内研究纸张喷墨油墨的前五名申请人均在水性油墨领域开展了一定程度的研究工作。如天津兆阳纳米科技有限公司在2007年申请的专利申请号为CN200710195100、发明名称为“一种喷墨打印颜料墨水”的发明专利申请，具体涉及一种喷墨打印颜料墨水，是由色浆、树脂、pH调节剂和去离子水混合组成，其特征在于色浆重量百分组成为10%~50%，树脂重量百分组成为0.1%~3%，pH调节剂重量百分组成为0.1%~2%，其余为去离子水。本发明的优越性和技术效果在于通过对所添加树脂的改变可以达到满意的耐擦性，打印完成后用手指在印刷品表面涂抹不留下痕迹；在保证耐擦性的同时获得较强的光泽感；而且添加树脂后不会影响墨水的稳定性和干燥时间。

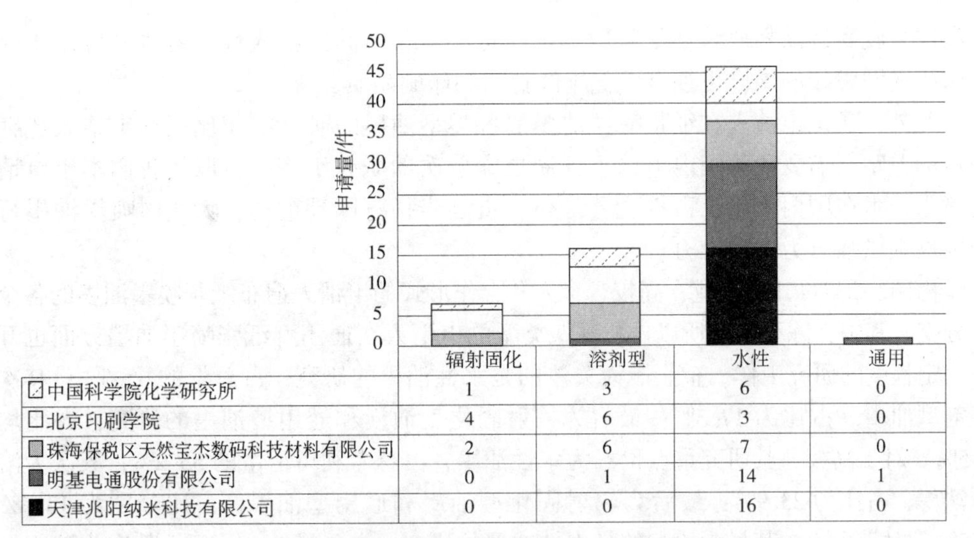

	辐射固化	溶剂型	水性	通用
中国科学院化学研究所	1	3	6	0
北京印刷学院	4	6	3	0
珠海保税区天然宝杰数码科技材料有限公司	2	6	7	0
明基电通股份有限公司	0	1	14	1
天津兆阳纳米科技有限公司	0	0	16	0

图2-203 纸张喷墨油墨中国专利申请各申请人技术分支分布

其他申请人在溶剂型油墨领域也开展了一部分研究工作。如珠海保税区天然宝杰数码科技材料有限公司于2007年申请的专利申请号为CN200710032340、发明名称为“一种油墨组合物及喷墨记录方法”的发明专利申请，具体涉及一种油墨组合物，包含：染料和有机溶剂混合物，其中相对于油墨组合物的总重量，有机溶剂混合物包括质量分数为44%~70%的碳氢溶剂碳氢溶剂和质量分数为10%~30%的不饱和脂肪酸。其具有优良的耐水性能，且腐蚀性小，可用于水型喷墨打印装置。一种喷墨记录方法，用水型喷墨记录装置打印前述油墨组合物。

珠海保税区天然宝杰数码科技材料有限公司、北京印刷学院和中国科学院化学研究所均在辐射固化油墨领域开展了一定的研究工作，其中主要涉及的是UV固化油墨的研究。如北京印刷学院在2012年申请的专利申请号为CN201210408370、发明名称为“一种用于高速喷墨印刷的品红UV喷墨油墨及其制备方法”的专利申请，具体涉及了一种用于高速喷墨印刷的品红UV喷墨油墨及其制备方法，其承印材料主要为纸张类，属于数字印刷技术领域。油墨的组成和重量配比为：色浆15~30份，单体20~35份，成膜树脂40~50份，光引发剂1~10份；色浆配方中品红颜料10~25份，预聚物15~30份，单体40~60份，分散剂4~10份。本发明的油墨可通过搅拌和高速研磨的方法制备。本发明品红UV喷墨油墨符合喷墨印刷的要求，粒径小于0.5μm，黏度为20~30cP（25℃），表面张力为20~35mN/m（25℃），固化速度为30~50m/min（光源线功率为200W/cm），电导率为<18μs/cm。

对于通用型油墨，在前五名主要申请人中只有台湾地区的明基电通股份有限公司于2002年申请了一篇专利申请号为CN02104692、发明名称为“含微胶囊紫外线吸收剂的墨水组合物及其制备方法”的发明专利申请，具体涉及一种具有微胶囊化紫外线吸收剂的墨水，此墨水组合物包含：微胶囊化紫外线吸收剂、分散剂、乳化剂、至少一种提供墨水颜色的色料及一媒介物等。本发明是在喷墨墨水或网版印刷专用墨水中添加微胶囊紫外线吸收剂，无论是水性系统还是溶剂型系统，不但可以增加光坚牢度，还利用微胶囊逐渐释放紫外线吸收剂，更可维持长时间的抗光性。若将其应用于喷墨打印机或网版印刷中，可拥有较优越的打印和印刷品质。

此外，我国申请人在纸张喷墨油墨的各类型油墨的研究中相比国外申请人还存在一定的差距，需要我国国内申请人开展更深层次的研究工作，争取使我们本土申请人的喷墨技术在国内市场上占据主导地位，再逐步拓宽国外市场，为我国喷墨油墨行业的发展提供强有力的助推力。

由图2-204可知，企业、高校、个人和合作形式的申请人遍布纸张喷墨油墨的各个技术分支。其中，除科研院所以外，其他类型的申请人在通用型纸张喷墨油墨方面也开展了一定程度的研究工作。企业最为关注的是水性油墨的研究，占总量的65.5%；其次为溶剂型油墨，占比为17.5%；最后为辐射固化型油墨和通用型油墨的研究，占比均为8.5%。对于高校，其研究重点仍然为水性油墨，占总专利申请量的55.2%；其次为溶剂型油墨，占比为23.9%；最后为辐射固化型油墨和通用型油墨，占比分别为13.4%和7.5%。对于个人，其最为关注的是水性油墨的研究，占总量的51.4%；其次为溶剂型油墨，占比为32.4%；最后为辐射固化型油墨和通用型油墨的研究，占比均为8.1%。对于合作形式的专利申请人，其最为关注的是水性油墨的研究，占总量的53.1%；其次为溶剂型油墨，占比为18.8%；最后为辐射固化型油墨和通用型油墨的研究，占比分别为6.3%和21.9%。对于科研院所，其最为关注的是水性油墨和溶剂型油墨的研究，占比均为47.4%；其次为辐射固化型油墨，占比为5.2%。由图还可知，在纸张喷墨油墨的各个技术分支均存在合作类型的申请人，主要涉及企业-企业、企业-高校、个人-个人、高校-科研院所、高校-高校的合作。其中企业-高校的合作情况最多。由于高校多以理论研究为主，该类型合作模式的不断推进，进一步说明我国纸张喷墨油墨在产学研方面的合作在不断发展。各大高校将强有力的理论研究成果提供给合作的企业，为企业进一步生产实践提高理论指导，企业实践的结果进一步指导理论研究，从而实现产学研的完美结合，在一定程度上促进新产品和新技术在产业上的诞生和推广。此外，企业-企业的合作也在我国合作模式申请中占据着重要地位，足以说明国内已经出现企业之间强强联合的情况，这种强强合作将成为纸张喷墨油墨技术飞速发展的主要助推力。

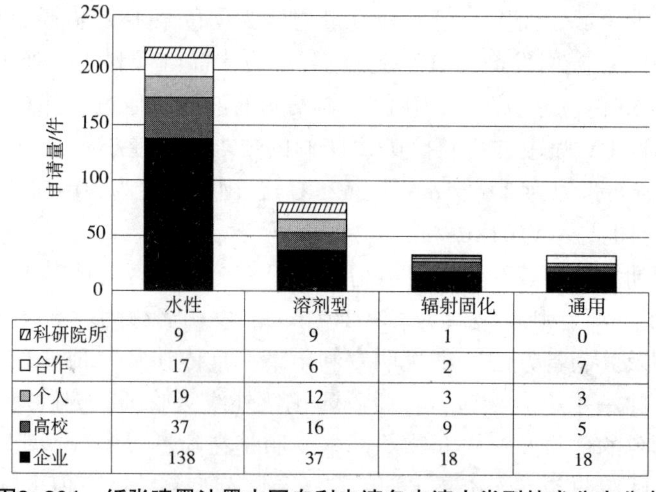

	水性	溶剂型	辐射固化	通用
科研院所	9	9	1	0
合作	17	6	2	7
个人	19	12	3	3
高校	37	16	9	5
企业	138	37	18	18

图2-204 纸张喷墨油墨中国专利申请各申请人类型技术分支分布

(4) 技术分支法律状态分布

由图2-205可知，授权率最高的技术分支为水性喷墨油墨，授权率为 55.4%，其中 38.6%处于授权有效阶段。如上海纳诺微新材料科技有限公司于 2003 年申请的专利申请号为 CN200310108155、发明名称为“一种水性颜料墨水及制造方法”的专利申请，涉及一种水性颜料墨水及其制造方法。它（按照重量百分比）包括分散性颜料 1.0%～15.0%、改性聚醚 0.1%～10.0%和水性溶剂 75%～98.9%。制造方法是先将分散性颜料、改性聚醚、水性溶剂高速分散混合，再经高压碰撞机处理得到母液，再加保湿剂、杀菌剂、pH 调节剂、表面活性剂混合稀释而成。本发明能够解决染料型墨水不耐水、不耐晒的缺点，以及现有颜料型墨水干燥速度不是很快、墨水与载体间的附着力不大的技术问题，而且能够有效地保证书写时不断水、喷印时不堵口。

辐射固化型喷墨油墨授权率为 54.5%，其中 51.5%处于授权有效阶段。如上海英威喷墨科技有限公司于 2009 年申请的专利申请号为 CN200910199872、发明名称为“一种大型喷绘机用紫外光固化油墨及其制备方法”的专利申请，涉及一种大型喷绘机用紫外光固化油墨及其制备方法。按质量百分比组成，该油墨包括：7%～15%颜料色浆、1%～15%预聚物、30%～75%颜料单体和 3%～20%光引发剂。其制备方法包括：在避光的条件下，将 7%～15%颜料色浆、1%～15%预聚物、30%～75%颜料单体和 3%～20%光引发剂混合，乳化 30～180min，均匀分散后，用孔径为 0.2～2μm 的微孔滤膜过滤即得。该油墨无挥发性溶剂、对环境污染小、能源消耗少、打印流畅性好、固化速率快、图案色泽亮丽、打印底材适用性范围广，制备工艺简单。

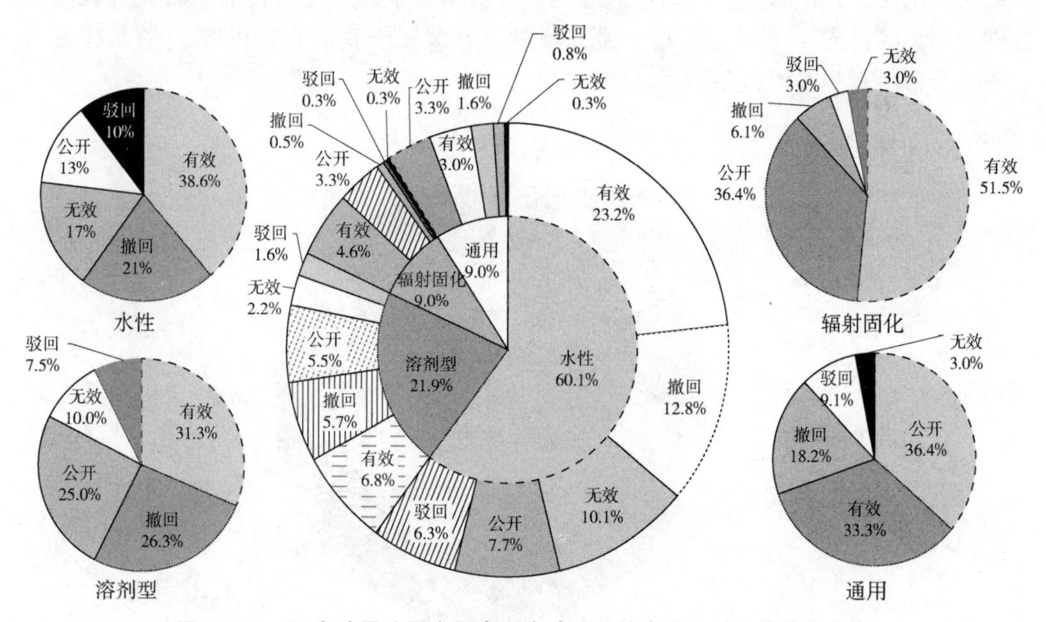

图2-205　纸张喷墨油墨中国专利申请不同技术分支的法律状态分布

溶剂型油墨授权率为 41.3%，其中 31.3%处于授权有效阶段。如珠海保税区天然宝杰数码科技材料有限公司于 2007 年申请的专利申请号为 CN200710032340、发明名称为“一种油墨组合物及喷墨记录方法”的专利申请，涉及一种油墨组合物，包含染料和有机溶剂混合物，其中有机溶剂混合物包括碳氢溶剂和不饱和脂肪酸。其具有优良的耐水性能，且腐蚀性小，可用于水型喷墨打印装置。专利还涉及一种喷墨记录方法，用水型喷墨记录装置打印前述油墨组合物。

我国国内专利申请中，水性油墨和溶剂型油墨的撤回率均处于20%以上，这主要是两部分原因导致的。一方面是我国国内专利申请质量不高，在与审查员沟通后，发现无授权前景，即放弃进一步修改和补正的机会，导致专利申请被撤回。另一方面是我国国内申请人对知识产权的意识还不够强烈，只注重专利申请，对专利是否授权并不看重，导致在后续各审查环节中放弃对专利申请的修改，或者对审查员意见不予理睬，从而导致专利被撤回。

由图2-206可知，国内申请人的授权案件中保护年限均较短，其中水性油墨保护年限在11年以上的专利申请只有10件，占总授权案件的8%；溶剂型油墨保护年限在11年以上的专利申请只有1件，占总授权案件的3%；辐射固化型喷墨油墨的保护年限最长为10年；通用型油墨保护年限在11年以上的专利申请只有1件，占其总授权案件的8%。我国国内申请案件保护年限较短的主要原因在于我国国内申请人专利保护意识不够强烈，不懂得利用自己的技术进行专利申请并进行系统化专利布局，并且我国在喷墨油墨的关键技术水平上还处于相对落后的地位。由此可知，提高我国国内掌握喷墨油墨相关技术的企业、个人等类型的技术载体的专利保护意识，同时提高申请人的创造性水平是摆脱现在被国外申请人牵制的主要方法之一。而高价值且有创造性的专利申请是理论与实践不断完善的结晶。因此，我国本土申请人应从目前的研究现状出发，在理论知识的指导下，不断探索实践，创造出更多属于我们自己的高质量专利技术，并进行合理的专利布局，保护自己的既得利益。

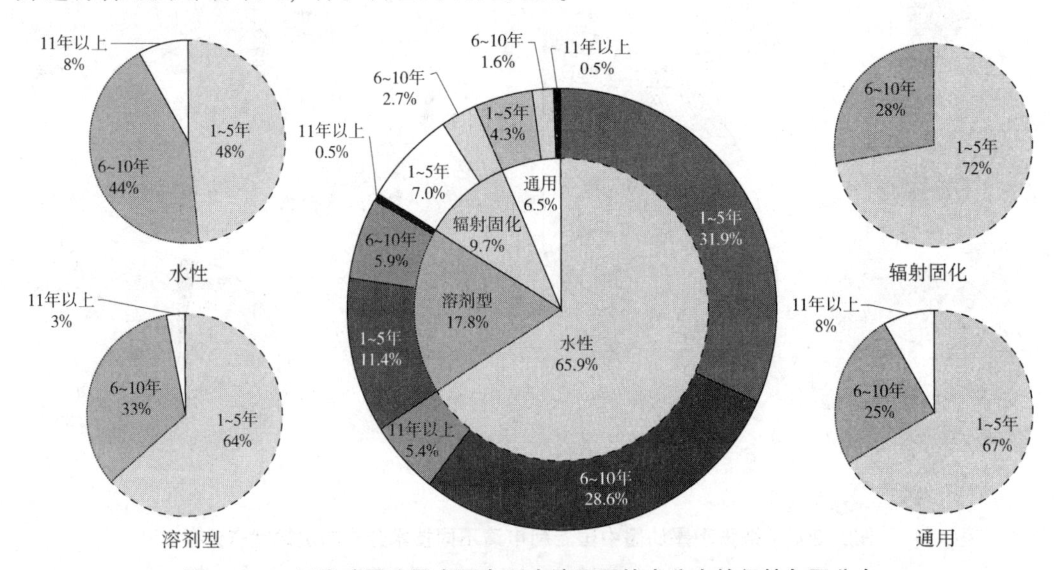

图2-206 纸张喷墨油墨中国专利申请不同技术分支的保护年限分布

我国国内申请人针对纸张喷墨油墨的专利申请研究重点与全球纸张喷墨油墨的研

究重点相一致，均为水性油墨的研究，并且对全球范围的主流技术分支，即辐射固化、溶剂型油墨和通用型油墨均有不同程度的涉及。但是我国目前针对国内专利申请仍然存在专利申请量小、质量低下等问题。因此，加快该领域的研究、并提高专利申请质量仍然是今后乃至长期发展过程中的重中之重。

3. 纸张喷墨油墨技术路线发展分析

根据 SHIH 喷墨油墨在纸张印刷领域的全球专利数据，本书梳理了 SHIH 纸张喷墨油墨领域技术发展路线，如图2-207 所示，重点从热熔、辐射固化、溶剂和水性这几个技术方面作为切入点，研究了不同时期热熔、辐射固化、溶剂和水性在图像质量、耐久性、喷出稳定性和储存稳定性等方面的发展态势。

SHIH 在纸张喷墨油墨最早的专利申请是 1981 年的 EP0027709A1 水性喷墨油墨，主要针对改善喷墨油墨在纸张上的图像质量；1989 年的 US5124719A 热熔型喷墨油墨，也针对图像质量的改善；1990 年的 JPH0297578A 和 EP0385738A2 的溶剂性喷墨油墨，针对喷出稳定性和渗色方面的研究；随着辐射固化喷墨油墨的蓬勃发展，2000 年左右 SHIH 也着手辐射固化喷墨油墨的研发（WO9967337A1），主要针对改善喷墨油墨在纸张上的耐久性等。

在 SHIH 的技术发展中，热熔型喷墨油墨最早进入发展期，1992~1994 年在于图像质量方面的研究；水性喷墨油墨 1996 年进入发展期，至 2009 年主要以图像质量、喷出稳定性和耐久性为重点研发方向；溶剂型喷墨油墨 2000~2008 年主要以图像质量的研发为主；辐射固化喷墨油墨 2006 年才进入发展期，至 2013 年主要以图像质量、耐久性和存储稳定性为研发重点。

基于热熔型喷墨油墨在纸张上应用的局限性，1994 年后，SHIH 停止了热熔型喷墨油墨的研发。最早进入成熟期的是水性喷墨油墨，2010 年至今，除了图像质量、喷出稳定性和耐久性仍是其重点研发方向外，SHIH 开始关注水性喷墨油墨在纸张上的渗色问题；2011 年至今，溶剂型喷墨油墨的研发重点由发展期的图像质量转为喷出稳定性；2014 年至今，辐射固化的图像质量和存储稳定性是目前的研发重点。

根据 HEWP 喷墨油墨在纸张印刷领域的全球专利数据，本书梳理了 HEWP 纸张喷墨油墨领域技术发展路线，如图2-208所示，重点从热熔、辐射固化、油墨组、溶剂和水性这几个技术方面作为切入点，研究了不同时期热熔、辐射固化、油墨组、溶剂和水性在图像质量、耐久性、喷出稳定性和储存稳定性等方面的发展态势。

HEWP 在纸张喷墨油墨最早的专利申请是 1982 年的 EP0109754 热熔性喷墨油墨，主要针对改善喷墨油墨在纸张上的图像质量；1985 年的 US4685968A 和 US4791165A 的水性喷墨油墨，其主要针对喷出稳定性、图像质量方面的改进；1986 年的 DE3789698D1 和 US4694302A 的溶剂型喷墨油墨，针对喷出稳定性和图像质量方面的研究；1989 年 EP0407054A1 研究图像质量的辐射固化；1991~1998 年主要在于解决不同油墨间的渗色问题。

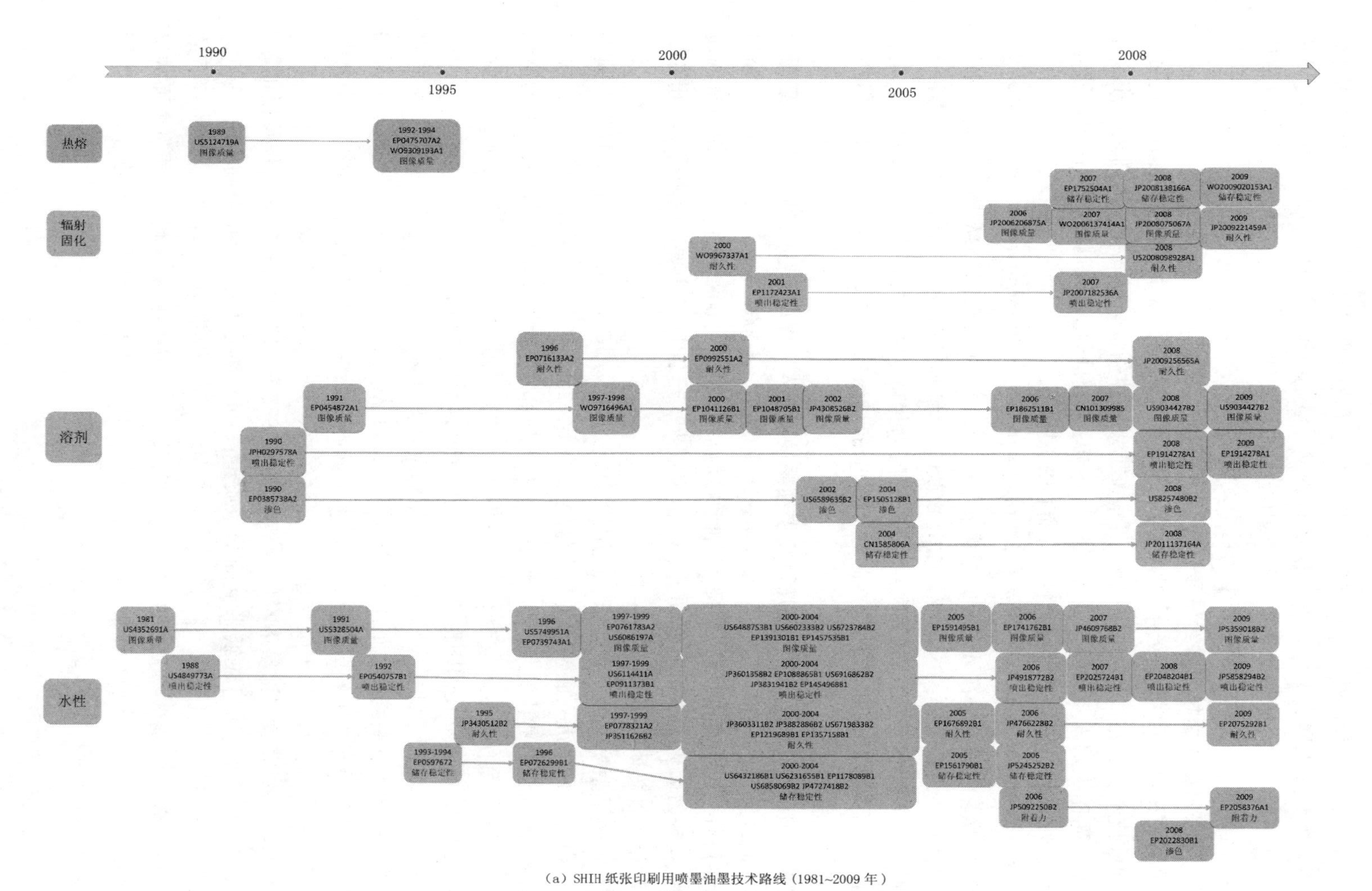

（a）SHIH 纸张印刷用喷墨油墨技术路线（1981~2009 年）

图 2-207 SHIH 纸张喷墨油墨技术发展路线

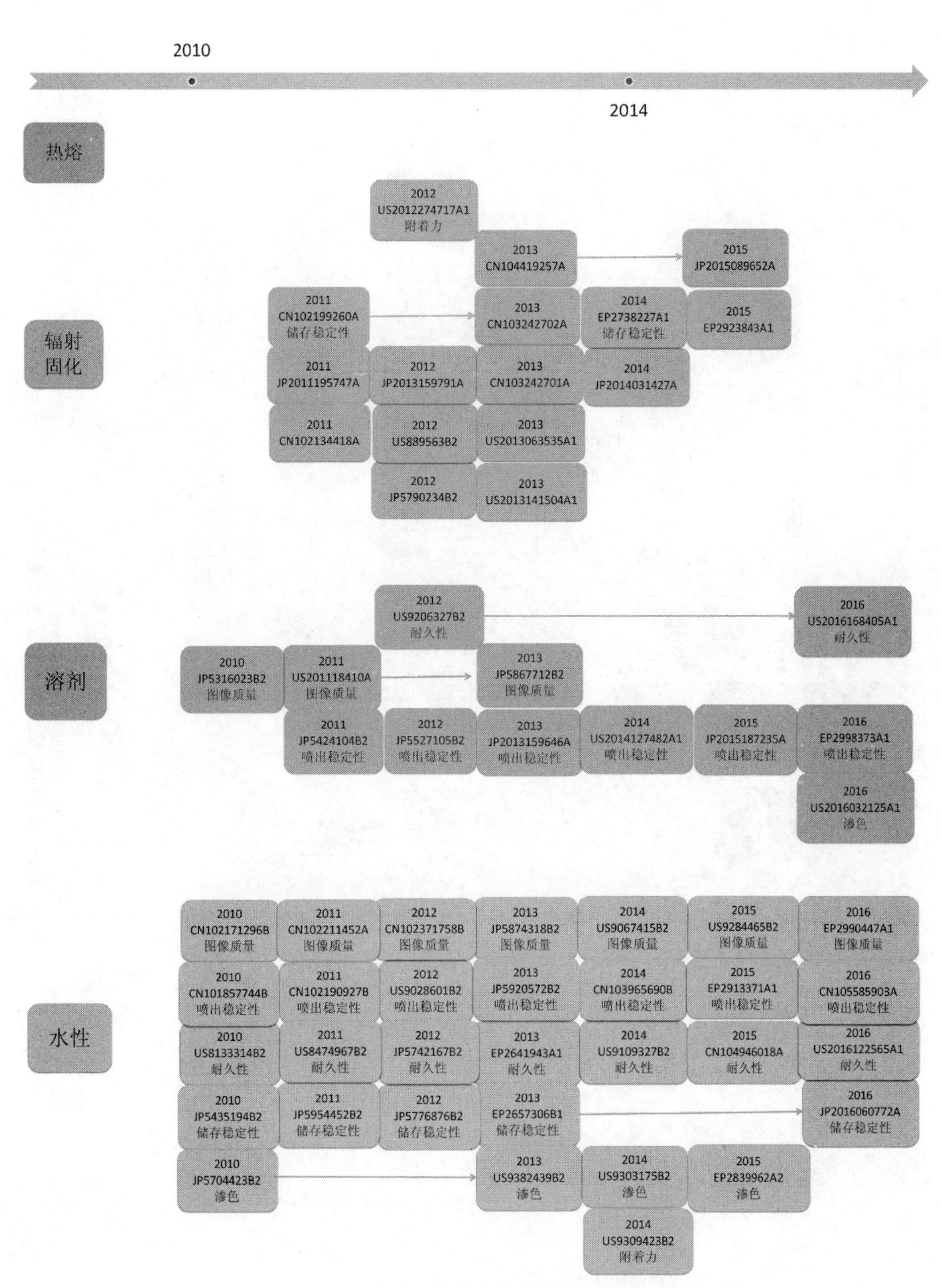

（b）SHIH 纸张喷墨油墨技术发展路线（2010 年至今）

图2-207 SHIH 纸张喷墨油墨技术发展路线（续）

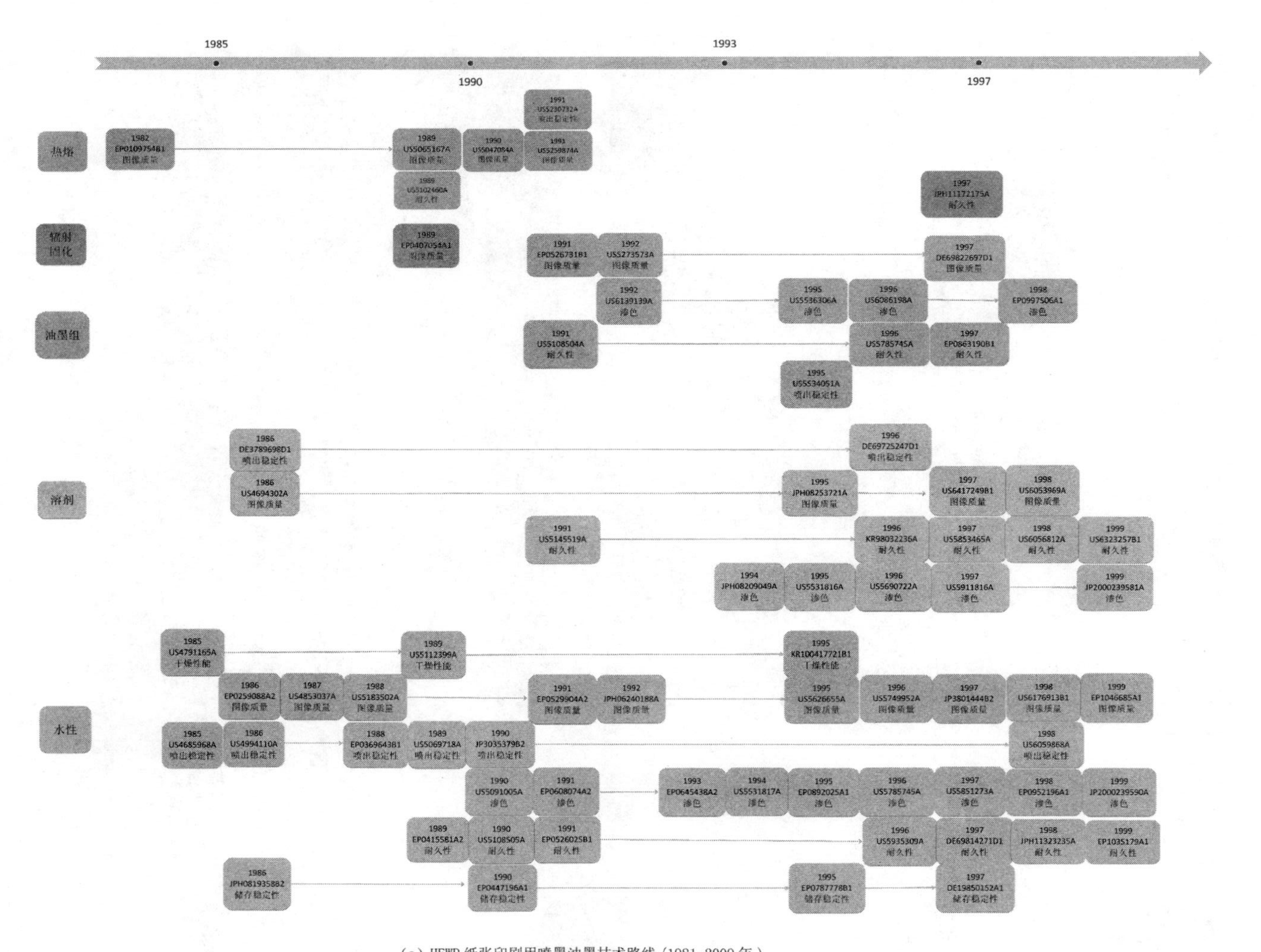

（a）HEWP 纸张印刷用喷墨油墨技术路线（1981~2009 年）

图2-208　HEWP纸张喷墨油墨技术发展路线

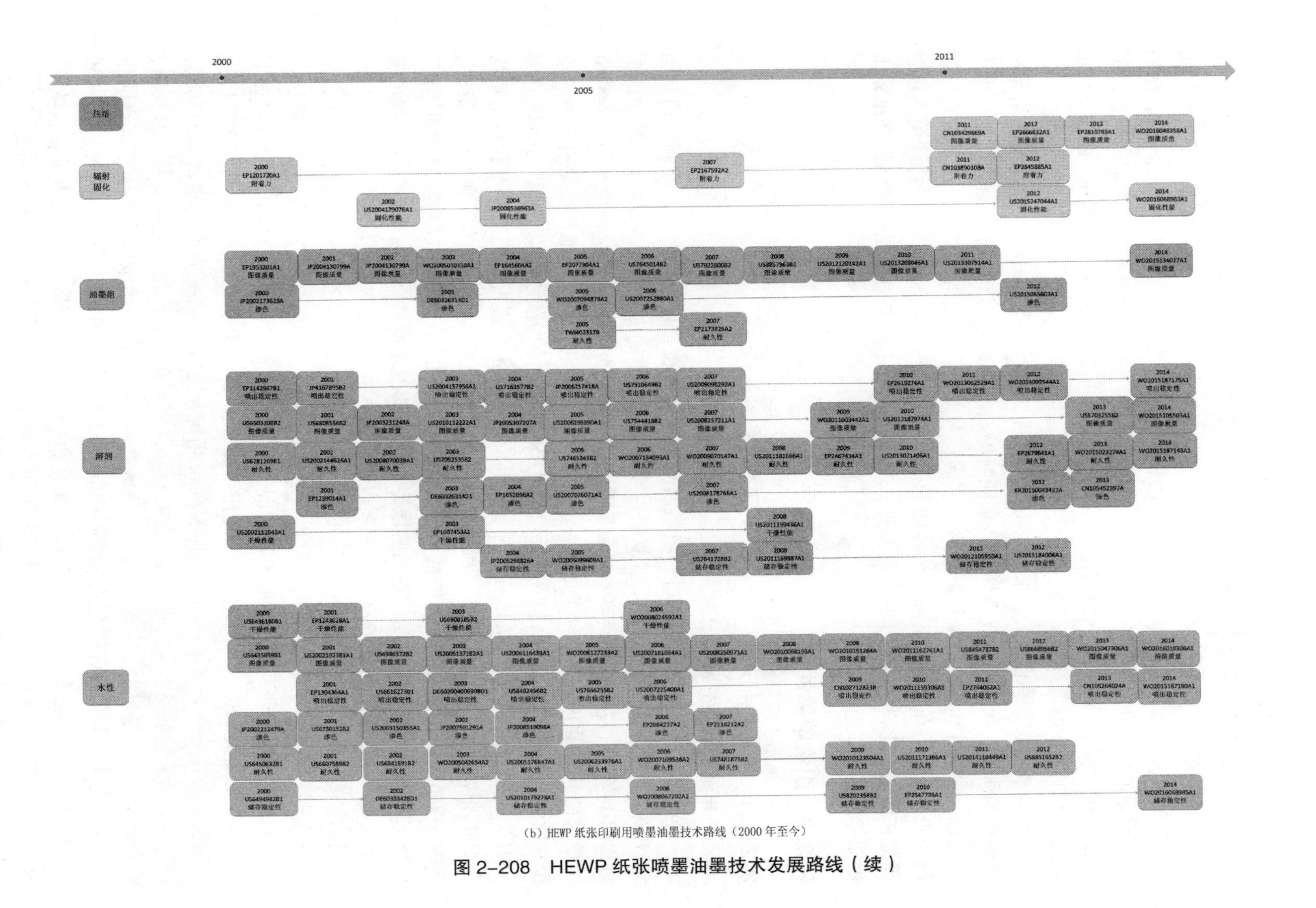

（b）HEWP 纸张印刷用喷墨油墨技术路线（2000年至今）

图2-208 HEWP 纸张喷墨油墨技术发展路线（续）

在 HEWP 的技术发展中，热熔型喷墨油墨最早进入发展期，1989~1991 年在于图像质量方面的研究；水性喷墨油墨 1991 年进入发展期，至 2004 年，除仍关注图像质量和喷出稳定性外，新增了耐久性和渗色两个重点研发方向；溶剂型喷墨油墨发展期为 1997~2007 年，也是以图像质量、耐久性和喷出稳定性的研发为主；与此同时，辐射固化喷墨油墨也进入发展期，至 2007 年，涉及固化性能、附着力等方面的研究；油墨组是 2000 年步入发展期，至 2007 年，除了解决不同油墨间的渗色问题外，图像质量也是这一时期关注的重点。

基于热熔型喷墨油墨在纸张上应用的局限性，1991 年后，HEWP 停止了热熔型喷墨油墨的研发。最早进入成熟期的是水性喷墨油墨，2005~2013 年，图像质量、喷出稳定性、耐久性和渗色仍是其重点研发方向；与此同步的是溶剂型喷墨油墨，在这期间，明显减少了在图像质量和渗色方面的研发投入；2014 年至今，除了持续关注辐射固化在固化性能和附着力方面的研发外，HEWP 开始注重辐射固化喷墨油墨在纸张上的图像质量，如光密度等。

2.2.3 织物喷墨油墨

2.2.3.1 全球专利分析

1. 申请量趋势分析

经检索，以织物为印刷基材的喷墨油墨技术领域在全球范围内的总专利申请量为 5257 项。从图2-209可知，最早涉及织物喷墨油墨技术的专利是在 1974 年，较中国市场提前 14 年。1974~1983 年为技术萌芽阶段，在该期间专利申请量较少，每年专利申请量均在 10 项以内，主要涉及的是一些技术探索性专利，涉及的地区主要有日本、美国和欧洲。可见日本、美国和欧洲为织物喷墨油墨技术的主要技术发源国。1984~1994 年为技术的稳步发展期。在此期间内专利申请量有小幅度提升，但是年专利申请量均在 100 项以内。在此阶段相关专利主要涉及的地区仍然为日本、美国和欧洲。其中，1984~1986 年日本的发展较其他地区尤为突出，而美国在 1990 年以后发展较为迅速。1995~2003 年为快速发展期，在此阶段专利申请量迅速增长，由原来的每年专利申请量不超过 100 项增长到 2003 年最大专利申请量 327 项。除日本、美国和欧洲地区以外，中国和韩国分别在 2002 年和 2000 年开始相关专利的申请。在 2004 年以后的 12 年为技术波动发展期。2004 年较 2003 年专利申请量有小幅度下降，在 2005 年骤升，随后在 2006~2014 年均出现不同程度的波动情况。期间，2008~2011 年专利申请量有明显下降。这主要是受 2008 年全球金融危机的影响，经济环境因素也严重影响到织物喷墨技术领域，尤其是欧美市场；同时，原材料市场价格走高，也压缩了喷墨油墨的利润，限制了对相关喷墨技术研究的投入。与此相反，中国在这一阶段专利申请量不减反增，成为全球织物喷墨技术的主要专利申请地区之一，中国在该领域的重要地位也逐渐凸显出来。与中国相似，韩国在该领域同样起步较晚，但是仍早于中国，可在后续发展过程中已经被中国强劲的势头所赶超，如在 2008 年以后，韩国总专利申请量仅为 20 项，而中国则为 207 项。由此可见，中国起步虽晚，但是其良好的发展态势已经在世界范围内有所凸显。在未来发展道路上，中国凭借自己已有的技术，充分发挥创造力，在织物喷墨技术领域的全球范围内将占据举足轻重的地位。

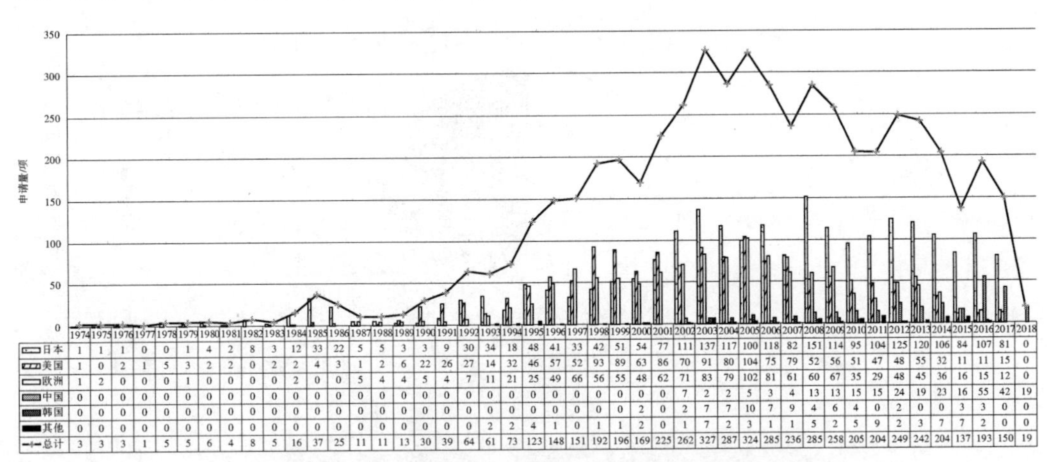

	1974	1975	1976	1977	1978	1979	1980	1981	1982	1983	1984	1985	1986	1987	1988	1989	1990	1991	1992	1993	1994	1995
日本	1	1	1	0	0	1	4	2	8	3	12	33	22	5	5	3	3	9	30	34	18	48
美国	1	0	2	1	5	3	2	2	0	2	2	4	3	1	2	6	22	26	27	14	32	46
欧洲	1	2	0	0	0	1	0	0	0	0	2	0	0	5	4	4	5	4	7	11	21	25
中国	0	0	0	0	0	0	0	0	0	0	0	0	0	0	0	0	0	0	0	0	0	0
韩国	0	0	0	0	0	0	0	0	0	0	0	0	0	0	0	0	0	0	0	0	0	0
其他	0	0	0	0	0	0	0	0	0	0	0	0	0	0	0	0	0	0	0	2	2	4
总计	3	3	3	1	5	5	6	4	8	5	16	37	25	11	11	13	30	39	64	61	73	123

	1996	1997	1998	1999	2000	2001	2002	2003	2004	2005	2006	2007	2008	2009	2010	2011	2012	2013	2014	2015	2016	2017	2018
日本	41	33	42	51	54	77	111	137	117	100	118	82	151	114	95	104	125	120	106	84	107	81	0
美国	57	52	93	89	63	86	70	91	80	104	75	79	52	56	51	47	48	55	32	11	11	15	0
欧洲	49	66	56	55	48	62	71	83	79	102	81	61	60	67	35	29	48	45	36	16	15	12	0
中国	0	0	0	0	0	0	7	2	2	5	3	4	13	13	15	15	24	19	23	16	55	42	19
韩国	0	0	0	0	2	0	2	7	7	10	7	9	4	6	4	0	2	0	0	3	3	0	0
其他	1	0	1	1	2	0	1	7	2	3	1	1	5	2	5	9	2	3	7	7	2	0	0
总计	148	151	192	196	169	225	262	327	287	324	285	236	285	258	205	204	249	242	204	137	193	150	19

图2-209　织物喷墨油墨全球专利申请随时间变化趋势

2. 申请人分析

对织物喷墨油墨全球申请人进行统计分析，得到结果如图2-210和图2-211所示。由图2-210可知，其中排名前十名的申请人中有 5 个为日本公司，即富士胶片（606 项）、精工爱普生（375 项）、日本化药（216 项）、佳能（173 项）和柯尼卡（166 项）；有 3 个美国公司，即施乐（393 项）、杜邦（198 项）和惠普（194 项）；瑞士、比利时各 1 个公司（均为欧洲地区），即科莱恩（168 项）、爱克发（164 项）。上述数据分析结果进一步验证了日本、美国和欧洲为全球织物喷墨油墨的主要技术研发地区，足以体现了日本、美国和欧洲在该领域的绝对优势和主导地位。此外，由图2-211可知，其中上述前十名的申请人的总专利申请量占总量的 48.3%，接近半数，可见上述申请人为本领域全球范围内的重点申请人，掌握着本领域的关键技术。在以后的技术发展过程中，我国在织物喷墨领域有所突破，上述申请人也将成我国未来技术的主要竞争对手。

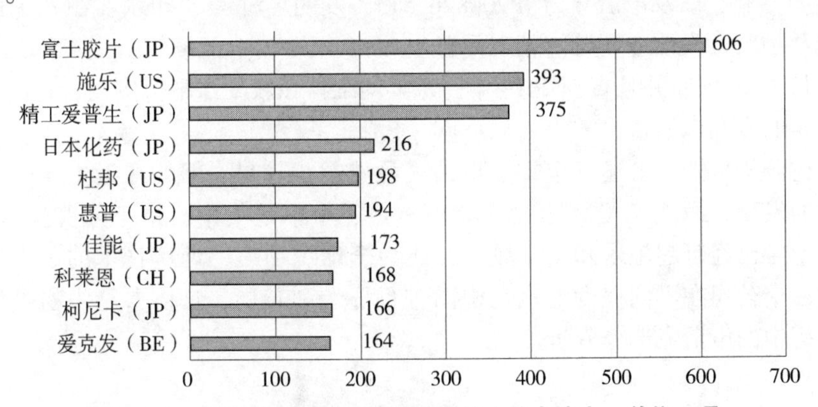

图2-210　织物喷墨油墨申请量排名前十的申请人（单位：项）

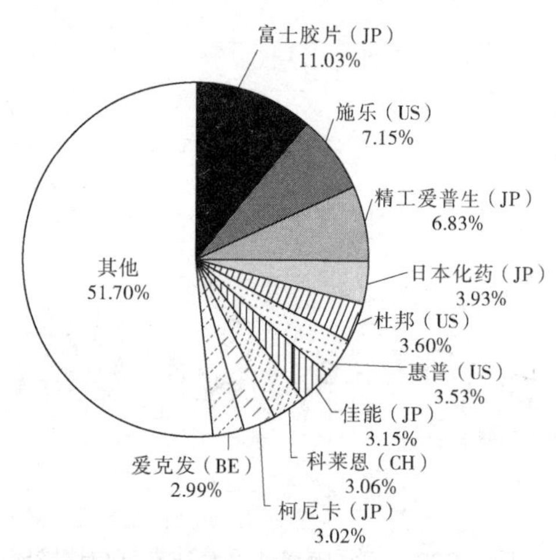

图2-211　织物喷墨油墨主要申请人专利申请量占比

针对排名前三的重点申请人专利申请量随时间变化趋势进行统计分析，结果如图2-212所示。三大重点申请人之中有两个为日本公司，一个为美国公司，充分体现了日本和美国在该领域的重要地位。由图可知，富士胶片最早是在1979年申请了1项专利，并在1979~1986年作了一些试探性研究，在1988~1995年没有对该技术分支进行研究，在1996年重新启动该技术分支的研究，并于2000年进入研究高峰期，在2008年达到最大专利申请量58项。2008年后出现专利申请量下降，这主要是受到全球金融危机的影响，并在2010年有所回暖。施乐公司最早涉及织物喷墨油墨的专利申请案件始于1985年，在近30年的研究过程中出现过一定波动，但是在近十几年的研究过程中处于基本平稳状态，年专利申请量均控制在10~30项。精工爱普生起步晚于富士胶片和施乐公司，始于1992年，但是自2008年开始，该公司开始大力开展织物喷墨方面的研究，如在2008年申请的专利申请号为JP2008030056、发明名称为"织物用喷墨记录油墨"的发明专利，以及申请号为JP2008267515、发明名称为"印刷在织物上的喷墨记录油墨组合物"的发明专利等。精工爱普生2008年专利申请量较上一年（5项）专利申请量增长了29项。并且直至2014年，每年均维持在较高水平范围内，且超过了施乐公司近几年的专利申请量。

经上述分析可知，上述三个重点申请人虽然起步较早，但均在近十年的时间内有了大踏步的发展，以精工爱普生尤为突出。在三个申请人中，精工爱普生起步最晚，但是在近十年已经赶超施乐和富士胶片，成为全球织物喷墨油墨技术的重点关注的公司。上述三个公司在不同程度上也在中国进行了专利布局，具体参见织物喷墨油墨中国专利分析中的申请人部分分析。

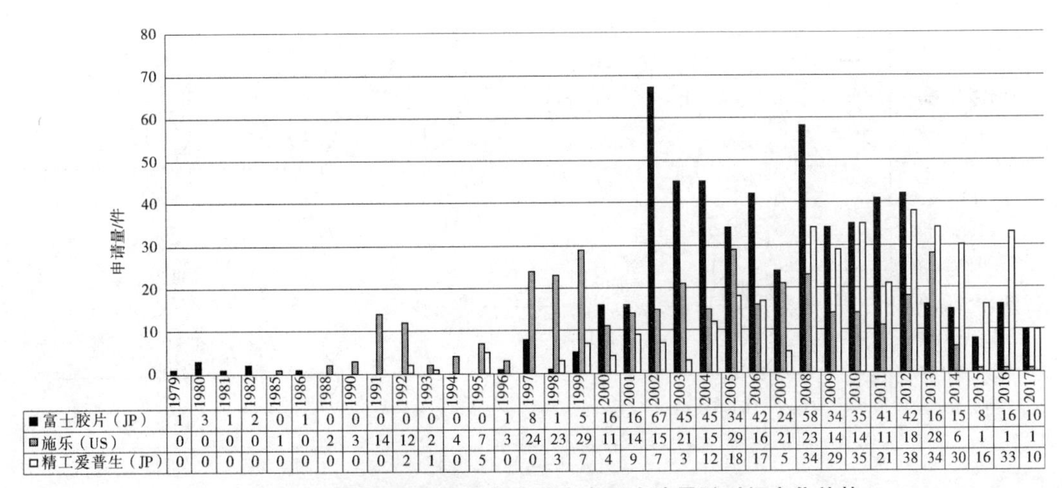

申请人	1979	1980	1981	1982	1985	1986	1988	1990	1991	1992	1993	1994	1995	1996
■富士胶片（JP）	1	3	1	2	0	1	0	0	0	0	0	0	0	1
▩施乐（US）	0	0	0	0	1	0	2	3	14	12	2	4	7	3
□精工爱普生（JP）	0	0	0	0	0	0	0	0	0	2	1	0	5	0

申请人	1997	1998	1999	2000	2001	2002	2003	2004	2005	2006	2007	2008	2009	2010	2011	2012	2013	2014	2015	2016	2017
■富士胶片（JP）	8	1	5	16	16	67	45	45	34	42	24	58	34	35	41	42	16	15	8	16	10
▩施乐（US）	24	23	29	11	14	15	21	15	29	16	21	23	14	14	11	18	28	6	1	1	1
□精工爱普生（JP）	0	3	7	4	9	7	3	12	18	17	5	34	29	35	21	38	34	30	16	33	10

图2-212　织物喷墨油墨重点申请人专利申请量随时间变化趋势

针对排名前十名的申请人的目标国进行统计分析，观察其专利布局状况，如图2-213所示。首先，上述十大申请人的专利布局均符合本土优先的规则，如日本公司优先在日本进行布局（即目标国为日本文献最多）；其次，富士胶片、精工爱普生、佳能等日本公司，施乐、杜邦和惠普等美国公司，以及瑞士的科莱恩和比利时的爱克发均在不同程度上对除本土以外的其他地区进行专利布局；柯尼卡在除本土和韩国以外的其他地区进行了专利布局；最后，以中国为目标国的专利申请人中富士胶片和科莱恩的申请较多。如富士胶片于2012年在中国申请的专利申请号为CN201280047132、发明名称为“印染用水性着色组合物、印染方法及布帛”的发明专利申请，于2015年授权，目前仍然处于授权有效阶段。其提供能形成发色浓度高、耐水性优异的图像印染用水性着色组合物，使用其印染方法、套装及形成了发色浓度高、耐水性优异的图像的布帛。上述印染用水性着色组合物含有着色剂和水，上述着色剂的分子包含发色团和处于离解状态的离解性基团，通过上述离解性基团的离解而产生的负电荷与上述发色团形成了共轭体系，在上述着色剂的分子中，上述离解性基团的数量与上述发色团的数量相同。科莱恩公司于2009年申请的专利申请号为CN200980124752、发明名称为“酸性染料”的发明专利申请，于2013年授权，且目前仍然处于授权有效阶段，其具体涉及了一种可通过喷墨印刷于染色纱线、纺织品、地毯的酸性染料。所述染料具有如下通式：

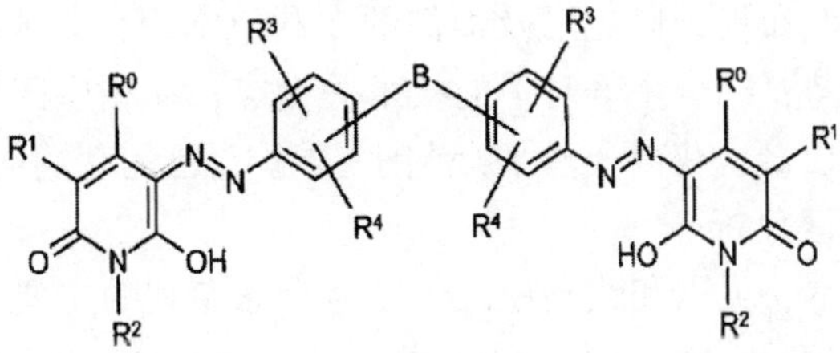

(I)

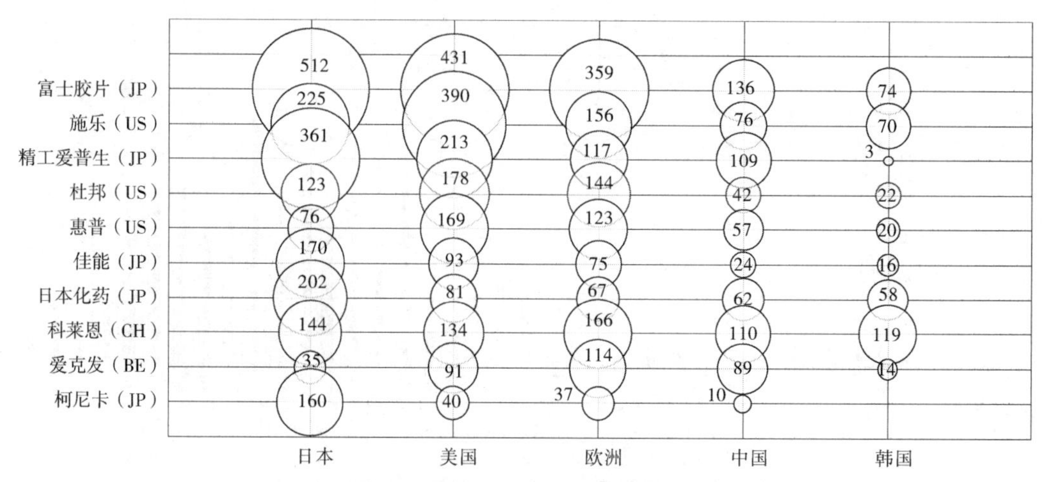

图2-213　织物喷墨油墨重点申请人主要目标国专利申请量分布（单位：项）

其中：

R^0表示取代的C1-C4烷基或未取代的C1-C4烷基；

R^1表示H，取代的C1-C4烷基或未取代的C1-C4烷基，磺酸基，-CO-NH-（C1-C4烷基）或CN；

R^2表示H，或未取代的C1-C4烷基；

R^3表示H，磺酸基，取代的C1-C4烷基或未取代的C1-C4烷基，取代的C1-C4烷氧基或未取代的C1-C4烷氧基；

R^4表示H，取代的C1-C4烷基或未取代的C1-C4烷基，取代的C1-C4烷氧基或未取代的C1-C4烷氧基；

B具有式-CR5R6-的基团，其中，R^5表示H，取代的C1-C9烷基或未取代的C1-C9烷基；R^6表示H，取代的C1-C9烷基或未取代的C1-C9烷基，未取代的芳基或取代的芳基，或者R^5和R_6共同构成一个五元或六元脂环族环，其中该五元或六元环被C1-C4烷基取代或者该五元或六元环没有被进一步取代，其特征在于，式（I）化合物具有至少一个阴离子型取代基，所述至少一个阴离子型取代基是磺酸基。

综上所述可知，不同的申请人在不同国家进行了不同类型的专利布局，侧面反映出申请人看重的市场所在地（尤其是对国外市场），以及布局的策略有所不同。我国申请人如想在本国乃至他国激烈的专利竞争和市场竞争中获得一席之地，一方面需要规避上述重点申请人已经进行的专利布局，以免触及他们的专利包围圈，导致利益受损；另一方面，要注意利用自己的优势，结合竞争对手的技术关键点，在相应区域同样进行专利布局。同时，提高专利撰写质量，获得合理保护范围，保护自己的利益免受他人侵害。

3. 专利申请国别/地区分析

由图2-214可知，日本、美国和欧洲地区仍然为全球专利的主要来源国，占全球专利技术的94%。其中日本涉及2293项专利申请，占比为42%，美国涉及1520项专利申请，占比为28%，欧洲涉及1268项专利申请占比为23%。此外，中国涉及277项专利申请，占比为5%，韩国涉及66项专利申请，占比为1%，其他国家/地区涉及70项专利申请，占比为 1%。由此可知，日本、美国和欧洲地区的申请人掌握着全球范围内的主要织物喷墨技术，这与上述国家和地区在该领域的技术研究起步较早有关。并且上述地区/国家非常重视知识产权保护工作，并在全球范围内进行了大范围专利布局。此外，中国虽然起步较晚，至今经历了短短十几年的时间内，已经一跃成为世界重点研究织物喷墨技术的重点国家，并且在一定程度上已经赶超韩国，可见我国在技术研发水平上已经具备了一些突破性进展。相信在未来的发展过程中，我国在不断借鉴国外技术的基础上，并结合已有的优势资源，织物喷墨技术会得到进一步的发展，并且逐渐巩固其在全球的技术地位。

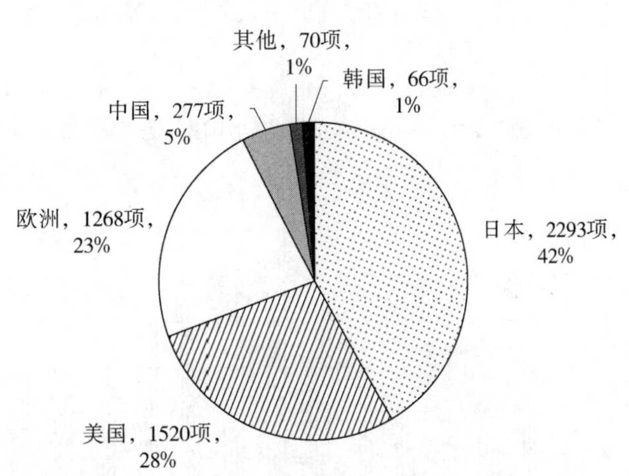

图2-214　织物喷墨油墨全球专利申请来源国分布

图2-215~图2-217为全球主要地区和国家在过去 20 年专利申请量随时间变化的分布趋势。在近 20 年的时间里，日本、美国和欧洲仍然是重点地区，其中以日本尤为突出。自 2008 年以后，中国专利申请量显著提升，虽然不及美日欧三个地区或国家，但是已经在一定程度上反映出织物喷墨技术在我国已经开始展开大范围的研究工作，并且初见成效。同时我国申请人也增强了专利保护意识，并将已经有意识地开始在全球范围内进行专利布局。

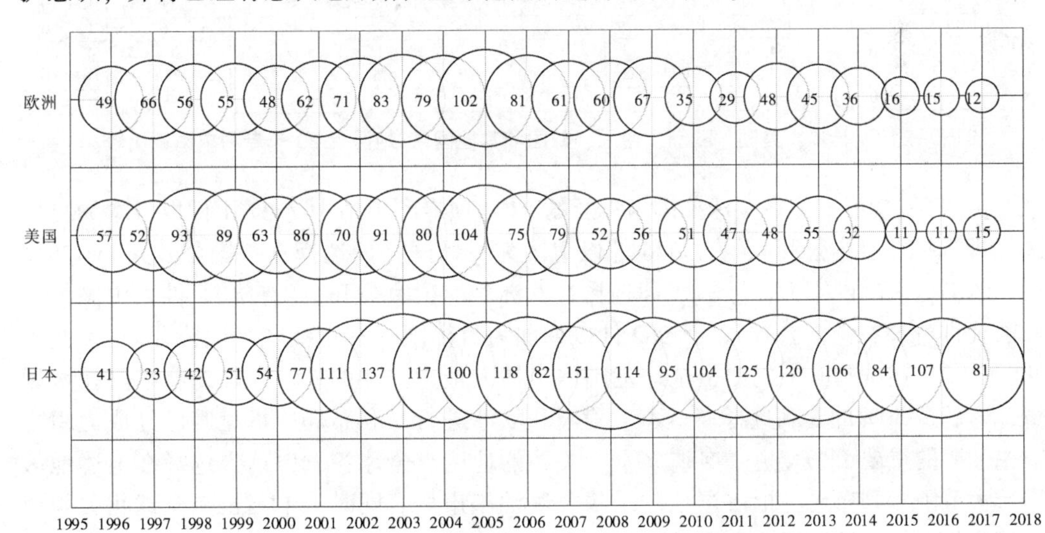

图2-215　日本、美国和欧洲近 20 年专利申请量分布（单位：项）

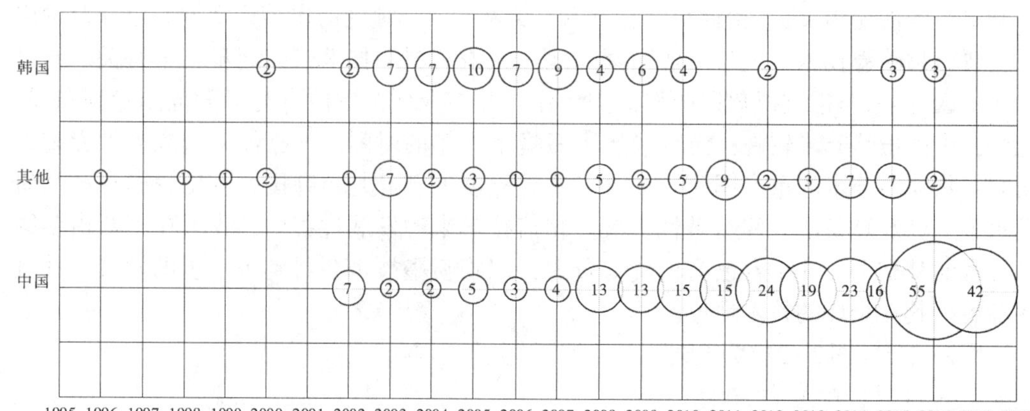

图2-216　中国、韩国和其他国家/地区近20年专利申请量分布（单位：项）

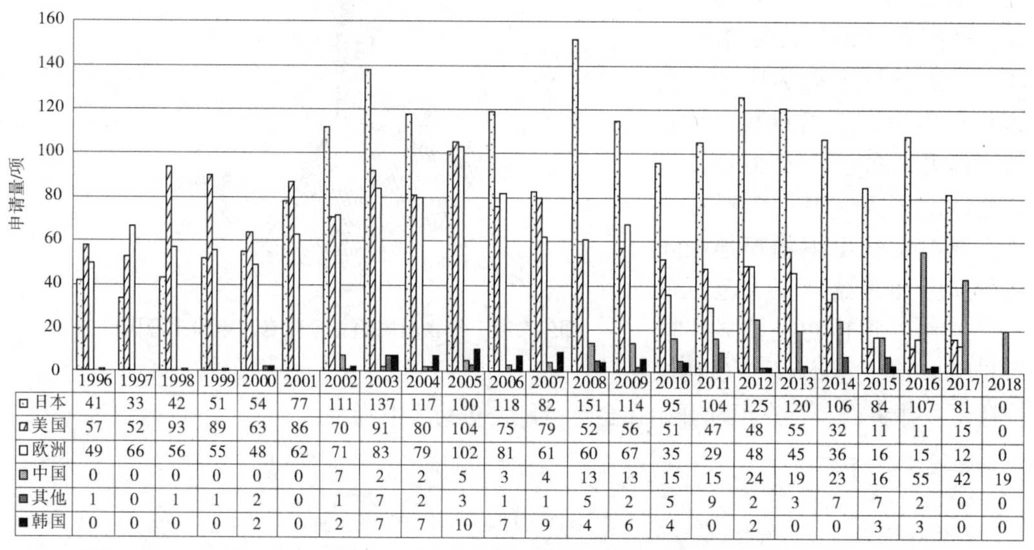

	1996	1997	1998	1999	2000	2001	2002	2003	2004	2005	2006	2007	2008	2009	2010	2011	2012	2013	2014	2015	2016	2017	2018
日本	41	33	42	51	54	77	111	137	117	100	118	82	151	114	95	104	125	120	106	84	107	81	0
美国	57	52	93	89	63	86	70	91	80	104	75	79	52	56	51	47	48	55	32	11	11	15	0
欧洲	49	66	56	55	48	62	71	83	79	102	81	61	60	67	35	29	48	45	36	16	15	12	0
中国	0	0	0	0	0	0	7	2	2	5	3	4	13	13	15	15	24	19	23	16	55	42	19
其他	1	0	1	1	2	0	1	7	2	3	1	1	5	2	5	9	2	3	7	7	2	0	0
韩国	0	0	0	0	2	0	2	7	7	10	7	9	4	6	4	0	2	0	0	3	3	0	0

图2-217　日本、美国、欧洲、中国、韩国和其他国家/地区近20年专利申请量比较

由图2-218可知，在全球范围内涉及的5494项专利申请中有3731件以日本为目标国（即选择在日本公开），有3546件以美国为目标国（即选择在美国公开），有2816件以欧洲地区的国家为目标国（即选择在欧洲相应国家公开），有1788件以中国为目标国（即选择在中国公开），有982件以韩国为目标国（即选择在韩国公开）。由此可知，日本、美国和欧洲仍然是全球范围内申请人最为关注的地区。在织物喷墨技术领域，有超过50%的专利选择在日本、美国和欧洲进行专利布局，可见其已经成为织物喷墨油墨的重要市场，也是申请人重点关注的地区。全球各大申请人选择在上述地区进行大范围专利布局，抢占当地的织物喷墨油墨市场。同时，中国也是全球相关领域申请人重点关注的地区，在有超过30%的专利选择在中国进行专利布局，抢占中国市场，在一定程度上也反映出中国市场在全球范围内的重要地位。

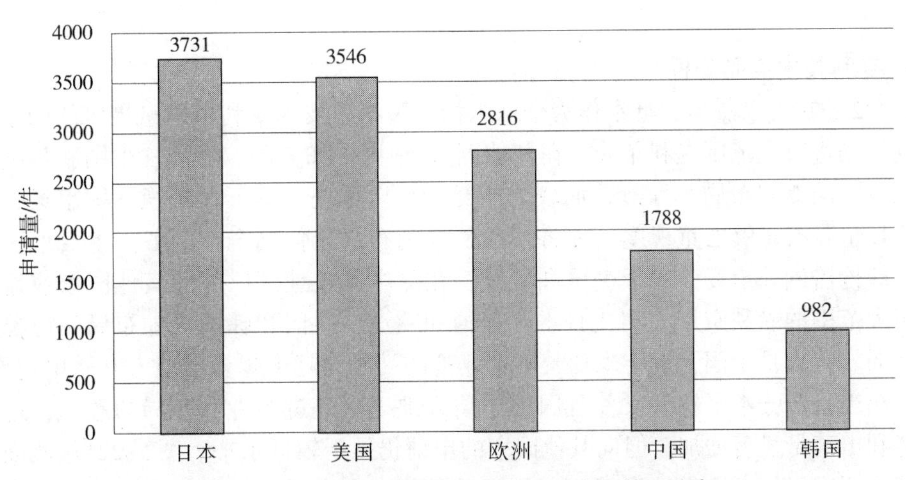

图2-218　织物喷墨油墨全球专利申请目标国分布

图2-219给出了在目标国专利申请量中以本国为来源国的专利申请量份额及其占比。由图可知，日本、美国和欧洲地区的本国专利申请量占比较多，其中以日本尤为突出。日本的本国专利申请量占比为 61. 5%，美国为 42. 9%，欧洲为 45%，可见上述地区在织物喷墨油墨领域，其市场的主导权仍然掌握在本土申请人手中。与之相反，中国和韩国的本国专利申请占有率均较低，其中中国为 15. 5%，韩国仅为 6. 7%。足以说明在中国和韩国的织物喷墨油墨领域，其市场主导权掌握在外来申请人手中，且技术构成主体也为外来技术，即本土技术处于劣势地位。因此，为了扭转上述局面，我国国内申请人大力发展属于我们自己的本土技术，并进行合理的专利布局是避免国内过多市场进一步流入国外申请人手中的当务之急。

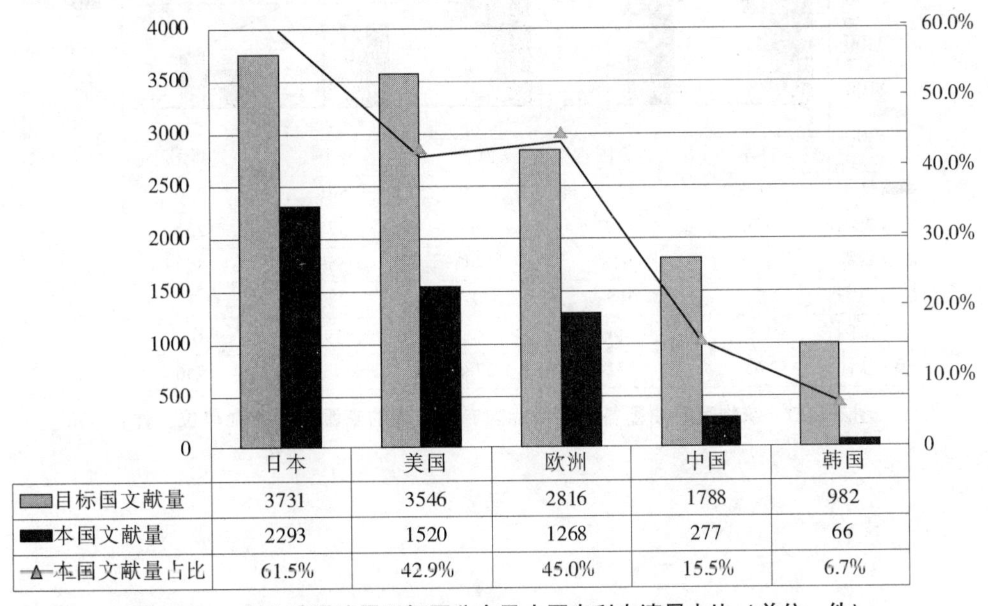

	日本	美国	欧洲	中国	韩国
目标国文献量	3731	3546	2816	1788	982
本国文献量	2293	1520	1268	277	66
本国文献量占比	61.5%	42.9%	45.0%	15.5%	6.7%

图2-219　织物喷墨油墨目标国分布及本国专利申请量占比（单位：件）

4. **专利技术流向分析**

从图2-220可以看出，日本作为全球织物喷墨油墨技术专利申请量最多的国家，其不仅在本国进行大范围专利布局，在其他国家/地区，如美国、欧洲、中国和韩国均进行了大范围的专利布局，且覆盖面较为广泛，足以体现日本不仅重视本国市场，对于国外市场也具有足够的重视度，并将自己的专利布局延伸到全球的各大主要地区和国家，大肆抢占国外市场。对于美国和欧洲，在除本国或地区以外的其他国家或地区也进行了大范围的专利布局。相比日本、美国和欧洲，中国和韩国对外布局的情况明显比较薄弱。特别是中国，近年来随着国家政策的鼓励，越来越多申请人开始申请专利，但其中相当一部分水平较低，并且国内申请人缺乏对外进行专利布局的意识，造成了国内专利申请量显著增加，但向其他国家的申请仍处于较低水平。图2-221从侧面反映出申请来源国以技术输出的形式，向目标国进行专利布局的情况。从该图可更为直观地看出日本、美国和欧洲向其他国家和地区的专利布局较为广泛，而中国作为技术输出国输出的专利较少。另外，日本、美国和欧洲向中国进行了较大量的专利输出，进一步体现了世界专利技术强国对中国市场的重视程度。

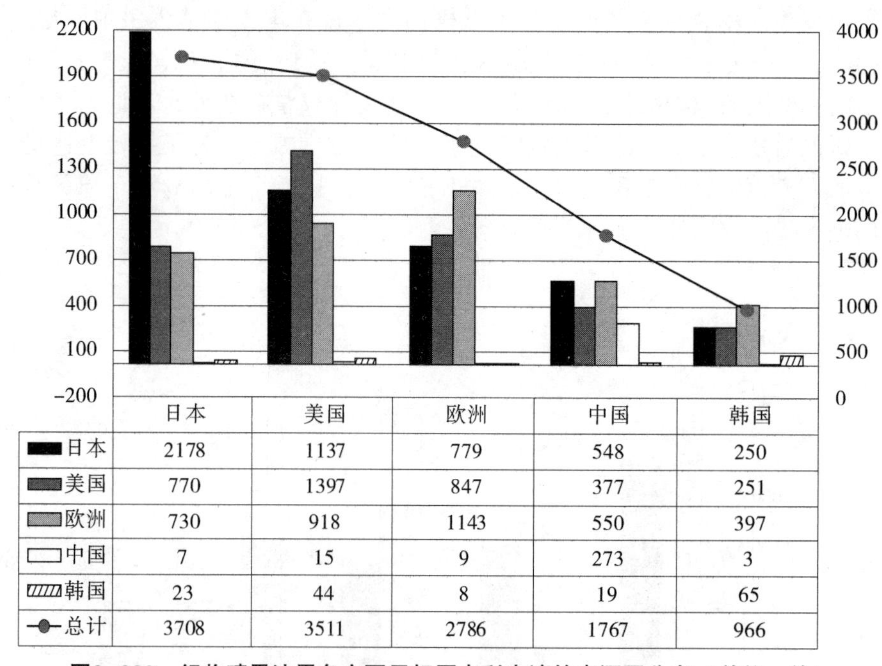

	日本	美国	欧洲	中国	韩国
日本	2178	1137	779	548	250
美国	770	1397	847	377	251
欧洲	730	918	1143	550	397
中国	7	15	9	273	3
韩国	23	44	8	19	65
总计	3708	3511	2786	1767	966

图2-220 织物喷墨油墨各主要目标国专利申请的来源国分布（单位：件）

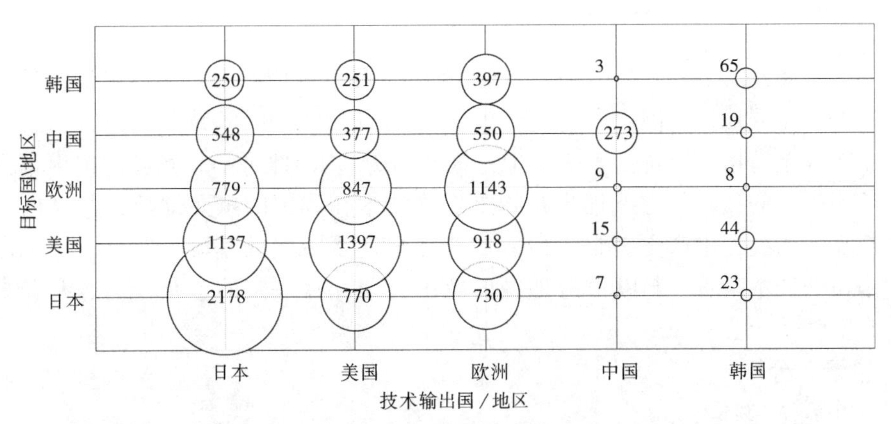

图2-221 织物喷墨油墨各主要目标国专利申请的来源国对比（单位：件）

2.2.3.2 中国专利分析

1. 申请量趋势分析

由图2-222可知，自20世纪80年我国已经出现了在织物上进行喷墨印刷的技术，但是在20世纪90年代我国才正式研究以织物为印刷基材的喷墨油墨技术。在技术萌芽初期（1998~2002年），虽然期间存在一定的波动，但整体专利申请量呈现上升的趋势。在2002年以后，以织物为印刷基材的喷墨油墨技术作为喷墨油墨的一个主要技术分支，其专利申请量出现了急剧增长的态势。2003~2014年每年专利申请量均超过100件，占喷墨油墨总专利申请量的29.34%~51.28%。其中，2004年喷墨油墨国内总专利申请量为273件，织物喷墨油墨技术分支的专利申请则为140件，即超过了全年专利申请量的50%。由此可见，在2002年以后，以织物为印刷基材的喷墨油墨技术作为喷墨技术的一个重要技术分支，在整个喷墨市场上已经占据了重要地位，各大申请人（包括企业、高校、个人等）已经投入了不同程度的关注度和精力在该技术领域上，并取得了初步的研究成果。织物喷墨技术作为传统喷墨印刷技术的一个重要分支，在近几年专利申请量每年持续在100件以上，在一定程度上反映出了该类型技术分支在市场上的重要地位。

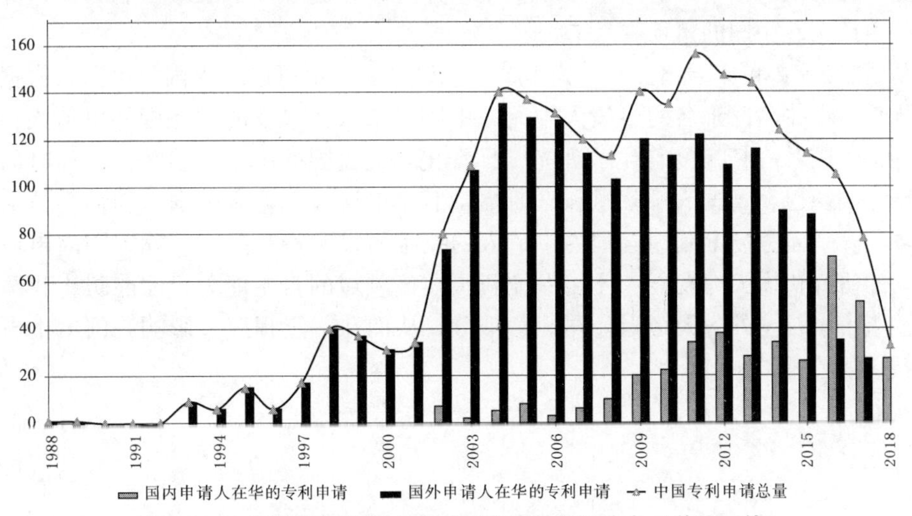

图2-222 织物喷墨油墨中国专利申请量时间分布（单位：件）

另外，从图2-222不难看出，在中国的整体专利申请情况中，国外申请人的在华申请仍然占据着主要地位。国内申请人在2002年方开始织物喷墨技术的研究，且专利申请量占总专利申请量的比重由8.75%上升为84.62%。由此可知，我国国内申请人在外来织物喷印技术的技术压力下逐步开始重视该技术在我国的重要地位，并且研究初具一定的规模，为我国生产更多自主研发的产品奠定了一定的基础。此外，从国内申请人专利申请的质量来看，与欧洲等地区的跨国公司存在一定的差距，仍然有较大的进步和追赶空间。

2. 申请人分析

（1）申请人整体分布

从图2-223不难看出，国内织物喷墨技术申请中，只有18%的专利技术为本国申请人的专利申请，82%为国外申请人的在华专利申请。这与喷墨技术的总体情况（即国内申请人占28%，国外申请人占72%）相比，进一步说明了我国喷墨技术中以织物为印刷基材的技术分支更加依赖于外来技术。这主要是因为国外技术起步远早于国内，并且相差十年以上。在这相差十几年的时间里，国外的相关技术已经发展到具备一定的成熟度。而我国在织物喷墨技术方面的研究时间方才经历了十几年，并且在研究过程中及相应产品生产过程中受到国外技术的各种制约均是导致我国目前本土专利申请量低下的主要原因。由此可知，在织物喷墨技术领域，国外申请人同样在中国已经进行了大范围的专利布局。虽然我国目前本土技术水平不占优势，但是国内申请人也可以以此为契机，在国外申请人已有的研发成果上充分发挥自己的创造性，争取开发出更多优于国外申请人的织物喷墨技术，并且在一定程度上展开专利布局，并反制约国外申请人在中国的市场占有率。

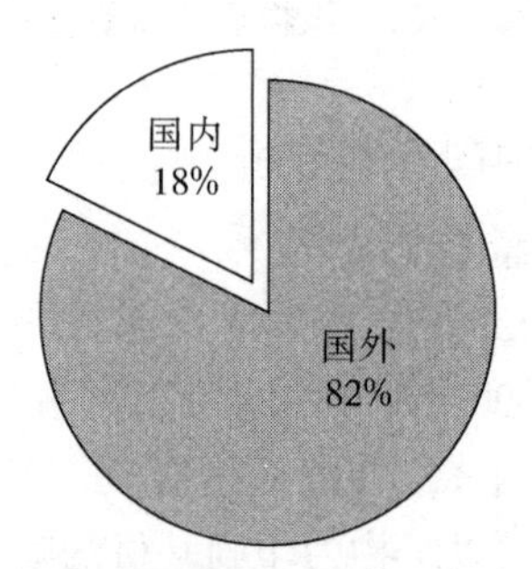

图2-223　织物喷墨油墨中国专利申请人总体分布

从图2-224中可以看出，在国内申请的总体排名中也可以看出国外申请人占据着相当的优势。在排名前十名的申请人中无一中国申请人，涉及的均是国外申请人，包括日本的富士胶片、精工爱普生、理光、日本化学，美国的施乐和惠普，比利时的爱克发，瑞士的西巴，德国的科莱恩和巴斯福。上述申请人占据着中国织物喷墨技术的主要市场，在一定程度上制约着国内申请人的技术研发和产品生产。我国国内申请人在该方面的研究仍需大力发展，才能保证我国在该领域的自主能力，才能防止我国织物喷墨油墨市场被国外各大跨国公司肆意瓜分，从而在一定程度上影响我国本土申请人的利益。

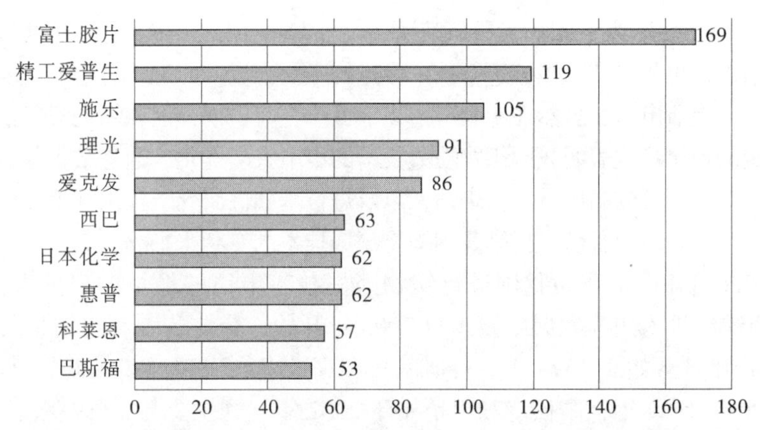

图2-224　织物喷墨油墨中国专利申请前十位专利申请人（单位：件）

由图2-225可知，国内申请人的专利申请较为分散，其中最多的为大连理工大学，专利申请量仅为 16 件，其次为上海安诺其和江南大学，专利申请量均为 12 件。再次为珠海纳思达电子科技有限公司，专利申请量为 11 件。另外，从图中可以看出，在国内申请人前十名的排名中有三个为广东的申请人，即珠海纳思达电子科技有限公司、珠海保税区天然宝杰数码科技材料有限公司和深圳市墨库图文技术有限公司。由此可知，广东对织物喷墨技术的关注度较高，并对该方面专利技术的保护意识也逐渐增强，进行了一定的专利布局。此外，从我国国内织物喷墨技术的申请人构成可以看出，企业为主要申请人类型，前十名的申请人包括七个企业类型的申请人。其次为高校和科研院所类的申请人，在排名前十的申请人中有 4 个高校（即大连理工大学、东华大学、江南大学和浙江理工大学），1 个科研院所（即中科院）。该类型申请人的专利技术主要集中在理论研究层面上，在一定程度上为织物喷墨技术的发展提供了强有力的理论支撑，指导企业优化产业结构，进行产业升级，从而创造出更多属于我们自己的织物喷墨技术，为国内申请人抢占国内市场奠定了坚实的基础。

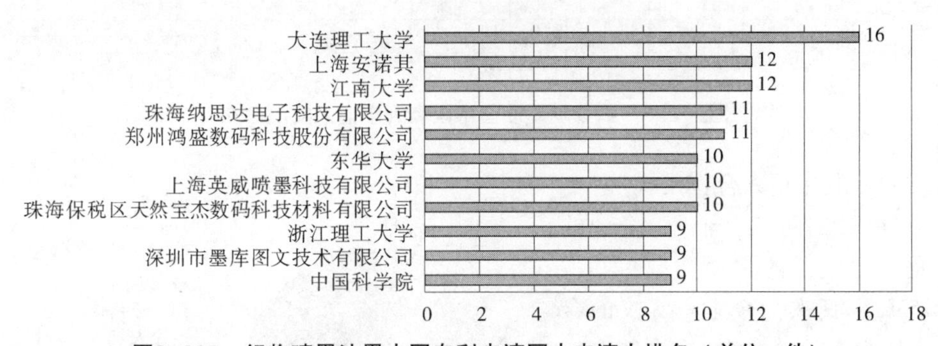

图2-225　织物喷墨油墨中国专利申请国内申请人排名（单位：件）

（2）专利申请人类型

从图 2-226 可以看出，我国织物喷墨技术的申请人的主要类型包括企业、高校、个人、科研院所，以及相同类型申请人或不同类型申请人之间以合作模式进行的共同专利申请。其中，企业的专利申请量最多，占织物喷墨技术的 89%；其次为合作类型的申请人，占 4%；

然后是高校和个人，占3%；最后是科研院所，仅占1%。由此可知，企业为我国织物喷墨技术的主要申请人，也是该技术领域进行技术推进的主要力量。此外，对于合作申请、个人申请、高校和科研院所申请，虽然在专利申请量上低于企业申请，但在织物喷墨技术的研究上也占据着一定的地位。这表明我国织物喷墨技术的申请人多样化，通过结合各类申请人的优势研发出凝聚多方智慧的高质量合作申请，以及进行基础性研究、提供理论支持的高校和科研院所申请，均可在一定程度上提高我国织物喷墨技术的专利水平。

由图2-226可知，企业为我国进行织物喷墨技术申请的最早的申请人，始于1988年，并在2003年进入快速发展阶段。自2003年开始，企业的专利申请量每年均在100件左右。合作申请开始于1993年。科研院所和高校专利申请起步较晚，其中科研院所的专利申请始于1999年，高校专利申请始于2002年。这主要与我国高校教学和研究工作开展较晚有关。随着喷墨技术的不断发展，以及织物喷墨技术的应用的不断推广，各大高校和科研院所开始相关技术的研究，并建立了相关的产学研项目，出现了进行该方面技术研究的实验基地，促进了高校申请和科研专利申请量的逐渐增多。此外，个人申请人虽然起步较晚，但是目前也具备了一定的规模，主要体现在2007年以后，且为一些民间科学家的研究成果。

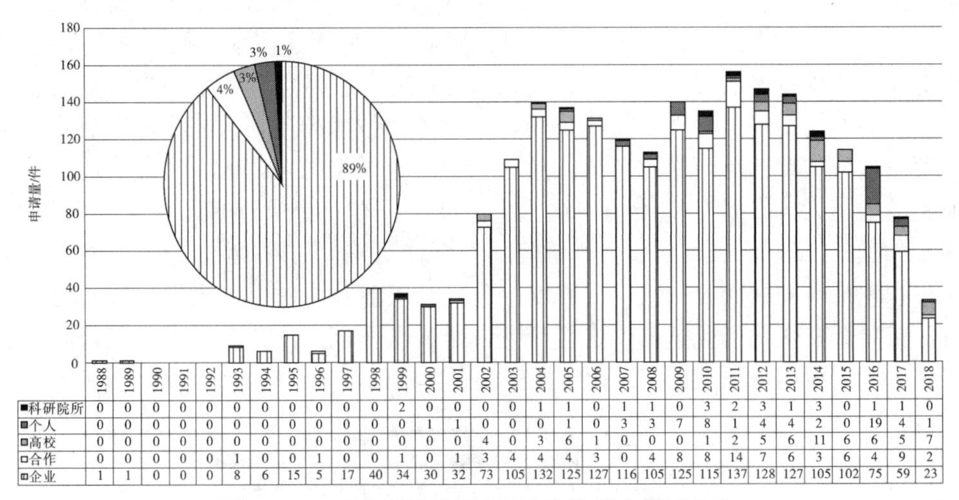

	1988	1989	1990	1991	1992	1993	1994	1995	1996	1997	1998	1999	2000	2001	2002	2003	2004	2005	2006	2007	2008	2009	2010	2011	2012	2013	2014	2015	2016	2017	2018
■科研院所	0	0	0	0	0	0	0	0	0	0	0	2	0	0	0	0	1	1	0	1	1	0	3	2	3	1	3	0	1	1	0
▩个人	0	0	0	0	0	0	0	0	0	0	0	0	1	1	0	0	0	1	0	3	3	7	8	1	4	4	2	0	19	4	1
▨高校	0	0	0	0	0	0	0	0	0	0	0	0	0	0	4	0	3	6	1	0	0	0	1	2	5	6	11	6	6	5	7
□合作	0	0	0	0	0	1	0	0	1	0	0	1	0	1	3	4	4	4	3	0	4	8	8	14	7	6	3	6	4	9	2
▥企业	1	1	0	0	0	8	6	15	5	17	40	34	30	32	73	105	132	125	127	116	105	125	115	137	128	127	105	102	75	59	23

图2-226　织物喷墨油墨中国专利申请人类型分布

（3）专利申请人合作模式

由图2-227可知，企业-企业的合作是合作模式的主要类型，其占比为55%。其次为企业-高校的合作，占比为22%。个人-个人的合作居于第三位，占比为8%。企业-个人的合作居于第四位，占比为6%。企业-科研院所的合作居于第五位，占比为5%。高校-科研院所的合作排第六，占比为2%。最后为科研院

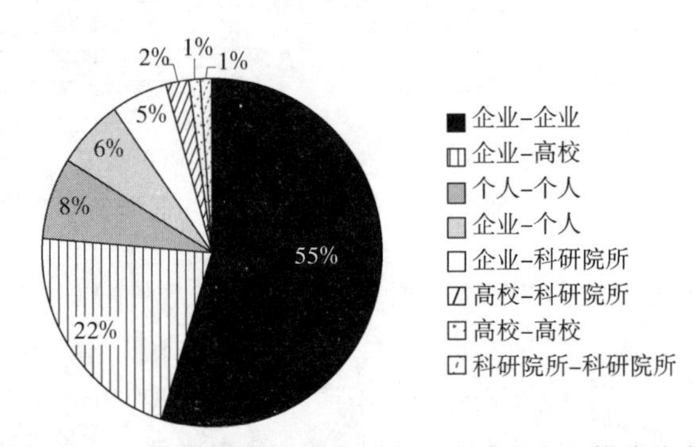

图2-227　织物喷墨油墨中国专利申请人合作模式分布

所-科研院所及高校-高校的合作，占比均为1%。由此可知，虽然我国存在多种类型的合作申请，但是企业-企业的合作仍然是合作的主流模式。这种企业之间的强强合作将成为织物喷墨油墨技术飞速发展的主要助推力。如兄弟工业株式会社和富士色素株式会社合作于2005年提出的申请号为CN200510058801的发明专利申请，于2009年授权，且目前仍处于有效阶段，保护年限已经长达11年之久，属于本领域的重点专利技术之一。此外，企业-高校（如大连理工大学和大连思普乐信息材料有限公司合作于2003年提出的申请号为CN03111517的发明专利申请）、企业-个人（如广州市联印数码科技有限公司和江炳杉合作于2011年提出的申请号为CN201110421529的发明专利申请）、企业-科研院所（如施乐公司和加拿大国家研究局合作于2010年提出的申请号为CN201010236605的发明专利申请）、个人-个人（如刘静和陈期合作于2011年提出的申请号为CN201110135294的发明专利申请）、高校-高校（如上海理工大学和上海出版印刷高等专科学校合作于2013年提出的申请号为CN201310173486的发明专利申请）、科研院所-科研院所（如弗劳恩霍夫应用研究促进协会和德国登肯多夫纺织及纤维研究所合作于2014年提出的申请号为CN201480010413的发明专利申请）的合作模式也在一定程度上反映了我国申请人合作模式的多样化。不同类型的申请人通过整合各自资源优势和技术优势，通过合作的方式实现对织物喷墨技术的不断推进。

3. 地域分布

由图2-228可知，其中日本（如富士胶片、精工爱普生、佳能等）、美国（惠普、施乐等）、德国（科莱恩等）、瑞士（西巴）、比利时（爱克发）、英国（克莱里安特）等国外公司在国内的专利申请量居多，在总的分布情况中占据了首要的位置，并且上述国外地区在中国专利布局的广泛程度超过了国内任意地区的专利申请量。由此可见，为了保证国内相关企业在该领域的良好发展，避免外来技术的冲击，大力发展属于我们自己的喷墨技术迫在眉睫。

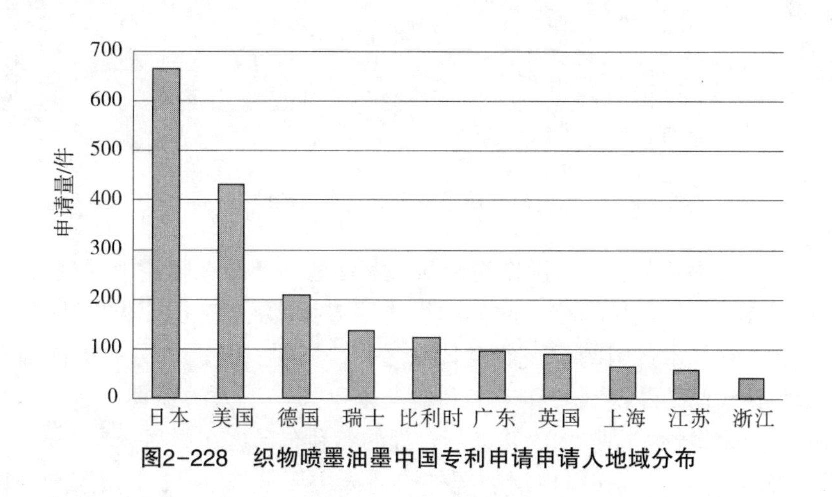

图2-228　织物喷墨油墨中国专利申请申请人地域分布

从图2-229可知，日本、美国和德国在我国开始专利布局均始于1993年，其中日本和德国技术活跃期始于2002年，即国内出现织物喷印技术的时间点。对于日本，其在华专利申请主要集中在2002~2015年，在2011年专利申请量最多，达到63件，占其喷墨总专利申请量（即该年份的总专利申请量，下同）的40.4%，主要是富士胶片、精工爱普生和理光的专利申请。其中，富士胶片在2011年共有27件相关专利申请，占其喷墨总专利申请量（52件）的51.9%；精工爱普生在2011年共有17件相关专利申请，占其喷墨总专利申请量（51件）的33.33%；理光在2011年共有6件相关专利申请，占其喷墨总专利申请量（15件）的40%。对于美国，其在华专利申请主要集中在1993~2014年，在2004年专利申请量最多达到38件，占其喷墨总专利申请量（70件）的54.29%，主要涉及的申请人有施乐和纳穆尔杜邦公司。其中，施乐在2004年共有12件喷墨技术的专利申请，均涉及织物喷墨技术；纳穆尔杜邦公司在2004年共有12件喷墨技术的专利申请，其中有10件涉及了织物喷墨技术。对于德国，其在华专利申请主要集中在2002~2009年，在2005年专利申请量最多，达到25件，占其喷墨总专利申请量（34件）的73.53%。主要涉及的申请人有德意志戴斯达纺织品及染料两合公司和巴斯福。其中，德意志戴斯达纺织品及染料两合公司在2005年共有10件喷墨技术的专利申请，其中9件涉及织物喷墨技术；巴斯福共有6件喷墨技术的专利申请，均涉及织物喷墨技术。

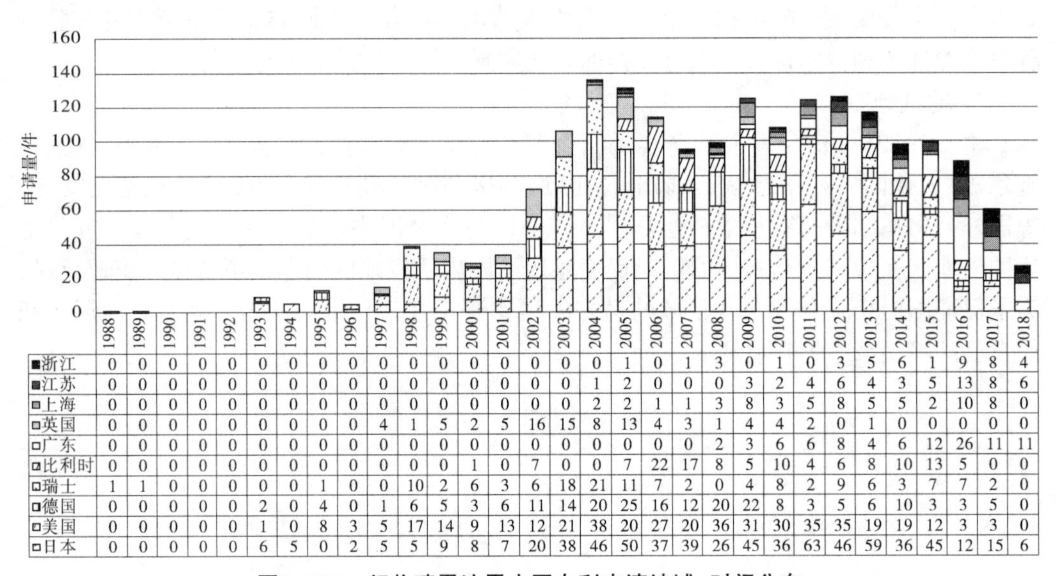

	1988	1989	1990	1991	1992	1993	1994	1995	1996	1997	1998	1999	2000	2001	2002
浙江	0	0	0	0	0	0	0	0	0	0	0	0	0	0	0
江苏	0	0	0	0	0	0	0	0	0	0	0	0	0	0	0
上海	0	0	0	0	0	0	0	0	0	0	0	0	0	0	0
英国	0	0	0	0	0	0	0	0	0	4	1	5	2	5	16
广东	0	0	0	0	0	0	0	0	0	0	0	0	0	0	0
比利时	0	0	0	0	0	0	0	0	0	0	0	0	1	0	7
瑞士	1	1	0	0	0	0	0	1	0	0	10	2	6	3	6
德国	0	0	0	0	0	2	0	4	0	1	6	5	3	6	11
美国	0	0	0	0	0	1	0	8	3	5	17	14	9	13	12
日本	0	0	0	0	0	6	5	0	2	5	5	9	8	7	20

	2003	2004	2005	2006	2007	2008	2009	2010	2011	2012	2013	2014	2015	2016	2017	2018
浙江	0	0	1	0	1	3	0	1	0	3	5	6	1	9	8	4
江苏	0	1	2	0	0	0	3	2	4	6	4	3	5	13	8	6
上海	0	2	2	1	1	3	8	3	5	8	5	5	2	10	8	0
英国	15	8	13	4	3	1	4	4	2	0	1	0	0	0	0	0
广东	0	0	0	0	0	2	3	6	6	8	4	6	12	26	11	11
比利时	0	0	7	22	17	8	5	10	4	6	8	10	13	5	0	0
瑞士	18	21	11	7	2	0	4	8	2	9	6	3	7	7	2	0
德国	14	20	25	16	12	20	22	8	3	5	6	10	3	3	5	0
美国	21	38	20	27	20	36	31	30	35	35	19	19	12	3	3	0
日本	38	46	50	37	39	26	45	36	63	46	59	36	45	12	15	6

图2-229　织物喷墨油墨中国专利申请地域-时间分布

由此可知，日本、美国和德国作为专利技术强国，已经大肆在中国进行专利布局，已布局的喷墨技术中已经存在相当部分的织物喷墨技术，进一步说明了织物喷墨技术已经成为上述专利技术强国的重点研发技术之一。同时，从专利分布的严峻形势中可以看出，为防止我们的既得利益和未来利益免受国外申请人的损害，在中国开始研究属于自己的本土化织物喷印技术，并进行合理的专利布局迫在眉睫。

从图2-230可以看出，在华申请的国外申请人主要分布在22个国家和地区中，在第二绘图区出现的“其他”包括芬兰、俄罗斯、百慕大、丹麦、西班牙、新加坡和加拿大，专利申请量各为1件。由图可知，日本、美国和德国在中国专利申请量较多，分别为666件、431件和210件，为在华进行大范围专利布局的主要申请人集中的区域，也是我国本土申请人主要的竞争对手聚集区。上述地区的主要申请人是我国进行织物喷墨技术研究的主要关注对象，同时也是主要的技术借鉴对象。我国可以根据上述主要申请人的在乎专利布局情况，从多角度出发，在现有技术的基础上进行开拓性研发。在进行技术研发和产品生产的同时也要注意规避在相应领域进行专利布局的技术，防止自己的利益遭受重创。

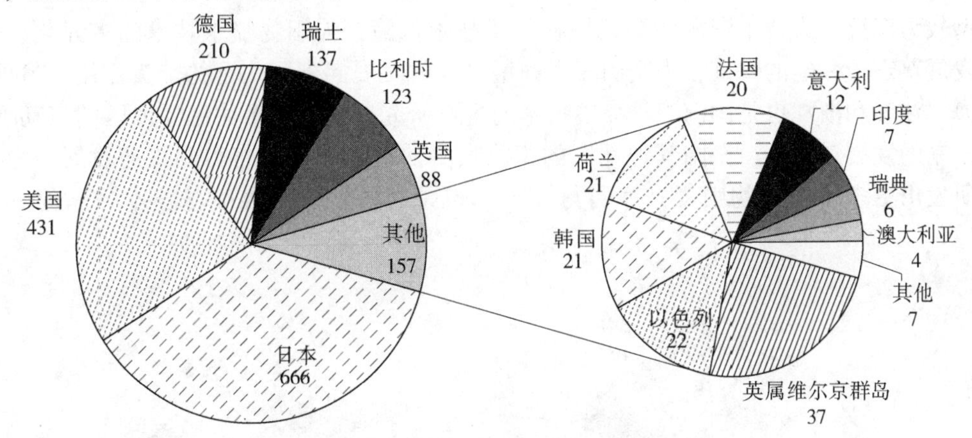

图2-230　织物喷墨油墨国外申请人在华申请地域分布（单位：件）

由图2-231可知，国外申请人开始在中国进行专利布局始于1988年，1998年以后发展较为迅速，2002~2013年为技术活跃期。在过去的20多年时间里，国外各大公司在中国已经完成了一部分的专利布局，虽然近几年专利申请量有所下降，但并不代表他们已经对中国市场失去兴趣，相反他们很可能在已有技术的基础上研发更具潜力和发展前景的技术。为了在我们本土地区掌握有竞争力的织物喷墨油墨技术，国内申请人更应该重视织物喷墨技术的创新与保护，以便与国外技术相抗衡。

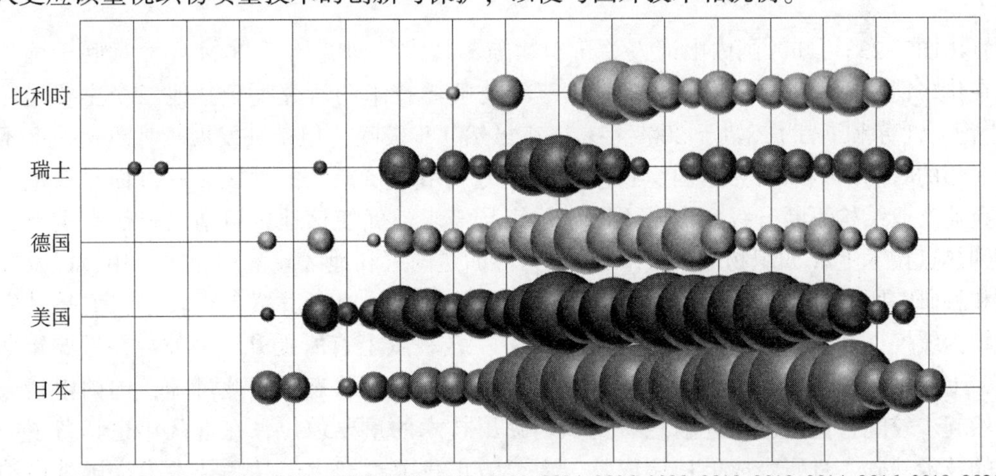

图2-231　织物喷墨油墨国外申请人在华申请地域-时间分布

图2-232为国内申请人地区分布情况，第二绘图区中出现的“其他”包括陕西（4件）、河北（3件）、重庆（1件）、吉林（1件）、广西（1件）、内蒙古（1件）、海南

（1件）和江西（1件）。由图可知，喷墨油墨技术的研究覆盖了全国大部分地区。研究较为广泛的地区为广东、上海、江苏和浙江，专利申请量均在40件以上。其中，广东作为全国研究织物喷墨技术的最为广泛的地区，专利申请量达到95件。其主要申请人包括珠海保税区天然宝杰数码科技材料有限公司和深圳市墨库图文技术有限公司，以及一些高校和个人申请。由此可见，广东作为全国织物喷墨技术的领军地区，申请人类型较为广泛，为技术资源的多元性提供了技术保障，为织物喷墨技术的多元化、立体发展奠定了一定的基础，为全国喷墨油墨事业的发展起到了一定的带头作用。另外，上海、江苏和浙江也是国内织物喷墨技术的重点研究地区。在上述主要地区的带动下，在未来的发展道路上，全国其他地区的织物喷墨油墨技术也必将得到飞速发展，为我国研发出更多本土织物喷墨技术打好基础，也是我国跻身世界喷墨技术强国的有力支撑。

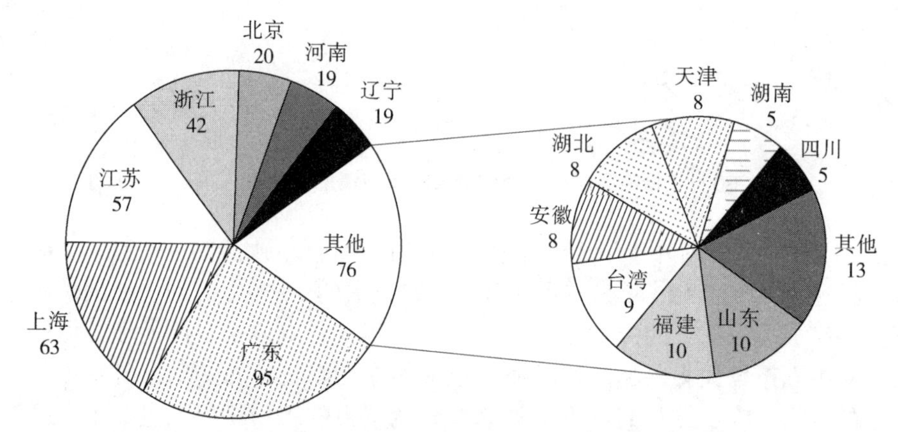

图2-232 织物喷墨油墨国内申请人专利申请地域分布（单位：件）

由图2-233可知，国内申请人关于织物喷墨技术的研究始于2004年，远晚于国外的在华申请（1988年）。其中，广东关于织物喷墨技术的研究晚于其他三个主要地区（上海、江苏和浙江），始于2008年。广东虽然起步较晚，但是其发展较为迅速，在不到8年的时间内一跃成为全国织物喷墨技术专利申请量最大的地区。一方面是该地区的企业产业结构不断升级，为了不断满足市场需求，促使该地区申请人将研究重点转移到热点技术上（如织物印染技术）；另一方面是国家和地区政策的导向作用，以及高校和科研院所的技术支持。此外，上海、江苏和浙江等地区虽然起步较早，但是其发展较为缓慢，均在2008年以后专利申请量在一定程度上有所提升。另外，在近5年期间，上述主要地区的专利申请整体上均呈现快速增长的状态。由此可知，国内申请人虽然起步较晚，但是已经逐渐意识到织物喷墨技术的重要地位，在近几年也具备了一定的技术基础，且研究成果初见成效。为了防止我国本土化产品和技术遭受国外申请人的限制，大力发展我国本土化技术，并利用自己的技术生产相应成品仍然是我国国内申请人面临的长期任务和挑战。

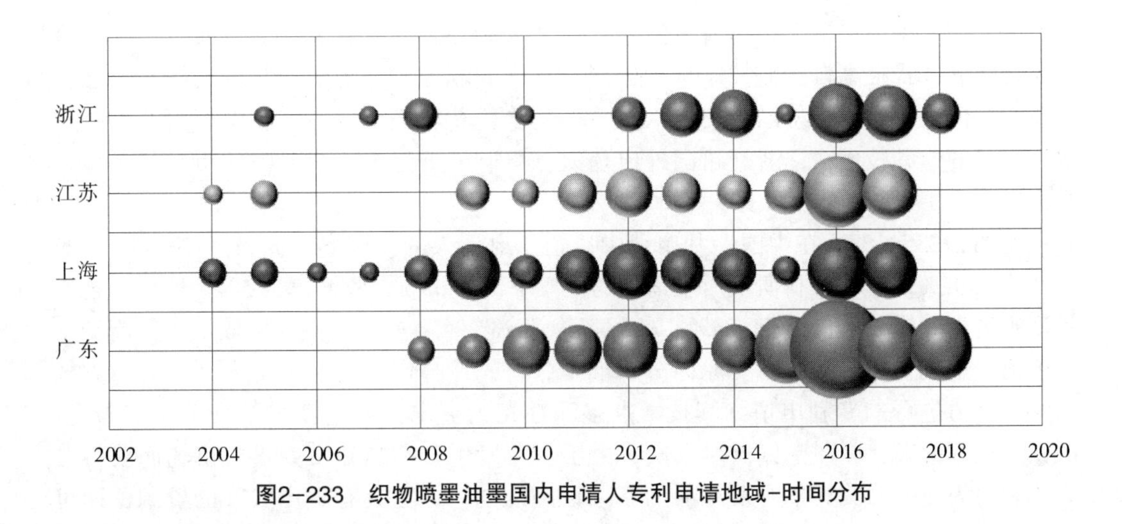

图2-233　织物喷墨油墨国内申请人专利申请地域-时间分布

4. **法律状态分布**

由图2-234可知，国内申请人织物喷墨油墨领域的授权率（有效+无效）为37%，驳回率为7%，撤回率为12%，公开的案件为44%。其中，授权率37%与织物喷墨技术的总体水平（58%）相比偏低，说明我国该领域的专利申请质量较低。国外申请人的授权率为63%，显著高于国内申请人的授权率，进一步表明我国国内申请人在织物喷墨油墨的专利申请质量上落后于国外申请人，国外申请人在织物喷墨油墨技术方面的原创性（新创性）明显高于国内申请人，在织物喷墨油墨的研发实力和研发技术上占有很大的优势。

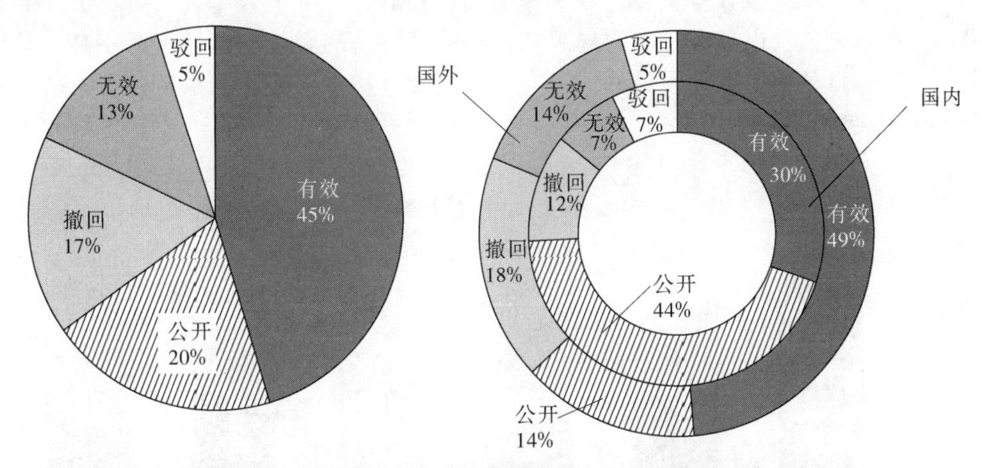

图2-234　织物喷墨油墨中国专利申请国内外申请人法律状态分布

经分析可知，出现上述情况的主要原因是我国织物喷墨油墨研究起步较晚，当我国申请人着手开始研究该领域相关技术时，国外申请人已经在中国进行了大范围的专利布局，牵制国内申请人的申请。在如此严峻的形势下，国内申请人受到技术和专利的双重限制，多重因素制约着国内织物喷墨技术的发展，导致我国本土申请人在现有的局势下面临着巨大的挑战。为了与国外申请人相抗衡，防止外来申请人大肆抢占中国市场，需要国内申请人集中力量投入喷墨油墨相关技术的研发。可以通过与国外申请人合作的方式提高自己的技术水平，同时提高专利保护和专利布局的意识。虽然存在差距，但是我们也可将国外申请人在华申请作为垫脚石，进一步拓宽视野，发掘出属于自己的专利技术，逐渐赶超国外申请人，争取早日将中国织物喷印市场的主导权掌握在自己手里。

由图2-235可知，在中国专利申请中，企业申请人的授权率最高，为59.95%，驳回率为4.97%。其次为科研院所申请人的授权率，为55%，驳回率为5%。然后是合作类型申请人的授权率，为54.84%，驳回率为3.23%。高校申请授权率较低，但高于个人申请。造成上述情况的主要原因分析如下。首先，合作类型的申请人是整合多方技术共同努力进行的专利申请，其技术点多元性尤为突出，创造性水平具备一定高度，故其授权率偏高，驳回率偏低。其次，由于企业以生产产品并将其投入市场而获得最大化利益为导向，其具备研发产品的基础设施的同时，更具有生产实践的资源，即可通过实践指导理论的方式调整技术，对于创造出更多优质技术提供了很好的理论-实践互通平台，从而可以研发出更多具有创造性的技术，也是实现较高授权率、较低驳回率的主要原因。再次，我国高校在织物喷墨技术的研究起步较晚是其授权率偏低的主要原因。另外，由于该申请人的专利申请均集中在2010~2014年，有相当一部分专利申请（38.1%）仍然处于公开状态，尚未作出审查决定，这也是造成高校的授权率较低的一方面原因。此外，由于我国高校主要针对理论层面的研究，在研究的一定阶段会撰写一些非专利文献在相应期刊上进行投稿。而该类型的公开文献进一步制约着申请人在该领域进一步进行专利申请的结果，其中部分文献可能作为相关对比文件驳回相应案件，故导致其授权率偏低，驳回率偏高。最后，对于个人申请，由于个人的资源有限，技术创造性也具有一定的局限性，导致其申请的案件创造性水平不高，是导致其授权率偏低的主要原因。另外，个人申请的质量相对低下，也是其撤回率高于其他类型申请人的主要原因。

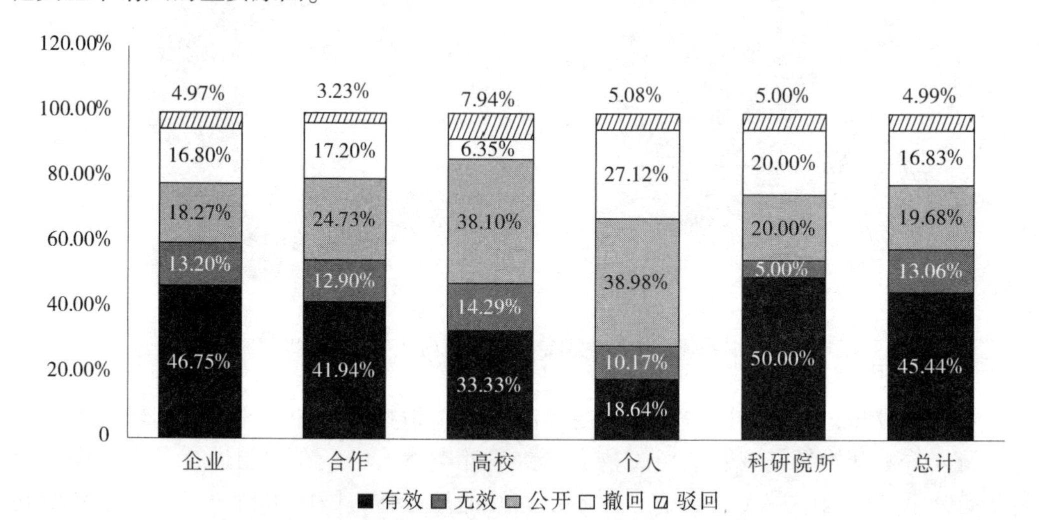

图2-235　织物喷墨油墨中国专利申请人类型-法律状态分布

综上所述，不同申请人之间通过合作的方式进行专利申请，可在一定程度上提高申请质量、改善授权率。企业作为本领域主要的申请人类型，对织物喷墨技术做出了创造性的贡献。高校和科研院虽然起步较晚，但是注重在理论层面上的研究，同样推动了织物喷墨技术的不断革新。另外，虽然个人力量有限，但也在一定程度上为织物喷墨技术的发展做出了一定的贡献。例如浙江省的章传兴在 2008 年申请的专利申请号为 CN200810120200、发明名称为“真丝及仿真丝数码印花工艺”的发明专利申请，于 2010 年授权，且目前仍然处于授权保护阶段。该申请主要涉及一种真丝及仿真丝数码印花工艺，属于印花技术领域，包括图案读写设计—墨水配制—织物预处理—数码喷射印花等步骤，通过在墨水中加入环保自交联黏合剂，并采用特殊的热定型工艺。采用该方法制成的产品，经多次水洗，甚至在更恶劣的实验环境下，仍能不褪色、掉色，保持原有的色彩和鲜艳度。该申请在 2012 年发生了专利权人变更，由章传兴变更为浙江省绍兴县钱清镇凤仪村珠墅绍兴县永通丝绸印染有限公司。由此可见，个人申请的发明创造在一定程度上也推动了织物喷墨技术的进步，在得到公众认可的基础，充分发挥了其应有的价值。

图2-236为国内专利申请授权案件平均保护年限，其中授权案件包括无效案件，以及目前处于保护有效阶段的案件。为了便于统计分析，将目前有限案件的案件截止日期人工限定为检索终止日期，且定为 2016 年 6 月 23 日。经统计分析可知，目前所有中国申请案件中的授权案件的平均保护年限为 4. 94 年。其中，国内申请人的授权案件平均保护年限为 2. 33 年，低于整体水平（即 4. 94 年）；国外申请人在华申请案件的平均保护年限为 5. 34 年，高于整体平均水平。

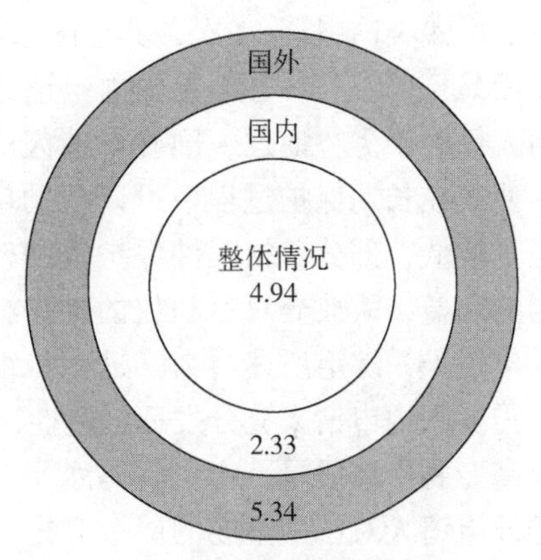

图2-236　织物喷墨油墨中国专利申请授权案件平均保护年限

首先，以上结论在一定程度上反映出国外申请人的专利保护意识强于国内申请人，其更加注重的是专利保护的长期利益；其次，上述情况也从侧面反映出国外申请人的专利申请质量优于国内申请人，其更懂得如何撰写专利申请，并将自己的保护范围扩大到合理的范围内，从而实现利益的最大化。在此基础上，我国国内申请人需要充分发挥自己的创造力，在已有的技术基础上创造出更多属于我们自己的技术，在生产相应产品的同时要注意规避国外申请人的专利布局，同时建立自己的专利保护范围，完善自己的专利申请文件，优化专利申请质量，划分合理保护范围，实现保护自己利益的同时，不触及他人的专利包围圈，以免利益受损。

结合图2-237和图2-238可知，国内申请案件中保护年限有 80 件（66. 12%）的保护年限集中在 1~5 年范围内，远高于国外（21. 6%）和整体情况（26. 34%）的对应比例。而在 6~10 年保护年限范围内，国外申请的比重最多，占 48. 62%（共 493 件），国内申请仅占 30. 58%（37 件）。在 11~15 年的保护年限范围内国外申请占了其总申请的四分之一，而国内申请只有其总申请的3.31%。对于在16~20年的保护范围内，没有国内申请案件，国外申请案件占其总体情况的4.83%。在上述保护年限范围内，国外申请最长保护年限为20年（15件），如佳能于1994年申请的专利申请号分别为CN94109163和CN94109164，发明名称分别为“印花方法、此方法中的一套油墨、印花布以及由此得到的加工制品”和“印花方法及由此得到的印花布和加工的制品”的发明专利申请，均由于期限届满而终止。而国内最长保护年限为12年（2件），如游在隆和谢琼琳于2004年申请的申请号为CN200410013291、发明名称为“水溶性的颜料型喷墨印花墨水”的发明专利申请，目前仍处于授权有效阶段。上述结果的主要原因有两个方面。一方面是国外申请人在织物喷墨油墨领域的研究较早，且在早期存在一些基础性的专利较多，也可称之为重点专利，如上述佳能于1994年申请的专利申请号分别为CN94109163和CN94109164的发明专利申请均由于期限届满而终止。其中CN94109163的同族专利被引证次数为54次（如图2-239所示），其中中国引证11次，欧洲引证10次，美国引证27次，其他国家或地区引证6次。而CN94109164的同族专利被引证次数为41次（如图2-240所示），其中中国引证5次，欧洲引证10次，日本引证了5次，美国引证12次，其他国家或地区引证5次。由此可知，上述专利的重要性是显而易见的。另一方面是国内申请人专利申请的撰写质量及专利布局的水平较国外申请人仍处于劣势地位。国外申请人的专利撰写质量高，授权权利要求的保护范围广泛，使其在长期保护过程中可以帮助申请人获得更大的利益。而国内申请人的专利申请质量较低，部分获权案件保护范围较小，申请人维持一定年限后发现无法从中获得应得的利益，故放弃对专利权的维持，从而导致国内申请人的案件保护年限普遍低于国外申请人。综上所述，为了进一步缩短国内申请人与国外申请人在申请质量上的差距，需要国内申请人充分发挥创造性，创造出更多具有较高创造性水平的专利申请。同时提高专利申请质量，专利撰写水平，合理划分自己的保护范围，以此也可进一步抑制国外申请人对中国市场的肆意瓜分。

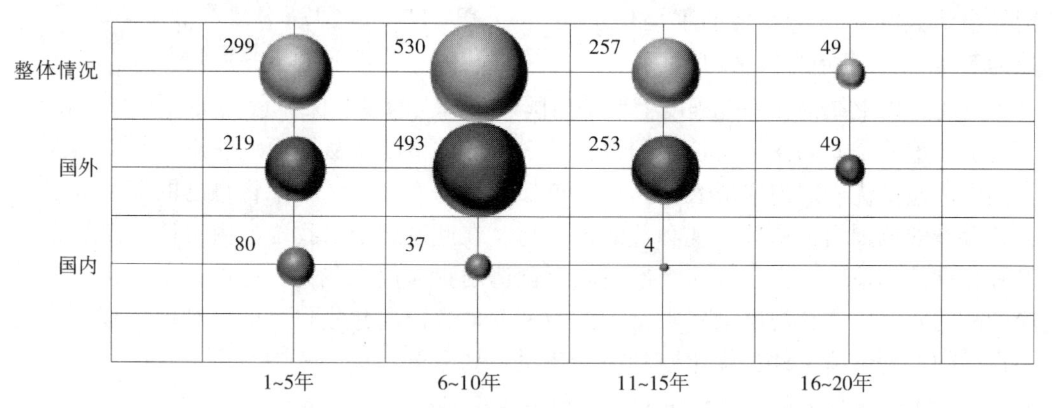

图2-237　织物喷墨油墨中国专利申请授权案件年限分布（单位：件）

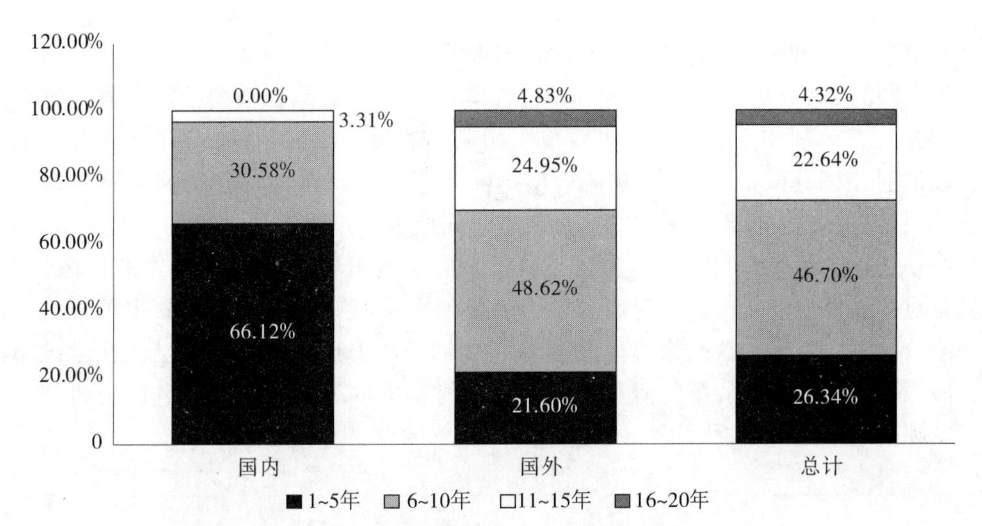

图2-238　织物喷墨油墨中国专利申请授权案件年限对比

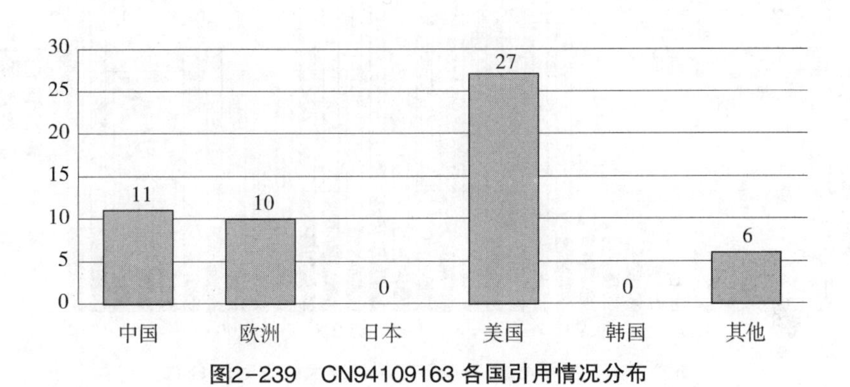

图2-239　CN94109163 各国引用情况分布

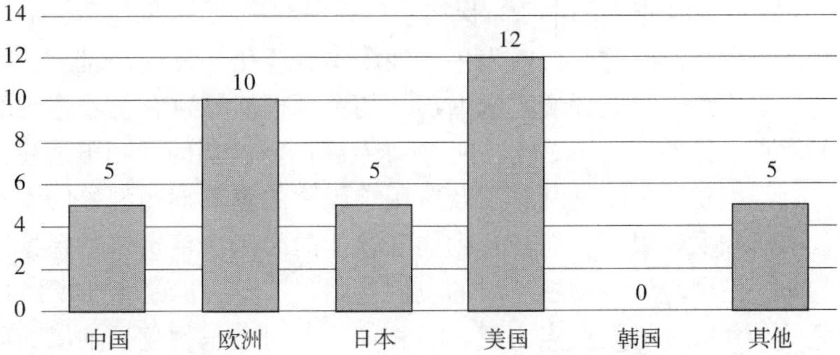

图2-240　CN94109164 各国引用情况分布

2.2.3.3 专利技术分析

1. 织物喷墨油墨的全球技术时间分布分析

根据图2-241可知，从1976年开始，样本中出现3项织物喷墨油墨专利，这3项专利均是以着色剂作为研究重点来合成织物喷墨油墨。1976~1992年的十多年，陆续出现以助剂（以分散剂为主）、树脂、溶剂、其他（如抗菌性）作为研究重点来合成织物喷墨油墨。以着色剂作为研究重点在本时间段成为织物喷墨油墨的主要文献分布，其他织物文献主要集中在助剂（主要是分散剂）以及其他（如改善织物的抗菌性等）研究重点；另外，涉及树脂和溶剂的织物喷墨油墨文献较少，是断层式申请模式。即从文献分布可以看出，从织物喷墨油墨专利文献开始出现，该领域即已然在尝试不同的手段来研究织物喷墨油墨，但基于原料、基材、成本等限定，以着色剂为研究重点的织物喷墨油墨成为织物喷墨的主流技术。

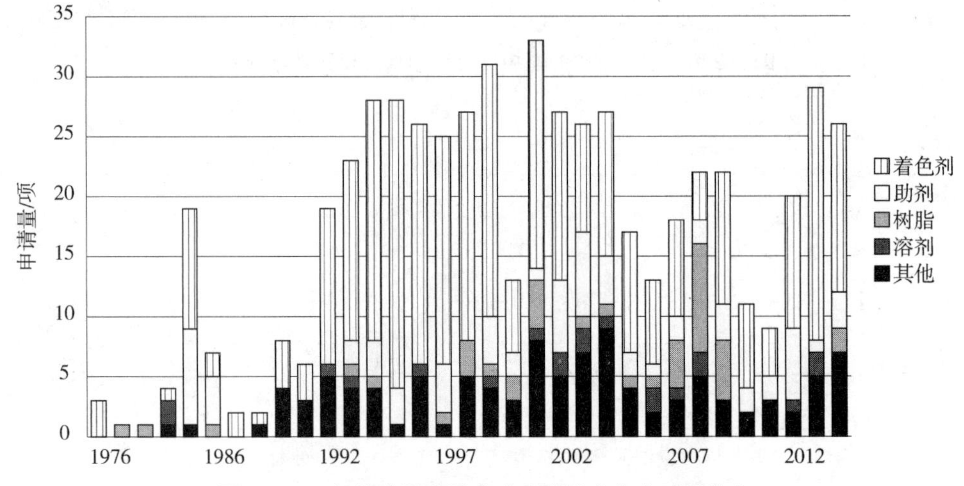

图2-241　织物喷墨油墨全球专利技术分支时间分布

1993~1999年，以着色剂为研究重点的织物喷墨油墨文献专利申请量平稳，2000年有所下降，2001~2014年专利申请量保持平稳。即在进入21世纪后，研究织物喷墨油墨中的着色剂更加广泛，这与经济发展、油墨本身应用领域应用基材、着色剂原料拓宽更加丰富、织物喷墨油墨领域需求增加均相关，进而导致有关着色剂的织物喷墨油墨文献量的增长。另外，进入20世纪后，涉及树脂和溶剂的专利申请还是出现断层式申请模式，这与织物这一印刷基材以及应用于织物的着色剂类型等因素有关，使针对树脂和溶剂的研究受到限制；而涉及助剂和其他的专利申请量基本保持平稳，并未出现增长的趋势，是因为虽然喷墨油墨的应用范围很广泛，但是由于所应用的基材不同，喷墨油墨的成分以及研究重点也就不尽相同。而对于织物喷墨油墨的印刷，一般对喷墨油墨中的着色剂要求比较高，因此，大多数研究重点在着色剂上，涉及助剂和其他的技术手段研发力度不足。

根据图2-242可知，专利申请中研究色牢度的专利申请最多，占专利申请总量的46%，其次为改善喷墨油墨或所得产品稳定性和外观的专利申请，分别占34%和15%

左右，对于织物喷墨油墨的环保性以及附着力方面的研究较少。图中出现的总量为2项的“其他”，是通过改进喷墨技术方法来对织物进行喷墨印刷，从而改善油墨的干燥速度等。如精工爱普生于2013年2月27日申请的申请号为JP2013036776、发明名称为“在衣服上印刷颜料的喷墨印刷记录方法以及通过喷嘴将含有颜料的印刷油墨印刷在衣服上的方法”的发明专利，其中涉及一种喷墨印刷记录方法，通过该印刷方法，可改善油墨在衣服上所形成的膜层的干燥性以及防止衣服褪色等性能。

由图2-242可知，在1993年之前，全球织物油墨领域研究的重点为提高织物喷墨油墨的稳定性，其次是色牢度，而涉及研究附着力、外观、环保以及其他比较少，这是因为在过去20世纪80年代，喷墨印刷技术刚刚起步，在拓展喷墨印刷的应用范围，对织物表面的图像要求不高；而在进入90年代之后，全球经济全面发展，喷墨印刷技术也逐渐成熟，其应用越来越广泛，对织物喷墨印刷技术要求逐渐提高，尤其是人们对织物的颜色保持程度要求越来越高，因此，在1995年之后人们的研究重点在织物喷墨的色牢度上。而随着全球对环保的重视，对织物喷墨油墨的环保以及其他性能的研究也逐渐引起人们重视。

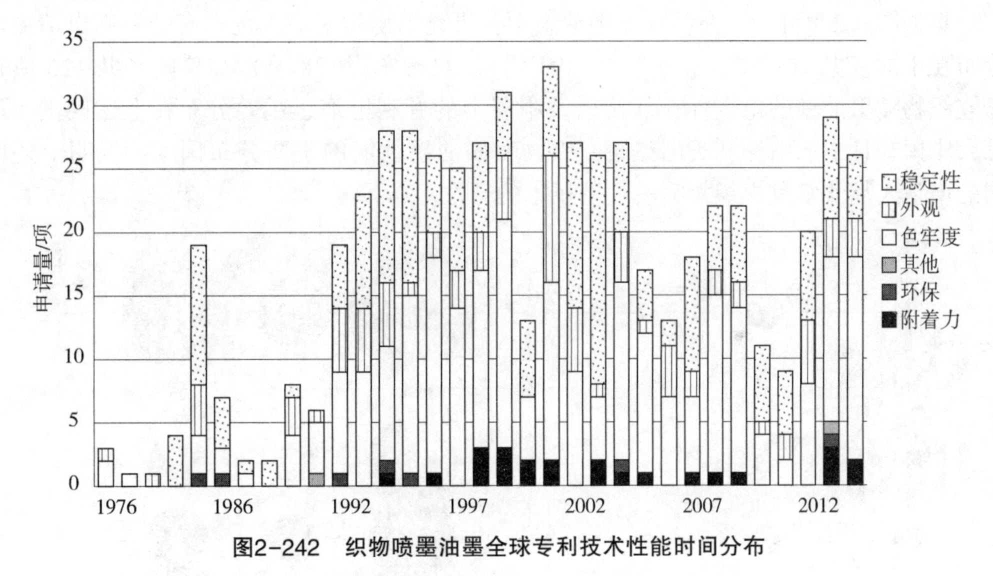

图2-242　织物喷墨油墨全球专利技术性能时间分布

根据图2-243可知，在织物喷墨油墨中，以着色剂为研究对象的专利申请在日本、美国、欧洲、韩国和中国都有分布，其中以中国最高（共335项），日本紧随其后（共258项），欧洲次之（共179项），最后是美国（共165项）和韩国（共13项），以助剂（分散剂为主）为研究对象的专利申请在中国和日本分布较多，中国共73项，日本共66项，而分别以树脂和溶剂为研究对象的专利申请在中国和日本也分布较多，以其他（如喷墨印刷方法）为研究对象的专利申请在中国和日本分布也较多。可见，中国和日本是织物喷墨油墨各个技术分支的主要研究国。

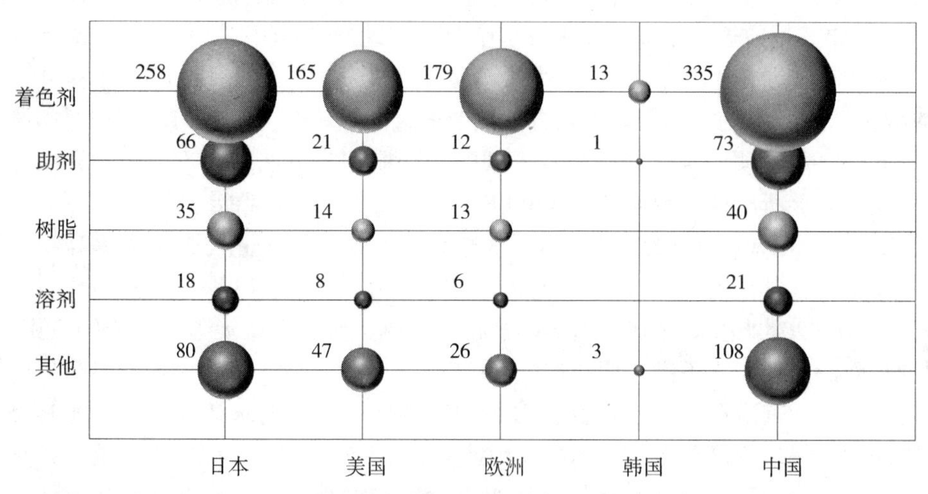

图2-243　织物喷墨油墨全球专利技术分支-地域分布（单位：项）

根据图2-244可知，在织物喷墨油墨中，研究织物喷墨油墨色牢度的专利申请主要分布在中国（共261项）、日本（共193项）、欧洲（共138项）和美国（共126项），研究织物喷墨油墨的稳定性、外观以及附着力的专利申请也主要分布在上述四国。可见，中国、日本、欧洲和美国是研究织物喷墨油墨性能的主要分布国家，说明上述四国的申请人都非常重视织物喷墨油墨技术的开发。

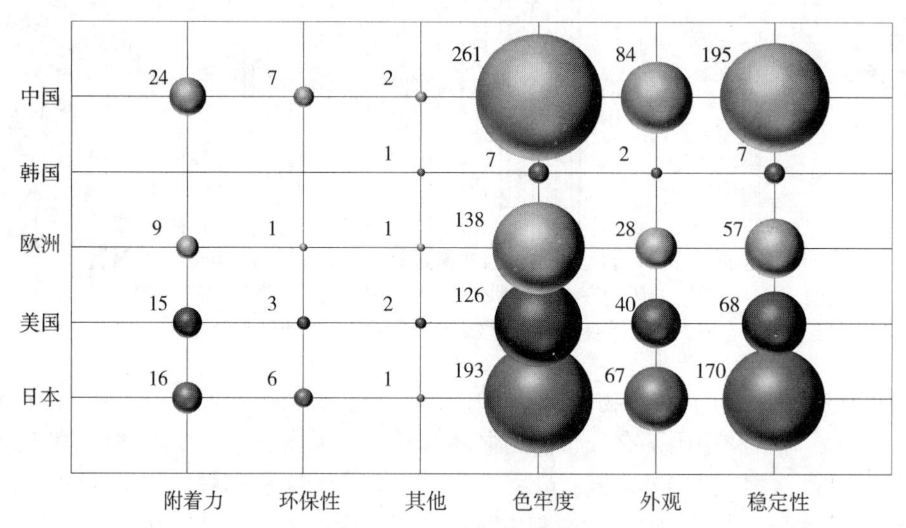

图2-244　织物喷墨油墨全球专利技术性能-地域分布（单位：项）

由图2-245可知，对于织物喷墨油墨领域，无论申请人着重解决的技术问题，以及预期功效为何种类型，始终以着色剂为重点研究对象。同时，无论对于何种类型的织物喷墨油墨，研究目标和期望性能最多的则均是油墨的色牢度，其次是油墨的稳定性。其中，以着色剂材料为重点研究对象制备的织物喷墨油墨且技术效果重在色牢度方面的专利申请量共193项，以着色剂材料为重点研究对象制备的织物喷墨油墨且技术效果重在稳定性方面的专利申请量共103项。上述部分专利申请也是国内外研究的重点。如富士胶片于2000年1月11日申请的申请号为JP2000594865、发明名称为“一种新型偶氮化合物及其盐、其用于喷墨印刷的喷墨油墨”的发明专利申请，主要涉及一种新型偶氮染料化合物，以及将其用于喷墨印刷的喷墨油墨，其发明重点在于偶氮染料，含有该染料的喷墨油墨采用喷墨印刷技术印刷在织物上，可以提高织物墨层的色牢度。此外，研究偶氮类或其他染料结构这类型的专利在织物喷墨油墨领域很多，可见，该类型的专利研究在喷墨领域具有重要地位，目前还是全球研究热点。

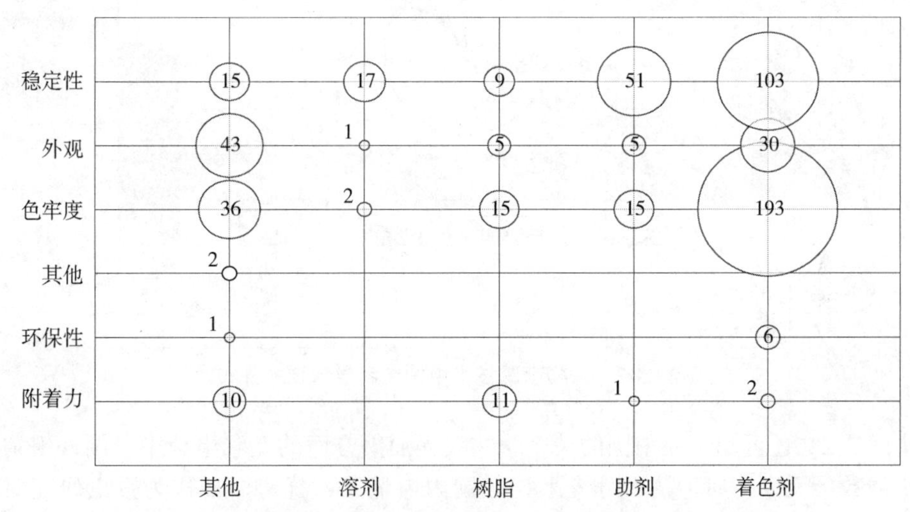

图2-245　织物喷墨油墨全球专利技术分支-性能分布（单位：项）

2. 织物喷墨油墨中国专利技术分析

课题研究人员对织物喷墨油墨的总体数据进行分析，并通过检索选取398项尤为相关中文文献进行系统专利技术分析，并对织物喷墨技术进行了技术分解，主要分为着色剂、树脂、溶剂、助剂和其他类型的改进方式。其中，着色剂分为染料、颜料和其他类型的着色改进；对于染料则主要从染料的结构、与染料配合使用特定的分散剂等方面进行分析；对于颜料则主要根据分散颜料所用的分散剂、将颜料制成胶囊结构、以及控制颜料粒径等方面的情况进行专利分析。对于树脂，则主要根据所用树脂是否为反应性树脂等方面进行考虑。对于助剂主要考虑改善整体油墨分散稳定性等方面的添加剂组分，如分散剂、渗透剂等。在上述技术分支的基础上，根据对应申请文件中解决的技术问题，课题研究人员将技术性能主要分为色牢度（如耐晒、耐洗、耐擦等）、稳定性（分散稳定性、储存稳定性和喷出稳定性等）、外观（色彩鲜艳度等）、环保、附着力、手感等方面。

从图2-246可知，无论国内外，着色剂在织物印花喷墨技术的研究均是重点，其专利数量占总体水平的72%。图中所示占比为10%的其他主要涉及的是喷墨打印方法、对喷墨记录介质进行预处理或通过喷墨油墨整体配方等方式解决相应技术问题的专利申请。此外，通过调整油墨中的树脂和助剂（如分散剂、渗透剂等）组分以达到解决相应技术问题的专利申请各占 8%。其中改进油墨所用溶剂的专利申请占比为 2%。由此可知，我国织物喷墨油墨的技术改进主要集中在着色材料的改善，结合对树脂、助剂和溶剂的改进以达到辅助改善油墨相应性能的目的。根据目前的专利技术构成情况，国内申请人可以根据已有的织物印染技术，结合自己的研究方向和市场渗透方向，合理调整自己的产业结构。

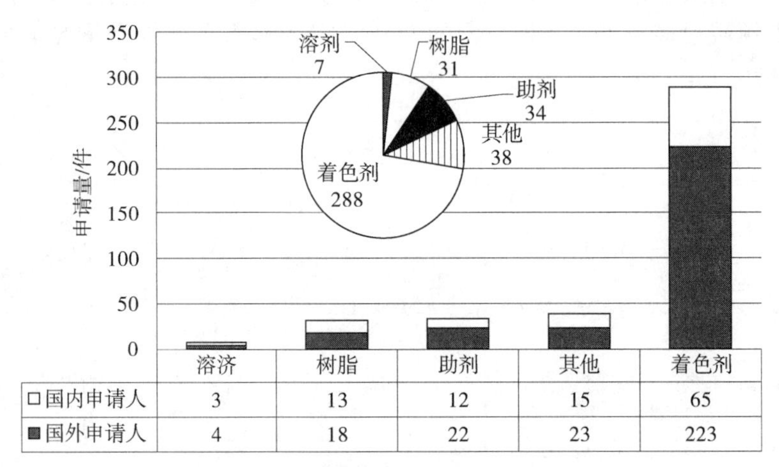

	溶济	树脂	助剂	其他	着色剂
□国内申请人	3	13	12	15	65
■国外申请人	4	18	22	23	223

图2-246　织物喷墨技术中国专利申请技术分布

由图2-246还可知，在中国的关于织物喷墨油墨方面的专利申请中，国外申请人的在华申请数量无论在何种技术分支上均较国内申请人占优势。如作为重点研究对象之一的着色剂，仅有 65 件为国内申请人申请，占关于着色剂的专利申请总量的 22.6%，即不到四分之一。可见国内在织物喷墨油墨方面的专利技术还远落后于国外。因此，为了防止国外申请人大范围在中国进行专利布局，我国申请人需要加大力度在织物喷墨油墨的各个技术分支进行突破性研究并申请专利，对自己的研究成果进行及时保护，从而有效保护自己的利益。

由图2-247可知，关于织物喷墨技术着色剂的研究中有 85% 的专利申请涉及染料的研究，仅有 15% 涉及的是颜料方面的研究。在染料墨水的研究中主要涉及偶氮类染料，其中较多的是活性染料、酸性染料和还原性染料。此外，在专利分析过程中还发现有一部分专利申请展开了对高分子染料墨水的研究。如瑞士西柏控股有限公司于 2012 年提出的申请号为 CN201280055279 的专利申请，涉及了一种共价结合在聚合物结构部分上的瓮染料，进一步涉及制备该瓮染料的方法，及其在织物染色或印刷中的用途，并指出所述染料具有良好的溶解性和分散性。

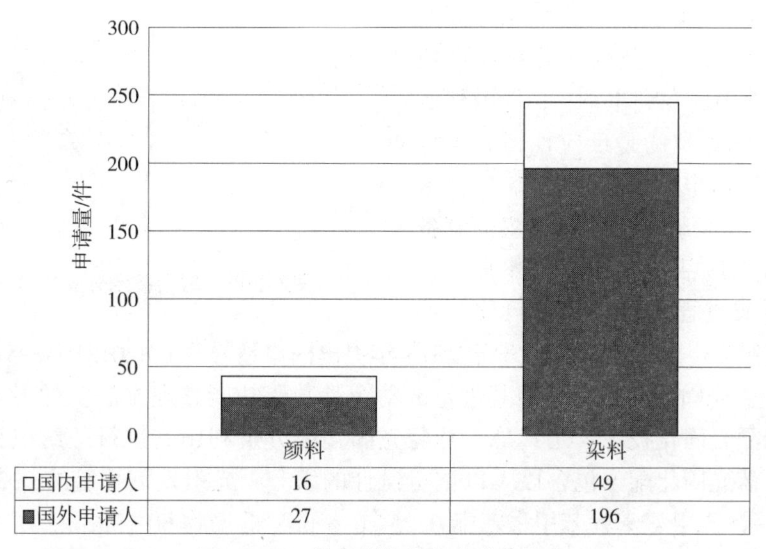

图2-247 着色剂技术分支技术分布

此外，国内外的专利申请人均在不同程度上对颜料的专利技术给予了一定的重视，如国内申请人中有16件专利申请涉及颜料，主要将颜料制备成胶囊结构、或通过所用颜料的粒径分布、或通过加入分散剂等方式达到改善油墨稳定性、色牢度和外观等方面的性能的目的。如陕西科技大学于2006年提出的申请号为CN200610104941、发明名称为“一种皮革数码喷墨印花颜料型墨水的制备方法”的发明专利申请，涉及的是将颜料粉碎成纳米级颗粒，然后用非溶剂使水溶性高分子沉析在颜料粒子表面，形成在水中稳定分散的纳米级颜料微胶囊，再与其他组分搅拌混合，得纳米级颜料型喷墨印花墨水，最终达到改善产品稳定性的目的。任天斌于2012年提出的专利申请号为CN201210003337、发明名称为“一种水性纳米色浆及其制备方法”的专利申请，涉及的则是通过控制颜料的粒径分布以达到改善墨水稳定性的目的。吴江市鼎佳纺织有限公司于2012年提出的申请号为CN201210505453、发明名称为“一种喷墨印花颜料墨水”的专利申请则涉及的是通过添加分散剂分散所用的颜料，以达到改善墨水稳定性的目的。国外申请人有27件专利申请涉及了颜料，主要涉及的同样是通过将颜料制备成胶囊结构、或通过所用颜料的粒径分布、或通过加入分散剂等方式达到改善油墨稳定性、色牢度和外观等方面的性能的目的。如日本的大日精化工业株式会社于2002年提出的申请号为CN02127562、发明名称为“细化颜料和着色用组合物”的专利申请，便是通过控制颜料的粒径分布以达到改善油墨色牢度等性能的目的。由此可知，国内外申请人在用于织物印染的颜料油墨方面均在不同程度上开展了研究工作。我国申请人可以在已有技术的基础上，考虑进一步从国外申请人的研究重点着手，探索其研究的主要方向，开展深层次的研究，争取在用于织物印染的颜料油墨领域做得全方位发展。

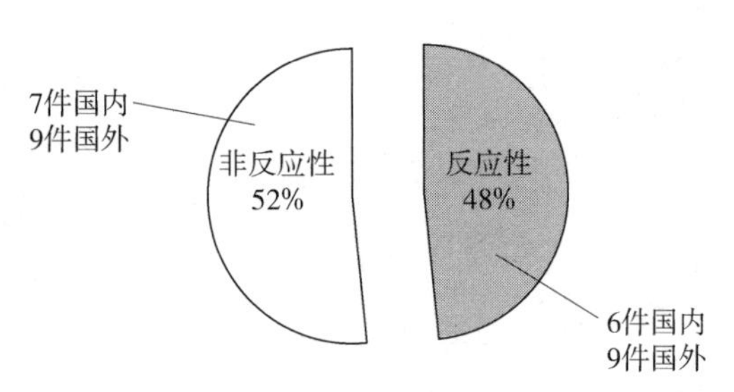

图2-248　树脂技术分支技术分布

从图2-248可知，在改进树脂方面的专利文献中有52%涉及的是非反应性树脂组分（7件国内专利申请、9件国外专利申请），48%涉及的是反应性树脂组分（6件国内专利申请、9件国外专利申请）。反应性树脂组分是指在油墨的制备过程中加入反应活性单体或预聚体，在后续图案形成过程中进一步进行化学反应形成树脂膜层。如浙江理工大学于2013年提出的申请号为CN201310309592、发明名称为“一种蓝光固化配方及利用其进行的纺织品数码功能整理方法”的专利申请，涉及一种纺织品光固化技术，尤其是一种蓝光固化配方及利用其进行的纺织品数码功能整理方法。蓝光固化配方包含以下以重量份计的组分：光引发剂樟脑醌0.25~0.5份，助引发剂4-（二甲氨基）苯甲酸乙酯0.25~0.5份，低聚物60~80份，所述的低聚物为丙烯酸酯类低聚物，单体20~40份；其中低聚物和单体的总和为100份。蓝光固化配方进行的纺织品数码功能整理方法，主要采用蓝光固化配方混合后制成反应液，用丙酮稀释，再加入苯并三唑抗紫外整理剂得到整理液，将整理液加到点胶控制系统的针筒中，在待整理的纺织品表面绘制图案。该发明以蓝光固化方式取代传统的热固化方式，符合可持续发展的要求，并且反应速度快（几秒到几百秒），生产效率高，无臭氧排放。罗姆和哈斯公司于2003年提出的申请号为CN03154511、发明名称为“喷墨油墨用聚合物黏合剂”的专利申请涉及一种喷墨油墨黏合剂，其包括平均直径在1~50nm的聚合物纳米颗粒（“PNP”），包括作为聚合单元的质量分数为1%~20%的可固化组合物，可通过热引发、化学引发或光化辐射引发可固化组合物的反应。还提供一种喷墨油墨组合物以及改进在基质上印刷的喷墨油墨的耐久性方法，其中所述喷墨油墨组合物包括液体基质、着色剂和喷墨黏合剂。由此可知，国内外申请人均在一定程度上对可在织物上印刷的喷墨油墨的树脂组分开展了研究工作，并且部分国外公司已经针对该方面的专利申请向中国进行专利布局。我国国内申请人为了迎接国外申请人的挑战，同时保证自己的既得利益不受损害，需要在稳步发展自己技术的基础上，不断借鉴国外技术，调整自己的研究方向和产业结构，以适应织物喷墨油墨在全球范围的新形势。

由图2-249可知，所有专利申请中涉及提高色牢度的最多，占总量的65.66%；其次为改善油墨稳定性的专利申请，占总量的16.92%；再次为改善所得产品外观（如光泽度高、高清晰度、无渗色、无色移等）的专利申请，占总量的13.38%。涉及改善附着力、环保和手感等方面的专利申请较少，分别占总量的0.51%、0.51%和0.25%。对于图中所述“其他”主要指改善高隐蔽性、降低成本、防静电等方面的性能。不难看出，我国在织物喷墨油墨领域研究主要是以改善产品的色牢度（如耐晒、耐洗、耐擦等）为主，以改善产品稳定性和外观性能为辅，结合改善手感、附着力和环保等多方面的性能，进一步体现了我国关于织物喷墨油墨的研究已经从多个方面进行了较为全方位的研究工作。

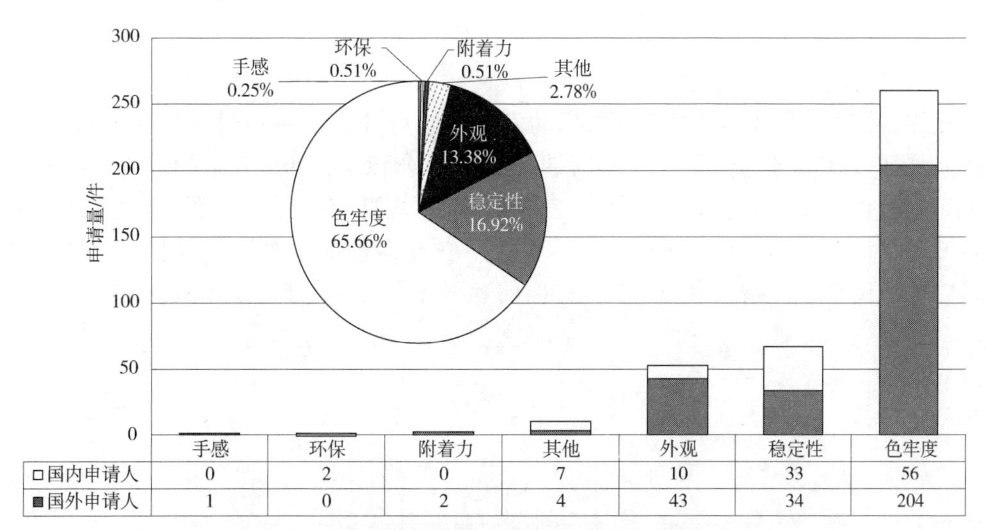

	手感	环保	附着力	其他	外观	稳定性	色牢度
□国内申请人	0	2	0	7	10	33	56
■国外申请人	1	0	2	4	43	34	204

图2-249　织物喷墨油墨中国专利申请技术性能分布

从图2-250可以看出，其中对于改善色牢度、稳定性、外观和附着力等方面的性能，研究最为集中的是所选用的着色剂类型。对于改善环保和手感等方面性能体现在对于溶剂和助剂等方面的研究。同时，无论研究重点在于油墨的何种组分，研究目标和期望功效最多的均是色牢度。由图2-250可知，对于织物印染领域，通过调整所用着色剂类型以达到改善油墨色牢度的技术性能是本领域的研究重点。如大连理工大学于2005 年提出的申请号为 CN200510136809、发明名称为“防游移的喷墨染料及其墨水”的发明专利申请，主要涉及的是一类新型的用于计算机喷墨打印、彩色喷绘和纺织物数码喷墨印花的喷墨染料，由该染料和低沸点醇、保湿剂和高沸点有机溶剂及水组成的喷墨墨水，由于喷墨染料的特殊结构使得所形成的文字和图像在我国南方等地的湿热气候下具有抗游移特点，保持清晰度。该专利于 2009 年授权，目前仍然处于授权有效状态，保护年限目前已达 10 年之久，可见该专利在织物喷墨油墨领域的重要地位不容小觑。同时也进一步证明了利用所用着色剂类型改善产品色牢度也是本领域的研究重要方向之一，为后续申请人的进一步研究具有重要的借鉴作用。

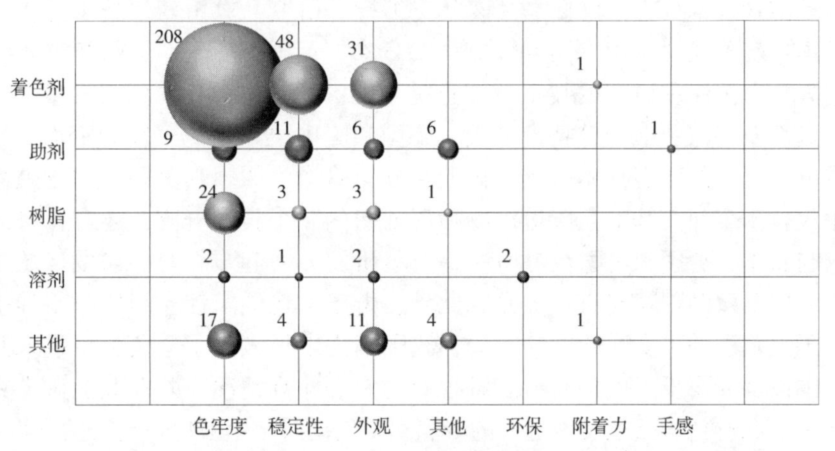

图2-250　织物喷墨油墨中国专利申请技术性能分布（单位：件）

（1）技术分支时间分布

由图2-251可看出，织物喷墨油墨的发展大体可分为发展初期（2001 年以前）和快速发展期（2002 至今）两个主要时期。在 2001 年以前，研究较多的着色剂技术分支专利申请量也处于较低水平，每年的专利申请均不超过 10 件；对于溶剂方面展开的研究的专利申请几乎不存在。而在 2002 年以后，关于着色剂方面的专利申请开始大批量涌现，关于助剂、树脂、溶剂和其他方面的专利技术也开始了专利布局。

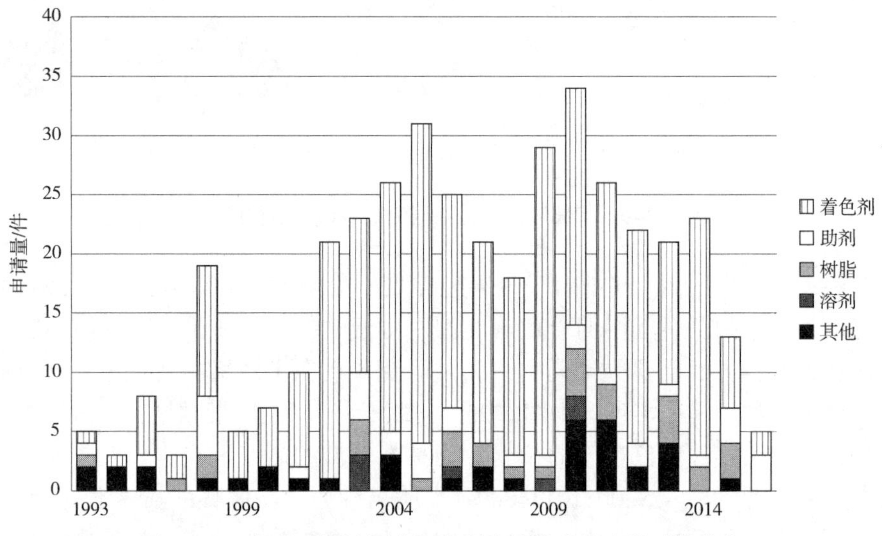

图2-251　织物喷墨油墨中国专利申请技术分支的时间分布

（2）技术分支地域分布

由图2-252可知，在着色剂技术分支德国、日本、英国、瑞士、美国和英属维尔京群岛在中国均有专利布局，其中以德国最多，英国紧随其后，瑞士次之，可见关于织物喷墨油墨着色剂方面的研究，国外在华申请中以欧洲地区的国家较为突出。对于助剂技术分支研究较多的为日本，美国次之。对于树脂技术分支的研究较多的为美国和日本。对于溶剂技术分支，仅日本对该分支进行了研究。对于其他技术分支，研究最多的为日本，美国次之。由图可知，德国、日本、英国、瑞士、美国和英属维尔京群岛的申请人重点关注和研究的技术分支也是不同的。其中，日本的研发最为全面，其研究的重点涉及了课题中所有技术分支。德国和美国研究领域也较为全面，涉及了除溶剂技术分支以外的所有技术分支。由此可知，日本、德国和美国在织物喷墨油墨的研发上不仅技术全面。基本上覆盖织物喷墨油墨的各个技术分支，还有自身的优势和特色，这与日本、德国和美国在织物喷墨油墨研发方面起步较早、研发经验丰富、经济基础雄厚以及鼓励创新有直接关系。此外，由于上述国家针对织物喷墨油墨在中国已经进行了大范围的、全面的专利布局，我国国内申请人为了避免自己进入其所限定的专利包围圈，需要投入更多精力了解现有的专利布局情况，并在此基础上完善自己的专利布局，在避免自己遭受不必要的专利纠纷的同时，学会保护自己的既得利益。

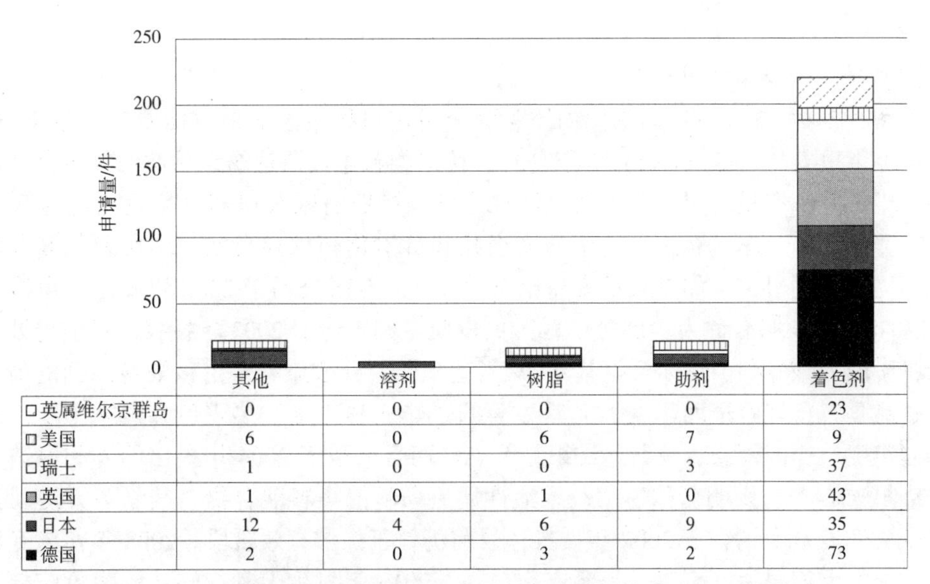

	其他	溶剂	树脂	助剂	着色剂
英属维尔京群岛	0	0	0	0	23
美国	6	0	6	7	9
瑞士	1	0	0	3	37
英国	1	0	1	0	43
日本	12	4	6	9	35
德国	2	0	3	2	73

图2-252　织物喷墨油墨中国专利申请国外申请人技术分支-地域分布

由图2-253可知，着色剂和其他技术分支在上海、江苏、广东、浙江和河南都有分布，其中以上海为首，江苏紧随其后，广东次之；助剂技术分支主要分布在上海、江苏和广东，其中以广东为首；树脂技术分支主要分布在上海、江苏、广东和浙江，其中以上海和江苏为主；溶剂技术分支主要分布在上海、广东和浙江。由图可知，其中上海和广东对织物喷墨油墨的研究较为全面，涉及了所有约定的技术分支。虽然不同地区研究的技术分支有所差异，但是上述各个地区的研究重点均为着色剂技术分支。对于广东，对于着色剂方面的研究位于全国第三位，对于助剂方面的研究位于全国首位，对于树脂方面的研究位于全国第三位。由此可知，虽然广东在专利申请量上较上海和江苏少，但是其研究的涉及领域较为全面，并且拥有较为重要的申请人，如珠海保税区天然宝杰数码科技材料有限公司、中山大学等。在此基础上，随着织物印染技术的不断发展，广东必将成为我国织物喷墨油墨的重点发展地区。

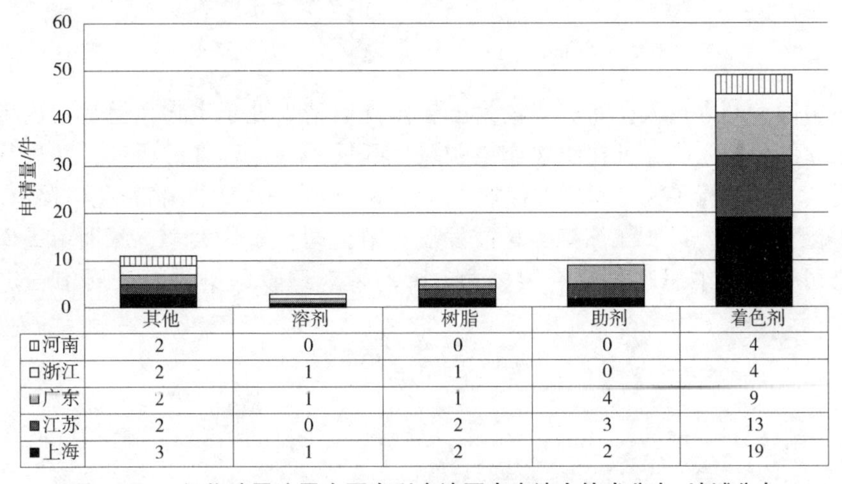

	其他	溶剂	树脂	助剂	着色剂
河南	2	0	0	0	4
浙江	2	1	1	0	4
广东	2	1	1	4	9
江苏	2	0	2	3	13
上海	3	1	2	2	19

图2-253　织物喷墨油墨中国专利申请国内申请人技术分支-地域分布

（3）技术分支申请人分布

由图2-254可知，着色剂是国内外各大公司在织物喷墨油墨方面研究的重点方向，如英国克莱里安特财务（BVI）有限公司、德国德意志戴斯达纺织品及染料两合公司和德司达染料分销有限公司、瑞士西巴特殊化学品控股有限公司和亨斯迈先进材料（瑞士）有限公司、日本的精工爱普生株式会社和日本化药株式会社，均在着色剂方面开展了不同程度的研究。如克莱里安特财务（BVI）有限公司于2002年提出的申请号为CN02807867、发明名称为“偶氮染料”的发明专利申请于2003年授权，目前仍处于有效保护阶段。该专利申请涉及氨基苯酚-氨基苯偶氮分散染料，由该染料得到的染色品或印刷品具有良好的全面牢度，尤其显著的是热迁移牢度、热固色和褶裥牢度，及优异的湿牢度。德国德意志戴斯达纺织品及染料两合公司于2004年提出的专利申请号为CN200410057455、发明名称为“纤维活性偶氮染料的染料混合物、其制备方法及其应用”的发明专利申请，于2007年授权，目前仍处于保护有效阶段。2008年实施专利许可，受让人为德司达（南京）染料有限公司；2010年发生专利权转让，变更前权利人为德意志戴斯达纺织品及染料两合公司，变更后权利人为德司达染料德国有限公司；2012年发生第二次专利权转让，变更前权利人为德司达染料德国有限公司，变更后权利人为德司达染料分销有限公司。该专利申请涉及一种活性染料组合物，包括式（I）和式（II）所示染料，通式（I）和（II）的染料包含至少一个$-SO_2$、$-Z$或$-Z^2$的纤维活性基团。根据该发明的法律进行过程及其技术方案涉及的内容不难看出，该专利申请为织物印染领域中涉及着色材料的重点专利申请，其后续的同族专利被引证次数为35次，主要包括中国相关专利25次，欧洲相关专利4次，日本相关专利2次，美国相关专利1次，其他国家和地区2次。

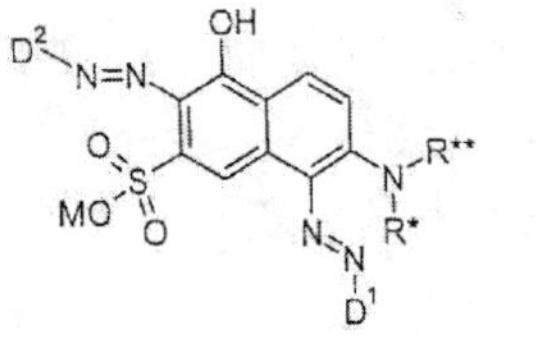

(I) 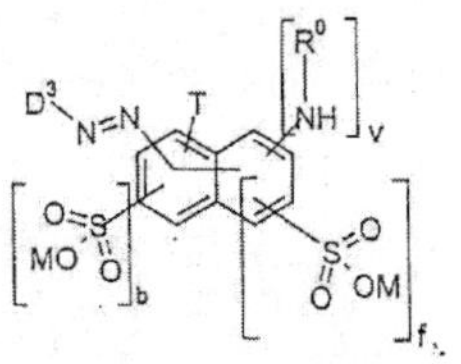　　(II)

虽然中国专利申请人在专利申请量上较国外申请人处于劣势，但是国内申请人存在自己独立的研发团队，且在织物印染领域也开展了一定程度的研究，并进行了专利申请，对其成果进行了一定程度的保护。如江南大学、上海汇友精密化学品有限公司、浙江亿得化工有限公司、江苏格美科技发展有限公司、东华大学、深圳市墨库化工股份有限公司、珠海纳思达科技有限公司等，均针对织物印染方面开展了一定的研究工作。

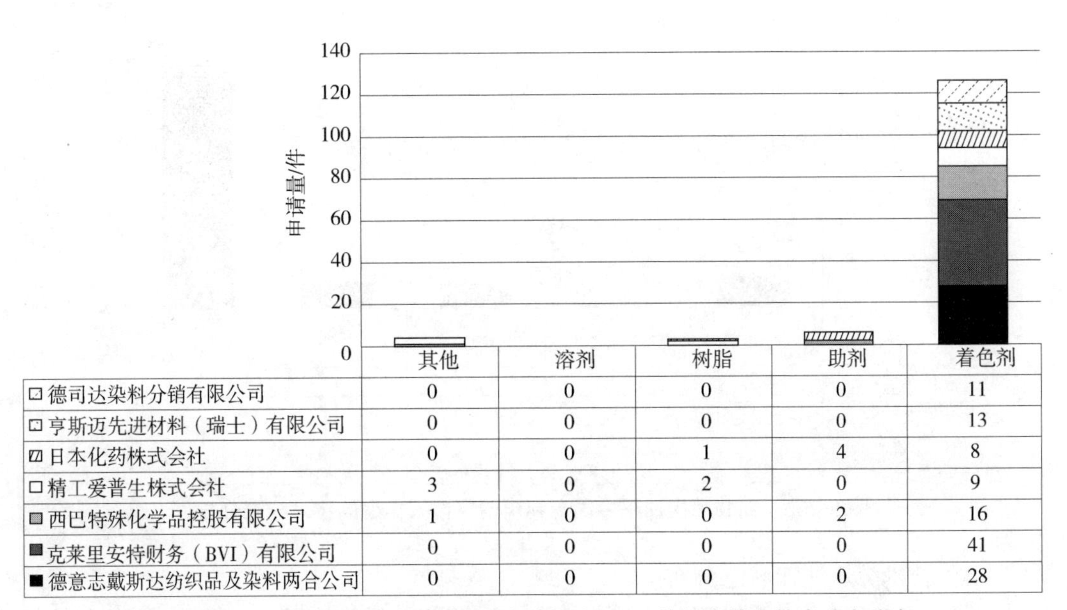

	其他	溶剂	树脂	助剂	着色剂
□德司达染料分销有限公司	0	0	0	0	11
□亨斯迈先进材料（瑞士）有限公司	0	0	0	0	13
▨日本化药株式会社	0	0	1	4	8
□精工爱普生株式会社	3	0	2	0	9
■西巴特殊化学品控股有限公司	1	0	0	2	16
■克莱里安特财务（BVI）有限公司	0	0	0	0	41
■德意志戴斯达纺织品及染料两合公司	0	0	0	0	28

图2-254　织物喷墨油墨中国专利申请量大于10件的申请人技术分支分布

由图2-255可知，企业和个人类型的申请人的技术研究渗透到织物喷墨油墨的各个技术分支，高校和合作类型的申请人主要针对着色剂、树脂、助剂和其他类型方面的研究，而科研院所主要针对树脂类型的研究。对于着色剂技术分支，企业、高校、个人和合作形式的申请人均开展了一定的研究工作，以企业申请人较为突出，90%的申请人为企业，其次为高校申请人，占着色剂技术分支的5.9%，个人和合作类型申请人占比相当，分别为1.7%和2.4%。其中，合作类型的申请人主要涉及企业-企业、企业-高校、企业-个人，以及个人-个人。企业之间的合作情况最多，足以说明国内已经出现企业之间强强联合的情况，这种强强合作将成为着色剂技术分支飞速发展的主要助推力。此外，企业-个人、个人-个人的合作所占的重要地位也日益明显，主要体现的是民间科学家充分发挥自己的聪明才智，在寻求其他科学家合作的同时，也有一部分将自己的智慧结晶与企业进行合作，为我国在织物印染所用着色剂的发展做出了巨大贡献。企业-高校等类型的合作模式也在逐年增多。由于高校多以理论研究为主，该类型合作模式的不断推进，进一步说明我国织物喷墨油墨在产学研合作方面不断发展。各大高校将强有力的理论研究成果提供给合作的企业，为企业生产实践提高理论指导，企业实践的结果反过来指导理论研究，从而实现产学研的完美结合，在一定程度上促进新产品和新技术在产业上的诞生和推广。

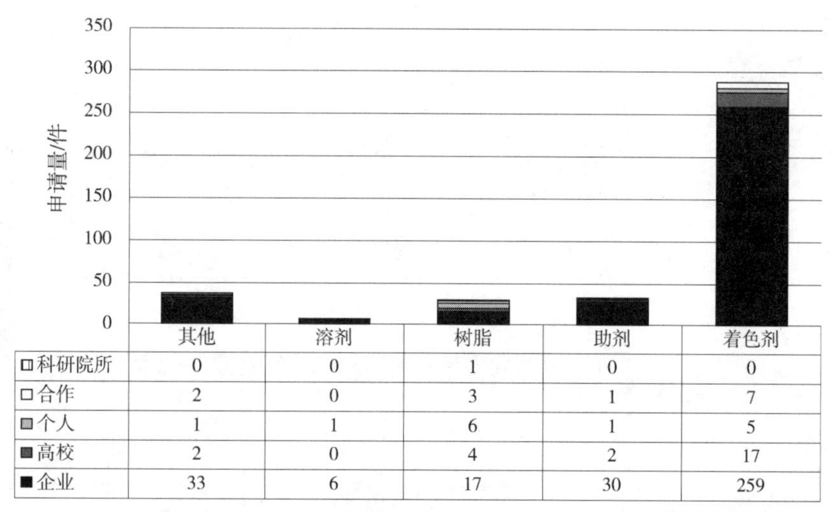

	其他	溶剂	树脂	助剂	着色剂
□科研院所	0	0	1	0	0
□合作	2	0	3	1	7
▨个人	1	1	6	1	5
■高校	2	0	4	2	17
■企业	33	6	17	30	259

图2-255　织物喷墨油墨中国专利申请申请人类型的技术分支分布

（4）技术分支法律状态分布

由图2-256可知，授权率最高的技术分支为溶剂，授权率为71%，均处于有效状态；其次为着色剂、树脂和其他，授权率均为58%。其中，着色剂的授权有效案件占42%，无效案件占16%；树脂的授权有效案件占35%，无效案件占23%，其他类型的授权有效案件占32%，无效案件占26%。最低为助剂，授权率为41%，其中有效案件占32%，无效案件占9%。

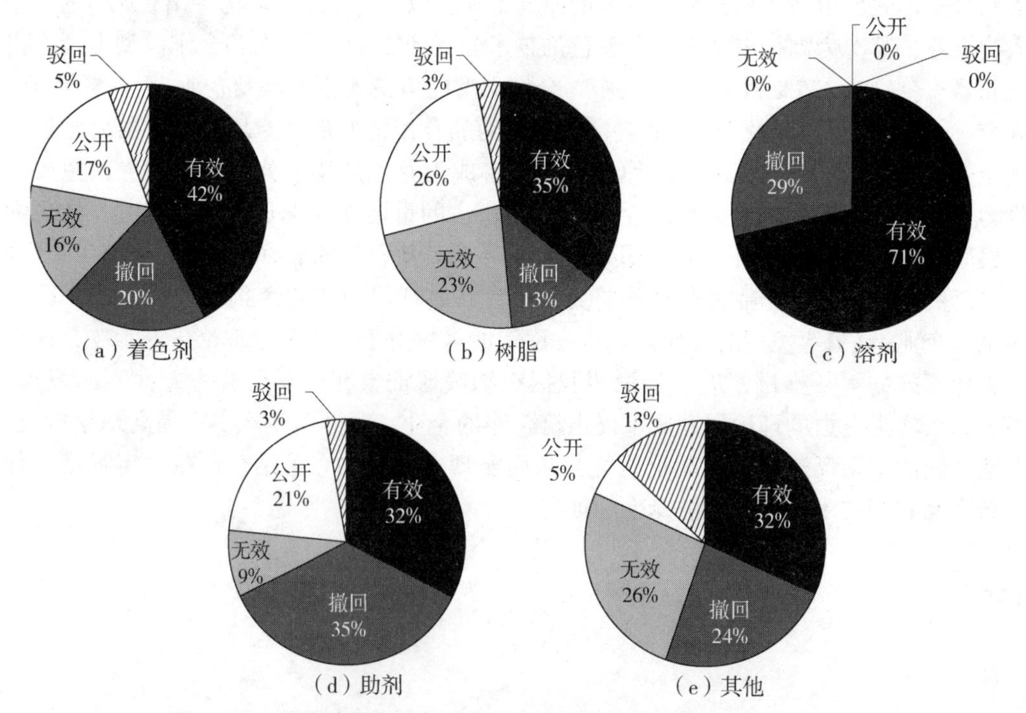

图2-256　织物喷墨油墨中国专利申请不同技术分支的法律状态分布

溶剂技术分支的授权率最高的主要原因是其专利申请量较少，且涉及的技术方案较多体现在加入溶剂的类型，或多种溶剂的配合使用，并强调其所能达到的特定技术效果，而所限定的技术方案在现有技术中难以获得相关的技术启示，故导致授权率偏高。如日本的佳能株式会社于2003年申请的专利申请号为CN200380107550、发明名称为“水性油墨、喷墨记录方法、墨盒、记录单元、喷墨记录装置及图像形成方法”的发明申请于2008年授权，目前仍处于保护有效阶段，保护年限已达到12年之久。其具体涉及的水性油墨是在含有水、不同种类的多个水溶性有机溶剂和水不溶性色料的水性油墨中，该多个水溶性有机溶剂是相对于上述水不溶性色料的良溶剂和相对于上述水不溶性色料的不良溶剂，良溶剂的质量百分数为A，不良溶剂的质量百分数为B时，A：B在10：5以上10：30以下的范围内，且比较根据bristow法求得的上述多个水溶性有机溶剂的每个的Ka值，其中显示最大的Ka值的水溶性溶剂是不良溶剂。在颜料油墨中，即使用少的油墨液滴量也能得到具有充分大的面积系数、OD高的图像。该专利作为织物喷墨油墨的的一项重点专利，在授权后的2007~2015年被引用了5次。由此可知，该项专利不仅在具体的生产实践过程中发挥着重要的指导作用，其也对后续对织物印染方面的研发起到了重要的参考作用，为织物喷墨油墨技术的进一步发展提供了良好的基础，上述数据足以体现该项专利的创造性的价值所在。

对于着色剂、树脂和其他技术分支，其授权率均为58%，这与专利总体授权水平相当。主要体现了着色剂、树脂和其他技术分支得专利技术水平处于我国专利技术创造性的平均水平。

此外，我国国内申请中对于大部分技术分支的撤回率为20%~35%，处于较高水平，这主要是两部分原因导致的。一方面是我国国内申请质量不高，在与审查员沟通后，发现无授权前景，即放弃进一步修改和补正的机会，导致专利申请被撤回。另一方面是我国国内申请人对知识产权的意识还不够强烈，只注重专利申请，对专利是否授权并不看重，导致在后续各审查环节中放弃对专利申请的修改，或者对审查员意见不予理睬，从而导致专利被撤回。

着色剂技术分支为织物喷墨油墨技术的重点分支，色牢度也是着色剂技术分支重点关注的技术效果，该方面专利申请的法律状态也是各大申请人关注的重点。故本课题研究人员针对着色剂技术分支涉及色牢度的申请的法律状态和保护年限情况进行了系统分析和研究。由图2-257可知，目前我国着色剂技术分支中涉及色牢度的案件中授权率为59%（授权有限案件占41%，无效案件占18%），驳回率6%，撤回率22%。另外，处于公开且尚未审结的案件占比为13%。由此可知，该类型案件的授权情况较高，驳回率较低，进一步表明我国在该方面的专利申请具有一定的创造性。

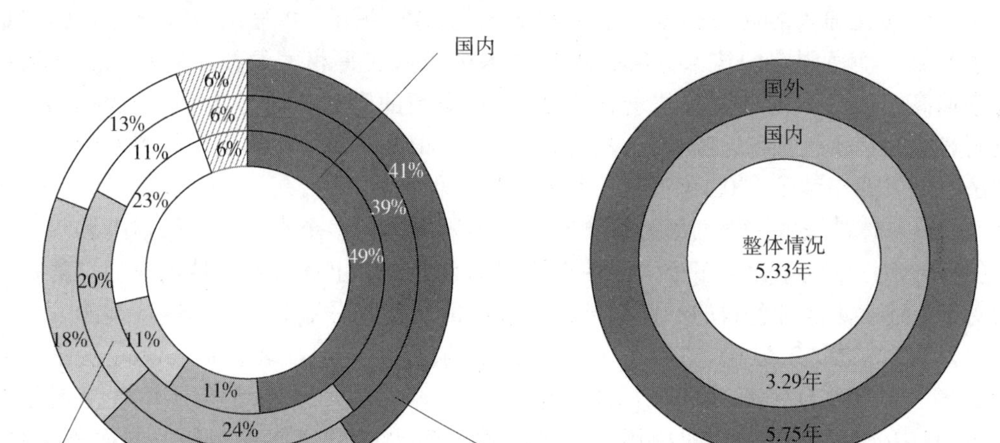

图2-257　着色剂-色牢度织物喷墨油墨法律状态分布

对于授权专利，目前仍然处于有效状态的专利占总授权专利的69.4%。平均保护年限为5.33年。最长保护年限为20年，其中均因保护期限而终止的占授权案件总量的4.1%。如佳能于1994年提出的专利申请号为CN94109164、发明名称为“印花方法及由此得到的印花布和加工的制品”的发明专利申请，于2001年授权，2014年因有效期届满而导致专利权的终止，保护年限满20年。卡伯特公司于1995年申请的专利申请号为CN01116375、发明名称为“与重氮盐反应的炭黑和产品”的专利申请，于2007年授权，2016年因有效期届满而导致专利权终止，保护年限满20年。该项专利作为为着色剂-色牢度方面织物喷墨油墨领域的一项重点专利，其在1997年以后引用了451次，其中涉及中国的78项、欧洲66项、日本12项、美国220项、韩国4项，其他地区和国家71项。可见该项专利不仅在中国，在全球其他地区也是一项重点专利。对后续关于着色剂-色牢度方面织物喷墨油墨的研究具有重要的参考价值。

由图2-257还可知，关于调整油墨所用着色剂以达到改善油墨色牢度方面的专利申请的授权案件，国内申请人的平均保护年限为3.29年，低于整体水平（5.33年），其中保护年限最长为11年，即为江南大学于2005年申请的专利申请号为CN200510040115、发明名称为“一种数字喷墨印花墨水及其制备方法”的专利申请。其于2009年授权，2010年发生专利权转移，变更前权利人为江南大学，变更后权利人为孚日集团股份有限公司。其具体涉及一种数字喷墨印花墨水及其制备方法，涉及高分子化学和纺织品喷墨印花技术领域。该发明以聚羧酸型高分子共聚物为分散剂和固着剂制备超细颜料墨水，将颜料分散剂及固着剂制成同一组分，喷墨印花后经过高温使颜料固着在纤维上获得需要的牢度，缩短了喷墨印花工艺流程。此法制备的颜料颗粒平均粒径小于300nm。超细颜料墨水具有很好的分散稳定性以及储存稳定性，通过聚羧酸中的羧基与多元醇羟基发生酯化交联，使颜料粒子固着在基材上，具有需要的颜色牢度。该专利作为一件重点专利，其在2006年后被引用了16次。可见，该专利在具体的生产实践过程中发挥着重要的指导作用，在后续对织物印染技术的研发过程中也占据了至关重要的地位。

由图2-257还可知，关于调整油墨所用着色剂以达到改善油墨色牢度方面的专利申请的授权案件，国外申请人的授权案件平均保护年限为 5.75 年，高于整体平均水平保护年限（5.33）。保护年限在 10 年以上的有 48 件，保护年限在 15 年以上的共 9 件，其中有 5 件因期限届满而终止。

从以上分析可知，目前国外申请人在华申请的平均保护年限高于国内申请，并且其授权后保护时间也长于国内申请，在一定程度上反映出国外申请人在织物喷墨油墨领域的技术研究方面创造性程度优于国内申请人，并且对知识产权的保护意识也强于国内申请人。为了将我国发展成为织物印染技术强国，我国国内申请人必须付出更多的努力，突破难题，在已有的先进技术的基础上，进一步发展壮大。同时提供知识产权保护意识，防止自己的既得利益受损。在不断充实自己的同时，也要关注国外申请人在中国的专利布局，以免触及其布局范围，对自己的利益造成损失。

3. 织物喷墨油墨技术路线发展分析

根据喷墨油墨在织物印刷领域的全球专利数据，本报告梳理了织物喷墨油墨领域技术发展路线图，重点从着色剂、树脂、溶剂、助剂（主要是分散剂）及其他（如改善织物的抗菌性等）这几个技术方面作为切入点，研究了不同时期着色剂类型及着重解决的技术问题，即稳定性（包括喷出稳定性、储存稳定性和输送稳定性）、色牢度、附着力及外观（装饰效果、发色强度等），从多个层面展现该领域技术申请的整体发展态势，如图2-258和图2-259 所示。织物喷墨油墨领域的技术发展主要分为四个阶段，即起步期、扩展期、平稳发展期及成熟期。

（1）起步期（1977~1991 年）

用于织物印花的数字喷墨技术起源于 20 世纪 60~70 年代美国 Milliken 公司开发的 Millitron 系统和奥地利 Zimmer 公司开发的 Chromojet 系统。相应地，在该时期内用于织物的喷墨油墨的专利也开始申请，且在该时期内主要是通过研发油墨中着色剂的种类来改善油墨的性能，如 1976 年申请的公开号为 GB1591950A、JPS6042317B2 及 US4185957A 的发明专利申请，其均是对用于织物的喷墨油墨中着色剂的研究，着重解决的技术问题是改善油墨的色牢度及外观性能。从此开创了整个织物喷墨油墨研究技术流程的先河。在着色剂分支中最开始是对油墨用小分子染料方面进行研究，随后在 1985 年首次出现了使用高分子染料的织物用喷墨油墨，如公开号为 JPS61250075A 的发明专利；在 1987 年首次出现了以颜料为着色剂的织物用喷墨油墨；且在该时期内对于着色剂为小分子染料的织物用喷墨油墨的研究占主导。对于树脂、溶剂及助剂分支，在 1980 年出现了从树脂方面改善织物印刷用喷墨油墨性能的研究，如公开号为 US4597794A 的发明专利；在 1984 年出现了主要通过调节油墨中使用的溶剂而改善织物印刷用喷墨油墨稳定性的研究，如公开号为 JPS61118475A 及 JPS61118474A 的发明专利；在 1985 年出现了主要通过调节助剂类型来改善织物印刷用油墨稳定性的研究，如公开号为 JPH0123507B2、JPH0651856B2 及 JPH0742426B2 的发明专利。

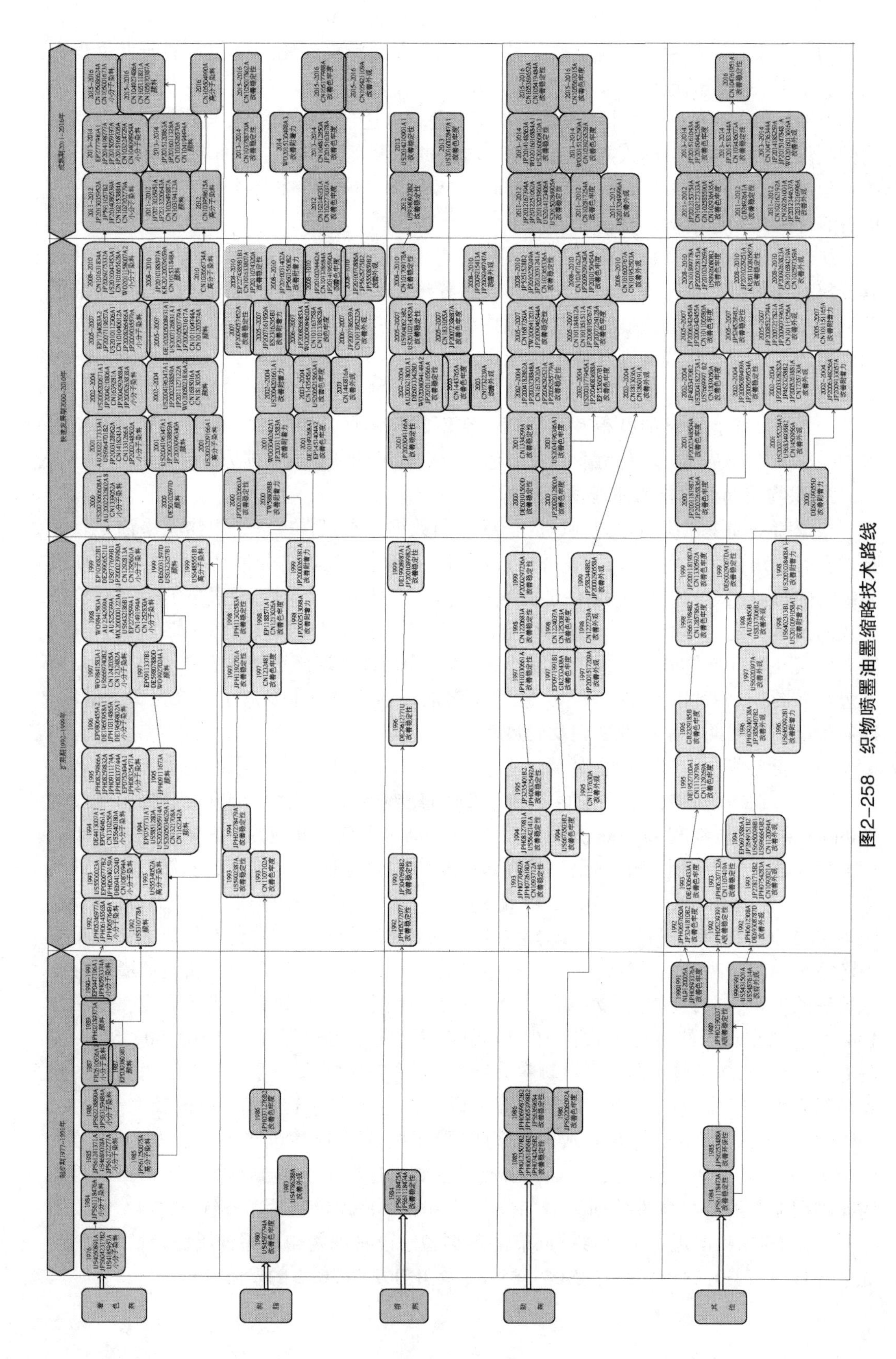

图2-258 织物喷墨油墨缩略技术路线

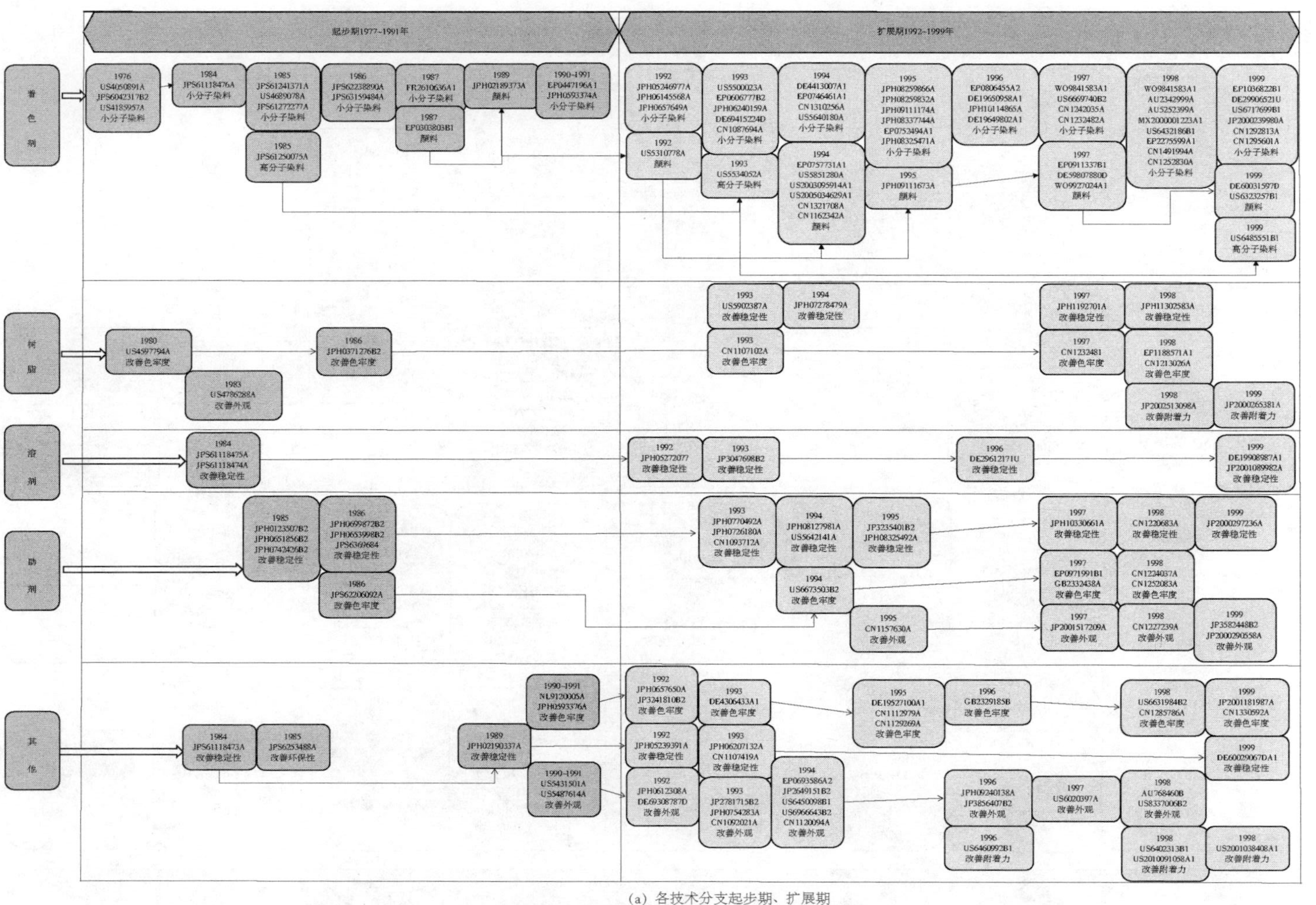

（a）各技术分支起步期、扩展期

图2-259 织物喷墨油墨详细技术路线

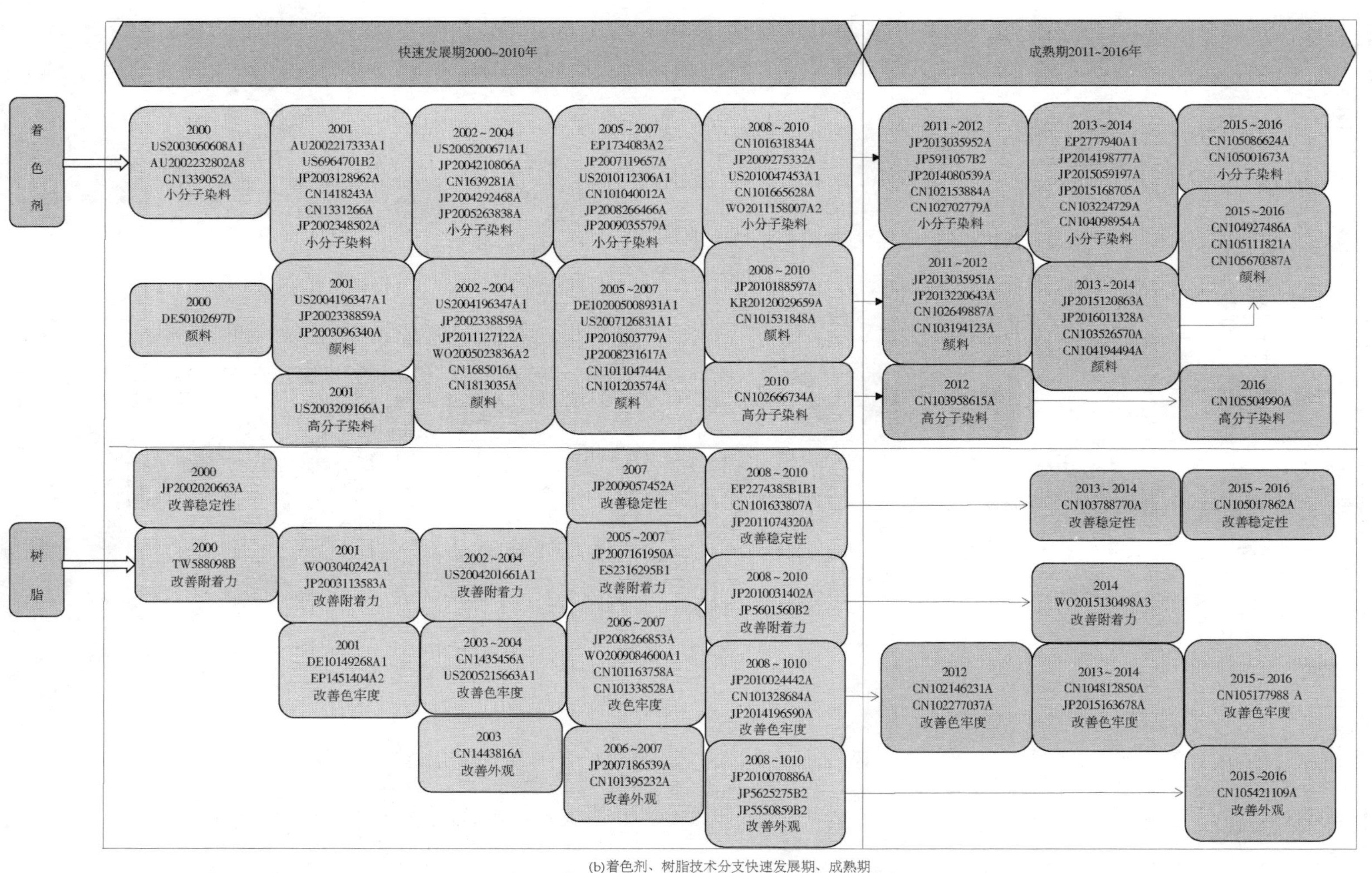

(b)着色剂、树脂技术分支快速发展期、成熟期

图2-259　织物喷墨油墨详细技术路线（续）

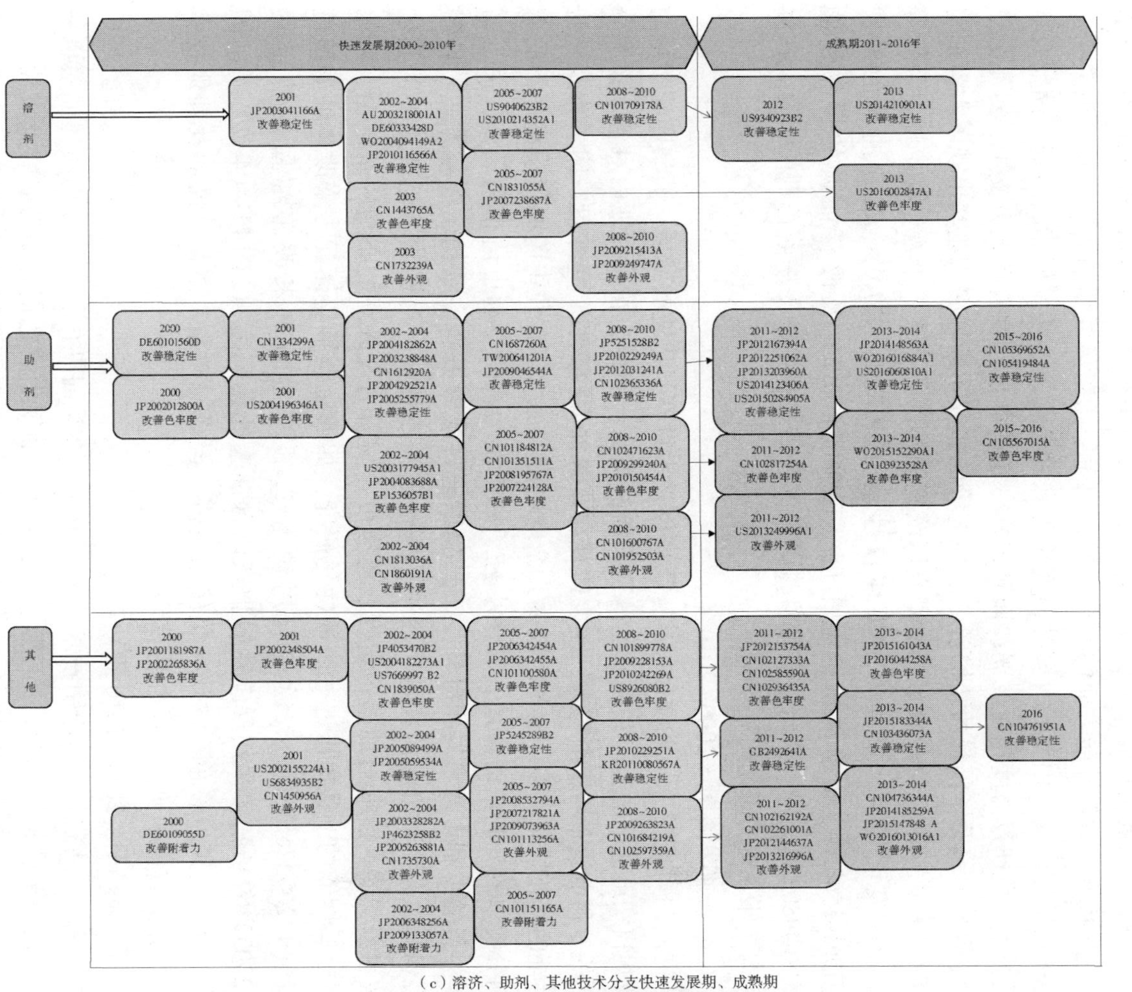

（c）溶济、助剂、其他技术分支快速发展期、成熟期

图2-259 织物喷墨油墨详细技术路线（续）

（2）扩展期（1992~1999年）

随着数字喷墨印花技术的不断发展及商业化的需求，对改善织物喷墨油墨性能的要求越来越高，因此，在该时期内除了对改善油墨稳定性及色牢度等的研究，为了进一步符合该领域油墨的使用需求，对油墨的附着力及外观等也进行了相应的研究。在树脂、溶剂、助剂及其他技术手段的分支中主要集中在对于改善油墨的稳定性、附着力、色牢度及外观等性能方面的研究，但是由于织物喷墨油墨的印刷，其对油墨中的着色剂要求比较高，因此，大多数研究重点在着色剂上，涉及树脂、溶剂、助剂及其他的技术手段研发力度相对较弱，而且出现一定的断层。在着色剂分支中，对小分子染料、颜料及高分子染料的结构及分散性能等的研究不断增多，尤其出现了大量的对小分子染料的结构、粒径分布等的研究以改善油墨的色牢度、外观、稳定性及环保等的性能的发明专利，如改善油墨环保性能（JPH05246977A）、改善油墨的外观（JPH06145568A）、改善油墨的色牢度（EP0806455A2）及改善油墨的环保性能（DE19649802A1）等。因此，该时期的研发重点仍是喷墨油墨中着色剂的研究，在除着色剂之外分支的研究相对较少。

（3）快速发展期（2000~2010年）

进入21世纪之后，纺织品数字喷墨印刷技术得到了快速的发展，喷墨印花领域的商业规模在迅速增加，印花性能也得到不断的提高。因此，在该时期内对各个技术分支下的专利申请布局逐渐扩大，主要体现在改善油墨稳定性、色牢度、附着力及外观等性能的研究快速增多。这一时期内，全球申请人加大了在纺织印刷用喷墨油墨的着色剂分支中的专利申请布局，对于小分子染料及颜料的专利申请布局最多，关于高分子染料的专利申请布局相对较少，且仍以通过改善染料的结构、混合方式、粒径及染料与颜料的配合等的技术手段来达到改善油墨性能。对于除着色剂之外的其他的技术分支，在前期对油墨稳定性、色牢度、附着力及外观的布局的基础上，开始针对这些性能的改善提出进一步的优化研究，如通过调节整体配方来改善油墨的色牢度（JP2002265836A）、通过选用磷酸二氢钠为助剂来改善油墨的稳定性（JP2003246946A）、采用反应性树脂来改善油墨的色牢度（EP1451404A2）等。因此，在这一时期，着色剂的研究仍然为主流，但是对树脂、溶剂、助剂及其他技术手段的分支方面的研究也是在快速增长。

（4）成熟期（2011~2016年）

随着纺织品数字喷墨印刷技术的不断成熟，在该时期内，纺织品用喷墨油墨也一直处于比较平稳的发展阶段，仍然主要集中在对油墨中着色剂类型的研究及对油墨稳定性、色牢度、附着力及外观的改善方面的研究。对于着色剂类型主要是在合成不同偶氮结构或其他结构的小分子染料、改善着色剂的分散稳定性及多种染料或染料及颜料的配合使用方面进行专利申请布局，如公开号为JP2014080539A、CN102153884A、JP2015168705A及CN103224729A在小分子染料结构、分散染料粒径分布及染料混合等方面的研究；JP2013220643A、CN102649887A、JP2016011328A及CN103526570A在颜料的加入形式、颜料的分散稳定性及颜料的混合等方面的研究；CN103958615A提出了一种聚合物结合型翁染料及制备该瓮染料的方法，及其在用于将织物染色或印刷的组合物中的用途，指出了所述组合物可特别用于制备标志或安全特征。根据优选实施方案，聚合物结构部分提高瓮染料在极性溶剂介质中的溶解性和分散性中的至少一项，以改善油墨的稳定性。对于除着色剂之外的分支的研究仍然是集中在改善色牢度、稳定性、附着力及外观方面，但是与前一时期相比在树脂、溶剂、助剂及其他技术手段分支上的研究相对减少。

总体来说，全球在织物印刷用喷墨油墨领域的专利申请一直处于面面俱到、步步为营的发展状态，主要侧重于着色剂分支方面展开专利申请，在树脂、溶剂、助剂及其他技术手段的分支方面也保持均衡的发展，紧紧围绕人们对印刷产品性能的需求，不断改善油墨的相应性能，开发出性能更好的油墨产品，且形成了全面的专利布局图。

2.2.4　陶瓷喷墨油墨

2.2.4.1　全球专利分析

1. 申请量趋势分析

从图2-260可以看出，陶瓷喷墨油墨的发展历程可以分为以下几个阶段。

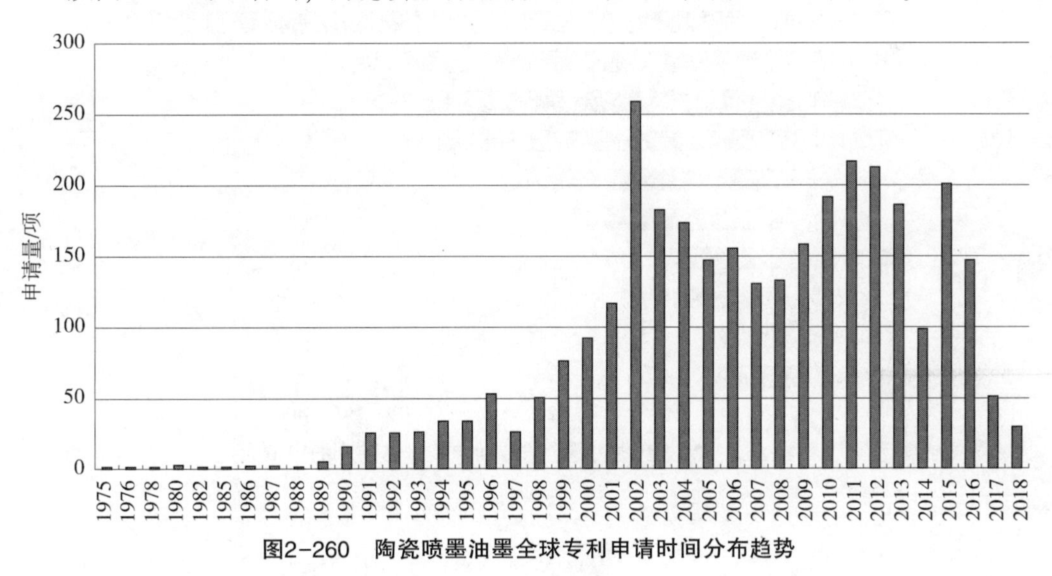

图2-260　陶瓷喷墨油墨全球专利申请时间分布趋势

（1）缓慢发展期（1997 年以前）

1997 年以前，以陶瓷为基材的喷墨油墨技术发展非常缓慢。其中，1990 年以前年专利申请量不超过 20 项，1991 年才突破 20 项，之后一直维持在 30 项左右。这是因为中国是陶瓷发明国之一且使用陶瓷数量最多的国家，陶瓷还没有普遍应用到普通百姓生活中，在 1997 年以前中国经济发展比较落后，人们生活水平还处于从贫穷到小康阶段，对陶瓷的外观如花纹等要求并不高，所以以陶瓷为基材的喷墨油墨的需求量较少。

（2）快速发展期（1997~2013 年）

1997 年以后，以陶瓷为基材的喷墨技术的年专利申请量突飞猛进，1997 年时仅为 26 项，2001 年突破 100 项，2002 年已突破 200 项，2002~2010 年的年专利申请量虽然有所下降，并未突破 200 项，但是每年专利申请量仍在 100 项以上。这说明在快速发展过程中，以陶瓷为基材的喷墨技术的研究遇到了瓶颈期。

由于2014年以后提交的专利申请还未全部公开，该阶段以陶瓷为基材的喷墨油墨的专利申请量数据仅供参考，其发展趋势有待进一步观察。

2. **申请人分析**

对陶瓷喷墨油墨全球申请人进行统计分析，得到结果如图2-261和图2-262所示。富士胶片、日本化药、佳能和精工爱普生在陶瓷喷墨油墨技术领域的专利申请分别达到了470项、312项、293项和286项，这四个申请人的申请总量占全球总专利申请量的比例达到了45%左右，这四个申请人的专利申请量也以比较大的优势领先于其他主要申请人，形成该领域专利申请布局的第一集团。该领域排名前十的申请人申请总量占据了全球申请总量的62%，体现了其技术分布高度集中。

在排名前十的申请人中，排名前四的均来自日本。在排名前十的申请人中，6个申请人来自日本，2个申请人来自美国，2个申请人来自欧洲等。上述申请人的排名体现了日本企业在该领域的绝对优势和主导地位。

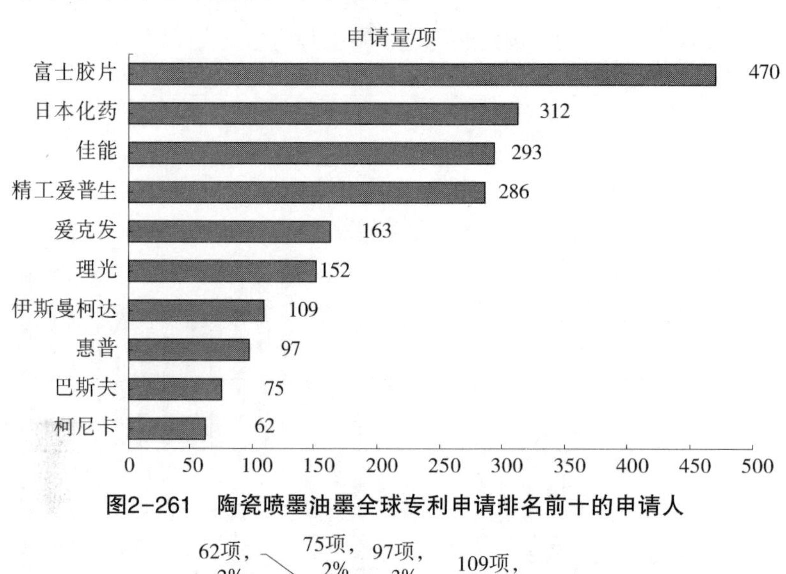

图2-261　陶瓷喷墨油墨全球专利申请排名前十的申请人

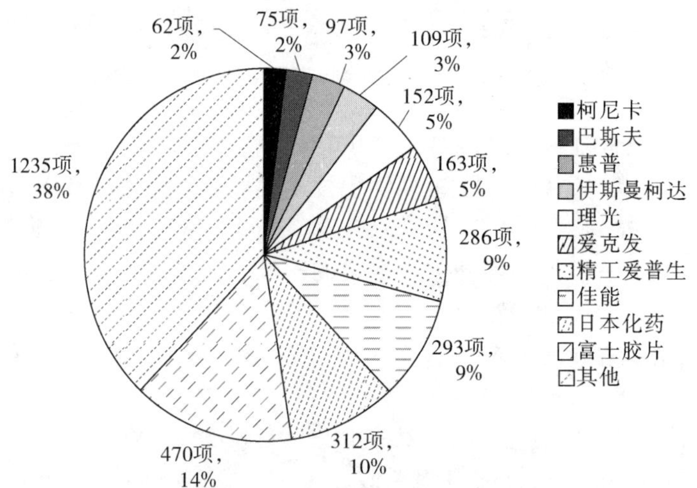

图2-262　陶瓷喷墨油墨主要申请人专利申请量占比

对排名前四的重点申请人专利申请量随时间变化趋势进行分析，结果如图2-263所示。

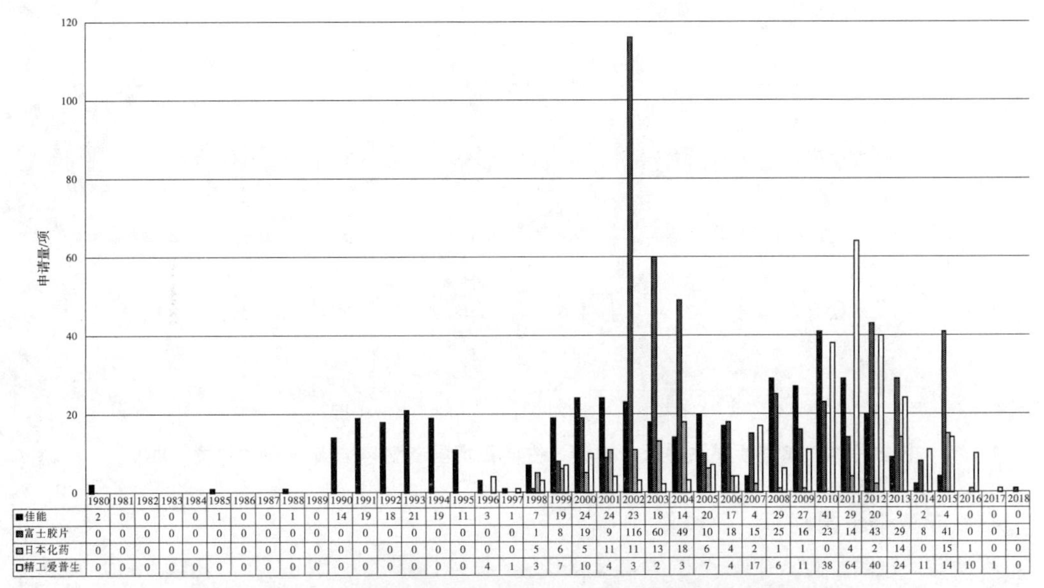

	1980	1981	1982	1983	1984	1985	1986	1987	1988	1989	1990	1991	1992	1993	1994	1995	1996	1997	1998
■佳能	2	0	0	0	0	1	0	0	1	0	14	19	18	21	19	11	3	1	7
■富士胶片	0	0	0	0	0	0	0	0	0	0	0	0	0	0	0	0	0	0	1
■日本化药	0	0	0	0	0	0	0	0	0	0	0	0	0	0	0	0	0	0	5
□精工爱普生	0	0	0	0	0	0	0	0	0	0	0	0	0	0	0	0	4	1	3

	1999	2000	2001	2002	2003	2004	2005	2006	2007	2008	2009	2010	2011	2012	2013	2014	2015	2016	2017	2018
■佳能	19	24	24	23	18	14	20	17	4	29	27	41	29	20	9	2	4	0	0	0
■富士胶片	8	19	9	116	60	49	10	18	15	25	16	23	14	43	29	8	41	0	0	1
■日本化药	6	5	11	11	13	18	6	4	2	1	1	0	4	2	14	0	15	1	0	0
□精工爱普生	7	10	4	3	2	3	7	4	17	6	11	38	64	40	24	11	14	10	1	0

图2-263 陶瓷喷墨油墨重点申请人专利申请量随时间变化趋势

从图2-263可以看出，目前申请总量排名首位的富士胶片，在1998年才首次出现陶瓷喷墨油墨专利申请，自1998年以后其专利申请量保持比较稳定的增长，与申请总量的分布相似，近年来在四家公司的比对中也处于稍微领先的地位。佳能是这四个公司中出现陶瓷喷墨技术申请最早的公司，1980年就开始申请陶瓷喷墨油墨专利，在1998年之前佳能每年的专利申请量处于领先地位，体现了其在该领域的技术发展和专利布局起步较早，但在1998年之后其专利申请量并没有富士胶片的专利申请量大，在2002年陶瓷喷墨油墨整体专利申请量显著增加的大环境下，佳能公司单年度专利申请量达到了其史上最高值（24项），而富士胶片的专利申请量却达到了116项。因此，虽然佳能在陶瓷喷墨油墨方面申请专利较早，但是后期发展并没有体现这一优势，被富士胶片所赶超。日本化药关于陶瓷喷墨油墨的申请最早也是在1998年，而精工爱普生的最早申请是在1996年，这两家公司的专利申请量在近三年有一定程度的下滑。

以上四个重点申请人的专利申请量年度变化在一定程度上反映了陶瓷喷墨油墨领域的技术发展热点时期，其各自发展的热点时期也与各自的关键技术有一定关系，这一点将在后续章节对重点申请人的分析中具体开展研究。

如图2-264所示，排名前五的申请人在五个主要目标国家或地区的分布趋势与陶瓷喷墨油墨总量的整体分布趋势情形相似，均以日本本土为最主要的目标国，美国、欧洲、中国、韩国的布局量依次排列。而值得注意的是排名前四名的富士胶片、佳能、日本化药和精工爱普生，其向中国和韩国的布局明显较弱。

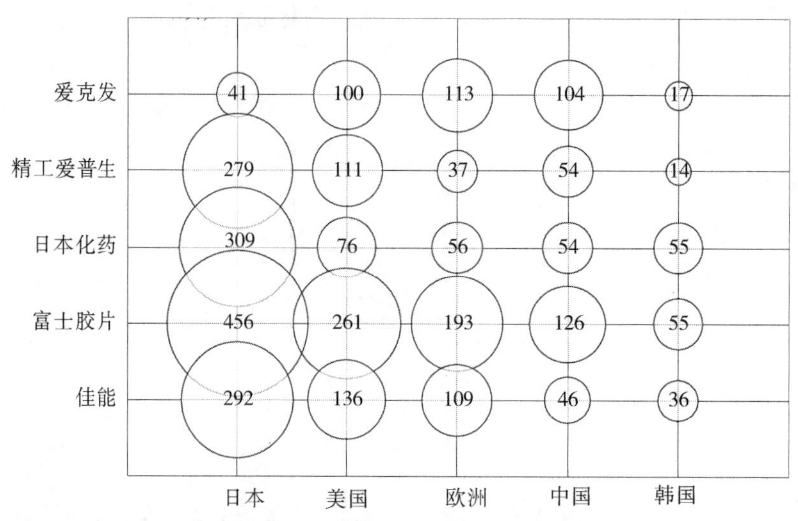

图2-264　陶瓷喷墨油墨重点申请人主要目标国专利申请量分布（单位：项）

3. 专利申请国别/地区分析

如图2-265所示，在陶瓷喷墨油墨领域，来自日本的申请占据了全球56.02%以上的专利申请量，体现了其在该领域内的绝对优势地位。来自欧洲的专利申请量占比达到了16.13%，来自美国的专利申请量占比也达到了15.12%，超出了剩余其他国家的总量。来自中国专利申请总量仅占据全球专利申请量的11.19%。来自日本、美国、欧洲、中国、韩国这五个国家和地区的专利申请量占全球总量的99%以上。从上述数据可以看出，首先，日本、美国和欧洲在陶瓷喷墨油墨领域技术处于绝对领先的地位；其次，中国是陶瓷发明国之一，虽然在陶瓷生产技术方面处于领先位置，但是在陶瓷外观方面的技术仍落后于日本等强国，尤其是陶瓷喷墨油墨这个比较创新的技术领域在专利申请方面较日本相差甚远；最后，日本、美国、欧洲、中国和韩国与全球五大知识产权局的国家和地区分布相重合，体现了这些国家和地区对知识产权保护的重视程度。

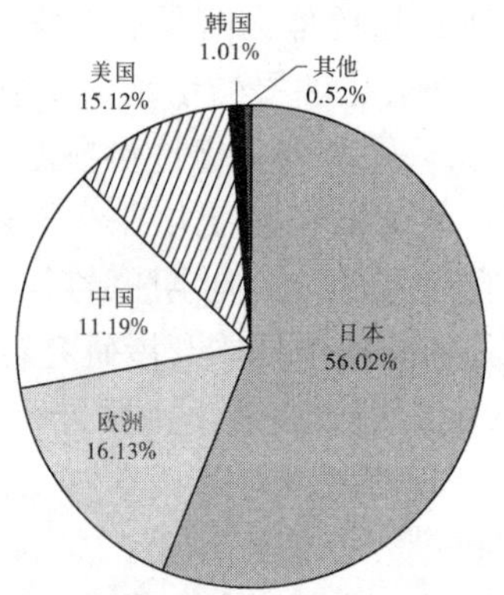

图2-265　陶瓷喷墨油墨全球专利申请量来源国分布

如图2-266所示，以陶瓷为基材的喷墨油墨专利申请最早出现（即 1975 年）在美国，而日本出现申请是在 1980 年，欧洲是在 1989 年，中国则是在 2001 年，韩国是在 2002 年。可见，我国在陶瓷喷墨技术方面落后美国和日本长达 20 多年之久，而日本是从 1998 年之后专利申请量处于激增状态，一直领先于其他四个国家，其变化趋势也在很大程度上决定全球专利申请量的变化趋势。可见，日本在陶瓷喷墨技术领域处于绝对领先地位，其技术已达到成熟，我国应该结合自身陶瓷技术的优势，向日本陶瓷喷墨技术进行学习。值得一提的是，来自中国的专利申请量近年来增长势头良好，2011 年起中国的专利申请量首次超过了欧洲，紧随日本美国之后位居全球专利申请量第 3 位，并在近年来得以保持。需要注意的是图中所反映出的 2015 年来自中国的专利申请量超出其他国家和地区，这主要是由于其他国家的申请在检索截止日尚未公开，而中国申请由于较少要求优先权、申请提前公开、审查程序节约等因素，在检索截止日已有较多申请被公开。

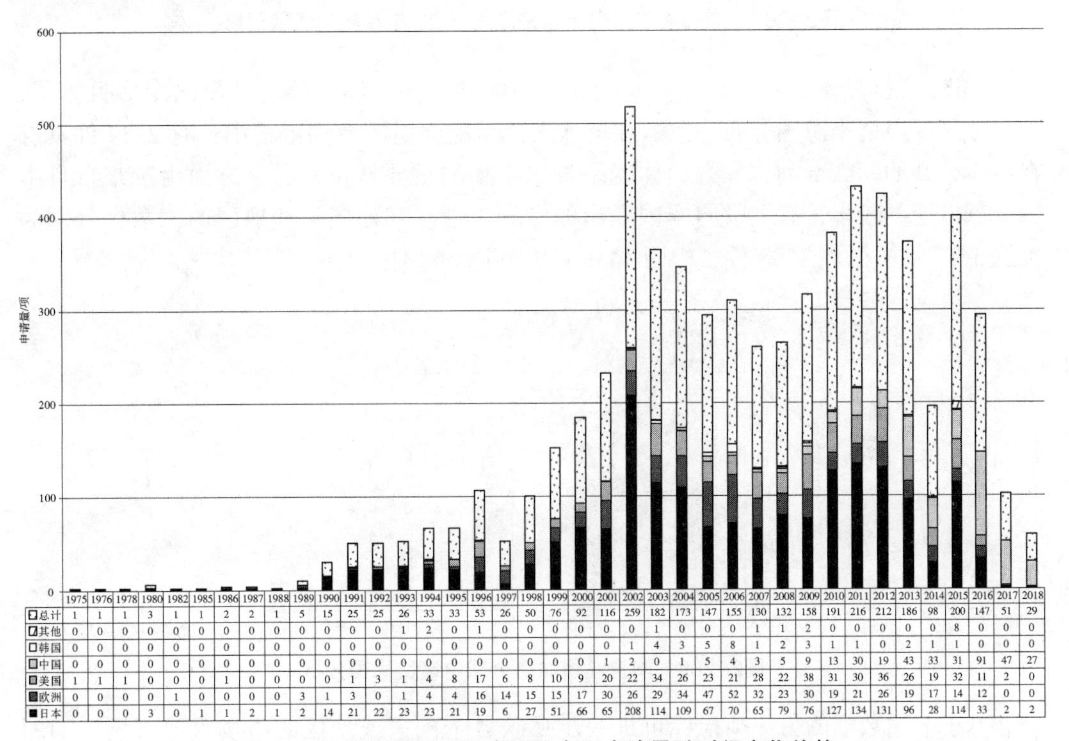

	1975	1976	1978	1980	1982	1985	1986	1987	1988	1989	1990	1991	1992	1993	1994	1995	1996
总计	1	1	1	3	1	1	2	2	1	5	15	25	25	26	33	33	53
其他	0	0	0	0	0	0	0	0	0	0	0	0	0	1	2	0	1
韩国	0	0	0	0	0	0	0	0	0	0	0	0	0	0	0	0	0
中国	0	0	0	0	0	0	0	0	0	0	0	0	0	0	0	0	0
美国	1	1	1	0	0	0	1	0	0	0	0	1	3	1	4	8	17
欧洲	0	0	0	0	1	0	0	0	0	3	1	3	0	1	4	4	16
日本	0	0	0	3	0	1	1	2	1	2	14	21	22	23	23	21	19

	1997	1998	1999	2000	2001	2002	2003	2004	2005	2006	2007	2008	2009	2010	2011	2012	2013	2014	2015	2016	2017	2018
总计	26	50	76	92	116	259	182	173	147	155	130	132	158	191	216	212	186	98	200	147	51	29
其他	0	0	0	0	0	0	1	0	0	0	1	1	2	0	0	0	0	0	8	0	0	0
韩国	0	0	0	0	0	1	4	3	5	8	1	2	3	1	1	0	2	1	1	0	0	0
中国	0	0	0	0	1	2	0	1	5	4	3	5	9	13	30	19	43	33	31	91	47	27
美国	6	8	10	9	20	22	34	26	23	21	28	22	38	31	30	36	26	19	32	11	2	0
欧洲	14	15	15	17	30	26	29	34	47	52	32	23	30	19	21	26	19	17	14	12	0	0
日本	6	27	51	66	65	208	114	109	67	70	65	79	76	127	134	131	96	28	114	33	2	2

图2-266　陶瓷喷墨油墨来源国专利申请量随时间变化趋势

图2-267更为直观地反映了日、美、欧、中、韩近 20 年专利申请量的变化趋势。日本的专利申请量在 2002 年突破了 200 项，2005 年之后的专利申请量稳中有降，而美国的专利申请量近年来在 30 项上下浮动，较为稳定。中国的专利申请量在 2011 年达到 30 项，并在随后几年得以保持，体现了近年来中国的申请人在该领域技术实力方面的进步以及越来越重视该领域的知识产权保护和专利申请布局。

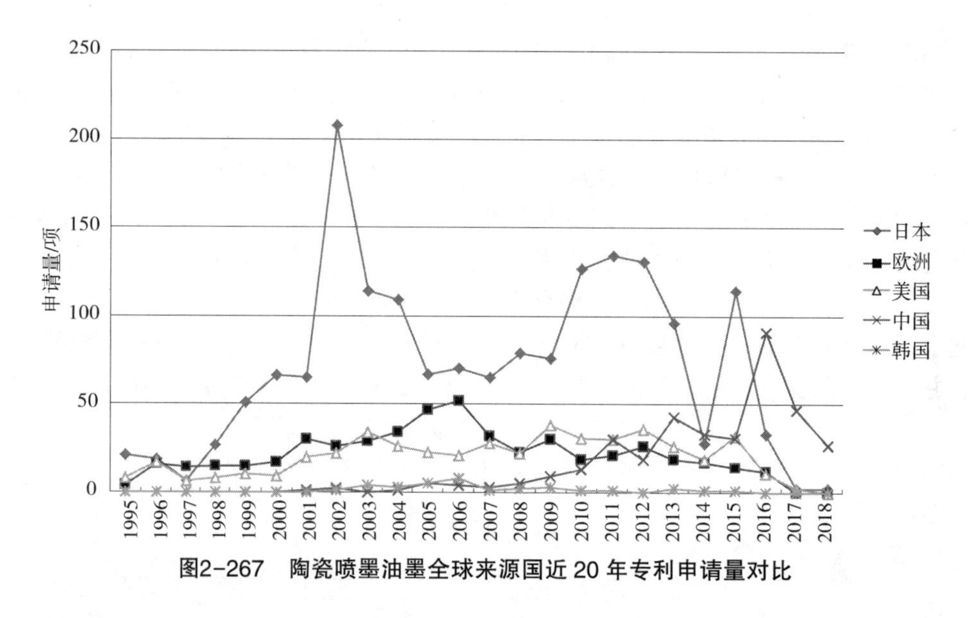

图2-267　陶瓷喷墨油墨全球来源国近20年专利申请量对比

如图2-268所示，日本、美国、欧洲、中国和韩国是陶瓷喷墨油墨的主要目标国，与该领域的申请来源国分布一致。在全球陶瓷喷墨油墨的专利申请中，有2339件具有在日本公开的同族专利，一方面体现了日本市场的重要地位，另一方面由于来自日本的专利申请量较多，有大量向本国提出的专利申请。其他国家和地区的该数据分别为美国1657件，欧洲1298件，中国1343件，韩国560件。

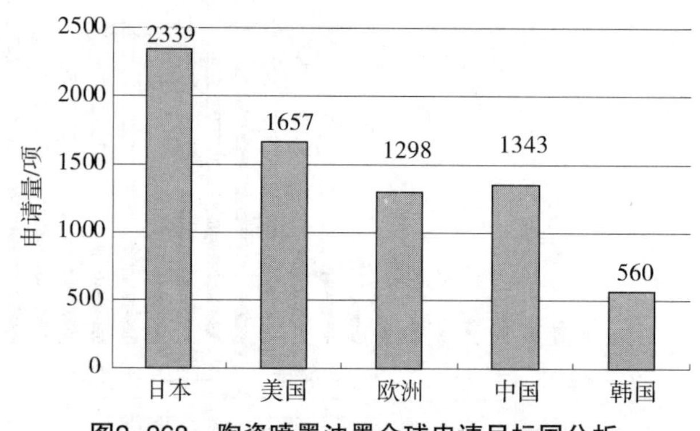

图2-268　陶瓷喷墨油墨全球申请目标国分析

基于上述数据的另一项指标可进一步反映各个国家或地区的市场重要程度，如图2-269所示。如前所述，在日本公开的2339件申请中，来自本国的专利申请量为1791件，占据了77%的比例，体现了本国申请人对专利申请量的绝对贡献。而在美国公开的1657件申请中，来自本国的专利申请量仅为438件，占据了26%的比例；在欧洲公开的1298件申请中，来自本国的专利申请量为469件，占据了36%；在中国公开的1343件申请中，来自本国的专利申请量为364件，占据了27%；在韩国公开的560件申请中，来自本国的专利申请量为32件，占据了6%。因此，相对于日本而言，其他各国公开的申请中，来自本国的专利申请量占比均不足一半，体现了外国申请人在该国家或地区的专利申请量占据优势，也从一个侧面反映了该国家或地区在全球市场中的重要地位，吸引了更多外国申请人在其国内的专利申请布局。

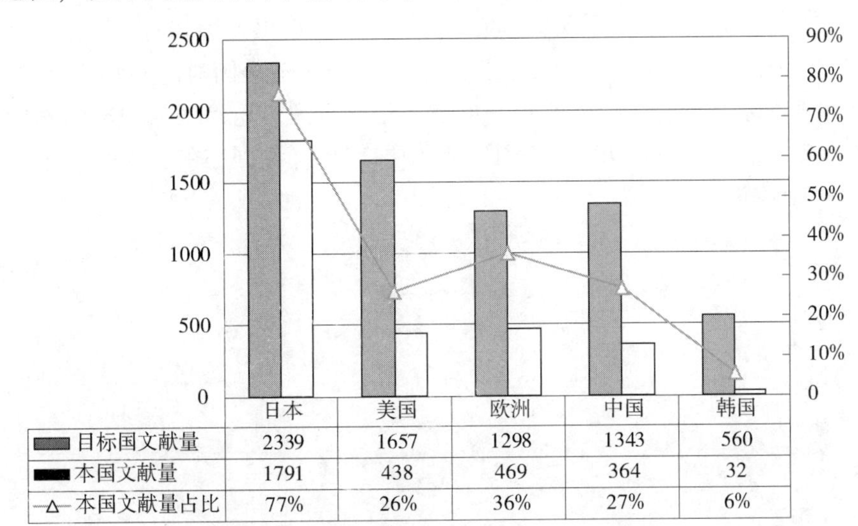

	日本	美国	欧洲	中国	韩国
目标国文献量	2339	1657	1298	1343	560
本国文献量	1791	438	469	364	32
本国文献量占比	77%	26%	36%	27%	6%

图2-269　陶瓷喷墨油墨目标国分布及本国专利申请量占比（单位：件）

进一步地，对于各目标国专利申请量的来源国进行横向比对分析，结果如图2-270所示。从图2-270可以看出，来自日本的申请，不仅在向本国的申请中占据了绝对的多种，在向其他四国的申请中也均占据了最高的比例，这与来自日本的申请总量占据绝对优势的态势相一致，体现了日本在该领域的领先地位，同时也充分体现了来自日本的申请人对国外市场的重视程度和专利布局。对于美国、欧洲，其在本国的专利申请与对外的布局相对平衡；而对于韩国、中国和他国，其对外布局明显比较薄弱。特别是中国，近年来随着国家政策的鼓励，越来越多申请人开始申请专利，但其中相当一部分水平较低，并且缺乏对外进行专利布局的意识，国内专利申请量显著增加，但向其他国家的申请仍处于较低水平。

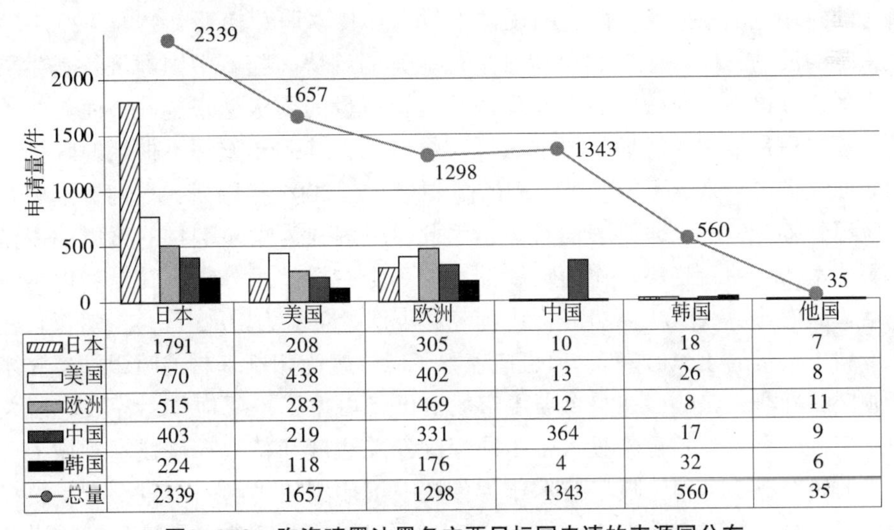

	日本	美国	欧洲	中国	韩国	他国
日本	1791	208	305	10	18	7
美国	770	438	402	13	26	8
欧洲	515	283	469	12	8	11
中国	403	219	331	364	17	9
韩国	224	118	176	4	32	6
总量	2339	1657	1298	1343	560	35

图2-270　陶瓷喷墨油墨各主要目标国申请的来源国分布

4. **专利技术流向分析**

图2-271以另外一种形式反映了申请来源国以技术输出的形式向目标国进行专利布局的情况。从该图也可直观地得出，虽然中国作为技术输出国对外的专利申请量较少，但其他各主要技术输出国向中国的专利申请还是比较大。这是因为中国的陶瓷使用比较普遍，其使用量是全球最大的，为了占据中国市场，各国在陶瓷喷墨技术方面开始在中国进行专利布局。

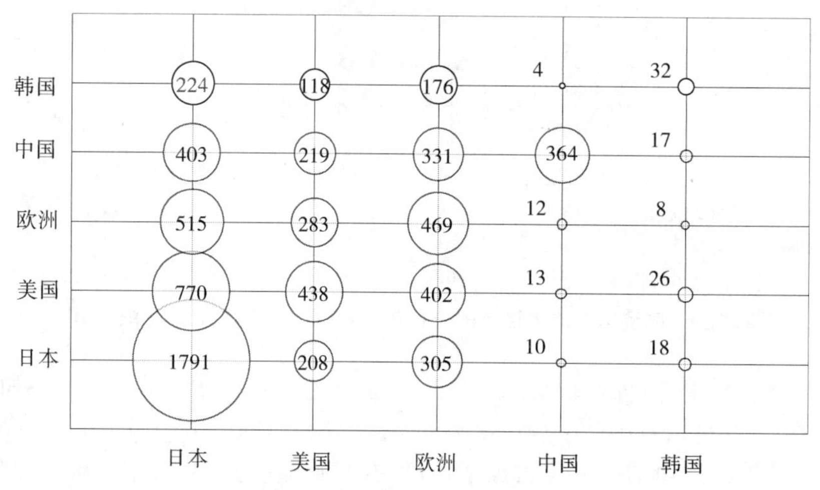

图2-271　陶瓷喷墨油墨技术输出国-目标国对照（单位：件）

2.2.4.2　中国专利分析

1. **申请量趋势分析**

由图2-272可知，我国自20世纪90年代初已经出现了在陶瓷上进行喷墨印刷的技术，这是因为中国是世界上最早发明陶瓷的国家之一，被誉为“陶瓷的故乡”，在中国，陶瓷的应用范围很广泛。陶瓷喷墨油墨技术在技术萌芽初期（1994~2001年）虽然存在一定的波动，但整体专利申请量呈现上升的趋势。随着中国经济快速发展，人们生活水平逐渐提高，对陶瓷表面纹理以及陶瓷质量的要求越来越高，而传统的陶瓷表面花纹等纹理是采用高温煅烧等方法进行烧制的，其制作方法不但耗时耗力，而且烧制的表面纹理也越来越不能满足人们的高要求。在2001年以后，人们逐渐将喷墨油墨技术应用到陶瓷表面来印制表面纹理，因此，以陶瓷为喷印基材的喷墨油墨是现在喷墨油墨技术研究的新趋势，作为喷墨油墨的一个主要技术分支，其专利申请量出现了急剧增长的态势。在2002~2014年中国专利申请量总量为1083件，虽然仅仅占喷墨油墨总专利申请量的4.2%左右，但也掩盖不了以陶瓷为印刷基材的喷墨油墨技术是现在喷墨领域的新研究趋势，在整个喷墨市场上已经占据了重要地位，各大申请人（包括企业、高校、个人等）已经投入了不同程度的关注度和精力在该技术领域上，并取得了初步的研究成果。陶瓷喷墨技术作为传统喷墨印刷技术的一个重要分支，在近几年专利申请量虽然每年持续在100件左右，在一定程度上反映出了该类型技术分支在市场上的重要地位。

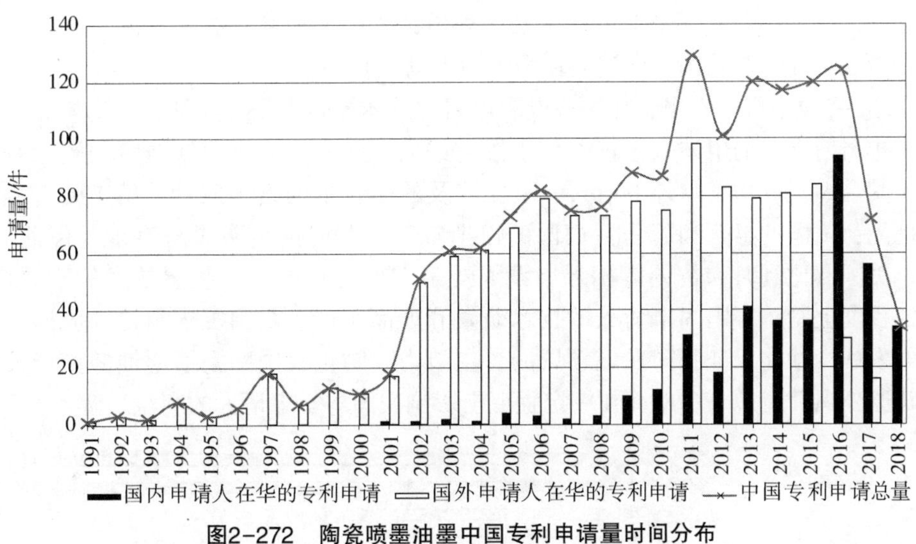

图2-272　陶瓷喷墨油墨中国专利申请量时间分布

另外，从图2-272中不难看出，在中国的整体专利申请情况中，国外申请人的在华申请仍然占据着主要地位。国内申请人在2001年才开始陶瓷喷墨技术的研究，专利申请量占专利申请总量的比重由0上升为7.2%。由此可知，我国国内申请人在外来陶瓷喷印技术的技术压力下逐步开始重视该技术在我国的重要地位，并且研究初具规模，为我国生产更多自主研发的产品奠定了一定的基础。此外，从国内申请人专利申请的质量来看，虽然与欧洲等地区的跨国公司存在一定的差距，但是中国是陶瓷的发明国之一，对陶瓷技术的了解更深入，因此，国内申请人专利申请的质量存在较大的进步和追赶空间，甚至有赶超的可能。

2. 申请人分析

从图2-273不难看出，国外申请人是陶瓷喷墨技术的主要持有者，只有25%的专利技术为本国申请人的专利申请，75%为国外申请人的专利申请。这与喷墨技术的总体情况（即国内申请人占22%，国外申请人占78%）类似。这主要是因为国外技术起步远早于国内，并且相差20年以上。在这20几年的时间里，国外的相关技术已经发展到一定的成熟度。而我国在陶瓷喷墨技术方面的研究才经历了十几年，并且在研究过程及相应产品生产过程中受到国外技术的各种制约，这是导致我国目前国内专利申请量低下的主要原因。由此可知，在陶瓷喷墨技术领域，国外申请人同样在中国已经进行了大范围的专利布局。虽然我国目前本土技术水平不占优势，但是我国是陶瓷发明国之一，对陶瓷技术比国外了解深入，国内申请人可以以

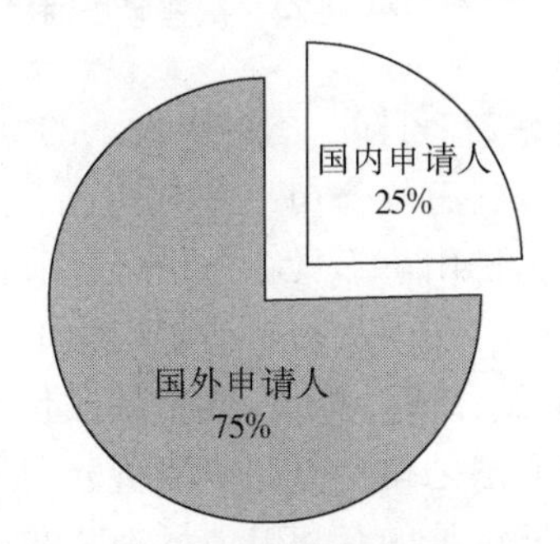

图2-273　陶瓷喷墨油墨中国专利申请申请人总体分布

此为契机，在我国陶瓷技术发展成熟以及国外申请人已有的研发成果的基础上充分发挥自己的创造性，争取开发出更多优于国外申请人的陶瓷喷墨技术，并且在一定程度上展开专利布局，制约国外申请人在中国的市场占有率。

从图2-274中可以看出，在国内专利申请的总体排名中国外申请人占据着相当的优势。在排名前十名的申请人中仅一位中国申请人，即佛山市高明区海帝陶瓷原料有限公司，其余涉及的均是国外申请人。主要涉及的是日本的富士胶片、精工爱普生、佳能、理光，美国的惠普和施乐，德国的巴斯福、比利时的爱克发等企业。由此看出，日本、美国、比利时和德国等国外申请人还是占据着中国陶瓷喷墨技术的主要市场，在一定程度上制约着国内申请人的技术研发和产品生产。我国国内申请人应该在该方面大力发展，才能保证我国在该领域的自主能力，防止我国陶瓷喷墨油墨市场被国外各大跨国公司肆意瓜分，从而在一定程度上影响我国本土申请人的利益。

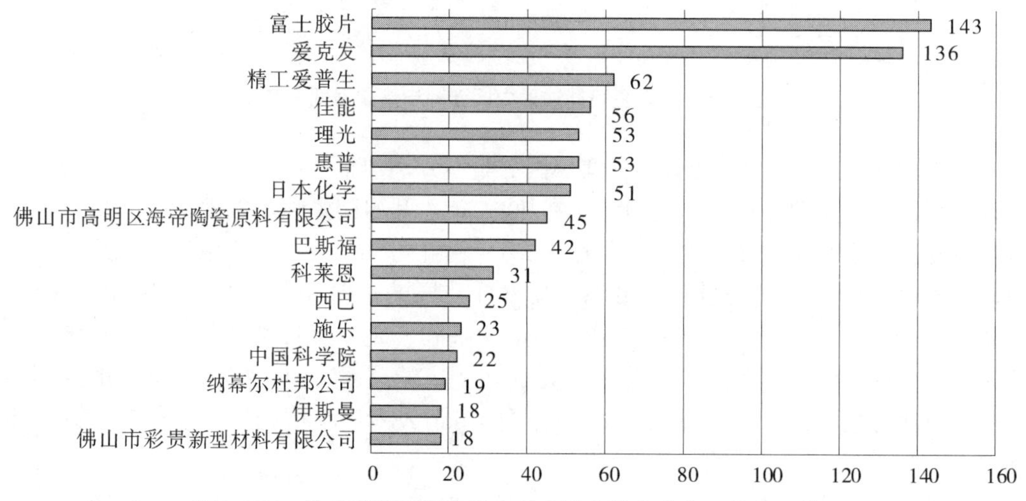

图2-274 陶瓷喷墨油墨中国专利申请申请人分布（单位：件）

由图2-275可知，国内申请人的专利申请较为分散，申请量最大的为佛山市高明区海帝陶瓷原料有限公司，专利申请量为 45 件；其次为中国科学院，专利申请量为 22 件；再次为佛山市彩贵新型材料有限公司，专利申请量为 18 件；接下来为道氏和比亚迪股份有限公司，专利申请量均为 13 件，其中道氏，具体包括佛山市道氏陶瓷技术服务有限公司、广东道氏标准制釉股份有限公司；紧随其后的是大连理工大学和珠海纳思达科技有限公司，专利申请量分别为 10 件和 8 件。佛山市明朝科技开发有限公司和毛海燕共同申请的专利申请量为 8 件。图中的“东鹏”，具体包括广东东鹏陶瓷股份有限公司、广东东鹏控股股份有限公司、广东东鹏陶瓷股份有限公司和广东东鹏陶瓷股份有限公司。

从图中可以看出，在国内申请人申请量前十名的排名中有七个为广东的申请人。由此可知，广东对陶瓷喷墨技术的关注度较高，并对该方面专利技术的保护意识也逐渐增强，进行了一定的专利布局。

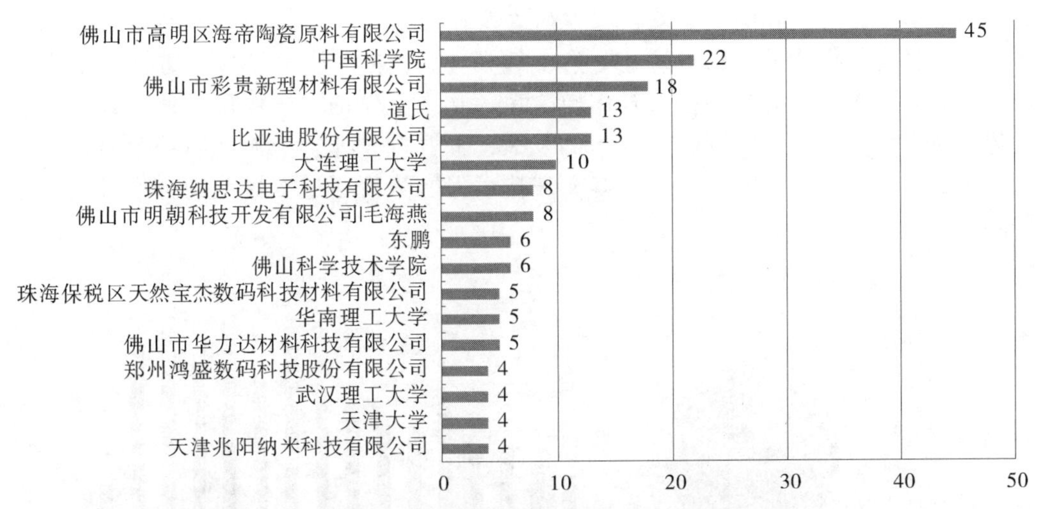

图2-275　陶瓷喷墨油墨中国专利申请国内申请人分布（单位：件）

此外，从我国国内请人构成可以看出，企业为主要国内陶瓷喷墨技术的主要申请人类型，前十名的申请人包括八个企业。在排名前十的申请人中还有一个高校（即大连理工大学）和一个科研院所（即中国科学院），该类型申请人在陶瓷生产技术方法有着很强的理论基础，其专利技术主要集中在理论研究层面上，在一定程度上为陶瓷喷墨技术的发展提供了强有力的理论支撑，指导企业类型的申请人优化产业结构、进行产业升级，从而创造出更多属于我们自己的陶瓷喷墨技术，为国内申请人抢占国内市场奠定了坚实的基础。

从图2-276可以看出，我国申请陶瓷喷墨技术的申请人的主要类型包括企业、高校、科研院所、个人，以及以合作模式进行的共同专利申请。其中，企业类型申请人的专利申请量最多，占陶瓷喷墨技术的87.2%；其次为合作申请，占比为4.99%；然后是高校申请，占3.65%；接下来是个人申请，占2.62%；最后是科研院所，仅占1.54%。由此可知，企业类型的申请人为我国陶瓷喷墨技术的主要申请人，也是该技术领域的进行技术推进的主要力量。此外，合作申请、个人申请、高校和科研院所申请虽然在专利申请量上低于企业申请，但其在陶瓷喷墨技术的研究上也占据着一定的地位，进一步表明我国陶瓷喷墨技术的申请人多样。通过结合各方申请人的优势研发出凝聚多方智慧的高质量申请合作申请，以及进行基础性研究、提供理论支持的高校和科研院所申请，均可在一定程度上提高我国陶瓷喷墨技术的专利水平。

由图2-276可知，企业为我国最早进行陶瓷喷墨技术申请的申请人类型，始于1991年，并在2002年进入快速发展阶段。自2003年开始，企业类型的专利申请量每年均在50件以上。合作申请开始于2003年。科研院所和高校专利申请起步较晚，其中科研院所的专利申请始于2001年，高校专利申请始于2002年，这主要与我国高校教学和研究工作开展较晚有关。随着喷墨技术不断发展，以及陶瓷喷墨技术的应用不断推广，各大高校和科研院所开始相关技术的课程，并建立了相关的产学研项目，建成了进行该方面技术研究的实验基地，促进了高校和科研院所的专利申请量逐渐增多。另外，在陶瓷喷墨领域申请人仅存在个人-个人、企业-高校的合作模式，这两种合作模式的专利申请量均为 1 件。可见，在陶瓷喷墨技术方面申请人还没有开始意识到合作的重要性，合作模式单一化。合作的主要作用是通过各自资源优势和技术优势来推进陶瓷喷墨技术的发展，而我国企业、个人和高校等申请人还未意识到这点。希望我国申请人能够突破技术保密障碍通过多样化的合作模式来推进陶瓷喷墨技术的发展。

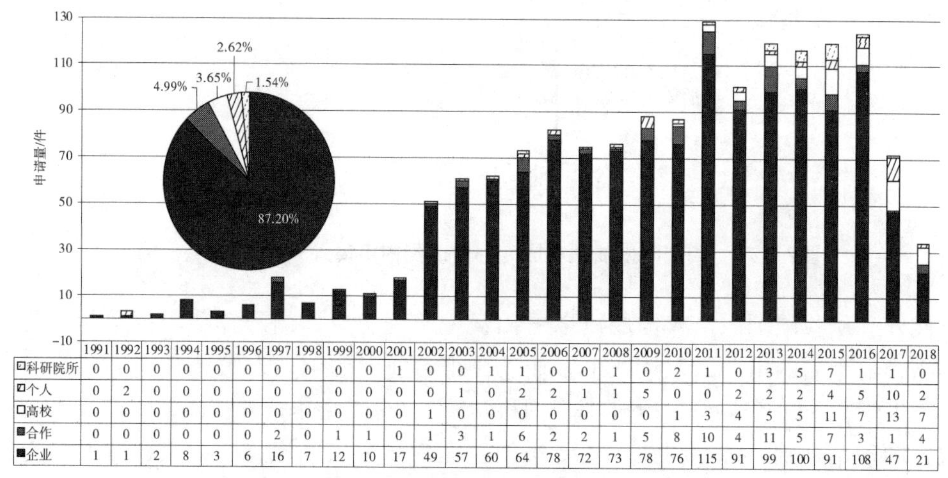

	1991	1992	1993	1994	1995	1996	1997	1998	1999	2000	2001	2002	2003	2004	2005	2006	2007	2008	2009	2010	2011	2012	2013	2014	2015	2016	2017	2018
科研院所	0	0	0	0	0	0	0	0	0	0	1	0	0	1	1	0	0	1	0	2	1	0	3	5	7	1	1	0
个人	0	2	0	0	0	0	0	0	0	0	0	0	1	0	2	2	1	1	5	0	0	2	2	2	4	5	10	2
高校	0	0	0	0	0	0	0	0	0	0	0	1	0	0	0	0	0	0	0	1	3	4	5	5	11	7	13	7
合作	0	0	0	0	0	0	2	0	1	1	0	1	3	1	6	2	2	1	5	8	10	4	11	5	7	3	1	4
企业	1	1	2	8	3	6	16	7	12	10	17	49	57	60	64	78	72	73	78	76	115	91	99	100	91	108	47	21

图2-276　陶瓷喷墨油墨中国专利申请人类型分布

3. 地域分布

由图2-277可知，日本（如富士胶片、精工爱普生、佳能等）、美国（惠普、施乐等）、德国（科莱恩等）、比利时（爱克发）等国外公司在国内的专利申请量居多，在总的分布情况中占据了首要的位置，并且上述国外申请人在中国专利布局的广泛程度超过了国内任意地区的专利申请量。国内申请人中广东的专利申请量也跻身前五名，其中，广东佛山（如佛山市道式科技有限公司、佛山市东鹏陶瓷有限公司等）的专利申请量较大。虽然国内有部分申请人的专利申请量排进了前十名，但是，为了保证国内相关企业在该领域的良好发展，避免外来技术的冲击，大力发展属于我们自己的陶瓷喷墨技术迫在眉睫。

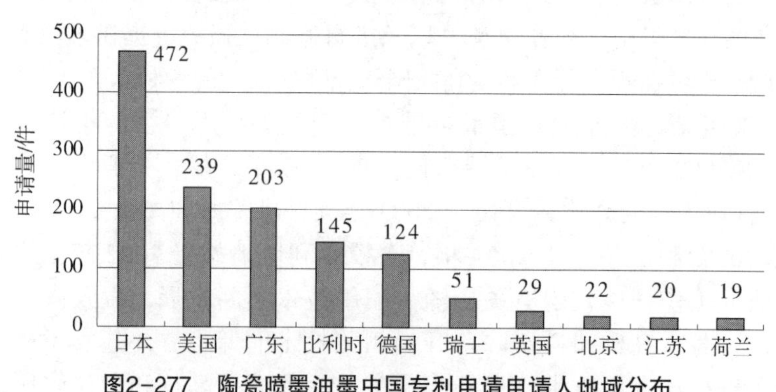

图2-277　陶瓷喷墨油墨中国专利申请申请人地域分布

从图2-278中可知，日本在我国专利布局始于 1991 年，美国在我国专利布局始于 1992 年；日本和美国技术活跃期始于 2002 年；2002 年中国广东和北京也开始对陶瓷喷墨技术进行研究。对于日本，其在华专利申请主要集中在 2002~2015 年，在 2011 年专利申请量最多，达到 49 件。主要是富士胶片、精工爱普生、日本化药和理光的专利申请。其中，富士胶片在 2011 年共有 27 件相关专利申请，精工爱普生在 2011 年共有 7 件相关专利申请，日本化药在 2011 年共有 4 件相关专利申请，理光在 2011 年共有 2 件相关专利申请。对于美国，其在华专利申请主要集中在 2004~2014 年，在 2011 年专利申请量最多，达到 33 件。主要涉及的公司有施乐和纳穆尔杜邦公司。其中，施乐在 2011 年共有 9 件相关专利申请，纳穆尔杜邦公司在 2011 年共有 2 件相关专利申请。由此可知，日本和美国作为专利技术强国，已经大力在中国进行专利布局，在已布局的喷墨技术中存在相当部分的陶瓷喷墨技术，进一步说明了陶瓷喷墨技术已经成为上述专利技术强国的重点研发技术之一。同时，从专利分布的严峻形势中可以看出，防止我们的既得利益和未来利益受国外申请人的损害，在中国研究属于自己的本土化陶瓷喷印技术，并进行合理的专利布局迫在眉睫。

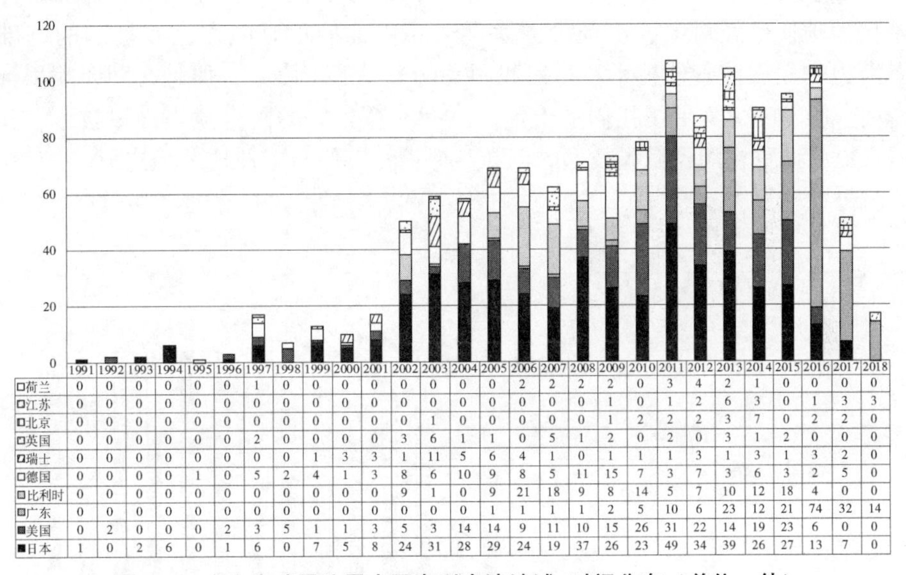

	1991	1992	1993	1994	1995	1996	1997	1998	1999	2000	2001	2002	2003	2004
荷兰	0	0	0	0	0	0	1	0	0	0	0	0	0	0
江苏	0	0	0	0	0	0	0	0	0	0	0	0	0	0
北京	0	0	0	0	0	0	0	0	0	0	0	0	1	0
英国	0	0	0	0	0	0	2	0	0	0	0	3	6	1
瑞士	0	0	0	0	0	0	0	0	1	3	3	1	11	5
德国	0	0	0	0	1	0	5	2	4	1	3	8	6	10
比利时	0	0	0	0	0	0	0	0	0	0	0	9	1	0
广东	0	0	0	0	0	0	0	0	0	0	0	0	0	0
美国	0	2	0	0	0	2	3	5	1	1	3	5	3	14
日本	1	0	2	6	0	1	6	0	7	5	8	24	31	28

	2005	2006	2007	2008	2009	2010	2011	2012	2013	2014	2015	2016	2017	2018
荷兰	0	2	2	2	2	0	3	4	2	1	0	0	0	0
江苏	0	0	0	0	1	0	1	2	6	3	0	1	3	3
北京	0	0	0	0	1	2	2	2	3	7	0	2	2	0
英国	1	0	5	1	2	0	2	0	3	1	2	0	0	0
瑞士	6	4	1	0	1	1	1	3	1	3	1	3	2	0
德国	9	8	5	11	15	7	3	7	3	6	3	2	5	0
比利时	9	21	18	9	8	14	5	7	10	12	18	4	0	0
广东	1	1	1	1	2	5	10	6	23	12	21	74	32	14
美国	14	9	11	10	15	26	31	22	14	19	23	6	0	0
日本	29	24	19	37	26	23	49	34	39	26	27	13	7	0

图2-278　陶瓷喷墨油墨中国专利申请地域-时间分布（单位：件）

从图2-279可以看出，在华专利申请的国外申请人主要分布在 11 个国家和地区中，在第二绘图区出现的“其他”包括西班牙、瑞典、印度、奥地利、丹麦、俄罗斯、新加坡和卢森堡。其中，西班牙为 4 件，瑞典为 3 件，印度为 2 件，其余均为 1 件。

由图可知，日本、美国和比利时在中国专利申请量较多，分别为 472 件、239 件和 145 件，为在华进行大范围专利布局的主要申请人集中的区域，也是我国本土申请人主要的竞争对手聚集区。上述国家的主要申请人也是我国进行陶瓷喷墨技术研究的主要关注对象，同时也是主要的技术借鉴对象。我国可以根据上述主要申请人的专利布局情况，从多角度出发，在现有技术的基础上进行开拓性研发。在进行技术研发和产品生产的同时也要注意规避在相应领域进行专利布局的技术，防止自己的利益遭受重创。

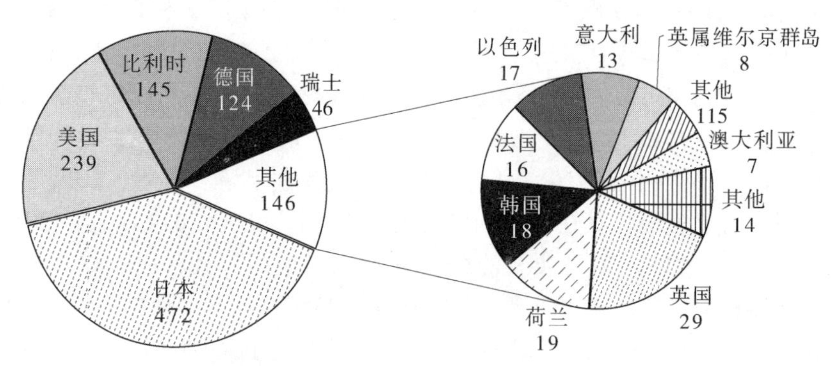

图2-279　陶瓷喷墨油墨中国专利申请国外申请人地域分布（单位：件）

由图2-280可知，国外主要地区在中国进行专利布局始于 1991 年，2001 年以后发展较为迅速，2002~2013 年为技术活跃期。在过去的 20 多年时间里，国外各大公司在中国已经完成了一部分区域的专利布局，虽然近几年专利申请量有所下降，但是并不代表他们已经对中国市场失去兴趣，相反他们很可能在已有技术的基础上研发更具潜力和发展前景的技术。虽然我国是陶瓷发源地之一，但是在陶瓷喷墨油墨技术上专利布局较晚，为了在我们本土地区掌握有竞争力的陶瓷喷墨油墨技术，我们国内申请人更应该重视陶瓷喷墨技术的创新与保护，以便与国外技术相抗衡。

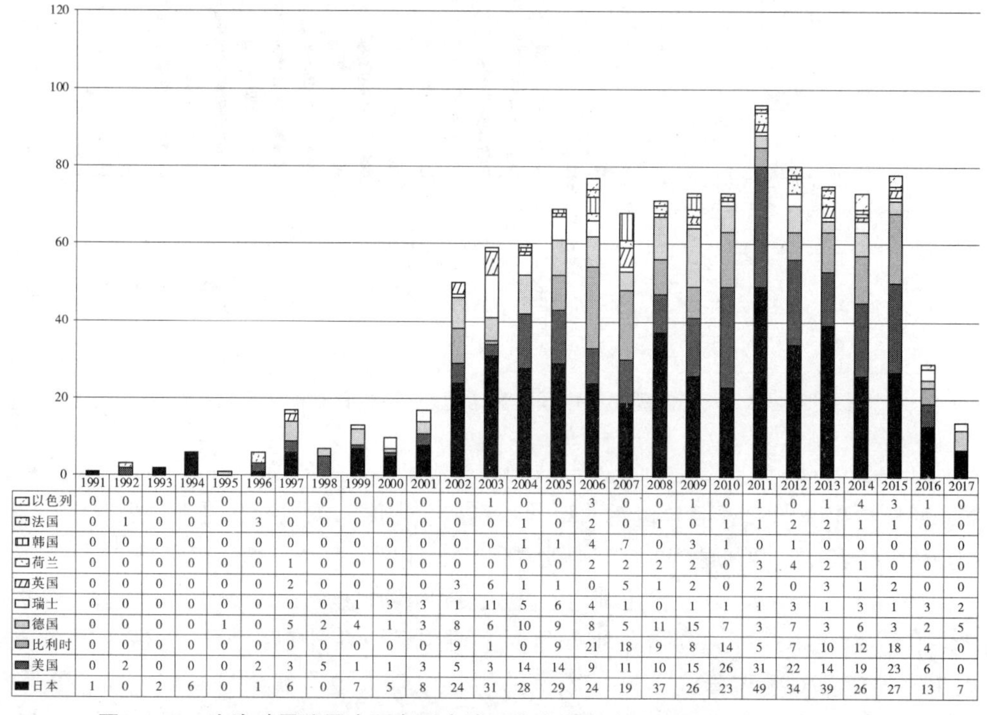

	1991	1992	1993	1994	1995	1996	1997	1998	1999	2000	2001	2002	2003
以色列	0	0	0	0	0	0	0	0	0	0	0	0	1
法国	0	1	0	0	0	3	0	0	0	0	0	0	0
韩国	0	0	0	0	0	0	0	0	0	0	0	0	0
荷兰	0	0	0	0	0	0	1	0	0	0	0	0	0
英国	0	0	0	0	0	0	2	0	0	0	0	3	6
瑞士	0	0	0	0	0	0	0	0	1	3	3	1	11
德国	0	0	0	0	1	0	5	2	4	1	3	8	6
比利时	0	0	0	0	0	0	0	0	0	0	0	9	1
美国	0	2	0	0	0	2	3	5	1	1	3	5	3
日本	1	0	2	6	0	1	6	0	7	5	8	24	31

	2004	2005	2006	2007	2008	2009	2010	2011	2012	2013	2014	2015	2016	2017
以色列	0	0	3	0	0	1	0	1	0	1	4	3	1	0
法国	1	0	2	0	1	0	1	1	2	2	1	1	0	0
韩国	1	1	4	7	0	3	1	0	1	0	0	0	0	0
荷兰	0	0	2	2	2	2	0	3	4	2	1	0	0	0
英国	1	1	0	5	1	2	0	2	0	3	1	2	0	0
瑞士	5	6	4	1	0	1	1	1	3	1	3	1	3	2
德国	10	9	8	5	11	15	7	3	7	3	6	3	2	5
比利时	0	9	21	18	9	8	14	5	7	10	12	18	4	0
美国	14	14	9	11	10	15	26	31	22	14	19	23	6	0
日本	28	29	24	19	37	26	23	49	34	39	26	27	13	7

图2-280　陶瓷喷墨油墨中国专利申请国外申请人地域-时间分布（单位：件）

图2-281为国内申请人地区分布，第二绘图区中出现的“其他”包括四川（4件）、重庆（3件）、陕西（3件）、河北（2件）、新疆（2件）、香港（1件）、山西（1件）、黑龙江（1件）。

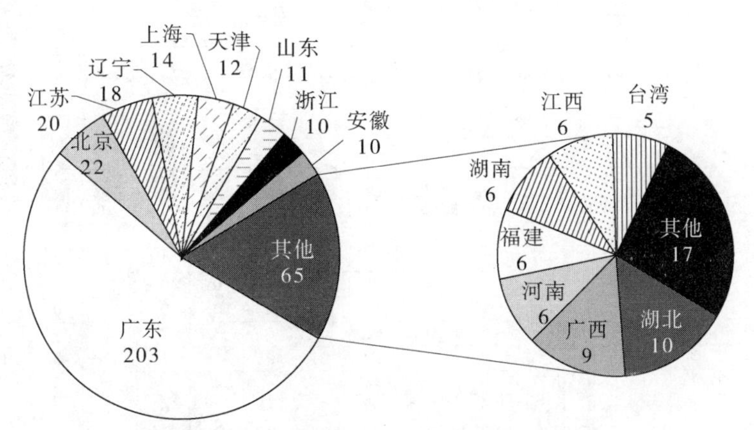

图2-281　陶瓷喷墨油墨中国专利申请国内申请人地域分布（单位：件）

由图可见，我国大部分地区均开展了以陶瓷为印刷基材的喷墨技术的研究工作，并且已经发展为喷墨技术的一个重要技术分支。研究较为广泛的地区为广东、北京和江苏，专利申请量分别为203件、22件和20件。其中，广东作为全国研究陶瓷喷墨技术的最为广泛的地区，专利申请量最高，即203件。其主要申请人包括佛山市道氏科技有限公司、佛山市东鹏陶瓷有限公司，以及一些高校和个人申请。由此可见，广东作为全国陶瓷喷墨技术的领军地区，申请人类型较为广泛，为技术资源的多元性提供了技术保障，也为陶瓷喷墨技术的多元化、立体发展奠定了一定的基础，为全国喷墨油墨事业的发展起到了一定的带头作用。另外，除广东外，北京、江苏和辽宁也是国内陶瓷喷墨技术的重点研究地区。在上述主要地区的带动下，在未来的发展道路上，全国其他地区的陶瓷喷墨油墨技术也必将得到飞速发展，为我国研发出更多本土陶瓷喷墨技术打好基础，也是我国跻身世界喷墨技术强国的有力支撑。

由图2-282可知，我国主要地区关于陶瓷喷墨技术的研究始于2003年，远晚于国外（1991年）。广东关于陶瓷喷墨技术的研究晚于北京和河北，始于2005年。广东虽然起步较晚，但是其发展较为迅速，在不到10年的时间内一跃成为全国陶瓷喷墨技术专利申请量最多的地区。一方面是该地区的企业产业结构不断升级，为了不断满足市场需求，促使该地区申请人将研究重点转移到热点技术上（如陶瓷压电技术）；另一方面是国家和地区政策的导向作用，以及高校和科研院所的技术支持。此外，上海、江苏和浙江等虽然起步较早，但是其发展较为缓慢，在2009年以后专利申请量在一定程度上有所提升。另外，在近5年期间内，上述主要地区的专利申请整体上均呈现快速增长的状态。由此可知，国内申请人虽然起步较晚，但是已经逐渐意识到陶瓷喷墨技术的重要地位，并且在近几年也具备了一定的技术基础，研究成果初见成效。为了防止我国本土化产品和技术遭受国外申请人的限制，大力发展我国本土化技术，并利用自己的技术生产相应成品仍然是我国国内申请人面临的长期任务和挑战。

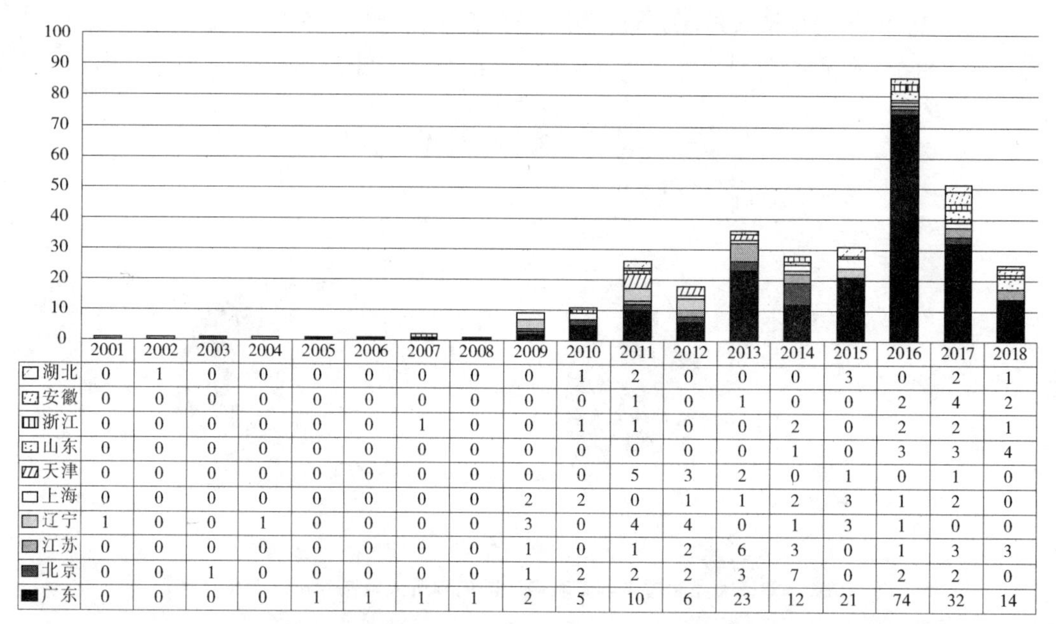

	2001	2002	2003	2004	2005	2006	2007	2008	2009	2010	2011	2012	2013	2014	2015	2016	2017	2018
湖北	0	1	0	0	0	0	0	0	0	1	2	0	0	0	3	0	2	1
安徽	0	0	0	0	0	0	0	0	0	0	1	0	1	0	0	2	4	2
浙江	0	0	0	0	0	0	1	0	0	1	1	0	0	2	0	2	2	1
山东	0	0	0	0	0	0	0	0	0	0	0	0	0	1	0	3	3	4
天津	0	0	0	0	0	0	0	0	0	0	5	3	2	0	1	0	1	0
上海	0	0	0	0	0	0	0	0	2	2	0	1	1	2	3	1	2	0
辽宁	1	0	0	1	0	0	0	0	3	0	4	4	0	1	3	1	0	0
江苏	0	0	0	0	0	0	0	0	1	0	1	2	6	3	0	1	3	3
北京	0	0	1	0	0	0	0	0	1	2	2	2	3	7	0	2	2	0
广东	0	0	0	0	1	1	1	1	2	5	10	6	23	12	21	74	32	14

图2-282　陶瓷喷墨油墨中国专利申请国内申请人地域-时间分布（单位：件）

4. 法律状态分布

由图2-283可知，陶瓷喷墨油墨中国专利申请的授权率（有效 46%+无效 12%）为58%，驳回率为 6%，撤回率为 14%，公开的案件为 22%。相对喷墨技术整体水平而言，陶瓷喷墨技术的专利水平处于一优势地位。国外申请人的授权率为 65%，显著高于国内申请人的授权率，进一步表明我国国内申请人在陶瓷喷墨油墨的专利申请质量上落后于国外申请人，国外申请人在以陶瓷为印刷基材的喷墨油墨技术方面的原创性明显高于国内申请人，在陶瓷喷墨油墨的研发实力和研发技术上占有很大的优势。

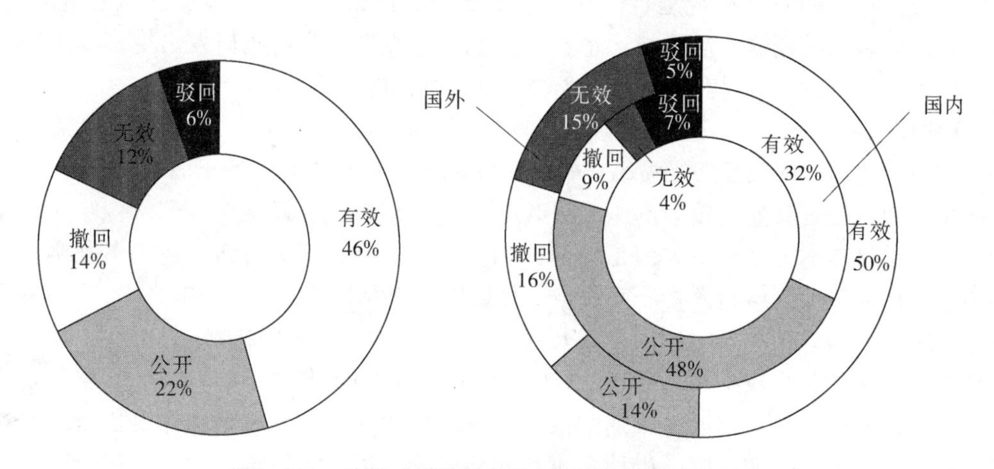

图2-283　陶瓷喷墨油墨中国专利申请法律状态分布

经分析可知，出现上述情况的主要原因是我国陶瓷喷墨油墨起步较晚，国内申请人最早提出陶瓷喷墨专利技术是在 2003 年，而国外申请人 1991 年就在中国提出陶瓷喷墨技术的专利申请，较国内申请人早了13年。当我国本土申请人着手开始研究该领域相关技术时，国外申请人已经在中国进行了大范围的专利布局，牵制国内申请人的申请，此时国外申请人在陶瓷喷墨技术领域的研究也达到了一定的成熟度。在如此严峻的形势下，多重因素制约着国内陶瓷喷墨技术的发展，导致我国本土申请人在现有的局势下面临着巨大的挑战。为了与国外申请人相抗衡，防止国外申请人大肆抢占中国市场，需要国内申请人集中力量投入陶瓷喷墨油墨相关技术的研发。可以通过与国外申请人合作的方式提高自己的技术水平，同时提高专利保护和专利布局的意识。另外，虽然存在差距，但是我们也可将国外申请人在华申请作为基础，进一步拓宽视野，发掘属于自己的专利技术，逐渐赶超国外申请人，争取早日将中国陶瓷喷印市场的主导权掌握在自己手里。

由图2-284可知，在中国专利申请中，企业申请人的授权专利最多（有效专利636件+无效专利178件），为814件，驳回专利为70件；其次为合作关系的申请人，其授权专利为49件，驳回专利仅为13件。高校申请和科研院所申请的授权专利较企业申请低，但均高于个人申请和合作申请。造成上述情况的主要原因分析如下。首先，我国是陶瓷发明国之一，其技术已达到成熟阶段，而国外对陶瓷技术的研究还处于发展状态。我国企业为了使自己在国内外存在一定的优势，对陶瓷技术一般采取保密措施，而我国企业之间又存在竞争关系，一旦合作申请，就会使自己有竞争力的技术被其他企业所使用，给企业造成一定的损失，因此，在陶瓷喷墨领域，合作模式的专利技术申请不被重视，从而阻碍了我国陶瓷喷墨技术的发展。其次，由于企业主要以生产产品，并将其投入市场而获得利益最大化为导向，其具备研发产品的基础设施的同时，更具有生产实践的资源，即可通过实践指导理论的方式调整技术，对于创造出更多优质技术提供了很好的理论-实践互通平台，从而可以研发出更多具有创造性的技术，也是实现其较高授权率、较低驳回率的主要原因。再次，我国高校和科研院所在陶瓷喷墨技术的研究起步较晚是其授权率偏低的主要原因，2002年出现高校类型的申请人，2001年出现了科研院所类型的申请人。另外，由于两种类型申请人的专利申请均集中在2010~2014年，导致该类型申请人的相当一部分专利申请仍然处于公开状态，尚未作出审查决定，如高校申请有15件案件处于公开状态，科研院所有11件案件处于公开状态。这也是造成高校和科研院所申请人的授权率较低的一方面原因。此外，由于我国高校和科研院所主要针对理论层面的研究，在研究的一定阶段会撰写一些非专利文献，并在相应期刊上进行投稿。而该类型的公开文献进一步制约着申请人在该领域进行专利申请的结果，部分文献可能作为相关对比文件驳回相应案件，故导致其授权率偏低、驳回率偏高。最后，对于个人申请，由于个人的资源有限，技术创造性也具有一定的局限性，导致其申请的案件创造性水平不高，是导致其授权率偏低的主要原因。另外，个人申请的质量相对低下，也是其撤回来高于其他类型申请人的主要原因。

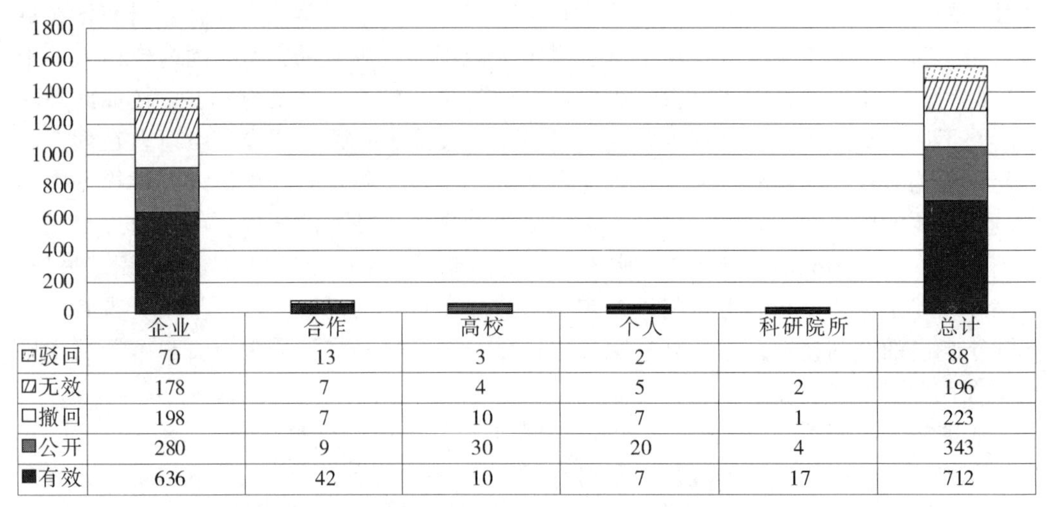

	企业	合作	高校	个人	科研院所	总计
驳回	70	13	3	2		88
无效	178	7	4	5	2	196
撤回	198	7	10	7	1	223
公开	280	9	30	20	4	343
有效	636	42	10	7	17	712

图2-284　陶瓷喷墨油墨中国专利申请人类型-法律状态分布

图2-285为中国专利申请授权案件平均保护年限，其中授权案件包括无效案件，以及目前处于保护有效阶段的案件。为了便于统计分析，将目前有限案件的案件截止日期人工限定为检索终止日期，为2016年6月23日。经统计分析可知，目前所有中国申请案件中的授权案件的平均保护年限为4.62年，其中国内申请人的授权案件平均保护年限为1.90年，低于整体水平；国外申请人在华申请案件的平均保护年限为5.16年，高于整体平均水平。

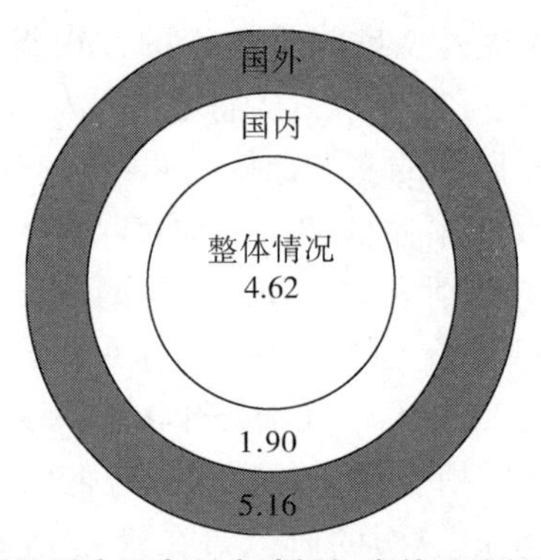

图2-285　陶瓷喷墨油墨中国专利申请授权案件平均保护年限（单位：年）

由此可知，国外申请人在专利申请的平均保护年限上高于国内申请人。首先，在一定程度上反映出国外申请人的专利保护意识强于国内申请人，其更加注重的是专利保护的长期利益。其次，上述情况也从侧面反映出国外申请人的专利申请质量优于国内申请人，其更懂得如何撰写专利申请，并将自己的保护范围扩大到合理的范围内，从而实现利益的最大化。国内申请人要需要充分发挥自己的创造力，在已有的技术基础上创造出更多属于我们自己的技术，在生产相应产品的同时要注意规避国外申请人的专利布局，同时建立自己的专利保护范围，完善自己的专利申请文件，优化专利申请质量，划分合理保护范围，实现保护自己利益的同时，不触及他人的专利包围圈，以免利益受损。

由图2-286可知，国内申请案件中保护年限较多集中在1~5年范围内，有70件（占比31%），国外专利申请量158件（占比69%）。而在6~10年保护年限范围内，国外专利申请量共299件（占比93%），国内申请仅21件（占比7%）。在11~15年的保护年限范围内国外专利申请量达到了138件，而国内仅仅为1件。对于在16~20年的保护范围内，没有国内申请案件，国外申请量为28件。上述结果的主要原因有两个方面。第一，国外申请人在喷墨油墨领域的研究较早，且在早期存在一些基础性的专利，也可称之为重点专利，在重点专利的基础上，对专利技术进行改进，从而使专利技术达到了20年的有效期。第二，国外申请人的专利撰写质量，以及专利布局的水平均高于国内申请人，其授权案件的获得了较大的保护范围，并且专利布局的覆盖范围较广，长期保护可以使申请人获得更大的利益。根据上述分析可知，为使我国国内申请人摆脱国外申请人的牵制，主要办法是提高我国国内申请人的创造性水平，提高专利申请质量，使国内申请人获得更恰当的保护范围。而高价值的且有创造性的专利申请是理论与实践的不断完善的结晶。因此，我国本土申请人应从目前的我国比较成熟的陶瓷技术进行出发，在成熟陶瓷生产技术的基础上，不断探索陶瓷喷墨技术，创造出更多属于我们自己的高质量专利技术，借此与国外技术相抗衡。

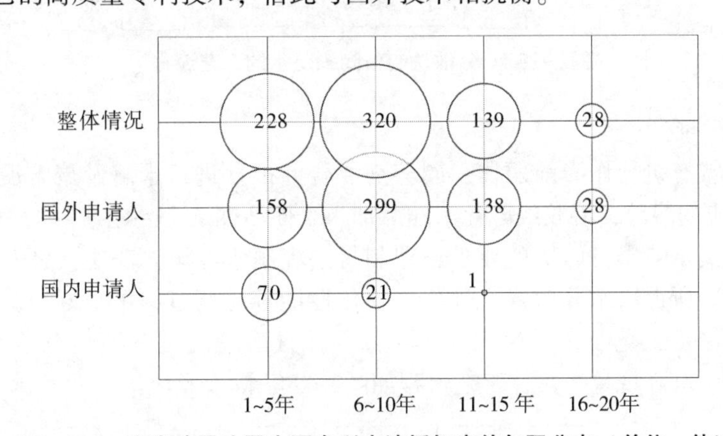

图2-286　陶瓷喷墨油墨中国专利申请授权案件年限分布（单位：件）

2.2.4.3　专利技术分析

1. 整体技术路线

随着喷墨打印技术的快速发展，其应用领域也越来越为广泛。为了便于对陶瓷进行装饰，将喷墨技术应用到陶瓷领域形成一种新型的陶瓷喷墨打印技术是陶瓷行业的一场重大技术改革。自2000年美国FERRO公司研发的Kerajet系统作为世界第一台陶瓷喷墨打印机的研制成功，以及由FERRO和塞尔公司联合研制的陶瓷墨水的诞生，标志着陶瓷喷墨技术正式进入陶瓷行业，并必将成为今后陶瓷装饰行业的技术主力军，成为未来陶瓷市场的主流发展趋势。在全球范围内，除美国FERRO外，西班牙的ESMALGLASS. ITACA、CHIMIGRAF、COLORBBIA、TORRECID四家公司也是陶瓷装饰墨水的主要生产商。

目前，按照喷墨打印机类型进行分类，陶瓷喷墨墨水可分为连续喷墨打印用陶瓷墨水和按需喷墨打印用陶瓷墨水。按照陶瓷粉体性能分类，陶瓷喷墨油墨水可分为功能陶瓷墨水和装饰陶瓷墨水。按照制备方法分类则主要包括以下方法。

（1）分散法

先将超细陶瓷粉体或着色剂颗粒同溶剂、分散剂等一起通过球磨混合，加入结合剂、表面活性剂、pH 调节剂、电解质等助剂后，进行超声分散或机械分散，得到稳定的悬浮液即陶瓷墨水产品。该方法主要涉及装饰陶瓷墨水的制备，技术关键在于陶瓷色料超细粉体的制备以及墨水的调配。如控制粉体的粒径为 1μm 以下。代表性专利为 EP1840178A1、US2008194733A1、CN101717274A、CN101717275A。该方法工艺简单、成本低、发色效果好和稳定性好，但是分散效果不好，容易导致喷头堵塞。

分散法制备陶瓷墨水的主要成分包括超细陶瓷粉末、溶剂（水）、分散剂、物理性能调节剂、催干剂和防结块剂。主要工艺流程如图2-287所示。

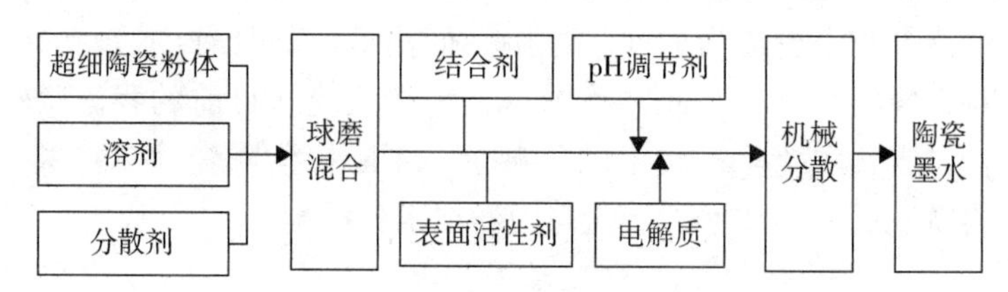

图2-287 分散法制备陶瓷墨水的工艺流程

（2）溶胶凝胶法

将无机盐或有机盐作为前驱体，同溶剂混合并搅拌进行水解及聚合反应，通过调节 pH 获得相应的溶胶，溶胶经陈化浓缩后加入表面活性剂、导电盐等助剂来调节其理化性能，使之满足喷墨打印机的要求，即制得陶瓷墨水。该方法主要针对的是装饰陶瓷墨水的制备。所得墨水分散稳定性好，物化性能容易调节，可很好地满足喷墨打印的需求；但是制备工艺复杂，生产成本偏高，并且溶胶液是一种热力学不稳定体系，长期放置会产生沉降现象。具体工艺流程如图2-288所示。

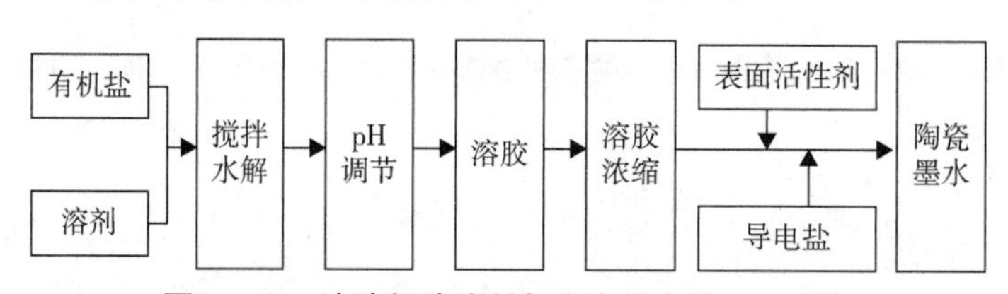

图2-288 溶胶凝胶法制备陶瓷墨水的工艺流程

（3）反相微乳液法

事先确定微乳液体系最大溶水量，在此条件下用着色剂的水溶液取代体系中的水，混合反应后制得陶瓷墨水。该方法主要针对的是功能陶瓷墨水的制备。该方法制备的油墨分散稳定性好，但是固含量低、影响发色性能，同时制备工艺复杂，导致成本偏高。具体工艺流程如图2-289所示。

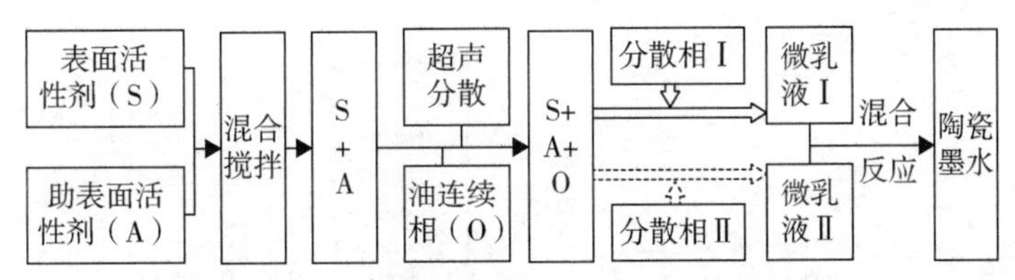

图2-289　反相微乳液制备陶瓷墨水的工艺流程

（4）金属盐溶解法

金属盐溶解法是将显色剂溶于水或有机溶剂制得陶瓷墨水，显色剂主要是可溶性的无机或有机金属盐。该方法制备的陶瓷墨水喷出稳定性高，但是由于制备工艺复杂导致制备成本偏高。公开号为 US5273575A 的专利申请即使用金属盐溶解法制备陶瓷墨水，但是发色性能不佳。申请号为 CN00818261 的专利申请也使用上述方法制备陶瓷墨水（即包含三种金属配合物），所得油墨的分散稳定性优异。但是该方法使用了昂贵金属，导致成本偏高，并且在制备过程中产生有害中间体，不利于工业化生产。

本课题主要针对陶瓷喷墨技术的发展情况，以专利申请文件为主要文献分析依托，重点从色料、载体、分散剂和整体配方的配合等几个技术方面为切入点，研究不同技术手段着重解决的技术问题，即稳定性（包括喷出稳定性、储存稳定性和输送稳定性）、耐久性（耐磨、耐候、耐化学试剂等）、节能环保、外观（装饰效果、发色强度等）。此外，还涉及一部分为获得特殊功能添加相应功能材料的专利技术，如为获得抗静电效果而在油墨中加入抗静电剂、为获得抗菌效果在油墨中加入抗菌剂等。

经过检索和数据清理，课题研究人员共发现 152 件该领域的重点专利。下面主要针对不同时间出现的重点专利技术进行系统分析和研究，从多个层面展现该领域技术申请的整体发展态势。另外，根据检索结果可知，在 152 件重点专利中 2010 年以前只有 59 件，即超过 60% 的重点专利为 2010 年以后。因此，在后续的实际分析过程中分为 2010 年以前和 2011~2016 年两部分。其中，针对 2010 年以后申请较为集中的实际情况，2011~2016 年的专利分析以每一年为单位进行系统研究，具体情况如下。

2. 2010 年以前的陶瓷喷墨油墨专利申请情况分析

（1）1990 年以前

如图2-290所示，在 1990 年以前共出现 7 件相关专利。最早关于陶瓷喷墨的专利是以 1975 年 4 月 24 日为最早优先权日、申请号为 US19750590802 的专利申请，其主要是通过整体配方的配合以改善油墨耐久性的技术效果。在该阶段技术手段以整体配方为主（US19750590802A，JP11274779A，JP11322589，JP6073186），色料组分改进为辅（US19860927520A，JP21381787A，JP5723089A）。重点改进的技术效果以耐久性（US19750590802A，JP11274779A，JP11322589A，JP6073186A）为主，以稳定性（JP11322589A），以及改善粘附性能（JP5723089A）等其他性能为辅。

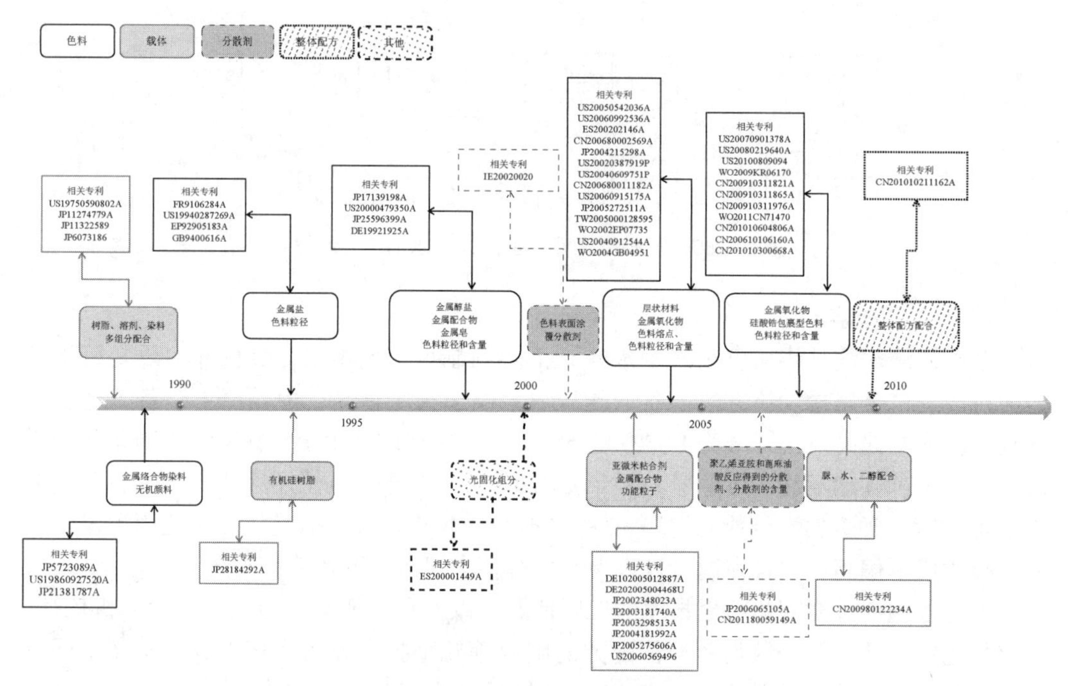

图2-290　2010 年以前陶瓷喷墨油墨技术发展路线

纵观 1990 年以前陶瓷喷墨油墨相关专利，不难看出在陶瓷油墨的发展初期，相关专利文献均是以整体配方中各组分的配合为主，且研究的喷印基材也不只是集中在陶瓷上，而是扩展到相似基材上，如非吸收基材的玻璃和金属基材，利用的也是油墨的通用性质。如申请号为 JP11274779 的专利文献，其喷印的基材为玻璃、陶瓷或金属，所述油墨包括环氧改性的酚醛树脂、可溶性染料和溶剂，并指出所述油墨具有优异的耐候性、防褪色性和耐磨性。此外，在发展初期已经存在一部分文献针对色料组分进行改进，如申请号为 JP5723089 的专利申请主要是通过使用包括可溶性溶剂、金属络合物染料和有机硅树脂的喷墨油墨改善油墨的粘附性能；申请号为 JP11322589 的专利申请主要是利用无机颜料组分代替现有技术中的染料组分，以改善其高温煅烧后对涂膜能见度的影响。

由此可见，在发展初期虽然专利申请量较少，但是对今后陶瓷油墨发展具有重要的指导作用，对以后的陶瓷油墨重点研究方向具有一定的指导意义。此后的 20 多年的发展过程中，陶瓷油墨仍然主要围绕色料的改性开展着不同层次的研究，并且也是利用金属络合物、金属氧化物等发色材料。因此，上述文献作为陶瓷油墨的基础性文献，在陶瓷油墨在今后的发展过程中占据着举足轻重的地位。

（2）1991～1995 年

1991～1995 年主要以色料的研究作为主要的侧重点，如色料类型的选取以改善图像外观（如显色性）（FR9106284A）、色料粒径的控制以改善油墨的稳定性和黏度等方面的特性（US19940287269A、EP92905183A 和 GB9400616A）。此外，该阶段的研究还针对载体（如树脂组分）的选取进行了初步探索性研究，以改善涂层对基材的附着力

(JP28184292A)。具体包括以下几个方向。

1）利用金属盐作为着色组分，其中配合染料（如有机染料）改善其外观，如显色性。如法国伊马治公司于1991年5月申请的申请号为FR9106284的专利申请涉及一种用喷射法可喷射的墨水，这种墨水由在至少一种溶剂中至少一种可溶金属盐的溶液组成，其特征在于这种溶液还含有在因氧化作用或温度升高而金属盐状态完全改变之前至少一种可见的染料。对于只是在焙烧之后出现颜色的某些金属盐，该发明提出添加有机染料，其比例至多为墨水总质量的5%，以便在焙烧之前标记或装饰能显现出来。所述可溶性金属盐可以是锆、铬、锰、钴或铁的无机或有机金属盐；所述染料为酸性染料或食用染料。英国陶瓷有限公司于1994年6月申请的申请号为GB9411857的专利申请涉及了一种在陶瓷上进行喷印的油墨组合物，从而实现对陶瓷的装饰。所述油墨组合物包括金属盐和可通过氧气给金属盐进行氧化反应的染料材料，从而在陶瓷表面形成可提供装饰色彩的金属氧化物。

2）通过调整所用色料的粒径改善油墨稳定性、印刷适用性等方面的性能需求。如美国通用电气公司在1994年8月申请的申请号为US19940287269的专利申请提供了一种在陶瓷制品上进行喷墨印刷的油墨组合物，其中包括合成颜料粒子，其粒径为0.02~0.2μm，且至少90%的粒子具有小于0.1μm的直径。该申请指出上述油墨组合物具有良好的稳定性，不会产生不适当的沉淀。英国陶瓷有限公司于1992年2月申请的申请号为EP92905183的专利申请，通过在喷墨陶瓷油墨中使用无机颜料，并控制无机颜料的含量（质量分数为1%~85%）、粒径（0.2~2μm），以及表面积（4~30m^2/g），以保证其不堵塞喷墨装置的喷嘴和过滤器，并调整油墨的黏度在合理的范围内以适应喷墨印刷需求。

3）通过调整油墨中的载体组分，如树脂组分以改善油墨对基材的附着性。如大日本涂料株式会社于1992年10月申请的申请号为JP28184292的发明专利申请，主要是通过选取有机硅树脂制备可以喷印到陶瓷基材上的喷墨油墨，从而提高了形成的油墨层对基材的附着力。所述有机硅树脂具有如下结构：

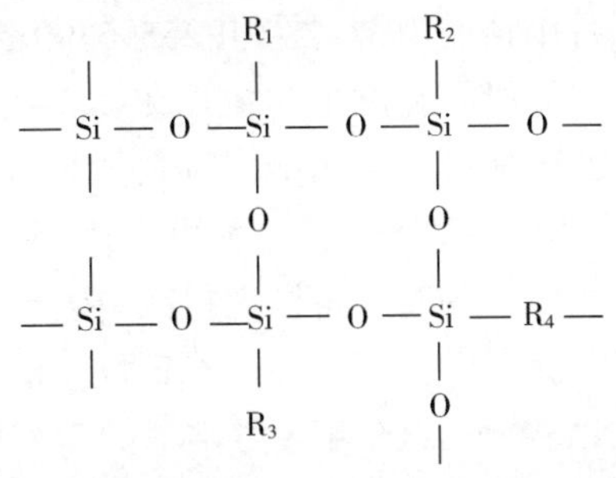

其中，R_1，R_2，R_3和R_4为甲基、乙基或苯基。

由此可知，在1991~1995年陶瓷油墨的关注重点仍然是色料组分的性能改进，包括对色料类型（如金属盐）和色料粒径的控制两个主要方面。此外，为了进一步提高油墨对陶瓷基材的附着力，该阶段的研究还涉及了通过选取特定的树脂组分（如有机硅树脂）制备油墨载体，改善油墨对基材的附着力。两部分研究内容虽然涉及的专利文献量有限，但是关注点较为明确，对后续陶瓷油墨的进一步发展具有重要的指导作用。

（3）1996~2000年

1996~2000年同样以色料的研究作为研究侧重点。如色料类型（金属醇盐、金属配合物的配合使用、金属皂等）的选取以改善图像外观和耐久性（如耐光性、耐热性）（JP17139198A，US20000479350A）、色料粒径和含量的控制以改善油墨的稳定性和黏度等方面的特性（JP25596399A，DE19921925A）。此外，该阶段的研究还针对喷墨油墨的其他方面对其在陶瓷印刷方面进行了适应性改进，如将光固化组分添加的上述油墨中，从而得到可光固化的陶瓷喷墨油墨，以此可进一步改善环保性能（ES200001449A）。具体包括以下几个方面。

1）凸版印刷株式会社于1998年6月申请的申请号为JP17139198专利申请涉及了一种可在陶瓷上进行喷墨印刷的油墨，其包括颜料，所述颜料以通过金属醇盐水解形成的氧化物的形式存在于薄膜中，或通过金属氧化物胶体粒子形成薄膜。以此形成的油墨可提供膜层的透明性、耐光性和耐热性。美国费罗公司（FER-ROCORP）于2000年1月申请的申请号为US20000479350的专利申请提供了一种独特的油墨和油墨组合，用于通过喷墨印刷机对物品的釉面表面，例如被加热到300℃以上温度的釉面陶瓷建筑砖（瓦），涂覆独立油墨的组合物，以产生中间色。该发明的油墨组合包括至少三种独立的油墨，在加热时它们分解生成彩色氧化物，或当它们涂覆时与釉面表面材料生成彩色组合。该油墨组合的第一种油墨包括用于生成蓝绿色的可溶性的钴配合物，该油墨组合的第二种油墨包括用于生成洋红色的可溶性金配合物，该油墨组合的第三种油墨包括用于生成黄色的可溶性的过渡金属配合物，第三种油墨优选包括一种可溶性的镨配合物。另外，第三种油墨包括可溶性的铬和锑配合物的混合物和/或可溶性的镍和锑配合物的混合物。该油墨组合还优选包括第四种油墨，且第四种油墨包括用于生成黑色的可溶性的钌配合物。该油墨优选不包含悬浮的固体并不与水混溶。本发明还提供了使用油墨组合的油墨装饰釉面物品的方法和将油墨组合的油墨涂覆到至少一个釉面表面上的装饰物品。所述油墨可产生范围广泛的各种颜色，产生的颜色超时不退色或降解，且当暴露于溶剂和酸性及碱性溶液时不降解，即具有良好外观效果和耐久性。

2）岐阜渠于1999年9月申请的申请号为JP25596399涉及一种可在陶瓷上进行喷墨打印的喷墨油墨，其中限定无机颜料的平均粒径在0.3~2μm范围内，可改善油墨的喷出稳定性等方面的性能。德国提古沙金属触媒赛德股份有限公司于1999年5月申请的申请号为DE19921925的专利申请公开了一种可在陶瓷上进行喷墨印刷的油墨组合物，其中包括固体无机颜料组分，并通过将该无机颜料的含量控制在30%（质量分数）以上，经长时间储存并没有沉淀产生，即提高了稳定性。

3）COLOROBBIAESPANASA于2000年8月申请的专利申请号为ES200001449的发明专利申请，在陶瓷喷墨油墨中添加无机组分、光固化组分和光引发剂。上述油墨为一种光固化陶瓷喷墨油墨，即在固化成膜过程中无须蒸发掉大量溶剂，提高了环保性能。

综上所述，在1995~2000年对色料组分的研究重点是通过选取特定的色料类型，如金属醇盐、金属配合物、金属皂等，以通过后续的氧化反应发色，从而改善图像的发色性能的外观效果和耐光、耐热等耐久效果。还有部分专利涉及控制色料组分的粒径和含量、从而改善油墨的稳定性，如喷出稳定性等。另外，为了进一步满足环保性能的要求，该阶段还将光固化组分添加的上述油墨中，从而得到可光固化的陶瓷喷墨油墨。由此可见，在陶瓷油墨的上述发展阶段，相比上一阶段增加了通过调整所用色料的类型从而实现对油墨耐久性的改进，以及通过改变油墨的固化类型改善环保性能。上述两部分新出现技术点也是陶瓷油墨后来发展的两个主要方面，在陶瓷油墨在后续的发展历程中具有重要的指导作用。

（4）2001~2005年

在2001~2005年陶瓷喷墨油墨的研究重点仍然是色料组分，在此期间共有超过60%的陶瓷油墨涉及的是色料方法的研究，包括14件重点研究色料组分的专利申请，其中有7件涉及改善外观性能（US20050542036A，US20060992536A，ES200202146A，CN200680002569A，JP2004215298A，US20020387919P，US20040609751P）、5件改善稳定性（CN200680011182A，US20060915175A，JP2005272511A，TW2005000128595A，WO2002EP07735）、2件改善耐久性能（US20040912544A，WO2004GB04951）。另外，该阶段针对陶瓷喷墨油墨还对油墨载体和分散剂等成分的研究进行初步性的开展，其中载体方面的专利申请共7件（DE102005012887A，DE202005004468U，JP2002348023A，JP2003181740A，JP2003298513A，JP2004181992A，JP2005275606A，US20060569496），主要改进的是耐久性（如US20060569496A）、稳定性（如JP2004181992A）。涉及分散剂方面的专利申请共1件，涉及的是改善油墨稳定性（IE20020020A）方面的技术问题。具体专利申请情况如下：

1）通过对色料组分的限定，主要改善产品的外观、稳定性和耐久性等方面的性质，具体实例如下。

①改善外观性能。

西巴控股股份有限公司申请的申请号为US20050542036（最早优选权日为2003年1月23日）的专利申请，其中涉及使用层状氧化物材料作为无机颜料制备陶瓷喷墨油墨。所述层状颜料具有较高的平行可操纵度，可以改善基础的性质，如均匀化基材厚度，获得平整光滑的基材表面。此外，还可以改善光反射和光折射性能，从而改善发色强度和发色纯度，获得新型光变效应。

以2005年9月28日为最早优先权日的申请号为US20060992536的专利申请涉及在陶瓷喷墨油墨中使用熔点低于600℃的金属氧化物（亚微米）颗粒获得具有蚀刻样效果的图案，并且该图案的形成条件为形成温度至少高于金属氧化物熔点50℃。

以2005年1月18日为最早优先权日的申请号为CN200680002569的专利申请涉及适用于工业装饰、特别是适用于在通过喷墨技术印刷之后需要进行热处理的产品的油墨。该发明油墨的特征在于该组合物包含由无机材料组成的固体部分和被均化的非水液体部分，所述部分可以承受的烧成温度为500~1300℃。根据该发明，所述固体部分的功能是提供相应的颜色，同时所述液体部分为油墨提供适当的特性，从而确保在喷墨装饰过程中的优良性能。所述油墨可确保在装饰过程中的良好性能，避免烧成过程中出现缺陷或不希望的涂饰（如过量的装饰性）。该油墨在打印过程中可避免组分挥发，提高油墨的强度，调节油墨的色调。

②稳定性。

以 2005 年 4 月 12 日为最早优先权日的申请号为 CN200680011182 的专利申请涉及一种可在陶瓷上进行喷墨印刷的油墨组合物，是在非水溶性的有机性液体中分散有金属铜微粒及/或一氢化铜微粒、氧化银微粒或金属银微粒；相对于油墨组合物中的总固形成分 100 质量份，金属铜微粒及/或一氢化铜微粒的含量为 5～90 质量份，氧化银微粒或金属银微粒的含量为 10～95 质量份；固形成分质量分数为 10%～80%。并指出上述油墨组合物可以形成与基材的密着性优良、没有离子迁移的金属质材料，从而达到改善稳定性的目的。

以 2005 年 5 月 24 日为最早优先权日的申请号为 US20060915175 的发明专利申请中涉及在陶瓷喷墨油墨中通过控制颜料粒子的粒径分布调整油墨黏度在 50～800cps 内，以满足喷出稳定性等方面的性能要求。

以 2003 年 11 月 25 日为最早优先权日的申请号为 WO2004GB04951 的发明专利申请涉及在陶瓷喷墨油墨中添加无机颜料，并控制无机颜料的粒径小于 2μm，质量分数在 1%～40%范围内可改善油墨的稳定性。

③改善耐久性。

以 2003 年 8 月 8 日为最早优先权日的申请号为 US20040912544 的发明专利申请涉及一种可在陶瓷上进行喷墨印刷的油墨组合物，其中着色组分为金属络合物，所述金属络合物具有如下结构：

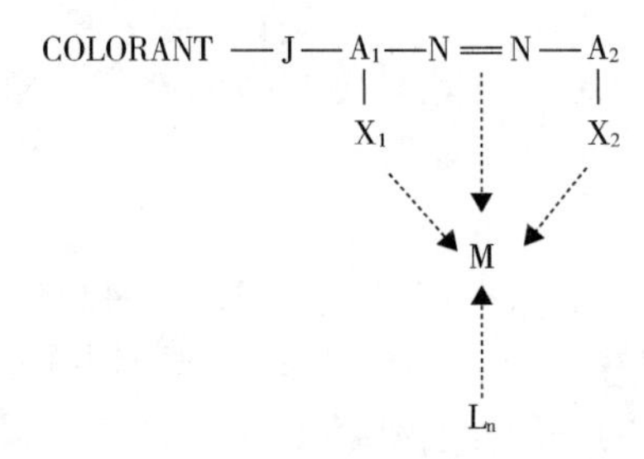

其中 A_1 和 A_2 独立地代表一个取代或未取代的、至少具有一个双键和偶氮基共轭连接部分的 C2-C30 的亚烷基。该专利文献指出所得油墨具有良好的耐光性和耐水性。

2）通过对载体组分的限定，主要改善产品的外观、稳定性和耐久性等性能，具体实例如下。

①外观。以 2005 年 9 月 22 日为最早优先权日的申请号为 JP2005275606 的专利申请通过在水性分散载体中添加功能粒子，如导电粒子、磁性颗粒制备陶瓷喷墨墨水，并将该墨水喷印到陶瓷基板上可形成高准确度的功能化图案。

②稳定性。以 2004 年 6 月 21 日为最早优先权日的申请号为 JP2004181992 的专利申请在陶瓷喷墨油墨的载体中添加金属配合物。所得油墨具有良好的输送稳定性，可防止产生沉淀。

③耐久性。以 2003 年 8 月 25 日为最早优先权日的申请号为 US20060569496 的专利申请涉及在陶瓷油墨中通过添加常温下为液态的载体和亚微米级别的黏合剂组分来改善油墨的耐热性和耐磨性等耐久性能。

3）通过加入分散剂改善油墨的分散稳定性。如以2001年1月16日为最早优先权日的专利申请号为IE20020020的发明专利申请通过在陶瓷喷墨油墨中加入陶瓷颜料，并在陶瓷颜料表面涂覆一层分散剂，且分散剂以化学连接方式连接到颗粒表面上，分散剂的含量为陶瓷颜料的2%~5%。以此方法可增加陶瓷颜料在油墨中的含有量，其含有量可控制在20%~50%范围内，所得到的油墨具有良好的分散稳定性。该专利实质上也是对色料进行改性，即在色料上包覆一层分散剂，改善产品的分散稳定性。

综上所述可知，2001~2005年涉及的专利文献主要通过选取特定类型的层状色料组分、限定色料组分的熔点、以及加入功能化粒子以达到改善油墨发色效果、特殊装饰效果（如蚀刻样效果和功能图案）的目的。针对稳定性，主要通过控制色料组分的粒径、调整所用色料的类型、调整载体中黏合剂的粒径或添加特定组分（如金属配合物）、以及通过添加分散剂等方式实现对油墨稳定性的改善。通过选取特殊金属络合物作为着色组分，控制载体中黏合剂的粒径以改善产品的耐热、耐水、耐磨等方面的性能。与上阶段相比，陶瓷油墨在该阶段的发展针对载体的研究有明显增多，即通过控制载体中的相应组分以改善产品的耐久性和稳定性。另外，还加入了一些特殊元素以得到指定的特定效果，如加入功能化材料获得功能化图案等。

（5）2006~2010年

在2006~2010年陶瓷喷墨油墨在于色料方面的专利申请共10件，其中涉及外观改进的专利共9件（US20070901378A，US20080219640A，US20100809094，WO2009KR06170，CN200910311821A，CN200910311865A，CN200910311976A，WO2011CN71470，CN201010604806A），涉及稳定性方面改进的专利共2件（CN200610106160A，CN201010300668A）。此外，还有通过添加分散剂改善油墨的耐久性（JP2006065105A）和稳定性（CN201180059149A），通过改进载体改善产品稳定性（CN200980122234A）和通过整体配方的配合达到改善耐久性目的（CN201010211162A）。具体情况如下。

1）通过选择多种金属氧化物配合使用作为色料组分制备所述陶瓷喷墨油墨，通过对陶瓷色料表面进行改性从而改善产品的发色性能，以提高装饰效果，或者通过控制色料的粒径改善产品的分散稳定性。具体实例如下。

①外观。

广东道氏标准制釉股份有限公司于2009年12月19日申请的专利申请号为CN200910311821的发明专利申请公开了一种陶瓷喷墨打印用棕色颜料及其制备方法。棕色陶瓷颜料的原料包括CuO（0~10%）、Cr_2O_3（10%~30%）、Al_2O_3（20%~40%）、SiO_2（0~10%）、Fe_2O_3（20%~40%）、ZnO（20%~40%）。将原料细化并混合均匀，1100~1300℃烧成，得颜料粗品；使用超细设备对颜料粗品进行超微细化处理；采用分级设备处理超微细化粉体，控制其$D_90\leq 1\mu m$，分离超微细化粉体得到成品。该发明方法制备的产品色度更为均匀，悬浮性和着色力高，符合喷墨打印油墨的要求，在仿古砖釉面或透明釉下具有高温（1200℃）稳定性，在烧成的仿古砖釉面或透明釉下发色鲜艳，装饰效果好。

广东东鹏陶瓷股份有限公司于2010年12月24日申请的专利申请号为CN201010604806的发明专利申请公开了一种喷墨打印用硅酸锆包裹型陶瓷色料及其制备方法，其特征在于，它是由如下基本组分按重量百分比配制而成：镁、锆或铝金属粉末的一种或多种 0.5%~1%、氯化铵 1%~3%、溴化氢 0.5%~1%、氟化钠 1%~5%、纳米氧化锆 30%~50%、纳米石英粉 15%~25%、着色剂 25%~45%，上述各组分之和为百分之百。其制备步骤为：将上述配比按重量百分比在常温下配料研磨预混后，迅速升温至 800~900℃加热，并在 1000~1100℃保温，烧成周期为 1~3 小时，酸洗干燥后得到喷墨打印用硅酸锆包裹型陶瓷色料。该发明通过金属粉末高温自然烧放热与氯化铵、溴化氢高温产生大量气体制备出粒度分布窄、包裹率高、呈色稳定纯正、团聚少的喷墨打印用硅酸锆包裹型陶瓷色料。

②稳定性。财团法人工业技术研究院和中国制釉股份有限公司共同于 2006 年 7 月 20 日申请的专利申请号为 CN200610106160 的发明专利申请涉及了一种可在陶瓷上进行喷墨打印的油墨组合物，其中包括无机颜料。所述无机颜料的制造方法包括：利用水玻璃包覆镨盐或氧化镨与矿化剂，形成多个微粒；将所述微粒与氧化硅、氧化锆混合形成混合物；将该混合物烧成形成颜料；将该颜料研磨至次微米或纳米粒径。所述矿化剂可为氟化钠、氯化铵、氯化钠、氟化锂、氯化钾、氟化钡或其组合。所得无机颜料色浓度高于 0.5，粒径小于 300nm。所得油墨体系分散稳定。

2）通过选择特定类型的分散剂，并选取特定粒径范围的色料与之配合使用，改善所得产品的稳定性和耐久性。具体实例如下。

①稳定性。以 2010 年 12 月 9 日为最早优先权日的专利申请号为 CN201180059149 的发明专利申请通过聚乙烯亚胺和蓖麻油酸反应得到分散剂和粒径在 0.1~0.8μm 的无机颜料配合使用制备陶瓷喷墨油墨，所得油墨具有非常好的稳定性。

②耐久性。以 2006 年 3 月 10 日为申请日的专利申请号为 JP2006065105 的发明专利申请通过在陶瓷喷墨油墨中添加 0.1%~1.6%的分散剂，配合平均粒径在 10~100nm 的无机颜料 15%~34%，当陶瓷油墨印刷在陶瓷上形成的标记可不退色，即改善耐久性能。

3）通过选取特定的载体组成以改善油墨的流变行为，从而改善其稳定性和外观效果。如蓝宝迪有限公司于 2009 年 6 月 8 日申请的，且以 2008 年 6 月 10 日为最早优先权日的专利申请号为 CN200980122234 的申请涉及一种陶瓷墨，其由质量分数为 30%~70%的陶瓷颜料和 70%~30%的陶瓷载剂组成。该陶瓷载剂包含：5%~50%的脲、20%~50%的水、0~60%的一种或多种二醇。所述陶瓷墨的平均黏度在 50~2000mPa·s，含有的载剂可在室温下制备，并具有好的流变学行为、稳定性和外观，性能良好。

4）通过整体配方中不同组分的配合使用以改善产品的适用性、环保型和耐久性等。如上海英威喷墨科技有限公司和东华大学共同于 2010 年 6 月 25 日申请的专利申请号为 CN201010211162 的发明专利申请涉及一种非吸收性基材（如陶瓷）喷墨打印用乳液型水性颜料油墨，其组分包括：1%~15%颜料分散液、0.01%~2.0%表面活性剂、10%~40%水溶性共溶剂、0.1%~30%水性聚合物乳液，其余为去离子水。水性聚合物乳液为玻璃化温度-40~150℃的水性丙烯酸乳液。所述油墨可适用的基材范围广泛，基材不须经过涂层处理；制备和打印过程中对环境友好，不产生有毒挥发物质，且打印流畅性好，精度高；喷墨打印后的图像在非吸收性基材上具有优良的耐蹭脏、耐刮擦、耐日晒和耐水性，适合户外使用。

综上所述，在 2005~2010 年涉及的专利文献主要通过选取不同金属氧化物配合作为色料组分、对色料组分进行表面改性等方面改善产品的外观效果，以提高装饰水平。对于稳定性，主要通过控制色料的粒径和浓度，或通过选取特定类型的分散剂等方式进行改善。对于耐久性，主要是通过在喷墨油墨中加入一定量的分散剂，并选具有特定粒径范围的色料与之配合使用得以改善。与上阶段相比，陶瓷油墨在该阶段的发展针对分散剂的研究更为深入，如选用特定类型的分散剂（通过聚乙烯亚胺和蓖麻油酸反应得到的分散剂）、控制分散剂的含量、以及与分散剂配合使用的色料的粒径范围以达到改善油墨稳定性和耐久性的目的。

3. 2011~2016 年的陶瓷喷墨油墨专利申请情况分析

由图2-291可知，在 2011~2016 年的陶瓷油墨相关专利均涉及了对陶瓷油墨色料的改进。除 2015 年以外，每年均涉及了对载体的改进，其中以 2016 年尤为突出，涉及的主要是国内申请人的专利申请，如佛山市彩贵新型材料有限公司、佛山市南海万兴材料科技有限公司、以及个人申请，如谭海林申请的专利申请号为 CN201610099215 和 CN201610100158 的专利申请。可见色料和载体均为本领域重点研究方向。此外，通过改进所用分散剂类型，并通过添加功能材料获得功能化陶瓷油墨也是近几年的重点发展方向。如蓝宝迪有限公司于 2012 年申请的，且以 2011 年 3 月 3 日为最早优先权日的专利申请号为 CN201280010505 的发明专利申请涉及使用聚乙烯亚胺和化学式（1）的基于乳酸的均聚酯或共聚酯的反应产物作为分散剂，改善产品的分散稳定性。所述化学式（1）为 $R-[(-O-A-CO)_n-(-O-(CH)CH_3-CO)_m-]-OH$，其中，R 是氢或聚合末端基团；A 是衍生自具有 2~20 个碳原子的羟基羧酸或其内酯的直链或支链亚烷基基团；n 和 m 是整数。申请号为 CN201410216931 的专利申请通过加入结晶剂获得具有结晶花纹效果的装饰图案。申请号为 CN201410407166 的专利申请通过加入低表面张力的分离剂获得凹凸纹理的装饰效果的图案等。由此可见，虽然近 6 年的陶瓷油墨发展总体上沿用了之前的技术发展态势，即着重在色料和载体方面进行技术改进，同时也在申请人的不断探索下，发展出了具有不同技术功效的功能化陶瓷油墨，对陶瓷油墨未来的发展具有一定的指导作用。

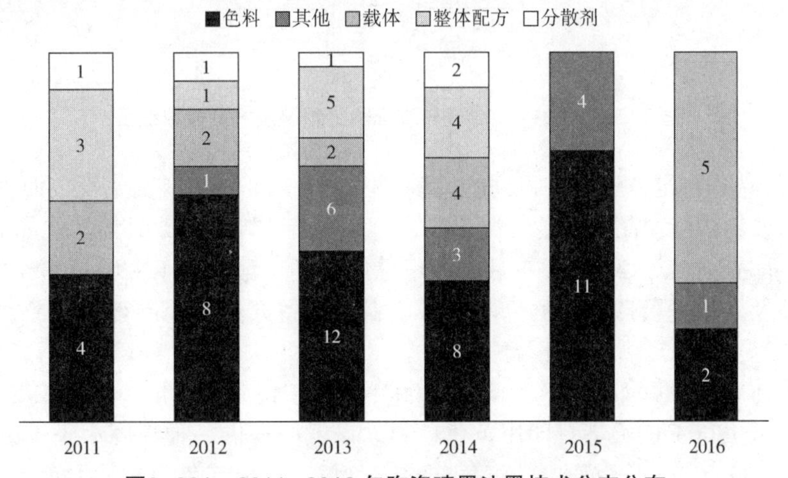

图2-291 2011~2016 年陶瓷喷墨油墨技术分支分布

针对近 6 年陶瓷油墨申请较为集中的实际情况，下面主要针对该阶段的技术发展情况进行系统分析和研究，具体情况如下。

（1）2011 年

如图2-292所述，在 2011 年共有 10 件专利申请，其中涉及通过改进色料改善外观性能的共 4 件（CN201110054101，CN201110187245，CN201110225509，CN201110342760），通过改进载体以达到改善油墨对基材附着力（CN201110078092）和产品稳定性（CN201280028500）等方面的专利各 1 件，通过选取特定的分散剂改善产品的分散稳定性的专利申请 1 件（CN201280010505），通过改进整体配方，多组分配合使用改善油墨的稳定性（CN201110006128）、外观（CN201110339188）和环保（CN201110375883）等方面的专利申请各 1 件。具体情况如下。

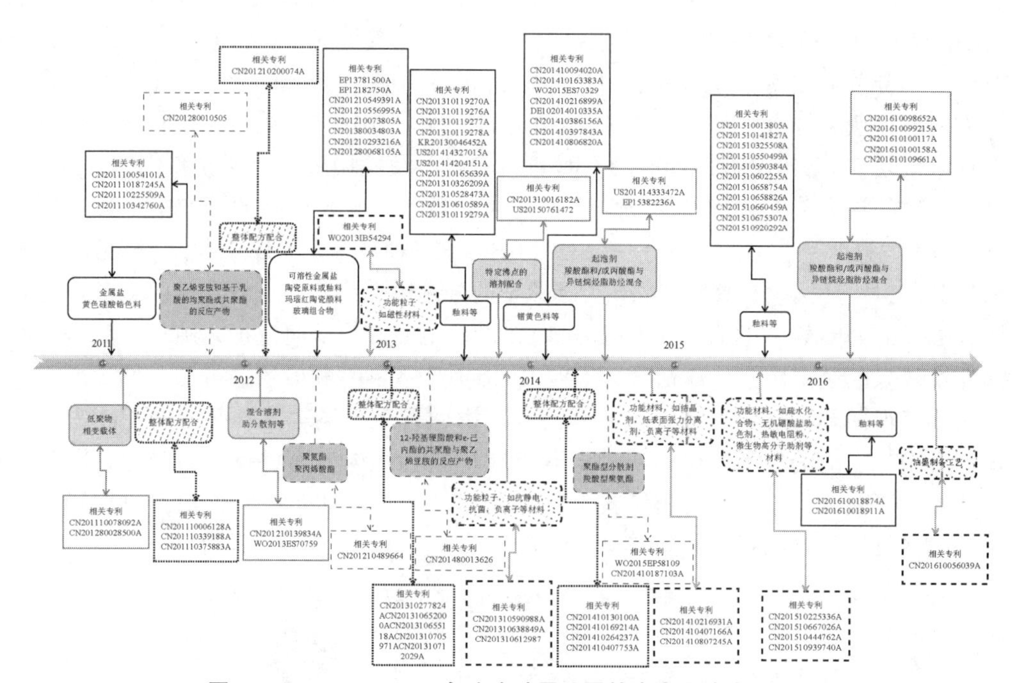

图2-292　2011~2016 年陶瓷喷墨油墨技术发展路线图

1）通过选用特定方法制备得到的色料、以及选择可与釉料发生反应而着色的金属盐作为色料改善最终产品的发色情况，以进一步改善装饰效果，具体实例如下。

景德镇陶瓷学院于 2011 年 3 月 4 日申请的专利申请号为 CN201110054101 的发明专利申请涉及一种喷墨打印用黄色硅酸锆色料的制备方法及其制得的产品，按摩尔比先后向 $ZrOCl_2 \cdot 8H_2O$ 溶液中通入气相 SiO_2，加入氯化镨溶液、PEG1000，反应得到胶体，调整胶体 pH=7 后加入 LiF 粉体，在 900~1000℃的条件下煅烧得到粒度小于 1μm、使用温度高于 1300℃的喷墨打印用黄色色料。该发明提供一种粒度小于 1μm、耐高温（使用温度>1300℃）、呈色稳定的黄色硅酸锆色料，与现有色料相比，色度更为均匀，悬浮性和着色力高，高温（1300℃）稳定性好，适合建筑陶瓷生产工艺，产品发色鲜艳，装饰效果好。

佛山欧神诺陶瓷股份有限公司和佛山市博今科技材料有限公司共同于2011年7月5日申请的专利申请号为CN201110187245的发明专利申请涉及了一种适用于喷墨打印的陶瓷渗透釉及其用于陶瓷砖生产的方法，其特征在于，它是以可发色的可溶性无机金属盐、溶剂及调节助剂配制的具有渗透性质的水性釉料；以喷墨打印方式印于已经施过底釉和面釉的陶瓷砖体上，再喷水助渗，入辊道窑烧成，烧成温度为1080～1200℃，烧成周期40～85min。本发明适合于喷墨打印，利用各种盐类与釉之间发生化学反应着色。采用该方法的优点是，成本较国外进口可降低20%左右，可完全替代进口产品，具有广阔的市场经济效益；在生产应用过程中的可调节性和可控性提高，产品花色图案更加丰富多元化，有层次、立体感强。

2）通过在载体中加入特殊方法制备的低聚物，或通过加入相变载体获得相变喷墨油墨等方式改善油墨附着性和稳定性等方面的性能。具体实例如下。

①附着性。如北京神彩优维喷墨材料科技有限公司于2011年3月30日申请的专利申请号为CN201110078092的发明专利申请涉及一种用于紫外光固化涂料和油墨的低聚物，该低聚物的可通过两步法制得：首先采用多种乙烯基单体的自由基聚合，然后再对上述产物进行缩合反应。该低聚物应用于紫外光固化涂料和油墨后，可显著提高与玻璃、陶瓷基材的附着，且在应用中无须其他前处理步骤。相当于在陶瓷用油墨的载体中加入上述低聚物，以达到改进油墨对陶瓷基材的附着性的目的。

②稳定性。如富士胶卷迪马蒂克斯股份有限公司于2012年申请的，且以2011年4月13日为最早优先权日的专利申请号为CN201280028500的发明专利申请涉及一种可在陶瓷基底上进行喷墨印刷的相变喷墨，所述油墨包含颜料和蜡，并且加热喷射在所述基底上，以将所述颜料焙烧在所述基底上。颜料包括致密颗粒。基底包括可以在窑中进行焙烧的材料。蜡在室温下处于固相。上述相变喷墨方法可防止油墨结晶，可足够快地发生相变，防止颜料在油墨内大程度地沉降。该发明相当于通过添加相变载体蜡、通过特定的喷射方法改善产品的稳定性。

3）通过在油墨中加入特定的分散剂改善油墨的分散稳定性。如蓝宝迪有限公司于2012年申请的，且以2011年3月3日为最早优先权日的专利申请号为CN201280010505的发明专利申请涉及一种陶瓷喷墨油墨，其包括具有0.1～0.8μm的平均粒度的陶瓷无机颜料、有机介质和分散剂。分散剂是聚乙烯亚胺和化学式（1）的基于乳酸的均聚酯或共聚酯的反应产物。所述化学式（1）为 $R-[(-O-A-CO)_n-(-O-(CH)CH_3-CO)_m-]-OH$，其中：R是氢或聚合末端基团；A是衍生自具有2～20个碳原子的羟基羧酸或其内酯的直链或支链亚烷基基团；n和m是整数。所述油墨具有适于陶瓷喷墨装饰的粒度分布，且具有良好的稳定性。

4）通过整体配方中各组分的配合使用，达到改善油墨稳定性、环保和所得图案外观等方面性能的目的，具体实例如下。

①外观。如佛山市明朝科技开发有限公司和毛海燕共同于2011年11月1日申请的专利申请号为CN201110339188的发明专利申请涉及一种UV光固化陶瓷喷墨油墨及其用于陶瓷表面印刷的方法，该方法包括有以下步骤：按照配方比例制备UV光固化陶瓷

喷墨油墨；将成型的陶瓷生胚送入炉中进行第一次烧成，获得玻化的陶瓷胚体；将UV光固化陶瓷喷墨油墨通过陶瓷喷墨机喷涂于玻化的陶瓷胚体的表面，并同时进行UV光固化定型；将UV光固化定型后的陶瓷胚体送入炉中进行第二次烧成，获得陶瓷成品。本发明将陶瓷喷墨油墨应用于陶瓷生产，在陶瓷二次烧成的胚体表面同时进行陶瓷喷墨及UV光固化定型，解决了普通的陶瓷喷墨油墨不能应用在烧成的玻化瓷砖上进行喷墨的缺陷，其具有比普通的陶瓷喷墨油墨更好的发色性能，更好地保留陶瓷喷墨的高分辨率和高精度。

②稳定性。如郑州鸿盛数码科技股份有限公司于2011年1月12日申请的专利申请号为CN201110006128的发明专利申请涉及种陶瓷转移数码印花喷墨墨水，其按重量百分比由以下组分组成：纳米级无机颜料1.0%~16%，分散剂0.5%~20%，表面张力调节剂0.2%~2%，杀菌剂0.1%~1.0%，黏度调节剂2%~30%，pH值调节剂0.1%~2%，去离子水，其余量。本发明还公开了上述陶瓷转移数码印花喷墨墨水用于陶瓷表面印刷的使用方法，通过水转印纸将由上述陶瓷转移数码印花喷墨墨水形成的图形移印在陶瓷的胚体、釉中或釉上，随后将陶瓷在600~1200℃的炉中煅烧，即可在陶瓷上形成数码转移印的图形。本发明的有益效果是品质稳定性强，可长时间储存，且色力度、色牢度和印迹清晰度均可达到较高的技术要求。

综上所述，2011年主要涉及对产品外观、稳定性、基材附着性以及环保等方面的性能改进。对于外观主要通过选用特定方法制备得到的色料、选择可与釉料发生反应而着色的金属盐作为色料、以及通过整体配方中各组分的配合使用改善最终产品的发色情况。对于稳定性，主要通过在油墨中加入适当的相变载体、分散剂，或通过整体配方中各组分的配合使用改善最终产品的分散稳定性、储存稳定性和喷出稳定性。对于附着性，主要是通过在载体中添加特殊方法制备的低聚物，从而改善油墨对陶瓷基材的附着性。与上阶段相比，陶瓷油墨在该阶段的研究进一步扩展对载体中相应组分的探索，实现对陶瓷基材的附着力的改性，为后续在改善基材附着性方面的研究具有重要的指导意义。

（2）2012年

2012年涉及改进色料的专利文献共8件，其中涉及改善产品稳定性的文献4件（EP13781500A，EP12182750A，CN201210549391，CN201210556995）、改善产品外观的3件（CN201210073805，CN201380034803，CN201210293216），改善产品耐久性的1件（CN201280068105）。涉及对载体进行改进的专利申请共2件（CN201210139834，WO2013ES70759），主要针对的是改善产品环保和稳定性等方面的性能。涉及分散体（CN201210489664）、整体配方配合（CN201210200074）和选择功能粒子（WO2013IB54294）等方面的文献共3件，主要针对的是改善产品稳定性、外观和耐久性等方面的性能。具体情况如下。

1）通过选择特定陶瓷色料，并将色料的粒径控制在一定范围内，从而改善产品的外观、稳定性和耐久性等方面的性能。

①稳定性。

如天津大学于2012年12月18日申请的专利申请号为CN201210556995的专利申

请涉及一种喷墨打印用黑色陶瓷墨水，由可溶性金属配合物和有机溶剂组成，该陶瓷墨水中可溶性金属配合物的质量百分比含量为墨水总质量的30%~60%；所述可溶性金属配合物为羧酸金属盐，所述有机溶剂为正癸烷、乙酸乙酯、异丙醇、正己烷、邻二甲苯其中的一种或者任意多种的任意比例的混合。该陶瓷墨水使用方法为涂覆于经300℃加热的施有透明釉的陶瓷坯体表面，经过900~1200℃煅烧，保温1~3h。本发明的陶瓷墨水为均一相，不沉降，不会阻塞打印机喷嘴或者对其造成磨损，效果优良、环境友好、生产成本低、便于推广应用，具有很好的装饰效果。该专利申请通过使用金属配合物作为着色组分，经高温煅烧在陶瓷坯体表面形成对应的金属氧化物从而将其涂覆在透明釉料上进行着色。具体为该墨水中所包含的金属配合物中的有机键断裂，并且随着温度升高，其中所含碳、氢元素被烧掉，只剩下金属氧化物氧化铁以及氧化钴。氧化铁及氧化钴同涂覆于陶瓷表面的透明釉料中的氧化物通过一系列物理化学变化，显现出较好的黑色。

埃斯马尔格拉斯股份有限公司于2013年申请的，且最早优先权日为2012年4月24日的专利申请号为CN201380004421的发明专利申请，涉及一种数字釉墨、其制备方法及数字釉墨用于功能性和/或装饰性涂覆陶瓷和/或金属材料的用途。所述釉墨包含分散在极性和/或水性液体部分中的由有机和/或无机材料制成的固体部分。所述固体部分为所述墨的总重量的10%~70%，所述固体粒径小于40μm，至少包含熔剂原料、陶瓷原料或釉料和抗沉降材料；所述液体部分包含百分比为所述墨的总重量的至少5%的水，至少为总重量2%的一种或更多种非水极性溶剂和添加剂。所述熔剂原料、陶瓷原料或釉料选自以下的至少一种：玻璃料、沙、长石、氧化铝、粘土、硅酸锆、氧化锌、白云石、方解石、高岭土、石英、硅石、碳酸钡、硅灰石、氧化锡、霞石、氧化铋、硬硼酸钙石、碳酸钙、氧化铈、氧化钴、氧化铜、氧化铁、磷酸铝、碳酸铁、氧化锰、氟化钠、氧化铬、碳酸锶、碳酸锂、锂辉石、滑石、氧化镁、方石英、金红石、锐钛矿，或其混合物。所述釉墨包含陶瓷颜料，所述陶瓷颜料选自天然和/或合成的着色氧化物。该发明釉墨为陶瓷产品提供的陶瓷外观不仅限于使上面施加的表面陶瓷或釉质着色的事实，而且其给出了用于注射的墨迄今未提供的饰面（光泽、哑光、粗糙度、光彩、金属化、压花等）。

②外观。如中山市华山高新陶瓷材料有限公司于2012年3月19日申请的专利申请号为CN201210073805的发明专利申请涉及一种可用于喷墨打印的玛瑙红陶瓷颜料，其由下列重量百分含量的原料B组分90%~98%、硼砂0.2%~9%、氯化铵0.2%~5%混合而成。而B组分由下列重量百分含量的原料配置而成：A组分70%~90%、氟化钡0.1%~10%、氯化铵0.5%~25%。所述A组分由下列重量百分含量的原料配置而成：三氧化二铬0.6%~3%、偏锡酸30%~60%、轻质碳酸钙20%~50%、白炭黑15%~45%、硝酸锶0.5%~8%、氯化钡0.1%~5%。该玛瑙红陶瓷颜料的粒度可达到$D_9$0小于1μm，$D_5$0小于0.6μm，并且红颜色的发色效果好于传统的陶瓷颜料；能够用于各种陶瓷釉料中，还能跟其他的陶瓷喷墨打印颜料混合使用。

③耐久性。如株式会社日立产机系统于2012年12月5日申请的，最早优先权日为2012年1月26日，申请号为CN201280068105的发明专利申请涉及一种墨水，其含有

玻璃组合物，玻璃组合物含有 Ag、V 和玻璃化成分。玻璃化成分是 Te 和 P 中的至少任一种；玻璃组合物可含有 Ag_2O、V_2O_5 和 TeO_2。组合物含有发色剂，发色剂含有 Fe。其含有软化点比玻璃组合物的软化点高的第二玻璃组合物。所述墨水能够防止由墨水被印刷后的热过程引起的褪色，从而提高耐久性。

2）通过选择特定的稀释剂组成与含有陶瓷色料的色浆混合制备具有良好稳定性、发色性能的环保墨水。如中山大学于 2012 年 5 月 8 日申请的专利申请号为 CN201210139834 的发明专利申请涉及一种水性陶瓷立体图案打印墨水，由色浆液 A 和稀释剂 B 组成、色浆液 A 含陶瓷色料、树脂、丙二醇、分散剂、硅烷偶联剂、消泡剂；稀释剂 B 含混合溶剂、助分散剂、pH 调节剂、防腐杀菌剂。所述墨水具有溶剂型喷墨中良好的色彩还原性，清洁环保，不会对环境造成很大污染，其黏度为 10～15cP/25℃；表面张力为 25～40mN/m；平均粒径 D_50 为 200～350nm；最大粒径≤800nm；Zeta 电位为−35～−45mV，可在 Xaar 喷头的打印机上连续打印 10000m²；能够在 1200℃时稳定发色，悬浮稳定性大于 2 个月。

3）通过加入高分子量聚氨酯型分散剂或高分子量聚丙烯酸酯型分散剂改善陶瓷墨水的稳定性。如广东道氏技术股份有限公司于 2012 年 11 月 27 日申请的专利申请号为 CN201210489664 的发明专利申请涉及一种陶瓷喷墨打印用油墨，含有：陶瓷色料、树脂、分散剂、流平剂、消泡剂、防沉剂、溶剂，分散剂为高分子量聚氨酯型分散剂或高分子量聚丙烯酸酯型分散剂。树脂为醇酸树脂、丙烯酸树脂、氯醋树脂中的至少一种。所述油墨品质稳定性好，可长时间保存，并具有良好的喷墨打印性能，且油墨的黏度低，粒径分布均匀，油墨的黏度在 10.0～40.0mPa·s 之间并且可调控，表面张力为 28～38mN/m，平均粒径为 200～300nm，最大粒径小于 800nm。

2012 年关于陶瓷油墨的研究主要集中在改善产品稳定性、外观和耐久性等方面。对于稳定性，主要通过选择特定的色料组成（如可选择羧酸金属盐的可溶性金属盐、陶瓷原料或釉料等）、选择特定的载体组成和加入特定的分散剂（如高分子量聚氨酯型分散剂或高分子量聚丙烯酸酯型分散剂）等方式改善产品的喷出稳定性、分散稳定性和储存稳定性。对于外观，主要是通过在陶瓷油墨中加入特定组成的陶瓷颜料（如玛瑙红陶瓷颜料），并控制该颜料的粒径分布情况，从而实现对产品发色性能的进一步改进。对于耐久性，主要是通过在陶瓷墨水中加入含有特定成分（如含有 Ag、V 和玻璃化成分和发色剂）的不同玻璃组合物（不同玻璃组合物软化点不同）制备所述墨水。所得墨水能够防止由墨水被印刷后的热过程引起的褪色，从而提高耐久性。与 2011 年相比，2012 年专利申请量有所增加，并且关于色料研究的文献也有所增多。可见，在该阶段申请人在陶瓷色料方面投入更多精力，并且通过控制不同色料组分的类型（如软化点），实现了对耐久性等方面的改进，为后续的研究发展奠定了一定的技术基础。

（3）2013 年

2013 年涉及改进色料的专利文献共 12 件，其中涉及改善稳定性方面的专利 6 件（CN201310119270，CN201310119276，CN201310119277，CN201310119278，KR20130046452A，US201414327015）、外观方面的专利 5 件（US201414204151A，CN201310165639A，CN201310326209，CN201310528473，CN201310610589A），改善环保性能的 1 件

（CN201310119279A）。通过整体配方配合使用改善产品的稳定性、耐久性和外观效果等方面的性能的专利文献共5件（CN201310277824，CN201310652000，CN201310655118，CN201310705971，CN201310712029）。通过选用载体改善产品稳定性的专利申请共2件（CN201310016182，US20150761472），通过选用特定的分散剂，并将色料的尺寸控制在适当范围内改善稳定性的专利申请1件（CN201480013626）。另外，2013年还涉及在陶瓷油墨中加入抗菌组分而得到具有抗菌作用的陶瓷墨水（CN201310307443，CN201310638468）、在陶瓷油墨中加入抗静电组分而得到具有防静电效果的陶瓷喷墨油墨（CN201310590988）、在陶瓷油墨中加入长余辉发光材料从而得到具有夜光效果的陶瓷喷油墨（CN201310638849）、在陶瓷油墨中加入负离子粉得到可释放负离子的陶瓷喷墨油墨（CN201310612987），在陶瓷油墨中加入无机非着色组分，并控制其粒径范围得到无污染且稳定性好的陶瓷喷墨油墨（WO2014US37423）等类型的发明专利申请，进一步根据实际应用情况需要改进油墨的相关性能。具体情况如下。

1）通过选择陶瓷釉料制备陶瓷喷墨油墨改善其稳定性和外观。具体实例如下。

佛山市道氏科技有限公司于2013年4月8日申请的专利申请号为CN201310119276的专利申请涉及一种陶瓷喷墨打印用金属釉油墨，其组分包括金属釉料、树脂、分散剂、流平剂、消泡剂、防沉剂；其中，金属釉料的原料包含一定量的SiO_2、Al_2O_3、（K_2O+Na_2O）、（$CaO+MgO$）、Fe_2O_3、P_2O_5、ZnO。所述陶瓷喷墨打印用金属釉油墨稳定性好，可长时间保存，并具有良好的喷墨打印性能，且黏度低，粒径分布均匀。

澧县新鹏陶瓷有限公司和广东东鹏控股股份有限公司于2013年10月30日共同申请的专利申请号为CN201310528473的发明专利申请涉及一种陶瓷喷墨打印用色釉混合型墨水，其包括：色料、釉粉、碳酸镁、二甘醇、分散剂、结合剂、表面活性剂。釉粉的化学组分质量百分比为：二氧化硅45%～50%、氧化铝18%～22%、三氧化二铁≤0.2%、二氧化钛≤0.3%、氧化钙8%～12%、氧化镁4%～5%、氧化钾1%～3%、氧化钠3%～5%、氧化钡2%～4%、氧化锌1%～2%、氧化锆1%～2%、烧失量：≤1%、水≤0.5%。所述墨水经喷墨机喷墨打印后，不需要在印花层上再施以一层透明保护釉，烧结后自身可形成一层紧密的具有良好耐磨性的印花层，简化了喷墨打印装饰的工艺；该墨水具有增强的悬浮稳定性和抗结块性，且呈弱碱性，不会造成喷头腐蚀，利于喷墨机打印头的保护，延长喷头的使用寿命；固体含量高，颗粒度较小，发色效果优于现有墨水；不存在溶剂挥发的问题，对人类和环境较为安全。

2）通过选择沸点满足一定要求的溶剂混合改善产品的分散稳定性。如佛山科学技术学院于2013年1月17日申请的专利申请号为CN201310016182的发明专利申请涉及一种蓝色陶瓷喷墨打印油墨的组合物，由A组分和B组分组成，A组分与B组分的重量比例为0.30：1～0.50：1。所述A组分为$D_100<1\mu m$的蓝色陶瓷颜料，所述B组分是采用如下重量份的组成制备：沸点达240～320℃的高沸点长链脂肪族溶剂70.0～77.0、二元酸异丁酯类混合溶剂3.0～5.0、沸点达197～245℃的多元醇醚8.0～10.0、活性聚烯烃改性的聚酯类超分散剂3.0～5.0、脂肪烃树脂7.0～12.0。所述油墨组合物具有高固含量、低黏度、储存稳定性好，经长时间存放不会发生颗粒团聚沉淀的现象。

3）通过选择特定的分散剂配合一定粒径分布的色料改善油墨的分散稳定性。如蓝宝迪有限公司于2014年申请的、以2013年3月20日为最早优先权日的专利申请号为CN201480013626的专利申请文件涉及一种陶瓷喷墨油墨，所述陶瓷喷墨油墨是利用分散剂研磨陶瓷无机颜料直至无机颜料的平均粒径为0.1~0.8μm来制备的，所述分散剂为12-羟基硬脂酸和ε-己内酯的共聚酯与聚乙烯亚胺的反应产物。所得油墨具有良好的稳定性。

4）通过整体配方中各组分的配合使用，如添加表面活性剂改善表面张力、分散剂防止颗粒沉降等，改善产品的稳定性等方面的性能。如西安电子科技大学于2013年7月4日申请的专利申请号为CN201310277824的发明专利申请涉及一种喷墨打印用黄色陶瓷墨水，其特征在于：它至少包括无机色料粉体、表面活性剂、溶剂、分散剂按比例配比搅拌。无机色料粉体用以提供墨水的颜色；表面活性剂用以使无机色料粉体改性为亲油性粉体并改善墨水的表面张力；溶剂用以分散改性后的无机色料粉体；分散剂用以增加墨水的黏度并防止粉体颗粒絮凝和沉淀。所述墨水能使透明釉产生多层次立体视觉效果，解决了黄色陶瓷墨水的稳定性、分散性以及由于色料颗粒度大所造成的打印机喷嘴阻塞和磨损的问题。黄色陶瓷墨水为均一悬浮相，沉降少，对施有透明釉的陶瓷表面具有很好的装饰效果。

2013年关于陶瓷油墨的研究重点仍然是产品的稳定性，主要通过在油墨中加入特定组成的釉料、选用特定的溶剂（如沸点达240~320℃的高沸点长链脂肪族溶剂、二元酸异丁酯类混合溶剂、沸点达197~245℃的多元醇醚）、选用特定的分散剂（如12-羟基硬脂酸和ε-己内酯的共聚酯与聚乙烯亚胺的反应产物），配合特定粒径分布的陶瓷色料，以及通过多组分配合（如加入表面活性剂、特定的溶剂和分散剂的配合）可达到改善油墨分散稳定性的目的。与上阶段相比，该阶段文献量是历年来专利申请量最多的阶段，年申请了达到26件，其中有12件涉及色料的专利申请，有6件涉及的是添加功能材料得到对应技术效果的专利申请，为后续对陶瓷墨水的多维化研究奠定了一定的技术基础。

（4）2014年

2014年涉及改进色料的专利文献共8件（CN201410094020，CN201410163383，WO2015ES70329，CN201410216899，DE102014010335A，CN201410386156，CN201410397843，CN201410806820），主要针对的是油墨的稳定性、外观效果等方面的性能进行改进。涉及改进载体方面的专利共4件（EP15382236A，US201414333464A，US201414333472A，WO2015EP71363）。涉及使用分散剂改善油墨分散稳定性的文献2件（WO2015EP58109，CN201410187103）。通过整体配方配合重点在于改善油墨稳定性、外观、环保和耐高温等方面性能的专利共4件（CN201410130100，CN201410169214，CN201410264237，CN201410407753）。此外，2014年还涉及在油墨中加入相应组分改善对应性能的其他类型的专利文献，如加入结晶剂获得具有结晶花纹效果的装饰图案（CN201410216931）、加入低表面张力的分离剂获得凹凸纹理的装饰效果的图案（CN201410407166）、加入负离子材料获得产生负离子效果的产品（CN201410807245）。

（1）通过选择特定类型的色料达到改善油墨稳定性和外观效果的目的。如淄博陶正陶瓷颜料有限公司于 2014 年 8 月 7 日申请的专利申请号为 CN201410386156 的发明专利申请涉及一种墨水专用镨黄色料配方及生产方法，包括二氧化硅、二氧化锆、氧化镨和矿化剂，上述原料按重量比为 33∶（66~75）∶（4~6）∶（2.5~4.5）。首先将二氧化硅和二氧化锆按比例混合，用气流磨加工到 $D_{5}0<10\mu m$；其次将氧化镨和矿化剂投入混合料中间混合均匀；然后送入窑炉煅烧，根据矿化剂的反应温度，控制窑炉煅烧温度范围在 870~900℃；再经过破碎、水洗、烘干、过筛，进气流磨加工到 $D_{9}0$ 在 4~6μm，用砂磨机做成墨水，使粒径为 $D_{5}0<0.5\mu m$。所述墨水可使匣钵使用寿命延长且环保，矿化剂的添加量及烧成温度降低，水洗环节的用水量减少，发色强度提高，能有效去除匣钵碎屑、大颗粒等，墨水粒度分布变窄，研磨效率提高，喷墨机主过滤器堵塞及喷头拉线故障率降低，色料的结晶度提高。由此可知，上述专利申请针对色料进行改进，改善了产品的外观效果和稳定性。

（2）通过在载体中加入特殊物质，以及选择特定组成的载体组成改善产品的外观效果和稳定性，具体实例如下。

①外观。主要通过在载体中加入起泡剂，得到具有起泡效果的陶瓷喷墨油墨。如以 2014 年 7 月 16 日为最早优先权日，申请号为 US201414333472 的发明专利申请，通过在陶瓷喷墨油墨的载体中加入发生反应可产生气体的还原剂得到就具有起泡效果的印刷图案。所述还原剂为硅、氮化硅、碳化硅、氧化硅或硼化硅。

②稳定性。如以 2014 年 5 月 7 日为最早优先权日的申请号为 EP15382236 的发明专利申请涉及在陶瓷喷墨油墨中使用羧酸酯和/或丙酸酯与异链烷烃脂肪烃混合作为载体的一部分，配合使用分散剂可以改善所得油墨的分散稳定性。

3）通过加入特定的聚酯型分散剂以获得具有良好分散稳定性、低成本和无污染的陶瓷喷墨油墨。如佛山市道氏科技有限公司于 2014 年 5 月 5 日申请的专利申请号为 CN201410187103 的发明专利申请涉及一种陶瓷油墨用分散剂及其制备方法，分散剂为聚酯型分散剂，其通式为

$$R-\overset{\overset{\displaystyle O}{\|}}{C}-\left[O-\underset{\underset{\displaystyle R_1}{|}}{\overset{\displaystyle H}{C}}-(CH_2)_m-\underset{\underset{\displaystyle O}{|}}{C}\right]_n-\overset{\displaystyle N}{H}-(CH_2)_{m1}-X$$

式中，R 为 C11~C17 的烷基，R_1 为 C4~C8 的烷基，n 为 3~8 之间的整数，m 为 5~12 的整数，m1 为 1~5 的整数，X 为锚固基团。该发明的陶瓷油墨用分散剂能提高陶瓷油墨制备过程中的研磨效率，降低油墨的黏度以及提高油墨的悬浮稳定性。该发明的陶瓷油墨用分散剂的原料来源广，合成工艺简单，对环境基本无污染，制备成本低廉。

4）通过整体配方的配合，结合特定的制备方法获得具有良好稳定性的陶瓷喷墨油墨。如上海第二工业大学于 2014 年 6 月 13 日申请的专利申请号为 CN201410264237 的发明专利申请涉及一种陶瓷喷墨打印用蓝色油墨的制备方法，所述油墨按如下质量百分比组分：蓝色颜料 25%~45%，溶剂 50%~60%，分散剂 1.0%~4.5%，消泡剂

0.2%~0.5%，流平剂0.2%~0.5%，防沉剂0.1%~0.2%。蓝色颜料由$Co(NO_3)_2 \cdot 6H_2O$、$Al(NO_3)_3 \cdot 9H_2O$、柠檬酸和丙三醇为原料混合，采用溶胶凝胶法制备。将制得的蓝色颜料与溶剂、分散剂、消泡剂和防沉剂按比例混合分散均匀后球磨，控制粒径在200~300nm，得色浆；向色浆中加入流平剂，过滤，得陶瓷喷墨打印用蓝色油墨。本发明制备方法简单、品质稳定，油墨黏度低，粒径分布均匀，可长时间保存，具有良好的喷墨打印性能。

综上所述，2014年针对陶瓷喷墨油墨的研究主要通过选择特定类型的色料、载体和分散剂以达到改善油墨喷出稳定性、分散稳定性和储存稳定性的目的。其中通过在载体中加入特殊效果的物质（如起泡剂），在最终产品中可获得起泡效果的图案。另外，通过选择具有特定结构的聚酯型分散剂达到改善产品分散稳定性的目的。与上一阶段相比，研究方向没有实质性的进展，但是针对特定的技术分支进行了更深层次的研究，如研究了特定载体的组成带来的特定效果，特定分散剂可改善分散稳定性等，为陶瓷工业化生产中解决相关问题具有一定的指导作用。

（5）2015年

2015年涉及改进色料的专利文献共11件（CN201510013805，CN201510141827，CN201510325508，CN201510550499，CN201510590384，CN201510602255，CN201510658754，CN201510658826，CN201510660459，CN201510675307，CN201510920292），主要针对的是油墨的稳定性、外观效果、环保和低成本等方面的性能进行改进。此外，该阶段还涉及一些通过添加特殊组分改善对应性能的专利申请，如通过加入疏水性化合物，使所述墨水具有疏水效果先在陶瓷坯体上喷印墨水，再在墨水上喷淋采用水等作为溶剂的浆料，这些浆料尽管均匀喷淋在墨水层上，但由于墨水层的疏水性，会使得这些墨水处的浆料剥离开来，从而形成凹陷效果（CN201510225336）；加入助色剂（如无机硼酸盐）改善油墨的发色能力（CN201510667026）；通过加入热敏电阻粉体制备热敏电阻陶瓷墨水（CN201510444762）；通过加入微生物高分子助剂改善稳定性（CN201510939740），如采用茁霉多糖微生物高分子助剂，利用茁霉多糖结构的特点，多糖高分子结构的旋转性使主链在较宽的pH范围稳定，加上多糖高分子的羟基基团与金属离子的作用，使得金属离子在茁霉多糖溶液中稳定不沉降。具体实例如下。

佛山市明朝科技开发有限公司和毛海燕共同于2015年10月12日申请的申请号为CN201510658754的发明专利申请涉及一种陶瓷闪光釉料油墨及其制备方法。所述陶瓷闪光釉料油墨按质量分数包括如下组分：树脂2%~10%、溶剂30%~60%、闪光釉料30%~55%、超分散剂5%~10%、助剂0.1%~3.5%。通过研究及调整防滑釉配方，使得陶瓷闪光釉料油墨更加耐用、环保节能无毒害。并将喷墨打印技术与传统工艺技术相结合，通过喷墨打印机将功能墨水直接喷射到陶瓷表面，烧成的釉面光亮性能佳。相对于传统的喷油、淋釉、丝网印刷、辊筒印刷等施釉方式，该发明公开的制备方法效率高、污染低、釉量少、安全、高效率节能、环保，能在极短时间内达到个性化的要求，具有极大的市场前景和应用价值。

广东道氏技术股份有限公司于2015年12月10日申请的专利申请号为CN201510920292的发明专利申请涉及一种低温陶瓷喷墨打印用金属釉油墨及其制备方

法，该油墨含有如下质量百分比的组分：金属釉料40%~60%、树脂1%~3%、分散剂2%~4%、余量为溶剂，所述金属釉料含有如下组分的原料：SiO_2、Al_2O_3、Na_2O、CaO、Fe_2O_3、P_2O_5。本发明所制备的金属釉油墨黏度低、粒径分布均匀，采用的制备方法简单而高效，且品质稳定性好，可长时间保存，具有良好的喷墨打印性能。本发明的陶瓷喷墨打印用金属釉油墨成功实现了低温新型金属釉的国产化，填补了国内开发生产低温金属釉油墨的空白，打破了同类釉料进口产品一统天下的局面，大大降低了建陶企业的生产成本。

综上所述，2015年已经公开的专利申请，共有15件相关度较高的涉及陶瓷喷墨油墨的专利申请，其中有11件涉及对色料组分进行研究，且大部分均是通过添加釉料改善产品的稳定性、外观装饰效果等方面的性能。另外，在该发展阶段还存在部分专利申请涉及添加特殊组分改善对应性能的申请文件。由此可知，2015年陶瓷喷墨油墨的相关专利申请重点关注点仅为色料组分和为获得特定效果而加入的功能性组分。而目前根据市场多样化的需求，通过相关技术手段获得装饰效果强的油墨成为了发展的主流趋势之一。故此，该部分专利文献对于目前工业化生产的陶瓷油墨行业在后续的市场导向研究中具有重要的指导作用。

（6）2016年

2016年涉及改进色料的专利申请共2件（CN201610018874，CN201610018911），主要涉及的是油墨的分散稳定性。涉及通过改进载体以达到改善环保和稳定性等方面性能要求的文献共5件（CN201610098652，CN201610099215，CN201610100117，CN201610100158，CN201610109661）。此外，2016年还有1件通过改善油墨制备工艺以达到改善油墨稳定性，并得到良好装饰效果的专利申请（CN201610056039）。具体情况如下。

1）通过选择特定的釉料制备陶瓷喷墨油墨，改善其保存稳定性和喷出稳定性。如陕西科技大学于2016年1月12日申请的专利申请号为CN201610018874的发明专利申请涉及一种钴蓝色陶瓷釉料墨水及其制备方法，该墨水含有如下质量百分比的组分：纳米粉体组成的釉料10%~30%、分散剂10%~20%、有机溶剂30%~50%，水30%~40%，所述釉料质量百分含量的组分：纳米氧化硅40%~60%，纳米氧化铝15%~30%，纳米氧化镁7%~15%，纳米氧化钙3%~10%，纳米氧化钴10%~15%。本发明墨水的品质稳定性好，可长时间保存，并具有良好的喷墨打印性能，墨水的黏度为10~40mPa·s，表面张力为30~50mN/m。

2）通过选择水代替传统的活性稀释剂制备环保型UV固化陶瓷喷墨油墨。如谭海林于2016年2月23日申请的专利申请号为CN201610099215的专利申请涉及一种水性UV固化陶瓷油墨及其制备方法，涉及油墨生产技术领域。所述的水性UV固化陶瓷油墨包括以下重量份组分：40~60份的水性丙烯酸酯化聚丙烯酸酯，1~4份的水溶性光引发剂，15~35份的陶瓷色料，3~8份的助溶剂，2~20份的超分散剂，0.5~5份的偶联剂，8~25份的水。本发明的水性UV固化陶瓷油墨结合了水性及传统油性油墨UV光固化技术的优点，运用水替代油性UV固化体系中的活性稀释剂，降低了成本，解决了活性稀释剂有毒性、刺激性等问题，同时，体系黏度更容易调节。

综上所述，截至检索日期公开的2016年专利申请文件，针对陶瓷油墨主要解决的是稳定性和环保等方面的问题。首先，主要是通过选择特定的釉料，或通过选择特定的载体组分制备所述油墨，以达到改善油墨的储存稳定性和喷出稳定性；其次，通过制备水性UV固化陶瓷喷墨油墨，解决了传统UV固化油墨中存在的毒性等技术问题。此外，在2016年还涉及一件通过简化墨水的制作工艺流程，使墨水的稳定性得到了极大的改善，从而减少喷头的堵塞，提高了打印速度和打印质量的专利申请。

4. 小结

自20世纪70年代陶瓷喷墨油墨开始诞生，现在已经发展成具有一定规模的且已经进入工业化生产的成熟行业，在不断探索过程中逐渐发展壮大。主要通过选取合适的色料组分达到改善发色情况，提高装饰效果的目的，结合对载体和分散剂的选择进一步改善油墨的稳定性。在近几年的发展过程中，为了获得具有特殊功能效果的陶瓷喷墨油墨，开始逐渐出现在陶瓷油墨中添加功能材料的专利技术。

5. 各技术路线重点文献

（1）色料

根据前述分析可知，从制备装饰陶瓷墨水的色料形态来看，主要可分为两类：一类是以可溶性金属盐为初始原料，将金属盐作为前驱体，通过合适的手段形成金属化合物的溶胶，或者直接在溶液中使用可溶性金属盐组分作为着色物质，并添加相应的组分对理化性能进行调节，使其符合满足喷墨打印的要求，得到陶瓷墨水；另一类则是直接制备具有着色功能的金属氧化物等类型的颜料，通过表面改性、分散、控制粒径及其分布等手段，得到符合喷墨打印要求的墨水组合物。无论是通过上述哪一类手段得到陶瓷墨水，其在喷墨打印后往往都需要将墨水与打印物共同烧结，最终得到基于喷墨打印的陶瓷装饰性色彩或图案。

为了使陶瓷产品的装饰效果更佳，通过不同颜色的独立墨水构成整体油墨组，以及通过墨水中色料、釉料等组分进行特殊处理或搭配从而得到特殊装饰效果，也是陶瓷油墨的发展方向之一。

1）溶胶凝胶法。典型的溶胶凝胶方法得到陶瓷墨水的专利申请包括公开号为US4741775A、JPH0551637B2、ES2209634B1、CN103804993B等的专利申请。

其中，US4741775A是美国ZYP涂料公司（ZYP COATINGS INC）于1986年11月6日提出的，是一种用于高温标记的油墨或其他涂料组合物，适用于陶瓷、金属等基底，通过将胶体二氧化硅与氢氧化锂的反应溶液加入到未反应的一水合氢氧化锂粉末溶解所得溶液中，另外可加入选自TiO_2、MnO_2、Fe_2O_3等颜料，由此得到室温至2000℉高温下皆适用的墨水，具有良好的附着力和水不溶性。

JPH0551637B2是日本INASEITO株式会社于1987年8月27日提出的日本授权专利，是用于陶瓷、金属、玻璃等基材高温标记的油墨，含有金属氢氧化物的固体水解产物以及其他颜料和颜料分散剂，保证墨水高温下的显色和附着力；固体水解产物平均粒径0.6μm，最大粒径2μm以下，保证喷头不堵塞。

ES2209634B1是费罗西班牙公司（FERRO SPAINSA）于2002年9月19日提出的西班牙授权专利，其是一种用于陶瓷、玻璃等基材喷墨装饰的新型黄色色料，组合物中含有胶体钛组分，并含有铬、锑、钛、铈、镍、钨、钼等金属的有机金属化合物或金属有机化合物。

CN103804993B是佛山市明朝科技开发有限公司与毛海燕于2013年11月27日共同提出的中国授权专利，其将氧氯化锆或氟锆酸胺作为氧化锆的前驱体与氧化硅的前驱体通过溶胶-凝胶法制备得到溶胶，并将溶胶搭配墨水其他组分得到白色陶瓷颜料油墨。该陶瓷颜料可以在较低温度烧结，克服了现有技术中氧化锆颜料需要1500℃高温灼烧才能烧结紧固附着的技术难题。其制备方法简单，得到的油墨具有白度高、喷墨效果好等优点。

2）可溶性金属盐。典型的直接使用可溶性金属盐得到陶瓷墨水的专利申请包括公开号为CN1041741C、EP0767766B1、CN1238444C、CN103045003A、CN102964911A、CN104761952A、CN105219153A等的专利申请。

其中，CN1041741C是法国伊马治公司（IMAGESA）于1991年5月24日提出的专利申请，其在中国、欧洲、美国、日本等多个国家或地区有同族申请并获得了授权。涉及一种用喷射法可喷射的墨水，这种墨水由在至少一种溶剂中至少一种可溶金属盐的溶液组成，特征在于除了可溶性金属盐作为高温显色组分以外，还含有在金属盐通过高温、氧化而显色之前至少一种可见的染料，其比例至多为墨水总质量的5%，以便在焙烧之前标记或装饰能显现出来。所述可溶性金属盐可以是锆、铬、锰、钴或铁的无机或有机金属盐；所述染料为酸性染料或食用染料。

EP0767766B1是英国陶瓷研究有限公司（BRITISH CERAMICRES LTD）于1994年6月14日提出的专利申请，其在欧洲获得授权，并在美国、日本以及英国、德国、西班牙等多个国家进行了申请。其涉及了一种在陶瓷上进行喷印从而实现对陶瓷装饰的油墨组合物，该油墨组合物包括金属盐和“燃料”材料，该燃料可以在与金属盐反应时为其提供氧，从而使得金属盐组分转化为金属氧化物，在陶瓷表面形成装饰色彩；该“燃料”材料可选甘氨酸、尿素、己二酮等。

CN1238444C是美国费罗公司（FERRO CORP）于2000年1月7日提出的专利申请，其在中国、欧洲、美国等多个国家或地区有同族申请并均获得了授权。其涉及具有三种独立油墨的油墨组，每种油墨分别含有过渡金属配合物，加热时过渡金属配合物分解生成彩色氧化物或与釉面材料生成彩色组合；三种独立油墨的金属配合物分别为蓝绿色钴配合物、洋红色金配合物、黄色过渡金属配合物，并且还可包含黑色钌配合物的第四独立油墨。该油墨组可产生范围广泛的各种颜色，产生的颜色经时不退色，暴露于溶剂和酸性及碱性溶液时不降解，具有良好外观效果和耐久性。

CN102964911A、CN103045003A是天津大学的王富民等于2012年12月18日提出的中国专利申请，其分别涉及一种喷墨打印用黑色、红色陶瓷墨水，由可溶性金属配合物和有机溶剂组成，其中黑色墨水的可溶性金属配合物为异辛酸铁、异辛酸钴等羧酸金属盐，红色墨水的可溶性金属配合物为二月桂酸二丁基锡、异辛酸铬等羧酸金属盐。该陶瓷墨水使用方法为涂覆于经300℃加热过的施有透明釉的陶瓷坯体表面，经过900~1200℃煅烧，保温1~3h；该陶瓷墨水为均一相，不沉降，不会阻塞打印机喷嘴或者对其造成磨损，效果优良、环境友好、生产成本低、便于推广应用，具有很好的装饰效果。

CN104761952A是广东道氏技术股份有限公司于2015年3月27日提出的中国专利申请，其涉及一种可调渗透深度的陶瓷喷墨打印油墨及方法，油墨由着色油墨和助渗油墨组成，着色油墨由流平剂、发色有机金属盐和溶剂组成，发色有机金属盐溶于溶剂并可在高温下转化为带颜色的金属氧化物；助渗油墨由溶剂和聚硅氧烷组成。其使用的有机金属盐为羧酸盐，通过配合使用助渗油墨，可以方便地调控着色油墨的渗透深度，具有良好的装饰效果。

CN105219153A是佛山市明朝科技开发有限公司与毛海燕于2015年10月12日共同提出的中国专利申请，其涉及一种渗花陶瓷的渗透油墨及其制备方法，包括如下组分：油溶性有机金属盐化合物、溶剂及其他助剂。制备方法包含以下步骤：可溶性金属盐与有机酸充分反应，制备成油溶性的有机金属盐化合物；有机金属盐化合物、溶剂及其他助剂按配方混合；二次研磨。

3）颜料表面改性。通过对颜料表面进行包覆等方法进行改性，使得氧化物等颜料适用于陶瓷喷墨油墨，相关的代表性专利公开号有JP2000007965A、US7291216B2、CN101163761A、CN100577745C、US2008090034A1、CN102093084B、CN102173427B等。

其中，JP2000007965A是日本凸版印刷株式会社于1998年6月18日提出的专利申请，通过金属氢氧化物水解得到胶体，并在颜料表面缩合成金属氧化物薄层，或通过金属氧化物胶体颗粒形成薄层；该薄层与基底黏附力好，因而形成固着性好、耐热性好的图案，且金属氧化物薄层透明性好，有利于颜料显色。

US7291216B2是西巴控股股份有限公司于2003年1月23日提出的专利申请，在美国、欧洲、日本、韩国等多个国家或地区有同族申请并获得授权，其片状金属氧化物颜料表面覆有硅氧化物层，可控、平整、均一，提高反射和折射以及颜色强度和纯度，产生新的变色效应，可作为陶瓷釉料用于陶瓷喷墨油墨。

CN101163761A是西班牙托雷希德股份有限公司于2005年1月18日提出的专利申请，其在中国、欧洲、美国以及西班牙等多个国家或地区有同族申请，其中在西班牙获得了授权。其涉及适用于工业装饰、特别是适用于在通过喷墨技术印刷之后需要进行热处理的产品的油墨，其特征在于该组合物包含由无机材料组成的固体部分和被均化的非水液体部分，所述部分可以承受的烧成温度为500~1300℃。根据该发明，所述固体部分的功能是提供相应的颜色，同时所述液体部分为油墨提供适当的特性，从而确保在喷墨装饰过程中的优良性能，避免烧成过程中出现缺陷或不希望的涂饰，该油墨在打印过程中可避免组分挥发，提高油墨的强度，调节油墨的色调。

CN100577745C是台湾财团法人工业技术研究院和中国制釉股份有限公司于2006年7月20日联合提出的中国授权专利，其涉及一种高色浓度微细化无机颜料以及其制法，利用水玻璃将镨盐或氧化镨（Pr_6O_{11}）与矿化剂包覆形成微粒，再与氧化硅（SiO_2）及氧化锆（ZrO_2）混合烧成镨黄无机颜料，可提升无机颜料微细化后颜料的色浓度。

CN102093084B是广东东鹏陶瓷股份有限公司于2010年12月24日提出的中国授权专利，其涉及一种喷墨打印用硅酸锆包裹型陶瓷色料，由如下基本组分按重量百分比配制而成：镁、锆或铝金属粉末的一种或多种0.5%~1%，氯化铵1%~3%，溴化氢0.5%~1%，氟化钠1%~5%，纳米氧化锆30%~50%，纳米石英粉15%~25%，着色剂25%~45%；其制备步骤为：各组分按重量百分比在常温下配料研磨预混后，迅速升温至800~900℃加热，并在1000~1100℃保温，烧成周期为1~3h，酸洗干燥后得到喷墨打印用硅酸锆包裹型陶瓷色料；通过金属粉末高温自然烧放热与氯化铵、溴化氢高温产生大量气体制备出粒度分布窄、包裹率高、呈色稳定纯正、团聚少的喷墨打印用硅酸锆包裹型陶瓷色料。

CN102173427B是景德镇陶瓷学院于2011年3月4日提出的中国授权专利，其涉及一种喷墨打印用黄色硅酸锆色料的制备方法，按摩尔比先后向$ZrOCl_2 \cdot 8H_2O$溶液中通入气相SiO_2，加入氯化镨溶液、PEG1000，反应得到胶体，调整胶体pH=7后加入LiF粉体，在900~1000℃的条件下煅烧得到粒度小于1μm，使用温度高于1300℃的喷墨打印用黄色色料，制备的产品具有色度均匀、悬浮性和着色力高、高温稳定性好、发色鲜艳装饰效果好等特点。

4）复合氧化物颜料。通过制备金属氧化物或将多种氧化物复合得到颜料，并进一步得到油墨也是制备陶瓷喷墨油墨的重要手段之一，代表性专利包括公开号为GB2274847B、CN101717274B、CN101717275B、CN101723711B、CN102584340B、KR20140128510A、CN103214879A、CN103351707A、CN103555066B、CN104194493A、CN104229873B、CN104530831A、CN105542552A、CN105542553A等的专利申请。

其中，GB2274847B是英国原子能管理局于1993年1月19日提出的英国授权专利，涉及一种通过溶胶化-干燥-烧结的方法制备喷墨陶瓷用陶瓷颜料，与用溶胶凝胶法制备陶瓷油墨的方式不同，其先制备得到相应的颜料颗粒，再将颜料重新分散以得到陶瓷喷墨油墨。

CN101717274B、CN101717275B、CN101723711B均为江门市道氏标准制釉股份有限公司提出的中国授权专利，分别涉及棕色、黑色、锆铁红色陶瓷颜料，通过类似的制备方法，将特定组分氧化物混合在1100~1300℃下烧制而成，经超细化处理、分级分离并控制$D_90<1\mu m$，得到的产品色度均匀，悬浮性和着色力高，符合喷墨打印要求，装饰效果好。

CN102584340B是中山市华山高新陶瓷材料有限公司于2012年3月19日提出的中国授权专利，其涉及用于喷墨打印的玛瑙红陶瓷颜料，其由B组分、硼砂、氯化铵混合而成，其中B组分包括A组分、氟化钡、氯化铵，A组分包括三氧化二铬、偏锡酸、轻质碳酸钙、白炭黑、硝酸锶、氯化钡；所得到的颜料红色发色效果好，可用于各种陶瓷釉料中并可与其他陶瓷喷墨打印颜料混合使用。

KR20140128510A是韩国陶瓷工程技术学院于2013年4月26日提出的专利申请，其为PCT国际申请，但仅进入韩国国家阶段，涉及一种含有蓝色颜料的陶瓷墨水，该蓝色颜料含镁-钴-铝和/或镁-镍-铝的氧化物，具有良好的分散稳定性、色调、着色力，并且不会堵塞喷嘴。

CN103214879A是广东金牌陶瓷有限公司于2013年5月8日提出的中国专利申请，其涉及一种陶瓷喷墨打印用红色颜料及其制造方法，通过在合成公知锰红过程中添加含有钕、钷、铕、铒中的一种或多种稀土元素的物质，使颜料中含有质量份数为0.2%~2%的上述稀土元素；通过采用稀土元素对现有陶瓷红色颜料进行掺杂，以获得适用于陶瓷喷墨打印用的红色颜料，尤其可以获得鲜红色颜料。

CN103351707A是卡罗比亚釉料（昆山）有限公司于2013年7月31日提出的中国专利申请，该公司是意大利陶瓷产品厂商卡罗比亚在中国的第一家独资分公司。该申请涉及一种陶瓷喷墨用墨水及其生产方法，该墨水包括氧化锌2%~4%、氧化铁3%~6%、氧化钙5%~10%、三氧化二铬5%~10%、氧化锡5%~10%、氧化硅10%~20%、溶剂50%~60%、添加剂5%~10%，余量用水补足，得到的墨水各项参数性能均到达世界顶级喷头的使用标准，不会对其造成损害，延长了其工作寿命，很大程度上能够节省喷头使用者的成本。

CN103555066B是广东东鹏控股股份有限公司与澧县新鹏陶瓷有限公司于2013年10月30日联合申请的中国授权专利，其涉及一种陶瓷喷墨打印用色釉混合型墨水，通过油墨特定配方的调整，使得生产陶瓷墙地砖产品时喷墨印花后直接高温烧成即可，无须喷墨印花后再施透明保护釉后再高温烧成，墨水中的釉料成分在烧成时会熔融，并使得墨水中的发色组分均匀地分散在其中，形成的喷墨印花层耐磨性好，可简化工艺，降低成本，提高生产效率。

CN104530831A是佛山欧神诺陶瓷股份有限公司于2014年12月23日提出的中国专利申请，其涉及一种稀土功能陶瓷墨水及其制备方法及生产方法，其具有稀土光致变色效果的功能，在不同强度的光线照射下，能够呈现不同的颜色，补充了现有陶瓷喷墨打印用墨水的色系，使产品更加丰富多彩；同时，通过引入稀土元素，配合优化的陶瓷粉体改性处理，使得制备的稀土功能陶瓷墨水还具有分散性好、稳定性高及制备成本低的特点。

CN105542552A、CN105542553A是山西科技大学的江红涛等于2016年1月12日提出的中国专利申请，分别涉及一种钴蓝色、铁红色陶瓷釉料墨水及其制备方法，其通过不同氧化物组分及其配比的组合制得釉料，并与墨水中其他组分进行混合制得陶瓷釉料墨水，产品品质稳定性好，可长时间保存。

5）辅助组分。通过在组合物中添加一些辅助组分，可以对陶瓷喷墨油墨的整体性能进行调整改进，代表性专利有公开号为CN104011151A、CN104661985A、CN102786833B、US9102843B2、CN103937326A、CN104530830A、CN104877463A等的专利申请。

其中，CN104011151A是由西班牙埃斯马尔格拉斯股份有限公司于2012年4月24日提出的PCT专利申请，其进入了中国、美国、欧洲、西班牙、印度、俄罗斯、越南等国家阶段，目前在西班牙获得了授权。其涉及一种数字釉墨，包含分散在极性和/或水性液体部分中的由有机和/或无机材料制成的固体部分。所述固体部分为墨的总重量的10%~70%，固体粒径小于40μm。所述固体部分至少包含：熔剂原料、陶瓷原料或釉料，以及抗沉降材料。所述液体部分包含：百分比为所述墨的总重量的至少5%的水，所述总重量的至少2%的一种或更多种非水极性溶剂，以及添加剂。通过釉墨中辅助成分的配合，得到了至少具有适当的粒度分布、流变性和黏度的油墨，获得了高排出、成本低、不脱气的技术效果。

CN104661985A是卡罗比亚西班牙股份公司于2012年6月28日提出的PCT专利申请，其进入了中国、欧洲、西班牙、印度、墨西哥等国家阶段，其中目前在欧洲获得了授权。其涉及通过数字喷墨技术获得光学干涉效应的方法，包括以下步骤：通过任何传统的陶瓷、玻璃或金属沉积技术在待处理表面上以厚度介于5~100μm的薄层的形式，沉积包括折射率小于或等于1.7且具有层状结构的铝矽酸盐粒子的相界面，其中至少90%的所述粒子的粒径在0.1~1；通过数字喷墨技术将包括粒径在10nm~1μm且折射率大于或等于1.8的粒子的“喷墨效应油墨”施加到上一步中沉积的所述相界面上，以及对处理后的部件以介于700~1300℃温度进行热处理。

CN102786833B是广东蒙娜丽莎新型材料集团有限公司于2012年8月17日提出的中国授权专利，其涉及一种陶瓷喷墨墨水组合物及陶瓷釉面砖，该墨水组合物中包括溶解于溶剂中的醋酸锆粉体和分散于溶剂中的纳米级或亚微米级氧化铝粉体，其中所述溶剂为丙二醇及其水溶液。本发明的组合物溶液均匀稳定，粉体悬浮性高不易结团，适用于作为陶瓷喷墨印刷装饰方法用喷墨墨水。

US9102843B2是以色列DIP-TECH公司于2013年7月15日提出的美国授权专利，其涉及一种可用于陶瓷、玻璃基底的油墨，含有低沉降率的玻璃料和颜料颗粒；通过两种不同种类和粒径玻璃料的配合，并使用反絮凝和可控絮凝分散剂，油墨表现出低沉降率。

CN104877463A是天津大学的赵喆等人于2015年6月12日提出的中国专利申请，其涉及一种3D喷墨打印用氧化锆陶瓷墨水及制备方法，其墨水中分散剂聚丙烯酸铵的含量为氧化锆纳米粉体的质量的0.1%~0.2%。在固相含量为38%下，仍具有优异的流变性能，其黏度与剪切速率的曲线呈典型的剪切变稀型，在高剪切速率下其具有较低的黏度37.36mPa·s。制备得到的氧化锆陶瓷墨水生产成本低，制备工艺简单且流变性能良好，符合喷墨打印用墨水的性能要求。

6）控制颜料粒径。通过颜料等固体组分的粒径以及粒径分布进行控制，是制备陶瓷喷墨油墨的常用手段之一，合适的粒径及粒径分布使得油墨组合物具有良好的分散性、存储稳定性，进而获得不堵塞喷头、喷出稳定性好的技术效果。相关的专利有公开号为EP0573476B1、EP0775174B1、JP4234279B2、US7985792B2、US7803221B2、WO2005052071A1、US2008194733A1、JP2007084 623A、CN104877463A等的专利申请。

7）多色油墨组。喷墨油墨中，通常使用不同颜色的油墨构成油墨组进行搭配使用，从而获得相应的复合色，涉及陶瓷喷墨油墨组的代表性专利包括公开号为CN1238444C、US8216356B2、CN101896563B、CN101891984B、CN102381047A、CN102433044A等的专利申请。

其中，CN1238444C是美国费罗公司于2000年1月7日提出的专利申请，其在中国、欧洲、美国等多个国家或地区有同族申请并均获得了授权。其涉及具有三种独立油墨的油墨组，每种油墨分别含有过渡金属配合物，加热时过渡金属配合物分解生成彩色氧化物或与釉面材料生成彩色组合；三种独立油墨的金属配合物分别为蓝绿色钴配合物、洋红色金配合物、黄色过渡金属配合物，并且还可包含黑色钌配合物的第四独立油墨。该油墨组可产生范围广泛的各种颜色，产生的颜色经时不退色，暴露于溶剂和酸性及碱性溶液时不降解，具有良好外观效果和耐久性。

US8216356B2 是日本 SEIREN 公司于 2009 年 1 月 27 日提出的专利申请，其在日本、美国、加拿大等国家有同族申请，并获得了美国专利授权。其涉及一种户外用喷墨油墨组，包括含有氧化铁橙色颜料及溶剂的墨水和含有氧化铁红色颜料（选自多环化合物颜料）及溶剂的墨水；用于提供陶瓷等建筑材料的暖色装饰，颜色鲜艳，耐候性好。

CN101896563B 是意大利美科有限责任公司于 2009 年 1 月 27 日提出的 PCT 专利申请，其进入了中国、美国、欧洲、西班牙、意大利、印度、俄罗斯等国家，并获得了多个国家的授权。其涉及在陶瓷材料上进行数字印刷所使用的含有发色金属的油墨组，含有 ABC 及 D 或 E 四种液体染色组合物，A 含钴，B 含铁，C 含铬、镍或其混合物，D 含钴和铁，E 含锆；加热到 500~1300℃下分解，其中 A~D 金属与陶瓷材料相互作用产生带色氧化物或化合物，E 产生白色。

CN101891984B 是珠海保税区天然宝杰数码科技材料有限公司与广东道氏标准制釉股份有限公司于 2010 年 3 月 4 日联合申请的中国授权专利，同时还进行了 PCT 专利申请，但并未进入其他国家。其涉及用于在陶瓷表面形成图像的油墨组合、油墨及方法，其中油墨组合至少包含第一种油墨、第二种油墨、第三种油墨和第四种油墨，所述第一种油墨含有用于生成黑色的无机颜料，所述第二种油墨含有用于生成红色的无机颜料，所述第三种油墨含有用于生成黄色的无机颜料，所述第四种油墨含有用于生成蓝色的无机颜料，其中每一种独立油墨的黏度为 9~16cps/25℃；表面张力为 27~40dyne/cm；平均粒径为 100~300nm；最大粒径≤800nm。通过使用该墨水组，可实现复杂图案或更改设计，实现陶瓷的个性化装饰，可有效提高开发新设计的速度。

8）特殊效果釉墨水。近年来，以广东道氏技术股份有限公司为代表的一些国内陶瓷厂商，在丰富陶瓷墨水装饰方面进行了技术研发，申请了一系列可以获得特殊装饰效果的陶瓷喷墨釉料墨水，相关专利包括公开号为 CN102249741A、CN103224736B、CN103224724B、CN103224725B、CN103224726B、CN103224727B、CN103965687B、CN103992694A、CN105176196A、CN105219159A、CN105219153A、CN105153812A、CN105131716A、CN105440796A 等的专利申请。

其中，CN103224736B、CN103224724B、CN103224725B、CN103224726B、CN103224727B是道氏公司申请的一系列陶瓷喷墨釉料墨水专利，涉及哑光釉、金属釉、白色釉、皮纹效果釉、环保釉等不同类型，主要通过调配釉料中各氧化物组分的配方，经烧结、粉碎后得到所需釉料，再分散至墨水中得到相应效果的釉料墨水。

CN105219159A、CN105219153A、CN105153812A、CN105131716A 则是佛山市明朝科技开发有限公司与毛海燕联合申请的一系列陶瓷釉料墨水专利，涉及闪光釉、渗透釉、防滑釉、亮光釉等。

除此以外，一些具有下陷、凹凸、渗透等视觉效果的釉料墨水，是陶瓷厂商比较关注的技术方向，如下列文献。

CN102249741A 是佛山欧神诺陶瓷股份有限公司与佛山市博今科技材料有限公司于

2011年7月5日联合提出的中国专利申请，它是以可发色的可溶性无机金属盐、溶剂及调节助剂配制的具有渗透性质的水性釉料；以喷墨打印方式印于已经施过底釉和面釉的陶瓷砖体上，再喷水助渗，入辊道窑烧成，烧成温度为1080~1200℃，烧成周期40~85min。该墨水在生产应用过程中的可调节性和可控性提高，产品花色图案更加丰富多元化，有层次、立体感强。

CN103965687B是佛山市道氏科技有限公司于2014年4月22日提出的另一项中国授权专利，其涉及一种具有下陷效果的陶瓷墨水及其制备方法，该陶瓷墨水包含下陷釉和有机组合物，有机组合物含有树脂、分散剂、消泡剂和溶剂，下陷釉含有V_2O_5、Bi_2O_3、Ba_2CO_3、ZnO、SiO_2、Al_2O_3、K_2O、Na_2O组分。其与陶瓷喷墨打印用颜料墨水配合使用，能更加充分形象的展现出瓷砖凹凸逼真的纹理，立体感强，进一步提高瓷砖的装饰效果，大大提高了产品附加值。

CN103992694A是佛山远牧数码科技有限公司于2014年5月21日提出的中国专利申请，其涉及一种高钒陶瓷喷绘墨水及其制备和使用方法，配方成分按重量百分比包括钒化合物20%~60%、溶剂40%~80%、分散剂0.2%~5%。通过采用由钒化合物、溶剂和分散剂配制成的陶瓷墨水，钒化合物中的氧化铝有利于在还原烧成条件下，墨水呈稳定釉下黑色；在釉上使用时，釉面形成凹凸不平的特殊装饰效果。

总结而言，陶瓷喷墨油墨的色料方面，现有技术以金属盐前驱物制备色料和分散金属氧化物色料两种手段为主，其中前者又主要包括直接使用可溶性金属盐和通过金属盐制备溶胶凝胶进一步烧结为陶瓷基材上色的方法，后者则关注制备复合氧化物颜料、氧化物表面修饰、使用辅助成分以及控制粒径等手段。此外，对于多色油墨组以及特殊效果釉料墨水方面也有一定的专利申请。

从专利申请的国家以及时间分布来看，西班牙、意大利等国家的一些装饰陶瓷产品的传统厂商在陶瓷喷墨墨水领域有一定量的专利申请，但其布局并不完备，这也是我国陶瓷企业在该领域中的发展机遇所在。近年来我国特别是广东省佛山地区的一些陶瓷产品厂商，在创新意识不断加强，相关鼓励政策利好的大环境下，专利申请和保护的力度均有所加强。值得注意的是，所申请的专利往往仅以较小的范围以期快速获得授权，虽然可一定程度上保护自身产品，但由于保护范围较小，容易被竞争对手所规避，在知识产权保护的主动出击方面也不占优势，授权专利实际价值有限。针对该弊端，国内企业应当在开发新技术的同时，注重知识产权保护策略的设计，以期在开发出新的核心技术的基础上，通过合理的布局和策略，获取更大范围的保护和更多的经济效益。

（2）载体、分散剂、印刷工艺及整体配方

作为载体技术分支的陶瓷油墨，包括以树脂为载体和以溶剂为载体这两种陶瓷油墨，如DAINIPPON TORYO KK公司于1992年10月20日申请的申请号为JP28184292的专利，其公开了一种喷墨印刷油墨组合物，喷涂在陶瓷、玻璃或金属上，该油墨含有有机硅树脂、有机钛化合物和溶剂，有机硅树脂的添加可提高油墨的储存稳定性、粘附力；中山大学于2012年5月8日申请的申请号为CN201210139834.1、发明名称为“一种水性陶瓷立体图案打印墨水及其制备方法”的专利，该墨水含有色浆液A和稀释剂B、色浆液A包含陶瓷色料、树脂、丙二醇、水、分散剂、硅烷偶联剂和消泡剂，稀释剂B包含混合溶剂C、水、助分散剂、pH调节剂和防腐杀菌剂，以水为载体，提高油墨的环保性。在这些重点专利中，以载体作为技术分支的陶瓷油墨专利数量仅仅为23件，申请人均不同，也就并未出现某个公司以载体作为技术分支的陶瓷油墨专利进行布局的现象，这可能与其陶瓷油墨研发起步较晚（1992年才有相关专利申请JP28184292A）、研发基础比较薄弱有关系。

作为分散剂技术分支的陶瓷油墨专利，在这些重点专利申请中，涉及分散剂技术分支的陶瓷油墨专利总数量仅仅为6件，其中，蓝宝迪公司就占有3件，道氏公司共申请2件专利。蓝宝迪公司分别在2011年12月5日、2012年2月9日和2014年3月14日申请的专利，其申请号分别为CN201180059149.1、CN201280010505.5和CN201480013626.4。申请号为CN201180059149.1的专利公开了一种喷墨打印机的油墨，其包括陶瓷无机颜料、有机介质和分散剂，所述陶瓷喷墨油墨通过在存在分散剂的条件下研磨有机介质中的陶瓷无机颜料直至颜料的平均粒度为0.1~0.8微米而制备的，所述分散剂是聚乙烯亚胺和蓖麻油酸聚酯的反应产物，该分散剂防止陶瓷无机颜料的团聚和沉降。申请号为CN201280010505.5的专利公开了一种用于喷墨打印机的陶瓷油墨，其包括陶瓷无机颜料、有机介质和分散剂，所述分散剂是聚乙烯亚胺和化学式（1）的均聚酯或共聚酯的反应产物，分散剂较好地适于在研磨相中流化预分散的无机颜料，使其能快速研磨，并适于随后防止最终油墨中的纳米级无机颜料的团聚和沉降，所述化学式（1）为$R\text{-}[(\text{-}O\text{-}A\text{-}CO)_n\text{-}(\text{-}O\text{-}(CH)CH_3\text{-}CO)_m\text{-}]\text{-}OH$，其中：R是氢或聚合末端基团；A是衍生自具有2~20个碳原子的羟基羧酸或其内酯的直链或支链亚烷基基团；n和m是整数。申请号为CN201480013626.4的专利公开了一种用于喷墨打印机的油墨，该油墨包含陶瓷无机颜料、有机介质和分散剂，所述分散剂为12-羟基硬脂酸和ε-己内酯的共聚物与聚乙烯亚胺的反应产物，防止陶瓷无机颜料的团聚和沉降。从蓝宝迪公司所申请的专利可看出，这三件专利均是通过改变的分散剂结构，从而阻止陶瓷油墨中陶瓷无机颜料的团聚和沉降。道氏公司申请的专利申请号为CN201210489664和CN201410187103。其中，申请号为CN201210489664的专利公开了一种陶瓷喷墨打印用油墨及其制备方法，该油墨含有陶瓷色料、树脂、分散剂、流平剂、消泡剂、防沉剂和溶剂，所述分散剂为高分子量聚氨酯型分散剂或高分子量聚丙烯酸酯型分散剂，该陶瓷油墨品质稳定性好、可长时间保存，并具有良好的喷墨打印性能，油墨粘度低，粒径分布均匀。分散剂主要作用是吸附在色料的表面，构成吸附层，产生电荷斥力和空间位阻效应，防止分散后的色料再次絮凝，可保持体系处于稳定的悬浮状态。申请号为CN201410187103的专利公开了一种陶瓷油墨用分散剂及其制备方法，分散剂为聚酯型分散剂，其通式为

$$R-\overset{\overset{\large O}{\|}}{C}-\left[O-\underset{\underset{R_1}{|}}{\overset{H}{C}}-(CH_2)_m-\underset{\underset{O}{|}}{C}-\overset{N}{H}\right]_n-(CH_2)_{m1}-X$$

本申请的陶瓷油墨用分散剂能提高陶瓷油墨制备过程中的研磨效率，降低油墨的

黏度以及提高油墨的悬浮稳定改性。从上述专利可知，蓝宝迪和道氏公司是研究分散剂这一技术分支的主要申请人，其对陶瓷油墨中分散剂结构的专利布局有一定意识，但是并未大量申请专利进行布局，这可能是由于其陶瓷油墨研发起步较晚的关系，现在还处于研发阶段。

作为印刷工艺和其他技术分支的陶瓷油墨专利，其申请专利数量较少。首先，对于印刷工艺分支的陶瓷油墨，多数专利是在喷墨印刷工艺过程中对烧结温度的改变。如太阳化学有限公司于2009年3月2日申请的申请号为CN200980111135.2的专利，其公开了喷墨油墨组合物：包含具有活性甲硅烷基的化合物，且适用于在无孔基材如玻璃或陶瓷上进行印刷，还提供了装饰无孔基材的方法，所述方法包括：在基材上喷墨印刷所述组合物，将所述印刷的组合物暴露于光化辐射或电子束辐射下进行固化，并将印刷的组合物加热到至少100℃的温度。这种印刷方法可提高油墨的粘附性、耐化学性和耐刮擦性。其次，对于其他技术分支的陶瓷油墨，其发明点多数是在助剂方面（分散剂以外的助剂），如佛山市东鹏陶瓷有限公司、广东东鹏控股股份有限公司、丰城市东鹏陶瓷有限公司和广东东鹏陶瓷股份有限公司于2013年12月2日申请的申请号为CN201310638468.9、发明名称为“陶瓷喷墨打印用色釉混合型抗菌墨水及其制备方法”的专利，该油墨含有：色料、钙基釉粉、含有银离子的抗菌剂、碳酸镁、二甘醇、分散剂、结合剂和表面活性剂，使用此种墨水在陶瓷砖坯上喷墨打印后形成的喷墨印花层在烧结后具有良好的抗菌效果，而且印花层耐磨，抗菌效果持久，特别适用于对抗菌要求迫切的公共空间底面装饰。不难看出，印刷工艺和其他技术分支是陶瓷油墨申请数量以及技术含量均较其他分支比较薄弱。

作为整体配方分支的陶瓷油墨专利，最早是在1975年6月27日PARKINSONDEANBURTON申请的申请号为US1975059802、发明名称为“用于釉料陶瓷表面的喷墨油墨组合物”的专利，其主要改进陶瓷油墨的快干性、高附着力、耐久性等。而我国陶瓷油墨关于整体配方的专利最早申请是在2011年，郑州鸿盛数码科技股份申请的申请号为CN201110006128的专利。关于整体配方分支的陶瓷油墨广东省公司所申请的专利最多，如佛山市明朝科技开发有限公司于2011年11月23日申请的专利，发明名称为“一种低黏度陶瓷喷墨及其制备方法”；佛山市三水区康立泰无机合成材料有限公司于2013年12月20日申请的专利，发明名称为“一种低温陶瓷喷墨墨水”；佛山远牧数码科技有限公司于2014年4月24日申请的专利，发明名称为“一种用于陶瓷喷墨的紫外光固化油墨及其制备方法”；佛山市禾才科技服务有限公司于2014年8月18日申请的专利，发明名称为“一种分离釉效果的陶瓷墨水及其制备和使用方法及瓷砖”；广东蒙娜丽莎新型材料集团有限公司于2015年5月4日申请的专利，发明名称为“一种能产生拨釉效果的墨水”等。上述公司申请的专利均是以油墨的整体配方作为发明重点，油墨各组分之间相互存在配合，才能改善陶瓷油墨的性能如稳定性、图案清晰度等效果。另外，广东省的公司对于陶瓷油墨整体配方的专利申请占比较高，但还没对专利进行布局，只是对陶瓷油墨的基本组分进行混合配比，其专利技术含量较低，我国应加强、提高专利布局意识及专利技术含量。

第3章　油墨领域竞争对手分析

3.1　精工爱普生

3.1.1　精工爱普生总体情况

精工爱普生（Seiko Epson Corporation）成立于1942年5月，总部位于日本长野县诹访市，是日本的一家数码影像领域的全球领先企业。目前在全球5大洲32个国家和地区设有生产和研发机构，在57个国家和地区设有营业和服务网点，在全球设有94家公司，员工总数逾72 000人。

1968年9月，精工爱普生在市面上正式发布了数字打印机产品EP-101。由于EP-101大获好评的缘故，爱普生便乘胜追击，于1968年开始推动迷你打印机事业。1970年，社会各界开始思考如何研发出可以与计算机主机连接的打印机，爱普生撷取了研发迷你打印机时的经验，开始研究发明与计算机连接的打印机，这就是1977年MODEL 10的诞生经过。同时，1978年，爱普生发布了点阵矩形打印机（7 pin）TP-80机种。

爱普生于1980年成功研发出MP-80打印机，在日本国内或国外都引起了广大的反响。产品问市的第二年，在日本国内的市场占有率便高达60%以上。此外，也因为这个机型小型、轻便及精巧的外型设计，在美国市场获得了极高的评价，同时伴随着美国IBM的个人计算机普及情形，与爱普生打印机事业相辅相成、锦上添花，奠定了至今打印机业界的不朽地位。

1988年爱普生率先在中国推出业界第一款带中文字库的针式打印机1600K，该产品及其后继机累积销量达300万台。这一款打印机的出现带动了整个中国打印机的发展。1994年爱普生率先在中国推出业界第一款720dpi的彩色喷墨打印机Stylus Color。1995年爱普生率先在中国推出业界第一款A3幅面彩色喷墨打印机Stylus Pro XL。1997年爱普生推出业界第一款720dpi6色照片打印机Stylus。1998年6月爱普生推出Stylus Photo 700，第一次将照片打印机定位于家庭。1999年爱普生推出第一款独立照片打印机IP-100。1999年8月爱普生推出中国市场第一款大幅面照片打印机Stylus Pro 9000。

1999年爱普生推出第一款“墨点看不到”的喷墨打印机Stylus Photo 750，采用6微微升超精微墨滴和智能墨滴变换技术。这是一款适合一般家庭及中小型单位使用的照片级彩色喷墨打印机，其拥有高达1440dpi分辨率、6色打印、超精细墨滴及智能墨滴变换技术。

2001年4月爱普生推出了业界第一款厨房专用的厨房打印机TM-U230。

2002年7月爱普生推出大幅面打印机Stylus Pro 7600/9600和Stylus Photo 2100，喷

打产品第一次实现7色打印，大大拓宽了行业应用。2100采用的是“世纪虹彩”颜料墨水，这种颜料墨水拥有丰富的色彩、更快的色彩稳定时间和打印色彩保存时间长的特点，保证打印作品在专用介质上保存超过45年而不褪色，在某些介质上甚至能保存75年。每个颜料颗粒都被包裹在一层透明的树脂中，这提供了理想的光反射效果，使打印图像更清晰。

2002年8月爱普生推出第一款可直接打印光盘的打印机Stylus Photo 950。

3.1.2　精工爱普生全球专利布局

3.1.2.1　目标国分析

精工爱普生全球专利申请量为135762项，其中日本专利申请量124805项，美国申请33439项，中国申请18518项，欧洲申请7899项，韩国申请5477项，PCT申请3477项，如图3-1所示。爱普生申请主要集中在日本，其次是美国、中国、欧洲。从目标国文献专利申请量来看，精工爱普生将中国市场视为相较欧洲市场更为重要的市场。

按照专利申请量大小对精工爱普生目标国排序，其他目标国分布为德国申请3476件，英国申请553件，新加坡申请485件，澳大利亚申请427件，加拿大申请308件，西班牙申请276件，印度申请302件，法国申请184件，巴西申请295件，俄罗斯申请185件，墨西哥申请125件，意大利申请61件，新西兰申请58件，挪威申请37件，荷兰申请26件。从精工爱普生全球文献申请范围内看，企业全球知识产权布防意识强。

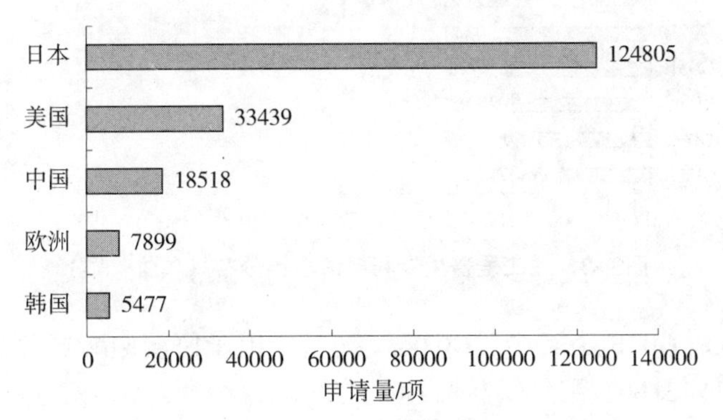

图3-1　精工爱普生五局专利申请量分布（单位：项）

3.1.2.2　专利申请年份分析

从图3-2可知，1996~2003年精工爱普生年专利申请量均在增长，2004年有所回落，2005年继续上涨，之后直至2012年总体年专利申请量均是下滑趋势，2012~2014年保持稳定。由于文献公开滞后性，初步估计，2013~2014年的文献处于维持稳定并略有上升趋势。从全球分布情况来说，目前精工爱普生总体研发力度处于相对稳定期，难以出现2000年之后的爆发式增长模式。

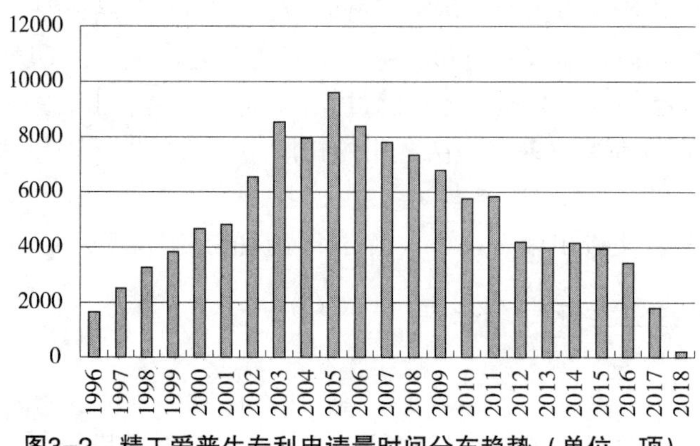

图3-2 精工爱普生专利申请量时间分布趋势（单位：项）

3.1.2.3 世界专利技术领域分布

如图 3-3 所示，根据专利小类分布，精工爱普生专利申请最多领域为 B41J，主要涉及印刷、排版机、打字机，专利申请量为 36971 项，其次是 H01L、G02F、H04N、G06F。

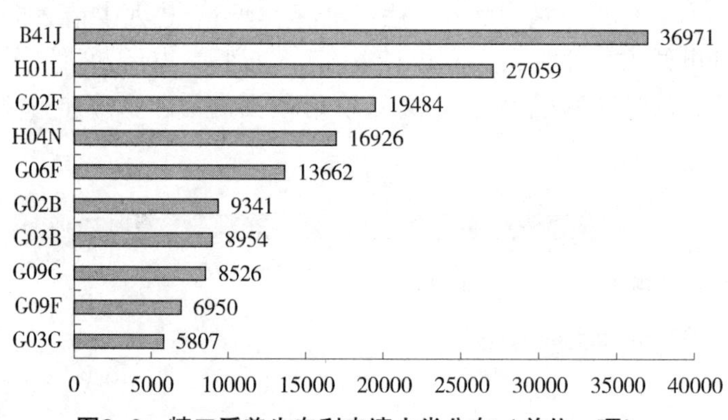

图3-3 精工爱普生专利申请小类分布（单位：项）

需要说明的是 G02B 小类中，G02F 优先；专用于照明装置或系统的光学元件入 F21V1/00 至 F21V13/00；测量仪器见 G01 类的有关小类，如光学测距仪入 G01C、光学元件、系统或仪器的测试入 G01M11/00；眼镜入 G02C；摄影、放映或观看用的装置或设备入 G03B；声透镜入 G10K11/30；电子和离子“光学”入 H01J；X 射线“光学”入 H01J、H05G1/00；结构上与放电管相组合的光学元件入 H01J5/16、H01J29/89、H01J37/22；微波“光学”入 H01Q；光学元件与电视接收机的组合装置入 H04N5/72；彩色电视系统中的光学系统或装置入 H04N9/00；专门适用于透明或反射区的加热装置入 H05B3/84。

G03B 小类这些装置的光学部分入 G02B；照相用的感光材料或加工方法入 G03C；加工曝光后的照相材料的设备入 G03D。

G09G 小类在数字计算机与显示器之间传输数据的装置入 G06F3/14；由若干分离源或光控的光电池结合而成的静态指示装置入 G09F9/00；由若干光源的组合而构成的

静态的指示装置入H01J，H01K，H01L，H05B33/12；文件或者类似物的扫描、传输或者重现，如传真传输，其零部件入H04N1/00。

G03G小类依靠记录载体与传感器之间的相对运动存储信息入G11B；具有写入或读出信息装置的静态存储入G11C；电视信号的记录入H04N5/76。

如图3-4所示，按照专利大组分布，精工爱普生专利申请量最大领域为B41J2，其主要涉及以打印或标记工艺为特征而设计的打字机或选择性印刷机构，专利申请量为27069项；其次是G02F1、H01L21、G06F3、B41J29、H04N1。

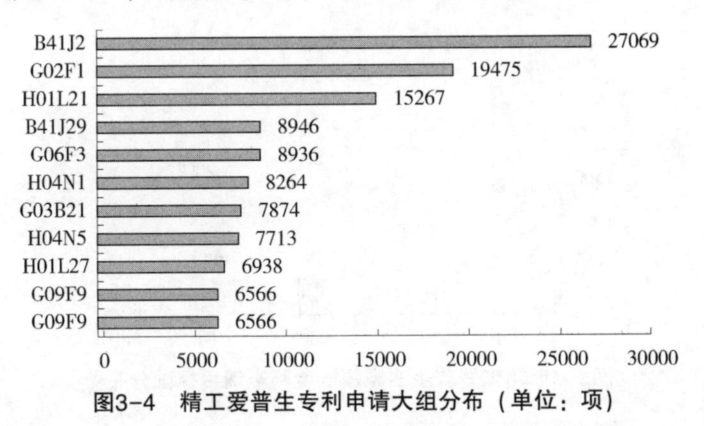

图3-4 精工爱普生专利申请大组分布（单位：项）

需要说明的是，G03B21大组中，换片装置入G03B23/00；活动画片式的入G03B25/00；洗印设备入G03B27/00；用于产生变化灯光效果的装置或系统入F21S10/00；光学投影比较仪入G01B9/08；投影式显微镜入G02B21/36。

H04N5大组中，扫描部件或其与供电电压产生的组合入H04N3/00；专门适用于彩色电视的零部件入H04N9/00；专门适用于内容分发的专用服务器入H04N21/20；客户端设备明确适合接收内容或者交互式内容入H04N21/40。

H01L27大组中，其零部件入H01L23/00、H01L29/00至H01L51/00；由多个单个固态器件组成的组装件入H01L25/00。

G09F9大组中，可变信息永久性的连接在可动支架上的入G09F11/00。

3.1.3 精工爱普生在油墨领域全球专利分析

3.1.3.1 全球分布

精工爱普生公司全球油墨领域专利申请量为2930项，约占其全球专利申请量的2.16%。以地域进行统计分析，日本申请2810项，美国申请1001项，欧洲申请406项，中国申请392项，德国申请163项，韩国申请55项，中国台湾申请38项，新加坡申请13项，澳大利亚申请6项，加拿大申请4项，西班牙4项，英国申请4项，墨西哥申请3项，俄罗斯3项，法国申请2项，马来西亚申请2项，印度申请3项，巴西申请3项，中国香港申请2项，意大利申请1项，泰国申请1项，新西兰申请1项。可见，精工爱普生在全球的主要市场都广泛布局了油墨领域的专利申请，其全球化的视野可见一斑。

由图3-5可看出，日本、美国、欧洲、中国和韩国是爱普生在油墨领域的主要目标国，日本本土是爱普生在油墨领域的主要技术输出地，紧随其后的才是全球市场主要竞争地美国和欧洲。在中国专利申请量392项，仅次于欧洲406项，说明在油墨领域爱普生非常重视中国市场。特别是自2001年，爱普生将一部分欧洲专利布局的重心转移至亚洲市场后，爱普生加快了在中国的专利布局，从2004年的10项，上升到2007年和2010年的46项，并以30项/年的专利申请水平一直保持至今。因此，爱普生非常值得我国的油墨企业密切关注，是我国企业在亚洲地区的主要竞争对手之一。

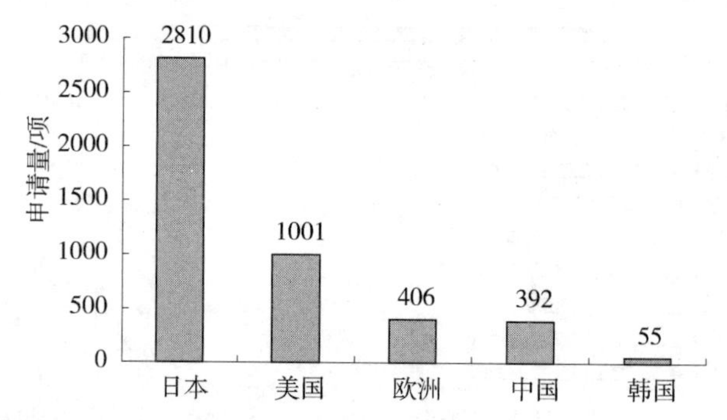

图3-5 精工爱普生油墨领域专利申请目标国分布

3.1.3.2 时间分布

由图3-6可看出，爱普生自1978年在全球范围内开始油墨领域的专利申请。1985~1998年是缓慢增长期，专利申请量约30~50项/年。1999年开始整体上呈现快速增长的趋势，到2010年出现了年专利申请量的顶峰，达到217项。在随后的4年中呈现了波动下滑态势，但仍保持在90项/年以上。2015年和2016年由于大部分专利可能仍然处于未公开的状态，因此，相应数据不具有进一步分析的意义。整体上可以看出爱普生在油墨领域的专利申请近年来已经较为稳定，其专利布局策略已经较为成熟，申请的数量也已基本稳定。

图3-6 精工爱普生油墨领域专利申请量随时间变化趋势

从图3-7可以看出，爱普生在日本的专利申请发展与全球发展趋势一致，1985~

1998年是缓慢增长期，1995~2014年是快速增长期，专利申请量从1995年41项，到达2010年最高的221项，近年来在保持在100项/年。美国和欧洲是爱普生公司是一直重视的海外市场，从1979年便开始向美国和欧洲进行了专利申请，也同时在1995年进入快速增长期。与欧洲相比，爱普生更加重视在美国的专利布局，在1995~2000年，爱普生在美国和欧洲每年的专利申请量基本相同，但2000年后爱普生在美国的专利申请趋势与日本本土的专利趋势仍保持一致，呈增长的势头，并于2012年达到76项，但在欧洲，2000年后专利申请量明显下滑，这可能与自2000年后，随着亚洲国家经济的发展和专利制度的完善，爱普生公司开始重视亚洲市场，将欧洲专利布局的一部分重心转移至亚洲市场有关。这从爱普生公司在中国和韩国的专利布局也可看出。在中国和韩国，爱普生直到其在油墨领域的技术进入快速发展期，即1995年，才开始专利申请。相比于韩国，爱普生更加重视中国市场，经过1995~2003年的试探期后，爱普生在中国的专利申请逐渐成上升趋势，并于2010年达到49项，而在韩国波动明显，数量上远远落后于中国。可见爱普生在全球的油墨专利布局中，采取了相对稳健的策略，并未大范围地申请专利，而是根据自身的技术研发情况，结合市场的实时变化，适当调整确定适合的专利战略。这样能够降低专利运营的成本，同时对于公司长远的专利战略的部署具有重要的指导意义，这非常值得我们学习。

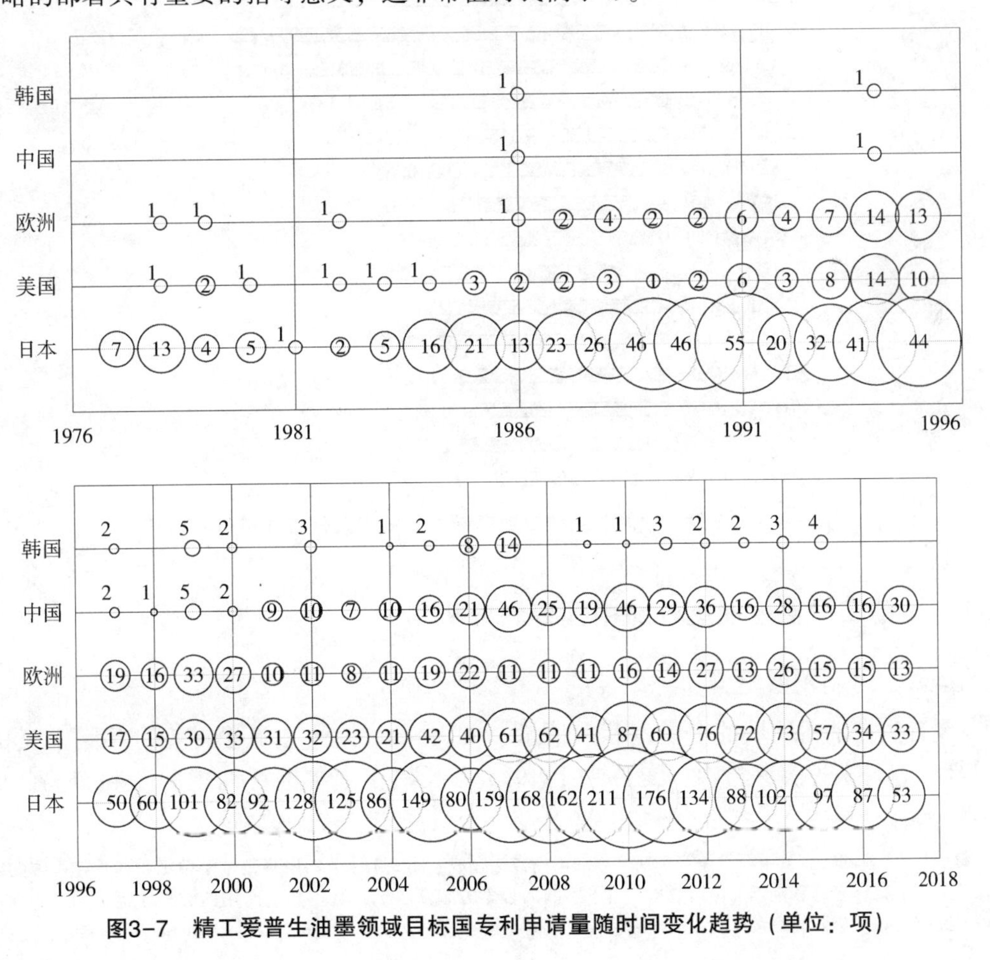

图3-7　精工爱普生油墨领域目标国专利申请量随时间变化趋势（单位：项）

3.1.3.3 发明人分布

由图3-8可看出，爱普生的油墨专利发明人是相对集中的，其主要的发明人包括：SHIBATANI M、MORIYAMA H、YATAKE M、SANO T、TAKIGUCHI H、TAKEMOTO K、HAYASHI H、OYANAGI T、TOYODA N、NAKANO K、MIYABAYASHI T、KITAMURA K、KOYANAGI T、NAKANE H 和 OKI Y 等。其中 SHIBATANI M 参与完成了爱普生10%的发明专利位居首位。由此可见，爱普生油墨专利的研发相对集中，以主要发明人为主导，负责了爱普生绝大部分专利技术的研发，这也说明了公司的专利技术是沿着以主要发明人为主导的研发脉络逐渐地发展。对于国内的企业，可以着重地注意以上发明人的专利布局情况，并结合实际情况，在技术人才的引进和培养方面制定针对性的策略。

另外，上述主要发明人都是日本国籍，说明爱普生在油墨领域研发上倾向于技术保密，对全球其他国家和地区采取了保守的战略措施。从中不难分析出，在油墨领域爱普生是以产品输出为导向，在人才培养方面坚持的是在本土日本，这样有利于保证其在油墨市场的竞争力。

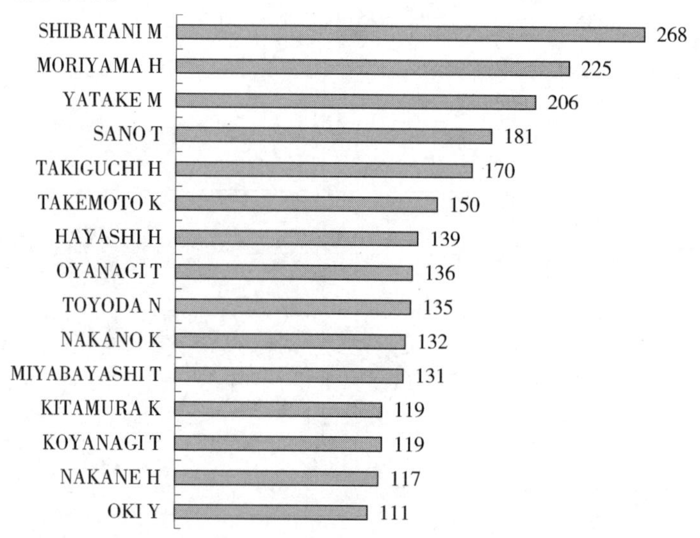

图3-8 精工爱普生油墨领域专利申请主要发明人分布（单位：项）

3.1.4 精工爱普生油墨领域中国专利分析

3.1.4.1 时间发展趋势

爱普生在油墨领域的中国专利申请量一共为 460 件，[1] 占其全球专利申请总量的 15.7%。从图3-9能够看出，爱普生于 1995 年开始在中国进行油墨的专利布局，从

[1] 3.1.3 节的内容基于精工爱普生在全球的申请数据完成，而 3.1.4 节的内容则基于精工爱普生在中国的申请数据完成。其在全球和中国的申请数据是基于不同的检索方式获得的，数据导出所用的数据库也不同，分别是 DWPI 和 CNABS。不同的检索方式和数据库会导致数据结果有差异，如申请量和对应的申请时间会不一致。

2000年开始，爱普生加大了对中国的专利布局力度，由2000年5件专利申请，达到2010年的峰值49件。2011年至今由于油墨技术已经发展成熟，油墨整体架构变化不大，专利申请主要涉及油墨性能上的改进。由于2015年之后的PCT申请有大部分还未进入中国国家阶段，因此从2015年之后的专利申请量在有所下降。

图3-9 精工爱普生油墨领域中国专利申请随时间变化趋势

3.1.4.2 法律状态

由图3-10可看出，爱普生在中国的460件油墨申请中，目前一共还有85件专利申请（占总专利申请量的18%）未决，229件专利申请（占总专利申请量的50%）处于授权有效状态，146件专利申请（占总专利申请量的32%）处于无效状态（包括驳回、撤回、未交费失效等情况）。另外，从表3-1可知，除1999年还有1件为未决外，2009年以前的专利申请都为已决状态，2009~2013年的申请大部分都已决，主要未决专利申请都是2014年及之后申请的。在全部的已决的375件专利申请中，处于授权有效的占了50%，处于无效状态的占了32%。这表明了爱普生在中国申请的专利质量比较高，有一半以上的申请都能得到授权并维持。

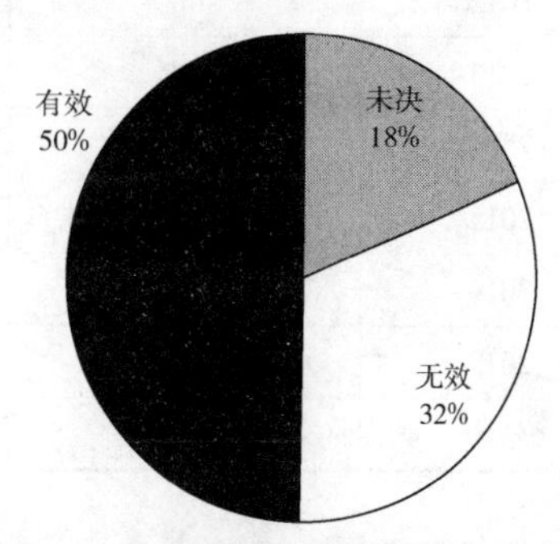

图3-10 精工爱普生油墨领域中国专利申请法律状态分布

表3-1 精工爱普生油墨领域中国专利申请法律状态 单位：件

年份	总专利申请量	公开	无效	有效
1992	2	0	2	0
1993	1	0	1	0
1995	2	0	2	0
1996	4	0	4	0
1997	8	0	9	0
1998	8	0	7	1

续表

年份	总专利申请量	公开	无效	有效
1999	9	1	3	5
2000	5	0	4	1
2001	8	0	2	6
2002	21	0	8	13
2003	7	0	0	7
2004	13	0	4	9
2005	18	0	5	13
2006	23	0	11	12
2007	48	0	33	15
2008	30	0	17	13
2009	21	1	10	10
2010	49	0	8	41
2011	35	4	6	25
2012	40	3	3	34
2013	18	2	4	12
2014	28	13	3	12
2015	16	16	0	0
2016	15	15	0	0
2017	31	30	1	0
总计	460	85	146	229

3.1.5 精工爱普生油墨领域重点专利分析

表 3-2 是在爱普生公司 2000 年以后，进入五局、同族数在 5 以上、保护年限在 7 年以上的 11 件重点申请专利。可以看出，11 件重点专利都涉及喷墨油墨组合物领域。其中，涉及油墨组的共有 3 件，着色剂结构的共有 3 件，溶剂的共有 1 件，其他如助剂即功能材料、金属粒子和表面活性剂等共有 4 件。说明爱普生公司对喷墨油墨组合物各组分都有所研究。保护年限均在 7 年以上，进一步说明爱普生公司喷墨油墨的技术发展水平很高。

表3-2 爱普生公司油墨重点专利

申请号	最早优先权日	同族数	法律状态	保护年限
CN01804197	2000-9-27	15	有效	14
CN01803111	2000-8-22	10	无效	12

续表

申请号	最早优先权日	同族数	法律状态	保护年限
CN03801452	2002-7-17	11	有效	12
CN200510134113	2004-12-24	9	有效	10
CN200610074601	2005-4-20	9	有效	10
CN200780011085	2006-4-3	10	有效	9
CN200780010686	2006-4-4	12	有效	9
CN200780017248	2006-5-12	10	有效	9
CN200780017265	2006-5-12	10	有效	9
CN200780023660	2006-7-27	10	有效	8
CN200880116290	2007-11-15	5	有效	7

这11件重点专利的同族数都在5以上，同族比例之高，尤其是全部在美国及欧洲都有同族申请，也表明了这些专利的重要性。

各重点专利的技术要点如下。

CN01804197：用于喷墨记录的油墨组、喷墨记录方法，以及记录材料。油墨组中含有黑色油墨和彩色油墨，黑色油墨中不使用分散剂，使炭黑分散在水和含水介质中；而彩色油墨中含有水和以聚合物覆盖的彩色颜料的着色剂、能够获得高的图像耐候性、印刷浓度和宽彩色再现范围。

CN01803111：含暗黄油墨组合物的油墨组。油墨组中含有标准黄和暗黄油墨，可以实现色再现性和图像再现性优异的记录图像。

CN03801452：喷墨记录用油性墨组合物。水性油墨中含有特定组成的混合溶剂，可提高油墨的干燥性等。

CN200510134113：前驱体组合物及其制造方法、喷墨涂布用墨液。油墨组合物中含有特定结构的铁电体，具有良好的组成控制性。

CN200610074601：微囊化金属粒子及制造方法、水性分散液及喷墨用油墨。喷墨油墨中含有具有金属粒子的聚合物，在该聚合物表面上设置离子性基的微囊化金属粒子，可抑制油墨中金属粒子的凝集，使油墨具有长期保存稳定性。

CN200780011085：墨液组、油墨组、含有特定数值范围色相角的黄色油墨、品红油墨和青色油墨。能够满足记录时的颗粒性抑制，虹光抑制、色再现性及光泽性。

CN200780010686：喷墨记录用墨液组合物、记录方法和记录物。着色剂、烷二醇和表面活性剂的墨液组合物，其中烷二醇含有水溶性的1,2-烷二醇和在主链的两末端具有羟基的水溶性烷二醇，表面活性剂是聚有机硅氧烷。改善油墨的喷出稳定改性和色彩再现性等。

CN200780017248：品红墨液组合物、组合墨液、墨盒、喷墨记录方法及记录物。品红墨液组合物中含有特定两种结构的含氮杂环着色剂，提高油墨的耐光性等。

CN200780017265：黑色墨液组合物、墨液组、墨盒、喷墨记录方法及记录物。含有特定结构的两种染料（偶氮类染料和含硫染料）制备黑色油墨组合物。

CN200780023660：黄色墨液组合物、墨液组、墨盒、喷墨记录方法以及记录物。含有特定结构的两种着色剂结构来制备黄色油墨，可调节油墨的色相和提高油墨的耐光性、耐臭氧性。

CN200880116290：墨液组合物。油墨组合物含有分散体和高分子微粒，分散体并没有使用分散剂而将炭黑分散在水中，并限定高分子微粒的结构和酸值，提高油墨的发色性等。

3.2 惠普

3.2.1 惠普总体情况

惠普（Hewlett-Packard Development Company，L. P.，HP）是一家来自美国的信息科技公司，是世界最大的信息科技公司之一，成立于1939年，总部位于美国加利福尼亚州的帕洛阿尔托市，主要专注于生产打印机、数码影像、软件、计算机与信息服务等业务。惠普下设三大业务集团：信息产品集团、打印及成像系统集团和企业计算及专业服务集团。惠普在打印及成像领域和IT服务领域都处于领先地位。惠普于2015年11月2日正式分为惠普企业（Hewlett Packard Enterprise）和惠普公司（HP Inc.）两家上市公司，惠普企业着力于发展云计算解决方案，惠普公司则着力生产打印机和个人计算机。

惠普是世界一流的打印机供应商，为打印机制定技术、性能和可靠性标准，其产品包括HP LaserJet和DeskJet打印机、DesignJet大格打印机、ScanJet扫描仪、OfficeJet单体和CopyJet彩色打印-复印机等。

1982年，惠普开始与佳能合作，引入佳能的CX引擎技术，开始激光打印机的研制和生产，在打印机领域初露头角。

1984年，惠普的技术首次应用到HP Thinkjet打印机上，推出了可与个人计算机连接的首台LaserJet激光打印机和首台喷墨打印机喷墨。

3.2.1.1 激光打印机

自1984年推出首台激光打印机之后，惠普在1987年推出了第二代激光打印机，这台打印机以改良的品质、图表功能以及正确的纸张输出顺序击垮了其他类型的激光打印机。1989年推出的激光打印机HP LaserJet IIP以更为简化的功能和更低廉的价格赢得了更多客户，该打印机采用转印卷筒技术，大大降低了臭氧的排放。

1990年，惠普推出其拥有专利的分辨率增强技术，提供更清晰的文本和图像。HP LaserJet III和IIID激光打印机便采用了该技术。

1991年，惠普发布HP LaserJet IIISi——世界上第一款使用内置打印服务器直接连接网络的打印机。同年还推出了HP LaserJet IIP Plus，这是世界上第一台价格低于1000美元的个人桌面激光打印机。

1993年，惠普交付第1000万台HP LaserJet激光打印机。惠普现已售出2000万台打印机。

1994年，惠普推出第一款彩色激光打印机 HP Color LaserJet，推出 OfficeJet 打印/传真/复印一体机。

1996年，惠普推出第一台 HP LaserJet 5SI “网络打印机”。

1997年，HP LaserJet 6L 在中国市场问世，这是一款惠普专门针对中国纸张特点而设计的机型，宣告了中国激光打印普及时代的到来。

2002年，惠普推出 HP Color LaserJet 4600，这是第一款纵向彩色黑白同速的彩色激光打印机。

2003年，惠普推出 HP Color LaserJet 9500 系列，这款打印机使中小型企业、以及大型企业的油脂小批量内部出版成为了现实。

3.2.1.2　喷墨打印机

1980年，惠普第一个热感喷墨式产品开发项目正式开始。4年后，即1984年，推出了首台名为 ThinkJet 的热感喷墨打印机，其体积小、轻便、经久耐用且噪声低。但是它对打印纸张要求很高，限制了这款打印机的销量。随后惠普又设计了第二款打印机，虽然它能够弥补前款打印机的不足，但售价太高。

之后，于1994年，新的打印机 DeskJet 上市了，其售价在喷墨打印机中比较有优势，而且还提供了彩色打印机升级的功能。

惠普自行研发的色彩分层技术——富丽图技术，能以更丰富的色调展示逼真的画面，更接近于照片效果。1999年，惠普推出了 deskjet 970cxi 彩色喷墨打印机，首次将第三代富丽图技术呈现在世人面前。随后 deskjet 6122 彩色喷墨打印机就采用了惠普第三代富丽图色彩分层技术，配合使用惠普 Colorfast 防褪色相纸，输入精度及最佳分辨率都很高。惠普的热喷墨技术保证更多的墨水用于正常打印，使打印前和清洗中的非打印用墨量更省，经济性强。惠普在喷墨打印机领域率先推出了红外打印技术，向移动办公迈出了重要一步（具备红外打印功能的打印机 desk 990cxi）。

随着惠普 Photo smart 7960 的面市，8色打印技术开始在喷墨打印机中应用。伴随着该打印机的出现，第四代富丽图技术的扩展——富丽图 PRO 技术也相应出现。在这个墨水系统中，由于浅灰色和深灰色的加入，使从白色到浅灰、中度灰、深灰，以至到黑色的过渡层次级别达到了4096级，与彩色墨水合成后，使打印机能够直接打印出的色彩数量高达7290万种。这样不仅色域得到拓宽，彩色照片的对比度和阴影细节的表现力得以加强，而且避免打印机依靠合成颜色墨水来产生灰色，从而令黑白照片中的色彩层次还原更加精确。

2014年，惠普开发出了名为“多喷嘴熔接”（multi-jet fusion）的全新3D打印技术。

2015年，惠普推出了 Latex 和 S&D 宽幅面图形打印机、Scitex 印刷机，以帮助专攻标牌及视觉传播行业的印刷服务提供商以更低的成本更快速地提供印制品。

2016年，HP Officejet Pro 是美国年度最畅销的商用喷墨打印机。

今天的惠普喷墨打印机仍不断出现技术突破，而其价格更在持续下调。

3.2.1.3　墨水

众所周知，墨水是喷墨系统中最重要的组成部分，必须与打印系统的所有组件相互作用，必须在各种介质上提供高质量的输出效果，必须在各种环境下正常发挥作用。惠普墨水在打印机中墨盒整个生命周期中提供始终可靠的打印质量。为了适应各阶段打印机的打印需求，惠普在墨水研发创新中也已有 30 多年的历程，具有代表性的历程节点如下。

1989 年开发出第一款普通纸彩色染料墨水，适用于后期开发的喷墨打印机 deskJet 500C 中。

1992 年开发出第一款黑色颜料墨水，适用于喷墨打印机 deskJet 1200C 中。

1997 年开发出第一款专用 6 色染料墨水，适用于 Photosmart 中。

1998 年开发出全球最持久的图形打印 UV 颜料墨水，适用于 HP Designjet 中。

2003 年开发出第一款带有灰色墨水的 8 色染料墨水，适用于 Photosmart 7960 打印机。

2005 年开发出全球最快的台式打印机采用的 6 色新型 HP Vivera 染料墨水，适用于 Photosmart 8230 打印机。

2006 年相继开发出第一款 6 色新型颜料墨水的 Photosmart Express Stantion 及专业摄影师专用的生动持久的 8 色彩色照片颜料墨水 HP Vivera，用于 Photosmart Pro B9180。

2008 年惠普水性乳胶墨水技术（Latex）问世，2009 年进入中国市场；2014 年发布第三代 Latex 乳胶墨水打印技术。惠普 Latex 墨水在墨水的稳定上有了保障，墨水成本大幅降低；作为水性墨水，惠普 Latex 墨水在色域方面要优于溶剂或 UV 墨水的技术；惠普 Latex 墨水即打即干，无须覆膜，大大提高了印品的色彩准确性。其应用于宽幅喷墨打印中，在环保性、标准化及印刷的多样性问题上不断进行升级，为市场注入更加优质的环保技术。

2009 年，惠普推出创新的四色颜料型墨水、打印系统，可以提供改善的图片质量、通用性、便利和单个墨盒的利用价值。新打印系统首次在新款 HP Officejet Pro8500 和 8000 系列打印机上使用，为微型企业、家庭和小型商务办公的专业人士提供可靠、高速和高质量打印。

2013 年，惠普推出的适用于 HP Scitex FB10000 工业印刷机的 HP Scitex UV 墨水，它能更好的满足客户对墨水产品可靠性和颜色一致性的需求，并能够满足不断增长的 HP ScitexUV 固化油墨的市场需求。

惠普凭借着在打印机的打印头和墨水方面的大量创新，提供了优异的打印质量。惠普墨水采用多项专利和定制组件，专为惠普打印机中的打印头、介质/纸张和打印系统配合使用而设计，确保整体打印质量。

3.2.2 惠普世界专利布局

3.2.2.1 目标国分布

如图3-11所示，惠普公司全球专利申请量为51184项，其中日本专利申请10286项，美国专利申请42017项，PCT 申请14059项，欧洲申请13455项，中国申请 8867 项，韩国申请 2594 项。按照目标国专利申请量排序，德国申请 7145 项，英国申请 3877 项，印度申请 1780 项，澳大利亚申请 1029 项，加拿大申请 788 项，新加坡申请 410 项，巴西申请644项，法国申请347项，西班牙申请330项，墨西哥申请216项，俄罗斯申请146项，荷兰申请65件，以色列申请63项，南非申请60项。从目标国分布来看，惠普公司注重全球专利布局，其主要申请目标国为美国，其次是欧洲、日本、中国。

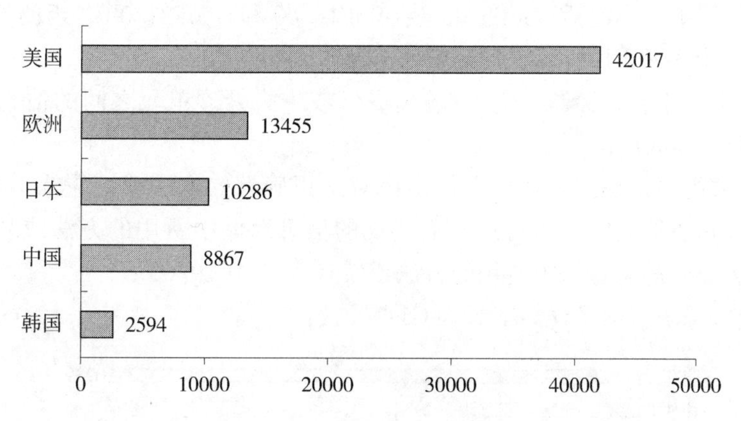

图3-11　惠普全球五大局专利申请情况（单位：项）

3.2.2.2　时间分布

如图3-12所示，1996~2001年专利申请量均在增长，特别是2001年增长迅猛，2002年申请稍有回落，2003年微弱上涨，之后直至2006年专利申请量逐年都在下降，2007~2014年总体保持微弱上涨趋势。从总体来看，1996~2001年整体大趋势上涨，2002~2006年整体大趋势下降，2007~2014年逐年保持微弱上涨趋势。从总体趋势来看，2000年左右是惠普公司研发黄金时期，之后公司总体情况下滑，目前处于研发回暖期。

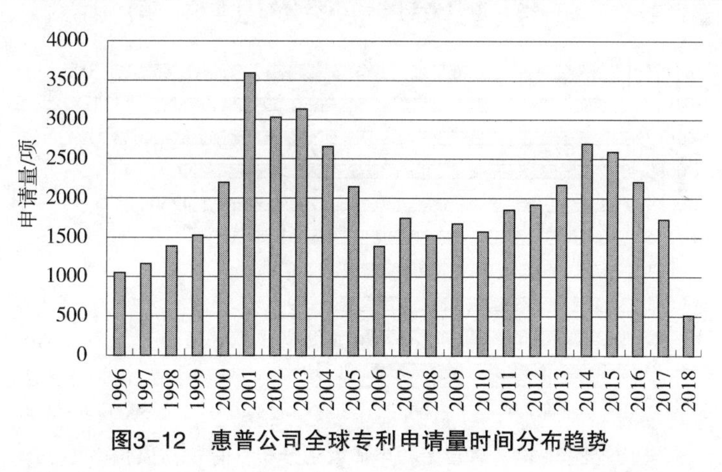

图3-12　惠普公司全球专利申请量时间分布趋势

3.2.2.3　世界专利技术领域分布

如图3-13所示，按照专利小类分布，惠普专利申请量最大技术领域为G06F，主要涉及电数字数据处理，专利申请量为20939项；其次是H04L、B41J、H04N、G06K、H01L、H05K、G06T、G11B、G11C。

如图3-14所示，按照专利小组分布，惠普专利申请量最大技术领域为B41J2，主要涉及以打印或标记工艺为特征而设计的打字机或选择性印刷机构，专利申请量为5188项；其次是H04L12、G06F17、G06F3、G06F9。

需要说明的是，G06F15大组中，零部件入G06F1/00至G06F13/00组。

G06F1大组中，不包括G06F3/00至G06F13/00和G06F21/00各组的数据处理设备的零部件，通用存储程序计算机的结构入G06F15/76。

H04L12大组中，存储器、输入/输出设备或中央处理单元之间的信息或其他信号的互连或传送入G06F13/00。

G06F11大组中，在记录载体上作出核对其正确性的方法或装置入G06K5/00；基于记录载体和传感器之间的相对运动而实现的信息存储中所用的方法或装置入G11B，例如G11B20/18；静态存储中所用的方法或装置入G11C29/00。

G06F12大组中，信息存储本身入G11。

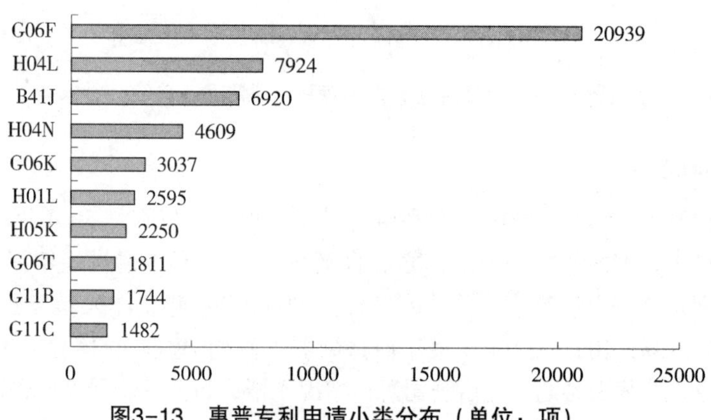

图3-13　惠普专利申请小类分布（单位：项）

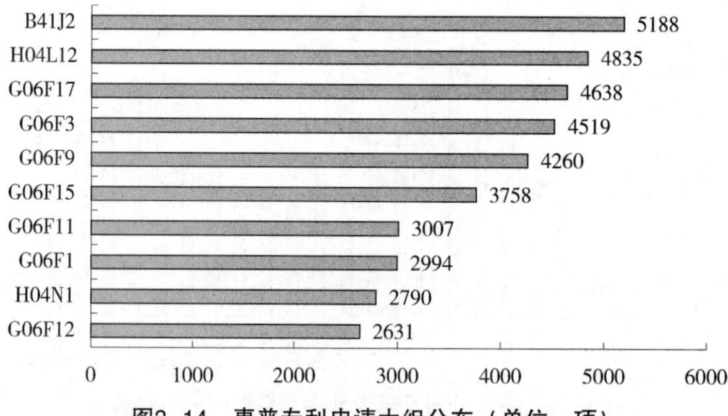

图3-14　惠普专利申请大组分布（单位：项）

3.2.3　惠普油墨领域全球专利现状

惠普在全球涉及油墨领域的专利申请共908项，其中中国专利申请305项。本节主要分析惠普油墨领域全球专利申请趋势、目标国分布、技术构成、技术发展趋势、重点发明人及法律状态的分析。

3.2.3.1　时间分布

从图3-15可以看出，惠普1982年开始在油墨领域进行专利布局，1982~1990年属于惠普油墨产业的技术萌芽期；1990~1993年受全球经济危机的影响，惠普油墨领域专利申请量骤降，直至1998年专利申请量才恢复到年申请近20项的状态；2000~2008年处于快速发展期，专利申请量增加迅速，年专利申请量由原来20项增加至最多年专利申请量64项；2008年之后，由于技术成熟度的增加，专利申请量有下降，但是还维持平稳发展。

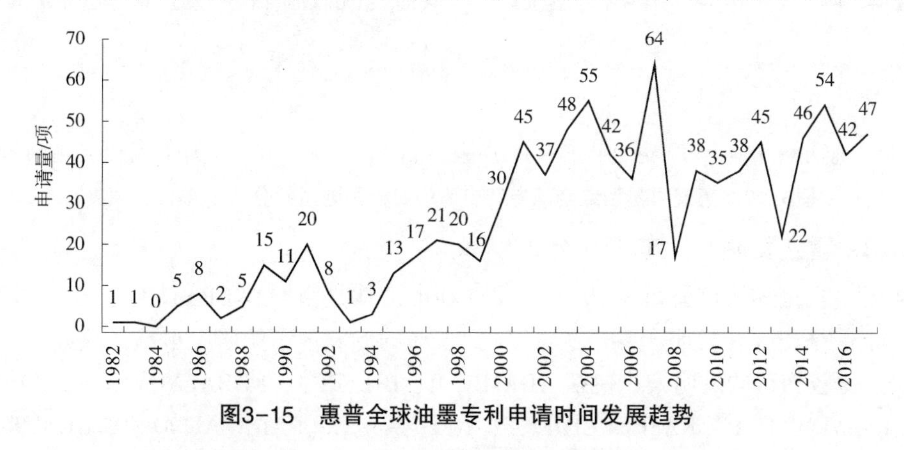

图3-15　惠普全球油墨专利申请时间发展趋势

3.2.3.2　目标国/地区分布

从图3-16可看出，美国属于惠普专利布局最多的国家，占其油墨专利申请总量的83.3%，其后依次是欧洲、日本、中国和韩国，在上述国家/地区布局的专利申请量分别占油墨专利申请总量的60.3%、35.7%、34.9%、10.9%。由图3-17可看出，在油墨领域，惠普最早在1982年就已开始在美国及欧洲进行该领域的专利布局，从1983年开始在日本进行专利布局，并且在1985~1991年这6年期间逐渐加大对美国、欧洲及日本的专利布局。但是随后受全球经济危机的影响，1992~1994年专利申请量骤减，1995年后惠普在美国及欧洲的布局逐渐加大，对于在日本的布局在2005年之后逐渐减小。虽然惠普从1987年就开始在韩国进行油墨专利布局，但是一直并未特别重视该地区，每年的专利申请量均比较小。惠普公司从1995年开始在中国进行专利布局，从2000年之后逐渐加大在中国的布局量，2016年之后布局量减小的原因可能是该公司的专利申请一般为国际PCT申请，还未进入中国国家阶段。

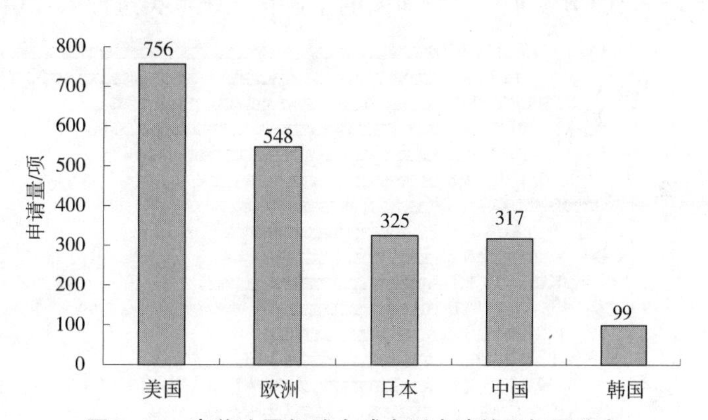

图3-16　惠普油墨领域全球专利申请的目标国分布

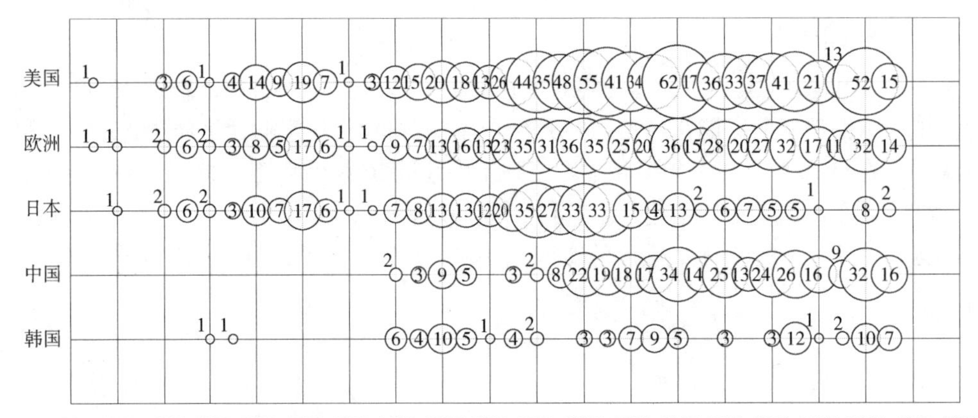

图3-17　惠普油墨领域全球专利申请的目标国随时间分布（单位：项）

3.2.3.3　重点发明人分布

从图3-18可知，该公司 8.5%的油墨专利申请均是由 GANAPATHIAPPAN S 发明人完成，MOFFATT J R 发明人参与了该公司 5.3%的专利申请的研发申请，除此之外，该公司研发比较活跃的发明人还包括 ADAMIC R、BHATT J、KABALNOV A S、VASUDEVAN S、LAUW H P、KASPERCHIK V、REHMAN Z、PARAZAK D P、BHATT J C、CHUN D、AUSTIN M E、CAGLE P C、CAGLE P、CHEN X、DOUMAUX H A、ADAMIC R J、BAUER S W。这为国内的企业在该领域类进行人才引进和培养方面提供参考。

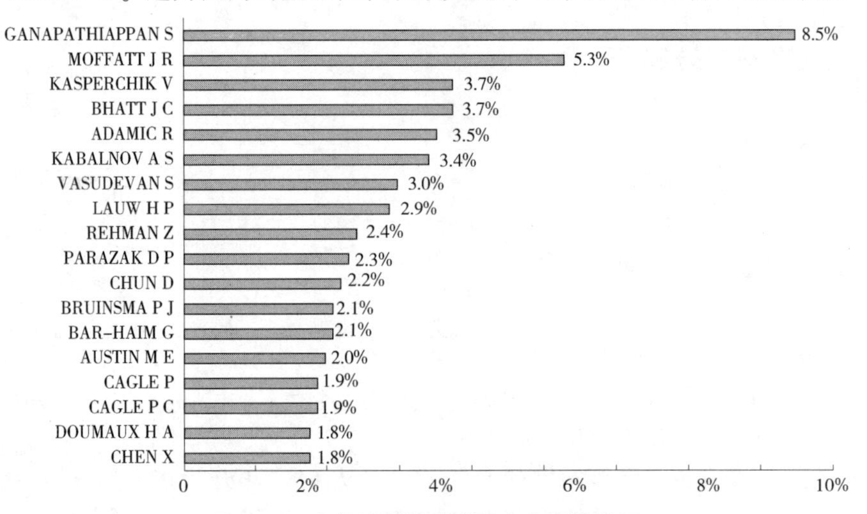

图3-18　惠普油墨领域发明人申请量排行

3.2.3.4　技术构成

由图3-19可知，惠普在油墨领域的研究方向为喷墨油墨和静电成像用电子油墨。其中，以研究喷墨油墨为主，其占到总油墨量的 87.9%，静电成像用电子油墨的占比为 10.8%。在喷墨油墨领域，惠普从 1982 年开始进行专利申请，1982~1990 年为技术萌芽期，1996~2007 年为技术快速发展期，2008 年之后为技术成熟期，这与该公司整个油墨领域发展趋势相契合。在静电成像用电子油墨领域，惠普 1999 年才开始对该领域油墨进行研究，从2005年至今，该领域专利申请处于稳步上升的阶段，由此可知，静电成像用电子油墨属于新兴的油墨领域，目前处于技术平稳发展阶段，近几年惠普已有该类型的油墨面市。目前油墨市场上用的静电成像用电子油墨主要代表产品就是惠普公司生产的Indigo数码印刷机用油墨。

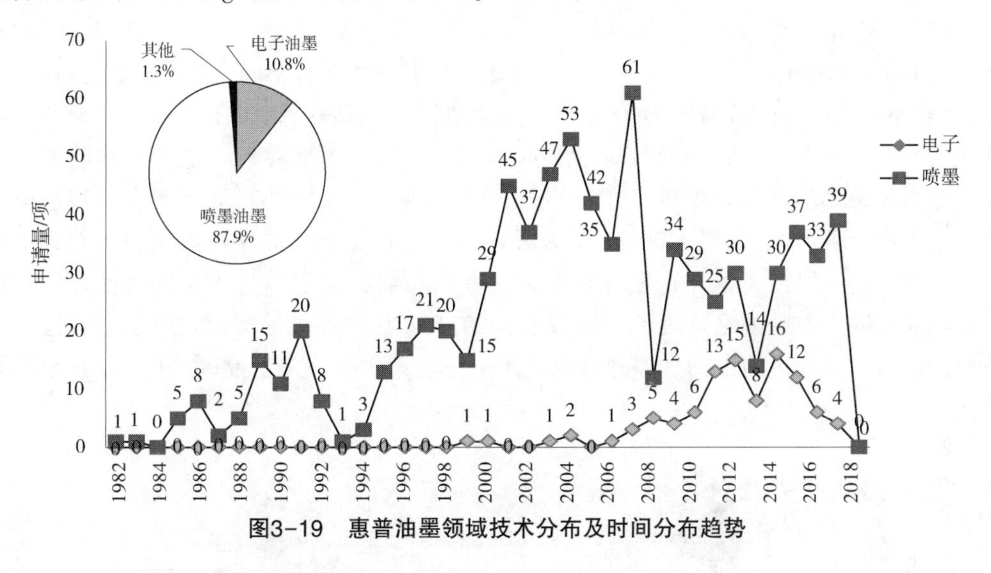

图3-19　惠普油墨领域技术分布及时间分布趋势

3.2.4　惠普油墨领域中国专利分析

3.2.4.1　时间分布

惠普在油墨领域的中国专利申请量一共为305件，占其全球专利申请总量的33.6%。从图3-20能够看出，惠普于1995年开始在中国进行油墨的专利布局，从2000年开始，惠普逐渐加大对油墨的技术研发，全球范围专利申请量开始快速增长，而且惠普也开始加大了对中国的专利布局力度，由2001年3%的申请进入中国提高到2007年的约40%，同时在中国的专利申请量也迅速增长，于2007年达到26件。2008年至今由于喷墨油墨技术已经发展成熟，油墨整体架构变化不大，专利申请主要涉及油墨性能上的改进，处于平稳发展期。由于2016年之后的PCT申请大部分还未进入中国国家阶段，因此2016年后的专利申请量骤降。

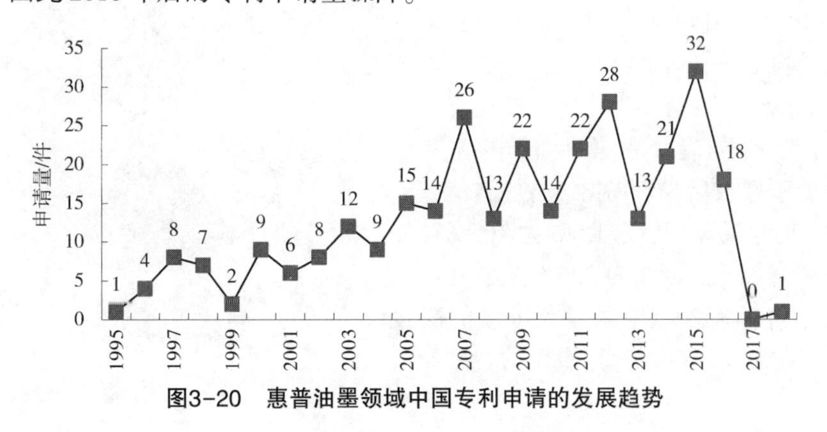

图3-20　惠普油墨领域中国专利申请的发展趋势

3.2.4.2 技术构成

惠普油墨领域中国的专利申请中，其技术构成与该公司在全球油墨领域的技术构成相同，研究方向为喷墨油墨和静电成像用电子油墨，以喷墨油墨为主，占总油墨量的 65.9%，静电成像用电子油墨的占比为 17.7%。从图3-21可看出，在喷墨油墨领域，惠普从 1995 开始进行专利布局，1995~2000 年在中国的专利布局并不大。到 2001 年之后，随着中国经济快速发展，中国逐渐成长为数码油墨的应用大国，因此，惠普也逐渐加大喷墨油墨在中国的专利布局。2008 年之后进入技术成熟期，该公司在喷墨油墨领域专利布局脚步也逐渐放缓，这与该公司整个油墨领域发展趋势相契合。在静电成像用电子油墨领域中，惠普 2007 年才开始在中国进行专利布局。随着该公司对静电用电子油墨的逐步研究，其开始重视对中国的专利布局，并逐渐加大布局力度。但是由于国际申请进入中国国家阶段的时间较长，2014 年专利布局量骤减。但是惠普已有该类型的油墨出售到中国市场，如静电成像用电子油墨主要代表产品——Indigo 数码印刷机用油墨。

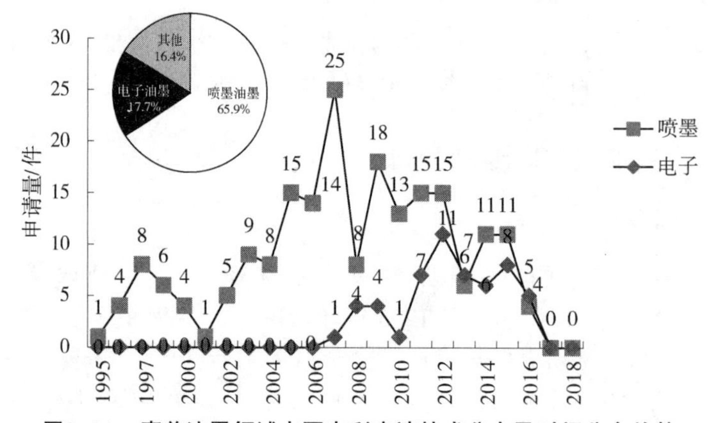

图3-21 惠普油墨领域中国专利申请技术分布及时间分布趋势

3.2.4.3 法律状态

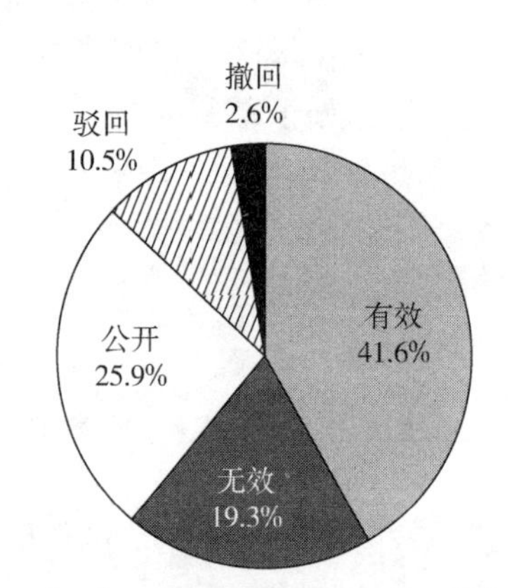

图3-22 惠普油墨领域中国专利申请法律状态分析

惠普在中国的 305 件油墨申请中，目前一共还有 79 件专利申请（占专利申请总量的 25.9%）未决处于公开状态，127 件专利申请（占专利申请总量的 41.6%）处于授权有效状态，59 件专利申请（占总专利申请量的 19.3%）处于授权后未缴费导致的无效状态，32 件专利申请被驳回，驳回率为 10.5%，8 件专利申请撤回，撤回率为 2.6%，如图3-22所示。由惠普油墨领域中国专利申请的高授权率（有效+无效为 60.9%）及低的费用导致无效率可知，该公司油墨领域专利质量及专利价值均比较高。另外，从表3-3可知，2008年以前的申请都为已决状态，2008~2012年的申请只有1件处于公开未决状态，主要公开未决申请都是2011年及之后申请的。

表3-3 惠普中国专利申请法律状态

单位：件

申请年	总申请量	有效	无效	驳回	撤回	公开
1995	1	0	1	0	0	0
1996	4	0	4	0	0	0
1997	8	0	8	0	0	0
1998	7	0	7	0	0	0
1999	2	0	2	0	0	0
2000	9	1	7	1	0	0
2001	6	2	4	0	0	0
2002	8	4	4	0	0	0
2003	12	5	7	0	0	0
2004	9	6	3	0	0	0
2005	15	7	4	4	0	0
2006	14	11	0	1	2	0
2007	26	13	6	6	1	0
2008	13	10	0	3	0	0
2009	22	10	1	7	4	0
2010	14	13	0	1	0	0
2011	22	17	0	4	0	1
2012	28	16	1	5	0	6
2013	13	9	0	0	0	4
2014	21	3	0	0	0	18
2015	32	0	0	0	0	32
2016	18	0	0	0	1	17
2017	0	0	0	0	0	0
2018	1	0	0	0	0	1
总计	305	127	59	32	8	79

如图3-23所示，在喷墨油墨技术领域中，授权率（有效率+无效率）高达69.7%，驳回率低至13.4%，撤回率低至2.5%。因此，惠普在喷墨油墨技术领域的专利申请质量非常高，处于研发质量较强的位置。静电成像用电子油墨技术领域属于新兴领域，因此，其公开率很高（46.3%）、而驳回率及撤回率均很低（9.3%及3.7%），由此也可说明惠普目前在该领域的研发热情很高。

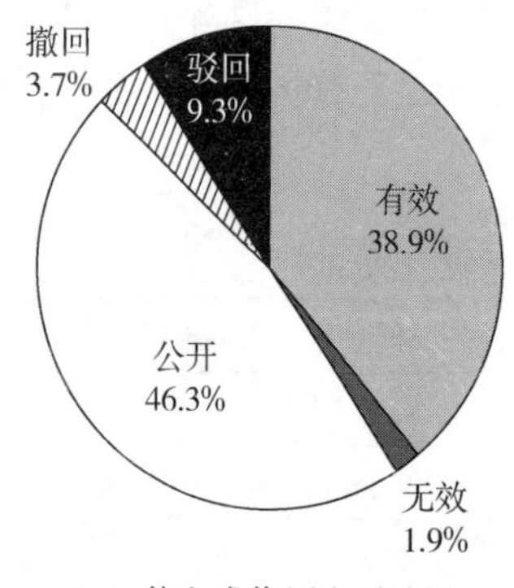

(a) 静电成像用电子油墨

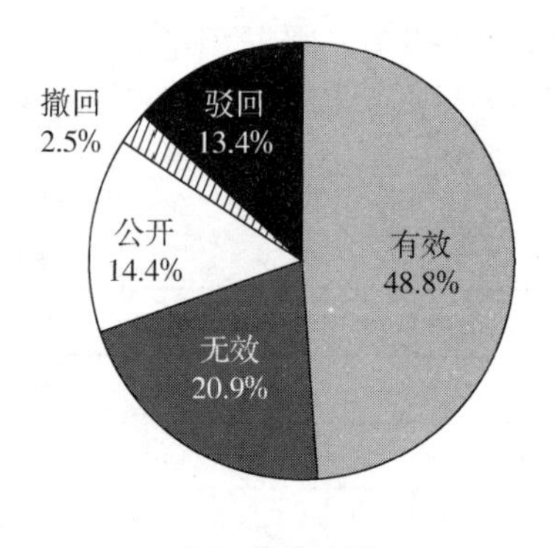

(b) 喷墨油墨

图3-23　惠普喷墨油墨及静电成像用电子油墨中国专利法律状态分析

3.2.5　惠普油墨领域重点专利分析

在2000年以后，惠普进入五局且被授权的重点申请有13件，如表3-4所示。惠普研究技术点比较分散，各重点专利的技术要点如下。

CN01103208：油墨组合物含有至少一种着色剂和水性的载体，该载体含有至少一种耐火金属或贵金属反应成分。耐火金属或贵金属可降低结垢和延长喷墨笔寿命。

CN01143906：具有特定组分的喷墨打印油墨中的固定剂，可提高油墨的打印性。

CN200480008240：油墨组合物中含有乳胶颗粒，其中乳胶颗粒表面上吸附或共价结合有非反应性表面活性剂，可解决喷头堵塞。

CN200580032589：水性印刷流体含有特定结构的共溶剂，防止油墨印刷图像的卷曲。

CN200580033203：油墨中含有特定组分的游离黏合剂和经聚合物改性的颜料，两者配合可降低墨水黏度，图像耐久性好、干燥速度快以及光密度不下降。

CN200580038007：喷墨组合物，包括阴离子染料、阴离子颜料和含有特定组分的阳离子的酸性流体定影剂，上述组分配合使用，使油墨在印刷时的斑纹性能好。

CN200780042840：水性油墨中含有水、二氧化硅颗粒、颜料颗粒和固体润湿剂。其中，二氧化硅颗粒、颜料颗粒和固体润湿剂的组合可改善油墨的干燥速度。

CN200780042920：油墨组合物中含有不同表面张力的溶剂组合，从而提高油墨的干燥速率、更好地控制墨滴尺寸、改善墨点铺展性等。

CN200880003189：油墨中含有氟代二醇改性的聚氨酯，可改善油墨的流动性，均化、除气、表面张力减少，改善油墨的抗刮擦性，环境友好。

CN200880003276：油墨中含有咪唑，可改善油墨的印刷质量，增加开盖时间，提高笔可靠性、笔中油墨的环境稳定性、颜色减少等性能。

CN200780101966：油墨组中含有青色油墨和黑色油墨，在油墨组中不增加颜料的量的情况下，油墨组能够产生更深的颜色。

CN201180071587：静电油墨中具有一定化学结构的电荷控制剂以及电荷引导剂，两者配合，从而在光成像板和中间转印构件之间油墨的不完全转印的阴性光密度记忆。

CN201180073193：油墨组合中含有特定结构的含氟聚醚表面活性剂，可使得油墨具有良好的去盖、润湿和喷射特性。

表3-4　惠普重要专利列表

申请号	发明名称	最早优先权日	同族数	法律状态	保护年限
CN01103208	在喷墨笔中防止结垢和延长电阻器寿命的喷墨油墨	2000-4-5	12	有效	15
CN01143906	改进喷墨油墨的打印质量和持久性的高分子添加剂	2001-1-16	16	无效	12
CN200480008240	用于喷墨打印应用中的乳胶基外涂层	2003-3-31	18	有效	12
CN200580032589	印刷流体中的共溶剂	2004-9-27	27	有效	10
CN200580033203	在多孔印刷介质上提供改善的湿污性的喷墨墨水	2004-10-1	2	有效	10
CN200580038007	喷墨组合物	2004-11-4	18	有效	10
CN200780042840	速干水基喷墨油墨	2006-11-20	12	有效	8
CN200780042920	颜料基非水性喷墨油墨	2006-11-22	15	有效	8
CN200880003189	适用于喷墨印刷的包含氟代二醇的聚氨酯	2007-1-25	13	有效	8
CN200880003276	含咪唑的喷墨油墨制剂	2007-1-31	14	有效	8
CN200780101966	具有添加的胶乳的喷墨油墨组的改进的颜色和耐久性	2007-12-14	11	有效	8
CN201180071587	静电油墨组合物、油墨容器、印刷装置和印刷方法	2011-7-13	9	有效	4
CN201180073193	作为油墨添加剂的全氟聚醚	2011-7-28	8	有效	4

3.3　道氏

3.3.1　总体情况

道氏（广东道氏股份有限公司）业务涵盖了标准化的陶瓷原材料研发、陶瓷产品设计、陶瓷生产技术服务、市场营销信息服务等领域，是国内唯一的陶瓷产品全业务链服务提供商。公司的产品系列包括全抛釉、印刷釉、基础釉、陶瓷墨水、干粒抛晶釉、金属釉、釉用色料，以及印油等其他辅助材料。其中，釉料类产品和陶瓷墨水是公司未来业务增长的重点产品。

道氏参股或控股公司有9家，如表3-5所示。

表3-5　道氏参股或控股公司

序号	关联公司名称	参控关系	参控比例（%）	投资金额/万元	被参控公司净利润/万元	是否报表合并	被参股公司主营业务
1	青岛昊鑫新能源科技有限公司	子公司	55.00	17800	936.95	是	
2	江西宏瑞新材料有限公司	子公司	100.00	12090	1643.6	是	釉面材料研发、生产和销售
3	湖南金富力新能源股份有限公司	其他	15.01	5051.66	344.2	是	
4	深圳道氏金融服务有限公司	子公司	100.00	5000	—	是	
5	湖南道氏新能源材料有限公司	子公司	100.00	5000	—	是	
6	佛山市道氏科技有限公司	子公司	100.00	2100	1310.22	是	陶瓷产品研发、销售和技术服务
7	广东陶瓷共赢商电子商务有限公司	子公司	70.00	2100	-45.95	是	
8	云浮道氏先进材料有限公司	子公司	100.00	2000	—	是	
9	恩平市道氏材料配送服务有限公司	子公司	100.00	200	—	是	

3.3.2　发展历程

道氏自2007年创建至今，已走过十余年的历程，现已发展为国内著名陶瓷墨水公司。目前，道氏陶瓷墨水现代化生产基地占地200亩，设计产能500t/月，是目前中国最大的陶瓷墨水生产基地。生产基地墨水检测中心拥有世界领先水准的检测设备，包括Horiba和Malvern粒度分布仪、Brookfield黏度计/流变仪、动态表面张力仪、墨滴观测仪、色度仪等，提供24小时动态监测，确保产品生产过程的质控优质、稳定。

道氏陶瓷墨水紧跟市场需求，从2010年的“色彩多样性”、2011~2012的“打印稳定性”，逐步发展到近年的“图案多样性”（如皮纹、渗花、3D效果），并取得了一系列的成果。

2010年，通过陶瓷颜料的选用，使陶瓷墨水在陶瓷表面形成色彩艳丽且牢固的图像，实现陶瓷的个性化装饰。

2011~2012年，通过调控分散剂和溶剂，提高陶瓷墨水的打印稳定性。2012年10月，陶瓷墨水成功上市，颜色性墨水开始大规模应用，功能性墨水的研发紧锣密鼓地展开，下陷釉墨水已经成功推入市场，并在第十届陶瓷行业新锐版颁奖典礼上荣获

“年度最佳产品”称号。

2013 年，通过调控陶瓷墨水中的釉料组分，开发打印用釉料、皮纹釉料、哑光釉料、金属釉料以及白色釉料陶瓷墨水。2013 年 12 月，陶瓷墨水省部产学研重大专项项目结题验收，获得国际先进的鉴定成果。

2014 年，推出新一代快干、高清、低油性陶瓷墨水，墨水产品达到国际先进水平。与此同时，“功能性陶瓷墨水的研发与产业化”项目部分产品进入推广阶段；与陶瓷墨水匹配的“陶瓷超分散剂的合成与产业化”项目从实验阶段迈入中试阶段。同年，“陶瓷喷墨打印装饰颜料与油墨的关键技术研发与产业化”项目获得江门市科学技术一等奖；“陶瓷墨水”获得广东省高新技术产品奖。

2015~2016 年，主要研发渗花陶瓷墨水（渗透深度可调陶瓷墨水），丰富陶瓷墨水的色域，使产品色彩更丰富，颜色更鲜艳。2016 年 3 月，3D 渗花墨水荣誉上市。

十余年间，道氏始终坚持技术自主研发，以技术实力提升建陶产业的整体竞争力，推动行业走向高端。截至 2018 年 12 月 31 日，道氏申请发明专利 79 件、实用新型 11 件、外观设计 9 件。其中有效专利为 70 件，有效率达到 70.7%，远远超出国内平均有效率 40%~50%。

3.3.3　陶瓷墨水产业情况分析

国外陶瓷墨水研究起步较早。世界上第一台工业用的陶瓷装饰喷墨打印机于 2000 年在美国问世，由美国 FERRRO 公司开发，陶瓷墨由 FERRO 公司与赛尔公司联合研制。总体上看，国外随着功能陶瓷墨水制备技术的研究与发展，其关键技术逐步公开化，西班牙陶瓷墨水研发与生产处于领先水平，意大利紧随其后并不断改善，而中国则处于起步阶段。

2010 年上半年以前，国内瓷砖企业喷墨设备使用的墨水 100% 源自国外进口，国内还没有一家企业有正式的墨水成品投入生产，主要供应商有意达加、陶丽西、福禄，估计这三家公司的陶瓷墨水占据了国内市场 80% 以上的份额。2011 年 5 月，随着明朝科技国产墨水的成功投产，宣布国产墨水产业正式萌芽。根据《2015~2020 年中国陶瓷墨水市场调研与未来发展策略咨询报告》的分析，国内目前可以生产并销售陶瓷墨水的企业主要有道氏、三水康立泰、明朝科技、佛山万兴、佛山迈瑞思、山东汇龙色釉新材料等公司，这些企业性价比相对国外企业优势明显，市场占有率逐年上升，如图3-24所示。

图3-24　国内企业陶瓷墨水市场占有率

根据2014～2015年区域集中度分析，国内陶瓷墨水生产企业主要集中在广东、江浙地区，如图3-25所示。

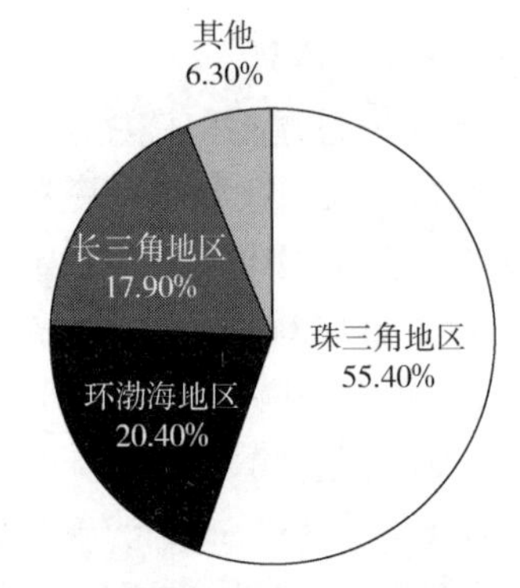

图3-25　国内陶瓷墨水区域集中度分析

3.3.4　道氏营业收入分析

2014年道氏陶瓷墨水市场占有率达到18%，主要营业额为陶瓷墨水、全抛印刷釉、基础釉。对道氏2014～2016年市场情况分析见表3-6所示。

表3-6　道氏2014～2016年营业收入分析

		陶瓷墨水	全抛印刷釉	基础釉
2014年	销售收入/万元	15523.19	15 127.74	8121.41
	营业收入占比	34.74%	33.86%	18.18%
	毛利润	45.02%	—	—
	陶瓷墨水装机数/台	494		
2015年	销售收入/万元	22 787.17	17 607.50	10 720.37
	营业收入占比	41.16%	31.81%	19.37%
	毛利润	42.24%	44.16%	39.47%
	陶瓷墨水装机数/台	877		
2016年	销售收入/万元	38 001.48	20 112.18	13 507.96
	营业收入占比	47.29%	25.03%	16.81%
	毛利润	44.21%	40.56%	28.30%
	陶瓷墨水装机数/台	1191		

从表3-6、图3-26可以看出，2014～2016年陶瓷墨水销售额和装机台数均在快速增长。且在陶瓷墨水、全抛印刷釉、基础釉这三个领域中，陶瓷墨水的营业份额也是在稳定持续增长的，其中2015年的毛利润稍有降低，但是2016年又出现增长。从国内陶瓷墨水的占有份额来看，至2015年国内陶瓷墨水已经占据总额的大约70%，整体市场的利润在降低，但是仍有微量的上升空间。

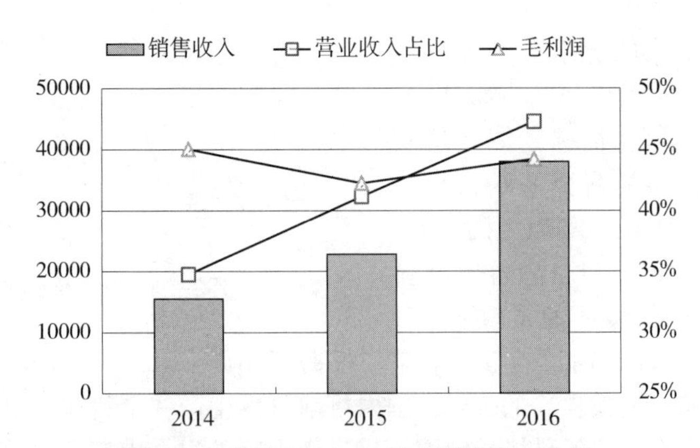

图3-26　道氏2014～2016年营业收入分析

3.3.5　专利申请情况分析

截至2018年12月31日，道氏及其子公司共有专利申请99件，其中发明专利79件，实用新型11件，外观设计9件，如图3-27所示。从申请时间来看，2008年道氏即进行专利申请，且随后每年均有进行专利申请，如图3-28所示。道氏2007年才经注册成立，2008年即开始专利布局，可见该公司的知识产权保护意识较为强烈。同时从专利年度申请量来看，其专利申请也较为谨慎，未出现专利数量井喷年，整体维持在每年6~21件的专利申请量。从专利申请合作者来看，仅与珠海保税区天然宝杰数码有限公司一家公司有合作共同申请专利，其次是与本公司的子公司有共同申请，如图3-29所示。从第一发明人来看，主要发明人是张翼、余水林等，如图3-30所示。从法律状态来看，有效专利为70件，有效率达到70.7%，远远超出国内平均有效率为40%~50%的范围，如图3-31所示。另外，仅有一件专利涉及PCT申请，该申请国内公开号为CN101891984，名称为“用于在陶瓷表面形成图像的油墨组合、油墨及方法”，申请人为珠海保税区天然宝杰数码科技材料有限公司丨广东道氏标准制釉股份有限公司，申请日为2010年3月4日。目前国内为有效状态，PCT公开号为WO2011107028。

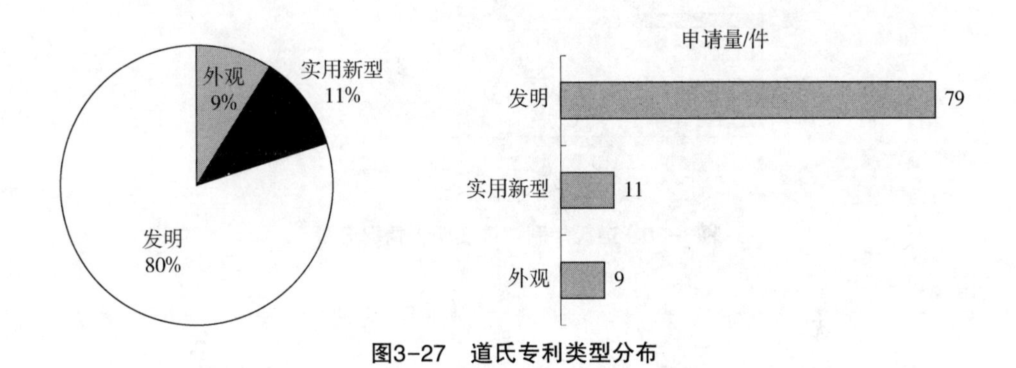

图3-27　道氏专利类型分布

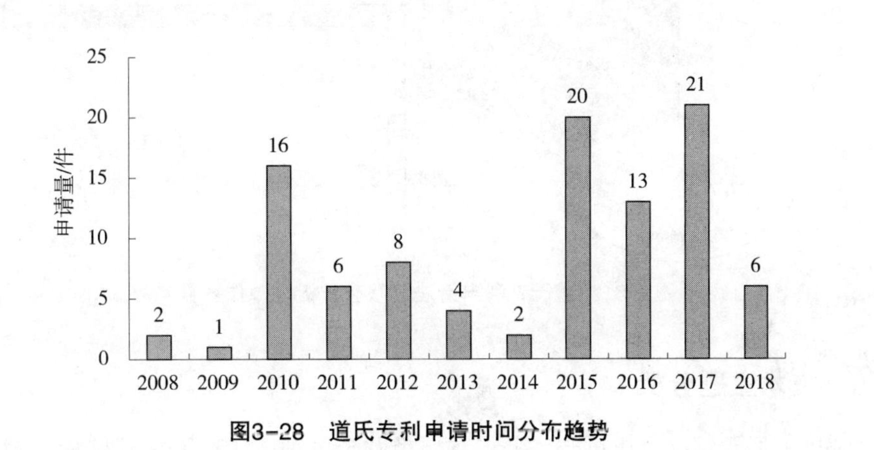

图3-28　道氏专利申请时间分布趋势

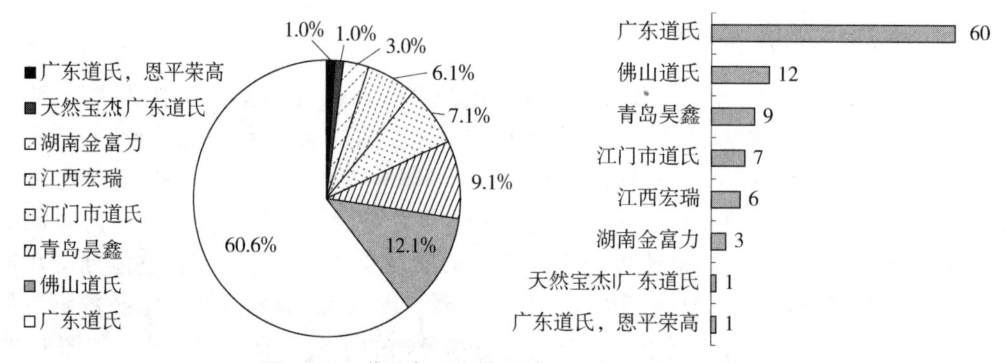

图3-29 道氏专利申请人情况分析（单位：件）

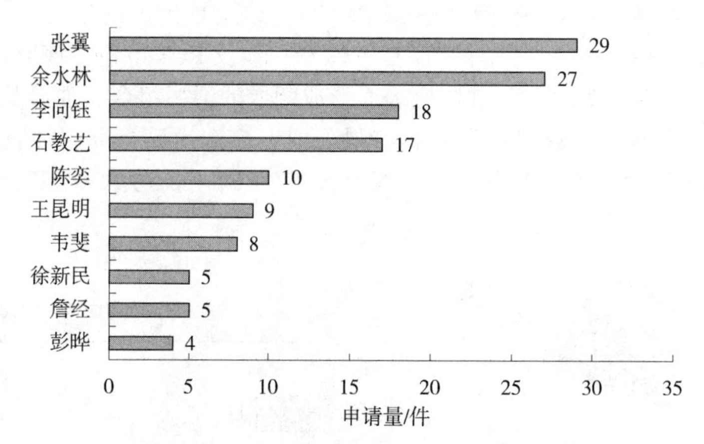

图3-30 道氏专利申请发明人情况分析

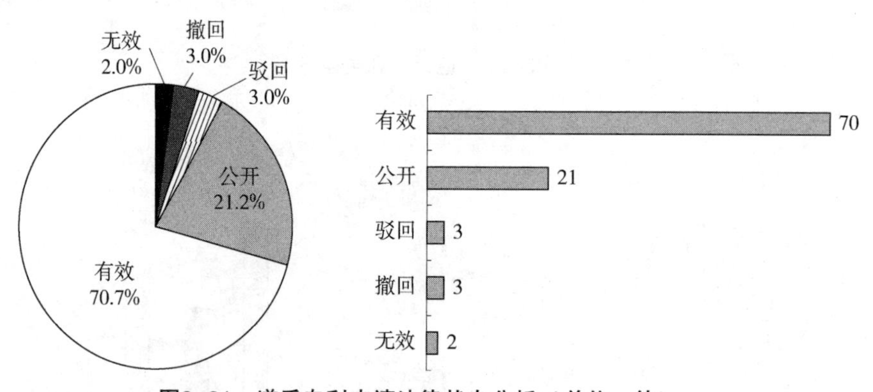

图3-31 道氏专利申请法律状态分析（单位：件）

3.3.6 技术主题分析

对道氏的经营情况分析可知，公司主要经营全抛釉、印刷釉、基础釉、陶瓷墨水、干粒抛晶釉、金属釉、釉用色料，以及印油等其他辅助材料。从专利技术主题也可以看出，其专利中29%涉及陶瓷、22%涉及釉料、19%涉及陶瓷墨水，如图3-32所示。

这与公司的主要经营项目是相符合的。另外有7%涉及石墨烯，主要是由于道氏2016年收购了青岛昊鑫新能源科技有限公司55%股权，因此也将其纳入道氏专利范畴。由图3-33可知，陶瓷以及墨水领域专利年申请量相对稳定，即是公司自成立后的发展方向。根据市场占有份额数据，国内陶瓷墨水市场份额分配趋近完成，在未来，预计国内企业将占据70%~80%市场份额，国外企业将占有20%~30%市场份额，且这一数据将维持相对稳定。国内市场存在多家陶瓷墨水企业，难以出现寡头，且由于房地产红利效应消失，陶瓷墨水需要量难以再出现爆发式的增涨，市场趋近饱和，陶瓷墨水的利润空间将会逐渐缩小，即陶瓷墨水领域将保持相对平稳收益。

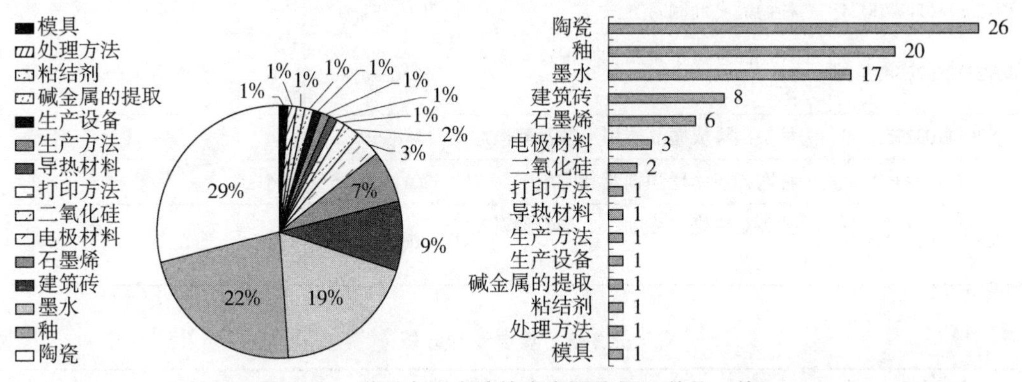

图3-32　道氏专利申请技术主题分析（单位：件）

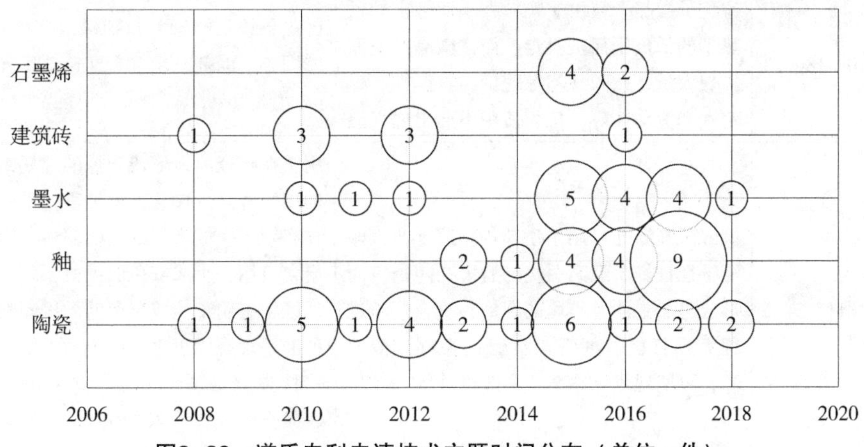

图3-33　道氏专利申请技术主题时间分布（单位：件）

3.3.7　重要专利分析

由表3-7和表3-8可以得出，道氏重要专利涉及微晶黏结剂、陶瓷墨水、抛晶砖、釉料以及增强剂的研制，主要是解决晶砖黏结性问题、打印流畅性以及图案发色性能、釉料的耐受性和烧结性能等。根据其重点专利布局也可以看出，其实际上均是围绕建筑砖所需性能展开，为提高砖体与图案结合性能，提高打印图案可设计性、提高打印流程性、提高工艺有效率、实现节能环保等对产品以及工艺过程进行全方位的改进。

表3-7 重要专利列表

申请号	申请名称	申请日	被引用数	同族	法律状态
CN201210391860.3	一种微晶干粒黏结剂	2012-10-16	14	—	有效
CN201010117934.5	用于在陶瓷表面形成图像的油墨组合、油墨及方法	2010-3-4	12	WO2011107028	有效
CN201210489664.X	一种陶瓷喷墨打印用油墨及其制备方法	2012-11-27	9	—	有效
CN201010547700.4	一种抛晶砖的制备方法	2010-11-17	6	—	有效
CN201010293828.2	一种低温金黄色金属光泽釉及其制备方法	2010-9-28	6	—	有效
CN201110320534.9	一种一次烧成抛晶砖用干粒及其应用	2011-10-20	4	—	有效
CN201210033695.4	一种陶瓷坯体增强剂及其应用	2012-2-15	4	—	有效
CN201210425704.4	一种高温快烧结晶釉仿古砖的釉料及制备工艺	2012-10-30	4	—	有效

表3-8 重要专利分析

申请号	解决的技术问题	技术手段
CN201210391860.3	避免了微晶干粒由于颗粒太小而被窑炉预热带的低负压而被吸走、而使微晶砖表面出现大量针孔和气泡等瑕疵，悬浮性、稳定性和流动性好，持续使用不会出现气泡	微晶干粒黏结剂，包括碱溶胀型增稠剂、膨润土、助剂，用 pH 调节剂调节体系的 pH 为 8.0~9.0，余量为溶剂
CN201010117934.5	能够耐高温并可用于喷墨打印装置，打印流畅性良好，经高温烧结后可在陶瓷表面形成色彩艳丽且牢固的图像，整个打印过程无须打板、刻辊、调配釉浆等，精度高，可实现复杂图案或更改设计等	用于在陶瓷表面形成图像的油墨组合，该油墨组合至少包含四种油墨，第一种油墨含有用于生成黑色的无机颜料，第二种油墨含有用于生成红色的无机颜料，第三种油墨含有用于生成黄色的无机颜料，第四种油墨含有用于生成蓝色的无机颜料。每一种独立油墨的黏度为 9~16cps/25℃；表面张力为 27~40dyne/cm；平均粒径为 100~300nm；最大粒径≤800nm
CN201210489664.X	提供一种油墨，其品质稳定性好，可长时间保存，并具有良好的喷墨打印性能，且油墨的黏度低，粒径分布均匀，油墨的黏度在 10.0~40.0mPa·s 之间并且可调控，表面张力为 28~38mN/m，平均粒径为 200~300nm，最大粒径小于 800nm	陶瓷喷墨打印用油墨，含有：陶瓷色料、树脂、分散剂、流平剂、消泡剂、防沉剂、溶剂，分散剂为高分子量聚氨酯型分散剂或高分子量聚丙烯酸酯型分散剂。树脂为醇酸树脂、丙烯酸树脂、氯醋树脂中的至少一种

续表

申请号	解决的技术问题	技术手段
CN201010547700.4	提供一种抛晶砖的制备方法，具有较高的高温黏度和稳定的玻璃网络结构，使得熔块在烧成后具有一定的高度，保证了其具有立体感和艺术感，釉层中的气泡少，透明度高，釉面质量好，可适用于不同的烧成温度	包括在经高温烧制好的印花砖面上堆积低温熔块和高温熔块的混合物，然后经低温二次烧成、抛光得到产品
CN201010293828.2	该釉一次烧成即可，烧制温度低，有利于节能环保；烧成的产品具有亮丽的金黄色金属光泽，特别适于制造有金黄色外观效果的陶瓷墙砖、陶瓷腰线、陶瓷马赛克等方面，装饰效果明显	低温金黄色金属光泽釉，其含有磷铁料和陶瓷基釉，磷铁料为焦磷酸铁钠和正磷酸铁或焦磷酸铁钠和氧化铁与磷酸铝的混合物组合构成
CN201110320534.9	一种一次烧成抛晶砖用干粒及其应用，干粒所用的熔块始熔温度高，有利于坯体氧化，颗粒度适宜，既可以保证坯体排气良好，又可以在高温下尽量的排除气泡；配方体系间相容性良好；一次烧成，可以省去高温素烧过程，降低能耗，有效地减少污染；生产得到的抛晶砖釉面透明度高，气泡少；提高耐磨性及耐酸碱性	干粒，由高钾、高钡、高锌三种干粒中的至少一种组成。高钾干粒由 Al_2O_3、SiO_2、K_2O、Na_2O、CaO、MgO、ZnO、B_2O_3、BaO、Li_2O 组成，其中 K_2O 6~8 份；高钡干粒由 Al_2O_3、SiO_2、K_2O、Na_2O、CaO、MgO、ZnO、B_2O_3、BaO、Li_2O 组成，其中 BaO 20~40 份；高锌干粒由 Al_2O_3、SiO_2、K_2O、Na_2O、CaO、MgO、ZnO、B_2O_3、BaO、Li_2O 组成，其中 ZnO 5~15 份
CN201210033695.4	该陶瓷坯体增强剂可以大幅度提高坯体的抗折强度（增加52%左右），改善坯体粒裂；增加粉料的流动性，提高粉体的结合性能；对坯体的烧成无任何不良影响；对解决坯体裂纹、边角易损等缺陷有明显效果；还可以提高坯体在窑炉内的干燥速度、烧成速度（提高了30%以上），缩短烧成时间，提高产能；绿色环保，不易对环境造成污染	陶瓷坯体增强剂，其包括水溶性高分子聚合物黏结剂、无机黏结剂、解胶剂、消泡剂、溶剂
CN201210425704.4	提供一种结晶釉仿古砖的釉料及结晶釉仿古砖的制备方法。结晶釉原料种类少，来源广泛；改善传统结晶釉的烧成制度和复杂的生产工艺条件一次烧成即可，可操作性强，有利于节能环保；烧制出不同颜色和晶花大小的结晶釉，釉面光亮，偶有少许针孔，烧成合格率达92%以上	结晶釉仿古砖的釉料，由结晶基釉和结晶剂组成；结晶基釉采用钠长石、石英、钛白粉、硅灰石、高岭土、氧化锌；结晶剂采用钠长石、石英、钛白粉、氧化锌、碳酸锂、硼酸、硅酸锆、石灰石和/或纯碱，其中石灰石与纯碱的用量不同时为零

3.3.8 陶瓷墨水技术发展路线分析

对道氏陶瓷墨水进行分析，得出技术发展路线，如图3-34所示。道氏从2010年开始进行陶瓷喷墨打印墨水的专利申请，之后专利技术逐渐发展为提高墨水分散稳定性、打印流畅性，提高打印图案多样性（3D效果、下陷、渗花、多色等），然后向玻璃打印基材等逐步发展。即实际上道氏陶瓷墨水的发展路线是以市场需求为驱动，以迎合消费者需求，逐步对技术进行更新换代的过程。从道氏陶瓷墨水发展历程也可以看出，未来陶瓷墨水必然是朝着图案多色性、图案多样性、产品高精细、高质量性发展。

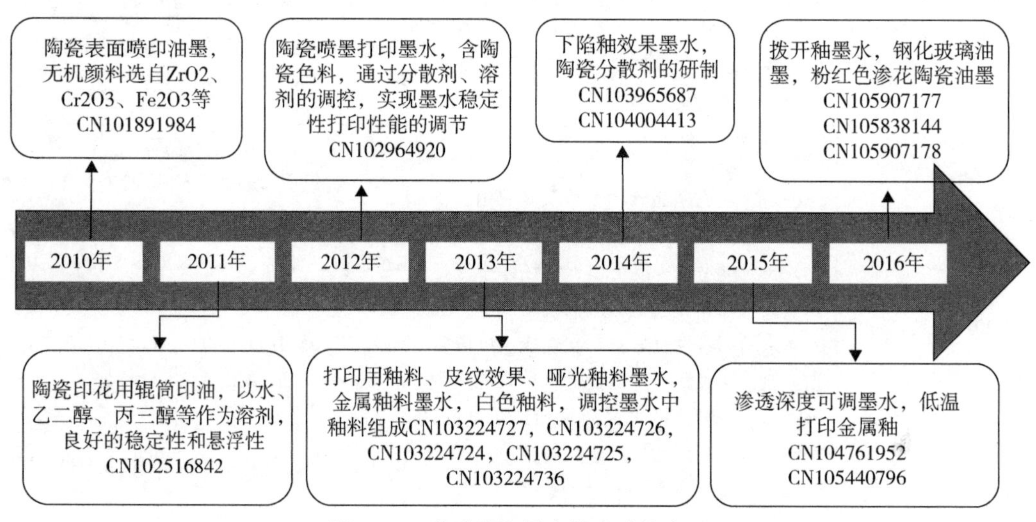

图3-34 道氏陶瓷墨水技术路线发展

3.3.9 小结

道氏作为目前国内最大的陶瓷墨水公司之一，其发展历程迅猛。即便国内最先进行陶瓷墨水研发投产的并不是道氏，但是经过不到十年的发展，目前道氏已经发展为国内最大陶瓷墨水公司之一。其注册之后第二年即开始专利布局，并获得多个专利奖项，公司发展期间又收购了釉料生产公司，实现原料釉的自我供给，同时在瓷砖领域全面开展研究，对瓷砖领域技术全面覆盖，如对瓷砖、颜料、釉料、墨水、黏结剂、分散剂等均具有一定的深入研究，同时在陶瓷墨水领域中，并不墨守成规，按照市场需求，对产权进行逐步更新换代，逐渐从提高墨水稳定性、打印流畅性，向着图案多样性、多着色性，以及多种类打印基材的方向发展，通过产品的更新换代以及专利布局保护，实现了技术以及市场的占领，从而从多家陶瓷墨水公司脱颖而出。在公司整体布局上，仍然在逐步发展，如实现产品、原料自我研发、自我供给的全面布局流程，通过原材料专利布局、相关助剂专利布局、产品专利布局，形成完整专利布局网络，实现了技术的全面覆盖；同时，还在其他新能源新材料领域有所拓展，为公司后续发展拓展道路。

第 4 章　油墨产业专利导航

4.1　版式油墨产业专利导航

4.1.1　重点申请人近年专利研发动向分析

考虑传统版式油墨领域专利申请人排行（如图4-1所示），筛选出 DIC（包括子公司太阳化学）、东洋油墨及阪田油墨三大传统版式油墨公司。对上述三家公司在近年（2013~2015 年）的专利技术发展趋势进行分析研究，体现这三大重点申请人近年在版式油墨领域的技术研发方向及重点，为国内申请人的研究提供参考。

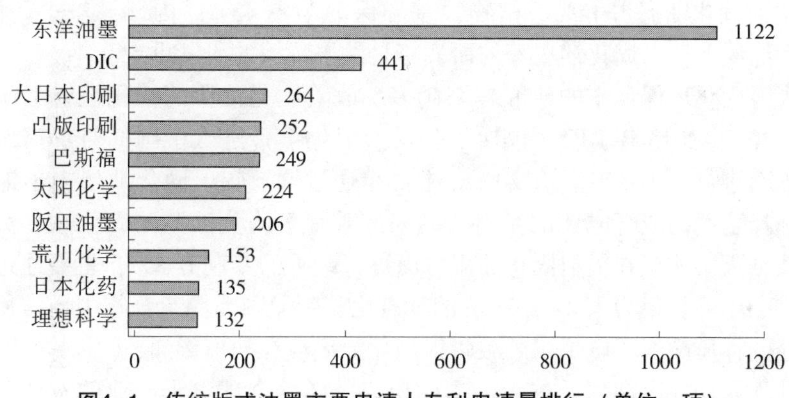

图4-1　传统版式油墨主要申请人专利申请量排行（单位：项）

通过近年的专利文献分析可知，DIC（包括子公司太阳化学）、东洋油墨及阪田油墨的共同技术关注点是改善油墨的着色性能、颜料分散稳定性及环保性。除此之外，DIC（包括子公司太阳化学）还关注了改善辐射固化油墨的固化性、导电性及绝缘性；阪田油墨还关注了改善油墨的节能效果的研究；东洋油墨还关注了改善油墨的网点再现性及耐堵版性。改善上述性能主要采用的手段为选择合适的着色剂种类、连接料种类、助剂的种类及改进油墨的制备方法。

在着色性及颜料分散稳定性方面：DIC（包括子公司太阳化学）及东洋油墨均是从20 世纪初就开始对着色剂（如颜料及染料等）进行开发，而且从 2013~2015 年进入中国的专利文献分析，DIC（包括子公司太阳化学）有 25% 的专利、东洋油墨有 20% 的专利仍然是在对着色剂进行改进，因此，对于高质量着色剂的研发目前及将来仍然属于版式油墨行业研发的重点。反观国内油墨公司，对于占油墨主要成分的高质量着色剂均是采用进口的方式获得，在油墨领域的研究重点是对于油墨中各组分配合使用的调节。而油墨成本的主要来源便是着色剂，因此，国内申请人可以参考上述公司在油墨中着色剂专利技术，抓住着色剂研究契机争取能够自主合成高质量着色剂，这样才能实现油墨总体品质的提高，以及对油墨核心技术的掌控，摆脱国内高质量油墨对国外技术的依赖。

在环保性能方面：随着全球环保呼声越来越高，国内外公司都开始重视环保油墨的开发。目前主要的环保油墨有：水性油墨，通过使用水而非有机溶剂作为油墨的溶剂，从而大大减少了 VOC 的排放量，不影响身体健康；辐射固化如紫外光固化油墨，利用活性能量射线如紫外线使油墨成膜固化，其中不含溶剂，污染物排放少；植物油基油墨，该类油墨通过使用植物油代替传统油墨中的矿物油等，不含污染大气的挥发性有机化合物，无臭、无毒等；水性 UV 油墨及醇溶性油墨。从 2013~2015 年 DIC（包括子公司太阳化学）、东洋油墨及阪田油墨涉及改善油墨环保性能的专利可知，DIC（包括子公司太阳化学）有 55%的专利均涉及环保油墨，在所有环保油墨中水性环保油墨占 27%、辐射固化油墨占 73%；东洋油墨有 60%的专利涉及环保油墨，该类专利均是以包含环境负荷低的醇作为主成分，从而减少芳香族系有机溶剂使用量的醇溶性环保油墨；阪田油墨有 54%的专利申请涉及环保油墨，在所有环保油墨中水性环保油墨占 43%、辐射固化油墨占 14%、植物油基环保油墨占 43%。因此，对于环保性油墨，尤其是水性油墨、辐射固化油墨等的研发将是油墨领域的研发重点。

随着辐射固化环保油墨的研究越来越多，改善固化油墨的固化性能也就成为油墨研究热点。2013~2015 年 DIC（包括子公司太阳化学）进入中国的对于辐射固化油墨固化性能方面进行改善的专利有 20%，主要是通过调节辐射固化油墨中不饱和聚合物的结构及选择合适的或合成新的光引发剂来改善辐射固化油墨的固化性，实现低毒性和低迁移性。阪田油墨在辐射固化油墨方面进行改善的专利有 8%，主要通过使用激光衍射法测定的中值粒径为 1.0~2.0μm 的具有比胶版印刷油墨组合物中通常使用的粒径更大的粒径的体质颜料，解决了胶版辐射固化油墨存在的拖影问题。

对特种油墨如导电油墨及绝缘油墨的研究。随着全球电子产业的发展，导电油墨作为印刷电子的主要组成部分也得到了全球油墨厂商的重点关注。2013~2015 年 DIC（包括子公司太阳化学）进入中国的对于导电油墨性能改进的专利占到了 20%。主要通过调整油墨中导电金属纳米颗粒的粒径分布改善胶体溶液的保存稳定性及导电性；向导电油墨中加入含有磷酸基团的有机化合物形成低黏度且印刷适应性优异、导电性好的油墨。绝缘油墨用于防止导电油墨的移位及污染等，因此，在导电油墨发展的同时 DIC 还关注了绝缘油墨性能的改善，通过在绝缘油墨中使用含有乙烯基系聚合物的绝缘材料用树脂组合物，该绝缘油墨得到了提高有机场效应晶体管的性能而兼具高度的绝缘破坏强度与低漏电流密度，且兼具适于印刷法的快速固化速度与耐溶剂性的绝缘材料。

在改善油墨的节能效果、网点再现性及耐堵版性方面，近几年阪田油墨通过调整油墨的生产工艺以达到节能效果的专利占近几年其进入中国专利的 46%。东洋油墨近几年关注了改善油墨的网点再现性及耐堵版性等，该类专利占了 40%。为了改善上述性能所采用的手段为提供新型聚氨基甲酸酯树脂的连接料，使油墨具有更好的网点再现性及耐堵版性。

因此，开发高质量着色剂及其分散体、环保油墨及特种油墨如导电或绝缘油墨属于目前全球版式油墨重点公司的重点技术研究方向。国内申请人应充分学习该领域重点申请人的研究经验，密切跟踪其技术发展，在进行技术选择和研发时紧密联系我国国情，综合考虑技术、经济和环保等多种因素，开发符合国情及自身需求的传统版式油墨技术。

4.1.2　重点公司重点专利信息分析

本节主要研究版式油墨重点申请人DIC、东洋油墨、阪田油墨三大公司全球版式油墨被引频次10次以上的重点专利。

这些重点专利主要解决的问题在于调节油墨印刷适应性、流动性、光泽、储存稳定性、附着力、低臭味等，包括环保、成本、耐光性、耐水、耐热、耐脆裂、高速印刷、多功能等性能方面，其主要调节手段是通过选择合适的连接料种类（如选择不同种类或者合成特殊结构树脂）、着色剂种类、溶剂、表面活性剂、助剂、功能化粒子等来实现。

在环保方面，通过选择酯类、植物油等溶剂替代石油类、苯、酮等溶剂，通过聚酯类树脂或者松香改性树脂等替代醛、酚类树脂的使用，以降低体系中醛的含量。另外，生产水基、醇基、无石油类溶剂、辐射固化油墨成为环保油墨趋势。

对于辐射固化类油墨体系，主要存在问题是脆裂性，臭味、以及高氧气氛围下固化，通过使用特殊辐射固化树脂以及耐氧性引发剂，可以实现高氧含量下辐照固化、低臭味等。

重点专利中引用次数最高的专利均涉及颜料或者颜料分散体的制备。目前我国油墨领域颜料以及染料均采用进口的方式获得，该部分也占据了油墨成本的主要来源。而东洋油墨自成立以来一直持续对颜料进行开发，2006年成立独立的色材媒介材料研究所。DIC在1925年即开始有机颜料的自行生产，2008年收购Sun Chemical公司、拜耳美国子公司高机能颜料事业部。从这两家公司的生产历程也可以看出，油墨生产公司不单是通过原料购买来制备油墨，同时对于占油墨主要成分的色材能够进行自主合成，才能实现油墨总体品质的提高，以及对油墨核心技术的掌控。

油墨另一个改进热点，即是对油墨连接料的选择，例如通过选择醇溶性、水溶性树脂连接料，能够提高油墨环保性能，另外通过选择不同种类连接料，能够实现油墨流动性、耐湿、耐热等性能的控制和提高。东洋公司于1962年开始对连接料产品研发，2006年开设独立的聚合物材料研究所，而DIC于1969年开始对树脂产品进行研发，并且1987年收购美国Reichhold公司，确立热固化性合成树脂方面全球领导地位。即两家公司均在聚合树脂方面投入大量的研发力度，且从重点申请专利中可以看出，通过调节聚合物的结构、参数，以提高油墨产品流动性、耐热、耐湿等性能成为主要改进手段。

通过对油墨体系中助剂（表面活性剂等）、溶剂的控制，能够实现油墨干燥性能、分散稳定性、贮存稳定性的控制。其中引用次数相对较高的专利仅有三件进入中国，大部分文献均只在日本进行专利申请，因此国内企业/研发机构应该加强重要申请人日本专利文献的关注。其中在油墨色泽、流动性方面可以主要关注东洋油墨，对于油墨耐蒸煮性、耐热、抗白化方面可以关注阪田油墨，对于辐射固化油墨可以关注 DIC、东洋油墨，对于辐射固化油墨中引发剂改进可以关注东洋油墨，对于导电油墨方面可以关注 DIC。

通过调节油墨其他助剂（如触变、增稠、流变、助溶剂）、溶剂的文献相对于连接料、着色剂以实现油墨性能调节量较少，申请人可以此为专利布局切入点。

4.1.3 高校（含科研院所）研发动向分析

对版式油墨中高校（含科研院所）申请专利进行分析，北京印刷学院、中国科学院、中山大学、武汉大学、华南理工大学、华东大学以及西安理工大学占据高校专利申请量前七排名，其专利申请量以及有效量见表 4-1。

表4-1 排名前七高校专利申请保有量和有效量

申请人	专利申请量/件	有效量/件
北京印刷学院	24	11
中国科学院	22	7
中山大学	12	5
武汉大学	11	5
华南理工大学	7	3
东华大学	6	0
西安理工大学	5	4

另外，对高校申请专利中引用次数 10 以上的重点专利、专利维持 8 年及其以上专利文献，专利维持 5 年以上同时目前仍有效（截至 2016 年 6 月 23 日）的专利，对其法律状态、维持年限、引用次数、受让人、解决的技术问题、采用的技术手段分布进行分析，得出以下结论。

主要解决技术问题在于环保、无毒、黏度、耐黏连性、印品色泽、耐化学性、与基材附着力、增加油墨附加功能等。实际解决手段都是调节油墨整体配比或者选择不同原料，如采用醇、水或者植物油基溶剂形成环保油墨，或者采用 UV 固化油墨形成环保油墨，或者采用不同溶解性能、不同耐受性能树脂，以实现油墨印刷适应性和使用性能的改变。另外对于油墨原料改进的较少，目前原料方面对连接料和溶剂进行改进的较多，对颜料、分散剂、其他助剂方面改进的极少。

高校申请人中武汉大学、北京印刷学院、福建师范大学均存在专利转移受让情况，但是整体专利转让率低，且转让专利均是涉及提高环境安全性油墨。

高校主要研究团队有以下几个：①武汉大学的钱俊、马立胜等；②中国科学院的付勇、宋延林、王旭朋、周旭峰、刘兆平等；③北京印刷学院的李路海、徐英杰、魏先福、黄蓓青、李亚玲、莫黎昕等；④中山大学的王小妹、杨建文、祝方明等；⑤华南理工大学的文秀芳、皮丕辉、蔡智奇、杨卓如、周亮、程江等；⑥西安理工大学的刘昕、高红丽等。

目前较为活跃的团队分别为中国科学院、北京印刷学院、中山大学、华南理工大学，武汉大学团队活跃度较低。其中，中山大学团队主要涉及水性墨、胶印油墨等，中国科学院团队主要涉及提高油墨附加价值导电油墨、凹版印刷墨等，北京印刷学院主要涉及提高油墨附加价值导电油墨、凹印油墨等。华南理工大学主要涉及光固油墨及其连接料，武汉大学主要涉及胶印油墨以及油墨中溶剂树脂连接料的选择。

4.1.4 国内重点专利研发动向分析

专利权有效期届满（20年）和保护年限在18~19年未缴年费专利权终止的专利申请，共18件，都是版式油墨重要专利申请，现属于现有技术，可以免费使用。在使用这部分专利技术时需要注意以下两个方面。

（1）学习和借鉴其研发和专利布局思路

从上述18件专利技术可以看出，版式油墨的技术改进点主要体现在颜料、树脂和助剂等方面，其中以颜料最为突出，并形成以一种颜料作为研发起点，对其进行不同方面的改进，达到改善油墨品质的目的，并形成相应的专利布局。如卡伯特公司12件专利权有效期届满的专利申请中占有4件：CN95197590.0、CN95197592.7、CN95197595.1和CN200710180219.4，以炭黑为起点，从炭黑的改性、改性炭黑产品的用途以及制备方法等不同方面进行改进，并从产品、用途和制备方法等不同方面进行不同角度的保护，形成有力的专利布局，使其在该方面的专利技术处于垄断地位。因此，在使用上述专利技术的同时，可借鉴上述研发和专利布局思路，从产品、制备方法以及用途等各个方面进行扩展和深入，扩大专利保护的包围，形成专利壁垒，提升专利申请的质量。

（2）挖掘潜在价值，寻找技术空白

CN95107034.7和CN00100942.7两件专利的主要技术在于在聚碳酸酯中引入柔性链段，如二羟基二苯基环烷烃，作为丝网黏合剂，利用聚碳酸酯的耐高温性和柔性链段的柔性，同时满足印刷品对耐高温和柔性的要求。因此，在合理使用这些专利时，一方面可沿着这个思路考虑是否可以用其他柔性链段对聚碳酸酯进行改性，或通过使用柔性链段改性丝网印刷油墨中常用的其他耐高温树脂，解决上述丝网印刷油墨中存在的技术问题；另一方面还可尝试将上述树脂用于其他版式如凹版、凸版等油墨中，解决印刷品同时满足耐高温和柔性的技术问题。

保护年限为18~19年、目前仍有效的专利申请共10件。一方面，这部分专利技术只需等1~2年（专利权有效期届满）便可免费使用；另一方面，这部分专利技术主要在于颜料制备方法的改进，通过在颜料的加工过程中加入印刷油墨用树脂，减少颜料化工序和颜料的印刷油墨制造工序中所需要的时间和劳动力，制得的油墨具有与由以往的溶剂研磨法得到的颜料制成的油墨同等的品质，如着色力、光泽、流动性等均良好。如东洋油墨申请的CN97190122.8、CN97113015.9和CN02101789.1，都是通过在粗铜酞菁加工过程中加入树脂，节约了工序和成本，并所制备的油墨具有同等的着色剂、光泽和流动性。因此，可从颜料制备方法的角度对颜料进行改进以达到改善油墨品质的目的。

保护年限为16~17年、目前仍有效的专利申请共19件，这部分专利技术到专利权有效期届满至少需要3年。因此，对这部分专利技术更多地需要分析其技术关键点和挖掘其潜在价值。经分析，这部分专利技术主要涉及以下几个方面：喹吖啶酮系、单偶氮系、二重氮系、吡咯系等有机颜料以及光变颜料等功能性颜料的开发；对现有光敏树脂的接枝改性和使用不同功能性光敏单体制备光敏树脂；以及根据分散剂性能的需要在现有分散剂中多引入相应的合成原料进行改性。

具体地，上述19件专利技术主要涉及着色剂、树脂和助剂三个方面。其中，着色剂（颜料）占据主导地位，有14件；树脂有4件，助剂有1件。

其中，着色剂主要涉及有机颜料和功能性颜料的改进。有机颜料主要在于喹吖啶酮系、对二氮萘-单偶氮-乙酰芳基化合物、二重氮化合物、1,4-二酮基吡咯并［3,4c］吡咯等有机颜料在版式油墨中的应用。具体为：科莱恩的CN98117860.X和CN98117425.6，大日本油墨的CN99106446.1和CN99111641.0，西巴CN200410033525.1和CN00810066.71。功能性颜料主要是光变颜料在版式油墨中的应用，具体为：西柏的CN99810285.7和CN99801789.2。

树脂方面主要在于紫外线可固化油墨中紫外线可固化树脂的改进，一方面是通过对光敏树脂进行接枝功能性单体改性，如互应化学工业株式会社的专利申请CN99102894.5，通过在聚乙烯醇聚合物中分别引入苯乙烯吡啶醚基团、乙烯喹啉醚基团和N-烷醇（甲基）丙烯酰胺基团而制备，反应固化后具有良好的硬度、耐蚀刻溶液、耐电镀溶液和耐热性及与基片具有良好的黏合力；另一方面是通过使用不同性能的光固化单体制备紫外线光固化树脂，如互应化学工业株式会社的专利申请CN00104307.2，通过使包含具有环氧基团的烯属不饱和单体，和在一个分子中具有至少两个烯属不饱和基团的化合物的烯属不饱和单体组分聚合成共聚物，然后将该共聚物与一种具有羧基的烯属不饱和单体进行反应，制备出化学中间体，最后将该化学中间体与一种饱和或不饱和多元酸酐进行反应制备紫外线可固化树脂。以及太阳油墨制造株式会社的专利申请CN00818975.7，通过漆用酚醛型环氧化合物与不饱和一元羧酸的酯化物的羟基同饱和或不饱和多元酸酐反应制备酸值为30~160mg KOH/g的感光性预聚体，反应固化后具有优异的显影能力、分辨率和对熔融焊剂的耐热性，可产生宽显影宽度，且制得的光防焊油墨具有改进的基材黏附性、优异的耐电腐蚀性和高耐镀金性。

助剂在于改善聚氨酯分散剂的溶解性，其主要在于引入两种或多种不同羟基羧酸或它们的内酯的至少一种聚（氧化亚烷基羰基）与使异氰酸酯反应，改善由单种羟基羧酸或它的内酯衍生的聚（氧化亚烷基羰基）链与异氰酸酯反应制备的聚氨酯分散剂的溶解性（如艾夫西亚有限公司的专利申请CN99808139.6）。

因此，在颜料方面，可开发与喹吖啶酮系、对二氮萘-单偶氮-乙酰芳基化合物、二重氮化合物、1,4-二酮基吡咯并［3，4c］吡咯等类似系列的有机颜料，或与光变颜料类似的功能性颜料，用于改善版式油墨的相应品质。在树脂方面，紫外线光固化油墨主要在于光固化树脂的使用，因此，也可借鉴上述思路，对现有光敏树脂使用功能性基团改性，或根据油墨性能的选用不同性能的光固化单体制备。对于助剂，也可参考上述研发思路，针对不同类型分散剂存在的问题，在现有技术的基础上做进一步的改进，以获得相应的性能。

从以上分析可看出，着色剂一直是版式油墨研发的重点和热点，但其关键技术大多掌握在国外申请人手中，如卡伯特公司、科莱恩、大日本油墨、西巴和西柏等。因此，在着手着色剂研发时，可考虑与国外申请人合作，缩短研发时间，少走弯路。

4.2　喷墨油墨产业专利导航

4.2.1　重点申请人热点技术分析

对喷墨油墨全球申请的申请人进行统计分析（如图4-2所示）可知，精工爱普生、富士胶片和佳能在该领域的专利申请量较多。同时上述跨国企业也在中国也进行了大量的专利布局，其中精工爱普生涉及喷墨的专利申请共2843项，进入中国为409件；富士胶片涉及喷墨的专利申请共2747项，进入中国为422件；佳能涉及喷墨专利申请共2686项，进入中国为286件。结合本项目组对国内喷墨企业进行调研可知，目前国内申请人较为关注的国际企业主要为精工爱普生和佳能，故在重点专利分析时主要针对上述两家企业进行研究。同时，惠普作为全球知名度较高的生产喷墨墨水的企业，其在全球专利申请量也名列前茅，并且其也在中国进行专利布局，布局数量仅次于上述三家日本企业，故在重点专利分析时也对惠普公司的重点专利进行了深入研究。

本节主要围绕精工爱普生、佳能和惠普三家企业在近期的重点和热点研究技术进行展开技术分析，为国内申请人提供一定的技术参考。选取依据主要为该公司自2000年以后申请的，且同时向五大局提交的专利申请。按照该筛选标准，得到三家企业相应的重点专利数分别为：佳能46项，惠普19项，精工爱普生18项。

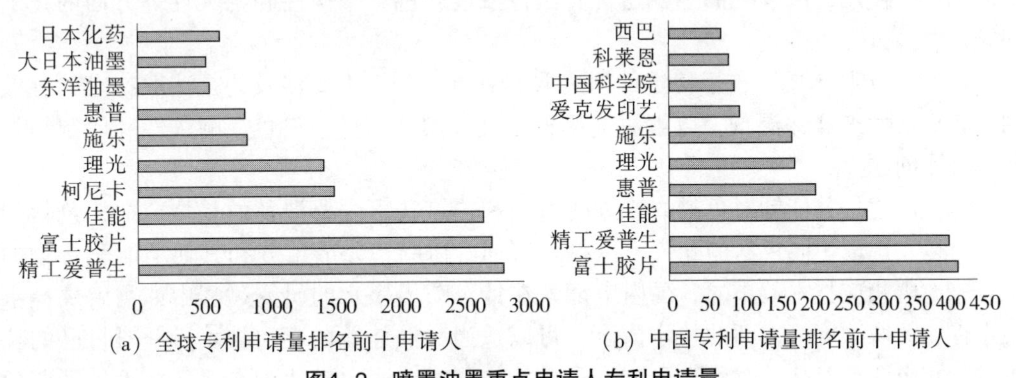

(a) 全球专利申请量排名前十申请人　　(b) 中国专利申请量排名前十申请人

图4-2　喷墨油墨重点申请人专利申请量

4.2.1.1　佳能

佳能公司自2000年以后同时进入五大局的重点专利共46项，其中，在中国有37件处于有效保护阶段，由于未交年费而终止的为（CN200410010496）1件，目前处于公开未审的案件共8件。由上述数据可知，佳能在我国的重点专利已审案件中90%以上均被授权，且几乎均处于有效阶段，目前最高保护年限已达到15年之久（CN01117133和CN01125929）。下面针对上述重点专利进行系统分析。

目前授权有效的案件，研究较多的是针对色料进行的技术改进，包括选取特定类型的色料、不同色料的配合、色料与溶剂的配合、色料与树脂的配合，具体改善的是油墨的喷出稳定性、保存稳定性、发色性能、图像浓度、印刷质量、耐候性、耐久性等方面的技术问题。此外，佳能还涉及一些通过选用特定类型的聚合物、特定溶剂配合、助剂配合使用的技术，改进的油墨的喷出稳定性、保存稳定性、图像浓度、耐久性、固着性、图像质量等方面的技术问题。

（1）佳能在色料方面的重点专利，主要涉及选取特定类型的色料、不同色料的配合使用、色料与其他组分的配合使用等方式改善相关性能的专利技术，具体如下。

1）对于选取特定色料类型，佳能主要通过选取具有特定结构的酞菁系色料、蒽吡啶酮类色料、二苯并吡喃色料和偶氮颜料等作为着色组分，改善油墨的发色性能、稳定性等方面的技术问题。

2）对于不同色料配合的技术，主要涉及的是两种以上不同色料的配合使用，改善产品的功能特性（如荧光颜料的荧光强度）、发色性和色牢度等。

3）对于色料与其他组分配合使用的技术，主要涉及的是色料与溶剂的配合、色料与树脂的配合、色料与分散剂组分、色料与特定化合物的配合使用，主要改善的是油墨的喷出稳定性、保存稳定性、图像浓度、牢固性、图像质量、对喷嘴的耐粘着性等。

（2）对于技术要点在于聚合物的重点专利，主要涉及的是通过选取具有特定官能团（如阴离子基团、疏水性基团、亲水性基团）、包覆结构、嵌段结构（具有聚硅氧烷结构的单元的接枝聚合物）、化学性质（酸值和氢键）的聚合物，以解决油墨的喷出稳定性、保存稳定性、发色性、耐久性、图像浓度等技术问题。

（3）对于技术要点在于溶剂的重点专利，主要涉及的是特定类型溶剂或不同类型溶剂的配合使用，以解决油墨稳定性、图像浓度、色彩平衡性和耐久性等方面的技术问题。

（4）对于技术要点在于特定助剂选取的重点专利，主要涉及的是选取特定的分散剂、表面活性剂和保湿剂，以解决油墨稳定性、图像密度、渗色、耐久性和印制品卷曲等技术问题。

综上所述，佳能针对色料的改进的重点和热点技术主要涉及的是特定结构色料的选取，以及选取不同色料的配合，色料与溶剂、树脂、分散组分和其他功能化合物的配合来改善相应技术效果的。国内申请人在针对喷墨墨水的研究过程中如需解决墨水稳定性、图像浓度等方面的技术问题，可以适当关注佳能的相关技术，并对自己的技术进行相应调整，从而改善自己的产品性能。同时，国内申请人在遇到技术扩展瓶颈时，也可参考佳能公司目前在国际上的重点技术，拓宽自己的技术发展脉络，为自身技术的发展方向和纵向国际化提供一定的技术支撑。

佳能的热点技术较多围绕的是色料、树脂和溶剂的选取，而对于助剂等其他组分的选择改善相应性能的热点技术较少，如通过选择特定的保湿剂类型配合改善印制品的卷曲效果（CN200580007522）和通过特定的酸性物质配合减少记录头表面烧焦物（CN01117133）的重点技术仅各涉及一件。上述两件专利在中国仍然处于授权有效阶段，且保护年限超过 10 年。由此可知，选择特定类型的保湿剂和特定酸性物质的配合解决印制品卷曲和延长记录头使用寿命的技术虽然属于热点技术，但是佳能在该方面的研究较少，存在一定的技术空白情况。国内申请人可以在该领域继续更进一步的技术研究，并进行一定的专利布局，在一定程度上帮助自己在该方面技术上获得专利上的有利地位，同时防止其进一步对该技术领域进行技术扩展，至于我国国内申请人的技术发展和产品生产。

另外，佳能的重点专利技术在中国已审的案件中超过 90% 均处于授权有效阶段，其中保护年限 10 年以上的案件高度 32 件，占比高达 80%。由上述数据进一步印证了，上述专利信息均为佳能公司的重点专利技术，在一定程度上制约着国内喷墨技术的发展，尤其是制约着色料、树脂和溶剂改进技术的发展。在该领域进行技术研究的申请人，在进行专利申请和喷墨墨水生产过程中尤其要注意规避佳能公司的上述相关技术，以免造成侵权，对自己的利益造成一定的损失。

4.2.1.2　精工爱普生和惠普

在 2000 年以后，精工爱普生进入五局的 18 项重点申请专利中，涉及着色剂结构的有 3 项，色料包覆的有 1 项，油墨组的有 4 项，溶剂的有 5 项。其他如助剂即自由基聚合抑制剂、表面活性剂、金属粒子和功能材料的有 5 项。处于公开状态的有 4 项，有效状态的有 10 项，无效状态的有 1 项，驳回的有 1 项，撤回的有 2 项。保护年限 10 年以上的有 4 项。分析这些重点专利，得出的结论如下。

（1）精工爱普生通过改进着色剂的结构来改善油墨的耐牢度等，如申请号为 CN200780023660 和 CN200780017248 的专利，主要涉及的是选取具有特定结构的品红系色料、蒽吡啶酮类色料等作为着色组分，改善油墨的发色性能、稳定性等方面的技术问题。

（2）精工爱普生还通过研究不同油墨合成的油墨组的专利，来改进油墨的色彩性能，如申请号为 CN200780011085 的专利，主要涉及油墨组中含有特定数值范围的色相角的黄色油墨、品红油墨和青色油墨，其所获得技术效果是满足记录时的颗粒性抑制、虹光抑制和色再现性及光泽性。而申请号为 CN01804197 的专利，主要涉及的油墨组中含有黑色油墨和彩色油墨，对于黑色油墨中炭黑和彩色油墨中的着色剂的分散性进行研究，从而提高油墨的图像耐候性和印刷浓度等。这两件专利虽然都是研究油墨组的组成，但从不同角度进行研究，从而获得不同的技术效果。

（3）精工爱普生还通过选择特定类型溶剂或不同类型溶剂的配合使用，以解决油墨稳定性、图像浓度、色彩平衡性和耐久性等方面的技术问题，如申请号为 CN201510208159、CN201510125132 和 CN03801452 的专利，均属选用特定类型的溶剂来提高油墨组分的溶解性和干燥性。

（4）精工爱普生还通过选择特定类型的助剂，如表面活性剂和分散剂等，来解决喷墨油墨的喷出稳定性和堵塞性等，如申请号为 CN201410806145 和 CN200880116290 的专利等。

在2000年以后，惠普有19项重点申请专利进入五局。不同于精工爱普生的技术点相对比较集中，惠普研究技术点比较分散。其中，涉及树脂改性的有3项，表面活性剂有3项，溶剂有2项，整体配方有2项，其他有9项。处于公开状态的有3项，有效状态有12项，无效状态的有1项，驳回有2项，撤回有1项。保护年限涉及10年以上的有6项。分析这些重点专利，得出的结论如下。

（1）惠普通过树脂改性来防止喷头堵塞等性能，如申请号为CN200480008240、CN200580033203和CN200880003189的专利，均是涉及对油墨中树脂的改性，从而降低油墨的黏度、防止喷头堵塞以及提高干燥速度等。

（2）惠普还通过选择特定类型的表面活性剂来改善油墨的润湿和喷射性能，如申请号为CN201180073193的专利，主要涉及喷墨油墨中含有全氟聚醚（PFPE）的组合物，可使得油墨具有改良的去盖、润湿和/或可喷射特性。

（3）惠普还通过选择特定类型溶剂或不同类型溶剂的配合使用，以解决油墨稳定性、图像浓度、色彩平衡性和耐久性等技术问题，如申请号为CN200580032589和CN200780042920的专利，均属选用特定类型的溶剂来提高油墨组分的溶解性和干燥性。

（4）惠普还通过选择特定类型的助剂如电荷引导剂等来解决静电油墨的电导性等，如申请号为CN201180071587的专利等。

综上所述，结合精工爱普生以及惠普的重点专利分析，得出以下结论。

（1）精工爱普生针对色料的改进的重点和热点技术主要涉及的是特定结构色料的选取，以及选取不同色料的配合，色料与溶剂、树脂、分散组分和其他功能化合物的配合以改善相应技术效果。国内申请人在针对喷墨墨水的研究过程中，如需解决墨水稳定性、图像浓度等方面的技术问题，可以适当关注精工爱普生公司的相关技术，并对自己的技术进行相应调整，从而改善自己的产品性能。惠普围绕溶剂和表面活性剂的重点和热点专利技术与精工爱普生相差不大，另外，惠普针对静电油墨的重点和热点专利技术是在静电油墨中添加电荷引导剂等，从而改善静电油墨的电导性，国内申请人可以根据自主研发产品时出现的相关问题对惠普的上述重点技术进行展开研究和分析，帮助国内申请人解决技术难题。

（2）精工爱普生和惠普的热点技术较多围绕的是色料、树脂和溶剂的选择，而对于助剂等其他组分的选择改善相应性能的热点技术较少，如通过选择特定的保湿剂或流平剂配合改善印制品的卷曲效果等，存在一定的技术空白情况。国内申请人可以在该领域继续更进一步的技术研究，并进行一定的专利布局，在一定程度上帮助自己在该方面技术上获得专利上的有利地位，同时防止其进一步对该技术领域进行技术扩展，制约我国国内申请人的技术发展和产品生产。

（3）精工爱普生和惠普的重点专利技术在中国已审的案件中超过80%均处于授权有效阶段，其中保护年限10年以上的案件占比60%以上。由上述数据进一步印证了，上述专利信息均为精工爱普生和惠普的重点专利技术，在一定程度上制约着国内喷墨技术的发展，尤其是制约着色料、树脂、溶剂和静电油墨改进技术的发展。在该领域进行技术研究的申请人，在进行专利申请和喷墨墨水生产过程中尤其要注意规避精工爱普生和惠普的上述相关技术，以免造成侵权，对自己的利益造成一定的损失。

4.2.2　国内重点专利技术分析

在对国内重点专利技术分析时，将保护年限较长且仍然处于授权有效状态的案件、发生专利权转让且目前仍处于授权有效状态的案件，以及因届满 20 年而权利终止的案件作为重点专利进行系统化分析，为行业申请人在相关产品的生产和研发过程中提供有价值的信息引导，帮助国内申请人规避已有技术，同时引导其获得有利信息发展相关产品。

1. 重点保护的有效专利

喷墨油墨国内的申请中，1130 件申请中有 390 件处于授权有效阶段，其中，保护年限在 10 年以上且目前仍处于授权有效阶段的申请共 19 件。如图4-3所示，重点专利分布的地区主要包括台湾、北京、上海、大连、江苏和福建。

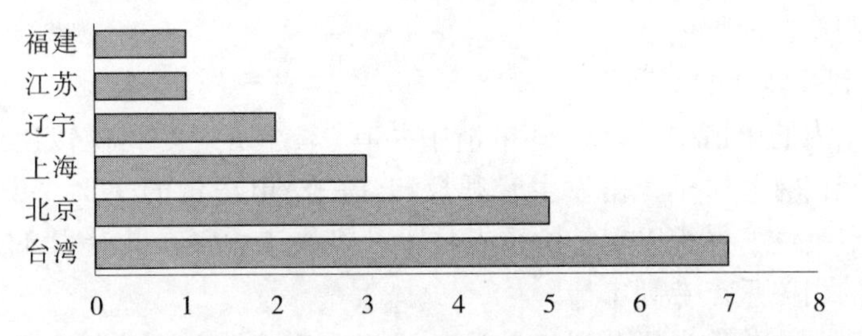

图4-3　喷墨油墨国内保护年限 10 年以上且仍有效专利申请的地区分布

首先，台湾的申请量较为突出，主要是研能科技股份有限公司、富士康和虹创科技股份有限公司、财团法人工业技术研究院和新力美科技股份有限公司，以及奇美实业股份有限公司的专利申请。主要涉及的应用则是在喷墨 CTP 制版、液晶显示器、纸张等基材上进行印刷的喷墨油墨。其技术关键点主要是通过选取特定类型的界面活性剂、溶剂、接口活性剂和聚合物等达到改善油墨喷出稳定性、干燥速度、硬度、耐磨性、附着力、流平性和色彩饱和度等方面的性能。

其次，北京有重点专利共 5 件，申请人主要为中国印钞造币总公司、北京印月明印染新技术有限公司、北京联创佳艺影像新材料技术有限公司和中国科学院化学研究所，涉及的主要应用则是以纸张、金属和喷墨 CTP 制版为主要应用领域的喷墨油墨，涉及的技术要点主要是通过选择特殊的着色组分、与树脂配合以及多组分配合改善油墨印刷适应性、印制品质量、干燥速度、定型速度、耐磨性和黏附性等方面的技术问题。

再次，上海共有 3 件重点专利，主要是上海纳诺微新材料科技有限公司、上海复旦天臣研发中心有限公司和上海印能数码科技有限公司的专利申请，具体涉及的是应用到纸张和织物等领域的喷墨油墨。其技术要点主要涉及的是通过多组分配合或选用特定类型的着色剂达到改善油墨耐水、耐晒、干燥时间、附着性、保存稳定性、喷出稳定性、机械强度和牢固性等方面的技术问题。

最后，其他地区是辽宁的 2 件申请，江苏和福建的各 1 件申请，具体涉及的申请人为游在隆和谢琼琳、大连理工大学和江南大学。主要涉及的应用领域为织物印染领域。主要技术则是通过多组分的配合、选用特定类型的分散剂和着色剂改善墨水的色彩鲜艳度、保存稳定性、喷出稳定性、图像质量等方面的性能。

综上所述，在我国国内申请重点保护的专利主要涉及的是台湾、北京、上海等地区的申请人，如台湾的研能科技股份有限公司、北京的中国印钞造币总公司、上海的上海纳诺微新材料科技有限公司。涉及的主要喷墨技术主要是在织物、纸张、喷墨CTP制版等方面的应用。采用的具体技术手段主要是通过选用特定类型的着色成分和聚合物，或通过不同组分的配合，或通过选用特定类型的助剂（如表面活性剂、分散剂等）改善油墨喷出稳定性、保存稳定性、牢固性、耐久性、干燥时间、图像质量、延长喷头使用寿命等方面的性能。上述专利申请均为国内重点申请人重点关注和保护的喷墨技术，保护年限均在10年以上且目前仍处于有效阶段。因此，国内申请人在对该类技术进行研究，或对该类型的产品进行生产时，请注意规避上述专利的保护范围，以免对自己的利益造成损失。

2. 发生专利权转让的专利

喷墨油墨国内的申请中，1130件申请中共有77件发生专利权转让，其中有60件目前仍然处于授权有效阶段，占发生专利权转让的总申请量的77%，说明该类专利为国内申请人重点关注、并予以保护的重点技术。经人工去噪，共获得44件目前仍处于授权有效阶段的相关重点专利申请。

如图4-4所示，我国涉及专利权转让的重点专利主要涉及北京、江苏、广东、浙江、上海和辽宁等地。

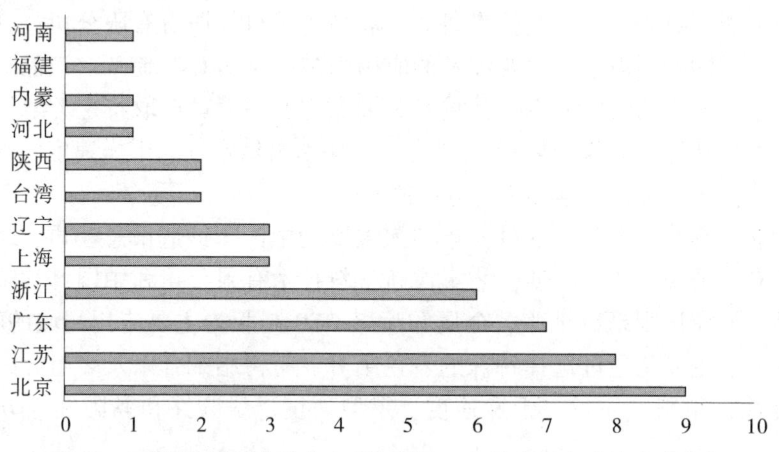

图4-4　喷墨油墨国内发生专利权转让且有效专利申请的地区分布

对于北京，主要是在纸张、织物、喷墨CTP制版、陶瓷、玻璃和塑料等方面进行应用的喷墨油墨技术，涉及的是多组分配合改善（如着色剂与树脂配合）干燥速度、分辨率、色牢度、保存稳定性、喷出稳定性、附着性、光泽性和耐久性等方面的性能。

对于江苏，主要是在织物、纸张以及喷墨CTP制版等方面应用的喷墨技术，具体涉及的是采用特定类型的聚合物、分散剂、以及不同组分的配合改善油墨保存稳定性、喷出稳定性、附着性、固化速度、手感、机械强度、色牢度和图像质量等方面的性能。

对于广东，主要是在纸张、织物、陶瓷等方面应用的喷墨技术，涉及的是通过选择特定的着色剂、流平剂以及多组分配合改善油墨的稳定性、耐久性、牢固性、色密度、光泽性和图像质量等方面的性能。

对于其他地区，技术应用领域与北京、江苏和广东类似，均为纸张、织物、喷墨 CTP 制版、塑料等方面，此外还涉及液晶显示器、印刷电路等。采用的主要技术手段则是选取特定结构的着色剂、聚合物、助剂或多组分配合改善油墨的稳定性、耐久性、干燥速度、色彩效果等方面的性能。

由图4-5可知，我国申请人变更类型最多的是企业变更为企业，其次为高校或科研院所变更为企业，最后为个人变更为企业。此外，还出现一件经多次变更后，专利权人为原始申请人的专利申请。

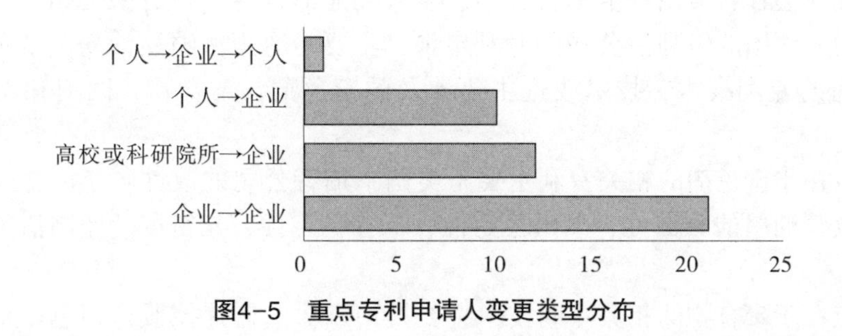

图4-5 重点专利申请人变更类型分布

首先，对于企业变更为企业的共有 21 件重点专利，变更情况主要分为以下几种情况：①企业名称发生变化，为保护其专利的所属关系准确，故发生变更；②同一集团下的不同子公司，为了集团共同利益或其他目的发生专利权的变更；③不同企业之间由于某种利益关系或其他目的导致的专利权变更。主要是在织物、纸张、陶瓷、玻璃等方面应用的喷墨技术。采用的主要技术手段为选取特定类型的着色剂、聚合物、功能材料、助剂、溶剂、或多组分配合改善油墨的相关性能。

其次，对于高校或科研院所变更为企业类型的重点专利有 12 件。涉及的高校或科研院所主要是中国科学院、中山大学、江南大学、江苏科技大学、上海大学、西安理工大学、中国印刷科学技术研究所、大连理工大学等。发生专利权变更的主要原因是由于产学研项目的结合，企业获知高校的相关专利技术，为调整自己的产业结构或对相关技术进行研究和产品生产，国内申请人通过与国内高校或科研院所沟通并获取相应技术。为长期采用相关技术进行技术研究和产品生产，故将相关技术的专利权由高校或科研院所变更为相应企业。该类型的专利申请主要是在织物、喷墨 CTP 制版、陶瓷和印刷电路等方面应用的喷墨技术，采用的技术手段是通过选取特定类型的着色剂、聚合物、助剂、功能材料以及多组分配合改善油墨相应性能。

最后，对于个人变更为企业类型的重点专利有 11 件，其中一件经多次变更，最终变为个人申请（CN200710118701）。上述重点专利主要是在织物、塑料等方面应用的喷墨技术，采用的具体手段主要是通过选取特定类型的着色剂、聚合物以及多组分配合使用改善油墨的相应性能。

综上所述，我国专利权转让主要是企业向企业转让、高校或科研院所向企业转让、个人向企业转让等。对于企业向企业转让的情况，主要体现的是不同企业之间的合作，或同一集团下不同企业之间的利益最大化的重要举措。对于高校或科研院所项企业转让和个人向企业转让的情况，主要涉及产学研结合，以及将民间科学家的研究成果进行工业化生产的导向型举措。上述不同类型申请人之间的专利转让，并且上述专利目前均处于有效状态的现状，均在一定程度上反映了企业对相应技术的重视程度。因此，国内申请人在对相应技术进行研究，或对相应产品进行生产时，应注意规避上述专利的保护范围，以免对自己的利益造成损失。

4.2.1.3 重点贡献性专利案件

喷墨油墨国内的申请中，存在 9 件因期限届满而权利终止的重点专利，主要是日本的佳能株式会社、美国的卡伯特公司、澳大利亚的特恩杰特有限公司、卢森堡的蓝片控股公司、法国的伊马治公司的专利申请，主要是通用型喷墨油墨、纸张油墨和陶瓷油墨方面的专利技术，技术改进主要涉及的着色剂、聚合物、助剂和功能材料的选取。

改进点在于着色剂的相关专利主要是美国卡伯特公司的改性碳产品在喷墨油墨中的应用，改善油墨的分散性、喷出稳定性、保存稳定性、光密度、印刷清晰度等方面的性能。

改进点在于聚合物的相关专利技术主要是卢森堡的蓝片控股公司色申请的利用特定方法制备的具有良好稳定性的油墨可应用于喷墨印刷中的专利技术。

改进点在于助剂的相关专利技术主要是日本佳能株式会社申请的选择 1,2,6-己三醇和环氧乙烷加聚物配合使用改善喷出稳定性，解决羽毛状物和干燥速度慢的问题的专利技术。

改进点在于功能材料选择的专利技术涉及的是澳大利亚的特恩杰特有限公司申请的通过特定荷电可标记材料的加入改善油墨分辨率的专利技术。

综上所述，上述重点专利技术均在中国已经保护满 20 年而处于无效状态，其重要程度不容小觑。另外，由于上述专利已经处于无效阶段，我国国内申请人在对相关技术研究和产品开发时可直接使用无须顾虑是否要规避其保护范围。

4.2.3 喷墨油墨产学研专利信息分析

4.2.3.1 喷墨油墨中高校（含科研院所）申请专利

对喷墨油墨中高校（含科研院所）申请专利进行分析，中国科学院化学研究所、北京印刷学院、中原工学院、江南大学、天津大学、复旦大学、海南亚元防伪技术研究所占据高校专利申请量前七排名，其专利申请量以及有效量见表 4-2。

表4-2　喷墨油墨排名前七高校专利申请量和有效量

名称	专利申请量/件	有效量/件
中国科学院化学研究所	38	19
北京印刷学院	17	13
中原工学院	15	3
江南大学	13	7
天津大学	11	1
复旦大学	10	3
海南亚元防伪技术研究所	9	3

另外，高校申请专利中，针对保护年限在5年以上且目前仍有效（截至20160623）的专利申请，对其法律状态、维持年限、受让人、解决的技术问题、采用的技术手段分布进行分析，得出以下结论。

（1）主要解决技术问题在于喷墨油墨的导电性、铺展性、分散稳定性、储存稳定性、与基材附着力、耐牢度、图像质量、阻塞喷头等，实际解决的技术手段一般是通过调节喷墨油墨整体配比、特定的制备方法或选择特定原料，如采用特定结构的水溶性喷墨染料、特定类型的表面活性剂以及对树脂的改性等，以实现喷墨油墨印刷适应性和使用性能的改变。涉及喷墨原料的改进方面较多。对染料的改进，如大连理工大学的申请号为CN200510045835和CN200510136809的专利，主要是对水溶性染料结构的改进，从而提高喷墨油墨的分散稳定性和储存稳定性；对树脂的改进，如江苏科技大学的申请号为CN201010521270的专利，主要是对有机硅聚氨酯预聚物的结构进行改进，从而提高油墨的柔韧性、耐候性等；对助剂的改进，如江南大学的申请号为CN200510040115的专利，主要是对聚羧酸型高分子共聚物的结构进行改进，从而提高颜料墨水的分散稳定性、储存稳定性以及色牢度等；另外，涉及导电喷墨墨水的专利较多，如复旦大学的申请号为CN200710039807的专利，主要采用特定的方法将喷墨墨水印刷在基材上，以提高导电膜的导电性和导电均匀性。从目前高校申请的重点专利来看，高校在导电喷墨墨水的研究较多，其技术与国外差距也较小，说明导电墨水在国内高校研究投入较多，具有一定的发展空间。且从前面对喷墨领域三位重点申请人的重点专利分析来看，这三位申请人对导电喷墨油墨研究投入较少，而对染料结构方面研究较多。高校可以继续在导电喷墨油墨进行研究，国内企业如对导电喷墨油墨有所需求，可通过与高校合作来开展专利布局，以利于提高我国的导电喷墨油墨技术。

（2）高校申请中，中国科学院化学研究所、北京印刷学院和江南大学均存在专利转移受让情况，但是整体专利转让率低，且转让专利均涉及纺织印花喷墨。

（3）高校主要研究团队有以下几个：①中国科学院的付勇、宋延林、王旭朋、周旭峰、刘兆平等。②北京印刷学院的李路海、徐英杰、魏先福、黄蓓青、李亚玲、莫黎昕等。③中原工学院的张迎晨、吴红艳、李闪闪、魏丽丽、端木营雪、范军胜、齐鹏、窦岳海、王威、刘政权、杨闻等。④江南大学的刘晓亚、付少海、关玉、袁妍等。

⑤天津大学的王富民、王利峰、蔡哲、蔡旺峰等。⑥复旦大学的邓吨英、杨振国、宋文斌、徐良衡、王睿、肖斐、杨超等。

目前较为活跃的团队分别为中国科学院和北京印刷学院，活跃度较低。其中，中国科学院主要涉及喷墨打印直接制版用墨水、导电喷墨墨水等；北京印刷学院主要涉及电泳显示电子墨水、乳液喷墨墨水以及导电喷墨墨水等。

4.2.3.2 喷墨油墨中企业-高校（含科研院所）申请专利

对喷墨油墨中企业-高校（含科研院所）申请专利的法律状态、维持年限、解决的技术问题、采用的技术手段分布进行分析，得出以下结论。

（1）国内大连理工大学与企业合作比较密切。大连理工大学分别与珠海纳思达企业管理有限公司、大连福思达专用化学有限公司和大连思普乐信息材料有限公司进行合作。大连理工大学与企业合作所涉及的专利都是针对染料的结构进行改进，从而改善油墨的分散稳定性、耐光性等，其主要研发团队是：彭孝军、吴金河、樊江莉、孟凡明、宋锋玲、孙世国、张蓉、王静月、龙志、王力成等。可见，大连理工大学在与企业合作方面有着较强的经验，并在国内已经开展了专利布局。国内其他大学如北京大学、清华大学、中山大学、东华大学、南京航空航天大学和景德镇陶瓷学院也已经开展了与企业的合作，所申请的专利为数不多，主要涉及的是导电油墨、碳导电油墨、陶瓷油墨、荧光防伪油墨，主要解决喷墨油墨的导电性、分散性等问题。国内大学比较注重理论技术方面，而企业在理论和科研方面上处于弱势状态，国内大学或企业可以借鉴大连理工大学与企业合作的经验，加强大学与企业之间的合作，提高专利申请质量，并开展一定的布局，对我国专利发展有一定促进作用。

（2）国外巴斯夫和施乐与高校合作较为突出。施乐公司针对的技术要点是相变油墨，而巴斯夫针对的技术要点是喷墨油墨中的树脂改性，其在国内已开展专利布局。而喷墨的其他龙头企业如精工爱普生、佳能等公司并未与大学开展合作，说明国外企业在与大学合作方面比较弱势，一方面是因为国外企业已具备一定的理论技术基础，另一方面是因为国外企业的专利撰写能力比较突出，这两方面是我国企业所欠缺的。因此，为了提高我国企业专利质量，我国企业应加强与大学的合作，提高专利质量。

第5章　主要结论和措施建议

5.1　版式油墨产业总体专利态势分析结论

本节对版式油墨的专利发展整体情况进行总结，从全球、中国和广东省三个层面，对版式油墨的专利申请趋势、重点专利技术和研发机构等情况进行全面的总结分析，为版式油墨产业发展建议提供依据。

5.1.1　全球版式油墨产业专利态势分析结论

5.1.1.1　中国创新积极性不断提高

版式油墨领域的全球专利申请量为13390项，其中，日本专利申请量最大，占全球50%，其次是中国和美国，分别占21%和13%。可见在版式油墨领域我国专利布局量虽然与日本有差距，但是已超过美国成为专利申请量第二大国，具有一定的优势，体现出我国创新主体的知识产权保护意识较强，对于我国版式油墨产业高质量发展具有重要意义。

结合版式油墨专利申请量的发展趋势来看，版式油墨领域专利申请始于1961年，1991~1995年每年的专利申请量保持了比较平稳的发展趋势。1996~2008年呈现快速增长的势头，在此期间版式油墨技术发展不断趋于完善，逐渐向技术成熟期迈进。2008年至今，版式油墨的全球专利申请量处于平稳增长状态，这一时期版式油墨技术已进入技术成熟应用期。

对于不同国家而言，日本在1985年之后就进入了快速发展期，而美国、欧洲均是在20世纪90年代后进入快速发展期。以上三个国家/地区均是在2003年左右进入平稳发展期，日本发展最快，美国和欧洲地区发展情势相当。随着中国专利法于1985年开始实施，我国出现了版式油墨领域的相关专利申请；在2000年之前，我国在该领域的年专利申请量维持在11项以下；但2001年后专利申请量快速提高，2009年中国年专利申请量超过美国、欧洲及韩国，2013年年专利申请量超过日本，成为年专利申请量最大国家。

2004年后中国专利申请量迅速增长，与其他国家专利申请量缓慢下降的趋势形成对比，可见，虽然我国在版式油墨领域的专利申请起步较其他国家晚，但是已经进入快速发展阶段，成为该领域全球专利申请量增长的主要贡献方，这与我国目前大力推进知识产权工作的政策密不可分，同时也反映出我国创新主体在该领域的创新积极性不断提高。另外，不难看出，我国的版式油墨专利发展进程较其他国家晚，一定程度上限制了我国对该领域基础专利技术的掌握程度，因此，在提高专利申请数量的过程中更要注重专利申请质量的提升。

5.1.1.2 我国缺乏知识产权名牌企业

版式油墨领域全球专利申请量排名前十位的申请人均为国外企业，分别为东洋油墨（日本）、DIC（日本）、大日本印刷（日本）、凸版印刷（日本）、巴斯福（德国）、太阳化学（美国）、阪田油墨（日本）、荒川化学（日本）、日本化药（日本）、理想科学（日本），反映出版式油墨领域的大量专利申请掌握在日本、德国和美国企业申请人手中，这与这些国家在版式油墨领域占据优势地位的产业现状也是相适应的，体现出知识产权保护对增强企业核心竞争力的重要性。

从各申请人专利申请量时间分布趋势中可以看出，巴斯福最早在1967年进入版式油墨行业。理想科学最晚，是1975年才进入该行业。除去荒川化学，其余公司均是在1990年左右，开始出现专利申请量的增加，并在后续持续申请专利。

上述前十位的申请人中并无中国申请人，排名最靠前的我国申请人为中国印钞造币总公司，专利申请量在全球排名第十四位。可见，我国版式油墨领域的专利申请总量虽然在全球排名第二位，但是缺乏知识产权名牌企业。

5.1.1.3 中国企业缺乏核心技术

中国申请人在国外的专利布局量远小于国外申请人在中国的专利布局量。对版式油墨全球专利申请的目标国/地区进行分析，日本、中国、美国、欧洲和韩国是该领域的主要专利布局目标国/地区，在各国/地区的专利申请量（即在各自区域公开的专利申请量）分别为8435项、4437项、3550项、3172项和1456项。

中国1985~2000年处于技术起步时期，2001年之后直至2013年专利申请量持续快速增长，至2009年年专利申请量超越美国、欧洲及韩国，至2013年年专利申请量超越其他四国/地区。可见，国内外申请人在中国的专利申请量仅次于在日本的专利申请量，目标国专利申请量越大，表明该国市场越被重视，反映出国内外申请人对中国版式油墨市场非常重视，中国企业应抓住机遇，迎接挑战。

从版式油墨全球技术输出国/地区分布来看，日本是全球最大的技术输出国，其主要专利申请在本国。从日本输出目标国/地区专利申请量可以看出，日本对待美国、欧洲、中国、韩国市场的重视程度接近，在中国的专利申请量为534项。美国除本国之外的最大目标国/地区是欧洲，其次是日本、中国，专利申请量分别为943项、751项和445项。韩国虽然本国专利申请量较低，为303项，但是对外输出量相对较高，在中国的专利申请量为79项。我国申请人在本国的专利申请量为2788项，在美国、日本、韩国和欧洲的专利申请量分别为29项、18项、14项、21项，与其他国家/地区相比，对外输出专利申请相对较少，反映出我国申请人在全球范围内的专利布局量不足，中国企业在国外进行产品销售时缺乏专利保驾护航，缺乏核心技术，导致竞争力缺乏。

5.1.2 中国版式油墨产业专利态势分析结论

5.1.2.1 国内创新活跃度不断提高

版式油墨领域国外申请人在中国的专利申请量占比大。版式油墨领域在中国的专利申请中，中国申请人的申请占59%，其次是日本和美国，分别占14%和10%。可见，国外专利申请量占比超过40%，中国版式油墨相关企业在产品走向国内市场的过程中需提高对国外专利的重视，降低侵权风险。

国内申请人在中国的年专利申请量于2011年超过国外申请人。从发展趋势来看，1985年国外申请人即开始在中国进行版式油墨的专利申请，之后直至1993年，国外在华专利申请量快速增加，至2005年进入平稳发展期。国内专利申请始于1985年，之后直至2000年专利申请量均处于较低水平，以年专利申请量不足十件的态势发展，直至2001年国内版式油墨专利申请进入快速发展期，到2011年年均专利申请量已超国外来华专利申请量。可见，与目前国外版式油墨专利申请量处于平稳期，即已经进入技术相对成熟期的情况不同，国内专利申请量保持较好的增长势头，反映出国内申请人对知识产权重视度不断增强，创新活跃度不断提高。

5.1.2.2 中国缺少掌握核心技术的龙头企业

在中国的专利申请量排名前十的申请人中有两位中国企业申请人、八位外国企业申请人，中国企业的专利保护力度需进一步加强。从申请人排名看，专利申请量排名前十位的申请人中，日本企业有东洋油墨、住友和DIC，美国企业有太阳化学、西柏控股，欧洲企业有默克专利、巴斯福和西巴，国外企业申请人占据了大多数。但是与全球专利申请量排名前十位的申请人中无一中国申请人的情况不同，版式油墨领域在中国的专利申请中，中国企业中国印钞造币总公司和中钞实业有限公司分别排名第二和第十，体现了版式油墨领域我国仍然存在重视知识产权保护的企业，可以进一步提高海外知识产权保护力度，提高国际竞争力。

另外，来自日本、美国、德国及瑞士的申请分别占据了国外来华专利申请总量的34%、25%、18%、8%，这四个国家占据了国外来华专利申请总量的85%，体现了这四个国家对中国版式油墨市场较为重视，国内创新主体研发和生产过程中可做好对这些国家专利申请的调查研究，提高创新效率和避免侵权发生。

对国内企业按照专利申请量进行排名，排名前六位的分别为中国印钞造币、中钞实业、中国科学院、北京印刷学院、比亚迪、深圳美丽华。但是这六位申请人的专利申请总量只有258件，仅占国内申请人在华的专利申请总量的9.1%，而处于全球领先地位的东洋油墨的全球专利申请量则达到1122项。可见，国内缺乏专利申请量占绝对优势的申请人，缺少在版式油墨领域掌握核心技术的龙头企业，技术较分散。

5.1.2.3 企业处于创新主体地位，合作创新具有优势

版式油墨领域，企业专利申请量占据了总专利申请量的80%，体现了企业在该领域的创新主体地位，个人、高校（含科研院所）专利申请分别占据了总量的8%、6%。

另外，合作申请专利有效率是最高的，达到37%。合作申请是两个或两个以上创新团队合作创新后进行的专利申请，合作申请专利有效率高体现了合作创新具有优势。其次是企业申请，专利有效率为33%，专利有效率高意味着专利申请质量相对较高，研发主体的技术水平相应也较高。国内企业作为产业发展的市场主体，可以进一步加大与其他企业，以及高校和科研院所的合作，以市场为导向、以专利为核心，共同研发，解决版式油墨领域的共性问题，提高产业整体技术水平。

5.1.2.4 国内创新能力需进一步提高

版式油墨中国专利法律状态分布率为：授权专利维持量占全部专利申请量的36%，被驳回专利量仅占全部专利申请量的9%。可以看出在该领域，专利有效率（授权专利维持量/申请量）相对较高，驳回率低，这种情况一部分源于该领域国外企业已然进入发展成熟期，专利申请质量高；另外，国内申请人专利申请时间较晚，大部分专利处于刚刚获权状态，还未进入自动放弃期。

国外申请人专利有效率为40%，相对于国内申请人专利有效率34%更高，国内申请人专利申请质量和创新能力需进一步提高。

5.1.3 广东省版式油墨产业专利态势分析结论

5.1.3.1 广东省创新水平和知识产权保护处于全国领先地位

从国内申请人区域分布情况来看，专利申请量排名前十的区域分别为广东省、江苏省、上海市、安徽省、北京市、浙江省、天津市、山东省、四川省和湖北省。其中广东省专利申请量最大，为730件，其占比达到国内申请人专利申请的26%。江苏省和上海市分别为453件和232件。

在授权专利维持量上，广东省授权专利维持量最高，为296件，其次为江苏省和上海市，分别为115件和81件。可见广东省在版式油墨领域的授权专利维持量较大，在该领域的创新水平和知识产权保护处于全国领先地位。

5.1.3.2 广东省创新活跃度不断提高

广东省从1991年才开始出现版式油墨专利申请，与国内从1985年就出现相关专利申请相比，起步较晚。直至2005年，年专利申请量都不足5件，2006年之后，专利申请量增长较快，平均年增长率约为10件。2015年增长明显，由2014年的年专利申请量78件增加至133件，出现专利申请量峰值。

上述发展趋势与近年来国家鼓励发明创造，广东省政府大力推进知识产权工作，出台一系列促进知识产权发展的政策和举措，如对于创新主体申请专利推出相关扶持和补贴政策等有密切关系。同时广东省也是油墨生产基地，市场需求大省，虽然油墨领域入门门槛较低，但是随着油墨技术逐渐进入成熟期，市场对高质量产品的需求逐渐增加，促使省内油墨企业积极参与研发创新以迎合市场对高质量产品的需求。综上几点，均带来版式油墨领域总专利申请量在广东省增速较快，创新活跃度不断提高。

5.1.3.3 广东省申请人专利申请量和质量需进一步提高

从申请人排名看，广东省版式印刷油墨总专利申请量10件以上的申请人总共有八位，分别为比亚迪、深圳美丽华、茂名阪田油墨、惠州市至上新材料、中山大学、华南理工大学、深圳市深赛尔实业以及深圳容大油墨，专利申请量分别为28件、27件、19件、16件、16件、11件、10件以及10件。

从专利申请量时间分布趋势来看，这几大申请人都是从2000年之后开始申请专利，其中中山大学以及华南理工大学专利申请量相对较为持续，而其他几位申请人专利申请量分布不均匀。

从申请人在总专利申请量中的占比情况来看，前八名申请人申请量仅只占广东省总专利申请量的18%，且第八名仅有11件专利申请，即从这些数据来看，专利申请人集中度并不高。这与国内申请人总体专利申请集中度情况也是一致的。

从上述申请人在全球的专利布局意识看，仅有排名第一的比亚迪在传统版式油墨领域的PCT专利申请量为8项，而其他申请人均无PCT申请，反映出广东省传统版式油墨领域申请人的PCT专利申请量总体较少，专利申请量和质量需进一步提高。在经济全球化的形势下，企业走出国门缺乏核心技术专利保驾护航，不利于企业的长远发展。

5.1.3.4　省内企业是创新的主力军

广东省企业专利申请量为571件，占广东省专利申请总量的78%，体现了企业是广东省版式油墨领域的创新主力军，企业的研发实力和专利保护力度较强。其次是个人申请、合作申请、高校申请（含科研机构）。其中个人专利申请量占据了广东省总专利申请量的10%。

企业与企业之间的合作申请占据了合作申请量的58%，主要为上下游企业的合作。其次，企业与高校（含科研院所）的合作，申请占据合作申请量的30%。可以看出，广东省企业之间以及企业与高校之间的技术交流相对较为频繁，存在产学研合作的基础。

5.1.3.5　广东省合作申请和企业申请专利质量较高

从法律状态来看，目前版式印刷油墨广东省专利有效率（授权专利维持量/申请量）为40%，驳回率为11%，撤回率为11%，失效率（授权专利失效量/申请量）为5%，失效率低，有效率高。

授权维持的专利申请中，合作申请专利有效率最高，达到54%，其次是企业、高校以及个人申请，专利有效率分别达到43%、35%、17%，体现了合作创新具有优势，专利申请质量较高。

5.1.3.6　深圳市创新活跃度较高

从区域分布情况来看，广东省专利申请地市主要集中在深圳市、东莞市、广州市、佛山市、惠州市以及中山市，这六个地市占据了广东省专利申请总量的80%以上。其中深圳市排名第一，占总专利申请量的28%，这主要与深圳拥有比亚迪、深圳美丽华等专利申请量较大的企业有关，体现了深圳在该领域的创新能力较强，创新活跃度较高。

5.1.3.7　广东省网孔版印刷油墨专利保护积极性较高

从技术构成分析来看，网孔版印刷油墨在广东省的专利申请量最大，为432件；其次是平版印刷油墨、凹版印刷油墨和凸版印刷油墨，申请量分别为220件、203件和176件。

从网孔版油墨中国专利申请区域分布情况看，广东省专利申请量最大，其占比达到国内专利申请量的33%，其次是江苏省、上海市、北京市，专利申请量占比分别为16%、8%、6%。

在国内各省市中，广东省网孔版油墨领域授权专利维持量最高，为189件，江苏省在该领域授权专利维持量为65件，排名第二。

这与广东省三角洲地区网印生产厂家较多，与港、澳、台地区交流较多，油墨生产、贸易、配套网印产品销售服务比较集中的产业现状密切相关，反映出广东省在网孔版印刷油墨方面技术研发和专利保护积极性较高。

5.2 喷墨油墨产业总体专利态势分析结论

本节对喷墨油墨的专利申请整体情况进行总结，从全球、中国和广东省三个层面，对专利申请趋势、地域分布、申请人和法律状态等情况进行总结分析，为产业发展的建议提供依据。

5.2.1 全球喷墨油墨产业专利态势分析结论

5.2.1.1 日本喷墨油墨技术占绝对优势，中国创新显著增强

喷墨油墨全球专利申请总量为28804项。从发展趋势来看，20世纪90年代中期至21世纪初期经历了爆发式增长阶段，2005年专利申请量达到峰值，随后保持了较为平稳的发展势头，年专利申请量保持平稳数量。

从专利申请量区域分布来看，日本在该领域占据绝对优势，来自日本申请人的专利申请量占据全球总专利申请量的65%。美国、欧洲的专利申请量分别达到总专利申请量的16%和9%。中国的专利申请总量位列第四，共1839项，占比约6%，体现出该领域国内技术与世界先进水平存在较大差距。

但近年来中国专利申请量增长势头显著，2011年起年专利申请量开始超越欧洲，并在随后几年得以保持，反映出国内申请人知识产权保护意识的增强以及研发积极性的提高。

5.2.1.2 国内技术与世界先进水平存在较大差距

从申请人角度来看，该领域中也体现了日本的领先地位。专利申请量排名前十的申请人分别为精工爱普生（日本）、佳能（日本）、富士胶片（日本）、柯尼卡（日本）、理光（日本）、施乐（美国）、惠普（美国）、东洋油墨（日本）、大日本油墨（日本）、日本化药（日本），其中八家公司来自日本。前五名则全部为日本公司。

前三名的精工爱普生、佳能、富士胶片的专利申请量均占到全球总专利申请量的9%以上，以较大优势领先形成第一集团。前十名的总专利申请量则占到全球专利申请总量的51%。没有中国申请人处于全球专利申请量排名前二十的位置，体现了该领域技术分布高度集中，核心技术掌握在国外大企业的手中，国内技术与世界先进水平存在较大差距。

5.2.1.3 中国申请人在国外的专利布局较少

从对外布局角度，日本不仅专利申请数量占优，也非常重视向外布局，向美、欧、中、韩的布局量占据比例最高，也均超越了上述各国在本国所布局的数量。中国本土

的专利申请量仅为 1821 件，而日本在中国的专利申请量为 2071 件，中国企业在产品投向本国市场的过程中需提高对上述专利的重视程度，降低侵权风险。

美国和欧洲在本国的申请和对外的布局相对平衡，韩国和中国对外的布局则比较薄弱。中国在日本、美国、欧洲和韩国的布局量分别为 25 件、52 件、31 件和 15 件。我国申请人在海外的专利布局较少，反映出我国企业的核心技术掌握不足。

5.2.2　中国喷墨油墨产业专利态势分析结论

5.2.2.1　国内创新活跃度不断提高

喷墨油墨领域向中国专利局提出的专利申请量为 6858 件，国外来华的专利申请量占据了申请总量的 75%。国外在中国进行专利申请的国家主要为日本、美国、德国、瑞士、比利时等，专利申请量分别达 2396 件、1098 件、384 件、201 件、176 件，体现了中国国内市场对这些国家的重要地位。2000 年之前几乎全部为国外来华的申请。2010 年之前的发展趋势与全球趋势相当，该阶段影响专利申请量增长的主要因素是国外申请人在中国的专利申请的快速增长，该阶段国内申请人年专利申请量远远低于国外申请人年专利申请量。可见，国内申请人在中国专利布局起步较国外申请人晚，基础专利被国外申请人提前占据，企业发展面临挑战。

2011 年起向中国专利局提出的专利申请量再次出现大幅增长，这主要是因为国内申请人申请量的增加明显导致。在 2013 年后国外申请人的专利申请量有所下降，但是国内申请人的申请量继续保持增长势头，体现出国内创新活跃度不断提高。

5.2.2.2　我国缺乏掌握核心技术的龙头企业

从申请人排名来看，排名前二十位的申请人中有十九位是国外申请人，中国科学院得益于其众多科研院所的集群优势，专利申请总量位列第九（专利申请量为 79 件），在我国喷墨油墨专利布局上占有一席之地。

排名前三的申请人分别为富士胶片、精工爱普生和佳能，与全球专利申请量排名前三位申请人相同，位次有所调整。由此可见，国外企业申请人占据了中国喷墨油墨领域相当一部分的专利申请量，我国缺乏掌握核心技术的龙头企业。因此，我国企业在喷墨油墨方面仍需加大研发力度，可考虑与中国科学院等科研院所合作，借助高校的优势研发人才队伍提高企业创新能力，加强知识产权布局，改变我国喷墨油墨市场被国外各大跨国公司占领的被动局面。

5.2.2.3　企业处于创新主体地位

国内申请人方面，除了前面所述的中国科学院以外，其余各申请人的专利申请量均未超过 45 件。纵观中国申请人的情况，可以看出主要分为四种：第一种是高等院校，主要是进行理论层面的试探性研究工作，如北京印刷学院、江南大学、中原工学院、天津大学、复旦大学和电子科技大学等；第二种是主要研究喷墨技术的科研院所，如中国科学院；第三种是个人申请，主要体现一些民间科学家的研究成果；第四种是以油墨等化工耗材类为主要生产产品的化工类企业，如珠海保税区天然宝杰数码科技材料有限公司等。

综上所述，我国国内申请人类型多样，从多种角度、多种立场实现对喷墨技术的研究和生产，进而产生了多元化的喷墨油墨专利布局，为喷墨油墨的进一步研究提供了多方面的技术支撑。同时广东省也涌现出了一批知识产权保护意识较强的企业，如珠海保税区天然宝杰数码科技材料有限公司、TCL 集团股份有限公司、比亚迪股份有限公司、深圳市墨库图文技术有限公司等。

另外，中国专利申请中，企业专利申请量占据 83.9%，占比最大。同时，合作申请中企业与企业之间的合作情况最多，并且呈现逐年增多的趋势。可见，虽然我国缺乏掌握核心技术的龙头企业，但是企业仍然是我国喷墨油墨专利申请的主力军，处于创新主体地位，未来还需在企业技术创新和专利申请方面加大扶持力度。

此外，企业与科研院所、企业与高校等类型的合作申请也在逐年增多，上述产学研合作的不断发展有助于推动我国喷墨油墨产业的进一步发展。

5.2.2.4 我国创新能力和知识产权保护能力有待进一步提高

从专利申请质量方面，国内专利申请中（包括国外来华专利申请和本土专利申请）总体授权率为 54%，其中国外来华专利申请授权率达到 62%，本土专利申请授权率为 34%，本土专利申请在申请质量方面偏弱于国外来华专利申请。

出现上述情况的主要原因是我国喷墨油墨起步较晚。国内申请人最早申请喷墨油墨的专利是在 1994 年，而国外申请人的在华专利申请中在 1988 年就存在喷墨油墨的专利技术。国外申请在中国针对喷墨油墨进行了大范围的专利布局，在技术上也领先于国内申请人，给国内申请人带来了挑战。国外申请人为该领域的领头羊，掌握了绝大多数的核心技术，国内企业突破国外企业的技术垄断存在较大障碍。

同时，对于授权专利的维持年限进行统计，总体平均维持年限为 7.98 年，国外来华申请和本土申请则分别为 8.54 年和 4.81 年，两者存在较大差距；上述维持年限方面的差距体现了国内外申请人授权专利价值方面的差距。可见，我国在该领域创新能力和知识产权保护能力有待进一步提高。

5.2.3 广东省喷墨油墨产业专利态势分析结论

5.2.3.1 广东省创新活跃度处于全国领先地位

就国内专利申请的区域分布情况而言，广东以 537 件专利申请领先于江苏（254 件）、北京（191 件）、上海（182 件）等国内其他省市，创新活跃度处于全国领先地位。但是，相较于日本、美国和欧洲在中国的专利申请量 2071 件、1040 件和 929 件存在差距。由此可见，为了保证国内相关企业在该领域的良好发展，避免外来技术的冲击，大力发展属于我们自己的喷墨技术迫在眉睫。

5.2.3.2 广东省创新积极性不断提高

广东省在喷墨油墨领域的专利申请起步较晚，2001 年开始有相关专利申请，2009 年之前年度专利申请量均在 10 件之下；2009 年之后研发和申请热度有明显提升，并且申请人数量也有较大幅度增长；2015 年超过 50 位申请人在该领域进行了专利申请。反映出广东省创新积极性不断提高，且创新主体的知识产权保护意识不断增强。

5.2.3.3　企业处于创新主体地位

申请人类型方面，企业类型申请人的专利申请量占据了72.25%，体现了该领域中企业作为市场主体，处于创新主体地位，积极通过专利布局的方式抢占市场份额的特点；另外合作申请占比为7.82%，个人申请占比为7.45%，这说明喷墨领域存在研究起点较低的技术切点。

此外，广东省喷墨领域的专利申请主体涉及高校和科研院所的比例均较低，分别为10.24%和2.23%，这主要与高校和科研院所选择的研发技术成果的保护形式有关。高校和科研院所更加侧重基础理论和前沿技术的研究，且研究的成果也多采用论文的形式进行发表，采用专利权进行保护的意识相对较低；喷墨领域各分支技术偏向于对现有技术各应用的改进，与高校或科研院所的研究关注点不重合也可能导致科研院所或高校并未投入较多的研发力量到该领域。

合作申请中，4.47%为企业之间的合作申请，而企业-高校合作申请和企业-科研院所合作申请占喷墨领域广东省专利申请总量的0.5%以下，占比很少，体现出该领域产学研合作很少。因此，应加大广东省在喷墨领域产学研的合作，促进高校和科研院所知识产权成果的尽快落地，使得高校和科研院所更有动力针对产业需求进行研发，并且对研发成果进行积极保护，促进产业整体发展。

5.2.3.4　省内申请人专利数量较少，创新能力有待提高

重点申请人方面，专利申请量排名较前的申请人包括珠海保税区天然宝杰数码科技材料有限公司、TCL集团股份有限公司、比亚迪股份有限公司、深圳市墨库图文技术有限公司、佛山市彩贵新型材料有限公司、华南理工大学、佛山市明朝科技开发有限公司|毛海燕、佛山市道氏科技有限公司和广东道氏技术股份有限公司等，但各申请人专利申请量均不超过25件，专利数量较少。

另外，珠海保税区天然宝杰数码科技材料有限公司、TCL集团股份有限公司、比亚迪股份有限公司和华南理工大学在喷墨领域的PCT专利申请量分别为4项、1项、7项、1项，深圳市墨库图文技术有限公司、佛山市彩贵新型材料有限公司、佛山市明朝科技开发有限公司|毛海燕、佛山市道氏科技有限公司和广东道氏技术股份有限公司均无PCT专利申请。可见，广东省喷墨领域专利申请量排名较前的申请人的PCT专利申请量总体较少，在全球范围内专利布局量不足。

这体现出目前受国外企业的技术封锁，与国内自身的生产实力的制约。广东省在喷墨油墨领域的研究企业虽然较多，但是在该领域的技术研发还处于薄弱状态，创新能力有待提高。

5.2.3.5　省内各地市喷墨油墨技术发展各有特色

申请量方面，佛山、深圳、广州、珠海专利申请量分别占广东省专利申请总量的29.80%、16.76%、15.27%和12.85%，处于省内领先地位。其中，佛山市专利申请多集中在陶瓷喷墨油墨；深圳市专利申请的优势得益于比亚迪等主要专利申请人，专利申请主要是具有导电功能的喷墨油墨以及其他类型；广州市专利申请量大的原因主要在于拥有华南理工大学等高校，专利申请集中于喷墨油墨原料的改进等；珠海得益于

专利申请量较大的珠海纳思达电子科技有限公司和珠海保税区天然宝杰数码科技材料有限公司等申请人，专利申请集中于织物印花喷墨油墨。

法律状态方面，佛山、深圳、珠海授权专利维持量相对较高，均为26件以上，这三个地市授权专利维持量占据了广东省喷墨领域授权专利维持总量的一半以上，专利申请质量较高。

5.3 版式油墨和喷墨油墨产业发展建议

5.3.1 提高创新能力

产业上，虽然2012～2014年我国印刷油墨出口数量超过进口数量，但是2008～2014年油墨出口金额仍小于进口金额，中国仍是在低端市场上占据优势，高端市场仍被国外公司控制。且从专利态势上看，版式油墨领域和喷墨油墨领域国外申请人专利申请量占绝对优势，在中国的专利布局量较大，专利申请质量较高，而我国申请人在国内和国外专利布局量不足，专利申请质量较低，产业发展缺乏专利保驾护航，反映出我国申请人在该领域的创新能力不足。只有提高创新能力，积极将创新成果以专利形式进行保护，提高专利申请质量，才能为产业发展保驾护航。因此，国内创新主体提高自身创新能力迫在眉睫，具体可从以下几个方面着手。

5.3.1.1 积极寻找研发突破点

通过分析，国内申请人与国外申请人在油墨的重点技术分支的创新水平存在一定差距。以织物印花喷墨油墨为例，在华专利申请中，国内申请人在着色剂、树脂、助剂、溶剂方面改进的专利申请量分别为65件、13件、12件、3件，而国外申请人在着色剂、树脂、助剂、溶剂方面改进的专利申请量分别为223件、18件、22件、4件，体现出国内申请人虽然已将研发重点聚焦于油墨原料着色剂、树脂、助剂、溶剂等的研发上，但是受制于我国精细化工加工水平等因素，与国外还存在较大的差距。

专利申请所反映出的情况与国内油墨企业主要采用外购特别是从国外购得的原料如着色剂、树脂和助剂进行种类选择和含量调整获得油墨的现状也是一致的，体现出我国申请人对油墨原料的研发能力亟须进一步提高。

为此，对版式油墨领域和喷墨油墨领域重点专利进行了分析。根据油墨领域专利申请人排行及全球油墨销售额排行，在版式油墨领域筛选出DIC（包括子公司-太阳化学公司）、东洋油墨及阪田油墨三大传统版式油墨公司，在喷墨油墨领域筛选出行业龙头企业佳能、精工爱普生和惠普，分析这几家公司的重点专利技术如下。

1）着色剂。油墨中作为着色剂成分的颜料和染料性能的改进，以及选取不同着色剂的配合，着色剂与溶剂、树脂、分散组分和其他功能化合物的配合改善墨水稳定性、图像浓度等性能。

2）聚合物。具有特定官能团（如阴离子基团、疏水性基团、亲水性基团）、包覆结构、嵌段结构（具有聚硅氧烷结构的单元的接枝聚合物）、化学性质（酸值和氢键）的聚合物的采用，以解决油墨的喷出稳定性、保存稳定性、发色性、耐久性、图像浓度等技术问题。

3）溶剂。特定类型溶剂或不同类型溶剂配合，以解决油墨稳定性、图像浓度、色彩平衡性和耐久性等方面的技术问题。

4）助剂。特定的分散剂、表面活性剂和保湿剂的采用，以解决油墨稳定性、图像密度、渗色、耐久性和印制品卷曲等技术问题。

5）环保油墨水性油墨、辐射固化如紫外光固化油墨、植物油基油墨、水性紫外光固化油墨及醇溶性油墨的开发。

6）特种油墨。导电油墨、绝缘油墨以及静电油墨的研究，主要通过改善导电材料自身性能和加入助剂如添加电荷引导剂等提高导电性，通过改善树脂的性能提高绝缘油墨的绝缘性等。

7）油墨组。通过特定数值范围的色相角的油墨配合，或在印刷图像过程中通过对油墨组的印刷方法进行改进，或是对油墨组中油墨的颜料进行改进，从而改善印刷图像的发色性、耐久性、图像浓度等技术问题。

另外，专利保护年限越长，说明申请人对专利越重视，专利的价值越高。因此，对专利权有效期届满（20 年）和保护年限在 18~19 年未缴年费专利权终止的重点专利申请进行了梳理，专利技术具体涉及颜料、树脂以及微胶囊的制备等。

国内创新主体在研发过程中可通过借鉴上述重点专利技术积极寻找研发突破点，注重油墨原料如着色剂、聚合物、溶剂和助剂等的进一步研发，制备拥有自主知识产权的油墨原料，从而摆脱原料依赖进口的局面，且要将研发方向拓展到特种油墨如导电油墨等的研发上。在积极开发原创性技术的同时，可围绕国外核心专利进行二次创新，获得自己的应用技术专利、组合专利或外围专利，可以尝试通过交叉许可等方式，获得更大的发展空间。

5.3.1.2　提高产学研合作力度

高校和科研院所如中国科学院专利申请量较大，喷墨油墨领域专利申请量位列中国专利申请量第九位，且高校和科研院所也持有一定量的有效专利。对版式油墨和喷墨油墨中高校（含科研院所）申请专利进行分析，梳理出了高校（含科研院所）的重点专利技术。

1）中国科学院：主要涉及提高油墨附加价值导电油墨、凹版印刷墨等。

2）北京印刷学院：主要涉及提高油墨附加价值导电油墨、凹印油墨等。

3）中山大学：主要涉及水性油墨、胶印油墨等。

4）华南理工大学：主要涉及光固化油墨及其连接料。

5）武汉大学：主要涉及胶印油墨以及油墨中溶剂以及树脂连接料的制备。

6）中原工学院、江南大学、天津大学、海南亚元防伪技术研究所：主要涉及喷墨油墨。

7）大连理工大学：涉及对水溶性染料结构的改进，从而提高喷墨油墨的分散稳定性和储存稳定性。

8）江苏科技大学：聚合物的改进，涉及对有机硅聚氨酯预聚物的结构进行改进，从而提高油墨的柔韧性、耐候性等。

9）江南大学：助剂的改进，对聚羧酸型高分子共聚物的结构进行改进，从而提高颜料墨水的分散稳定性、储存稳定性以及色牢度等。

10）复旦大学：涉及导电喷墨墨水，主要涉及的是采用特定的方法将喷墨墨水印刷在基材上，以提高导电膜的导电性和导电均匀性。

可见，国内高校（含科研院所）已经开始了油墨原料如聚合物、染料和助剂，环保油墨如水性油墨、光固化油墨以及特种油墨如导电油墨的研发。

且广东省企业与高校已有染料方面产学研成功合作的先例，其他企业可在借鉴上述代表企业成功经验的基础上，在着色剂、聚合物、助剂、水性油墨、胶印油墨、导电油墨、光固化油墨、喷墨油墨等方面与对应的上述高校（含科研院所）开展产学研合作。通过产学研有效结合，使得上述高校和科研院所的研发能够以产业最需要解决的问题为导向，从而使企业的生产有过硬的技术支撑。同时高校和科研院所的研发成果能够尽快转化为生产，可借助知识产权交易中心等平台进行知识产权交易运营，实现知识产权成果的有效转化利用，提高行业整体创新能力。

5.3.1.3 建立企业联合创新机制

随着知识产权全球化的不断推进，企业在缺乏核心专利技术的情况下所生产的产品存在专利侵权的风险也在逐渐加大。因此，企业亟须加大对技术的研发力度，将真正有用的核心专利技术掌握在自己手中。

就国内版式油墨和喷墨油墨专利申请来看，企业专利申请数量较大，企业与企业之间的合作申请较多，合作申请的专利质量较优，可见企业联合创新具有一定的优势。

虽然广东省企业申请量占比较大，但是在中国排名前十位的申请人中，均无广东省企业。可见广东省仍然缺乏专利拥有量占绝对优势的企业，中小企业居多。

针对目前广东省中小企业对科技创新投入资金不足、科技创新缺乏必要的资金支持、无力购买先进的技术、研发能力薄弱以及研发积极性不高的现状，可以由多家企业建立企业联合创新机制，实现共同的研发投入，进行共同的技术开发和引进，不仅可以分摊因技术研发和高价值技术引进花费的高成本，还有利于国内整个领域技术的提升，并摆脱国外技术对国内产品的钳制。

政府可发挥促进资源共享和提供基础设施方面的职能，可通过设立专门的油墨产业协会协调中小企业联合创新事宜，完善技术服务、技术评估、技术经纪及信息咨询等方面职能。将广东省内的优势企业和其他小企业联合起来进行研发人员和研发仪器的共享，并且推动油墨上下游企业如生产着色剂、聚合物、助剂等的企业和油墨的应用企业的合作创新，使企业获得更多的市场机会和应用反馈信息，使新产品、新工艺能够在应用中不断创新和发展。

另外，针对国内对油墨原料的研发与国外差距比较大、而短时间内又不易突破的情况，国内企业可以与国外相关技术方面有专长的企业合作。如在着色剂方面可以与戴斯塔纺织纤维股份有限公司、德国两和公司和德司达公司、瑞士西巴特殊化学品控股有限公司和亨斯迈先进化工材料有限公司、日本的精工爱普生株式会社和日本化药株式会社开展合作。

5.3.1.4 建设特色知识产权试点区

在版式油墨和喷墨油墨领域，广东省的专利申请量最大，居于全国首位。广东省的版式油墨和喷墨油墨申请人多集中在深圳、佛山等区域，反映出这些区域的创新活跃度较高。对此，可针对这些区域的优势，建设特色知识产权试点区，带动区域自主创新能力的提高，以点带面，进而促进全省版式油墨和喷墨油墨产业发展。

如针对佛山市在陶瓷喷墨油墨方面以及珠海市在织物印花喷墨油墨方面的研发和专利申请优势，以及佛山本身是陶瓷产业基地的优势，可分别在上述区域进行陶瓷喷墨油墨方面和织物印花喷墨油墨方面的PCT申请试点，大力引进知识产权相关专业人才，提高陶瓷喷墨油墨和织物印花喷墨油墨方面的PCT申请量和质量。

5.3.2 提高专利申请质量

版式油墨领域和喷墨油墨领域国外申请人在华申请的专利有效率（授权专利维持量/申请量）高于国内申请人的专利有效率，体现出国内申请人专利申请质量较低。对此，国内申请人在提高创新能力的同时，需提高专利申请质量。

5.3.2.1 解决油墨专利侵权取证困难的问题

油墨作为组合物，专利权被侵犯后存在取证不易、维权困难的问题。且目前一些国内企业已经占据了相当大的低端油墨产品市场，销售量较大，但是考虑到专利维权困难的问题，申请专利的积极性并不高。

针对这一现状，政府可出台政策加大对专利权的保护力度，拓展取证方式，设置维权补贴，提高创新主体将创新成果作为专利申请的积极性，提高专利的经济价值和技术价值。

5.3.2.2 提高专利撰写质量

通过对油墨领域国内外申请人专利撰写的对比，发现相对于国外申请人撰写的专利，国内申请人在撰写专利的过程中存在说明书撰写不够规范和全面、权利要求保护范围较小等问题。由此导致的后果是即使专利获得了授权，也难以使企业在生产制造销售中获取工业增加值和利润以及在侵权诉讼中获得经济赔偿。因此，提高专利的撰写质量具有重要意义。

国内油墨方面专利撰写质量不高与专利申请人特别是中小企业缺乏知识产权专业人员密切相关。因此，在提高中小企业创新能力的同时，针对中小企业缺乏知识产权专业人员的情况，可以通过政府配备专利代理人等方式配备知识产权专业人员。也可以通过安排专利审查员与企业人员的座谈交流活动或者通过专利局与企业合作建立审查员实践基地等方式提高企业内部人员的专利撰写能力。

5.3.2.3 培育高价值核心专利

目前版式油墨和喷墨油墨领域国内专利申请主要围绕调整组合物的组分和含量进行，申请质量整体不高，而该领域如油墨原料着色剂、树脂、助剂等方面的高价值核心专利缺乏，针对这一现状，可培育该方面的高价值核心专利。

对此，可加大对着色剂、树脂、助剂等方面的研发，通过在研发的起步阶段制定详细的专利申请计划，研发过程中不断查找遗漏与整合专利点，找到创新思路等方式培育高价值核心专利。

5.3.3 加强专利海外布局

国外申请人在中国的专利布局量大于国内申请人在国外的专利布局量。如版式油墨领域，日本和美国在中国的专利布局量分别为534件和445件，而我国申请人在美国、日本、韩国和欧洲的专利布局量仅分别为29件、18件、14件、21件；喷墨油墨领域，中国本土的专利申请量仅为1821件，而日本、美国、欧洲和韩国在中国的专利布局量分别为2071件、1040件、929件、120件，中国在日本、美国、欧洲和韩国的布局量仅分别为25件、52件、31件和15件。

在中国申请人全球专利布局薄弱的大环境下，广东省申请人也表现出了明显薄弱的海外专利布局情况。如广东省版式油墨领域排名前五位的申请人仅有排名第一的比亚迪的PCT专利申请量为8项，而其他四个申请人均无PCT申请；广东省喷墨油墨领域排名前十的申请人的总PCT申请量仅为13件。体现出广东省申请人在国外的专利布局量明显缺乏。

根据产业现状，我国印刷油墨出口数量超过进口数量。可见，我国的油墨产品在海外的销量较大。在经济全球化的形式下，知识产权作为重要的一环，是提高企业核心竞争力的关键，我国的油墨产品在销往海外的情况下缺乏核心专利保驾护航，企业竞争实力不足。因此，广东省企业在提高创新能力和专利申请质量的基础上，还需进一步增强在出口目标国/地区如美国和欧洲进行知识产权保护的意识，加强专利的海外布局。

一方面，政府可通过进一步加大PCT申请补贴以及完善PCT授权后奖励机制等方式激励广东省内创新主体申请PCT的积极性，如根据授权维持年限设置不同额度的奖励金额，维持年限越久，奖励金额越高。另一方面，对于目前广东省内申请人缺乏PCT申请经验的情况，可通过组织申请人及代理人与PCT国际检索和国际初审审查员交流座谈等方式增强对PCT的了解，提高申请PCT的能力。

第6章　附　录

6.1　术语说明

表6-1　术语说明

五大局	中国国家知识产权局、美国专利局、欧洲知识产权局、日本特许厅、韩国知识产权局，其中欧洲知识产权局包括欧洲专利局和36个欧洲专利局成员国的专利局
××申请人	申请人国籍为××国/地区，“欧洲专利申请”是指欧洲专利局或36个欧洲专利局成员国之一的专利申请
××国专利申请	××国家/地区专利局所受理的专利申请，“欧洲专利申请”是指欧洲专利局或36个欧洲专利局成员国的专利局所受理的专利申请
PCT申请	按照《专利合作条约》（PCT）提出的国际专利申请
项	在进行专利申请数量统计时，对于数据库种以一族（这里的“族”指的是同族专利中的“族”）数据的形式出现的一系列专利文献，计算为一“项”
件	在进行专利申请数量统计时，为分析申请人在不同国家、地区或组织所提出的专利申请的情况，将同族专利申请分开进行统计，所得到的结果对应于申请的件数。一项专利申请可能对应于一件或多件专利申请
被引频次	某专利文献被后续的其他专利文献引用的次数

6.2　油墨技术分类表

表6-2　油墨技术分类表

按印版分类	传统版式油墨	平版、凹版、网孔版、凸版
	喷墨油墨	印纸、织物、陶瓷
按功能分类	导电油墨	金属、碳系
	防伪油墨	热敏、压敏、磁性、生物、化学变色、电学

6.3　申请人名称约定

1. 东洋油墨

东洋油墨制造株式会社、东洋油墨sc控股株式会社、东洋油墨制造股份有限公司、东洋油墨制造股份有限公司 toyo ink mfg. co.， ltd. 、东洋油墨SC控股股份有限公司、东洋油墨制造股份有限公司

toyo ink manufacturing co., ltd. 、天津东洋油墨有限公司、东洋油墨 SG 控股股份有限公司、东洋油墨股份有限公司、东洋油墨制造股份有限公司 toyo ink manufacturing. co., ltd. 、东洋油墨制造股份有限公司 toyo ink mfg. co。

2. DIC

大日本油墨化学工业株式会社、大日本墨水化学工业股份有限公司、大日本油墨化学株式会社。

3. 凸版印刷

凸版印刷株式会社、凸版印刷股份有限公司、凸版印刷股份有限公司 toppan printing co., ltd. 、凸版印刷上海有限公司、凸版印刷有限公司、凸版印刷深圳有限公司、凸版印刷（上海）有限公司、凸版印刷股份有限公司 toppan printing. co., ltd。

4. 巴斯福

巴斯夫欧洲公司、巴斯福股份公司、basf 公司、巴斯夫公司、巴斯福公司、巴斯福涂料股份公司、巴斯福催化剂公司、美国 basf 公司、巴斯夫燃料电池有限责任公司、巴斯福拉克和法本股份公司、巴斯福涂料股份有限公司、巴斯夫漆及染料公司、巴斯夫股份有限公司、巴斯夫股份公司、巴斯夫股份有限公司 basf 、巴斯夫中国有限公司、巴斯福股份有限公司、贝斯福公司、bsaf 公司、巴斯福油漆和颜料股份公司、巴斯福印刷系统有限公司、美国 BASF 公司、巴斯夫上海涂料有限公司、巴斯夫中国有限公司日本巴斯夫涂料株式会社、日本巴斯夫涂料股份有限公司、巴斯夫有限公司、日本巴斯夫涂料股份有限公司 basf coatings japan ltd. 、巴斯福、巴斯福印刷系统公司、巴斯夫涂料股份公司、巴斯夫日本有限公司。

5. 理光

株式会社理光、理光股份有限公司、理光股份有限公司 ricoh company, ltd. 、理光微电子株式会社、理光株式会社、理光股份有限公司 richoh co., ltd.。

6. 太阳化学

太阳化学公司、太阳化学株式会社、太阳化学有限公司、太阳化学工业株式会社、太阳化学工业股份有限公司、太阳化学股份有限公司 taiyo kagaku co., ltd. 、太阳化学股份有限公司、太阳化学股份有限公司 taiyokagaku co., ltd. 、太阳化学公司 sun chemical。

7. 阪田油墨

阪田油墨株式会社、阪田油墨股份有限公司、阪田油墨股份有限公司 sakata inc corp、阪田油墨股份有限公司 sakata inx corp、阪田油墨上海有限公司。

8. 理想科学

理想科学工业株式会社、理想科学工业股份有限公司、理想科学工业股份有限公司 riso kagaku。

9. 荒川化学

荒川化学工业株式会社、荒川化学工业股份有限公司、荒川化学工业股份有限公司 arakawa chemical industries, ltd。

10. 默克专利

默克专利股份有限公司、默克专利有限公司、默克专利股份公司、马克专利公司 merck patent、麦克专利有限公司 merck patent、默克专利、默克股份有限公司、默克专利股份有限公司 merck patent、默克有限公司 merck &co., inc.、默克股份有限公司 merck &co., inc.。

11. 西巴

西巴特殊化学品控股有限公司、汽巴特用化学品控股公司、汽巴特用化学品控股公司 ciba specialty chemicals holding inc. 、西巴特殊化学水处理有限公司、西巴特殊化学制品控股公司、西巴特殊化学品普法希股份有限公司、西巴特殊化学品腔股有限公司、西巴特殊化学制品弗西有限责任公司。

12. 西柏控股

锡克拜控股有限公司、西克帕控股有限公司、西柏控股有限公司、西克帕控股公司、西柏控股股份有限公司、西克帕控股有限公司 sicpa holding s. a. 、西克帕控股公司 sicpa holding s. a. 、西克帕控股有限公司 sicpa holding 、希克帕控股公司。

13. 杜邦

纳幕尔杜邦公司、杜邦公司、杜邦股份有限公司、杜邦股份有限公司 e. i. du pont de nemours and 、e. i. 内穆尔杜邦公司、e. i. 内穆尔杜邦公司、纳慕尔杜邦公司、纳幕尔·杜邦公司、纳幕尔杜帮公司、纳幕尔杜邦有限公司、纳莫尔杜邦公司、e. i. 内穆杜邦公司、e. i. 内穆尔杜邦公司、e. i. 内穆尔杜邦公司。

14. 中国印钞造币总公司

中国印钞造币总公司、成都印钞有限公司、上海造币有限公司、上海印钞有限公司、南昌印钞厂、南昌印钞有限公司、南京造币有限公司、西安印钞有限公司、北京印钞有限公司、石家庄印钞有限公司、沈阳造币有限公司、石家庄印钞厂、成都印钞公司、上海造币厂、沈阳中国印钞造币总公司沈阳造币技术研究所。

15. 中钞实业

中钞特种防伪科技有限公司、中钞油墨有限公司、中钞长城金融设备控股有限公司、中钞实业有限公司。

16. 中国科学院

中国科学院大连化学物理研究所、中国科学院微电子研究所、中国科学技术大学、中国科学院上海光学精密机械研究所、中国科学院长春光学精密机械与物理研究所、中国科学院化学研究所、中国科学院长春应用化学研究所、中国科学院金属研究所、中国科学院半导体研究所、中国科学院过程工程研究所、中国科学院上海微系统与信息技术研究所、中国科学院上海硅酸盐研究所、中国科学院计算技术研究所、中国科学院自动化研究所、中国科学院理化技术研究所、中国科学院合肥物质科学研究院、中国科学院宁波材料技术与工程研究所、中国科学院沈阳自动化研究所、中国科学院上海技术物理研究所、中国科学院电工研究所、中国科学院声学研究所、中国科学院西安光学精密机械研究所、中国科学院光电技术研究所、中国科学院深圳先进技术研究院、中国科学院物理研究所、中国科学院山西煤炭化学研究所、深圳先进技术研究院、中国科学院电子学研究所、中国科学院生态环境研究中心、中国科学院海洋研究所、中国科学院广州能源研究所、中国科学院上海有机化学研究所、中国科学院福建物质结构研究所、中国科学院兰州化学物理研究所、中国科学院上海药物研究所、中国科学院工程热物理研究所、中国科学院力学研究所、中国科学院苏州纳米技术与纳米仿生研究所、中国科学院武汉岩土力学研究所、中国科学院上海生命科学研究院、中国科学院沈阳应用生态研究所、国家纳米科学中心、中国科学院微生物研究所、中国科学院等离子体物理研究所、中国科学院遗传与发育生物学研究所、中国科学院南海海洋研究所、中国科学院新疆理化技术研究所、中国科学院昆明植物研究所、中国科学院软件研究所、中国科学院东北地理与农业生态研究所、中国科学院广州化学研究所、中国科学院安徽光学精密机械研究所、中国科学院空间科学与应用研究中心、中国科学院光电研究院、中国科学院植物研究所、中国科学院青海盐湖研究所、中国科学院地质与地球物理研究所、中科院广州化学有限公司、中国科学院寒区旱区环境与工程研究所、中国科学院信息工程研究所、中国科学院南京土壤研究所、中国科学院苏州生物医学工程技术研究所、中国科学院上海应用物理研究所、中国科学院上海高等研究院、中国科学院成都生物研究所、中国科学院高能物理研究所、中国科学院重庆绿色智能技术研究院、中国科学院地理科学与资源研究所、中国科学院青岛生物能源与过程研究所、中国科学院水生生物研究所、中国科学院西北高原生物研究所、江苏省中国科学院植物研究所、中国科学院新疆生态与地理研究所、中国科学院生物物理研究所、中国科学院广州生物医药与健康研究院、中国科学院武汉物理与数学研究所、中国科学院近代物理研究所、中国科学院烟台海岸带研究所、中国科学院南京地理与湖泊研究所、中国科学院遥感与数字地球研究所、中国科学院华南植物园、中国科学院广州地球化学研究所、中国科学院成都有机化学有限公司、中国科学院昆明动物研究所、广州中国科学院先进技术研究所、中国科学院化工冶金研究所、中国科学院动物研究所、中国科学院计算机网络信息中心、中国科学院武汉病毒研究所、中国科学院城市环境研究所、中国科学院国家天文台、中国科学院亚热带农业生态研究所、中国科学院武汉植物园、中国科学院研究生院、中国科学院成都有机化学研究所、中国科学院地球化学研究所、中国科学院沈阳计算技术研究所有限公司、中国科学技术大学苏州研究院、中国科学院长春光学精密机械研究所、中国科学院天津工业生物技术研究所、中国科学院国家授时中心、中国科学院国家天文台南京天文光学技术研究所、中国科学院水利部成都山地灾害与环境研究所、上海中科高等研究院、中国科学院上海冶金研究所、中国科学院测量与地球物理研究所、广州中国科学院工业技术研究院、中国科学院大学、中国科学院沈阳科学仪器研制中心有限公司、中国科学院西双版纳热带植物园、中国科学院紫金山天文台、苏州生物医学工程技术研究所、中国科学院感光化学研究所、中国科学院遥感应用研究所、中国科学院新疆化学研究所、中国科学院、水利部成都山地灾害与环境研究所、中国科学院对地观测与数字地球科学中心、国家纳米技术与工程研究院、中国科学院上海生物化学研究所、中国科学院金属腐蚀与防护研究所、中国科学院合肥智能机械研究所、中国科学院长春物理研究所、中科院嘉兴中心微系统所分中心、广州中国科学院沈阳自动化研究所分所、中科院广州化学有限公司南雄材料生产基地、中国科学技术大学先进技术研究院、天津工业生物技术研究所、中国科学院北京基因组研究所、广西壮族自治区中国科学院广西植物研究所、东莞中国科学院云计算产业技术创新与育成中心、中国科学院微电子中心、中国科学院大气物理研究所、苏州纳米技术与纳米仿生研究所、中国科学院低温技术实验中心、中国科学院上海原子核研究所、中国科学院遗传研究所、上海硅酸盐研究所中试基地、中国科学院固体物理研究所、烟台海岸带可持续发展研究所、中国科学院水利部水土保持研究所、中国科学院嘉兴无线传感网工程中心、中国科学院上海天文台、中国科学院石家庄农业现代化研究所、广州中国科学院软件应用技术研究所、中国科学院长春地理研究所、中国科学院武汉植物研究所、贵州省中国科学院天然产物化学重点实验室、中国科学院云南天文台、青岛生物能源与过程研究所、中国科学院广州电子技术研究所、中国互联网络信息中心、中国科技大学、中科院成都信息技术有限公司、中国科学院上海巴斯德研究所、中国科学院沈阳科学仪器股份有限公司、中国科学院新疆物理研究所、中国科学院自动化研究所北仑科学艺术实验中心、中国科学院上海植物生理研究所、中国科学院数据与通信保护研究教育中心、佛山市中国科学院上海硅酸盐研究所陶瓷研发中心、中国科学院心理研究所、中科院微电子研究所昆山分所、中国科学院华南植物研究所、南通中国科学院海洋研究所海洋科学与技术研究发展中心、中国科学院地球环境研究所、中国科学院上海生物工程研究中心、中国科学院兰州化学物理研究所盱眙凹土应用技术研发中心、中国科学院上海生理研究所、中科院成都信息技术股份有限公司、中国科学院黑龙江农业现代化研究所、中国科学院数学与系统科学研究院、中国科学院沈阳科学仪器研制中心、中国科学院地质与地球物理研究所兰州油气资源研究中心、中国科学院上海细胞生物学研究所、长春光学精密机械学院、中国科学院声学研究所东海研究站、北京龙芯中科技术服务中心有限公司、中科院广州化灌工程有限公司、中科院无锡高新微纳传感网工程技术研发中心、中国科学院空间应用工程与技术中心、中国科学院嘉兴微电子与系统工程中心、中国科学院沈阳计算技术研究所、中科院南京天文仪器有限公司、中国科学院沈阳自动化研究所义乌中心、水利部中国科学院水工程生态研究所、中国科学院上海生命科学研究院湖州工业生物技术中心、中国科学院唐山高新技术研究与转化中心、中国科学院嘉兴微电子仪器与设备工程中心、中国科学院有机合成工程研究中心、中科院南通光电工程中心、中国科学院上海生命科学研究院湖州营养与健康产业创新中心、安徽中科大讯飞信息科技有限公司、中科纳米技术工程中心有限公司、中国科学院遗传与发育生物学研究所农业资源研究中心、佛山市高明区中国科学院新材料专业中心、中国科学院南京地质古生物研究所、佛山市中科院环境与安全检测认证中心有限公司、中国科学院长沙大地构造研究所、中国科学院地质研究所、中科院杭州射频识别技术研发中心、北京中国科学院老专家技术中心、中科院广州能源所盱眙凹土研发中心、中国科学院长沙农业现代化研究所、上海中科光纤通讯器件有限公司、中国科学院宁波材料技术与工程研究所湖州新能源产业创新中心、中国科学院精密铜管工程研究中心、中国科学院东海研究站、中国科学院兰州冰川冻土研究所、中国科学院上海昆虫研究所、中国科学院福建物质结构研究所二部、中国科学院青藏高原研究所、上海中科股份有限公司、中国科学院科技政策与管理科学研究所、中国科学院北方粳稻分子育种联合研究中心、成都生物制品研究所有限责任公司、中国科学院光电技术研究所光学元件厂、中国科学院新疆天文台、中国科学院新疆生物土壤沙漠研究所、江苏中科机械有限公司、中科院广州电子技术有限公司、长春中科应化特种材料有限公司、中国科学院北京真空物理实验室、中国科学院地理研究所、中科半导体科技有限公司、中国科学院南京天文仪器研制中心、中国科学院兰州地质研究所、中国科学院成都计算机应用研究所、中科院-南京宽带无线移动通信研发中心、中国科学技术大学研究生院、中国科学院三环新材料研究开发公司、中科纳米涂料技术苏州有限公司、中国科学院嘉兴材料与化工技术工程中心、中国科学院物理研究所嘉兴工程中心、陕西省中国科学院西北植物研究所、合肥中科大生物技术有限公司、厦门城市环境研究所、中国科学院发育生物学研究所、三亚深海科学与工程研究所、中国科学院武汉物理研究所、中科软科技股份有限公司、安徽中科大国祯信息科技有限责任公司、中国科学院宁波城市环境研究中心、中国科学院环境化学研究所、中科院嘉兴中心应用化学分中心、合肥中科大爱克科技有限公司、中国科学院兰州化学物理研究所苏州研究院、中国科学院南京分院东台滩涂研究院、中国科学院北京综合研究中心、中国科学院南京地理与湖泊研究所科技开发公司、中国科学院陕西天文台、中国科学院生态环境研究中心鄂尔多斯固体废弃物资源化工程技术研究所、中国科学院新疆化学所、中国科学院嘉兴绿色化学工程中心、中国科学院上海生命科学研究院上海第二医科大学健康科学中心、江苏中国科学院能源动力研究中心、深圳中科院知识产权投资有限公司、义乌市中科院兰州化物所功能材料中心、中国科学院广州分院、合肥中科大新材料有限公司、中国科学院上海硅酸盐所、中国科学院南京天文仪器厂、中国科学院合肥分院、中国科学院林业土壤研究所、中科院山西煤炭化学研究所、中科院长春应用化学研究所、中国科学院上海生命科学研究中心、中国科学院嘉兴应用化学工程中心、中国科学院广州化学所、北京中科院软件中心有限公司、中国科学院-水利部成都山地灾害与环境研究所、中国科学院上海生命科学研究院植物生理生态研究所、中国科学院声学研究所北海研究站、中国科学院宁波城市环境观测研究站、中国科学院合肥智能机械研究所高技术开发公司、中国科学院安徽光机所、中国科学院兰州沙漠研究所、中国科学院海洋研究所技术开发公司、中国科学院近代物理研究所西北辐射技术公司、中国科学院长春物理所、中国科学院上海生命科学研究院生物化学与细胞生物学研究所、中国科学院化工冶金所、中国科学院上海生命科学研究院湖州现代农业生物技术产业创新中心、中科院上海微系统与信息技术研究所、中国科学院长春应用化学研究所杭州分所有限公司、中国科学院嘉兴轻合金技术工程中心、北京中科江南软件有限公司、中国科学院国家天文台长春人造卫星观测站、长沙中科院文化创意与科技产业研究院、中国科学院西北高原生物研究所湖州高原生物资源产业化创新中心、中国科学院合肥等离子体物理研究所、中国科学院长光学精密机械与物理研究所、中科院长春物理研究所、中国科学院兰州化学物理所、中国科学院林业部兰州沙漠研究所、中国科学院生物化学与细胞生物学研究所、中国科技大学研究生院、中国石油天然气总公司中国科学院渗流流体力学研究所、中国科学院山西煤碳化学研究所、中国科学院昆明动物所动物毒素蛇资源开发中心、中国科学院西安光机所威海光电子基地、中国科学院上海陶瓷研究所、中国科学研究院广州地球化学研究所、中国科学院理化技术研究所嘉兴工程中心、中国科学院自然科学史研究所、中国科学院汕头海洋植物实验站、中国科学院沈阳自动化研究所扬州工程技术研究中心、广西壮族自治区中国科学院广西植物研究所、中国科学院、中国科学院兰州冰川冻土研究所冻土工程国家重点实验室、中国科学院地质研究所工程地质力学开放研究实验室、中国科学院宁波三环粉体高技术公司、中国科学院广州地质新技术研究所、中国科学院武汉波谱公司、中国科学院武汉科学仪器厂、中国科学院水利部西北水土保持研究所、中国科学院沈阳分院联合技术开发中心、中国科学院电工研究所桐乡新能源研发中心、中国科学院科学仪器厂、中国科学院长春光机所、中国科学院青海盐湖研究所附属镁水泥制品厂、中国科学院高能物理所、中科院嘉兴中心成都有机所分中心、四川中科院信息技术有限公司、中国科学院中国遥感卫星地面站、中国科学院半导体研究所职工技术协会、中国科学院沈阳金属研究所、中国科学院自动化所、中国科学院西双版纳植物热带园、中科院成都分院分析测试中心、中科院成都地奥制药公司、中科院昆明动物所动物毒素蛇资源开发中心、中科院长春光学精密机械研究所、中国科学院武汉岩土力学所、中国科学院大连化学物理研究院、中国科学院寒区旱区与环境工程研究所、中国科学院成都光电技术研究所、中国科学院桃源农业生态试验站、中国科学院合肥物质科学研究所、安徽中科机械有限公司、中国科学院嘉兴光电工程中心、中国科学院红壤生态实验站、中科实业集团控股有限公司、上海中科大光镊科技有限公司、上海中科大研究发展中心有限责任公司、中国科学院兰州高原大气物理研究所、中国科学院北京科学仪器研制中心、中国科学院北海研究站、中国科学院南京地理研究所、中国科学院南京天文仪器厂新技术开发公司、中国科学院固体物理研究所泰兴纳米材料厂、中国科学院地球物理研究所、中国科学院地质所、中国科学院成都分院分析测试中心、中国科学院成都分院土壤研究室、中国科学院成都地理研究所、中国科学院成都山地灾害与环境研究所、中国科学院新疆物理研究所计划条件处、中国科学院武汉文献情报中心、中国科学院武汉物理所、中国科学院沈阳科学仪器厂、中国科学院生物物理所、中国科学院界面科学实验室、中国科学院研究生院应用化学研究所、中国科学院科理高技术公司成都分公司、中国科学院近代物理研究所技术开发公司、中国科学院遥感卫星地面站、中国科学院金属腐蚀与防护研究所科技开发公司、中国科学院高能物理研究所核技术应用部、中科院上海硅酸盐研究所、中国科学技术大学科技实业总公司、中国科学院上海有机化学研究院、中国科学院北京真空物理开放实验室、中国科学院发育生物研究所、中国科学院国家计划委员会地理研究所、中国科学院地球化学研究所广州分部、中国科学院地质研究所矿物材料试验基地、中国科学院山西媒炭化学研究所、中国科学院山西煤炭化学所、中国科学院工程热物理所、中国科学院微生物所、中国科学院成都分院知力科技开发公司、中国科学院物理所、中国科学院物理研究所苏州技术研究院、中国科学院环境评价部、中国科学院盐湖研究所、中国科学院石家庄农业现代化研究厅、中国科学院福建物资结构研究所、中国科学院科健公司、中国科学院科华高技术公司武汉联合公司、中国科学院金属研究所嘉兴工程中心、中国科学院长春分院化工实业发展中心、中国科学院长沙农业现代化研究所机械研究分所、中科院大连化学物理研究所、中科院广州化学研究所、中科院植物研究所、中科院科技服务有限公司、宁波材料技术与工程研究所、陕西省中国科学院植物化学工程中心、中国科学院青海盐湖研究院、中国科学院辐射技术公司、中国科学院兰州分院技术开发中心、中国科学院石家庄农业现代化研究所技术开发中心、中国科学院大连物理研究所、中国科学院上海脑研究所、中国科学院应用数学研究所、中国科学院环境地球化学国家重点实验室、中国科学院广州化学有限公司、中国科学院上海生命科学院研究院、中国科学院工艺研究所、中科院沈阳金属所、金属腐蚀与防护国家重点实验室、中国科学院上海生命科学研究院营养科学研究所、上海中科高等研究所、中科院新疆理化技术研究所、广州中科院地球化学研究科技开发有限公司、中国科学院上海有机化学研究所湖州生物制造创新中心、中国科学院上海技术物理研究所启东光电遥感中心、中国科学院上海生命科学研究院计算生物学研究所、中国科学院计算技术研究所济宁分所、中国科学院科学传播研究中心、中科实业股份有限公司、上海巴斯德研究所、中国科大研究生院、中国科学化学研究所、中国科学金属研究所、中国科学金属研究所国营第七七二厂、中国科学院·林业部兰州沙漠研究所、中国科学院七一三厂、中国科学院上海冶金所、中国科学院上海技术处理研究所、中国科学院上海技术物理所、中国科学院上海有机化学研究所开发公司、中国科学院上海冶金研究所、中国科学院上海生物工程实验基地筹备处、中国科学院东海工作站、中国科学院东海研究所、中国科学院乌鲁木齐天文站、中国科学院云南天文台科技开发部、中国科学院信息安全技术工程研究中心、中国科学院兰州沙漠所、中国科学院力学研究所新技术开发公司、中国科学院动物研究所石林风景名胜区管理局、中国科学院动物研究所科技成果推广中心、中国科学院北京天文台、中国科学院半导体研究所光电子器件国家工程研究中心、中国科学院南京紫金山天文台、中国科学院发育研究所、中国科学院山地灾害与环境研究所、中国科学院希望高级电脑技术公司、中国科学院广州市电子技术研究所、中国科学院建筑设计院技术服务公司、中国科学院成都分院仿生学技术研究中心、中国科学院成都有机化学所、中国科学院成都科仪厂、中国科学院成都科学仪器研制中心、中国科学院成都科学仪器研制中心军工所、中国科学院成都科成环境工程技术开发公司、中国科学院新疆分院物理新技术开发公司、中国科学院新疆物理所、中国科学院昆明生态研究所、中国科学院武汉分院新产业技术公司、中国科学院武汉岩体土力学研究所、中国科学院武汉物理与数字研究所、中国科学院水利部能源部水利水电科学研究院、中国科学院沈阳分院建筑工程公司、中国科学院沈阳应用生态所、中国科学院沈阳应用生态研究所综合厂、中国科学院沈阳自动化研究所康迪技术开发公司、中国科学院海光学精密机械研究所、中国科学院海洋研究所附属工厂、中国科学院海洋研究所青岛电气设备厂、中国科学院物理研究所谷东梅、中国科学院环境化学所、中国科学院理化技术研究院、中国科学院生态环境中心、中国科学院石家庄农业现代化研究所农业设施实验厂、中国科学院科学技术培训发展中心、中国科学院空向科学与应用研究中心、中国科学院空间中心、中国科学院空间科学和应用技术研究中心、中国科学院西光学精密机械研究所、中国科学院西北水土保持研究所、中国科学院计算技术研究所工厂、中国科学院计算技术研究所新技术发展公司、中国科学院计算技术研究所智能型机器翻译研究开发中心、中国科学院遗传研究所植物生物技术实验室、中国科学院金属研究所科金新材料开发总公司、中国科学院金属研究院、中国科学院金属腐蚀和防护研究所、中国科学院长春应用化学研究所曹桂珍、中国科学院长春应用化学研究院、中国科学院高等离子体物理研究所、中国科学院鼠害防治技术开发公司、中科材料工程研究所、中科院安徽光学精密机械研究所、中科院山西煤碳化学研究所、中科院成都有机化学研究所、中科院成都生物研究所、中科院武汉物理与数学研究所、中科院沈阳应用生态研究所、中科院物理研究所、中科院生态环境研究中心、中科院福建物质结构研究所、中科院西北高原生物研究所、中科院近代物理研究所新技术实验工厂、中科院金属腐蚀与防护研究所、中科院长沙农业现代化研究所、中科院黑龙江农业现代化研究所、北京中科软件有限公司、国家经济委员会中国科学院能源研究所、水利电力部中国科学院水库渔业研究所筹建领导小组办公室、科学院化工冶金所、长春光学精密机械研究所、青岛生物能源与过程所、中国科学院等离子物理研究所、中国科学院传感技术公司、中国科学院沈阳自动化研究所辽宁科技成果中试开发公司 cnm 公司、中国科学院成都科学仪器厂、中国科学院金属研究所东北工学院、中国科学院兰州化学物理研究所固体润滑开放实验室、中国科学院沈阳研究所、中国科学院兰州化学物理研究所固体润滑开放研究实验室、中科院光电技术研究所、中国科学院山西煤炭化学研究所山西省临汾地区环境监测站、中国科学院工程热物理研究所锦州锅炉厂、中国科学技术大学科波高技术公司、中科院自动化研究所、中国科学院大连化工物理研究院、中国科学院国家天文观测中心、中国科学院长春科新公司试验仪器研究所、中科院广州地球化学研究所、中科院武汉植物园、中科院嘉兴应用化学工程中心、江苏省·中国科学院植物研究所、中国科学院长春光学精密机械与物理研究、中科院强磁场科学中心、中国科学院东北地理与生态研究所、中科企业有限公司、中国科学科技大学、中国科学新疆生态与地理研究所、中国科学院亚热带农业生态研究院、中科院—南京宽带无线移动通信研发中心、中国科学院寒假区旱区环境与工程研究所、国家计划委员会中国科学院能源研究所、中国科学院昆明动物研究所石林风景名胜区管理局、中国科学院新疆分院、中国科学院上海生命科学研究所、中国科学院上海上海生命科学研究院、中国科学院苏州生物医学院工程技术研究所、中科院上海药物研究所、中国科学院苏州生物医学工程技术研究院、中国科学院声学研究所嘉兴工程中心、中国科学院上海矽酸盐研究所、中国科学院烟台海岸研究所。

6.4 检索过程

6.4.1 版式油墨检索过程

DWPI

编号	所属数据库	命中记录数	检索式
1	DWPI	13615	(OR +gravure,intaglio) S (or print???,press??,coat???,ink?)(凹印)
2	DWPI	50481	C09D11+/IC/EC/CPC
3	DWPI	3641	(OR B41M1/10,B41F9)/IC/EC/CPC
4	DWPI	2295	(1 OR 3) AND 2
5	DWPI	1489	转库检索
6	DWPI	717	转库检索
7	DWPI	864	转库检索
8	DWPI	5207	转库检索
9	DWPI	2599	转库检索(以上五个转库是 VEN, USTXT, WOTXT, EPTXT, JPTXT)
10	DWPI	7712	4 OR 5 OR 6 OR 7 OR 8 OR 9
11	DWPI	6688	(OR flexograph??, flexo) S (or print???, press??, coat???, ink?)(柔印)
12	DWPI	542	B41M1/04/IC/EC/CPC
13	DWPI	1286	(11 OR 12) AND 2
14	DWPI	1440	转库检索
15	DWPI	943	转库检索
16	DWPI	622	转库检索
17	DWPI	457	转库检索
18	DWPI	2274	转库检索(以上五个转库是 VEN,USTXT,WOTXT,EPTXT,JPTXT)
19	DWPI	3915	13 OR 14 OR 15 OR 16 OR 17 OR 18
20	DWPI	1612	转库检索(由 CNTXT 转入的凹印文献)
22	DWPI	8218	10 or 20(凹印总文献量,79%)
24	DWPI	10120286	CN/PN
25	DWPI	5907	22 NOT 24(凹印总外文文献量)
27	DWPI	90108	((screen+ or stencil?) s (print+ or press+)) or ((silk w screen) or silk-screen+) or (silk? 3w print+)
28	DWPI	3130	B41M1/12/IC/EC/CPC
29	DWPI	2295	(27 OR 28) AND 2
30	DWPI	2695	转库检索
31	DWPI	1290	转库检索
32	DWPI	692	转库检索

33 DWPI 655 转库检索
34 DWPI 4325 转库检索
35 DWPI 1657 转库检索
36 DWPI 7730 29 OR 30 OR 31 OR 32 OR 33 OR 34 OR 35(丝印总文献量,80.3%)
37 DWPI 5257 36 NOT 24(丝印总外文文献量)
38 DWPI 279631 +lithograph+or +offset+ or planogyaphie or collotype
39 DWPI 1280 /ic/ec/cpc b41m1/06 or b41m1/08
40 DWPI 3343 2 and(38 or 39)
41 DWPI 3925 转库检索
42 DWPI 1849 转库检索
43 DWPI 831 转库检索
44 DWPI 1034 转库检索
45 DWPI 6275 转库检索
46 DWPI 1873 转库检索
47 DWPI 9446 40 OR 41 OR 42 OR 43 OR 44 OR 45
48 DWPI 10133 47 or 46(平版总文献量,82%)
52 DWPI 5086 (or relief,letterpress,copper pate) s (or ink?,print???)
53 DWPI 440 B41M1/02/IC/EC/CPC
54 DWPI 488 2 AND(52 OR 53)
55 DWPI 615 转库检索
56 DWPI 417 转库检索
57 DWPI 211 转库检索
58 DWPI 200 转库检索
59 DWPI 1483 转库检索
60 DWPI 676 转库检索
61 DWPI 2685 54 OR 55 OR 56 OR 57 OR 58 OR 59 OR 60(凸版总文献量)
62 DWPI 1807 61 NOT 24(凸版总外文文献量)
63 DWPI 7465 48 NOT 24(平版总外文文献量)
68 DWPI 682 转库检索(由 CNTXT 转入的柔印文献)
69 DWPI 4188 19 OR 68(柔印总文献量)
70 DWPI 2939 69 NOT 24(柔印总外文文献量)
71 DWPI 18239 22 OR 36 OR 48 OR 61 OR 69(版式总文献量)
72 DWPI 13236 71 not 24(版式总外文文献量)
77 DWPI 4982 (OR 4J039/GA02,4J039/GA03,4J039/GA09,4J039/GA10)/FT
78 DWPI 728 77 NOT 71
79 DWPI 2640 4J039/GA02/FT
80 DWPI 475 79 NOT 48(平版查全,82%)
81 DWPI 2429 4J039/GA03/FT
82 DWPI 512 81 NOT 22(凹印查全,79%)
83 DWPI 1553 4J039/GA10/FT
84 DWPI 306 83 NOT 36(丝印查全,80.3%)

85	DWPI	1011	4J039/GA09/FT
87	DWPI	8222	22
88	DWPI	31175412	PD<20181231
89	DWPI	8170	87 AND 88
90	DWPI	5860	69 OR 61(凸版+柔版总文献量)
91	DWPI	182	85 NOT 90(凸版+柔版查全,82.1%)
164	DWPI	314396	(or inkjet???,jet???,(ink 2d jet???))
165	DWPI	189263	b41j2/ic/ec/cpc
166	DWPI	6091	48 not(or 164,165)
167	DWPI	10080	48 AND 88
168	DWPI	6012	167 NOT(OR 164,165)(除去喷墨之后平版的总量)
169	DWPI	8189	22 AND 88
170	DWPI	5795	169 NOT(OR 164,165)(除去喷墨之后凹版的总量)
171	DWPI	7719	36 AND 88
172	DWPI	5499	171 NOT(OR 164,165)(除去喷墨之后丝印的总量)
173	DWPI	5821	90 AND 88
174	DWPI	4252	173 NOT(OR 164,165)(除去喷墨之后凸版的总量)

VEN

编号	所属数据库	命中记录数	检索式
1	VEN	22322	(OR +gravure,intaglio) S (or print???,press??,coat???,ink?)
2	VEN	9261	(OR B41M1/10,B41F9)/IC/EC/CPC
3	VEN	76376	C09D11+/IC/EC/CPC
4	VEN	3074	(1 OR 2) AND 3
5	VEN	9061	(OR flexograph??,flexo) S (or print???,press??,coat???,ink?)
6	VEN	1015	B41M1/04/IC/EC/CPC
7	VEN	1640	(5 OR 6) AND 3
8	VEN	152695	((screen+ or stencil?) s (print+ or press+)) or ((silk w screen) or silk-screen+) or (silk? 3w print+)
9	VEN	6253	B41M1/12/IC/EC/CPC
10	VEN	3090	(8 OR 9) AND 3
11	VEN	490286	+lithograph+or +offset+ or planogyaphie or collotype
12	VEN	2489	/ic/ec/cpc b41m1/06 or b41m1/08
13	VEN	4456	3 and(11 or 12)
14	VEN	9760	(or relief,letterpress,copper pate) s (or ink?,print???)
15	VEN	811	B41M1/02/IC/EC/CPC
16	VEN	706	3 AND(OR 14,15)

全文库检索式如下

WOTXT

编号	所属数据库	命中记录数	检索式
1	WOTXT	3530	C09D11+/IC
2	WOTXT	13378	(OR +gravure, intaglio) S (or print???, press??, coat???, ink?)
3	WOTXT	733	1 AND 2
4	WOTXT	7530	(OR flexograph??, flexo) S (or print???, press??, coat???, ink?)
5	WOTXT	633	1 AND 4
6	WOTXT	3530	/ic c09d11+
7	WOTXT	60008	((screen+ or stencil?) s (print+ or press+)) or ((silk w screen) or silk-screen+) or (silk? 3w print+)
8	WOTXT	707	6 AND 7
9	WOTXT	23583	(OR + lithograph +, + offset +, planogyaphie, collotype) s (orprint???, ink?, coat???, press??)
10	WOTXT	3530	C09D11+/IC
11	WOTXT	853	9 AND 10
12	WOTXT	2776	(or relief, letterpress, copper pate) s (or ink?, print???)
13	WOTXT	3530	C09D11+/IC
14	WOTXT	216	12 AND 13

USTXT

编号	所属数据库	命中记录数	检索式
1	USTXT	70344	(OR +gravure, intaglio) S (or print???, press??, coat???, ink?)
2	USTXT	10653	C09D11+/IC
3	USTXT	2007	1 AND 2
4	USTXT	28089	(OR flexograph??, flexo) S (or print???, press??, coat???, ink?)
5	USTXT	1277	2 AND 4
6	USTXT	10653	/ic c09d11+
7	USTXT	368801	((screen+ or stencil?) s (print+ or press+)) or ((silk w screen) or silk-screen+) or (silk? 3w print+)
8	USTXT	1749	6 AND 7
9	USTXT	161901	(OR + lithograph +, + offset +, planogyaphie, collotype) s (or print???, ink?, coat???, press??)
10	USTXT	10653	C09D11+/IC
11	USTXT	2518	9 AND 10
12	USTXT	15982	(or relief, letterpress, copper pate) s (or ink?, print???)
13	USTXT	10653	C09D11+/IC
14	USTXT	562	12 AND 13

EPTXT

编号	所属数据库	命中记录数	检索式
1	EPTXT	22014	(OR +gravure, intaglio) S (or print???, press??, coat???, ink?)

2　EPTXT　5887　C09D11+/IC

3　EPTXT　1059　1 AND 2

4　EPTXT　7185　(OR flexograph??,flexo) S (or print???,press??,coat???,ink?)

5　EPTXT　550　2 AND 4

6　EPTXT　5887　/ic c09d11+

7　EPTXT　63340　((screen+ or stencil?) s (print+ or press+)) or ((silk wscreen) or silk-screen+) or (silk? 3w print+)

8　EPTXT　799　6 AND 7

9　EPTXT　32611　(OR + lithograph +, + offset +, planogyaphie, collotype) s (or print???,ink?,coat???,press??)

10　EPTXT　5887　C09D11+/IC

11　EPTXT　1273　9 AND 10

12　EPTXT　4517　(or relief,letterpress,copper pate) s (or ink?,print???)

13　EPTXT　5887　C09D11+/IC

14　EPTXT　233　12 AND 13

JPTXT

编号	所属数据库	命中记录数	检索式
1	JPTXT	178185	(OR グラビア,グラドル,+gravure,intaglio,凹版)
2	JPTXT	37833	C09D11+/IC
3	JPTXT	7141	1 AND 2
4	JPTXT	37433	(OR フレキソ,flexograph??,flexo,柔版) S 印刷
5	JPTXT	3107	2 and 4
6	JPTXT	37833	/ic c09d11+
7	JPTXT	12356	丝网印刷 or 丝印 or 丝网版 or 网孔版 or ((丝网 or 网孔 or 孔版) s 印刷)
8	JPTXT	1518	((screen+ or stencil?) s (print+ or press+)) or ((silk w screen) or silk-screen+) or (silk? 3w print+)
9	JPTXT	254037	スクリーン印刷 or 印刷メッシュ or シルクスクリーン or (孔版 w 印刷) or (ステンシル s 印刷) or シルク印刷 or (スクリーン 3w 印刷)
10	JPTXT	256038	7 OR 8 OR 9
11	JPTXT	5766	6 AND 10
11	JPTXT	5766	6 AND 10
12	JPTXT	209287	(OR オフセット,リソグラフ,平版,平板) s (or 印刷,塗布,インク)
13	JPTXT	1127	(OR + lithograph +, + offset +, planogyaphie, collotype) s (orprint???,ink?,coat???,press??)
14	JPTXT	8551	2 AND(12 OR 13)
15	JPTXT	25139	(OR トッパン,凸版,relief,letterpress,copper pate) S (OR 印刷,油墨,インク,インキ,ink?,print???)
16	JPTXT	1993	2 AND 15

CNTXT

编号	所属数据库	命中记录数	检索式
1	CNTXT	37766	(or (凹版 S (or 印刷,涂布,涂覆)),凹印)
2	CNTXT	14381	C09D11+/ic
3	CNTXT	2613	1 AND 2
6	CNTXT	85082	丝网印刷 or 丝印 or 丝网版 or 网孔版 or ((丝网 or 网孔 or 孔版) s 印刷)
7	CNTXT	2565	2 AND 6
8	CNTXT	81338	(OR 平版,平板,胶版,胶印,石印,珂罗版) s (OR 印刷,墨,涂覆,涂布,涂敷)
9	CNTXT	2963	2 AND 8
10	CNTXT	10791	(or ((or 凸版,铜版) S (or 印刷,油墨,涂布,涂覆)),凸印)
11	CNTXT	1073	2 and 10
12	CNTXT	707	11 not 5
13	CNTXT	11204	(or ((or 柔性版,柔版) s (or 印刷,涂布,涂覆)),柔印,苯胺印刷)
14	CNTXT	1067	2 and 13

CNABS

编号	所属数据库	命中记录数	检索式
1	CNABS	1720	转库检索(cntxt 式 3 转入)
2	CNABS	2457	转库检索(DWPI 式 22 转入)
3	CNABS	2524	1 OR 2(凹印)
4	CNABS	1673	转库检索(柔印 DWPI 式 23 转入)
7	CNABS	12864	C09D11+/IC/EC/CPC
8	CNABS	5345	(or (凹版 S (or 印刷,涂布,涂覆)),凹印)
9	CNABS	762	7 AND 8
10	CNABS	2546	3 OR 9(凹版中文总量)
11	CNABS	3316	(or ((or 柔性版,柔版) s (or 印刷,涂布,涂覆)),凹印,苯胺印刷)
12	CNABS	489	7 AND 11
14	CNABS	1771	转库检索
15	CNABS	2621	转库检索
16	CNABS	2703	14 OR 15
17	CNABS	18158	丝网印刷 or 丝印 or 丝网版 or 网孔版 or ((丝网 or 网孔 or 孔版) s 印刷)
18	CNABS	846	7 AND 17
19	CNABS	2731	16 OR 18(丝印中文总量)
20	CNABS	2002	转库检索
21	CNABS	2111	转库检索
22	CNABS	14510	(OR 平版,平板,胶版,胶印,石印,珂罗版) s (OR 印刷,墨,涂覆,涂布,涂敷)
23	CNABS	934	7 AND 22
24	CNABS	2923	20 OR 21 OR 23(平版中文总量)

26	CNABS	729	转库检索
27	CNABS	922	转库检索
28	CNABS	1839	(or ((or 凸版,铜版) S (or 印刷,油墨,涂布,涂覆)),凸印)
29	CNABS	202	7 AND 28
30	CNABS	964	27 OR 26 OR 29(凸版中文总量)
34	CNABS	740	转库检索 (cntxt 柔印转入)
35	CNABS	1752	4 OR 12 OR 34(柔版中文总量)
36	CNABS	5442	10 or 19 or 24 or 30 or 35(版式中文总量)
39	CNABS	2268	35 OR 30(凸版+柔版中文总量)
60	CNABS	14699441	PD<20181231(检索截止日期)
61	CNABS	2872	24 and 60
62	CNABS	26267	(or 喷墨,喷印)
63	CNABS	27252	B41J2/IC/EC/CPC
64	CNABS	1787	61 NOT(OR 62,63)(除去喷墨之后平版的总量)
65	CNABS	2503	10 AND 60
66	CNABS	1804	65 NOT(OR 62,63)(除去喷墨之后凹版的总量)
67	CNABS	2679	19 AND 60
68	CNABS	1976	67 NOT(OR 62,63)(除去喷墨之后丝印的总量)
69	CNABS	2233	39 AND 60
70	CNABS	1602	69 NOT(OR 62,63)(除去喷墨之后凸版的总量)

6.4.2 喷墨油墨检索过程

CNTXT

编号	所属数据库	命中记录数	检索式
1	CNTXT	13535	/IC C09D11
2	CNTXT	1282	/ic or C09D11/3+,C09D11/4+
3	CNTXT	24378	/ic or B41F31/08,B41J2/01+,B41J2/02+,B41J2/03+,B41J2/04+,B41J2/05+,B41J2/06+,B41J2/07+,B41J2/08+,B41J2/09+,B41J2/1+,B41J2/20+,B41J2/21+,B41L27/10,B41M5/50
4	CNTXT	443191	OR 喷墨,喷印,喷射,喷码,喷绘
5	CNTXT	444594	3 or 4
6	CNTXT	6245	1 and 5
7	CNTXT	6263	2 or 6(第一次转库进入 CNABS)

CNABS

编号	所属数据库	命中记录数	检索式
1	CNABS	11895	/IC C09D11
2	CNABS	2688	/ic or C09D11/3+,C09D11/4+
3	CNABS	20817	/ic or B41F31/08,B41J2/01+,B41J2/02+,B41J2/03+,B41J2/04+,B41J2/05+,B41J2/06+,B41J2/07+,B41J2/08+,B41J2/09+,B41J2/1+,B41J2/20+,B41J2/21+,B41L27/10,B41M5/50
4	CNABS	128796	OR 喷墨,喷印,喷射,喷码,喷绘

5 CNABS 133564 3 or 4

6 CNABS 4137 1 and 5

7 CNABS 4371 2 or 6

8 CNABS 4088 转库检索(第一次从 CNTXT 转库进入 CNABS,即 CNTXT 中的检索式 7)

9 CNABS 4992 7 or 8(CNABS+CNTXT 总文献量,将其第一次转入 DWPI 中)

10 CNABS 5278 转库检索(将 DWPI 中 VEN+DWPI 中的全部中文转库到中文库中

11 CNABS 5426(5471) 9 or 10 (CNTXT+VEN+CNABS+DWPI)

12 CNABS 14699243 pd<20181231

13 CNABS 5366(5371) 11 and 12

VEN

编号 所属数据库 命中记录数 检索式

1 VEN 73230 /ic/cpc c09d11

2 VEN 25651 /ic/cpc or C09D11/3+,C09D11/4+

3 VEN 190319 /IC/CPC OR B41F31/08, B41J2/01 +, B41J2/02 +, B41J2/03 +, B41J2/04+,B41J2/05+,B41J2/06+,B41J2/07+,B41J2/08+,B41J2/09+,B41J2/1+,B41J2/20+,B41J2/21+,B41L27/10,B41M5/50

4 VEN 540891 or inkjet???,jet????,(ink 2d jet???)

5 VEN 601170 3 OR 4

6 VEN 28296 1 AND 5

7 VEN 31599 2 OR 6(第一次从 VEN 中转库到 DWPI 中,由于超过 1 万,按时间分为五个部分进行转库)

8 VEN 10524948 opd=2010:2016

9 VEN 6235692 opd=2005:2009

10 VEN 6542526 opd=2000:2004

11 VEN 5802234 opd=1995:1999

12 VEN 5640 7 AND 8(第一次转入 DWPI 中)

13 VEN 7611 7 AND 9(第二次转入 DWPI 中)

14 VEN 8565 7 AND 10(第三次转入 DWPI 中)

15 VEN 4510 7 AND 11(第四次转入 DWPI 中)

16 VEN 23289 (12 or 13 or 14 or 15)

17 VEN 8310 7 NOT 16(第五次转入 DWPI 中)

DWPI

编号 所属数据库 命中记录数 检索式

1 DWPI 48189 /ic C09D11

2 DWPI 3826 /IC OR C09D11/3+,C09D11/4+

3 DWPI 128703 /IC OR B41F31/08, B41J2/01 +, B41J2/02 +, B41J2/03 +, B41J2/04+, B41J2/05 +, B41J2/06 +, B41J2/07 +, B41J2/08 +, B41J2/09 +, B41J2/1 +, B41J2/20 +, B41J2/21 +, B41L27/10,B41M5/50

4	DWPI	314580	or inkjet???,jet????,(ink 2d jet???)
5	DWPI	345262	3 OR 4
6	DWPI	22052	1 AND 5
7	DWPI	22428	2 OR 6
8	DWPI	5746	转库检索(第一次从 VEN 转入 DWPI 中)
9	DWPI	7586	转库检索(第二次从 VEN 转入 DWPI 中)
10	DWPI	7988	转库检索(第三次从 VEN 转入 DWPI 中)
11	DWPI	4168	转库检索(第四次从 VEN 转入 DWPI 中)
12	DWPI	3416	转库检索(第五次从 VEN 转入 DWPI 中)
13	DWPI	24752	(8 or 9 or 10 or 11 or 12)
14	DWPI	24845	7 OR 13(VEN+DWPI 中数据)
15	DWPI	4639	转库检索(第一次从 CNABS 中将 CNABS+CNTXT 数据转入 DWPI 中)
16	DWPI	25460	14 or 15(CNABS+CNTXT+VEN+DWPI 中数据)
17	DWPI	31131047	pd<20181231
18	DWPI	25388	16 and 17
19	DWPI	10011898	/pn cn
20	DWPI	5006	16 and 19(第一次从 DWPI 中转库到 CNABS 中)

第二篇　防伪油墨产业专利信息分析及预警

第7章 引 言

防伪技术指为了达到防伪的目的而采取的措施，它在一定范围内能准确鉴别真伪，并不易被仿制和复制。防伪技术主要包括：印刷设计的防伪、印刷纸张的防伪、印刷油墨的防伪和印刷工艺的防伪。

油墨防伪技术的应用最为普遍，涉及的学科领域很广，如光学、化学、电磁学、计算机技术、光谱技术、印刷技术等，属于一门交叉边缘学科。其中，化学防伪材料和技术是防伪油墨的基础技术，在研究和应用上占据相当重要的地位。油墨防伪技术是目前票据防伪、有价证券和商标包装领域中实用性非常高的技术，既能满足大众的一线防伪识别的要求，也能满足二线、三线的高级专家、管理部门的鉴别、监管的要求。

防伪油墨又被称为保险油墨、安全油墨，是指在特殊条件下发生一定变化的用以印刷可见或不可见的标志，便于查证和防止伪造，具有防伪功能的油墨。该油墨是由色料、连结料和油墨助剂组成，即在油墨连结料中加入特殊性能的防伪材料并经特殊工艺加工而成的特种印刷油墨，应用于印制防伪印刷制品。它的配方、工艺均属机密，应严加管理；它的产品也应定点、定时供应给指定的厂家，设专人定机使用，严防扩散。

根据防伪功能的不同，防伪油墨可以分为紫外激发荧光油墨、日光激发变色油墨、热敏防伪油墨（热致变色油墨）、化学反应变色油墨、智能机读（机器专家识别）防伪油墨、多功能或综合防伪油墨（激光全息加荧光防伪油墨）、光学可变防伪油墨、磁性防伪油墨、湿敏防伪油墨，以及其他特殊防伪油墨，如光可变防伪油墨（OVI）等。根据承印物的不同，防伪油墨可以分为印铁油墨、新闻油墨、塑料油墨等。根据印刷形式的不同，防伪油墨可以分为凸印、凹印、网印、胶印和水性柔印油墨等。

作为防伪技术领域里最重要的分支之一，防伪油墨通过印刷方式印在票证、产品商标和包装上，在不同的外界条件（主要是采用光、热等形式）下观察印品的色彩变化来实现防伪功能，具有实施简单、成本低、隐蔽性好、检验方便（甚至手温可以改变颜色）、重现性强等特点。因此，防伪油墨在政府管理的票证、证书、文件，以及社会使用的商标及包装领域得到广泛的应用。随着社会的发展、印刷技术的进步和新型油墨的使用，防伪油墨逐步应用于银行卡、身份证、火车票、医药包装等领域。

目前我国防伪技术已经有了一定的市场，人们已经充分意识到产品防伪的重要性。虽然防伪技术一直在不断加强，但我国现代防伪油墨起步较晚，在生产效率、产品创新、变色灵敏度、生产成本、环保等方面还有一定的不足。并且一种防伪技术不可能长久地起到防伪作用，所以技术也需要不断更新。只有不断开发新的防伪材料、防伪技术，并在一个产品中使用多种防伪技术，才能起到好的防伪作用。因此，根据国内外先进防伪技术的发展趋势以及市场对防伪技术的需求，未来几年防伪油墨的发展方向及重点发展技术主要体现在：具有不易伪造、易识别、长期有效和防伪成本适度等方面的特性；应当被自动鉴别其防伪技术，并将与防伪印刷技术更加紧密的结合，从防伪集成度极高的钞票等领域走向社会、走向民用高档产品；需与物理防伪技术、材料化学防伪技术和激光全息防伪技术进一步紧密结合，发挥防伪的重要作用；环保防伪将走向食品包装等与日常生活息息相关的领域；印刷工艺和承印材料防伪技术也将继续在防伪领域起到无法替代的作用；油墨防伪技术的综合是防伪产品的必然发展方向。

本篇内容主要针对防伪油墨在国内外的发明专利申请情况进行统计，对关键技术分布情况进行整体分析，总结该领域的专利申请现状，分析未来技术发展趋势，对防伪油墨的研究发展具有重要的指导意义。

第 8 章　防伪油墨全球专利分析

8.1　专利申请量趋势分析

全球最早的关于防伪油墨的专利是丹尼斯·布鲁默·卡梅伦（Denis Blumer Cameron）和罗宾·戈登·卡尔（Robin Ordon Carr）于 1967 年 2 月 1 日申请的申请号为 GB000004881、发明名称为“安全涂料和油墨”（secruity paints and inks）的专利申请。全球关于防伪油墨的专利申请量整体均呈现上升趋势，近 5 年期间全球申请量出现小幅下降，其主要原因是由于部分专利申请尚处于未公开阶段，无法进行统计。从图8-1中可以看出，防伪油墨在全球范围内的申请量变化主要分为两个阶段。

（1）萌芽期（1967~1986 年）

这一阶段的专利申请量较少，且增长缓慢，如在 1967~1971 年的五年期间内仅有 6 项关于防伪油墨的申请，接下来的第二个五年为 15 项，第三个五年为 20 项，第四个五年为 20 项，呈现较低的增长量。世界主要资本主义国家自 20 世纪 50 年开始恢复工业生产，到 60 年代进入高速发展时期，仿造现象随之不断涌现，导致人们开始意识到需要对自己的产品进行保护，防止他人伪造侵害自己的利益。以此为契机，防伪技术逐渐萌芽，进而在货币、包装等方面广泛使用的油墨逐渐开始引入了防伪技术。

（2）快速发展期（1987 年至今）

此阶段初期申请量较少但增长迅速，从 1987~1991 年的 56 项，到 1992~1996 年的 155 项，增长率超过 100%，并在接下来的年份中持续呈现快速增长的势头。

图8-1　防伪油墨领域全球专利申请量时间分布

8.2　申请人分析

如图8-2所示，全球防伪油墨专利申请量排名前十一的申请人中，德国占两位、中国占一位、日本占五位、美国占一位、瑞士占两位。排名第一位的是中国的中国印钞造币，其专利申请量为94项。第二位到第十一位分别是德国的默克专利、日本的精工爱普生、瑞士的西柏控股、日本的凸版印刷、日本的独立行政法人、德国的巴斯福、瑞士的西巴特殊化学品、日本的大日本印刷、美国的施乐、日本的东洋油墨，其专利申请量分别为93项、86项、83项、79项、58项、55项、48项、45项、40项、40项。可见日本、德国和瑞士在防伪油墨领域的技术研究占据着强有力的主导地位，而中国在防伪油墨领域的研究也跻身于世界先进技术的行列之内。

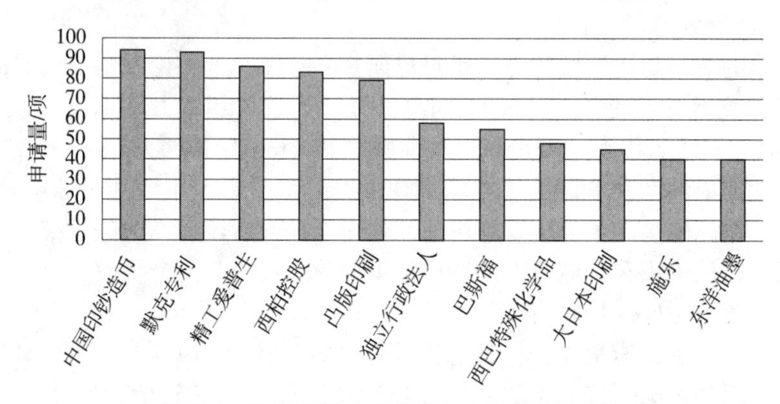

图8-2　防伪油墨全球申请人专利申请量分布

图8-3为重点申请人（中国印钞造币、默克专利、精工爱普生、西柏控股、凸版印刷）的专利申请量时间分布情况。从图8-3中可以看出，默克专利在1997~2004年呈现稳步增长的势头，但是在2004年开始专利申请量下降，并保持每年2~4项的申请量水平，足以体现其在防伪油墨领域的技术发展已经步入成熟期。相反，中国印钞造币起步较晚，但是在近几年，尤其是2011~2016年，其申请量快速增长，说明该申请人在防伪油墨领域的研究处于快速发展阶段。作为中国在防伪油墨领域具有代表性的公司，中国印钞造币总公司的防伪油墨技术虽然起步晚，但是发展迅速，并且已经在全球的防伪油墨技术领域占据重要的地位，也进一步说明了我国在全球防伪技术的发展过程中占有重要位置，为我国申请人向全球防伪市场的拓展奠定了坚实的基础。

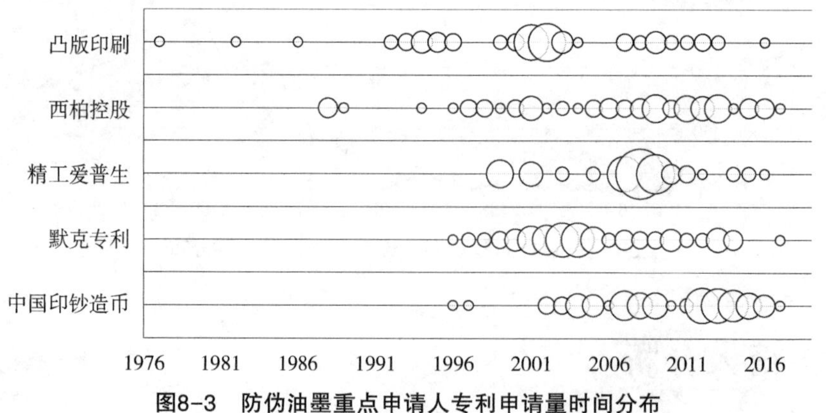

图8-3　防伪油墨重点申请人专利申请量时间分布

8.3　地域分布分析

从图8-4中可以看出，在全球范围内，中国、日本、欧洲、美国和韩国为防伪油墨专利重点分布的区域。其中，中国申请量尤为突出，进一步表明中国关于防伪油墨技术的研究在全球范围占据着重要的地位。

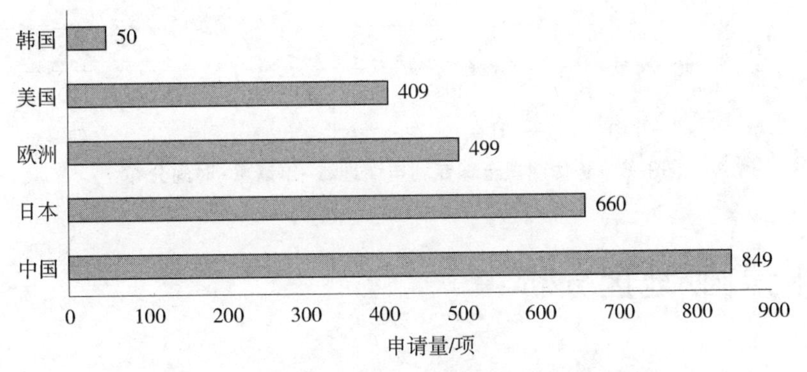

图8-4　防伪油墨全球专利申请排名前五地域分布

从图8-5可以看出，防伪油墨的专利申请都是呈现一致的上升趋势，近五年内有所下降主要原因也是部分专利申请尚处于未公开阶段，无法进行统计所导致的。根据检索结果可知，中国最早的关于防伪油墨的专利是中国人民银行印制科学技术研究所于1987 年 5 月 5 日申请的申请号为 CN87103262、发明名称为“一种近红外吸收剂”的发明专利申请和申请号为 CN87103261、发明名称为“对近红外线无吸收的印刷油墨”的发明专利申请；日本最早专利为自动圆珠笔工业株式会社和平和崇光银行于 1969 年 11 月13 日共同申请的申请号为 JP9047069A、发明名称为“一种通过混合吸收剂与溶剂、水和添加剂而具有抗紫外线渗透性能的油墨组合物”的发明专利申请；美国最早专利为国立现金收银机公司于 1970 年 5 月 6 日申请的申请号为 US19700035230 的发明申请，其涉及的是一种可用于印刷在支票等银行票据上的传输介质；欧洲最早专利也是全球最早出现的关于防伪油墨的专利申请，为丹尼斯・布鲁默・卡梅伦和罗宾・戈登・卡尔于 1967 年 2 月 1 日申请的申请号为 GB000004881、发明名称为“安全涂料和油墨”的专利申请；韩国防伪油墨相关最早专利申请于 1996 年提出，相对其他国家/地区较晚。

根据图8-5和上述检索分析结果可知，虽然相对于日本、欧洲和美国，中国防伪油墨起步稍晚，但是其飞速发展的势头已经超过世界其他国家/地区，经过近 30 年的飞速发展，中国关于防伪油墨的研究已经处于全球的较领先地位，专利申请量远远大于韩国的专利申请量。此外，中国最早专利为国内申请人的专利，这种本土技术的不断推陈出新也为中国防伪油墨技术的飞速发展奠定了坚实的基础。

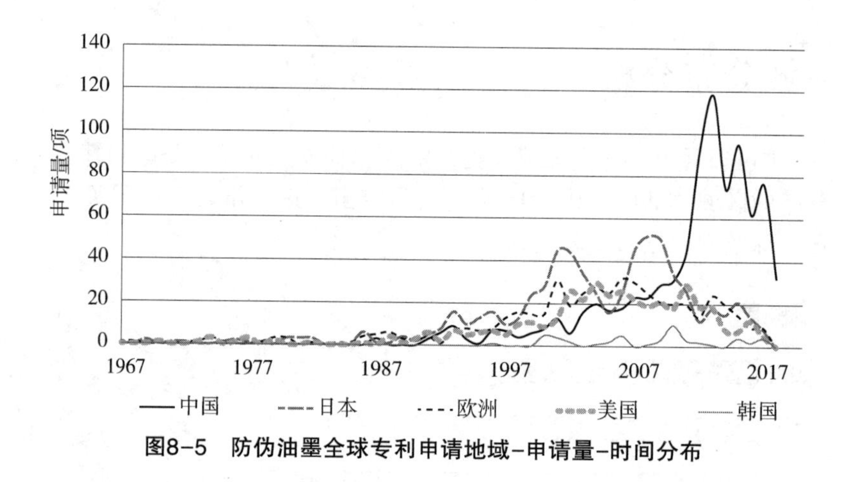

图8-5 防伪油墨全球专利申请地域-申请量-时间分布

8.4 申请国/地区分析

8.4.1 全球五大局专利流向分析

从图8-6可以看出，中国的专利申请主要在本国，在其他国家/地区的布局量非常少，在美国、日本、韩国和欧洲的布局量分别为3件、2件、2件、2件。日本、欧洲、美国和韩国的专利申请也主要在本国，与我国不同的是，日本、欧洲和美国在其他国家/地区的专利布局量也较大。日本在美国、中国、欧洲和韩国的专利申请量分别为108件、80件、80件和45件；欧洲在美国、日本、中国和韩国的专利申请量分别为294件、255件、212件，152件；美国在欧洲、日本、中国和韩国的专利申请量分别为209件、161件、133件和77件：反映出相对于其他国家/地区，我国虽然在本国的专利申请量较大，但是对外输出较少，对外专利布局薄弱，我国防伪油墨相关产品在走向国际市场的过程中缺乏专利保驾护航，在国际市场竞争力较弱。

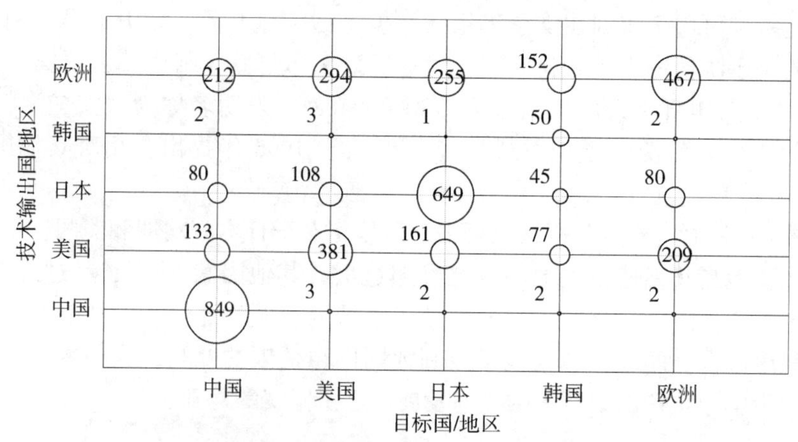

图8-6 防伪油墨全球主要国家/地区之间的专利流向（单位：件）

8.4.2　全球五大局专利流量对比

针对全球五大局（中、日、欧、美、韩）专利总公开量可知，这五大局受理专利量最高，但是不同国家专利输入（输入量即原始申请国为外国，输入本国专利量）、输出量（本国向国外申请量）不同。从图8-7可以看出，除韩国外，其他各局专利输入量比较接近，即均在 400 件左右，但是不同国家输出量数据差别较大：欧洲最高，总输出量达到913 件，而中国总输出量较低，仅有 9 件。五大局中，欧洲、美国输出量高于输入量，而中、日、韩输出量小于输入量，其中中国、韩国两个国家输入量占比与输出量占比（以输入量+输出量 = 100% 计）差值达到 90% 上，即这两个国家虽本国专利受理量较大，分别为 849 件和 50 件，但是本国申请人基本只是在本国进行专利布局，几乎没有海外布局，在国外的知识产权保护力度弱。而日本虽然输入量大于输出量，但是两者数值接近，即在亚洲国家中，日本更加注重海外知识产权的保护。另外，欧洲地区总输出量相较于输入量，占比达到 76%，同时美国也达到 59%（见图 8-8）。

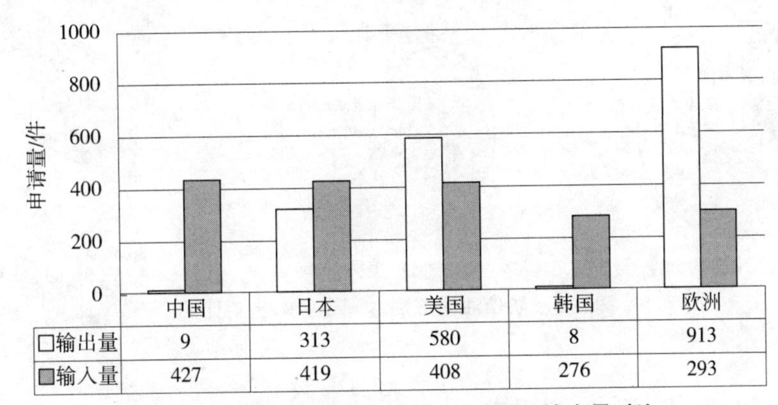

	中国	日本	美国	韩国	欧洲
□输出量	9	313	580	8	913
■输入量	427	419	408	276	293

图8-7　防伪油墨全球五大局专利输入/输出量对比

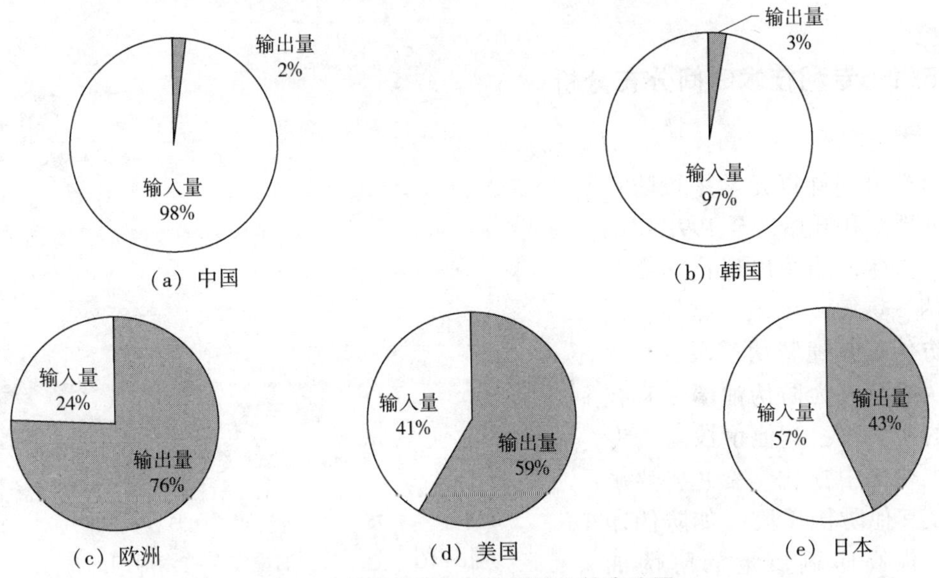

图8-8　防伪油墨五局专利输入输出比图

从五大局本国/地区专利输出量来看，中国仅有1%的专利进行了国外布局，韩国有14%，日本33%的专利进行国外布局，美国40%的专利有国外布局，欧洲国外布局量最高，占本地区申请总量的51%。从本国文献输出量来看，欧洲、美国、日本更加注重专利的全球布局。可以看出，中国在防伪油墨领域需要加强全球专利布局意识，在注重专利申请量的同时，应该提高专利质量，使得专利可以实现向国外输出。

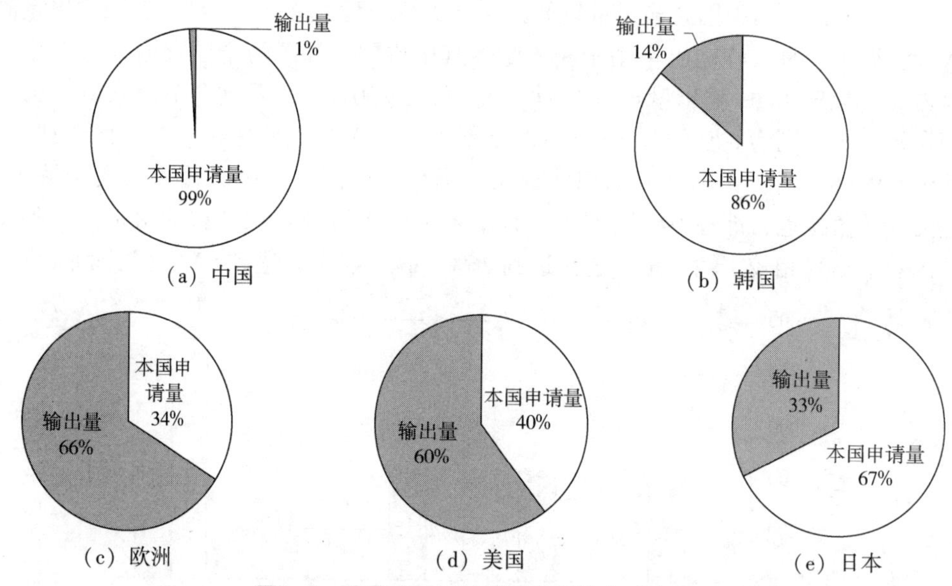

图8-9 防伪油墨五局本国专利输出对比图

8.5 专利技术分布分析

8.5.1 专利技术时间分布分析

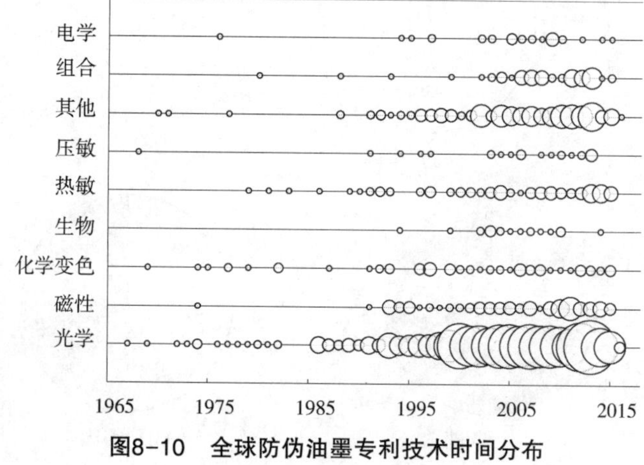

图8-10 全球防伪油墨专利技术时间分布

根据图8-10可知，从1967年出现第一件以光学手段防伪的油墨专利开始，至1991年的二十多年，陆续出现化学变色防伪、热敏、压敏、磁性、电学防伪等其他防伪手段。光学防伪逐渐成为防伪油墨专利技术的主力军；其他手段防伪专利主要集中在化学变色、热敏以及其他防伪手段（如防伪印刷、提高印刷质量的防伪油墨），而磁性、压敏、电学以及组合手段防伪专利均较少，且均是断层式申请模式（电学仅在1975年有1项专利申请，磁性在1974年、1991年分别有1项专利申请，组合防伪仅在1976年有1项专利申请）；另外，1991年之前无生物防伪手段。从专利技术分布可以看出，从防伪油墨专利开始出现，该领域已经在尝试不同的手段防伪，但基于原料、检测手段、成本等限定，光学防伪成为防伪主流技术。

1992~1999年光学防伪油墨专利申请量平稳，2000年专利量突增，2000~2012年专利申请量保持平稳，即在进入21世纪后，光学防伪油墨更加受到重视，这与经济发展、油墨本身应用基材拓宽、光学防伪原料拓宽、检测手段更加丰富、防伪领域需求增加均相关。根据其他防伪技术手段的分布可知，进入21世纪后，防伪油墨专利申请总体趋势处于增长态势。其中，磁性、热敏、组合等防伪手段油墨专利基本保持稳步增长趋势。20世纪90年代中期出现生物防伪技术，2003~2010年生物防伪油墨申请量平稳，但未出现爆发式增长模式，且2010~2014年申请量减小，研发力度不足。究其原因，虽然由于DNA序列本身独一无二性，生物防伪性能相较于其他手段都更有效和难以仿冒，但是利用生物手段防伪，目前基本手段均是使用DNA片段或者少量蛋白质物质，检测较为困难，需要专业检测仪器，且生物物质本身保存稳定性差，容易出现腐坏变质的问题，进而造成油墨本身的稳定性差以及防伪失效，因此难以用于需要长期使用的产品表面，且由于本身的检测和来源问题，造成防伪成本较高，难以推广应用。

根据图8-11可知，除去光学防伪手段，另一热门防伪手段为磁性防伪（主要是通过磁性颜料的磁定向性能实现防伪）。该部分专利量虽然未出现大量爆增趋势，但自进入20世纪90年代后，一直保有平稳申请量。另外，热敏、组合防伪的专利量呈现平稳增长模式，且电学、化学变色防伪均具有一定量的专利申请量。即除去光学防伪的其他防伪手段进入90年代后均受到重视，使得其发展起来。根据防伪油墨各个技术分支随着时间分布趋势可以判断，未来通过多手段、多方式防伪模式（如光、磁信号，光、电信号组合等多种组合模式）会成为防伪领域主要发展方向。

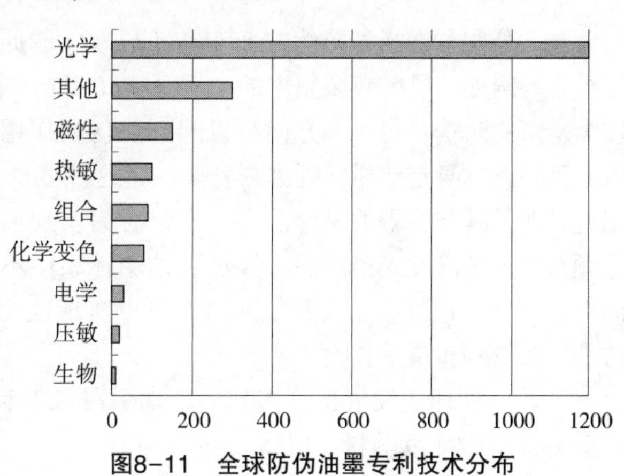

图8-11 全球防伪油墨专利技术分布

8.5.2 重点申请人专利技术分析

对全球专利申请排名前五申请人专利技术分支进行对比，从图8-12可以看出，五大申请人防伪技术均集中在光学领域。中国印钞造币与凸版印刷两大申请人在除去光学手段以外的其他技术分支上，如生物、化学变色、压敏、热敏、电学等均有一定量的专利布局，而默克专利在化学变色、生物方面无专利布局；在磁性防伪方面，西柏控股申请量最大，中国印钞造币与凸版印刷紧随其后；在通过多种性能组合以达到防伪目的上，中国印钞造币专利量最大；在利用化学物质（包括水、气体、酸性物质等）致使油墨图案变色，进而达到防伪目的方面，精工爱普生专利量最大。另外，对于其他防伪方面，如利用提高图案光泽、质量以实现防伪印刷方法，五大申请人均有一定量的分布。精工爱普生在磁性、电学、热敏、压敏、生物防伪方面处于空白，西柏控股在电学、生物方面处于空白，凸版印刷在组合防伪方面处于空白，默克专利在化学变色、生物方面处于空白。

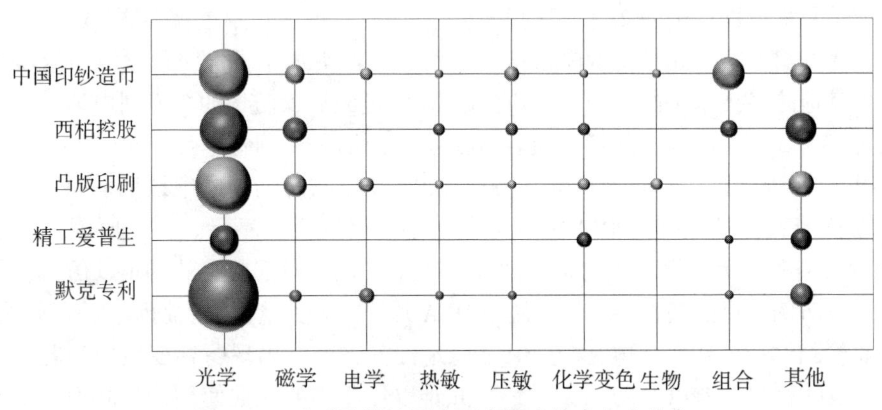

图8-12　全球防伪油墨主要申请人技术分支分布

各大公司均在光学防伪方面专利布局较大的原因在于，光学手段较多，且易于与油墨结合。例如，目前较多使用的光学颜料（荧光、夜光、珠光、光致变色颜料等），均为较为常用的防伪材料，一方面可以起到防伪的作用，另一方面还可以给油墨带来光学效果，且颜料本身是油墨常规添加物质，将这些物质作为防伪物质添加到油墨体系中，不用过多涉及其与油墨的融合问题，非常容易实现油墨的防伪。另外后期发展起来许多无色颜料及光致激发光谱产品，添加到油墨体系中不会改变油墨颜色，能够实现制备透明油墨的目的，且通过光致激发光谱，可以实现检测方便、高效防伪的目的，因此在光学防伪方面专利布局量较大。

另外，后期还发展出许多新的防伪手段，如利用生物分子特殊 DNA 序列、热敏变色颜料、压敏变色颜料、电致变色或电致发光产品，以及化学反应变色等进而实现严格控制造假、或者便于人眼甄别、不用检测仪器即可实现防伪检测等多种目的防伪油墨。基于防伪应用领域的扩展，技术人员可以基于不同防伪程度、成本需求，在这些技术手段方面，进行进一步的专利布局以及技术研究。

从图8-13~图8-17可知，五大申请人专利申请量中，通过光学（包括高频电磁波）方式激发进而达到防伪目的的专利申请占比均超过总申请量的 50%。其中，默克专利防伪油墨领域通过光学手段防伪专利量占比最大，达到专利申请总量的 90%。另外，根据五大申请人技术分布可知，除去其他防伪手段，生物、磁性、化学变色、压敏、热敏等防伪手段的专利占比量均不到总量的 15%。

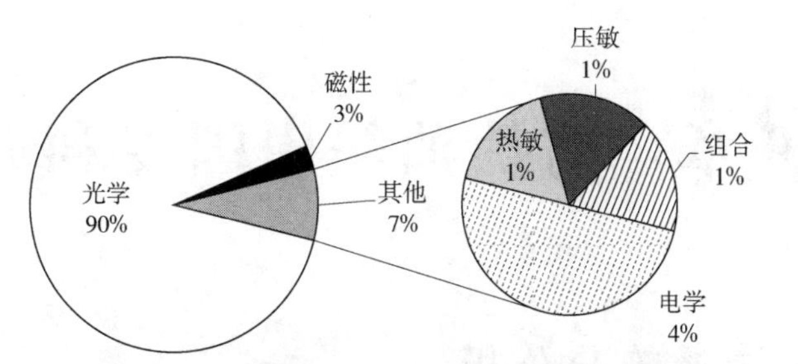

图8-13　默克专利防伪油墨技术分支分布

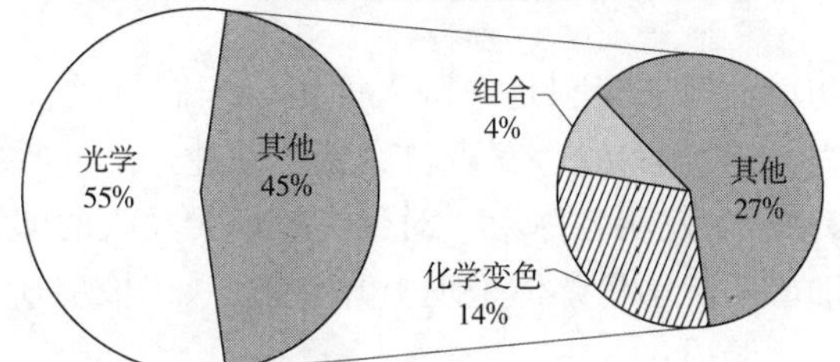

图8-14　精工爱普生防伪油墨技术分支分布

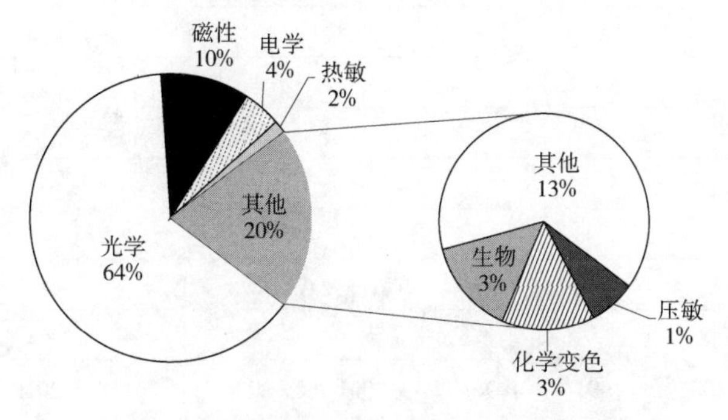

图8-15　凸版印刷防伪油墨技术分支分布

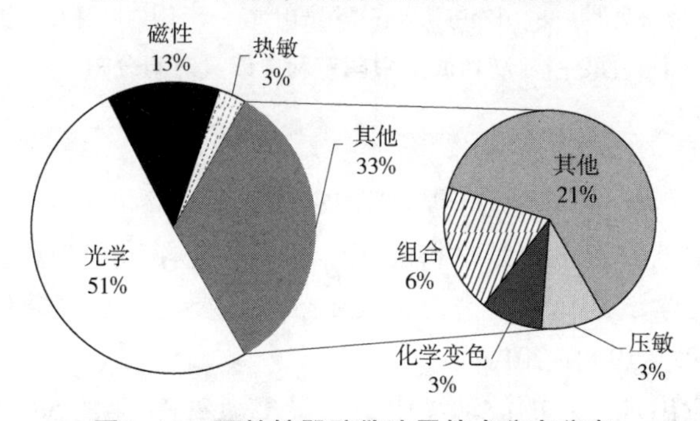

图8-16　西柏控股防伪油墨技术分支分布

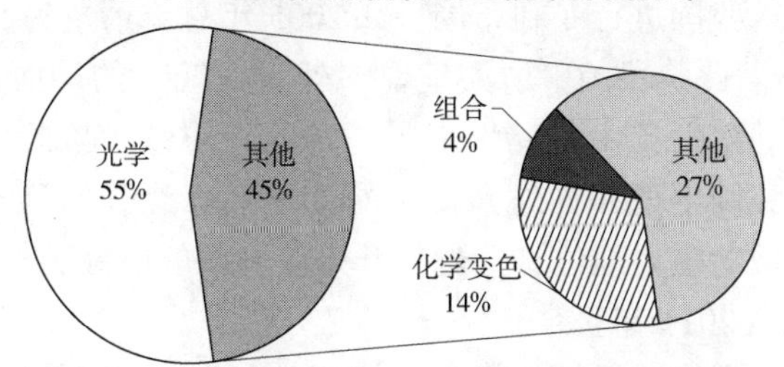

图8-17　中国印钞造币防伪油墨技术分支分布

第 9 章　防伪油墨中国专利分析

9.1　专利申请量趋势分析

中国最早的关于防伪油墨的专利是中国人民银行印制科学技术研究所于 1987 年 5 月 5 日申请的申请号为 CN87103262、发明名称为“一种近红外吸收剂”的发明专利申请和申请号为 CN87103261、发明名称为“对近红外线无吸收的印刷油墨”的发明专利申请。中国关于防伪油墨的申请量整体呈现上升趋势。如图9-1所示，中国防伪油墨申请量的发展主要分为三个阶段：

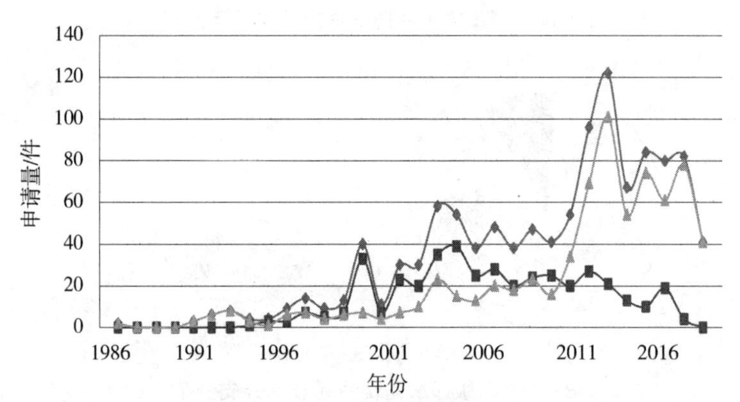

图9-1　防伪油墨中国专利申请量时间分布

（1）技术萌芽期（1987~1996 年）

这一阶段国内防伪油墨技术处于基础发展阶段。申请量较少，每年申请量均在 10 件以下，且防伪技术的重点主要是材料的光学性质和化学变色方面。其中，化学变色，例如通过遇到特定化学试剂显色的情况，技术效果主要是以提高防伪效果为主。

（2）平稳发展期（1997~2010 年）

这一期间申请量出现一定的波动，申请量最多为 2004 年的 58 件。此期间内，大部分国外申请人开始进入我国进行专利布局，如 2005 年总申请量为 53 件，国外申请占了 38 件，占比超过 70%。此阶段的申请人呈现“外重内轻”的局面，国外申请人在中国大范围布局，给中国的防伪技术研究带来了一定的局限性。该阶段的防伪油墨技术的发展状况，足以说明我国申请人在外来技术的基础上已经开始逐渐重视防伪油墨在油墨市场和防伪技术领域的重要地位，并着手开始该方面的研究工作，且初见成效。

（3）快速发展期（2011 年至今）

此阶段专利技术呈现快速增长的势头，其中，由 2011 年的 34 件增长为 2012 年的

102 件，增长率达到 100%。在此期间，国内申请人的申请量也超过国外申请人的在华申请量，足以说明我国申请人在防伪油墨领域的研究已经在本土的油墨防伪技术领域取代外来申请人，占据了主导地位，为我国自主研发更多的防伪产品奠定了坚实的基础。但是，从国内申请人专利申请的质量来看，与欧洲等地区的跨国公司存在一定的差距，仍然有较大的进步和追赶空间。

9.2　申请人分布

9.2.1　申请人整体分布

如图9-2所示，中国本土申请在防伪油墨领域占比 63%，有 37% 的专利申请人为国外申请人。这意味着国外申请人关于防伪油墨领域在中国的专利布局已经形成一股强有力的力量，制约着本土专利技术的进一步扩展。

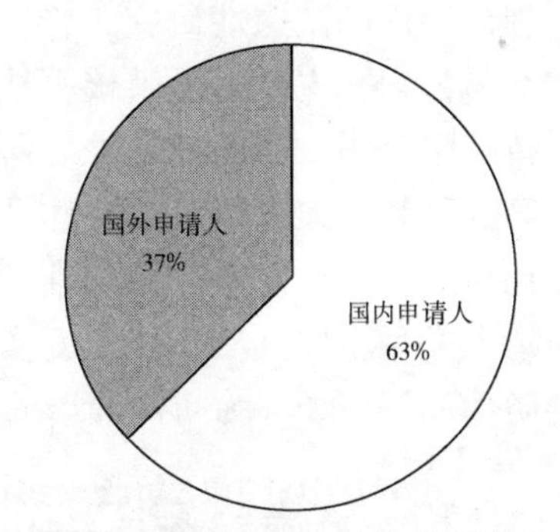

图9-2　防伪油墨中国申请人总体分布

从图9-3中可以看出，中国印钞造币申请量最大，但是在申请人排名中，国外申请人（如德国的默克专利、瑞士的西柏控股和西巴）居多，排名前十的申请人中（其中存在并列申请人）中国本土申请人只有三位。可见国外申请人占据了相当一部分的份额。由此可知，我国在该方面研究仍需大力发展，才能保证我国在该领域的自主能力。

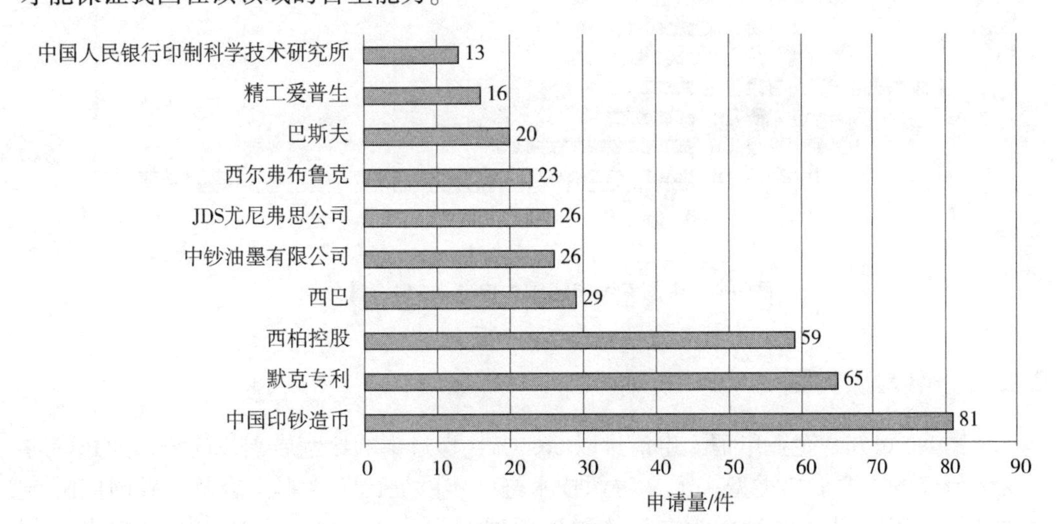

图9-3　中国专利申请申请人-申请量分布

前十位中的本土申请人分别为中国印钞造币、中钞油墨有限公司、中国人民银行印制科学技术研究所。其中，中国人民银行印制科学技术研究所最早在我国提出防伪油墨专利申请，充分体现了中国人民银行印制科学技术研究所在我国防伪油墨技术领域的重要地位。另外，从图9-3中不难看出，在我国占主要地位的申请人均为中国人民银行系统的相关单位，进一步证明我国防伪油墨的主要技术也主要集中掌握在上述申请人手中。

由图9-4可知，在国内的申请人中，中国印钞造币、中钞油墨有限公司、中国人民银行印制科学技术研究所为我国防伪油墨领域的主要申请人。上述主要申请人又均隶属于中国人民银行系统，即中国人民银行系统在我国防伪油墨的技术研究中占据着无法撼动的重要地位。另外，国内申请人可以分为六种：第一种是隶属于中国人民银行系统的企业单位，各自为独立体，有自己的研发团队，且可以付诸于生产并可投入实际应用中，如中国印钞造币总公司、中钞油墨有限公司等；第二种是高等院校，主要是进行理论层面的试探性研究工作，如陕西科技大学、北京印刷学院等；第三种是一些技术交易公司，主要是提供核心技术信息和知识产权交易性质的公司，如上海东沈电子科技有限公司；第四种是主要研究防伪技术的科研院所，如海南亚元防伪技术研究所；第五种是个人申请，主要体现在一些民间科学家的研究成果；第六种是以油墨等化工耗材类为主要生产产品的化工类企业，如苏州凹凸彩印厂等。综上所述，我国国内申请人类型多样，从多种角度实现对防伪油墨技术的研究和生产，进而产生了多元化的防伪油墨市场，为防伪油墨的进一步研究提供了多方面的技术支撑。

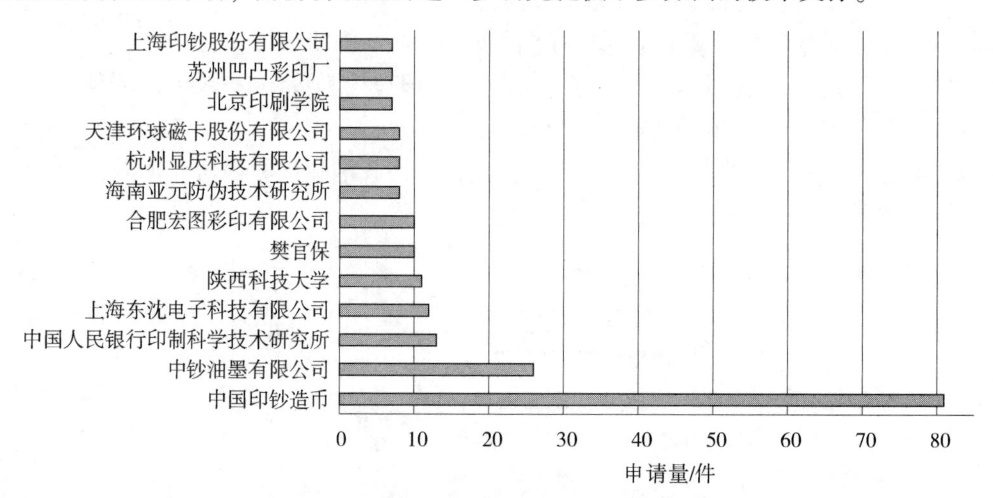

图9-4　中国专利申请国内申请人-申请量分布

9.2.2　申请人类型

由图9-5可知，企业申请人申请量以66.9%，即过半的比例居于最优势，为我国防伪油墨研究的主要依托类型，也是防伪技术进一步发展的主力军，因此，我国应配合各种政策，积极促进相关企业在防伪油墨领域的进一步发展。合作申请量次之，占10.7%，这也说明在防伪油墨领域存在一定程度的不同申请人的合作情况，可以结合各方申请人的优势研发出凝聚多方智慧的高质量申请。从图中可以看出，我国关于防伪油墨的技术，个人申请占比10.8%，与合作占比相当，说明个人研究者对于防伪油墨技术的发展起到了一定的推动作用。在上述申请人以外，我国的专利申请中还存在一定量的高校专利申请（占比为 8.7%）和科研院所的专利申请（占比为 2.7%）。虽然上述类型的申请人申请量相比其他类型的申请人较少，但是其主要从事的是防伪技术的基础性研究，对企业乃至个人在防伪油墨领域的研发均提供了一定的指导作用。

此外，由图9-5可知，在 1987~2016 年的近 30 年时间里，企业、合作、个人、高校和科研院所等类型的申请人申请量总体上均呈现增长的势头，特别是 2012~2016 年，随着我国经济体制不断完善，市场经济不断发展，防伪油墨技术得到了突飞猛进的发展。例如，2012~2018 年，以目前检索截止日的数据计算，其与上一个五年（2007~2011 年）的申请量相比，增长率已经高达 57.9%。由此可见，我国防伪油墨目前仍处于快速发展阶段，各种类型申请人在防伪油墨领域的研究也在不断推进，将进一步推动我国防伪技术迈向新的台阶。

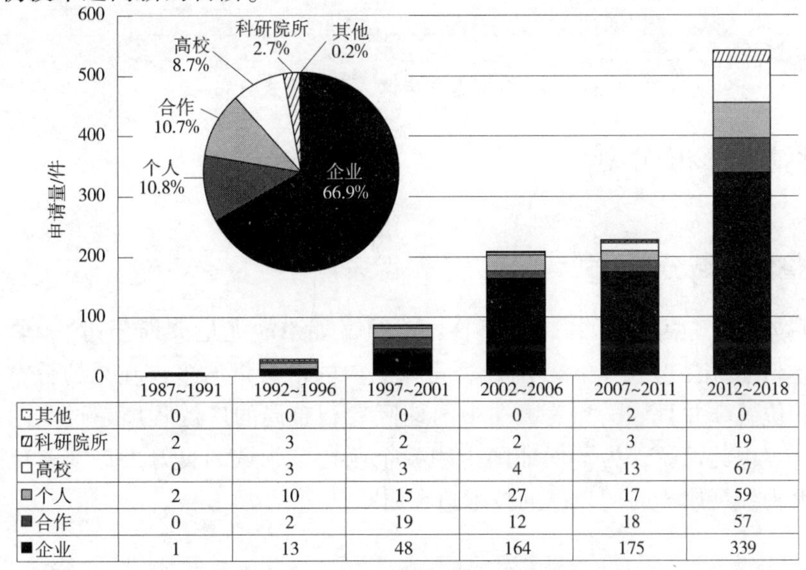

	1987~1991	1992~1996	1997~2001	2002~2006	2007~2011	2012~2018
其他	0	0	0	0	2	0
科研院所	2	3	2	2	3	19
高校	0	3	3	4	13	67
个人	2	10	15	27	17	59
合作	0	2	19	12	18	57
企业	1	13	48	164	175	339

图9-5　中国专利申请人类型分布

9.2.3　申请人合作模式

由图9-6可知，我国在防伪油墨领域的研究企业-企业的合作情况最多，并且合作情况逐年增多，足以说明国内已经出现企业和企业之间强强联合的情况，并且整体上呈现逐渐上升的势头。这种企业之间的强强合作将成为防伪油墨技术飞速发展的主要助推力。此外，企业-科研院所、企业-高校等类型的合作模式也在逐年增多。由于高校和科研院所多以理论研究为主，该类型合作模式不断推进，进一步说明我国防伪油墨在产学研合作方面不断发展。各大高校和科研院所提供强有力的理论研究成果提供给合作的企业，为企业进一步生产实践提供理论指导，企业实践的结果反过来指导理论研究，从而实现产学研的完美结合，在一定程度上促进新产品和新技术在产业上的诞生和推广。

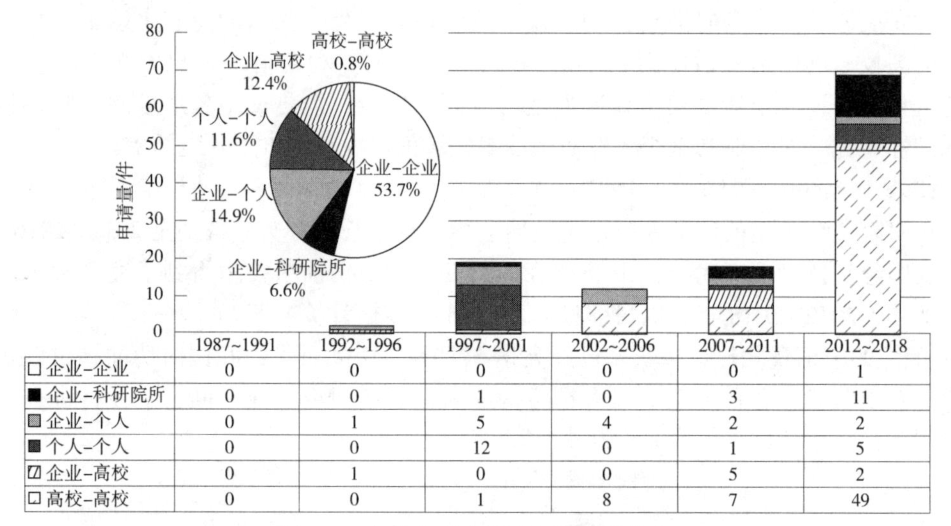

	1987~1991	1992~1996	1997~2001	2002~2006	2007~2011	2012~2018
□ 企业-企业	0	0	0	0	0	1
■ 企业-科研院所	0	0	1	0	3	11
■ 企业-个人	0	1	5	4	2	2
■ 个人-个人	0	0	12	0	1	5
▨ 企业-高校	0	1	0	0	5	2
□ 高校-高校	0	0	1	8	7	49

图9-6　中国专利申请人合作模式分布

9.3　地域分布分析

9.3.1　整体地域分布

由图9-7可知，德国（如默克专利）、美国（如 JDS 尤尼弗斯公司）、瑞士（如西巴）和日本（如精工爱普生）等国外公司在国内的申请量居多，在总的分布情况中占据了首要的位置。并且德国和美国在中国地区专利布局的广泛程度超过了国内任意地区的申请量。由此可见，为了保证国内相关企业在该领域的良好发展，避免外来技术的冲击，大力发展属于我们自己的技术迫在眉睫。

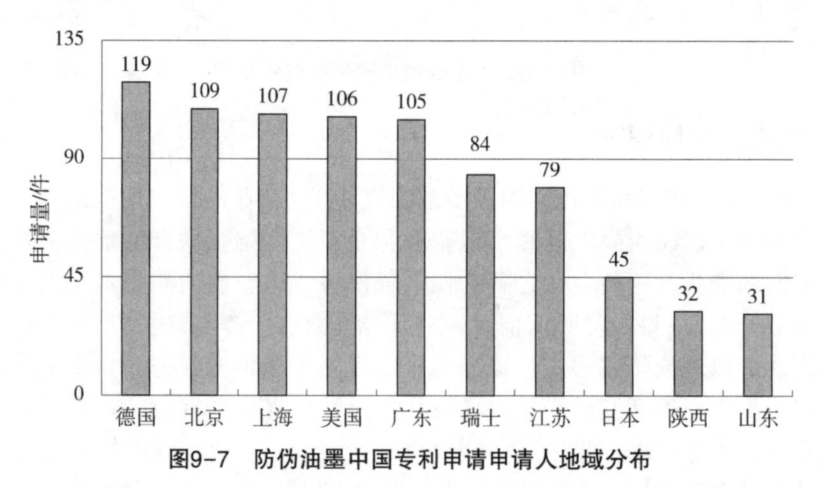

图9-7　防伪油墨中国专利申请申请人地域分布

9.3.2　地域-时间分布

由图9-8可知，德国在我国的主要专利申请集中在 2002~2012 年，在 2005 年时出现最大申请量，为 18 件，主要是默克专利针对干涉颜料的专利申请，该颜料可应用于油墨，通过产生随角异色等现象而达到防伪功效；此外还涉及通过激光镭射及电致发光等方式实现防伪功能的专利申请，且在该方面的申请均在 2009 年授权并维持到现在，保护年限已超过 6 年。美国在 2005 年和 2007 年专利申请量最大，均为 13 件，主要涉及的是 JDS 尤尼弗斯公司和太阳化学公司等通过光学和磁性手段到达防伪目的的专利申请，其中授权案件有 12 件，保护年限最长已超过 6 年。澳大利亚在 2000 年集中申请 23 件专利，主要是围绕红外吸收材料展开的各种类型的系列申请。根据上述分析结果可知，国外企业在中国围绕防伪油墨的专利布局主要是在 2000 年以后，涉及诸多重点专利，且有多项专利技术目前仍处于保护阶段，给本土申请人的研发带来一定的阻碍，同时也带来了一定的契机。

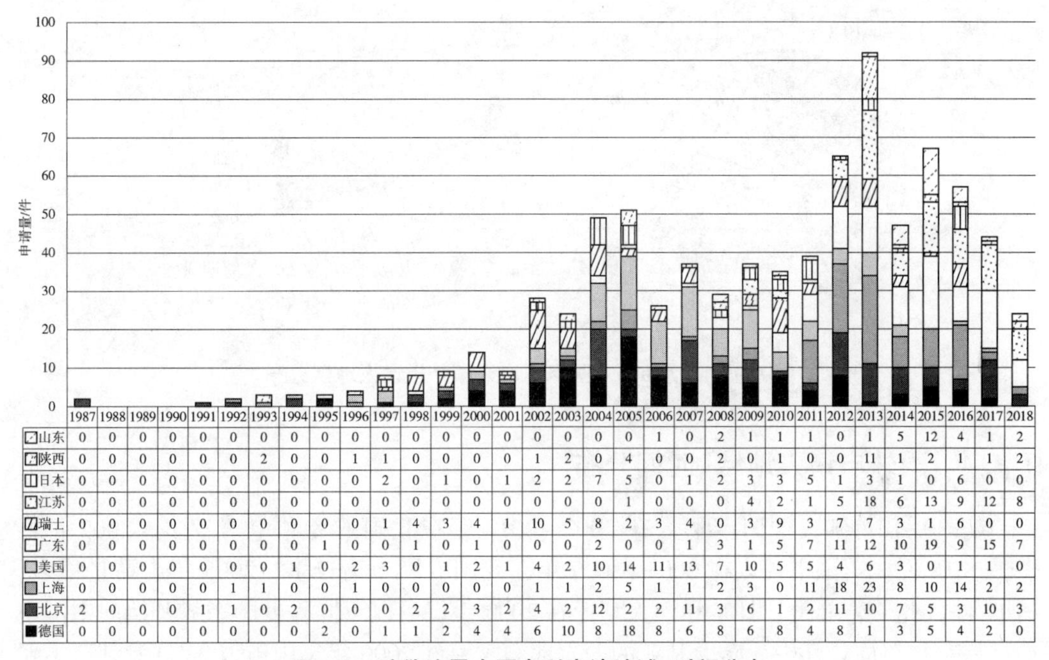

	1987	1988	1989	1990	1991	1992	1993	1994	1995	1996	1997	1998	1999	2000	2001	2002
山东	0	0	0	0	0	0	0	0	0	0	0	0	0	0	0	0
陕西	0	0	0	0	0	0	2	0	0	1	1	0	0	0	0	1
日本	0	0	0	0	0	0	0	0	0	0	2	0	1	0	1	2
江苏	0	0	0	0	0	0	0	0	0	0	0	0	0	0	0	0
瑞士	0	0	0	0	0	0	0	0	0	0	1	4	3	4	1	10
广东	0	0	0	0	0	0	0	0	1	0	0	1	0	1	0	0
美国	0	0	0	0	0	0	0	1	0	2	3	0	1	2	1	4
上海	0	0	0	0	0	1	1	0	0	1	0	0	0	0	0	1
北京	2	0	0	0	1	1	0	2	0	0	0	2	2	3	2	4
德国	0	0	0	0	0	0	0	0	2	0	1	1	2	4	4	6

	2003	2004	2005	2006	2007	2008	2009	2010	2011	2012	2013	2014	2015	2016	2017	2018
山东	0	0	0	1	0	2	1	1	1	0	1	5	12	4	1	2
陕西	2	0	4	0	0	2	0	1	0	0	11	1	2	1	1	2
日本	2	7	5	0	1	2	3	3	5	1	3	1	0	6	0	0
江苏	0	0	1	0	0	0	4	2	1	5	18	6	13	9	12	8
瑞士	5	8	2	3	4	0	3	9	3	7	7	3	1	6	0	0
广东	0	2	0	0	1	3	1	5	7	11	12	10	19	9	15	7
美国	2	10	14	11	13	7	10	5	5	4	6	3	0	1	1	0
上海	1	2	5	1	1	2	3	0	11	18	23	8	10	14	2	2
北京	2	12	2	2	11	3	6	1	2	11	10	7	5	3	10	3
德国	10	8	18	8	6	8	6	8	4	8	1	3	5	4	2	0

图9-8　防伪油墨中国专利申请地域-时间分布

本土申请人在防伪油墨的研究方面也取得了一定的成果。我国北京以中国印钞造币为代表的申请人，在国外申请人向中国进行大量专利布局期间，也申请了属于自己技术的专利，包括诸多重点专利。如在 2004 年申请的申请号为 CN200410004469、发明名称为“摩擦发光防伪油墨及其制造方法”的专利申请已于 2006 年授权，且目前仍然处于授权状态，维持年限已超过 10 年。我国上海和广东等地区在 2010 年以后也步入快速发展期间，已有赶超国外申请人的势头。此外，虽然我国专利申请量在一定程度上有所改善，但是为了充分发挥专利保护的成果，我国专利申请人还要进一步改善专利申请的质量，充分发挥创造性，申请更多高质量专利、提高授权率的同时，在专利维持阶段获得更大的收益，也为我们自主研发提供更多的技术保障。

9.3.3 国外申请人地域分布

从图9-9可以看出，在华申请的国外申请人主要分布在17个国家，其中，德国、美国、瑞士和日本在中国的申请量较多，在华申请量分别为119件、106件、83件和45件，上述地区是在华进行大范围专利布局的主要申请人集中的区域，也是我国本土申请人主要的竞争对手聚集区。由此可知，在我国申请人在对防伪油墨的研究开发过程中需要重点关注上述地区的申请人。可以从多角度出发，在其现有的技术上进行拓展性研发，此外生产过程中尽量规避上述地区申请人的专利布局，以免对自己的利益造成损失。

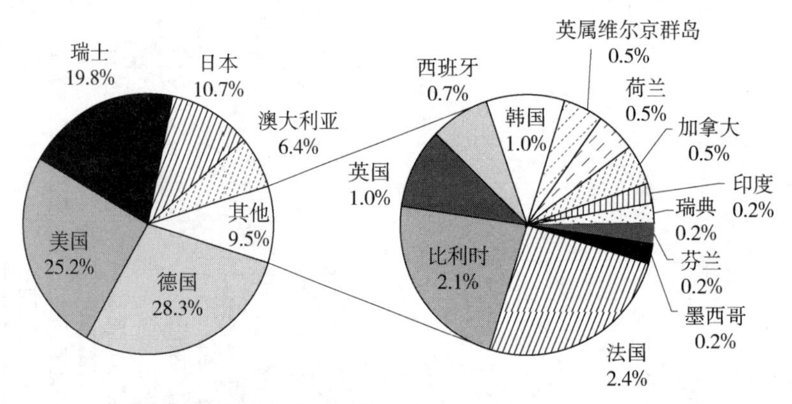

图9-9 防伪油墨中国专利申请国外申请人地区分布

9.3.4 国外申请人地域-时间分布

从图9-10可知，德国申请人在2002~2012年在我国的专利申请较多，2005年最多，达18件。美国申请人在2004~2009年在我国专利申请较多，2005年申请量最多，达14件。此外，瑞士、日本和澳大利亚在2000年以后以不同程度的态势开始向中国市场进行专利布局。其中，澳大利亚的西尔弗布鲁克在2000年集中申请23件专利，主要是围绕红外吸收材料展开的各种类型的系列申请，如安全系统、打印机、探测设备等。综上所述，在过去的20多年时间里，国外各大公司在中国已经完成了一部分区域的专利布局，虽然近几年申请量有所下降，但是并不代表他们已经对中国市场失去兴趣，相反他们很可能在已有技术的基础上研发更具潜力和发展前景的技术。为了在我们本土地区掌握有竞争力的防伪技术，国内申请人更应该重视防伪技术的创新与保护，以便与国外技术相抗衡。

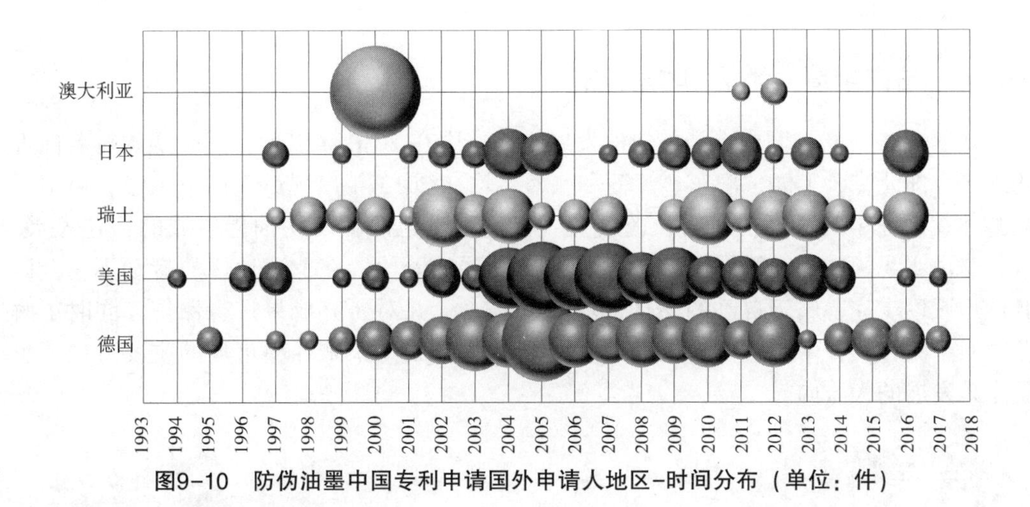

图9-10 防伪油墨中国专利申请国外申请人地区-时间分布（单位：件）

9.3.5 国内申请人地区分布

由图9-11可知，北京、上海、广东等地为我国防伪油墨技术研究较为广泛的地区，占全国申请量的比重分别为 15.3%、15.0% 和 14.7%。江苏和陕西次之，分别为 11.1%和 4.5%。上述地区中，北京有我国研究防伪油墨最早的机构中国人民银行印制科学技术研究所，防伪油墨是其重点研究领域，同时在北京地区的带领下，国内防伪油墨行业的整体产业结构在一定程度上得到了优化调整。专利排名第二的上海主要有以防伪油墨为主要产品的中钞油墨有限公司，以及如中国科学院上海技术物理研究所等科研院所，在一定程度上推动着全国防伪油墨行业的大踏步前进。排名第三的广东，申请量为 89 件，是全国在防伪油墨领域的重点区域之一。由于其工业发展迅速，不仅存在大量的化工耗材类公司，如中山市中益油墨涂料有限公司、深圳深景油墨化工公司等，还存在很多研究机构作为技术支持，如中山大学、清华大学深圳研究生院等。同时也存在一些产学研合作的申请，在理论研究的指导下，进一步优化整体产业结构，为全国防伪油墨事业的发展起到了一定的带头作用。

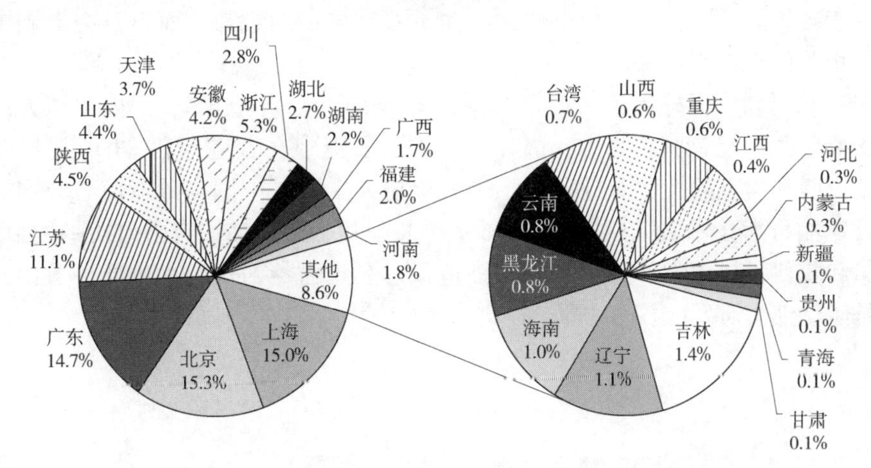

图9-11 防伪油墨中国专利申请国内申请人地区分布

9.3.6 国内申请人地区-时间分布

从图9-12可知，国内申请的快速发展主要集中在2010年以后，其中全国排名前五的地区，即北京、上海、广东、江苏和陕西，均在2013年出现最大的申请量，申请量的整体在近五年内呈现快速增长的趋势。上述重点地区在防伪油墨领域的快速发展，进一步说明我国防伪油墨的研究进入了快速发展的阶段，在上述地区的带动下，全国其他地区逐步完善属于自己的防伪油墨专利技术，并对研究成果进行保护，同时了解竞争对手的相关技术，避免自己的利益受到威胁将成为未来油墨市场的主要方向，也是全球发展的大方向。

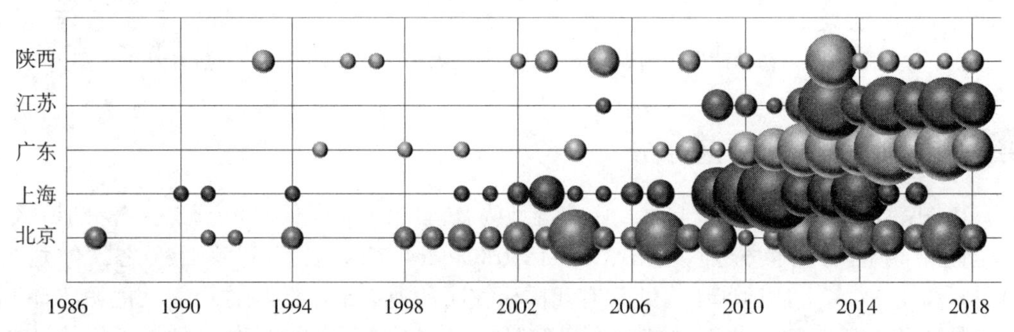

图9-12 防伪油墨中国专利申请国内申请人地区-时间分布（单位：件）

9.4 法律状态分析

由图9-13可知，防伪油墨领域中国专利申请的授权率（有效+无效）为48%，驳回率为8%，撤回率为25%，公开的案件为19%。其中，授权率48%相比于整个油墨领域的授权率60%偏低，说明防伪油墨领域存在专利申请质量普遍不高的情况，但其公开占比相对较高（19%）可能也是导致其授权率偏低的因素之一。撤回占比高达25%，可能是由于政策的导向，使部分申请人只注重专利申请的数量，而不重视专利申请的质量及其相关的审查所致。

从图9-13可知，国外申请人的授权率（有效+无效）为66%，国内申请人的授权率（有效+无效）为38%。其中，国外申请人主要集中在默克专利、JDS尤尼弗斯公司、西柏控股和锡克拜控股有限公司，国内申请人主要是中国印钞造币总公司、中国人民银行印制科学技术研究所-中国印钞造币总公司、中钞油墨有限公司-中国印钞造币总公司和陕西科技大学，并以中国印钞造币总公司占绝对优势。由此可看出，公司和企业是防伪油墨研发的核心力量。

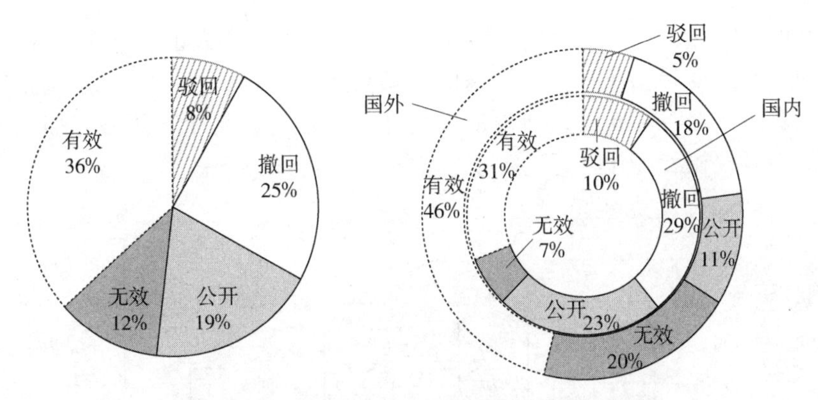

图9-13　防伪油墨中国专利申请法律状态分布

授权率主要与专利申请的技术高度有关。由国外申请人授权率（66%）明显高于国内申请人授权率（38%）可知，国外申请人在防伪油墨方面的原创性（创新性）明显高于国内申请人，在防伪油墨的研发实力和研发技术上占有很大的优势，这主要与国内防伪油墨的起步较晚有直接关系。国外在1967年已有防伪油墨的专利申请（GB000004881），而我国直到1987年才由中国人民银行印制科学技术研究所首次提出防伪油墨的专利申请（CN87103261）。这使得国内申请人面临着无限机遇的同时，也面临着严峻的挑战：一方面，由于与国外差距，在防伪油墨研发方面有很大的发展空间；另一方面，国外申请人在防伪油墨领域一直处于领先地位，掌握了绝大多数的核心技术，容易使国内申请人陷入国外申请人技术垄断的被动局面。因此，这不仅需要国内申请人集中力量投入油墨防伪技术的研发，缩短与国外的差距，还需要国内申请人在加强与国外申请人合作的同时，提高专利保护和专利布局的意识。

虽然在授权率方面，国内申请人明显低于国外申请人，但国内申请人公开占比23%明显高于国外申请人公开占比11%。因此，虽然国内防伪油墨起步晚、研发基础薄弱，但发展快是其特点和优势。国内申请人在防伪油墨技术研发上应一直保持创新的劲头，仍可以看到国内防伪油墨发展的步伐赶上国外防伪油墨前进脚步的希望。

由图9-14可知，在授权（有效+无效）申请量、公开申请量方面，企业都明显高于其他申请人类型，由此可看出：一方面，相比于其他类型专利申请人，企业在防伪油墨领域具有明显的研发优势，掌握了绝大多数的核心专利技术；另一方面，企业是防伪油墨专利申请和技术持续发展的核心力量。其中，中国印钞造币总公司表现尤为突出，其有效申请量达30件，这可能受以下几个主要因素的影响。第一，与防伪油墨的自身特点有直接关系，防伪油墨是一门实用性高、应用性强、与日常生活息息相关的技术，主要应用于票据防伪、有价证券和商标包装领域。国内最早有关防伪油墨的专利申请如CN87103261、CN87103262都是用于印刷各种证明卡、纸币和有价证券，能使其印品防止被伪造，也具有自动分拣的效果。第二，国内科研院所、高校虽然具备很强的研发实力和潜力，但相比于企业，他们更注重理论研究，倾向于论文发表，专利申请意识相对薄弱。但随着近年来专利知识的逐步推广和普及，越来越多的高校开始专利申请，如陕西科技大学是专利申请授权率较高的国内主要申请人之一，其有效申请量为9件。第三，在鼓励创新的推动下，越来越多的个人也参与防伪油墨的研发，但由于我国专利制度起步晚、专利知识的普及还不够全面，造成个人申请撰写质量普遍偏低，以及个人经济基础以及研发能力的相对有限，使得个人无效、撤回和驳回申请量明显高于其授权和公开申请量。

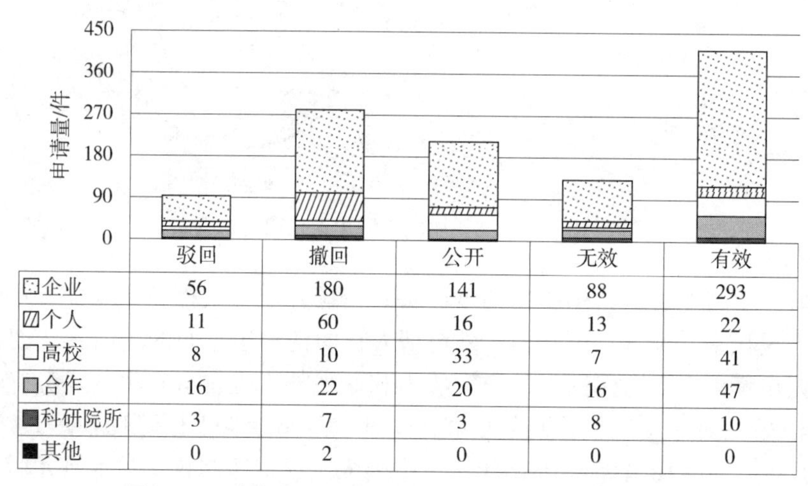

	驳回	撤回	公开	无效	有效
企业	56	180	141	88	293
个人	11	60	16	13	22
高校	8	10	33	7	41
合作	16	22	20	16	47
科研院所	3	7	3	8	10
其他	0	2	0	0	0

图9-14 防伪油墨中国专利申请人类型-法律状态分布

由图9-15可知，企业-企业的合作模式中专利处于有效和公开状态的申请量，都明显高于其他类型专利申请人合作模式，并且企业-企业的合作模式的无效、驳回申请量也保持在较低的水平。其中，中国印钞造币总公司与中钞油墨有限公司合作模式表现的尤为突出，自2012年首次提出有关防伪油墨的专利申请CN201210297870，至今有效申请量为5件，公开申请量为10件。企业一直是防伪油墨研发的核心力量，掌握了防伪油墨绝大多数的核心专利技术，具有雄厚的研发实力、经济基础和共同的市场需求，因此，为了使利益最大化，在与中钞油墨有限公司合作的同时，作为国内授权率最高的国内申请人中国印钞造币总公司，也与其他企业，如西安印钞有限公司、中钞特种防伪科技有限公司、上海印钞有限公司、上海造币有限公司等保持合作。科研院所、高校作为目前防伪油墨研发的潜在力量，具有很强的研发能力和实力。随着近年来在鼓励科研院所和高校与企业合作走产学研相结合的发展道路以促进创新的推动下，企业与科研院所和高校的合作也越来越显著。其中，中国人民银行印制科学技术研究所和中国印钞造币总公司自1999年合作申请CN200910079860“含有电泳微胶囊的防伪油墨及利用该防伪油墨制作的印品”以来，其有效申请量为4件，公开申请量为2件。由于个人经济基础以及研发实力相对薄弱，个人-企业、个人-个人合作模式专利申请的法律状态主要处于无效和撤回。个人-企业合作模式中无效占比突出，高达85.7%，其中以卡·西尔弗布鲁克与西尔弗布鲁克研究股份有限公司合作为代表，合作申请的10件专利（CN00807866、CN00807937、CN00809481、CN00809804、CN00809888、CN00810114、CN00810172、CN200410045951、CN20041006961、CN200410095277、CN200780017716、CN201210269851）都因为未缴年费终止失效。个人-个人合作模式中，主要以撤回为主，其占比为64.3%，其中以姚瑞刚与赵丽容合作居多，其合作申请的4件专利

（CN200610138491、CN200610138492、CN200810110870、CN200910224225）都因申请质量（创新性）偏低而撤回，其他个人-个人合作申请的专利也都因上述原因导致撤回或驳回（CN00106265）。

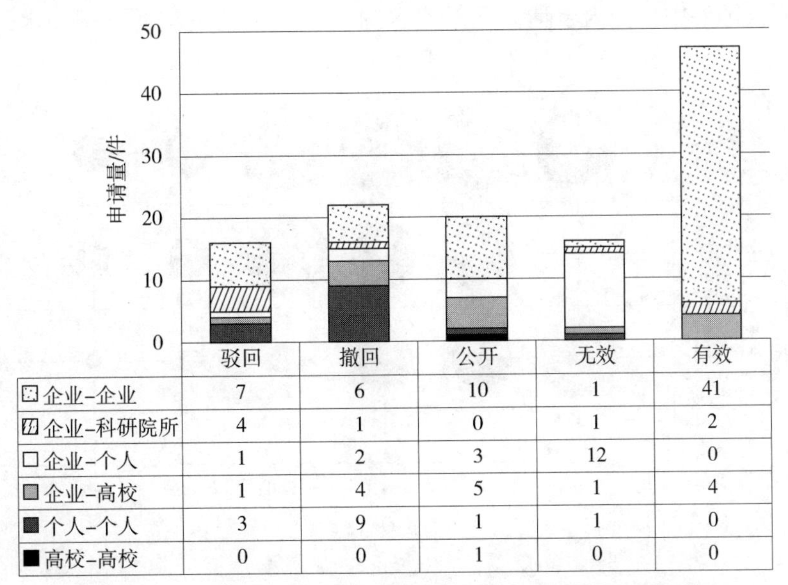

	驳回	撤回	公开	无效	有效
企业-企业	7	6	10	1	41
企业-科研院所	4	1	0	1	2
企业-个人	1	2	3	12	0
企业-高校	1	4	5	1	4
个人-个人	3	9	1	1	0
高校-高校	0	0	1	0	0

图9-15　防伪油墨中国专利申请人合作模式-法律状态分布

由图9-16可知，目前中国专利申请案件中的授权案件的平均保护年限为3.99年，其中国内申请人的授权案件平均保护年限为3.33年，低于整体水平；国外申请人在华申请案件的平均保护年限为4.5年，高于整体水平。可见，国外申请人在华申请的平均保护年限高于国内申请，在一定程度上反映出国外申请人在防伪油墨技术上的先进性程度，以及对知识产权保护的重视程度等方面，均优于国内申请人。在此基础上，为在国内防伪油墨市场上发展更多属于我国本土的相关技术，需要我国国内申请人充分发挥创造力，加大力度拓展防伪油墨技术的研发和生产实践。同时，也要注意保护自己的研究成果，在市场的不断竞争中完善自己的产业结构。

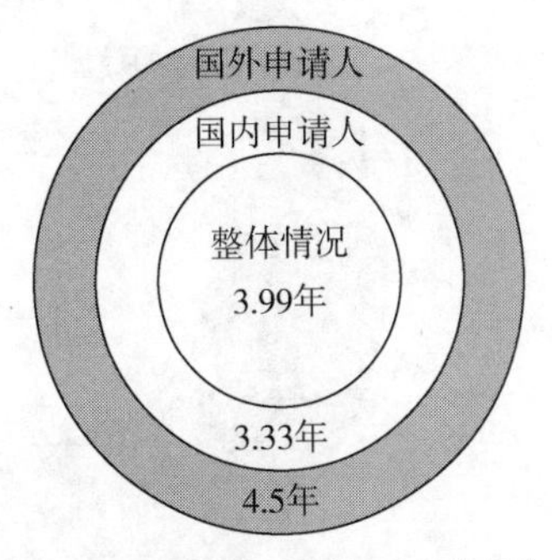

图9-16　防伪油墨专利申请授权案件平均保护年限

此外，在对国内专利申请的授权案件进行统计分析的过程中，课题研究人员将保护年限分为0~3年、3~6年、6~9年、9~12年和12年以上的不同年限阶段，分别从横向和纵向两个角度分析授权案件的保护年限分布情况。首先，如图9-17（a）所示，无论是国内授权案件的总体水平，还是国内申请人和国外申请人申请的专利，均是随着保护年限的延长，授权案件量逐渐递减。即保护年限长的案件少于保护年限短的授权案件。其次，如图9-17（b）所示，保护年限在0~3年期间的专利申请占授权案件总量的19%，其中国内申请人在该区间的在专利案件占总授权案件的41%，而国外申请人在该阶段的专利案件占总授权案件的1%。而在3~6年、6~9年、9~12年乃至12年以上的授权案件中，国内申请人在对应区间的专利申请量均低于国外申请人的在华申请。

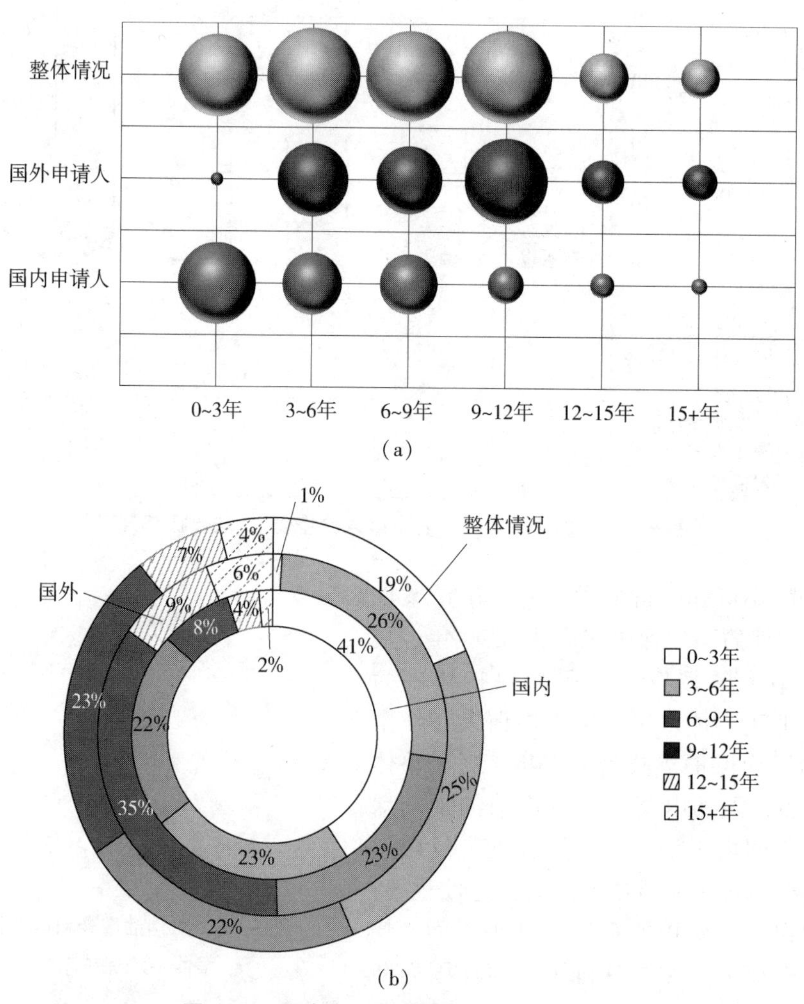

图9-17　国内专利申请授权案件年限分布

由此可见，国内申请人的授权案件保护年限均较短，而国外申请人的在华申请的保护年限均较长。上述结果的主要原因有两个方面。第一，国外申请人在防伪油墨领域的研究较早，且在早期存在一些基础性专利，也可称之为重点专利，如美国弗莱克斯产品公司在1996年申请的申请号为CN96194322、发明名称为“带有光可变颜料的配对光可变材料体”的专利申请，于2002年7月授权，目前仍然处于有效阶段，并且该文献同族被引证次数高达132次。该专利作为光变颜料研究的基础性专利之一，其重要性是显而易见的。第二，国外申请人的专利撰写质量，以及专利布局的水平均高于国内申请人，其授权案件获得了较大的保护范围，并且专利布局的覆盖范围较广，长期保护可以使申请人获得更大的利益。根据上述分析可知，提高我国申请人的创造性水平是摆脱现在被国外申请人牵制的主要方法之一，而高价值的且有创造性的专利申请是理论与实践的不断完善的结晶。因此，我国本土申请人应从目前的研究现状出发，在理论知识的指导下，不断探索实践，创造出更多属于我们自己的高质量专利技术，借此与国外技术相抗衡。

9.5 专利技术分析

根据防伪油墨所用的防伪材料类型，课题研究人员对防伪油墨技术进行分解，主要分为光学、热敏、压敏、磁性、生物、化学变色、电学、组合和其他类型防伪材料的防伪油墨。其中，光学材料主要涉及的是荧光，光学可变，高频电磁波，随角异色，珠光，光的吸收、反射、折射、辐射和其他涉及光学性质的防伪材料，高频电磁波主要包括射频、激光等。在上述技术分支的基础上，根据对应申请文件所解决的技术问题，课题研究人员将技术性能主要分为稳定性、环保、成本低、便于检测、高效防伪和其他方面的性能。

从图9-18可知，无论国内外，光学防伪材料的应用均为防伪油墨的重点研究技术，占总量的61%。图中所示占比12%的其他，主要涉及的是防伪油墨的其他改进方面(如分散稳定性、与基材的附着性，以及产品的稳定性等方面)，其中并没有指明防伪材料的情况所涉及的专利申请。此外，利用磁性材料和组合材料（即包括两种以上防伪材料配合使用的情况）的防伪油墨均占7%，利用热敏、化学变色、电学、压敏和生物等材料制备的防伪油墨共占总量的13%。由此可知，我国防伪油墨的主要技术构成为以光学材料为主，磁性和组合材料为辅，结合使用热敏、化学变色、电学、压敏和生物等防伪材料。国内申请人可以根据已有的防伪技术，结合自己的研究方向和市场渗透方向，合理调整自己的产业结构。

由图9-18还可知，国外申请人在华专利申请中有部分涉及电学防伪材料的，如德国默克专利于2005年申请的专利申请号为CN200580020153、发明名称为“用于安全性产品的可机器读取的安全性元件”的专利申请，于2009年授权，目前仍处于授权有效状态的专利申请。该专利申请主要涉及的是涉及用于安全性产品的可机器读取的安全性元件，包括具有电致发光性能的至少一种粒状物质和透明导电颜料，涉及用于生产这一类型安全性元件的印刷油墨，以及包括该安全性元件的安全性产品。此外，国外申请人的在华专利申请中涉及的电学防伪材料的14件申请中，有11件涉及的是电致发光材料。由此可知，电致发光材料为国外申请人是目前防伪材料的研究热点之一。相比我国本土申请人，涉及电学材料的仅有4件申请，并且涉及电致发光的研究仅为1件。由此可知，电学防伪材料作为防伪油墨技术的重点分支之一，为了防止国外申请人大范围在中国进行专利布局，我国本土申请人需要加大力度在该方面进行研究并申请专利，对自己的研究成果进行及时保护，从而有效保护自己的利益。

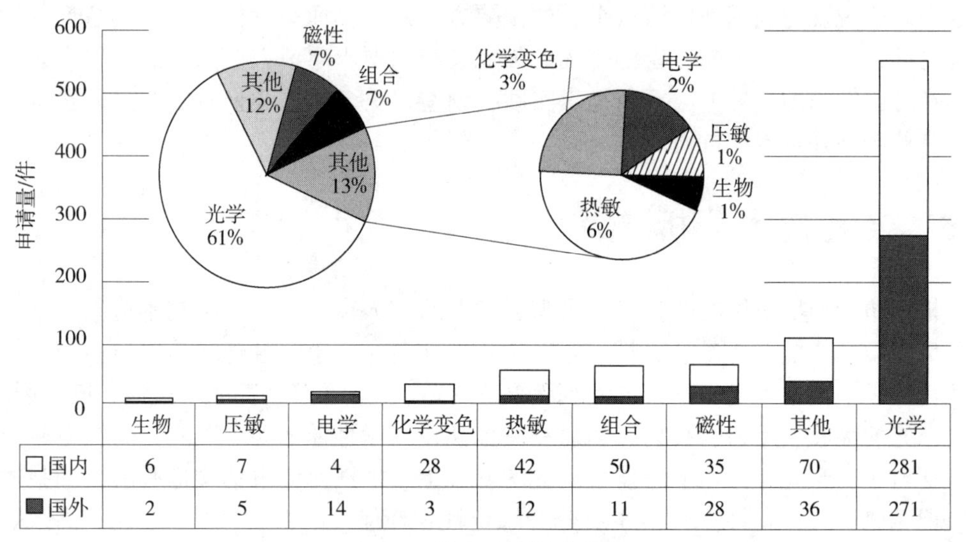

	生物	压敏	电学	化学变色	热敏	组合	磁性	其他	光学
□国内	6	7	4	28	42	50	35	70	281
■国外	2	5	14	3	12	11	28	36	271

图9-18　防伪油墨技术分布

由图9-19可知，其中在光学防伪材料中，荧光材料为防伪油墨的研究重点，其次为具有特殊光吸收、反射、折射和辐射的光学材料，以及光学可变材料和随角异色材料。其中，可产生随角异色效果的材料多为具有多层结构的干涉颜料，研究该类型防伪材料的申请人多为国外申请人，如德国默克专利于 2003 年申请的专利申请号为 CN200380106671、发明名称为“具有高光泽和基于透明基底层合材料的银白色干涉颜料”的专利申请，于 2010 年授权，其中使用了一种干涉颜料，包括层厚为 5~350nm 的 SiO_2层、折射指数大于 1.8 的高折射指数涂层和/或由交替的高和低折射指数层组成的干涉体系及任选地外部保护层，涉及一种使用该干涉颜料的安全印刷油墨。另外，本课题中涉及的高频电磁波材料主要指的是具有特殊射频吸收特性材料，或者通过激光镭射方法获得的防伪材料，以及通过其他类型高频电磁波获得的防伪材料。

由图9-19还可知，国内外在光学防伪材料的关注点有所不同。国内申请人研究重点为荧光材料，涉及荧光防伪材料的国内申请人专利为 126 件，光的吸收、反射、折射和辐射防伪材料次之，国内申请人专利为 54 件。国外申请人研究的重点则为光的吸收、反射、折射和辐射，专利为 98 件，荧光材料次之，专利为 57 件。由此可知，国内外申请人在防伪油墨的防伪材料研究方向上有所不同。我国申请人可以从国外申请人的研究重点着手，探索其研究的主要方向，在此基础上作深层次的研究，争取在防伪油墨领域获得全方位发展。

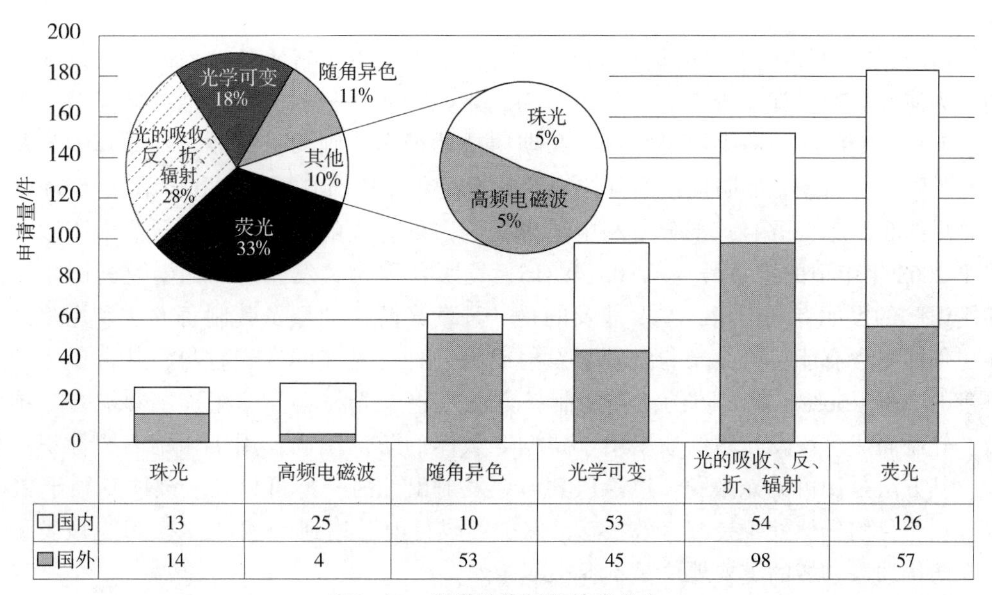

	珠光	高频电磁波	随角异色	光学可变	光的吸收、反、折、辐射	荧光
□国内	13	25	10	53	54	126
■国外	14	4	53	45	98	57

图9-19　光学防伪材料技术分布

由图9-20可知，在所有申请中涉及高效防伪的最多，占总量的 61%。其次为改善油墨或所得产品稳定性的专利申请，占总量的 18%。对于便于检测、降低成本和环保等方面的研究较少，占比分别为 7%、6% 和 5%。第二绘图区中出现的占比为 3% 的“其他”，主要涉及的是通过改善油墨除防伪材料以外的其他组分，改善油墨的其他方面的性能，如改善附着性、着色度、视觉效果等。如深圳九星印刷包装集团有限公司于 2015 年申请的申请号为 CN201510185589、发明名称为“氨气和挥发性胺敏感的变色油墨及其制备方法”的发明专利，其中涉及一种氨气和挥发性胺敏感的变色油墨，所述变色油墨包括 pH 敏感染料、黏结剂、增塑剂和溶剂。该氨气和挥发性胺敏感的变色油墨可以作为检测材料用于检测肉类食品是否腐败；该变色油墨成膜后具有较强的附着力，可满足印刷对油墨附着力和耐摩擦力的要求，同时该变色油墨的成膜性和柔韧性高，可满足生产加工对油墨的性能要求。由图9-20中给出的数据不难看出，我国在防伪油墨领域研究的重点主要为提高防伪力度，以及改善产品的稳定性，该稳定性主要包括油墨在运输、储存过程中的稳定性，以及印刷后获得的产品的稳定性，如防伪信息的稳定性、耐环境程度等多方面情况。

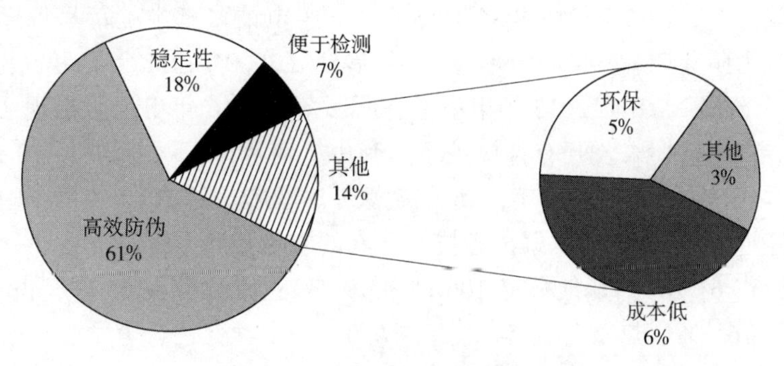

图9-20　防伪油墨技术性能分布

由图9-21可知，对于防伪油墨领域，无论申请人着重解决的技术问题，以及预期功效为何种类型，其中研究最多的始终为利用光学防伪材料的防伪油墨。同时，无论对于何种类型的防伪油墨，研究目标和期望功效最多的则均是高效防伪。其中涉及使用光学防伪材料制备的防伪油墨且技术效果重在高效防伪方面的专利申请量共 349 件，占总量的 38.6%。并且该部分专利申请也是国内外研究的重点。如中国造币印钞总公司于 2002 年申请的申请号为 CN02148815、发明名称为“发光防伪油墨及其制备方法和用途”的发明专利申请，主要涉及的是一种发光防伪油墨及其制备方法和用途。所述防伪油墨含有能在可见光的激发下发射出另一种可见光的发光材料，其含量为油墨重量的 20%~50%。该光防伪油墨的制备方法是将发光材料与油墨连结料混合、预分散、轧制而成。该发光防伪油墨用于票据等载体的防伪印刷及用于印刷需要标识的载体，其方法是用可见光激发，检验从其印记发射出的另一种可见光。该项专利于 2005 年授权，目前仍然处于授权有效状态，保护年限目前已达到 11 年之久。可见该类型专利在防伪油墨领域的重要地位是不容小觑的。

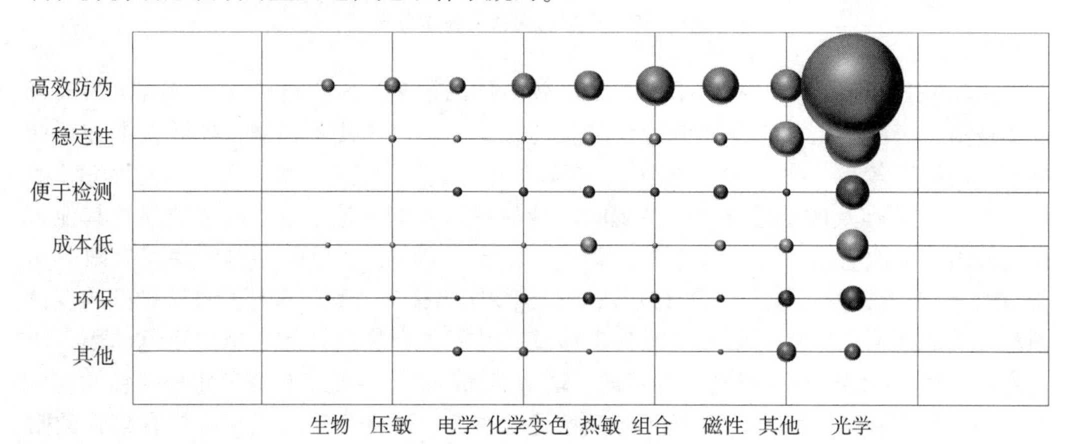

图9-21 防伪油墨技术分支与技术性能分布

9.5.1 技术分支的时间分布

由图9-22可看出，防伪油墨主要包括光学、磁性、热敏、化学变色、电学、压敏、生物和组合等分支。1987~2015 年各个技术分支的申请量基本上都呈现逐步上升的趋势，大体可分为萌芽期（1987~1999 年）、发展期（2000~2011 年）和高潮期（2012~2015 年）三个阶段。2014~2015 年申请量有所回落，2016 年申请量出现明显减少，主要与大部分专利申请还未公开有直接关系。其中，萌芽期，每年以 4~10 件稳定增长；发展期，基本保持在 30~50 件/年；到了高潮期，迅速达到 2012 年的 94 件和 2013 年的 121 件。经过大约 30 年的积累，各技术分支的专利申请总量达 905 件；其中，光学分支 552 件，占 61.0%；其他分支 106 件占 19.5%；磁性分支 63 件，占 7.0%；组合分支 61 件，占 6.7%；热敏分支 54 件，占 6.0%；化学变色、电学、压敏和生物分别为 31 件、18 件、12 件和 8 件，总共只占 7.6%。不难看出，相比于其他技术分支，光学分支在 30 年的时间里得到迅猛发展，成为防伪油墨最重要的技术分支。

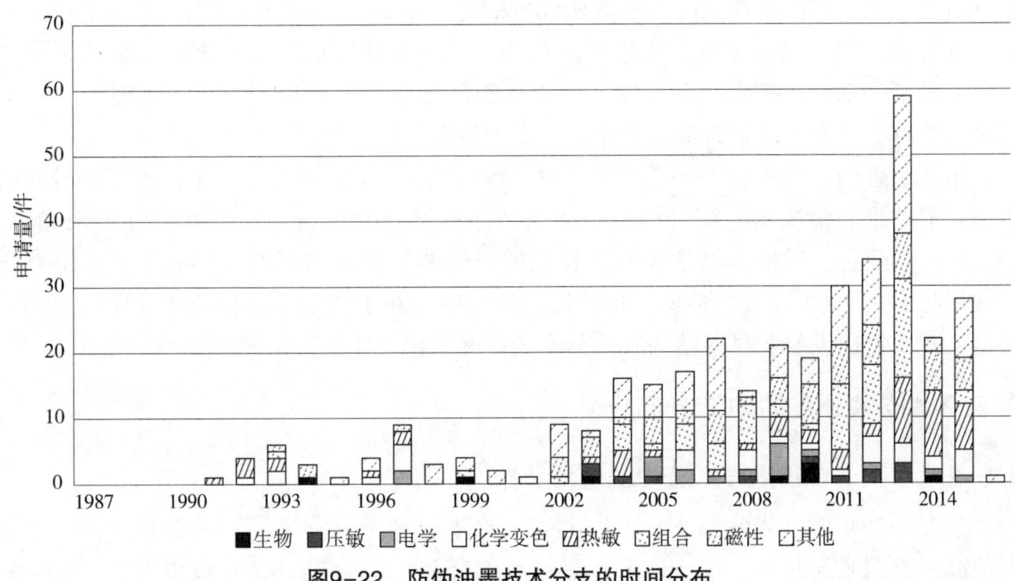

图9-22 防伪油墨技术分支的时间分布

从图9-22还可看出，各技术分支又有其独特的成长特点。光学是其中研究最早、最为活跃、关注度最高的技术分支。自 1987 年开始有光学分支的专利申请（CN87103261 和 CN87103262）以来，1988~1999 年专利申请量基本保持平稳状态，大约 2~5 件/年，以国外申请居多；随着国内经济的快速发展和专利制度的逐步完善，吸引了更多的国外申请人开始向国内大批量申请专利，其中具有代表性的是西尔弗布鲁克研究股份有限公司-卡·西尔弗布鲁克的合作申请，并于 2000 年出现了专利申请的小高峰，达 38 件。2001 年有所回落外，只有 11 件，随后的 2002~2011 年间，都保持在 24 件/年左右。随着国内光学防伪油墨技术的发展以及国内市场对光学防伪油墨的需求，越来越多的国内申请人也开始加入光学防伪油墨的研发行列，其中以陕西科技大学、上海德鑠水性油墨有限公司和上海盛业印刷有限公司为代表，出现了以国内申请人为主要研发力量的局面，并于 2012~2013 年达到了研发高潮，申请量分别达 60 件和 62 件，其中仅有 27 件是国外申请人的专利申请。

热敏、化学变色、磁性、电学、生物、压敏和其他分支防伪油墨的发展比较类似，其起步相对于光学防伪油墨都比较晚，于 1991~2003 年才先后出现相关的专利申请。特别是生物和压敏防伪油墨，分别直到 1999 年和 2003 年才有相关专利申请出现，这与国内外生物、压敏技术研究较晚、发展还不成熟有关。防伪油墨是一种在油墨连结料中加入特殊性能的防伪材料并经特殊工艺加工而成的特种印刷油墨，防伪材料的性能会直接影响最终防伪油墨的性能。如在生物防伪油墨中，DNA 是目前主要使用的防伪材料（CN200910000136、CN201010115873、CN201010206661 等），其制备、保存以及识别检测技术都会影响生物防伪油墨的发展，研发热度也一直较低。1991 年至今，其专利申请量大多在 10 件/年左右，与国外相关技术分支的研发趋势基本一致；其研发高潮与国内防伪油墨整体发展趋势也基本相同，出现在 2012~2013 年。其他分支防伪油墨在2013年达到了21件申请，这与相关学科和领域的发展以及申请人勇于尝试和创新有直接关系，如海南亚元防伪技术研究所的专利申请CN201310029223通过使用局部大尺寸纤维凸印（机）系统，突破了现行印刷机不能使用大尺寸纤维的纤维油墨的局限，克服了“撒纤印刷系统”印刷速度慢、残余纤维难于清理的不足，实现了“结构纹理防伪方法，通过印刷纤维油墨来实现高速度低成本生产的十年梦想”。

虽然组合防伪油墨自1993年开始专利申请以来，到2003年基本上没有相关专利的申请，但油墨防伪技术的综合应用是防伪产品的必然发展方向。且随着近年来光学、热敏、化学变色、磁性、电学、生物和压敏防伪油墨技术的不断发展和完善，组合防伪油墨技术在2004~2011年基本上得到稳步发展，并于2012~2013年出现研发热潮。2014~2015年出现的明显回落与其他分支的研发也出现明显回落相关。

9.5.2 技术分支的地域分布

9.5.2.1 国外申请人技术分支的地域分布

由图9-23可知，光学分支在澳大利亚、日本、瑞士、美国、德国都有分布，以德国最高，美国紧随其后，瑞士次之；磁性、组合和生物分支主要分布在美国；电学和压敏分支主要分布在德国；化学变色、其他分支主要集中在瑞士；热敏分支则以日本为主。其中，光学分支的专利申请量达271件，远远高于其他技术分支的专利申请量的总和111件；其他分支为36件，磁性分支为28件，热敏分支为12件，电学分支为14件，组合分支为11件，压敏、化学变色和生物分支分别仅有5件、3件和2件。说明上述国家的申请人都非常重视光学分支的研发。

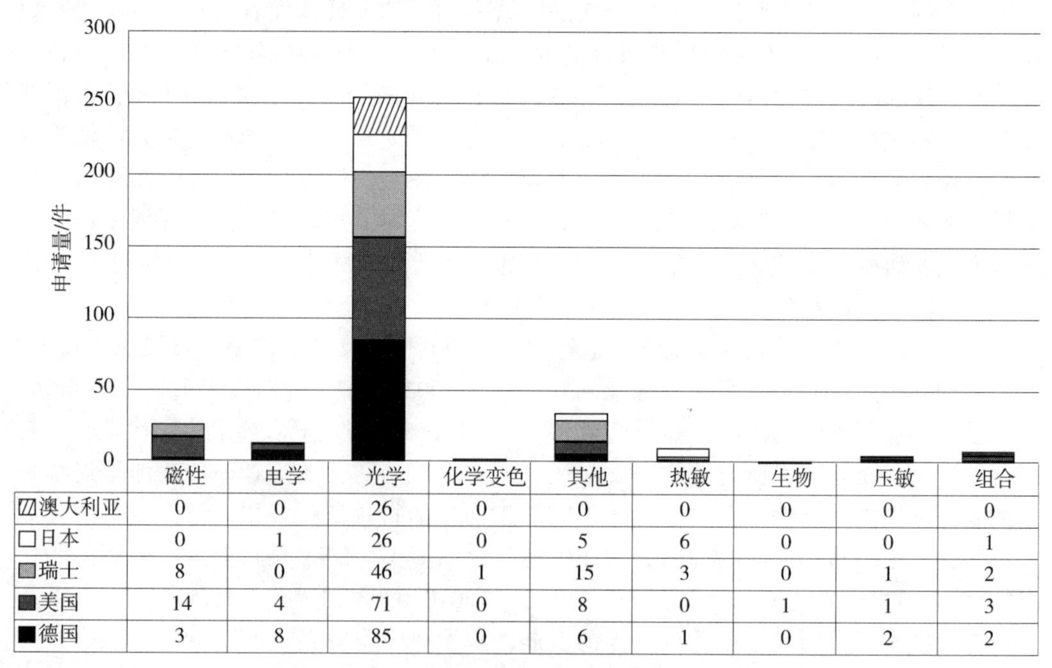

	磁性	电学	光学	化学变色	其他	热敏	生物	压敏	组合
▨澳大利亚	0	0	26	0	0	0	0	0	0
□日本	0	1	26	0	5	6	0	0	1
▩瑞士	8	0	46	1	15	3	0	1	2
■美国	14	4	71	0	8	0	1	1	3
■德国	3	8	85	0	6	1	0	2	2

图9-23 防伪油墨国外申请人技术分支-地域分布

从图 9-23 还可看出，澳大利亚、日本、瑞士、美国和德国的申请人所关注和研发的技术分支也是不同的。其中，德国、美国和瑞士的研发最为全面。除化学变色和生物分支外，德国在其他技术分支都有所涉及，总的申请量达 107 件，位居榜首；并在光学和电学分支的研发也都位居第一，分别占 31.4% 和 57.1%。美国除未涉及化学变色和热敏分支外，在其他技术分支也都有所研发，其总的申请量为 102 件，紧随德国；并在磁性分支方面位居第一，占比 50.0%；在生物分支方面也与英属维尔京群岛（2003 年申请了 1 件生物分支的专利 CN03155949）并居第一；其光学、电学和其他分支也紧次于德国和瑞士，占比分别为 26.2%、28.6% 和 22.2%。瑞士除电学和生物分支没有专利申请外，其他技术分支都有研发，总的申请量为 76 件，位居第三；其中，其他分支位居榜首，占比 41.7%；在磁性、热敏分支方面也紧随美国和日本，占比分别为 28.6% 和 25.0%。由此可看出，德国、美国和瑞士在防伪油墨的研发上不仅技术全面，基本上覆盖防伪油墨的各个技术分支，还有自身的优势和特色，这与德国、美国和瑞士在防伪油墨研发方面起步较早（德国 DE1919906，1968 年；美国 US19710195496，1970 年）、研发经验丰富、经济基础雄厚以及鼓励创新有直接关系。与美国、德国和瑞士相比，日本在各个技术分支总的专利申请量只有 39 件，主要集中在光学分支（26 件）、热敏分支（6 件）和其他分支（5 件）；其中，热敏分支走在其他国家的前面，占 50.0%。澳大利亚则呈现单一化，只在光学分支有所涉及，这可能与其防伪油墨研发起步较晚（1994 年才有相关专利申请 AU3129095D）、研发基础比较薄弱有关系。

由图9-24可知，澳大利亚、日本、瑞士、美国、德国是光学分支防伪油墨的主要研发力量。其中，以德国为首，占 31.4%，美国紧随其后，占 26.2%，瑞士位居第三，占 17.0%，澳大利亚和日本并列排在第四位，占比都为 9.6%。仅这 5 个国家就占据了全部申请量的 93.7%，这说明德国、美国、瑞士、澳大利亚和日本这 5 个国家的申请人对光学分支的关注度高，创新方面非常活跃，同时，这 5 个国家的申请人在光学分支相关专利技术上的竞争也非常激烈。另外，由法国、西班牙、荷兰、英国、芬兰、瑞典等欧洲国家，以及加拿大、印度和韩国在光学分支防伪油墨方面也有所研发可看出，光学防伪油墨在全球范围内都得到了普遍关注和重视。

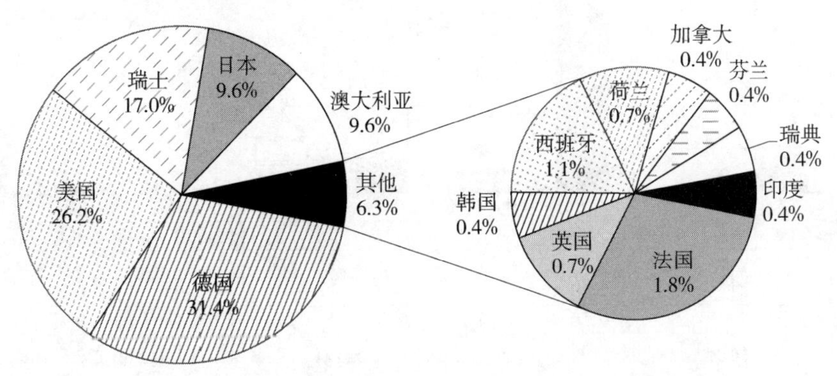

图9-24　防伪油墨国外申请人光学技术分支-地域分布

作为光学分支的主要研发力量，德国、美国、瑞士在光学分支研发上的侧重点也有所不同。德国主要以随角异色（29 件），光吸收、光反射、光折射、光辐射（21 件），珠光（17 件）为研发重点，其中，默克专利是主要申请人。美国则以荧光（30 件），光反射、光折射、光辐射（19 件），光学可变（14 件）为主，其申请主要集中在 JDS 尤尼弗斯公司、霍尼韦尔国际公司、施乐公司和光学转变公司。而瑞士在随角异色（10 件），光学可变（10 件），光吸收、光反射、光折射、光辐射（9 件）以及荧光（9 件）方面的研发投入比重相当，其申请主要集中在西巴、西柏控股和锡克拜控股有限公司。这可能与不同国家的研发基础、关注度以及相应的专利布局相关。光吸收、光反射、光折射、光辐射作为上述国家在光学分支方面的主要研发对象，这可能与光吸收、光反射、光折射、光辐射防伪材料的技术发展在上述国家都比较成熟有直接关系。

9.5.2.2 国内申请人技术分支的地域分布

由图9-25可知，光学分支在陕西、江苏、广东、上海和北京都有分布，其中以北京为首，上海紧随其后，广东次之；磁性分支主要分布在北京、上海和广东；其他分支则以北京、广东和江苏为主；电学和组合分支主要分布在上海；而化学变色、生物、压敏和组合分别集中在广东、江苏、北京和上海。其中，光学分支的专利申请量（281 件）远远高于其他技术分支的专利申请量；其他分支为 70 件，组分分支为 50 件，热敏分支为 42 件，磁性分支为 35 件，化学变色分支为 28 件，压敏分支为 7 件，生物分支为 6 件，电学分支仅有 4 件。说明光学分支在上述地区的关注度和研发活跃度都远远高于其他分支。

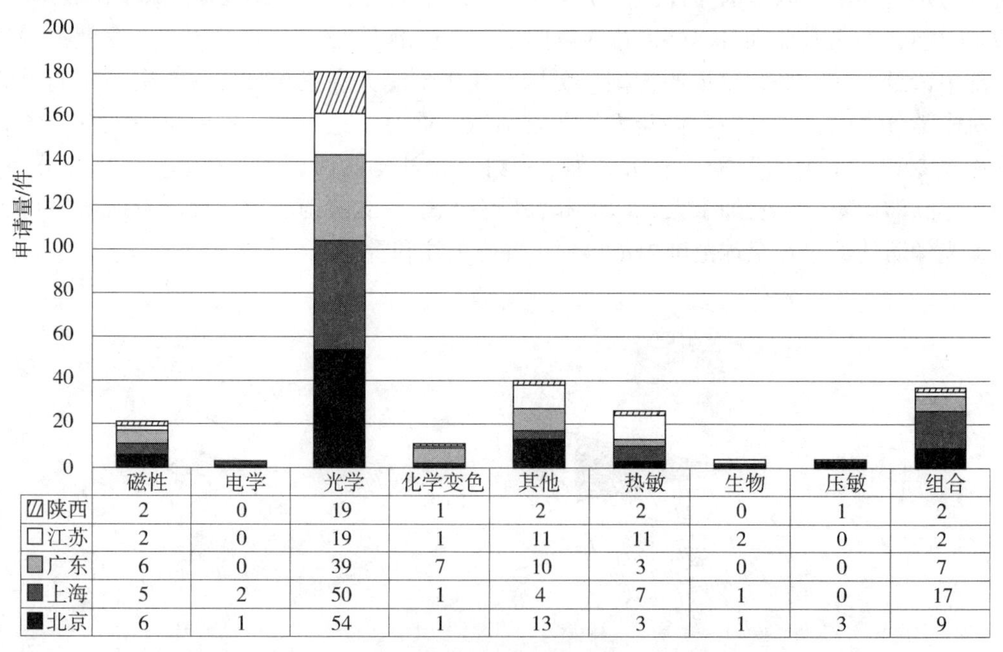

	磁性	电学	光学	化学变色	其他	热敏	生物	压敏	组合
陕西	2	0	19	1	2	2	0	1	2
江苏	2	0	19	1	11	11	2	0	2
广东	6	0	39	7	10	3	0	0	7
上海	5	2	50	1	4	7	1	0	17
北京	6	1	54	1	13	3	1	3	9

图9-25　防伪油墨国内申请人技术分支-地域分布

从图9-25还可看出，不同地区的申请人所关注和研发的技术分支也是不同的。其中，北京对各个技术分支都有所涉及，申请量达91件，以光学、磁性、其他以及组合分支为主；其中，光学、磁性和其他分支都领先于其他地区或与其他地区（广东）的研发实力相当；组合分支位居第二，这可能与北京集中了中国印钞造币总公司、中国人民银行印制科学技术研究所和北京印刷学院等研发实力强的国内申请人有直接关系。上海除压敏分支外的其他技术分支也都有所研发，申请量为87件，仅次于北京；以光学、热敏和组合分支为主，其中组合分支处于领先地位，光学和热敏分支紧随北京和江苏，位居第二；这可能与其拥有中钞油墨有限公司有关，还与聚集了一批具有创新活力和研发实力的企业有关，如上海东沈电子科技有限公司、上海德鄰水性油墨有限公司、上海融京化工科技有限公司等。

相比于北京、上海、江苏和陕西，广东虽然在电学、生物和压敏分支都没有相关专利申请，但其总申请量72件，仅次于北京（91件）和上海（87件），并在光学、其他和组合分支都有不错的表现，且在磁性和化学变色分支领先于其他地区。目前，电学、生物和压敏分支整体发展都相对滞后，还处于探索阶段。因此，在电学、生物和压敏分支研发方面，广东在短时间内追上其他几个地区大有希望。

由图9-26可知，北京、上海、广东、江苏、陕西是光学分支防伪油墨的主要研发力量。其中，以北京为首，占19.2%，上海紧随其后，占17.8%，广东位居第三，占13.9%，江苏和陕西并列排在第四位，占比都为6.8%。这5个地区占据了全部申请量的64.5%，说明北京、上海、广东、江苏、陕西的申请人对光学分支的关注度高，创新方面非常活跃，同时这5个地区的申请人在光学分支相关专利技术上的竞争也非常激烈。另外，除上述地区外，山东、天津、安徽、四川、浙江、湖南、湖北、吉林等21个地区也有光学分支的专利申请，说明全国各个地区的申请人都非常重视光学防伪油墨技术的开发。

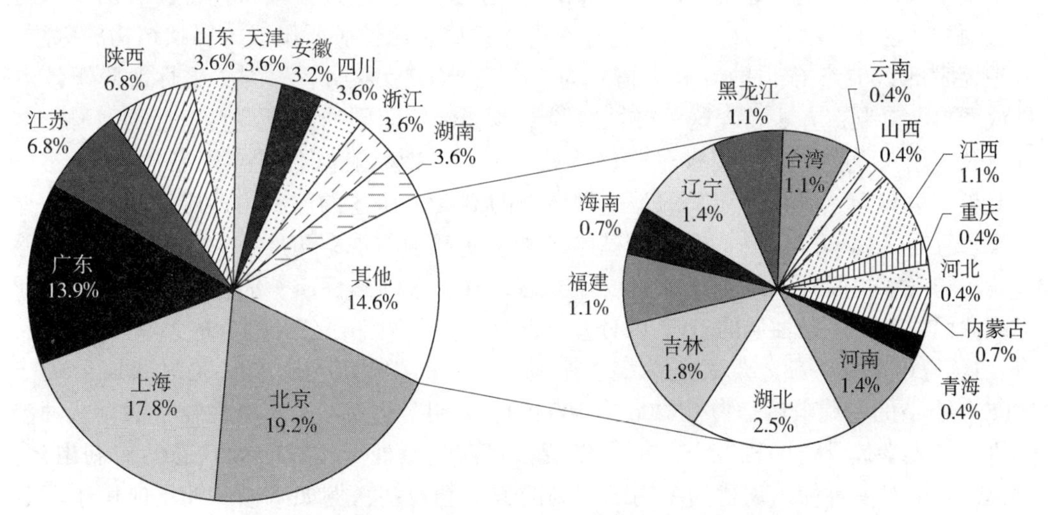

图9-26　防伪油墨国内申请人光学技术分支-地域分布

作为光学分支的主要研发力量，北京、上海、广东在光学分支研发上的侧重点也有所不同。北京主要以荧光、光学可变和光的吸收、反射、折射、辐射为主，上海集中在荧光、光的吸收、反射、折射、辐射和高频电磁波，广东则以荧光、光学可变、光的吸收、反射、折射、辐射和高频电磁波为主，这可能与不同地区的研发基础，以及市场需求有关，其中，荧光作为光学分支的主要研发对象，与荧光防伪材料技术发展比较成熟，原料易得有直接关系。

9.5.3 技术分支的申请人分布

9.5.3.1 重点申请人的技术分支分布

由图9-27可知，光学防伪材料为各大公司在我国申请专利的主要方向，如德国的默克专利关于光学防伪材料方面的专利申请量为 50 件，占其在华申请总量的 83.3%；瑞士的西柏控股关于光学防伪材料方面的专利申请量为 27 件，占其在华申请总量的 54%；美国的 JDS 尤尼弗斯公司关于光学防伪材料方面的专利申请量为 13 件，占其在华申请总量的 54.2%；澳大利亚的西尔弗布鲁克关于防伪油墨的专利申请共 23 件，且均为光学防伪材料方面；瑞士的西巴关于光学防伪材料方面的专利申请量为 14 件，占其在华申请总量的 70%。由此可知，各大跨国公司在华关于防伪油墨方面的专利申请均集中关注于光学技术分支方面的研究，该技术分支占总申请量比重均超过 50%，甚至达到 100%。

德国的默克专利、瑞士的西柏控股和美国的 JDS 尤尼弗斯公司均不同程度地涉及了对磁性防伪材料方面的研究。如默克专利股份有限公司于 2011 年申请的专利申请号为 CN201180058501、发明名称为“磁性颜料”、于 2015 年授权目前处于授权有效状态的的专利申请，其具体涉及的是一种磁性颜料、所述颜料的制备方法以及它们在印刷油墨，以及钞票、支票等安全产品方面的应用。其中所述磁性颜料包含具有两个平行主表面的透明薄片状均匀组成的基材和含由赤铁矿和磁铁矿层组成的层状结构的涂层。西柏控股于 2002 年申请的专利申请号为 CN02800567、发明名称为“磁性薄膜干涉器件或颜料及其制造方法、含这种磁性薄膜干涉器件的印刷油墨或涂料组合物、秘密文件以及应用”，于 2005 年授权目前仍然处于授权有效状态（保护年限已达到 10 年以上）的专利申请，其具体涉及的是一种磁性的 OVP，所述的颜料由薄层絮片组成，这些絮片具有金属-介电材料-金属的基本结构，使产生与观察角度有关的颜色现象。除了所述与观察角度有关的颜色现象以外，还具有引入的磁性质，能使其与具有类似颜色现象但没有所述磁性质的 OVP 区分开。此外该申请案件还公开制备这类颜料的方法，以及这类颜料作为安全要素在油墨、涂料、和制品中的应用。JDS 尤尼弗斯公司于 2005 年申请的专利申请号为 CN200510109450、发明名称为“含有磁性粒子的糊状油墨的排列，光学效果的印刷”、于 2010 年授权目前仍然处于授权有效状态的专利申请，具体涉及的是一种使用糊状油墨用于印刷的方法和设备，例如将糊状油墨应用于凹版印刷中，其中油墨包括一些特殊的薄片，例如薄膜状光学可变薄片或衍射薄片。由此可知，各大跨国公司在磁性防伪材料方面已经做出一些有贡献的研究工作，并对其进行了长期有效的保护。

相对于光学防伪材料和磁性防伪材料，各主要国外申请人在其他方面的研究较少。例如，在电学防伪材料方面只有默克专利涉及 3 件相关专利申请，在化学变色防伪材料方面只有西柏控股涉及 1 件相关专利申请，在压敏防伪材料方面的研究只有 2 件，其中默克专利和西柏控股各 1 件，在生物防伪材料方面上述国外申请人均未涉及。相比之下，在热敏防伪材料和组合防伪材料方面的研究稍多。此外，还存在一定量以改进油墨除防伪材料以外其他成分以达到改善防伪油墨其他方面性能（如附着性、着色力度等）的专利申请。

综上所述可知，虽然各大跨国申请人在不同技术分支的侧重情况有所不同，但是在主要技术分支上均有相应专利进行布局，可见上述主要申请人在防伪油墨领域的研究较为广泛，涉及诸多方面，并均申请了相关专利，且保护年限较长。

	磁性	电学	化学变色	热敏	生物	压敏	组合	其他	光学
西巴	0	0	0	1	0	0	0	5	14
西尔弗布鲁克	0	0	0	0	0	0	0	0	23
JDS尤尼弗斯公司	9	0	0	2	0	0	2	0	13
西柏控股	8	0	1	2	0	1	2	9	27
默克专利	2	3	0	0	0	1	1	3	50

图9-27　防伪油墨中国专利申请国外重要申请人技术分支分布

由图9-28可知，同上述国外申请人相同，国内申请人也着重于光学防伪材料方面的研究，其中，中国印钞造币在光学防伪材料方面的申请量为 32 件，占总申请量的 49. 2%；中钞实业有限公司在光学防伪材料方面的申请量为 8 件，占总申请量的 42. 1%；中国人民银行在光学防伪材料方面的申请量为 6 件，占总申请量的 46. 2%；中国科学院在光学防伪材料方面的申请量为 8 件，占总申请量的 66. 7%；陕西科技大学关于防伪油墨的专利申请共 10 件，且均为光学防伪材料方面的研究；上海东沈电子科技有限公司在光学防伪材料方面的申请量为 3 件，占总申请量的 30%。根据上述数据可知，虽然国内申请人与国外申请人相比，在光学防伪材料方面的侧重程度略低，但是其也是众多技术分支中最重要的研究方向。由此也可以看出，我国在防伪油墨技术分支方面的研究与国外申请人的侧重方向是一致的，进一步表明我国关于防伪油墨的研究与世界处于同步状态，目前已有的防伪技术也是我国成为防伪技术强国的有力保障。

中国印钞造币总公司、中钞实业有限公司和中国人民银行均在不同程度上利用不同防伪技术的组合制备防伪油墨的研究。如中国印钞造币总公司于 2009 年申请的专利申请号为 CN200910077533、发明名称为“一种兼具有特殊光学特征和磁性特征的防伪材料”、于2014年授权目前仍处于授权有效状态的专利申请，其具体涉及的是一种防伪材料，该防伪材料既具有磁性特征，同时在680~2000nm区域具有透明性。该防伪材料既可以是具有硬磁磁性特征的磁性材料，也可以是具有软磁磁性特征的磁性材料。中钞实业有限公司于2012年申请的专利申请号为CN201210297870、发明名称为“用于丝网印刷的光变油墨”的专利申请，由如下重量份数的组分制备而成：磁性层状光变颜料5~20份，磁性液晶颜料5~20份，紫外光固化树脂25~60份，有机溶剂0~40份，光引发剂1~10份，流平剂0~3份，消泡剂0~3份。所述油墨含有磁性光变颜料，可在具有磁性定位装置的印刷设备上实现印品具有滚动光变的动态特征，视觉易于识别，在偏振片下可观察到明显的光变效果，具有隐蔽的二线防伪特征。因此，该项发明是一直具有一线与二线光学防伪（光变与偏振）相结合的可磁定位防伪油墨，该油墨可在磁定位丝网印刷设备上实现具有滚动的光彩光变效果和圆偏振变色性能。由此可知，我国防伪油墨主要申请人在组合防伪材料方面的研究比国外申请人多，即该组合方式的防伪油墨的相关技术也主要集中在我们本土申请人手中，为我国进一步发展组合式防伪油墨奠定了坚实的基础。

相对于光学防伪材料和组合防伪材料，我国申请人在其他防伪技术方面的研究较少。例如，在电学防伪材料方面的研究，中国人民银行仅有1件，中国印钞造币总公司仅有2件；在化学变色防伪材料方面的研究，中国印钞造币总公司、中国科学院和上海东沈电子科技有限公司各只有1件；在热敏防伪材料方面的研究，中国科学院仅有2件，中国印钞造币总公司仅有2件；在生物防伪材料方面的研究，中国印钞造币总公司和中钞实业有限公司共同申请了1件，即于2014年申请的专利申请号为CN201410461313、发明名称为“含DNA片段的隐形红外吸收喷墨墨水及其制备方法”、目前仍然处于公开状态的专利申请。其具体涉及的是一种含DNA片段的隐形红外吸收喷墨墨水及其制备方法，所述含DNA片段的隐形红外吸收喷墨墨水。该发明有两个防伪特征，一是浅色红外吸收染料使墨水在可见光谱下隐形不可见，二是墨水中含有DNA链段。该喷墨墨水适用于隐形点编码防伪，也可打印在有色介质上，不影响原本颜色的基础上增加防伪功能。墨水平均粒径小于300nm，不会堵喷头，满足100m/min以上喷墨打印速度，保持打印流畅，具有不飞墨，快干的特点。在压敏防伪材料方面的研究，中国印钞造币总公司仅有3件，其中1件为与中国人民银行印制科学技术研究所共同申请的专利申请。相比之下，在磁性防伪材料的研究稍多，其中中国印钞造币总公司涉及的磁性防伪材料的研究就有5件，如其于2005年申请的专利申请号为CN200510042942、发明名称为“一种磁性凸印油墨”、并于2010年授权目前仍然处于授权有效状态的专利申请。其涉及的是一种可适用于机读的磁性凸印油墨。该油墨包括磁性颜料、连接料、溶剂、干燥剂、润湿料和填充料，其中连接料是可提高油墨屈服值的酚醛树脂1、可提高油墨流动性的酚醛树脂2、亚麻油和桐油，溶剂是矿物油，干燥剂是具有表面氧化干燥功能、内部干燥功能和络合干燥功能的干燥剂1和干燥剂2，润湿料是长油度醇酸树脂，填充料是胶质钙、碳酸钙或者气相二氧化硅。该发明解决了现有磁性油墨印刷成本高、印刷质量低、生产效率低的缺点，具有印刷效果好、机读质量高、应用范围广、适应能力强、印刷成本低、生产效率高的优点，印刷的

E13B号码机读通过率达到99.99%。此外，国内申请人的专利申请中还存在一定量以改进油墨除防伪材料以外其他成分以达到改善防伪油墨其他方面性能（如附着性、着色力度等）的专利申请。

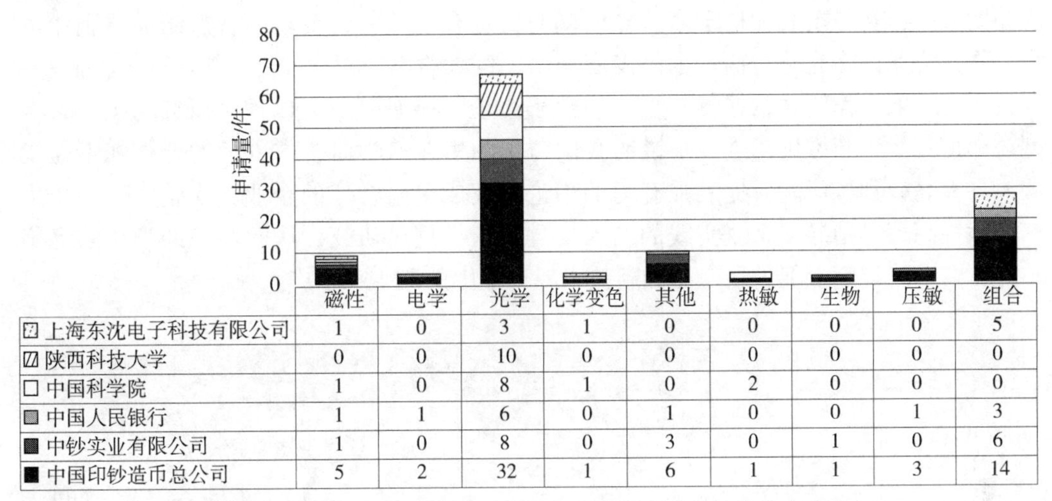

	磁性	电学	光学	化学变色	其他	热敏	生物	压敏	组合
上海东沈电子科技有限公司	1	0	3	1	0	0	0	0	5
陕西科技大学	0	0	10	0	0	0	0	0	0
中国科学院	1	0	8	1	0	2	0	0	0
中国人民银行	1	1	6	0	1	0	0	1	3
中钞实业有限公司	1	0	8	0	3	0	1	0	6
中国印钞造币总公司	5	2	32	1	6	1	1	3	14

图9-28　防伪油墨中国专利申请国内重要申请人技术分支分布

综上所述，虽然国内申请人与上述跨国公司的在华专利申请在不同技术分支的侧重情况有所不同，但是在主要技术分支上均有相应专利进行布局。并且由图9-28与图9-27的比较可知，我国申请人在防伪技术方面的研究较国外申请人更为广泛，如中国印钞造币总公司关于防伪油墨的专利申请涉及了上述所有技术分支。可见，我国防伪油墨重点申请人的技术覆盖面较宽，在我国防伪市场占据一定的主导地位。

9.5.3.2　不同类型申请人的技术分支分布

由图9-29（a）可知，无论何种类型的申请人，均侧重于光学防伪材料方面的研究，其中以企业类型的申请人较为突出。该类型申请人在光学技术分支方面的申请量高达381件，占该类型申请人申请总量的62.5%。其次为合作形式的申请人，在光学技术分支方面的申请量为62件，占该类型申请人申请总量的59.6%。个人和高校的申请量相当，分别为44件和45件，但个人在光学技术分支方面的申请量占其总申请量的44.9%，而高校在光学技术分支方面的申请量占其总申请量的71.4%。高校专利申请中光学技术分支的比重与科研院所的比重相同，即光学技术分支方面的专利申请量为20件，占其总申请量的71.4%。这主要是由于高校和科研院所的研究性质相似，均较多为从理论层面出发开展研究工作。

由于光学技术分支为防伪油墨技术的重点分支，以及合作类型的申请人在该技术分支的研究比重也较多。因此，课题研究人员进一步对涉及光学技术分支的合作类型的申请人的合作模式进行了分析。由图9-29（b）可知，各种合作模式中企业-企业的合作情况最多，比例达到49%，这与防伪油墨整体水平的比重相吻合。企业-个人合作次之，占比为24%；个人-个人合作占第三位，占比为11%。最后为企业-高校、企业-科研院所的合作，占比均为8%。由此可知，我国关于防伪油墨在光学技术分支的领域的研究，企业-企业的合作情况最多，足以说明国内已经出现企业之间强强联合的情况，这种强强合作将成为光学防伪技术飞速发展的主要助推力。此外，企业-个人、个人-个人的合作所占的重要地位也日益明显，主要体现的是民间科学家充分发挥自己的聪明才智，在寻求其他科学家合作的同时，也有一部分将自己的智慧结晶与企业进行合作，为我国在光学防伪技术的发展做出了巨大贡献。对于企业-科研院所、企业-高校等类型的合作模式也在逐年增多。由于高校和科研院所多以理论研究为主，该类型合作模式的不断推进，进一步说明我国防伪油墨在产学研合作方面的合作在不断发展。各大高校和科研院所提供强有力的理论研究成果给合作的企业，为企业进一步生产实践提高理论指导，企业实践的结果反过来指导理论研究，从而实现产学研的完美结合，在一定程度上促进新产品和新技术在产业上的诞生和推广。

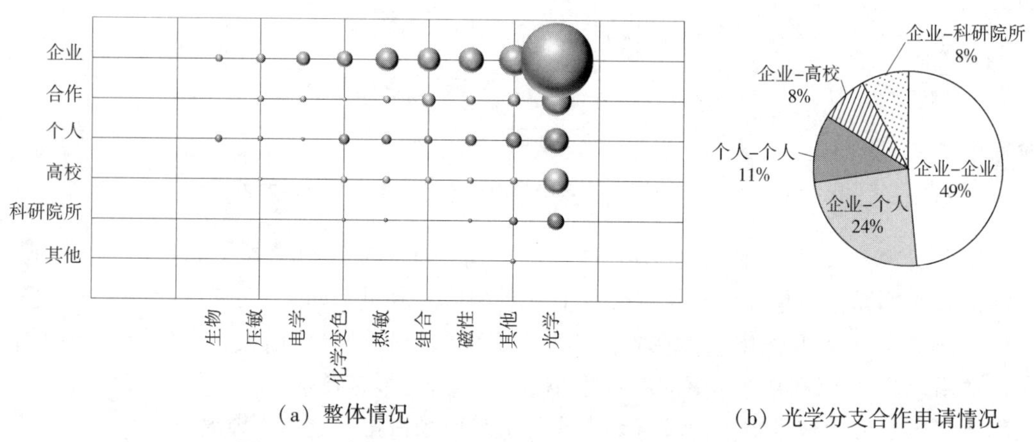

(a) 整体情况　　(b) 光学分支合作申请情况

图9-29　防伪油墨不同类型专利申请人的技术分支分布

9.5.4　技术分支的法律状态分布

由图9-30可知，授权率最高的技术分支为光学分支，授权率为52.5%，其中39.7%处于有效状态，12.9%处于无效状态。其次为生物技术分支，授权率为50.0%，其中37.5%处于有效状态，12.5%处于无效状态。热敏技术分支的授权率最低，为24.1%，其中有16.7%处于有效状态，7.4%处于无效状态。由此可知，国内专利申请中关于光学技术分支的技术创新性较高，且在具体应用中也得到广泛推广。如湘潭大学于2000年申请的专利申请号为CN00113404、发明名称为“能量上转换功能材料及其制作的防伪标记材料”的发明专利申请，其于2004年授权，目前仍处于授权有效状态，保护年限已达到12年以上。其具体涉及的是一种能量上转换功能材料及其制作防伪标记材料。该材料在指定波长的红外光照射下能发出确定波长的可见光，改变配方配比可改变发射光的波长。本材料转换效率高、性能稳定，厂家可以根据需要定批号、定颜色，很难仿造，检验方法简单，结构明确，检验工具为红外光发射器，价格低廉，易于普及。该发明制作简单，价格便宜，可用于任何商品的防伪。该专利作为光学防伪油墨的一件重点专利，在授权后的2003~2014年被引用了14次。由此可知，该专利不仅在具体的生产实践过程中发挥着重要的指导作用，其也对后续对光学防伪油墨的研发起到了重要的参考作用，为防伪油墨技术的进一步发展提供了良好的基础。上述数据足以体现该项专利的创造性的价值所在。

驳回率最高的技术分支与授权情况有所不同。电学分支的驳回率最高，压敏技术分支次之。驳回率最低的为化学变色技术分支，仅为3.2%。由此可知，我国虽然在防伪油墨领域发展较早，但是对于电学技术分支的研究缺乏一定的创新性。如中国人民银行印制科学技术研究所与中国印钞造币总公司于2009年共同申请的专利申请号为CN200910079860、发明名称为“含有电泳微胶囊的防伪油墨及利用该防伪油墨制作的印品”的专利申请。其涉及的是一种含有电泳微胶囊的防伪油墨，以所述油墨总重量计，该油墨中电泳微胶囊的含量为10%~90%，所述防伪油墨是丝印油墨、凹印油墨、平印油墨或凸印油墨等。利用该防伪油墨在需要防伪鉴别的物品上印刷的特征信息，施加电场后该防伪油墨的印记产生变色效果并可保持一段时间，加反向电场后印记颜色立即恢复；继续施加反向电场一定时间，印记颜色会再次变化但不同于初始颜色。利用特定颜色的变化，可以实现印品真实性鉴别，并且该现象借助简单仪器即可鉴别，检测手段安全。但是该专利基于两件在先申请已于2012年被驳回，其中最接近的现有技术为德国捷德有限公司于2003年申请的专利申请号为CN03808122、发明名称为“防伪文件”的专利申请，其所述防伪元件至少部分由一种通过电场（E）或磁场方式光学可变的材料（M）构成。由此可知，我国国内申请中关于电学分支的专利申请主要是在国外申请人已有的技术上进行相应改进，并且改进程度不高，从专利授权角度考虑尚不能满足创造性的高度。因此，我国为了在电学防伪油墨方面有所突破，相应研究人员还需付出一定的努力，在结合国外先进技术的同时，充分发挥自己的聪明才智，创造出属于我们自己的技术。

我国国内申请中大部分技术分支的撤回率均为20%~30%，处于较高水平，这主要是两部分原因导致的。一方面是我国国内申请质量不高，在与审查员沟通后，发现无授权前景，即放弃进一步修改和补正的机会，导致专利申请被撤回；另一方面是我国国内申请人对知识产权的意识还不够强烈，只注重专利申请，对专利是否授权并不看重，导致在后续各审查环节中放弃对专利申请的修改，或者对审查员意见不予理睬，从而导致专利被撤回。

由于光学技术分支为防伪油墨技术的重点分支，高效防伪也是光学技术分支重点关注的技术效果，该方面专利申请的法律状态也是各大申请人关注的重点，课题组专门分析了为光学技术分支中涉及高效防伪案件的法律状态，如图9-31所示。目前，我国光学技术分支中涉及高效防伪的案件共349件，其中授权率为52.4%（授权有效案件占38.4%，无效案件占14.0%），驳回率5.2%，撤回率17.8%。另外，处于公开且尚未审结的案件占比为24.6%。由此可知，该类型案件的授权情况较高，驳回率较低，进一步表明我国在该方面的专利申请具有一定的创造性。

授权案件共有184件，目前仍然处于有效状态的案件为134件，占总授权案件的73.2%。平均保护年限为4.12年。保护年限最长的为美国弗莱克斯产品公司于1996年申请的专利申请号为CN96194322、发明名称为“带有光可变颜料的配对光可变材料体”的专利申请，其于2002年授权，目前仍然处于授权有效状态，其保护年限已经超过14年。其具体涉及的是一种配对光可变材料体，包括具有第一表面的衬底、在衬底第一表面上彼此以定距离间隔的位置中由衬底第一表面承载的第一和第二光学材料体，以允许用人眼同时观察。第一种光可变颜料排列在第一光学材料体中，而第二种光可变颜料排列在第二光学材料体中。光学材料体在一个入射角时具有相同色彩，而在一切其他入射角时具有彼此不同的色彩。该专利作为光学-高效防伪油墨的一件重点专利，在2000年以后被引用了132次，其中涉及中国的32件、欧洲12件、日本5件、美国79件。可见该项专利不仅在中国，在全球其他地区也是一件重点专利。对后续关于光学-高效防伪油墨的研究具有重要的参考价值。

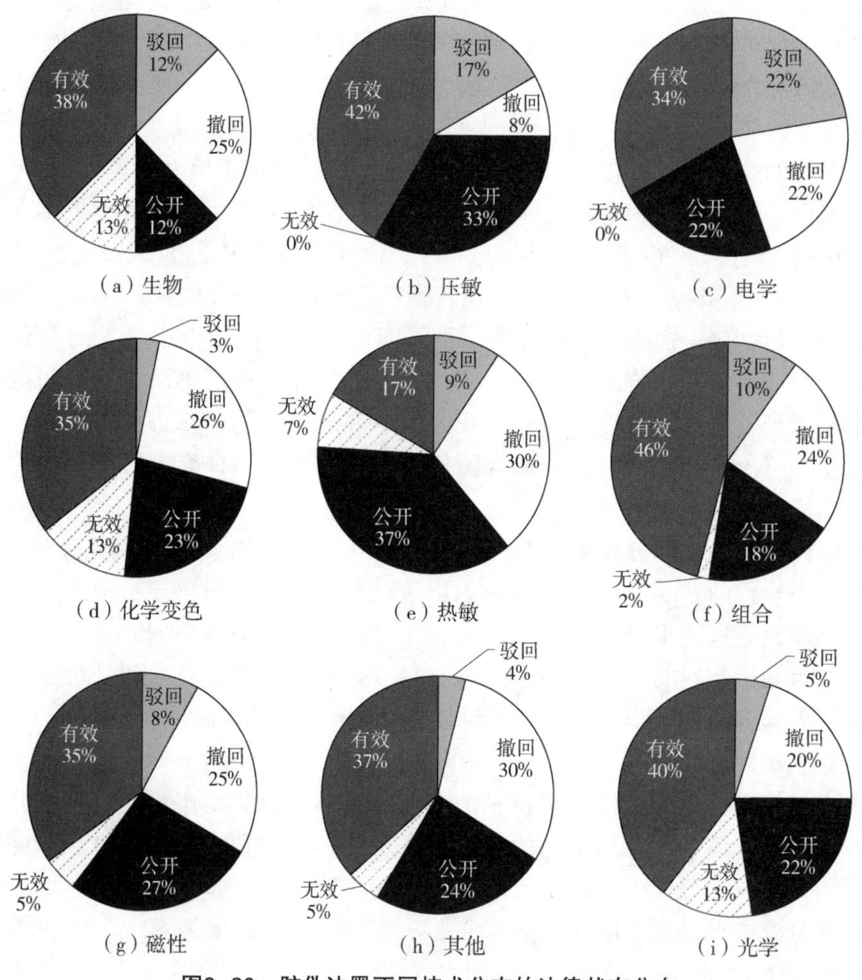

图9-30　防伪油墨不同技术分支的法律状态分布

由图9-31可知，在授权案件内国内申请人的授权案件平均保护年限为3.33年，低于整体水平（即4.12年），其中保护年限在10年以上的有2件，分别为中国印钞造币总公司（申请号为CN02148815）和樊官保（CN02806457）申请的专利申请，且目前仍然处于授权有效状态。保护年限最长的专利申请为中国印钞造币总公司于2002年申请的专利申请号为 CN02148815、发明名称为“发光防伪油墨及其制备方法和用途”的发明专利申请，于 2005 年授权，目前仍然处于授权有效阶段，保护年限已达到 11 年以上，足以说明其在后期的生产实践中占据着举足轻重的地位。其具体涉及的是一种发光防伪油墨及其制备方法和用途。所述防伪油墨含有能在可见光激发下发射出另一种可见光的发光材料，其含量为油墨重量的 20%～50%。该光防伪油墨的制备方法是将发光材料与油墨连结料混合、预分散、轧制而成。该发光防伪油墨用于票据等载体的防伪印刷及用于印刷需要标识的载体，其方法是用可见光激发，检验从其印记发射出的另一种可见光。该专利作为光学防伪油墨的一件重点专利，在授权后的 2005～2014 年被引用了 17 次，其中在 2014 年的其他专利申请中就被引用了 6 次。可见，该项专利在具体的生产实践过程中发挥着重要的指导作用，在后续对光学防伪油墨的研发过程中也占据了至关重要的地位。

由图9-31还可知，在授权案件内国外申请的平均保护年限为 4.71 年，高于整体平均水平，其中保护年限在 10 年以上的有 12 件，其中 5 件为瑞士公司（如西柏控股有限公司），3 件为美国公司（如弗莱克斯产品公司和录像射流系统国际有限公司）、2 件为德国公司（如默克专利股份有限公司），加拿大（如加拿大纸浆和纸张研究所）和日本（富士通株式会社和富士通爱索泰克株式会社）各 1 件。在上述 12 件专利中，仅有加拿大纸浆和纸张研究所申请的 1 件专利处于无效状态，其他目前均处于授权有效状态。在上述授权案件中保护年限最长的为美国弗莱克斯产品公司于 1996 年申请的专利申请号为 CN96194322、发明名称为“带有光可变颜料的配对光可变材料体”的专利申请，其保护年限目前已接近 14 年，且为国内外关于防伪油墨的重点专利之一。

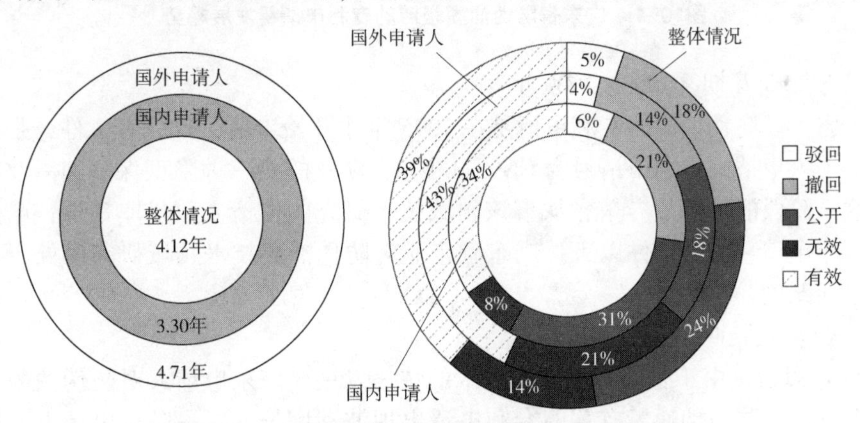

图9-31　光学技术分支高效防伪油墨法律状态分布

综上分析可知，目前国外申请人在华申请的平均保护年限高于国内申请，并且其授权后保护时间也长于国内申请，在一定程度上反映出国外申请人在防伪油墨的技术研究方面创造性程度优于国内申请人，并且对知识产权的保护意识也强于国内申请人。为了将我国发展成为防伪技术强国，我国国内申请人必须付出更多的努力，突破难题，在已有的先进技术的基础上，进一步发展壮大。同时提高知识产权保护意识，防止自己的既得利益受损。在不断充实自己的同时，也要关注国外申请人在中国的专利布局，以免触及其布局范围，对自己的利益造成损失。

第 10 章　防伪油墨广东省专利分析

10.1　专利申请量趋势分析

由图10-1可以看出，广东省防伪油墨领域专利申请量的变化大致经历了以下几个主要发展阶段。

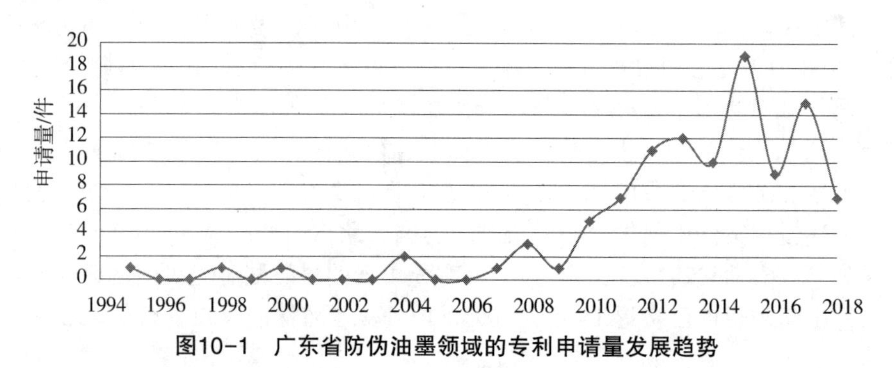

图10-1　广东省防伪油墨领域的专利申请量发展趋势

（1）技术萌芽期（1995~2009 年）

广东省关于防伪油墨的专利申请是在 1995 年才开始申请，且只有 1 件，是由林邦琦申请的个人申请，专利申请号为 CN95117918，涉及的是一种隐型保真油墨及其制备方法。这一阶段的特点是广东省从事该领域技术研究的申请人数量非常少，申请量增长缓慢，年申请量均为十件以下。广东省企业对防伪油墨技术领域研究尚处于探索阶段，技术活跃度并不高。

（2）调整发展期（2009 年至今）

2009 年以后，由于防伪油墨打印技术的快速发展，广东申请人对防伪油墨的研发热度逐渐升高，与防伪油墨有关的专利申请出现波动增长。这一阶段申请人的增长幅度明显，已经达到 10 位以上，说明各个企业已开始重视防伪油墨的研发，虽然还并未突破国内传统强势企业形成的技术壁垒和技术封锁，但是广东省各企业也已开展了防伪油墨的专利技术研发，以加强广东省防伪油墨的技术。但是广东省申请人仍然需要加大力度在该方面进行研究并申请专利，对自己的研究成果进行及时保护，从而有效保护自己的利益。

10.2　申请人分析

10.2.1　申请人类型分析

从图10-2可以看出，防伪油墨领域的广东省专利申请中，企业是专利申请的主体，比重高达 66%。企业作为市场的主体，是技术改进的主要力量，积极通过专利布局的方式抢占市场份额。

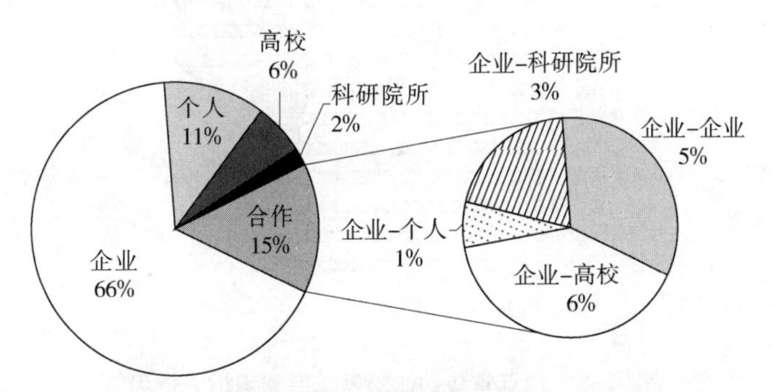

图10-2　广东省防伪油墨领域的申请人类型分布

个人申请的比重位居第二，占比达 11%，说明了该领域存在研究起点较低的技术切入点。从图中还可以看出，广东省防伪油墨领域的专利申请人类型中，涉及高校和研发机构的比例均较低，分别为 6% 和 2%，这主要与高校和研发机构选择的研发技术成果的保护形式有关。高校和研发机构更加侧重基础理论和前沿技术的研究，研究成果也多采用论文的形式进行发表，采用专利权进行保护的意识相对较低。防伪油墨领域各分支技术偏向于对现有技术的改进，与高校或研发机构的研究关注点不重合也可能导致研发机构或高校并未投入较多的研发力量到该领域。

此外，广东省的专利申请人类型中合作申请占比 15%，其中企业-企业的合作占 5%，说明广东省的专利申请主体更加注重独立申请形式，且以企业为主。

10.2.2　申请人排名分析

从图10-3可以看出，广东省防伪油墨领域专利申请量排名前 10 位的申请人中，惠州市华阳光学技术有限公司以 5 件居于榜首，其次依次为华润集团有限公司、深圳力合防伪技术有限公司、中山市天键金属材料有限公司等，整体申请量较少。另外，从图中可以看出，排名靠前的申请人的申请量均不超过 10 件，这说明广东省在防伪油墨领域的技术力量比较薄弱，技术分布较为分散。

目前，受国内龙头企业的技术封锁和垄断，广东省申请人在防伪油墨领域的研究企业虽然很多，但是依据目前专利申请及企业现状，广东省在该领域的技术研发处于薄弱状态，创新能力不足。防伪油墨领域的技术开发任重而道远。

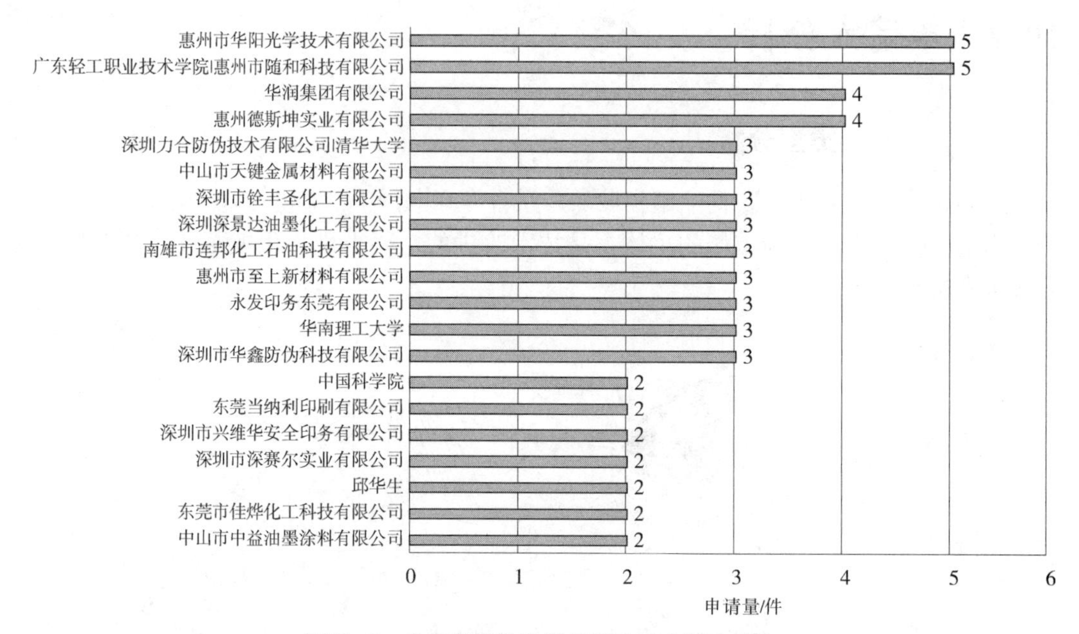

图10-3　广东省防伪油墨领域专利申请人排名

10.3　地域分布分析

从图10-4可看出，广东省的专利申请中申请量前五名城市依次为深圳、广州、惠州、东莞和佛山。其中，深圳占广东省专利申请总量的32%，广州为15%，惠州为15%，东莞为14%，佛山为9%，中山为7%。结合图10-5可以看出，深圳市在2014年之前基本上每年的年申请量均位于广东省前列，其最高年申请量为5件。从整体防伪油墨领域来看，广东省在防伪油墨领域整体技术力量还是比较薄弱，与国内防伪油墨领域的巨头公司存在着一定的差距。

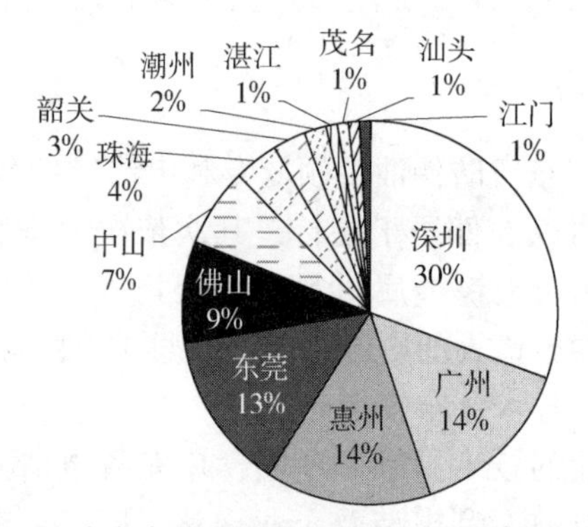

图10-4　广东省防伪油墨领域专利申请人地域分布

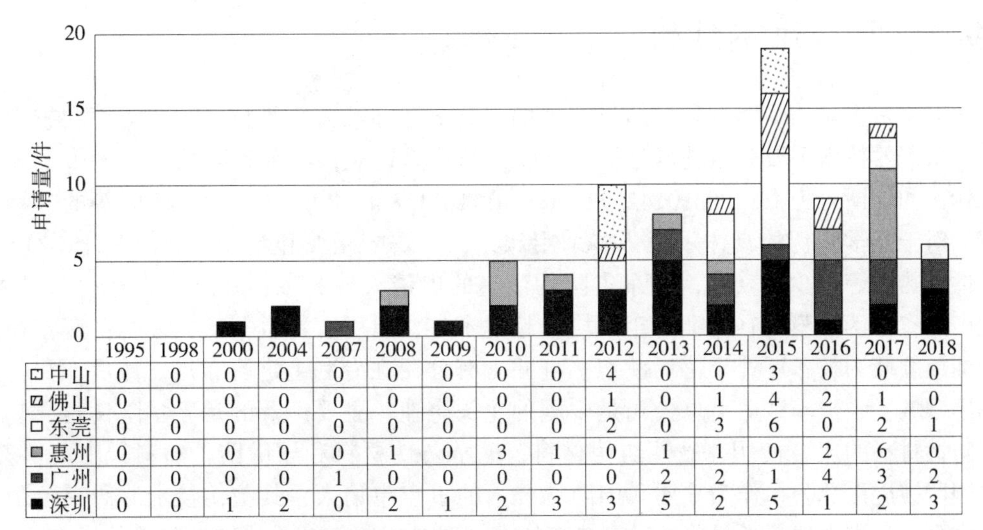

	1995	1998	2000	2004	2007	2008	2009	2010	2011	2012	2013	2014	2015	2016	2017	2018
中山	0	0	0	0	0	0	0	0	0	4	0	0	3	0	0	0
佛山	0	0	0	0	0	0	0	0	0	1	0	1	4	2	1	0
东莞	0	0	0	0	0	0	0	0	0	2	0	3	6	0	2	1
惠州	0	0	0	0	0	1	0	3	1	0	1	1	0	2	6	0
广州	0	0	0	0	1	0	0	0	0	0	2	2	1	4	3	2
深圳	0	0	1	2	0	2	1	2	3	3	5	2	5	1	2	3

图10-5　广东省防伪油墨领域专利不同地域专利申请量趋势

10.4　法律状态分析

从图10-6可知，深圳有效发明专利为 10 件，广州和东莞有效发明专利均为 5 件，这三个城市占据了广东省防伪油墨区域申请总量的一半以上，说明这三个区域专利稳定性维持得较好。深圳公开待审专利为 7 件，广州、惠州公开待审专利均为 8 件，东莞公开待审专利为 6 件，所占比例也较大，说明目前在深圳、广州、惠州东莞，防伪油墨领域发展较快。而在佛山，有效发明专利为 3 件，公开待审也为 3 件，说明该区域专利质量相对较好，虽然专利申请量不大，但是拥有较大的发展潜力。而惠州的有效发明专利 3 件，驳回为 4 件，公开待审为 8 件，说明惠州研发实力相对较弱，专利申请质量还有待提高。

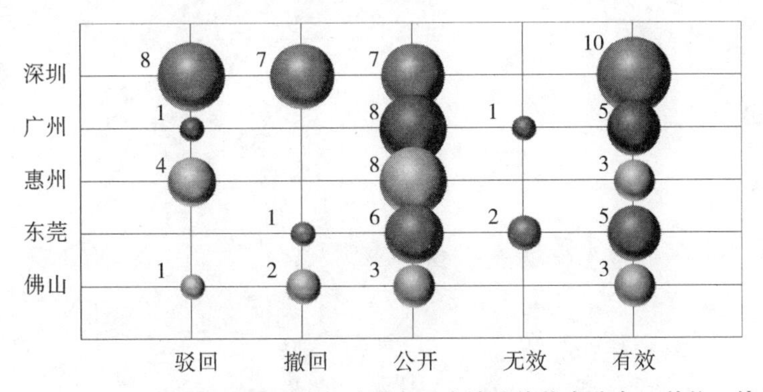

图10-6　广东省防伪油墨领域各地域专利申请法律状态分布（单位：件）

10.5 专利技术分析

对广东省防伪油墨专利目前仍有效的专利的法律状态、维持年限、解决的技术问题、采用的技术手段分布进行分析，有以下结论。首先，广东省防伪油墨多涉及光学防伪，如申请号为CN200810142592、CN201110115888和CN201210105500等的专利申请。对于光学防伪的具体手段，多采用珠光、高效电磁波和荧光，而涉及化学变色、磁性、热敏等较少。其次，广东省防伪油墨的申请人较分散，并未形成专利布局网，且广东省防伪油墨的有效维持年限均未超过十年，引用次数也较低，说明广东省在防伪油墨领域的技术还处于落后状态，且并未有公司在专利上进行布局。最后，在防伪油墨领域，中国印钞造币总公司是中国的龙头企业，主要涉及的是光学防伪材料、不同防伪材料的组合使用、磁性防伪材料、电学防伪材料和压敏防伪材料。由此可知，中国印钞造币总公司作为掌握我国防伪技术的重点申请人，其防伪技术的研究范围较为全面，基本上覆盖了目前的所有热点技术，但是近三年缺少热敏性防伪技术的研究，存在一定的技术空白。广东省各个企业针对防伪油墨的研究可在热敏性防伪上作为重点研发，对其进行专利布局；另外，中国印钞造币总公司对于光学防伪材料，主要涉及的是光致变色材料、荧光颜料、红外吸收材料、拉曼标记材料、珠光颜料、三维微结构材料、X射线激发发光材料、X射线吸收材料。目前中国印钞造币总公司针对该方面技术的研究缺少在特殊视觉效果（如随角异色、干涉效果）等方面防伪材料的研究，广东省企业如在这方面投入研究，或是与中国印钞造币总公司进行合作研究，可提高广东省防伪油墨领域的专利质量，在一定程度上缩短与其他防伪技术强国的技术差距，从而促进广东省防伪油墨的发展。

第 11 章　防伪油墨产业专利导航

11.1　重点专利分析

从图11-1中可以看出，在中国专利申请中中国印钞造币总公司申请量最多，但申请人排名中，外国申请人（如德国的默克专利、瑞士的西柏控股和西巴、美国的 JDS 尤尼弗斯公司）居多，可见国外申请人占据了相当一部分的市场份额。由此可知，我国在该方面研究仍需大力发展，才能保证我国在该领域的自主能力。本书通过研究在国内防伪领域较为活跃的申请人的近五年的热点技术和保护年限在 15 年以上的重点技术，帮助国内申请人准确切入防伪研究热点，并有效规避重点专利技术。

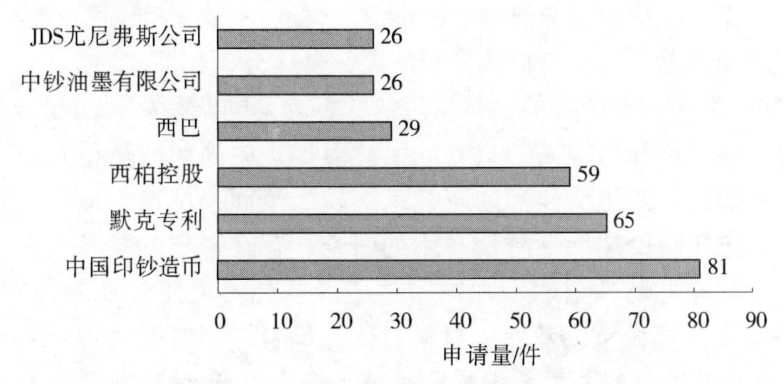

图11-1　防伪油墨国内重点申请人分布

11.1.1　国内近五年热点专利技术

根据国内申请人的活跃程度，现取中国印钞造币、默克专利和西柏控股三个主要申请人近五年的热点技术进行分析，研究国内目前关于防伪油墨的热点技术。

对上述三个申请人的近五年专利进行分析可知，目前的热点防伪技术主要集中在光学防伪材料、不同防伪材料或不同防伪特征的组合使用、磁性防伪材料、压敏防伪材料、电学防伪材料、热敏防伪材料。具体分析如下。

1）对于光学防伪材料，目前的热点防伪技术主要涉及的是光致变色材料、荧光颜料、红外吸收材料、拉曼标记材料、珠光颜料、三维微结构材料、X 射线激发发光材料、X 射线吸收材料、片状效果颜料、发光镧系元素配合物。其中的片状效果颜料主要涉及的是可产生随角异色效果、干涉效果等的防伪材料。

2）对于组合使用的防伪材料，主要涉及的是层状液晶复合材料、磁性层状光变颜料与磁性液晶颜料配合、特定荧光红外反射材料与荧光红外吸收材料配合、红外吸收材料与红外调节剂配合、具有多层防伪特征的层状结构、场致发光材料和珠光颜料的配合使用、红外吸收材料与DNA链段的配合使用、光学，磁性和导电多种防伪材料配合使用、光学可变颜料和多个热可膨胀球体的配合使用。其中对于该组合使用还涉及了生物防伪材料的应用，如DNA链段的使用。由此可知，生物防伪材料也是目前防伪技术的研究热点之一。

3）对于磁性防伪材料，主要涉及的是磁性光致变色防伪材料、磁性珠光颜料、磁性片状效果颜料、具有取向型磁性或可磁化颜料粒子、磁性多色微球的使用。

4）对于压敏防伪材料，主要涉及的是包含包覆树脂的压色性材料，使印品在一定压力下可发生颜色变化，加热颜色可恢复。此外还包括具有压敏效果的片状效果颜料。

5）对于电学防伪技术，主要涉及的是在防伪油墨中添加导电性材料。如申请号为CN201410747844的专利申请涉及将印钞传统雕刻凹印油墨技术和电容传感技术相结合，开发了新的具有导电性能的雕刻凹印油墨，所述产品具有防伪效果好、检测方便等特点。

6）对于热敏防伪技术，主要涉及的是在防伪油墨中加入热敏性材料，如申请号为CN201280049962的发明专利申请涉及一种包含至少一种加酸显色化合物、至少一种填料化合物的油墨组合物，当标记在带有易褪色性墨组合物的基质面积上时，易褪色性墨组合物形成不可热擦除的或非热敏性的标志。

对于三个主要申请人的热点技术分布情况，具体分析如下。

1）中国印钞造币主要涉及的是光学防伪材料、不同防伪材料的组合使用、磁性防伪材料、电学防伪材料和压敏防伪材料。由此可知，中国印钞造币总公司作为我国防伪技术的重点申请人，其防伪技术的研究范围较为全面，基本上覆盖了目前的所有热点技术，但是近三年缺少热敏性防伪技术的研究，存在一定的技术空白。对于涉及的主要防伪材料，即光学防伪材料，中国印钞造币总公司主要涉及的是光致变色材料、荧光颜料、红外吸收材料、拉曼标记材料、珠光颜料、三维微结构材料、X射线激发发光材料、X射线吸收材料。目前中国印钞造币总公司针对该方面技术的研究缺少在特殊视觉效果（如随角异色、干涉效果）等方面防伪材料的研究。但是，目前中国印钞造币总公司针对防伪技术的研究已经走在世界的前沿位置，如已经开始针对在防伪油墨中添加生物防伪材料，如DNA链段，提高防伪效果等方面的性能。由此可见，我国重点防伪技术的申请人已经在国际上具备一定的防伪技术储备，在一定程度上缩短了与其他防伪技术强国的技术差距。

2）西柏控股近几年热点技术主要涉及的是磁性防伪材料、不同防伪材料的配合使用、热敏和光学防伪材料的使用。对于磁性材料具有取向型磁性或可磁化颜料粒子，以及磁性多色微球的使用；对于不同防伪材料的组合使用，主要涉及的是光学、磁性、导电多种防伪材料配合使用、光学可变颜料颗粒和多个热可膨胀球体的配合使用。

3）默克专利的防伪技术主要是具有不同防伪效果的片状效果颜料的应用，如具有随角异色、压敏、磁性、干涉等效果的片状效果颜料。此外，该申请人还涉及使用α-氧化铝薄片作为效果颜料制备的防伪油墨，其表面上的由高和低折射率层组成的干涉叠层，可增加的光泽度和进一步增加的干涉色或随角异色性。

综上所述，目前国内的热点技术主要还是集中在光学防伪材料、磁性防伪材料，以及不同防伪材料的组合使用或不同防伪特征组合结构的防伪材料的应用，少数涉及压敏、电学、热敏和生物材料的使用。其中，生物材料的加入是通过与其他防伪材料的配合使用实现的。

11.1.2　长保护年限重点专利技术

目前在防伪油墨领域，国内重点专利主要涉及的是国外申请人的专利技术，具体包括贯穿防伪光学防伪材料、较为传统的化学变色防伪材料的使用，以及可标记的无机材料的使用。

对于申请人层面，涉及的主要是瑞士的西柏控股、美国的弗莱克斯产品公司和史蒂夫·马克鲁（个人申请）、德国的默克专利和诺贝特·汉普，以及国内的中国印钞造币总公司和北京友邦联合高新技术有限公司。其中涉及的专利权人为北京友邦联合高新技术有限公司（申请号为CN00113404），原始申请人为湘潭大学，后将专利权转让给该公司。由此可知，在国内涉及保护年限较长的专利技术多数集中在国外申请人中，15年以上仍处于授权有效的案件仅包括两个申请人的专利申请，可见我国国内申请人在重点技术的保护范围处于被动局面。为改进上述状况，首先，需要加强国内申请人的专利保护意识，提高其对侵权判定的认知；其次，加大力度进行技术研发，进一步研发具有一定含金量的专利技术，并进行一定的专利布局；最后，提高国内申请人的专利撰写水平，帮助申请人获得适当的保护范围，以保证其获得合理权益范围。

对于技术层面，国内保护年限为15年以上且仍处于有效的15件相关案件中，12件涉及的是光学防伪材料的使用，2件涉及的是化学变色防伪材料，1件涉及的是含有不同元素的可标记的无机材料的配合使用。对于光学防伪材料，主要涉及的是光变颜料、干涉颜料、薄片颜料、量子点、野生型细菌视紫红质、能量上转换功能材料、导电材料、玻璃陶瓷复合微粒。对于化学变色防伪材料涉及的是对有机溶剂和/或其他化学试剂敏感的染料、偶氮系或酞菁系的水溶性颜料的使用。对于具有标记特征的无机微粒涉及的是包含至少两种呈预先规定的并可分析鉴别的比例的化学元素的无机微粒。

综上所述，我国保护年限在15年以上且仍处于有效阶段的案件多数掌握在国外申请人手中，并且涉及的技术主要集中在光学防伪材料和化学变色防伪材料的应用上。一方面，上述重点专利保护年限较长，且目前仍处于有效阶段，国内申请人或相关企业在对相关技术进行研究和相关产品生产时需要注意技术规避。另一方面，上述重点专利的年限均接近期限届满时间，意味着上述专利已经成为目前潜在的对现有技术做出贡献的专利，国内申请人在今后1~5年的产品研发和生产过程中可以进行关注，待其期限届满后可无偿使用。此外，国内防伪油墨还涉及2件因期限届满20年而终止的案件，即申请号为CN95192135、具体涉及的是有光学易变性能的纤维素固化液晶的专利申请，以及申请号为CN96194322、具体涉及的是带有光可变颜料的配对光可变材料体的专利申请。上述专利经过长期保护，在一定程度上反映出其重要的突出性地位。

11.2　防伪油墨产学研专利信息分析

本节对防伪油墨中涉及高校（含科研院所）的专利申请进行统计分析，包括高校单独申请以及高校-企业的合作申请，从中得出可供产学研参考的信息。

11.2.1 高校-企业的合作申请

高校-企业的合作申请，通常是由企业根据市场情况提出相关研发需求，借助高校及科研院所的科研力量，研发出新技术并由两者共同实施专利申请以及获得专利权；或者高校及科研院所将已有的科研成果主动寻求与企业的合作，获取相应的资金支持，共同享有研发成果的专利申请权和专利权。

在防伪油墨领域，国内企业-高校合作申请主要有中国人民银行印制科学技术研究所与中国印钞造币总公司以及中钞油墨公司的合作申请。其中，中国印钞造币总公司是隶属于中国人民银行的法定从事人民币印制印务的国有独资企业，中钞油墨公司是中国印钞造币总公司的下辖企业。而中国人民银行印制科学技术研究所同样隶属于中国人民银行总行，是钞票印制专业科研单位，研究方向涵盖油墨、防伪技术等与钞票印制紧密相关的各个方向。由于钞票应用领域的特殊性，该研究所是全国唯一的以证券印制、防伪新技术为研究内容的科研单位。

从合作关系来看，虽然以不同申请人主体进行合作申请，但该研究所与两公司均是中国人民银行的下属单位，研究所实质上是印钞造币总公司的技术中心。两者的合作申请性质偏向于同一申请主体内部生产部门与研发部门的合作关系。

从申请所涉及的主题来看，主要涉及的都是与钞票等安全制品印制相关的技术，技术要点涉及压敏变色材料、荧光颜料、磁学防伪以及电泳微胶囊等，从油墨的体系性质方面也包括了水性防伪油墨和紫外光固化防伪油墨，虽然申请总量仅为 8 件，但涵盖了防伪油墨的各主要技术方向。从申请授权情况来看，截至检索日期，8 件申请中有 4 件处于授权且维持有效状态，2 件处于公开未审结状态，一定程度上体现了这部分申请质量较高并且有一定的市场价值，申请人有意愿维持其有效状态。

除了上述涉及中国人民银行印制科学研究所的合作申请以外，对防伪油墨领域其他合作申请进行筛选，得到涉及其他高校或科研院所的合作申请共计 11 件。从规模上讲，其他高校或科研院所的合作申请多以零星方式出现，涉及的学校包括中山大学、华南理工大学、北京大学、清华大学深圳研究生院、广州轻工职业技术学院、湖南工业大学、华东理工大学等，涉及的科研院所包括中国科学院化学研究所以及杭州市萧山区开亿纸包装行业技术研发中心。

从技术角度来看，11 件合作申请涉及光学、磁学、热敏以及组合等方向，其中光学方向占据多数，主要包括以荧光和光学可变材料为技术核心的专利申请，总计 6 件。

涉及荧光材料的包括浙江大胜达包装有限公司与杭州市萧山区开亿纸包装行业技术研发中心联合申请的 CN201410048362（一种稀土荧光 LOGO 防伪油墨的制备方法，该申请将稀土荧光材料用于 LOGO 防伪油墨制备，使用 Eu 氧化物经制备得到配合物溶液，常态下隐形，紫外激光发射红光达到防伪效果）、广东轻工职业技术学院与惠州市随和科技有限公司联合申请的 CN201410086997（一种新型荧光材料所制凹版表印荧光防伪油墨，该申请将硝酸铽与 2,4-二羟基苯甲酸反应后发荧光的溶液直接作为油墨溶剂进行油墨制备，得到油墨溶解性好、稳定性高、荧光强度高）、北京大学与北京北大德力科化学公司联合申请的CN200710129827（透明荧光红墨的制造及新应用，其使用的防伪荧光红材料是均相流动性的液体或选择荧光红材料T-4粉，形成的透明荧光红墨水用于喷码印刷的荧光防伪和多功能组合防伪的应用）。

涉及光学可变材料的包括佛山市南方包装有限公司与中山大学联合申请的CN201510190238（一种含偶氮苯的微胶囊型液晶及其在光控液晶防伪油墨中的应用，其防伪油墨中含偶氮苯的微胶囊型液晶，制备的防伪油墨具有高变色效应，具有很好的储存稳定性，使用期限长）、湖南工业大学与常德金鹏印务有限公司联合申请的CN201210332490（一种UV光致发光油墨，其使用ZnS、Cu作为发光材料，与UV油墨光致发光材料配合形成UV光致发光防伪油墨）、华东理工大学与上海科迎化工科技有限公司联合申请的CN201210005519（一种紫外光光致变色中性墨水，使用有机染料作为着色材料；光致变色书写油墨，书写时为无色，经紫外光照射现出蓝色，用于防伪、保密技术以及趣味性书写）。

从法律状态而言，11件合作申请中仅有2件处于授权有效状态，1件处于公开未审结状态（授权前景良好），具体为：CN201410048362、CN201410086997、CN201510190238，其他8件申请则均已撤回或被驳回。

值得一提的是，深圳力合防伪技术有限公司与深圳清华大学研究院于2011年8月19日共提出3件合作申请，均涉及磁共振防伪技术，包括单独使用以及将磁共振技术与发光材料或摩擦染色进行复合防伪。但这3件申请目前均已被驳回，也未进入复审程序。

可见，在防伪油墨领域，涉及高校及科研院所的合作申请数量并不多，该领域产学研合作相对欠缺，需进一步加强企业与科研单位在这方面的沟通交流：一方面让企业更了解科研单位的研究方向，从已有技术中找寻产品研发的突破点；另一方面也让科研单位更了解企业、市场对技术研发的需求，更有目的地进行新技术开发。

从已有的合作申请授权情况来看，合作申请质量也并不高。分析其可能的原因，包括研发之前以及专利申请之前对现有技术的检索有所欠缺，可能存在重复研发的情况。另外也有可能由于专利撰写质量的问题，使得虽然研发出了新技术，但是由于专利申请文件的撰写问题，导致专利申请不能获得授权。

11.2.2　高校相关专利的活跃状态

对防伪油墨领域中国专利申请中由国内高校或科研院所单独提出的申请进行统计，总计86件，其中高校62件，科研院所24件。这些申请中，授权专利总计46件，其中高校36件，科研院所10件。授权专利中，目前仍维持有效的专利总计34件，其中高校29件，科研院所5件；公开待审专利申请总计19件，其中高校12件，科研院所7件（见表11-1）。

表11-1　防伪油墨国内高校/科研院所各类专利统计

类型	申请量	授权量	维持有效数量	公开待审量
高校	62	36	29	12
科研院所	24	10	5	7
总数	86	46	34	19

对这些专利中发生了专利权转让或进行过专利许可的专利进行分析，以观察该领域中处于活跃状态的专利，关注这类专利的专利权人、技术类型和发生相关专利活动的背景。

其中，有7件专利权发生了权利转让，3件由湘潭大学转让至北京友邦联合高新技术有限公司，2件由海南亚元防伪技术研究所转让至海南拍拍看网络科技有限公司，1件由武汉大学转让至湖北中信京华彩印股份有限公司，1件由湖南工业大学转让至厦门理工学院。

有6件专利权进行了许可，3件专利权人为北京印刷学院，被许可人为北京今印联印刷器材有限公司；2件是由海南亚元防伪技术研究所转让至海南拍拍看网络科技有限公司，再由该公司许可海南拍拍看信息科技有限公司进行使用；1件专利权人为杭州电子科技大学，被许可人为哈尔滨合鑫彩色印刷有限公司。

（1）专利权转让情况

在发生权利转让的7件专利权中，有3件为由湘潭大学转让至北京友邦联合高新技术有限公司。双方合作关系密切，就湘潭大学承担的国家“863计划”重点项目成果“新型高效能量上转换稀土发光材料的制备与应用研究”暨“红外多重数码防伪技术”进行全面深入的合作，公司负责对研究成果进行生产、推广并提供技术服务，并通过专利权转让的形式掌握相关技术的知识产权。相关的3件专利分别是CN00113404（能量上转换功能材料及其制作的防伪标记材料，涉及能量上转换功能材料，由下列组分组成：Al_2O_3、PbF_2、BaF_2、CaF_2、SrF_2、LaF_3、Eu_2O_3或Ho_2O_3或Sm_2O_3或三者的混合物；将上述各组分经混合、研磨、烧结即可；将该材料加入到油墨中制得防伪油墨）、CN200310110415（一种能负载密码的多重色比高效发光防伪材料及其制备、应用，涉及能负载密码的多重色比高效发光防伪材料，以镱的氧化物或氟化物作为敏化中心化合物，从铒、钬、钐、铥、镝、铕和铽的氧化物或氟化物中选择至少一种作为发光中心化合物，从氟化锌、氟化锆、氟铝酸铵、氟化钠、氟化钙、二氧化锗、氧化碲、氟化铅、氟化锶、氟化镉、氟化钡和氟化锂中选择其至少一种作为发光中心结构载体化合物，以及从作为发光中心结构调整剂的三氧化钨、氧化硅和氧化铝中选择化合物组成组合物）、CN200310110416（一种能负载密码的多重色比高效发光防伪印泥及其制备、应用，涉及负载密码的多重色比高效发光防伪印泥，其以镱的氟化物作为敏化中心化合物，从铒、钬、钐、铥和铽的氟化物中选择至少一种作为发光中心化合物）。

此外，武汉大学、湖南工业大学各有1件专利权进行了转让，受让人分别为湖北中信京华彩印股份有限公司和厦门理工学院，所涉专利分别为CN200710051852（可见光红外吸收透明涂料及其制备方法和用途，其利用α-甲基丙烯酸、甲基丙烯酸甲酯、偶氮二异丁腈、磷酸三丁酯进行预聚，形成黏结剂，在部分黏结剂中加入TiO_2和/或Fe_3O_4和/或CuO和/或CdTe和/或PbS和/或Cr_2O_3和/或MnO_2的纳米粒子，成为有机近红外吸收剂，最后使有机近红外吸收剂和剩余黏结剂充分混合，得到可见光近红外吸收透明涂料，并可用于制作红外防伪油墨）、CN201010506836［一种磁性纳米胶印油墨，涉及一种新型黑色或棕色磁性防伪胶印油墨，使用的磁性粉末主体由自制的化学

式为 MFe_2O_4（M＝Fe、Co、Ni、Cu、Mg、Zn、Mn 等二价阳离子或它们的组合）或化学式为 $A_xB_{1-x}Fe_{12}O_{19}$（A＝Fe、Co、Ni、Cu、Mg、Zn、Mn 等二价阳离子或它们的组合；B＝Ba、Sr、Pb 等或它们的组合）的铁氧体纳米粒子（平均粒径在 10～200nm）或纳米级铁、钴、镍或它们的合金粉末的一种或多种组成。该油墨防伪功能多样、技术含量高，难以仿制]。

除上述高校以外，海南亚元防伪技术研究所也有 2 件专利权发生了转让，受让人为海南拍拍看网络科技有限公司。该研究所与权利受让人由同一创始人创办，其权利转让性质类似于企业内部合作。涉及的 2 件专利分别为 CN201310029285（局部大尺寸纤维印刷系统及其印刷物）、CN201310531921（局部大尺寸纤维凸印防伪方法及其印刷物）。

（2）专利许可情况

在进行了专利权许可的 6 件案件中，有 3 件是由权利人北京印刷学院向北京今印联印刷器材有限公司进行的专利许可，类型均为独占许可。3 件申请均为用于加色法印刷成像的紫外激发荧光喷墨油墨及制法，根据所使用的荧光防伪材料不同，分别显示出红色、绿色和蓝色荧光，相应的专利分别为 CN201210408556、CN201210410117、CN201210410173。这一系列专利许可案件，体现了由高校科研团队与生产企业密切合作，在保留有专利权的同时，通过向生产企业进行专利许可，将科研成果进行产业推广、转化的合作方式。

除了北京印刷学院以外，杭州电子科技大学有 1 件向哈尔滨合鑫彩色印刷有限公司进行独占许可的专利权 CN201210209823（一种水性荧光增强防伪油墨的制备方法，涉及一种水性荧光增强防伪油墨的制备方法，首先将三氧化二铈和盐酸反应，得到固态三氯化铈，然后配制三氯化铈乙醇溶液、邻菲罗啉乙醇溶液、乙酰丙酮乙醇溶液，将邻菲罗啉乙醇溶液和乙酰丙酮乙醇溶液先后加入三氯化铈乙醇溶液，过滤、干燥后得到过渡金属铈的络合物；将过渡金属铈的络合物、树脂、荧光粉搅拌混合均匀，再加入乳化剂、颜料、消泡剂、分散剂、抗菌剂、润湿剂、流平剂，高速搅拌处理，再反复研磨，得到水性荧光防伪油墨）。

另外，2 件由海南亚元防伪技术研究所转让至海南拍拍看网络科技有限公司的专利权也进行了普通许可，被许可人为海南拍拍看信息有限公司。从权利人与被许可人的关系来看，该许可与其权利转让性质类似，属于同一集团内部相关操作。

11.2.3 高校持有的专利权

除了上述以发生专利权转让的案件以外，对由高校或研究院所持有的有效专利权以及处于公开待审状态的专利申请进行统计分析，作为可供企业进行交流合作的技术参考。

在防伪油墨领域由高校单独进行申请的专利中，仅有陕西科技大学和北京印刷学院两所院校的专利数量超过了 5 件，如图 11-2 所示。其中陕西科技大学共有 10 件，目前全部为有效专利；北京印刷学院有 6 件，其中 4 件为有效专利，1 件为公开待审状态，1 件撤回。除此之外，吉林大学共 4 件（2 件有效，2 件待审），湘潭大学共 3 件（全部转让，2 件有效，1 件失效），浙江大学共 3 件（无有效专利权）。其余各学校专利申请总量和有效专利权数量均在两件以下。

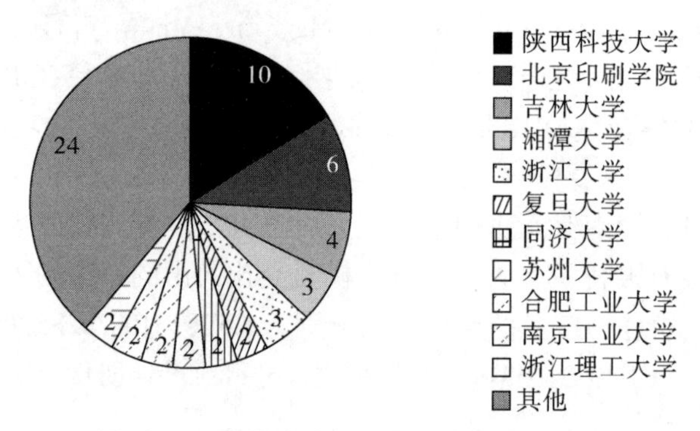

图11-2　防伪油墨领域主要高校申请分布

值得注意的是，来自陕西科技大学的全部10件有效专利权均来自刘保健团队，每件专利均有10余名发明人，并且发明人重复度较高，不同发明人轮流作为第一发明人。涉及的主题则均为“一种含X的双波长吸光水性防伪油墨添加剂的制备工艺”，其中X在各专利中分别被不同氧化物或硫化物所替代。从其授权的权利要求来看，其主体为防伪油墨添加剂的制备工艺，限定了该添加剂非常细致的制备步骤，保护范围较小，未发生专利权转让或专利许可等活动，专利价值并不高。

与之形成对照的是来自北京印刷学院的专利，在其6件专利中，除1件撤回以外，其余5件中有4件处于有效维持状态，1件处于公开待审状态。这5件均来自魏先福团队，其中3件以独占许可的形式向北京今印联印刷器材有限公司进行了许可，显示出一定的市场价值。另外2件的情况分别如下：1件有效专利CN201210408542（一种加色法印刷成像方法，涉及加色法印刷成像方法，采用紫外激发红色、绿色和蓝色荧光喷墨油墨，在印刷的过程中利用加色法成像，喷绘出颜色丰富多样的图像，以达到更好的防伪效果及特殊的艺术效果），该专利与已经进行专利许可的3件有效专利具有相同的发明构思，是它们在成像方法中的应用；1件公开待审专利申请CN2015102546799（一种蒽类衍生物及其制备方法和应用以及制得的UV光固化发光材料及其制备方法，涉及一种蒽类衍生物，具有稳定性好，可溶性好等优点，可获得不同颜色的荧光材料，由其得到的UV光固化发光薄膜具有透明度高、成膜性好、涂层薄等特点，能发出荧光，达到防伪的效果）。

除了这两所学校之外，其他学校并未形成对防伪油墨的集中研发和专利申请，仅部分学校持有零星的防伪油墨相关专利权，如吉林大学CN201210575240（一类溶剂致变色螺环化合物的应用）、CN201410294081（基于共轭聚合物纳米粒子的全色荧光防伪墨水）；浙江理工大学CN201410782031（一种快干型低温可逆色变水性油墨及其制备方法）、CN201410783382（一种快干型水性油墨及其制备方法）；西安交通大学CN201310703821（喷墨打印机用上转换荧光墨水及其制备方法）；北京科技大学CN201410315360（一种利用纳米磁粉制备磁流体油墨的方法）。

而广东省的高校在该领域中并无突出表现，除之前提及的佛山市南方包装有限公司I中山大学合作申请的CN201510190238处于未审结状态（授权前景良好）和广东轻工职业技术学院｜惠州市随和科技有限公司合作申请的 CN201410086997 处于专利权有效状态以外，仅有中山大学 CN200710032555（一种光学变色型防伪水性凹版印刷油墨的配制方法，该申请于 2007 年提出并于 2011 年获得授权，2013 年因未缴年费而失效）和中山火炬职业技术学院 CN201510360313（一种多用油墨，该申请于 2015 年提出，未审结且授权前景不佳）的 2 件专利申请，可见广东省的高校并未在该防伪油墨领域投入较多的科研力量。

在科研院所持有的专利权或公开待审专利申请中（见表 11-2），中国科学院和海南亚元防伪技术研究所占据了大多数。其中，中国科学院拥有 2 件有效专利权和 3 件公开待审专利申请，海南亚元防伪技术研究所拥有 1 件有效专利权和 2 件公开待审专利申请，另有 2 件已经进行专利权转让。除此之外，中国人民银行印制科学技术研究所和中国印刷科学技术研究所各有 1 件公开待审专利申请。

表11-2　主要科研院所所持专利法律状态

权利人/申请人	中科院		海南亚元			其他
状态	有效	公开	有效	已转让	公开	公开
数量	2	3	1	2	2	2

从统计表中可看出，对于中国科学院所持有的专利权和待审专利申请，其分别由各个下属的科研院所提出并保有相应的权利。其中 2 件有效专利权分别属于苏州纳米技术与纳米仿生研究所和宁波材料技术与工程研究所，分别为 CN200910034527（一种热敏变色材料及其制法和用途）和 CN201410466811（具有上、下转换及磷光的三重防伪油墨及其制法与应用）。

截至统计时间，CN200910034527 已经维持了 6 年有效，在国内专利申请中属于维持年限较长的专利权，可见专利权人对该项专利技术的重视程度。其授权的独立权利要求 1 为：一种热敏变色材料，包括相互反应发生变色的邻菲罗林及硫酸亚铁，其特征在于，所述邻菲罗林溶解固化在特定熔点的壬酸内，硫酸亚铁与冷冻的邻菲罗林—壬酸固溶体研磨所得的粉末以任意比例混合，在低于邻菲罗林—壬酸固溶体熔点的温度下，所述冷冻的邻菲罗林—壬酸固溶体研磨所得的粉末及硫酸亚铁具有化学接触惰性。

此外，中科院深圳先进技术研究院、化学研究所和长春光学精密机械与物理研究所各有 1 件涉及防伪油墨的专利申请处于待审未结状态。

整体来说，中科院由于其各研究院所数量众多，在总量处于一定的领先定位，但各项专利权或申请分布在不同的研究所，并且并未针对某一技术或研究方向形成重点的研究和布局。相关企业可关注各研究所的具体专利技术点或研究方向，根据自身产品或技术发展需求尝试展开针对性合作。

对于另一防伪油墨领域中申请量较多的海南亚元防伪技术研究所，如前述分析，该研究所属于企业技术研究中心的性质，不适合作为产学研合作的关注对象，但具有相似技术研发方向的企业可尝试与其开展商业合作，创造互利共赢的合作机会。

另外，中国印刷科学技术研究院和中国人民银行印制科学技术研究所各有1件专利申请处公开待审状态。其中，前者的CN201210473149（锌配合物及其制备方法和在制备防伪油墨中的应用），涉及一种含有2-苯并咪唑喹啉类的锌配合物，其用于紫外荧光防伪油墨表现出了非常良好的荧光效果，在日光下为无色，在紫外光的照射下，显示深紫色，利用该类配合物制备紫外荧光防伪油墨，基本符合荧光防伪油墨的要求，而且发现荧光剂与油墨连结料分散十分均匀。因此该类配合物在印刷领域具有广泛的应用前景，如用于票据、货币、有价证券等高端产品的防伪。该申请目前授权前景良好，具有相关技术研发方向的企业可寻求合作。

第12章　主要结论和建议

本章对防伪油墨的专利发展整体情况进行总结，从全球、我国和广东省三个层面，对防伪油墨的专利申请趋势、重点专利技术和研发机构等情况进行全面的总结分析，为防伪油墨产业发展建议提供依据。

12.1　防伪油墨专利分析结论

通过对全球、中国以及广东省防伪油墨领域专利申请的整体分析，得出以下主要结论。

12.1.1　全球防伪油墨专利分析结论

12.1.1.1　中国专利申请量近年快速增长，处于领先地位

从防伪油墨专利申请量的发展趋势来看，防伪油墨领域的专利始于1967年。1967~1986年是萌芽期，申请量少，增长缓慢，其中1967~1971年的五年期间内仅有6项；1987年至今是快速发展期，从1987~1991年的55项，到1992~1996年的155项，增长率超过100%，并在接下来的四个五年中持续呈现快速增长的势头。

防伪油墨全球专利申请量为2617项。其中，中国申请量最大，占全球总量的51%，其次是日本、美国、欧洲和韩国，分别占19%、14%、10%和6%。

可见，我国在防伪油墨领域的专利申请虽然起步较晚，但是在防伪油墨领域我国专利申请数量方面已处于领先地位，体现出我国创新主体的知识产权保护意识逐步增强。

12.1.1.2　中国印钞造币总公司专利申请量在全球占有一席之地

从重点申请人排名可以看出，防伪油墨专利申请量排名前十位的申请人分别为：默克专利、精工爱普生、凸版印刷、中国印钞造币总公司、锡克拜、独立行政法人国立印刷局、西巴特殊化学品、巴斯夫、大日本印刷和施乐。可见，中国印钞造币总公司在防伪油墨专利申请量上已占有一席之地。

从重点申请人专利申请量时间分布趋势中可以看出，默克专利在1997~2004年呈现稳步增长的势头，但自2004年开始专利申请量下降，并保持在2~4件/年的申请量水平；相反，中国印钞造币总公司虽然起步较晚，但是在近五年期间，防伪油墨专利申请量快速增长，在我国防伪油墨领域排名第一。

12.1.1.3　国外申请人拥有防伪油墨的基础专利技术

从全球专利技术时间分布来看，光学防伪油墨专利申请始于1967年，而我国防伪油墨专利申请始于1987年。

从全球重要申请人专利技术构成来看，默克专利、凸版印刷、西柏控股、中国印钞造币总公司和精工爱普生大部分防伪油墨都集中在光学领域。其中，默克专利占82%、凸版印刷占64%、精工爱普生占55%、西柏控股占51%、中国印钞造币总公司占51%。除此之外，默克专利除在化学变色、生物防伪油墨方面是空白，凸版印刷除在组合防伪油墨方面是空白外，两家公司在其他防伪油墨方面都有所涉及；西柏控股在磁性防伪油墨方面的申请量最多，但在电学、生物防伪油墨方面处于空白；精工爱普生主要集中在化学变色防伪油墨；而中国印钞造币总公司则主要集中在组合防伪油墨，即购买防伪材料（如光学防伪材料、磁性防伪材料等）进行组合使用来制备防伪油墨。

可见，防伪油墨中防伪材料的基础专利已被国外申请人占据，虽然中国印钞造币公司近年来在专利申请量方面已领先国外申请人，但是应加强防伪原料的研发，增强国际竞争力。

12.1.1.4 中国防伪油墨专利输出量较少

从全球五局专利流向可以看出，中国国家知识产权局的专利受理量最多，达到1054项；其次是日本特许厅，为1036项；再次是美国专利商标局和欧洲专利局，分别为782项和759项；而韩国知识产权局受理量最少，只有314项。可见，中国、日本和美国是专利布局的必争之地，技术竞争激烈，同时也是侵权风险最大的区域。

从全球五局专利输出量来看，欧洲最高，总输出量达到891项，而中国总输出量最低，仅有9项；五局中，欧洲、美国输出量高于输入量，而中、日、韩输出量小于输入量；同时，欧洲国外布局量占本地区专利申请总量的40%，美国为38%，日本为16%，而中国仅为10%。即从本国家或地区专利输出量来看，欧洲、美国、日本更加注重专利的全球布局，而中国在防伪油墨领域在全球专利布局意识薄弱。因此，我国申请人在注重专利申请量的同时，也应该提高专利申请质量，使得专利可以实现国外输出。

12.1.2 中国防伪油墨专利分析结论

12.1.2.1 国内申请人近年专利申请量占优

从专利申请量来看，防伪油墨领域中国专利申请为1133件，其中713件为中国申请人的申请，占总申请量的63%，已超越国外申请人。

2010年之前发展趋势与全球趋势相当，这期间几乎全部为国外来华申请，该阶段影响专利申请量增长的主要因素是国外申请人在中国的专利申请的快速增长，该阶段国内申请人年专利申请量远远低于国外申请人年专利申请量。

从2011年开始，申请人以国内申请人为主。可见，我国企业在防伪油墨专利申请量方面虽然起步较晚，但是在最近几年申请量已超越国外。我国在提高申请量的同时，要注重提高专利申请质量，避免在产品走向国内市场的过程中的侵权风险，同时进一步提高研发能力，攻克关键技术，通过引进国外核心专利进行二次创新，开发自己的应用技术专利，打破国外专利壁垒，向技术成熟国家靠拢。

12.1.2.2 中国印钞造币总公司是国内重点申请人

从申请人分布来看，国内申请人占63%，国外申请人占37%。其中，排名前十的申请人分别为：中国印钞造币总公司、默克专利、西柏控股、JDS尤尼弗斯、西尔弗布鲁克、西巴特殊化学品、中钞实业、中国人民银行和中国科学院、德国捷德和霍尼韦尔。由此可看出，中国印钞造币总公司、中钞实业、中国人民银行和中国科学院是我国防伪油墨领域的主要申请人，在我国防伪油墨的技术研究中占据重要地位。

12.1.2.3 企业是国内申请人的创新主体

从申请类型来看，防伪油墨专利申请人企业申请占66.9%，合作申请占10.7%，个人占10.7%，高校占8.7%，科研院所占2.7%。在申请合作类型来看，企业-企业的合作占所有合作申请的一半；企业-个人的合作居于第二位，占比为14.9%；企业-高校的合作居于第三位，占比为12.4%；个人-个人的合作居于第四位，占比为11.6%；最后为企业-科研院所的合作，占比为6.6%。说明我国防伪油墨申请人类型主要以企业为主，体现了企业在该领域的知识产权创新主体地位，企业之间合作较多，国内企业作为产业发展的市场主体，可以进一步加大与高校和科研院所的合作。

12.1.2.4 国内申请人专利申请质量有待提高

从法律状态来看，国内防伪油墨领域的授权率为48%，驳回率为8%，撤回率(申请撤回专利量/申请量）为25%。其中，国外申请的授权率是66%，国内申请授权率是38%。可见，国外申请在防伪油墨方面的原创性（创新性）占有很大的优势，这主要与国内防伪油墨的起步较晚有直接关系。国内申请已公开未审查专利申请量占比23%，明显高于国外申请已公开未审查专利申请量占比11%，说明国内防伪油墨虽然起步晚，研发基础薄弱，但发展快是其特点和优势。

在保护年限上，国内申请案件中的授权案件的平均保护年限为3.99年，其中国内申请的授权案件平均保护年限为3.33年，低于整体水平；国外申请人在华申请案件的平均保护年限为4.5年，高于整体水平。在一定程度上反映出国外申请人在防伪油墨技术先进性程度，以及对知识产权保护的重视程度等方面，均优于国内申请人。

12.1.2.5 光学防伪油墨是国内申请人近年研究重点

从专利技术分析来看，我国防伪油墨的主要技术构成为以光学材料为主，占61%；磁性和组合材料为辅，占13.7%；结合使用热敏、化学变色、电学、压敏和生物等防伪材料，占6.0%；并以提高产品的防伪力度（占61%）、稳定性（占18%）、环保和低成本（占11%）、便于检测（占7%）为改进点。由于光学防伪油墨方向的多样性，国内外申请人在研发方向上也有所不同，国外申请人主要集中在荧光防伪油墨的研发。

从技术分支的发展趋势来看，1987年至今，各个技术分支的申请量基本呈现逐步上升的趋势，大体分为萌芽期（1987~1999年）、发展期（2000~2011年）和高潮期（2012 年至今）三个阶段。其中，萌芽期以 4~10 件/年稳定增长，发展期保持在 30~50 件/年；到了高潮期，迅速达到 2012 年的 94 件和 2013 年的 121 件。光学防伪油墨专利申请开始于 1987 年，是研究最早、最活跃、关注度最高的技术分支。在 1988~1999 年申请量为 2~5 件/年，以国外申请居多；2000~2011 年申请量在 24 件/年左右，出现了以国内申请人为主要研发力量的局面，并于 2012~2013 年达到了高潮，申请量分别达 60 件和 62 件，其中，仅有 27 件是国外申请人的专利申请。

对于光学防伪油墨中涉及高效防伪的专利，授权率达 52.4%，且在授权的 184 件案件中，仍然处于有效状态的案件为 134 件，占总授权案件的 73.2%。说明我国在光学防伪油墨方面的专利申请具有一定的创造性。

12.1.3 广东省防伪油墨专利分析结论

12.1.3.1 广东省防伪油墨产业处于探索阶段

广东省在 1995 年才开始有防伪油墨的专利申请，其主要经历了两个阶段：1995~2009 年为技术萌芽期，申请人数量少，申请量也少，平均 10 件/年；2009 年至今为调整发展期，申请人的增长幅度明显，达到 10 位以上，申请量也逐步上升。从申请人类型来看，广东省专利申请人以企业为主，占 64%，合作和个人为辅，分别占 15% 和 13%，高校和研发机构的比例均较低，分别占 6% 和 2%，体现了企业是广东省防伪油墨领域专利申请的主要申请人。

从申请人排名来看，广东省防伪油墨领域专利申请量排名前 10 位的申请人中，惠州市华阳光学技术有限公司和广东轻工职业技术学院 | 惠州市随和科技有限公司分别以 5 件居于榜首，其次为华润集团有限公司和惠州德斯坤实业有限公司、深圳力合防伪技术有限公司 | 清华大学、中山市天键金属材料有限公司等，年专利申请量均在 2~4 件，整体申请量较少。

综上，广东省各个企业虽然已开始积极参与防伪油墨的研发，但是受防伪油墨行业应用特殊性的影响，依据目前专利申请实况以及企业现状，广东省申请人在该领域技术较分散，产业集中度不高，产业发展还处于初级阶段。

12.1.3.2 广东省防伪油墨专利技术薄弱

从国内申请人区域分布情况来看，广东省专利申请地区主要集中在深圳、广州、惠州、东莞、佛山和中山等。其中，深圳占专利申请总量的 30%，其次广州和惠州分别均占 14%，再次是东莞和佛山，分别占 13%、9%，最后中山占 7%。体现了深圳在该领域的技术水平相对较高。

从广东省重点专利分析可知，深圳企业防伪油墨主要涉及光学防伪如珠光、高效电磁波和荧光防伪，均是购买防伪原材料，并未对防伪原材料进行技术研究，而其他地市申请人防伪油墨也是主要涉及光学防伪，较少涉及化学变色、磁性、热敏防伪等。且广东省申请人也较分散，并未形成专利布局网，专利有效维持年限均未超过十年，引用次数也较低。说明广东省在防伪油墨领域的技术还处于初级阶段，需加大研发力度和投入。

12.2 防伪油墨产业发展建议

12.2.1 加强防伪油墨原材料研发

在防伪油墨领域，广东省企业发展面临侵权风险的现状，广东省创新主体亟需了解现有重点专利，从而提高自身研发能力。为此，针对防伪油墨领域重点申请人中国印钞造币总公司、默克专利和西柏控股三个主要申请人近三年的热点技术进行分析。

中国印钞造币总公司主要涉及的是光学防伪材料、不同防伪材料的组合使用、磁性防伪材料、电学防伪材料和压敏防伪材料。西柏控股在我国今年的热点技术主要涉及的是磁性防伪材料、不同防伪材料的配合使用、热敏和光学防伪材料的使用。默克专利涉及的防伪技术主要是具有不同防伪效果的片状效果颜料的应用。

通过对上述三个申请人近五年专利热点技术可知，目前国内外的热点技术主要还是集中在光学防伪材料、磁性防伪材料，以及不同防伪材料的组合使用或不同防伪特征组合结构的防伪材料的应用，少数涉及了压敏、电学、热敏和生物材料的使用。其中生物材料的加入是通过与其他防伪材料的配合使用实现的。

针对广东省防伪油墨所使用的主要防伪原材料主要依赖于进口的情况，广东省创新主体在研发过程中可通过借鉴上述重点专利技术积极寻找研发突破点，制备拥有自主知识产权的油墨防伪原料，从而摆脱原料依赖进口的局面，在积极开发原创性技术的同时，可围绕国外核心专利进行二次创新，获得自己的应用技术专利、组合专利或外围专利，通过交叉许可等方式，获得更大的发展空间。

12.2.2 加强企业与高校、科研院所的合作

防伪油墨领域的专利申请主要以企业为主，而企业与高校、科研院所的合作较少。从高校单独申请以及高校与企业的合作申请可知。

1）在合作申请的规模上，与中国人民银行印制科学研究所的合作申请共8件，与其他高校或科研院所的合作申请多以零星方式出现，共11件，涉及的学校包括中山大学、华南理工大学、北京大学等，涉及的科研院所包括中国科学院化学研究所以及杭州市萧山区开亿纸包装行业技术研发中心等。

2）在合作申请的主题上，与中国人民银行印制科学研究所的合作申请主要涉及的都是与钞票等安全制品印制相关的技术，技术要点涉及压敏变色材料、荧光颜料、磁学防伪以及电泳微胶囊等，从油墨的体系性质方面也包括了水性防伪油墨和紫外光固化防伪油墨，虽然申请总量仅为8件，但涵盖了防伪油墨的各主要技术方向，且8件申请中有4件处于授权且维持有效状态，2件处于公开未审结状态。与其他高校或科研院所的合作申请，涉及了光学、磁学、热敏以及组合等方向，其中光学方向占据了多数，具体主要包括以荧光和光学可变材料为技术核心的专利申请，总计6件。与其他合作高校的11件合作申请中仅有2件处于授权有效状态，1件处于公开

未审结状态，其他8件申请则均已撤回或被驳回。

由此可见，在防伪油墨领域，涉及高校及科研院所的合作申请数量并不多，合作申请质量也并不高，该领域产学研合作相对欠缺。广东省企业可进一步借鉴湘潭大学与北京友邦联合高新技术有限公司这两者的合作模式，就湘潭大学承担的国家“863计划”重点项目成果“新型高效能量上转换稀土发光材料的制备与应用研究”暨“红外多重数码防伪技术”进行全面深入的合作，公司负责对研究成果进行生产、推广并提供技术服务。另外，广东省华南理工大学、中山大学在防伪材料研发上也具有一定的研发实力，因此，为了提高产学研质量，广东省企业一方面要了解科研单位的研究方向，从已有技术中找寻产品研发的突破点，另一方面也要让科研单位更了解企业、市场对技术研发的需求，更有目的地进行新技术开发。

12.2.3 开发或引进重点专利技术

在防伪油墨领域，广东省的专利申请量较少，专利技术研发还处于初级阶段。为了提高广东省专利技术，可开发或引进重点专利核心技术。

就国内重点保护的专利来看，其主要涉及的是国外申请人瑞士的西柏控股有限公司、美国的弗莱克斯产品公司和史蒂夫·马克鲁（个人申请）、德国的默克专利股份有限公司和诺贝特·汉普、以及国内的中国印钞造币总公司和北京友邦联合高新技术有限公司的专利技术，具体包括传统光学防伪材料的使用、较为传统的化学变色防伪材料的使用、以及可标记的无机材料的使用。国内防伪油墨涉及2篇因期限届满20年而终止的案件（公开号为CN95192135A和CN96194322A），这两篇专利具体涉及的是具有光学易变性能的纤维素固化液晶和带有光可变材料。

在此基础上，广东省申请人应充分利用期限届满的专利技术进行二次开发，同时学习防伪油墨领域重点专利申请人的研究经验，密切跟踪其专利技术申请，应用该领域可用的重点专利技术，学习和借鉴重点专利申请人的研发和专利布局思路，从而提高广东省防伪油墨领域的专利技术发展，从而实现防伪原材料的输出。

12.2.4 加强专利导航工作的支持力度

通过重点专利技术分析，我国涉及保护年限在15年以上且仍处于有效阶段（授权专利维持阶段）的案件多数掌握在国外申请人手中，并且涉及的技术主要集中在光学防伪材料和化学变色防伪材料的应用上。上述重点专利保护年限均接近期限届满时间，意味着上述专利已经成为目前潜在的对现有技术做出贡献的专利，国内申请人在今后1~5年进行相关产品研发和生产过程中可以作为参考和重点关注，待其期限届满后可无偿使用。广东省申请人在进行研发及产品推广使用时需要注意技术规避，提前做好相应的风险评估，并加强技术储备。

第 13 章　附录：防伪油墨检索过程

西文检索

VEN

编号	所属数据库	命中记录数	检索式
1	VEN	27909	/cpc c09d11
2	VEN	744655	or ((anti or prevent???) 1d (counterfeit???? Or fake?? or forge???? Or false???? Or falsi????? Or falsification)),((authentic+ or attest+ or approv+ identify+ or recogniz???? Or recongnis???? or distinguish???? Or ((tell??? or told) 1d apart?)) 3d (counterfeit???? Or fake?? or forge???? Or false???? Or falsi????? Or falsification)), securit????, anticounterfeit????, antifake??, antiforg????, currencmoney, pecuniar???, banknote??, bank?, credit?, debenture?, (promissory? 1d note?), bill?, cheque?, ((indentity or indentification) 1d card), ticket?, certificate???
3	VEN	927	1 and 2(将其转库到 DWPI 中)

DWPI

编号	所属数据库	命中记录数	检索式
1	DWPI	742	转库检索(VEN 中转库到 DWPI 中,VEN 中 cpc 有的,但在 DWPI 中没有关于 C09D11 的分类号,所以将其转过来与 DWPI 中的结果合并)
2	DWPI	47472	/ic c09d11
3	DWPI	462913	or ((anti or prevent???) 1d (counterfeit???? Or fake?? or forge???? Or false???? Or falsi????? Or falsification)),((authentic+ or attest+ or approv+ or identify+ or recogniz???? Or recongnis???? or distinguish???? Or ((tell??? or told) 1d apart?)) 3d (counterfeit???? Or fake?? or forge???? Or false???? Or falsi????? Or falsification)), securit????, anticounterfeit????, antifake??, antiforg????, currencmoney, pecuniar???, banknote??, bank?, credit?, debenture?, (promissory? 1d note?), bill?, cheque?, ((indentity or indentification) 1d card), ticket?, certificate???
4	DWPI	1694	2 and 3
5	DWPI	1844	1 or 4(DWPI 中得到的结果量)
6	DWPI	9637508	/pn cn
7	DWPI	1165	5 not 6(全部外文文献)
8	DWPI	937	* m2 /pn(CNABS+CNTXT 中的中文数据量,将其储存在 m2 中转库到 DWPI 中的文献量)
9	DWPI	2225	5 or 10(CNABS+CNTXT+VEN+DWPI 中总文献量,将其在核心检索中转库到 CNABS)(全球文献总结果集)
10	DWPI	1060	6 AND 9
11	DWPI	120	/PN OR WO2010037456, WO2014060083, WO2015131979, EP2350207, JP2002079752, JP2001328378, JP2000247024, JP2002205384, EP1223041, JP2010179553, JP2001328378, JP2006290950, WO2012010807, US2008148837, WO2008141067, P2013241008, US5665151, JPH11279465, US5944881, WO2015133056, WO2012077490, WO0104221, WO2015147126, EP0314350,

US2009 145328, EP1288268, WO0214434, WO2013115800, WO2013106420, US5281480, US5135569, EP0547786, JPH0657191, US5395432, EP0663429, US5542971, US5569317, EP0850281, GB2316682, US5720801, DE19815358, DE10033320, WO02053677, US6413305, JP2003026969, EP1435379, US2010209632,US2007225402,US2009045617,US2014158019,US2013255536,US2014261031,US4186020, EP0806460, US2005279249, DE102005032831, WO2007115662, WO2008132223, US2009288580, US2013193386, WO2016042025, US2016017163, US2008113862, US2010112314, EP1443084, KR2015 0118099, WO2012077489, WO0142031, US2002041372, US2010059984, DE102010011065, GB2258659, EP0966504,WO2007003531,US2011226954,US2014270334,AU2003205350,EP1151420,WO2008065085, AU2013360154, US5740514, KR20010102025, JP2001139949, US5118349, FR2981359, RU2537610, US2013209665, WO9307233, EP1681335, DE10113267, US9139768, US2010112314, JP2002348508, JP2003192945, JP2004067784, JPH107956, JPS6438283, JP2002356632, JPH08239607, JPH08239609, JPH08253715,JP2005348667,JPS62177076,JPH03166276,JPH06329969,JP2000303010,US2015075397, JP2016020073, JP2015010144, WO2015169701, KR20150032369, JP2015117353, EP2942378, WO2016042025(标准库)

12　DWPI　24　11 not 7(漏检 22 篇,查全率为 96/120,约为 80%)

中文检索

①CNTXT

编号	所属数据库	命中记录数	检索式
1	CNTXT	13222	/ic c09d11
2	CNTXT	242082	or((防 or 仿) 2d 伪),货币,纸币,银行,信用卡,钞票,邮票,债券,期票,支票,身份证,车票,发票,票据,安全油墨,安全文件,安全元件,安全印刷,安全制品,安全印制品,安全印品,((辨别 or 识别 or 鉴定 or 鉴别 or 辨认 or 甄别) s (伪 or 假 or 赝品)),仿造,仿制,伪造,篡改,窜改
3	CNTXT	1253	1 and 2(cntxt 中的数据量,将其储存在 m1 中转库到 CNABS 中)

②CNABS

编号	所属数据库	命中记录数	检索式
1	CNABS	11624	/ic c09d11
2	CNABS	75309	or((防 or 仿) 2d 伪),货币,纸币,银行,信用卡,钞票,邮票,债券,期票,支票,身份证,车票,发票,票据,安全油墨,安全文件,安全元件,安全印刷,安全制品,安全印制品,安全印品,((辨别 or 识别 or 鉴定 or 鉴别 or 辨认 or 甄别) s (伪 or 假 or 赝品)),仿造,仿制,伪造,篡改,窜改
3	CNABS	7401	and4 or 2
4	CNABS	884	* m1 /pn(cntxt 中的数据量,将其储存在 m3 中转库到 CNABS 中)
5	CNABS	10123	or 4(CNABS+CNTXT 中的中文数据量,将其储存在 m2 中转库到 DWPI 中)
6	CNABS	1127	转库检索(DWPI+VEN 中中文文献量,将其转库到 CNABS 中的文献量)
7	CNABS	1175	(1179-0620 导出时的数据量) 5 or 6(CNABS+CNTXT+VEN+DWPI 中中文文献总量)(中文文献总结果集)

8　CNABS　120　/gk _ pn　orCN101362870，CN101362871，CN101250351，CN103044946，CN1392203，CN1424369，CN1422912，CN1548485，CN1560147，CN1737067，CN1737068，CN101240130，CN101225265，CN101831213，CN102234458，CN102634250，CN102936437，CN105038409，CN1532235，CN1712466，CN101240131，CN101319108，CN101372566，CN101475764，CN101475765，CN101475766，CN101486856，CN102786840，CN102876126，CN103242708，CN103333544，CN103333549，CN103468056，CN103613987，CN104449038，CN104231733，CN105315780，CN104231747，CN104710877，CN104098955，CN104371423，CN104610811，CN104693895，CN104693896，CN101787257，CN102529215，CN105086627，CN101239561，CN101244679，CN101003241，CN101195535，CN101825807，CN103044946，CN105086514，CN103087555，CN104789000，CN1392203，CN101240130，CN104497714，CN1563270，CN101787257，CN105239182，CN103850144，CN102977676，CN103421380，CN102977678，CN102977679，CN102977680，CN102977681，CN102977685，CN103374262，CN103374257，CN1580961，CN1544546，CN1544547，CN1544548，CN1544549，CN1232063，CN1211598，CN103897493，CN103709825，CN102898895，CN102898896，CN101760075，CN101709183，CN103694785，CN103694776，CN103666114，CN103666080，CN103666115，CN103666116，CN103849211，CN103849215，CN103849216，CN103849217，CN103849212，CN102388111，CN105324446，CN104797351，CN102781675，CN103547457，CN103582569，CN103857757，CN105377567，CN105636794，CN102656017，CN102449078，CN102428149，CN105143363，CN104093789，CN105324445，CN105324445，CN1234055，CN1135507，CN103963352，CN101437673，CN102275349，CN102555317，CN104057734，CN101073958，CN101073958，CN102781675，CN102909939，CN1762721，CN101316906，CN103818134，CN1919616，CN103602139，CN1321711，CN102649890（中文标准库）

9　CNABS　8　8 not 7（漏检 8 篇，查全率为 112/120，约为 93.3%）

英文关键词：or ((anti or prevent???) 1d (counterfeit???? Or fake?? or forge???? Or false???? Or falsi????? Or falsification)),((authentic+ or attest+ or approv+ identify+ or recogniz???? Or recongnis???? or distinguish???? Or ((tell??? or told) 1d apart?)) 3d (counterfeit???? Or fake?? or forge???? Or false???? Or falsi????? Or falsification)),securit????,anticounterfeit????,antifake??,antiforg????,currencmoney,pecuniar???,banknote??,bank?,credit?,debenture?,(promissory? 1d note?),bill?,cheque?,((indentity or indentification) 1d card),ticket?,certificate???

中文关键词：or ((防 or 仿) 2d 伪),货币,纸币,银行,信用卡,钞票,邮票,债券,期票,支票,身份证,车票,发票,票据,安全油墨,安全文件,安全元件,安全印刷,安全制品,安全印制品,安全印品,((辨别 or 识别 or 鉴定 or 鉴别 or 辨认 or 甄别) s (伪 or 假 or 赝品)),仿造,仿制,伪造,篡改,窜改

第三篇　导电油墨产业专利信息分析及预警

第 14 章　导电油墨整体专利分析

14.1　导电油墨概况

导电油墨主要由导电填料、连接料、溶剂和助剂组成。其中，导电填料是导电油墨最关键的组分，直接影响油墨的导电性能，一般分为无机非金属、金属、金属氧化物及有机高分子几大类。无机非金属包括无定型碳、导电炭黑等，金属包括铜、铝、金、银等，金属氧化物包括氧化锡、氧化铟等，有机高分子包括 π 电子共轭体系和分子间化合物等。连接料是导电油墨的主要成膜物质，在导电涂层上起到骨架作用。由于连接料必须使制得的油墨具备一般油墨的特性，如成膜性、附着力、耐折性，即要求连接料必须是液体，并能将导电填料分散其中；要求连接料具有一定的流变性，以保证油墨在印刷过程中能够均匀地转移；要求连接料具有一定的成膜性，以保证油墨转移到承印物表面，并形成一层薄膜。连接料主要有天然树脂（松香、虫胶、橡胶、阿拉伯树胶等）、合成树脂（松香改性系列、酚醛改性系列、合成橡胶、聚酰胺、石油系、环氧系等固体树脂，醇酸、环氧、丙烯酸系等液体树脂）、光敏树脂、低熔点有机玻璃、植物油（桐油、梓油、亚麻仁油）等。溶剂在导电油墨中主要起到溶解树脂或者油脂，以及调黏、调节干燥速度等作用。因此，在选择溶剂时，溶解力是最重要的指标之一，由于油墨在印刷到承印物之后要求墨层迅速干燥，即对溶剂的挥发速度有严格的要求，另外，安全环保、成本低廉也是要考虑的因素。常用的溶剂为醇系列、酯系列、脂肪系列、石油系列等，根据挥发速度的差异又分为快干溶剂（沸点 100~150℃）、中干溶剂（沸点 150~200℃）、慢干溶剂（沸点 200℃以上）。助剂在油墨中起到锦上添花的作用，常用的助剂有消泡剂、流平剂、分散剂、金属防氧化剂等。消泡剂是水性油墨常用助剂，水性油墨容易起泡，泡沫会影响印刷的顺利进行及印刷品的质量。流平剂能促使油墨在干燥成膜过程中形成一个平整、光滑、均匀的墨层。分散剂可均一分散那些难于溶解于液体的无机、有机颜料，同时也能防止固体颗粒的沉降和凝聚。

根据导电填料不同，导电油墨主要分为碳系导电油墨、金属系导电油墨和有机高分子系导电油墨。

碳系导电油墨是一种以导电碳核和热固性树脂为主体的热固型导电油墨，电阻率一般为 $1\times(10^{-2}-10^{1})\ \Omega\cdot cm$。碳系导电油墨中使用的填料有导电槽黑、乙炔黑、炉法炭黑、石墨和碳纤维等，其电阻随碳的种类变化，具有成本低、质轻等优点。石墨较炭黑稳定，但在相同的填充量时炭黑油墨较石墨油墨电导率高，另外石墨/炭黑混合填料填充体系电阻率较单组分导电填料填充体系有大幅降低。碳纤维做填料的导电油墨可在各类基体上进行丝网印刷、窄缝涂覆、喷涂、刷涂或浸涂以形成导电涂层。碳晶油墨又称为远红外电热油墨，其中碳晶是碳元素的一种晶体结构，是以短碳纤维改性后进行球磨处理，制成微晶颗粒后，再加入远红外发射剂以特殊工艺制作成加热元件。

金属系导电油墨为相应的金属（金、银、铜、镍和铝）或者金属氧化物与热塑性或热固性树脂为主体的液体油墨，具有较好的附着力和遮盖力，可低温固化。金、银浆油墨电阻率很低，可达到 $1\times(10^{-4}\sim10^{-3})\ \Omega\cdot cm$。金性质稳定，但价格昂贵，仅限于印刷高要求精细电路。银油墨性能好，普遍认为最具发展前途，但银价格也较贵，另外，银自身存在着易迁移、硫化、抗焊锡侵蚀能力差、烧结过程容易开裂等缺陷。铜浆油墨也表现出较好的导电性和较低的电阻率［$1\times(10^{-3}\sim10^{-2})\ \Omega\cdot cm$］，同时铜价格仅为银的1/100，具有价格优势，但铜浆油墨在空气和水作用下会产生氧化层使导电性不稳定。制备铜合金以及铜粉表面镀银是常用的防止铜氧化的方法，因此也有相应的导电油墨报道。镍、铝系导电油墨价格较低，导电性一般，易于氧化，性能不稳定。

有机高分子系导电油墨，主链具有共轭电子体系的聚合物导电性介于半导体和金属之间，电导率可高达 $1\times(10^{-3}\sim10^{-2})\ S\cdot cm^{-1}$，称为导电高分子体系，由于其兼具金属和聚合物的性能可应用于电容器、OLED、塑料的防静电和导电涂层以及EL透明电极等。常见的导电高分子有聚噻吩、聚苯胺、聚乙炔、聚对苯乙烯撑和聚吡咯等。其中，相对于其他几种导电高分子材料，聚噻吩类衍生物大多具有可溶解、高导电率、高稳定性等优点。聚噻吩是不溶不熔的，可以通过在聚合物的单体中引入取代基团使其具备导电性。研究表明，噻吩的β位（即3位）具有相当的活性，易于发生取代反应。聚苯胺以其良好的热稳定性和化学稳定性成为当前研究最多的导电高分子之一。现在已基本明确其化学掺杂反应、导电机理等重要问题。聚吡咯也是发现早并经过系统研究的导电聚合物之一。因其具有难溶难熔的缺陷，难以加工成型，应用受到很大的限制。

导电油墨属于填充型导电复合材料，其导电的实现涉及导电网络的形成和载流子的迁移，因此，其导电机理主要包括渗流作用、隧道效应以及场致发射原理。其中，渗流作用是指在导电填料填充的涂层中，只有当导电填料的填充量大于某一特定值时才有电流流经的通道，涂层才具有导电性，此特征值称为渗流临界值。在低温烧结纳米导电油墨中就是指纳米银粉的填充量达到某一临界值，纳米银颗粒之间就会相互接触，或者微粒间隙小于原子的正常迁移距离（约为10nm），导电墨膜沿着外加电场方向即可形成连续的导电通路，从而产生导电现象。所谓隧道效应，是指在两片金属间夹有极薄的绝缘层（厚度大约为6~10nm，如氧化薄膜），当两端施加势能形成势垒 V 时，导体中有动能 E 的部分微粒子在 $E<V$ 的条件下，可以从绝缘层一侧通过势垒 V 而达到另一侧的物理现象。当印刷墨膜中导电金属微粒的体积分数小于渗流临界值，导电油墨中的导电通道减少，一部分金属微粒被绝缘介质完全隔离开来，另一部分金属微粒仍彼此相连，当绝缘介质小于100nm时，由于热振动而被激活的电子也能越过绝缘层所形成的势垒而跃迁到相邻导电微粒上，形成较大的隧道电流，或是越过很低的绝缘层势垒而流动，产生较大的场致发射电流，此时绝缘层界面起着相当于内部分布

电容的作用，这是导电油墨的“隧道效应”现象。场致发射原理：一般情况下，固体内的电子由于受到原子核的吸引作用而被束缚在固体内部。在经典物理理论中，当外电场强度达到 10^8V/m，电子可以克服原子核的吸引而发射出固体表面，这种利用外界强电场，把电子拉出固体表面的现象就是场致发射现象。在低导电填料含量低外加电压下，导电粒子的间距较大，形成链状导电通道的概率较小，此时隧道效应起主要作用；在低导电填料含量高外加电压下，此时导电粒子间的内部电场很强，电子将有很大的概率飞跃树脂界面层跃迁到相邻导电粒子上产生电流，即场致发射机理起主要作用。

在导电油墨印刷方面，在传统技术的基础上也进行了不同的技术改进。因此，导电油墨的印刷技术不仅包括传统的版式印刷，如柔版印刷、凹版印刷、丝网印刷等，也包括其他印刷技术，如喷墨印刷、纳米图像印刷（微接触印刷、毛细管微造型术、微转印造型术、近场相位转换印刷术和纳米化学平版印刷术）。

根据科技咨询公司 IDTechEx 调研报告，导电油墨应用领域主要包括晶体和薄膜太阳能光电板、RFID、逻辑和记忆电路、触摸屏、显示器、汽车、消费电子、传感器以及智能包装。具体在于以下几个方面。

RFID 即为射频识别，又称电子标签，可通过无线电信号识别特定目标并读写相关数据，而无须识别系统与特定目标之间建立机械或光学接触。FRID 由标签、阅读器和天线构成，其中，蚀刻技术生产天线浪费资源和能源、污染环境，与绕线天线相比，印刷天线可较精确地调整电性能参数，将标签使用性能最佳化；可任意改变线圈形状，以适应用户表面加工要求；可使用各种不同卡基体材料；适合于各种不同厂家提供的晶片模块。天线印刷中油墨选用那些低电阻率、性价比高的油墨，印刷后线圈的电阻一般在 2 ~25Ω。东洋油墨的 Rexalpha 系列导电油墨、太阳化学、西巴精化的 Xymara-Electra 网印导电油墨都是有影响力的导电油墨品牌。2008 年北京中标方圆防伪技术有限公司研制的“新型 RFID 印刷用金属导电油墨”通过了技术鉴定，该油墨与同类国外产品相比具有价格低的优势，同时具有良好的导电性、印刷适性，可在低温下固化，附着力和抗弯折性能优异。

传统的印刷电路板制备中涉及很复杂的工艺，如多层板的制备：前处理、内层干膜、DES（显影、蚀刻及去抗蚀膜）、AOI（自动光学检验）、黑/棕化、层压、钻孔、PTH（镀孔）、外层干膜、图形电镀、外层蚀刻、外层 AOI、绿油（阻焊图形）等，其中蚀刻浪费了大量的铜，并产生严重的环境污染。用导电油墨代替蚀刻技术是印刷电路板制作技术的发展方向，该技术被称为全印制电路技术。其工艺流程简单，完全避免了传统刻蚀方法中成膜、曝光、掩膜、刻蚀等一系列工序，使生产成本降低，能耗减少，几乎不产生“三废”，具有更高的灵活性；低于 200℃ 的低固化温度可使油墨用于对温度敏感的材料或无法焊接的材料，实现芯片在玻璃上的组装和芯片在柔性基板上的贴装等。由于技术的优势，全印制电路技术在西方发达国家的电子行业得到重点研发与迅速应用。

薄膜开关又称轻触式键盘，是将按键开关面板、标记、符号显示及衬板密封在一起的集光、机、电一体化的一种新型电子元器件。薄膜开关面板以刚性或柔性印刷电路板为基材，安装上按键，再覆以印刷有彩色装饰性图案的聚碳酸酯、聚氯乙烯或聚酯材料而成，具有良好的耐环境侵蚀、低污染性、性能稳定可靠、装联方便等优点。薄膜开关的广泛使用使电子产品外观结构根本性的变革。

导电油墨还可用在手机电池屏蔽、地热膜、电子纸等领域。电子纸显示技术与现在的显示器相比，没有强烈反光，画面分辨率高，显示效果和视觉感观与一般书写纸几乎完全相同。电子纸技术具有画面记忆特性，一旦画面显示后即不再耗电，这对于便携式电子阅读器来说是非常重要的优势。另外，电子纸甚至可以像纸一般折叠弯曲。可以预言，在不久的将来，导电油墨可能取代一些电子设备中的电子元件，特别对于集成电路，将有可能完全被油墨取代。可以想象在未来的印刷机上就可以生产电子产品。

随着印刷电子技术的兴起及印刷电子市场的蓬勃发展，光伏电池、射频电子标签、智能包装、触摸屏、柔性显示器等众多印刷电子产品已逐步从实验室走向市场，推动这一趋势的巨大动力是印刷电子产品成本的降低，即通过技术改进、功能性材料的研发等方面来大幅降低生产成本，进而带动了一系列印刷电子新产品的开发和应用。而导电油墨是目前印刷电子技术中应用最为广泛的功能性材料，随着印刷电子新产品向着高精度、高密度、高可靠性以及微细技术方向发展的趋势，近年来在手机、玩具、薄膜开关、太阳能电池、远红外发热膜以及 RFID 等行业中应用越来越广泛。导电油墨直接印制法的应用在诸多方面取代传统工艺，在电子行业起到里程碑式的意义。根据 IDTechEx 公司的市场研究报告，2012 年各种用于光伏电池、无线射频识别标签的天线等产品上的导电油墨的市场份额已达到 23 亿美元，接近市场总额的 25%，预测 2018 年将达到 33.6 亿美元。可以看出导电油墨作为印刷电子材料的关键材料之一，发展前景可观。

本章对导电油墨全球专利态势进行分析，主要根据金、银、铜、镍、碳系导电油墨全球及中国专利申请数据，对专利申请趋势、主要国家和地区专利申请分布、法律状态、重要申请人等进行分析。

本章的专利数据来源于 CNABS（中国专利文摘数据库）和 DWPI（德文特世界专利索引数据库）检索系统。截至 2018 年 12 月 31 日，导电油墨领域的全球专利申请量为11165项，中国专利申请量为 4539 件。

14.2 全球专利申请趋势分析

从图14-1可以看出，全球导电油墨的发展大致经历了以下 3 个阶段。

（1）萌芽期（1966~1978 年）

20 世纪 60 年代初期导电油墨产业开始兴起。初始时期导电油墨主要用于制作电路板及导电薄膜。

（2）平稳期（1979~1994 年）

从 20 世纪 80 年代开始，导电油墨开始针对射频识别、电子标签等领域进行使用，且国外防静电技术和电热涂料技术获得迅速发展，开发出镍系防静电涂料和铜系防静电涂料。铜系导电涂料由于其良好的稳定性以及在低频区良好的屏蔽性，使得导电油墨的应用范围进一步扩展。

（3）快速发展期（1995 年至今）

在此期间专利申请量增加迅速，由之前的每年两位数增加到三位数，且至 2013 年专利申请量达到 763 项。随着全球电子行业发展，导电油墨越来越受到重视。但是由于该专利申请量数据的统计是基于最早优先权日进行统计，在检索截止日时有大部分专利尚未首次公开，造成 2016~2018 年的专利申请量有较大幅度下降。

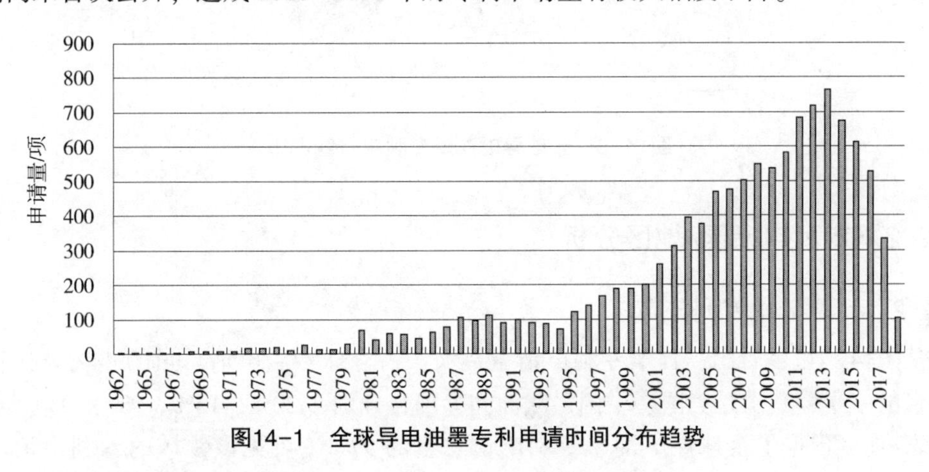

图14-1　全球导电油墨专利申请时间分布趋势

14. 2. 1　申请人分析

如图14-2所示，课题组对导电油墨主要申请人在全球申请的专利进行了统计分析。其中精工爱普生以 389 项专利申请位居全球首位，其余申请人依次是三星电子、凸版印刷、富士胶片、佳能、松下、施乐、东洋油墨、理光、柯尼卡美。排名前十的申请人中，仅有日本、美国和韩国三个国家的企业，且日本企业比例占 80% 之多，美国企业有施乐，占 10%。即在导电油墨领域，日本企业专利申请数量以及企业数量更多，占据更佳优势。虽然日本企业占据了导电油墨全球排名首位以及申请人数量前十总量中 80% 的数量，但是从图14-3也可以看出，前十申请人专利申请总量仅占全球导电油墨专利申请总量的 20%，而排名第一申请人精工爱普生专利申请也仅只占据全球导电油墨专利申请总量的 4%，其余九个申请人的申请量分别占据全球导电油墨专利申请总量的 1% ~ 2%。即导电油墨领域目前技术仍然比较分散，我国在导电油墨领域技术上仍有追上其他国家的可能。

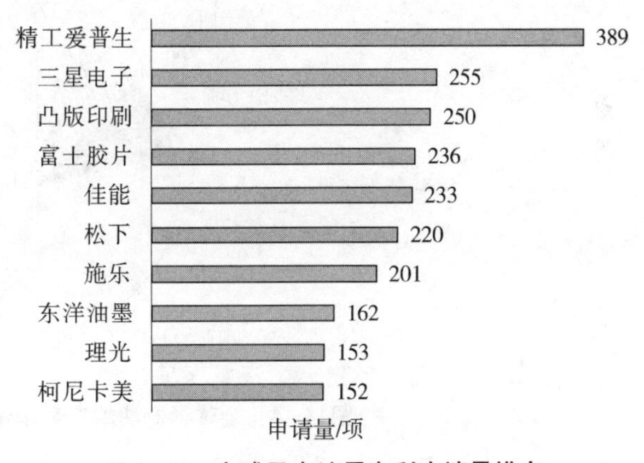

图14-2　全球导电油墨专利申请量排名

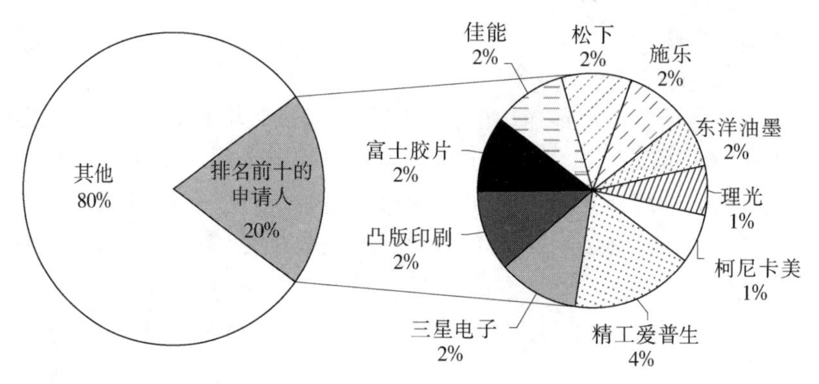

图14-3 全球导电油墨专利申请量占比

14.2.2 专利申请国/地区分析

14.2.2.1 原创地专利分布

从图14-4可以看出，日本专利申请量最大，占全球专利申请总量的44%，接近总申请量的一半；其次是美国、中国、欧洲和韩国，分别占20%、15%、9%和9%。这五个国家/地区占据了全球导电油墨专利申请总量的97%，可见该领域的专利申请非常集中。

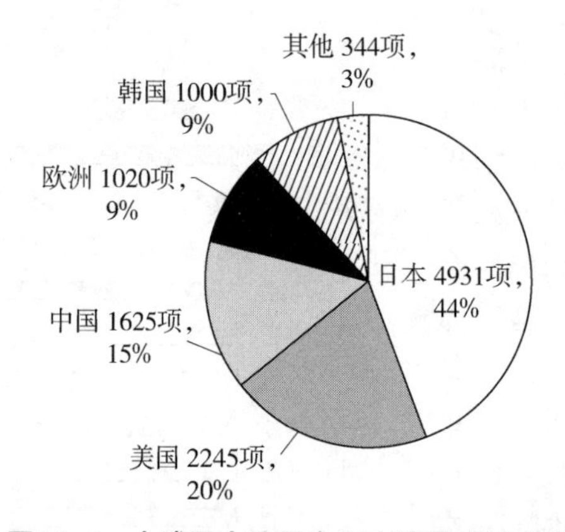

图14-4 全球导电油墨专利申请量地域分布

14.2.2.2 目标国/地区分析

对专利全球排名前五位的日本、美国、中国、欧洲、韩国的专利流向进行统计分析，如图14-5、图14-6所示。从图14-7中可以看出，日本是全球最大的技术输出国，其主要申请在本国，最大的目标国为美国，其次是中国、韩国、欧洲，专利申请量分别为1343项、1091项、786项、758项。美国的最大目标国是欧洲，其次是日本、中国、韩国，专利申请量分别为980项、831项、760项、503项。中国虽然是申请量排名第三的申请大国，但是对外输出量非常小，主要输出国/地区是美国，其次是日本、韩国和欧洲。韩国的对外输出也较小，主要是目标国/地区是美国、中国和日本。

欧洲主要输出国为美国、日本和中国。由此可见，我国虽然是申请大国，但是并非技术强国，还不具备在国外申请专利占领市场的实力。

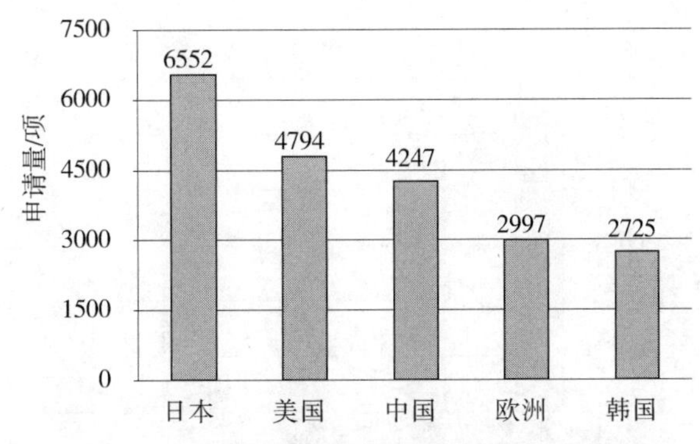

图14-5　导电油墨全球申请目标国/地区分布

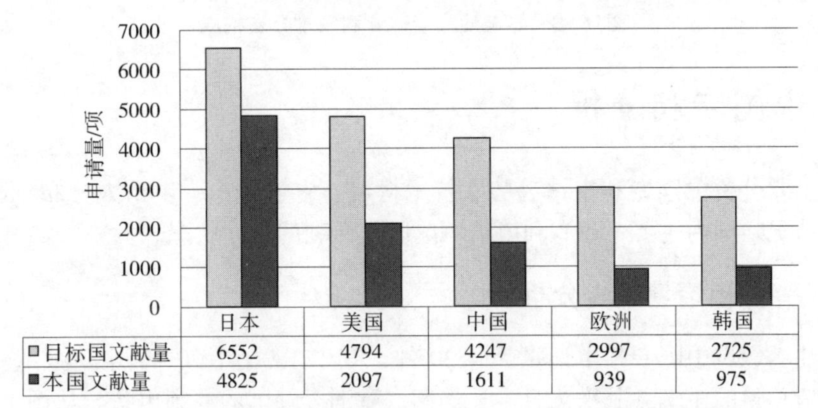

	日本	美国	中国	欧洲	韩国
□目标国文献量	6552	4794	4247	2997	2725
■本国文献量	4825	2097	1611	939	975

图14-6　导电油墨全球申请目标国/地区和本国/地区申请量对比

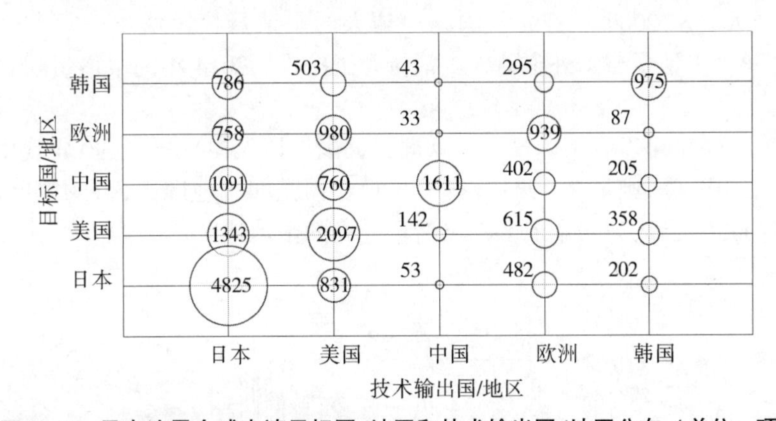

图14-7　导电油墨全球申请目标国/地区和技术输出国/地区分布（单位：项）

14.2.3　技术分布分析

对导电油墨五大主要技术分支进行分析可知（见图 14-8），导电油墨中导电粒子申请文件主要是含银导电油墨，其次是含镍、铜、金、碳导电油墨。余下文献为含导电高分子以及其他导电粒子构成的导电油墨。其中含银导电油墨文献最高，约为碳系导电油墨文献量的3倍。由此可见，目前导电油墨领域，以银为导电粒子形成导电油墨仍然是重点研究方向。

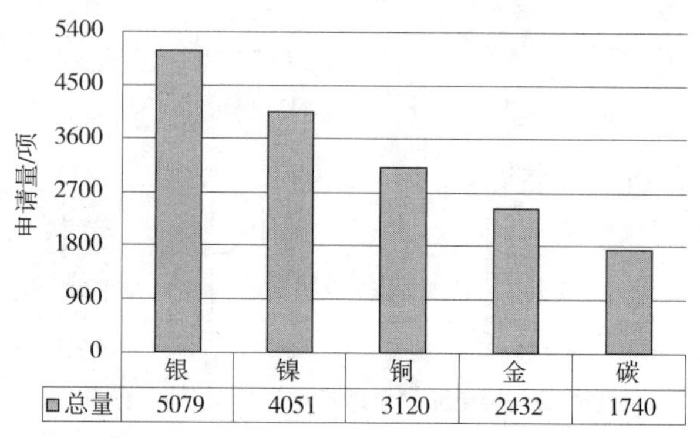

图14-8 导电油墨全球专利技术分支构成

14.3 中国专利分析

本节主要分析中国专利申请趋势、技术构成、省份分布、申请人分布、国外企业在华申请情况、国内主要企业专利申请情况以及专利的法律状态。

14.3.1 专利申请量趋势分析

导电油墨领域中国专利申请量为4539件，其中1836件为中国申请人的专利申请量，占申请总量的40%；其次为日本、美国、欧洲、韩国的专利申请。从图14-9（a）可以看出，导电油墨整体呈现增长趋势，2000年前，国内申请人申请量不高，主要集中在国外申请人，从2000年开始，国内申请人的申请量快速增长，所占份额不断增加，至2013年，申请量与国外申请人申请量几近持平，2014年的申请量超越国外申请人的申请量。

从图14-9（c）可以看出，日本、欧洲、韩国申请人在20世纪90年代中期开始来华申请，而美国申请人则早在1985年即有申请。但是四个地区中，日本申请量增长最为迅速，到2000年已成为四个地区年申请量最高的申请地区。

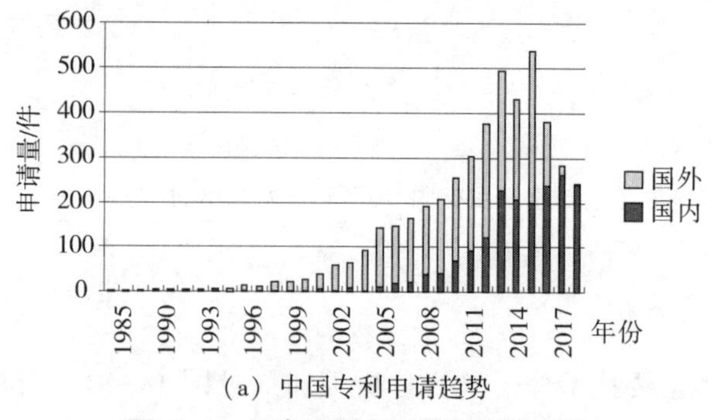

（a）中国专利申请趋势

图14-9 导电油墨中国专利申请分析

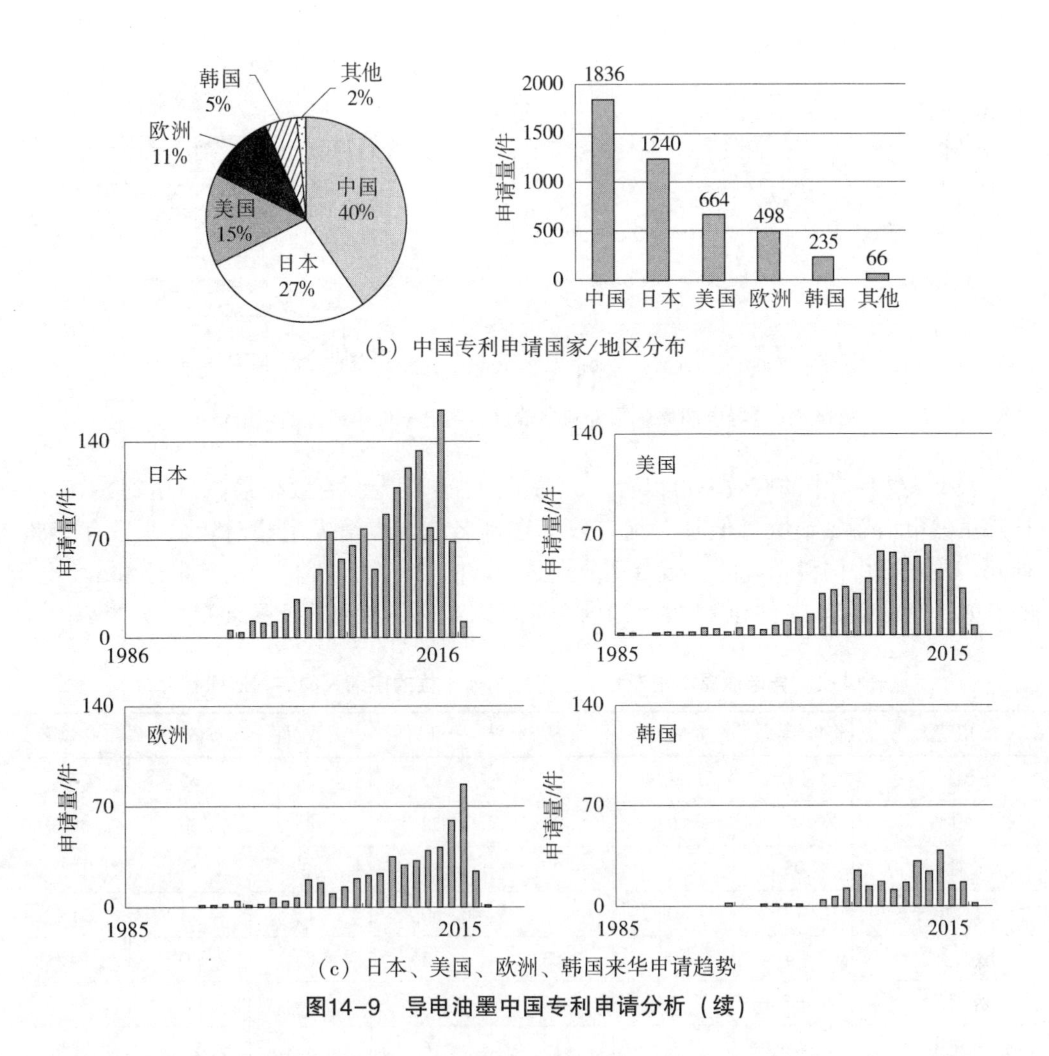

（b）中国专利申请国家/地区分布

（c）日本、美国、欧洲、韩国来华申请趋势

图14-9　导电油墨中国专利申请分析（续）

14.3.2　申请人分析

从图14-10可知，申请量排名前十中，日本的企业有住友、精工爱普生、日立、松下、同和矿业，共占有 5 个席位，美国的企业有杜邦，韩国企业有三星电子、LG 电子，中国有中国科学院和深圳欧菲光。由于韩国在电子产业上非常发达，LG 电子和三星电子都是大型电子企业，而导电油墨主要应用领域有显示器、电路板、薄膜开关等，而中国是电子产品的重大市场，因此韩国在该领域申请量也非常大。就国内而言，申请人以高校和科研院所为主导，同时也有少量企业在导电油墨领域具有科研能力的同时注重知识产权的保护。

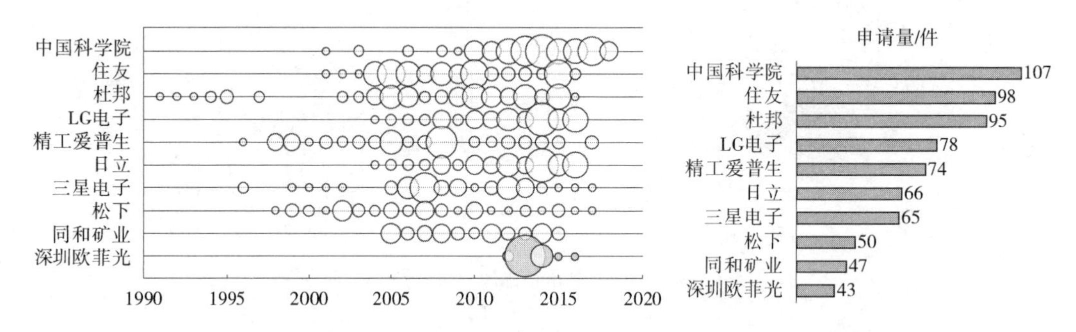

图14-10 导电油墨中国专利申请量排名前十位申请人的申请情况

根据表14-1中的有效率可以看出，精工爱普生的专利有效率最高，达到54%，而杜邦虽然申请总量最大，但是专利有效率在排名前十申请人中相对较低，只有17%。杜邦、住友、中国科学院的有效专利分别是16件、36件、35件，三星电子和LG电子的有效专利分别是23件和24件，国内企业可以对这些专利进行重点关注。

表14-1 导电油墨中国专利申请量排名前十位的申请人的专利法律状况

申请人	申请量	驳回/件	撤回/件	公开/件	无效/件	有效/件	有效率
中国科学院	107	1	4	65	2	35	33%
住友	98	6	20	28	8	36	37%
杜邦	95	5	27	34	13	16	17%
LG 电子	78	0	3	50	1	24	31%
精工爱普生	74	0	13	13	8	40	54%
日立	66	5	10	23	6	22	33%
三星电子	65	1	15	16	10	23	35%
松下	50	1	6	10	15	18	36%
同和矿业	47	0	2	19	0	26	55%
深圳欧菲光	43	0	2	25	0	16	37%
总计	722	19	102	282	63	256	39%

14.3.2.1 国外申请人专利分布情况

将对华申请的国外企业按照申请量排名，排名前五的企业分别为住友、杜邦、LG电子、精工爱普生、日立，其申请量分别为98件、95件、78件、74件和66件，总体申请量接近。且从图14-11可以看出，前五申请人的申请量仅占申请总量的9%，即在该领域技术拥有者较为分散，申请人数量多，专利并未集中拥有在某一巨头申请人手中，那么，该领域也是国内申请人技术申请的突破口。

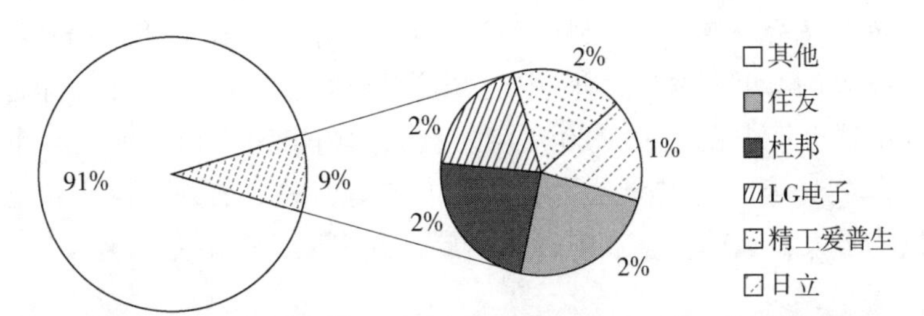

图14-11　导电油墨中国专利申请排名前五国外申请人申请量情况

14.3.2.2　国内申请人专利分布情况

对国内申请人按照申请量排名，排名前十的申请人分别为中国科学院、深圳欧菲光、富士康、比亚迪、华南理工大学、复旦大学、电子科技大学、重庆理工学院、智峰科技、南京林业大学。其中，排名第一的申请人为科研院所（中国科学院），且前十名中有 5 名申请人为大学或科研院所，即国内导电油墨是以高校和科研院所为主导。

对国内排名前十申请人的专利申请量与国内申请人总申请量的分布进行对比分析，如图14-13所示，前十申请人总申请量仅仅只占据国内申请人申请总量的 17%，且申请量最高中国科学院申请总量也只占总量的 6%，除去欧菲光、富士康，其余申请人均只占国内申请人全部申请量的 1%。

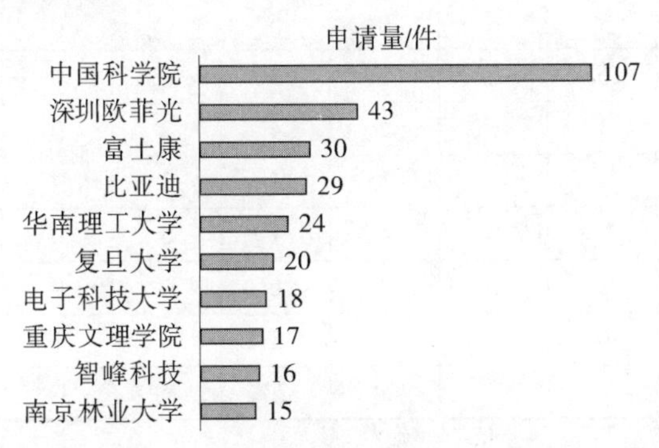

图14-12　导电油墨中国专利申请排名前十位国内申请人申请量情况

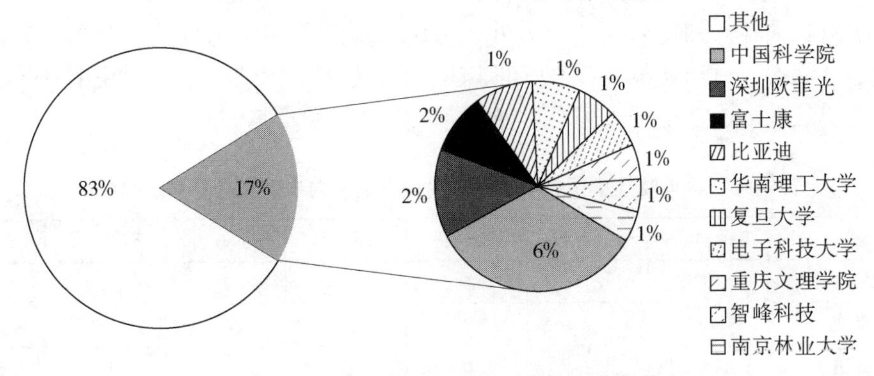

图14-13　导电油墨国内申请人专利申请量分布

从表 14-2 可以看出，中国科学院最早开始导电油墨专利的申请，但是其起始时间相较于国外申请人仍然较晚。中国科学院自2001年开始专利申请，2001~2011年申请量均不大，2012~2014年申请量迅速增长，申请量达到19件。另外，排名第二的深圳欧菲光的专利申请也集中在2013~2014年。且从国内申请人排名前十年申请量变化可知，导电油墨自2010年之后热度增大，且国内申请人中目前并无巨头企业形成，各申请人的申请量均不大，且部分企业申请量断层，并未逐年申请专利。

表14-2 导电油墨中国专利申请量排名前十的国内申请人的专利时间分布情况

申请时间	中国科学院	深圳欧菲光	富士康	比亚迪	华南理工大学	复旦大学	电子科技大学	重庆文理学院	智峰科技	南京林业大学	总计
2001	1	0	0	0	0	0	0	0	0	0	1
2003	2	0	0	0	0	0	0	0	0	0	2
2006	2	0	0	0	0	0	0	0	0	0	2
2007	0	0	1	2	1	1	0	0	0	0	5
2008	2	0	12	1	0	0	0	0	0	0	15
2009	1	0	2	2	2	2	0	0	0	0	9
2010	7	0	4	2	0	1	0	0	0	0	14
2011	6	0	2	7	0	1	2	0	0	0	18
2012	11	2	1	3	0	5	1	0	16	0	38
2013	15	30	5	5	2	3	5	0	0	0	65
2014	19	10	1	6	2	4	2	0	0	2	46
2015	11	1	1	1	3	1	3	16	0	0	36
2016	10	0	1	0	4	1	0	0	0	0	16
2017	14	0	0	0	4	0	0	0	0	2	20
2018	6	0	0	0	6	1	5	1	0	11	30
总计	107	43	30	29	24	20	18	17	16	15	319

如表14-3所示，比亚迪有效率最高，达到52%，其次是复旦大学45%，中国科学院与电子科技大学并列排名第六。另外，重庆文理学院和南京林业大学所有专利申请都处于公开状态，目前还没有授权，即该申请人为该领域新申请人。说明在该领域可研究方向仍然较多，新申请人仍有可能成为该领域的技术掌握者。

表14-3 导电油墨中国专利申请排名前十的国内申请人的专利法律状况

申请人	申请量/件	驳回/件	撤回/件	公开/件	无效/件	有效/件	有效率
中国科学院	107	1	4	65	2	35	33%
欧菲光	43	0	2	25	0	16	37%
比亚迪	29	2	0	12	0	15	52%
富士康	30	2	5	9	1	13	43%
复旦大学	20	0	5	6	0	9	45%

续表

申请人	申请量/件	驳回/件	撤回/件	公开/件	无效/件	有效/件	有效率
智峰科技	16	0	0	10	0	6	38%
重庆文理学院	17	0	0	17	0	0	0%
华南理工大学	24	0	0	17	6	1	4%
电子科技大学	18	0	1	11	0	6	33%
南京林业大学	15	0	0	15	0	0	0%
总计	319	5	17	162	9	101	38%

14.3.3　地域分布分析

从图14-14中可以看出，广东省的申请量排名第一，占总申请量的 25%，其次是江苏省、北京市、上海市、安徽省。排名前十的地区中，经济发达地区、电子产业发达地区占多，这与导电油墨主要应用于电子器件方面分不开。且从图14-15中可以看出，申请量排名第一的广东省相较于申请量排名第十的江西省，专利申请量相差一个数量级，且从图14-14中可以看出，除去广东省和江苏省，其余前十申请量的占比均在 10%以内，即在国内导电油墨技术主要集中在广东、江苏、北京等电子、电气发达地区。

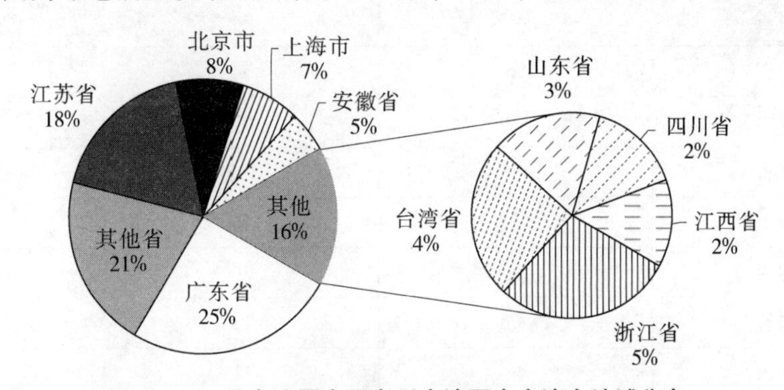

图14-14　导电油墨中国专利申请国内申请人地域分布

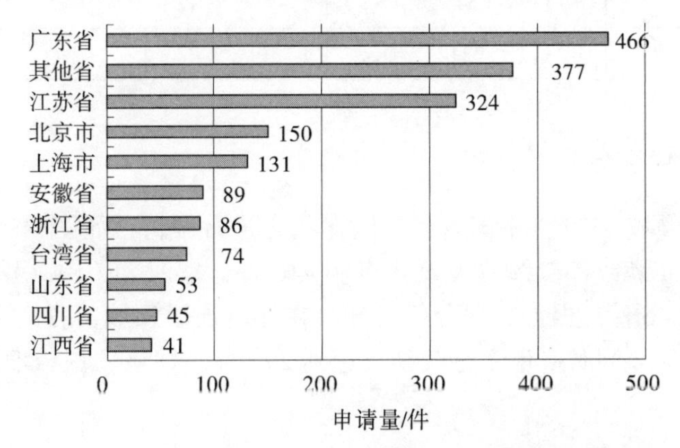

图14-15　导电油墨中国专利申请排名前十地区申请量分布

如图14-16所示，排名前十地区中，台湾保护时间最长，达7.4年，其次是上海、北京、山东、广东，其中广东保护年限为4.5年。另外，如表14-4所示，排名前十地区中，江西有效率最高，为59%；其次是浙江、北京，分别为40%、38%；江苏最低，仅有22%。

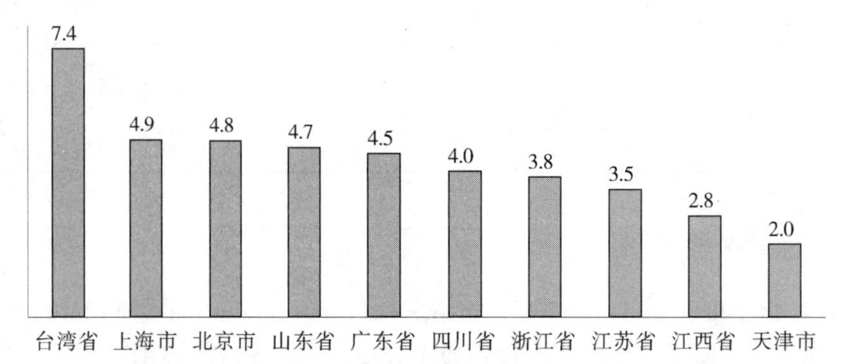

图14-16　导电油墨中国专利申请排名前十地区专利保护年限

表14-4　导电油墨中国专利申请排名前十地区专利法律状况

省份	申请量/件	有效量/件	有效率
江西省	41	24	59%
浙江省	86	34	40%
北京市	150	57	38%
广东省	466	157	34%
上海市	131	44	34%
台湾省	81	26	32%
四川省	45	13	29%
天津市	44	11	25%
山东省	54	12	23%
江苏省	324	72	22%

14.3.4　法律状态分析

对导电油墨领域4539件中国专利的法律状态进行分析，如图14-17所示。其中无效（授权后由于届满或者未续费失效）专利410件，撤回817件，驳回257件，有效1709件，公开1346件。根据数据分析可知，在导电油墨领域，驳回率低，授权率高，有效率达到37.7%，同时待审率也较高，达到29.7%，即该领域依旧保持较高专利申请量。

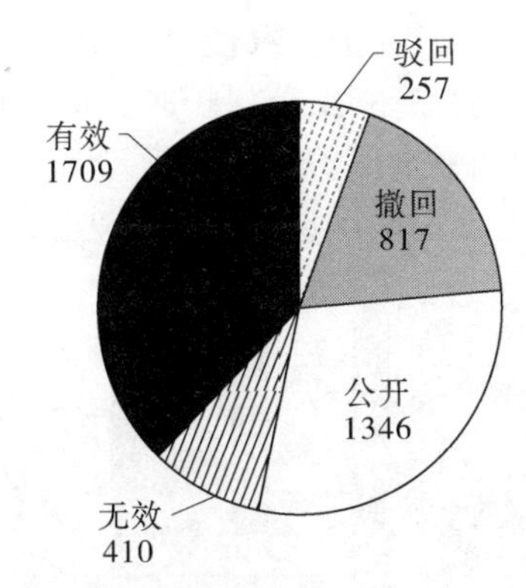

图14-17 导电油墨中国专利法律状态分析（单位：件）

如图14-18所示，在导电油墨领域，国内、外申请人整体情况接近，即均是驳回率、撤回率低，公开率、有效率高。其中，国外申请人的有效率较国内申请人的有效率更高，但是国内申请人的待审量更高。

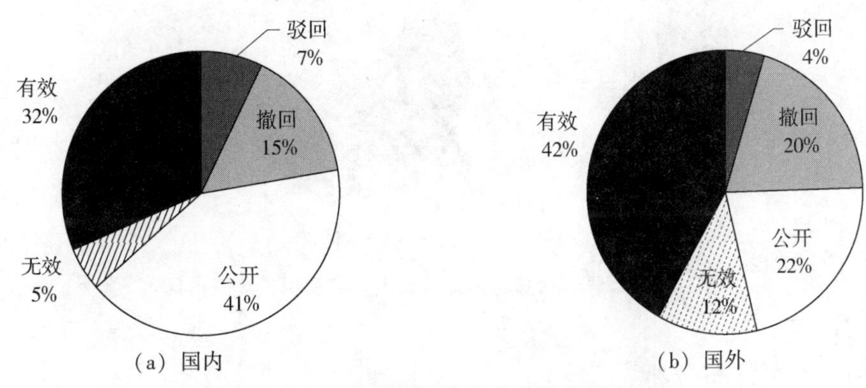

图14-18 导电油墨国内外申请法律状态对比

根据上述分析可知，国内外申请人在专利的有效率和待审率上是非常接近的，但根据图14-19可知，国内申请人专利的平均保护年限为 4.5 年，而国外申请人的平均保护年限则为 8.3 年，相较于国内申请人的保护年限则更长。

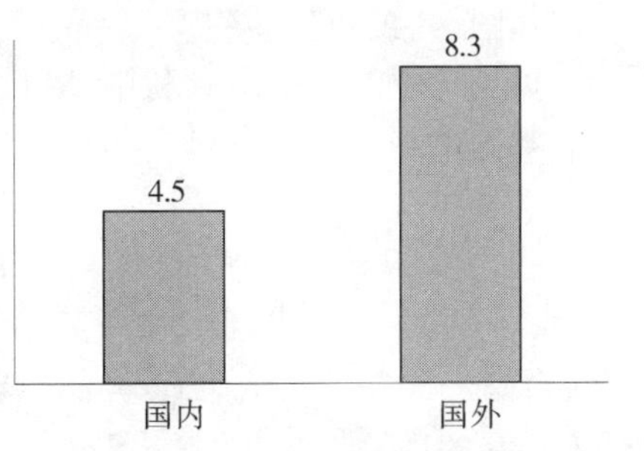

图14-19 导电油墨国内外申请人专利保护平均年限对比（单位：件）

从图14-20、图14-21可知，国内申请人申请专利中接近 80% 以上的保护年限在 1~6 年，且专利保护时长超过 9 年的仅占 4%，而国外申请人 80% 以上的专利文献量在 3~12 年，专利保护时长超过 9 年以上的占 18%。一方面可能在于，国外大部分专利文献均是 PCT 申请，PCT 申请进入中国距离申请日的时间本身较长，且审查周期也更长，一般截至 PCT 专利授权，距离申请日均超过 3 年，而专利的保护时长是从申请日开始计算，而国内申请人的文献公开时间更为及时，且大部分申请文件审查周期更短，能更快获得授权，且中国申请人早期在导电油墨申请量上较少，致使具有更少的较长保护年限的专利申请。另一方面，国外申请人向他国进行专利申请保护时，均是选取价值较高专利进行申请，即专利质量更高，进而导致专利平均保护年限有所差别。

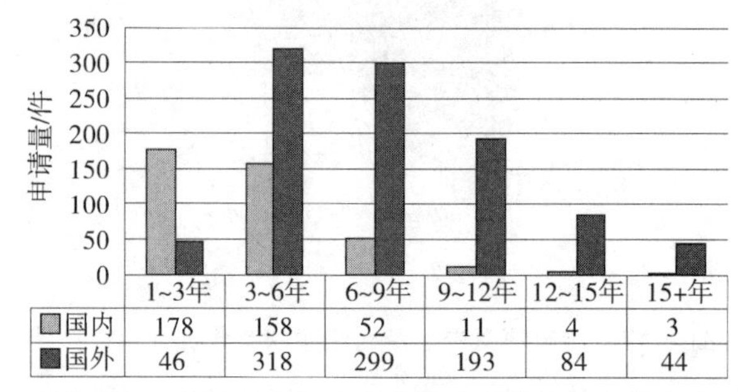

	1~3年	3~6年	6~9年	9~12年	12~15年	15+年
国内	178	158	52	11	4	3
国外	46	318	299	193	84	44

图14-20 导电油墨国内外申请人专利保护年限分布

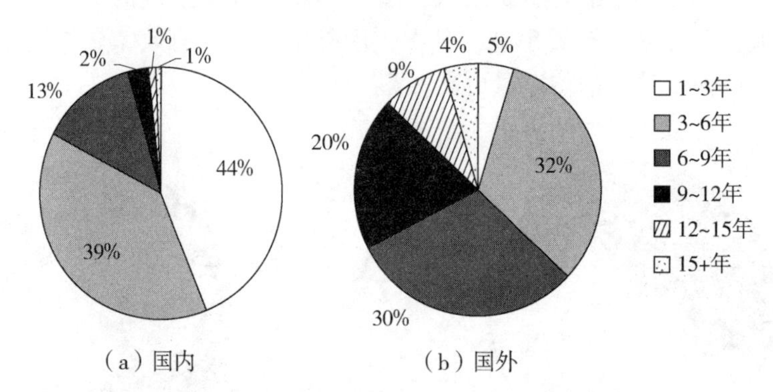

（a）国内　（b）国外

图14-21 导电油墨国内外申请人各专利保护年限占比

14.3.5 技术分布分析

从图14-22可知，银、镍、铜系专利申请量接近，含金、碳导电油墨专利申请量较少，可见导电油墨中国专利申请以金属类导电粒子为主，非金属类导电粒子为辅，且金属类导电粒子中，以银、镍、铜为主，金为辅。

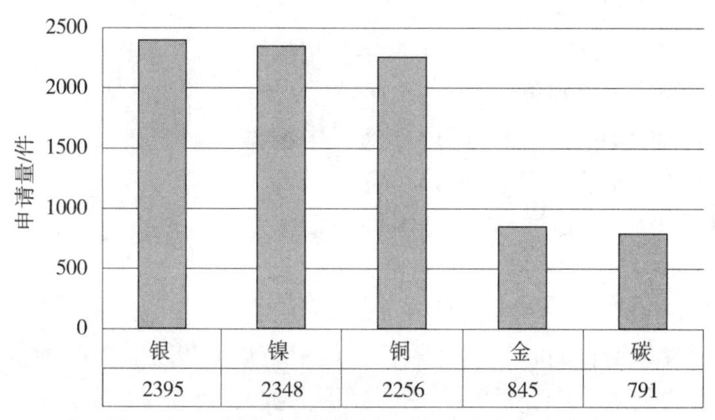

银	镍	铜	金	碳
2395	2348	2256	845	791

图14-22 导电油墨中国专利申请技术分支构成

14.4 广东省导电油墨专利分析

14.4.1 专利申请量趋势分析

导电油墨领域，中国国内申请人的专利申请量为1836件，广东省的申请量为466件，占国内申请人专利申请总量的25%。从图14-23（b）中可以看出，广东省从2003年才开始出现导电油墨专利申请，直至2007年，年申请量都在10件以下，2008年之后，申请量猛增，平均年增长约为10件，2013年更是出现爆发式增长，由2012年的20件增加至64件。相对于国内申请人专利申请时间，广东省申请量的增长趋势滞后于国内申请人申请高峰，但进入2008年之后，总体均呈现申请量急剧上涨的趋势，直至2013~2015年出现申请量高峰。这些现象与国内专利制度实施有关，中国开始专利制度的年份较晚，目前仍处于国内申请热潮；加之近年来国家鼓励发明创造，地区政府对于专利申请企业以及个人均有相关扶持和补贴政策；另外，导电油墨领域入门门槛较低，国外技术目前已经进入成熟期，有许多可借鉴技术；且广东省也是导电油墨生产大基地，市场需求大省。综上几点，均导致导电油墨领域总申请量在国内以及广东省出现爆发式增长。

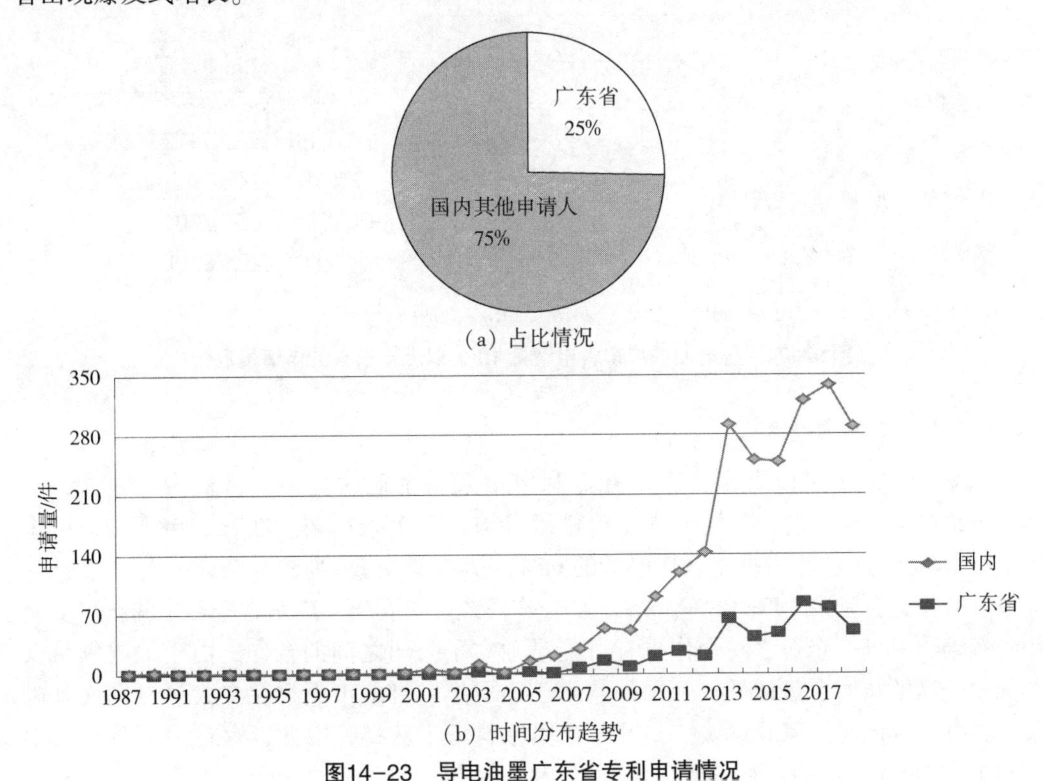

图14-23 导电油墨广东省专利申请情况

14.4.2 申请人分析

14.4.2.1 申请人整体分布

如图14-24所示，广东省导电油墨总申请量10件以上的申请人共有5位，分别为比亚迪、富士康、华南理工大学、深圳欧菲光以及鸿胜科技，专利申请量分别为29件、27件、24件、11件以及10件。其中，比亚迪、华南理工、深圳欧菲光分别有6件、2件和3件PCT专利申请，富士康和鸿胜科技则没有PCT专利申请，这可能与比亚迪、华南理工和深圳欧菲光更注重基础性研发，而富士康和鸿胜科技更注重产品应用相关。从时间分布来看，除深圳欧菲光外，其他申请人的申请时间均比较集中，几乎都是从2007年之后开始专利申请，其中，比亚迪和富士康申请量相对较为持续，在2007~2014年都有专利申请，2015~2016年申请量为0件，可能与专利申请还未公开有关。而其他四家企业申请量分布不均匀，华南理工大学集中在2013~2016年，深圳欧菲光则在2012~2014年，鸿胜科技除在2007~2009年有导电油墨的专利申请外，2010年至今都没有专利申请，这可能与公司的研发策略以及发展方向有关。另外还可看出，导电油墨专利申请申请人集中度并不高，这与国内申请人总体申请集中度情况也是相近的。

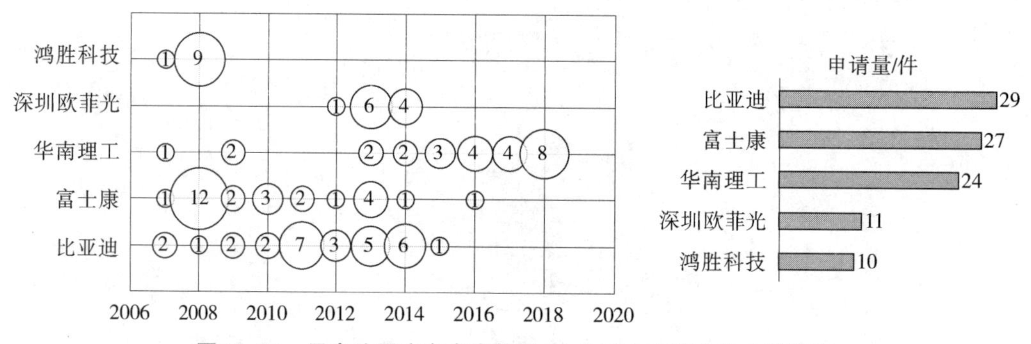

图14-24 导电油墨广东省申请量10件以上申请人的申请情况

14.4.2.2 申请人类型

从图14-25中可以看出，广东省专利申请人以企业为主，申请量为258件，占55%，其次是合作申请、高校申请（含科研机构）和个人申请。在合作申请中，以企业-企业的合作为主，占据了合作申请的65%，其次是企业-高校、个人-个人、高校-高校的合作，分别占14%、8%、8%。从合作模式可以看出，广东省企业之间技术交流相对频繁，另外，企业之间合作也有可能是独立子公司之间的合作。由于油墨领域低端油墨产品的技术含量较低，且国外技术已经成熟、目前市面上存在大量专利文献以及论文书籍，同时国家政策扶持，另外油墨原料易于获得，因此，存在一部分个人申请和个人-个人合作的专利申请。

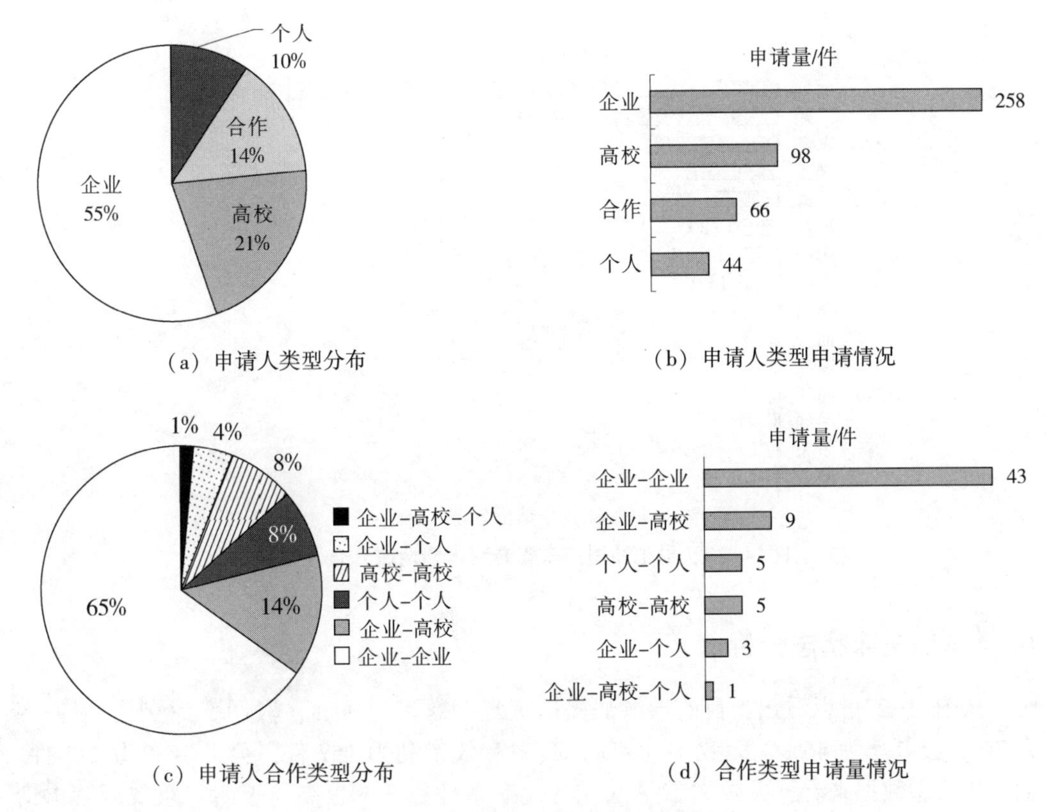

图14-25　导电油墨广东省申请人类型分布

14.4.3　地域分析

从图14-26可以看出，广东省专利申请主要集中在深圳市、广州市、东莞市、佛山市、珠海市以及惠州市，这六个地区占据了广东省专利申请量总申请量的 91%。其中深圳市排名第一，占总申请量的 43%，且总申请量远超其他地区。

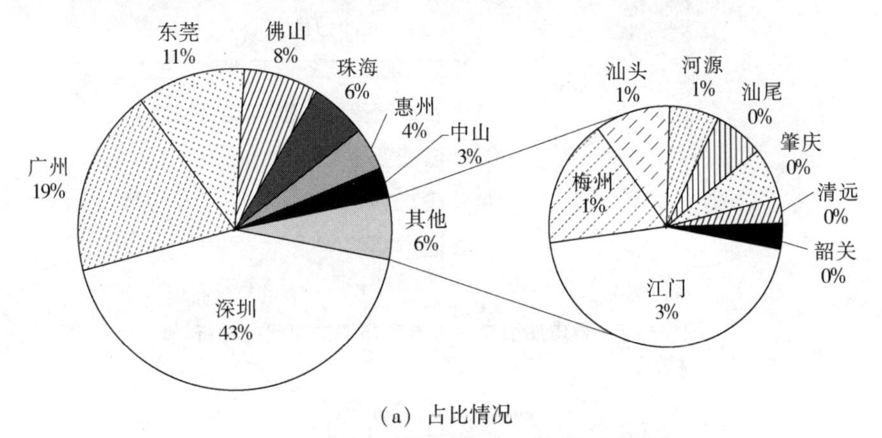

(a) 占比情况

图14-26　导电油墨广东省专利申请地域分布

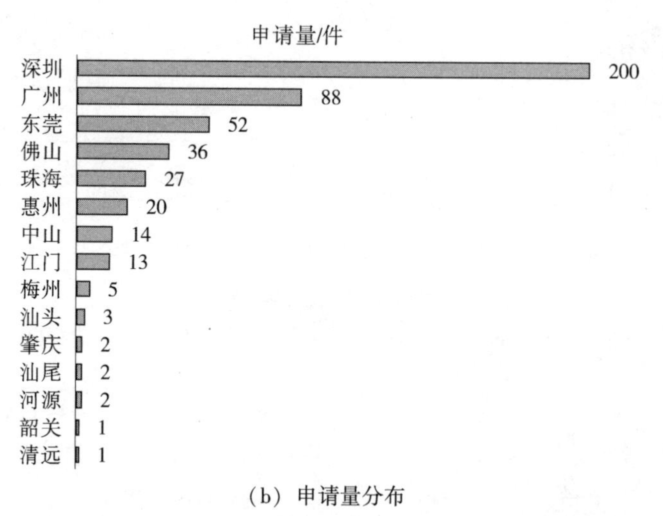

(b) 申请量分布

图14-26 导电油墨广东省专利申请地域分布（续）

14.4.4 法律状态分析

从图14-27可以看出，目前导电油墨广东省有效率为34%，驳回率为9%，撤回率为7%，公开率为46%，无效率为4%。其中有效专利为157件，公开专利为217件。从法律状态数据来看，失效文献量低，有效率高且公开率也高，表明广东省后续申请力度也相对较高。从法律状态时间分布趋势也可以看出，广东省专利布局时间较晚，主要集中在2010年以后，因此导致失效率低。

从图14-28可以看出，个人和企业的有效率相同，均为23%。个人的有效率相对比较高，可能与其整体申请量少有关。

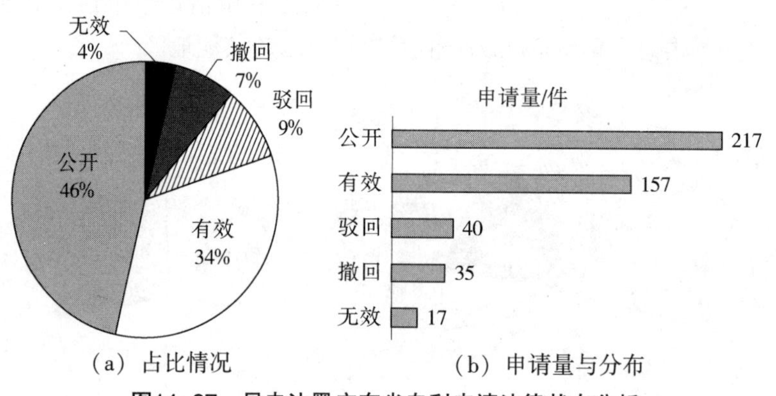

(a) 占比情况　　(b) 申请量与分布

图14-27 导电油墨广东省专利申请法律状态分析

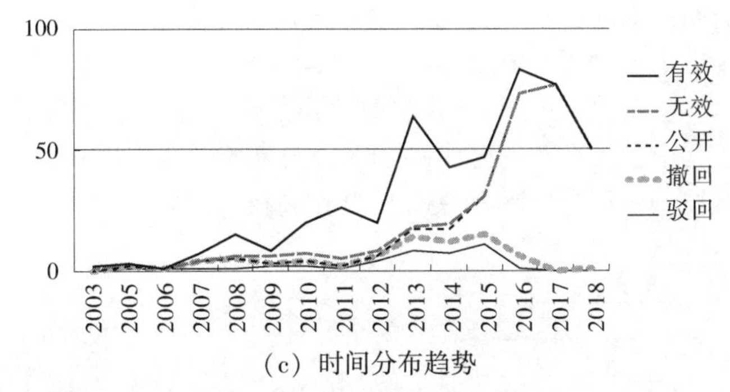

（c）时间分布趋势

图14-27　导电油墨广东省专利申请法律状态分析（续）

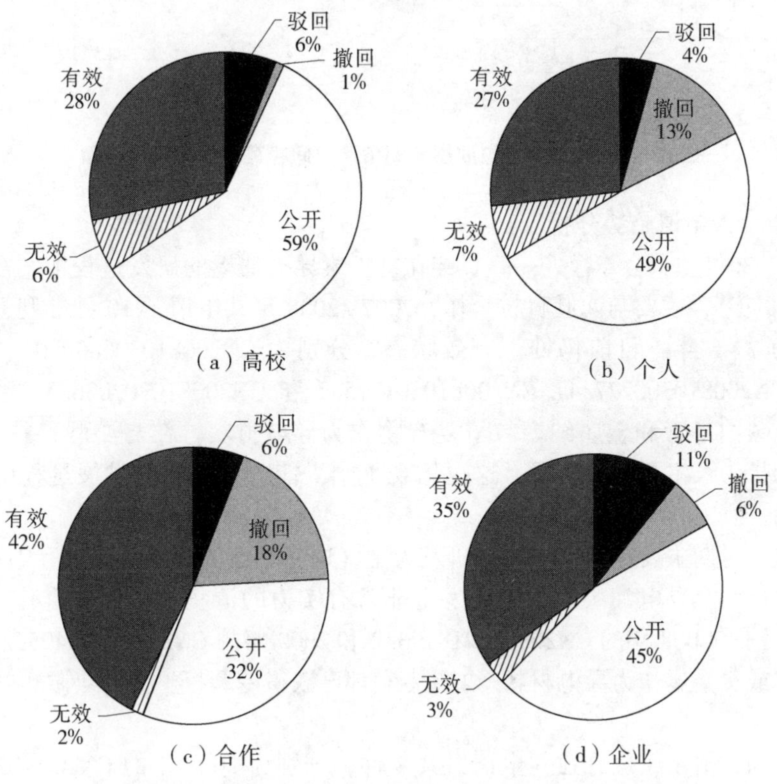

图14-28　导电油墨广东省不同类型申请人法律状态分析

14.4.5　重点企业分析

从申请量排名可知，比亚迪和富士康的申请量较大，分别为 29 件和 27 件。因此，本部分针对富士康和比亚迪在导电油墨领域的专利申请情况进行分析。

14.4.5.1　富士康

1. 专利申请趋势以及申请人类型

由图14-29可知，富士康从 2007 年开始申请导电油墨专利，比广东省最早的 2003 年稍晚。与国内和广东省在导电油墨的申请趋势不同，在 2008 年申请量达到峰值 12

件，这可能与其前期技术准备充分，与其他有研发实力企业和高校保持合作有密切关系。2009~2014 年申请量都保持在 2~4 件的平均水平，这可能与其后期的研发布局调整和技术转型有关。由图14-29还可看出，富士康的申请以合作为主，占 89%，合作对象有企业和高校。其中，与企业的合作占 81%，与高校的合作占 9%。合作企业主要是鸿胜科技和臻鼎科技，分别为 38%和 35%，合作高校是清华大学。

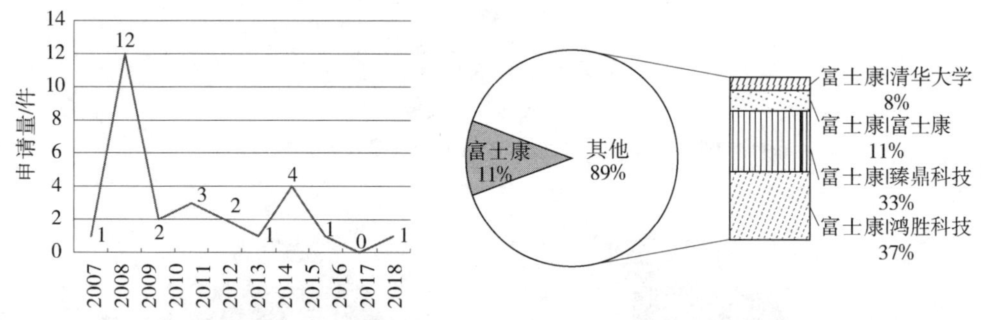

图14-29　富士康导电油墨专利申请时间趋势以及申请人类型

2. 各申请人申请趋势分析

由图14-30可知，合作模式一直贯穿在富士康导电油墨的研发过程中。在研发前期（2007~2009 年），主要与鸿胜科技合作，2007~2008 年共申请了 10 件专利，其中 5 件保护年限为 7~8 年，目前仍处于有效状态，分别为 CN200810300809.0、CN200810305777.3、CN200810300777.4、CN200810301775.7 和 CN200810302036.X，主要以银、纳米金属及碳纳米管和金属纳米粒子复合物作为导电材料。在与鸿胜科技合作期间，研发技术的带头人主要是林承贤，这也体现了个人能力在技术的发展过程中起着举足轻重的作用。

由于这一时期主要是以导电油墨研发为主（即基础性的研发为主），因此，在此期间富士康积极与在导电油墨基础性研发上非常有实力的清华大学保持合作，申请了 2 件专利，分别是 2008 年的 CN200810218193.2 和 2009 年的 CN200910104952.7，主要是以碳纳米管或贵金属作为导电材料。2 件专利都已获得专利权，保护年限也达 7 年，目前仍有效。

在此期间，富士康也有独立申请，共 3 件，分别为 2008 年的 CN200810300274.7、CN200810306002.8 和 2009 年的 CN200910301787.4。其中，CN200810306002.8 和 CN200910301787.4 都是应用导电油墨或导电层制作导电线路和/或线路板，两件专利都已获得专利权，保护年限也达 6~7 年，CN200810306002.8 目前仍有效，这也为富士康在研发方向和策略上的转变奠定了基础，做好了准备。

2010 年富士康的研发方向从导电油墨转向了应用导电油墨制作电路板，在此过程中，主要与臻鼎科技合作，2010~2014 年共申请了 9 件专利，其代表专利为 CN201010540972.1（软硬结合电路板的制作方法）、CN201010606543.X（电路板的制作方法）和 CN201210127474.3（多层电路板及其制作方法），都已获得专利权，目前仍有效。另有 1 件撤回，其余 5 件为公开状态。

在此期间，除与臻鼎科技一直保持合作外，富士康作为国内颇有研发实力的企业，在制作技术上具有明显优势。因此，在此转型期间，富士康各独立法人之间也有合作，2010 年和 2011 年分别申请了 CN201010171440.5（触控屏、触控屏的制造方法及触控显示装置）和 CN201110215418.0（电路板及电路板的制作方法），其中 CN201010171440.5 已授权，目前有效，CN201110215418.0 处于公开状态。由此可见，应用前期储备的导电油墨技术制作和改进线路板仍是富士康近期的主要发展方向。

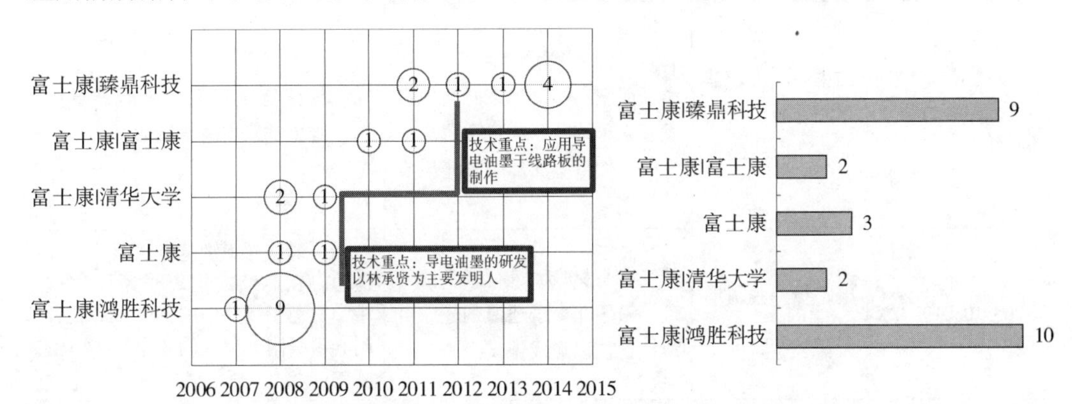

图14-30　富士康导电油墨各申请人申请趋势分析（单位：件）

由表 14-5 可知，富士康在导电油墨研发方面的关键技术在于：以还原剂与银氨络合物、贵金属离子与感光单体、非离子还原剂和还原可溶性钯盐、银盐溶液、卤化银乳剂、碳纳米管和贵金属离子作为导电前体，经辐射照射、加热，还原为相应的银、钯及其他贵金属，形成导电线路，达到提高导电线路的导电性和连续性，使导线线路图形分布均匀、避免高温烧结的技术效果。

表14-5　富士康导电油墨重点专利申请的技术要点和技术效果

申请号	名称	技术要点	技术效果
CN200810300809.0	线路基板及线路基板的制作方法	碳纳米管与金属纳米粒子的复合物及镀覆于复合物表面的金属，镀覆金属填充于相邻两个金属纳米粒子的间隙	良好的导电性，可避免烧结温度的影响，减小导电线路与基材之间涨缩程度的差异
CN200810305777.3	导电线路的制作方法	银盐溶液，加热还原	可避免在基材表面的同一位置反复打印，制作的导电线路定位准确、可靠度高，无须还原剂
CN200810218193.2	制备导电线路的方法	碳纳米管	对墨水的导电性要求低，且方法简单，成本低廉
CN200810300777.4	导电线路的制作方法	纳米金属氧化物，还原剂还原	提高导电线路的连续性和导电性
CN200810301553.5	油墨及利用该油墨制作导电线路的方法	还原剂与可溶性钯盐	提高导电线路的连续性和导电性

续表

申请号	名称	技术要点	技术效果
CN200810301775.7	油墨及利用该油墨制作导电线路的方法	银氨络合物，辐射照射，还原	可避免在基材表面的同一位置反复打印，使得制作的导电线路准确定位，并能够提升线路的可靠度
CN200810302036.X	油墨、利用该油墨制作导电线路的方法及线路板	贵金属离子与感光单体，贵金属离子为银离子、金离子、铂离子或钯离子，光束照射，引发感光单体分子与贵金属离子反应，使贵金属离子被还原成贵金属粒子	导电线路连续性好，图形分布均匀，避免了采用高温烧结
CN200810301963.X	电路板及其制作方法	对绝缘基材表面进行亲水性处理，采用非离子还原剂还原可溶性钯盐以形成钯	增强了线路与绝缘基材表面的结合能力，在后续的钯离子还原处理中，避免了线路中的钯离子的脱吸附和再吸附而引起的线路分辨率下降的问题
CN200810303134.5	导电线路的制作方法	银盐溶液，辐射照射，还原	以避免在基材表面的同一位置反复打印，使得制作的导电线路准确定位，并能够提升线路的可靠度
CN200810303086.X	制作导电线路的方法	卤化银乳剂，光束照射还原	提高导电线路的连续性及导电性，油墨性能稳定，用其制作的线路图形分布均匀，还使导电线路的制作不必再考虑烧结温度的影响
CN200910104952.7	墨水及采用该墨水制备导电线路的方法	碳纳米管作为导电体以及载体，贵金属离子通过连接剂均匀附着在碳纳米管的表面	制品厚度均匀、导电性强

3. 法律状态分析

由图14-31可知，富士康在导电油墨的授权率为48%，高于国内导电油墨的授权率37%，这可能与富士康在导电油墨研发的初期与具有研发实力的鸿胜科技和清华大学合作有关。其撤回率高达19%，主要是与鸿胜科技合作的专利申请（见表14-6），集中在2008年，这可能与研发初期经验不足、技术薄弱有关。具体到申请人，清华大学是科研实力非常强的高校，特别是在科技前沿，如碳纳米管的研发上，优势非常明显，因此，其与富士康合作申请的专利申请CN200810218193.2和CN200910104952.7，将碳纳米管用作导电材料加入导电油墨中，都获得了授权，其保护年限也已有7年，目前仍有效。这使得与清华大学合作的专利申请有效率最高：一方面体现了高校在导电油墨研发过程中起到重要的推动作用，给

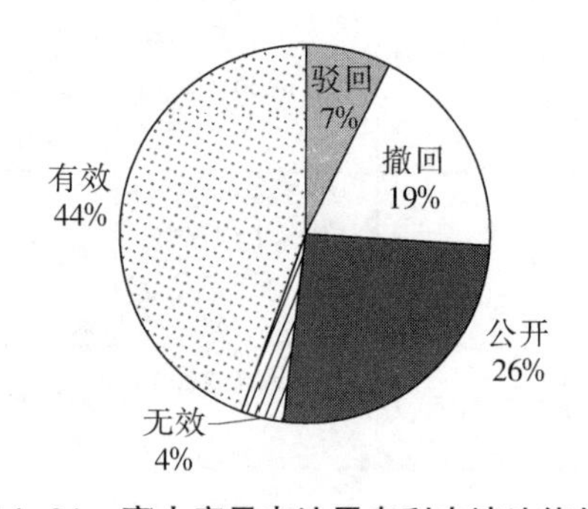

图14-31 富士康导电油墨专利申请法律状态

传统油墨的发展注入新的技术；另一方面也说明在导电油墨的研发，企业也需要积极与高校合作，走产学研结合的道路，推动导电油墨技术的发展。

富士康单独申请的撤回率最高，除申请量少以外，其主要原因在于富士康自身的优势在于加工制作，其基础性研发实力相对薄弱，从撤回申请 CN200810300274（壳体，该壳体的制造方法及应用该壳体的电子装置）也可得到佐证。这也是它从着手导电油墨研发开始就积极与其他在基础上性研发上实力强的企业和高校合作的原因。

富士康 | 臻鼎科技的公开率最高，也与富士康近期的研发转型有密切关系，也可证实富士康集中应用导电油墨于线路板的制作和改进。

表14-6　富士康专利申请的法律状态

单位：件

申请人	驳回	撤回	公开	无效	有效	总计
富士康	鸿胜科技	2（20%）	3（30%）			5（50%）	10
清华大学	富士康					2（100%）	2
富士康		1（33%）		1（33%）	1（34%）	3
富士康	富士康			1（50%）		1（50%）	2
富士康	臻鼎科技		1（11%）	5（56%）		3（33%）	9

14.4.5.2　比亚迪

1. 专利申请趋势

由图14-32可知，与富士康相同，比亚迪也是从 2007 年才开始申请导电油墨专利，比广东省最早的 2003 年稍晚。与富士康不同的是，比亚迪遵循常规的研发规律，与国内以及广东省在导电油墨方面的申请趋势保持一致，大致分为 3 个阶段：萌芽期(2007~2011 年)，以 2 件/年的水平申请；高峰期（2011 年），申请了 7 件；平稳期(2012~2014 年)，保持 5 件/年左右。

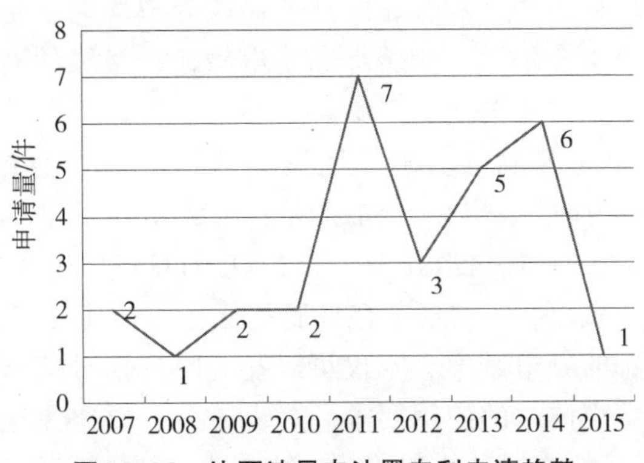

图14-32　比亚迪导电油墨专利申请趋势

2. 技术发展分析

由表 14-7 可知，比亚迪的导电油墨技术发展分为四个阶段，对应四个技术方向。2007～2009 年主要是应用现有的银浆、铜浆或碳浆等导电浆料制作印刷线路板，解决导电图形与基材的结合牢度、印刷线路板的对位精度以及跳线等问题，减少制作工序，提高作业效率。这一技术方向的专利申请 CN200710074419.1、CN200710075113.8、CN200810142246.7、CN200910188456.4 都已获得专利权，目前仍处于有效状态。其中，CN200710074419.1、CN200710075113.8 的保护年限已达 9 年。初试牛刀，均获授权，说明比亚迪在导电油墨的研发上具有非常强的实力，这也促使其在印刷电路板的研发上站稳脚跟后，立即向新型行业太阳能电池领域进军。

在 2009 年，比亚迪申请了第一件有关太阳能电池的专利 CN200910190565.X（一种太阳能电池用导电浆料及其制备方法），其使用银粉、铝粉、包覆银粉的铜粉、包覆银粉的铝粉中的一种或几种作为导电材料，以提高太阳能电池光电转化效率。但很不幸，2009 年处于国内导电油墨技术研发的快速发展期，银粉、铝粉、包覆银粉的铜粉、包覆银粉的铝粉都是常用的导电浆料，CN200910190565.X 不可避免地被驳回。尝过驳回的滋味后，2009~2011 年比亚迪在太阳能电池用导电浆料的研发上做了多种努力和尝试，也获得了相应的回报。2010~2011 年共申请了 5 件专利，其中 4 件都已获得了专利权，目前仍有效，分别为 CN201010571551.5、CN201110282474.6、CN201110282715.7、CN201110380101.2，其技术关键点主要在于：使用中值粒径为 3.0~6.0μm 球形铝粉作为导电材料，使制备得到的铝膜较密实，不存在微孔或微孔量明显降低，铝膜厚度也均匀，硅片弯曲小；将银粉与在 450~700℃分解放出氧气含氧化合物，含氧化合物为 As_2O_5、Sb_2O_5、MnO_2、Pb_3O_4、KNO_3、$NaNO_3$、$K_2Cr_2O_7$、$Na_2Cr_2O_7$、$NaMnO_4$和 $KMnO_4$中的至少一种配合使用，解决现有的太阳能电池正面电极银浆存在的串联电阻大、光电转化效率低的问题；通过在银粉中加入第一玻璃粉、第二玻璃粉，其中，第一玻璃粉的软化点为 350~550℃，第二玻璃粉的软化点为 550~650℃，并且第一玻璃粉与第二玻璃粉的软化点之间相差至少 70℃，有效控制对硅片表面的腐蚀程度，防止烧穿 p/n 结，同时控制发射极与银电极之间玻璃层的厚度，有利于浆料在更为宽广的烧结温度窗口内获得稳定而优秀的电性能指标，串联电阻小，光电转化效率高；将银粉分散在包含有机溶剂、耐高温润滑脂或耐高温稠化剂的有机载体中，使导电银浆触变性能优良，并且具有黏度低、粉末分散均匀、易过网的优点，用于制作电极栅线，在高温下不会塌陷，显著提高了电极栅线最终的高宽比，获得良好的形貌，进而提高太阳能电池的光电转化率和生产良率。

在太阳能电池用导电浆料告捷后，比亚迪开始占领其他相关技术领域。因此，2011 年比亚迪在表面选择性金属化方向申请了 4 件专利，并都获得了授权，分别为 CN201110442484.1、CN201110442481.8、CN201110442474.8、CN201110442489.4，通过选用特殊结构的金属氧化物，实现了在玻璃基材、陶瓷基材、水泥基材等绝缘基材，以及橡胶表面形成精细的导电图案，不仅可以显著降低信号传导元件的生产成本，还能满足在体积微小屏蔽壳体中的使用要求。这也使得比亚迪在导电油墨方面的研发达到巅峰时期，其 2011 年的申请量达到 7 件，且 7 件专利申请都获得了专利权。在 7 件专利申请中，CN201110282474.6、CN201110282715.7、CN201110380101.2 的主要发明人是郭冉，CN201110442484.1、CN201110442481.8、CN201110442474.8 的主要发明人是苗伟峰，这说明个人在导电油墨技术的发展过程中也起着非常重要的作用。

导电油墨的瓶颈和利润主要在于导电材料，因此，想要主导导电油墨技术的发展、占领导电油墨的市场，对导电材料的控制是关键。比亚迪不仅具有非常强的研发实力，还独具发展的眼光，在表面选择性金属化研发技术成熟的同时，2013 年相继申请了 CN201310113641. 3、CN201310196611. 3 和 CN201310195129. 8。其中，CN201310113641. 3是特殊金属化合物的应用，也已获得专利权；CN201310196611. 3 和 CN201310195129. 8 主要是掺杂的氧化锡，掺杂元素为钒、锑、铟和钼中的一种或多种，或钒和/或钼的使用，目前处于公开待审状态。比亚迪将其研发方向拓宽到了导电材料的开发，主要涉及铜纳米颗粒、改性铜粉以及银粉的制备，代表专利是 CN201310606012. 4，CN201310624310. 6，CN201410120509. X，CN201410493431. 6。目前这些专利处于公开待审状态。

表14-7　比亚迪导电油墨专利技术发展

申请年	技术方向	技术要点	代表性专利
2007~2009 年	印刷线路板	银浆、铜浆或碳浆	CN200710074419. 1 CN200710075113. 8 CN200810142246. 7 CN200910188456. 4
2009~2011 年	太阳能电池	中值粒径为 3. 0~6. 0μm 的球形铝粉；银粉和在 450~700℃分解放出氧气含氧化合物；银粉和特定软化点的玻璃粉；银粉和特定有机载体配合	CN201010571551. 5 CN201110282474. 6 CN201110282715. 7 CN201110380101. 2
2011~2013 年	表面选择性金属化	特殊结构的金属氧化物，掺杂的氧化锡	CN201110442484. 1 CN201110442481. 8 CN201110442474. 8 CN201110442489. 4 CN201310113641. 3
2013~2014 年	导电原料的研发	铜纳米颗粒、改性铜粉以及银粉的制备	CN201310606012. 4 CN201310624310. 6 CN201410120509. X CN201410493431. 6

3. 法律状态分析

由图14-33可知，比亚迪在导电油墨的授权率为 52%，明显高于国内导电油墨的授权率 37%，以及广东省的授权率 38%，而且没有撤回的专利申请。这与比亚迪公司在导电油墨方向具有非常强的研发实力以及有战略性的研发策略有密切关系。

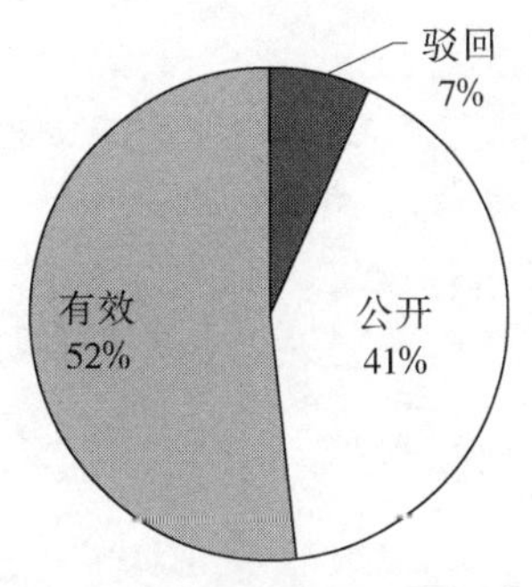

图14-33　比亚迪导电油墨专利申请法律状态

由此可见，在导电油墨的研发过程中，富士康主要走合作的路线，从导电油墨的基础性研发转型到导电油墨的应用，比亚迪主要靠自身的研发实力，独自从最初的模仿套用导电浆料、到中期导电浆料的改进、再到近期导电原材料的开发，都取得了不错的成绩。也就是说，企业在导电油墨研发的过程中，尽量结合自身的优势，寻求最优的发展路线，推动导电油墨技术的发展。

14.4.6 小结

1）广东省地区专利申请相较于国内申请人申请时间晚，从 2003 年开始，至 2010 年申请量才出现剧烈增长，主要集中在 2010~2015 年。

2）专利申请量申请人集中度不高，申请人数量多，单个申请人申请量低。

3）以企业申请为主，以比亚迪为代表；其次是合作申请，代表是富士康。

4）专利申请量较多者与产业上销售量较多者两者也是匹配的，产业上销售量较多者，申请量也较多。

第 15 章　碳系导电油墨专利分析

15.1　全球专利分析

15.1.1　专利申请趋势分析

全球最早的关于碳系导电油墨的专利提出于 1968 年。全球关于碳导电油墨的专利申请量整体均呈现上升趋势，在近 2 年专利申请量出现小幅下降的主要原因是由于部分专利申请尚处于未公开阶段，无法进行统计。从图15-1可以看出，碳系导电油墨在全球范围内的申请量变化主要分为两个阶段。

（1）萌芽期（1968~1997）

这一阶段的专利申请量较少，其增长速度呈波动状态，如 1968~1972 年的五年期间内仅有 14 项申请，在接下来的第二个五年为 8 项，第三个五年为 14 项，第四个五年为 34 项，第五个五年为 41 项，第六个五年为 46 项，即增长率呈现波动状态。世界主要资本主义国家自 20 世纪 50 年开始恢复工业生产，到 60 年代进入高速发展时期，电子产品技术也开始高速发展。随着电子产品的使用，导致人们对电子产品的要求越来越高，以此为契机，导电技术逐渐开始萌芽，进而在印刷电路板、薄膜开关等方面广泛使用的油墨逐渐开始引入了导电技术。

（2）快速发展期（1998 年至今）

此阶段初期专利申请量瞬间提高，且增长极为迅速，如从 1998~2002 年的 176 项到 2003~2007 年的 302 项，增长率约 70%，并在接下来的年份中申请量持续快速增长。

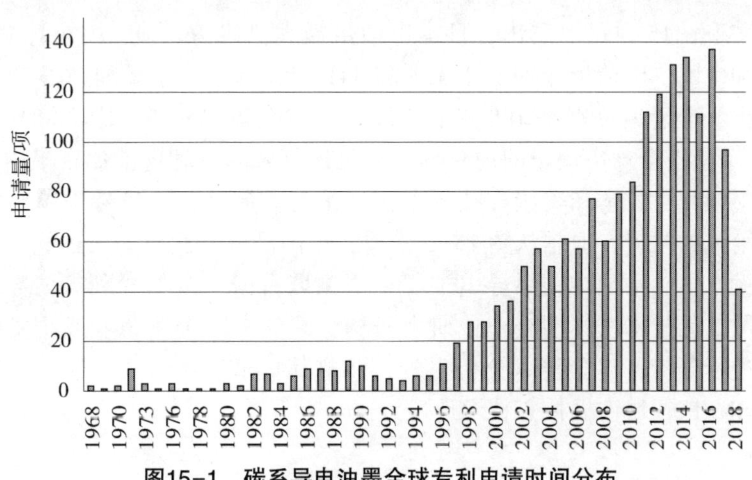

图15-1　碳系导电油墨全球专利申请时间分布

15.1.2 申请人分析

如图15-2所示，排名前九名的申请人中，日本占六位，韩国占两位，德国占一位。排名前四的均是日本企业（凸版印刷、松下、东洋油墨和佳能），其关于碳系导电油墨的专利申请量分别为32项、30项、29项、28项。韩国的LG公司位居第五位，其专利申请量为27项，日本的精工爱普生处于第六位，其专利申请量为24项。韩国三星集团、德国巴斯福和日本理光的专利申请量分别为23项、20项、16项。可见，日本在碳系导电油墨领域的技术研究占据着强有力的主导地位，而中国在碳系导电油墨领域的研究还比较滞后。中国应当加大对该领域技术研发，提高对于高端油墨产品技术掌控程度，以减少我国高端油墨产品对国外依赖程度；同时应当建立技术密集型企业，使得技术能够累积发展，尽快赶上日本等其他技术强国。

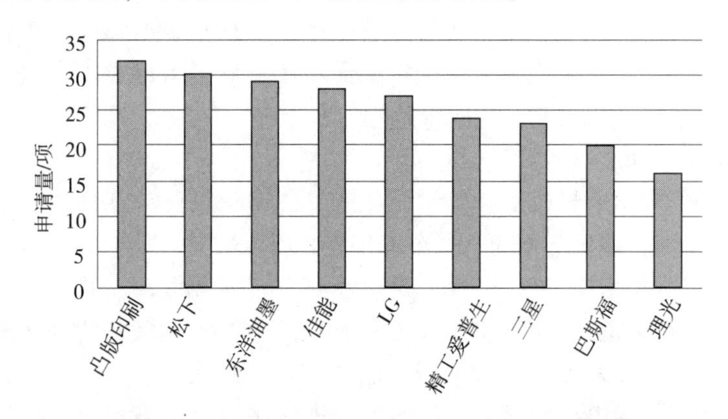

图15-2 碳系导电油墨全球重点申请人专利申请量分布

15.1.3 专利申请国/地区分析

15.1.3.1 来源国/地区专利分布分析

从图15-3和图15-4可以看出，日本申请量最大，共466项，占全球总量的27%；其次是美国和中国，申请量分别是443项和441项，占全球总量的26%和25%；接着是欧洲和韩国，申请量分别是188项和145项，占全球总量的11%和8%，这5个国家/地区的申请量占全球申请量的约97%，可见该领域的专利申请比较集中。另外，在碳系导电油墨领域，日本和美国在技术上占据绝对控制地位。虽然中国已然占据全球申请量排名第三的位置，但是从图15-2来看，中国没有专利申请量占绝对优势的申请人。由此也见，虽然中国在碳系导电油墨申请领域占据一定的专利申请数量，但是技术占有者分散，无技术密集型企业或研发机构，因此中国个体企业或研发中心应当对该领域技术进行分析，建立技术分析报告，调整其技术发展方向，使得中国的企业或者研发结构能在该领域占据核心技术地位。

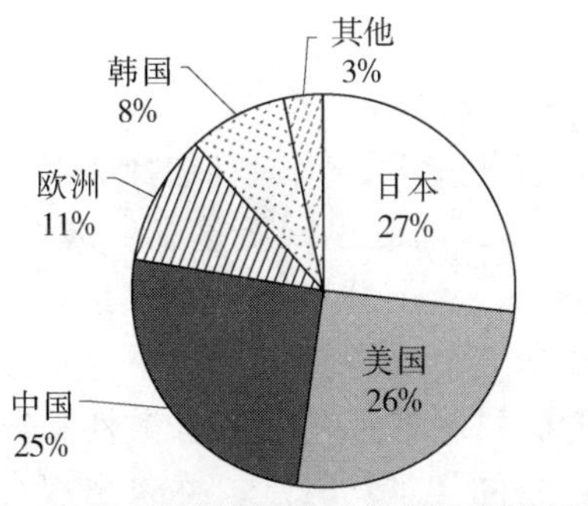

图15-3　碳系导电油墨全球专利申请量占比

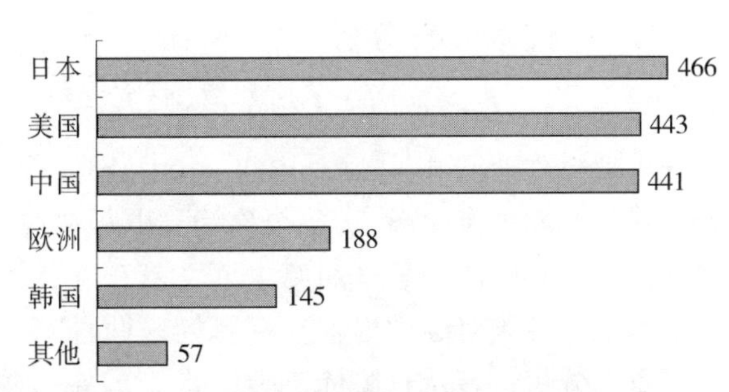

图15-4　碳系导电油墨全球专利申请量分布

15.1.3.2　目标国/地区专利分布分析

如图15-5和15-6所示，中国、美国、日本、欧洲和韩国是该领域的主要市场，以它们为目标国的专利申请量（即在各自区域公开的申请量）分别为 821 项、818 项、760 项、489 项和 404 项。

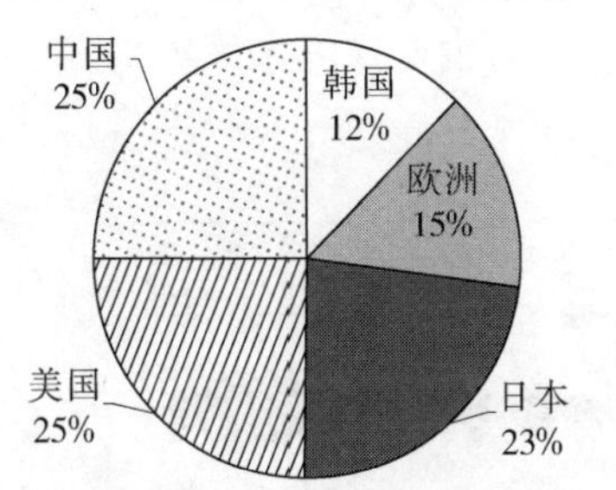

图15-5　碳系导电油墨全球申请目标国占比

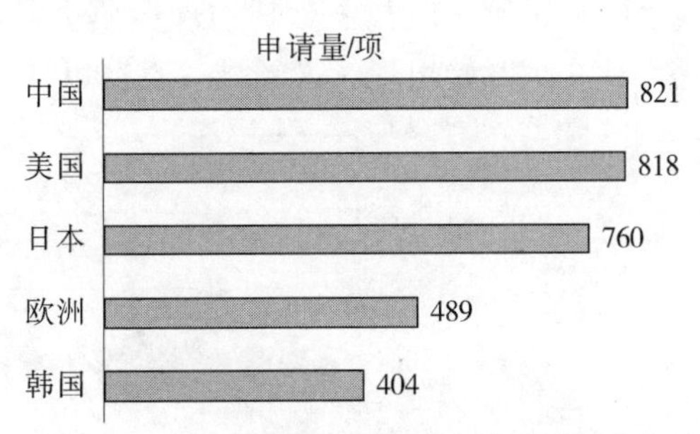

图15-6　碳系导电油墨全球申请目标国分布

从图15-7可以看出，日本的主要申请在本国，其次是美国和中国，专利申请量分别为 150 项和 111 项。美国的主要申请也在本国，其次是欧洲和日本，专利申请量分别为 170 项和 139 项。韩国在本国的专利申请量为 143 项，其次是美国和中国，专利申请量分别为 54 项和 32 项。我国虽然在本国的专利申请量较大，为 441 项，但是对外输出较少，在美国、日本、韩国和欧洲的专利申请量分别为 29 项、13 项、13 项、5 项，可见我国对外专利布局薄弱。

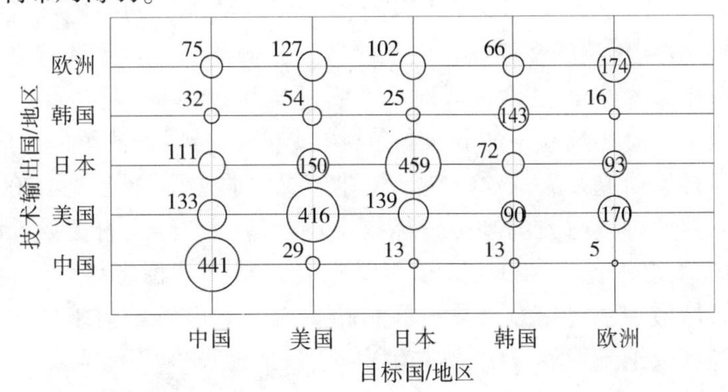

图15-7　碳系导电油墨全球申请目标国/地区和技术输出国/地区分布（单位：项）

15.1.4 技术分布分析

根据图15-8可知，1965年出现第一项碳系导电油墨专利，该专利选择碳黑、金属等导电填料作为导电材料。1965 ~1991 年的二十多年，陆续出现石墨烯、碳纳米管、碳材料与金属复合、碳-碳复合作为导电材料进行导电，而导电材料选择炭黑、金属等在这二十多年间成为导电油墨主要文献分布，主要研究金属在导电油墨中分散性以及导电效果，并未对碳纳米管、石墨烯这两种新型的碳材料在油墨中的分散性和导电性进行重点分析。涉及石墨烯、碳纳米管的新型碳材料的文献均较少，并未出现线性增长，呈现断层式申请模式，即石墨烯和碳纳米管在1969年各有1项申请，石墨烯在1982年有1项申请、在1987年有2项申请、在1988年有1项申请，碳纳米管在1987年有1项申请。可见，在1991年之前，涉及碳纳米管和石墨烯的导电材料少之又少，这是因为在1991年之前，人们只知道石墨烯存在于石墨中，并未研究出如何将石墨烯从石墨中分离出来。而碳纳米管可以看做是石墨烯片层卷曲而成，在1991年之前虽然发现了碳纳米管，但并未对其物理性质进行研究。从文献时间分布可以看出，从导电油墨专利文献开始出现，该领域一直在以导电金属作为主要导电手段。

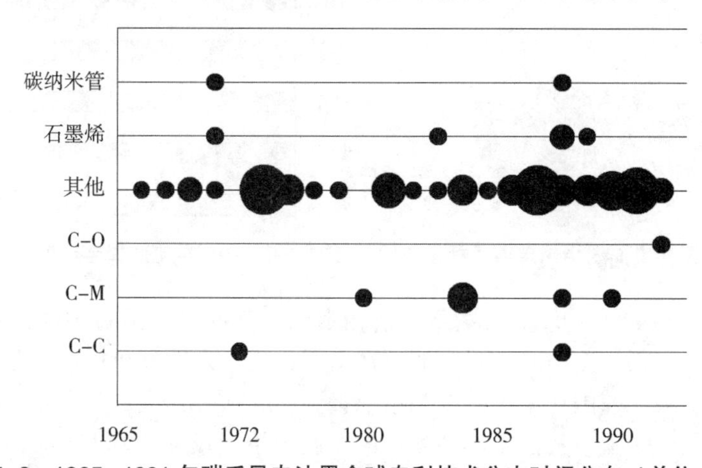

图15-8 1965~1991年碳系导电油墨全球专利技术分支时间分布（单位：项）

根据图15-9可知，1992~2008年涉及石墨烯和碳纳米管的导电油墨专利申请量平稳。这是因为在2004年英国曼彻斯特大学物理学家安德烈·盖姆和康斯坦丁·诺沃肖洛夫成功从石墨中分离出石墨烯，从而证实石墨烯可以单独存在。在2004~2008年，由于石墨烯和碳纳米管在油墨中的分散稳定性比较差，会导致油墨的导电性能不均匀，在这期间还处于探索研究石墨烯和碳纳米管在油墨中的应用阶段。自2009年之后，石墨烯和碳纳米管这两种碳材料的导电性能得以广泛应用，涉及石墨烯和碳纳米管的导电油墨的专利申请量突增。2000~2012年文献申请量保持稳定增长，这与经济发展、油墨本身应用领域应用基材拓宽、导电原料拓宽以及导电领域需求增加均相关，进而导致涉及石墨烯和碳纳米管的导电油墨专利申请量的增长。

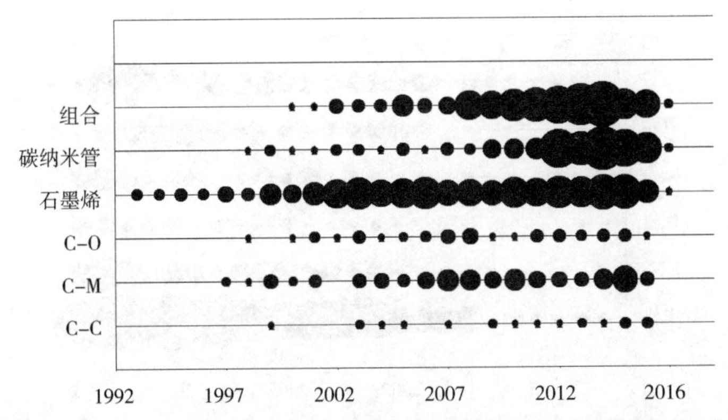

图15-9　1992~2016 年碳系导电油墨全球专利技术分支时间分布（单位：项）

从图15-10和图15-11可知，所有文献中涉及导电性的文献最多，占总量的 52%。其次为改善油墨或所得产品稳定性和降低生产油墨成本的专利申请，分别占总量的 17% 和 11%。对于油墨的环保性和机械性能方面的研究较少，占比分别为 3% 和 6%。图中出现的“其他”，是改善油墨中碳材料的其他性能，如浸润性、提高迁移率等。如昭和电工股份有限公司于 2012 年申请的公开号为 WO2012/141116A1、发明名称为“有机半导体材料及/或碳系半导体材料活化方法及场效应电晶体的制造方法”的发明专利，其中涉及一种油墨，包括低聚噻吩等聚合物、碳系半导体材料如富勒烯、碳纳米管和有机溶剂。该油墨在基板上印刷形成膜或团作为半导体层，进而对半导体层照射脉动光提高载体移动度。

由图15-10可知，1991 年之前全球碳系导电油墨领域研究的重点主要为提高导电油墨的导电性能，涉及稳定性、机械性和低成本的研究比较少，且没有涉及油墨环保性的研究。这是因为在 20 世纪 80 年代，电子产品、导体等高科技产品刚刚起步，这些电子产品的普及率不高、对电子产品的要求不多，所以油墨的导电性研究是主流研究方向。

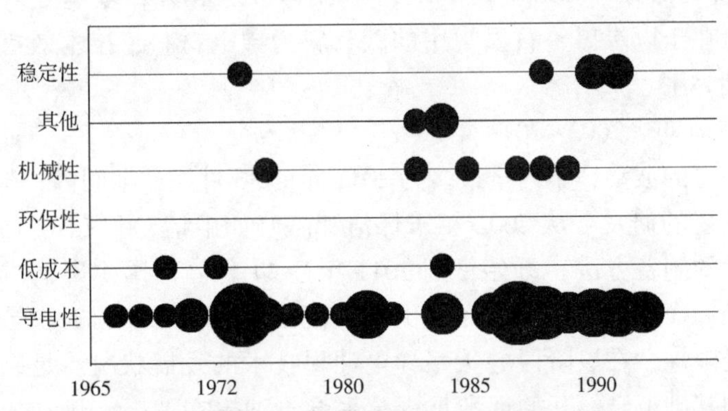

图15-10　1965~1991 年碳系导电油墨全球专利技术性能时间分布（单位：项）

由图15-11可知，在进入 20 世纪 90 年代之后，工业、农业全面发展，而随着工厂逐渐增多，环境污染比较严重，全球开始注重环保问题，对导电油墨的环保性要求也逐渐提高。另外，电子产品已遍布各家各户，对电子产品的性能要求也逐渐提高，对油墨的稳定性、低成本以及机械性能等也逐渐引起人们重视。

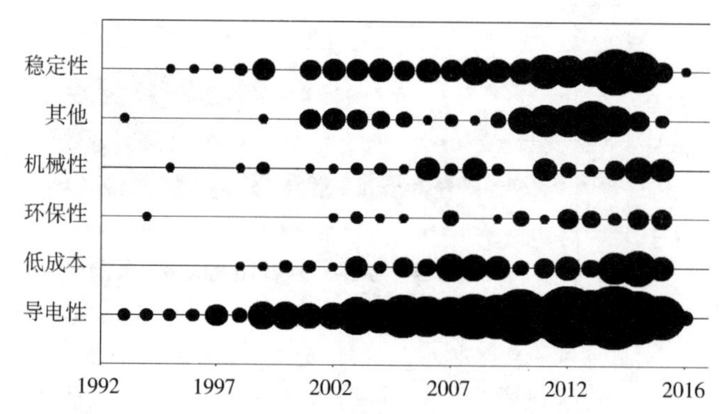

图15-11　1992~2016年碳系导电油墨全球专利技术性能时间分布（单位：项）

15.2　中国专利分析

15.2.1　专利申请趋势分析

中国最早的关于碳系导电油墨的专利是卡伯特公司于1995年12月14日申请的申请号为CN99119395、发明名称为“与重氮盐反应的炭黑和产品”的发明专利申请。中国关于碳系导电油墨的申请量整体均呈现上升趋势，在近2年期间全球申请量出现小幅下降的主要原因是部分专利申请尚处于未公开阶段，无法进行统计。如图15-12所示，中国关于碳系导电油墨申请量的发展主要分为三个阶段。

（1）技术萌芽期（1995~2001年）

这一阶段国内碳系导电油墨技术处于基础发展阶段，申请量较少，每年申请量均在10件以下。除许耀康于1999年申请专利CN99119395外，基本上以国外申请人为主。其技术重点在于以炭黑、石墨常用的碳材料为导电材料，技术效果主要是以提高导电性和稳定性为主。

（2）平稳发展期（2002~2011年）

期间出现一定的波动，申请量最多为2011年的36件。此期间内，国内申请人开始注重碳系导电油墨的研发，从2002年宋怀河和陈晓如申请专利CN02156737（一种碳包覆金属纳米晶的制备方法）开始，到2011年达11件。但国内申请占比仅31%，仍呈现外重内轻的局面，国外申请人在中国的大范围布局，给中国碳系导电油墨的研究带来了一定的局限性。在该阶段的碳系导电油墨技术的发展状况，足以说明我国申请人在外来技术的基础上已经开始逐渐重视碳系导电油墨在油墨市场和导电技术领域的重要地位，并着手开始该方面的研究工作，且初见成效。

（3）快速增长期（2012年至今）

此阶段专利技术呈现快速增长的势头，其中，由2012年的55件增长为2013年的84件，年增长率达到53%。在此期间，国内申请的申请量也超过国外申请人的在华申请量。足以说明我国申请人在碳系导电油墨领域的研究已经取代外来申请人，占据了主导地位，为我国自主研发更多的碳系导电油墨产品奠定了坚实的基础。但是，从国内申请人专利申请的质量来看，与欧洲等地区的跨国公司存在一定的差距，仍然有较大的进步和追赶空间。

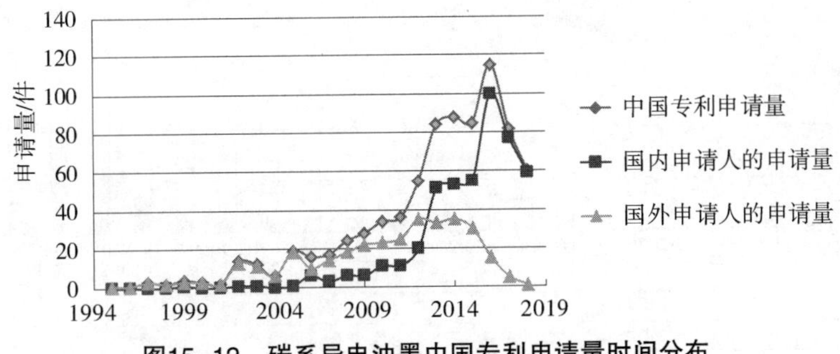

图15-12　碳系导电油墨中国专利申请量时间分布

15.2.2　申请人分布

15.2.2.1　申请人整体分布

如图15-13所示，在所有中国的关于碳系导电油墨的专利申请中，有 63% 的专利申请人为国内申请人。可见国内申请人在碳导电油墨领域专利申请量上已赶超国外申请人。

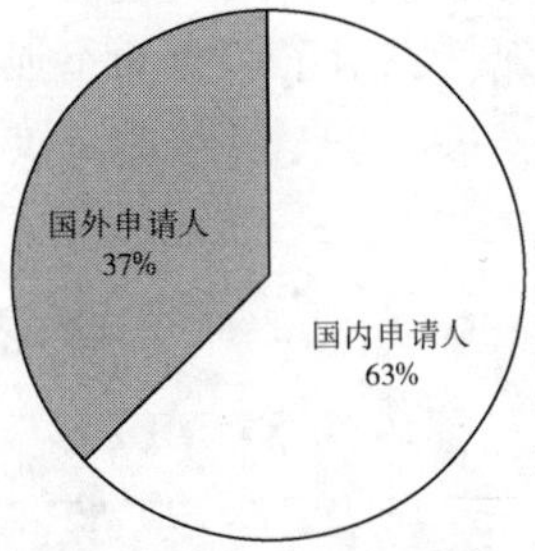

国外申请人
37%
国内申请人
63%

图15-13　碳系导电油墨中国专利申请人总体分布

15.2.2.2　申请人类型

由图15-14可知，企业申请人申请量以 68.4%，即过半的比例居于领先地位，既为我国碳系导电油墨研究的主要依托类型，也是导电技术进一步发展的主力军。因此，我国应配合各种政策，积极促进相关企业在碳系导电油墨领域的进一步发展。高校申请，占 12.1%，说明高校是碳系导电油墨研发的主要力量之一。合作申请排第三，占 8.0%，这也说明在碳系导电油墨领域存在一定程度的不同申请人的合作情况，可以结合各方申请人的优势研发出凝聚多方智慧的高质量申请。从图中可以看出我国关于碳系导电油墨，科研院所申请占总量的 7.2%，而且科研院所主要从事的是基础性研究，对企业乃至个人的研发均提供了一定的指导作用。除上述申请人以外，还存在一定量的个人专利申请（占比为 2.8%）。

此外，由图可知，在 1995 ~ 2016 年的二十多年时间里，企业、高校、合作、科研院所和个人类型的申请人申请量总体上均呈现逐渐增长的势头，特别是 2012 ~ 2016 年，随着我国经济体制的不断完善，市场经济不断发展的大形势下，碳系导电油墨技术得到了突飞猛进的发展，与上一个五年（即 2007 ~ 2011 年）的申请量相比，增长率已经高达 74.9%之多。由此可见，我国碳系导电油墨目前仍处于快速发展阶段，其中各种类型申请人的研究也在不断推进，将进一步推动我国碳系导电油墨技术迈向新的台阶。

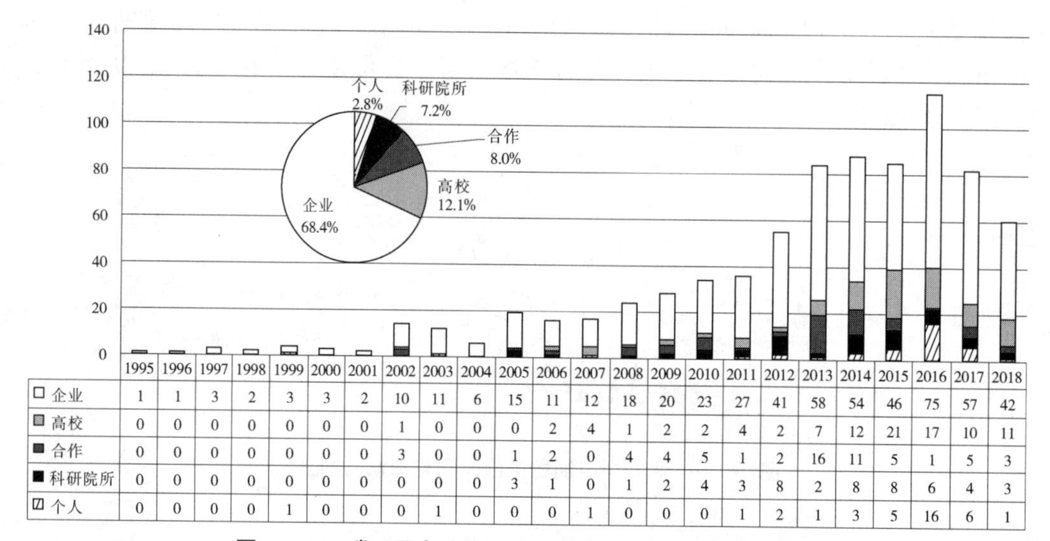

	1995	1996	1997	1998	1999	2000	2001	2002	2003	2004	2005	2006	2007	2008	2009	2010	2011	2012	2013	2014	2015	2016	2017	2018
□ 企业	1	1	3	2	3	3	2	10	11	6	15	11	12	18	20	23	27	41	58	54	46	75	57	42
■ 高校	0	0	0	0	0	0	0	1	0	0	0	2	4	1	2	2	4	2	7	12	21	17	10	11
■ 合作	0	0	0	0	0	0	0	3	0	0	1	2	0	4	4	5	1	2	16	11	5	1	5	3
■ 科研院所	0	0	0	0	0	0	0	0	0	0	3	1	0	1	2	4	3	8	2	8	8	6	4	3
▨ 个人	0	0	0	0	1	0	0	0	1	0	0	0	1	0	0	0	1	2	1	3	5	16	6	1

图15-14　碳系导电油墨中国专利不同申请人申请量分布

由图15-15可看出，企业、高校、合作、科研院所和个人申请总体上均呈现逐渐增长的势头，企业和高校最为显著。特别是2012~2016年，碳系导电油墨技术的飞速发展和日益成熟，吸引了更多的企业、高校、合作、科研院所和个人加入碳系导电油墨的研发队伍，进一步促进了我国碳系导电油墨技术的飞速发展。

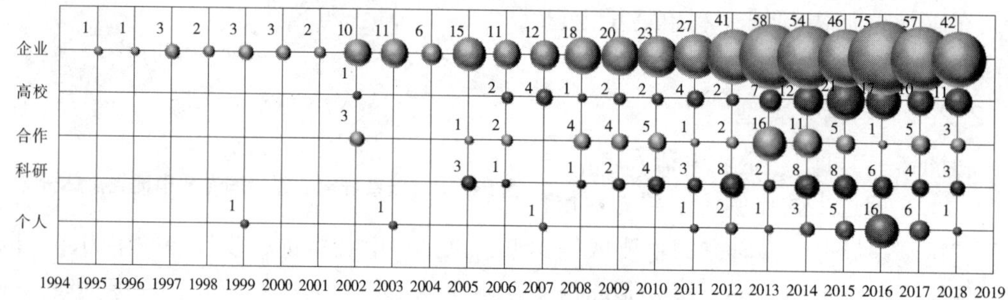

图15-15　碳系导电油墨中国专利不同申请人对比

由图15-16可知，其中各种合作模式中企业-企业的合作情况最多，比例达到49.2%；企业-高校的合作次之，占比为23.8%；科研院所-科研院所的合作以及个人-个人的合作并列第三，占比均为6.3%；企业-科研院所的合作以及企业-个人的合作并列第四位，占比均为4.8%；最后为高校-科研院所的合作，以及高校-高校的合作，占比分别为3.2%、1.6%。

由图还可看出，2005~2012年，企业-企业的合作一直保持平稳状态，2013~2016年，碳系导电油墨技术的快速发展，企业之间达到合作高峰，说明碳系导电油墨技术的发展需要更多的企业强强联合以提供技术支撑。除了与企业合作，实现利益最大化以外，企业非常注重与高校的合作，并一直保持良好且稳定的合作状态，成为碳导电油墨技术飞速发展的重要助推力。由于高校多以理论研究为主，该类型合作模式的不断推进，进一步说明我国碳导电油墨在产学研合作方面的合作在不断发展，各大高校将强有力的理论研究成果提供给合作的企业，为企业进一步生产实践提供理论指导，企业实践的结果反过来指导理论研究，从而实现产学研的完美结合，在一定程度上促进新产品和新技术在产业上的诞生和推广。

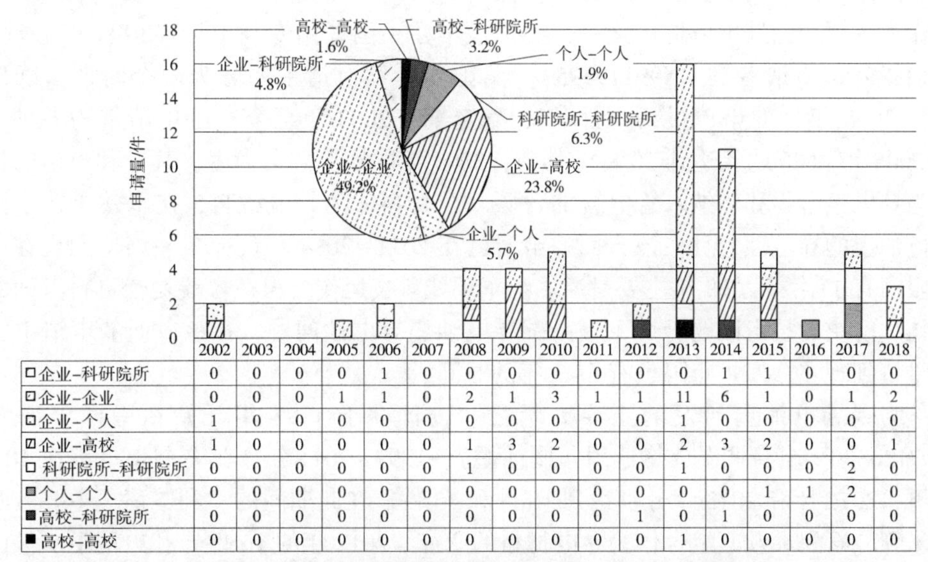

	2002	2003	2004	2005	2006	2007	2008	2009	2010	2011	2012	2013	2014	2015	2016	2017	2018
企业-科研院所	0	0	0	0	1	0	0	0	0	0	0	0	1	1	0	0	0
企业-企业	0	0	0	1	1	0	2	1	3	1	1	11	6	1	0	1	2
企业-个人	1	0	0	0	0	0	0	0	0	0	0	1	0	0	0	0	0
企业-高校	1	0	0	0	0	0	1	3	2	0	0	2	3	2	0	0	1
科研院所-科研院所	0	0	0	0	0	0	1	0	0	0	0	1	0	0	0	2	0
个人-个人	0	0	0	0	0	0	0	0	0	0	0	0	0	1	1	2	0
高校-科研院所	0	0	0	0	0	0	0	0	0	0	1	0	1	0	0	0	0
高校-高校	0	0	0	0	0	0	0	0	0	0	0	1	0	0	0	0	0

图15-16 碳系导电油墨中国专利申请人合作模式分布

15.2.3 地域分布

15.2.3.1 整体地域分布

由图15-17可知，在碳系导电油墨中国专利中，美国专利申请量位居第一，为107件，其申请人以杜邦公司等为主；广东、江苏、日本排名第二至四位，专利申请量分别为96件、95件、94件。其中，日本的专利申请以丰田、松下等为主。北京、韩国、德国的专利申请量分别为49件、40件、40件，而安徽、上海仅分别为26件、16件。因此，为了保证国内碳导电油墨研发的后起之秀广东、江苏和北京等地区在该领域的良好发展，避免外来技术的冲击，大力发展属于我们自己的技术迫在眉睫。

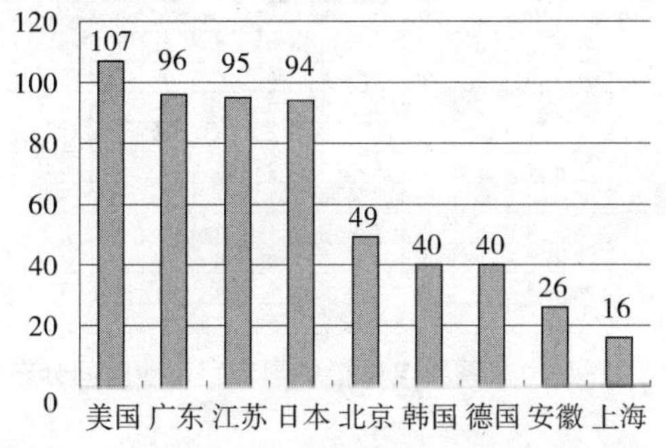

图15-17 碳系导电油墨中国专利申请地域分布

15.2.3.2 整体时间分布

从图15-18可知，整体上，国内外的专利申请与碳系导电油墨技术的发展趋势基本一致，分为萌芽期和发展期。不同国家或不同地域因研发背景、经济发展以及市场需求的不同而又具有其独特的发展历程。

作为主要的国外申请地区之一，美国最早在中国开始专利申请（1995 年 12 月 14 日卡伯特公司申请专利 CN99119395）。美国的专利申请主要分为两个时期：试探期（1995~2005 年）的申请量约 1 件/年，稳定期（2003 年至今）的申请量约 5 件/年，并于 2005 年和 2009 年达到 10 件。其中，2005 年以杜邦公司为主，其专利申请的技术重点为导电聚合物和碳纳米管复合的含碳复合材料作为导电材料，技术效果在于提高碳导电油墨的导电性，且在该方面的申请已在 2011~2012 年授权，并维持到现在，保护年限已有 11 年。2009 年主要是通用汽车环球科技运作公司在含碳复合材料方面的专利申请，解决的技术问题仍在于提高碳导电油墨导电性问题，在该方面的申请也已授权并维持到现在，保护年限也有 6~7 年的时间。

作为碳导电油墨研发的主要力量之一，日本于 1997 年开始在中国申请专利（CN97126330，自身调温放热器用印刷油墨）。1997~2011 年，其专利申请都在 10 件/年以下，2012 年和 2013 年分别达到 16 件和 15 件。在此期间的专利申请，主要涉及以碳纳米管、石墨烯及其组合作为导电材料的研究。2012 年的 16 件专利申请中 9 件已授权，其余处于公开状态。由此可看出，美国和日本在中国围绕碳导电油墨已形成的一定的专利布局，涉及诸多重点专利，给国内申请人的研发带来一定的阻碍，同时也带来了一定的契机。因此，这不仅需要国内申请人集中力量投入碳导电油墨的研发，缩短与国外的差距，还需要国内申请人在加强与国外申请人合作的同时，提高专利保护和专利布局的意识。

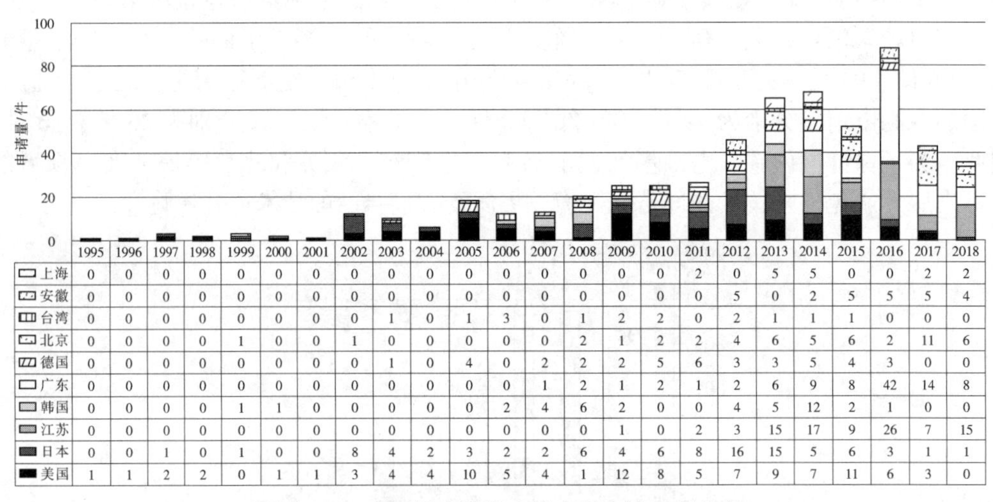

	1995	1996	1997	1998	1999	2000	2001	2002	2003	2004	2005	2006	2007	2008	2009	2010	2011	2012	2013	2014	2015	2016	2017	2018
上海	0	0	0	0	0	0	0	0	0	0	0	0	0	0	0	0	2	0	5	5	0	0	2	2
安徽	0	0	0	0	0	0	0	0	0	0	0	0	0	0	0	0	0	5	0	2	5	5	5	4
台湾	0	0	0	0	0	0	0	0	1	0	1	3	0	1	2	2	0	2	1	1	1	0	0	0
北京	0	0	0	0	1	0	0	1	0	0	0	0	0	2	1	2	2	4	6	5	6	2	11	6
德国	0	0	0	0	0	0	0	0	1	0	4	0	2	2	2	5	6	3	3	5	4	3	0	0
广东	0	0	0	0	0	0	0	0	0	0	0	0	1	2	1	2	1	2	6	9	8	42	14	8
韩国	0	0	0	0	1	1	0	0	0	0	0	2	4	6	2	0	0	4	5	12	2	1	0	0
江苏	0	0	0	0	0	0	0	0	0	0	0	0	0	0	1	0	2	3	15	17	9	26	7	15
日本	0	0	1	0	1	0	0	8	4	2	3	2	2	6	4	6	8	16	15	5	6	3	1	1
美国	1	1	2	2	0	1	1	3	4	4	10	5	4	1	12	8	5	7	9	7	11	6	3	0

图15-18 碳系导电油墨中国专利申请时间分布

在国内，最早开始碳导电油墨专利申请的地区是北京（许耀康于 1999 年 9 月 15 日申请专利 CN99119395），但 1999~2007 年一直处于探索阶段，2008 年开始才逐步有专利申请，在2013年达到6件，主要以碳纳米管、石墨烯及其组合作为导电材料，提高碳导电油墨稳定性和导电性。广东于2007年开始出现碳导电油墨的专利申请（华南理工大学于2007年1月5日申请专利CN200710026213），随后稳步发展，2013年、2014年和2015年申请量达到6件、8件和8件。这可能与广东聚集了一批有创新活力的中小型企业有关，如珠海市乐通化工股份有限公司、广东佳景科技有限公司、广东方邦电子有限公司等。作为国内主要的申请地区，江苏起步比北京和广东都晚，2009年才开始有专利申请（无锡爱康生物科技有限公司于2009年8月27日申请专利“一种酶生物电化学传感芯片及其制备方法”），但其发展迅速，2013年和2014年的专利申请量分别达到15件和17件，这除与江苏聚集了一批有创新活力的中小型企业（如苏州牛剑新材料有限公司、苏州汉纳材料科技有限公司等）有关外，还与江苏注重企业和高校合作走产学研相结合的发展道路有关，其中以江苏格美高科技发展有限公司和江苏航空航天大学合作为代表。因此，作为碳系导电油墨研发后起之秀的广东，除了中小型企业和高校各自发挥优势外，可能还需要联手合作，促进碳导电油墨技术的发展。

15.2.3.3 国外申请人地区分布

从图15-19可以看出，在华申请的国外申请人主要分布在16个国家中。其中，美国和日本在中国的申请量最多，占比分别为32.5%、28.6%，是在华进行大范围专利布局的主要申请人集中的区域，也是我国本土申请人主要的竞争对手聚集区。由此可知，在我国申请人在对碳导电油墨的研究开发过程中需要重点关注上述地区的申请人，可以从多角度出发，在其现有的技术上进行拓展性研发，此外生产过程中也应规避上述地区申请人的专利布局，以免对自己的利益造成损失。

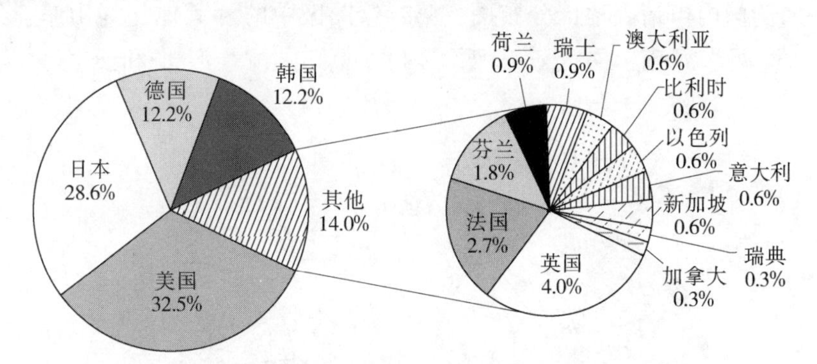

图15-19 碳系导电油墨中国专利申请国外申请人地区分布

15.2.3.4 国外申请人时间分布

由图15-20可知，美国申请人在2009~2013年在我国的专利申请较多，2009年达到12件，日本申请人在2008~2013年在我国专利申请较多，2012年和2013年分别达到16件和15件。与美国和日本相比，韩国和德国则以不同程度的态势开始向中国进行专利布局。德国申请人专利申请较多的时期集中在2010~2011年，虽然其申请量最多的2011年也仅6件，但其中3件已获得授权并处于保护阶段，并且其申请人赢创炭黑有限公司、巴斯夫欧洲公司、汉高公司和拜耳知识产权有限责任公司都是研发实力雄厚的大企业，因此，德国有可能是未来国外申请人在华申请的主要力量之一。韩国则呈现间歇式的分布，申请量分别出现在2006~2009年和2012~2014年，分别以LG电子株式会社和印可得株式会社为主要申请人，这可能与企业的发展策略以及专利布局有关。

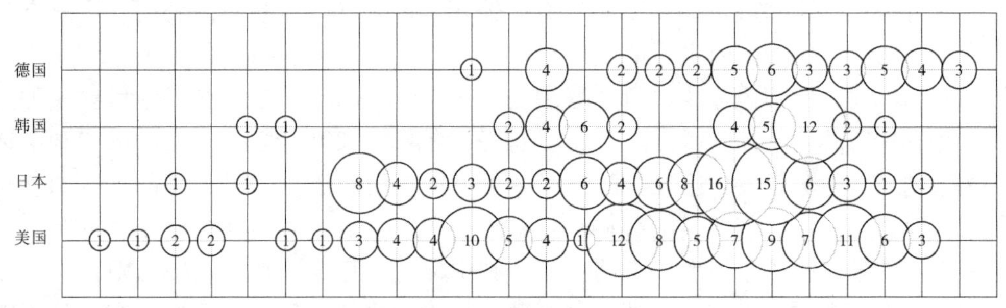

图15-20　碳系导电油墨中国专利申请国外申请人时间分布

综上所述，在过去的20多年时间里，国外各大公司在中国已经完成了一部分区域的专利布局，虽然近几年申请量有所下降，但是并不代表他们已经对中国市场失去兴趣，相反他们很可能在已有技术的基础上研发更具潜力和发展前景的技术。为了在我们本土地区掌握有竞争力的碳导电技术，我们国内申请人更应该重视碳系导电油墨技术的创新与保护，以便与国外技术相抗衡。

15.2.3.5　国内申请人地区分布

图15-21为国内申请人地区分布图，第二绘图区中的“其他”为山东、天津、福建、山西、陕西、河南、香港、广西、内蒙古、甘肃、河北和云南，其占比为0.22%~1.95%。

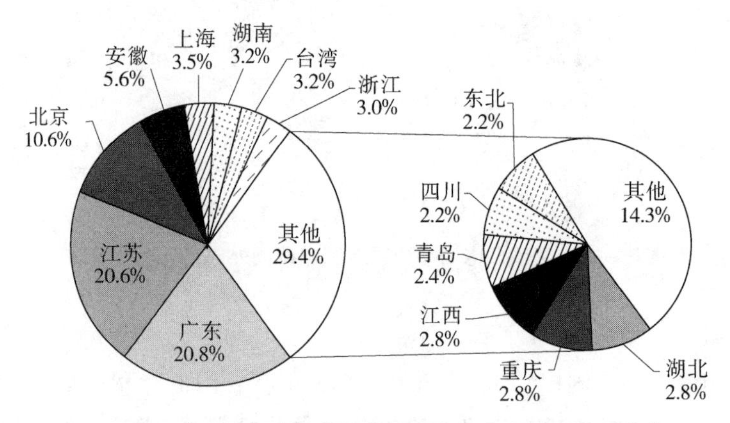

图15-21　碳系导电油墨中国专利申请国内申请人地区分布

由图15-21可知，广东、江苏、北京为我国碳导电油墨技术研究较为广泛的地区，占全国申请量的比重均超过10%。安徽、上海、湖南、台湾、浙江次之，分别为5.6%、3.5%、3.2%、3.2%和3.0%。上述地区中，北京是国内最早研究碳导电油墨的地区，广东是起步和发展都处于平稳状态的地区，江苏则是起步晚但发展最快的地区。

此外，由图15-21还可知，碳系导电油墨技术的研究覆盖了全国大部分地区。在主要地区（广东、江苏、北京）的带动下，在未来的发展道路上，全国其他地区的碳系导电油墨技术也必将得到飞速发展，为我国本土碳导电油墨技术在全球范围内占据重要地位打好基础，也是我国跻身世界碳导电油墨技术强国的有力支撑。

15. 2. 3. 6　国内申请人时间分布

由图15-22可知，国内申请的快速发展主要集中在 2012 年以后，申请量整体上呈现快速增长的状态。其中，广东和江苏在 2016 年、北京在 2017 年出现申请的最大量。

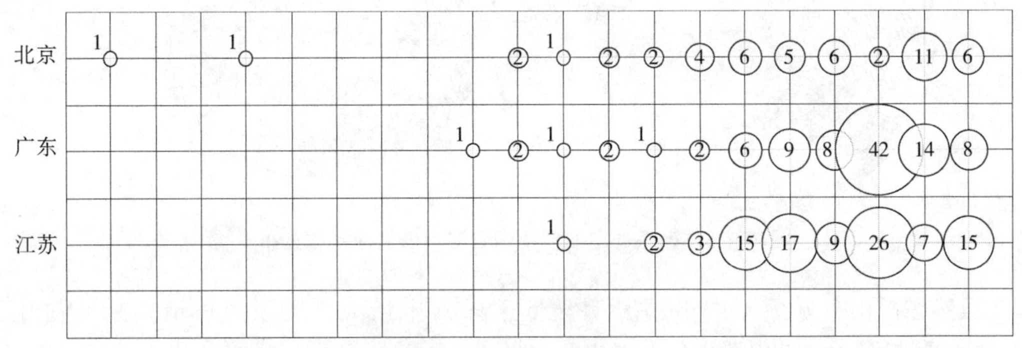

图15-22　碳系导电油墨中国专利申请国内申请人时间分布

15. 2. 4　法律状态分布

由图15-23可知，中国碳系导电油墨领域的专利授权率（有效+无效）为 40. 3%，驳回率为 4. 7%，撤回率为 17. 2%，公开的案件为 37. 8%。其中，授权率相比于整个油墨领域 60%左右的授权率偏低，这主要与碳导电油墨的研发起步较晚、时间短有关（1995 年才开始有碳导电油墨的专利申请），这从公开占比 45. 7%也可进一步得到印证、也正说明碳系导电油墨是目前油墨领域中研发活跃度高、发展空间广阔的技术领域之一。

国外申请人的授权率（有效+无效）为 52. 2%，高于国内申请人的授权率（31. 9%）。授权率主要与专利申请的技术高度有关，由此可知，国外申请人在碳系导电油墨方面的原创性（创新性）明显高于国内申请人，在碳系导电油墨的研发实力和研发技术上占有很大的优势，这主要与国内碳导电油墨的起步较晚有直接关系。国外早在 1970 年已有碳导电油墨的专利申请（DE2042099A），而我国直到 1997 年才首次申请专利，整整晚了将近 30 年。另外，国外的申请人主要以大企业为主，如美国的杜邦公司、通用汽车环球科技运作公司，日本的松下、丰田，德国的赢创德固赛有限公司，韩国的 LG 化学株式会社。国内授权申请人则分散在各中小型企业、高校和科研院所。大企业除明显存在研发技术和经济上的优势外，其专利保护意识强、专利布局体系完善，而国内申请人在专利申请和保护方面整体上落后于国外申请人。特别是国内的高校和科研院所，虽然具备很强的研发实力和潜力，但他们更注重理论研究，倾向于论文发表，专利申请意识相对薄弱。这也是导致国外申请人授权率高于国内申请人的原因之一。因此，这需要国内申请人在集中力量投入碳系导电油墨技术研发，缩短与国外差距的同时，还要提高专利保护和专利布局的意识。

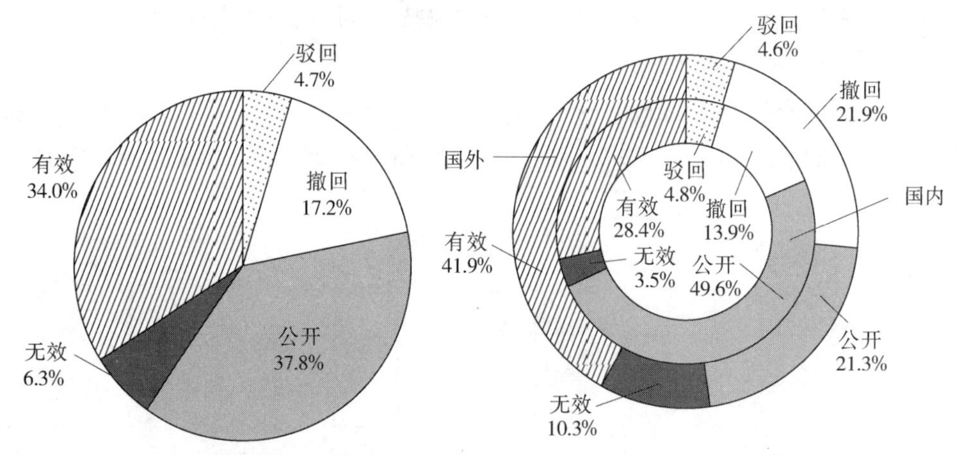

图15-23　碳系导电油墨中国专利申请法律状态分布

虽然在授权率方面国内申请人明显低于国外申请人，但国内申请人公开占比49.6%，明显高于国外申请人公开占比21.3%。因此，虽然国内碳系导电油墨起步晚、研发基础薄弱，但发展快是其特点和优势。国内申请人在碳系导电油墨技术研发上一直保持创新的劲头，仍可以看到国内碳导电油墨发展的步伐赶上国外碳导电油墨前进脚步的希望。

由图15-24可知，在授权申请量、公开申请量方面，企业都明显高于其他申请人类型。由此可看出，一方面，相比于其他类型专利申请人，企业在碳系导电油墨领域具有明显的研发优势，掌握了绝大多数的核心专利技术；另一方面，企业是碳导电油墨专利申请和技术持续发展的核心力量。其中，国内主要以中小型企业为主，如江苏的无锡爱康生物科技有限公司、苏州纳格光电科技有限公司、苏州冰心文化用品有限公司，广东的广州市泛友科技有限公司、东莞市佳景印刷材料有限公司，北京的汉能科技有限公司，台湾的长兴化学工业股份有限公司。高校和科研院所也是碳系导电油墨技术研发不可忽视的重要力量，以湖北大学（有效申请3件）、北京化工大学（有效申请3件）、中国科学院（有效申请7件）和财团法人工业技术研究院（有效申请4件）为代表。随着碳导电油墨技术的蓬勃发展，企业、高校和科研院所都开始注重合作，为碳导电油墨的发展提供技术支撑，成为碳导电油墨技术发展的助推力。在鼓励创新的推动下，越来越多的个人也参与碳导电油墨的研发，为碳导电油墨的发展注入新的活力。

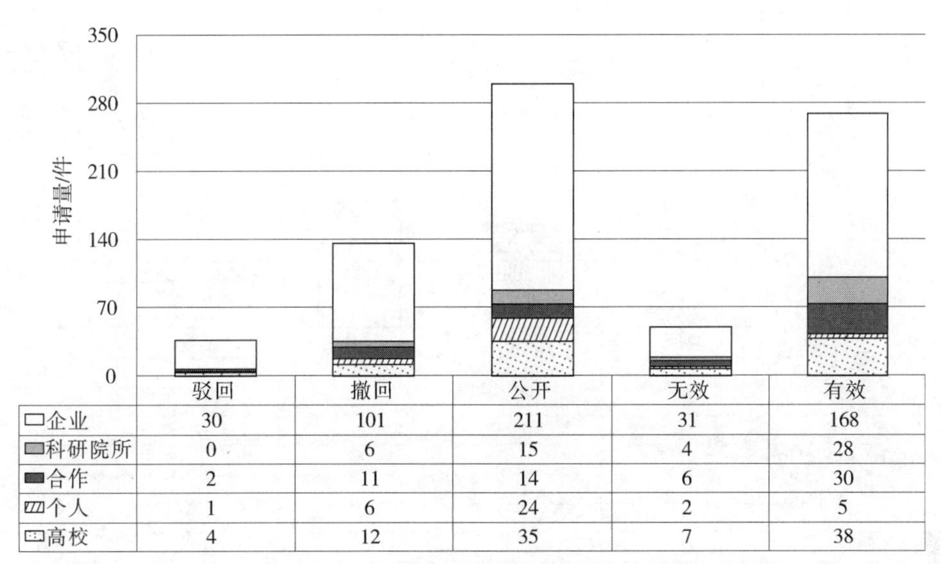

	驳回	撤回	公开	无效	有效
企业	30	101	211	31	168
科研院所	0	6	15	4	28
合作	2	11	14	6	30
个人	1	6	24	2	5
高校	4	12	35	7	38

图15-24　碳系导电油墨中国专利申请人类型-法律状态分布

由图15-25可知，企业-企业、企业-高校的合作模式中专利处于有效和公开状态的申请量，都高于其他类型专利申请人合作模式，并且企业-企业、企业-高校的合作模式的无效申请量也较低。其中，企业-企业合作以北京阿格蕾雅科技发展有限公司-广东阿格蕾雅光电材料有限公司（有效申请1件，公开申请3件）、南昌欧菲光科技有限公司-广东欧菲光科技股份有限公司-苏州欧菲光科技有限公司（公开申请5件）为代表。企业-高校合作以富士康-清华大学（有效申请3件）、湖南有色中央研究院有限公司-国防科技大学（有效申请2件）、江苏格美高科技发展有限公司-江苏航空航天大学（公开申请3件）表现尤为明显。企业一直是碳导电油墨研发的核心力量，掌握了碳导电油墨绝大多数的核心专利技术，具有雄厚的研发实力、经济基础和共同的市场需求；高校具备很强的研发实力和潜力。这也是企业-企业和企业-高校合作模式的专利质量（专利申请有效量）和研发活跃度（专利申请公开量）高于其他的合作模式的主要原因。在企业-企业合作的4件撤回专利申请中，3件（CN201010287620、CN200580032078和CN201310210466）是发明专利申请公布后的视为撤回，1件（CN200610059246）是专利权的视为放弃。除CN201310210466是国内申请人的专利申请外，其余3件都是国外申请人的专利申请，这可能与国外申请人在华专利布局有关。

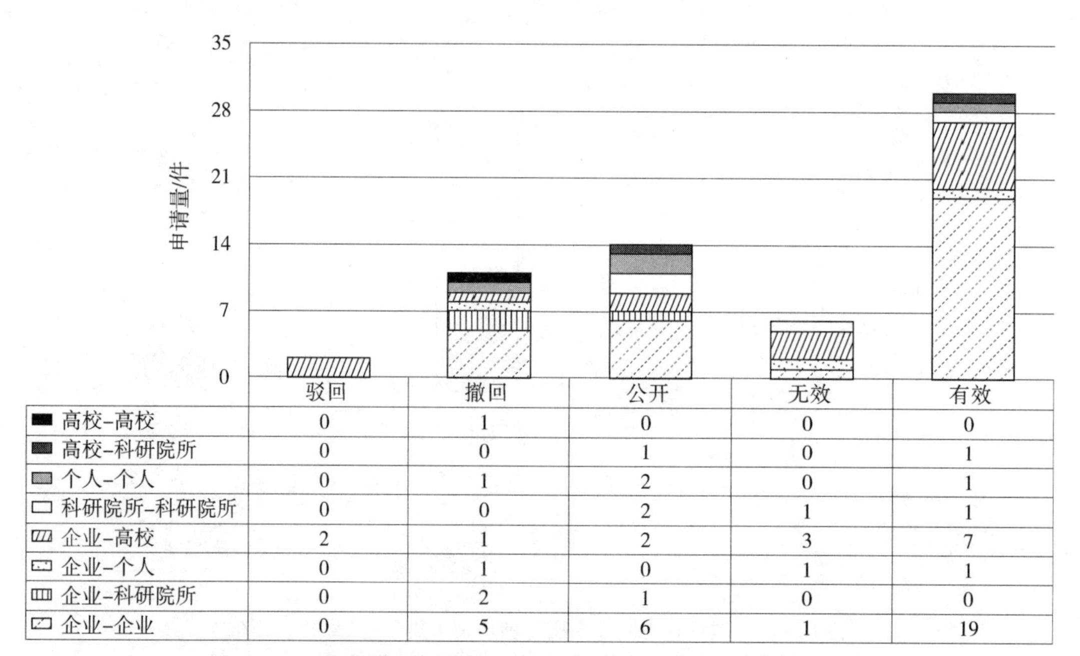

	驳回	撤回	公开	无效	有效
高校-高校	0	1	0	0	0
高校-科研院所	0	0	1	0	1
个人-个人	0	1	2	0	1
科研院所-科研院所	0	0	2	1	1
企业-高校	2	1	2	3	7
企业-个人	0	1	0	1	1
企业-科研院所	0	2	1	0	0
企业-企业	0	5	6	1	19

图15-25 碳系导电油墨中国专利申请人合作模式-法律状态分布

由图15-26可知，目前所有国内申请案件中的授权案件的平均保护年限为6.52年。其中，国内申请人的授权案件平均保护年限为4.08年，低于整体水平；国外申请人的平均保护年限为8.11年，高于整体水平。这在一定程度上反映出国外申请人在碳导电油墨技术先进性程度，以及对知识产权保护的重视程度等方面，均优于国内申请人。

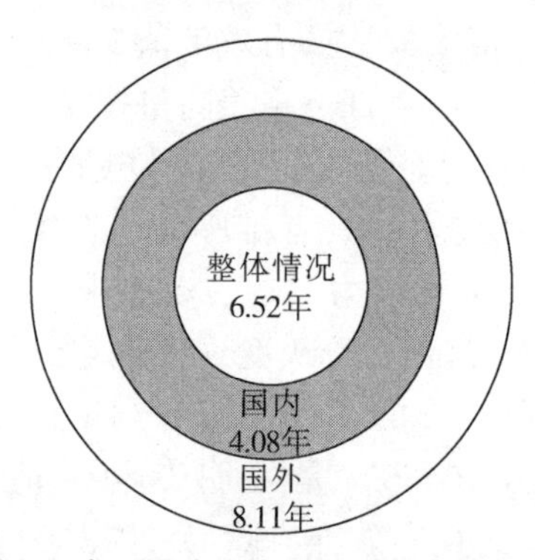

图15-26 碳系导电油墨中国专利申请授权案件平均保护年限

此外，课题研究人员将保护年限分为0~3年、3~6年、6~9年、9~12年和12年以上的不同阶段，分别从横向和纵向两个角度分析授权案件的保护年限分布情况，如图15-27所示。其中，无论是中国授权案件的总体情况，还是国内申请人和国外申请人申请的专利，其保护年限均是随着保护年限的延长，授权案件量逐渐递减，即保护年限长的案件少于保护年限短的授权案件。保护年限在0~3年的专利申请占授权案件总量的26%，其中国内申请人在该区间的在专利案件占总授权案件的56%，而国外申请人在该阶段的专利案件占总授权案件的6%。而保护年限在3~6年、6~9年、9~12年，乃至 12 年以上的授权案件中，国内申请人在对应区间的专利申请量均低于国外申请人的申请量。

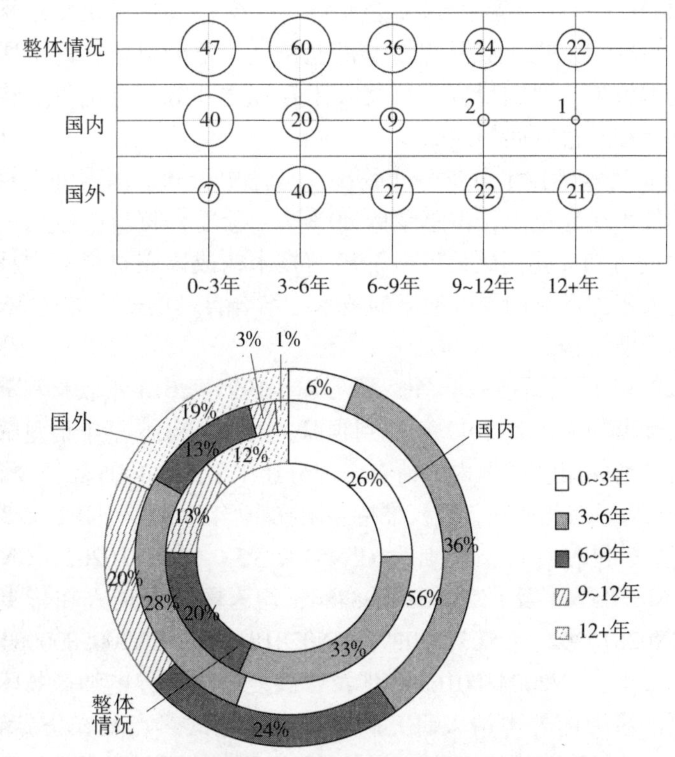

图15-27　碳导电油墨中国专利申请授权案件保护年限分布

由此可见，国内申请人的授权案件中保护年限均较短，而国外申请人的在华申请的保护年限均较长。上述结果的主要原因有两个方面。第一，国外申请人在碳导电油墨领域的研究较早，且在早期存在一些基础性的专利，如美国卡伯特公司在 1995 年申请的申请号为 CN95197595、发明名称为“与重氮盐反应的炭黑和产品”的专利申请，于 2002 年 8 月授权，直到 2015 年 1 月专利权有效期届满，并且该文献同族被引证次数高达 451 次。该专利作为碳系导电油墨研究的基础性专利之一，其重要性是显而易见的。第二，国外申请人的专利撰写质量以及专利布局的水平均高于国内申请人，其授权案件获得了较大的保护范围，并且专利布局的覆盖范围较广，长期保护可以使申请人获得更大的利益。根据上述分析可知，提高我国申请人的创造性水平是摆脱现在被国外申请人牵制的主要方法之一。而高价值的且有创造性的专利申请是理论与实践的不断完善的结晶。因此，我国本土申请人应从目前的研究现状出发，在理论知识的指导下，不断探索实践，创造出更多属于我们自己的高质量专利技术，借此与国外技术相抗衡。

15.2.5　技术分析

15.2.5.1　技术分支

碳系导电油墨根据其导电材料的类型可以分为碳材料及含碳复合材料。碳材料主要分为碳纳米管、石墨烯、组合（组合指代的是导电油墨专利文献中必须同时记载了碳纳米管和石墨烯）及其他（其他指代的是传统碳导电材料如石墨、炭黑或碳纤维等）；含碳复合材料主要涉及碳-金属复合材料（C-M）、碳-有机复合材料（C-O）及碳-碳复合材料（C-C）。在上述技术分支的基础上，根据申请文件中所能解决的技术问题和达到的技术效果，课题研究人员将技术性能主要分为导电性、稳定性、机械性能、低成本、环保和其他方面的性能。

图15-28（a）为整体技术分支分布情况。从图中可知，国内外碳材料的应用均为碳系导电油墨的技术研究重点，占总量的80%。含碳复合材料的应用占碳系导电油墨总量的20%。由此可知，我国碳系导电油墨的技术构成以碳材料为主，含碳复合材料为辅。国内申请人根据已有的导电油墨的技术，结合自己的研究方向和市场渗透方向，合理调整自己的产业结构。

结合图15-28（b）和图15-28（c）还可知，1995~2013年碳材料导电油墨国内外的研究力度都在逐渐加大，到2013年达到顶峰，2014~2016年申请量又逐渐下降，这是由于在此期间申请的国外或国内申请有一部分还未公开。1995年至今含碳复合材料的研究力度增加不明显。在此期间，授权维持年限在10年以上及引用次数在100次以上的重点碳导电油墨专利有6件，分别为CN95197595、CN02810262、CN200480016800、CN03122927、CN02818181及CN200580008486，均为国外申请人在华专利申请。其中CN95197595、CN02810262、CN03122927、CN02818181及CN200580008486均涉及碳材料导电油墨技术分支，CN200480016800涉及含碳复合材料导电油墨技术分支。由此可知，碳材料导电油墨为国外申请人研究碳系导电油墨的热点及在华专利布局的重点。而且由图15-28（c）可知，国内申请人从2005年至今对碳材料导电油墨的研究力度及专利保护意识在迅速增强。因此，碳材料作为导电油墨技术重点分支之一，为了防止国外申请人大范围在中国进行专利布局，我国本土申请人也已经有意识的在该方面加大研究力度并申请专利，对自己的研究成果进行及时保护，从而有效保护自身利益。

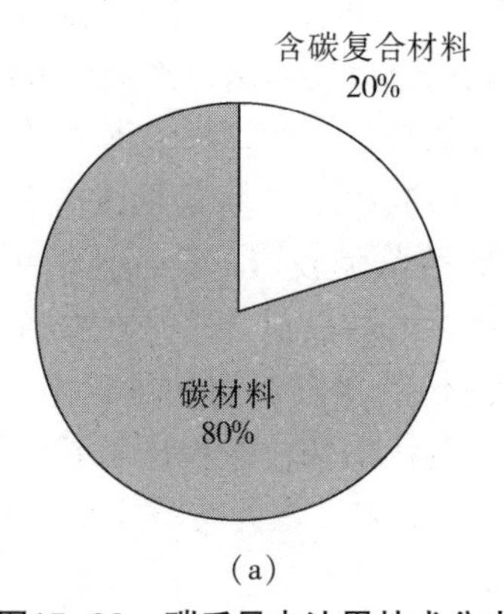

（a）

图15-28　碳系导电油墨技术分支

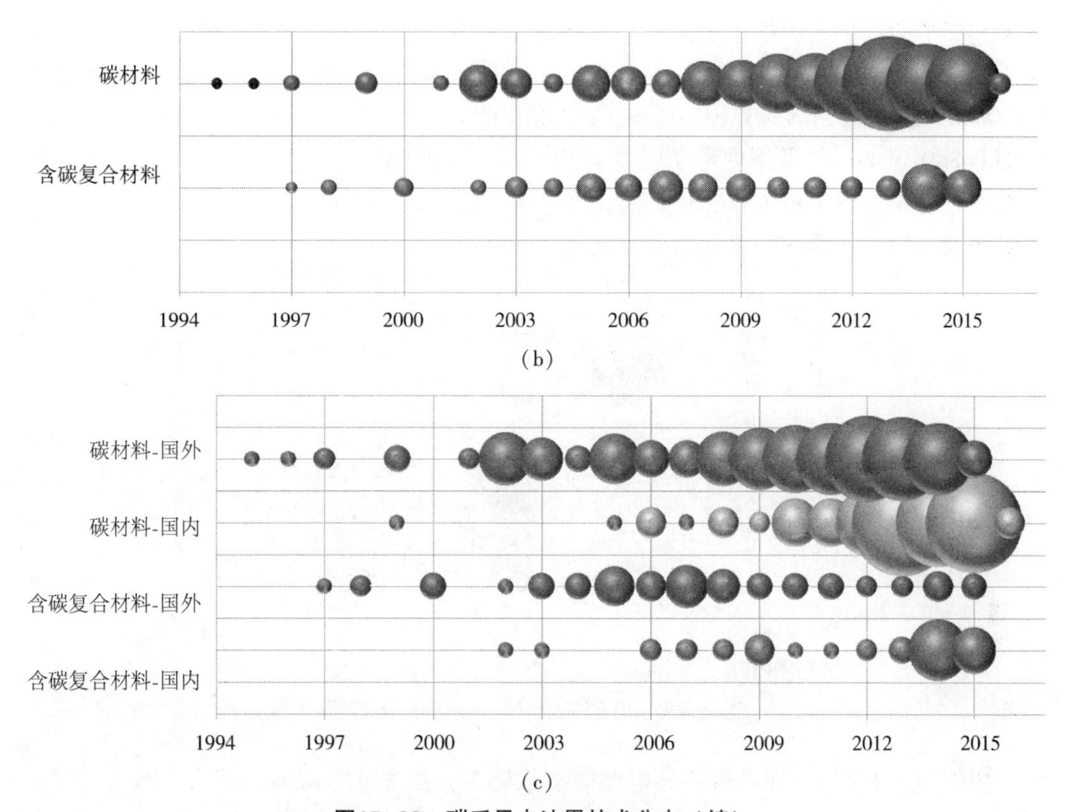

图15-28 碳系导电油墨技术分支（续）

由图15-29可知，从碳材料的研究力度来看，碳纳米管和石墨烯属于前沿和重点研究的领域。其中碳纳米管的研究处于首位，并且在该分支中国外申请人的研究力度比国内申请人的研究力度大，国外申请人的专利保护力度要比国内强。如处于有效和无效阶段并且引用次数在10次以上的重点专利中，涉及国外申请人的有11件，而国内申请人只涉及2件。在石墨烯技术分支中，国内申请人的研究力度要比国外申请人稍大，但是处于有效和无效阶段并且引用次数在10次以上的重点专利还是国外申请人居多，涉及国外申请人的有9件，国内申请人涉及5件。因此，国内申请人在加大对碳纳米管和石墨烯研究力度的基础上，还需要进一步提升专利质量，以确保专利保护有效力度的增强。

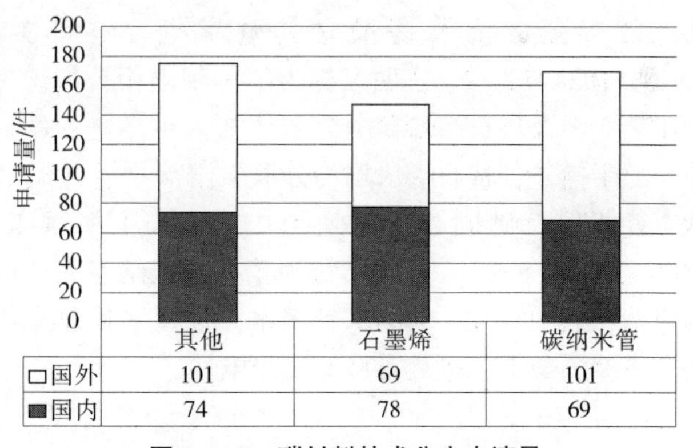

	其他	石墨烯	碳纳米管
□国外	101	69	101
■国内	74	78	69

图15-29 碳材料技术分支申请量

由图15-30可知，在含碳复合材料的研究中碳-金属复合材料为研究重点，并且在该技术分支中国内外申请人的研究力度相当。但是从重点专利角度分析，国外申请人的专利保护力度仍大大超过国内申请人的专利保护力度。如处于有效和无效阶段并且引用次数在 10 次以上的重点专利中，涉及国外申请人的有 6 件，分别为CN200480016800、CN200710151348、CN00136957、CN00810548、CN200480029185、CN200680016848，涉及国内申请人的只有 1 件 CN02156737。因此，在碳-金属复合材料技术分支中国内申请人在保证现有研究力度或继续加大研究力度的基础上需要重视专利申请质量，以进一步提高有效专利保护的效果。

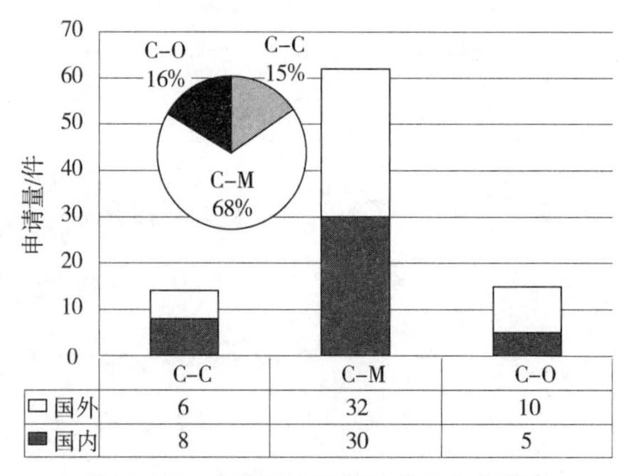

	C-C	C-M	C-O
□国外	6	32	10
■国内	8	30	5

图15-30　含碳复合材料技术分支申请量

由图15-31可知，涉及提高导电性的文献最多，占总量的 46%，其次为改善油墨或所得产品稳定性的专利申请，占总量的 19%。对于低成本、机械性能及环保方面的研究分别占 9%、8%及 5%。占比 13%的“其他”，主要涉及提高阻抗性、操作简便、提高电磁屏蔽性能及提供立体效果等。如周焕民于 2015 年申请的申请号为CN201510342798.2、发明名称为“一种固相石墨烯导电分散体的制备方法”的发明专利申请，涉及将石墨烯导电分散体加入到导电油墨的制造工艺，该发明的制备方法简单、易于操作，将石墨烯均匀分散于溶液中，并通过导电炭黑的吸附作用，使其分散状态能够保持到固相导电炭黑中。又如上海理工大学于 2013 年申请的申请号为CN201310173486.4、发明名称为“一种碳纳米管电磁波屏蔽纸制备的方法”的发明专利申请，其中涉及了碳纳米管墨水，该墨水通过采用喷墨打印方式能制备出性能良好的电磁波屏蔽纸，也具有良好的导电性。

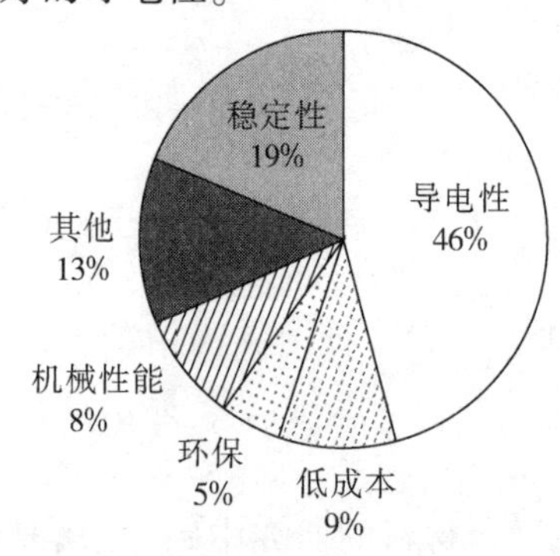

图15-31　碳系导电油墨技术性能分布

由图15-31不难看出，我国在碳导电油墨领域研究的重点主要为提高导电性，以及改善产品的稳定性，该稳定性主要包括油墨的分散及储存稳定性，以及印刷后获得的产品的稳定性，如产品导电性能的稳定性、耐环境程度等多方面情况。

由图15-32可知，对于碳导电油墨领域，无论申请人着重解决什么技术问题，以及预期功效为何种类型，其中研究最多的始终为利用碳材料的碳导电油墨。同时，无论对于何种类型的碳导电油墨，研究目标和期望性能最多的则均是提高导电性。其中，涉及使用碳材料制备的导电油墨且技术性能重在提高导电性方面的专利申请量共190件，占总量的38.2%，并且该部分专利申请也是国内外研究的重点。例如，国外申请人国家淀粉及化学投资控股公司（德国）于2008年申请的申请号为CN200810091621.X、发明名称为“导电UV-固化墨”的发明专利申请，其中使用的导电填料可以选择碳纳米管，该油墨在固化之后提供高的导电性，该专利于2012年授权，目前仍处于授权有效状态，保护年限目前已达8年。国内申请人许耀康于1999年申请的申请号为CN99119395.4、发明名称为“导电碳油墨”的发明专利申请，其目的是提供一种导电性能较好且高温阻值变化率较小的导电碳油墨，该专利已于2002年授权，目前仍处于授权有效状态，保护年限已长达16年之久。可见该类型专利在导电油墨领域的重要地位是不容小觑的。

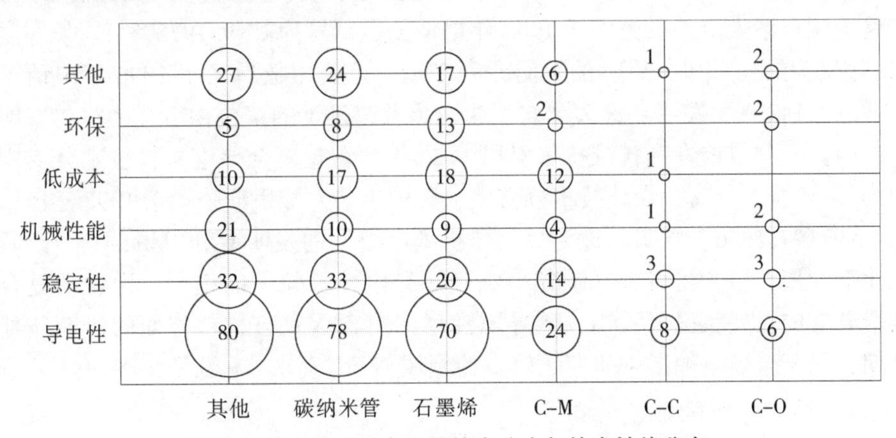

图15-32　碳系导电油墨技术分支与技术性能分布

15.2.5.2　技术分支的时间分布

由图15-33可看出，碳系导电油墨包括的二级分支有碳纳米管、石墨烯、其他（主要为炭黑、石墨及碳纤维等）、碳-有机复合材料（C-O）、碳-金属复合材料（C-M）及碳-碳复合材料（C-C）。其中碳纳米管、石墨烯及其他（主要为炭黑、石墨及碳纤维等）属于碳材料一级分支中。碳材料技术分支的申请量基本上呈现逐步上升的趋势，大体分为萌芽期、发展期和高潮期三个时期。碳纳米管及石墨烯的申请是从2002年才开始出现，2002~2006年属于这两个技术分支萌芽期，2007~2011年处于发展期，2013年达到发展高潮期。发展期保持每年3~15件的申请量，到了高潮阶段，2013年的申请量不低于30件，2014~2015年也是每年20件以上的申请量。碳复合材料中的国内外申请人更为关注 C-M 复合材料的研究，这与金属导电材料具有很好的导电性有关。不难看出，相比于其他技术分支，碳纳米管和石墨烯技术分支在从 2002 年出现之后得到了快速发展，成为碳导电油墨中重要的技术分支。

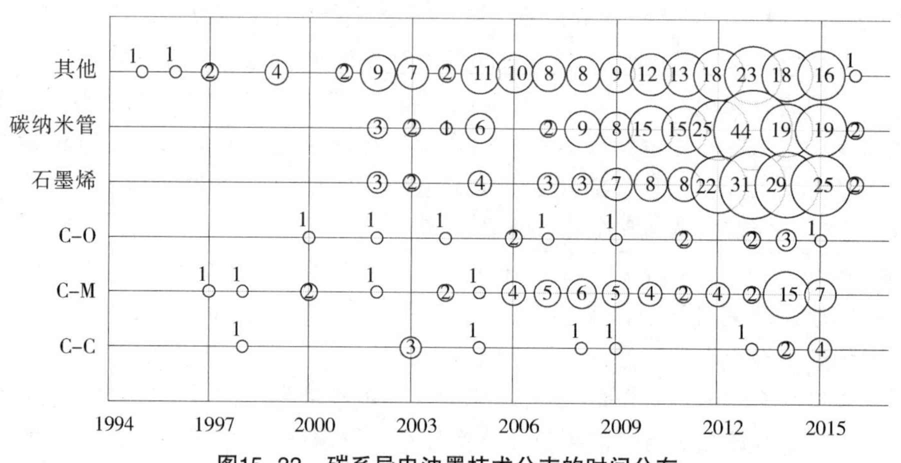

图15-33 碳系导电油墨技术分支的时间分布

从图15-33还可看出，不同技术分支又有其独特的成长特点。在碳材料技术分支中最早的是美国申请人卡伯特公司于 1995 年申请的申请号为 CN95197595. 1、发明名称为“与重氮盐反应的炭黑和产品”的发明专利申请，该公司随后又于 1996 年申请了申请号为 CN96192148. X、发明名称为“炭黑组合物及改进了的聚合物组合物”的发明专利申请。这两件专利申请专利权维持年限均为 20 年。在碳复合导电材料技术分支中发展最早的为 C-M 技术分支，在该技术分支中，美国申请人戴伊斯公司于 1997 年申请了申请号为 CN97197119. 6、发明名称为“气体扩散电极”的发明专利申请，其中涉及了导电性催化剂油墨，包含将贵金属颗粒负载到高导电性颗粒上的组分。由含碳复合材料中各技术分支的发展状况可看出，碳导电油墨中对含碳复合材料方面的研究还处于技术萌芽期，属于碳导电油墨中研究比较少的领域。

15. 2. 5. 3 技术分支的地域分布

1. 国外申请人技术分支的地域分布

由图15-34可知，日本、美国、韩国和德国都比较重视碳材料技术分支的研究。在碳材料技术分支中，碳纳米管和石墨烯在日本、美国、韩国和德国都有比较多的专利分布，其中，碳纳米管导电材料在日本分布最多，美国紧随其后；石墨烯在美国分布最多，其次是日本；其他（如炭黑、石墨及碳纤维等）的技术分支分布最多的是在日本，其次是美国。碳纳米管的专利申请量为 90 件，石墨烯的专利申请量为 59 件，它们分别占所有国外在华碳导电油墨专利申请的 32. 8% 及 21. 5%。说明这几个国家的申请人非常重视碳纳米管和石墨烯导电油墨的研发及其在中国进行专利布局。

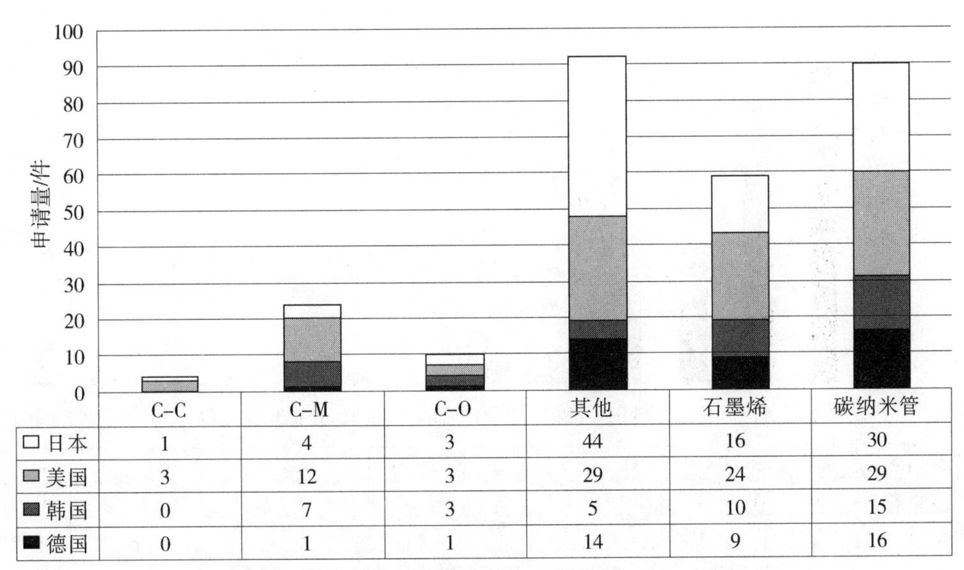

	C-C	C-M	C-O	其他	石墨烯	碳纳米管
□日本	1	4	3	44	16	30
■美国	3	12	3	29	24	29
■韩国	0	7	3	5	10	15
■德国	0	1	1	14	9	16

图15-34　碳系导电油墨国外申请人的技术分支-地域分布

从图15-34还可看出，日本、美国、韩国和德国的申请人所关注和研发的技术分支也是不同的。其中，美国和日本的研发最为全面。美国在碳导电油墨中总的申请量为100 件，占碳系导电油墨领域中国外申请人在华申请总量的 36. 5%。紧随其后的是日本，其在碳系导电油墨中总申请量为 98 件，其占碳导电油墨领域中国外申请人在华申请总量的 35. 8%。在碳材料技术分支中，美国对石墨烯、碳纳米管和其他技术分支都比较重视，而日本的研发重点放在了碳纳米管和其他技术分支中。在含碳复合材料技术分支中，美国和韩国对 C-M 复合材料的研发比较重视。由此可看出，美国和日本在碳导电油墨的研发上不仅技术全面，覆盖了碳导电油墨的所有技术分支，还有各自的优势和特色，这可能与日本及美国在碳导电油墨研发方面起步较早（如美国 1965 年的 US19650446087，日本 1972 年的 JP10748972、JP10749072 及 JP10749172），研发经验丰富、经济基础雄厚以及鼓励创新有直接关系。在碳材料技术分支中，韩国在碳纳米管和石墨烯技术分支中的申请量为 25 件，占该国碳导电油墨领域总申请量的 62. 5%，由此可看出韩国更重视碳纳米管和石墨烯技术分支的研究开发。而德国更重视碳纳米管和其他技术分支的研究开发，其申请量为 30 件，占该国碳导电油墨领域总申请量的 73. 2%。但是这两个国家在 C-C 复合材料的研发中处于技术空缺，这可能与其碳导电油墨研发起步较晚（如韩国 1986 年的 KR1019860004654、德国 1987 年的 DE3714783）才开始了碳导电油墨的研究）、研发基础比较薄弱有关系。

由图15-35可知，日本、美国、德国及韩国是碳材料技术分支的主要研发力量，其中排名前三的日本、美国及德国分别占 41. 0%、35. 5% 及 18. 0%，说明这几个国家对碳材料技术分支的关注度高，创造方面非常活跃，同时这几个国家的申请人在碳材料技术分支相关专利技术上的竞争也非常激烈。另外，虽然法国、英国、意大利及芬兰等国家在碳材料技术分支的专利申请量不多，但是也可看出这些国家在该技术分支的导电油墨方面也有所研发。因此，碳材料导电油墨在全球范围内存在一定的关注度。

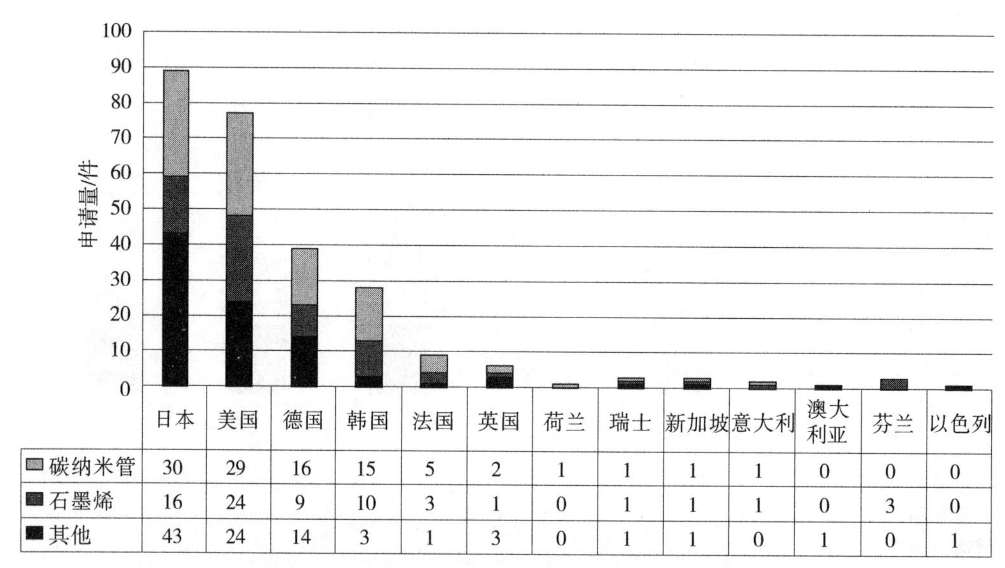

	日本	美国	德国	韩国	法国	英国	荷兰	瑞士	新加坡	意大利	澳大利亚	芬兰	以色列
碳纳米管	30	29	16	15	5	2	1	1	1	1	0	0	0
石墨烯	16	24	9	10	3	1	0	1	1	1	0	3	0
其他	43	24	14	3	1	3	0	1	1	0	1	0	1

图15-35　碳材料技术分支国外申请人地域分布

作为碳材料技术分支的主要研发力量，日本、美国、德国及韩国在碳材料技术分支的研发上的侧重点有相同点也有不同点。相同之处在于这 4 个国家都比较重视提高碳材料导电油墨导电性的研究，其申请量占碳材料技术分支总量的比例分别为 52.6%、45.3%、33.3% 和 72.7%。不同之处在于，日本、美国和德国比较重视对提高碳材料技术分支导电油墨的稳定性的研究，但是韩国对提高稳定性的重视度相对较低，其申请量占碳材料技术分支总量的比例分别为 24.4%、18.8%、26.7% 和 9%。除此之外，日本和韩国并不涉及对碳材料技术分支环保性能提高的技术研究，而美国和德国在改善碳材料技术分支环保性能方面有一定的研究。这可能是由于不同国家的油墨出口或使用地区对环保标准要求不一导致的。

由图15-36可知，美国、韩国及日本是含碳复合材料技术分支的主要研发力量，说明这几个国家对含碳复合材料技术分支的关注度相对较高。这可能与这 3 个国家在碳导电油墨技术领域中的研发技术比较成熟有直接关系。另外，虽然英国及德国等国家在含碳复合材料技术分支的专利申请量不多，但是也可看出这些国家在该技术分支的导电油墨方面也有所研发。因此，含碳复合材料导电油墨在全球范围内虽然关注度不高但是也有一部分国家在做相应研究。

作为含碳复合材料技术分支的主要研发力量，美国、韩国及日本在含碳复合材料技术分支的研发上的都比较重视提高含碳复合材料导电油墨导电性的研究，其申请量占含碳复合材料技术分支总量的比例分别为 70.0%、58.3% 和 33.3%。但是美国并不涉及对含碳复合材料技术分支稳定性提高的技术研究，相对而言日本对提高含碳复合材料技术分支导电油墨的稳定性的研究比较重视，其申请量占碳材料技术分支总量的 33.3%。

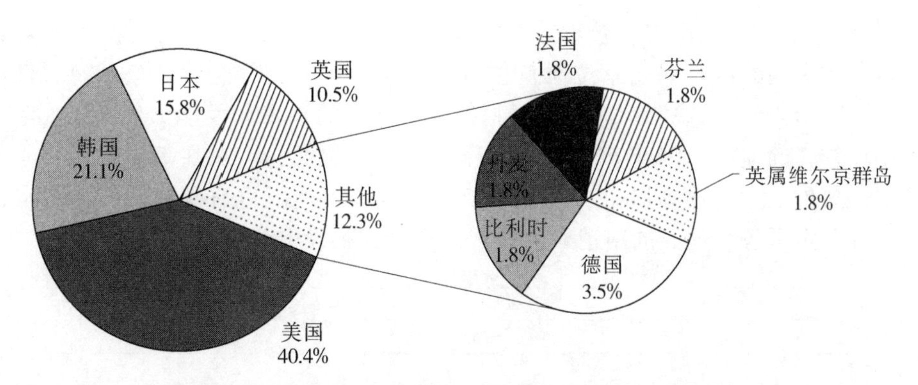

图15-36　含碳复合材料技术分支国外申请人地域分布

2. 国内申请人技术分支的地域分布

由图15-37可知，碳材料技术分支（包括碳纳米管、石墨烯及其他）及含碳复合材料技术分支中的碳-金属复合材料在江苏、广东、北京及台湾都有分布。其中，碳材料技术分支以江苏为首，北京紧随其后，广东次之；碳-金属复合材料以江苏和北京为首，广东紧随。碳材料技术分支的专利申请量（179 件）远远高于含碳复合材料技术分支的专利申请量（44 件），说明碳材料技术分支在上述地区的关注度和研发活跃度都远远高于含碳复合材料技术分支。

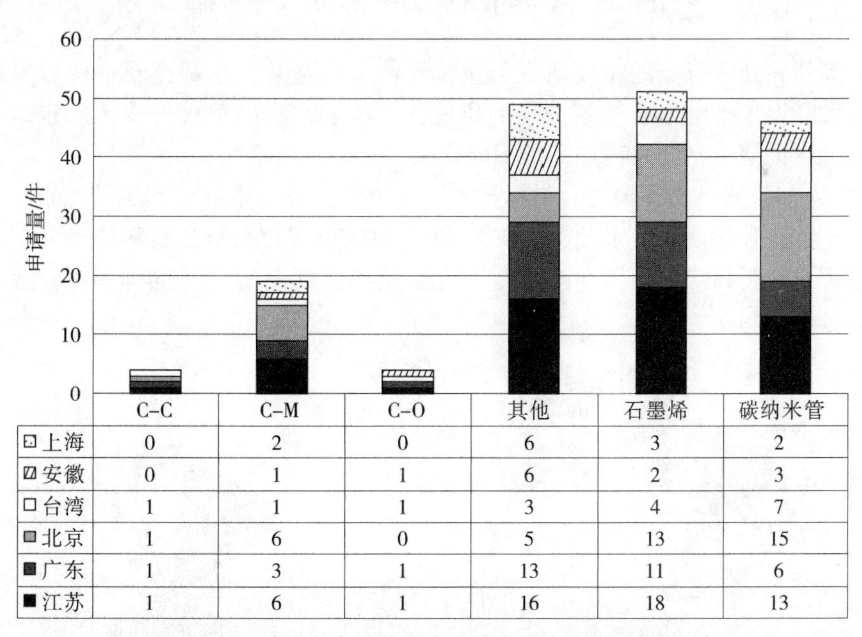

	C-C	C-M	C-O	其他	石墨烯	碳纳米管
上海	0	2	0	6	3	2
安徽	0	1	1	6	2	3
台湾	1	1	1	3	4	7
北京	1	6	0	5	13	15
广东	1	3	1	13	11	6
江苏	1	6	1	16	18	13

图15-37　碳系导电油墨国内申请人技术分支-地域分布

从图15-37还可看出，不同地区的申请人所关注和研发的技术分支是不同的。其中，广东和江苏对各个技术分支都有所涉及，以碳材料技术分支中的石墨烯、碳纳米管及其他分支为主。其中，广东在其他分支及石墨烯分支方面的研发重视度分别位居全国第二及第三。

由图15-38可知，在碳材料技术分支中江苏位居第一，其次是北京，广东排在第三位。但是有效专利的占有率北京位居首位（48.5%），广东紧随其后（30%），江苏列于第三位（21.7%）。这说明广东在碳材料技术分支中的技术研发能力仅次于北京，处于技术比较领先的地位。因此，在碳材料分支的研发方面，广东在短时间内追上北京大有希望。另外，除上述地区外，江西、浙江、重庆等地区也有碳材料技术分支的专利申请，说明全国各个地区的申请人都非常重视碳材料导电油墨技术的开发。

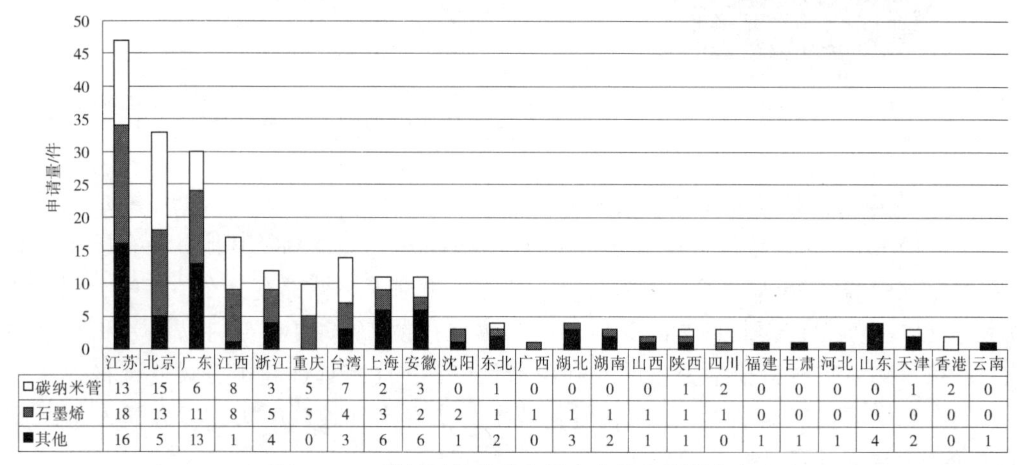

	江苏	北京	广东	江西	浙江	重庆	台湾	上海	安徽	沈阳	东北	广西	湖北	湖南	山西	陕西	四川	福建	甘肃	河北	山东	天津	香港	云南
□碳纳米管	13	15	6	8	3	5	7	2	3	0	1	0	0	0	0	1	2	0	0	0	0	1	2	0
■石墨烯	18	13	11	8	5	5	4	3	2	2	1	1	1	1	1	1	1	0	0	0	0	0	0	0
■其他	16	5	13	1	4	0	3	6	6	1	2	0	3	2	1	1	0	1	1	1	4	2	0	1

图15-38 碳材料技术分支国内申请人地域分布

作为碳材料技术分支的主要研发力量，江苏、北京及广东都比较重视石墨烯技术分支的研发，至于碳纳米管技术分支的研发，江苏和北京的重视度要比广东高，这可能与不同地区的研发基础及市场需求不同有关。

由图15-39可知，在含碳复合材料技术分支中江苏位居第一，其次是北京，广东排在第三位。除上述地区外，东北、山东等13个地区也有含碳复合材料技术分支的专利申请，含碳复合材料导电油墨在全国范围内虽然关注度不高但是也有一部分地区在做相应研究。

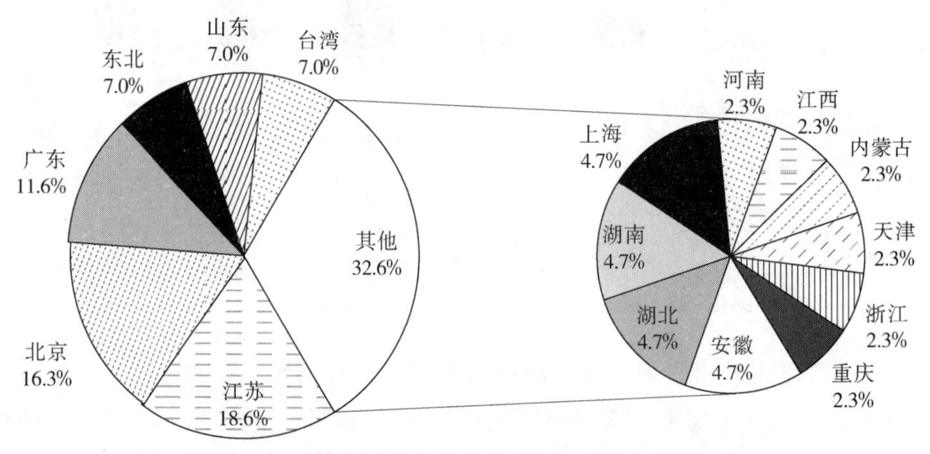

图15-39 含碳复合材料技术分支国内申请人地域分布

作为含碳复合材料技术分支的主要研发力量，江苏比较重视提高含碳复合材料导电油墨的稳定性（占 50%）、导电性（占 20%）及降低成本（占 20%）；北京比较重视提高导电性（占 28.6%）、稳定性（占 28.6%）及环保性能（占 28.6%）；广东则比较关注提高导电性（占 33.3%）和降低成本（占 33.3%），这可能由不同地区的技术研发能力及使用需求的不同导致的。

15.2.5.4　技术分支的申请人分布

由图15-40可知，企业对碳系导电油墨的关注度最高，高校与科研院所更注重石墨烯分支的研发，合作类型的申请人更注重碳纳米管的研发，企业与个人更注重于其他技术分支的研发。企业申请人在碳材料技术分支方面的申请高到 343 件，占该类型申请人申请总量的 87.3%。其次为合作形式的申请人，其在碳材料技术分支方面的申请量为 52 件，占该类型申请人申请总量的 81.2%。紧接着是高校，其在碳材料技术分支方面的申请量为 47 件，占该类型申请人申请总量的 70.1%。接下来为科研院所形式的申请人，其在碳材料技术分支方面的申请量为 37 件，占该类型申请人申请总量的 82.2%。

在技术前沿的碳纳米管和石墨烯技术分支方面，科研院所、合作、高校、企业及个人在该方面的研究占相应类型申请人碳材料总申请量的比率分别为 67%、64%、56%、52%及 15.3%。这主要是由于高校与科研院所属于非营利性机构，因此，对技术前沿的研究更关注。而个人和企业更关注产品的营利性，因此，对技术成熟的传统碳油墨如其他（炭黑、石墨及碳纤维等）专利申请量更大。但是对于企业和合作类型申请人而言，需要在保持营利的基础上不断开发和研究新的技术以适应市场进步的需求，因此，企业及合作类型申请人还非常重视碳纳米管和石墨烯的研发。

由于碳材料技术分支为碳导电油墨技术的重点分支，合作类型的申请人在该技术分支的研究比重也较多。因此，课题研究人员进一步对涉及碳材料技术分支的合作类型的申请人的合作模式进行了分析。各种合作模式中，企业-企业的合作情况最多，比例达到 52.8%，这与碳导电油墨整体情况的比重相吻合；企业-高校之间的合作次之，占比为 24.5%；企业-个人及企业-科研院所的合作并列第三位，占比为 5.7%。高校-科研院所及科研院所-科研院所的合作占比 3.8%，最后为高校-高校及个人-个人的合作。由此可知，我国关于碳导电油墨在碳材料技术分支的领域的研究企业之间的合作情况最多，足以说明国内已经出现企业之间强强联合的情况，这种强强合作将成为碳材料导电油墨技术飞速发展的主要助推力。对于企业与高校等类型的合作模式所占的重要地位也日益明显。由于高校多以理论研究为主，该类型合作模式的不断推进，进一步说明我国碳导电油墨在产学研合作方面的合作不发展。各大高校将强有力的理论研究成果提供给合作的企业，为企业进一步生产实践提供理论指导，企业实践的结果反过来指导理论研究，从而实现产学研的完美结合，在一定程度上促进新产品和新技术在产业上的诞生和推广。

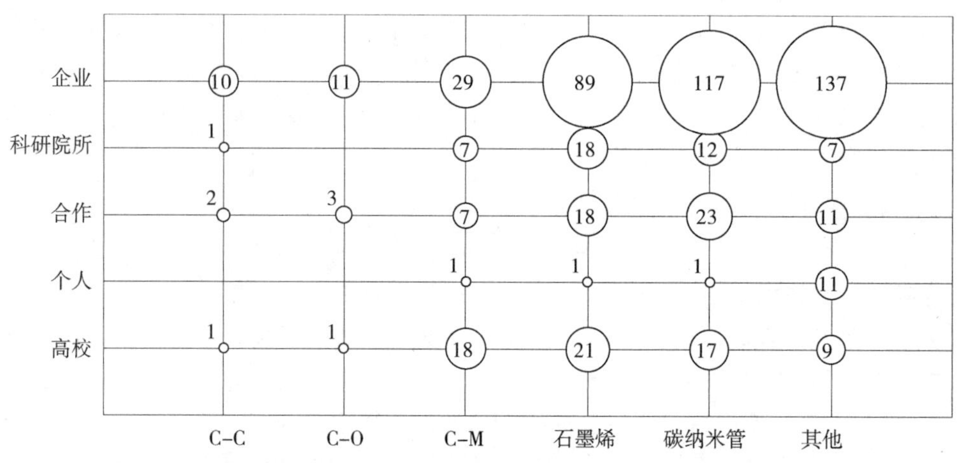

图15-40 碳系导电油墨不同专利申请人的技术分支分布

15.2.5.5 技术分支的法律状态分布

由图15-41可知，对于授权率最高的技术分支为其他技术分支，授权率为48.0%，其中40.0%处于有效状态，8.0%处于无效状态；其次为碳-金属复合材料（C-M）技术分支，其授权率为45.1%，其中41.9%处于有效状态，3.2%处于无效状态；碳-碳复合材料（C-C）技术分支的授权率最低，其授权率为21.4%，其中有14.3%处于有效状态，7.1%处于无效状态。由此可知，国内专利申请中关于其他（主要为炭黑、石墨及碳纤维等）技术分支的技术创新性较高，且在具体应用中也得到广泛推广。如美国卡伯特公司在1995年申请的申请号为CN95197595、发明名称为"与重氮盐反应的炭黑和产品"的专利申请，以炭黑作为碳导电材料，于2002年8月授权，直到2015年1月专利权有效期届满，并且该文献同族被引证次数高达451次。再如，国内申请人许耀康在1999年9月15日申请的申请号为CN99119395、发明名称为"导电碳油墨"的专利申请，其于2003年获得授权，目前仍处于授权有效状态，保护年限已达16年。其以石墨和炭黑作为碳导电材料，提供一种导电性能较好且高温阻值变化率小的导电碳油墨；与现有的同类产品比较，不仅具有导电率高、耐热性、耐磨性和耐碱性好等优点，还具有制作工艺简单、成本低廉、应用范围广等优点。该专利作为碳导电油墨的一件重点专利，在授权后的2003~2016年被引用了16次。由此可知，上述专利不仅在具体的生产实践过程中发挥着重要的指导作用，其也对后续对碳导电油墨的研发起到了重要的参考作用，为碳导电油墨技术的进一步发展提供了良好的基础。

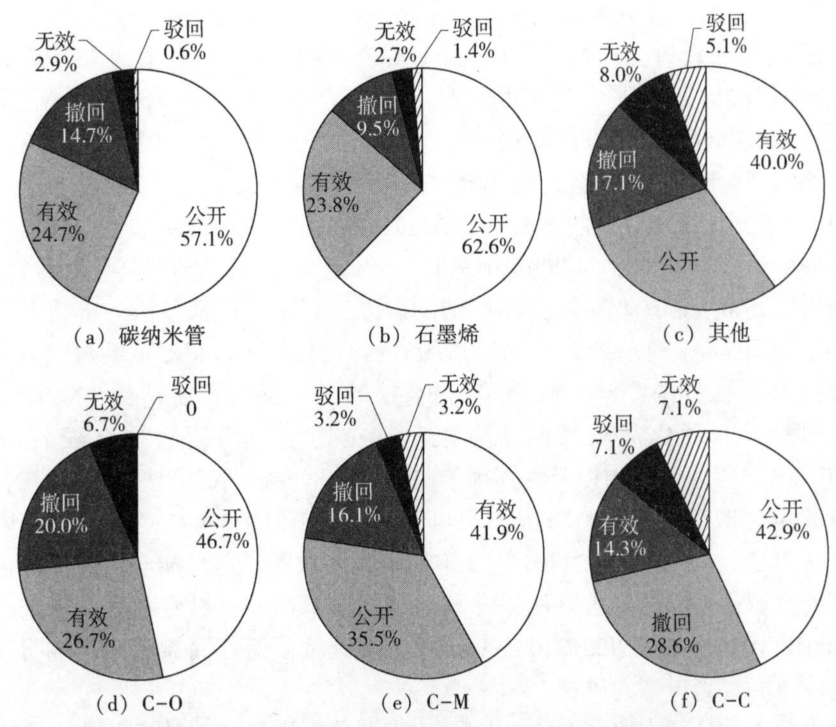

图15-41　碳系导电油墨不同技术分支的法律状态分布

各个技术分支的驳回率都明显低于油墨领域的驳回率，最高的仅有7.1%，碳-有机复合材料技术分支还没有驳回的专利申请，这说明碳系导电油墨各个技术分支都处于飞速发展的创新阶段。碳系导电油墨主要是在基础油墨中添加相应的碳导电材料形成，因此，各技术分支的发展和创新依赖于相应碳导电材料技术的发展和创新，使得各技术分支的成长呈现出不同的特点。其中，碳-碳复合材料技术分支的驳回率最高，占比7.1%，其他技术分支次之，占比5.1%，驳回率最低的为碳-有机复合材料技术分支，为0。碳-碳复合材料的驳回率高主要与其专利申请量有关。自1998年11月5日由艾奇逊工业有限公司申请专利CN98125025（含正温度系数电阻器组合物的电装置及其制备方法）以来，至今只有14件，其中1件专利申请被驳回，因此，导致其驳回率高于其他技术分支。其他技术分支是研究最为成熟和最为广泛的技术分支，其驳回率明显低于油墨领域的驳回率，这说明其他技术分支整体上的创新性高，处于飞速发展的成长期，存在很大的发展空间。碳-有机复合材料技术分支的驳回率为0主要与其起步比较晚、大多数专利申请还处于公开待审状态有关。2000年才由三星SDI株式会社申请了第一件有关碳-有机复合材料导电油墨的专利申请CN00103211“用于形成传导性薄膜的组合物、其制备方法及显示装置”，其通过将传导性炭黑粒子和用于调节不同波长下光透光度的颜料粒子黏结在有机-无机复合溶胶形成的网状结构上，同时被均匀地分散在网状结构中，形成导电性优异导电油墨；2000~2015年申请的15件专利申请中7件还在实质审查阶段，5件专利申请已授权，其中3件的保护期限分别为14年、10年、9年，分别是松下2002年申请的CN02801415“燃料电池用电极及其制造方法”、三星SDI株式会社2000年申请的CN00103211“用于形成传导性薄膜的组合物、其制备方法及显示装置”，以及美国A123系统公司2006年申请的CN200680039329“纳米复合电极和相关装置”。这也说明碳-有机复合材料技术分支专利申请的质量、稳定性以及创新性都处于一个较高的水平。

对于撤回率，除碳-碳复合材料技术分支撤回率为28.6%，石墨烯技术分支撤回率为9.5%以外，其他技术分支的撤回率都在17%左右。其中，碳-碳复合材料技术分支撤回的专利申请有4件，除CN200810031401“双组分低温速干石墨乳及生产工艺”是国内申请人郴州市发源矿业有限公司申请的以外，其余三件都是国外申请人的专利申请，分别是美国艾奇逊工业有限公司申请的CN98125025“含正温度系数电阻器组合物的电装置及其制备方法”、美国因特麦崔克斯股份有限公司申请的CN200580011129“低铂燃料电池、催化剂及其制备方法”和英国因弗内斯医疗有限公司申请的CN200380100179“墨组合物以及将其用于制备电化学传感器的方法”。石墨烯技术分支中，仅有苏州艾特斯环保材料有限公司申请的CN201310369995“一种石墨烯导电油墨”撤回。其中，CN200810031401为实审请求失效撤回，这可能与国内某些申请人对知识产权的意识还不够强烈，只注重专利申请获取申请号，对专利后续审查不看重有关；CN200580011129和CN201310369995都为不具备创造性而撤回，这说明在专利申请中一定注重和提高申请的质量。

各技术分支的公开占比都在40%以上，特别是石墨烯和碳纳米管技术分支，分别高达62.7%和57.1%，这主要与石墨烯和碳纳米管材料最近几年得到广泛研究，其技术日益成熟紧密有关。这也说明碳导电油墨的发展和创新依赖各种碳材料的研发，新型碳材料的开发和应用是碳导电油墨不断向前发展的重要因素。因此，在碳导电油墨的研发过程中，除需要紧密关注碳材料技术的发展和创新外，对于有研发实力和经济基础的企业，可能还需要投入新碳材料的研发，实现碳导电油墨产业链的整合，形成一整套完善的专利布局，建立强有力的竞争力量。

目前，在碳系导电油墨中，碳材料技术分支的案件共396件，因此，碳材料技术分支是碳导电油墨中占比最大、研究最为广泛、最为成熟的技术分支，为含碳复合材料技术分支的研发打下了良好的基础，并起到了一定的借鉴意义。由图15-42可知，其授权率为35.4%（授权有效案件占30.6%，无效案件占4.8%），驳回率2.8%，撤回率13.4%，另有48.5%处于公开阶段。由此可知，该类型案件的授权情况偏低，这与碳材料导电油墨的起步晚、研发时间短，大部分还处于公开状态有关。从卡伯特公司于1995年12月14日申请第一件专利CN99119395“与重氮盐反应的炭黑和产品”至今，只有短短三十年的时间；而其驳回率低、公开占比高，说明碳材料导电油墨正处于研发活跃度和创新活跃度都相对较高的发展阶段。

由图15-42还可知，国内申请人授权率为30.2%、国外申请人授权率为39.6%；国内申请人公开率为56.4%，国外申请人公开率为41.9%。由此可看出，国内申请人在授权率方面低于国外申请人，这主要与国内申请人研发时间较晚、大部分专利申请处于还处于公开状态有关，这从国内申请人在公开占比高于国外申请人也可看出。这也反映了目前国内申请人在碳材料导电油墨方面的研发能力基本上与国外申请人处于同一起跑线上。

对于授权案件，共有140件，目前仍然处于有效状态的为121件，占总授权案件的86.4%。平均保护年限为6.31年。保护年限最长的为美国卡伯特公司在1995年申请的申请号为CN95197595、发明名称为“与重氮盐反应的炭黑和产品”的专利申请，其于2002年8月授权，直到2015年1月专利权有效期届满。该专利作为碳材料导电油墨的一件重点专利，在1997年以后被引用了451次，其中涉及美国220件、中国78件、欧洲66件、日本12件、韩国4件、其他71件。可见该专利在全球都是一件重点专利，对后续关于碳材料导电油墨的研究具有重要的参考价值。

由图15-42可知，国内申请人的授权案件平均保护年限为3.96年，低于整体水平(6.31年)。其中保护年限在10年以上的有2件，分别为许耀康（申请号为CN99119395）和财团法人工业技术研究院（申请号为CN200510115870）的专利申请，且目前仍然处于授权有效状态。保护年限最长的专利申请为许耀康于2002年申请的专利申请号为CN99119395、发明名称为“导电碳油墨”的专利申请，其于2003年获得授权，目前仍处于授权有效状态，保护年限已达16年。该专利作为碳导电油墨的一件重点专利，在授权后的2003~2016年被引用了16次。可见，该专利在具体的生产实践过程中发挥着重要的指导作用，在后续对碳材料导电油墨的研发过程中也占据了至关重要的地位。

由图15-42还可知，国外申请人授权案件的平均保护年限为7.78年，高于整体水平。其中保护年限在10年以上的有19件，仅有6件处于无效状态，并且其中2件（卡伯特公司申请的CN95197595“与重氮盐反应的炭黑和产品”和CN96192148“炭黑组合物及改进了的聚合物组合物”）是由于专利权有效期届满所导致。由此可看出，国外申请人在碳材料导电油墨方面专利申请的质量和稳定性都很高。

综上可知，目前国外申请人在华申请的平均保护年限高于国内申请，并且其授权后保护时间也长于国内申请，在一定程度上反映出国外申请人在碳材料导电油墨的技术研究方面创造性程度优于国内申请人，并且对知识产权的保护意识也强于国内申请人。为了将我国建设成为碳材料导电油墨技术强国，我国国内申请人必须付出更多的努力，突破难题，在已有的先进技术的基础上，进一步发展壮大。同时提高知识产权保护意识，防止自己的既得利益受损。在不断充实自己的同时，也要关注国外申请人在中国的专利布局，以免触及其布局范围，对自己的利益造成损失。

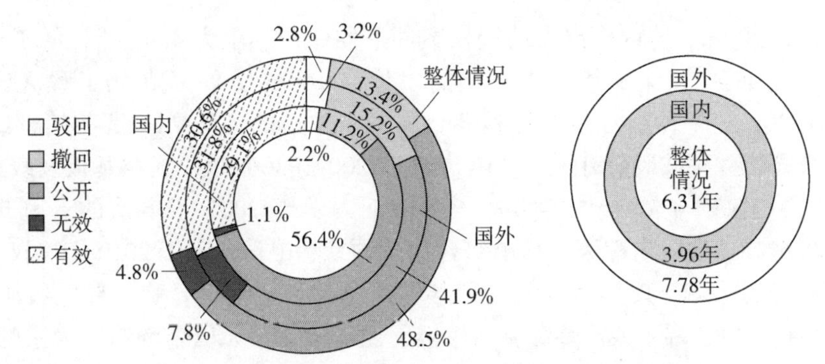

图15-42 碳材料技术分支法律状态和平均保护年限

与碳材料技术分支不同，含碳复合材料技术分支是碳导电油墨中研究最为前沿的技术分支。因此，其法律状态也具有自身的特点。由图15-43可知，其授权率为42.6%（授权有效案件占38.6%，无效案件占4.0%），驳回率为3.0%，撤回率为19.8%，34.7%处于公开状态。由此可知，该类型案件的授权率比碳材料技术分支的授权率（35.4%）高，这可能与含碳复合复合材料开发和应用有关。可能也是受限于上述原因，含碳复合材料技术分支的公开占比明显低于碳材料技术分支的公开占比（48.5%）。由此可看出，含碳复合材料技术的发展是含碳复合材料技术分支发展的重要因素。

由图15-43还可知，国内申请人授权率为40.9%、国外申请人授权率为43.9%；国内申请人驳回率为4.5%，国外申请人驳回率为1.8%，国内申请人撤回率为13.6%，国外申请人撤回率为24.6%；国内申请人公开率为40.9%，国外申请人公开率为29.8%。由此可看出，国内申请人的授权率与国外申请的授权率基本处于相同的水平，虽然国内申请人的驳回率比国外申请人略高，但其撤回率明显比国外申请人低，而国外申请人撤回的专利申请大多是由于不具备创造性。也就是说，国内申请人在含碳复合材料技术分支上具有与国外申请人相当的研发能力，而其公开占比又明显高于国外申请人的公开占比，因此，若国内申请人一直保持目前的研发活跃度，在含碳复合材料技术分支导电油墨领域居于主导地位将近在咫尺。

对于授权案件，共有43件，目前仍然处于有效状态的案件为39件，占总授权案件的90.7%。平均保护年限为7.23年。保护年限最长的为美国电化学公司在2000年6月1日申请的申请号为CN00810548、发明名称为“含水的碳组合物和涂布不导电基材的方法”的专利申请，其于2005年6月授权，目前仍然处于授权有效状态，保护年限已经接近16年之久。其具体涉及的是一种导电组合物，包括导电碳颗粒、第二导电材料、水分散性粘合剂和水分散介质的组合物；其中，第二导电材料包括涂布铜的活性炭、涂布钯的活性炭、涂布银的活性炭，通过存在足够的第二导电材料以在将该组合物施于基材上时提供足够的导电性。该专利作为含碳复合材料导电油墨的一件重点专利，在2004年以后被引用了15次，其中涉及美国8件、中国4件、其他3件。可见该项专利在全球也是一件重点专利，对后续关于含碳复合材料导电油墨的研究具有重要的参考价值。

由图15-43可知，国内申请人的授权案件平均保护年限为4.44年，低于整体水平（即7.23年），其中，保护年限为9年的1件、8年的2件（湖北工程大学申请的CN200710168612“一种制备碳包覆磁性金属纳米粒子的方法”和富葵精密组件（广东）有限公司鸿胜科技股份有限公司申请的CN200810300809“线路基板及线路基板的制作方法”）。保护年限为9年的是华南理工大学于2007年申请的专利申请号为CN200710026213、发明名称为“导电组合物”的专利申请，其于2010年授权，目前仍然处于授权有效状态。其具体涉及一种导电组合物，包括聚合物、导电粒子、溶剂。其中，聚合物是以乙烯基或丙烯酸基为主链、侧链结构单元以杂环结构为主的聚合物、共聚物或其共混物；或者以乙烯基或丙烯酸基为主链、侧链结构单元以杂环结构为主的聚合物、共聚物或其混合物做主体与其他聚合物树脂的共聚或共混物；导电粒子为碳黑；通过杂环结构同导电粒子间存在电荷相互作用，由于杂环结构同发光材料都具有共轭效应，有利于电荷在不同界面间的传输。该专利作为含碳复合材料导电油墨的一件重点专利，在授权后的 2010～2016 年被引用了 6 次。可见，该项专利在具体的生产实践过程中发挥着重要的指导作用，在后续对含碳复合材料导电油墨的研发过程中也占据了至关重要的地位。

由图15-43还可知，国外申请人授权案件的平均保护年限为 9.24 年，高于整体水平。其中，保护年限在 10 年以上的有 9 件，都处于有效状态。保护期限最长的达 16 年，是由美国电化学公司在 2000 年 6 月 1 日申请的申请号为 CN00810548、发明名称为“含水的碳组合物和涂布不导电基材的方法”的专利申请。除此之外，美国卡伯特公司于 2004 年 4 月 16 日申请的的申请号为 CN200480016800、发明名称为“生产膜电极组件的方法”的专利申请，不仅保护年限已有 12 年，其引用次数达到 207 次，其中涉及美国 117 件、中国 22 件、欧洲 15 件、日本 17 件、韩国 5 件、其他 31 件。可见该专利在全球都是一篇重点专利。由此可看出，国外申请人在含碳复合材料导电油墨方面专利申请的质量和稳定性都很高。

综上分析可知，目前国外申请人在华申请的平均保护年限高于国内申请，并且其授权后保护时间也长于国内申请。在一定程度上反映出国外申请人在含碳复合材料导电油墨的技术研究方面创造性程度优于国内申请人，并且对知识产权的保护意识也强于国内申请人。为了将我国发展成为含碳复合材料导电油墨技术强国，我国国内申请人必须一直保持研发和创新的劲头，付出更多的努力，突破难题，在已有的先进技术的基础上，进一步发展壮大。同时提高知识产权保护意识，防止自己的既得利益受损。在不断充实自己的同时，也要关注国外申请人在中国的专利布局，以免触及其布局范围，对自己的利益造成损失。

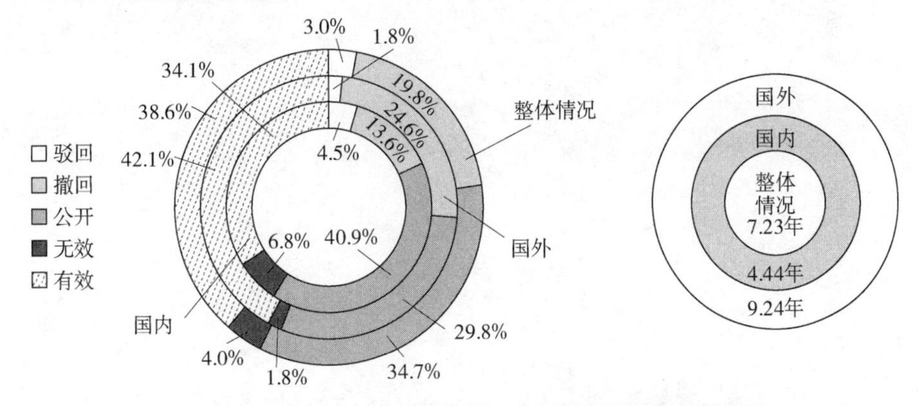

图15-43　含碳复合材料技术分支法律状态和平均保护年限

15. 2. 6　小结

1）碳系导电油墨整体申请量仍呈增长趋势，且自导电油墨诞生至今，重点技术仍然在于碳材料技术分支方面。

2）在华申请中，国外申请人在碳系导电油墨的研发中占主导地位，企业或企业-

企业是碳导电油墨研发的主要力量。

3）本国专利申请量高，但授权率低，获权专利普遍保护保护年限不长，且专利输出量极少，应提高国内专利申请的质量。另外，在注重本国知识产权保护的同时，考虑国外知识产权保护，增加国内专利输出量，提高国际竞争力。

第 16 章　导电油墨产业专利导航

16.1　重点申请人近年研究动向

考虑导电油墨领域专利申请量排行（见图 14-10），筛选出申请量排名前三的申请人——中国科学院、住友及杜邦。本节主要研究上述三位申请人在中国近三年（2013～2015 年）的专利技术研究，体现这三大重点申请人在导电油墨领域的技术研发方向及重点，为国内申请人在导电油墨中的研究提供参考。

随着印刷电子的发展，使导电油墨的重要性日益凸显。导电油墨不仅要求导电性好，还要求要轻、薄、黏附牢度高、连接性能优越，因此，无法简单沿用传统油墨的构成及印刷方式实现电子产品的制造。目前，印刷电子产品和导电油墨技术发展以技术集成为特点，产品市场预测逐年增长，导电油墨的构成与性能取决于印刷电子产品性能要求，而导电油墨的性能又决定印刷电子导电材料的制备及其处理技术的研发方向。因此，更多的公司开始关注和研发适用于不同类型印刷电子产品的导电油墨。

太阳能电池导电浆料是杜邦的主导产品之一，在导电浆料业务方面，约占 37% 的市场份额。其于 1996 年在东莞建立东莞杜邦电子材料有限公司，主要产品为电子浆料，该浆料为制造厚膜电路、多层电容、网络电阻、触摸开关及其他高质量特殊电子产品的尖端科技基础材料，广泛应用于汽车、电信系统、太阳能光电产业、计算机和高科技产品领域。根据该公司近三年的专利文献分析可知，杜邦进入中国的导电油墨专利申请共有 18 件，其中关于太阳能电池用导电油墨专利申请有 8 件，占比达到 44.4%，主要涉及开发低温焙烧、具有良好电接触、黏附性及具有改进的光电转换效率的用于太阳能电池的导电油墨。该类导电油墨主要包括分散在有机介质中的导电金属源和合金氧化物，如铅-钒基氧化物、碱土金属硼碲氧化物、铅-碲基氧化物、钛-碲-钛氧化物。该导电油墨能够在低温下焙烧、并提供与基板良好的电接触性能，具有高导电性、改善的黏附力及改善的太阳能电池的光电转换效率。

除此之外，有 3 件专利申请是关于改善现有银导电油墨成本高、黏附性及导电性的问题的研究，有 3 件专利申请涉及用于集电器及电阻器上的碳导电油墨稳定性、分散性及导电性的研究，有 3 件专利研究非焙烧型导电油墨及不会对敏感基底造成损害的导电油墨，有 1 件专利申请涉及光子烧结的铜导电油墨分散性等的研究。

住友近几年的研发侧重点不同于杜邦。住友更注重于对金属导电材料性能改善的研究及使用金属导电材料的导电油墨，这方面的文献占比为 71.4%。除此之外，研究了适用于挠性电路板上印刷的碳导电油墨改进的挠性、高导电性，该类文献占比为 28.6%。对于金属导电材料性能改善方面的研究，主要采用控制银粉的 DBP 吸收值及比表面积等参数，将该导电材料分散在有机物质中，得到具有容易混炼的黏度及分散性良好的导电油墨；还提供了一种具有高的烧结性和脱黏结剂性的镍粉及其制造方法，其可抑制升温时树脂的急剧分解，并可防止在脱黏结剂工序中产生不良情况。

以导电油墨申请量最多的国内申请人——中国科学院为分析对象，其2012~2015年在中国申请的导电油墨的专利申请数为31件，其中涉及银导电材料如纳米银颗粒的专利申请共10件，占比为32.2%，改善银导电油墨的分散性、稳定性、环保性、导电性及黏附性等性能；涉及铜导电材料的专利申请共6件，占比为19.4%，改善铜导电油墨的分散性、耐氧化性及导电性等性能；涉及碳导电材料如石墨烯的专利申请共6件，占比19.4%，改善碳导电油墨的导电性、分散性、环保性及柔韧性等性能；涉及混合导电材料如银铜纳米线、银和石墨烯及银包铜纳米颗粒的专利申请共7件，占比为22.6%，改善碳导电油墨的导电性、弯曲性、耐氧化性及分散性等性能；涉及聚合物导电材料的专利申请1项，占比为3.2%，改善聚合物导电油墨的低成本及稳定性等性能；涉及铝导电材料的专利申请1件，占比为3.2%，改善铝导电油墨的稳定剂及烧结温度低等性能。

由以上分析可看出，无论国内申请人还是国外申请人都非常重视金属导电油墨的研究（近三年金属导电油墨在总导电油墨中占比分别为：中国科学院51.9%、住友64.1%、杜邦61%）。除金属导电油墨之外，国内外申请人还共同关注碳导电油墨领域（近三年碳导电油墨在总导电油墨中占比分别为：中国科学院14.8%、住友25.7%、杜邦16.7%）。这与当前导电油墨市场中对银系、铜系等金属导电油墨及碳系导电油墨的需求量相匹配。但是，杜邦及住友近三年均未涉及含有导电聚合物材料的导电油墨的专利申请，中科院也仅只有一件该方面的专利申请，这可能与该类导电油墨在实际应用中稳定性较差从而导致的市场需求量较少有关。

国内申请人应充分学习该领域重点申请人的研究经验，密切跟踪其技术发展，在进行技术选择和研发时，紧密联系我国国情及市场需求，综合考虑技术、经济和环保等多种因素，开发符合国情、市场需要及自身需求的导电油墨技术。

16.2　全球重点技术分析

针对导电油墨全球专利申请文件中引用次数为20以上的文献进行分析，考察其申请人、解决的技术问题、采用的技术手段。

全球导电油墨中，引用次数较高文献的申请人为阪东化学工业、富士胶片、精工爱普生、卡博特、三菱化学等，即主要申请人均为日本申请人。且从公开国家来看，主要集中在日本、美国，其次是欧洲地区。引用次数较高专利均未进入中国。中国申请人对导电油墨进行研究时，可以关注日本申请人，如富士胶片、精工爱普生、阪东化学工业等，同时对日本、美国公开专利进行关注。

重点文献主要解决的技术问题集中在提高导电油墨产品透明性、油墨分散稳定性、提高图案导电率、印刷适应性、基材附着力、降低图案空隙率、降低油墨堵塞性能、降低金属粒子的聚集性、降低烧结温度等。采用的主要手段为利用导电高分子为导电材料，采用金属溶胶、金属纳米线等为体系导电粒子，或对金属粒子进行表面改性、表面包覆等，或采取金属颗粒以及金属前驱体配合使用为导电材料，或添加降低转变温度的转变剂，以及利用热固油墨体系或者辐射固化油墨体系来解决不同的技术问题。

引用次数较高文献中，对于金属溶胶、金属纳米线、辐射固化油墨研究较多，这些领域可能是导电油墨领域主要研究热点。其中，对导电粒子直接进行表面修饰改性，或者通过分散剂等物质进行稳定，或者改变粒子整体结构、非金属导电填料以及无颗粒导电墨水，通过调节还原剂、助剂、黏结剂种类以调节油墨性能的文献较少。该部分可能是本领域的技术空白点，国内申请人在申请专利文献时，可以从这些方面着手。

16.3　高校（含科研院所）研究动向分析

对导电油墨中高校申请专利中目前仍有效，且维护年限在5年以上的专利进行分析。其中中国科学院、复旦大学、华南理工大学、北京化工大学、北京印刷学院、天津大学等为主要研究高校。

从高校申请文件中可以看出，目前导电油墨主要解决技术问题在于提高导电率、提高基材附着力、降低油墨烧结温度、降低喷墨导电油墨中堵塞性能、降低金属粒子氧化性等，常用的解决技术问题的手段为选择不同种类还原剂，通过调节不同制备方法获得分散粒径均一、分散稳定的金属粒子，选择特殊结构黏结剂材料，或者通过不同助剂复配形成稳定油墨体系。

导电油墨领域，高校与企业合作申请较为常见，且申请文献转让情况较多，即在该领域，高校掌握有重点技术。

目前国内高校关于导电油墨研究方面主要集中在金属粒子的制备（主要涉及调控粒径以及分散稳定性），但是关于无颗粒油墨产品的研究较少，且涉及导电纳米线和辐射固化导电油墨的应用较少，通过对金属粒子表面修饰或者结构改进的文献均较少。虽然目前国内存在部分碳系导电油墨产品，但总体数量较少，且对于碳系导电油墨产品导率提高、分散性能调节方面的研究较少。另外金属导电油墨方法，使用非贵金属或者降低金属导电油墨成本的研究较少，国内申请人可以加强这方面的专利布局以及专利研究。

目前国内主要的研究小组有以下几个：

1）中国科学院的宋伟杰、宋延林、柯伟、乌学东、熊敬、胡继文。

2）复旦大学的杨振国、常煜。

3）清华大学的白耀文、范守善、康飞宇。

4）华南理工大学的曹镛、黄飞、吴宏滨。

5）北京化工大学的魏杰、聂俊。

6）北京印刷学院的李路海、莫黎昕、李亚玲。

7）天津大学的周雪琴、邹竞、徐连勇。

16.4　国内重点专利分析

导电油墨领域专利权有效期届满（20年）以及保护年限15~19年费用终止无效的

专利申请共有 4 件。一方面，这 4 件专利都是导电油墨重要的专利申请，都属于现有技术，可以免费使用。另一方面，这 4 件专利都是由杜邦，或杜邦和新墨西哥大学合作申请，主要涉及导电材料的制备以及新型导电材料的使用。其中，导电材料的制备主要涉及采用气溶胶分解法和/或还原方法制备银粉和细颗粒银-钯合金粉末，新型导电材料的使用主要涉及由球形银粒、片状银粉和镀银铜粒组成的三模态导电混合物用于填充印制线路板上的导电通孔。具体分析如下。

1）对于银粉的制备主要是气溶胶分解法（CN93118247.6）和还原方法（CN94107556.7）。其中，气溶胶分解法是通过将 $AgNO_3$ 溶于去离子水的不饱和溶液，分散在 N_2 中制备气溶胶，将气溶胶加热，银化合物分解，从而获得非常致密、高纯度且具有球形形态的银粉颗粒，克服现有银粉的制造技术反应进行得很快且很难控制、无法控制颗粒的形态以及形成的粉末颗粒粒径大的缺陷。还原方法是将银-链烷醇胺配合物的水溶液与含有还原剂和链烷醇胺混合物的水溶液加在一起，从而获得细碎、密实、球形银粉，解决现有制备方法粉末形状不规则、粒度分布宽、不易烧结的问题。

2）对于细颗粒银-钯合金粉末的制备，主要是气溶胶分解法（CN95101751.9）。通过加热气溶胶，使去离子水挥发，含银化合物和含钯化合物分解，获得完全致密且具有高纯度及球形结构的银-钯合金粉末，克服现有方法存在难以对颗粒结构控制，易生成未致密化的不纯净的中空型颗粒的缺陷。

3）CN97114736.1 将由球形银粒、片状银粉和镀银铜粒组成的三模态导电混合物，用于填充印制线路板上的通孔，能提供高的电导率、容易涂敷，在干燥和固化中收缩率低。

导电油墨领域专利权保护年限为 13~18 年，目前仍有效的专利申请共 20 件，简要分析如下。

1）保护年限为 18 年的专利有 2 件（CN98106074.9 和 CN97126330.2），在 2018 年已经失效，主要涉及导电材料镍粉的制备和碳导电油墨在自身调温放热器中的应用。具体如下：

CN98106074.9 通过在镍粉至少一部分表面上有通式 $A_xB_yO_{(x+2y)}$ 表示的复合氧化物层。其中，A 表示至少一种选自 Ca、Sr 和 Ba 的元素；B 表示至少一种选自 Ti 和 Zr 的元素；x 和 y 表示满足下式的数据：$0.5 \leq y/x \leq 4.5$。在低温范围内的烧结能力得以抑制，可在陶瓷开始烧结的温度附近，不使其烧结并防止其过度烧结，生成具有良好导电性和附着性的薄的镍导体，能够制备具有较薄的薄膜的多层组件等的导体层。克服了现有导体膜的生产由于不能抑制金属粉末本身的烧结，当焙烧在高达 1300℃ 时会破坏导体层的连续性和导电性的缺陷。

CN97126330.2 在印刷油墨中包含质量分数为 5%~70% 经过分粒处理的粉碎碳粒，用于自身调温放热器，能够制造具有良好 PTC 特性的印刷放热器。印刷膜厚度容易控制，且可以选择任意厚度的膜，同时膜强度得到充分提高。

2）保护年限在 13~17 年的专利有 18 件，其技术关键点主要在于：使用不同的导电材料改善导电油墨的导电性、可靠性、耐候性、抗氧化性等性能，主要涉及常用导电材料及其组合，特殊形状的导电材料，特殊功能的导电材料以及聚合物类导电材料。

具体如下：

常用导电材料及其组合：平均颗粒直径3~10μm的银粉（CN00800458.7），平均粒径为0.1~1.0μm的镍粉（CN00801840.5），粒径为1.0~50μm的球形或粒状铜粉（CN01132696.4）；具有多个不同的熔点的合金颗粒（CN01818072.8），铜合金粉末（CN02824162.2），石墨和炭黑（CN99119395.4），炭粉和银粉（CN00136957.1）；碳颗粒与选自涂布金属的基材、金属、金属氧化物、或由氧化锡和锑组成的粉末（CN00810548.0）；平均颗粒直径为0.5~20μm的金属填料和平均颗粒直径不大于100nm的超细金属颗粒（CN01819671.3）。

特殊形状的导电材料：平均长度范围是3~250μm的导电微丝（CN00818476.3），碳素纤维体（CN02107801.7），树枝状导电粉末和鳞片状导电性粉末（CN99122463.9），薄片银粉末和聚集体银粉末（CN02816588.8）；粒径为1~20μm的片状或球状粉末，或长度为1~20μm的短纤维和具有表面覆盖一层导电层的绝缘内核材料（CN00809010.6）；具有放射状的延设凸部和位于该凸部间隙内的凹部的导电银粉或镍粉，凸部的形状可为针状、杆状或花瓣状（CN01818792.7）。

特殊功能的导电材料：含有锡和金的氧化铟，具有紫色调，其色调优异、体积电阻率低，由该颜料粉形成的透明导电膜具有防反射功能和防止电场泄漏功能及柔韧性，能见度优异、强度高、耐候性强，与透明基材的粘合力高，可在低的温度下灼烧，避免表面电阻随时间变化（CN00138071.0）。

聚合物类导电材料：3,4-二烷氧基噻吩的聚合物或共聚物，具有优良的导电性能和附着性，对磨损、水、碱和有机溶剂具有优异的抵抗性（CN02810698.9和CN02812461.8）。

第 17 章　主要结论和建议

17.1　导电油墨产业总体专利态势分析结论

本节对导电油墨及其分支碳系导电油墨的专利发展整体情况进行总结，从全球、中国和广东省三个层面，对导电油墨的专利申请趋势、重点专利技术和研发机构等情况进行全面的总结分析，为导电油墨产业发展建议提供支撑。

17.1.1　全球导电油墨产业专利态势分析结论

17.1.1.1　随着全球印制电子行业的发展，导电油墨越来越受重视

20 世纪 60 年代初期出现导电油墨专利申请，1979~1994 年每年的专利申请量保持了比较平稳的发展趋势，1985~2014 年专利申请量增加迅速，2013 年达到年申请量 802 项。在此期间，广东省也紧随全球导电油墨迅速发展的步伐，专利申请量迅速增长，由 2012 年的 20 件增长至 2013 年的 64 件。目前，全球导电油墨的专利申请量达11165 项。这一快速增长的趋势与导电油墨用于制造印制电路板的发展是吻合的。

2007 年国际电子制造商联合会（iNEMI）在 2007 年制定了印制电子的技术路线图，欧洲有机电子协会（OEA）在 2009 年公布了经第 3 次修订的九大系列的印制电子产品的应用路线图，这表明印制电子技术开始走向成熟，如有机太阳能电池、柔性显示器、电子标签等已获得了市场的应用。随着这些印制电子产品逐步走向市场，更多的企业考虑将印制电子技术与自身产品生产相结合；与此同时，越来越多的导电油墨供应商注意到印制电子技术的巨大市场潜力。

导电油墨是印制电子技术中的关键电子材料，越来越多的国内外企业积极投入到导电油墨的研发中，使全球导电油墨专利申请近年呈现快速发展趋势。

17.1.1.2　日本具有技术优势

全球导电油墨的专利申请量11165项中，日本的专利申请量最大，占全球总量的 44%；其次是美国、中国、欧洲和韩国，分别占 20%、15%、9% 和 9%。这五个国家/地区占据了全球申请量的 97%。

全球导电油墨专利申请量排名前十的申请人中，精工爱普生以 389 项专利申请位居全球首位，除三星电子（韩国）255 项、施乐（美国）123 项，分别排名第二位、第九位外，其余都是日本的企业，依次为凸版印刷（250 项）、富士胶片（236 项）、佳能（233 项）、松下（220 项）、东洋油墨（162 项）、理光（153 件）、柯尼卡美（152 项）。

日本是全球导电油墨最大的技术输出国，专利申请输出量为 3978 项，其中，向美

国、中国、欧洲、韩国输出的专利申请量分别为 1343 项、1091 项、758 项、786 项。美国排名第二，为 3074 项。我国对外输出量仅为 271 项，其中向美国、日本、韩国、欧洲分别输出 142 项、53 项、43 项、33 项。

美国、中国、欧洲和韩国都是电子产品的消费大国，美国、欧洲和韩国还是该领域的技术强国，而日本占有全球导电油墨专利申请总量的近一半，并且全球导电油墨专利申请人排名前十的申请人也集中在日本，且其为最大的技术输出国，在一定程度上反映出日本在导电油墨领域有一定的技术优势。

17.1.1.3 金属系导电油墨是主要研发方向

全球导电油墨的专利申请主要分为金属系导电油墨、碳系导电油墨、导电高分子系导电油墨等。其中，金属系导电油墨根据导电填料分为银系、镍系、铜系和金系导电油墨。在全球导电油墨专利申请中，银系导电油墨 5079 项，排名第一，其次是镍系导电油墨 4051 项，铜系导电油墨 3120 项，金系导电油墨 2432 项；碳系导电油墨 1740 项，余下的专利申请为导电高分子系导电油墨以及其他导电填料构成的导电油墨。由此可见，金属系导电油墨是全球导电油墨领域主流的研发方向。

金属系导电油墨中，金系导电油墨综合性能优良但价格高，应用范围仅局限于厚膜集成电路等有特殊要求的产品；铜系导电油墨，性价比高，但容易氧化，主要应用于印刷电路和电磁屏蔽；镍系导电油墨价格低，但导电性一般，且易氧化；银系导电油墨的导电性仅次于金粉，对温度比较敏感，温度高导电能力强，反之则差，但应用广泛。因此，导电性好且应用广泛，可能是银系导电油墨在全球金属系导电油墨专利申请中排名第一的原因。

17.1.1.4 以石墨烯和碳纳米管为导电填料的碳系导电油墨越来越受关注

全球关于碳导电油墨的专利申请始于 1968 年，该专利是以碳黑、金属等作为导电填料。这一时期到 1991 年，涉及碳纳米管和石墨烯的导电油墨专利申请都很少，碳纳米管共 2 项，石墨烯共 5 项。1992~2008 年涉及石墨烯和碳纳米管的导电油墨专利申请量逐步增加；由于石墨烯和碳纳米管在导电油墨中仍存在分散性比较差、影响导电油墨导电性的问题，而处于探索阶段。2009 年之后，随着石墨烯和碳纳米管分散性和导电性的深入研究，涉及石墨烯和碳纳米管的导电油墨专利申请量随之突增；2009~2012 年，碳纳米管年申请量约 20~30 件，2013 年、2014 年分别达 41 件、48 件，2015 年至今继续保持平稳状态；由于石墨烯发现比较晚，2009~2012 年石墨烯年申请量约 8~10 件，随着近年石墨烯的广泛研究，2013 年至今出现快速增长的态势，2014 年申请量达 45 件。专利的申请量与碳纳米管和石墨烯技术的发展是一致的。

自 1991 年、2004 年分别发现碳纳米管和石墨烯以来，二者由于其独特的结构和优异的力学、电学、热学和光学性能以及潜在的工业价值一直是全世界范围内化学、物理和材料等学科领域的研究热点；但由于二者在制造和提纯等方面仍存在技术瓶颈，目前仍处于基础性研究阶段，难以大规模生产。因此，石墨烯和碳纳米管新型碳纳米材料导电油墨的研究将大有可为。

17.1.2 中国导电油墨产业专利态势分析结论

17.1.2.1 随着国内印制电子行业的发展，国内申请人逐渐关注导电油墨的研发

国内自1985年出现导电油墨专利申请，整体上呈现增长趋势。2000年前，主要以国外申请人的专利申请量为主，在这一时期，国外申请人的专利申请量为10~20件/年，而国内申请人年专利申请量仅为1件。从2000年开始，国内申请人的专利申请量以10件/年快速增长，到2016年，年专利申请量238件超越国外申请人申请量148件；2017年至今仍保持增长的态势。

目前，国内导电油墨专利申请为4539件。这一发展趋势与全球导电油墨专利申请的发展趋势是一致的，与近年来国内印制导电技术的蓬勃发展和其衍生电子产品的广泛应用密不可分。

17.1.2.2 电子行业的发展是国内导电油墨技术发展的助推力

国内导电油墨专利申请人主要集中在广东省、江苏省、北京市、上海市、台湾省、浙江省这些电子行业发达地区。其中，广东省专利申请量466件，占国内导电油墨专利申请量的25%，排名第一，江苏省324件，排名第二。这也正说明广东省应充分把握好导电油墨领域发展机遇，积极投入导电油墨的研发中。

专利申请量排名前十的国内申请人分别为：中国科学院、深圳欧菲光、富士康、比亚迪、华南理工大学、复旦大学、电子科技大学、重庆文理学院、智峰科技、南京林业大学。光电薄膜元器件、新能源汽车、电子器件等生产企业都要涉及印制电路板，它是一切电子信息元件的基础，导电油墨是其中关键的基础材料。这也说明印制电子产品和导电油墨技术发展以技术集成为特点，二者相辅相成。

17.1.2.3 国内申请人在研发实力上与国外申请人存在差距

在中国导电油墨专利申请量为4539件，其中，国内申请人的专利申请量占40%，日本占27%、美国占15%、欧洲占11%、韩国占5%。日本、美国、欧洲和韩国的专利申请量占专利申请总量的58%。

中国导电油墨专利申请量排名前十的申请人中，除中国科学院（107件）和深圳欧菲光（43件）分别排名第一、第十外，其余都为国外申请人，一半是日本企业，分别为住友98件、排名第二，精工爱普生74件、排名第五，日立66件，松下50件，同和矿业47件。其中，精工爱普生的专利申请授权率最高，达到54%。

国外申请人授权专利申请量占比54%，高于国内申请人37%，且国外申请人在华的专利申请平均保护年限8.3年也高于国内申请人专利平均保护年限4.5年。

由此可见，虽然在导电油墨专利申请量上国内申请人排名第一，但在导电油墨专利授权率和授权专利平均保护年限方面，国内申请人都低于国外申请人，并且排名前十的申请人中，国内申请人仅有两位。专利申请的授权率和授权专利平均保护年限在一定程度上体现了专利申请的质量以及应用价值，进而反映出研发实力；企业在某一领域专利申请较多，在一定程度上体现其在该领域具有一定的研发实力。因此，这说明国内申请人在导电油墨领域的研发水平相较于国外申请人，还存在一定差距。

17.1.2.4　金属系导电油墨是主要的研发方向

国内导电油墨的专利申请主要为金属系导电油墨和碳系导电油墨。其中，金属系导电油墨根据导电填料分为银系、镍系、铜系和金系导电油墨。其中，银系导电油墨、镍系导电油墨、铜系导电油墨、金系导电油墨的专利申请量分别为2395件、2348件、2256件、845件，而碳系导电油墨的专利申请量791件。可见，国内导电油墨与全球导电油墨在发展脉络上是一致的，也是以金属系导电油墨为主流。

虽然金系导电油墨综合性能优良，但价格高昂，应用范围仅局限于厚膜集成电路等有特殊要求的产品，而银系、镍系、铜系，价格便宜，导电性也能满足使用要求，也不受限于特殊领域。因此，金系导电油墨的专利申请量低于银系、镍系、铜系导电油墨的专利申请量。

17.1.2.5　碳纳米管、石墨烯导电油墨是碳系导电油墨未来的发展方向

国内关于碳系导电油墨的专利申请始于1995年，其中以碳纳米管、石墨烯作为导电填料的专利申请是从2002年开始出现，2002~2006年属于这两个技术分支萌芽时期，2007~2011年处于发展期，到2013年达到了高潮期。发展期保持每年3~15件的申请量，到了高潮期，2013年申请量不低于30件，2014~2015年也是每年20件以上的专利申请量。上述发展趋势与全球碳纳米管和石墨烯导电油墨专利申请的发展趋势一致，都与近年碳纳米管和石墨烯由于其独特的结构和电学、力学和光学性能而得到广泛而深入的研究密切相关。

17.1.3　广东省导电油墨产业专利态势分析结论

17.1.3.1　广东省导电油墨专利申请量占优

广东省从2003年才开始出现导电油墨专利申请，直至2007年，年专利申请量都在10件以下，2008年之后，专利申请量猛增，平均年增长约10件，2013年更是出现爆发式增长，由2012年的20件增加至64件。这一发展趋势与广东省为电子产业发达地区，是电子企业聚集地，也是国内乃至全球电子产品的供应地区有关。印制电路板是制造电子产品的基础，导电油墨是制造印制电路板的基础材料，因此，随着近年电子产品市场的不断拓展和扩大，越来越多的相关企业参与到导电油墨的研发中，如比亚迪和富士康，使省内导电油墨专利申请迅速增长。目前，广东省在国内导电油墨领域的专利申请量为466件，排名第一，占国内导电油墨专利申请总量的25%。

17.1.3.2　深圳是广东省导电油墨研发的集中地

广东省导电油墨专利申请主要集中在深圳市，其专利申请量为200件，占比43%，排名第一。其余依次为广州市88件、占比19%，东莞市52件、占比11%，佛山市36件、占比8%，惠州市20件、占比6%。

与国内导电油墨专利申请排名前十的申请人比较类似，广东省导电油墨专利申请量10件以上的专利申请人中，除广州市的华南理工大学为高校外，其余都为企业，分别是深圳的比亚迪、富士康、欧菲光和鸿胜科技。其中，比亚迪是新能源汽车制造商，富士康是电子专业制造商，欧菲光生产精密光电薄膜元器件。而新能源汽车、电子器

件、光电薄膜元器件的生产都要涉及印制电路板，导电油墨是印制电路板的基础材料。

以比亚迪为例进行产业分析。比亚迪在导电油墨技术发展过程中分为四个阶段，对应四个技术方向：2007~2009年，主要应用现有的银浆、铜浆或碳浆等导电浆料制作印制线路板，解决导电图形与基材的结合牢度，印制线路板的对位精度以及跳线等问题，减少制作工序，提高作业效率；2009~2011年，主要是开发太阳能电池用导电浆料，制备太阳能电池主栅，改善太阳能电池的光电转化率和生产良率，降低生产成本和难度；2011~2013年，表面选择性金属化的研发，通过选用特殊结构的金属氧化物，实现了在玻璃基材、陶瓷基材、水泥基材等绝缘基材，以及橡胶表面形成精细的导电图案，不仅显著降低信号传导元件的生产成本，还能满足在体积微小屏蔽壳体中的使用要求；2013~2014年，导电填料的开发，提高导电性，降低导电层的厚度使其更适用于电子装置轻便化。

可见，导电油墨是上述企业为了适应自身技术发展的需要顺势而生的配套、附加产品，这也说明导电油墨技术发展与印制电子产品的应用需求密切相关。

印制电路板是电子信息产业的基础，哪里有电子产品，哪里就一定会有印制电路板。比亚迪新能源汽车仪表板上需要线路板，欧菲光的光电薄膜元器件也需要芯片，而导电油墨是印制板的基础材料，是关键技术。这就是深圳相比于其他地区，在广东省导电油墨专利申请量中排名第一的原因。

17.2 导电油墨产业发展建议

17.2.1 推动导电油墨发展，做好电子产业的配套产业

随着印刷电子技术的兴起和印刷电子市场的蓬勃发展，光伏电池、射频电子标签、智能包装、触摸屏和柔性显示器等众多印刷电子产品已逐步从实验室走向市场，导电油墨市场发展得如火如荼。2015年，导电油墨和导电浆市场产值为23亿美元，按照目前的增长趋势，2025年这一数字将达到32亿美元，年均复合增长率为3.26%。

我国是仅次于美国的全球导电油墨第二大受重视市场，广东省是国内印制电子产品主要的消费地区，也是国内乃至全球电子产品的供应地区。因此，广东省要抓住这一历史机遇，顺势而为，加入导电油墨的研发中来。一方面，广东省的企业作为导电油墨的主要研发力量，要看到导电油墨未来的广阔前景，不再局限于过去简单的模仿套用，满足于现状，应加大对导电油墨的研发投入，致力于核心技术的研发，培育高价值核心专利，形成核心竞争力，在未来的导电油墨市场占一席之地。另一方面，政府应关注导电油墨在印制电子技术中日益凸显的地位，引领相关企业参与导电油墨的研发中，并通过优载体、聚人才、建平台等，扶持相关企业加大对导电油墨的研发。

17.2.2 加强高校、科研院所与企业的合作

导电油墨是印制电子产品的基础，是当前印制电子技术开发的重点，也是引发印制电子革命性发展的因素，为印制电子产品供应链的起始端。可见，导电油墨是技术

和应用的集合，其发展不仅需要技术支撑，还需以市场为导向。

国内导电油墨专利申请排名前十的申请人，来自科研院所、高校和企业的分别占五位。其中，中国科学院专利申请量排名第一，为82件，也是国内最早开始导电油墨专利申请的申请人之一；华南理工大学的专利申请量在广东省也排名第三；而且复旦大学、电子科技大学和中国科学院的专利申请授权率分别为50%、46%、43%。

中国科学院的宋伟杰、宋延林、柯伟、乌学东、熊敬、胡继文，复旦大学的杨振国、常煜，华南理工大学的曹镛、黄飞、吴宏滨，清华大学的白耀文、范守善、康飞宇，北京化工大学的魏杰、聂俊，北京印刷学院的李路海、莫黎昕、李亚玲，天津大学的周雪琴、邹竞、徐连勇，都是国内科研院所或高校中导电油墨研发的核心科研力量。其专利申请主要集中在金属粒子的制备（主要涉及调控粒径以及分散稳定性），通过选择不同种类还原剂、特殊结构黏结剂材料、不同助剂的复配，以及调节工艺参数，获得分散粒径均一、分散稳定性好的金属粒子，形成稳定的导电油墨体系，提高导电油墨的导电率、对基材的附着力、降低烧结温度、改善喷墨流畅性、以及降低金属粒子易被氧化性等。

欧菲光、比亚迪和富士康为广东省企业，比亚迪的专利申请授权率最高为52%，并且其和富士康都有PCT专利申请。上述企业也都是将导电油墨开发与自身产品生产相结合，有明确的开发目标，产品定位清晰。如比亚迪的导电油墨用于新能源汽车，富士康的导电油墨用于电子消费品。

富士康曾与清华大学的白耀文合作申请了2件专利，利用碳纳米管或碳纳米管与金属纳米粒子的复合物作为导电填料制备导电油墨，用于生产印刷线路板，提高印刷线路板的导电性，降低生产成本，都已获得授权，保护年限也已有7年，目前仍为专利权维持状态。这2件专利申请也申请了美国专利并获授权。

除上述2件专利申请外，富士康其他的专利申请主要以金属系导电油墨为主。金属系导电油墨是全球导电油墨的研发主流，技术已日趋成熟。碳纳米管为新型碳材料，以其为导电填料的导电油墨是导电油墨未来的发展方向，有广阔的应用前景。但由于碳纳米管在制造和提纯方面存在一系列待解决的技术难题，难以获得广泛应用和大规模生产。而上述难题属于基础性研究，是科研院所和高校的强项。

因此，企业可考虑与高校、科研院所合作，发挥各自的优势，联合攻关一些技术难题，开展有针对性的技术创新和产品研发，开发出性价比高的导电油墨产品，满足市场需求。

科研院所和高校已积聚了一批待转化的科研成果，国内也建立了一批知识产权交易平台。因此，在合作过程中，还可实现科研院所和高校科研成果的转化，推进产业化进程。如中国科学院、复旦大学分别向宁波森利电子材料有限公司、上海天臣防伪技术股份有限公司转让过1件专利；华南理工大学也向广州新视界光电科技有限公司转让过1件专利。

17.2.3　整合资源，攻关技术难题

传统碳系导电油墨具有价格低廉的特殊优点，在早期曾广泛用于电子标签印刷、

印制电路板、电子开关、薄膜开关、低成本太阳能电池等领域，但因其导电性能差，已无法满足未来印刷电子发展的需求。虽然新型的碳系功能材料碳纳米管和石墨烯，具有独特的电学、力学和光学性能，使其在电子学和印刷电子行业有着极为广阔的应用前景，但二者在制造和/或提纯方面仍存在技术瓶颈，长时间处于基础性研究阶段，难以大规模生产。

碳纳米管存在以下需进一步研究解决的问题：①如何实现碳纳米管的大批量低成本制备；②如何在导电油墨中将金属性和半导体性的两种碳纳米管分离；③如何将碳纳米管在导电油墨中均匀分散和定向排列，以最大限度地发挥其大长径比的作用；④如何在碳纳米管和导电油墨其他相之间形成稳定、牢固的结合界面。

石墨烯的研究重点集中在以下三个方面：①探索操作简单、缺陷少、产量高、成本低廉的石墨烯制备方法；②通过对石墨烯材料一系列重要物性的改良，改善导电油墨电导率的稳定性；③开发性能更加优越的导电油墨，探索石墨烯导电油墨新的应用领域。

为此，无奈科技（镇江）打造了国内第一家具备年产千吨碳纳米管生产线，使导电浆料产能提高至万吨级。国内首条石墨烯导电油墨生产线也在青岛国家高新技术产业开发区的石墨烯科技创新园落成并投入使用，可实现年产 30 吨石墨烯导电油墨及 2000 吨功能涂料。

广东省作为国内印制电子产品主要的消费地区，也是国内乃至全球电子产品的供应商，导电油墨市场需求大。因此，广东省政府也可考虑整合各方资源，攻关碳纳米管和石墨烯的技术难题，筹建属于自己省内的碳纳米管、石墨烯产业发展联盟，拟订碳纳米管、石墨烯产业发展行动计划，搭建碳纳米管、石墨烯导电油墨生产线。

17.2.4 加强海外知识产权布局

虽然我国的导电油墨专利申请量 1004 件，仅次于日本、美国，全球排名第三，但日本、美国仍是全球导电油墨主要的研发力量。如日本，其导电油墨的专利申请量全球排名第一，为 4797 件。全球导电油墨专利申请量排名前十的申请人中，除美国的施乐外，都是日本企业，如精工爱普生、富士胶片等。

导电油墨是印制电子技术中重要的一环，依托于印制电子产品而进入市场，如比亚迪的新能源汽车、富士康的电子设备等，这些产品都使用了导电油墨。因此，当向日本、美国出口产品时，存在侵权风险。

广东省是全球印制电子产品的供应商，并且近年比亚迪和富士康等企业也逐步向日本、美国申请专利。因此，需加强海外知识产权布局的意识，提前做好专利布局规划，防患于未然。向日本、美国布局专利时，先熟悉这些国家在导电油墨领域的专利申请，分析其技术发展的脉络、专利布局的思路以及未来走向。这样不仅可降低专利侵权的风险，还可起到指导企业生产、帮助企业适时调整研发方向和研发策略的作用。

第 18 章　附录：导电油墨检索过程

导电油墨

CNABS

编号	所属数据库	命中记录数	检索式
1	CNABS	11780	C09D11/IC
2	CNABS	3683	C09D17/IC
3	CNABS	14703	1 OR 2
4	CNABS	314294	导电
5	CNABS	984	3 and 4
6	CNABS	762	转库检索(SIPOABS 第一次转入)
7	CNABS	68	转库检索(SIPOABS 第二次转入)
8	CNABS	60	导电 S 油墨 S (or 布线,配线)
9	CNABS	14202	H01B1/IC
10	CNABS	518	3 AND 9
11	CNABS	478	转库检索(CNTXT 第一次转入)
12	CNABS	329	转库检索(CNTXT 第二次转入)
13	CNABS	170	转库检索(CNTXT 第三次转入)
14	CNABS	353	转库检索(CNTXT 第四次转入)
15	CNABS	561	转库检索(CNTXT 第五次转入)
16	CNABS	345	/ic H05K3 and C09D11
17	CNABS	533472	导电 or 导体
18	CNABS	233	16 and 17
19	CNABS	112	16 not 18
20	CNABS	25084	or 抗蚀,防蚀,阻焊,防焊,耐焊
21	CNABS	221	18 not 20
22	CNABS	84727	((金属 or 银 or 铜 or 锡) not 电镀) and (or 组合物,分散体,分散液,油墨,墨水,印刷墨)
23	CNABS	42	19 and 22
24	CNABS	28	23 not 20
25	CNABS	249	21 or 24
26	CNABS	33593	/ic h05k3
27	CNABS	57334	油墨 or 墨水 or 墨液 or 墨汁
28	CNABS	717	17 AND 26 AND 27
29	CNABS	541	28 NOT(20 OR 碱显影)
30	CNABS	650	25 or 29
31	CNABS	892	转库检索(CNTXT 第六次转入)
32	CNABS	599	31 NOT 30

33	CNABS	105	32 AND 22
34	CNABS	755	30 OR 33
35	CNABS	3342	5 OR 6 OR 7 OR 8 OR 10 OR 11 OR 12 OR 13 OR 14 OR 15 OR 34
36	CNABS	3248	35 not(Y or U)/pn(CNABS 第一次转出至 DWPI)中文检索结果总量
37	CNABS	237020	((OR 碳,炭) 4d (or 粒子,材料,物质,黑,纤维,纳米)) or 石墨
38	CNABS	670	36 and 37
39	CNABS	14699243	pd<20181231
40	CNABS	653	38 and 39 中文"含碳"检索结果量

DWPI

编号	所属数据库	命中记录数	检索式
1	DWPI	2109	转库检索(SIPOABS 第三次转入)
2	DWPI	2555	转库检索(SIPOABS 第四次转入)
3	DWPI	68	转库检索(SIPOABS 第五次转入)
4	DWPI	37	转库检索(SIPOABS 第六次转入)
5	DWPI	1232	转库检索(SIPOABS 第七次转入)
6	DWPI	2850	转库检索(SIPOABS 第八次转入)
7	DWPI	494	转库检索(SIPOABS 第九次转入)
8	DWPI	9841801	/PN CN
9	DWPI	5759	1 OR 2 OR 3 OR 4 OR 5 OR 6 OR 7
10	DWPI	4108	9 NOT 8
11	DWPI	49026	C09D11/IC/EC/CPC
12	DWPI	1448492	(or conduct+,electroconduct+,electro-conduct+)
13	DWPI	3580	11 AND 12
14	DWPI	7203	C09D17/IC/EC/CPC
15	DWPI	250594	INK
16	DWPI	121	11 AND 12 AND 14
17	DWPI	108	12 AND 14 AND 15
18	DWPI	388687	(or H01B1,h05k3,h01b5/14,h01m4,B22F1,B22F9)/ic/ec/cpc
19	DWPI	1516	11 AND 12 AND 18
20	DWPI	4060	12 AND 15 AND 18
21	DWPI	3319413	semiconduct+ OR HOLE
22	DWPI	91249	H01L51/IC/EC/CPC
23	DWPI	1401	(or 11,15) and (OR 12,21) and 22
24	DWPI	1279	C09D11/52/IC/EC/CPC
25	DWPI	7920	13 OR 16 OR 17 OR 19 OR 20 OR 23 OR 24
26	DWPI	5614	25 NOT 8
27	DWPI	6966	10 OR 26
28	DWPI	271585	PRINTER/TI
29	DWPI	6738	27 NOT 28

30　DWPI　36694　nonconduct+ or non-conduct+

31　DWPI　6577　29 NOT 30 外文检索结果总量

32　DWPI　3035　转库检索(CNABS 第一次转入至 DWPI)

33　DWPI　9622　31 or 32 中外检索结果合并

34　DWPI　952917　(OR Carbon,graphite?,graphene?)

35　DWPI　1151　31 and 34

36　DWPI　586664　(or carbonat+,carbonic,(carbon 3d (or atom?,monoxide,dioxide,tetrachloride,compound?,oxide?,chain?,number?,hydrocarbon?)))

37　DWPI　829　35 not 36 外文“含碳”检索结果量

CNTXT

编号	所属数据库	命中记录数	检索式
1	CNTXT	832688	导电
2	CNTXT	11802	H01B1/IC
3	CNTXT	30445	H05K3/IC
4	CNTXT	210128	(or 油墨,喷墨,墨水)
5	CNTXT	18142	1 S 4
6	CNTXT	647	2 AND 5(CNTXT 第一次转出)
7	CNTXT	1263	3 AND 5(CNTXT 第六次转出)
8	CNTXT	2407	h01b5/14/ic
9	CNTXT	424	5 AND 8(CNTXT 第二次转出)
10	CNTXT	1650018	(or 油墨,喷墨,墨水,糊,膏,浆)
11	CNTXT	248	1 AND 2 AND 3 AND 10(CNTXT 第三次转出)
12	CNTXT	45950	H01M4/IC
13	CNTXT	27360	1 P 4
14	CNTXT	472	12 AND 13(CNTXT 第四次转出)
15	CNTXT	16173	/ic OR B22F1,B22F9
16	CNTXT	342204	油墨 or 墨水 or 喷墨 or 凹印 or 丝印 or 胶印 or 凸印 or 里印 or 表印 or ((凹版 or 凸版 or 网版 or 网孔版 or 丝网 or 平版 or 胶版 or 转移) s 印刷) or 转印
17	CNTXT	4699106	(or 导电,RFID,无线射频,印刷电子,电子包装,智能标签,(触摸 2D 开关),(触摸 2D 屏),传感器,印制电子,薄膜晶体管,TFT,电路,存储器,光电显示管,LED,二极管,光电广告,感应器,光伏,电位器,薄膜开关,电路,(电磁 3D 屏蔽),太阳能,电池,电极,正极,负极,键盘接点,印制电阻,配线,微细布线)
18	CNTXT	836	15 AND 16 AND 17
19	CNTXT	13416	/ic c09d11
20	CNTXT	71	15 AND 17 AND 19
21	CNTXT	836	18 OR 20(CNTXT 第五次转出)

SIPOABS

编号	所属数据库	命中记录数	检索式
1	SIPOABS	7336	C09D11/52/IC/EC/CPC
2	SIPOABS	16617725	/PN CN

3	SIPOABS	1015	1 AND 2(SIPOABS 第一次转出)
4	SIPOABS	507934	INK
5	SIPOABS	185809	H01L51/CPC
6	SIPOABS	4284693	semiconduct+ OR HOLE
7	SIPOABS	733	4 AND 5 AND 6
8	SIPOABS	92	2 AND 7(SIPOABS 第二次转出)

(以上结果为中文检索用，转至 CNABS；以下结果为英文检索用，转至 DWPI)

9	SIPOABS	7353	C09D11/52/IC/EC/CPC(SIPOABS 第三次转出)
10	SIPOABS	162109	C09D11/IC/EC/CPC
11	SIPOABS	3288619	(or conduct+,electroconduct+,electro-conduct+)
12	SIPOABS	6720	10 and 11(SIPOABS 第四次转出)
13	SIPOABS	27546	C09D17/IC/EC/CPC
14	SIPOABS	508061	ink
15	SIPOABS	206	10 and 11 and 13(SIPOABS 第五次转出)
16	SIPOABS	108	14 and 11 and 13(SIPOABS 第六次转出)
17	SIPOABS	1085499	(or H01B1,h05k3,h01b5/14,h01m4,B22F1,B22F9)/ic/ec/cpc
18	SIPOABS	3717	10 and 11 and 17(SIPOABS 第七次转出)
19	SIPOABS	6378	14 and 11 and 17(SIPOABS 第八次转出)
20	SIPOABS	4286001	semiconduct+ OR HOLE
21	SIPOABS	283081	H01L51/IC/EC/CPC
22	SIPOABS	1294	(10 OR 14) AND 20 AND 21(SIPOABS 第九次转出)

导电油墨技术分支

SIPOABS

编号	所属数据库	命中记录数	检索式
1	SIPOABS	7493	C09D11/52/IC/EC/CPC(SIPOABS 第一次转出)
2	SIPOABS	16861987	/PN CN
3	SIPOABS	1055	1 AND 2
4	SIPOABS	510102	INK
5	SIPOABS	188228	H01L51/CPC
6	SIPOABS	4315851	semiconduct+ OR HOLE
7	SIPOABS	737	4 AND 5 AND 6
8	SIPOABS	93	2 AND 7
9	SIPOABS	162936	C09D11/IC/EC/CPC
10	SIPOABS	3306120	(or conduct+,electroconduct+,electro-conduct+)
11	SIPOABS	6783	9 AND 10(SIPOABS 第二次转出)
12	SIPOABS	27649	C09D17/IC/EC/CPC
13	SIPOABS	510102	ink
14	SIPOABS	206	11 AND 12(SIPOABS 第三次转出)
15	SIPOABS	108	10 AND 12 AND 13(SIPOABS 第四次转出)

16	SIPOABS	1091222	(or H01B1,h05k3,h01b5/14,h01m4,B22F1,B22F9)/ic/ec/cpc
17	SIPOABS	3755	11 AND 16(SIPOABS 第五次转出)
18	SIPOABS	6429	10 AND 13 AND 16(SIPOABS 第六次转出)
19	SIPOABS	285766	H01L51/IC/EC/CPC
20	SIPOABS	1309	6 AND 19 AND(9 OR 13)(SIPOABS 第七次转出)

CNTXT

24	CNTXT	4729	转库检索
25	CNTXT	3909088	(or Au,gold,金)
26	CNTXT	4386	24 and 25
27	CNTXT	108	26 not(or 金属,合金)(CNTXT 第一次转出至 DWPI)
28	CNTXT	644411	(or 银,Ag,silver)(CNTXT 第二次转出至 DWPI)
29	CNTXT	3451	24 and 28
30	CNTXT	1159695	(or 铜,Cu,cooper)
31	CNTXT	3316	24 and 30(CNTXT 第三次转出至 DWPI)
32	CNTXT	580275	(or 镍,Ni,nickel)
33	CNTXT	2270	24 and 32(CNTXT 第四次转出至 DWPI)

USTXT

编号	所属数据库	命中记录数	检索式
1	USTXT	3566	转库检索
2	USTXT	2884	转库检索
3	USTXT	682679	Au OR gold
4	USTXT	991	2 AND 3(USTXT 第一次转出至 DWPI)
5	USTXT	788047	Ag OR silver
6	USTXT	1348	2 AND 5(USTXT 第二次转出至 DWPI)
7	USTXT	432470	Cu OR cooper
8	USTXT	452	2 AND 7(USTXT 第三次转出至 DWPI)
9	USTXT	922665	Ni OR nickel
10	USTXT	931	2 AND 9(USTXT 第四次转出至 DWPI)

WOTXT

编号	所属数据库	命中记录数	检索式
1	WOTXT	1269	转库检索
2	WOTXT	286055	Au OR gold
3	WOTXT	197159	Ag OR silver
4	WOTXT	97944	Cu OR cooper
5	WOTXT	229307	Ni OR nickel
6	WOTXT	812	1 AND 2(WOTXT 第一次转出至 DWPI)
7	WOTXT	988	1 AND 3(WOTXT 第二次转出至 DWPI)
8	WOTXT	381	1 AND 4(WOTXT 第三次转出至 DWPI)
9	WOTXT	793	1 AND 5(WOTXT 第四次转出至 DWPI)

JPTXT

编号	所属数据库	命中记录数	检索式
1	JPTXT	3877	转库检索
2	JPTXT	5764622	(OR 金,Au,gold)
3	JPTXT	360979	(OR 银,Ag,silver)
4	JPTXT	509050	(OR 铜,Cu,cooper)
5	JPTXT	557103	(OR 镍,Ni,nickel)
6	JPTXT	2917	1 AND 2
7	JPTXT	424	1 AND 3(JPTXT 第二次转出至 DWPI)
8	JPTXT	382	1 AND 4(JPTXT 第三次转出至 DWPI)
9	JPTXT	301	1 AND 5(JPTXT 第四次转出至 DWPI)
10	JPTXT	143	6 NOT(or 金属,合金,metal,alloy)(JPTXT 第一次转出至 DWPI)

EPTXT

编号	所属数据库	命中记录数	检索式
1	EPTXT	401	转库检索
2	EPTXT	1100552	Au OR gold
3	EPTXT	184565	Ag OR silver
4	EPTXT	99642	Cu OR cooper
5	EPTXT	261990	Ni OR nickel
6	EPTXT	161	1 AND 2(EPTXT 第一次转出至 DWPI)
7	EPTXT	42	1 AND 3(EPTXT 第二次转出至 DWPI)
8	EPTXT	16	1 AND 4(EPTXT 第三次转出至 DWPI)
9	EPTXT	45	1 AND 5(EPTXT 第四次转出至 DWPI)

DWPI

编号	所属数据库	命中记录数	检索式
1	DWPI	2146	转库检索(SIPOABS 第一次转入)
2	DWPI	2582	转库检索(SIPOABS 第二次转入)
3	DWPI	68	转库检索(SIPOABS 第三次转入)
4	DWPI	37	转库检索(SIPOABS 第四次转入)
5	DWPI	1240	转库检索(SIPOABS 第五次转入)
6	DWPI	2882	转库检索(SIPOABS 第六次转入)
7	DWPI	500	转库检索(SIPOABS 第七次转入)
8	DWPI	10063689	/PN CN
9	DWPI	5829	1 OR 2 OR 3 OR 4 OR 5 OR 6 OR 7
10	DWPI	4143	9 NOT 8
11	DWPI	49393	C09D11/IC/EC/CPC
12	DWPI	1458684	(or conduct+,electroconduct+,electro-conduct+)
13	DWPI	3621	11 AND 12
14	DWPI	7243	C09D17/IC/EC/CPC
15	DWPI	252109	INK

16	DWPI	122	11 AND 12 AND 14
17	DWPI	110	12 AND 14 AND 15
18	DWPI	391553	(or H01B1,h05k3,h01b5/14,h01m4,B22F1,B22F9)/ic/ec/cpc
19	DWPI	1528	11 AND 12 AND 18
20	DWPI	4096	12 AND 15 AND 18
21	DWPI	3361827	semiconduct+ OR HOLE
22	DWPI	92442	H01L51/IC/EC/CPC
23	DWPI	1420	(or 11,15) and (OR 12,21) and 22
24	DWPI	1324	C09D11/52/IC/EC/CPC
25	DWPI	8014	13 OR 16 OR 17 OR 19 OR 20 OR 23 OR 24
26	DWPI	5666	25 NOT 8
27	DWPI	7021	10 OR 26
28	DWPI	272727	PRINTER/TI
29	DWPI	6793	27 NOT 28
30	DWPI	36843	nonconduct+ or non-conduct+
31	DWPI	6631	29 NOT 30(国外总量)
33	DWPI	52	32 NOT 31
34	DWPI	3074	转库检索(国内总量)
35	DWPI	9705	31 OR 34(国内国外文献总量,将该总量转出到CNTXT中(CNTXT中第24个检索式),对在全文中涉及金银铜镍的文献进行捞取)
36	DWPI	148342	(or Au,gold)
37	DWPI	1032	35 and 36
38	DWPI	788667	pd=2003
39	DWPI	26	37 and 38
40	DWPI	264418	(or Ag,silver)
41	DWPI	2358	35 and 40
42	DWPI	141830	(or Cu,cooper)
43	DWPI	285	35 and 42
44	DWPI	394480	(or Ni,nickel)
45	DWPI	1267	35 and 44
63	DWPI	70	转库检索(CNTXT第一次转入)
64	DWPI	2259	转库检索(CNTXT第二次转入)
65	DWPI	2161	转库检索(CNTXT第三次转入)
66	DWPI	1473	转库检索(CNTXT第四次转入)
67	DWPI	1093	37 or 63
68	DWPI	3513	41 or 64
69	DWPI	2377	43 or 65
70	DWPI	2950	45 or 65
71	DWPI	4342	67 or 68 or 69 or 70
73	DWPI	5363	35 not 71(将该文献转出至USTXT中(USTXT中检索式2),在USTXT中对在全文中涉及金银铜镍的文献进行捞取)
74	DWPI	607	转库检索(USTXT第一次转入)

75 DWPI 814 转库检索(USTXT 第二次转入)

76 DWPI 250 转库检索(USTXT 第三次转入)

77 DWPI 565 转库检索(USTXT 第四次转入)

78 DWPI 1700 67 OR 74

79 DWPI 4327 68 OR 75

80 DWPI 2627 69 OR 76

81 DWPI 3515 70 OR 77

82 DWPI 5412 78 OR 79 OR 80 OR 81

83 DWPI 4293 35 not 82(将该文献依次分别转出至 WOTXT,JPTXT,EPTXT 中(分别为检索式 1),在上述全文库中中对在全文中涉及金银铜镍的文献进行捞取)

84 DWPI 788 转库检索(WOTXT 第一次转入)

85 DWPI 962 转库检索(WOTXT 第二次转入)

86 DWPI 369 转库检索(WOTXT 第三次转入)

87 DWPI 765 转库检索(WOTXT 第四次转入)

88 DWPI 2068 78 OR 84

89 DWPI 4371 79 OR 85

90 DWPI 2717 80 OR 86

91 DWPI 3605 81 OR 87

92 DWPI 5412 88 OR 89 OR 90 OR 91

93 DWPI 117 转库检索(JPTXT 第一次转入)

94 DWPI 367 转库检索(JPTXT 第二次转入)

95 DWPI 314 转库检索(JPTXT 第三次转入)

96 DWPI 238 转库检索(JPTXT 第四次转入)

97 DWPI 2185 88 OR 93

98 DWPI 4736 89 OR 94

99 DWPI 3029 90 OR 95

100 DWPI 3841 91 OR 96

101 DWPI 6036 97 OR 98 OR 99 OR 100

102 DWPI 149 转库检索(EPTXT 第一次转入)

103 DWPI 33 转库检索(EPTXT 第二次转入)

104 DWPI 14 转库检索(EPTXT 第三次转入)

105 DWPI 37 转库检索(EPTXT 第四次转入)

106 DWPI 2329 97 OR 102

107 DWPI 4766 98 OR 103

108 DWPI 3038 99 OR 104

109 DWPI 3876 100 OR 105

110 DWPI 6194 106 OR 107 OR 108 OR 109

111 DWPI 31145199 PD<20181231

112 DWPI 2321 106 AND 111

113 DWPI 795 8 and 112

114 DWPI 1526 112 not 8

115 DWPI 4745 107 and 111

116	DWPI	2270	115 and 8
117	DWPI	2475	115 not 8
118	DWPI	3032	108 and 111
119	DWPI	2164	118 and 8
120	DWPI	868	118 not 8
121	DWPI	3864	109 and 111
122	DWPI	2248	121 and 8
123	DWPI	1616	121 not 8
124	DWPI	6164	110 and 111